죽기 전에
꼭 만들어 봐야 할 요리

1001
RECIPE

죽기 전에 꼭 만들어 봐야 할 요리 1001

초판 1쇄 | 2008년 7월 15일
초판 3쇄 | 2018년 3월 12일

펴낸이 | 이상만
펴낸곳 | 마로니에북스
기획 · 진행 | 북케어(www.bookcare.net) **교정** | 홍숙연
요리 · 스타일링 | 이보은(쿡피아) **어시스트** | 곽재인, 최은진, 김경희
사 진 | 류창현(스튜디오 707) **어시스트** | 황정웅, 김광범
협 찬 | 드롱기(www.homecook.co.kr)
　　　　테팔(www.tefal.co.kr)
　　　　돌코리아 Dole (www.dolefruit.co.kr, 02-2040-3888)
　　　　르크르제(02-3444-8802)
　　　　한라식품 한라참치(www.halla-food.com)
　　　　카라 아이온트레이딩(www.ionstyle.co.kr)
　　　　컷코(02-703-5590)
디자인 | 슈트 (02-323-4652)
등 록 | 2003년 4월 14일 제2003-71호
주 소 | 03086 서울특별시 종로구 대학로 12길 38
전 화 | 02-741-9191(대)
편집부 | 02-741-9191
팩 스 | 02-3673-0260
홈페이지 | www.maroniebooks.com

*책값은 뒤표지에 있습니다.

ISBN 978-89-6053-151-2 13590
ISBN 978-89-91449-83-1 (set)

죽기 전에
꼭 만들어 봐야 할 요리

1001
RECIPE

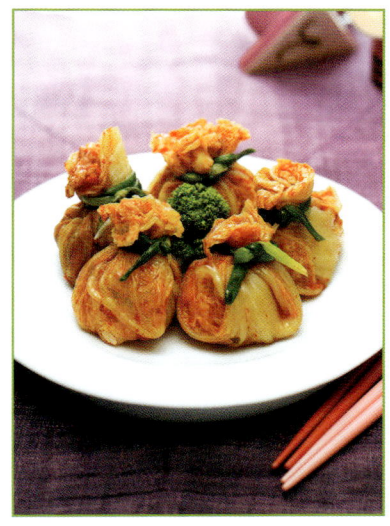

이보은 지음

마로니에북스
maroniebooks.com

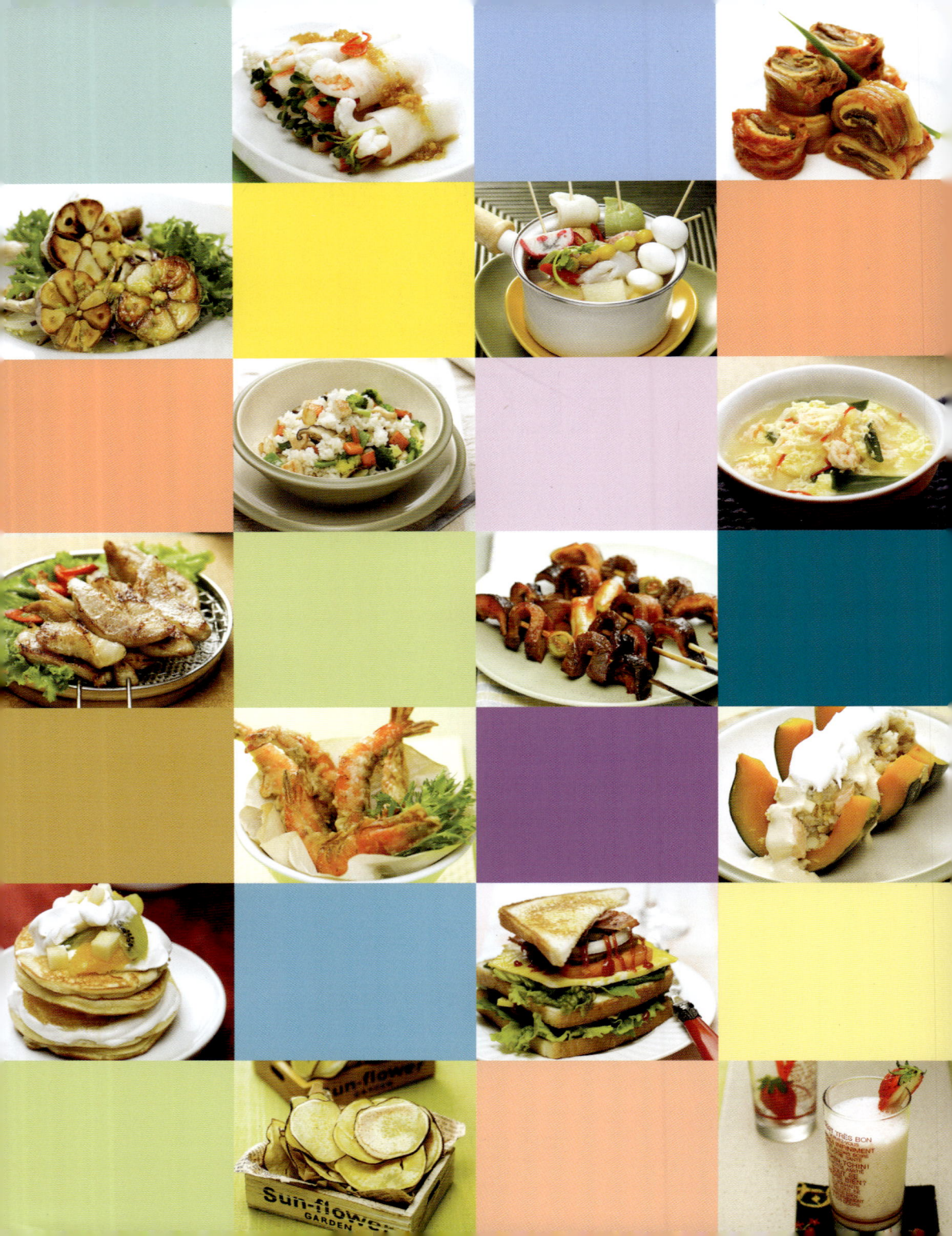

인사말

추천사

INDEX

누군가 저에게 세상에서 가장 값진 것이 무엇이냐?
또는 세상에서 가장 즐거울 일이 무엇이냐?
하고 묻는다면 두 번 생각할 것도 없이 바로 '요리'라고 대답할 것입니다.

푸릇푸릇 봄이 오는 길목에 나오는 냉이와 달래가 조물조물 양념 몇 가지에 국이며, 찌개며, 겉절이로 탄생하여 식탁을 장식하는 이 일이 얼마나 값진 일이며 얼마나 즐거운 일인지요. 팔딱팔딱 뛰는 투명한 비늘을 가진 생선이 뚝딱뚝딱 도마질 몇 번에 맛깔스런 구이반찬으로 탄생하여 식탁 가운에 놓이는 일 또한 마찬가지지요. 가족에게 또는 지인에게 영양 많은 한 끼 식사를 대접하는 이 일이 얼마나 값진 일인지요.

십 수 년 많은 레시피를 만들고 개발하여 온 저로서는 내가 만든 요리가, 내가 개발한 요리를 많은 이들이 매일 반찬으로, 국으로, 찌개로 만들어 식탁에 올려 누군가와 맛있게 먹는다는 생각만으로도 행복하고 배가 부르답니다.

ㅣ 음식은 손맛이라는 말이 있지요.

손맛에 정확한 레시피를 첨가한다면 요리를 만드는 일이, 요리를 만들어 많은 사람들에게 먹이는 일이 정말 즐겁고 행복한 일이 될 것입니다. 그래서 이번에 큰 맘 먹고 그 많은 요리를 한 번에 볼 수 있도록 어마어마한 작업을 해 보았습니다. 바로 1001품이나 되는 요리가 들어 있는 〈죽기 전에 꼭 만들어 봐야 할 요리 1001〉 이랍니다.

간단하게 만드는 밑반찬부터 오래 저장하여 먹는 절임반찬, 손님 접대에 딱 이라는 일품요리까지 365일 하루에 한가지씩만 정확하게 마스터 한다면 모든 사람들이 요리연구가 타이틀을 달게 되는 날도 있으리라 봅니다.

요리라고 하면 미리 겁을 먹고 아예 시작조차 하지 못하는 분들에게, 하루하루 어떤 반찬을 만들까 고민하는 주부님들에게, 푸드스타일리스트를 꿈꾸는 예비 학생들에게 아주 요긴하게 볼 수 있는 재미있는 요리 교과서가 되길 바랍니다.

ㅣ 세상에는 무궁무진한 먹거리가 있습니다.

먹거리에 양념을 첨가하여 탄생시킨 밑반찬, 국, 찌개 등은 매일 먹어도, 오래 먹어도 질리지 않고 우리에게 큰 만족감을 줍니다. 주변에서 흔히 구할 수 있는 재료로 만드는 친숙한 메뉴부터 시도해 보세요. 요리를 하는 일상이 얼마나 즐거운지, 내 요리를 맛있게 먹는 사람들의 모습을 보는 것이 얼마나 큰 행복인지 느낄 수 있습니다.

자~~!!! 요리하는 행복을 찾아 출발합시다~~!!!

요리연구가 이 보 은 홍이영

즐거운 그녀, 그녀의 요리

요리 연구가라는 이름이 천직처럼 여겨지는 이보은은 80평 남짓한 작업실 공간에서 하루를 열고 또 하루를 닫는다. 이곳을 통해서 알만한 연예인은 거의 다 거쳐 갔고, 또 대한민국에서 매달 나오는 여성잡지의 요리들 중 상당수가 매일매일 만들어지고 있다.

아치형의 예쁜 곡선으로 이루어진 주방 입구를 들어가면 아일랜드 조리대가 나란히 배열을 맞춰 자리 잡고 있고 그 좌우로는 언제라도 테이블 위로 요리를 가득 품고 올라갈 준비를 끝낸 접시와 다기 세트, 수저와 포크 등이 빼곡히 자리한 방이 있다. 조리대를 마주보는 크고 넓은 'ㅁ'자형 주방에서 내려다보면 양쪽으로 푸른 나무가 보이는 커다란 창 너머로 봄이 오고 또 여름이 가고 소낙비가 그치면 가을 낙엽이 지고 겨울 눈이 온다. 그 공간에서 지난 6개월간 이보은과 6명의 어시스트들이 아이 낳듯 만든 책이 1001가지 요리지 않았나 싶다.

"엄마! 정말 힘들어요."
"투정하는 걸 보니 정말 하고 싶은가 보구나."

"......네."

이 책을 진행하던 중에 그녀에게서 전화가 왔다. 그리고 또 시간이 흘러서 마무리를 했다면서 전화가 또 왔다.

"엄마, 끝났어요. 정말 힘들었어요!"
"투정하는 걸 보니 이번엔 많이 아쉬운가 보네."
"......네."

보은이는 나를 엄마라고 부르고 나도 딸이라고 부른다. 나는 내 딸을 잘 안다. 내 딸은 욕심이 많다. 많은 시간 동안 요리를 만들고 만든 요리를 사람들이 기쁘게 먹으면서 그녀에게 사는 이야기를 풀어놓는다.

그래서 그녀에게 일이란 좋은 사람들과 함께 할 수 있는 휴식이고, 여유다. 만일 그렇지 않았다면 지금까지 오지 못했을 것이다.

나는 올해로 성우 40년이다. 나를 모르는 젊은 분들이야 혹시 홈쇼핑의 아줌마라고 할지 모르지만, 눈을 감고 들어 보면 내 음성을 알아채지 못할 분은 없을 것이다. 자만이 아니라 대한민국에서 그래도 목소리로는 부끄럽지 않은 성우로 살아가려고 했고, 또 살아가는 나에게 보은이는 꼭 20년 전 내 모습을 보는 듯하다. '머리 좋은 사람은 노력하는 사람을 이기지 못하고, 노력하는 사람도 즐기는 사람을 이기지는 못한다' 는 것이 내 신조이다. 성우는 목소리로 삶을 말하고, 요리가는 요리로 살아가는 삶을 말해야 한다.

그런 의미에서 본다면 이 책을 쓴 이보은이 즐기면서 해 낸 요리책이라고 해도 좋을 것이다. 축하하고 또 당연히 추천한다. 음식 잘 하는 여자는 머리가 좋고 사랑이 많다고 했던가. 맞아. 저 먹으려고 음식하는 여자는 없지. 누구하고 나눌까 생각하며 살살 웃으며 가스레인지 앞을 떠나지 못하는 보은이는 사랑이 많고 머리좋은 자랑스런 내 딸이다.

성우 송도순

목 차

알아두기

＊이 요리책의 레시피는 4인분 기준입니다.

＊이 요리책의 계량은 1컵은 200㎖이고, 1큰술은 1숟가락입니다.

＊이 요리책의 레시피 중 팬에 두른 기름 은 재료에서 생략되었습니다.

＊이 요리책에 쓰인 모든 과일은 돌코리 아에서 협찬해 주셨습니다.

＊편의상 요리명의 띄어쓰기를 하지 않 았습니다.

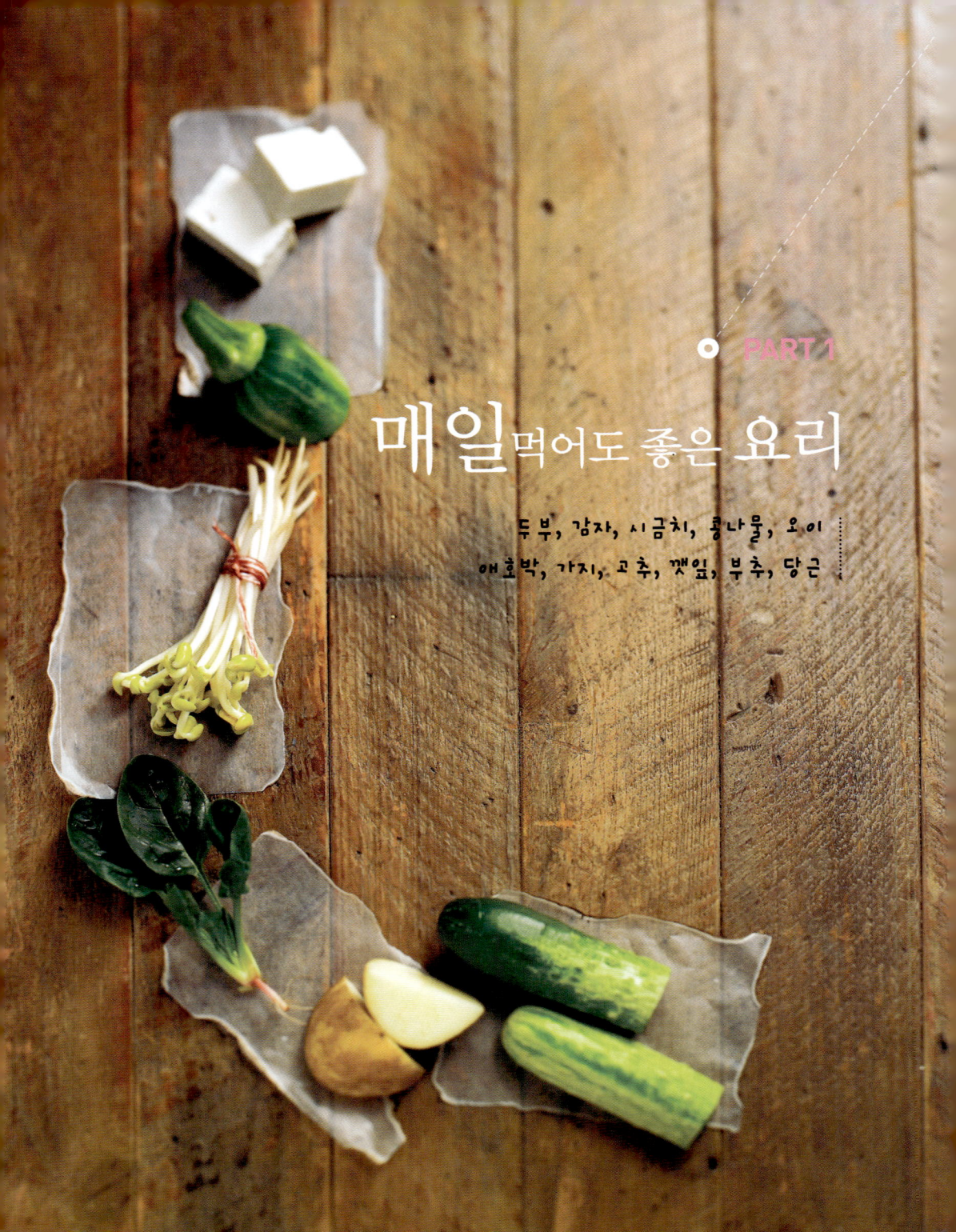

PART 1

매일먹어도 좋은 요리

두부, 감자, 시금치, 콩나물, 오이
애호박, 가지, 고추, 깻잎, 부추, 당근

두부구이와 김양념장

▶ **주재료**
두부 1모(350g), 들기름 · 포도씨오일 2큰술씩, 소금 약간

▶ **김 양념장**
구운 김 2장, 간장 · 다시마 우린 물 2큰술씩, 다진 파 · 맛술 1큰술씩, 다진 마늘 ½작은술, 들기름 · 깨소금 · 고운 고춧가루 1작은술씩

1 두부는 씻어 사방 3㎝ 크기, 1㎝ 두께로 썬다.

2 썬 두부는 채반에 올린 후 소금을 뿌려 잠시 재운다.

3 팬에 들기름과 포도씨오일을 반씩 덜어 두르고 지글 지글 끓어오르면 물기를 닦은 두부를 넣어 노릇하게 부친다.

4 김은 불에 직화로 구워 잘게 부순 후 양념장을 재료 의 분량대로 모두 넣고 고루 섞어 고소하게 만든다.

5 접시에 구운 두부구이를 담고 김 양념장을 곁들여 상에 낸다.

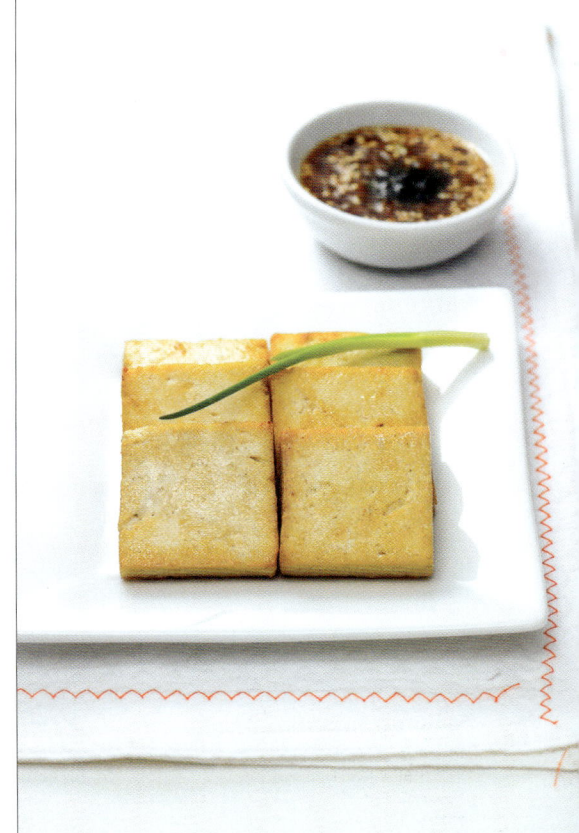

🔜 COOK TIP
두부는 수분이 많이 함유되어 있어서 부치거나 튀길 때 기름도 많이 튀고 쉽게 부서진다. 이럴 때에는 부칠 두부를 두께가 있게 잘라서 채반에 담고 소금을 훌훌 뿌려서 잠시 두면 소금에 의해 서 수분이 빠진다. 이렇게 수분이 빠진 두부를 종이타월로 말끔 하게 물기를 닦아서 부치거나 튀기면 모양이 부서지지 않고 기름 도 튀지 않아 좋다.

두부조림

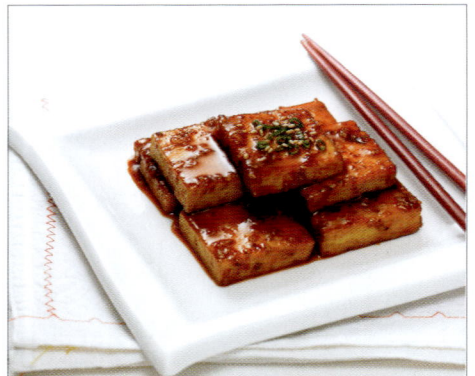

▶ **주재료**
두부 1모(350g), 소금 약간, 식물성 기름·송송 썬 실파 2큰술씩

▶ **조림장**
고추장 1큰술, 간장·물엿 2큰술씩, 다진 마늘·참기름·깨소금·고운 고춧가루 1작은술씩, 쌀뜨물 ¼컵

1 두부는 씻어 사방 3㎝ 크기, 1㎝ 두께로 썬다.

2 썬 두부는 채반에 올린 후 소금을 뿌려 잠시 재운다.

3 팬에 기름을 두르고 두부의 물기를 닦은 후 노릇하게 애벌로 굽는다.

4 조림장을 재료의 분량대로 넣고 잘 섞어 만든다.

5 냄비에 애벌로 구운 두부를 한 켜 깔고 그 위에 조림장을 적당하게 얹은 후 다시 두부를 깔고 그 위에 조림장을 뿌려 중간 불에 올려 조린다.

6 조림장이 두부에 잘 스며들어 간이 배면 접시에 두부조림을 담고 실파를 썰어 살짝 얹어 상에 낸다.

→ **COOK TIP**
두부를 구입하고 나서 팩에서 꺼내 보면 시큼한 냄새가 난다. 팩의 두부는 간수에 담겨 있기 때문에 약간 쓴맛이 있다. 신선한 두부라면 물에만 몇 번 헹구어 주면 냄새가 쉽게 없어진다. 하지만 하루 정도 지났다면 소금을 넣은 끓는 물에 헹궈 주면 냄새가 완전히 사라진다.

두부시금치무침

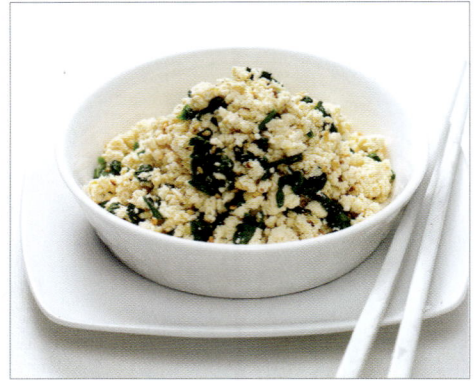

▶ **주재료**
두부 ½모, 시금치 150g

▶ **무침 양념**
들기름 1큰술, 들깻가루·다진 마늘·맛술 1작은술씩, 소금·후춧가루 약간씩

1 두부는 물에 씻어서 끓는 물에 삶은 후 뜨거울 때 칼 등으로 으깬다.

2 으깬 두부는 면포에 싸서 물기를 꼭 짠다.

3 시금치는 다듬어 깨끗이 씻어서 끓는 물에 소금을 약간 넣고 살강하게 삶는다.

4 삶은 시금치는 송송 썰어 물기를 꼭 짠다.

5 볼에 두부와 시금치를 담고 들기름, 들깻가루, 소금, 후춧가루, 다진 마늘, 맛술을 넣고 조물조물 무친다.

6 고슬거리게 무친 두부시금치무침을 접시에 소복이 담아낸다.

→ **COOK TIP**
두부는 끓는 물에 삶아서 뜨거울 때 으깨야 물기도 잘 빠지고 고슬거리게 익어 더욱 고소한 맛을 낸다.

데친두부김치쌈

▶ **주재료**
손두부 ½모, 배추김치 12줄

▶ **부재료**
실파 12대, 팽이버섯 ½봉지, 홍고추 1개, 소금 약간

1 손두부는 덩어리째로 면포에 담아 끓는 물에 데친 후 건져 바로 찬물에 헹군다.

2 헹군 손두부는 물기를 닦고 3×4×1㎝ 크기로 썬다.

3 배추김치는 손두부의 가로 길이처럼 잘라 김치 양념을 칼로 긁어내고 국물을 꼭 짠다.

4 실파는 끓는 물에 길이대로 데쳐 찬물에 헹군 후 긴 끈으로 사용하게 물기를 꼭 짠다.

5 팽이버섯은 두부의 세로 길이보다 1㎝ 정도 길게 잘라 씻은 후 물기를 털고 홍고추도 반을 갈라 씨를 털고 팽이버섯의 길이처럼 곱게 채 썬다.

6 도마에 배추김치를 펼치고 두부→팽이버섯→홍고추 순서로 올려 돌돌 말아서 세로로 세운 후 실파로 돌려 묶어 완성한다.

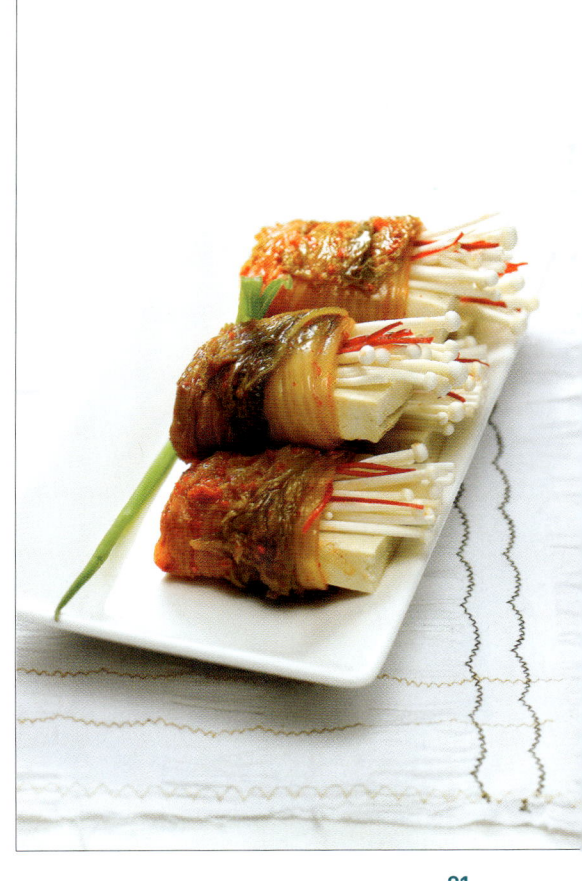

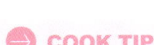 **COOK TIP**

데친 두부이고 김치도 양념이 그대로 묻어 있어 따로 양념장은 필요 없지만 식초와 송송 썬 실파를 넣은 초간장소스를 곁들이면 더욱 좋다. 손두부를 데칠 때에는 썰어서 일일이 젓가락으로 끓는 물에 넣어가면서 데치면 두부의 모양이 손상되므로 면포에 손두부를 통째로 넣고 끓는 물에 넣어서 데쳐 바로 건져야 두부의 모양을 그대로 살리면서 속까지 말끔하게 익힐 수 있다.

두부김치볶음

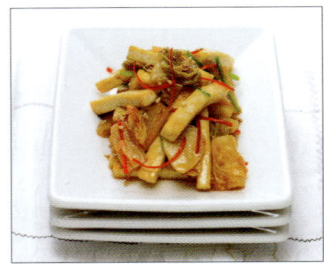

▶ **주재료**
두부 ½모, 배추김치 150g

▶ **부재료**
대파 ½대, 마늘 3쪽, 홍고추·청양고추 1개씩, 맛술 1큰술, 설탕·참기름 1작은술씩, 소금 약간

1 두부는 씻어 물기를 닦고 손가락 굵기만하게 3㎝ 길이로 썬다.

2 썬 두부는 소금을 뿌려 잠시 밑간한 후 물기를 닦는다.

3 팬에 기름을 두르고 두부를 노릇하게 구워낸다.

4 배추김치는 물에 헹궈 양념을 없앤 후 2㎝ 폭으로 썰어 물기를 꼭 짠다.

5 대파는 채 썰고 마늘은 편 썬다. 홍고추와 청양고추는 반을 갈라 씨를 빼고 2㎝ 길이로 곱게 채 썬다.

6 팬에 기름을 두르고 마늘과 배추김치를 나른하게 볶다가 맛술, 설탕을 넣어 미리 구워 놓은 두부와 대파채를 넣어 볶는다.

7 배추김치와 두부가 어우러지면 참기름과 소금으로 간을 맞춰 볶은 후 고추채를 넣어 버무린다.

> **COOK TIP**
> 두부는 구입 시 표면이 매끄럽고 모서리 부분이 부서지지 않은 것이 좋으며 두부를 담아 놓은 간수는 차고 깨끗한지 확인해야 한다. 또 두부의 냄새를 맡아보아 콩의 고소한 냄새가 있는지도 살펴야 한다. 약간 쉰내가 있는 것은 오래된 것이므로 피한다. 대부분 팩에 들어 있는 두부를 많이 구입하게 되는데 구입 시 팩 앞부분에 있는 제조일자를 꼭 확인해야 한다.

두부콩나물볶음

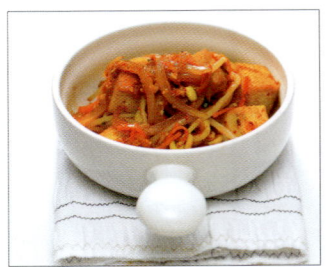

▶ **주재료**
두부 ½모, 콩나물 100g, 당근 20g, 양파 ½개, 소금 약간

▶ **볶음 양념장**
간장·청주·다진 파 1큰술씩, 고운 고춧가루·다진 마늘·참기름·깨소금 1작은술씩, 소금 약간

1 두부는 씻어 사방 1.5㎝ 크기로 썰어 소금을 뿌린다.

2 밑간한 두부에 물기를 닦고 팬에 기름을 둘러 노릇하게 부쳐낸다.

3 콩나물은 다듬어 씻어 물기를 빼고 당근과 양파는 곱게 채 썬다.

4 냄비에 콩나물, 당근, 양파, 구운 두부를 넣고 볶음 양념장을 재료의 분량대로 섞어 끼얹어 뚜껑을 덮어 중간 불에서 익힌다.

5 콩나물 익는 냄새가 나면 뚜껑을 열고 불을 약하게 줄여 양념장이 어우러지도록 볶은 후 소금으로 간을 맞춰 낸다.

> **COOK TIP**
> 두부를 오래 냉동 보관하면 두부 속 수분 때문에 얼음 결정이 생겨 질기고 탄력이 없는 두부가 되기 쉽다. 꼭 냉동을 해야 한다면 두부를 으깨서 최대한 물기를 빼고 랩에 싸서 보관하거나 아예 두부완자를 만들어서 냉동시킨다면 나중에라도 활용이 가능하다. 냉동 보관한 두부는 그대로 실온에 해동시켜서 만두소나 나물 무칠 때 사용한다.

두부채김볶음

▶ **주재료**
두부 ½모, 파래김 3장, 쪽파 2대, 홍고추 ½개, 소금 약간

▶ **부재료**
간장 · 깨소금 1큰술씩, 다진 마늘 · 맛술 · 들기름 1작은술씩, 소금 약간

1 두부는 나무젓가락 굵기만하게 4cm 길이로 채 썰어 소금을 뿌려 밑간을 한다.

2 밑간한 두부는 종이타월에 올려 물기를 닦은 후 팬에 기름을 두르고 노릇하게 볶아낸다.

3 파래김은 불에 직화로 구워 비닐봉지에 넣고 잘게 부순다.

4 쪽파는 1cm 길이로 썰고 홍고추는 반을 갈라 송송 썬다.

5 팬에 기름을 두르고 다진 마늘과 간장, 맛술을 넣어 끓으면 두부와 파래김, 쪽파, 홍고추를 넣어 볶는다.

6 ⑤에 들기름과 깨소금, 소금으로 간을 맞춰 맛을 낸다.

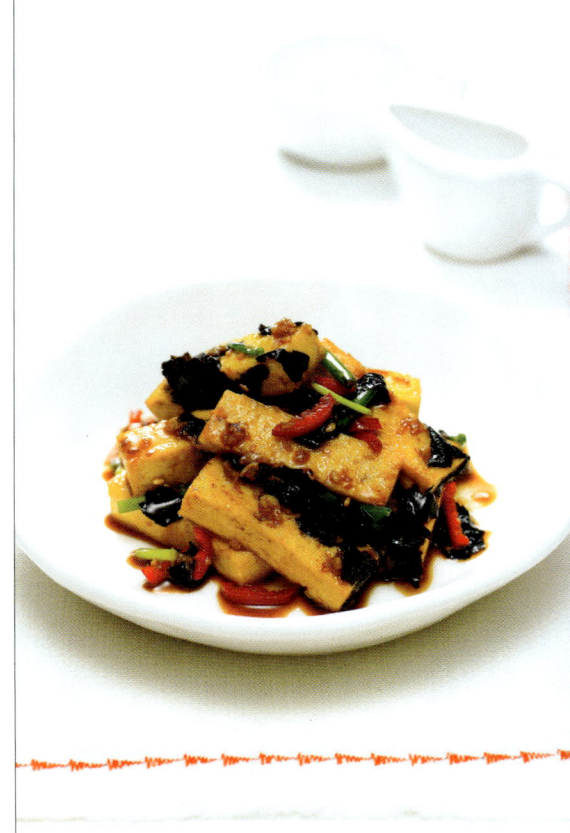

→ **COOK TIP**
김은 두부와 궁합이 아주 잘 맞는데 김을 구울 때에는 직화로 굽고 나서 비닐봉지에 넣어 으깨면 사방으로 튀지 않아 깔끔하게 으깰수 있다.

두부느타리버섯볶음

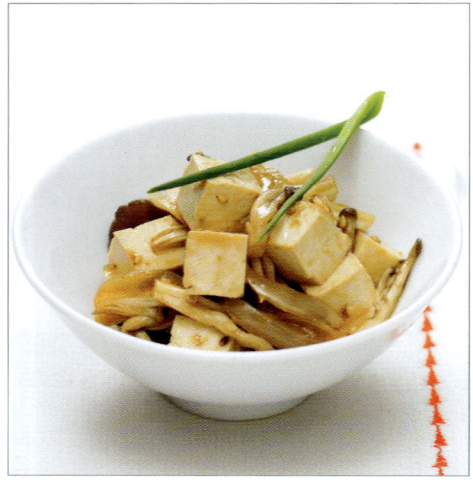

▶ **주재료**
두부 ½모, 느타리버섯 100g

▶ **부재료**
양파 ¼개, 쪽파 2대, 굴소스 1큰술, 마늘채 · 참기름 · 통깨 1작은술씩, 소금 약간

1 두부는 씻어 사방 1㎝ 크기로 썰어 약간의 소금을 뿌려 밑간한다.

2 느타리버섯은 4㎝ 길이로 굵게 찢어 놓고 양파는 곱게 채 썬다. 쪽파는 1㎝ 길이로 썬다.

3 팬에 기름을 두르고 양파와 마늘채를 볶다가 느타리버섯과 물기를 닦은 두부를 넣어 볶는다.

4 두부가 노릇하게 볶아지면 굴소스와 참기름, 쪽파를 넣고 볶다가 소금으로 간을 맞춘 후 통깨를 뿌려 낸다.

🔄 **COOK TIP**
두부를 그냥 볶을 때에는 소금을 뿌려 속까지 간이 스며들게 해서 볶아야 간이 딱 알맞고 두부가 뭉그러지지 않으면서 모양을 유지한다.

두부새송이버섯부침

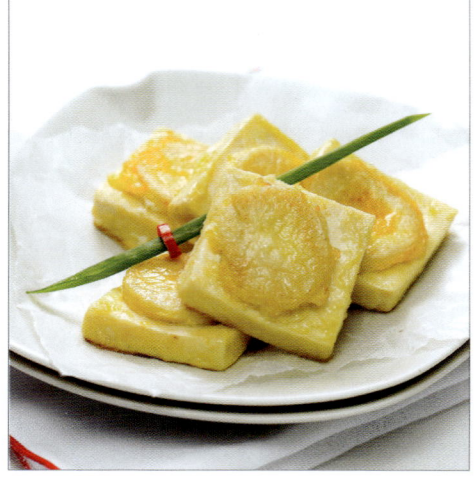

▶ **주재료**
두부 ½모, 새송이버섯 2봉지

▶ **부재료**
녹말가루 2큰술, 밀가루 5큰술, 달걀 2개, 소금 · 흰 후춧가루 약간씩

1 두부는 사방 3㎝ 크기, 0.5㎝ 두께로 잘라 소금을 뿌려 밑간한다.

2 새송이버섯은 동그란 모양이 나오도록 두부와 같은 두께로 자른 후 소금을 뿌려 밑간한다.

3 물기를 닦은 두부에 녹말가루를 묻혀 새송이버섯을 붙인다. 이때 소금과 흰 후춧가루를 뿌려 간을 한다.

4 ③의 두부새송이버섯을 밀가루와 곱게 푼 달걀물을 듬뿍 입혀 팬에 기름을 두르고 노릇하게 부쳐낸다.

➡ **COOK TIP**
부침을 하는 두부를 일명 단단한 두부라고도 하는데 질감이 단단하고 탄탄해서 쉽게 부스러지지 않는 두부이다. 부침을 많이 하기 때문에 부침두부라고도 하고, 부침, 조림, 튀김을 할 때 다양하게 사용한다.

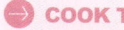

두부팽이버섯볶음

▶ **주재료**
두부 $\frac{1}{2}$모, 팽이버섯 2봉지

▶ **부재료**
대파 1대, 당근 30g, 청양고추 1개, 굴소스 2큰술, 다진 마늘 · 간장 · 참기름 1작은술씩, 찹쌀가루 1큰술, 다시마 우린 물 $\frac{1}{4}$컵, 소금 · 후춧가루 약간씩

1 두부는 대강 숟가락으로 으깨 체에 밭쳐 물기를 뺀다.

2 팽이버섯은 밑동을 자르고 물에 흔들어 씻은 후 건져 4㎝ 길이로 썬다.

3 대파와 청양고추는 송송 썰고 당근은 4㎝ 길이로 아주 곱게 채 썬다.

4 팬에 기름을 두르고 대파와 당근, 다진 마늘을 볶다가 으깬 두부와 다시마 우린 물을 붓고 끓인다.

5 ④에 굴소스와 간장, 찹쌀가루를 넣고 고루 섞어 끓이다가 팽이버섯과 청양고추를 넣어 참기름으로 버무린 후 소금과 후춧가루로 간을 맞춘다.

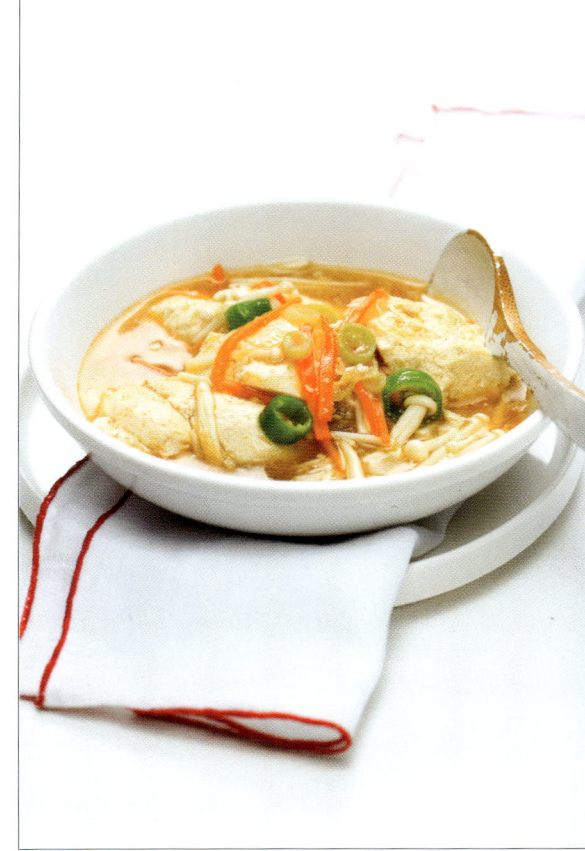

🔴 **COOK TIP**
걸쭉하게 먹는 두부팽이버섯볶음은 두부가 으깨져 고소한 맛이 난다. 밥을 비벼 먹거나 고기구이 소스로 버무려 함께 먹어도 맛있다.

으깬두부무침

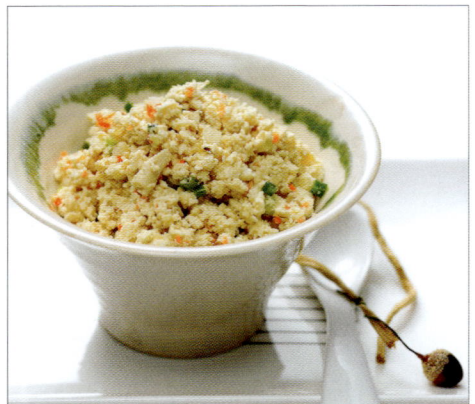

▶ **주재료**
두부 ½모

▶ **부재료**
쪽파 1대, 다진 양파 2큰술, 다진 당근 3큰술, 다진 마늘 ½개분,
참기름·깨소금 1큰술씩, 소금·흰 후춧가루 약간씩

1 두부는 물기를 꼭 짠 젖은 면포에 감싸 자근자근 눌러
물기를 꼭 짠다.

2 고슬하게 두부가 으깨지면 팬에 살짝 볶은 후 식힌다.

3 쪽파는 송송 썰고 다진 양파와 다진 당근은 팬에 볶아
식힌다.

4 볼에 두부와 쪽파, 다진 양파와 다진 당근을 담고 다
진 마늘, 참기름, 깨소금, 소금, 흰 후춧가루로 간을
한 후 조물조물 무친다.

→ **COOK TIP**
으깬 두부와 함께 무치는 채소는 되도록 입자가 있도록 다져 팬
에 고슬하게 볶는다. 그래야 수분이 덜 나와 무쳐 놓았을 때 질척
이지 않는다.

순두부김치샐러드

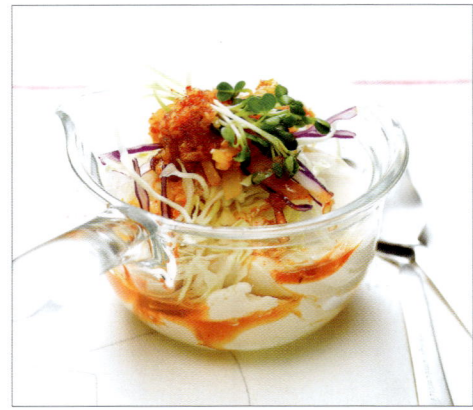

▶ **주재료**
순두부 150g, 배추김치 80g, 무순 20g, 양배추 2장, 적채 1장

▶ **마늘소스**
다진 마늘·물 2큰술씩, 식초·간장 1큰술씩, 꿀 ½큰술, 고운
고춧가루·참기름 1작은술씩, 소금·흰 후춧가루 약간씩

1 순두부는 작은 숟가락으로 한 숟가락씩 떠서 그릇에
담아 준비한다.

2 배추김치는 줄기로만 준비해서 속을 털어내고 송송
썰어서 물기를 꼭 짠다.

3 양배추와 적채는 4cm 길이로 곱게 채 썰어 찬물에 담
가 싱싱하게 한 후 건져서 물기를 턴다. 무순은 잡티
를 골라내고 물에 헹궈 준비한다.

4 다진 마늘에 식초, 간장, 꿀, 고운 고춧가루, 참기름,
물, 소금, 흰 후추를 모두 넣고 잘 섞어서 마늘소스를
만든다.

5 접시에 순두부와 김치, 무순, 양배추, 적채를 모양 있
게 담고 마늘소스를 부어서 상에 낸다.

→ **COOK TIP**
순두부와 함께 먹는 채소는 물기를 없애고 함께 담아야 물이 나
오지 않는다. 물이 흥건히 나오면 소스가 묽어져 맛이 없다.

두부날치알무침

▶ **주재료**
두부 ½모, 날치알 100g

▶ **부재료**
실파 2대, 청양고추·홍고추 ½개씩, 양파 ¼개, 깻잎 10장, 청주·간장·참기름 1작은술씩, 다진 마늘 ½작은술, 소금 약간

1 두부는 흐르는 물에 씻어 칼날로 으깬다.

2 으깬 두부는 젖은 면포에 싸서 물기를 자근자근 눌러서 뺀다.

3 날치알은 볼에 담아 물을 1컵 붓고 청주를 넣어서 살살 흔들어 체에 걸러 준비한다.

4 실파와 청양고추, 홍고추는 씨를 빼고 잘게 다지고 양파는 0.5㎝ 크기로 잘게 썰어 찬물에 담가 아린맛을 뺀 후 건져서 물기를 뺀다.

5 볼에 두부와 날치알, 홍고추, 청양고추, 실파, 양파를 담고 간장과 참기름, 다진 마늘을 넣어서 소금으로 간을 맞춘 후 버무린다.

6 접시에 깨끗이 씻은 깻잎을 한 장씩 깔고 그 위에 두부날치알무침을 소복하게 얹어 담는다.

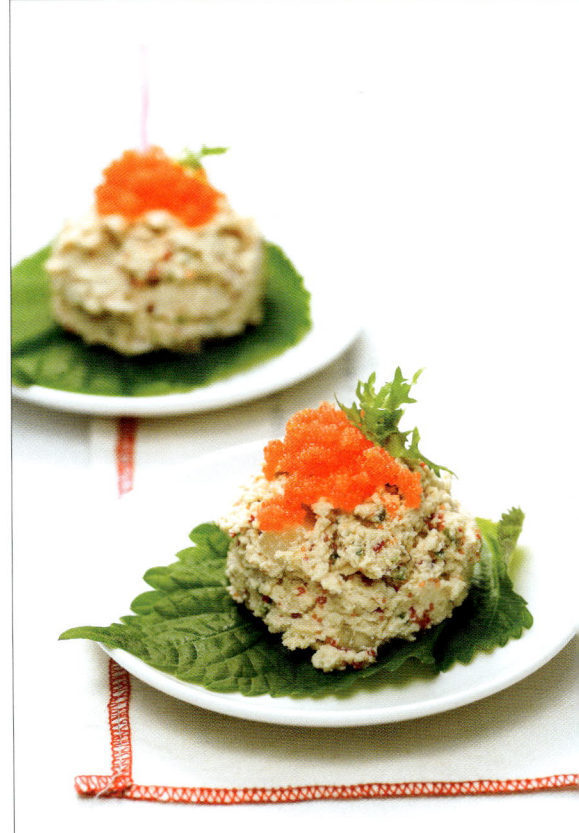

🔜 **COOK TIP**
실파와 홍고추, 청양고추, 양파는 씹히는 질감을 느끼도록 너무 잘게 다지지 말고 입자가 있도록 다져서 날치알과 함께 으깬 두부에 버무려야 색감도 좋고 씹히는 맛도 있어서 좋다.

연두부표고버섯찜

▶ **주재료**
연두부 $\frac{1}{2}$모, 표고버섯 5장, 대파 1대, 달걀 1개, 실고추 · 통깨 약간씩

▶ **찜 양념장**
굴소스 · 다진 마늘 · 청주 · 고운 고춧가루 · 참기름 1작은술씩, 소금 · 후춧가루 약간씩

1 연두부는 체에 밭쳐 물에 씻은 후 물기를 빼고 적당한 크기로 숟가락으로 떠서 준비한다.

2 표고버섯은 부드럽게 불려 밑동을 잘라내고 곱게 채 썬다.

3 대파는 굵게 채 썰고 실고추는 짧게 잘라 놓는다.

4 달걀은 알끈을 제거하고 곱게 푼다.

5 찜 양념장을 재료의 분량대로 섞어 둔다.

6 오븐 용기에 연두부와 표고버섯, 대파, 달걀을 넣어 잘 섞은 후 ⑤의 양념장을 끼얹는다.

7 200℃로 예열한 오븐에 넣고 8분 정도 구워낸다.

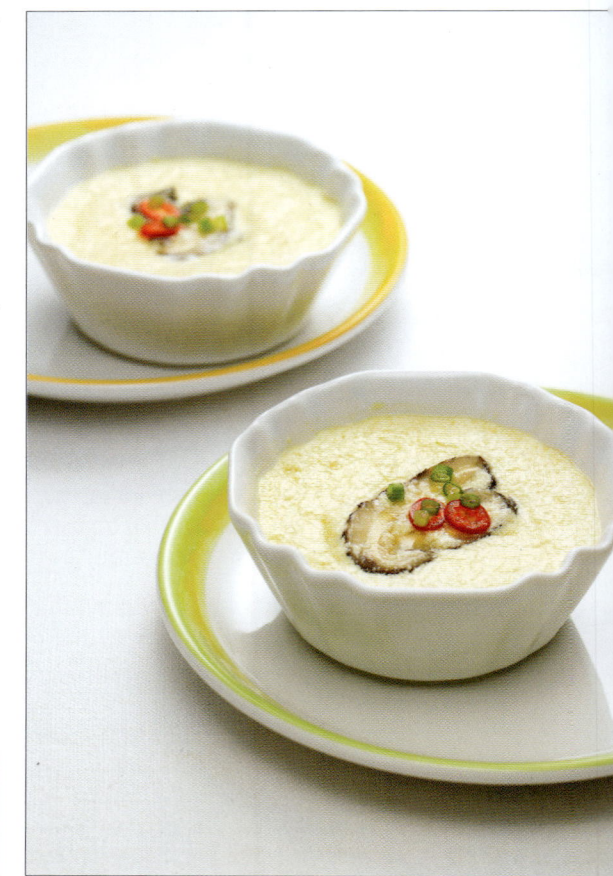

🡒 **COOK TIP**
연두부는 수분이 많은 두부라 체에 밭쳐 흔든 다음 물기를 빼고 나머지 재료와 섞어 양념장만 끼얹어 구우면 된다. 이때 수분이 저절로 생기므로 따로 물은 넣지 않는다.

두부두반장매운볶음

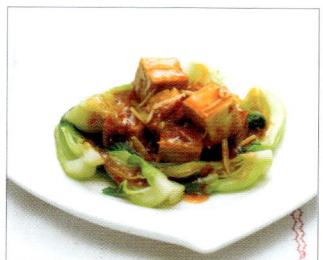

▶ **주재료**
두부 $\frac{1}{2}$모

▶ **부재료**
청경채 3포기, 대파 1대, 매운 마른 홍고추 2개, 마늘 3쪽, 생강 $\frac{1}{2}$톨, 두반장 · 청주 1작은술씩, 굴소스 · 물녹말 1큰술씩, 멸치 우린 물 5큰술, 참기름 $\frac{1}{2}$작은술, 소금 · 후춧가루 약간씩

1 두부는 물에 씻어 마른 면포로 물기를 닦고 사방 1.5㎝ 크기로 썬 후 소금을 뿌려 채반에 올려 물기를 뺀다.

2 물기를 뺀 두부는 종이타월로 물기를 닦고 170℃의 튀김 기름에서 노릇하게 튀겨낸다.

3 대파는 1㎝ 굵기로 송송 썰고 매운 마른 홍고추는 가위로 잘게 자른다.

4 마늘과 생강은 굵게 채 썰고 청경채는 씻어서 포기를 갈라 끓는 물에 소금을 약간 넣고 파랗게 데친 후 찬물에 헹궈 물기를 뺀다.

5 팬에 기름을 두르고 마른 홍고추와 대파, 마늘, 생강을 넣어 볶다가 매운 향이 올라오면 두부를 넣고 굴소스와 두반장, 청주, 멸치 우려낸 물을 넣어 볶는다.

6 물녹말을 멍울 없이 만들어 ⑤의 두부에 넣어 걸쭉한 농도가 되면 청경채와 참기름을 넣고 재빨리 섞은 후 소금과 후춧가루로 간을 맞춰 그릇에 담아낸다.

⊙ COOK TIP
두부를 튀겨 양념에 볶을 때는 조금 매운맛을 내는 것이 두부의 고소한 맛을 많이 낼 수 있다. 마른 홍고추와 마늘, 생강을 미리 기름에 볶아 매운 향을 올린 다음에 두부와 양념을 넣고 볶아야 매운맛을 제대로 낼 수 있다.

두부파프리카볶음

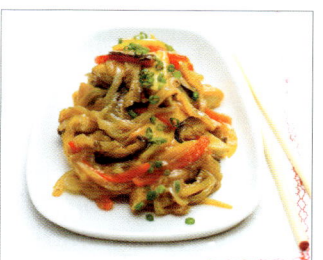

▶ **주재료**
두부 $\frac{1}{2}$모, 파프리카(노랑 · 주황) $\frac{1}{2}$개씩, 표고버섯 3장, 양파 $\frac{1}{2}$개

▶ **된장소스**
소금 약간, 된장 1큰술, 다시마 우린 물 1컵, 물녹말 2큰술, 설탕 $\frac{1}{2}$작은술, 맛술 · 참기름 1작은술씩

1 두부는 사방 4㎝ 크기, 1㎝ 두께로 썬 후 다시 어슷하게 반으로 잘라 삼각형 모양을 만든다.

2 썬 두부를 채반에 펼쳐 담고 소금을 솔솔 뿌려서 재운다.

3 두부에 물기가 빠지면 종이타월로 물기를 닦은 후 기름 두른 팬에 앞뒤로 부친다.

4 색깔이 있는 파프리카는 씨를 도려낸 후 사방 2㎝ 크기로 썰고 양파도 같은 크기로 썬다.

5 표고버섯은 물에 불려서 밑동을 잘라내고 비껴가면서 채 썬다.

6 ③의 두부를 부쳐낸 팬에 다시 기름을 두르고 양파와 표고버섯을 넣고 볶다가 파프리카와 부친 두부를 넣어서 볶는다.

7 된장소스는 물녹말만 빼고 분량의 재료대로 섞어 만든 후 ⑥의 팬에 부어서 잠시 끓여가면서 볶는다.

8 간이 제대로 배면 물녹말을 부어 걸쭉하게 버무린 후 그릇에 담아낸다.

⊙ COOK TIP
두부는 소금을 약간 뿌려서 재워야 물기가 빠져 나와서 팬에서 지질 때 모양이 부서지지 않는다.

두부삼각샌드양념찜

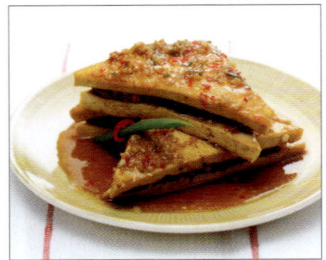

▶ **주재료**
두부 ½모, 다진 쇠고기 200g, 녹말가루 · 송송 썬 실파 2큰술씩

▶ **고기 양념**
소금 1작은술, 참기름 · 다진 마늘 ½작은술씩, 깨소금 · 후춧가루 약간씩

▶ **찜 양념장**
간장 2큰술, 다진 마늘 · 다진 풋고추 · 다진 홍고추 1큰술씩, 참기름 · 청주 1작은술씩, 소금 · 후춧가루 약간씩, 다시마 우린 물 ½컵

1 두부는 단단한 두부로 준비해서 사방 8cm 크기, 0.5cm 두께로 썬 후 다시 대각선으로 잘라 삼각형 모양으로 만든다.

2 썬 두부는 채반에 펼쳐 담아 소금을 약간 뿌려 물기를 뺀다.

3 다진 쇠고기는 고기 양념에 조물조물 무쳐서 재운다.

4 ②의 두부에 녹말가루를 약간 묻히고 다진 쇠고기 양념한 것을 평평하게 올려 다시 녹말가루를 뿌린 후 다른 두부로 붙여 샌드를 만든다.

5 ④의 샌드를 팬에 노릇하게 앞뒤로 지져 애벌로 익힌 후 다진 풋고추와 홍고추를 넣은 양념장을 끼얹어 뚜껑을 덮어서 약한 불에서 찐다.

6 찜 양념장이 자작하게 끓으면 접시에 삼각 두부 샌드를 담고 남은 양념장을 끼얹어 실파를 듬뿍 올려서 상에 낸다.

COOK TIP
두부를 노릇하게 부치기 전에 소금으로 밑간해서 수분을 뺀 후 물기를 닦아주고 녹말가루를 입혀야 고기가 떨어지지 않고 잘 붙어 있다. 다진 쇠고기는 간장보다 소금 간을 해서 조물조물 무쳐야 쇠고기가 무르지 않아 두부에 넣었을 때 빠지지 않고 달라붙어 두부와 고기가 조화를 이루어 맛도 좋다.

연두부찜

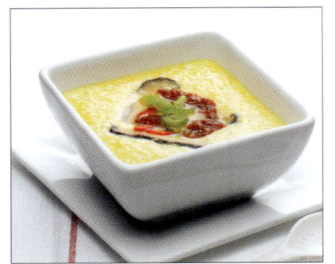

▶ **주재료**
연두부 ½모

▶ **부재료**
달걀 2개, 다시마 우린 물 1컵, 우유 1큰술, 쪽파 2대, 표고버섯 2장, 다진 마늘 ½작은술, 청주 1작은술, 소금 · 실고추 약간씩

1 연두부는 멍울이 지지 않도록 체에 곱게 내려서 소금과 청주로 간을 맞춘 후 버무린다.

2 달걀은 알끈을 제거한 후 체에서 내려 우유와 다시마 우린 물을 함께 섞어서 달걀물을 만든다.

3 쪽파는 송송 썰고 표고버섯은 밑동을 잘라내고 채 썬다. 실고추는 짧게 끊어 준비한다.

4 ①의 연두부 양념한 것과 ②의 달걀물을 찜기에 담고 쪽파와 표고버섯채, 실고추를 넣고 다진 마늘, 소금, 후춧가루로 간을 맞춘다.

5 김이 충분히 오르는 찜통에 ④의 찜기를 넣고 15분 정도 찐 후 부드럽게 먹는다.

COOK TIP
연두부에 미리 소금과 청주로 간을 하면 수분이 저절로 약간 빠져서 찜에 물이 흥건하게 생기지도 않고 간도 미리 되어 심심한 물맛도 안 난다.

두부쌈다시마말이

▶ **주재료**
두부 ½모, 쌈 다시마 100g, 무순 30g, 홍고추 1개, 참기름·깨소금 1작은술씩, 소금·후춧가루 약간씩

▶ **초간장소스**
간장 2큰술, 물·설탕·송송 썬 실파 1큰술씩, 식초 1½큰술

1 쌈 다시마는 찬물에 담가 짠맛의 염분기를 없앤 후 사방 5㎝ 크기로 썬다.

2 썬 다시마는 끓는 물에 살짝 데쳐 찬물에 헹궈 물기를 닦아 놓는다.

3 두부는 칼날로 으깬 후 면포에 싸서 물기를 꼭 짠다.

4 물기를 없앤 두부에 참기름과 깨소금, 후춧가루를 섞어서 조물조물 무친다.

5 무순은 다듬어 씻어 놓고 홍고추는 씨를 빼고 잘게 다진다.

6 초간장소스를 분량의 재료대로 섞는다.

7 데친 다시마에 으깬 두부를 적당하게 올려 홍고추 다진 것을 조금 깔고 무순을 넣어 돌돌 말은 후 초간장소스를 찍어 먹는다.

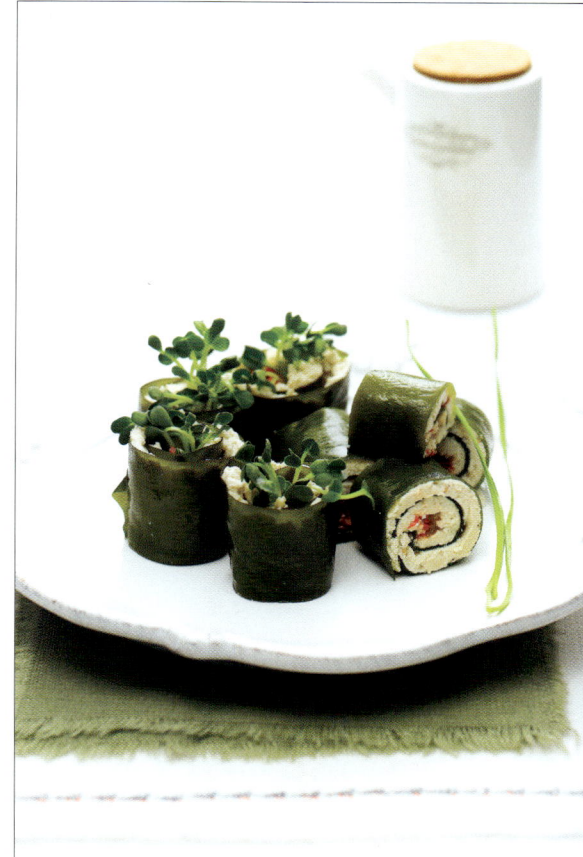

🔶 **COOK TIP**
다시마는 쌈밥으로 즐겨도 아주 맛있는데 끓는 물에 다시마를 데쳐서 물기 닦은 상태로 싸서 먹어야 좋다. 다시마 쌈에는 초간장소스를 찍어 먹어야 더욱 잘 어울린다.

데친두부부추무침

▶ **주재료**
두부 $\frac{1}{2}$모, 영양부추 80g

▶ **부재료**
레몬 $\frac{1}{2}$개, 씨 머스터드 · 간장 · 굴소스 · 다진 마늘 · 물엿 1작은술씩, 소금 · 후춧가루 약간씩

1 두부는 씻어서 사방 2㎝ 크기로 네모나게 썰어 소금을 약간 뿌린 후 면포에 감싸 끓는 물에 살짝 데쳐 식힌다.

2 영양부추는 씻어서 물기를 털고 3㎝ 길이로 썬다.

3 레몬은 껍질을 벗기고 굵게 다져 즙까지 볼에 담아 둔다.

4 ③의 레몬에 씨 머스터드와 간장, 굴소스, 다진 마늘, 물엿을 넣어 잘 섞는다.

5 큰 볼에 두부와 영양부추를 담고 ④를 넣어 소금과 후춧가루로 간을 맞춘 후 골고루 버무려 그릇에 담아낸다.

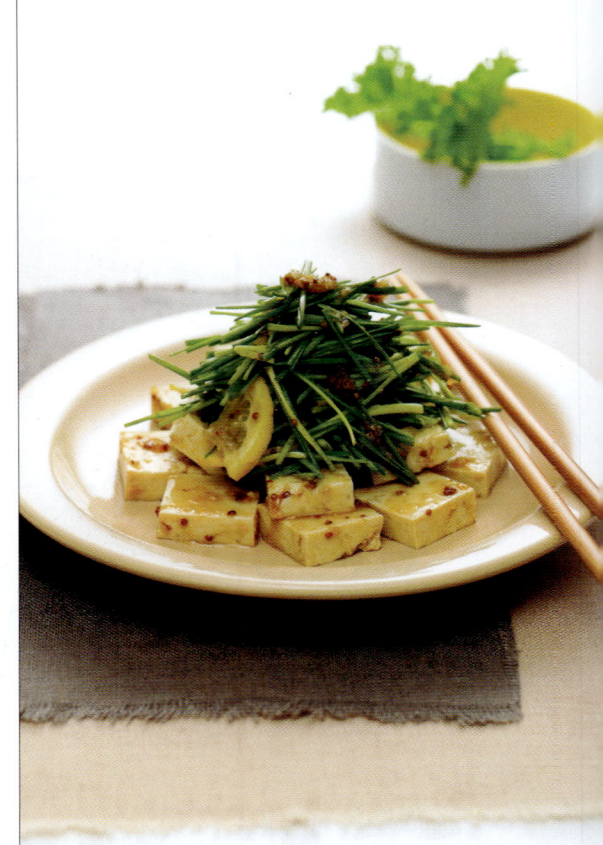

→ **COOK TIP**
두부는 소금을 약간 뿌려서 체에 받쳐 물기를 뺀 후 면포에 감싼 후 물에 데쳐야 더 이상 물기가 생기지 않는다. 무침을 할 때에는 특히 두부의 수분을 말끔하게 빼고 양념하는 것이 좋다.

두부우거지기름무침

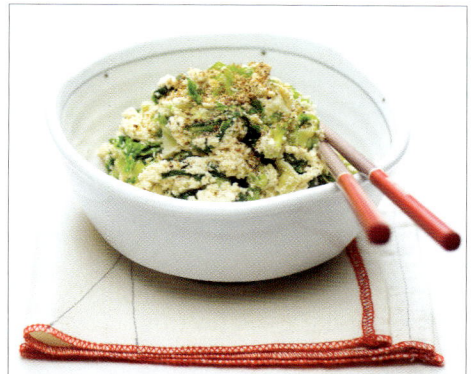

▶ **주재료**
두부(찌개용) ½모, 우거지 150g

▶ **부재료**
들기름 1큰술, 들깻가루 · 다진 마늘 · 맛술 1작은술씩, 소금 · 후 춧가루 약간씩

1 두부는 물에 씻어서 끓는 물에 삶은 후 뜨거울 때 칼 등으로 으깬다.

2 으깬 두부는 면포에 싸서 물기를 꼭 짠다.

3 우거지는 끓는 물에 살캉하게 삶아 송송 썰어 물기를 꼭 짠다.

4 볼에 두부와 우거지를 담고 들기름, 들깻가루, 소금, 후춧가루, 다진 마늘, 맛술을 넣어 조물조물 무친다.

5 고슬거리게 무친 두부우거지무침을 접시에 소복이 담아낸다.

🔴 **COOK TIP**

두부는 끓는 물에 삶아서 뜨거울 때 으깨야 물기도 잘 빠지고 고 슬거리게 익어 더욱 고소한 맛을 낸다.

감자채볶음

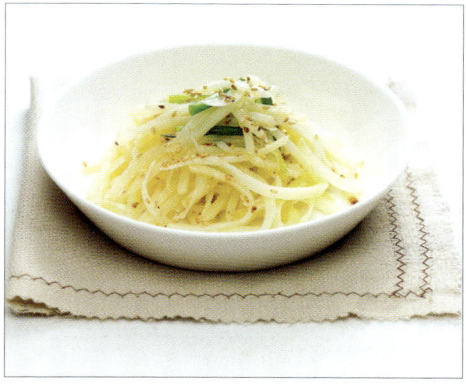

▶ **주재료**
감자 2개

▶ **부재료**
양파 ⅓개, 쪽파 2대, 소금 · 흰 후춧가루 약간씩, 다진 마늘 · 맛 술 · 통깨 1작은술씩

1 감자는 껍질을 벗기고 나무젓가락 반 정도의 굵기만 하게 4㎝ 길이로 채 썬다.

2 찬물에 감자를 담아 살살 주물러 녹말기를 없앤 후 건져서 마른 면포에 감싸 물기를 완전히 없앤다.

3 양파는 곱게 채 썰고 쪽파는 2㎝ 길이로 썬다.

4 팬에 기름을 두르고 다진 마늘과 양파를 볶다가 감자를 넣어 볶는다.

5 ④의 감자가 살캉하게 익으면 맛술과 소금, 흰 후춧가루를 넣어 간을 맞춘 후 볶는다.

6 ⑤에 쪽파와 통깨를 넣고 버무려 그릇에 담아낸다.

🔴 **COOK TIP**

감자는 껍질을 벗기면 공기 중에 두면 산화 효소에 의해 처음에는 불그레하게 변하다가 차차 갈색이 된다. 이렇게 색이 변하는 것을 막으려면 껍질을 벗기고 바로 물에 담갔다가 사용하거나 감자 썬 것에 식초를 약간 뿌려 두면 변색을 방지할 수 있다.

감자조림

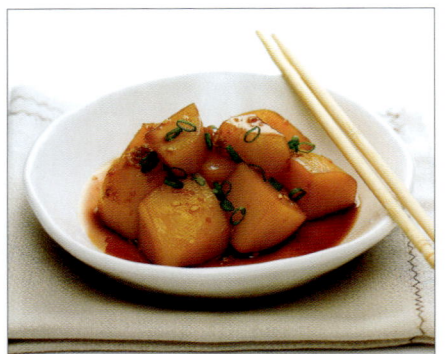

▶ **주재료**
감자 2개, 양파 ½개, 당근 30g, 송송 썬 실파 2큰술, 실고추 약간

▶ **조림장**
다시마 우린 물 ½컵, 간장 2½큰술, 물엿·맛술 1큰술씩, 참기름·깨소금·다진 마늘 1작은술씩, 소금 약간

1 감자는 껍질을 벗기고 사방 2㎝ 크기로 썬 후 찬물에 잠시 담가 녹말기를 뺀다.

2 양파와 당근은 감자 크기로 썬다.

3 냄비에 다시마 우린 물을 붓고 간장, 다진 마늘, 물엿, 맛술을 넣어 끓으면 썬 감자와 양파, 당근을 넣고 중간 불에서 볶으면서 조린다.

4 감자에 양념이 스며들어 살캉하게 조려지면 참기름과 깨소금, 소금으로 간을 맞춘다.

5 조림장이 거의 없어지도록 볶은 후 실파와 짧게 끊은 실고추를 얹어 버무려낸다.

감자멸치조림

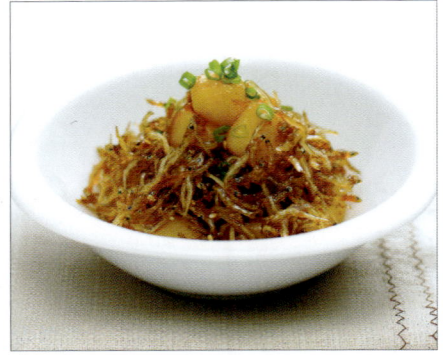

▶ **주재료**
감자 2개, 잔멸치 30g, 식용유 4큰술

▶ **조림장**
물 2컵, 간장 4큰술, 물엿 2큰술, 설탕 1큰술, 청주 1½큰술, 다진 마늘 1작은술, 통깨 약간

1 감자는 껍질을 벗기고 사방 1.5㎝ 크기로 썰어 모서리를 다듬은 후 물에 담가 둔다.

2 잔 멸치는 체에 쳐서 잔가루를 없애고 마른 면포로 말끔하게 닦아 놓는다.

3 감자의 물기를 뺀 후 달군 팬에 식용유를 두르고 중간 불에서 오래도록 볶는다.

4 냄비에 조림장 분량의 재료대로 고루 섞은 후 약한 불에서 끓인다.

5 ④의 조림장이 끓으면 볶은 감자와 잔멸치를 넣어 중간 불에서 서서히 조린다.

6 윤기가 나도록 감자와 잔멸치를 조려 감자 속까지 간이 배면 통깨를 뿌려낸다.

⊙ **COOK TIP**
흔히 감자를 가지고 볶음이나 조림을 많이 하는데 감자의 전분기를 없애지 않고 그대로 팬이나 냄비에 넣고 조리하면 들러붙어 모양이 뭉그러진다. 감자를 알맞은 크기로 썰어 찬물에 잠시 담가 전분기를 없앤 후 건져 물기를 빼서 사용한다.

⊙ **COOK TIP**
감자에 속까지 양념이 충분히 배게 조리려면 일단 양념장을 불에서 걸쭉한 농도로 끓인 후 감자와 멸치를 함께 조려야 간이 충분하고 알맞게 속까지 밴다.

감자구이양념무침

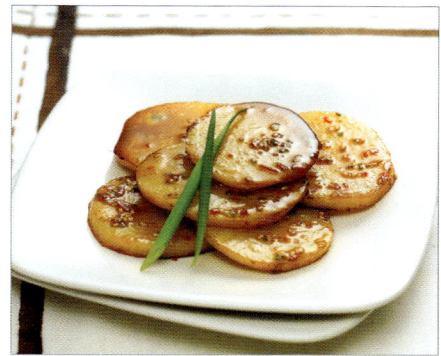

주재료
▶ 감자 300g

구이 양념장
▶ 간장 2큰술, 국간장 · 설탕 · 참기름 · 다진 마늘 · 다진 파 1작은 술씩, 깨소금 ½큰술, 다진 홍고추 2큰술, 다진 청고추 1큰술

1 감자는 껍질을 벗기고 0.5㎝ 두께로 썰어 물에 헹군 후 종이타월로 물기를 제거한다.

2 팬에 기름을 두르고 ①의 감자가 노릇노릇하게 익을 정도로 지져낸다.

3 곱게 다진 홍고추와 청고추를 볼에 담고 간장, 국간장 을 넣어 골고루 섞은 후 나머지 양념을 모두 넣고 섞 어서 양념장을 만든다.

4 ②에서 지져낸 감자를 ③의 양념장에 살살 버무려 그 릇에 담아낸다.

→ **COOK TIP**

감자를 팬에 구울 때에는 일단 물에 씻어 녹말기를 없앤 후 종이 타월로 꾹꾹 눌러 물기를 완전하게 없애야 팬에 눌러 붙지 않고 말끔하게 구워진다. 간장에 국간장을 섞어서 맛을 진하게 우려내 야 고추의 매콤한 맛과 감자구이의 단맛이 어우러져 더 맛있다.

감자마른새우볶음

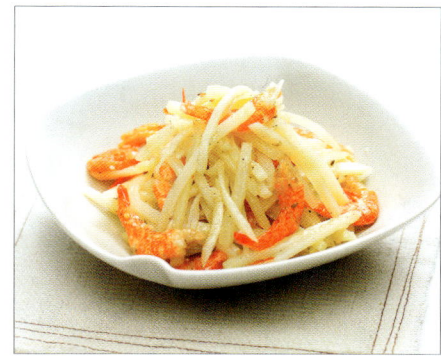

주재료
▶ 감자 2개, 마른 꽃새우 ½컵, 실파 2대, 실고추 · 소금 · 통깨 약간씩

부재료
▶ 다진 마늘 · 청주 · 설탕 1작은술씩, 참기름 ½작은술, 소금 · 후 춧가루 약간씩

1 감자는 껍질을 벗기고 나무젓가락 굵기만하게 4㎝ 길 이로 썬 후 찬물에 담갔다가 건져 물기를 턴다.

2 마른 꽃새우는 체에 밭쳐 잔가시를 털고 물기가 있는 면포에 닦아 말끔하게 준비한다.

3 팬에 기름을 넉넉히 두르고 감자를 넣어 달달 볶는다.

4 ③의 감자가 살캉하게 익으면 준비한 마른 꽃새우를 넣어 다진 마늘, 청주, 참기름, 설탕, 후춧가루를 넣고 양념을 한 후 중간 불에서 볶는다.

5 감자와 새우가 윤기나게 볶아지면 소금으로 간을 맞 추고 그릇에 담는다.

6 실파를 송송 썰어 실고추와 통깨를 함께 뿌려 상에 낸다.

→ **COOK TIP**

굵게 썬 감자는 팬에 기름을 넉넉히 두른 후 약한 불에서 오래도 록 볶으면 감자가 살캉하게 익어 먹기가 좋다. 새우나 오징어포, 마늘종 등의 색이 있는 부재료와 감자를 같이 볶을 때에는 간장 으로 간을 맞추는 것보다 소금으로 간을 맞춰서 색을 드러내는 것이 더욱 먹음직스럽다.

감자버섯굴소스볶음

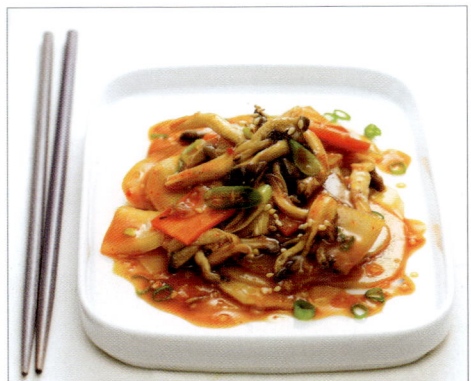

▶ **주재료**
감자 2개, 느타리버섯 100g, 당근 20g, 양파 ⅓개, 풋고추 1개, 대파 1대, 다시마 우린 물 ½컵

▶ **굴소스**
굴소스 2큰술, 고춧가루 ½작은술, 간장 · 맛술 1큰술씩, 다진 마늘 · 깨소금 · 참기름 1작은술씩, 소금 · 후춧가루 약간씩

1 감자는 껍질을 벗기고 모양대로 길고 납작하게 썬 후 물에 담갔다가 건져 물기를 닦는다.

2 느타리버섯은 굵게 찢고 당근과 양파는 감자 크기로 얇게 썬다.

3 풋고추와 대파는 굵게 채 썬다.

4 분량의 굴소스 재료를 골고루 섞는다.

5 팬에 다시마 우린 물을 붓고 당근과 감자를 넣어 끓이다가 ④의 양념장을 끼얹어 중간 불에서 끓인다.

6 ⑤에 대파, 풋고추, 양파를 넣고 한소끔 끓이다가 끓으면 느타리버섯을 넣어 재빨리 버무린 후 그릇에 담아낸다.

→ COOK TIP
감자를 넣고 익힐 때는 물보다 다시마 우린 물을 넣어 감자를 익혀야 더욱 담백한 맛이 나면서 간이 잘 밴다. 감자와 함께 냉장고 속의 채소와 버섯 등을 함께 넣으면 좋은데 표고버섯과 느타리버섯 또는 팽이버섯을 이용하면 좋다. 특히 느타리버섯이나 팽이버섯은 맨 마지막에 넣어야 버섯의 질감이 살아나 더욱 좋다.

감자채부추무침

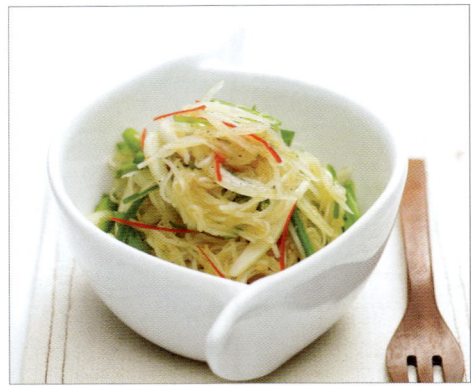

▶ **주재료**
감자 2개, 부추 80g, 홍고추 · 풋고추 1개씩, 양파 ⅓개, 소금 약간

▶ **부재료**
다진 마늘 · 설탕 1작은술씩, 다진 파 · 맛술 · 간장 · 깨소금 1큰술씩, 소금 · 후춧가루 약간씩

1 감자는 껍질을 벗기고 곱게 채 썰어 팔팔 끓는 물에 소금을 약간 넣고 살캉하게 데친다.

2 데친 감자는 찬물에 헹궈 물기를 완전하게 뺀다.

3 부추는 다듬어 씻어 물기를 턴 후 2cm 길이로 썬다.

4 홍고추와 풋고추는 부추 길이대로 썰어 씨를 털고 곱게 채 썰고, 양파도 곱게 채 썬다.

5 무침 양념장을 분량의 재료대로 섞어 만든다.

6 볼에 익힌 감자채를 담고 양념장을 넣어 버무리다가 부추, 고추, 양파를 넣어 살살 버무린 후 그릇에 담아낸다.

→ COOK TIP
감자는 아주 곱게 채 썰어서 끓는 물에 소금을 약간 넣고 살캉하게 익힌 후 양념장에만 버무려 먹기도 한다. 물에 데칠 때에는 소금을 약간 넣은 후 익혀야 감자가 모양을 그대로 유지한다. 감자채를 무칠 때는 양념장에 감자를 먼저 무친 후 부추, 고추, 양파를 넣고 살살 버무려야 부추가 양념에 의해 뭉그러지지 않는다.

감자꽈리고추조림

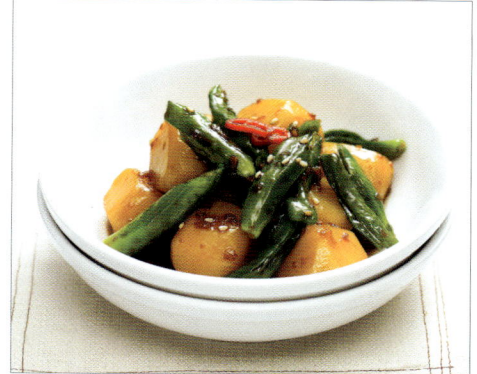

▶ **주재료**
감자 2개, 꽈리고추 100g

▶ **부재료**
다진 파 1큰술, 간장 2큰술, 다진 마늘·설탕·물엿 1작은술씩,
참기름 ½작은술, 소금·통깨·후춧가루 약간씩, 실고추 조금

1 감자는 껍질을 벗기고 사방 2㎝ 크기로 잘라 모서리를
다듬은 후 찬물에 담가 녹말기를 없앤다.

2 끓는 물에 ①의 감자를 살짝 데쳐 애벌로 익힌 후 팬
에 기름을 두르고 마늘을 볶다가 감자를 넣어 볶는다.

3 꽈리고추는 씻어서 꼭지를 떼고 어슷하게 반으로 갈
라 물기를 턴다.

4 ②의 감자에 간장과 설탕을 넣어 조리면서 간장색이
들면 ③의 꽈리고추와 다진 파, 설탕, 참기름을 넣고
약한 불에서 조린다.

5 ④의 간장과 고추의 맛이 배면 물엿, 통깨, 후춧가루
를 넣고 버무린 후 불에서 내린다.

6 그릇에 감자와 꽈리고추를 보기 좋게 담고 실고추를
짧게 끊어 올린다.

→ **COOK TIP**
꽈리고추의 색이 푸르게 나야 먹음직스러우니 처음부터 조리지
말고 감자가 어느 정도 간이 배면 넣어서 조리한다.

감자풋고추볶음

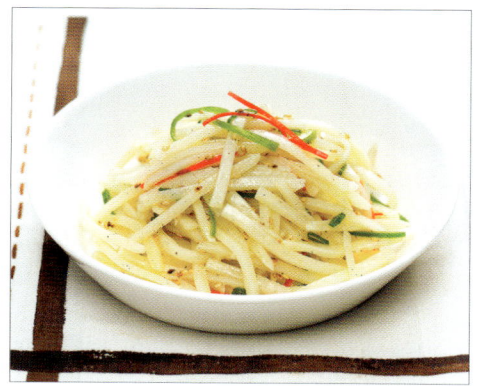

▶ **주재료**
감자 2개, 풋고추 5개, 홍고추 1개, 실파 2대

▶ **부재료**
소금·후춧가루 약간씩, 통깨·다진 마늘·맛술 1작은술씩

1 감자는 껍질을 벗기고 5㎝ 길이, 0.3㎝ 굵기로 고르게
채 썰어 찬물에 잠시 담가 녹말기를 뺀 뒤 체에 밭쳐
물기를 완전하게 뺀다.

2 풋고추와 홍고추는 반 갈라서 씨를 빼고 감자의 길이
대로 곱게 채 썬다.

3 실파는 2㎝ 길이로 썬다.

4 팬에 기름을 두르고 다진 마늘을 먼저 넣어 볶다가 감
자를 넣고 중간 불에서 볶는다.

5 ④에 소금, 후춧가루, 맛술을 넣고 풋고추와 홍고추채
를 넣어 함께 버무려 볶는다.

6 감자가 익으면 실파를 넣고 통깨를 뿌려 버무린 후 그
릇에 담아낸다.

→ **COOK TIP**
감자를 깔끔하게 볶으려면 채 썰어 찬물에 잠시 담가 녹말기를
제거한 후 체에 밭쳐 물기를 완전히 빼고 볶는다.

감자채카레튀김

▶ **주재료**
감자 3개

▶ **부재료**
쪽파 5대, 홍고추 1개, 녹말가루 2큰술, 튀김가루 5큰술, 달걀 1개, 카레가루 3큰술, 튀김기름 약간

1 감자는 껍질을 벗겨 곱게 채 썬 후 물에 주물러 씻어
건져서 물기를 완전히 닦는다.

2 ①의 감자에 카레가루와 녹말가루를 뿌려 버무려 둔다.

3 쪽파는 3㎝ 길이로 썰고 홍고추는 반을 갈라 씨를 빼
고 곱게 채 썬다.

4 볼에 튀김가루와 달걀을 풀어 ②의 감자와 쪽파, 홍고
추를 함께 버무려 성글게 반죽한다.

5 160℃로 달군 기름에 감자채소 반죽을 한 젓가락씩
넣어 노릇하게 튀겨낸다.

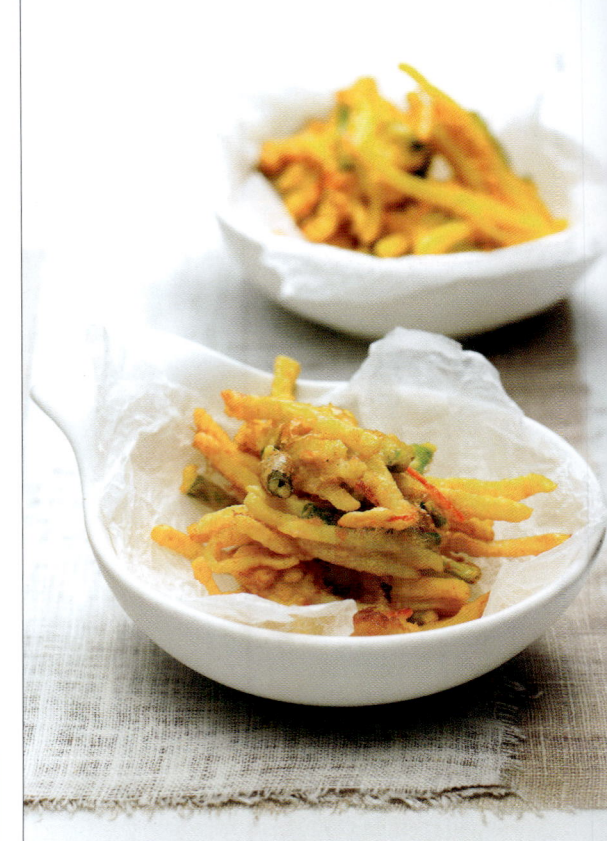

😋 **COOK TIP**
감자에 녹말가루와 카레가루를 함께 뿌려 밑간을 했기 때문에 따
로 간을 하지 않아도 카레향과 바삭한 맛을 즐길 수 있다.

감자조갯살볶음

▶ **주재료**
  감자 2개, 조갯살 50g, 청양고추 1개, 대파 1대

▶ **부재료**
  고추장 1큰술, 간장·다진 마늘·생강즙 1작은술씩, 물엿 ½작은술, 소금 약간

1 감자는 껍질을 벗기고 사방 1cm 크기로 잘라 찬물에 헹궈 건진 후 물기를 뺀다.

2 ①의 감자는 끓는 물에 소금을 약간 넣고 살짝 데친 후 물기를 뺀다.

3 조갯살은 체에 밭쳐 짠맛을 없앤 후 생강즙을 뿌려 비린맛을 없앤다.

4 청양고추는 잘게 썰고 대파는 송송 썬다.

5 냄비에 기름을 두르고 송송 썬 대파와 다진 마늘, 감자를 넣어 볶는다.

6 ④에 고추장과 조갯살을 넣고 볶다가 간장과 물엿을 넣어 간을 맞춘 후 청양고추로 매운맛을 낸다.

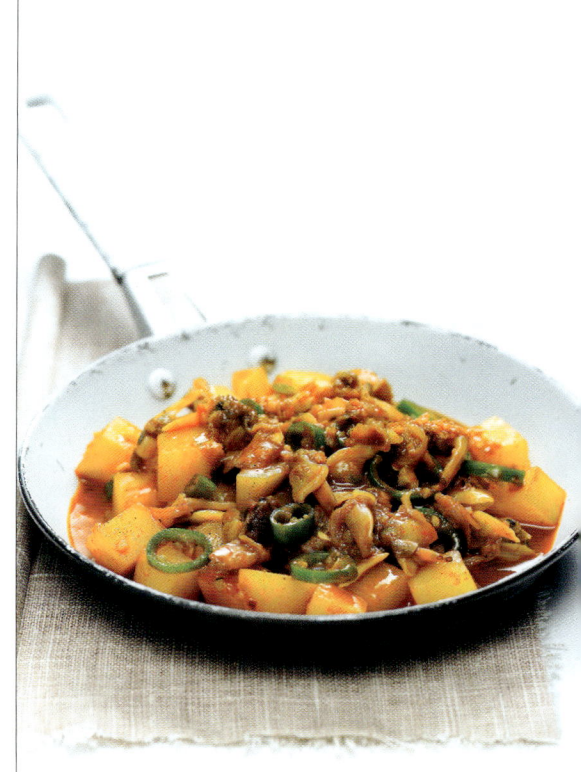

🔜 **COOK TIP**
감자를 미리 애벌로 데쳤기 때문에 조갯살을 오래 볶지 않아도 되므로 조갯살이 뻣뻣하지 않고 감자에 간이 잘 스며든다.

달래양념장감자찜

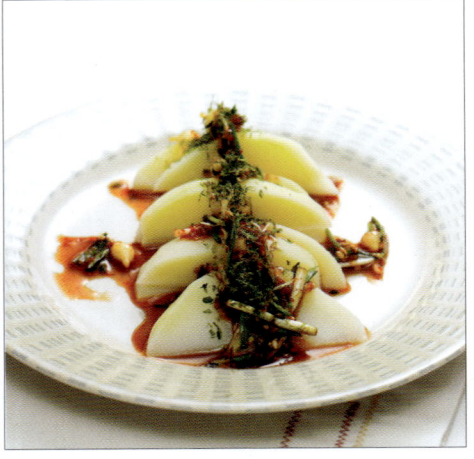

▶ **주재료**
감자 2개

▶ **달래 양념장**
달래 50g, 간장·부순 김·다시마 우린 물 2큰술씩, 고운 고춧가루·참기름·맛술 1큰술씩, 다진 마늘·깨소금 1작은술씩, 소금 약간

1 감자는 껍질을 벗기고 가운데를 자른 후 세로로 8등분 한다.

2 김이 오른 찜기에 베보자기를 깔고 감자를 넣어 찐다.

3 달래는 다듬고 씻어서 1㎝ 길이로 썬다.

4 볼에 썬 달래와 부순 김과 함께 나머지 양념을 모두 넣어 고소한 달래 향이 나는 양념장을 만든다.

5 포슬거리도록 감자가 익으면 불에서 내려 접시에 돌려 담고 달래 양념장을 끼얹는다.

감자구운김볶음

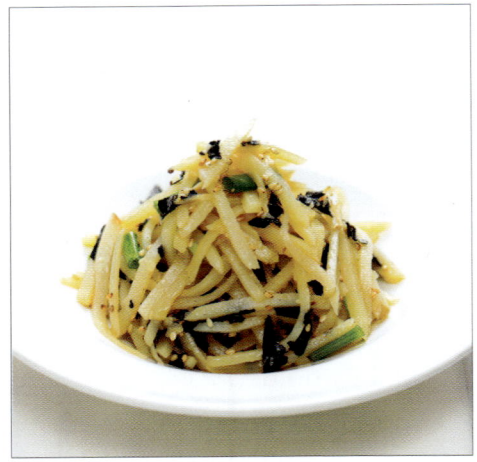

▶ **주재료**
감자 2개, 구운 김 2장

▶ **부재료**
쪽파 2대, 간장·청주 1큰술씩, 참기름·다진 마늘 1작은술씩, 소금·후춧가루 약간씩

1 감자는 껍질을 벗기고 4㎝ 길이로 곱게 채 썰어 찬물에 헹궈 건진 후 물기를 닦는다.

2 구운 김은 1×3㎝ 길이로 자르고, 쪽파는 1㎝ 길이로 썬다.

3 팬에 기름을 두르고 다진 마늘과 감자를 볶다가 간장과 청주를 넣어 볶는다.

4 감자가 거의 익으면 구운 김 썬 것과 쪽파를 넣고 참기름, 소금, 후춧가루로 간을 맞춰 한 번 더 볶아낸다.

감자앙금고추부침

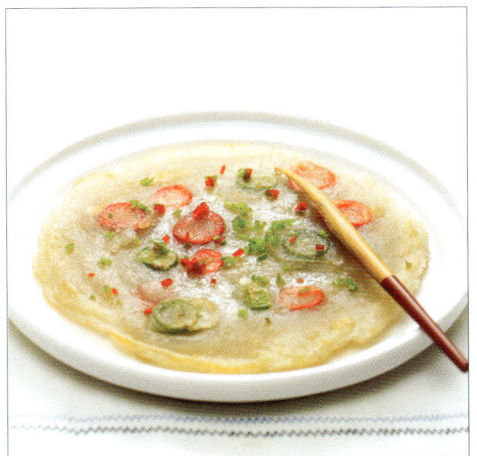

▶ **주재료**
감자 3개, 청양고추 2개

▶ **부재료**
실파 4대, 녹말가루 · 들기름 · 식물성 기름 2큰술씩, 실고추 ·
물 · 소금 약간씩

1 감자는 껍질을 벗기고 강판에 곱게 간 후 앙금이 생기
도록 그대로 둔다.

2 볼에 감자 앙금이 가라앉았으면 윗물을 따라내고 녹말가
루를 조금 넣어 반죽한다. 뻑뻑하면 물을 조금 넣는다.

3 청양고추는 송송 썰고 실파는 1㎝ 길이로 썬다. 실고
추는 짧게 끊어 놓는다.

4 팬에 식물성 기름과 들기름을 섞어 두른 후 지글지글
끓어오르면 ②의 감자 앙금 반죽을 한 숟가락 떠서 동
그랗게 원으로 만들어 부친다.

5 뒤집기 전에 청양고추, 실고추, 실파를 부침개 위에
조금씩 올려 모양을 낸다.

🔄 **COOK TIP**

감자 앙금을 만들려면 그릇에 담아 흔들지 말고 그대로 유지시켜
야 하는데 빨리 만들려면 냉장고에 감자 앙금 그릇을 넣어 앙금
을 내리는 것이 좋다.

데친감자베이컨구이

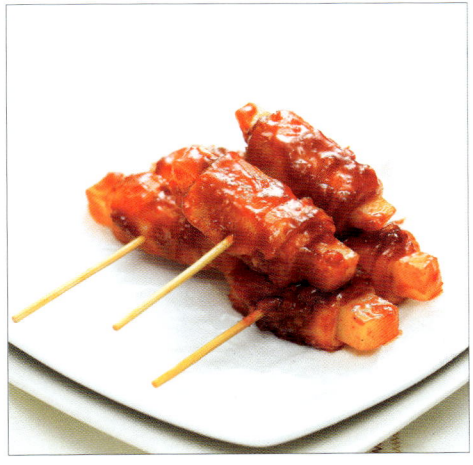

▶ **주재료**
감자 2개, 베이컨 4줄, 꼬치 8개

▶ **부재료**
소금 약간, 고추장 · 맛술 · 물엿 1큰술씩, 간장 · 다진 마늘 1작은
술씩, 다시마 우린 물 ⅓컵

1 감자는 껍질을 벗기고 손가락 굵기, 5㎝ 길이로 자른
후 끓는 물에 소금을 약간 넣고 데친다.

2 베이컨은 반을 잘라 데친 감자에 돌돌 말아 꼬치로 고
정시킨다.

3 팬에 양념장을 재료의 분량대로 넣어 끓이다가 끓으
면 ②를 넣어 앞뒤로 간이 배도록 굽는다.

🔄 **COOK TIP**

감자를 데칠 때는 소금을 넣어 살짝 데친 후 찬물에 헹궈 열기를
빨리 없애야 감자의 색이 변하지 않는다.

감자새우살두반장볶음

▶ **주재료**
감자 2개, 칵테일새우 12마리

▶ **부재료**
대파 1대, 청경채 2포기, 두반장 2큰술, 굴소스·참기름 1작은술씩, 마늘채·물녹말 1큰술씩, 다시마 우린 물 ½컵, 소금·후춧가루·
식물성 기름 약간씩

1 감자는 껍질을 벗기고 반을 가른 후 부채꼴 모양으로
  저며 편 썬다.

2 썬 감자는 찬물에 헹궈 끓는 물에 소금을 약간 넣고
  데친 후 그대로 식혀 소금과 후춧가루로 간을 한다.

3 칵테일새우는 소금물에 헹궈 건지고 대파는 2㎝ 길이
  로 썰고 청경채는 한 잎씩 떼어 씻는다.

4 팬에 기름을 두르고 대파와 마늘채를 볶다가 칵테일
  새우, 감자를 넣어 볶는다.

5 ④에 다시마 우린 물을 붓고 끓이다가 감자가 익으면
  청경채와 함께 두반장, 굴소스를 넣어 버무린다.

6 물녹말을 뿌리고 소금과 후춧가루로 간을 하여 걸쭉
  한 상태로 끓인다.

7 참기름을 넣고 고루 섞어 그릇에 푸짐하게 담아낸다.

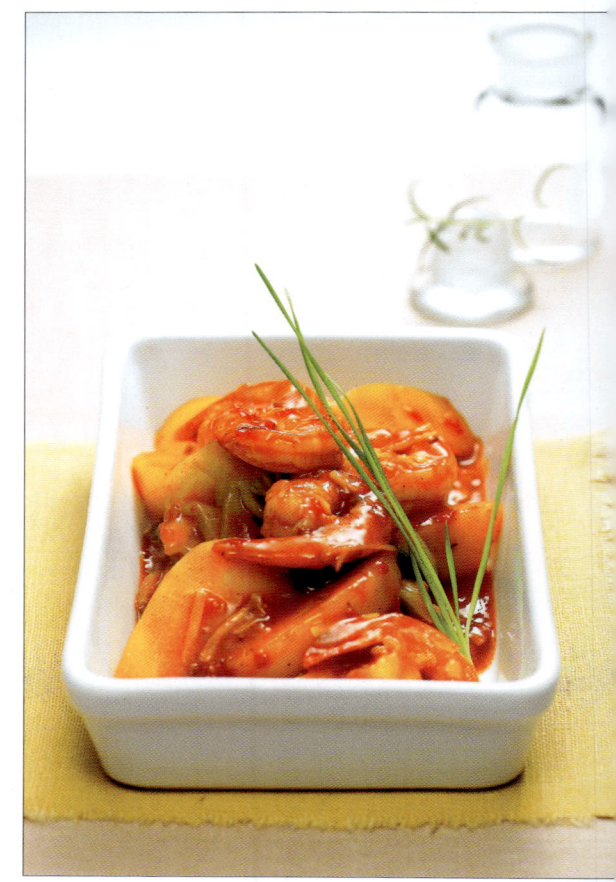

🔶 COOK TIP

감자는 다시마 우린 물에 끓여 살캉하게 익혀야 두반장을 넣어
볶았을 때 간이 제대로 밴다. 중국풍의 감자 요리로 감자를 되도
록 저며 썰어 질감을 살려주는 것이 포인트다.

감자칩간장소스샐러드

▶ **주재료**
감자 2개, 소금·곱게 빻은 통후추 약간씩, 치커리·베이비채소 50g씩, 올리브오일 1큰술

▶ **간장소스**
간장·올리브오일 2큰술씩, 레몬식초·다진 양파·다진 홍고추 1큰술씩, 꿀 1작은술

1 감자는 껍질을 벗기고 아주 얇게 썬 후 찬물에 헹궈 건져 물기를 한 개씩 닦는다.

2 손질한 감자는 올리브오일을 약간 바르고 소금과 곱게 빻은 통후추를 뿌린 후 160℃로 예열한 오븐에서 노릇하게 구워낸다.

3 치커리는 씻어서 손으로 작게 뜯고 베이비채소는 씻은 후 물기를 턴다.

4 다진 양파와 다진 홍고추를 볼에 담고 간장, 올리브오일, 레몬식초, 꿀을 넣고 고루 섞어 소스를 만든다.

5 접시에 치커리와 베이비채소를 담고 감자칩을 얹어 ④의 소스를 듬뿍 끼얹어 낸다.

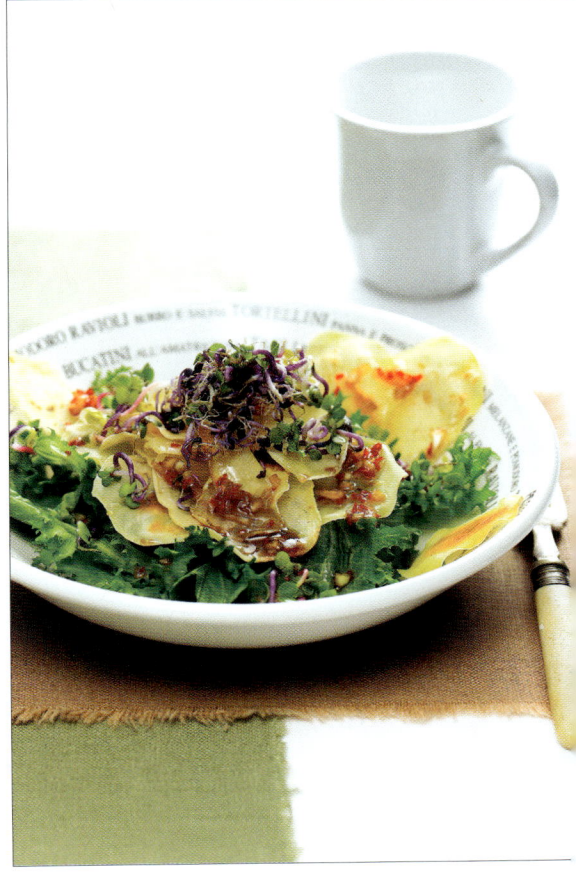

🌀 **COOK TIP**
감자를 오븐에 굽거나 전자레인지에서 살짝 구울 때는 올리브 오일을 살짝 발라 윤기를 더해주고 쉽게 타지 않도록 하는 것이 좋다.

감자소시지볶음

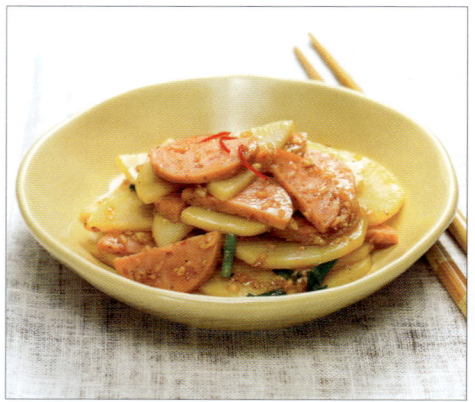

▶ **주재료**
감자 2개, 소시지 100g, 양파 ½개, 쪽파 2대

▶ **볶음장**
굴소스 · 맛술 1큰술씩, 간장 · 다진 마늘 · 통깨 1작은술씩,
소금 · 후춧가루 약간씩

1 감자는 껍질을 벗기고 세로로 4등분하여 납작하게 편
썬 후 찬물에 담가 녹말기를 뺀다.

2 소시지는 반달로 얄팍하게 저며 썰고 양파는 굵게 채
썰고 쪽파는 1㎝ 길이로 썬다.

3 팬에 기름을 두르고 양파와 다진 마늘을 볶다가 감자
를 넣어 볶는다.

4 감자가 살캉하게 익으면 소시지와 굴소스, 간장, 맛술
을 넣고 약한 불에서 볶는다.

5 감자에 간이 배도록 소금과 후춧가루를 넣어 간을 맞
추고 송송 썬 쪽파와 통깨를 뿌려 상에 낸다.

🔁 **COOK TIP**

감자는 껍질의 색이 푸르게 변한 것이나 싹이 난 것에는 독성이
있다. 싹이 나지 않고 노란색을 띤 감자가 신선하고 맛있는 감자
이다. 껍질을 벗기면 노란색을 띠고 단단하며 무거워야 좋다. 보관
중인 감자라도 싹을 잘라 버리고 보관해야 한다. 감자는 1년 내내
구입할 수 있지만 6~8월에 캐는 감자가 제일 달고 맛이 있다.

감자양배추볶음

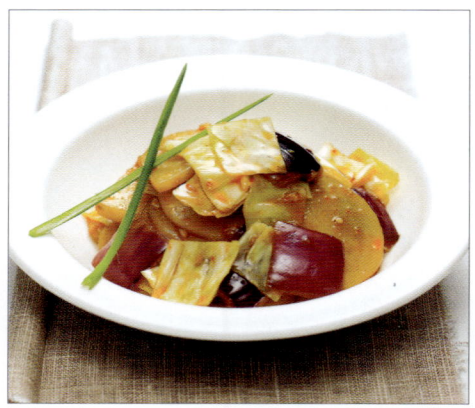

▶ **주재료**
감자 2개, 양배추 5장

▶ **부재료**
적양파 ½개, 간장 · 다진 파 1큰술씩, 고운 고춧가루 · 다진 마늘 ·
맛술 · 참기름 · 통깨 1작은술씩, 소금 약간

1 감자는 껍질을 벗기고 세로로 4등분하여 가로로 납작
하게 편 썬 후 찬물에 헹궈 건진다.

2 양배추는 한 장씩 떼어 소금물에 헹군 후 사방 2㎝ 크
기로 썬다. 적양파도 같은 크기로 썬다.

3 팬에 기름을 두르고 적양파, 다진 마늘, 감자를 넣어
볶다가 소금을 넣어 간을 맞춘다.

4 감자가 살캉하게 볶아지면 간장과 고운 고춧가루를
넣고 간을 맞춰 볶는다.

5 ④에 다진 파, 맛술, 참기름, 통깨를 넣어 버무려 그릇
에 담아낸다.

🔁 **COOK TIP**

감자와 함께 볶는 양배추는 기름에 볶을 때 너무 오래 볶으면 늘
어져 아삭한 맛이 없어진다. 감자가 살캉하게 익고 난 후 양배추를
넣어 아삭한 질감이 살아있도록 한다.

감자전

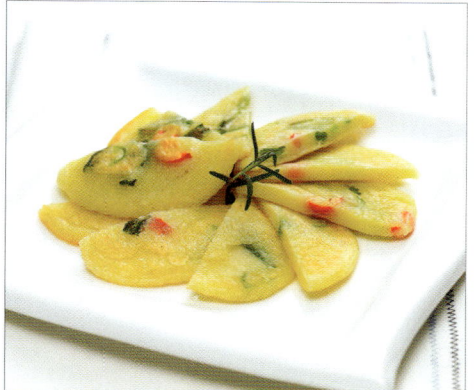

▶ **주재료**
감자 3개

▶ **부재료**
찹쌀가루 3큰술, 부침가루 ½컵, 풋고추·홍고추 2개씩, 쪽파 5대, 소금 약간

1 감자는 껍질을 벗기고 강판에 곱게 갈아 앙금을 가라앉힌다.

2 풋고추와 홍고추는 반을 갈라 씨가 있는 채로 송송 잘게 썬다. 쪽파는 2㎝ 크기로 썬다.

3 가라앉힌 감자 앙금의 윗물을 따라내고 남은 앙금에 찹쌀가루와 부침가루를 넣고 버무려 걸쭉한 농도로 반죽을 한 후 소금으로 간을 한다.

4 ③에 고추채와 쪽파를 넣고 한데 버무려 반죽한다.

5 팬에 기름을 넉넉하게 두른 후 감자 반죽을 한 숟가락씩 떠서 놓고 앞뒤로 전을 부친다.

🠒 COOK TIP

감자는 오래 보관하면 싹이 나서 문제가 된다. 이 싹은 독성이 있어 식중독이나 배탈을 일으키게 하는데 감자를 보관할 때 사과 한두 개를 넣어 함께 보관하면 싹이 나는 것을 방지할 수 있다. 감자는 어둡고 습기 없는 곳을 좋아한다. 물기 없는 종이봉지나 검은색 비닐에 넣어두면 오래 두고 먹을 수 있다.

시금치나물

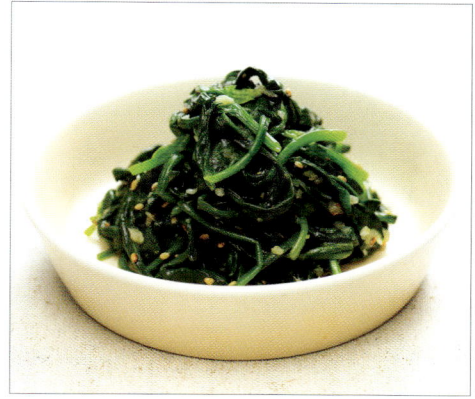

▶ **주재료**
시금치 250g

▶ **부재료**
포도씨오일·다진 마늘 1작은술씩, 소금 약간, 다진 파·참기름·깨소금 1큰술씩

1 시금치는 다듬어 씻어 냄비에 물을 넉넉하게 붓고 포도씨오일과 소금을 약간 넣고 끓이다가 끓으면 시금치를 넣고 살짝 데친다.

2 데친 시금치는 찬물에 헹궈 건져 물기를 꼭 짠 후 먹기 좋은 크기로 썬다.

3 시금치를 볼에 담고 다진 마늘과 다진 파, 참기름, 깨소금을 넣어 조물조물 무쳐 그릇에 담는다.

🠒 COOK TIP

시금치와 같은 녹색 채소를 삶을 때 포도씨오일 또는 식물성 기름을 끓는 물에 조금 넣어 소금과 함께 데치면 녹색 채소의 윤기가 살아나면서 질감이 아삭해져 더욱 맛있다.

시금치가다랑어절임

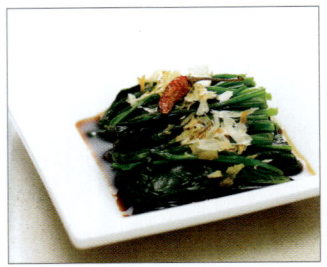

▶ **주재료**
시금치 250g, 가다랑어포 2큰술, 실고추 · 소금 약간씩

▶ **절임장**
다시마 우린 물 ½컵, 가다랑어포 3큰술, 맛술 · 간장 2큰술씩, 마늘즙 · 설탕 ½큰술씩

1 시금치는 뿌리 부분의 억센 부분을 칼로 긁어내고 굵은 겉잎을 떼어낸 후 씻어서 물기를 턴다.

2 냄비에 물을 조금 붓고 소금을 넣은 후 끓으면 시금치를 뿌리 부분부터 넣어서 살짝 숨이 죽을 정도로 데쳐 찬물에 헹궈 건져 물기를 짜고 가지런하게 다듬어 도마에 올려 4㎝ 길이로 자른다.

3 냄비에 다시마 우린 물과 간장, 맛술, 설탕을 넣어 끓으면 불에서 내려 가다랑어포를 우려서 면포에 거른 후 마늘즙을 넣어 진한 맛을 낸다.

4 그릇에 시금치를 차곡차곡 담고 ③의 절임장을 부은 후 30분 정도 절인다.

5 절인 시금치를 접시에 담고 남은 장물을 조금 끼얹은 후 실고추와 가다랑어포를 조금 얹어 상에 낸다.

> ➔ **COOK TIP**
> 시금치는 항상 참기름에 무쳐 소금으로 간을 맞춰 먹거나 초고추장을 만들어 무쳐 먹는데 가다랑어포를 우려 낸 다시마 국물을 만들어서 시금치를 데친 후 절여 먹으면 얕은 맛과 함께 시금치의 단맛이 그대로 우러나 더욱 맛있게 먹을 수 있다.

시금치고추장무침

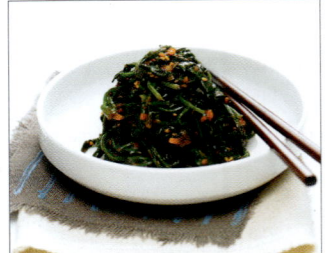

▶ **주재료**
시금치 100g

▶ **부재료**
소금 약간, 고추장 · 다진 파 · 식초 1큰술씩, 물엿 · 다진 마늘 · 통깨 1작은술씩, 설탕 ½작은술, 참기름 · 생강즙 ¼작은술씩

1 시금치는 뿌리 쪽의 분홍색 부분을 약간 잘라내고 십자로 칼집을 넣어 손으로 찢어 찬물에 헹궈 건진다. 뿌리 쪽의 분홍색 부분은 비타민을 다량 함유하고 있어서 다 잘라내지 말고 약간만 다듬어 놓아야 좋다.

2 냄비에 물 3컵 정도와 소금 ⅓작은술을 넣어서 팔팔 끓으면 뿌리 쪽부터 물에 넣어 시금치의 잎까지 완전하게 잠기게 해서 약 30초 정도 데친다. 뒤집어 다시 30초 정도 데쳐 찬물에 재빨리 헹궈 파랗게 된 시금치를 헹궈 건져야 시금치가 알맞게 데쳐지고 씹히는 질감이 최고로 좋다.

3 씻은 시금치의 물기를 꼭 짜고 큼직하게 먹기 좋은 크기로 4등분한다.

4 볼에 고추장과 다진 마늘, 다진 파, 생강즙을 섞어 고추장을 푼 후에 식초와 물엿, 설탕을 넣어 새콤달콤한 맛을 낸다.

5 ④에 시금치를 넣어 조물조물 무치고 참기름을 넣어서 부드럽게 섞은 후에 모자라는 간은 소금으로 맞추고 통깨를 뿌려 그릇에 담아낸다.

> ➔ **COOK TIP**
> 시금치는 먹기 직전에 무쳐야 고추장으로 인한 물이 생기지 않는다.

데친시금치달걀볶음

▶ **주재료**
시금치 200g, 달걀 2개

▶ **부재료**
홍고추 ½개, 송송 썬 실파 2큰술, 마늘채 1작은술, 포도씨오일·청주 1큰술씩, 소금 약간

1 시금치는 다듬어 씻어 냄비에 물을 붓고 포도씨오일과 소금을 약간 넣은 후 파랗게 데친다. 찬물에 헹궈 물기를 꼭 짠 후 2㎝ 길이로 썬다.

2 달걀은 알끈을 제거한 후 곱게 풀어 청주를 섞어 체에 한 번 내려 부드럽게 한다.

3 홍고추는 씨를 제거하고 곱게 다진다.

4 팬에 포도씨오일을 두르고 마늘채를 볶다가 달걀물을 붓고 젓가락을 11자 형태로 잡고 휘저어 살짝 익으면 시금치를 넣어 볶는다.

5 ④에 홍고추와 실파를 넣고 소금으로 간을 맞춰 그릇에 담아낸다.

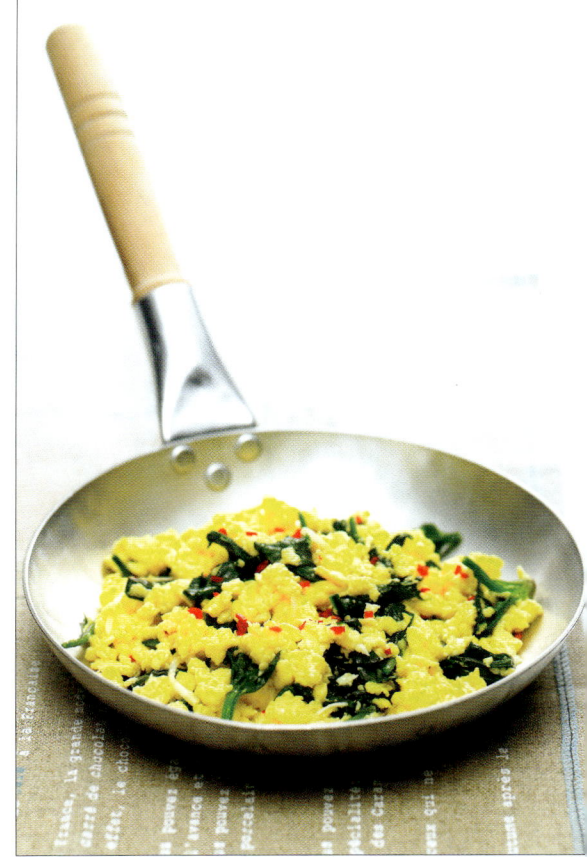

→ **COOK TIP**
시금치 데쳐서 썬 것을 사용하다 남으면 믹서에 곱게 갈아 즙을 받아 밀폐용기에 넣어 냉동 보관하면 나중에 밀가루 반죽에 넣어 색을 낼 수 있다. 색깔있는 수제비나 칼국수 또는 만두피를 만들어 먹으면 색다르게 즐길 수 있다.

시금치들깨소스무침

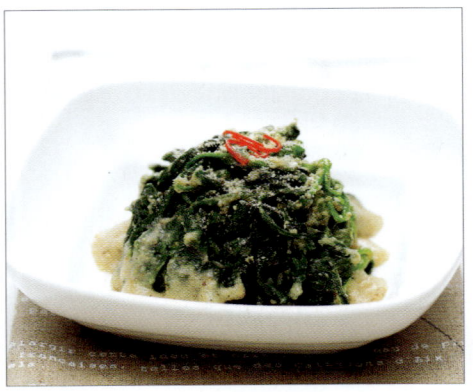

▶ **주재료**
시금치 200g, 소금 약간

▶ **들깨소스**
들깻가루 2큰술, 들기름 · 참치액 · 맛술 1작은술씩, 다진 마늘 ½작은술, 다진 파 1큰술, 소금 약간

1 시금치는 다듬어 씻어서 소금 넣은 끓는 물에 재빨리 데쳐 찬물에 여러 번 헹군 후 물기를 뺀다.

2 데친 시금치를 적당한 길이로 썬다.

3 볼에 들깻가루와 들기름, 참치액, 다진 마늘, 다진 파, 맛술을 넣어 고소한 들깨소스를 만든다.

4 ③에 시금치를 넣어 살살 버무려 소금으로 간을 맞춰 그릇에 담아낸다.

> **COOK TIP**
> 시금치의 녹색을 선명하게 살리려면 소금을 조금 넣고 높은 온도에서 재빨리 데치는 것이 중요하다. 줄기가 잎에 비해 굵거나 억센 것은 줄기와 잎을 나누어 따로따로 데치거나 혹은 줄기 부분부터 넣고 어느 정도 물러진 후 잎 부분을 넣어야 전체를 균일하게 익힐 수 있다. 재빨리 데쳐야 비타민 C가 파괴되지 않는다.

시금치청포묵무침

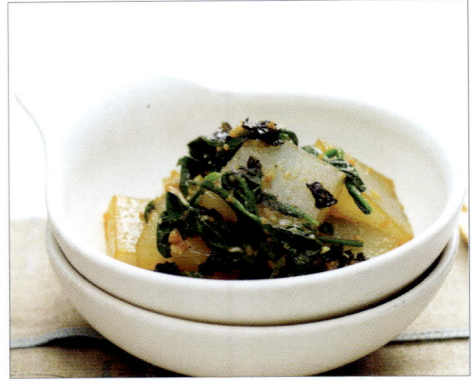

▶ **주재료**
시금치 150g, 청포묵 1모

▶ **부재료**
구운 김 2장, 다진 파 · 간장 1큰술씩, 다진 마늘 · 들기름 · 들깻가루 1작은술씩, 실고추 · 소금 약간씩

1 시금치는 다듬어 씻어 끓는 물에 소금과 기름을 약간 넣고 파랗게 데쳐 찬물에 헹궈 물기를 꼭 짜고 4㎝ 길이로 썬다.

2 청포묵은 야들거리는 금방 쑨 것으로 준비해서 3×3×1㎝ 크기로 썬다. 김은 직화로 구워 잘게 부순다.

3 팬에 들기름과 식용유를 같은 비율로 넣고 끓으면 다진 마늘을 넣어 볶다가 청포묵을 넣어 볶는다.

4 청포묵이 투명하게 익으면 구운 김과 간장, 다진 파, 들깻가루를 넣어 재빨리 볶아 소금으로 간을 한다.

5 시금치를 볼에 담고 ④의 청포묵을 넣어 버무려 소금으로 간을 맞추고 접시에 담아 실고추를 짧게 끊어 올린다.

> **COOK TIP**
> 녹색 채소를 물에 삶으면 영양성분이 파괴되기도 하지만 시금치에 들어 있는 베타카로틴은 비교적 열에 안전하다. 엽산은 열에는 조금 약하지만 살짝 데치는 것은 괜찮다. 대신 시금치를 데칠 때는 반드시 뚜껑을 열고 데쳐야 휘발성 성분이 날아가 시금치의 녹색을 유지할 수 있다.

시금치유부볶음

▶ **주재료**
시금치 200g, 시판 조림유부 5장

▶ **부재료**
당근 30g, 쪽파 2대, 다진 마늘 · 맛술 · 참기름 · 깨소금 1작은술씩, 소금 · 후춧가루 약간씩

1 시금치는 다듬어 씻어 물기를 털고 3㎝ 길이로 썬다.

2 시판하는 조림유부를 준비해서 물기를 꼭 짠 후 잘게 채 썬다.

3 당근은 곱게 채 썰고 쪽파는 1㎝ 크기로 썬다.

4 팬에 기름을 두르고 다진 마늘과 당근을 넣어 볶다가 시금치와 조림유부채를 넣은 후 맛술과 참기름으로 버무려 볶는다.

5 ④에 소금과 깨소금 쪽파를 넣어 버무려 간을 맞춰 완성한다.

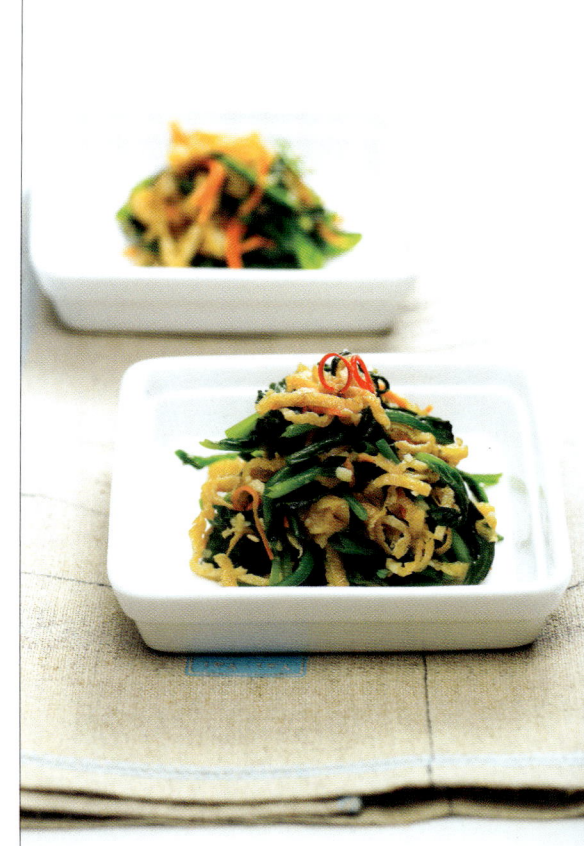

🔴 COOK TIP

그냥 유부는 기름기가 많아 시판 조림유부를 사용하면 따로 간을 하지 않고 채만 썰어 넣을 수 있어서 간편하다. 대신 조림용 유부를 자근자근 종이타월에 눌러 수분을 없애고 채 썰어야 한다.

시금치새송이버섯볶음

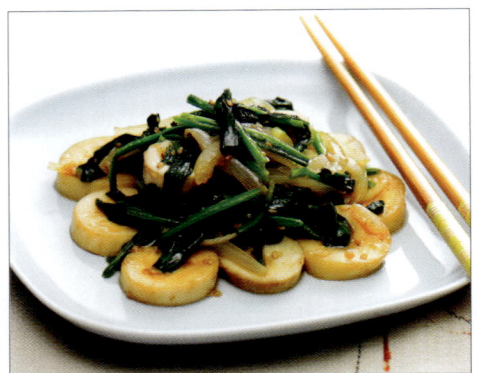

▶ **주재료**
시금치 150g, 새송이버섯 3개

▶ **부재료**
대파 ⅓대, 양파 ⅓개, 굴소스 2큰술, 맛술·깨소금 1큰술씩, 들기름·다진 마늘 1작은술씩, 소금·후춧가루 약간씩

1 시금치는 다듬어 씻어 물기를 털고 3㎝ 길이로 썬다.

2 새송이버섯은 동그란 모양을 살려 0.8㎝ 폭으로 썬다.

3 대파와 양파는 굵게 채 썬다.

4 팬에 기름을 두르고 양파와 다진 마늘을 볶다가 시금치와 새송이버섯을 넣어 볶는다.

5 굴소스와 맛술을 ④에 넣어 시금치와 새송이버섯에 간이 배도록 볶는다.

6 ⑤에 들기름과 깨소금, 소금, 후춧가루로 간을 맞춰 버무려 그릇에 담아낸다.

시금치닭살볶음

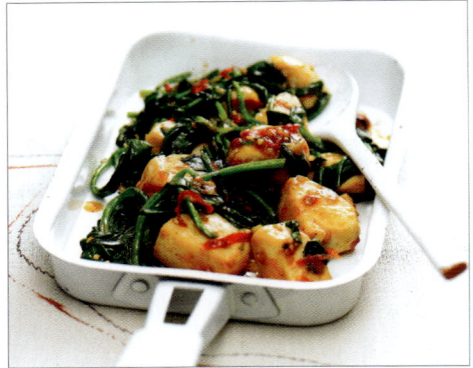

▶ **주재료**
시금치 150g, 닭가슴살 100g

▶ **부재료**
소금 약간, 두반장·참기름·다진 마늘·청주 1작은술씩, 마른 홍고추 1개, 다진 파 1큰술, 깨소금·후춧가루 약간씩

1 시금치는 다듬어 흐르는 물에 두 번 정도 씻고 마지막에 소금 약간 탄 물에 헹궈 건져 물기를 빼고 먹기 좋은 크기로 썬다.

2 닭가슴살은 하얀 피막을 제거하고 씻어 물기를 닦은 후 사방 2㎝ 크기로 썬다.

3 마른 홍고추는 가위로 잘게 썰어 씨를 턴다.

4 팬에 기름을 두르고 마른 홍고추와 마늘을 넣고 볶아 향이 나면 닭가슴살을 넣어 볶는다.

5 ④에 시금치를 넣고 두반장과 다진 파, 청주를 넣고 재빨리 볶아 소금, 후춧가루, 참기름으로 맛을 내고 깨소금을 뿌려 그릇에 담아낸다.

시금치두반장고기조림

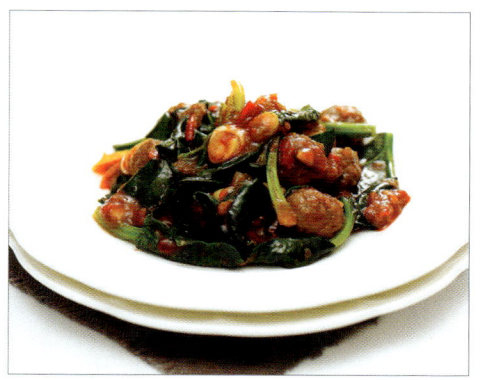

▶ **주재료**
시금치 200g, 다진 쇠고기 300g

▶ **부재료**
대파 1대, 다진 마늘 1큰술, 두반장 · 녹말가루 2큰술씩, 다시마 우린 물 5큰술, 참기름 · 깨소금 1작은술씩, 소금 · 후춧가루 약간씩

1 시금치는 다듬어 씻어 4cm 길이로 썰고 대파는 채 썬다.

2 다진 쇠고기는 소금과 후춧가루로 간을 해서 조물조물 무쳐 직경 1.5cm 의 완자를 빚어 녹말가루를 뿌려 팬에 굴려 익힌다.

3 ②의 쇠고기에 다시마 우린 물을 붓고 시금치를 넣어 볶다가 두반장과 대파채, 다진 마늘을 넣어 볶는다.

4 ③에 참기름과 깨소금을 넣고 소금과 후춧가루로 간을 맞춰 그릇에 담아낸다.

시금치구운김무침

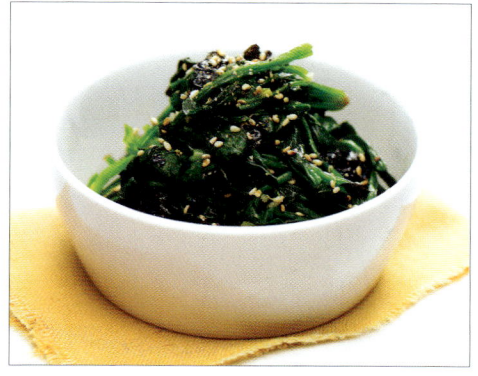

▶ **주재료**
시금치 250g, 구운 김 2장

▶ **부재료**
포도씨오일 · 다진 마늘 1작은술씩, 다진 파 · 참기름 · 깨소금 1큰술씩, 소금 약간

1 시금치는 다듬어 씻어 냄비에 물을 넉넉하게 붓고 포도씨오일과 소금을 약간 넣어 끓으면 시금치를 넣고 살짝 데쳐 찬물에 헹궈 건져 물기를 꼭 짠다.

2 김은 불에 직화로 구워 비닐봉지에 넣어 잘게 부순다.

3 시금치를 먹기 좋은 크기로 썰어 볼에 담고 다진 마늘과 다진 파, 참기름, 깨소금을 넣어 조물조물 무쳐 양념이 다 되었으면 김 부순 것을 넣어 버무려 그릇에 담는다.

🡒 **COOK TIP**
시금치는 맛이 달고 연해 두반장 같은 향이 짙은 양념에 조릴 때 자칫 쉽게 물러질 수 있으니 다시마 우린 물을 부어 시금치를 싱싱한 상태로 조릴 수 있도록 한다.

🡒 **COOK TIP**
시금치와 함께 무치는 김은 되도록 파래김을 사용해서 고소하고 좋은 향이 나도록 하는 것이 좋다. 불에서 직화로 김을 구울 때 타지 않도록 불 조절에 주의한다.

시금치양배추볶음

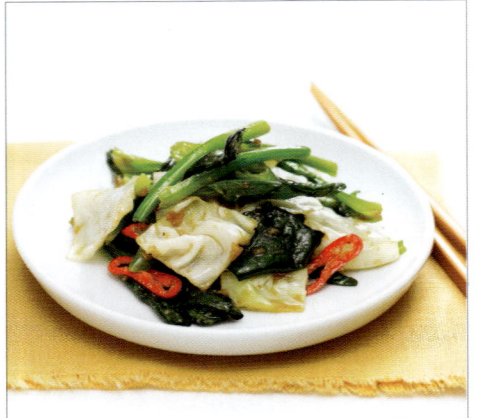

▶ **주재료**
시금치 250g, 양배추 5장

▶ **부재료**
쪽파 2대, 홍고추 · 청양고추 1개씩, 다진 마늘 1작은술, 맛술 · 간장 · 들기름 · 들깻가루 1큰술씩, 소금 약간

1 시금치는 다듬어 씻어 4㎝ 길이로 썬다.

2 양배추는 한 장씩 씻어 사방 2㎝ 크기로 썬다. 쪽파는 1㎝ 길이로 썰고 홍고추와 청양고추는 어슷하게 썰어 씨를 턴다.

3 팬에 기름을 두르고 다진 마늘과 양배추를 볶다가 시금치를 넣어 간장과 맛술을 넣어 볶는다.

4 양배추와 시금치가 나른하게 볶아지면 고추와 쪽파를 넣고 들기름, 들깻가루, 소금으로 맛을 내어 그릇에 담는다.

→ COOK TIP

양배추의 질감이 시금치보다는 단단하기 때문에 팬에서 먼저 볶아 살짝 나른한 상태가 되면 바로 시금치를 넣어 간을 해서 볶아야 질감이 서로 비슷해져 먹기에 좋다.

시금치북어포생채

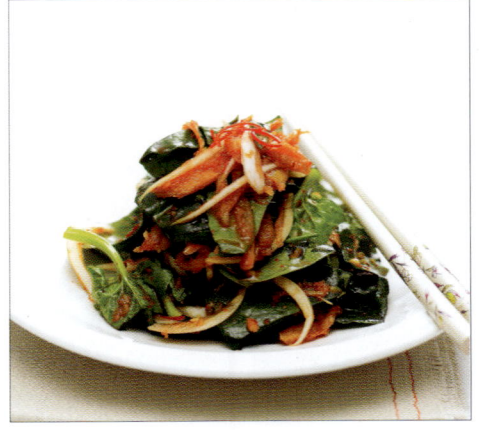

▶ **주재료**
시금치 200g, 북어포 80g

▶ **부재료**
쪽파 2대, 양파 ⅓개, 청양고추 1개, 소금 약간, 쌀뜨물 1컵

▶ **생채 양념장**
고운 고춧가루 1½큰술, 간장 1작은술, 생강즙 ⅓작은술, 다진 마늘 · 식초 · 설탕 1큰술씩, 소금 약간

1 시금치는 다듬어 씻어 4㎝ 길이로 썬다.

2 북어포는 쌀뜨물에 불려 물기를 꼭 짜고 시금치와 같은 길이로 자른다.

3 쪽파는 2㎝ 길이로 썰고 양파는 곱게 채 썰어 찬물에 헹궈 건진다. 청양고추는 반을 갈라 씨를 빼고 2㎝ 길이로 채 썬다.

4 생채 양념장을 재료의 분량대로 만든다.

5 볼에 시금치와 북어포, 양파, 쪽파, 청양고추를 담고 생채 양념장으로 버무려 소금으로 간을 맞춰 그릇에 담아낸다.

→ COOK TIP

생으로 먹는 시금치는 먹기 직전에 양념에 무쳐야 제 맛이 나면서 간이 싱거워지지 않는다. 북어포의 비린 맛을 없애려면 쌀뜨물에 담가 잡내를 없애고 씻은 후 물기를 꼭 짜서 무쳐야 한다.

시금치참치볶음

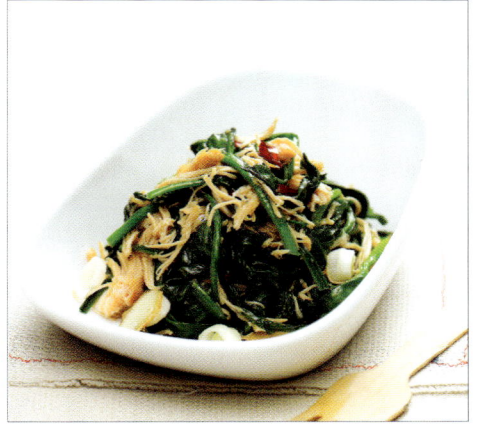

▶ **주재료**
시금치 200g, 참치(통조림) 150g

▶ **부재료**
마른 홍고추 2개, 마늘 2쪽, 대파 1대, 청주 1큰술, 간장 1작은술,
소금 · 후춧가루 약간씩

1 시금치는 다듬어 씻어 4cm 길이로 썬다.

2 참치 통조림은 체에 밭쳐 기름을 뺀다.

3 마른 홍고추는 잘게 자르고 마늘은 편 썰기 한다. 대파
는 송송 썬다.

4 팬에 기름을 두르고 마른 홍고추와 마늘, 대파를 볶다
가 참치와 시금치를 넣어 청주와 간장으로 맛을 내어
볶는다.

5 나른하게 시금치가 볶아지면 소금과 후춧가루로 간을
맞춘다.

→ COOK TIP
참치 통조림을 이용해 조리를 할 때는 기름이 자연스럽게 빠지도
록 체에 밭쳐 30분 정도 두는 것이 좋다. 단, 기름을 너무 많이 제
거한 상태에서 볶으면 참치가 기름기가 없어 뻑뻑해 질 수 있다.

시금치당근달걀부침

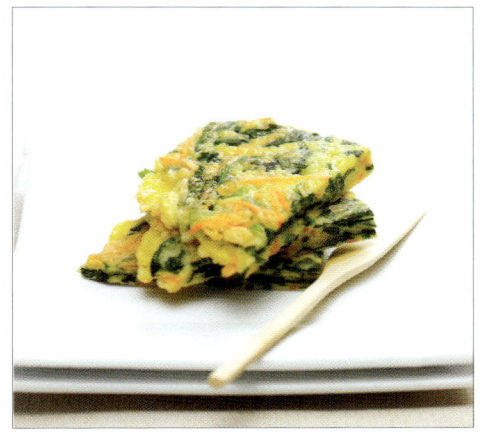

▶ **주재료**
시금치 100g, 당근 50g, 달걀 3개

▶ **부재료**
밀가루 3큰술, 다시마 우린 물 $\frac{1}{4}$컵, 소금 약간

1 시금치는 다듬어 씻어 4cm 길이로 썬다.

2 당근은 씻어 3cm 길이로 곱게 채 썬다.

3 달걀은 알끈을 제거하고 곱게 풀어 체에 한 번 내린다.

4 볼에 시금치와 당근, 달걀을 모두 담고 밀가루와 다시
마 우린 물로 반죽해서 소금으로 간을 맞춘다.

5 팬에 기름을 넉넉하게 두르고 ④의 반죽을 한 국자씩
떠서 노릇하게 부쳐낸다. 먹기 좋은 크기로 썰어 접시
에 담아낸다.

→ COOK TIP
달걀로 부침을 할 때에는 알끈을 제거하고 체에 곱게 내려 달걀
입자를 부드럽게 만든 후 조리한다. 그래야 채소와 밀가루가 서
로 잘 어우러지고 맛있다.

시금치보리새우볶음

▶ **주재료**
시금치 200g, 보리새우 30g

▶ **부재료**
마늘채 1큰술, 참기름 1작은술, 실고추 · 통깨 · 소금 약간씩

1 시금치는 다듬어 씻어 3㎝ 길이로 썬다.

2 보리새우는 체에 밭쳐 흔든 후 마른 팬에 볶는다.

3 팬에 기름을 두르고 마늘채를 볶다가 보리새우와 시금치를 넣어 볶는다.

4 시금치가 볶아지면 참기름과 통깨, 짧게 끊은 실고추를 넣어 버무려 소금으로 맛을 낸다.

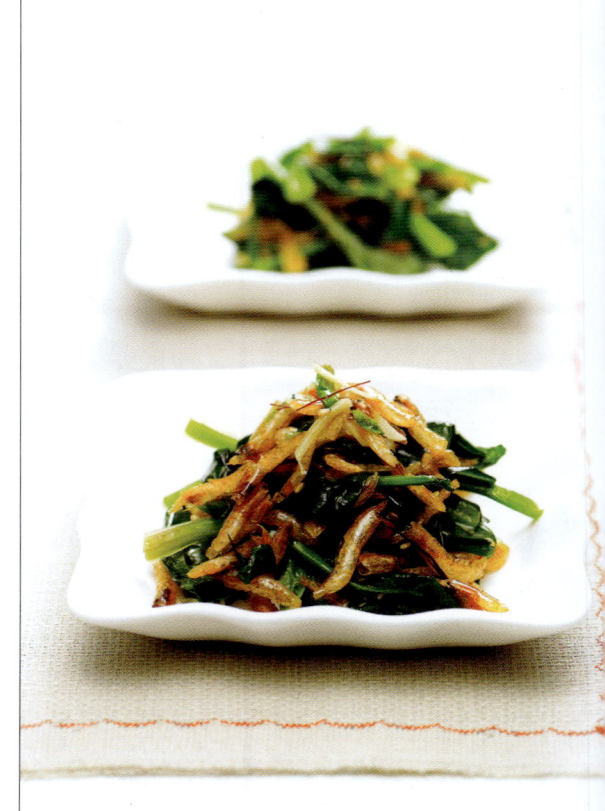

→ COOK TIP
보리새우는 마른 팬에 볶은 후 양념을 해야 보리새우의 잡내 또는 비린맛이 없고 고소하고 바삭해서 더욱 맛있다.

시금치깨장냉채

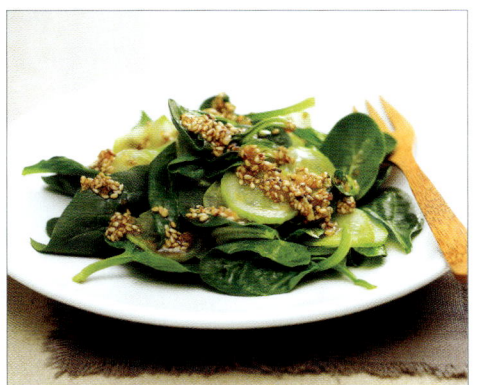

▶ **주재료**
시금치 200g

▶ **부재료**
데친 오이 ⅓개, 소금 약간

▶ **깨장소스**
깨소금 3큰술, 간장·다시마 우린 물 2큰술씩, 참기름·다진 파·맛술 1큰술씩, 다진 마늘·레몬즙 1작은술씩

1 시금치는 다듬어 씻어 4cm 길이로 썬다.

2 오이는 편으로 썰어 소금을 넣은 물에 데쳐 찬물에 헹궈 물기를 꼭 짠다.

3 깨장소스를 재료의 분량대로 만든다.

4 접시에 시금치와 오이를 켜켜로 놓고 깨장소스를 듬뿍 끼얹어 먹는다.

🔴 **COOK TIP**
깨소금의 고소한 맛이 일품인 깨장냉채는 시금치의 아삭한 맛을 그대로 살려야 더욱 맛이 있다. 시금치를 다듬어 씻을 때 뿌리 부분을 많이 자르지 말고 씻어 영양가를 살려준다.

시금치쑥갓생채

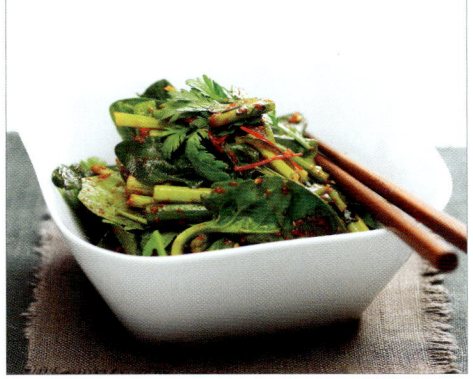

▶ **주재료**
시금치 200g, 쑥갓 150g

▶ **부재료**
쪽파 2대, 홍고추·청양고추 1개씩, 소금 약간

▶ **양념장**
간장·다진 마늘·맛술 1큰술씩, 고운 고춧가루·참기름·깨소금 1작은술씩, 소금 약간

1 시금치는 다듬어 씻어 4~5cm 정도로 먹기 좋게 썬다.

2 쑥갓은 씻어 시금치와 같은 길이로 썬다.

3 쪽파는 다듬어 씻어 2cm 길이로 썰고 홍고추와 청양고추는 반을 갈라 씨를 빼고 3cm 길이로 채 썬다.

4 양념장을 재료의 분량대로 만들어 섞는다.

5 볼에 시금치와 쑥갓, 쪽파, 고추채를 넣어 양념장으로 버무려 즉석에서 먹는다.

🔴 **COOK TIP**
시금치는 비타민과 철분이 듬뿍 들어 있어 빈혈을 예방하는 좋은 채소이다. 특히 쌀 속에 부족하기 쉬운 라이신이나 이소루신이라고 하는 아미노산이 시금치 속에는 풍부하게 들어 있기 때문에 주식으로 쌀밥을 먹는 우리들에겐 영양적으로 보완이 되어서 좋은 식품이다. 또 우리 몸속의 콜레스테롤 치수를 낮춰 주는 작용을 하기도 하고, 항암 능력도 있는데 특히 폐암에 대해서 뚜렷한 항암효과가 있다는 연구 결과로 인해서 담배를 피우는 사람들에게 꼭 권하고 싶은 채소 중의 하나이다.

시금치겉절이

▶ **주재료**
　시금치 250g, 양파 $\frac{1}{2}$개, 실파 3대, 홍고추 1개, 소금 약간

▶ **겉절이 양념**
　까나리액젓 1큰술, 고춧가루 $2\frac{1}{2}$큰술, 참치액 $\frac{1}{2}$작은술, 다진 마늘 1큰술, 설탕·깨소금 1작은술씩, 소금 약간

1 시금치의 뿌리부분에 십자로 칼집 넣고 그대로 결대로 찢어 흐르는 물에 씻어 소금물에 마지막으로 헹궈 건져 물기를 턴다. 먹기 좋은 4㎝ 정도로 잘라도 좋다.

2 양파는 곱게 채 썰어 찬물에 헹궈 건지고 홍고추는 2㎝ 길이로 채 썬다. 실파도 2㎝ 길이로 썬다.

3 볼에 까나리액젓과 참치액을 섞고 고춧가루를 개어 빨갛게 불려지면 깨소금만 빼고 모든 재료를 넣어 섞는다.

4 상에 내기 직전에 시금치와 양파, 실파, 홍고추를 볼에 담고 ③의 양념장을 넣어서 버무려 깨소금을 뿌린 후 상에 낸다.

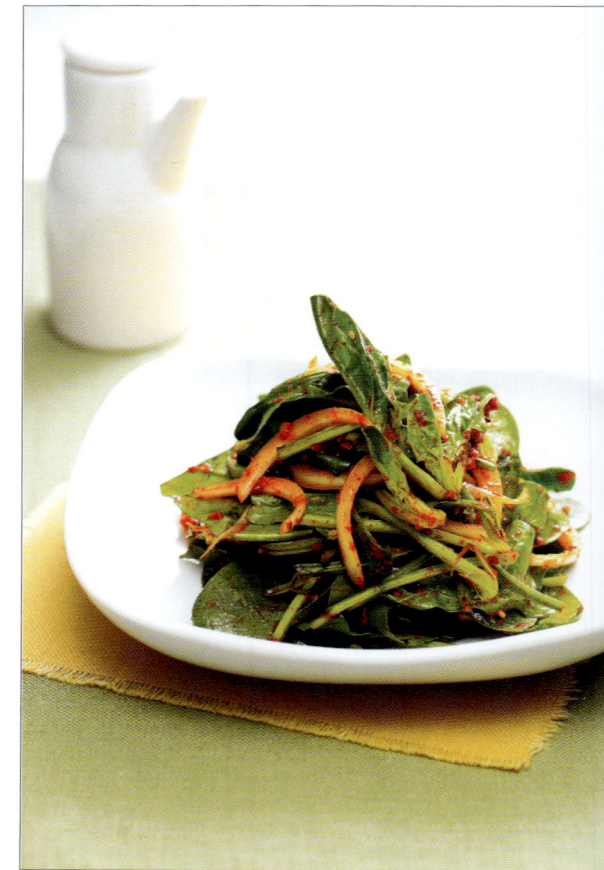

↪ **COOK TIP**
시금치겉절이는 참기름, 들기름 등의 기름을 넣지 않고 버무려야 숨이 금세 죽지 않고 신선한 맛이 그대로 유지된다. 기름 대신에 액젓으로 양념을 해야 더욱 맛이 좋다.

56 매일 먹어도 좋은 요리

시금치다진오징어전

▶ **주재료**
시금치 200g, 오징어 1마리

▶ **부재료**
홍고추 1개, 대파 ½대, 양파 ¼개, 메밀가루 5큰술, 부침가루 3큰술, 소금 · 후춧가루 약간씩

1 시금치는 다듬어 씻어 끓는 물에 소금을 넣어 파랗게 데쳐 찬물에 헹궈 물기를 꼭 짜고 송송 썬다.

2 오징어는 내장을 빼고 배를 갈라 깨끗이 씻은 후 사방 1㎝ 크기로 썬다.

3 홍고추는 반을 갈라 씨를 빼고 송송 썰고 대파와 양파는 아주 곱게 채 썬다.

4 볼에 시금치, 오징어, 고추, 대파, 양파를 담고 메밀가루와 부침가루, 소금, 후춧가루로 간을 한 후 버무려 물을 약간씩 부어 걸쭉한 반죽을 만든다.

5 팬에 기름을 두르고 달군 후 ④의 반죽을 한 숟가락씩 떠 놓고 노릇노릇하게 부친다.

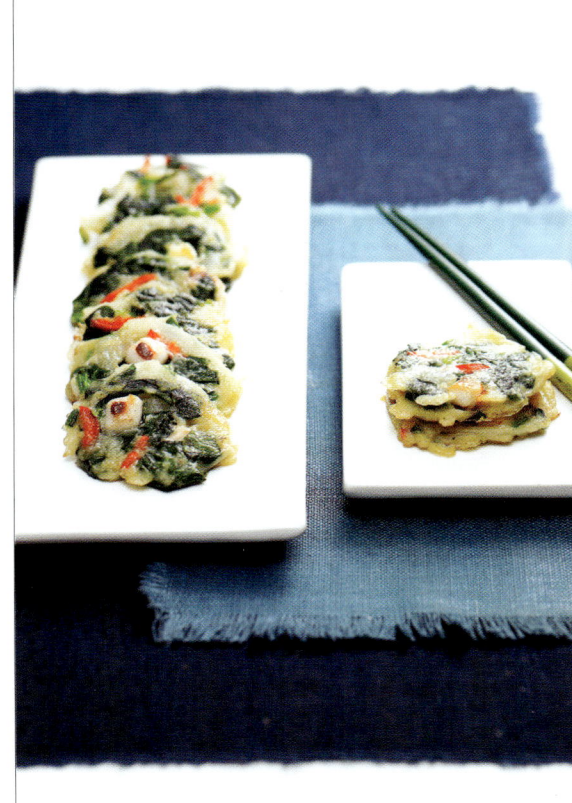

→ **COOK TIP**
시금치를 부침으로 만들어 먹을 때는 시금치가 부드럽게 익혀지도록 끓는 물에 소금을 넣어 데친 후 물기를 꼭 짜서 송송 썰어 넣어야 시금치가 억세지 않고 부드럽게 씹힌다.

콩나물양념무침

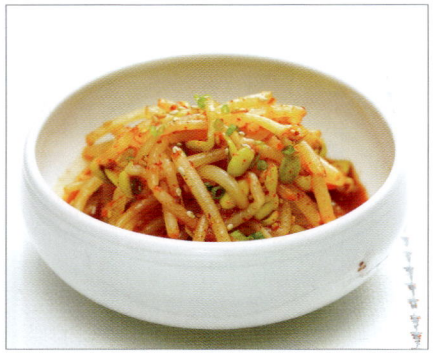

▶ **주재료**
콩나물 250g, 물 $\frac{1}{4}$컵, 소금 $\frac{1}{2}$작은술

▶ **부재료**
송송 썬 실파·고운 고춧가루·맛술 1큰술씩, 간장·다진 마늘·참기름·깨소금 1작은술씩, 소금 약간

1 콩나물은 깨끗이 다듬어 씻어 물에 헹궈 건진다.

2 냄비에 콩나물을 담고 물 $\frac{1}{4}$컵을 붓고 소금을 $\frac{1}{2}$작은술 정도 넣어 뚜껑을 덮어 삶는다.

3 콩나물 익는 냄새가 나면 볼에 콩나물을 건져 식힌다.

4 볼에 고운 고춧가루와 간장, 다진 마늘, 맛술, 참기름을 넣어 고루 섞어 양념을 만들어 ③의 콩나물에 넣어 버무려 무친다.

5 깨소금을 뿌려 버무려 그릇에 담고 송송 썬 실파를 뿌린다.

🔄 **COOK TIP**
콩나물은 삶아서 무침을 많이 하는데 콩나물이 질겨 맛이 없는 경우가 많다. 이럴 때는 콩나물을 삶아서 찬 얼음물에 재빨리 담가 콩나물이 수축해서 쫄깃해지도록 하는 것이 좋다. 찜기에 찔 때에도 같은 방법으로 하면 아삭한 질감이 살아 있다.

콩나물삼색볶음

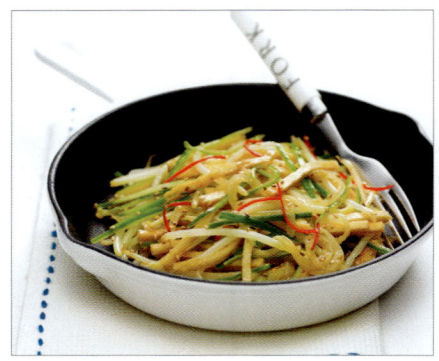

▶ **주재료**
콩나물 150g, 네모 어묵 100g, 오이 1개, 양파 $\frac{1}{2}$개

▶ **부재료**
다진 파·다진 마늘·맛술·참기름·깨소금 1큰술씩, 간장 1작은술, 소금 약간

1 콩나물은 머리와 꼬리를 떼어내고 씻어 찜기에 넣어 찐 후 찬물에 헹궈 건진다.

2 어묵은 끓는 물을 끼얹어 찬물에 헹궈 물기를 닦고 4㎝ 길이로 채 썬다.

3 오이는 깨끗이 씻어 4㎝ 길이로 토막 내어 돌려 깎아 곱게 채 썬 후 소금을 뿌려 살짝 절여 물기를 꼭 짠다. 양파는 곱게 채 썬다.

4 팬에 기름을 두르고 양파와 다진 마늘을 볶다가 어묵 →콩나물→오이 순서로 넣어 간장, 맛술, 다진 파를 넣어 재빨리 볶는다.

5 넓은 그릇에 콩나물 삼색볶음을 담고 참기름과 깨소금을 뿌려 고루 버무리고 소금으로 간을 맞춰 그릇에 담아낸다.

🔄 **COOK TIP**
콩나물이 남았을 때는 다듬어 씻지 않은 채로 종이타월에 싸서 검은 비닐에 담아 냉장보관 하는 것이 제일 좋다.

콩나물당면볶음

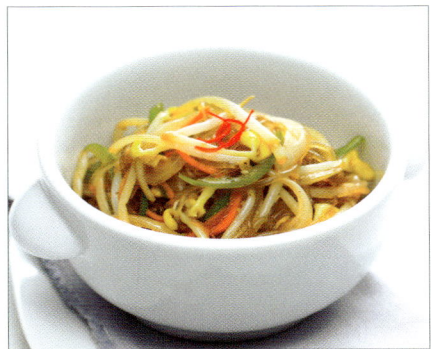

▶ **주재료**
콩나물 200g, 불린 당면 100g

▶ **부재료**
청피망 ½개, 당근 30g, 양파 ½개, 쪽파 3대, 실고추 약간

▶ **양념**
간장 2큰술, 설탕 · 맛술 · 참기름 1큰술씩, 다진 마늘 1작은술,
소금 · 후춧가루 · 통깨 약간씩

1 콩나물은 꼬리만 정리하고 깨끗이 씻어 냄비에 담는
다. 소금을 약간 넣고 뚜껑을 덮어 살캉하게 삶는다.

2 당면은 미지근한 물에 담가 불린 후 끓는 물에 삶아 채
반에 넣어 물기를 뺀다. 물기 뺀 당면은 적당한 크기로
자른다.

3 피망과 당근, 양파는 4㎝ 길이로 곱게 채 썰고 쪽파는
3㎝ 길이로 채 썬다.

4 팬에 기름을 두르고 다진 마늘과 당근, 양파를 넣어 볶
다가 당면, 콩나물을 넣는다.

5 ④에 양념장을 모두 넣어 버무려 간을 맞춘다.

6 마지막에 쪽파와 짧게 끊은 실고추를 넣어 버무려낸다.

🔴→ **COOK TIP**

콩나물을 삶을 때 물을 많이 넣어 삶으면 콩나물이 질기고 맛이
떨어지므로 콩나물이 타지 않을 정도로만 물을 붓고 소금을 약
간 넣어서 삶는다.

콩나물뱅어포무침

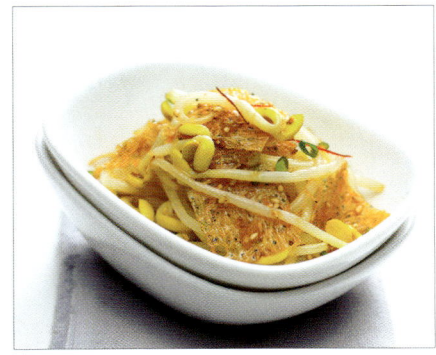

▶ **주재료**
콩나물 150g, 뱅어포 80g

▶ **무침 양념장**
송송 썬 실파 · 간장 2큰술씩, 다진 마늘 1큰술, 청주 · 물엿 · 참
기름 · 깨소금 1작은술씩, 실고추 · 소금 약간씩

1 콩나물은 씻어 김이 오르는 찜기에 넣어 살캉하게 찐
다. 찐 콩나물은 찬물에 담가 싱싱하게 만들어 건진 후
물기를 꼭 짠다.

2 뱅어포는 마른 팬에 구워 사방 2㎝ 크기로 자른다.

3 실고추는 짧게 끊어 놓는다.

4 볼에 간장과 다진 마늘, 청주, 물엿, 참기름을 넣어 고
루 섞은 후 콩나물과 뱅어포를 넣어 조물조물 무친다.

5 ④에 깨소금, 실파, 실고추를 넣어 버무려 그릇에 담아
낸다.

🔴→ **COOK TIP**

콩나물과 함께 무치는 건어물은 자칫 비린맛이 날 수 있으므로
마른 팬에서 볶아 비린맛을 완전하게 없앤 후 콩나물과 양념에
무치는 것이 좋다.

콩나물홍합살볶음

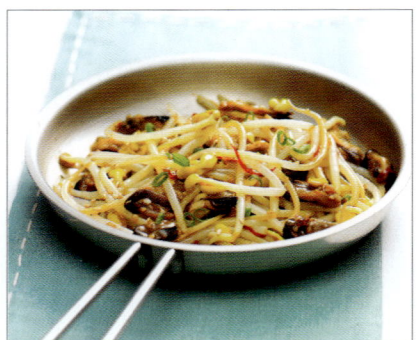

▶ **주재료**
콩나물 250g, 마른 홍합 30g

▶ **부재료**
타이 고추 3개, 실파 2대, 굴소스 2큰술, 다진 마늘 · 맛술 · 참기름 · 깨소금 1작은술씩, 소금 · 흰 후춧가루 · 쌀뜨물 약간씩

1 콩나물은 머리를 대강 다듬어 떼고 꼬리도 다듬어 물에 여러 번 헹궈 물기를 턴다.

2 마른 홍합은 쌀뜨물에 담가 충분히 부드러워지면 물에 헹궈 건진다.

3 매운 타이 고추는 가위로 잘게 자르고 실파는 송송 썬다.

4 팬에 올리브오일을 두르고 마른 홍합, 타이 고추, 다진 마늘을 볶아 향이 올라오면 콩나물을 넣고 굴소스와 맛술, 참기름을 넣어 재빨리 센 불에서 볶는다. 수분이 많으면 질척거리므로 센 불에서 재빠르게 익힌다.

5 ④의 콩나물에 소금, 후춧가루로 모자라는 간을 맞추고 실파와 깨소금을 넣어 버무린 후 그릇에 담아낸다.

→ **COOK TIP**
담백하면서 매콤하게 우러나오는 끝 맛이 좋은 타이 고추를 콩나물과 볶을 때는 간장보다 굴소스로 간을 맞춰서 부드러움을 주는 것이 더욱 좋다. 마른 홍합의 비린 맛을 없애려면 처음부터 타이 고추와 함께 볶는다.

콩나물팽이버섯볶음

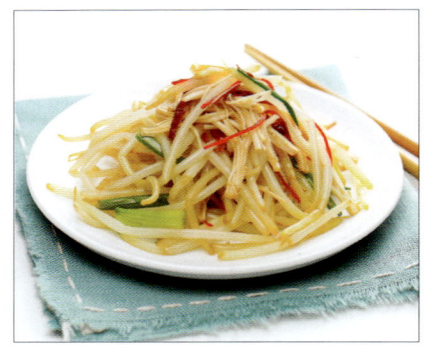

▶ **주재료**
콩나물 150g, 팽이버섯 100g

▶ **부재료**
실파 3대, 마른 홍고추 2개, 마늘 3쪽, 간장 · 참기름 1작은술씩, 소금 약간

1 콩나물은 머리와 꼬리를 떼어내고 씻어 물기를 턴다.

2 팽이버섯은 밑동을 자르고 3cm 길이로 썬다. 실파는 2cm 길이로 썬다. 마른 홍고추는 잘게 자르고 마늘은 곱게 채 썬다.

3 팬에 기름을 두르고 마른 홍고추와 마늘을 넣어 볶아 향이 올라오면 콩나물과 팽이버섯을 넣어 간장을 뿌려 볶는다.

4 간장색이 콩나물과 버섯에 배면 불에서 내려 실파, 참기름, 소금으로 맛을 내어 버무려 접시에 담아낸다.

→ **COOK TIP**
대부분 비닐봉지에 담아 파는 콩나물은 진공상태가 아니면 냉장고에 넣어둬도 누렇게 변색되기 쉽다. 콩나물을 공기 중에 그냥 두면 변색되므로 사온 즉시 깨끗이 씻어 물에 담가 두고 다른 재료를 손질해서 바로 조리하는 것이 좋다.

콩나물장조림

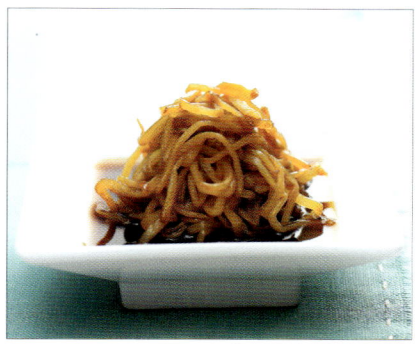

▶ **주재료**
콩나물 300g

▶ **부재료**
풋고추 1개, 홍고추 ½개, 통깨 약간

▶ **장조림 양념장**
간장 · 다시마 우린 물 5큰술씩, 설탕 · 청주 3큰술씩, 생강즙 · 물엿 1큰술씩

1 콩나물은 머리와 꼬리를 잘라내고 씻어 물기를 뺀다.

2 장조림 양념을 분량대로 만들어 콩나물을 담가 10시간 정도 푹 절인다.

3 콩나물이 장조림에 푹 절여지면 그릇에 담고 양념장을 따라내어 냄비에 부어 걸쭉하게 조린다.

4 ③에 콩나물을 다시 넣어 바특하게 조려지면 풋고추와 홍고추를 채 썰어 올리고 통깨로 버무려 그릇에 담아 낸다.

🔺 COOK TIP

콩나물 장조림은 10시간 이상 장물에 절인 후 조려야 맛이 잘 배고 꼬들거리는 질감이 맛있어 오래 보관하여 먹을 수 있는 밑반찬이다.

🔻 COOK TIP

콩나물을 고춧가루에 무치거나 콩나물에 다른 부재료를 넣어서 무칠 때 냄비에 물을 붓고 삶는 것보다 찜기에 넣어서 살캉하게 찐 상태로 무쳐야 콩나물의 질감이 쫄깃하고 콩나물의 아삭한 맛도 살아나면서 콩나물이 실처럼 줄어들지 않는다.

콩나물오이채무침

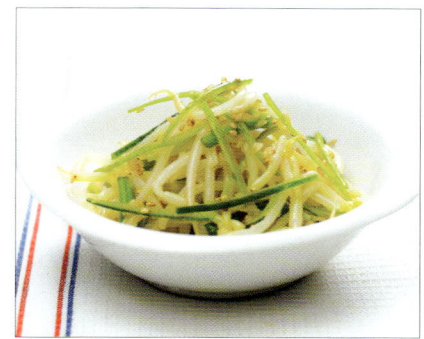

▶ **주재료**
콩나물 200g, 팽이버섯 1봉지, 오이 1개

▶ **부재료**
실파 3대, 실고추 · 통깨 · 소금 약간씩

▶ **무침 양념장**
참치액 · 다진 마늘 · 식초 · 깨소금 1작은술씩, 맛술 · 설탕 1큰술씩, 참기름 ½작은술, 소금 약간

1 콩나물은 머리와 꼬리를 떼어내고 씻어서 물기를 턴다. 김이 오르는 찜기에 손질한 콩나물을 넣어 살캉하게 찐다.

2 팽이버섯은 밑동을 자르고 물에 흔들어 씻어 물기를 턴다.

3 오이는 소금으로 문질러 깨끗이 씻은 후 4㎝ 길이로 잘라 돌려 깎아 곱게 채 썬다. 채 썬 오이는 소금을 뿌려서 살짝 절인 후 물에 헹궈 물기를 꼭 짠다.

4 실파는 1㎝ 길이로 송송 썰고 실고추는 짧게 끊어 놓는다.

5 무침 양념장을 재료의 분량대로 섞어 미리 만든다.

6 볼에 콩나물, 팽이버섯, 오이, 실파를 넣어서 무침 양념장으로 조물조물 무쳐 모자라는 간을 소금으로 맞추고 그릇에 담아 실고추와 통깨를 듬뿍 뿌려 낸다.

콩나물오징어굴소스볶음

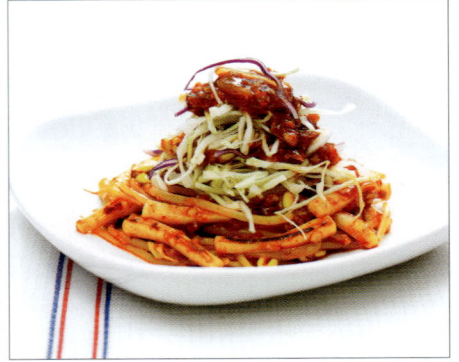

▶ **주재료**
콩나물 200g, 오징어(몸통) 1마리

▶ **부재료**
양배추 · 적채 3장씩, 양파 ½개, 홍고추 1개, 소금 약간

▶ **양념장**
굴소스 2큰술, 고춧가루 · 설탕 · 참기름 · 다진 마늘 · 청주 1큰술씩, 깨소금 · 후춧가루 약간씩

1 콩나물은 다듬어 씻어 냄비에 안치고 약간의 소금을 넣고 뚜껑을 덮어 중간 불에 올려 익힌다. 콩나물 익는 냄새가 나면 뚜껑을 열고 찬물에 헹궈 건져 식힌다.

2 오징어는 배를 갈라 먹물과 내장을 빼고 씻어 4cm 길이로 굵게 채 썰어 끓는 물에 데쳐 식힌다.

3 양배추와 적채, 양파는 각각 채 썰어서 찬물에 담가 싱싱하게 한 후 건져 물기를 뺀다. 홍고추는 곱게 다진다.

4 양념장을 분량의 재료대로 만들어 고르게 섞는다.

5 팬에 기름을 두르고 ④의 양념장을 넣어 끓으면 콩나물과 오징어, 양파를 넣어 버무려 볶아낸 후 그릇에 담고 적채와 양배추를 소복하게 올려낸다.

➔ **COOK TIP**
콩나물은 빛을 많이 쏘이면 콩나물 머리가 파랗게 변색이 되고 단백질을 파괴하니 주의하는 것이 좋다.

콩나물겨자채

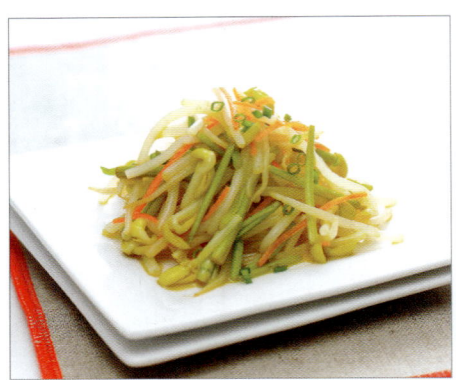

▶ **주재료**
콩나물 250g, 미나리 30g, 당근 20g

▶ **부재료**
송송 썬 쪽파 2큰술, 소금 약간

▶ **겨자소스**
발효 겨자 · 식초 · 설탕 1큰술씩, 간장 1작은술, 소금 약간

1 콩나물은 씻어 냄비에 넣고 소금을 뿌려 뚜껑을 덮은 후 중간 불에서 삶는다.

2 콩나물 익는 냄새가 나면 건져서 물에 헹궈 물기를 꼭 짠다.

3 미나리는 다듬어 씻어 줄기만 3cm 길이로 썰고 당근도 같은 길이로 곱게 채 썬다.

4 분량의 겨자소스 재료를 고루 섞어 겨자소스를 만든다.

5 볼에 콩나물과 미나리, 당근을 담고 ④의 겨자소스를 넣어 살살 버무린다.

6 소금으로 간을 맞춘 후 송송 썬 쪽파를 얹어 그릇에 담아낸다.

➔ **COOK TIP**
콩나물은 톡 쏘는 겨자소스의 맛과 어우러지면 입맛을 살려주고 식감을 높여주는데 시중에서 판매하는 튜브 연겨자를 이용해서 만들면 간편하다.

콩나물조갯살전

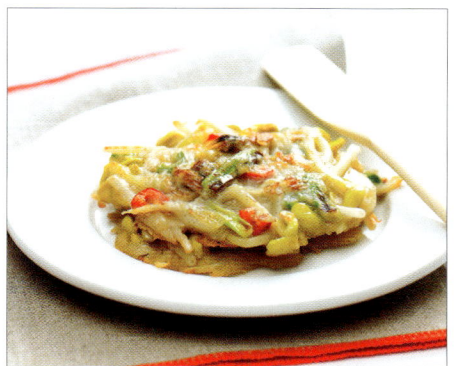

▶ **주재료**
콩나물 150g, 조갯살 50g

▶ **부재료**
쪽파 5대, 청양고추 2개, 홍고추 1개, 메밀가루 1컵, 찹쌀가루 2큰술, 물 1½큰술, 소금 약간, 들기름·식물성 기름 3큰술씩

▶ **실파 초간장**
송송 썬 실파 3큰술, 간장·다시마 우린 물 2큰술씩, 식초 1큰술

1 콩나물은 다듬어 씻어 3㎝ 길이로 썬다. 조갯살은 체에 밭쳐 짠맛을 없앤다.

2 쪽파는 2㎝ 길이로 썰고 청양고추와 홍고추는 반을 갈라 씨가 있는 채로 송송 잘게 썬다.

3 볼에 콩나물과 채소를 담고 메밀가루와 찹쌀가루를 섞어 물을 조금씩 부어 반죽한 후 약간의 소금을 넣어 간을 한다.

4 팬에 들기름과 식물성 기름을 반씩 섞어 두르고 지글지글 끓어오르면 ③의 콩나물 반죽을 한 국자씩 놓고 조갯살을 얹어 노릇노릇하게 부친다.

5 실파를 잔뜩 넣어 만든 초간장을 곁들여낸다.

🔴→ **COOK TIP**
콩나물을 삶을 때 도중에 뚜껑을 열면 콩 비린내가 나므로 주의한다. 콩나물 요리에 도전하는 초보들은 처음부터 뚜껑을 열어놓고 삶아 어느 정도 콩나물이 익는 것을 보는 것도 도움이 된다.

콩나물닭살무침

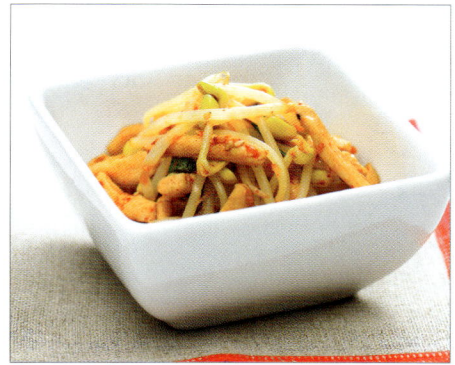

▶ **주재료**
콩나물 200g, 닭가슴살 200g

▶ **부재료**
쪽파 2대, 소금 약간

▶ **무침 양념장**
간장 2큰술, 다진 마늘·청주 1큰술씩, 고운 고춧가루·참기름·통깨 1작은술씩, 소금·후춧가루 약간씩

1 콩나물은 씻어 냄비에 넣고 소금을 뿌려 뚜껑을 덮은 후 살짝 익힌다.

2 콩나물 익는 냄새가 나면 건져서 물에 헹궈 물기를 꼭 짠다.

3 닭가슴살은 씻어 물기를 닦은 후 잘게 채 썰어 소금을 뿌려 팬에서 노릇하게 볶는다.

4 볼에 콩나물과 닭가슴살을 담고 쪽파를 1㎝ 길이로 썰어 함께 넣고 무침 양념장으로 조물조물 무쳐낸다.

🔴→ **COOK TIP**
콩나물은 살캉하게 삶고 닭가슴살도 함께 삶으면 퍽퍽한 맛이 나므로 쫄깃한 맛이 나도록 닭가슴살은 팬에서 노릇하게 볶아주는 것이 더욱 맛있다.

콩나물다진쇠고기볶음

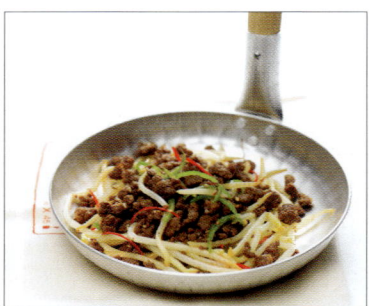

▶ **주재료**
콩나물 250g, 다진 쇠고기 100g

▶ **부재료**
청 · 홍고추 1개씩, 다진 마늘 1큰술, 다진 파 2큰술, 참기름 1작은술, 통깨 · 소금 · 후춧가루 약간씩

▶ **쇠고기 밑간**
간장 ½작은술, 후춧가루 약간, 생강즙 ½작은술

1 콩나물은 머리와 꼬리를 떼어내고 씻어 냄비에 담고 물을 약간만 부어 뚜껑을 덮어 살캉하게 삶는다. 삶아지면 재빨리 찬물에 담가 더운 기를 빼고 흐르는 물에 흔들어 씻어 건진 후 마른 면포에 담아 물기를 없앤다.

2 다진 쇠고기는 간장, 후춧가루, 생강즙으로 밑간을 하여 잠시 재운다.

3 청 · 홍고추는 3cm로 잘라 씨를 털고 곱게 채 썬다.

4 팬에 기름을 약간 두르고 밑간한 쇠고기를 다진 마늘, 다진 파와 함께 볶는다.

5 ④에 데친 콩나물과 채 썬 청 · 홍고추를 넣어 소금, 후춧가루로 간을 맞춰 볶다가 참기름과 통깨를 넣어 고소한 맛이 나도록 버무려 그릇에 담아낸다.

콩나물말린도토리묵볶음

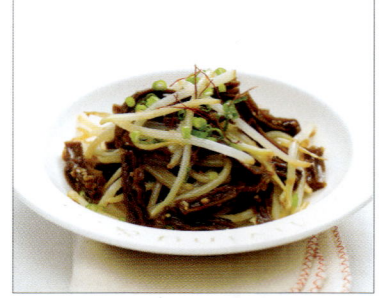

▶ **주재료**
콩나물 200g, 말린 도토리묵 50g

▶ **부재료**
송송 썬 쪽파 2큰술, 실고추 약간, 통깨 1작은술

▶ **볶음 양념장**
간장 · 참기름 1큰술씩, 다진 마늘 · 맛술 1작은술씩, 소금 약간

1 콩나물은 머리와 꼬리를 떼어내고 씻어 물기를 턴다.

2 말린 도토리묵은 씻어 찬물에 담가 꼬들거리도록 불려 놓는다.

3 팬에 기름을 두르고 다진 마늘을 볶다가 말린 도토리묵을 넣어 볶아 부드럽게 만든다.

4 ③에 간장과 콩나물, 맛술을 넣어 볶아 맛이 들면 참기름을 두르고 소금으로 간을 한다.

5 넓은 볼에 ④를 담고 송송 썬 쪽파와 짧게 끊은 실고추, 통깨를 넣고 버무린 후 그릇에 담아낸다.

🔴➡ **COOK TIP**

콩나물을 미리 살짝 데쳐서 팬에 고기와 함께 볶아야 요리가 질척이지 않고 고슬한 상태의 밑반찬으로 즐길 수 있다. 다진 쇠고기는 간장으로 간을 하되 콩나물을 넣어 볶을 때에는 소금으로 간을 맞춰야 요리의 색이 깔끔하다.

🔴➡ **COOK TIP**

말린 도토리묵은 살짝 불려 팬에 볶으면 쫄깃한 맛이 난다. 콩나물은 머리와 꼬리를 떼어내고 함께 볶는 것이 모양이 예쁘다.

콩나물명란조림

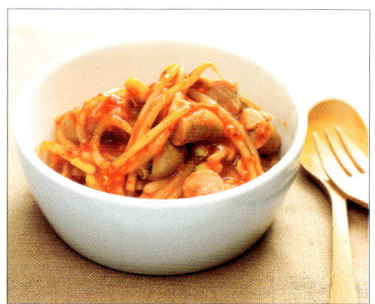

▶ **주재료**
콩나물 250g, 명란 100g

▶ **부재료**
대파 1대, 양파 $\frac{1}{2}$개, 홍고추 1개, 소금 약간

▶ **찜 양념장**
고운 고춧가루 · 다진 마늘 · 청주 1큰술씩, 간장 · 참기름 1작은술씩, 쌀뜨물 1컵, 물녹말 2큰술, 소금 약간

1 콩나물은 다듬어 씻어 물기를 턴다.

2 대파와 양파, 홍고추는 굵게 채 썬다.

3 명란은 물에 헹궈 터지지 않도록 준비한다.

4 물녹말만 빼고 찜 양념장을 재료의 분량대로 만든다.

5 냄비에 콩나물과 대파, 양파, 명란을 차례로 올리고 찜 양념장을 끼얹어 뚜껑을 덮은 후 중간 불에서 조린다.

6 콩나물과 명란이 익으면 양념을 고루 버무리고 물녹말을 끼얹어 걸쭉한 농도로 만든다. 모자란 간은 소금으로 맞추고 채 썬 홍고추를 올려 그릇에 담아낸다.

⊖ COOK TIP
콩나물로 찜이나 볶음을 할 때에는 냄비에 삶는 것보다 김이 오르는 찜통에 손질한 콩나물을 담고 살짝 쪄내는 것이 콩나물의 아삭한 질감을 살리고 콩나물이 질겨지는 것을 막는다.

콩나물파프리카볶음

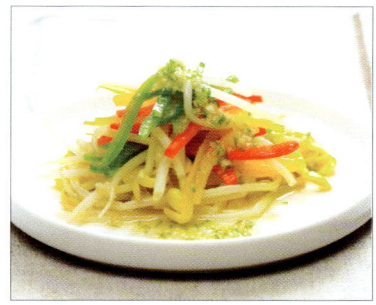

▶ **주재료**
콩나물 200g, 파프리카(빨강 · 주황) · 청피망 $\frac{1}{2}$개씩, 소금 약간

▶ **소스**
청양고추 1개, 맛술 2큰술, 다진 마늘 · 참기름 1작은술씩, 물엿 · 식초 · 잣가루 · 올리브오일 1큰술씩, 다시마 우린 물 5큰술, 소금 약간

1 콩나물은 꼬리를 약간 떼어내고 씻어서 냄비에 물을 붓고 소금을 약간 넣은 후 뚜껑을 덮어 살강하게 삶는다. 삶아지면 찬 얼음물에 재빨리 헹궈 탱탱하고 아삭한 콩나물의 질감이 나도록 데쳐 놓는다.

2 콩나물은 물기를 완전하게 털어 차게 냉장고에 넣어둔다. 그래야 아삭한 맛이 유지된다.

3 파프리카는 색깔별로 준비해서 씨를 털어내고 4cm 길이로 곱게 채 썰고 청피망도 4cm 길이로 채 썬다. 파프리카와 청피망은 각각 팬에서 살짝 볶아낸다.

4 소스는 청양고추를 맵게 다져 넣고 나머지 양념을 모두 섞어서 차게 냉장고에 넣어 둔다.

5 넓은 접시에 콩나물 데친 것과 색색의 파프리카, 피망을 담고 준비한 소스를 뿌려 살살 버무려서 그릇에 소복하게 담아낸다.

⊖ COOK TIP
콩나물을 찌거나 볶을 때는 냄비에 삶는 방법보다 김이 오르는 찜통에 손질한 콩나물을 담고 살짝 쪄내는 것이 아삭한 맛을 살리는 비결이다.

콩나물물파래무침

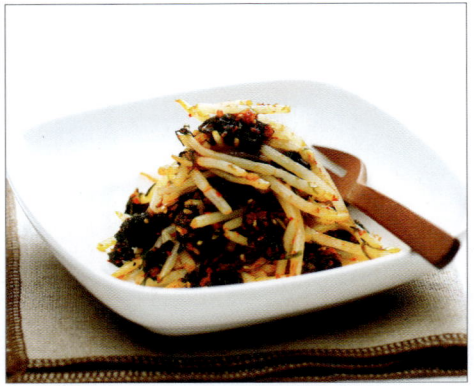

▶ **주재료**
콩나물 200g, 물파래 100g

▶ **부재료**
송송 썬 실파 2큰술, 소금 · 청주 약간씩

▶ **무침 양념장**
고운 고춧가루 · 레몬식초 · 설탕 1큰술씩, 다진 마늘 · 간장 · 통깨 1작은술씩, 소금 약간

1 콩나물은 머리와 꼬리를 떼어내고 씻어 끓는 물에 소금을 약간 넣고 데치고 찬물에 헹궈 면포로 물기를 자근자근 눌러 없앤다.

2 물파래는 여러 번 물에 헹궈 잡티를 없애고 끓는 물에 청주를 넣고 데쳐 찬물에 헹군다. 물기를 꼭 짜고 도마에 올려 4등분한다.

3 볼에 콩나물과 물파래를 담고 고운 고춧가루와 다진 마늘, 간장을 넣어 조물조물 무쳐 색이 들면 레몬식초와 설탕, 소금으로 간을 맞춰 맛을 낸다.

4 ③에 통깨를 뿌려 접시에 담고 송송 썬 실파를 얹어 낸다.

COOK TIP
콩나물의 꼬리를 너무 많이 잘라내면 아스파라긴산을 많이 함유한 부분을 잘라내 버리게 되어 영양가가 없으므로 꼬리 부분의 잔털만 잘라내고 씻는 것이 좋다.

콩나물어묵볶음

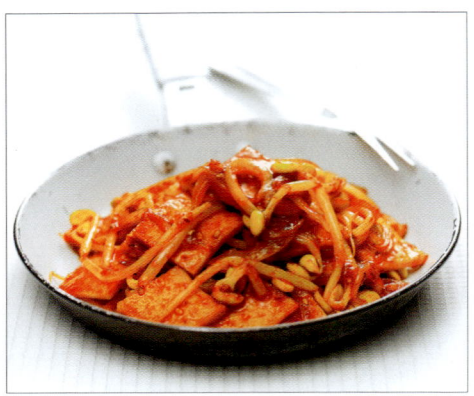

▶ **주재료**
콩나물 150g, 어묵 100g

▶ **부재료**
대파 ⅓대, 양파 ⅓개, 소금 약간

▶ **볶음 양념장**
고운 고춧가루 · 간장 · 고추장 · 다진 마늘 · 맛술 · 물엿 1큰술씩, 참기름 · 깨소금 1작은술씩, 소금 약간

1 콩나물은 다듬어 씻어 물기를 털고 김이 오른 찜기에 넣어 살캉하게 찐 후 얼음물에 담가 흔들어 물기를 뺀다.

2 어묵은 사방 2cm 크기로 썰어 끓는 물에 살짝 데쳐 찬물에 헹궈 물기를 뺀다.

3 대파와 양파는 굵게 채 썬다.

4 볶음 양념장을 만들어 냄비에 담고 한소끔 끓인다.

5 ④의 양념장에 대파, 양파, 콩나물, 어묵을 넣어 중간 불에서 볶아 완성한다.

COOK TIP
어묵에 양념이 잘 스며들고 콩나물과 잘 어우러지도록 어묵을 데칠 때 살짝 데쳐 진한 기름기를 없애는 것이 좋다.

콩나물마늘냉채

▶ **주재료**
콩나물 200g

▶ **부재료**
치커리 50g, 파프리카 · 청피망 ½개씩, 참나물 줄기 50g, 소금 약간

▶ **마늘소스**
청양고추 1개, 다진 마늘 · 물엿 · 식초 · 잣가루 · 올리브오일 1큰술씩, 맛술 2큰술, 참기름 1작은술, 다시마 우린 물 5큰술, 소금 약간

1 콩나물은 꼬리를 약간 떼어내고 씻어서 냄비에 물을 붓고 소금을 약간 넣은 후 뚜껑을 덮어 살캉하게 삶는다. 삶아지면 찬 얼음물에 재빨리 헹궈 탱탱하고 아삭한 콩나물을 만든다.

2 콩나물은 물기를 완전하게 털어 차게 냉장고에 넣어 둔다.

3 파프리카는 씨를 털어내고 4㎝ 길이로 곱게 채 썬다. 청피망도 파프리카와 같은 길이로 채 썰어 준비한다. 치커리는 씻어 물기를 털고 손으로 대강 뜯어 놓는다.

4 참나물 줄기는 깨끗하게 씻어서 4㎝ 길이로 잘라 옅은 소금물에 흔들어 씻어 건진다.

5 마늘소스는 청양고추를 맵게 다져 넣고 나머지 양념을 모두 섞어서 차게 냉장고에 넣어 둔다.

6 넓은 접시에 콩나물 데친 것과 색색의 파프리카, 피망, 참나물 줄기를 담고 준비한 마늘소스를 뿌려 살살 버무려서 그릇에 소복하게 담아낸다.

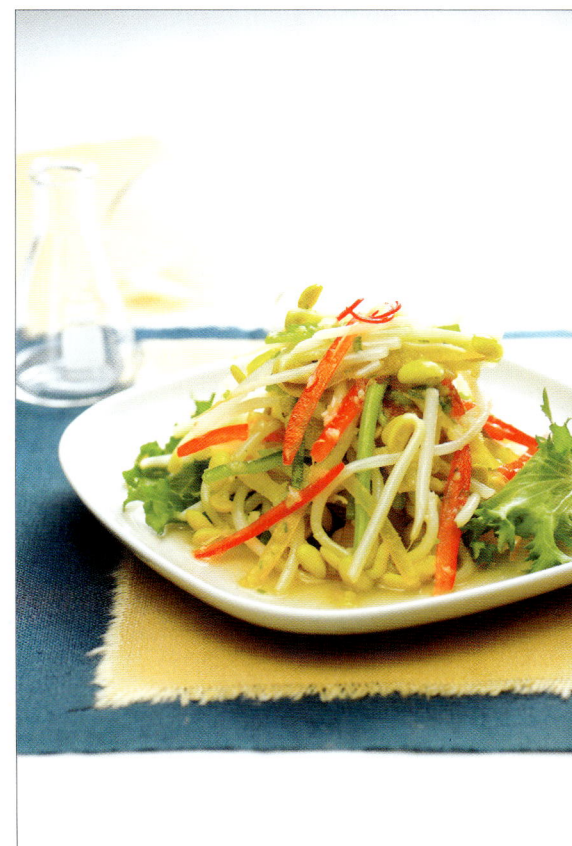

→ COOK TIP
매콤하고 칼칼한 마늘과 청양고추로 만드는 소스는 입안에서 톡 쏘는 매운맛이 특징이므로 간장보다는 소금으로 간을 맞추어 만드는 것이 더욱 맛있다.

콩나물게살버무리

▶ **주재료**
콩나물 250g, 게살(시판 게맛살) 200g

▶ **부재료**
베이비채소 ½팩, 실파 3대, 홍고추 1개, 소금·올리브오일 약간씩

▶ **양념장**
다진 양파 2큰술, 간장·다진 마늘·맛술 1큰술씩, 참기름·깨소금 1작은술씩

1 콩나물은 머리와 꼬리를 떼어내고 씻어 끓는 물에 올리브오일과 소금을 넣어 살짝 데쳐 찬물에 헹궈 식힌다.

2 게살은 결이 잘 찢어지는 것으로 준비해서 결대로 굵게 찢어 놓는다.

3 베이비채소는 씻어 물기를 털고 실파는 2㎝ 길이로 썰고 홍고추는 반을 갈라 씨를 털고 2㎝ 길이로 채 썬다.

4 분량의 양념장 재료를 고루 섞어 양념장을 만든다.

5 볼에 데친 콩나물과 게살, 베이비채소, 실파, 홍고추를 넣고 양념장으로 버무려 그릇에 담아낸다.

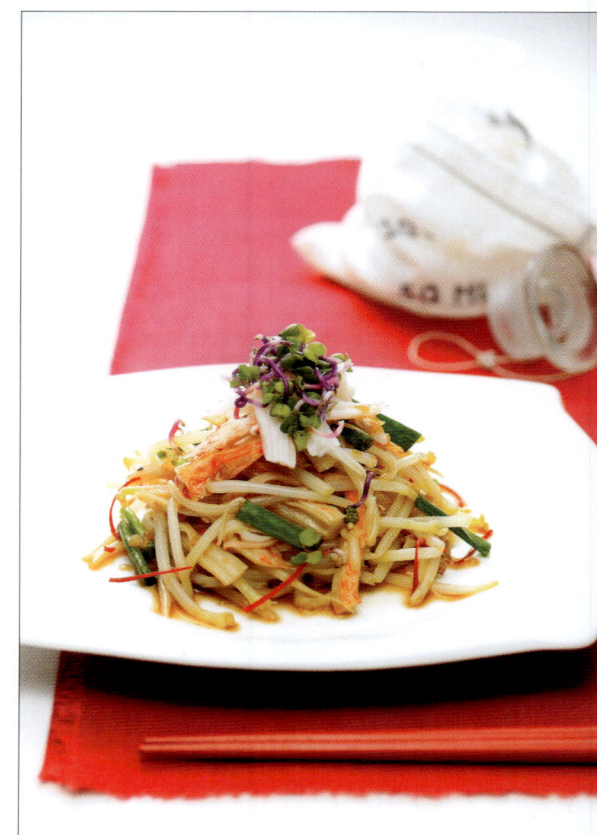

→ **COOK TIP**
콩나물을 데칠 때 올리브오일과 소금을 약간 넣으면 색이 투명해지고 콩나물의 영양소가 파괴되지 않는다.

오이나물

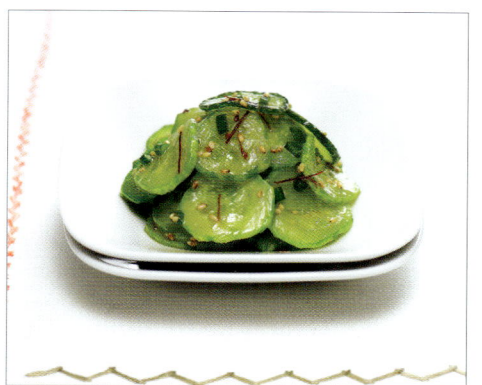

▶ **주재료**
오이 2개

▶ **부재료**
실파 2대, 실고추 · 통깨 · 소금 약간씩, 들기름 1작은술

1 오이는 굵은 소금으로 비벼가면서 씻어 동그란 모양
그대로 얄팍하게 편 썰기 한다.

2 ①의 오이에 소금을 살살 뿌려 절인다.

3 20분 정도 오이를 절여 오이가 야들거리면 물에 헹궈
물기를 꼭 짠다.

4 팬에 식용유와 들기름을 1:1 비율로 넣어 달군 후 오
이를 넣어 재빨리 볶아서 접시에 펼쳐 식힌다.

5 실파를 송송 썰고 실고추는 짧게 끊어 ④의 오이에 넣
고 통깨를 뿌려 버무려 모자라는 간은 소금으로 맞추
고 그릇에 담아낸다.

→ **COOK TIP**

오이를 기름에 볶을 때 식용유와 들기름을 섞어서 볶으면 오이의
야들거리는 질감을 더 느낄 수 있고 아삭한 맛도 더 좋다.

오이미역초채

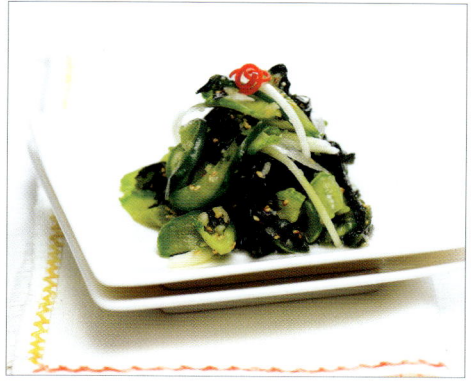

▶ **주재료**
오이 2개, 불린 미역 80g

▶ **부재료**
양파 ½개, 홍고추 ½개, 식초 2큰술, 설탕 1큰술, 물엿 2작은술,
통깨 · 소금 약간씩, 다진 마늘 1작은술, 생강즙 ¼작은술

1 오이는 소금에 문질러 씻어 잔가시를 모두 없애고 물
에 씻어 세로로 반을 갈라 어슷하게 채 썰어 소금에
살짝 절인다.

2 미역은 찬물에 충분하게 불려서 바락바락 문질러 씻
어 끓는 물에 파랗게 데쳐 찬물에 헹궈 물기를 꼭 짜
고 먹기 좋은 크기로 썬다.

3 오이의 숨이 죽어 수분이 흘러나오면 물에 헹궈 면포
에 싸서 물기를 빼고 양파는 곱게 채 썰어 찬물에 헹
궈 물기를 뺀다. 홍고추는 씨를 빼고 2㎝ 길이로 채
썬다.

4 볼에 미역을 담고 생강즙으로 버무린 후 오이와 양파
를 넣고 식초, 설탕, 물엿, 마늘을 넣어 소금으로 간을
맞추고 통깨를 뿌려 상에 낸다.

→ **COOK TIP**

오이를 더 맛있게 먹으려면 오이를 절일 때 소금의 양과 절이는
시간이 적절하게 맞아야 한다. 오이에 소금을 뿌려서 20분 정도
지난 뒤 다시 한 번 오이를 위아래로 뒤섞어 다시 10분 정도 절
여야 오이가 적당하게 숨이 죽는다.

오이소박이

▶ **주재료**
오이 6개, 부추 100g

▶ **부재료**
홍고추 · 청양고추 1개씩, 양파 ½개, 당근 30g, 소금 약간

▶ **김치 양념**
고춧가루 3큰술, 까나리액젓 · 찹쌀죽 · 다진 마늘 1큰술씩, 다진 생강 ½작은술, 설탕 1작은술, 소금 · 통깨 약간씩

1 오이는 소금으로 박박 문질러 씻어 4㎝ 길이로 토막 낸 후 아래쪽 1㎝ 부분만 남기고 십자로 칼집을 넣어 소금을 뿌려 절인다.

2 부추는 다듬어 씻어 물기를 턴 후 1㎝ 길이로 썬다.

3 홍고추와 청양고추는 씨째 0.5㎝ 크기로 썬다. 양파와 당근은 고추와 같은 크기로 작게 썬다.

4 냄비에 물과 찹쌀가루를 2:1 비율로 넣고 약한 불에서 은근히 끓여 걸쭉한 상태의 죽을 만든 후 차게 식힌다.

5 ④의 찹쌀죽을 볼에 담고 고춧가루와 까나리액젓을 넣어 골고루 버무려 고춧가루의 색이 빨갛게 우러나 도록 불린다.

6 ⑤에 다진 마늘과 다진 생강, 설탕, 소금으로 간을 맞 추고 통깨와 부추, 고추, 양파, 당근을 넣어 버무려서 오이소박이에 넣을 소를 만든다.

7 ①에서 절인 오이를 물에 헹궈 물기를 완전하게 없앤 후 십자로 칼집 넣은 오이에 ⑥의 소를 젓가락으로 꾹 꾹 눌러 담은 후 밀폐용기에 차곡차곡 오이를 담는다.

8 소가 있던 양념 그릇에 물을 아주 약간만 부어서 양념 을 헹궈 ⑦의 오이에 붓고 밀폐해서 바람이 서늘하게 통하는 그늘진 곳에서 하루나 이틀 정도 익혀서 냉장 고에 넣고 먹는다.

➡ COOK TIP
오이소박이는 오이를 잘 절여야 발효가 잘 되는데 칼집 넣은 면이 위로 오도록 소금을 뿌려 오이가 속까지 완전하게 절여지도록 한다.

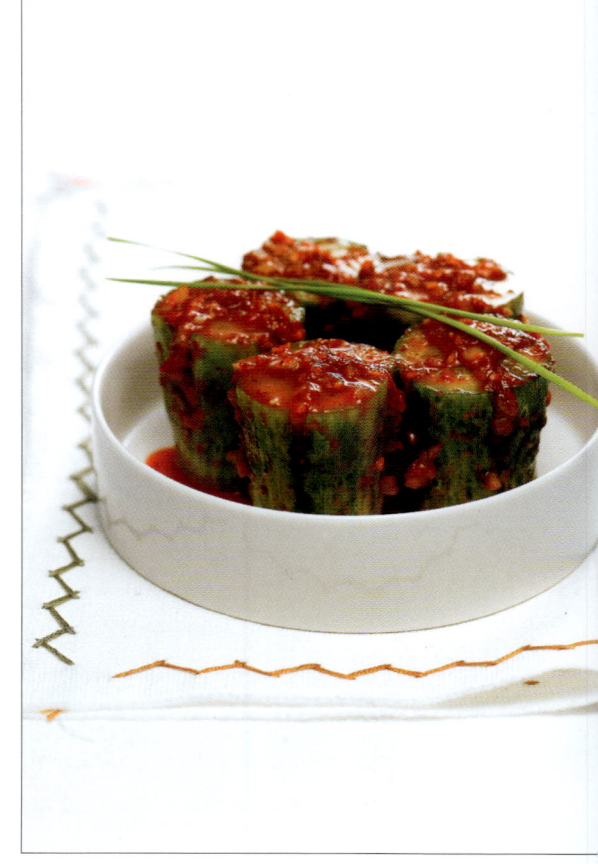

오이오징어냉채

▶ **주재료**
오이 1½개, 오징어 1마리

▶ **부재료**
날치알 50g, 적치커리 · 치커리 30g씩, 소금 약간, 청주 1큰술

▶ **소스**
일본된장 · 올리브오일 · 식초 · 맛술 1큰술씩, 물엿 · 다진 마늘 1작은술씩, 후춧가루 약간

1 오이는 소금으로 문질러 깨끗이 씻은 후 물기를 닦아 얇고 동그랗게 편 썰기 한다.

2 오징어는 배를 갈라 내장을 빼고 씻어 안쪽에 사선으로 잘게 칼집 넣어 사방 3㎝ 크기로 자른다. 오징어 다리도 칼집 넣어 5㎝ 길이로 자르고 끓는 물에 소금을 약간 넣고 데쳐 식힌다.

3 날치알은 찬물에 청주를 타서 헹궈 건져 종이타월에 올려 물기를 없앤다.

4 적치커리와 치커리는 씻어서 물기를 털고 1㎝ 폭으로 썬다.

5 볼에 일본된장을 올리브오일과 식초, 물엿, 맛술을 넣어 멍울 없도록 풀어서 마늘과 후춧가루로 간을 맞춰 버무릴 소스를 만든다.

6 ⑤의 소스에 오이와 오징어, 적치커리, 치커리를 담고 살살 젓가락으로 버무려 그릇에 담고 날치알을 소복하게 올려서 먹는다.

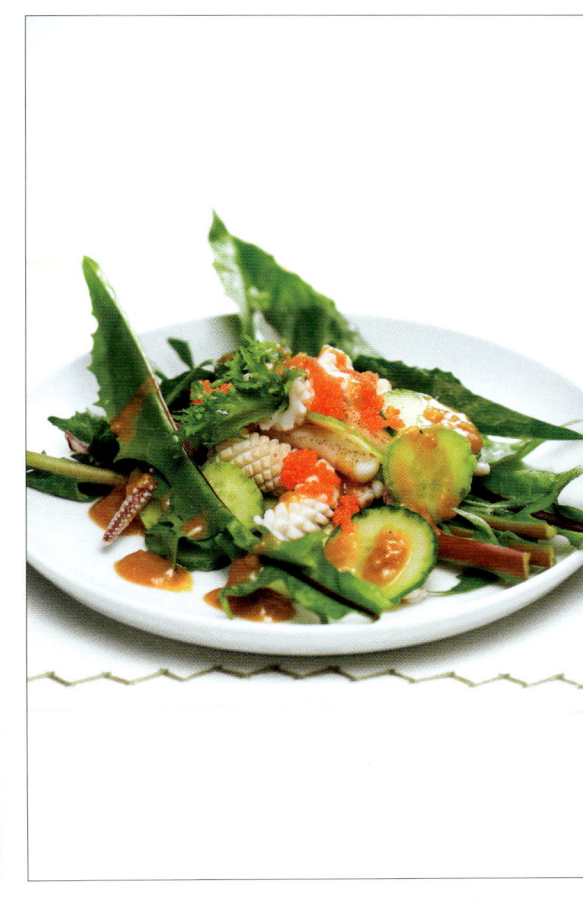

 **COOK TIP**

일본된장과 올리브오일을 섞어서 부드럽게 만든 후 나머지 분량의 양념을 넣어 오이와 새우, 채소를 한데 버무리면 산뜻한 맛을 느낄 수 있다. 오이는 절이지 말고 생것 그대로 넣어야 아삭한 질감이 좋다. 재료는 되도록 차게 냉장고에 넣었다가 먹기 직전에 버무려 먹어야 오이의 맛이 살아난다.

오이새우살무침

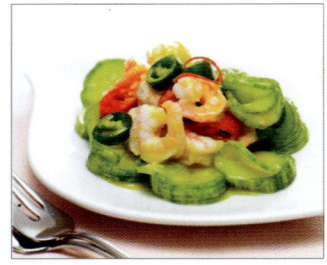

▶ **주재료**
오이 2개, 분홍 새우살 200g

▶ **부재료**
청·홍고추 1개씩, 소금 약간, 청주 1작은술, 레몬즙 1½큰술

▶ **소스**
발효 겨자·물·꿀·마요네즈 1큰술씩, 설탕 1작은술, 레몬식초 1½큰술, 소금·후춧가루 약간씩

1 오이는 소금으로 문질러 씻어 2cm 길이로 토막 내어 칼집을 밑쪽만 약간 남기고 아주 얇게 넣고 소금물에 담가 절인다.

2 오이가 구부러지고 소금물에 숨이 죽으면 건져 물에 헹궈 물기를 꼭 짠 후 칼집 넣은 모양을 사방으로 접어 모양을 만든다.

3 분홍 새우살은 옅은 소금물에 흔들어 씻어 끓는 물에 청주를 넣어 살짝 데쳐 찬물에 헹궈 물기를 뺀다. 레몬즙 약간을 데친 새우살에 섞는다.

4 청·홍고추는 1.5cm 길이로 동그랗게 썰어 씨를 털어 나머지 레몬즙에 버무려 놓는다.

5 볼에 발효 겨자를 물과 함께 개어 설탕, 꿀, 레몬식초, 마요네즈, 소금, 후춧가루를 섞어서 소스를 만든다.

6 접시에 오이, 분홍 새우살, 고추를 각각 모양내서 담고 소스를 곁들여낸다.

→ **COOK TIP**
오이의 꼭지 부분을 그대로 두고 조리하면 쓴맛이 나므로 꼭지 부분을 깨끗이 잘라내고 사용한다.

볶은오이잣무침

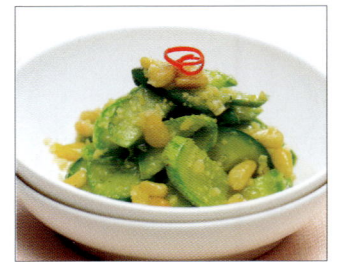

▶ **주재료**
오이 1개, 잣 1큰술

▶ **부재료**
다진 파 1큰술, 잣가루 2큰술, 들기름 1작은술, 소금·흰 후춧가루 약간씩, 다진 마늘 ½작은술

1 오이는 깨끗이 씻어 반을 갈라 어슷하게 편 썰기 한다.

2 오이를 소금에 잠시 절여 물에 헹궈 물기를 자근자근 눌러 짠다.

3 팬에 들기름을 두르고 절인 오이를 연하게 볶아 식힌다.

4 볼에 잣과 다진 마늘, 다진 파를 담고 오이를 넣어 버무린 후 소금과 흰 후춧가루로 간을 맞춘다.

5 접시에 ④를 담고 잣가루를 듬뿍 뿌려낸다.

→ **COOK TIP**
오이는 색이 짙고 가시가 붙어 있으면서 모양이 고른 것으로 골라야 한다. 오이에 붙어 있는 잔가시는 굵은 소금에 바락바락 문질러 씻어야 깨끗하게 씻겨진다. 특히 오돌토돌한 부분에 농약이 많이 묻어 있으므로 굵은 소금으로 표면을 문질러서 씻어야 한다. 도마에 소금을 뿌린 후 오이를 굴려서 씻어도 된다. 이렇게 하면 오이 표면의 홈 속의 더러움은 쉽게 제거되고 가시는 없어지며 색이 더욱 선명해진다.

오이채무말랭이무침

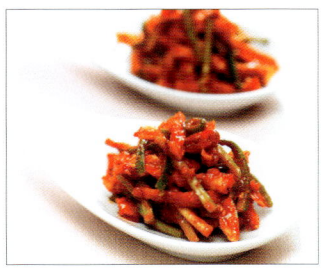

▶ **주재료**
오이 1½개, 무말랭이 80g

▶ **부재료**
홍고추 · 청양고추 1개씩, 실파 2대, 굵은 소금 약간

▶ **무침 양념장**
고춧가루 · 다진 마늘 1큰술씩, 고추장 ½작은술, 설탕 · 깨소금 ·
식초 1작은술씩, 다진 생강 · 소금 · 후춧가루 약간씩

1 오이는 굵은 소금으로 문질러 가시를 말끔히 없애고
깨끗이 씻어 4㎝ 길이로 토막 낸 후 돌려 깎아 0.3㎝
굵기로 채 썬다.

2 ①의 오이채를 소금에 살짝 절였다가 건져 물기를 꼭
짠다.

3 무말랭이는 찬물에 10분 정도 담가 말랑한 기가 느껴
지면 여러 번 문질러 가면서 씻어 먼지를 말끔히 없애
고 물기를 꼭 짠다.

4 홍고추와 청양고추는 반 갈라 씨를 긁어내고 송송 썬
다. 실파도 송송 썬다.

5 볼에 고춧가루와 고추장, 다진 마늘, 다진 생강, 설탕,
후춧가루를 넣고 버무려 물 1큰술을 넣어 잠시 고춧가
루를 빨갛게 불리도록 한다.

6 ⑤에 오이채와 무말랭이를 넣고 살살 버무리고 소금
으로 간을 맞춘다. 식초를 넣어 새콤한 맛을 내고 깨
소금과 실파, 고추를 넣어 살살 버무려 상에 낸다.

→ **COOK TIP**
오이무침은 간장이나 액젓보다 소금으로 간을 맞춰야 깔끔하다.

오이달래생채

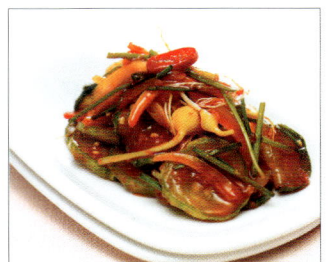

▶ **주재료**
오이 2개, 달래 80g

▶ **부재료**
양파 ½개, 홍고추 1개, 실파 3대, 소금 약간

▶ **고추장 양념**
고추장 3큰술, 물엿 · 다진 마늘 1큰술씩, 식초 2큰술, 설탕 · 통
깨 1작은술씩, 소금 · 후춧가루 약간씩

1 오이는 소금으로 문질러 씻어 가시 돌기를 말끔히 없
앤 후 동그랗고 얇게 편 썰기 한다.

2 ①의 오이에 소금을 솔솔 뿌려 살짝 절여 물에 헹궈
물기를 꼭 짠다.

3 달래는 다듬어 씻어 2㎝ 길이로 썰고, 실파는 1㎝ 길
이로 썬다. 양파는 곱게 채 썰고 홍고추는 송송 썰어
씨를 턴다.

4 볼에 고추장과 물엿, 설탕, 다진 마늘을 넣고 골고루
섞는다.

5 ④에 달래, 양파와 오이, 고추, 실파를 넣어 조물조물
무친다.

6 ⑤에 식초를 넣어 새콤하게 맛을 내고 모자라는 간은
소금과 후춧가루로 맞춘 후 통깨를 뿌려 버무린다.

→ **COOK TIP**
생채로 먹는 오이는 아주 살짝만 수분이 빠지지 않도록 소금에 절여
오이의 숨이 죽으면 재빨리 물에 헹궈 물기를 자근자근 눌러 짠다.

오이풋고추조림

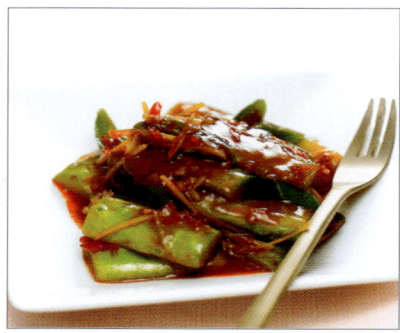

▶ **주재료**
오이 2개, 풋고추 4개

▶ **부재료**
마늘채·굴소스 1큰술씩, 생강채·소금 약간씩, 두반장 1작은술,
실파 3대, 참기름 ½작은술, 닭 육수 ¼컵

1 오이는 굵은 소금으로 문질러 여러 번 물에 헹궈 씻은
   후 4㎝ 길이로 토막 내어 4등분해 씨를 발라낸다.

2 ①의 오이를 소금을 뿌려 15분 정도 절인 후 물에 헹
   궈 물기를 완전하게 닦는다.

3 풋고추는 씻어 꼭지를 떼고 어슷하게 굵게 썰어 씨를
   턴다.

4 팬에 올리브오일을 두르고 마늘채와 생강채, 고추채
   를 넣어 볶다가 향이 우러나면 오이를 넣고 볶는다.

5 ④에 두반장과 굴소스를 넣어 닭 육수를 붓고 조린다.

6 오이와 풋고추가 자작하게 조려지면 참기름을 버무려
   그릇에 담고 실파를 송송 썰어 뿌려서 먹는다.

COOK TIP

수분이 많은 오이를 그대로 냉동시키면 해동 후 흐물흐물 해져서
요리에 사용할 수 없다. 오이를 얇게 썰어 소금에 절인 다음 물기
를 꼭 짜서 비닐봉지에 담아 냉동시키면 맛이 조금 떨어지더라도
1개월 정도 보관할 수 있다. 바로 해동해서 양념장에 버무려 먹으
면 오이의 아삭함이 살아난다.

오이중화풍김치

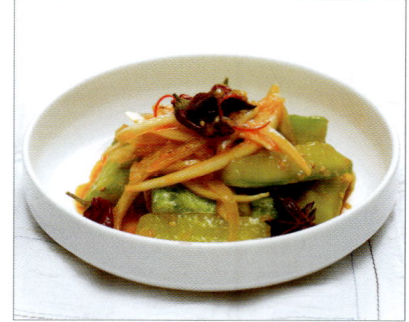

▶ **주재료**
오이 3개, 양파 ¼개, 소금 약간

▶ **중국식 양념**
고추기름·다진 마늘·꿀 1큰술씩, 굴소스·맛술·참기름 1작
은술씩, 식초 1½큰술, 통깨·산초가루 약간씩, 팔각 2개

1 오이는 소금으로 문질러 씻어서 5㎝ 길이로 토막 내어
   세로로 4등분한다. 방망이로 자근자근 두드려 약간 으
   깨듯이 만든다.

2 양파는 곱게 채 썰어 찬물에 헹궈 건져 마른 면포로
   물기를 말끔하게 닦는다.

3 볼에 고추기름과 굴소스, 맛술, 참기름, 꿀, 식초를 넣
   고 팔각과 산초가루를 섞어서 20분 정도 맛이 우러나
   게 한다.

4 ③에 나머지 소스 재료를 분량대로 넣어 잘 섞어서 중
   국식 양념을 만든다.

5 ④의 소스에 오이와 양파를 넣고 잘 버무려서 냉장실
   에 넣어서 차게 만들어서 바로 먹는다.

COOK TIP

오이를 중국식 김치로 먹으려면 오이를 자근자근 방망이로 두드
려서 굵은 씨를 없애고 약간 무른 상태로 오이를 만든 후 중국식
양념에 버무려서 먹으면 속까지 간이 금세 배어 더욱 맛이 좋다.
팔각과 산초가루가 없으면 통후추를 잘게 부수어 넣고 월계수잎
으로 향긋한 맛이 나게 만들어 먹어도 된다. 오이중화풍김치는
너무 많은 양을 만들어 보관하면 수분이 생겨 맛이 덜 날 수 있
으므로 즉석에서 만들어 먹는 것이 좋다.

오이즉석장아찌

▶ **주재료**
오이 1개, 청양고추 2개, 홍고추 1개, 양파 ½개, 식초 1큰술, 소금 약간

▶ **장물**
간장 ½컵, 물 ½컵, 다시마 사방 10cm 1장, 가다랑어포 3큰술, 맛술 5큰술, 물엿 · 식초 · 고추기름 2큰술씩, 마늘즙 1작은술

1 오이는 소금으로 문질러 씻어 2cm 폭으로 썰어 반을 가른다. 양파는 사방 2cm 크기로 썰어 결대로 떼어 놓는다.

2 물에 약간의 소금과 식초를 녹인 후 오이와 양파를 헹궈 건진다. 이렇게 해야 오이와 양파에서 수분이 많이 흘러나오지 않는다.

3 청양고추와 홍고추는 송송 썰어 씨를 턴다.

4 냄비에 간장과 물을 부어 끓이다가 끓으면 다시마를 넣고 잠시 더 끓인 후 다시마는 건지고 맛술과 물엿, 식초, 마늘즙을 넣어 은근하게 끓인다.

5 끓인 장물의 불을 끄고 고추기름 2큰술을 넣고 가다랑어포를 담가 1분 정도 우린 후 건져서 장물을 차게 식힌다.

6 밀폐용기에 오이, 청양고추, 홍고추, 양파를 켜켜로 담고 식힌 장물을 잠기도록 부어서 이틀 정도 지난 후 바로 건져 먹는다.

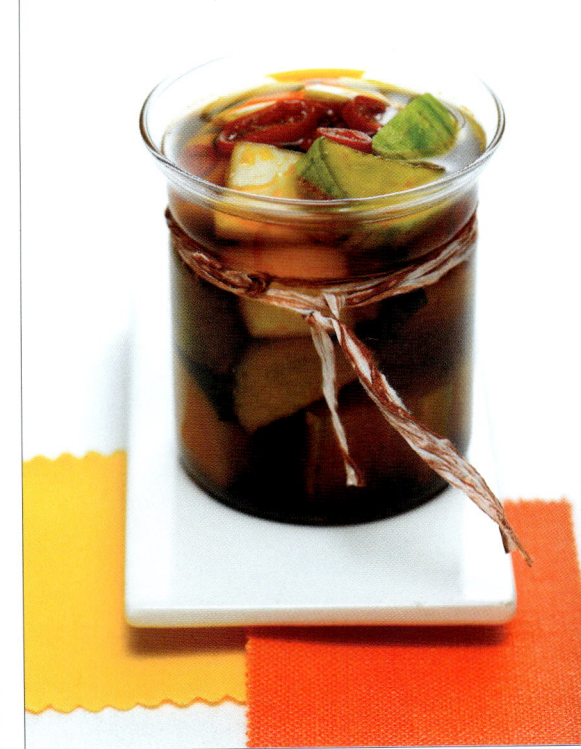

→ COOK TIP
오이즉석장아찌는 금방 담가 바로 먹는 것으로서 장물의 맛이 그다지 진하지 않고 담백해야 맛이 있다. 특히 가다랑어포를 우려 낸 간장물은 차게 해서 재료에 부어야 더욱 채소가 아삭하고 맛이 좋다. 고추기름을 넣으면 매콤한 맛이 입안을 개운하게 한다.

오이쇠고기찜

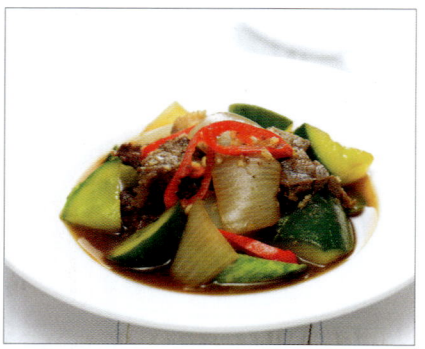

▶ **주재료**
오이 2개, 쇠고기(등심) 300g, 양파 ⅓개, 홍고추 1개, 풋마늘대 1대, 소금 약간

▶ **쇠고기 양념**
간장 1큰술, 설탕·다진 마늘 ½작은술씩, 참기름 1작은술, 후춧 가루 약간

▶ **찜 양념장**
다시마 우린 물 5큰술, 간장 1큰술, 맛술 1작은술

1 오이는 소금에 문질러 씻어 물기를 없앤 후 연필을 깎 듯이 어슷하게 돌려 가면서 썰어 먹기 좋은 크기로 준 비한다.

2 물 1컵에 소금 1작은술을 넣고 녹인 후 썬 오이를 넣 어 잠시 절였다가 건져 체에 밭쳐 물기를 뺀다.

3 쇠고기는 등심으로 준비해서 오이 크기로 썰어 잔칼집 을 넣어 고기를 연하게 하고 쇠고기 양념에 버무려 잠 시 20분 정도 재운 후 중불에서 은근히 익힌다.

4 ③의 쇠고기가 어느 정도 익으면 양파를 굵게 사각으 로 썰어 넣고 홍고추도 어슷하게 채 썰어 씨를 털어 넣어 함께 익힌다.

5 ④에 절인 오이와 풋마늘대를 2㎝ 길이로 토막을 내어 찜 양념장을 넣어 약한 불에서 찐다.

6 ⑤의 양념장이 끓으면 숟가락으로 끼얹어 가면서 고 기와 오이를 익히고 오이의 색이 옅은 갈색으로 변하 면서 익으면 불에서 내린다.

오이다진쇠고기볶음

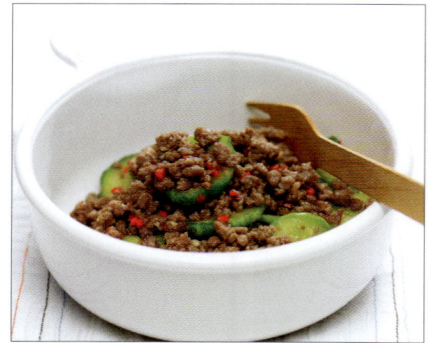

▶ **주재료**
오이 2개, 다진 쇠고기 150g

▶ **부재료**
송송 썬 실파 2큰술, 다진 마늘 1작은술, 홍고추 1개, 소금 약간

▶ **고기 양념**
소금·후춧가루 약간씩, 참기름·청주 ½작은술씩

1 오이는 소금으로 문질러 씻어서 물기를 닦고 얄팍하 게 편 썰기 한다.

2 볼에 편 썰기한 오이를 담고 소금을 약간 뿌려서 절인 다. 홍고추는 반을 갈라 씨를 털고 잘게 다지고 실파 는 송송 썰어 놓는다.

3 부드럽게 숨이 죽은 오이를 물에 헹궈 마른 면포에 싸 서 물기를 자근자근 눌러서 짠다.

4 다진 쇠고기는 종이타월에 올려 핏물을 뺀 후 소금, 후춧가루, 참기름, 청주를 넣어 조물조물 무친다.

5 팬에 기름을 두르고 달군 후 다진 마늘을 볶다가 다진 쇠고기 양념에 무친 것을 넣어 고슬한 상태로 볶는다.

6 ⑤의 고기가 볶아지면 ③의 오이를 넣어 재빨리 볶은 후 홍고추를 넣고 소금으로 모자라는 간을 맞춰 넓은 접시에 펼쳐 식힌다.

7 그릇에 식힌 오이다진쇠고기볶음을 담고 송송 썬 실 파를 뿌려서 상에 낸다.

오이호두무침

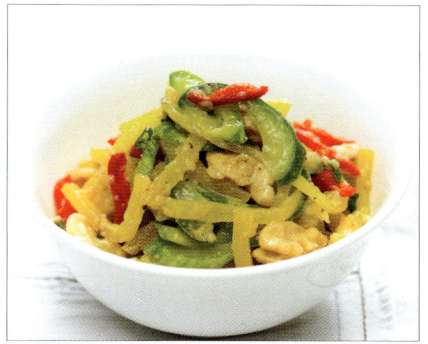

▶ **주재료**
오이 2개, 호두 10알

▶ **부재료**
단무지 50g, 들깻가루 2큰술, 실파 2대, 홍고추 $\frac{1}{2}$개, 다진 마늘 1작은술, 소금 약간

1 오이는 소금에 문질러 씻어 길이로 반 가른 후 씨를 숟가락으로 긁어내고 어슷하게 채 썬다.

2 ①의 오이에 소금을 약간 넣어 절여 오이가 야들거리면 씻어 건져 물기를 꼭 짠다.

3 호두는 미지근한 물에 담가 속껍질까지 모두 벗기고 굵게 썬다. 단무지는 노란 치자 물을 들인 것으로 준비해서 오이 길이로 곱게 채 썰어 물기를 꼭 짠다.

4 실파는 송송 썰고 홍고추는 반 갈라 씨를 없애고 송송 썬다.

5 볼에 오이와 호두, 단무지, 실파, 홍고추를 담고 들깻가루와 다진 마늘, 소금으로 간을 맞춰 조물조물 무친다.

🡪 **COOK TIP**

씻어서 반 가른 오이는 씨가 있는 부분을 작은 숟가락으로 긁어내고 어슷하게 채 썰면 오이에서 수분이 많이 생기지 않아 요리가 질척이지 않고 깔끔하다.

오이들깨즙볶음

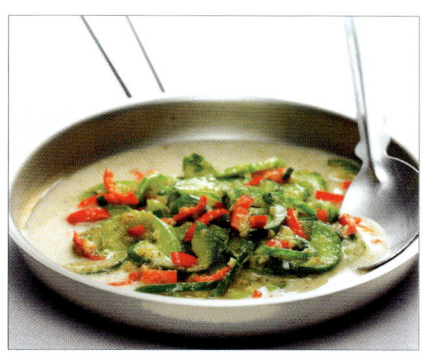

▶ **주재료**
오이 2개, 들깻가루 2큰술

▶ **부재료**
실파 2대, 홍고추 $\frac{1}{2}$개, 식용유·다진 마늘 1작은술씩, 소금 약간, 들기름 1큰술

1 오이는 소금에 문질러 씻어 길이로 반 가른 후 씨를 숟가락으로 긁어내고 어슷하게 채 썬다.

2 ①의 오이에 소금을 약간 넣어 절여 오이가 야들거리면 씻어 건져 물기를 꼭 짠다.

3 실파는 송송 썰고 홍고추는 반 갈라 씨를 없애고 송송 썬다.

4 팬에 들기름과 식용유를 분량만큼씩 넣어 골고루 팬을 달군 후 다진 마늘을 넣어 볶다가 오이를 넣어서 오이의 색이 연한 청록색이 되도록 볶아 넓은 접시에 펼쳐 식힌다.

5 ④의 오이가 한 김 식으면 준비한 실파와 홍고추, 들깻가루를 넣어 살살 버무려 접시에 담아낸다.

🡪 **COOK TIP**

들깨와 오이는 궁합이 잘 맞는데 들깨를 볶아서 가루로 만들어 오이와 함께 넣어 버무리면 오이의 아삭함과 들깨의 고소함이 어우러져 오이가 더욱 맛있다.

크리미오이소박이

▶ **주재료**
오이 3개, 크리미 150g

▶ **부재료**
잣 · 다진 양파 · 마요네즈 2큰술씩, 다진 파프리카 3큰술, 씨 머스터드 1작은술, 소금 · 흰 후춧가루 약간씩

▶ **냉채소스**
식초 · 물엿 2큰술씩, 소금 $\frac{1}{2}$작은술, 가다랑어포 우린 물 3큰술

1 오이는 소금에 문질러 씻어서 3cm 크기로 잘라 속씨를 나무젓가락으로 말끔하게 긁어내 구멍을 낸다.

2 볼에 크리미와 다진 양파, 다진 파프리카를 넣고 마요네즈와 씨 머스터드, 소금, 흰 후춧가루를 넣어서 골고루 섞이도록 잘 버무린다.

3 볼에 가다랑어포 우린 물을 담고 식초와 물엿, 소금을 넣어서 잘 섞어서 냉채소스를 만든다.

4 ①의 오이에 ②의 크리미 속을 채우고 잣을 서너 개씩 고명으로 올려서 접시에 담고 ③의 냉채소스를 뿌려서 상에 낸다.

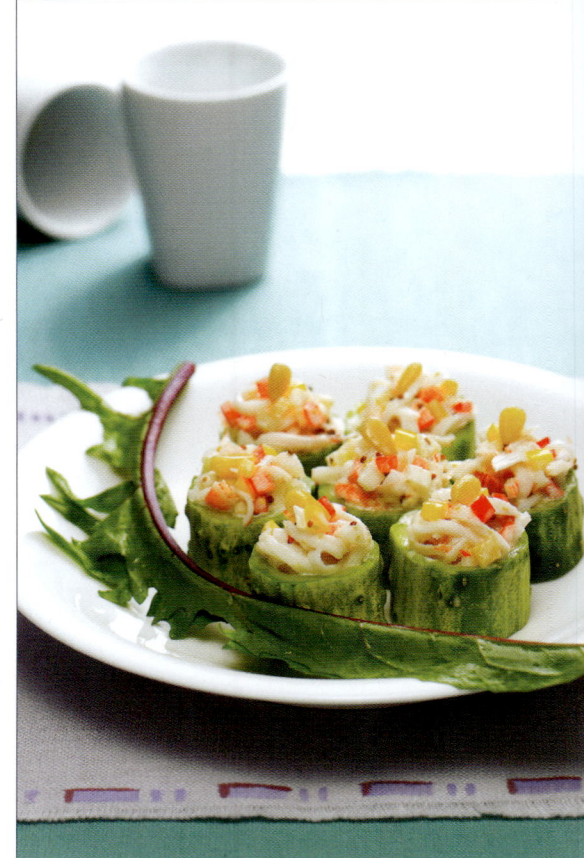

COOK TIP
손님 접대 시에 만들어 내면 좋은 요리다. 특히 오이는 별 다른 조리법 없이 속 씨만 뺀 후 크리미 또는 게맛살로 소를 만들어 끼워 냉채 소스를 뿌려서 먹으면 담백한 크리미와 사각거리는 오이의 맛이 어우러져 입맛을 돋우는 역할을 한다.

오이잡채

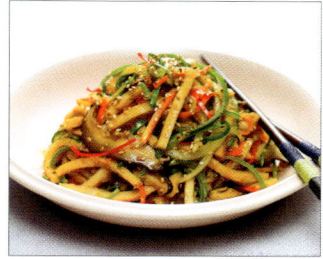

▶ **주재료**
오이 2개, 표고버섯 4장, 어묵 80g

▶ **부재료**
홍고추·풋고추 2개씩, 당근 30g, 양파 ½개, 소금 약간

▶ **잡채 양념장**
간장·참기름·다진 마늘·통깨 1큰술씩, 다진 파 2큰술, 맛술 1작은술, 소금·후춧가루 약간씩

1 오이는 소금에 문질러 씻어서 4㎝ 길이로 토막 내어 돌려 깎아 곱게 채 썬다. 채 썬 오이는 살짝 소금에 절인 후 물에 헹궈 물기를 꼭 짠다.

2 표고버섯은 물에 충분하게 불려 밑동을 잘라내고 곱게 채 썬다. 어묵은 끓는 물에 살짝 데쳐 기름기를 없애고 4㎝ 길이로 곱게 채 썬다.

3 홍고추와 풋고추는 반을 갈라 씨를 털고 4㎝ 길이로 곱게 채 썬다. 당근과 양파도 아주 곱게 채 썬다.

4 팬에 기름을 두르고 다진 마늘과 양파, 당근을 넣어 볶다가 표고버섯과 어묵을 넣어 볶으면서 간장, 참기름을 넣어 고루 간이 배도록 볶는다.

5 ④에 오이채와 고추를 넣어서 볶다가 다진 파, 맛술, 소금, 후춧가루를 넣어 재빨리 섞어서 넓은 접시에 펼쳐 식힌 후 통깨를 뿌려서 그릇에 담아낸다.

→ **COOK TIP**
오이로 잡채를 만들 때 처음부터 오이를 넣으면 무르고 자칫 색이 누렇게 변색이 될 수 있다. 오이는 맨 마지막에 고추와 함께 넣고 재빨리 볶아 간을 맞춘 후 넓은 접시에 펼쳐 식혀야 각각의 재료에 색이 예쁘게 살아나고 더욱 아삭한 질감을 느낄 수 있다.

오이게살샐러드

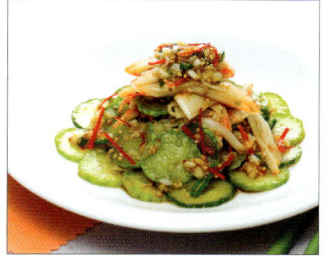

▶ **주재료**
오이 1개, 게살(시판 게맛살) 200g

▶ **부재료**
베이비채소 ½팩, 실파 3대, 홍고추 1개, 소금·올리브오일 약간씩

▶ **샐러드 드레싱**
다진 양파 2큰술, 간장·다진 마늘·맛술 1큰술씩, 참기름·깨 소금 1작은술씩

1 오이는 소금에 문질러 씻어 동그랗게 편 썬다. 끓는 물에 올리브오일과 소금을 넣어 살짝 데친 후 찬물에 헹궈 식힌다.

2 게살은 결이 잘 찢어지는 것으로 준비해서 결대로 굵게 찢는다.

3 베이비채소는 씻어 물기를 털고 실파는 2㎝ 길이로 썰고 홍고추는 반을 갈라 씨를 털고 2㎝ 길이로 채 썬다.

4 샐러드 드레싱을 재료의 분량대로 넣어 잘 섞는다.

5 볼에 데친 오이와 게살, 베이비채소, 실파, 홍고추를 넣고 샐러드 드레싱으로 버무려 그릇에 담아낸다.

→ **COOK TIP**
오이를 물에 데칠 때 올리브오일과 소금을 넣으면 오이의 색이 투명해지고 오이의 영양소가 파괴되지 않는다. 부모님 초대 상에는 따뜻한 샐러드로 전채요리를 구성하는 것이 좋은데 차가운 음식보다는 따뜻한 음식을 먹고나면 메인 요리를 편안하게 먹을 수 있기 때문이다.

오이다시마쌈초회

▶ **주재료**
오이 2개, 쌈 다시마 사방 20cm 2장

▶ **부재료**
실파 12대, 무순 50g, 홍고추 2개, 소금 약간

▶ **초간장소스**
간장 3큰술, 식초 · 물엿 2큰술씩, 맛술 1큰술, 들기름 1작은술, 마늘즙 $\frac{1}{2}$작은술

1 오이는 소금에 문질러 씻어서 4㎝ 폭으로 썰어 얄팍하게 돌려 깎는다. 옅은 소금물에 잠시 담가 부드럽게 숨이 죽으면 오이를 건져 말끔하게 물기를 닦는다.

2 쌈 다시마는 찬물에 헹궈 짠맛을 없애고 건져서 오이 폭 만큼씩 썬다.

3 실파는 끓는 물에 소금을 약간 넣고 파랗게 데쳐 찬물에 헹궈 물기를 없애고 오이를 묶을 수 있도록 긴 상태로 준비한다.

4 무순은 잡티를 없애 물에 헹궈 건지고 홍고추는 5㎝ 길이로 곱게 채 썬다.

5 간장에 식초와 맛술, 물엿, 마늘즙을 넣어 잘 섞어서 들기름으로 맛을 낸다.

6 도마에 오이를 펼치고 그 안쪽에 다시마 두 장을 포갠 후 무순과 홍고추를 약간씩 넣고 돌돌 말아서 실파로 가운데를 묶는다.

7 접시에 오이다시마쌈초회를 가지런하게 담고 초간장 소스를 부어서 상에 낸다.

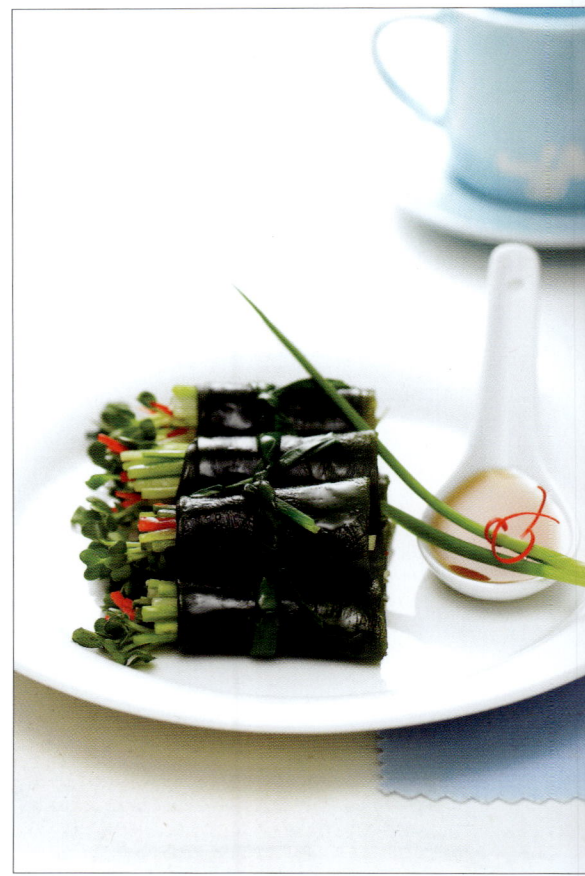

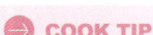 **COOK TIP**
오이로 다시마쌈을 만들 때는 오이를 돌려 깎아서 소금물에 잠시 담가 오이가 부드럽게 말아질 수 있도록 해야 한다. 오이의 껍질만 이용하면 남은 오이가 아까우므로 오이의 속도 씨 부분만 빼고 함께 돌려 깎아서 말이를 하면 좋다.

오이날치알토마토무침

▶ **주재료**
오이 1개, 방울토마토 10개, 날치알 50g

▶ **부재료**
청주 1큰술, 레몬 슬라이스 2쪽, 올리브오일 2큰술, 씨 머스터드 1작은술, 소금·흰 후춧가루 약간씩, 설탕 ½작은술

1 방울토마토는 끓는 소금물에 데쳐 찬물에 담가 껍질을 벗긴 후 2등분한다.

2 오이는 소금에 문질러 씻어 껍질에 포크로 무늬를 넣은 후 얇게 썬다.

3 날치알은 청주를 탄 물에 헹궈 건져 물기를 완전하게 뺀다. 레몬은 반달로 얇게 썬다.

4 볼에 방울토마토와 오이, 날치알, 올리브오일, 씨 머스터드, 소금, 흰 후춧가루, 설탕을 넣어서 골고루 버무려 차게 냉장실에서 1시간 이상 숙성시켜 먹는다.

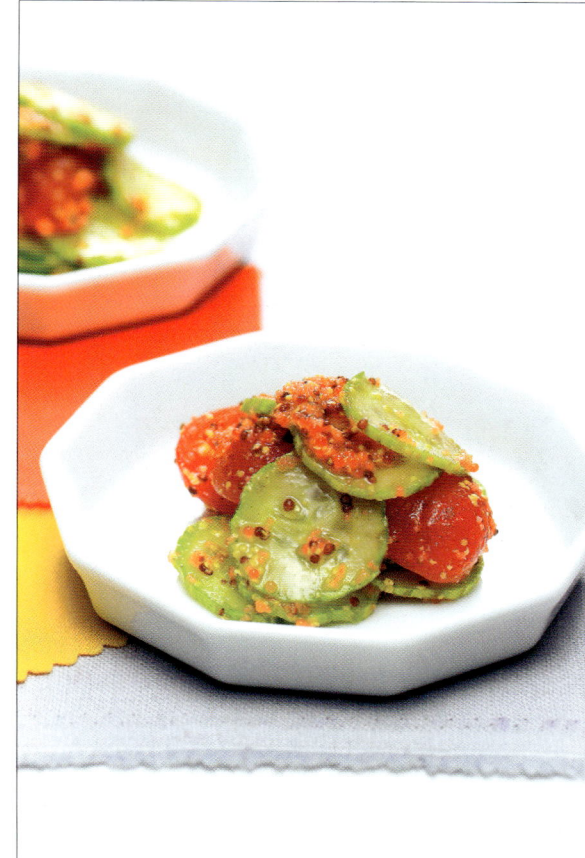

🔴→ **COOK TIP**
신선한 오이는 굵기가 균일하고 굵다. 위는 가늘고 끝부분이 유난히 굵고 큰 것은 잘못 재배되어 쓴맛이 강하므로 피한다. 또 껍질색이 알록달록한 것보다 전체적으로 균일한 색이 좋으며 너무 긴 것보다 20cm 정도의 길이가 적당하다.

말린호박나물볶음

▶ **주재료**
말린 호박 50g

▶ **부재료**
다진 파 · 국간장 · 들기름 1큰술씩, 다진 마늘 · 깨소금 1작은술씩, 소금 약간, 쌀뜨물 ½컵

1 말린 호박은 물에 헹궈 잠시 담가 꼬들거리면 꺼내 1㎝ 폭으로 썬다.

2 볼에 ①의 호박과 다진 파, 다진 마늘, 국간장, 들기름 을 넣어 조물조물 무친다.

3 팬에 기름을 두르고 ②의 호박을 볶다가 쌀뜨물을 부 어 뚜껑을 덮어 한소끔 끓인다. 국물이 졸아들면 불에 서 내려 소금과 깨소금을 넣어 간을 맞춘다.

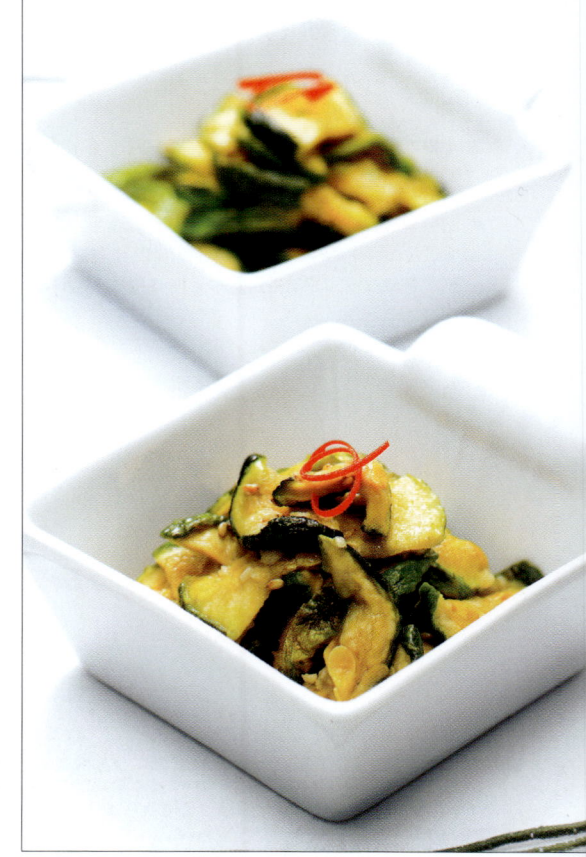

→ COOK TIP
말린 호박은 너무 오래 물에 불려 놓으면 무쳐도 간이 잘 스며들 지 않아 싱거워지고 흐물거려서 맛이 없다. 되도록 물에 비벼가 면서 씻어 10분 이상을 담가 놓지 않아야 한다. 너무 딱딱하게 굳 은 말린 호박은 미지근한 물에 담그는 것이 좋다.

애호박전

▶ **주재료**
애호박 1개, 달걀 2개

▶ **부재료**
들기름 · 포도씨오일 2큰술씩, 밀가루 3큰술, 청주 1큰술, 소금 · 쑥갓 약간씩

1 애호박은 0.4㎝ 두께로 동그랗게 썰어 채반에 올린 후 소금을 뿌려 밑간한다.

2 달걀은 알끈을 제거하고 곱게 풀어 청주와 소금을 넣어 체에 내린다.

3 애호박에 물기를 제거하고 밀가루를 고루 입혀 달걀물에 담가 옷을 입힌다.

4 들기름과 포도씨오일을 섞어 두른 팬을 달군 후 애호박을 한 개씩 올려 노릇노릇하게 앞뒤로 부친다. 부칠 때 쑥갓을 작게 떼어 애호박에 붙여 부치면 모양도 예쁘고 깔끔하다.

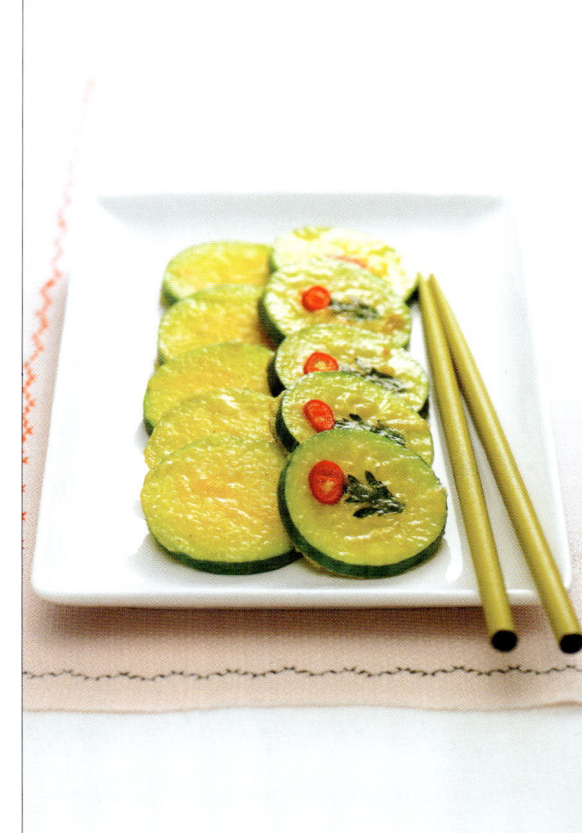

🔄 COOK TIP
애호박은 소금을 뿌려 밑간하면 수분이 생긴다. 이 수분은 물에 헹구지 말고 종이타월로 눌러 간이 된 상태로 물기만 없애고 구이를 한다. 그래야 나중에 수분이 생기지 않아 깔끔한 전이 된다.

애호박찹쌀부침

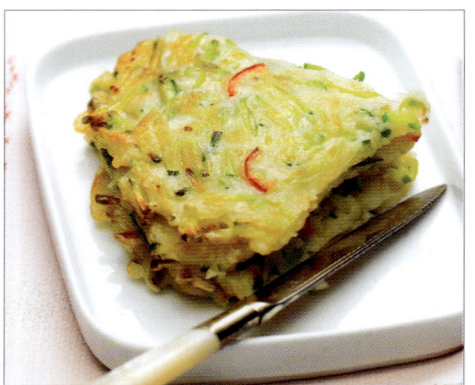

▶ **주재료**
애호박 1개

▶ **부재료**
홍고추 · 청양고추 1개씩, 마늘채 1큰술, 쪽파 3대, 찹쌀가루 · 부침가루 5큰술씩, 간장 1작은술, 소금 약간

1 애호박은 깨끗이 씻어 얄팍하게 편 썰어 다시 곱게 채 썬다.

2 홍고추와 청양고추는 반을 갈라 씨가 있는 채로 송송 잘게 썬다.

3 마늘은 곱게 채 썰고 쪽파는 다듬어 씻어 2㎝로 썬다.

4 볼에 애호박과 고추, 마늘채, 쪽파를 모두 넣고 간장 으로 버무린 후 찹쌀가루와 밀가루를 넣어 물을 조금 씩 부어 반죽한다.

5 걸쭉한 반죽이 되면 소금으로 간을 한다.

6 팬을 달군 후 ⑤의 반죽을 한 국자씩 떠 놓고 노릇하 게 앞뒤로 부친다.

애호박새우젓볶음

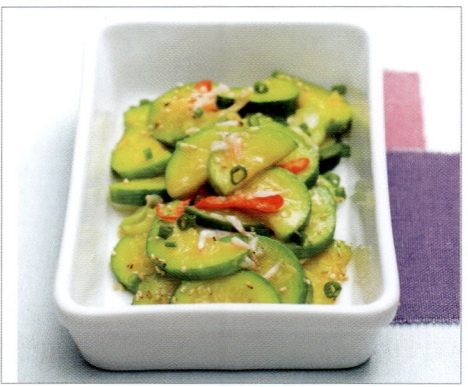

▶ **주재료**
애호박(중간 크기) 1개, 새우젓 1큰술

▶ **부재료**
홍고추 · 풋고추 1개씩, 대파 ½대, 다진 마늘 · 들기름 · 포도씨오 일 1작은술씩, 소금 약간

것으로 준비해서 반으로 갈라 0.5㎝ 두께로 편 썰어 소금을 뿌려 밑간했다가 물에 헹궈 물기 를 자근자근 눌러 없앤다.

2 풋고추와 홍고추는 어슷하게 썰어 씨를 턴다. 대파는 굵게 채 썬다.

3 새우젓은 건더기만 준비해서 도마에 올리고 곱게 다 진다.

4 팬에 들기름과 포도씨오일을 두르고 끓어오르면 애호 박과 새우젓을 넣어 볶는다. 애호박이 나른하게 볶아 지면 고추채와 대파, 다진 마늘을 넣어 버무려 그릇에 담아낸다.

COOK TIP

호박이 흔한 철에는 호박을 얇게 동그랗게 썰어 채반에 말리거나 실에 꿰어 그늘지고 통풍이 잘 되는 곳에서 말려 호박오가리로 만들어 냉동실에 보관하면 호박이 제철이 아니더라도 항상 찌개 나 볶음, 조림으로 쓸 수 있다.

COOK TIP

호박을 소금에 절인 것이 약간 남았을 때에는 물에 헹궈 소금기 를 없앤 후 물기를 꼭 짜 랩에 싸서 밀폐용기에 넣어 냉장 보관 하면 다음날에라도 국이나 찌개에 넣어 먹을 수 있다.

애호박눈썹나물

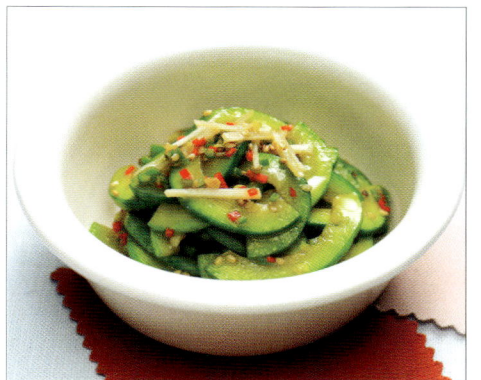

▶ **주재료**
애호박 $\frac{1}{2}$개

▶ **부재료**
홍고추 · 청양고추 $\frac{1}{2}$개씩, 마늘채 · 참치액 · 참기름 · 깨소금 1작
은술씩, 소금 약간, 송송 썬 실파 2큰술

1 애호박은 세로로 길게 반 갈라 납작하게 편 썰어 가운
데 씨 부분을 도려내 눈썹 모양을 만든다. 소금을 약
간 뿌려 절인다.

2 애호박이 살짝 절여지면 물에 헹궈 마른 면포에 담아
자근자근 눌러 물기를 뺀다.

3 홍고추와 청양고추는 반을 갈라 씨를 빼고 잘게 다진다.

4 팬에 기름을 두르고 마늘채를 볶다가 애호박과 참치
액을 넣어 볶는다.

5 애호박이 나른하게 볶아지면 다진 고추와 참기름, 깨
소금을 넣어 버무려 접시에 담고 송송 썬 실파를 올려
낸다.

→ COOK TIP

애호박은 씨가 두툼하게 들어 있으면 도려내고 요리를 해야 애호
박에서 수분이 흘러나오지 않아 요리가 깔끔하고 애호박의 맛을
잘 살릴 수 있다. 특히 호박을 볶을 때 씨가 있는 채로 볶으면 호
박이 익으면서 씨가 뭉그러져 요리가 깔끔하지 않고 씹는 맛도
좋지 않다. 애호박을 길이로 반 가른 다음 씨를 도려내 눈썹 모양
이 되게끔 저며 볶는다.

애호박표고버섯조림

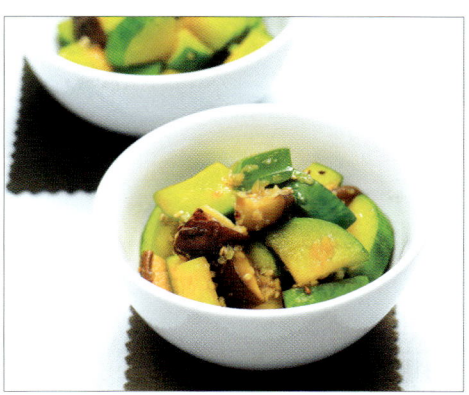

▶ **주재료**
애호박 $\frac{1}{2}$개, 표고버섯 3장

▶ **부재료**
청피망 $\frac{1}{2}$개, 실파 2대, 간장 1큰술, 다진 마늘 · 물엿 1작은술씩,
참기름 $\frac{1}{2}$작은술, 통깨 · 소금 약간씩

1 애호박은 1cm 두께로 썰어 4등분해서 소금을 조금 뿌
려 절인 후 물에 헹궈 물기를 닦는다.

2 표고버섯은 충분하게 물에 불려 기둥을 떼고 4등분한
다. 청피망은 사방 1cm 크기로 썰고 실파는 1cm 길
이로 썬다.

3 팬에 기름을 두르고 다진 마늘을 볶다가 ①의 애호박
을 넣어 볶으면서 표고버섯을 넣어 볶는다.

4 ③에 청피망을 넣어 간장과 물엿, 참기름을 넣어 버무
려 바특하게 조리고 실파와 통깨, 소금을 뿌려 간을
맞춰낸다.

→ COOK TIP

호박이 통째로 남았을 때에는 공기가 닿지 않도록 랩으로 싸서
상처가 나지 않도록 두터운 비닐에 넣어 냉장실 채소 칸에 넣어
야 오래 보관이 가능하다. 애호박은 도톰하면서 모양이 고른 것
이 좋고 끝이 마르지 않은 것이 신선하다. 남은 애호박은 끝 부분
을 젖은 휴지로 감싸 신문지에 돌돌 말아 보관하면 오랫동안 신
선하게 보관할 수 있다.

애호박바지락볶음

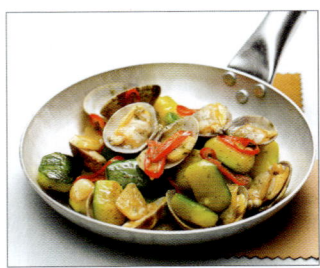

▶ **주재료**
애호박 ⅔개, 바지락 200g

▶ **부재료**
통마늘 2개, 올리브오일 1큰술, 화이트와인 ⅓컵, 소금·후춧가루 약간씩, 홍고추 1개, 파슬리가루 ½작은술

1 애호박은 물에 씻어 세로로 2등분해서 다시 부채꼴로 3등분한 후 씨를 도려내 엄지손가락 첫 번째 마디 굵기로 만들어 소금에 살짝 절여 물기를 없앤다.

2 바지락은 해감을 시켜 건져 놓고 마늘은 도톰하게 썬다. 홍고추는 어슷하게 채 썰어 씨를 턴다.

3 팬에 올리브오일을 두르고 마늘과 홍고추를 볶다가 매운 향이 우러나면 호박과 바지락을 넣어 볶는다. 화이트와인을 붓고 뚜껑을 덮어 중간 불에서 조린다.

4 바지락이 입을 벌리고 애호박이 투명하게 익으면 소금, 후춧가루로 간을 맞추고 파슬리가루를 뿌린다.

→ **COOK TIP**
비타민 C가 풍부한 애호박은 비타민 A의 함유량도 높아서 기름에 볶아 먹으면 카로틴의 흡수율이 높아진다. 호박은 야맹증, 여드름, 거칠어진 피부를 개선하는데 효과가 커서 미용식으로 좋다.

애호박호두무침

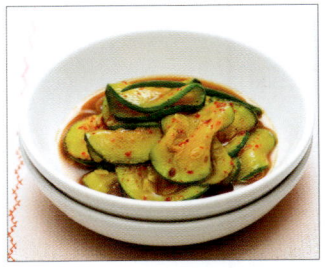

▶ **주재료**
애호박 1⅓개, 껍질 벗긴 호두 ⅓컵

▶ **부재료**
들기름·올리브오일 1큰술씩, 소금 약간, 홍고추 ⅓개

▶ **무침 양념**
국간장·고운 고춧가루 1작은술씩, 다진 파 2큰술, 다진 마늘·맛술 1큰술씩, 소금·후춧가루 약간씩

1 애호박은 씻어서 동그랗게 0.3cm 크기로 편 썰어 넓은 채반에 올린 후 소금을 조금 뿌려 잠시 숨을 죽인다.

2 애호박의 표면에 수분이 동글동글 맺히면 물에 헹궈 물기를 닦는다.

3 팬에 올리브오일과 들기름을 섞어 두른 후 지글지글 끓어오르면 애호박을 올려 한 개씩 노릇하게 구워낸다.

4 호두는 속껍질까지 완전하게 벗긴 후 물에 헹궈 건지고 홍고추는 반을 갈라 곱게 다진다.

5 볼에 무침 양념장을 재료의 분량대로 섞는다.

6 ⑤의 양념장에 부친 애호박과 호두를 넣어 젓가락으로 양념이 배도록 무쳐서 그릇에 담아낸다.

→ **COOK TIP**
애호박을 들기름과 올리브오일을 두른 팬에 부치면 애호박에 윤기가 많이 나면서 향이 좋은데 들기름과 올리브오일을 팬에 두른 후 끓어오르고 나서 애호박을 넣고 부쳐야 들내가 나지 않고 고소한 맛이 많이 난다. 애호박에 소금을 많이 넣고 부치면 숨이 너무 죽으므로 뻣뻣한 질감이 살짝 없어질 정도로만 소금을 뿌려야 한다.

호박오가리목살볶음

▶ **주재료**
불린 호박오가리 100g, 돼지고기(목살) 300g

▶ **부재료**
쌀뜨물 1컵, 소금 약간

▶ **양념장**
고춧가루 · 고추장 · 다진 마늘 · 다진 파 · 물엿 · 참기름 1큰술씩, 간장 · 청주 · 깨소금 1작은술씩, 후춧가루 약간

1 호박오가리는 미지근한 물에서 비벼가면서 씻어준 후에 쌀뜨물에 소금을 풀어서 살짝 담갔다가 건져 색을 선명하게 해서 여러 번 물에 헹구어 물기를 꼭 짠다.

2 돼지고기는 목살로 준비해서 먹기 좋은 크기로 잘라 얇게 썬다.

3 고춧가루에 고추장과 간장, 청주, 물엿을 넣고 버무려서 고춧가루가 색이 나도록 한 후 나머지 양념을 넣고 혼합한다.

4 큰 볼에 돼지고기와 불린 호박오가리를 담고 ③의 양념장을 넣어서 골고루 간이 배도록 무쳐서 재운다.

5 팬에 기름을 약간 두르고 달군 후 ④의 호박과 양념한 목살을 넣어 중간 불에서 고기와 호박오가리를 부드럽게 익히면서 간이 배도록 볶는다.

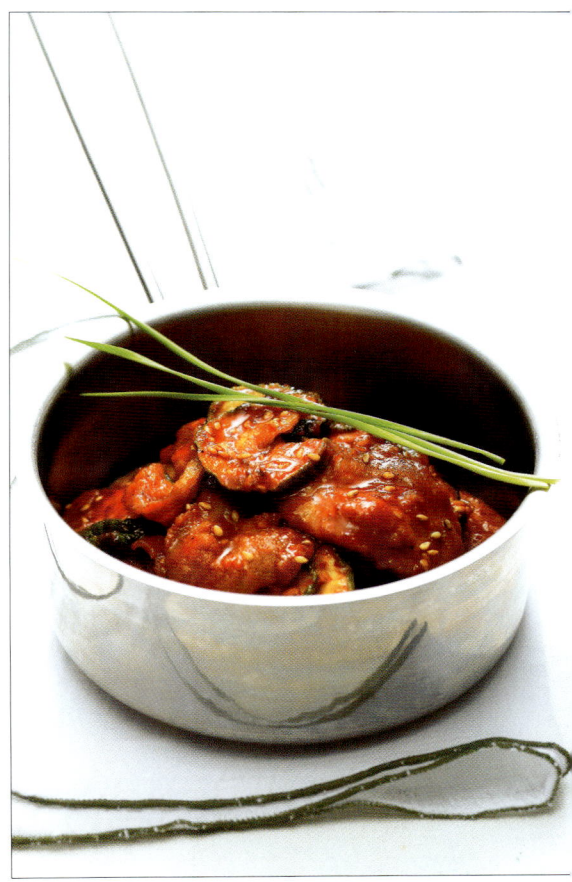

🔜 **COOK TIP**
호박오가리는 쌀뜨물을 이용해서 살짝 불리면 호박오가리색이 선명해지고 꼬들거려 더욱 맛이 있다.

애호박마른새우볶음

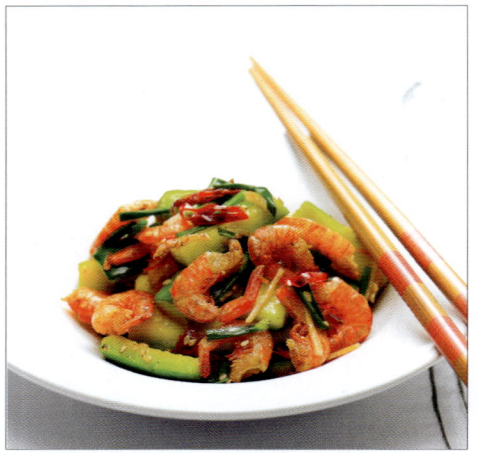

▶ **주재료**
애호박 ½개, 마른 새우 30g

▶ **부재료**
쪽파 2대, 마른 홍고추 1개, 마늘채 · 참기름 1큰술씩, 깨소금 · 맛술 1작은술씩, 소금 · 흰 후춧가루 약간씩

1 애호박은 씻어서 3㎝ 길이로 토막 내어 세로로 8등분을 해서 가운데 씨 부분을 도려낸다. 소금물에 담가 숨을 조금 죽인 후 건져 마른 면포로 닦는다.

2 마른 새우는 마른 팬에 볶아 비린맛을 없애고 체에 흔들어 잔가루를 없앤다.

3 쪽파는 2㎝ 길이로 썰고 마른 홍고추는 가위로 자른다.

4 팬에 기름을 두르고 마른 홍고추와 마늘채를 볶다가 애호박을 넣어 볶는다. 애호박이 나른하게 볶아지면 마른 새우를 넣고 맛술과 참기름을 넣어 소금, 흰 후춧가루로 간을 맞추고 깨소금을 뿌려 그릇에 담아낸다.

COOK TIP
애호박과 건어물을 볶을 때에는 건어물의 비린맛이 나지 않아야 애호박의 감칠맛이 난다. 그래서 마른 새우는 마른 팬에 볶아 비린맛을 없애야 한다.

애호박부추볶음

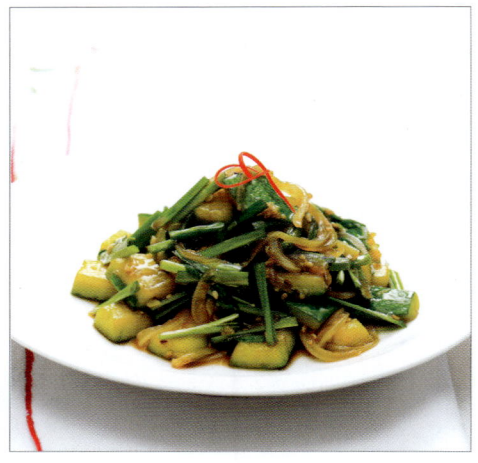

▶ **주재료**
애호박 ½개, 부추 30g

▶ **부재료**
양파 ½개, 다진 파 1큰술, 굴소스 2큰술, 다진 마늘 · 간장 · 참기름 · 통깨 1작은술씩, 소금 · 흰 후춧가루 약간씩

1 애호박은 2㎝ 길이로 토막 내어 8등분을 해서 가운데 씨 부분을 도려내고 소금을 뿌려 잠시 재운다.

2 부추는 다듬어 씻어 2㎝ 길이로 썰고 양파는 곱게 채 썬다.

3 팬에 기름을 두르고 다진 마늘과 양파를 볶다가 물기를 닦은 애호박을 넣어 굴소스와 간장으로 버무려 볶는다.

4 애호박에 간이 배면 부추와 다진 파, 참기름을 버무려 맛을 내고 통깨, 소금, 흰 후춧가루로 모자라는 간을 맞춰낸다.

COOK TIP
애호박을 굴소스로 볶을 때는 마늘과 양파를 충분하게 볶아 매운 향이 올라온 후 애호박을 넣고 나른하게 조리듯이 볶아야 한다.

호박오가리달걀찜

▶ **주재료**
호박오가리 50g, 달걀 2개

▶ **부재료**
다시마 우린 물 1컵, 소금 약간, 청주 1큰술, 홍고추 ½개, 실파 3대

1 달걀은 체에 밭쳐서 알끈을 제거한 후 곱게 풀어서 소금, 청주, 다시마 우린 물을 붓고 거품기로 잘 저어서 거품을 낸다.

2 호박오가리는 찬물에 잠시 불렸다가 여러 번 물에 헹궈 부드럽게 해서 물기를 꼭 짠다. 물기 없앤 호박오가리는 0.3cm 굵기로 채 썬다.

3 홍고추는 반 갈라 씨를 없애고 송송 곱게 썬다. 실파도 송송 썬다.

4 찜기에 호박오가리 홍고추, 실파, 달걀물을 넣고 찜통에 충분히 김이 오르면 10분 정도찐다. 은근한 불로 조절해서 약하게 뜸을 들이듯이 쪄야 부드럽다.

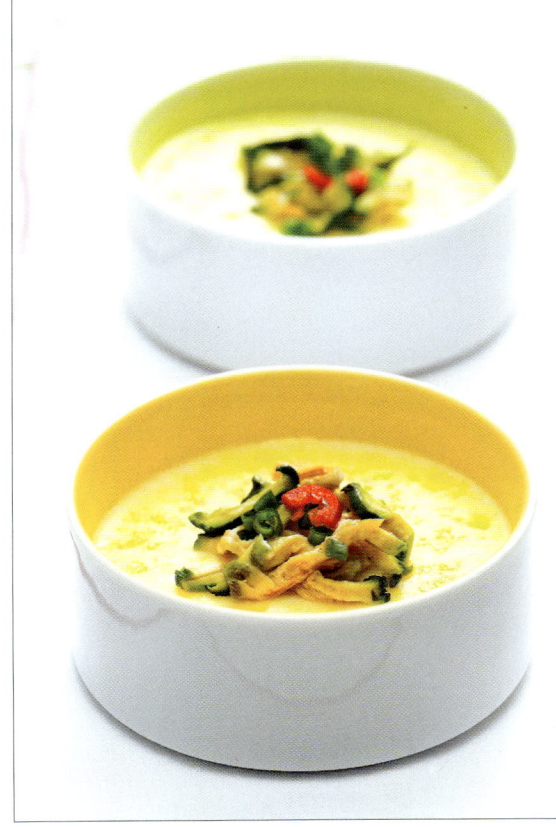

🔴 COOK TIP

달걀 푼 것은 체에서 한 번 내려 거품내야 더욱 부드럽고 야들거리는 달걀찜이 완성된다. 이때 달걀에 청주와 다시마 우린 물을 함께 넣어 저어주어야 더욱 부드럽고 비린맛이 없는 달걀찜이 된다.

애호박진미채고추장무침

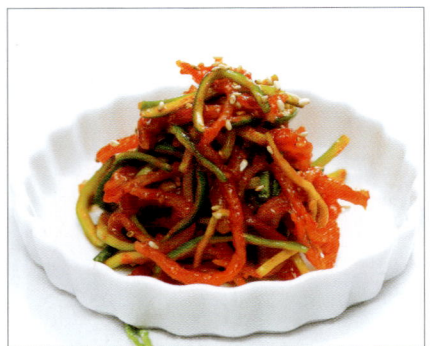

▶ **주재료**
애호박 ½개, 진미채 80g

▶ **부재료**
쪽파 2대, 풋고추 1개, 고추장 2큰술, 물엿 · 맛술 · 다진 마늘 1
큰술씩, 참기름 · 통깨 1작은술씩, 소금 약간

1 애호박은 3㎝ 길이로 토막 내어 돌려 깎아 굵게 채 썰
어 소금을 살짝 뿌려 절인다.

2 진미채는 4㎝ 길이로 썰어 끓는 물에 데쳐 찬물에 헹
궈 물기를 꼭 짠다.

3 쪽파는 2㎝ 길이로 썰고 풋고추는 반을 갈라 씨를 빼
고 같은 길이로 채 썬다.

4 애호박을 물에 헹궈 물기를 꼭 짠 상태로 볼에 담고
진미채와 쪽파, 고추를 섞어 고추장과 맛술, 다진 마
늘을 넣어 조물조물 무친다.

5 ④에 물엿과 참기름, 통깨를 넣고 소금으로 간을 해서
버무려 그릇에 담아낸다.

⟳ **COOK TIP**

애호박을 돌려 깎고 나서 남은 부분은 씨 부분만 도려내고 채 썰
어 들기름에 살짝 볶아 깨소금을 뿌려 먹으면 맛있는 애호박 볶
음이 된다.

애호박찜과 대파무침

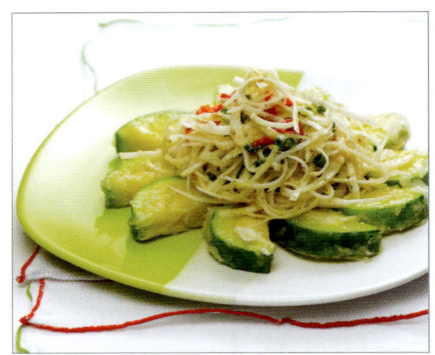

▶ **주재료**
애호박 ½개, 대파(흰 부분) 3대

▶ **부재료**
찹쌀가루 · 녹말가루 · 들깻가루 3큰술씩, 양파 ½개, 들기름 1큰
술, 소금 약간

1 애호박은 씻어 반을 가르고 1㎝ 폭으로 도톰하게 편
썬다.

2 ①의 애호박에 소금을 약간 뿌린 후 찹쌀가루와 녹말
가루를 고루 묻혀 찜기에 베보자기를 깔고 김이 오르
면 넣어 2분 정도 찐다.

3 대파는 흰 부분만 준비해서 4㎝ 길이로 굵게 채 썰고
양파는 곱게 채 썰어 각각 찬물에 헹궈 건져 물기를
턴다.

4 볼에 대파와 양파를 담고 들기름과 들깻가루를 듬뿍
뿌려 소금으로 간을 해서 버무린다.

5 접시에 애호박찜을 돌려 담고 가운데 대파양파무침을
듬뿍 올려 상에 낸다.

⟳ **COOK TIP**

애호박을 찜기에 찔 때에는 김이 충분하게 오른 후 넣어 2~3분
정도 찐 후 채반에 올려 한 김 식힌다. 그래야 애호박의 질감이
그대로 유지되면서 속까지 잘 익는다.

애호박오징어볶음

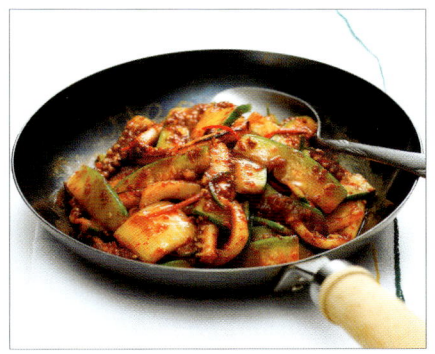

▶ **주재료**
애호박 ½개, 오징어 1마리

▶ **부재료**
양파 ½개, 홍고추 · 청양고추 1개씩, 대파 1대, 소금 약간

▶ **볶음 양념장**
고운 고춧가루 2큰술, 간장 · 청주 · 다진 마늘 1큰술씩, 설탕 ·
참기름 1작은술씩, 깨소금 · 후춧가루 약간씩

1 애호박은 씻어 4㎝ 길이로 토막 내어 반을 세로로 갈
라 씨를 긁어내고 도톰하게 길이대로 편 썬다.

2 오징어는 내장을 꺼내고 씻어 동그란 상태로 0.5㎝ 두
께로 썬다. 오징어 다리는 5㎝ 길이로 썬다.

3 양파는 사방 2㎝ 크기로 썰고 홍고추와 청양고추, 대
파는 굵게 채 썬다.

4 볼에 볶음 양념장을 만들어 오징어를 넣어 버무려 잠
시 재운다.

5 팬에 기름을 두르고 양파와 애호박을 볶다가 양념에
재운 오징어를 넣고 볶는다.

6 애호박과 오징어에 간이 배면 대파와 고추채를 넣어
버무려 그릇에 담아낸다.

→ COOK TIP
애호박과 해산물을 함께 볶을 때에는 해산물에서 물이 많이 나오
므로 양념을 미리 해서 숙성시킨 후 그 양념에 애호박을 함께 볶
아야 맛이 잘 살아나면서 물이 생기지 않아 질척이지 않는다.

호박채청포묵볶음

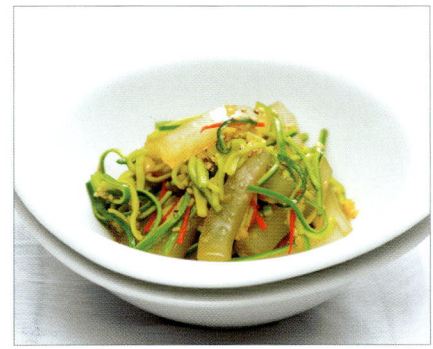

▶ **주재료**
애호박 ½개, 청포묵 1모

▶ **부재료**
쪽파 2대, 홍고추 1개, 청양고추 ½개, 다진 마늘 · 간장 1작은술
씩, 맛술 · 들기름 · 깨소금 1큰술씩, 소금 · 흰 후춧가루 약간씩

1 애호박은 3㎝ 길이로 돌려 깎아 곱게 채 썰어 소금을
약간 뿌려 절인다.

2 청포묵은 3㎝ 길이로 나무젓가락 굵기로 썰어 끓는 물
에 데쳐 찬물에 헹궈 들기름 ½큰술에 버무려 놓는다.

3 쪽파는 2㎝ 길이로 썰고 홍고추와 청양고추는 반을 갈
라 쪽파와 같은 길이로 채 썬다.

4 팬에 기름을 두르고 다진 마늘을 볶다가 애호박과 쪽
파, 홍고추, 청양고추를 볶다가 불을 끈다.

5 ④에 청포묵을 넣고 간장, 맛술, 들기름, 깨소금을 넣
은 후 소금과 후춧가루로 간을 해서 버무려 그릇에 담
아낸다.

→ COOK TIP
애호박 볶음을 맵게 하려면 고춧가루를 넣는 것보다 마른 홍고
추, 청양고추, 홍고추 등을 넣어 애호박의 색을 충분히 내면서 맵
고 칼칼한 맛을 내야 애호박 요리가 더 먹음직스럽다.

애호박고기박이찜

▶ **주재료**
애호박 2개, 다진 쇠고기 350g

▶ **부재료**
실파 3대, 홍고추 1개, 소금 · 후춧가루 · 생강즙 약간씩, 다진 마늘 1작은술, 녹말가루 1큰술

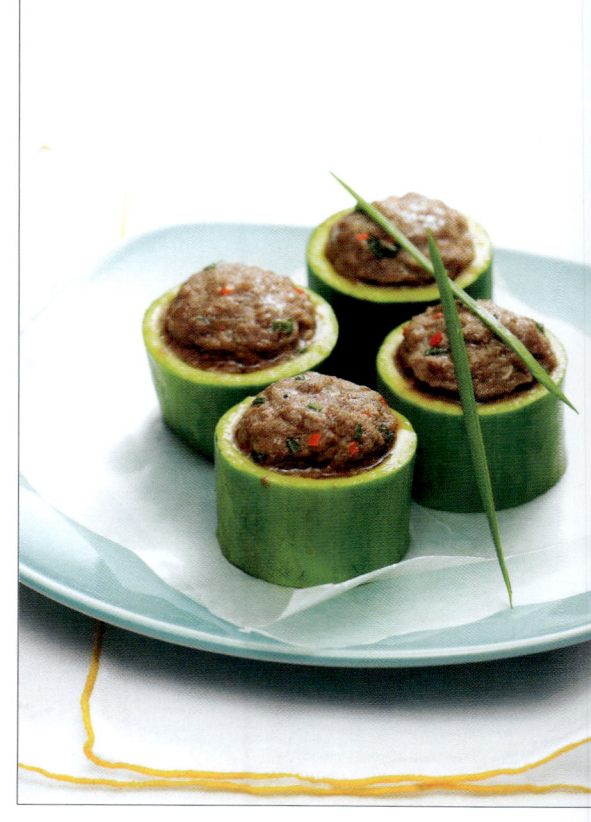

1 애호박은 씻어서 물기를 닦아 2㎝ 두께로 썰어 가운데 씨 부분을 숟가락으로 도려내 컵을 만든다.

2 ①의 애호박을 접시에 담고 소금을 솔솔 뿌려 잠시 재웠다가 물기가 배어 나오면 마른 면포로 물기를 닦는다.

3 넓은 접시에 물기 닦은 애호박컵을 한 개씩 담고 녹말 가루를 솔솔 뿌린다.

4 다진 쇠고기는 종이타월로 핏물을 제거하고 도마에 올려 다시 한 번 다진다.

5 ④의 다진 쇠고기를 볼에 담고 실파와 홍고추를 곱게 다져서 함께 넣은 뒤에 소금, 후춧가루, 다진 마늘, 생 강즙으로 골고루 섞는다.

6 준비한 애호박을 한 손에 쥐고 컵 모양으로 홈이 파인 곳에 ⑤의 양념한 다진 고기살을 숟가락으로 떠서 소 복하게 올려 모양을 다듬는다.

7 김이 충분히 오른 찜기에 애호박컵을 한 개씩 붙지 않 게 담고 20~25분 정도 푹 쪄서 완성한다.

🔁 **COOK TIP**

칼로리가 거의 없고 특별한 조리법이 필요 없는 애호박은 다이어 트나 빠른 요리에 아주 적합한 여름 채소 중의 하나이다. 특히 애 호박이 풍성한 여름철에 미리 구입해서 씨가 많으면 씨를 도려내 고 동그랗게 썰어 채반에 올려 말리면 애호박의 단맛이 더 나고 영양가가 높다.

애호박소시지볶음

▶ **주재료**
애호박 150g, 비엔나소시지 12개

▶ **부재료**
피망 $\frac{1}{2}$개, 홍고추 1개, 소금 약간

▶ **케첩소스**
토마토케첩 2큰술, 설탕 $\frac{1}{2}$작은술, 간장 · 다진 마늘 · 통깨 1작은술씩, 소금 · 후춧가루 약간씩

1 애호박은 1㎝ 두께로 토막 내어 사방 1.5㎝ 크기로 썰어 가운데 씨 부분은 쓰지 않고 가장자리만 사용한다.

2 비엔나소시지는 사선으로 반 갈라 칼집을 촘촘하게 넣는다.

3 피망은 씨를 도려내고 애호박의 크기로 썰고 홍고추는 송송 썰어 씨를 턴다.

4 토마토케첩을 넣은 소스를 분량의 재료 대로 넣어 고루 섞는다.

5 팬에 기름을 두르고 애호박과 피망, 홍고추를 넣어 볶다가 준비한 케첩소스를 넣고 비엔나소시지를 넣어서 재빨리 볶아낸다.

6 ⑤의 애호박이 살캉하게 익으면서 간이 배면 그릇에 담고 통깨를 솔솔 뿌린다.

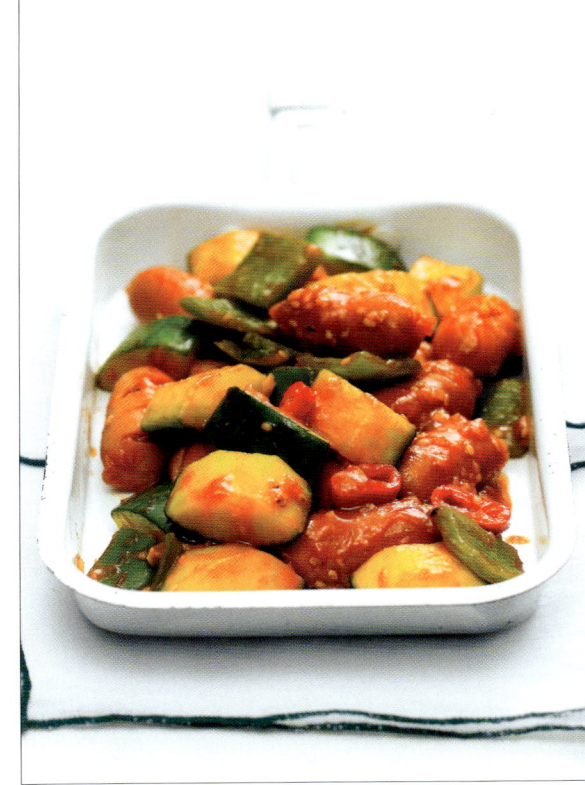

→ **COOK TIP**

애호박은 카로틴, 비타민 C, 비타민 B_1, B_2, 철분, 인 등이 골고루 들어 있는 영양가 많은 여름 채소 중의 하나이다. 또한 칼로리가 적어 다이어트 식품으로 으뜸이다. 애호박은 표면이 매끈하게 고른 것, 흠집이 없고 꼭지가 싱싱한 것과 탄력이 있는 것을 고른다.

애호박고기완자조림

▶ **주재료**
애호박 ½개, 다진 쇠고기 600g, 당근 50g, 양파 ½개, 소금 약간

▶ **다진 쇠고기 양념**
간장 · 다진 파 1큰술씩, 다진 마늘 · 녹말가루 1작은술씩, 후춧가루 약간

▶ **조림장**
간장 3큰술, 다시마 우린 물 5큰술, 청주 2큰술, 맛술 · 물엿 1큰술씩, 참기름 1작은술

1 애호박은 씻어 2㎝ 길이로 토막 낸 후 세로로 4등분해서 소금을 살짝 끼얹어 절인다.

2 다진 쇠고기는 양념에 조물조물 무쳐 직경 2.5㎝ 크기로 완자를 빚는다.

3 당근과 양파는 사방 2㎝ 크기로 썬다.

4 냄비에 조림장을 넣어 한소끔 끓으면 다진 쇠고기와 양파, 당근을 넣어 약한 불에서 조린다.

5 ④에 간이 배면 애호박의 물기를 닦고 넣어 한소끔 더 조린다. 바특하게 국물이 조려지면 불에서 내려 통깨를 뿌려 그릇에 담아낸다.

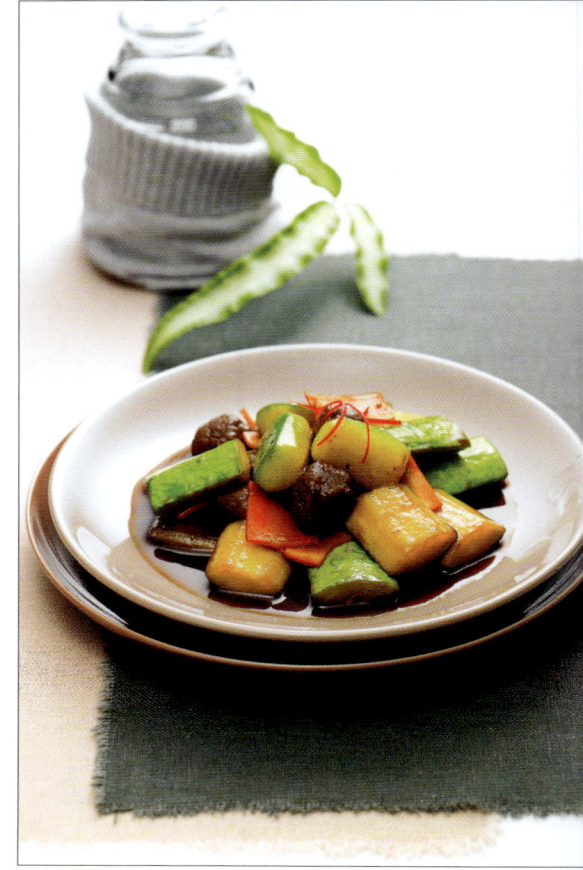

→ **COOK TIP**
애호박을 조릴 때 조림장을 먼저 끓이고 나서 애호박 절인 것을 넣으면 쉽게 간이 배면서 애호박의 감칠맛이 많이 우러나 설탕 등을 넣지 않아도 맛이 좋다.

애호박샌드커틀릿

▶ **주재료**
애호박 1개, 다진 쇠고기 300g

▶ **부재료**
녹말가루 2큰술, 밀가루 ½컵, 달걀 2개, 빵가루 ½컵, 소금·후춧가루·다진 마늘 약간씩, 튀김기름 적당량

1 애호박은 0.5cm 두께로 썰어 소금을 뿌려 밑간한다.

2 다진 쇠고기는 다진 마늘과 소금, 후춧가루를 넣어 조물조물 무친다.

3 애호박에 물기를 닦고 녹말가루를 뿌린 후 다진 쇠고기를 조금 얹어 평평하게 해서 녹말가루 묻힌 애호박을 한 개 덮어 샌드를 만든다.

4 ③의 애호박 샌드에 밀가루 옷을 듬뿍 묻히고 달걀물 →빵가루를 차례로 입힌다.

5 160℃로 달군 기름에 노릇하게 튀겨낸다.

6 튀긴 커틀릿은 기름을 뺀 후 시판 칠리소스, 살사소스 등과 곁들여 먹는다.

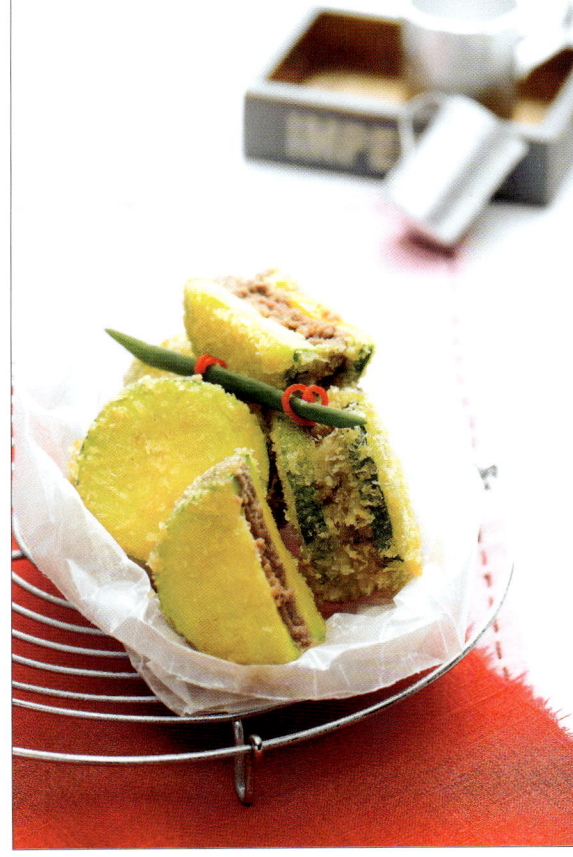

🔶 **COOK TIP**

애호박샌드를 만들 때 가운데 넣은 다진 쇠고기 대신 각종 해물류, 닭, 돼지고기 등을 이용해서 만들어도 좋다. 아이들의 간식으로는 대구살 또는 동태살을 다져서 샌드를 만들어 튀겨도 좋다.

가지쇠고기전

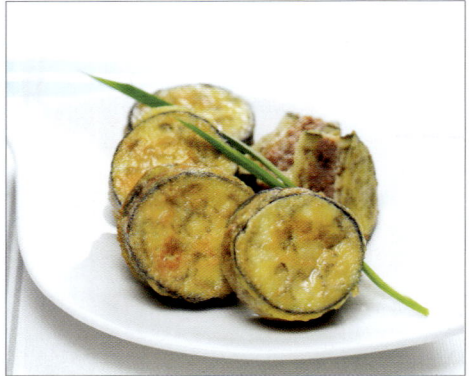

▶ **주재료**
가지 2개, 다진 쇠고기 300g

▶ **부재료**
소금 약간, 녹말가루 3큰술, 밀가루 5큰술, 달걀 2개

▶ **다진 쇠고기 양념**
간장 · 참기름 1작은술씩, 다진 마늘 ½작은술, 소금 · 후춧가루 약간씩

1 가지는 꼭지를 떼어내고 동그랗게 0.3㎝ 두께로 썬다.

2 소금물에 ①의 가지를 담가 살짝 숨이 죽도록 한 후 물에서 건져 물기를 닦고 녹말가루를 한쪽면만 뿌린다.

3 쇠고기는 핏물을 뺀 후 고기 양념을 해서 조물조물 치댄다.

4 가지에 다진 쇠고기를 조금씩 얹고 다듬은 후 다른 가지로 덮어 손으로 눌러 밀착시킨다.

5 ④에 밀가루를 고르게 입히고 날가루를 턴 후 달걀물을 흠씬 적셔 팬에 기름을 두르고 노릇하게 부쳐낸다.

> ➔ **COOK TIP**
> 가지는 전을 부칠 때 가지의 수분을 어느 정도 뺀 후 전으로 부쳐야 수분이 생기지 않는다. 특히 안에 붙인 소를 떨어지지 않게 부치려면 수분을 빼야 한다.

가지나물

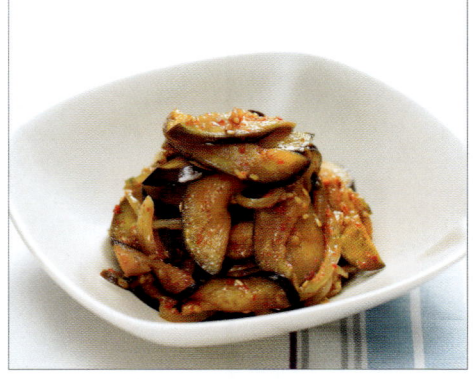

▶ **주재료**
가지 2개

▶ **부재료**
양파 ½개, 송송 썬 실파 2큰술, 실고추 · 통깨 약간씩

▶ **나물 양념장**
참치액 · 고운 고춧가루 · 참기름 1작은술씩, 다진 마늘 · 맛술 1큰술씩, 소금 약간

1 가지는 꼭지를 떼어내고 반을 갈라 어슷하게 편 썬다.

2 양파는 곱게 채 썬다.

3 소금물에 가지를 담가 살짝 절인 후 건져 물기를 자근자근 눌러 뺀다.

4 팬에 기름을 두르고 양파와 다진 마늘을 볶다가 가지를 넣고 참치액과 맛술을 넣어 나른하게 볶는다.

5 가지가 부드럽게 볶아지면 고운 고춧가루와 참기름을 넣어 볶아 불에서 내린다.

6 ⑤에 실파와 실고추, 통깨를 넣어 버무린 후 소금으로 간을 맞춰 그릇에 담아낸다.

> ➔ **COOK TIP**
> 가지는 팬에 볶을 때 기름을 너무 많이 넣어 볶으면 가지가 모두 흡수해서 나중에 가지나물이 느끼하고 맛이 없다. 가지를 볶을 때 기름이 없어 탈 것 같으면 물을 한 숟가락 정도 더 넣어 볶는 것이 좋다.

마파가지덮밥

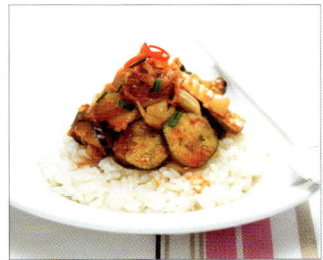

▶ **주재료**
가지 1개, 배추김치 · 콩나물 100g씩, 밥 2공기, 소금 약간, 김 가루 3큰술, 깻잎 1장

▶ **덮밥 양념장**
고춧가루 · 맛술 1작은술씩, 참기름 · 깨소금 · 다진 마늘 · 다진 파 1큰술씩, 소금 · 후춧가루 약간씩

1 가지는 씻어 꼭지 부분을 떼어내고 동그랗게 편 썰어 소금물에 담가 색이 변하는 것을 막는다.

2 배추김치는 소를 말끔하게 털어내고 국물을 짜낸 후 1㎝ 두께로 송송 썬다. 콩나물은 머리와 꼬리를 다듬 어 씻어서 물기를 턴다.

3 김은 앞뒤로 불에 구워서 잘게 부순다. 깻잎은 씻어서 물기를 털고 돌돌 말아서 곱게 채 썬다.

4 냄비에 기름을 두르고 고춧가루와 참기름과 맛술, 다 진 마늘, 다진 파를 넣어 섞은 후 배추김치와 콩나물, 가지를 넣고 약한 불에서 볶는다.

5 ④의 가지, 김치, 콩나물이 매콤하면서 알맞게 볶아지 면 소금과 후춧가루를 넣어 맛을 내고 깨소금을 넣어 버무려서 더욱 고소하게 한다.

6 그릇에 밥을 적당히 펼쳐 담고 ⑤의 가지김치콩나물 을 알맞게 올리고 김가루와 깻잎채를 뿌려 상에 낸다.

🠒 COOK TIP

가지, 배추김치와 콩나물을 함께 넣고 볶으면 콩나물이 익는 속 도가 배추김치보다 빠르므로 너무 질겨지고 오래 볶아진다. 이럴 때에는 배추김치를 먼저 넣고 볶다가 어느 정도 배추김치가 무르 게 볶아지고 난 후 콩나물과 가지를 넣어서 차례대로 볶아 살캉 한 상태로 볶는 것이 더욱 좋다.

가지구이무침

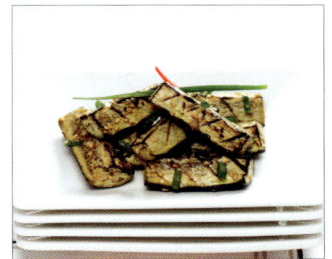

▶ **주재료**
가지 2개, 소금 약간

▶ **무침장**
국간장 · 다진 마늘 · 깨소금 1작은술씩, 다진 파 · 식초 1큰술씩, 참기름 ½작은술, 소금 약간

1 가지는 깨끗하게 씻어 꼭지 부분을 잘라내고 4㎝ 길이 로 토막 내어 세로로 막대 모양이 되도록 4등분한다.

2 물 2컵에 소금을 약간 타서 녹인 후 ①의 가지 썬 것을 담고 잠시 두어 색이 변하는 것을 막는다.

3 기름을 발라 달군 석쇠에 ②의 가지를 물기를 닦고 앞 뒤로 골고루 익히는데 식물성 기름을 붓으로 발라가 면서 구우면 가지에 윤기가 돌아 더욱 먹음직스럽다.

4 볼에 무침장을 분량의 재료대로 섞어 만든다.

5 ③의 구운 가지를 ④의 양념에 조물조물 버무려 먹는 다. 단, 상에 내기 직전에 무쳐야 가지에서 수분이 생 기지 않아 야들거리는 맛을 볼 수 있다.

🠒 COOK TIP

가지를 석쇠에 구울 때에는 가지의 물기를 완전히 닦아 직화로 구워 단시간에 구울 수 있도록 한다.

가지중화풍나물

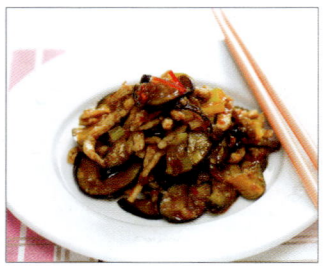

▶ **주재료**
가지 2개, 돼지고기(안심) 100g

▶ **부재료**
대파 1대, 두반장 · 다진 마늘 1큰술씩, 굴소스 · 참기름 · 고추기름 · 설탕 · 청주 1작은술씩, 다진 생강 · 소금 · 후춧가루 약간씩

1 가지는 깨끗이 씻어 반 갈라 채 썰어 옅은 소금물에 담갔다가 건져 물기를 자근자근 눌러 뺀다.

2 돼지고기는 안심으로 준비해서 얇게 4cm 길이로 채 썬다.

3 대파는 송송 썬다.

4 팬에 기름을 두르고 다진 마늘과 생강을 넣어 볶다가 돼지고기를 넣고 볶는다.

5 ④에 가지와 두반장, 굴소스, 고추기름을 넣어 달달 볶다가 설탕, 청주, 참기름을 넣어 버무린다.

6 가지와 돼지고기가 섞이면서 중화풍의 나물이 완성되면 소금과 후춧가루로 간을 한 후 송송 썬 대파를 넣어 재빨리 버무려 그릇에 담아낸다.

🔁 COOK TIP
가지는 돼지고기와 궁합이 잘 맞는데 두반장과 굴소스로 버무려 맛을 내면 밥을 비벼 먹기에도 좋고 특히 중국식 우동을 볶아 먹으면 주말 별식이나 안주로도 좋다.

절임가지냉국

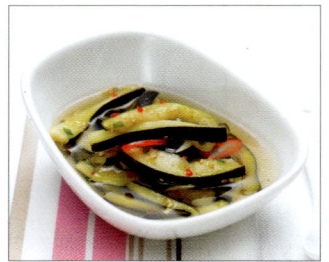

▶ **주재료**
가지 2개

▶ **부재료**
실파 3대, 청양고추 ½개, 홍고추 1개, 국물 멸치 5마리, 다시마 사방 5cm 1장, 가다랑어포 3큰술, 간장 · 맛술 · 마늘채 1작은술씩, 소금 · 후춧가루 약간씩, 통깨 ½작은술, 물 4컵

1 가지는 꼭지를 떼어내고 씻어서 세로로 길게 나무젓가락 굵기로 썰어 소금에 살짝 절였다가 물에 헹궈 물기를 꼭 짠다.

2 실파는 송송 썰고 청양고추와 홍고추는 씨를 빼고 잘게 다진다.

3 냄비에 국물 멸치를 넣어 볶아 비린맛을 없앤 후 물을 붓고 끓이다가 끓으면 다시마를 넣어 5분간 끓인다. 끓으면 다시마는 건지고 불에서 내려 가다랑어포를 우린다.

4 구수한 가다랑어포를 우려낸 국물을 면포에 걸러 맑은 국물만 받아낸 후 간장과 맛술, 소금, 후춧가루를 넣어 간을 맞춘 후 차게 냉장실에 넣어 둔다.

5 절인 가지의 물기를 꼭 짠 후 실파, 청양고추, 홍고추, 마늘채, 통깨를 넣어 소금으로 간을 해서 조물조물 무친다.

6 찬 냉국 국물을 그릇에 적당하게 떠 담고 ⑤의 가지 무침을 넣어 상에 낸다.

🔁 COOK TIP
가지와 냉국을 각각 만들어 두었다가 나중에 상 차리면서 냉국물에 가지를 넣어서 그릇에 담아야 가지가 더욱 맛이 있다.

가지다진쇠고기볶음

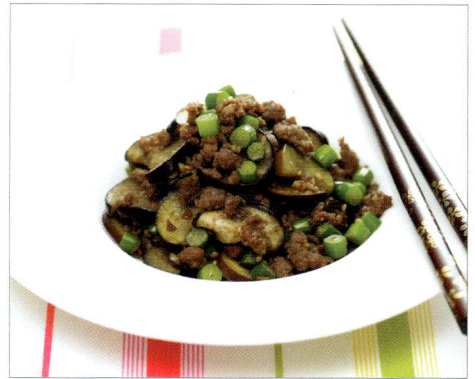

▶ **주재료**
가지 2개, 다진 쇠고기 150g

▶ **부재료**
참기름 $\frac{1}{2}$작은술, 마늘종 2줄, 소금 · 통깨 약간씩

▶ **쇠고기 밑간**
간장 · 다진 마늘 $\frac{1}{2}$작은술씩, 참기름 · 후춧가루 약간씩

1 가지는 씻어서 반 갈라 편 썰어 소금에 살짝 절인다.

2 절인 가지는 물에 헹궈 물기를 꼭 짠다.

3 ②의 가지에 소금과 참기름으로 양념해서 밑간한다.

4 다진 쇠고기는 핏물을 종이타월로 꾹꾹 눌러서 없앤 후 간장, 다진 마늘, 참기름, 후춧가루로 밑간한다.

5 마늘종은 씻어서 송송 잘게 썬다.

6 팬에 기름을 두르고 마늘종을 볶아 향이 올라오면 다진 쇠고기와 가지를 넣어 재빨리 볶아서 널찍한 그릇에 펼쳐 식힌다.

7 ⑥에 통깨를 넣어 살살 버무려서 그릇에 담아낸다.

→ **COOK TIP**
가지와 다진 쇠고기에 양념을 각각 해서 오랜 시간 불 위에서 조리하는 것을 막아야 가지의 쫄깃한 맛을 느낄 수 있는데 다진 쇠고기는 간장으로 양념을 하지만 가지에는 소금과 참기름으로만 양념해서 깔끔한 맛을 낸다.

가지콩볶음

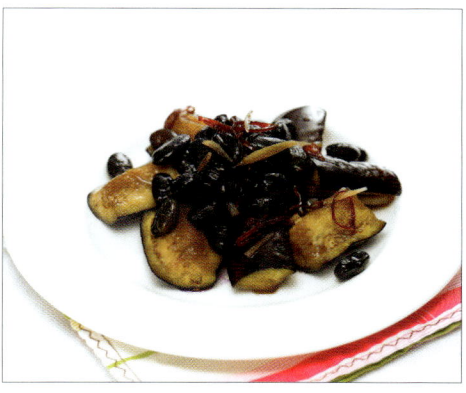

▶ **주재료**
가지 2개, 검은콩 $\frac{1}{2}$컵

▶ **부재료**
마늘 2쪽, 마른 홍고추 1개, 간장 · 맛술 · 들기름 1작은술씩, 소금 약간

1 가지는 씻어 꼭지를 떼어내고 3cm 길이로 토막 내어 세로로 4등분한다. 옅은 소금물에 헹궈 건져 가지의 물기를 닦는다.

2 검은콩은 3시간 정도 불려 끓는 물에 삶아 건져 식힌다.

3 마늘은 곱게 채 썬다. 마른 홍고추는 가위로 잘게 썬다.

4 팬에 들기름을 두르고 마늘과 마른 홍고추를 볶다가 가지와 검은콩을 넣어 볶는다.

5 ④에 간장과 맛술을 넣고 소금으로 간을 맞춰 재빨리 볶아내 식힌다.

→ **COOK TIP**
구입한 가지가 많이 남았을 경우에는 가지를 얇게 편 썰기 해서 채반에 널어 그늘지고 통풍이 잘 되는 곳에서 바짝 말려서 냉동 시킨 후 조금씩 물에 불렸다가 무치거나 볶아 먹으면 여름 채소인 가지를 아무 때나 즐길 수 있다.

가지새우젓찜

▶ **주재료**
가지 2개, 새우젓·맛술 1큰술씩

▶ **부재료**
대파 ½대, 양파 ½개, 청양고추·홍고추 1개씩, 다진 마늘·참기름·통깨 1작은술씩, 소금 약간, 쌀뜨물 ½컵

1 가지는 씻어 꼭지를 떼어내고 반을 갈라 어슷하게 편 썰기 한다.

2 새우젓은 국물을 따로 따라내고 건더기만 곱게 다진다.

3 대파와 양파를 굵게 채 썰고 청양고추와 홍고추는 어 슷하게 썰어 씨를 턴다.

4 냄비에 참기름을 두르고 가지와 다진 마늘, 양파를 넣 어 볶는다.

5 가지가 무르게 볶아지면 쌀뜨물을 붓고 새우젓을 넣 어 끓인다.

6 가지에 새우젓 맛이 들면 맛술과 고추, 대파를 얹어 한소끔 끓여 통깨를 뿌리고 소금으로 간을 맞춘다.

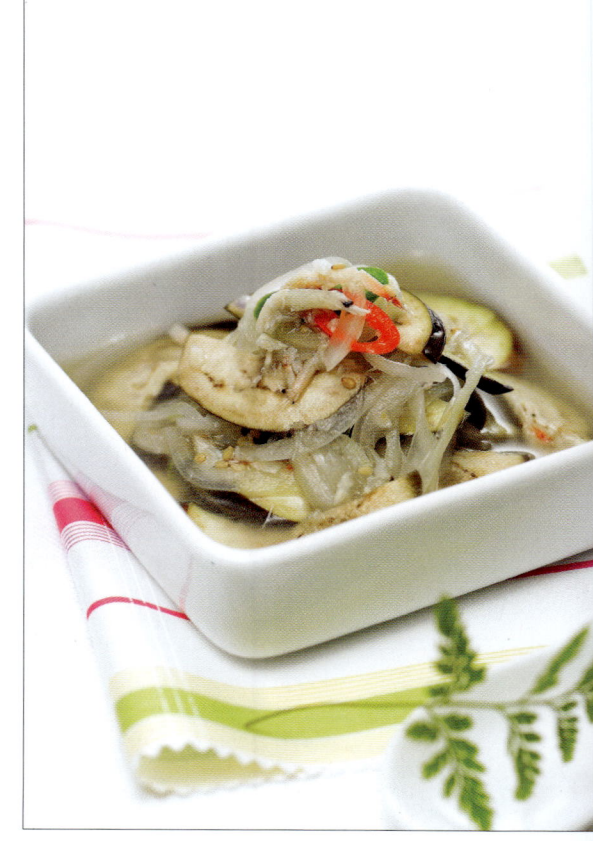

🠖 **COOK TIP**
가지가 남으면 공기가 닿지 않도록 랩으로 싸서 신문지에 돌돌 말아 밀폐용기에 넣어서 냉장실에 넣어 보관한다.

가지피클

▶ **주재료**
가지 4개

▶ **부재료**
청양고추 5개, 레몬 $\frac{1}{4}$개, 월계수잎 2장, 통후추 10알, 물 1$\frac{1}{2}$컵, 식초 1컵, 설탕 $\frac{1}{4}$컵, 소금 5큰술

1 가지는 깨끗이 씻어 꼭지를 떼어내고 4cm 길이로 썰어 세로로 반을 가른다.

2 청양고추는 꼭지째 씻어서 꼭지를 가위로 반만 잘라 주고 물기를 닦는다.

3 레몬은 얇게 저민다.

4 냄비에 물, 식초, 설탕, 소금을 분량대로 넣고 끓여서 피클물을 만든다.

5 피클을 담을 용기를 끓는 물에 끓여서 진공상태로 만든다.

6 ⑤의 용기에 가지, 청양고추, 레몬, 월계수잎, 통후추를 넣고 피클물을 식혀서 부어 밀봉한다.

7 3일 정도 지난 후 피클물을 따라내어 한 번 더 끓여 식혀서 붓고 밀봉한 뒤에 일주일 후부터 먹기 시작한다.

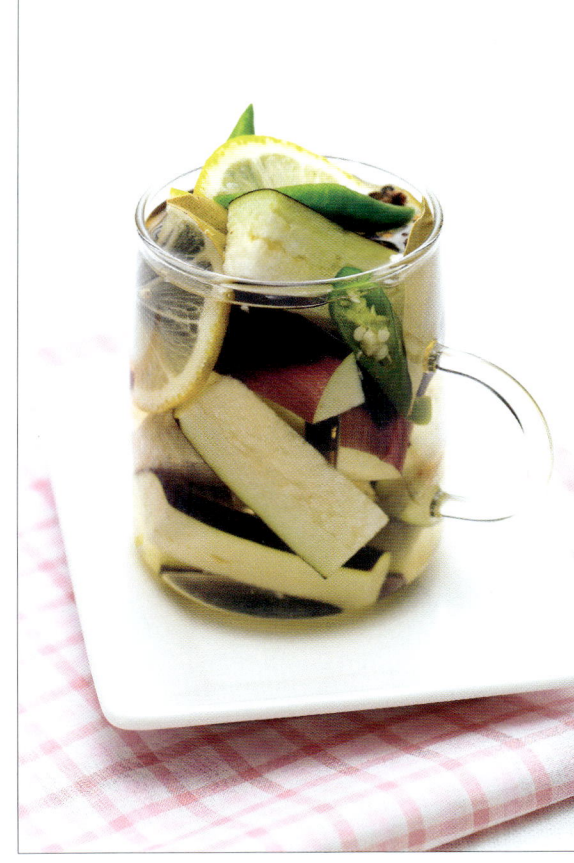

→ COOK TIP
가지는 칼로 썰어 실온에 놓으면 갈색으로 색이 변하므로 썰고 난 후는 소금을 조금 넣어 녹인 물이나 쌀뜨물에 담갔다가 조리 하는 것이 좋다.

가지고추장장아찌

▶ **주재료**
가지 10개, 고추장 2컵

▶ **부재료**
간장 $\frac{1}{2}$컵, 설탕 $\frac{1}{4}$컵, 소금 약간

▶ **양념**
참기름 · 다진 마늘 · 송송 썬 실파 1작은술씩, 통깨 약간

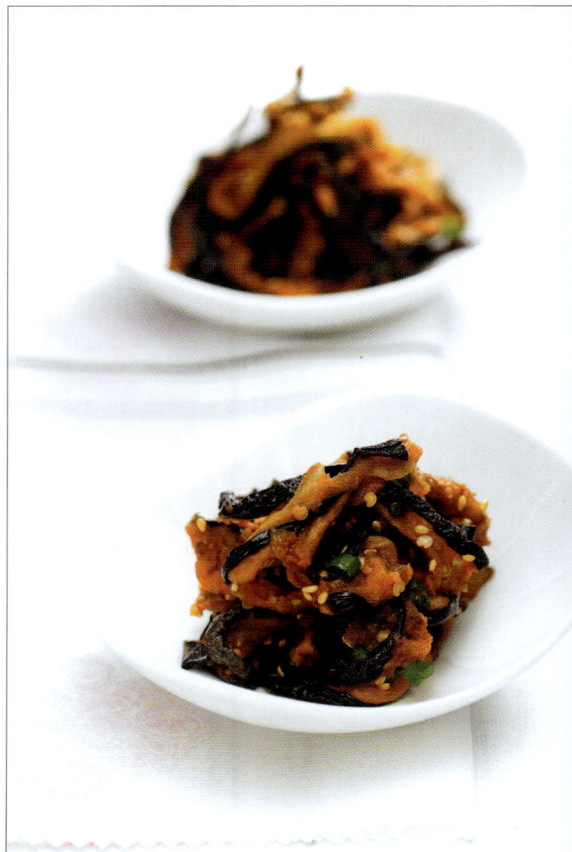

1 가지는 작고 동그란 것으로 골라 준비한 후 깨끗이 씻어서 반 갈라 소금물에 잠시 담가 절인다.

2 절인 가지를 건져 물기를 완전히 닦고 채반에 펼쳐 꾸덕하게 3일 내지는 4일 정도 말린다. 가지를 구부려 보았을 때 잘라지지 않고 잘 구부려질 정도면 알맞다. 볕이 좋은 날에는 하루 반나절 정도면 충분하다.

3 냄비에 고추장과 간장, 설탕을 넣고 약한 불에서 나무 주걱으로 저어가면서 끓인 후 차게 식힌다.

4 가지에 고추장양념을 골고루 발라 밀폐용기에 담고 비닐로 덮어 돌로 눌러준 후 15일 정도 삭힌다.

5 고추장물이 가지에 흠씬 물들면 꺼내어 고추장을 발라내고 곱게 채 썬다.

6 채 썬 가지장아찌를 물에 헹궈 건져서 물기를 꼭 짜고 참기름, 다진 마늘, 실파, 통깨를 넣어 조물조물 무쳐 먹는다.

→ **COOK TIP**
가지는 식초를 넣어서 먹으면 여름철에 쉽게 상하지 않으면서도 가지 특유의 야들거리는 맛을 많이 느낄 수 있다. 식초와 마늘, 양파, 파 등 향이 강한 향신채를 함께 이용하면 더욱 맛이 좋아진다.

다진고추가지튀김

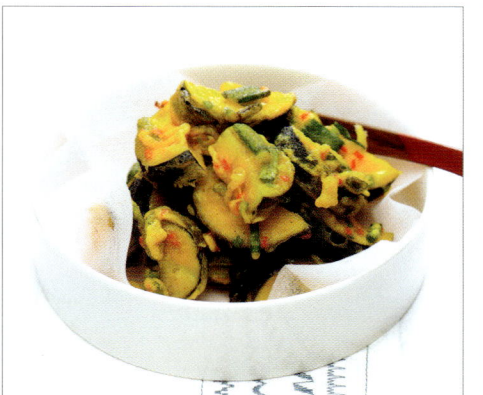

▶ **주재료**
　가지 2개, 청양고추 · 홍고추 2개씩

▶ **부재료**
　실파 3대, 포도씨오일 1컵, 소금 약간

▶ **튀김옷**
　밀가루 5큰술, 녹말가루 2큰술, 카레가루 1큰술, 물 약간

1 가지는 씻어 꼭지를 자르고 반을 갈라 1㎝ 폭으로 썬다.

2 청양고추와 홍고추를 반을 갈라 씨를 빼고 곱게 다진다. 실파는 1㎝ 길이로 썬다.

3 볼에 밀가루와 녹말가루, 카레가루를 섞어 물을 조금씩 부어 반죽을 걸쭉하게 만든다.

4 ③의 반죽에 가지와 고추, 실파를 넣어 버무려 소금으로 간을 하고 160℃로 달군 포도씨오일에 노릇하게 한 숟가락씩 떠서 튀겨낸다.

→ **COOK TIP**

가지의 색성분은 안토시안이라는 배당체로 지방질을 잘 흡수하는 성질과 혈관 안의 노폐물 용해 배설시키는 성질을 가지고 있어서 가지를 껍질째 먹으면 피가 맑아진다고 한다.

가지찜콩가루무침

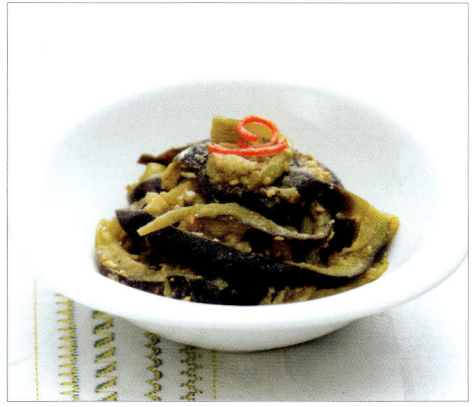

▶ **주재료**
　가지 2개, 콩가루 3큰술

▶ **부재료**
　소금 · 실고추 약간씩, 송송 썬 실파 1큰술, 통깨 1작은술

▶ **무침 양념장**
　간장 · 맛술 1큰술씩, 다진 마늘 · 참기름 1작은술씩, 생강즙 $\frac{1}{3}$작은술, 소금 · 후춧가루 약간씩

1 가지는 씻어서 꼭지를 잘라내고 반 갈라 김이 오른 찜기에 넣어 2분 정도 살캉하게 찐다.

2 찐 가지는 넓은 채반에 올려 한 김 식힌다.

3 볶아 놓은 콩가루를 준비하고 실파는 송송 썰어 놓고 실고추는 짧게 끊어 놓는다.

4 볼에 간장, 다진 마늘, 생강즙, 맛술, 참기름을 넣어 잘 섞은 후 찐 가지를 가늘게 손으로 찢어서 넣고 조물조물 무쳐 소금과 후춧가루로 간을 한다.

5 ④에 콩가루를 솔솔 뿌려서 버무리고 실고추와 실파, 통깨를 넣어 섞은 후 그릇에 담아낸다.

→ **COOK TIP**

가지를 찔 때 통째로 찌면 속과 겉의 익는 속도가 달라서 가지의 표면이 물컹거린다. 가지를 세로로 길게 갈라서 가지 속이 잘 익도록 해야 한다.

가지구이호두무침

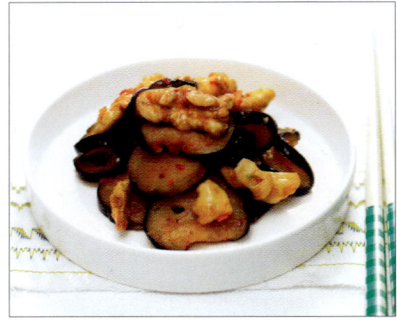

▶ **주재료**
가지 1개, 호두 $\frac{1}{2}$컵

▶ **부재료**
들기름 · 올리브오일 1큰술씩, 소금 약간, 홍고추 $\frac{1}{2}$개

▶ **무침 양념장**
국간장 · 고운 고춧가루 1작은술씩, 다진 파 2큰술, 다진 마늘 · 맛술 1큰술씩, 소금 · 후춧가루 약간씩

1 가지는 씻어서 동그랗게 0.3cm 정도로 편 썰어 넓은 채반에 올린 후 소금을 조금 뿌려 잠시 숨을 죽인다.

2 가지의 표면에 수분이 동글동글 맺히면 물에 헹궈 완전하게 물기를 닦은 후 팬에 올리브오일과 들기름을 섞어 두르고 지글지글 끓어오르면 가지를 올려 한 개씩 노릇노릇 구워낸다.

3 호두는 속껍질까지 완전하게 벗긴 후 물에 헹궈 건지고 홍고추는 반을 갈라 곱게 다진다.

4 볼에 무침 양념장을 재료의 분량대로 섞는다.

5 ④의 양념에 부친 가지와 호두를 넣어 젓가락으로 양념이 배도록 무쳐서 그릇에 담아낸다.

🔴 **COOK TIP**

가지는 들기름과 올리브오일을 두른 팬에 부치면 가지에 윤기가 많이 나면서 향이 좋은데 들기름과 올리브오일은 팬에 두른 후 끓어오르고 나서 가지를 넣고 부쳐야 들내가 나지 않아 고소한 맛이 많이 난다. 가지에 소금을 많이 넣고 부치면 숨이 너무 죽으므로 뻣뻣한 질감이 살짝 없어질 정도로만 소금을 뿌려야 한다.

가지굴소스팽이버섯볶음

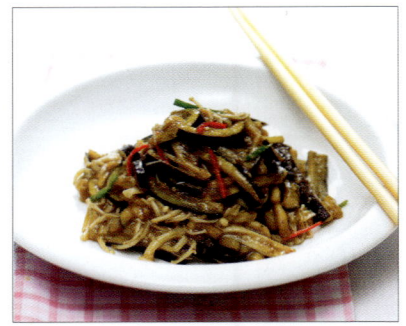

▶ **주재료**
가지 1개, 팽이버섯 1봉지

▶ **부재료**
실파 3대, 홍고추 · 풋고추 1개씩, 굴소스 2큰술, 다진 마늘 · 맛술 · 들기름 1작은술씩, 들깻가루 $\frac{1}{2}$작은술, 소금 약간, 올리브오일 $\frac{1}{2}$큰술

1 가지는 꼭지 부분을 자르고 얇게 자른 후 4cm 길이로 곱게 채 썬다.

2 물에 소금을 약간 넣어 녹여서 ①의 가지채를 넣어 바락바락 주물러 씻어 건져 물기를 턴다.

3 팽이버섯은 밑동을 자르고 흐르는 물에 씻어 물기를 턴다. 실파는 송송 썰고 홍고추와 풋고추는 반을 갈라 씨를 털고 2cm 길이로 썬다.

4 팬에 올리브오일을 두르고 다진 마늘과 가지채를 넣고 볶는다.

5 가지가 살캉하게 볶아지면 고추와 팽이버섯, 굴소스, 맛술로 간을 맞춰 볶는다.

6 양념이 된 가지채는 불에서 내려 들기름과 들깻가루를 넣어 버무리고 실파를 뿌려 그릇에 담아낸다.

🔴 **COOK TIP**

가지를 올리브오일에 볶을 때 다진 마늘을 함께 볶으면 가지의 아린맛이 없어지고 가지의 단맛이 살아나 가지가 더 맛있고 살캉한 맛이 오래간다.

가지찜깻잎채쌈

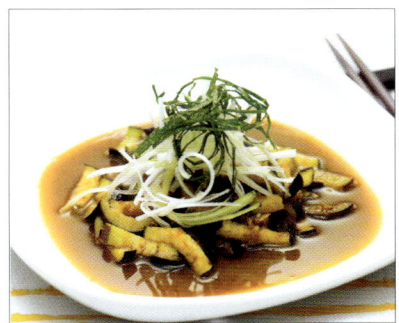

▶ **주재료**
가지 2개, 깻잎 10장

▶ **부재료**
된장·다진 파·맛술 1큰술씩, 다진 마늘·멸치가루 $\frac{1}{2}$작은술씩, 들기름 1작은술, 쌀뜨물 $\frac{1}{2}$컵, 대파(흰 부분) 2대, 소금 약간

1 깻잎은 앞뒷면을 깨끗하게 흐르는 물에 씻어서 물기를 털어 돌돌 말아 곱게 채 썬다.

2 대파는 흰 부분으로 준비해서 4㎝ 길이로 토막 내어 세로로 반 갈라 차곡차곡 포개어 곱게 채 썬다. 찬물에 담가 아린맛을 없애고 건져 물기를 턴다.

3 가지는 꼭지를 자르고 0.5㎝ 두께로 도톰하게 편 썰어 굵게 채 썬다.

4 채 썬 가지에 된장과 다진 마늘, 들기름, 다진 파, 멸치가루, 맛술을 넣어 조물조물 무친다.

5 냄비에 쌀뜨물을 붓고 끓으면 ④의 가지채 무침을 넣고 자박하게 끓여 찐다.

6 가지찜을 접시에 담고 깻잎과 대파채를 섞어서 소복하게 올려 함께 싸서 먹는다.

→ **COOK TIP**
가지에 된장을 넣어 무칠 때 멸치가루를 넣고 들기름으로 맛을 내어 무치면 된장의 맛이 부드럽게 흡수 되면서 가지가 뻣뻣하지 않고 나른하게 찜이 완성되어 된장의 풍미가 많이 난다.

가지매운고추볶음

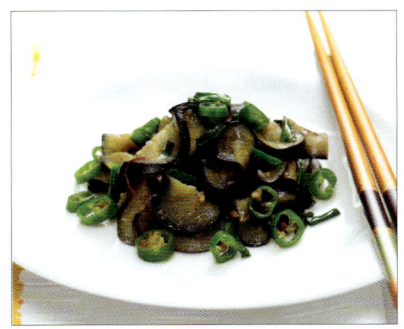

▶ **주재료**
가지 2개, 청양고추 1개

▶ **부재료**
실파 2대, 다진 마늘·참기름 1작은술씩, 실고추 5g, 통깨 $\frac{1}{2}$큰술, 죽염 $\frac{1}{4}$작은술, 현미유 1$\frac{1}{2}$큰술

1 가지는 꼭지를 자르고 얇게 잘라서 찬물에 담가 주물러서 씻은 후 물기를 턴다.

2 청양고추는 잘게 송송 썰어서 씨를 빼고 실파는 1㎝ 길이로 썬다.

3 팬에 현미유를 두르고 다진 마늘을 볶다가 가지를 넣어 볶는다.

4 가지가 살캉하게 익으면 죽염으로 간을 맞춰 볶으면서 청양고추와 실파를 넣고 버무려 볶는다.

5 ④의 가지를 불에서 내려 참기름과 짧게 끊은 실고추, 통깨를 넣어 골고루 섞어 그릇에 담아낸다.

→ **COOK TIP**
가지를 부드럽게 볶은 후 죽염으로 맛을 내면 가지의 향이 은은하게 살아 있으면서 삼삼하게 볶은 가지의 맛이 좋다. 매콤하게 청양고추로 맛을 내어 가지의 아린맛은 없어진다.

가지가래떡튀김꼬치

▶ **주재료**
가지 1개, 가래떡(작은 떡볶이용) 150g

▶ **부재료**
꼬치 8개, 튀김기름 약간, 참기름 1큰술

▶ **꼬치소스**
고추장 · 물엿 1큰술씩, 설탕 · 토마토케첩 1작은술씩, 다진 마늘 ½작은술

1 가지는 꼭지부분을 자르고 4㎝ 길이로 썰어 4등분한 후 끓는 물에 소금을 넣어 살짝 데쳐 찬물에 헹궈 건지고 참기름으로 버무려 놓는다.

2 가래떡은 작은 모양의 떡볶이용으로 준비해서 7㎝ 길이로 썬다. 썬 가래떡에 참기름을 넣고 버무려 윤기를 낸다.

3 꼬치에 가지와 가래떡을 4개 정도 붙여 꿴다.

4 튀김 온도 170℃에서 ③의 가지가래떡꼬치를 튀겨낸다.

5 냄비에 꼬치소스의 분량의 재료를 모두 넣고 한소끔 끓여낸다.

6 튀겨낸 가지가래떡튀김꼬치에 ⑤의 꼬치소스를 발라준다.

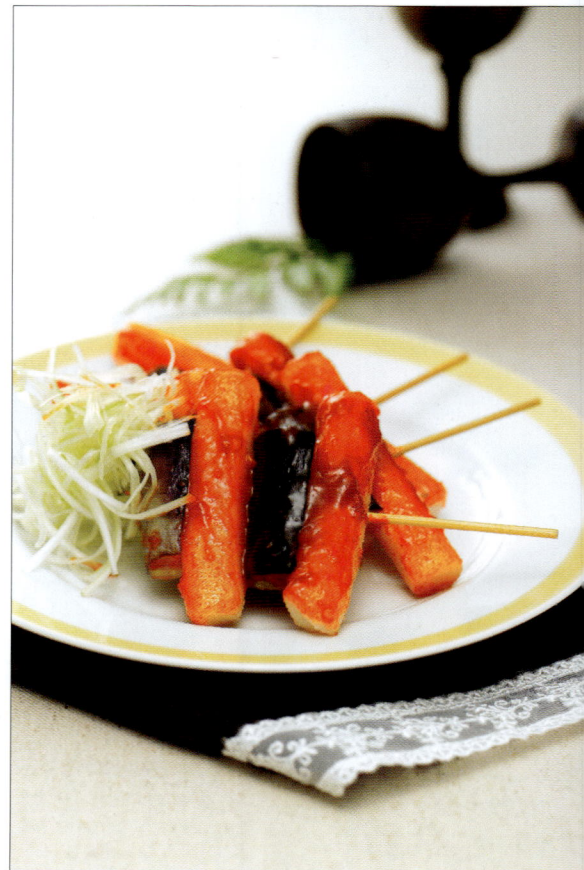

→ **COOK TIP**
가지는 끓는 물에 데칠 때 소금을 약간 넣고 데쳐 찬물에 헹군 후 그대로 식혀 면포에 감싸 자근자근 물기를 빼야 가지의 모양이 살아 있고 꼬치에 꿰었을 때 흐물거리지 않아 떡과 함께 모양을 낼 수 있다.

가지찹쌀탕수

▶ **주재료**
가지 2개, 찹쌀가루 3큰술

▶ **부재료**
녹말가루 2큰술, 포도씨오일 1컵, 소금 약간

▶ **탕수소스**
다진 양파 · 두반장 · 물녹말 2큰술씩, 다진 홍고추 · 다진 마늘 1큰술씩, 굴소스 · 맛술 1작은술씩, 참기름 $\frac{1}{2}$작은술, 다시마 우린 물 $\frac{1}{4}$컵

1 가지는 씻어 꼭지를 떼어내고 2cm 폭으로 썰어 반을 가른다.

2 찹쌀가루와 녹말가루를 섞어 물을 조금 붓고 걸쭉한 농도로 반죽한다.

3 ①의 가지에 소금을 뿌리고 ②의 반죽을 듬뿍 입혀 160℃로 달군 포도씨오일에 바삭하게 튀겨낸다.

4 냄비에 기름을 두르고 다진 양파와 다진 마늘을 볶다가 두반장과 굴소스, 맛술을 넣고 다시마 우린 물을 부어 끓인다. 끓으면 다진 홍고추와 물녹말을 부어 걸쭉한 농도로 소스를 만든다.

5 가지찹쌀튀김을 접시에 담고 ④의 탕수소스를 듬뿍 뿌린 후 참기름을 몇 방울 떨어뜨려 먹는다.

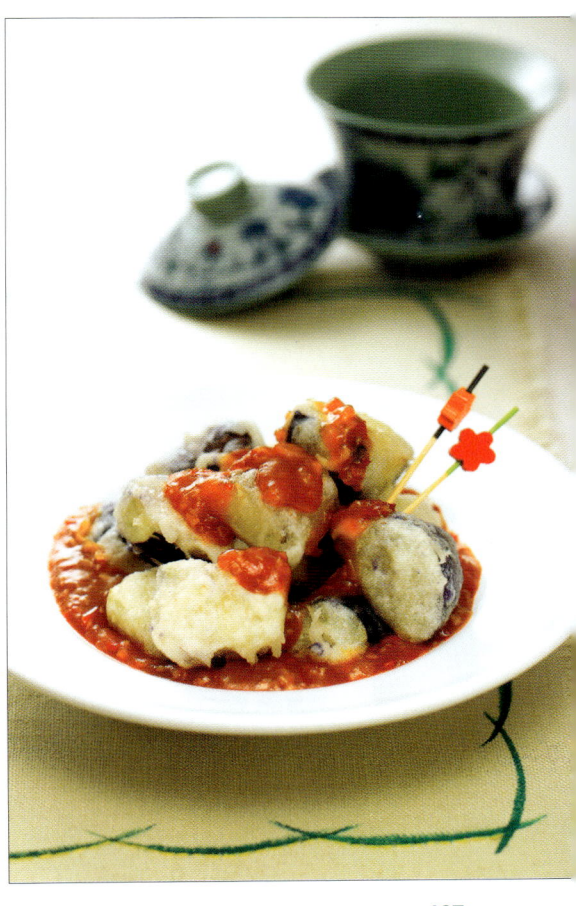

→ **COOK TIP**

가지는 여름에 수확하는 채소로써 단백질, 탄수화물, 칼슘, 인, 비타민 A, C 등을 다수 함유하고 있다. 가지의 성분들은 우리의 몸 안에 혈액과 특별한 관계가 있는 것으로 알려져 있다. 즉 빈혈, 하혈 증상을 개선하고 혈액 속의 콜레스테롤의 양을 감소시키는 작용이 있다고 한다. 가지는 주로 쪄서 길게 잘라 무치거나 냉채, 냉국에 자주 이용한다. 가지를 찔 때에는 찜기를 이용하는 것도 좋지만 여름철에 번거로우므로 반을 길이로 잘라 내열용기에 담아 랩을 씌워 가열해서 찌는 것이 수분도 많이 스며들지 않아 나물 등을 무칠 때 좋다.

고기가지소박이찜

▶ **주재료**
가지 3개, 다진 쇠고기 400g, 녹말가루 3큰술, 실파 12대, 소금 약간

▶ **다진 쇠고기 양념**
빵가루 ¼컵, 곱게 빻은 통후추 ¼작은술, 간장·다진 마늘 1작은술씩

▶ **찜 양념장**
간장·고추장·물엿 1작은술씩, 청주 1큰술, 쌀뜨물 ¼컵, 소금 약간

1 가지는 꼭지를 떼어내고 3㎝ 길이로 토막 내어 오이소박이처럼 세로로 칼집을 넣는다.

2 다진 쇠고기에 양념을 해서 조물조물 무쳐 ①의 가지를 소금물에 헹궈 건져 물기를 닦은 후 녹말가루를 뿌리고 다진 쇠고기를 조금씩 젓가락으로 끼워 아물린다.

3 실파를 데쳐 ②의 다진 쇠고기를 돌려 감아 묶는다.

4 냄비에 찜 양념장을 만들어 끓으면 가지 소박이를 넣고 은근하게 찐다.

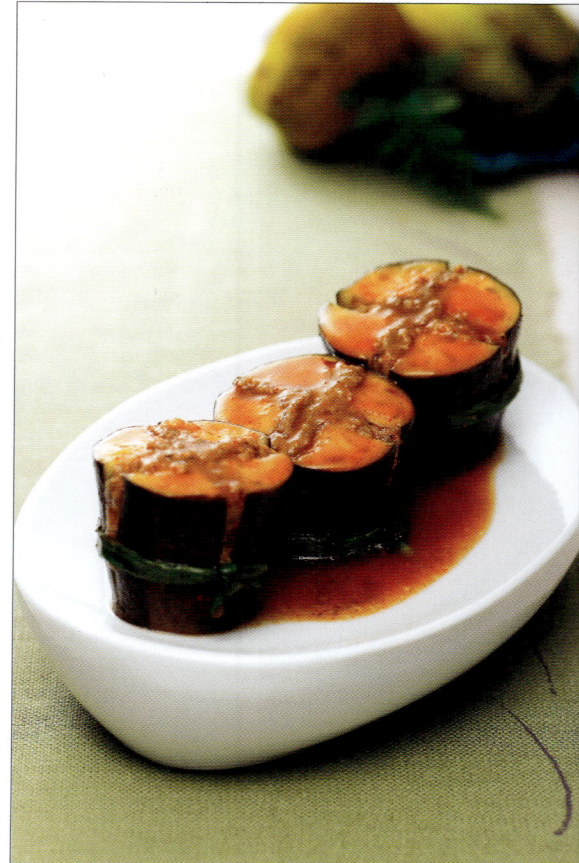

🔴 **COOK TIP**

가지를 고를 때에는 통통하고 길이가 짧으면서 윤기가 도는 것이 좋으며 가지의 꼭지에 가시가 있는 것이 싱싱하다. 가지의 굵기가 너무 굵으면 씨가 많고 맛이 싱겁다. 가지는 꼭지가 싱싱하고 눌러 보아 탄력이 있으며 보라색이 선명한 것을 고른다. 가지는 열을 내리는 효과가 있는 채소이므로 여름에 요리해서 먹기에 알맞다. 또한 가지는 무침, 볶음, 튀김, 찜 등을 다양하게 요리할 수 있지만 특히 기름을 잘 흡수해 볶거나 튀겨 먹으면 비타민 E를 많이 섭취할 수 있다.

꽈리고추멸치볶음

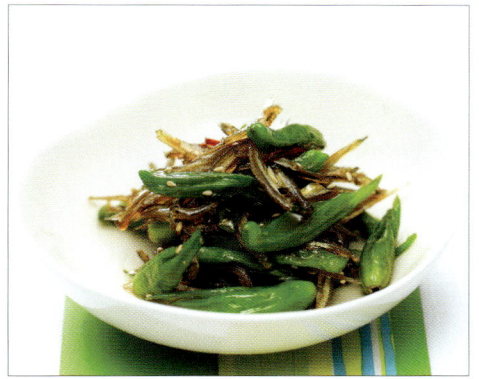

▶ **주재료**
꽈리고추 20개, 중멸치 ½컵, 실고추 · 통깨 약간씩

▶ **볶음 양념장**
간장 · 청주 · 물엿 1큰술씩, 다진 마늘 · 설탕 · 참기름 1작은술씩, 소금 약간

1 꽈리고추는 물에 깨끗이 씻어 물기를 닦은 후 꼭지를 말끔하게 떼어낸다. 꽈리고추를 세로로 해서 가위로 가위집만 약간 넣어서 간이 잘 배도록 한다.

2 중멸치는 머리와 내장을 뺀 후 젖은 면포로 깨끗하게 닦아 놓는다.

3 팬에 올리브오일을 두르고 다진 마늘을 볶다가 중멸치를 넣고 청주를 뿌려서 볶아낸다.

4 다시 팬에 올리브오일을 두르고 꽈리고추를 넣고 볶은 후 간장, 설탕, 참기름, 소금으로 간을 맞춰 볶는다.

5 ④의 팬에 볶아 놓은 멸치를 넣어 버무리다가 물엿을 고루 섞어 윤기를 준 후 짧게 끊은 실고추와 통깨를 뿌려서 먹는다.

COOK TIP
꽈리고추의 녹색을 살려서 볶아야 먹음직스럽고 아삭한 맛을 낼 수 있다. 간장을 많이 넣지 말고 소금으로 모자라는 간을 맞춰야 한다. 또 멸치와 꽈리고추는 각각 따로 볶아서 나중에 합쳐야 한다.

꽈리고추베이컨말이

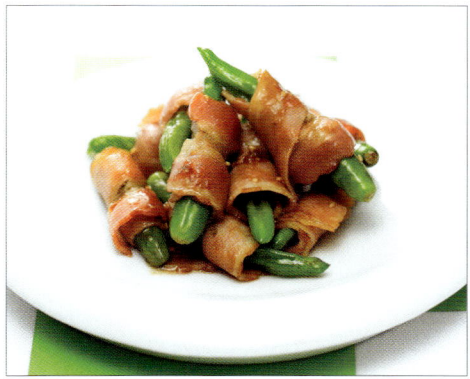

▶ **주재료**
꽈리고추 10개, 베이컨 5줄

▶ **부재료**
굴소스 1큰술, 청주 1작은술, 참기름 · 다진 마늘 ½작은술씩, 통깨 약간, 송송 썬 실파 2큰술

1 꽈리고추는 씻어 꼭지를 떼어내고 물기를 닦는다.

2 베이컨은 반을 갈라 도마에 올려 꽈리고추를 가운데 올리고 돌돌 말아 고정시킨다.

3 팬을 중간 불에 올려 베이컨을 말은 고추를 놓고 굴려 가면서 베이컨의 기름을 뺀다.

4 ③에 굴소스, 청주, 다진 마늘을 넣어 굴려 조리다가 참기름과 통깨를 뿌린다.

5 접시에 꽈리고추베이컨말이를 담고 송송 썬 실파를 뿌려 상에 낸다.

COOK TIP
꽈리고추는 비타민 A와 무기질인 철과 인이 풍부하다. 매운맛이 적어 신세대 기호에 알맞아 조림, 볶음, 찜, 튀김 등의 요리에 많이 쓴다. 캡사이신 성분이 몸에 열을 내게 해서 풍을 방지하고 교감신경계를 활성화시켜서 비만예방에 효과적이다. 꽈리고추는 보통 고추에 비해 매운맛이 적지만 효능은 비슷하다.

꽈리고추메추리알조림

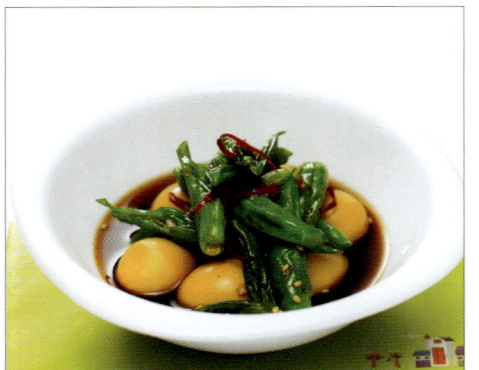

▶ **주재료**
꽈리고추 15개, 메추리알 15개

▶ **부재료**
실고추 ½작은술, 소금 · 통깨 약간씩

▶ **조림장**
간장 3큰술, 설탕 · 물엿 · 맛술 1큰술씩, 다시마 우린 물 5큰술

1 꽈리고추는 씻어 물기를 닦고 꼭지를 자르고 어슷하게 반을 자른다.

2 메추리알은 완숙으로 삶아 찬물에 헹궈 껍질을 벗겨 물에 헹궈 물기를 뺀다.

3 냄비에 조림장을 넣어 끓으면 메추리알을 넣어 갈색이 나도록 조린다.

4 ③에 꽈리고추를 넣어 중간 불에서 재빨리 볶아 꽈리고추에 간이 배면 불에서 내려 실고추를 짧게 잘라 통깨와 함께 넣어 버무린다.

꽈리고추마른새우무침

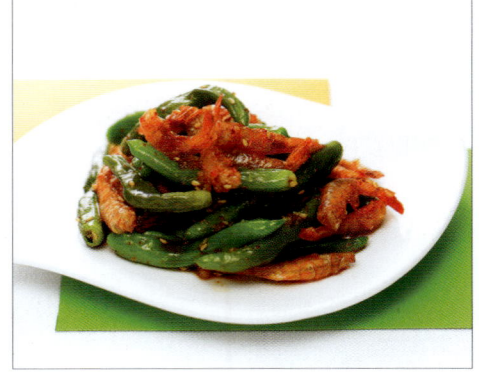

▶ **주재료**
꽈리고추 12개, 마른 새우 30g

▶ **부재료**
실파 2대, 마른 홍고추 1개, 소금 약간

▶ **무침 양념장**
고운 고춧가루 ½작은술, 간장 · 다진 마늘 · 청주 1큰술씩, 참기름 · 깨소금 · 물엿 1작은술씩, 소금 약간

1 꽈리고추는 씻어 꼭지를 떼어내고 소금을 약간 넣은 끓는 물에 데쳐 찬물에 헹궈 마른 면포에 올려 물기를 완전하게 닦는다.

2 마른 새우는 체에 밭쳐 끓는 물에 데쳐 찬물에 헹궈 물기를 완전하게 닦는다.

3 볼에 무침 양념장을 만들어 담고 꽈리고추와 마른 새우를 넣어 조물조물 무친다.

4 ③에 실파는 1㎝ 길이로 썰고 마른 홍고추는 잘게 가위로 잘라 넣어 버무려 그릇에 담아낸다.

→ COOK TIP

꽈리고추는 보통 고추에 비해 매운맛이 적지만 효능은 비슷하다. 비타민 C가 풍부해서 여름철 더위를 이기게 해주는 건강식품이다. 메추리알, 달걀 등을 조릴 때 꽈리고추와 함께 조리면 단백질과 비타민이 혼합되어 영양가가 높은 반찬이 된다.

→ COOK TIP

꽈리고추는 특히 마른 새우, 멸치, 건파래 등 해조류와 궁합이 아주 잘 맞는데 꽈리고추를 끓는 물에 데칠 때에는 소금을 약간 넣어 살짝 살캉하도록 데쳐야 씹히는 맛이 일품이다.

청양고추장아찌

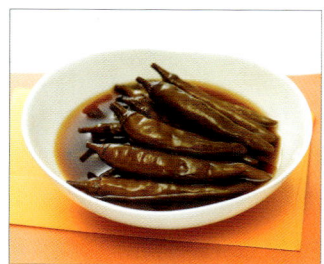

▶ **주재료**
청양고추 300g, 마른 홍고추 1개, 통후추 5알, 통깨 약간

▶ **절임장**
간장 1½컵, 설탕 1컵, 물·식초 ½컵씩

1 청양고추는 꼭지를 짧게 잘라내고 소금물에 헹궈 건 진다.

2 마른 면포로 물기를 닦아 항아리에 담고 무거운 돌로 눌러준다.

3 냄비에 절임장의 재료 분량대로 넣어 팔팔 끓으면 불 에서 내려 식힌다.

4 ③을 ②의 청양고추 담은 항아리에 붓고 마른 홍고추 와 통후추를 넣어서 이틀 정도 절인다.

5 ④의 간장 절임물을 따라내고 다시 끓여 식힌 후 다시 고추에 붓기를 2~3회 정도 일주일 간격으로 해준다.

6 완전하게 간장물에 삭힌 청양고추는 통깨를 약간 뿌 려서 간장과 함께 종지에 담아서 상에 낸다. 또는 청 양고추에 참기름, 설탕, 고춧가루를 약간씩 넣어 무쳐 내어도 먹기에 좋다.

깻잎풋고추소박이

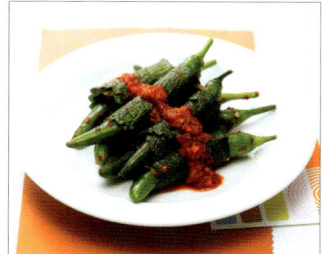

▶ **주재료**
깻잎 30장, 풋고추 20개, 부추 50g, 당근·양파 ½개씩, 홍고 추 2개, 소금 약간

▶ **김치 양념**
고춧가루 ½컵, 멸치액젓 ⅓컵, 다진 마늘 4큰술, 다진 생강 1작 은술, 설탕 1큰술, 소금 약간

1 깻잎은 흐르는 물에 말끔하게 씻어 물기를 턴다.

2 풋고추는 소금물에 씻어서 숨을 죽인 후 칼집을 반만 넣고 씨를 발라내 물기를 뺀다.

3 부추는 다듬어 씻어서 1㎝ 길이로 썰고 양파와 당근은 0.5㎝ 크기로 다진다. 홍고추는 씨가 있는 채로 곱게 다진다.

4 멸치액젓에 고춧가루를 개어 불린 후 다진 마늘, 다진 생강, 설탕을 넣고 버무린다.

5 ④의 고춧가루가 빨갛게 불면 양념에 당근, 양파, 부 추, 홍고추를 넣고 버무려 소금으로 간을 맞춘다.

6 풋고추에 ⑤의 소를 채워 넣고 깻잎을 두 장 정도 포 개 돌돌 말아서 항아리에 차곡차곡 담아서 하루 정도 그늘진 곳에서 익혀 먹는다. 물기 없이 보송한 깻잎풋 고추소박이는 익는 과정에서 저절로 물이 생겨 더욱 아삭한 맛이 난다.

청양고추강된장찌개

▶ **주재료**
청양고추 5개, 된장 2큰술

▶ **부재료**
양파 ½개, 풋마늘 2대, 애호박 ½개, 멸치 우린 물 3컵, 쌀뜨물 ½컵, 소금 약간

1 청양고추는 깨끗이 씻어서 꼭지를 뗀 후 씨를 발라내고 송송 썬다.

2 양파와 풋마늘은 다듬어 씻어서 잘게 다진다. 애호박은 사방 2㎝ 크기로 썬다.

3 냄비에 멸치 우린 물과 쌀뜨물을 붓고 된장을 풀어 끓인다.

4 ③의 된장찌개가 끓어오르면 청양고추와 양파, 풋마늘, 애호박을 넣고 한소끔 끓인다.

5 끓으면서 생기는 거품을 걷어내어 깔끔한 맛을 낸 후 소금으로 간을 맞추어 상에 낸다.

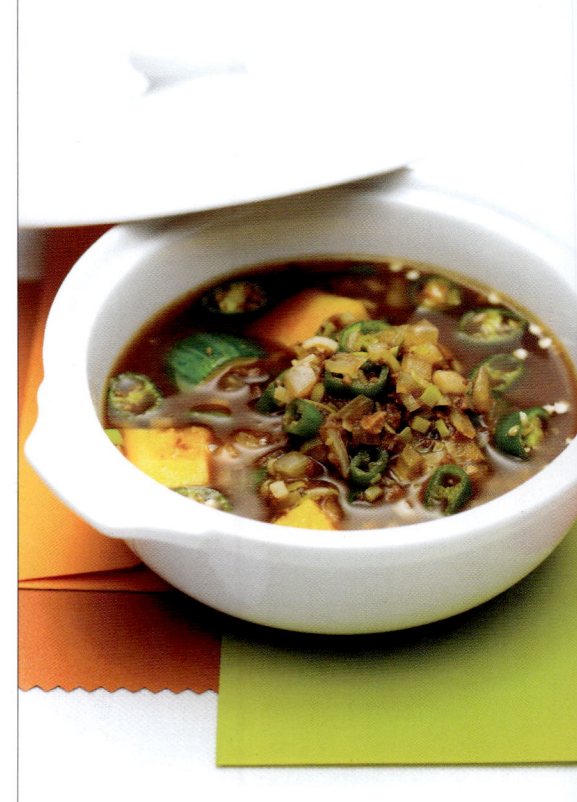

🔴 COOK TIP

청양고추는 맵고 칼칼한 맛이 특징인데 비타민과 무기질, 유기산이 풍부해서 영양가가 고추 중에서 으뜸이다. 특히 청양고추는 칼칼한 매운맛과 깔끔한 맛까지 있어 찌개나 국에 넣기도 하지만 조림요리의 칼칼하고 매운맛을 낼 때 약간 썰어 넣기도 한다.

고추채죽순볶음과 밀쌈

▶ **주재료**
풋고추 · 홍고추 2개씩, 죽순 100g, 쇠고기(등심) 200g, 쪽파 5대, 소금 약간, 쌀뜨물 1컵

▶ **볶음 양념**
소금 · 후춧가루 · 참기름 · 청주 · 다진 마늘 1작은술씩, 깨소금 약간

▶ **밀쌈 반죽**
밀가루 $\frac{1}{2}$컵, 달걀 1개, 소금 약간

1 풋고추와 홍고추는 배를 갈라 씨를 빼고 4cm 길이로 곱게 채 썬다. 채 썬 고추는 엷은 소금물에 흔들어 씻어서 물기를 턴다.

2 죽순은 쌀뜨물에 담가 아린맛을 우려낸 후 빗살무늬 사이에 끼여 있는 석회질을 나무젓가락으로 빼고 빗살무늬를 살려 얇게 편 썰기 한다.

3 쇠고기는 등심으로 준비해서 얇게 채 썬다.

4 팬에 기름을 두르고 쇠고기를 볶다가 쪽파를 4cm 길이로 썰어 넣고 죽순도 넣어 볶아 익힌다.

5 ④에 볶음 양념을 넣고 간을 한 후 고추채를 넣고 재빨리 볶아낸다.

6 밀가루에 달걀을 넣고 풀어서 물을 약간 넣어 반죽을 한 후 소금으로 간을 살짝 맞춘다. 반죽이 완성되면 지름 6cm 정도로 밀전을 앞뒤로 부쳐낸다.

7 접시에 밀전과 고추채 죽순볶음을 함께 담아 낸다.

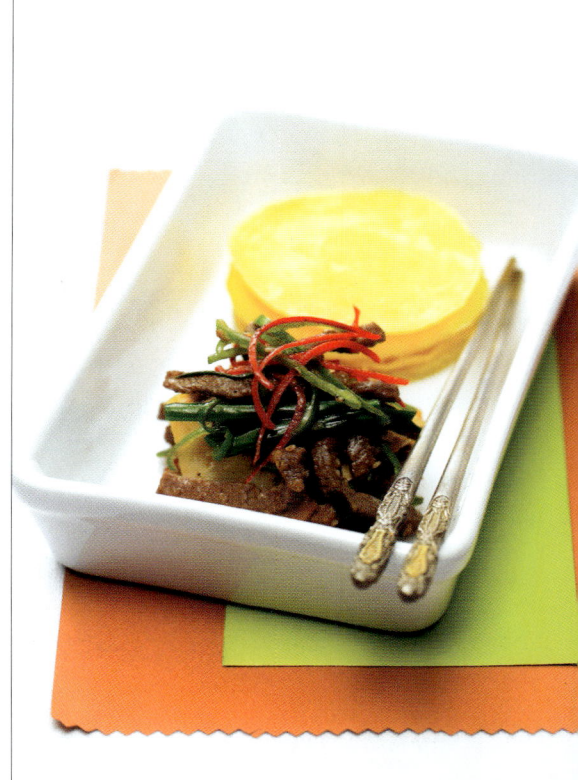

🔴 COOK TIP

홍고추는 건조해서 곱게 빻아 조미료로 사용하기도 한다. 고추는 일반적으로 풋고추를 말하는데 그냥 생것으로 먹기도 하지만 송송 썰어 찌개 또는 양념으로 쓰기도 한다. 고추는 식욕촉진, 신경통, 류마티스에 좋은 효과를 낸다.

매운고추중화풍낙지볶음

▶ **주재료**
낙지 2마리, 마른 홍고추 · 청양고추 · 홍고추 1개씩

▶ **부재료**
마늘 5쪽, 생강 ½톨, 양파 ⅓개, 대파 1대, 고추기름 · 올리브오일 · 참치액 1작은술씩, 굵은 소금 · 다시마 우린 물 2큰술씩, 밀가루 3큰술, 굴소스 · 찹쌀가루 1큰술씩, 소금 · 후춧가루 약간씩, 청경채 5포기

1 낙지는 먹물과 내장을 뺀 후 굵은 소금과 밀가루를 넣어서 바락바락 주물러 해감을 시켜 맑은 물에 흔들어 씻어 건진다. 이렇게 씻어야 낙지의 살집이 꼬들거리면서 신선하다.

2 손질한 낙지는 5㎝ 길이로 썰고 청경채는 통째로 반을 갈라 씻어서 건져 끓는 물에 올리브오일을 조금 넣어 부드럽게 데쳐 찬물에 헹궈 물기를 뺀다.

3 마른 홍고추와 청양고추, 홍고추는 1㎝ 폭으로 썰어서 씨를 턴다.

4 생강과 마늘은 굵게 채 썰고 양파와 대파는 굵게 채 썬다.

5 팬에 고추기름을 두르고 채 썬 마늘, 생강, 양파, 마른 홍고추를 넣어서 볶다가 매운 향이 나면 낙지를 넣어 굴소스와 참치액을 넣어서 볶는다.

6 낙지에 간이 배면서 살캉하게 익으면 찹쌀가루에 물을 넣어 고루 개어 낙지에 붓고 소금과 후춧가루로 간을 맞춰 나머지 고추와 대파를 넣어 버무린다.

7 데친 청경채를 접시에 돌려 깔고 중화풍낙지매운볶음을 가운데 소복하게 올려 상에 낸다.

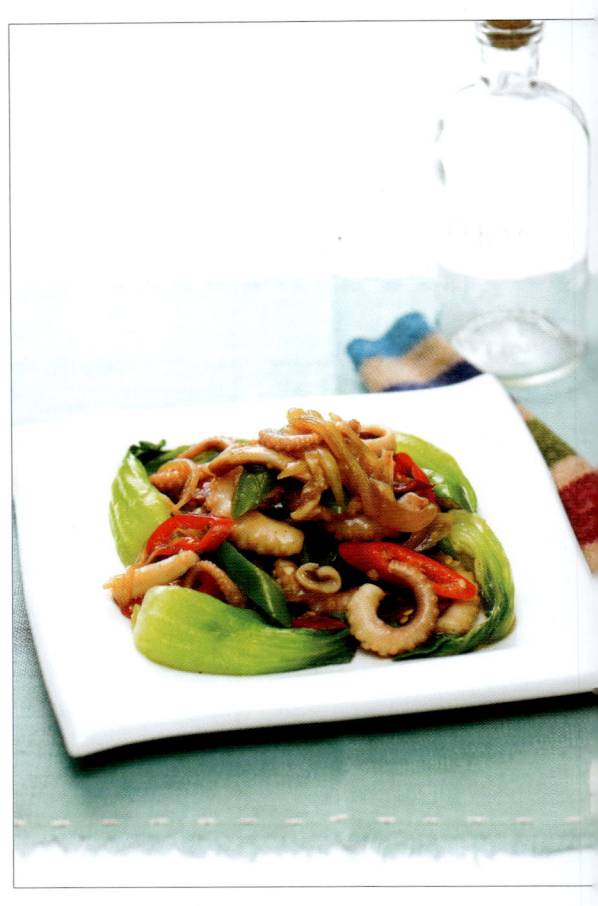

→ COOK TIP
매운맛을 내는 마른 홍고추와 생강, 마늘, 양파를 충분하게 고추기름에 볶아 색이 예쁘게 올라오면서 매운맛이 나도록 볶아지면 바로 낙지를 넣어서 센 불에 볶아야 수분이 생기지 않는다. 고춧가루를 넣어서 만드는 것보다는 낙지의 색이 살아 있도록 청양고추나 매운 고추기름을 넣어서 만드는 것이 훨씬 풍미가 있다.

고추채부추무침

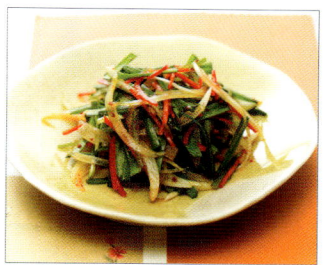

▶ **주재료**
홍고추 · 청양고추 · 풋고추 1개씩, 부추 100g, 양파 $\frac{1}{2}$개

▶ **부재료**
까나리액젓 · 고춧가루 1큰술씩, 다진 마늘 · 설탕 · 참기름 · 깨소금 1작은술씩, 소금 · 후춧가루 약간씩

1 부추는 깨끗이 다듬어 씻어 3㎝ 길이로 썬다. 양파는 되도록 곱게 채 썰어 찬물에 담가 아린맛을 빼고 준비한다.

2 홍고추와 청양고추, 풋고추를 반을 갈라 씨를 털고 2㎝ 길이로 곱게 채 썬다.

3 볼에 까나리액젓과 고춧가루를 넣어 골고루 섞어서 고춧가루를 불려 충분하게 색이 우러나게 한다.

4 ③에 다진 마늘, 설탕, 소금, 후춧가루, 참기름, 깨소금으로 간을 맞춰 무침 양념장을 만든다.

5 먹기 직전에 볼에 부추와 양파, 고추채를 담고 ④의 무침 양념장으로 살살 버무려 그릇에 담아낸다.

깻잎오징어겉절이

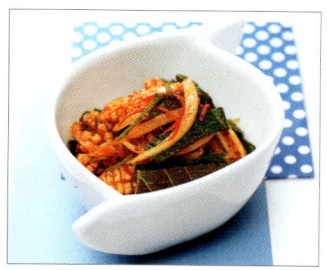

▶ **주재료**
깻잎 10장, 오징어 1마리, 양파 $\frac{1}{2}$개, 홍고추 · 청양고추 1개씩, 소금 약간

▶ **겉절이 양념**
고운 고춧가루 1$\frac{1}{2}$큰술, 간장 · 청주 · 다진 마늘 · 다진 파 1큰술씩, 설탕 1작은술, 소금 약간

1 깻잎은 씻어 2㎝ 폭으로 썬다.

2 오징어는 내장과 먹물을 빼고 씻어 몸통과 다리에 적당하게 칼집 넣어 사방 3㎝ 크기로 썬 후 끓는 물에 소금을 약간 넣고 데쳐 식힌다.

3 홍고추와 양파, 청양고추는 곱게 채 썬다.

4 양념장을 만들어 ③의 고추와 양파를 섞어 버무린 후 오징어와 깻잎을 넣어 즉석에서 버무려 소금으로 간을 맞춰낸다.

 COOK TIP

고추의 매운맛은 기운이 없을 때 몸에 활력을 불어 넣는 역할을 한다. 입 안과 위를 자극해 소화액의 분비를 촉진시키고 식욕을 돋우기 때문이다. 또한 신진대사를 활발하게 해 체액 분비가 왕성해지고 혈액순환에도 효과가 있다. 고추의 매운맛은 캅사이신이라는 성분 때문인데 젖산균의 발육을 도와 음식을 발효시키는 데 도움을 준다. 김치에 들어가는 고춧가루도 이와 같은 역할을 한다. 캅사이신은 껍질 쪽보다 씨가 붙어 있는 태좌라는 흰 부분에 많이 들어 있다. 매운맛에 약한 아이들에게 고추를 먹일 때에는 이 부분을 제거해서 매운맛을 없애고 먹이는 것이 좋다.

COOK TIP

짙은 초록색의 향긋하고 은은한 내음이 좋은 깻잎은 엽록소가 풍부하고 칼륨, 칼슘, 철분 등의 무기질 함량이 많은 대표적인 알칼리성 식품이다. 깻잎에 함유되어 있는 철분은 100g 당 2.5mg의 양을 함유하고 있는 시금치보다 더 많이 함유하고 있다. 그래서 보통 깻잎 30g 정도만 섭취하면 하루에 필요한 철분의 양이 충분하게 공급된다.

깻잎즉석장아찌

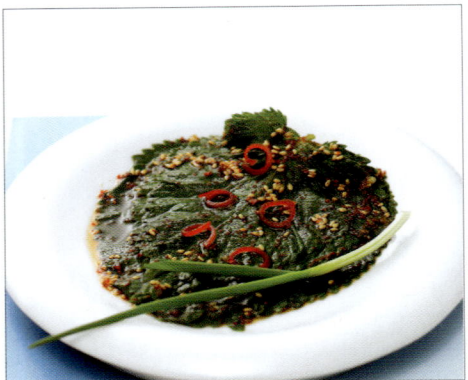

▶ **주재료**
깻잎 50장

▶ **부재료**
홍고추 1개, 까나리액젓 2큰술, 참치액 · 간장 · 고운 고춧가루 · 다진 마늘 · 통깨 1큰술씩, 설탕 1½큰술, 생강즙 · 소금 약간씩

1 깻잎은 뒤쪽의 부분을 특히 깨끗이 씻어서 물기를 털고 가지런하게 챙겨 꼭지를 1cm 부분만 남기고 가위로 자른다.

2 홍고추는 씨가 있는 채로 곱게 다진다.

3 볼에 까나리액젓과 참치액, 간장, 고운 고춧가루, 다진 마늘, 생강즙, 설탕, 통깨를 모두 넣어 잘 섞어서 양념장을 만들고 모자라는 간은 소금으로 맞춘다.

4 ③의 양념에 홍고추를 섞어 깻잎에 한 장씩 발라 10분쯤 재운 후 앞뒤로 눌러 양념이 서로 스며들게 해서 반나절이 지난 후 바로 먹는다.

→ **COOK TIP**
깻잎에는 생체 리듬을 균형 있게 잡아주는 비타민 C가 풍부하게 들어 있다. 우리가 보통 식용으로 섭취하는 깻잎은 임자엽이라는 들깻잎이다. 깻잎에서 나는 특유한 향은 방부제 역할을 하여 생선회와 같이 먹으면 식중독을 예방하는 효과를 볼 수 있다. 또 깻잎은 비타민 C가 풍부해서 식탁 위의 명약으로 꼽히는데 비타민의 소비량이 큰 흡연자나 스트레스를 많이 받을 때 섭취하면 좋다.

깻잎일본된장두부볶음

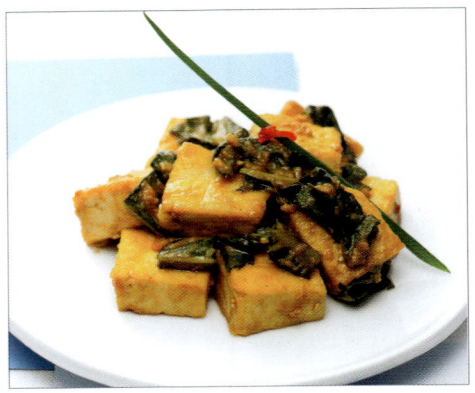

▶ **주재료**
깻잎 10장, 두부 ¼모, 일본된장 2큰술

▶ **부재료**
다시마 우린 물 5큰술, 맛술 1큰술, 참기름 ½작은술, 통깨 1작은술, 실파 2큰술, 다진 마늘 ½작은술, 소금 약간

1 깻잎은 씻어 반을 갈라 2cm 폭으로 썬다.

2 두부는 씻어 사방 1.5cm 크기로 썰어 소금을 뿌려 물기를 닦고 팬에 기름을 조금 둘러 노릇하게 부쳐낸다.

3 냄비에 일본된장과 다시마 우린 물, 다진 마늘, 맛술을 넣어 끓으면 두부와 깻잎을 넣어 재빨리 볶고 실파는 송송 썰어 뿌린다.

4 ③에 참기름과 통깨를 넣어 버무려 그릇에 담아낸다.

→ **COOK TIP**
깻잎은 쇠고기와 궁합이 잘 맞는데 쇠고기는 단백질이 풍부하게 들어 있는 반면에 칼슘, 비타민류는 거의 들어 있지 않고 성인병의 원인이 되는 콜레스테롤이 높은 것이 단점이라고 할 수 있다. 그래서 깻잎과 함께 쇠고기를 먹으면 비타민 A, C를 보충할 수 있고 참기름과 같은 식물성 기름과 함께 먹으면 콜레스테롤이 혈관에 침착하는 것을 예방해 주기 때문에 쇠고기와 깻잎은 최상의 궁합이라고 할 수 있다.

깻잎고추채참치버무리

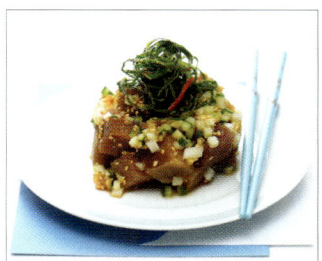

▶ **주재료**
깻잎 20장, 풋고추 · 홍고추 2개씩, 오이 ½개, 양파 ¼개, 냉동
참치 200g, 소금 · 통후추 약간씩

▶ **양념장**
참치액 · 맛술 · 깨소금 1작은술씩, 다진 마늘 · 참기름 1큰술씩,
생강즙 ¼작은술

1 깻잎은 씻어서 물기를 털고 곱게 채 썬 후 얼음물에
담가 싱싱하게 한다.

2 풋고추와 홍고추는 반을 갈라 씨를 털고 2㎝ 길이로
곱게 채 썰어 역시 얼음물에 담가 싱싱하게 한다.

3 오이는 사방 0.5㎝ 크기로 썰어서 약간의 소금을 뿌려
절인 후 찬물에 헹궈 건져 물기를 뺀다. 양파도 같은
크기로 썰어 놓는다.

4 냉동 참치는 미지근한 물에 살짝 담가 냉장실에 넣어
자연스럽게 해동시켰다가 꺼내어 사방 1㎝ 크기로 썰
어 소금과 곱게 빻은 통후추를 넣어 버무려 놓는다.

5 참치액에 다진 마늘과 생강즙, 맛술, 참기름, 깨소금
을 넣어서 버무려 양념장을 만든다.

6 큰 볼에 깻잎과 오이, 풋고추, 홍고추, 양파, 냉동참치
를 넣고 ⑤의 양념장으로 버무린 후 차고 싱싱하게 해
서 먹는다.

→ **COOK TIP**

깻잎은 채 썬 다음 얼음물에 담가 싱싱한 질감을 나게 해서 참치
와 버무리면 향이 짙고 고추의 매콤한 맛과 어울린다. 또한 참치
의 비린맛이 없어져 더욱 맛있게 먹을 수 있다.

깻잎된장장아찌

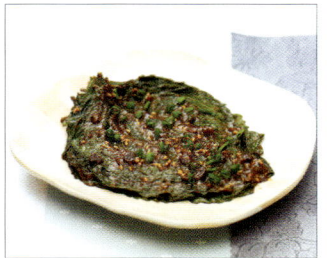

▶ **주재료**
깻잎 100장

▶ **된장 양념**
된장 3컵, 소금 약간, 참기름 · 통깨 · 다진 파 1작은술씩

1 깻잎은 한 장씩 소금물에 헹궈서 물기를 모두 빼고 깻
잎의 꼭지 부분을 자르지 말고 7장씩 묶어 준비한다.

2 구수한 된장을 밀폐용기에 한 수저씩 떠서 넓게 펼치
고 준비한 깻잎 묶음을 넣고 다시 깻잎 위에 된장을
바르기를 켜켜이 해서 된장에 깻잎이 완전하게 박아
지도록 한다.

3 ②의 깻잎 박은 된장을 서늘한 곳에서 한 달 정도 두
어 깻잎에 된장 맛이 배어 잘 삭도록 한다.

4 잘 삭은 깻잎을 적당히 꺼내어 참기름과 다진 파, 통
깨를 솔솔 뿌려 그냥 먹어도 되고 살짝 찜통에서 쪄서
먹어도 좋다.

→ **COOK TIP**

비타민 C가 풍부한 깻잎을 고단백인 된장에 삭혀 먹으면 깻잎에
모자라는 영양소를 보충할 뿐 아니라 면역력 예방에 큰 도움을
준다. 너무 짠 된장은 많이 바르지 말고 깻잎에 살짝 발라주는 것
만 해도 간이 충분하게 배고 잘 삭는다.

깻잎참나물생채

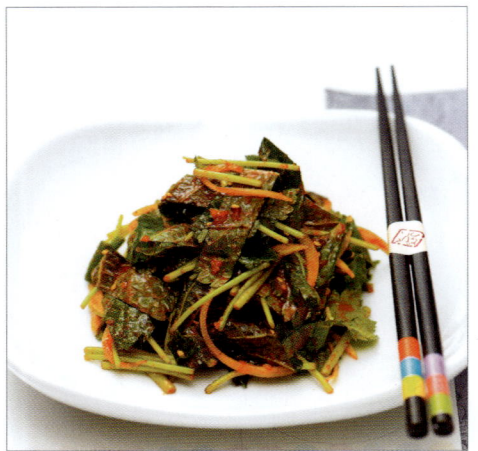

▶ **주재료**
깻잎 15장, 참나물 50g, 소금 약간, 쪽파 3대, 양파 ½개

▶ **고추장 생채 양념장**
고추장 2큰술, 간장·참기름 1작은술씩, 설탕 2작은술, 다진 파·깨소금 1큰술씩, 다진 마늘 ½큰술

1 깻잎은 앞뒤로 깨끗이 씻어 1㎝ 폭으로 썬다.

2 참나물은 잎과 줄기를 나눠 소금을 푼물에 씻어 물기를 털고 잎은 큼직하게 손으로 뜯고 줄기는 3㎝ 길이로 썬다. 쪽파는 1㎝ 길이로 썰고 양파는 아주 곱게 채 썰어 찬물에 헹궈 건져 물기를 턴다.

3 볼에 고추장과 간장, 설탕을 잘 섞어서 다진 파, 다진 마늘, 깨소금, 참기름을 넣어 고루 섞어 맛을 낸다.

4 상에 내기 직전에 깻잎, 참나물, 쪽파, 양파를 볼에 담고 ③의 고추장 생채 양념장을 넣어 버무려 그릇에 담아낸다.

깻잎영양부추게살무침

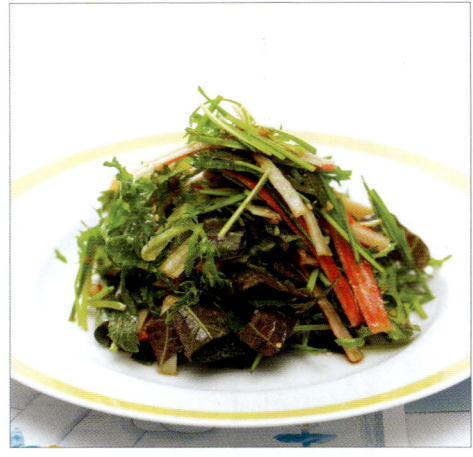

▶ **주재료**
깻잎 20장, 영양부추 80g, 게맛살 180g, 치커리 30g

▶ **오일간장 양념장**
간장 1½큰술, 올리브오일 2큰술, 발사믹식초·물엿 1작은술씩, 깨소금·다진 양파 1큰술씩, 다진 마늘 ½작은술, 흰 후춧가루 약간

1 깻잎은 앞뒤로 씻어 물기를 털고 1㎝ 폭으로 길게 썬다. 영양부추는 다듬어 씻어 2㎝ 길이로 썬다.

2 게맛살은 굵게 먹기 좋은 크기로 찢고 치커리도 물에 흔들어 씻어 큼직하게 손으로 뜯어 놓는다.

3 볼에 다진 양파와 다진 마늘을 담고 간장, 올리브오일, 발사믹식초를 넣어 잘 섞은 후 물엿, 깨소금, 흰 후춧가루를 넣어서 맛을 내어 오일간장 양념장을 만든다.

4 큰 그릇에 깻잎과 영양부추, 게맛살, 치커리를 모두 담고 오일간장 양념장을 부어서 버무려 완성한다.

→ **COOK TIP**
고추장 생채 양념장은 채소를 생으로 바로 무치거나 장아찌 등을 양념할 때 쓰는데 식초를 약간 넣어서 새콤한 맛을 내어도 아주 좋다.

→ **COOK TIP**
오일간장 양념장은 담백하면서도 간장의 간이 배어 짭조름한 맛이 나는 것이 특징인데 샐러드나 냉채 등에 사용하면 좋다.

깻잎김치부침

▶ **주재료**
깻잎 8장, 배추김치 250g($\frac{1}{4}$쪽)

▶ **부재료**
밀가루 1$\frac{1}{2}$컵, 다시마 우린 물 1컵, 김칫국물 $\frac{1}{2}$컵, 청양고추 1개, 양파 $\frac{1}{4}$개, 소금 · 식물성 기름 약간씩

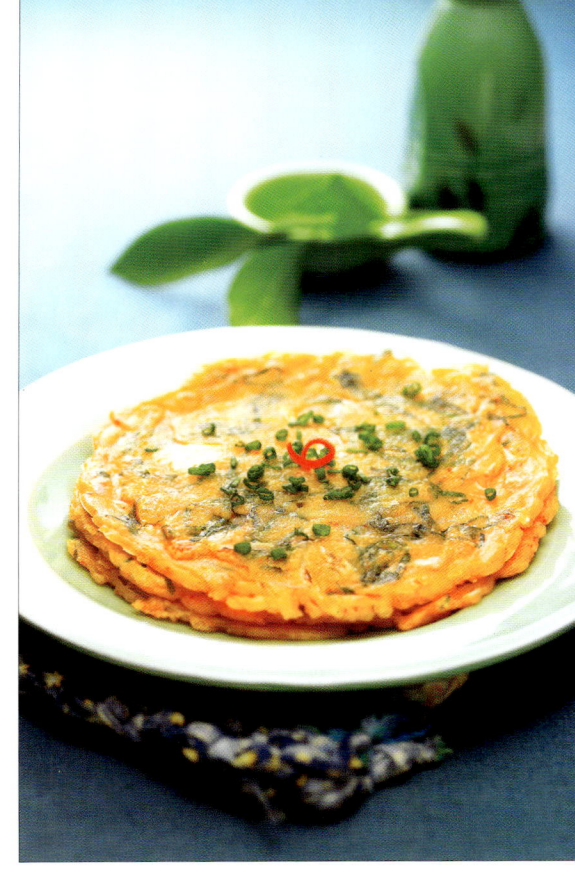

1 깻잎은 깨끗이 씻어 곱게 채 썬다. 배추김치는 소를 털어 국물을 꼭 짠 후 사방 1㎝ 크기로 썬다. 세로로 길게 1㎝ 폭으로 썰어 다시 가로로 썰어야 한다.

2 김칫국물을 체에 걸러 맑게 준비하고 다시마는 30분 정도 생수에 담가 놓는다.

3 양파는 곱게 김치 크기로 썰고 청양고추는 씨가 있는 채로 곱게 다진다.

4 볼에 배추김치와 깻잎, 양파, 청양고추를 넣고 밀가루를 넣어 버무린 후 김칫국물과 다시마 우린 물을 붓고 저어 반죽한다.

5 걸쭉한 농도로 반죽이 만들어지면 모자라는 간을 소금으로 맞추고 팬에 기름을 넉넉하게 두른 후 한 국자 떠 놓고 노릇하게 앞뒤로 부친다.

⟶ **COOK TIP**
김치로 만든 부침은 김칫국물이 들어가야 더욱 맛이 좋다. 단, 체에 걸러 고춧가루 양념이 지저분하게 남지 않도록 해야 한다.

깻잎대하튀김

▶ **주재료**
깻잎 10장, 대하 8마리

▶ **부재료**
찹쌀가루 5큰술, 녹말가루 3큰술, 맥주 1컵, 얼음 7조각, 소금·레몬즙 약간씩, 튀김기름 적당량

1 대하는 수염만 떼 내고 등 쪽 두 번째 마디에서 내장을 뺀 후 소금물에 흔들어 씻어 건진다. 씻은 대하는 레몬즙을 뿌려서 신선하게 재운 후 물기를 닦는다.

2 손질한 대하에 녹말가루를 듬뿍 뿌려 옷을 입힌다.

3 깻잎은 한 장씩 흐르는 물에 헹궈 물기를 털고 녹말가루를 앞뒤로 고르게 뿌려 놓는다.

4 볼에 찹쌀가루와 시원한 맥주 1컵, 얼음을 넣어서 십자로 성글게 반죽을 한 후 녹말가루 입힌 깻잎에 옷을 입히고, 대하를 담가 옷을 입힌다.

5 170℃로 달군 기름에 ③의 깻잎을 먼저 튀긴 후 준비한 대하를 넣고 노릇하고 바삭하게 튀겨낸다.

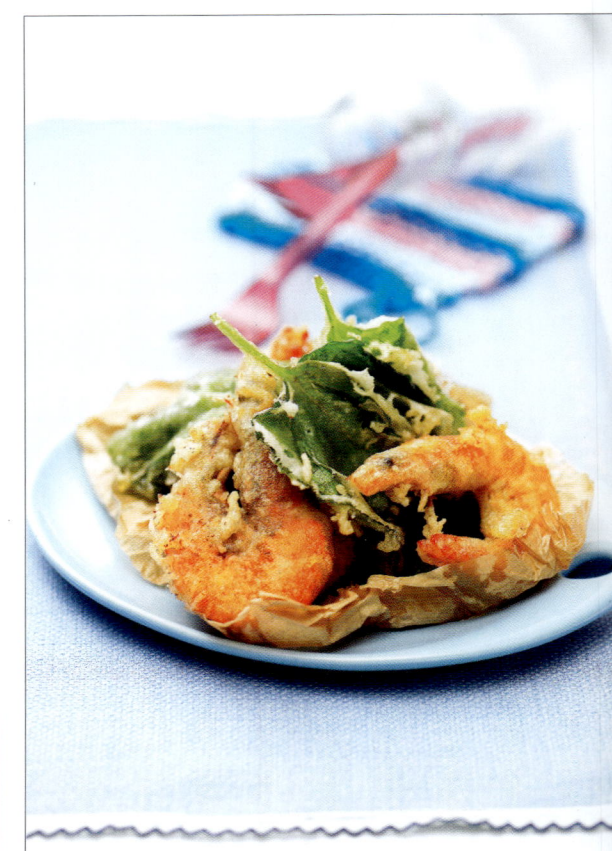

🔴 **COOK TIP**
튀김옷에 맥주를 넣어 반죽해서 튀기면 대하의 비린맛이 없고 살집이 부드러워 더욱 맛이 좋다. 찬 맥주와 얼음을 섞어서 반죽하여 튀기면 바삭바삭 눅눅하지 않는다. 자칫 대하의 비린맛이 튀김옷이나 튀김기름에 남아 있을 수 있으므로 깻잎 먼저 튀기고 나서 대하를 튀기는 것이 좋다.

깻잎표고버섯볶음

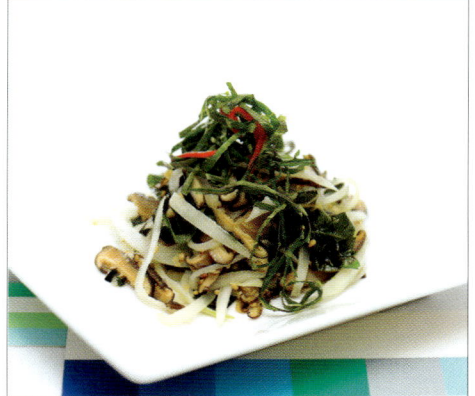

▶ **주재료**
깻잎 6장, 생표고버섯 4장

▶ **부재료**
양파 ⅓개, 다진 파 1큰술, 다진 마늘 · 간장 · 참기름 · 깨소금 1작은술씩, 소금 약간

1 깻잎은 앞뒤로 씻어 0.5㎝ 폭으로 썬다. 생표고버섯은 기둥을 떼어내고 씻어서 물기를 꼭 짜고 갓의 두꺼운 부분을 포를 떠서 얄팍하게 채 썬다. 양파는 아주 곱게 채 썬다.

2 볼에 생표고버섯 채를 넣고 다진 파, 다진 마늘, 간장을 넣어서 조물조물 무친다.

3 팬에 기름을 두르고 양파를 넣어 볶아 향이 올라오면 ②의 무친 생표고버섯을 넣고 볶는다.

4 윤기가 나게 생표고버섯이 볶아지면 깻잎을 넣어 함께 볶으면서 모자란 간을 소금으로 맞춰 볶으면서 참기름과 깨소금을 넣어 버무려 완성한다.

→ **COOK TIP**
표고버섯은 볶을 때 유난히 기름의 흡수가 많이 되어 나중에 먹을 때 느끼할 수 있다. 표고버섯은 미리 고기처럼 밑간을 해서 조물조물 무친 후 팬에 적당량의 기름을 두르고 볶아야 기름의 흡수가 적고 표고버섯 특유의 향이 많이 우러난다.

부추겉절이

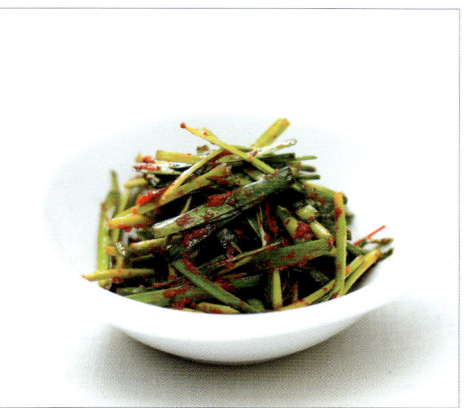

▶ **주재료**
부추 250g, 홍고추 1개

▶ **양념장**
다진 마늘 1작은술, 다진 생강 ⅓작은술, 새우젓 1큰술, 고운 고춧가루 1½큰술, 소금 약간

1 부추는 다듬어 씻어서 옅은 소금물에 흔들어 건져 물기를 턴다.

2 물기를 턴 부추를 4㎝ 길이로 썰고 홍고추는 반으로 갈라 씨를 빼고 2㎝ 길이로 채 썬다.

3 새우젓은 국물을 따라내고 건더기만 건져 곱게 다진다.

4 볼에 새우젓 국물과 건더기를 담고 고운 고춧가루와 다진 마늘, 다진 생강을 넣어 잘 섞어 겉절이 양념을 만든다.

5 상에 내기 직전에 부추와 ④의 양념장과 홍고추를 모두 담고 젓가락으로 살살 버무려 그릇에 담아낸다.

→ **COOK TIP**
부추겉절이는 새우젓을 다져 함께 양념을 해서 버무리면 부추의 맛이 훨씬 좋고 익어도 맛이 좋다. 부추는 향기만 맡아도 힘이 나는 채소라고 해서 양기초라는 별명이 있다.

부추무침

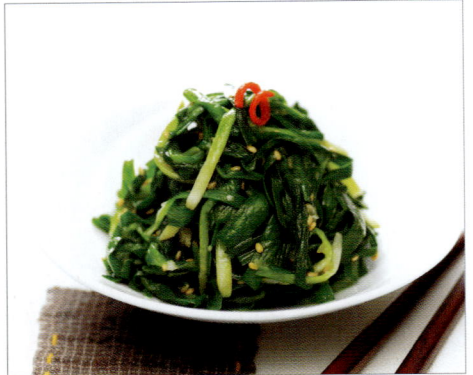

▶ **주재료**
부추 200g, 소금 1작은술

▶ **부재료**
다진 대파 · 참기름 · 깨소금 1큰술씩, 다진 마늘 1작은술, 소금 약간

1 부추는 다듬어 씻어 길이 그대로 냄비에 물을 약간 넣어 소금을 넣고 끓으면 부추를 데쳐 찬물에 재빨리 헹궈 건져 물기를 꼭 짠다.

2 손질한 부추는 먹기 좋은 6㎝ 길이로 썬다.

3 볼에 부추와 다진 대파, 다진 마늘, 참기름을 넣어 조물조물 무친 후 소금으로 간을 하고 깨소금을 넣어 다시 버무려서 고소한 맛이 나도록 그릇에 담아낸다.

🔁 COOK TIP

부추에 들어 있는 성분이 비타민 B₁의 흡수를 도와준다. 그래서 부추를 먹을 때에는 비타민이 풍부하게 들어 있는 식품을 함께 먹으면 풍부한 영양을 보충할 수 있다. 향이 좋은 부추는 참기름에 조물조물 무쳐 고소하게 먹어도 아주 좋은데 무침 나물로는 특이하게 미나리, 참나물 등과는 달리 살짝 끓는 물에 데쳐 향이 살아 있도록 소금으로 간을 해서 무쳐야 한다. 참기름과 깨소금을 듬뿍 넣어야 더욱 고소한 맛이 난다.

부추오징어부침

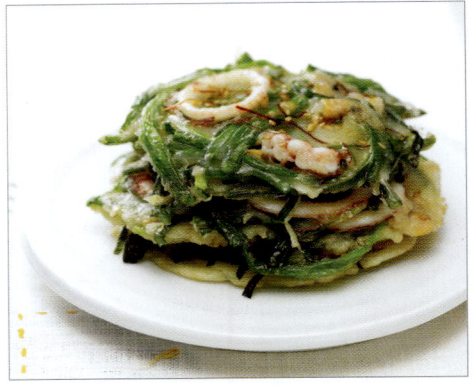

▶ **주재료**
부추 100g, 조갯살 50g, 오징어 1마리

▶ **부재료**
밀가루 1½컵, 녹말가루 2큰술, 다시마 우린 물 1컵, 소금 · 실고추 · 통깨 약간씩

1 부추는 깨끗이 다듬어 씻어 8㎝ 길이로 썬다.

2 조갯살은 옅은 소금물에 헹궈 싱싱하게 만들어 물기를 뺀 후 볼에 담아 준비한다. 비릿한 맛을 없애기 위해 마늘이나 생강즙을 약간 넣고 밑간을 해도 괜찮다.

3 오징어는 내장과 먹물을 빼고 씻어서 껍질째 그대로 곱게 채 썬다.

4 밀가루와 녹말가루를 섞어서 다시마 우린 물에 풀어 걸쭉한 상태로 반죽한 후 약간의 소금으로 간을 맞춘다.

5 팬에 기름을 두르고 달궈지면 ④의 밀가루 반죽을 널찍한 모양으로 한 국자씩 떠놓고 위에 부추를 가지런히 올린다. 조갯살과 오징어를 위에 뿌린 후 실고추, 통깨를 올려 모양을 살린 다음 밀가루 반죽 한 숟가락을 부추 위에 약간씩 뿌려서 부추가 떨어지지 않도록 주의해서 부친다.

6 부추가 너무 익어 뭉그러지지 않도록 노릇하게 부쳐지면 꺼내어 고춧가루와 참기름, 실파를 썰어 넣은 초간장과 함께 찍어 먹는다.

된장양념부추비빔밥

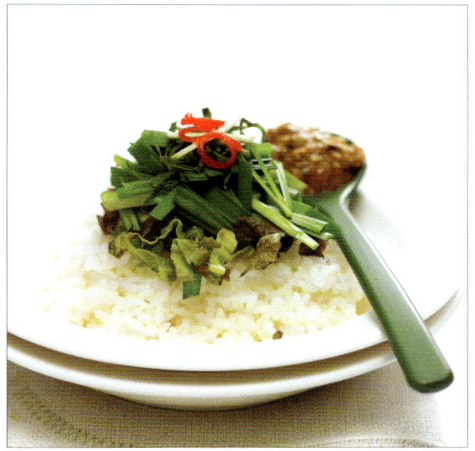

▶ **주재료**
부추 100g, 고슬하게 지은 밥 3공기, 상추 5장, 깻잎 2장

▶ **된장 양념장**
된장 1½큰술, 두부 20g, 꿀 · 다진 마늘 · 맛술 · 참기름 1작은술씩, 다시마 우린 물 5큰술

1 부추는 다듬어 씻어 2cm 길이로 썬다.

2 상추는 깨끗이 씻어 1cm 두께로 채 썰고 깻잎은 씻어 물기를 털어 돌돌 말아 채 썬다.

3 고슬하게 지은 뜨거운 밥을 준비한다.

4 된장에 으깬 두부를 넣고 골고루 섞어 꿀과 다진 마늘, 맛술, 참기름도 넣고 골고루 섞은 후 다시마 우린 물을 부어 약한 불에서 바글바글 끓여 된장 양념장을 만든다.

5 그릇에 밥을 적당히 담고 부추와 상추, 깻잎을 골고루 올리고 된장 양념장을 곁들여 함께 비벼 먹는다.

🡒 COOK TIP
부추는 특히 된장과 궁합이 잘 맞는데 된장 양념에 두부를 넣어 함께 조리면 부추와 함께 소화흡수를 도와주면서 기를 보충하는 역할을 한다.

표고버섯채부추무침

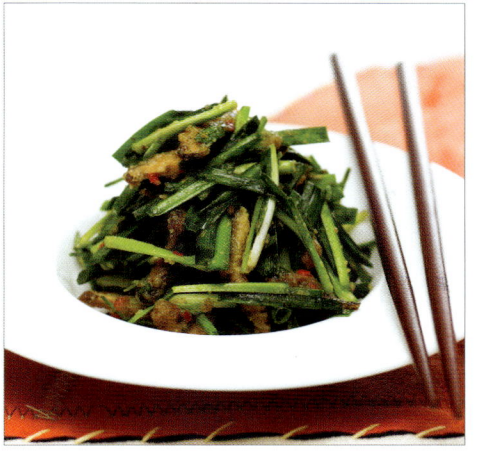

▶ **주재료**
생표고버섯 7장, 부추 50g

▶ **부재료**
홍고추 1개, 쪽파 2대, 참치액 · 들기름 1작은술씩, 들깻가루 1큰술, 소금 약간

1 생표고버섯은 물에 헹궈 기둥을 떼어내고 곱게 채 썰어 끓는 물에 소금을 약간 넣고 재빨리 데친 후 찬물에 헹궈 건져 물기를 꼭 짠다.

2 부추는 다듬어 씻어 2cm 길이로 썰고 홍고추는 반 갈라 씨를 털고 곱게 다진다. 쪽파는 1cm 길이로 썬다.

3 볼에 생표고버섯과 부추, 홍고추, 쪽파를 넣고 참치액과 들기름, 들깻가루를 뿌려서 조물조물 무친 후 소금으로 간을 맞춘다.

🡒 COOK TIP
표고버섯은 끓는 물에 데쳐서 익혀야 부추와 함께 무칠 때 향과 질감이 뛰어나다. 홍고추는 곱게 다져서 고춧가루를 넣은 것처럼 색감을 주면서 약간 매콤한 맛을 함께 내주는 것이 좋다.

느타리버섯부추볶음

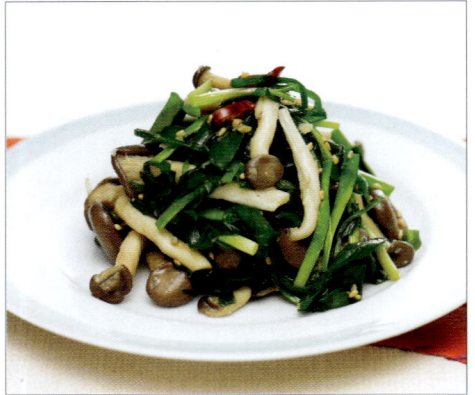

▶ **주재료**
느타리버섯 200g, 부추 100g

▶ **부재료**
마른 홍고추 · 청양고추 1개씩, 송송 썬 쪽파 3큰술, 다진 마늘 · 맛술 1큰술씩, 소금 · 흰 후춧가루 · 통깨 약간씩, 참기름 1작은술

1 느타리버섯은 굵게 손으로 찢어 물에 헹궈 마른 면포에 담고 물기를 없앤다.

2 부추는 다듬어 씻어 물기를 털고 3㎝ 길이로 썬다.

3 마른 홍고추와 청양고추는 씨가 있는 채로 송송 썬다.

4 팬에 기름을 약간 두르고 마른 홍고추와 다진 마늘을 넣어 볶다가 느타리버섯을 넣어 센 불에서 재빨리 볶는다.

5 ④에 부추와 소금, 흰 후춧가루, 참기름으로 간을 맞추고 청양고추와 쪽파를 넣어 버무려서 그릇에 담은 후 통깨를 뿌린다.

→ **COOK TIP**
느타리버섯을 볶을 때 물에 데치지 말고 굵게 찢어 센 불에서 재빨리 볶은 후 부추를 넣고 볶아 소금으로 간을 해야 느타리버섯의 쫄깃한 질감과 향을 같이 느낄 수 있다.

콩가루부추찜

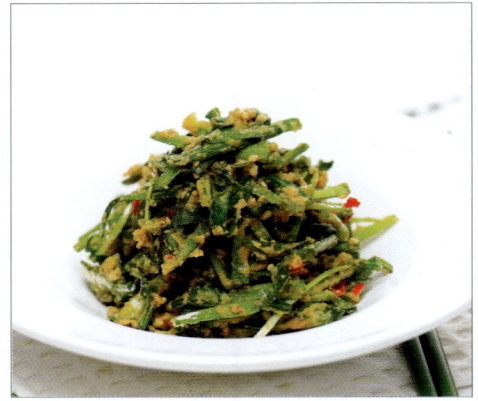

▶ **주재료**
부추 100g, 볶은 콩가루 6큰술, 녹말가루 1큰술

▶ **찜 양념장**
간장 · 다진 홍고추 2큰술씩, 다진 청양고추 · 다진 양파 · 맛술 · 물엿 · 참기름 1큰술씩, 다진 마늘 · 깨소금 1작은술씩, 소금 약간

1 부추는 앞부분을 조금 잘라낸 후 다듬어 씻어 물기를 털고 3㎝ 길이로 썬다.

2 접시에 볶은 콩가루와 녹말가루를 담고 잘 섞어서 ①의 부추를 고루 버무린다.

3 찜통에 김이 오르면 베보자기를 깔고 그 안에 콩가루와 섞은 부추를 소복하게 안치고 뚜껑을 덮어서 1분 정도 찐다.

4 다진 홍고추와 다진 양파, 다진 청양고추를 간장과 나머지 양념을 모두 넣어서 잘 섞어 매콤한 양념장을 만든다.

5 찐 부추를 그릇에 담고 ④의 양념장을 끼얹어 젓가락으로 버무려 그릇에 담아낸다.

→ **COOK TIP**
콩가루를 그냥 뿌리면 부추에 묻지 않고 김이 오른 찜기에 넣어 찌면 씻겨 내려간다. 녹말가루와 함께 버무려야 부추가 늘어지지 않고 고소한 맛이 많이 우러난다.

부추베이컨볶음

▶ **주재료**
부추 100g, 베이컨 5줄

▶ **부재료**
실파 3대, 홍고추 · 풋고추 $\frac{1}{2}$개씩, 소금 · 통깨 · 후춧가루 약간씩, 다진 마늘 · 맛술 · 참기름 1작은술씩

1 부추는 다듬어 씻어 2㎝ 길이로 썬다.

2 실파는 송송 썰고 홍고추와 풋고추는 씨를 뺀 후 길이
대로 곱게 채 썬다.

3 베이컨은 팬에서 지져 기름기를 뺀 후 2㎝ 길이로 썬다.

4 팬에 기름을 두르고 다진 마늘을 볶다가 베이컨과 부
추, 고추채를 넣어 재빨리 볶아내 넓은 접시에 펼쳐
식힌다.

5 ④에 맛술과 참기름, 통깨를 넣어 버무리고 소금과 후
춧가루로 맛을 낸 후 실파를 뿌려낸다.

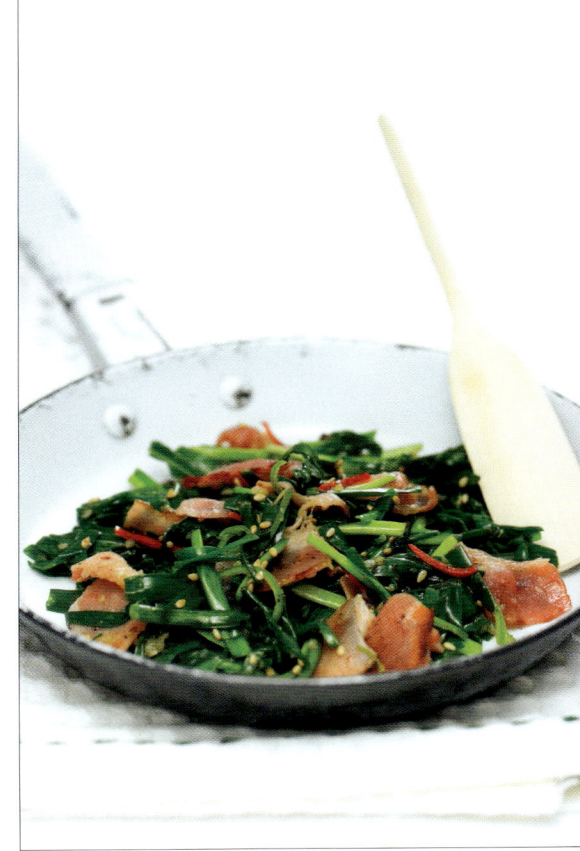

⊙ **COOK TIP**
베이컨은 팬에 넣고 약한 불에서 살짝 익혀 기름기만을 쪽 뺀 후
꺼내어 적당한 크기로 썰어 부추와 재빨리 볶아야 기름지지 않고
쫄깃한 맛이 난다.

일본식부추튀김

▶ **주재료**
느타리버섯 200g, 부추 100g

▶ **부재료**
맥주 ½컵, 얼음 5조각, 녹말가루 · 튀김가루 5큰술씩, 간장 1작은술, 튀김기름 2컵, 나무꼬치 20개

1 부추는 다듬어 씻어 길이 그대로 4㎝ 길이로 접어 묶는다.

2 홍고추는 반을 갈라 3㎝ 길이로 곱게 채 썬다.

3 나무꼬치에 부추와 홍고추를 끼워 꿰고 녹말가루 1큰술을 뿌려 버무려 놓는다.

4 볼에 얼음과 맥주를 붓고 녹말가루와 튀김가루를 성글게 섞어 반죽을 만든다. 간장을 뿌려 갈색이 나게 하면서 간을 맞춘다.

5 160℃로 달군 기름에 나무꼬치에 꿴 부추를 넣어 바삭하게 재빨리 튀겨내어 기름을 빼고 뜨거울 때 바로 먹는다.

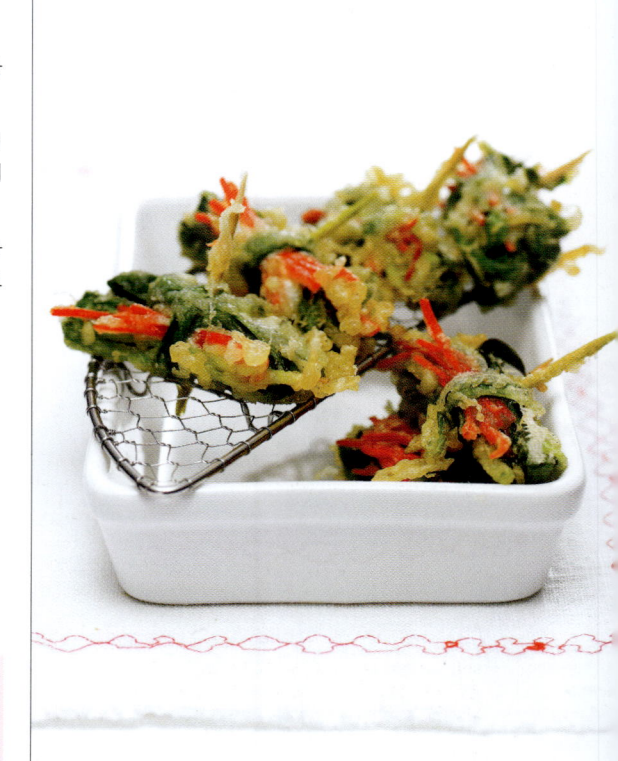

🔁 COOK TIP

일본식부추튀김의 제일 중요한 포인트는 바로 반죽에 있다. 녹말가루와 튀김가루에 맥주와 얼음을 넣어 성글게 반죽하는 것이 제일 중요하다. 나무젓가락으로 십자 모양으로 휘저어 날가루가 그대로 있게 해서 반죽해야 부추가 아삭하면서 고소하게 튀겨진다.

부추흰살생선볶음

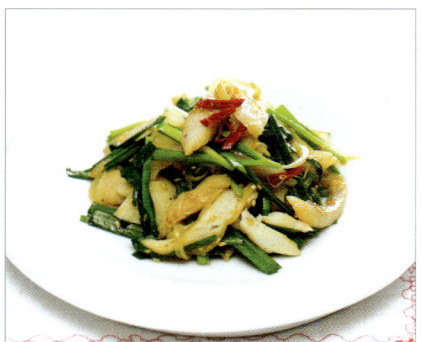

▶ **주재료**
부추 80g, 포 뜬 흰 살 생선 80g

▶ **부재료**
마른 홍고추 1개, 양파 ½개, 마늘 3쪽, 간장·청주 1큰술씩, 참기름 ½작은술, 깨소금 1작은술, 소금·후춧가루 약간씩

1 부추는 다듬어 씻어 3㎝ 길이로 썬다.

2 흰 살 생선은 얄팍하게 포를 뜬 것으로 준비해서 손가락 굵기로 썬 후 청주와 참기름으로 버무려 밑간한다.

3 마른 홍고추와 양파는 곱게 채 썰고 마늘은 편 썰기한다.

4 팬에 기름을 두르고 마른 홍고추와 마늘, 양파를 넣어 볶다가 매운 향이 올라오면 흰 살 생선을 넣어 볶는다.

5 ④에 간장을 넣어 색을 내어 볶다가 부추를 넣어 재빨리 버무려 불에서 내린 후 참기름, 깨소금, 소금, 후춧가루로 맛을 낸다.

🔴 **COOK TIP**

영양가가 높고 독특한 향미가 있으며 소화 작용을 돕는 부추는 달래과에 속하는 다년생 초본이다. 부추는 자양강장약으로 분류되어 있는 한약재로 특히 혈액 순환을 촉진하는 좋은 효능이 있다. 몸을 보온하는 효과가 높아 몸이 냉한 체질에 좋은 효과를 나타낸다. 부추에는 나쁜 피를 배출하는 작용이 있어서 생리 양을 증가시키고 생리통을 없애주며, 빈혈치료의 효과도 있다.

부추다시마북어찜

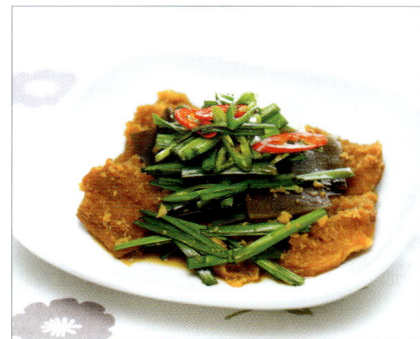

▶ **주재료**
부추 100g, 마른 북어 1마리, 다시마 사방 10㎝ 1장, 쪽파 3대, 홍고추·청양고추 1개씩, 다시마 우린 물 ½컵

▶ **찜 양념장**
간장 2큰술, 참기름·맛술 1작은술씩, 다진 마늘 1큰술, 생강즙 ½작은술, 소금·후춧가루 약간씩

1 부추는 다듬어 씻어 4㎝ 길이로 썬다.

2 마른 북어는 찬물에 잠시 담가 불린 후 건져서 머리와 꼬리를 떼어내고 3㎝ 길이로 자른다.

3 다시마는 흰 가루를 젖은 면포로 닦은 후 사방 3㎝ 길이로 잘라 물에 담가 잠시 우린다.

4 쪽파는 2㎝ 길이로 썰고 홍고추와 청양고추는 어슷하게 채 썰어 씨를 턴다.

5 찜 양념장을 분량의 재료대로 섞어 만든다.

6 냄비에 북어, 다시마, 부추를 켜켜이 담고 ④의 양념장을 끼얹어 30분 정도 재워 간이 배도록 한 후 다시마 우린 물을 붓고 중간 불에서 은근하게 찐다.

7 ⑥에 쪽파와 고추채를 올려서 뜸을 들여 상에 낸다.

🔴 **COOK TIP**

부추와 북어, 다시마를 이용해서 찜을 할 때 부추는 되도록 너무 오래 익히지 않아야 부추의 질감도 살아 있고 늘어지지 않아 요리의 모양새가 예쁘다. 처음에 부추 100g을 80g 정도만 넣어 찌고 나머지 20g은 조리 후 찜 위에 얹어 모양을 내어 함께 먹는 것이 좋다.

콩비지부추탕

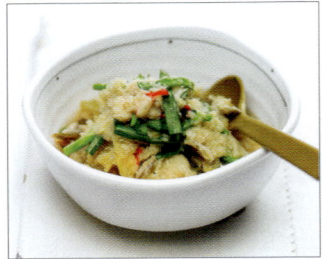

▶ **주재료**
콩비지 150g, 부추 100g

▶ **부재료**
중멸치 10마리, 우거지 100g, 대파 1대, 마른 홍고추 1개, 다진 마늘 · 청주 1큰술씩, 다시마 우린 물 4컵, 들기름 · 국간장 1작은술씩, 구운 소금 · 후춧가루 약간씩

1 콩비지는 묽게 갈아서 콩물을 걸러내고 남은 비지를 사용하면 좋은데 너무 굳은 것은 말고 부드럽게 뭉쳐진 것으로 준비해야 한다.

2 중멸치는 머리와 내장을 떼어내고 반을 갈라 냄비에서 마른 홍고추를 잘게 잘라 함께 볶는다.

3 ②의 멸치에서 비린맛이 날아가면 청주와 다시마 우린 물을 붓고 끓인다.

4 부추는 다듬어 씻어 4㎝ 길이로 썬다. 우거지는 부드럽게 삶은 것으로 준비해서 여러 번 물에 삶아 풋내를 없애고 2㎝ 길이로 송송 썬다.

5 볼에 부추와 우거지를 담고 국간장과 들기름, 다진 마늘로 조물조물 무친다.

6 ③의 멸치 국물이 끓으면 ⑤에서 무친 부추우거지를 넣고 한소끔 끓인 후 ①의 콩비지를 넣어서 구운 소금과 후춧가루로 모자라는 간을 맞추고 그릇에 담아낸다.

> **→ COOK TIP**
> 구수하게 만든 콩비지 탕에는 우거지와 함께 부추를 양념에 무친 후 한소끔 끓이다가 콩비지를 넣어 담백하게 먹는다. 우거지와 부추를 양념할 때 부추의 길이를 조금 길게 해서 우거지와 함께 양념이 잘 스며들도록 하는 것이 좋다. 우거지와 부추가 따로 놀지 않도록 길이를 되도록 맞춰 무치는 것이 좋다.

부추애호박무침

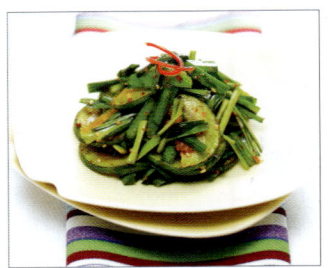

▶ **주재료**
부추 50g, 애호박 ½개, 소금 1큰술, 올리브오일 2큰술

▶ **무침 양념장**
간장 · 다진 대파 1큰술씩, 고춧가루 · 다진 마늘 · 참기름 · 깨소금 1작은술씩

1 부추는 다듬어 씻어서 2㎝ 길이로 썬다.

2 애호박은 반으로 길게 갈라 반달썰기 한 후 소금을 뿌려 잠시 절인다.

3 소금에 절인 애호박은 종이타월로 물기를 완전하게 닦은 후 팬에 올리브오일을 두르고 애호박을 노릇하게 굽는다.

4 볼에 간장과 고춧가루를 섞은 후 다진 대파, 다진 마늘, 참기름, 깨소금을 섞어서 양념장을 만든다.

5 볼에 부추와 부친 애호박을 넣어 양념장을 붓고 젓가락으로 버무려 그릇에 담아낸다.

> **→ COOK TIP**
> 애호박은 팬에 구워 뜨거운 온기가 있으므로 충분히 한 김 식힌 후 부추를 넣어 양념에 버무려야 부추의 숨이 금방 죽지 않고 살캉하게 씹히는 맛이 살아 있다.

부추두부찜

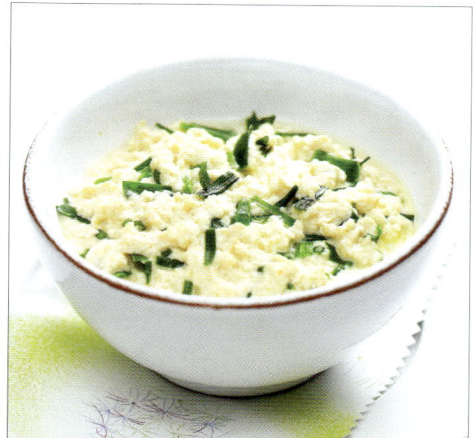

▶ **주재료**
부추 100g, 두부 ½모

▶ **부재료**
녹말가루 · 다진 마늘 · 참기름 · 깨소금 1작은술씩, 달걀 1개, 쪽파 3대, 소금 · 후춧가루 약간씩

1 부추는 다듬어 씻어 1㎝ 길이로 썬다.

2 두부는 칼등으로 으깨어 면포에 싸서 물기를 꼭 짠다.

3 볼에 부추와 두부, 녹말가루, 달걀을 넣어서 치대어 골고루 섞어준다.

4 쪽파는 송송 썰어 다진 마늘, 참기름, 깨소금과 함께 ③의 볼에 넣어서 살살 버무린다.

5 ④에 소금과 후춧가루로 간을 맞춰 약간 질척거리는 상태로 찜기에 7부 정도 담는다.

6 찜통의 수증기가 충분히 올라오면 ⑤의 찜기를 넣고 15분 정도 쪄낸다.

→ **COOK TIP**
부추와 두부는 궁합이 잘 맞아 소화도 잘 되고 부추의 아린맛도 없애준다. 부추와 두부, 달걀을 적당하게 섞어 부드러운 찜을 만들면 아침 식사로도 아주 좋고 병후식으로도 그만이다.

부추나물된장무침

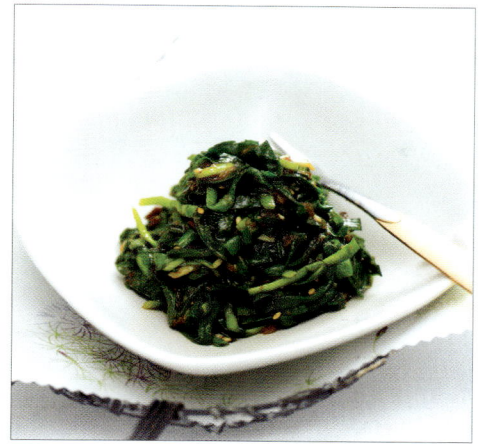

▶ **주재료**
부추 200g

▶ **된장 양념장**
된장 · 다진 대파 1큰술씩, 다진 마늘 ½작은술, 물엿 · 참기름 · 깨소금 1작은술씩

1 부추는 다듬어 씻어 5㎝ 길이로 자른다.

2 자른 부추는 채반에 넓게 펼쳐 뜨거운 물을 부어 찬물에 헹궈 건진 후 물기를 자근자근 눌러 뺀다.

3 볼에 된장과 물엿을 넣어서 고루 섞은 후 다진 대파, 다진 마늘, 참기름, 깨소금을 넣어 된장 양념장을 만든다.

4 ③의 된장 양념장에 데친 부추를 넣어 젓가락으로 버무려 그릇에 담아낸다.

→ **COOK TIP**
구수한 된장의 맛이 우러나는 부추나물은 끓는 물에 데치면 부추의 아삭한 질감이 모두 없어지므로 뜨거운 물에 토렴을 시켜 녹색이 없어지지 않도록 찬물에 재빨리 헹궈 건지는 것이 좋다.

부추조개탕

▶ **주재료**
모시조개 200g, 부추 50g

▶ **부재료**
마른 홍고추 1개, 마늘 2쪽, 생강즙 1작은술, 물 7컵, 소금 · 후춧가루 약간씩

1 모시조개는 싱싱한 것으로 준비해서 소금을 뿌리고 박박 문질러 껍데기에 붙은 지저분한 것을 말끔하게 씻어낸다.

2 연한 3%의 소금물에 씻은 모시조개를 담고 신문지를 덮어 어두운 곳에서 1시간 정도 해감시킨다. 물 1컵에 소금 1큰술 정도가 적당하다.

3 부추는 다듬어 씻어 흐르는 물에 가볍게 씻어 1㎝ 길이로 썬다.

4 마른 홍고추는 1㎝ 크기로 썰어 씨를 털어내고 마늘은 곱게 채 썬다.

5 냄비에 물을 붓고 생강즙을 넣어 팔팔 끓으면 조개를 넣고 충분히 끓인다.

6 조개가 입을 벌리기 시작하면 불을 끄고 체에 면포를 받쳐 좀 더 맑은 국물만을 받아낸다.

7 냄비에 맑은 조개 국물을 붓고 끓이다가 끓으면 삶아 둔 조개와 부추, 마른 홍고추, 마늘채를 넣어서 한소 끔 끓인 후 소금과 후춧가루로 간을 맞춘다.

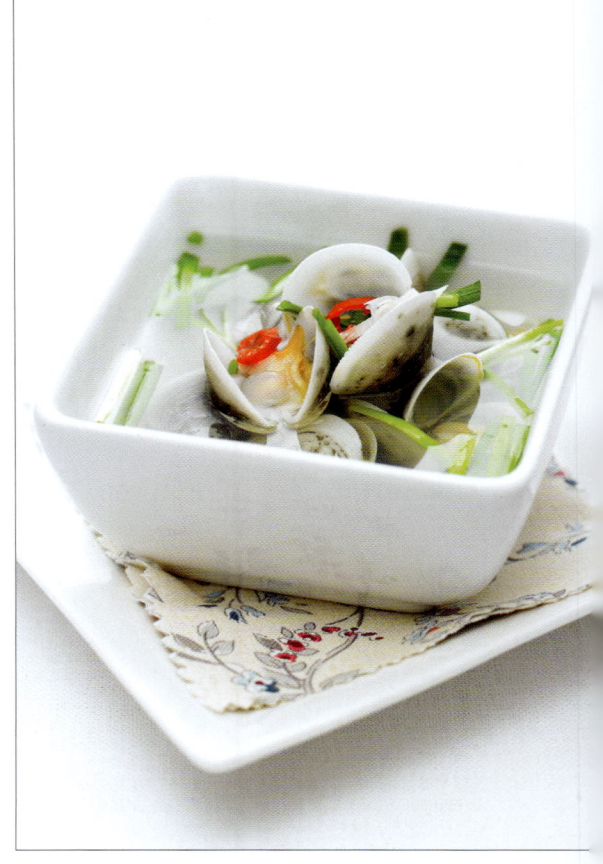

→ COOK TIP
시원한 맛을 내는 모시조개탕은 부추와 함께 넣으면 속풀이 국으로 아주 좋다. 매운맛을 낼 때 고춧가루보다 매운 마른 홍고추를 잘라 넣으면 매운맛과 칼칼한 맛이 나서 더욱 좋다. 식욕을 돋우어 주는 조개탕은 타우린, 아미노산, 핵산류, 호박산이 어우러져 나는 맛인데 백합, 맛조개, 바지락 등 어떤 조개를 넣고 끓여도 시원한 맛이 일품이다.

부추건파래무침

▶ **주재료**
부추 100g, 건파래 30g

▶ **부재료**
쪽파 3대, 실고추 약간

▶ **무침 양념장**
간장 · 참치액 · 물엿 · 통깨 1작은술씩, 다진 마늘 · 참기름 1큰술씩, 소금 약간

1 부추는 다듬어 씻어 2㎝ 길이로 썬다.

2 건파래는 손으로 먹기 좋은 크기로 얄팍하게 찢어 마른 팬에서 볶아낸다.

3 쪽파는 송송 썰고 실고추는 손으로 짧게 끊는다.

4 볼에 무침 양념장을 재료의 분량대로 넣고 잘 섞는다.

5 ④에 건파래를 넣어 양념이 배도록 조물조물 무친 후 부추를 넣어 젓가락으로 섞어 양념하여 그릇에 담고 송송 썬 쪽파와 실고추를 올려 완성한다.

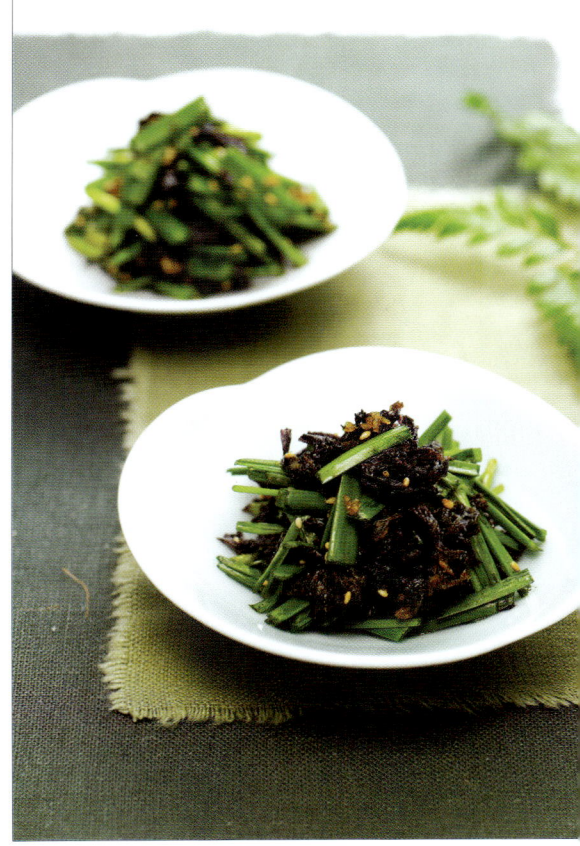

🔴 **COOK TIP**

건파래 또는 파래김 등을 넣을 때는 불에 볶아서 넣어야 고소한 맛이 더욱 많이 난다. 건파래 먼저 양념에 무친 후 부추를 무쳐야 건파래에 양념이 잘 배고 부추를 무치면서 뭉개지지 않는다.

닭살부추무침

▶ **주재료**
닭가슴살 150g, 부추 100g

▶ **부재료**
홍고추 1개, 쪽파 2대, 소금 · 청주 1작은술씩, 대파잎 1대

▶ **무침 양념장**
재래된장 · 일본된장 1작은술씩, 고춧가루 · 간장 · 다진 마늘 · 물엿 ½작은술씩, 참기름 · 깨소금 1작은술씩

1 닭가슴살은 흰 피막을 벗겨내고 씻어서 냄비에 물을 3컵 정도 붓고 소금과 대파잎, 청주를 부어서 끓으면 닭가슴살을 넣어서 익힌다.

2 부추는 다듬어 씻어 2cm 길이로 썰고 홍고추는 반을 갈라 씨를 털어 3cm 길이로 채 썬다. 쪽파는 1cm 길이로 썬다.

3 볼에 재래된장과 일본된장, 고춧가루, 간장, 다진 마늘, 물엿, 참기름을 넣어서 버무려 양념장을 만든다.

4 닭가슴살이 속까지 완전하게 익으면 불에서 내려 식힌 후 굵게 결대로 찢어서 ③의 양념에 넣어 부추와 쪽파, 홍고추를 넣어서 조물조물 무친다.

5 그릇에 닭살부추무침을 소복하게 담고 깨소금을 뿌려 상에 낸다.

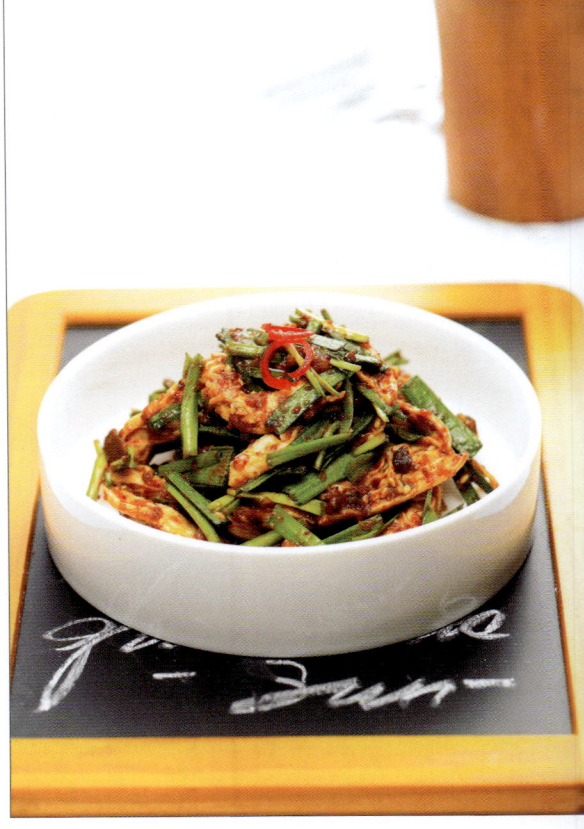

→ COOK TIP
재래된장과 일본된장을 섞으면 짠맛이 거의 없고 담백하고 구수한 맛이 많이 난다. 닭가슴살과 부추, 쪽파를 같이 넣고 젓가락으로 무쳐 부추와 닭살의 질감이 그대로 살아 있게 하는 것이 좋다.

부추브로콜리허브샐러드

▶ **주재료**
부추 50g, 브로콜리 150g

▶ **부재료**
양파 ½개, 비트 20g, 소금 약간

▶ **허브 식초 드레싱**
로즈메리 잎과 줄기 약간, 파슬리가루 ½작은술, 레몬식초 · 올리브오일 3큰술씩, 꿀 1큰술, 구운 소금 · 흰 후춧가루 약간씩

1 부추는 다듬어 씻어 2㎝ 길이로 썬다.

2 브로콜리는 큼직하게 한 송이씩 떼어서 끓는 물에 소금을 약간 넣고 파랗게 데쳐 찬물에 헹궈 물기를 뺀다.

3 양파는 사방 1.5㎝ 크기로 썰어 찬물에 헹궈 아린맛을 없애고 건져 물기를 뺀다.

4 비트는 아주 얇게 썰어 길이로 곱게 채 썬다.

5 올리브오일에 로즈마리 잎을 일일이 떼어서 넣고 파슬리가루와 함께 섞는다. 레몬식초와 꿀을 혼합해서 구운 소금, 흰 후춧가루를 약간씩 넣고 간을 맞춰 허브향이 짙게 나는 드레싱을 만든다.

6 유리 볼에 부추, 데친 브로콜리, 양파, 비트를 골고루 담고 ⑤의 허브 식초 드레싱을 듬뿍 끼얹어 상에 낸다.

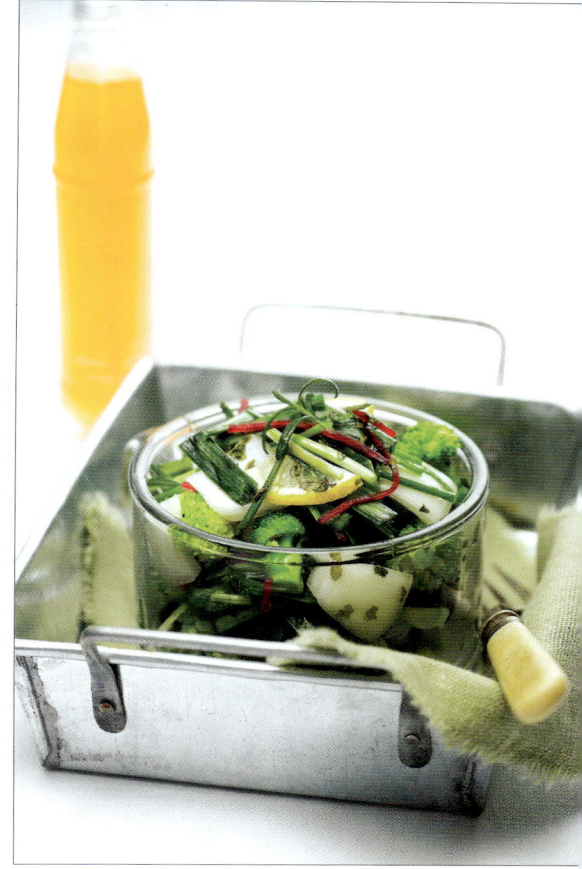

→ COOK TIP
부드러운 허브식초는 부추의 아린맛을 없애주고 생으로 먹었을 때 소화는 물론 자극적인 냄새도 없애준다. 특히 허브를 넣어서 만든 식초 드레싱은 부추와 다른 채소와 어우러져 맛이 좋다.

미더덕부추된장찌개

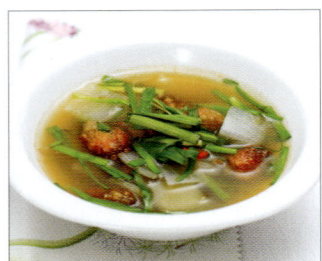

▶ **주재료**
미더덕 250g, 부추 80g

▶ **부재료**
양파 ½개, 청·홍고추 1개씩, 대파 1대, 다진 마늘 1작은술, 청주 1큰술, 된장 3큰술, 다시마 우린 물 3컵, 소금 약간

1 미더덕은 옅은 소금물에 씻어 꼬치로 미더덕 뒤쪽을 찔러 바닷물을 뺀 후 물에 헹궈 건져 물기를 뺀다.

2 부추는 다듬어 씻어 물기를 뺀 후 2㎝ 길이로 썬다.

3 양파는 사방 1㎝ 굵기로 썰고 청·홍고추는 곱게 씨째 다진다. 대파는 송송 썬다.

4 다시마 우린 물에 된장을 풀어 냄비에 붓고 끓이다가 끓으면 미더덕과 양파를 넣어 끓인다.

5 ④의 미더덕이 끓으면서 생기는 거품을 말끔히 걷어 내고 다진 고추와 다진 마늘, 송송 썬 대파, 청주를 넣어서 한소끔 끓인다.

6 미더덕의 향이 배인 구수한 된장찌개가 끓어오르면 부추를 넣고 소금으로 간을 맞춰 상에 낸다.

🡒 COOK TIP

다시마 우린 물에 된장을 풀어서 끓이다가 끓어오르면 미더덕과 양파를 넣고 끓여야 미더덕의 비린맛이 없어지고 양파에서 단맛이 우러나 된장찌개의 국물 맛이 감칠맛이 나면서 달다. 음식물에 체해 설사를 할 때 부추를 된장국에 넣어 끓여 먹으면 효력이 있으며 구토가 날 때 부추즙을 만들어 생강즙에 조금 타서 마시면 잘 멎는다. 산후통에도 감초와 함께 달여 먹으면 효험이 큰 것으로 알려져 있다. 부추는 돼지고기, 쇠고기, 표고버섯, 두부, 잔새우, 흰 살 생선, 오징어 등과 궁합이 잘 맞는다.

당근채볶음

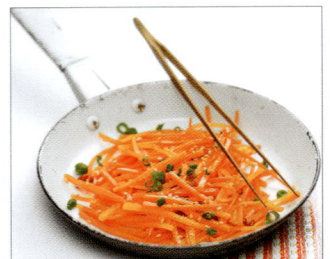

▶ **주재료**
당근 1개, 올리브오일 2큰술

▶ **부재료**
마른 홍고추 1개, 마늘 2쪽, 송송 썬 실파 1큰술, 소금 약간

1 당근은 껍질을 벗기고 4㎝ 길이로 토막 내어 곱게 채 썬다.

2 채 썬 당근은 찬물에 조물조물 주물러 헹궈 건져 물기를 말끔하게 턴다.

3 마른 홍고추는 가위로 가늘게 잘라 씨를 털고 마늘은 곱게 채 썬다.

4 팬에 올리브오일을 두르고 채 썬 마늘과 마른 홍고추를 넣어 볶다가 매콤한 향이 올라오면 당근채를 넣어 윤기가 나도록 볶는다.

5 당근이 볶으면서 숨이 약간 죽으면 소금을 조금 뿌려 간을 맞춰 불에서 내린 후 그릇에 담아 실파를 뿌려서 먹는다.

🡒 COOK TIP

당근이 갖고 있는 비타민 A는 기름에 볶으면 영양성분이 활성화된다. 특히 시력 회복에 좋은 비타민 A는 지용성 비타민이라 기름에 볶아 먹으면 쉽게 흡수된다. 마늘과 마른 홍고추를 넣어 볶으면 얕은 맛이 칼칼하게 우러나와 더욱 맛있게 먹을 수 있다.

당근칩

▶ **주재료**
당근 1개

▶ **부재료**
슈거파우더 1큰술, 꼬치 약간

1 당근은 껍질을 벗기고 얇게 썬 후 꼬치에 꿴다.

2 내열용기에 당근을 꼬치째 걸어 전자레인지에서 2분 정도 가열하여 당근의 수분을 없앤다.

3 미리 예열한 160℃의 오븐에 수분을 없앤 당근을 평 평하게 깔고 15~20분 정도 구워낸다.

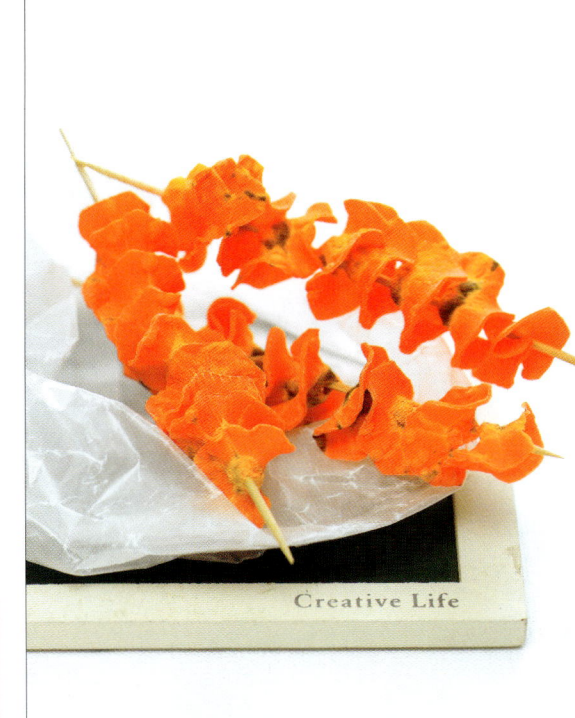

Creative Life

→ COOK TIP

당근을 고를 때는 빛깔이 선명하고 껍질이 매끈한 것으로 고른다. 특히 붉은 색이 강할수록 단맛이 더욱 많이 나기도 한다. 당근은 손에 잡았을 때 묵직한 느낌이 드는 것이 좋으며 잎이 난 머리 쪽 이 검은 색으로 변한 것은 오래된 것이므로 피하고 너무 큰 것은 섬유질이 억세므로 역시 피해야 한다. 깨끗하게 손질되어 판매하 는 것보다는 검은 흙이 묻어 있는 것이 신선하고 맛도 좋다.

당근커틀릿

▶ **주재료**
당근 2개, 슬라이스 햄 4장

▶ **부재료**
소금 · 후춧가루 · 마요네즈 약간씩, 밀가루 ⅓컵, 달걀 1개, 빵가루 1컵

1 당근은 껍질을 벗기고 2㎝ 굵기로 토막 낸다.

2 토막 썬 당근에 소금과 후춧가루를 뿌려 밑간을 한다.

3 밑간한 당근에 슬라이스 햄을 말아서 밀가루→달걀
→빵가루를 차례로 입혀 180℃의 끓는 기름에 넣고
튀긴다. 기름에 빵가루를 넣어 보아 1㎝ 정도 들어갔
다가 바로 떠오르면 알맞은 온도다.

4 튀긴 당근은 종이타월에 담아서 기름을 뺀 후 접시에
담고 마요네즈를 뿌려 상에 낸다.

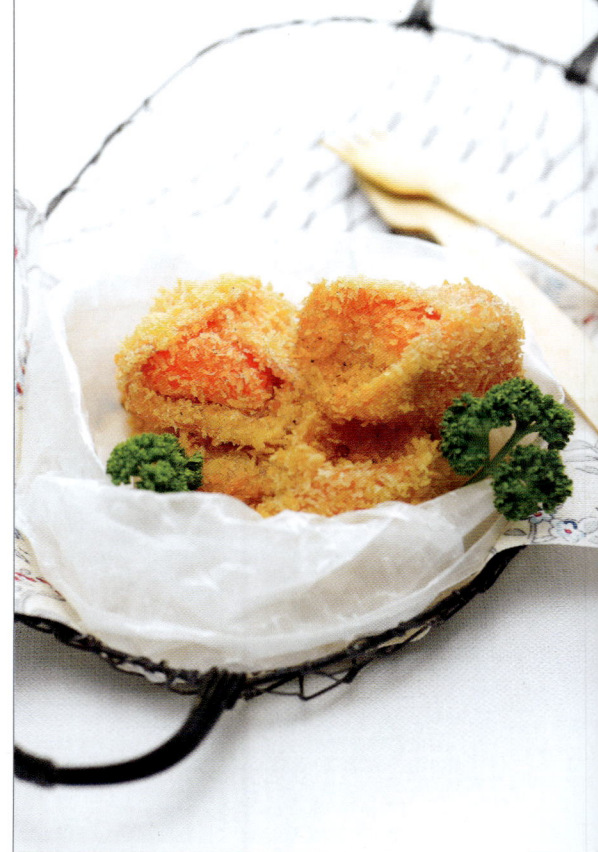

> **→ COOK TIP**
> 지용성 비타민이 풍부한 당근은 기름에 조리하면 비타민의 흡수
> 를 도울 수 있다. 당근에는 밑간을 해서 잠시 시간을 두어서 소금
> 간이 제대로 밴 후 튀겨야 간이 알맞다.

당근채실파무침

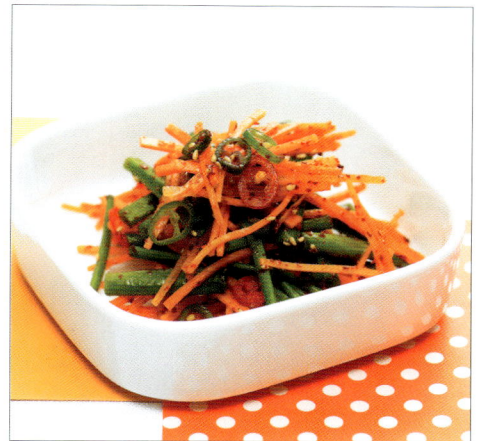

▶ **주재료**
당근 ½개, 실파 15대

▶ **부재료**
홍고추 1개, 청양고추 ½개, 마늘채 · 고운 고춧가루 · 깨소금 1작은술씩, 참기름 1큰술, 소금 · 후춧가루 약간씩

1 당근은 껍질을 벗기고 씻어 얇게 편 썰어 4cm 길이로 곱게 채 썬다.

2 채 썬 당근을 찬물에 2~3번 헹궈 마른 면포에 담고 물기를 자근자근 눌러 뺀다.

3 실파는 연하고 맵지 않는 것으로 준비해서 다듬어 씻어 물기를 털고 당근과 같은 길이로 썬다.

4 홍고추와 청양고추는 반 갈라 씨를 털어내고 송송 잘게 썬다.

5 볼에 당근과 실파, 고추를 담고 마늘채와 고운 고춧가루, 참기름, 소금, 후춧가루, 깨소금을 모두 넣어 먹기 직전에 살살 버무려서 그릇에 담아낸다.

🔜 **COOK TIP**

채 썬 당근은 찬물에 헹궈 당근을 더욱 싱싱하게 해야 실파와 무쳤을 때 당근의 단 감칠맛이 살아 있고 질감이 그대로 유지된다.

당근너트샐러드

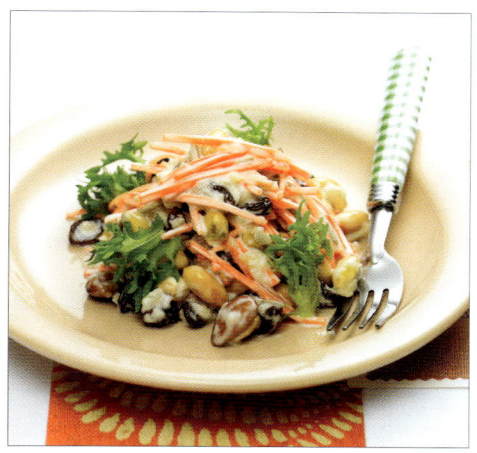

▶ **주재료**
당근 ½개, 믹스너트(통조림) ½컵, 건포도 1큰술, 설탕 1작은술, 물 2큰술

▶ **샐러드소스**
마요네즈 4큰술, 설탕 1작은술, 소금 약간, 다진 파인애플 2큰술

1 당근은 채칼로 얇게 포 뜬 다음 아주 가늘게 채 썬다.

2 너트는 믹스된 통조림을 준비하고 건포도는 설탕물에 담가 불린다.

3 당근은 찬 얼음물에 싱싱하게 담아 두었다가 망에 건져 물기를 뺀다.

4 분량대로 소스 재료를 섞어서 샐러드소스를 만든다.

5 당근과 너트, 건포도를 섞어서 그릇에 담고 소스를 얹어 상에 낸다.

🔜 **COOK TIP**

당근의 영양소를 그대로 섭취하는 것이 가장 좋은데 채칼로 얇게 포 뜨듯이 해서 곱게 채 썰어 찬 얼음물에 담가 싱싱하게 해서 먹으면 좋다.

당근양파볶음

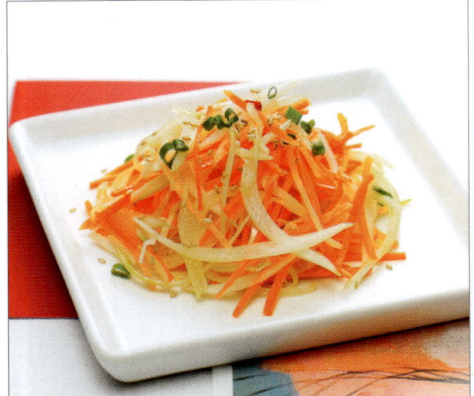

▶ **주재료**
당근 150g, 양파 $\frac{1}{2}$개

▶ **부재료**
올리브오일 2큰술, 마른 홍고추 1개, 마늘 2쪽, 송송 썬 실파 1큰술, 소금 약간

1 당근은 껍질을 벗기고 4㎝ 길이로 토막 내어 곱게 채 썬다. 채 썬 당근은 찬물에 조물조물 주물러 헹궈 건져 물기를 말끔하게 턴다.

2 양파는 곱게 채 썰어 찬물에 헹궈 건져 물기를 턴다.

3 마른 홍고추는 가위로 가늘게 잘라 씨를 털고 마늘은 곱게 채 썬다.

4 팬에 올리브오일을 두르고 마늘과 마른 홍고추, 양파를 넣어 볶다가 매콤한 향이 올라오면 당근채를 넣어 윤기가 나도록 볶는다.

5 당근이 볶으면서 숨이 약간 죽으면 소금을 조금 뿌려 간을 맞춰 불에서 내린 후 그릇에 담아 실파를 뿌려서 먹는다.

> → **COOK TIP**
> 조리하고 남은 당근은 곱게 갈아 주스로 마시면 변비 예방으로도 좋고 피부노화 방지에도 좋다. 당근을 잘게 썰어 생수와 얼음을 함께 넣고 믹서에 곱게 갈아 즙을 받아 차게 마신다.

당근어묵조림

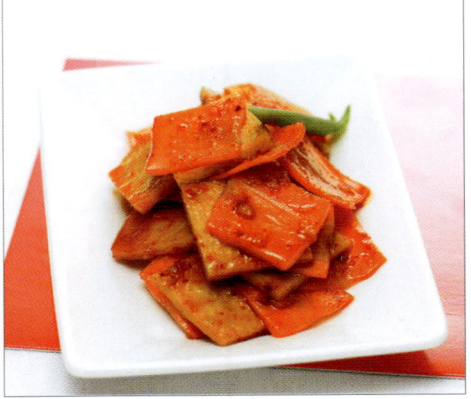

▶ **주재료**
당근 100g, 어묵 100g, 양파 $\frac{1}{2}$개, 송송 썬 실파 1큰술, 소금 약간

▶ **조림장**
간장 1$\frac{1}{2}$큰술, 고운 고춧가루 1작은술, 다진 마늘·맛술·물엿 1큰술씩, 소금 약간

1 당근은 껍질을 벗기고 사방 3㎝ 크기로 납작하게 썬다.

2 어묵은 당근과 같은 크기로 썰어 끓는 물에 살짝 데쳐 기름기를 없애고 물기를 뺀다. 양파도 같은 크기로 썰고 실파는 송송 썬다.

3 팬에 기름을 두르고 당근을 나른하게 볶고 난 후 어묵과 양파를 넣어 조림장을 부어 약한 불에서 은근하게 조린다.

4 당근과 어묵에 윤기가 나면서 간이 배면 그릇에 담고 실파를 뿌려 완성한다.

> → **COOK TIP**
> 숙변으로 몸이 무겁게 느껴질 때는 식이섬유가 다량 함유 되어 있는 당근을 이용해서 주스, 즙 등을 마셔 장운동을 활발하게 해주는 것이 좋다. 당근은 칼슘이 많아 뼈를 튼튼하게 해주고 철분 함량이 높아 빈혈을 예방해주는데 당근주스는 당근 심이 없는 연하고 작은 당근으로 만드는 것이 좋다.

당근즙새알심수제비

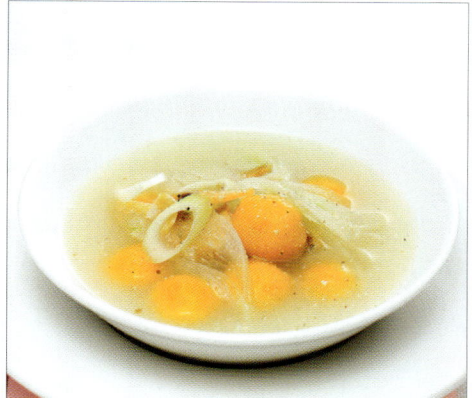

▶ **주재료**
곱게 간 당근 ½컵, 밀가루 1컵

▶ **부재료**
소금 약간, 대파 1대, 양파 ½개, 다진 마늘 · 국간장 1작은술
씩, 보리새우 2큰술, 물 6컵, 들깻가루 약간

1 밀가루에 곱게 간 당근을 넣고 섞어서 반죽한 후 비닐
에 잠시 담아 둔다. 잠시 숙성시키면 더욱 쫄깃한 글
루텐이 형성된다.

2 냄비에 보리새우를 넣고 볶다가 물을 붓고 푹 끓여서
구수한 보리새우 국물을 만든다.

3 대파와 양파는 굵게 채 썬다.

4 당근색의 수제비 반죽을 직경 2㎝의 새알심으로 빚어
보리새우 국물에 넣어 끓인다.

5 새알심이 익어 떠오르면 대파와 양파, 다진 마늘, 국
간장을 넣고 끓이다가 소금으로 간을 맞추고 그릇에
담아 들깻가루를 뿌려 상에 낸다.

→ **COOK TIP**
당근을 곱게 갈 때는 물을 넣어 여러 번 갈아 체에 고운 면포를 깔고
당근즙을 받아야 당근의 색이 곱게 우러나면서 단맛이 많이 생긴다.

당근정과

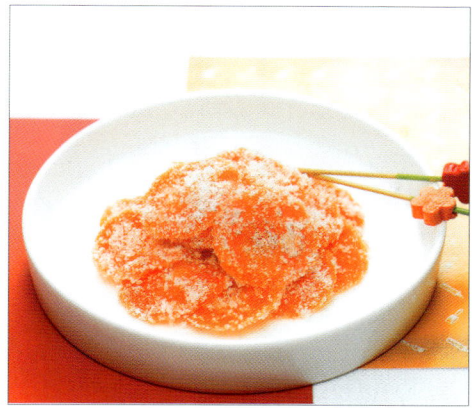

▶ **주재료**
당근 1개, 생강 ½개

▶ **부재료**
설탕 5큰술, 꿀 2큰술, 쌀조청 3큰술, 물 ½컵

1 당근은 껍질을 벗기고 동그랗게 0.3cm 두께로 얇게
썬 후 모양틀로 예쁜 모양을 찍는다.

2 생강은 껍질을 벗겨 곱게 간다.

3 냄비에 쌀조청과 물 ½컵, 꿀을 넣고 끓이다가 끓으면
당근과 생강을 넣어 약한 불에서 은근하게 조린다.

4 당근이 윤기가 나면서 조려지면 불에서 내려 설탕을
앞뒤로 입혀 체에 한 개씩 올려 차게 식힌다.

→ **COOK TIP**
당근과 생강을 함께 넣고 조리면 당근에 생강의 향이 스며들어
겨울철 보양 간식으로 아주 좋다. 특히 당근정과를 꾸덕하게 말
린 상태로 밀폐용기에 보관하여 차게 보관하면 설탕이 녹지 않아
두고 먹을 수 있다.

당근우엉잡채

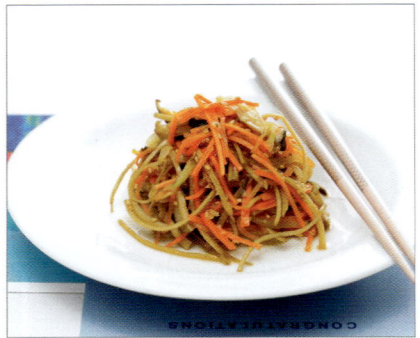

▶ **주재료**
당근 · 양파 ½개씩, 우엉 1뿌리, 불린 표고버섯 3장, 다진 마늘 1작은술, 참기름 1큰술, 소금 · 설탕 · 후춧가루 · 올리브오일 약간씩

▶ **우엉 양념**
간장 1½큰술, 청주 · 쌀물엿 1큰술씩

▶ **표고버섯 양념**
간장 · 참기름 · 깨소금 1작은술씩

1 당근은 껍질을 벗기고 얇게 썰어 곱게 채 썬다. 채 썬 당근은 찬물에 헹궈 건져 싱싱하게 한다.

2 팬에 올리브오일을 두르고 당근을 볶다가 소금으로 간을 한 후 식힌다.

3 우엉은 껍질을 벗겨 5cm 길이로 토막 내어 곱게 채 썬 후 찬물에 비벼 가면서 헹군다. 팬에 기름을 두르고 우엉 양념을 넣어 끓으면 우엉을 넣어 조린다.

4 표고버섯은 곱게 채 썰어 양념에 조물조물 무쳐 팬에 살짝 볶아낸다. 양파도 함께 볶아낸다.

5 넓은 볼에 당근과 우엉, 표고버섯, 양파를 담고 다진 마늘과 참기름, 소금, 설탕, 후춧가루를 넣어 양념해서 접시에 담아낸다.

당근옥수수수프

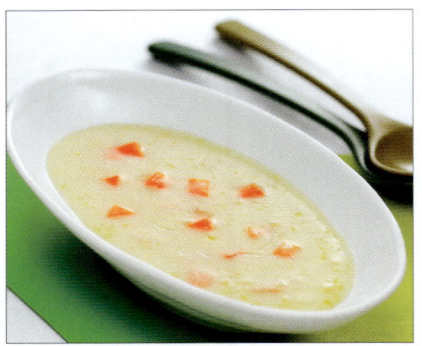

▶ **주재료**
당근 ½개, 옥수수(통조림) ½통

▶ **부재료**
달걀 1개, 송송 썬 실파 2큰술, 소금 · 흰 후춧가루 약간씩, 물 3컵, 우유 ½컵

1 당근의 껍질을 벗기고 사방 0.5cm 크기로 썬 후 소금물에 헹궈 건진다.

2 옥수수알은 통조림으로 이용하면 편리한데 옥수수 알갱이만 체에 걸러 찬물에 헹궈 믹서에 우유와 함께 곱게 간다.

3 냄비에 ①의 당근과 ②의 간 옥수수를 넣고 물을 부은 후 은근하게 20분 정도 끓여 걸쭉한 상태의 수프로 만든다.

4 알끈을 제거하고 곱게 푼 달걀물을 ③의 냄비에 조금씩 부어 저어가면서 줄알을 친다. 송송 썬 실파와 소금과 흰 후춧가루로 간을 맞춰 그릇에 담아낸다.

당근밥

▶ **주재료**
당근 ½개, 쌀 1컵

▶ **부재료**
들기름 1큰술, 다진 마늘 1작은술, 물 1½컵, 소금 약간

▶ **김 양념장**
구운 김 2장, 간장 3큰술, 들기름 1작은술, 송송 썬 실파 · 깨소금 · 다시마 우린 물 1큰술씩

1 당근은 씻어 껍질을 벗기고 사방 0.5㎝ 크기로 썬 후 소금물에 헹궈 건진다.

2 쌀은 충분하게 씻어 30분간 물에 담근 후 체에 밭쳐 20분 정도 불린다.

3 솥에 들기름을 두르고 당근과 쌀을 충분하게 볶아 쌀 알갱이가 투명해지면 물을 붓고 밥을 짓는다.

4 밥물이 잦아들면 불을 약하게 줄이고 뜸을 들인다.

5 구운 김을 잘게 부숴 볼에 담고 분량의 김 양념장 재료를 모두 넣어 고루 섞어 양념장을 고소하게 만든다.

6 당근밥이 고슬하게 완성되면 불을 끄고 위아래를 흔들어 그릇에 퍼 담은 후 ⑤의 양념장을 넣어 비벼 먹는다.

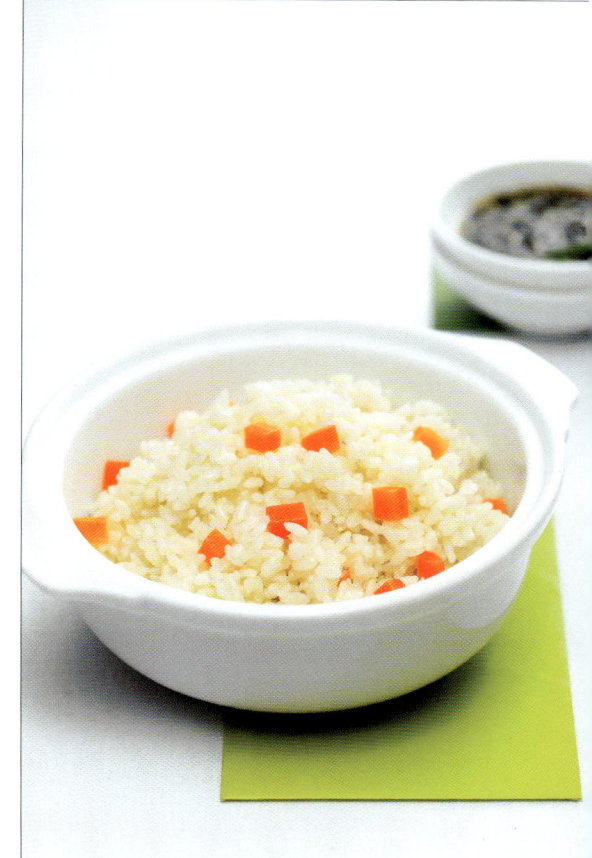

🔘 **COOK TIP**

당근밥에 주황색의 물이 들어 밥이 더욱 먹음직스럽다. 고슬하게 지어야 밥을 비벼 먹을 때 질척이지 않는다. 입맛이 없을 때, 소화가 안 될 때 당근밥이 입맛을 돋궈준다.

당근흑미죽

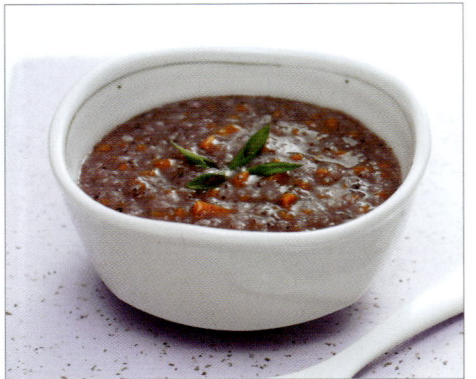

▶ **주재료**
흑미밥 1공기, 당근 30g

▶ **부재료**
물 5컵, 대파 ½대, 소금 약간, 참기름 1작은술

1 고슬하게 지은 흑미밥에 물을 2컵 정도 붓고 믹서에 곱게 간다.

2 당근을 아주 잘게 썰어 찬물에 헹궈 건지고 대파는 송송 썬다.

3 냄비에 참기름을 두르고 당근과 대파를 볶다가 간 흑미밥을 넣어서 나머지 물을 모두 넣고 중간 불에서 8분 정도 죽을 쑨다.

4 저어가면서 끓인 죽이 부드럽게 완성되면 소금으로 간을 맞춰 먹는다.

→ COOK TIP
빠르게 죽을 쑤는 방법 중에 하나가 바로 찬밥을 이용하는 것이다. 보리밥, 수수밥, 찰밥, 흑미밥 등 찬밥을 믹서에 곱게 갈아서 당근과 함께 볶다가 물을 부어서 부드럽게 끓이기만 하면 별미죽이 완성된다. 부추, 실파, 셀러리, 미나리 등을 넣어주면 향이 있는 죽이 되기도 한다.

당근다진새우편수

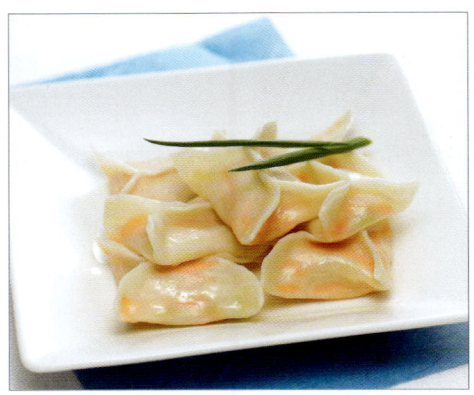

▶ **주재료**
새우살 80g, 당근 ½개

▶ **부재료**
다진 마늘 1작은술, 다진 파·다진 셀러리 1큰술씩, 다진 양파 2큰술, 소금 약간, 만두피 30장

1 새우살을 깨끗하게 소금물에 흔들어 씻어 물기를 없애고 곱게 다진다.

2 당근은 껍질을 벗기고 2㎝ 길이로 곱게 채 썰어 소금을 뿌려 잠시 절였다가 물기를 꼭 짠다.

3 볼에 새우살과 당근, 다진 채소를 모두 넣어 골고루 섞어 소금으로 살짝 간을 맞춘다.

4 준비한 만두피에 ③의 소를 한 숟가락씩 얹고 가운데로 사각으로 접어 손가락으로 꼭꼭 집어 오므려서 편수를 만든다.

5 김이 충분하게 오른 편수를 젖은 면포를 깔고 15분 정도 찐 후 그릇에 담아낸다.

→ COOK TIP
만두는 팬에서 굽거나 튀기는 조리법보다 쪄 먹는 것이 GI 수치를 낮춰 주면서 포만감을 주어 좋다. 찜기에 찔 때는 수증기가 충분히 올라 온 후 넣고 익혀야 빠른 시간 내에 익힐 수 있다.

당근가다랑어조림

▶ **주재료**
당근 1개, 가다랑어포 2큰술

▶ **부재료**
양파 ½개, 다시마 사방 10cm 1장, 포도씨오일 · 맛술 1큰술씩, 다시마 우린 물 1컵, 다진 마늘 1작은술, 간장 ½작은술

1 당근은 껍질을 벗기고 동그랗게 0.5㎝ 두께로 얇게 썰어 모양틀로 찍어낸다.

2 양파는 당근과 같은 크기로 썰고 다시마는 사방 1㎝ 크기로 가위로 자른다.

3 냄비에 포도씨오일을 두르고 다진 마늘과 양파, 당근을 넣어 볶다가 간장, 맛술, 다시마 우린 물을 붓고 끓인다.

4 ③의 국물이 반으로 졸아들면 다시마와 가다랑어포를 넣어 재빨리 볶아 그릇에 담아낸다.

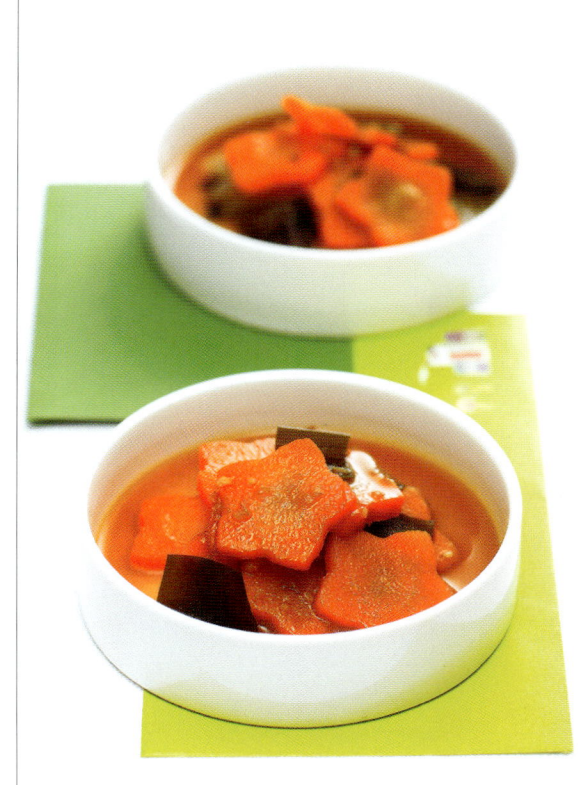

🔴→ **COOK TIP**
당근의 주성분인 베타카로틴은 지용성이라 생으로 먹는 것은 흡수율이 낮다. 기름에 볶아 먹거나 오일드레싱을 곁들여 먹으면 피부미용과 시력 보호에 훨씬 효과적이다.

당근표고버섯볶음덮밥

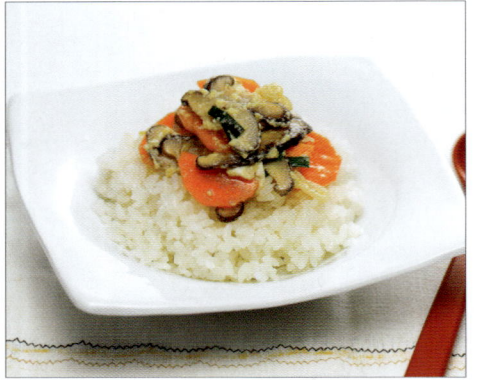

▶ **주재료**
당근 ⅓개, 표고버섯 3장

▶ **부재료**
부추 30g, 달걀 1개, 양파 ⅓개, 대파 ½대, 간장 1큰술, 소금 약
간, 밥 2공기, 다시마 우린 물 1컵, 맛술 1작은술

1 당근은 껍질을 벗기고 얄팍하게 편 썰어 반을 가른다.
표고버섯은 밑동을 자르고 곱게 채 썬다.

2 부추는 다듬어 씻어 물기를 털고 1㎝ 길이로 썬다. 양
파와 대파는 곱게 채 썬다.

3 팬에 기름을 두르고 양파와 대파, 당근을 넣어 볶다가
표고버섯을 넣어 간장으로 간을 살짝한 후 볶는다.

4 ③에 다시마 우린 물과 맛술을 부어 볶다가 달걀을 깨
뜨려 알끈을 제거한 후 곱게 풀어 줄알을 친다. 서로
부드럽게 섞이면 소금으로 간을 한다.

5 준비한 현미밥을 그릇에 적당히 담고 ④의 당근, 표고
버섯 볶은 것을 국물까지 듬뿍 부어 먹는다.

당근배추초절임

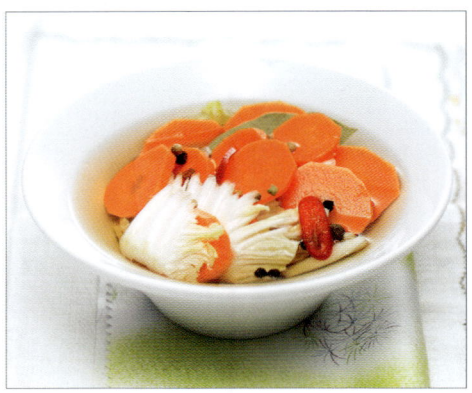

▶ **주재료**
당근 1개, 배춧잎 5장, 소금 약간

▶ **초절임물**
물 1컵, 소금 1작은술, 식초·설탕 ⅓컵씩

1 당근은 껍질을 벗기고 동그랗게 편 썰기 한다.

2 배추는 한 장씩 떼어서 소금물에 잠시 흔들어 씻어서
채반에 밭쳐 물기를 뺀다.

3 냄비에 물과 소금, 식초, 설탕을 넣고 끓여 초절임 물
을 만들어 차게 식힌다.

4 널찍한 밀폐용기에 배추→당근→배추→당근 식으
로 켜켜이 쌓고 그 위에 묵직한 그릇이나 돌로 눌러준
뒤에 초절임 물을 붓고 3일 정도 삭힌다.

5 배추와 당근이 다 절여지면 적당한 크기로 썰어 접시에
담아 국수나 빵, 피자, 샌드위치 등에 곁들여 먹는다.

당근참치샐러드보리빵

▶ **주재료**
당근 ½개, 달걀 2개, 참치(통조림) 150g, 보리빵 4쪽

▶ **부재료**
마요네즈·다진 셀러리 2큰술씩, 다진 양파 1큰술, 올리브오일 1작은술

1 보리빵은 식빵으로 준비해서 겉면을 약간씩 잘라낸다.

2 당근은 껍질을 벗기고 2㎝ 길이로 채 썰어 올리브오일을 두른 팬에서 나른하게 볶는다. 참치 통조림은 기름기를 완전하게 빼준다.

3 달걀은 냄비에 물을 붓고 삶아 끓는 시간부터 13분 후 건져 완숙으로 삶아지면 찬물에 헹궈 껍질을 벗긴다.

4 완숙으로 삶은 달걀을 볼에 담아 포크로 굵게 으깨고 볶은 당근과 참치, 마요네즈, 다진 셀러리, 다진 양파를 넣어서 함께 버무려 샐러드를 만든다.

5 ①의 보리빵에 ④의 당근참치 샐러드를 넓게 펴 발라 먹는다.

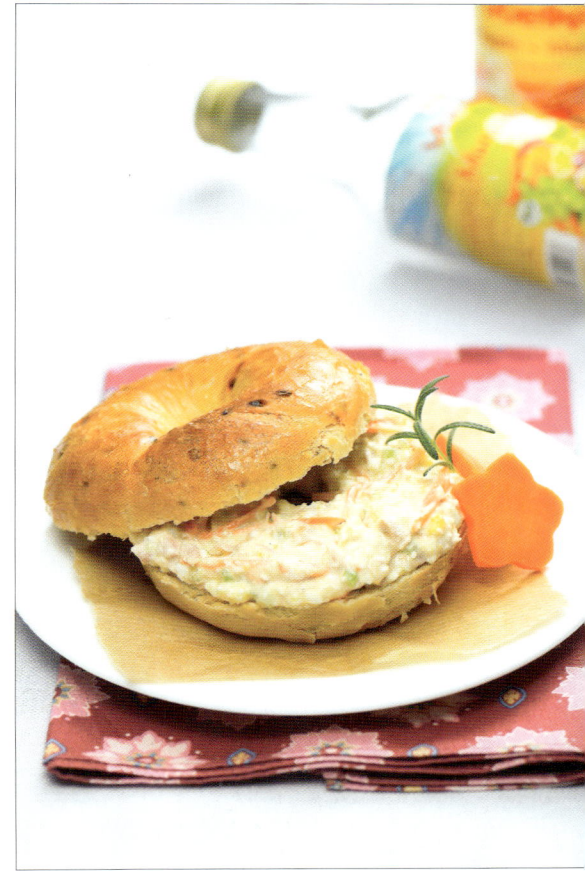

🔜 **COOK TIP**

참치 통조림의 기름을 완전하게 빼 주어야 다이어트에 도움이 된다. 당근을 충분하게 올리브오일에서 볶아 나른하게 만들어 식힌 후 샐러드를 만들어야 수분이 생겨 질척이지 않는다. 셀러리와 양파를 다져 넣어 뻑뻑한 맛을 약간 없애고 마요네즈로 버무려야 더욱 맛이 있다.

당근즙닭안심소테

▶ **주재료**
닭고기(안심) 300g, 당근 $\frac{1}{3}$개, 당근즙 1컵

▶ **부재료**
셀러리 1줄기, 양파 $\frac{1}{3}$개, 토마토 홀 $\frac{1}{3}$컵, 옥수수(통조림) 20g, 레몬즙 2큰술, 핫소스 · 올리브오일 1큰술씩, 소금 · 후춧가루 약간씩

1 당근은 강판에 곱게 갈아 즙만 베보자기에 짜서 거른다.

2 껍질을 벗긴 당근은 사방 1㎝의 크기로 썰어 끓는 물에 살짝 데친 후 찬물에 헹궈 물기를 뺀다.

3 셀러리는 잎과 줄기를 나누어서 잎은 잘게 다지고 줄기는 껍질 끈을 벗긴 다음 사방 1㎝ 크기로 썬다. 양파는 껍질을 벗기고 셀러리와 같은 크기로 썬다. 토마토 홀은 통조림으로 준비해서 잘게 다진다.

4 볼에 데친 당근과 셀러리, 양파, 토마토를 넣고 레몬즙과 핫소스, 소금, 후춧가루를 넣고 잘 섞는다.

5 닭 안심은 하얀 피막을 벗기고 씻어 물기를 없앤 후 당근즙에 담가 30분 정도 재운다.

6 팬을 뜨겁게 달군 다음 올리브오일을 두르고 당근즙에 재웠던 닭 안심을 넣고 뚜껑을 덮어서 약한 불에서 굽는다. 닭 안심이 속까지 익어 색이 나면 뒤집어서 같은 방법으로 굽는다.

7 닭 안심이 노릇하게 구워지면 ④의 당근소스를 붓고 불에서 약간 띄워 팬을 흔들면서 소스가 닭 안심 소테에 스며들도록 해서 뜨거운 소스와 함께 그릇에 담아낸다.

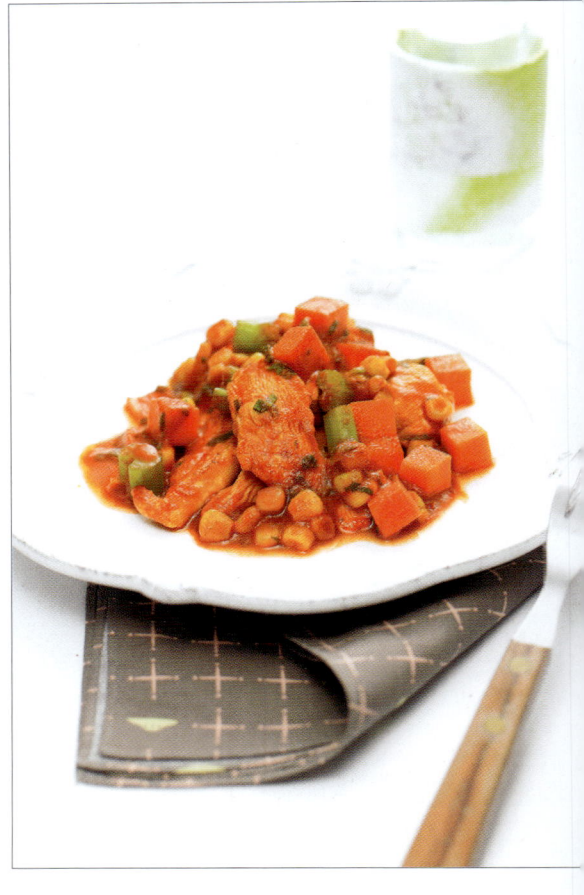

🔜 COOK TIP

채소 중의 왕자라고 불리는 당근에 함유된 카로틴의 위력은 실로 대단하다. 면역성을 길러주며 피부에 탄력을 주고 시력보호에도 아주 효과적이다. 또 각종 세균의 침입을 막아 감기를 예방하기도 한다. 당근은 9월에서 다음해 1월이 제철로 이때 생산된 햇당근은 즙이 많고 단맛이 강하다.

당근요구르트주스와 치즈샌드

▶ **주재료**
   당근 $\frac{1}{2}$개, 플레인 요구르트 1컵, 레몬즙 1작은술, 슬라이스 체더치즈 2장, 비스킷 12개

1 당근은 껍질을 벗겨 작은 크기로 썬다.

2 믹서에 ①의 당근을 담고 레몬즙을 뿌린다.

3 ②에 플레인 요구르트를 붓고 곱게 갈아 컵에 담는다.

4 슬라이스 체더치즈는 모양틀로 찍어내고 비스킷 위에
   올린 후 다시 비스킷을 겹쳐 샌드를 만든다.

5 당근요구르트주스와 치즈샌드를 함께 낸다.

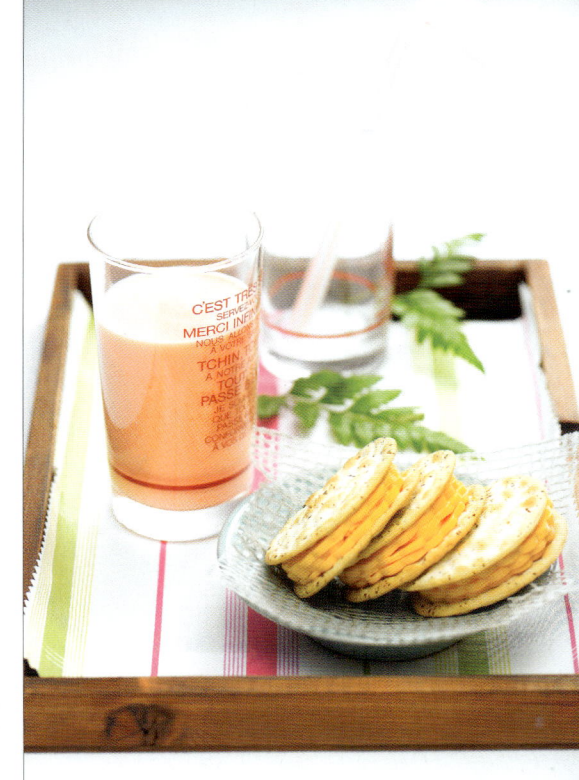

🔴 COOK TIP

당근은 변비와 빈혈 등에 효과 있는 영양소의 집합체이다. 유산
균이 많은 플레인 요구르트와 함께 믹서에 갈면 소화를 돕고 미
용에도 효과 만점이다. 당근에 레몬즙을 뿌려서 잠시 맛을 들인
후 믹서에 갈아야 영양소 파괴가 덜하다.

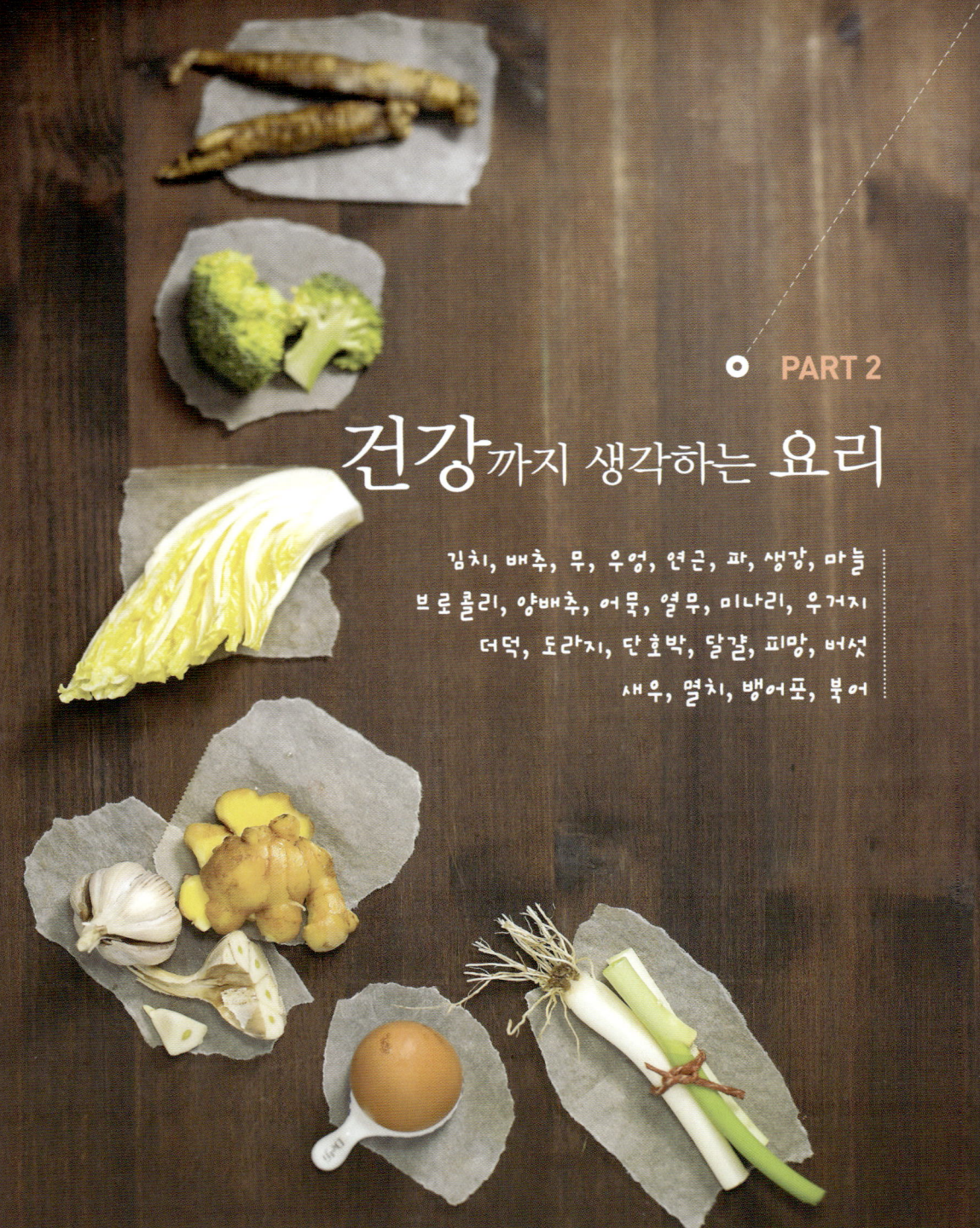

PART 2

건강까지 생각하는 요리

김치, 배추, 무, 우엉, 연근, 파, 생강, 마늘
브로콜리, 양배추, 어묵, 열무, 미나리, 우거지
더덕, 도라지, 단호박, 달걀, 피망, 버섯
새우, 멸치, 뱅어포, 북어

김치숙주쇠고기볶음

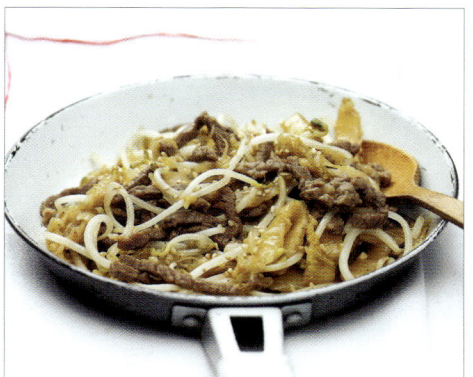

▶ **주재료**
배추김치 · 숙주 · 쇠고기(등심) 100g씩

▶ **부재료**
참기름 1큰술, 소금 · 후춧가루 약간씩, 설탕 · 깨소금 · 다진 마늘 · 맛술 1작은술씩, 실파 2대

1 배추김치는 물에 한 번 헹궈 고춧가루를 없앤 후 물기를 꼭 짜고 가로로 송송 썬다.

2 숙주는 다듬어 씻어 물기를 빼고, 실파는 송송 썬다.

3 쇠고기는 등심으로 준비해서 배추김치 송송 썬 길이만큼씩 썰어 소금과 후춧가루로 밑간한다.

4 팬에 참기름을 두르고 다진 마늘과 쇠고기를 넣고 달달 볶다가 배추김치를 넣어 함께 볶는다.

5 쇠고기가 거의 익어 볶아지면 준비한 숙주를 넣어 함께 볶아서 설탕과 소금, 후춧가루, 깨소금, 맛술을 넣어 재빨리 볶아 넓은 접시에 꺼내어 식힌다.

6 ⑤에 송송 썬 실파를 뿌리고 버무려 그릇에 담아낸다.

COOK TIP

숙주나 콩나물 같은 채소와 함께 볶거나 찜을 하는 김치 반찬은 김치의 고춧가루를 약간 물에 헹궈 없앤 후 물기를 짜서 조리하면 숙주나 콩나물의 색을 살리면서 담백한 김치 반찬을 만들 수 있다.

김치김쑥갓무침

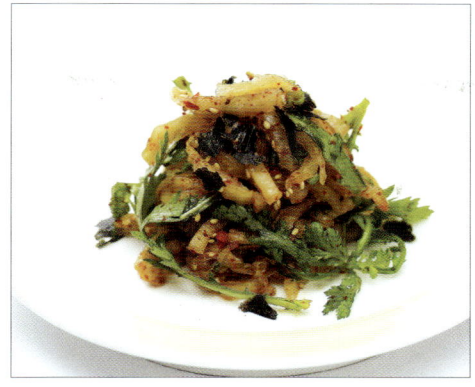

▶ **주재료**
김치 150g, 구운 김 2장, 쑥갓 50g, 실파 3대, 홍고추 1개

▶ **무침장**
참기름 1큰술, 설탕 ½작은술, 다진 마늘 · 간장 · 고운 고춧가루 · 깨소금 1작은술씩, 소금 · 후춧가루 약간씩

1 김치는 속을 털어내고 물에 한 번 헹궈서 물기를 꼭 짠 후 가로로 송송 썬다.

2 김은 손으로 비벼서 불 위에서 앞뒤로 살짝 구워서 비닐에 넣어 잘게 부순다.

3 실파는 송송 썰고 홍고추는 잘게 다진다.

4 쑥갓은 짧게 끊어 물에 씻어 물기를 턴다.

5 볼에 무침장을 분량의 재료대로 넣어서 골고루 섞어 고춧가루를 불린다.

6 ⑤에 김치와 김, 실파, 쑥갓, 홍고추를 넣어서 살살 버무려 무친 후 그릇에 담아낸다.

COOK TIP

김치와 김, 쑥갓을 넣어서 무쳐 먹는 반찬은 양념장을 미리 만들어 고춧가루가 충분하게 불려 색이 우러나면 상에 내기 직전에 무쳐낸다.

김치튀긴두부두루치기

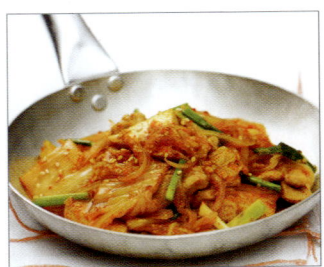

▶ **주재료**
두부 ⅔모, 배추김치 250g, 돼지고기(삼겹살) 100g

▶ **부재료**
양파 ½개, 실파 3대, 물 3큰술, 설탕 · 간장 · 참기름 · 깨소금 · 고춧가루 1작은술씩, 다진 마늘 1큰술, 생강즙 · 소금 약간씩, 튀김기름 1컵

1 두부는 1㎝의 두께, 2.5㎝의 삼각형 크기로 도톰하게 썰어 소금을 뿌려 채반에 밭쳐 물기를 뺀다.

2 배추김치는 소를 털어 내고 국물이 있는 채로 3㎝의 크기로 썬다. 삼겹살은 사방 3㎝의 크기로 썬다.

3 양파는 곱게 채 썰고 실파는 2㎝ 길이로 썬다.

4 튀김 온도 170℃에서 물기를 완전하게 닦은 두부를 노릇하게 튀긴다.

5 팬에 기름을 약간 두르고 다진 마늘, 양파를 넣고 볶다가 삼겹살과 배추김치를 넣어 다시 볶는다.

6 고기가 익으면 고춧가루와 물, 설탕, 간장, 참기름, 깨소금을 넣어 맛을 낸다.

7 ⑥에 실파와 튀긴 두부를 넣어 으깨지지 않도록 살살 버무려 재빨리 볶아 그릇에 담아낸다.

→ **COOK TIP**
배추김치를 돼지고기 삼겹살이나 쇠고기 등심 등과 함께 볶아주면 색다른 별미 반찬을 만들 수 있다. 배추김치는 소만 털어 국물이 있는 자체로 볶으면 김칫국물이 고기에 배어 고기 누린내를 없애주고 색다른 고기요리를 즐길 수 있다.

김치햄뱅어포조림

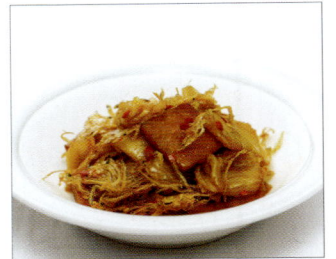

▶ **주재료**
배추김치 150g, 햄 100g, 뱅어포 1장

▶ **부재료**
간장 · 물엿 1큰술씩, 실파 2대, 홍고추 ½개, 참기름 · 맛술 · 다진 마늘 1작은술씩, 통깨 · 소금 약간씩

1 배추김치는 물에 헹궈 하얗게 만들어 물기를 꼭 짜서 2㎝ 길이로 썬다.

2 햄은 배추김치 크기로 얇게 썬다.

3 뱅어포는 손질해서 팬에서 살짝 앞뒤로 구워내 먹기 좋은 크기로 손으로 뜯는다.

4 실파는 송송 썰고 홍고추는 잘게 씨를 빼고 다진다.

5 깊이가 있는 팬에 기름을 두르고 배추김치와 다진 마늘, 맛술을 넣어 달달 볶는다.

6 볶은 김치에 햄과 뱅어포를 넣어 간장과 물엿, 참기름, 홍고추를 넣어 조린다.

7 맛이 들면 실파와 통깨를 넣어 버무리고 소금으로 간을 해서 그릇에 담아낸다.

→ **COOK TIP**
식탁에 매일 오르는 김치로 색다른 반찬을 만들어 즐길 수 있는데 멸치나 마른 새우, 뱅어포 등을 함께 조리거나 볶아 먹으면 좋다. 이때에는 김칫국물을 없애고 소를 털어서 송송 썰어 함께 요리하면 간장이나 소금 등의 간을 맞추지 않아도 건어물의 짠맛과 기본 김치 간으로 쉽게 조리할 수 있다.

김치참치샌드위치

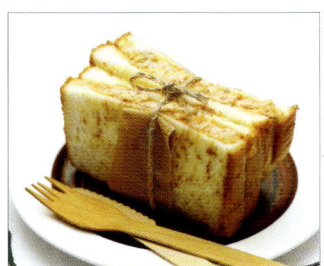

▶ **주재료**
배추김치 100g, 참치(통조림) 1통, 샌드위치 빵 8쪽, 버터 2큰술

▶ **소스**
마요네즈 4큰술, 겨자 1작은술, 설탕 ½작은술, 토마토케첩 1큰술

1 배추김치는 속을 털어내고 물에 한 번 헹궈 고춧가루를 없앤 후 물기를 꼭 짜서 곱게 다진다.

2 참치 통조림은 기름기를 완전히 없애고 다진 배추김치와 섞는다.

3 ②에 마요네즈 2큰술과 겨자, 설탕, 토마토케첩을 섞어서 소스를 만든다.

4 팬에 버터를 두르고 샌드위치를 앞뒤로 고소하게 구워낸다.

5 ④의 버터구이 식빵에 남은 마요네즈를 골고루 바르고 준비한 소스를 듬뿍 평평하게 펼친 후 나머지 식빵을 덮어 샌드위치를 완성한다.

김치묵무침

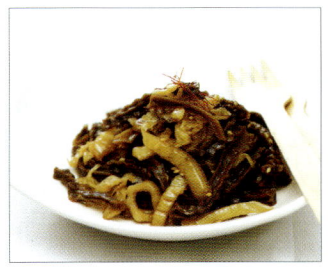

▶ **주재료**
배추김치 8줄기, 마른 도토리묵 100g, 실파 3대, 실고추 · 통깨 약간씩

▶ **무침장**
참기름 · 간장 1큰술씩, 다진 마늘 ½큰술, 청주 · 설탕 1작은술씩, 소금 · 후춧가루 약간씩

1 배추김치는 속을 발라내고 물에 한 번 헹구어 고춧가루를 없애고 물기를 꼭 짠 후 가로로 채 썬다.

2 ①의 배추김치를 볼에 담고 참기름, 다진 마늘, 청주, 설탕을 넣고 조물조물 무쳐서 팬에 기름을 두르고 볶아낸다.

3 마른 도토리묵은 물에 잠시 불렸다가 부드러워지면 물기를 꼭 짠다.

4 볼에 마른 도토리묵을 담고 참기름, 다진 마늘, 청주, 설탕, 간장으로 조물조물 무친다.

5 팬에 기름을 넉넉히 두르고 무친 도토리묵을 넣어서 볶아낸다.

6 실파는 송송 썰고 실고추는 짧게 끊어둔다.

7 배추김치 볶은 것과 ⑤의 도토리묵 볶은 것을 볼에 담고 송송 썬 실파와 짧게 자른 실고추, 통깨를 넣어서 무친 후 소금, 후춧가루로 간을 맞추어 그릇에 담아낸다.

→ COOK TIP
배추김치는 고춧가루 양념이 없어지도록 찬물에 헹궈 물기를 뺀 후 송송 다져서 베보자기에 다시 넣어 물기를 완전히 없애야 물기 없는 뽀송뽀송한 샌드위치를 만들 수 있다.

→ COOK TIP
김치로 만드는 별미요리는 발효가 잘 되어 새콤하고 단맛이 우러난다. 너무 신 김치는 설탕을 약간 넣어 무치거나 볶아서 쓰면 김치의 군내가 나지 않아 깔끔하다.

김치치킨커틀릿

▶ **주재료**
김장 배추김치 150g, 닭가슴살 200g

▶ **부재료**
밀가루 5큰술, 달걀 2개, 빵가루 1컵, 튀김기름 약간

▶ **닭가슴살 밑간**
소금 · 후춧가루 약간씩, 청주 1큰술

▶ **배추김치 양념**
다진 마늘 · 설탕 1작은술씩, 통깨 · 후춧가루 약간씩

1 잘 익은 배추김치는 소를 털어내고 물기를 꼭 짠 후 송송 다지듯이 썬다.

2 송송 썬 김치에 김치 양념으로 조물조물 무친다.

3 닭가슴살은 얇은 피막을 벗기고 물에 씻은 후 물기를 닦아내고 2등분으로 포를 떠서 밑간 양념을 해서 재운다.

4 ③의 닭가슴살 표면에 밀가루를 약간만 솔솔 뿌리고 양념한 김치를 평평히 올려 편 후 나머지 닭가슴살을 덮어서 샌드를 만든다.

5 ④를 밀가루→달걀물→빵가루에 골고루 입혀서 190℃의 기름에서 노릇하게 튀겨낸다.

6 접시에 김치치킨커틀릿을 반 잘라서 속의 김치가 보이도록 담아 상에 낸다.

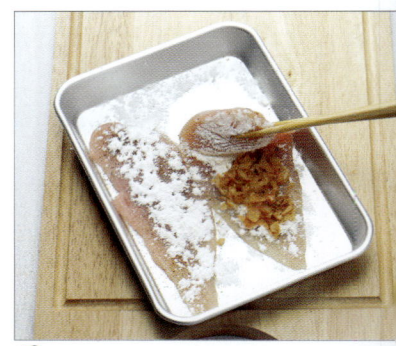

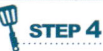 **STEP 4**

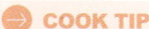 **COOK TIP**
닭가슴살과 김치에 각각 밑간 양념을 해서 커틀릿을 만들어야 닭가슴살의 뻑뻑함이 없고 간이 알맞다. 또 닭가슴살은 잔칼집을 넣어서 속까지 잘 익도록 한다.

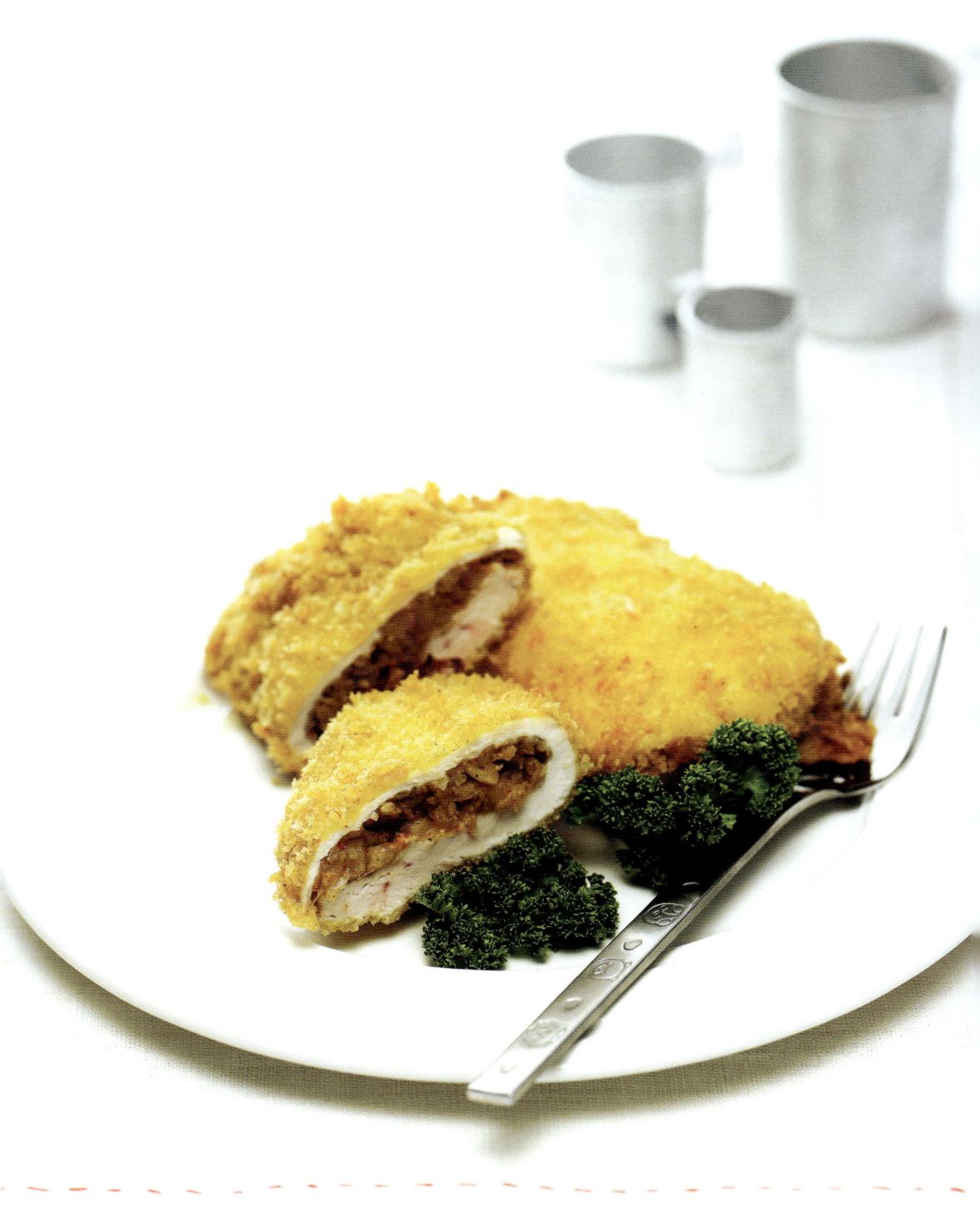

김치버섯들깨버무림

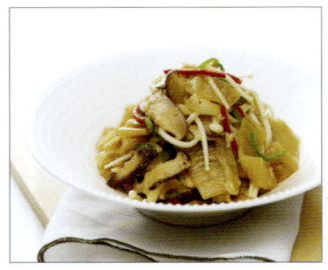

▶ **주재료**
배추김치 150g, 표고버섯 3장, 팽이버섯 ½봉지

▶ **부재료**
양파 ½개, 청양고추 · 홍고추 1개씩, 다진 마늘 1큰술, 다진 파 2큰술

▶ **들깨장**
간장 1큰술, 들깻가루 2큰술, 다시마 우린 물 5큰술, 맛술 1작은술, 소금 · 흰 후춧가루 약간씩

1 배추김치는 소를 털어내고 물에 헹구어 물기를 꼭 짠 후 1㎝ 두께로 송송 썬다.

2 표고버섯은 물에 충분히 불려 밑동을 잘라내고 저며서 채 썬다.

3 팽이버섯은 밑동을 잘라내고 물에 흔들어 씻어 물기를 뺀다.

4 양파는 곱게 채 썰고 청양고추, 홍고추는 씨를 뺀 후 2㎝ 길이로 채 썬다.

5 간장에 다시마 우린 물을 넣어서 섞은 후 들깻가루를 멍울 없이 곱게 개고 맛술과 소금, 흰 후춧가루로 간을 맞추어 들깨장을 만든다.

6 냄비에 기름을 약간 두르고 배추김치와 양파, 다진 마늘, 표고버섯을 붓고 볶는다.

7 배추김치가 무르게 익으면 다진 파와 고추, 들깨장을 넣어서 버무려 끓인다.

8 들깨의 고소함이 배추김치에 스며들면 팽이버섯을 넣어 재빨리 섞어주고 바특하게 들깨장이 잦아들면 그릇에 담아낸다.

다진김치달걀찜

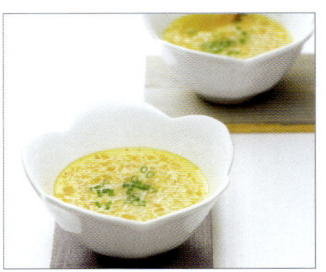

▶ **주재료**
다진 김치 1컵, 달걀 2개

▶ **부재료**
청주 1큰술, 다진 마늘 ½작은술, 다시마 우린 물 3큰술, 다진 파 2큰술, 소금 약간

1 달걀은 알끈을 제거하고 곱게 풀어 청주와 다진 마늘, 다시마 우린 물을 넣어 고루 섞은 후 소금으로 간을 맞춘다.

2 파는 아주 곱게 다져 분량만큼 만든다.

3 찜 그릇에 다진 김치와 달걀물, 파를 섞어 김이 충분하게 오른 찜통에 넣고 종이타월로 그릇을 덮어 수증기가 떨어지지 않도록 한 후 뚜껑을 덮어 5분간 쪄낸다.

→ **COOK TIP**

아이들이 김치를 싫어해서 먹지 않을 때에는 김치를 곱게 다지거나 곱게 채 썰어 물에 한 번 헹궈 물기를 꼭 짠 후 달걀찜을 하거나 두부찜을 해서 먹이면 좋다.

김치메밀쟁반

▶ **주재료**
배추김치 150g, 메밀면 200g

▶ **부재료**
쑥갓 · 미나리 · 당근 30g씩, 콩나물 100g, 오이 ½개, 소금 약간, 참기름 1작은술, 깨소금 · 설탕 ½작은술씩

▶ **초고추장 양념**
고추장 · 배즙 · 식초 3큰술씩, 고운 고춧가루 · 간장 · 통깨 1작은술씩, 양파즙 · 맛술 1큰술씩, 물엿 2큰술, 참기름 ½작은술

1 배추김치는 소를 털고 국물을 꼭 짜서 가로로 송송 0.5㎝ 두께로 썬다. 썬 김치에 참기름, 깨소금, 설탕을 넣어 조물조물 무친다.

2 쑥갓은 짧게 잘라 씻어 물기를 털고 미나리는 4㎝ 길이로 썰어 물에 잠시 담갔다가 건져 물기를 뺀다.

3 오이와 당근은 4㎝ 길이로 얇게 채 썰고 콩나물은 다듬어 씻고 냄비에 물을 약간 넣고 소금을 넣어 삶아내 식힌다.

4 초고추장 양념을 재료의 분량대로 넣고 섞는다.

5 냄비에 물을 넉넉히 붓고 메밀면을 쫄깃하게 삶아 찬 물에 헹궈 물기를 뺀다.

6 넓은 쟁반에 쑥갓, 오이, 미나리, 당근, 콩나물, 배추김치를 소복하게 색깔별로 돌려 담고 준비한 메밀면을 가운데 얹어 초고추장으로 비벼 먹는다.

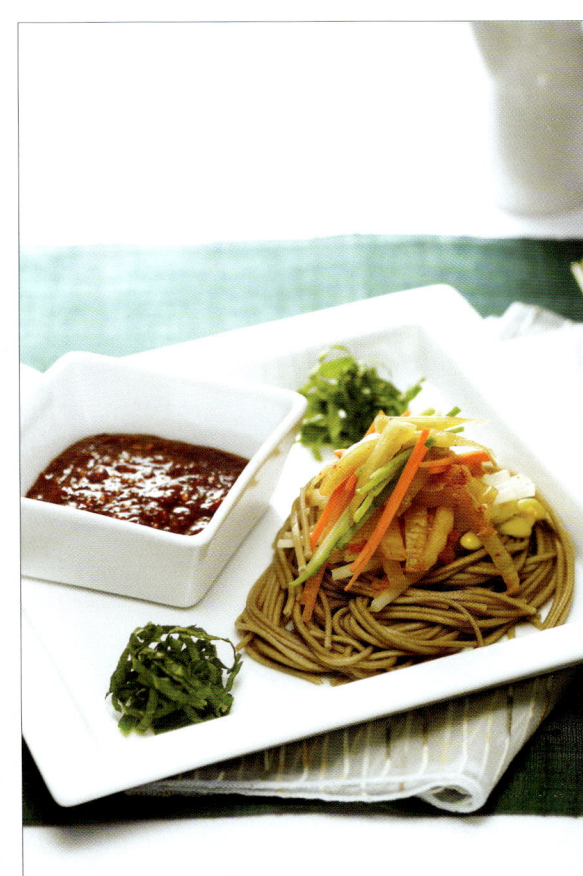

🟠 **COOK TIP**
김치로 피자 또는 스파게티소스 등을 만들 때에는 김치를 볶아서 사용하는데 김치는 물기가 거의 없어질 때까지 바짝 볶아야 한다. 오븐에 굽거나 전자레인지에 가열하면 김치에서 수분이 빠져나와 요리가 물러질 수가 있다.

김치쌈토마토스튜

▶ **주재료**
배추김치 겉잎(큰 것) 8장, 다진 쇠고기 300g

▶ **부재료**
빵가루 ¼컵, 다진 배추김치 50g, 다진 양파 · 밀가루 1큰술씩, 소금 · 후춧가루 · 파르메산 치즈 · 파슬리가루 약간씩

▶ **토마토소스**
토마토 1개, 토마토 페이스트 3큰술, 닭 육수 1컵, 소금 · 후춧가루 약간씩, 월계수잎 1장

1 배추김치의 겉잎은 종이타월에 물기를 닦아서 준비하고 줄기는 곱게 다져 물기를 꼭 짠다.

2 볼에 다진 쇠고기와 다진 배추김치, 다진 양파, 빵가루를 넣고 소금, 후춧 가루로 간을 해서 골고루 주물러 반죽한다. 반죽은 오래 치댈수록 맛이 더 좋다.

3 냄비에 껍질 벗겨 잘게 다진 토마토와 토마토 페이스트, 닭 육수를 넣어 끓으면 월계수잎을 넣어 은근히 끓인 후 소금과 후춧가루로 간을 맞춘다.

4 도마에 물기 닦은 배추김치 겉잎을 넓게 펼치고 ②의 반죽을 적당하게 놓 은 후 돌돌 말아 옆을 아물린다.

5 간을 맞춘 ③의 소스에 ④의 고기김치쌈을 넣고 뭉근하게 끓여 소스가 잦 아들면 그릇에 담고 파르메산 치즈가루와 파슬리가루를 뿌린다.

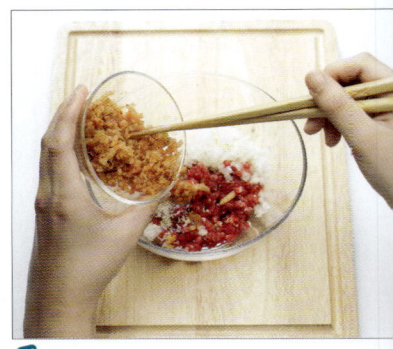

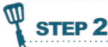 STEP 2

→ COOK TIP
푹 익은 신 김치로 술안주나 밥찬을 만들고 싶으면 김치 양념을 긁어내고 국물이 있는 채로 찹쌀가루를 갠 반죽에 담가 들기름을 약간 두른 팬에서 앞뒤로 살짝 구워내면 쫄깃한 찹쌀 김치전을 만들 수 있다. 김치는 되도록 국물을 짜지 않고 양념만 닦아내고 부쳐야 더욱 맛이 있다.

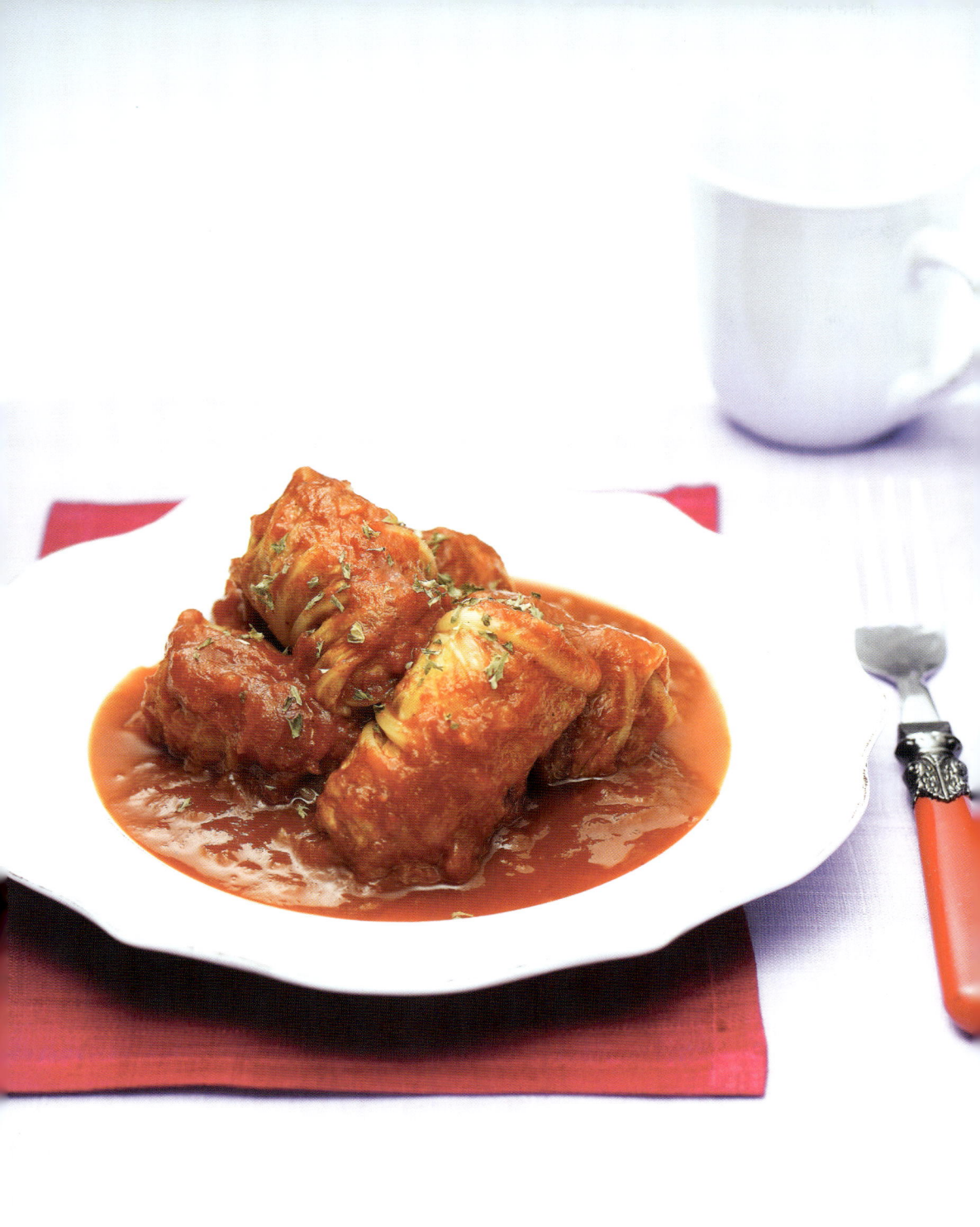

불고기김치쌈

▶ **주재료**
쇠고기(등심) 300g, 배추김치 잎 100g

▶ **부재료**
밥 2공기, 참기름 · 깨소금 1작은술씩, 소금 약간, 실파 12대

▶ **불고기 양념장**
간장 1½큰술, 배즙 · 맛술 · 다진 파 1큰술씩, 물엿 · 다진 마늘 1작은술씩, 참기름 ½작은술, 후춧가루 약간

1 쇠고기는 등심 부위로 준비해서 적당한 크기로 썰어 핏물을 종이타월로 꾹꾹 눌러 뺀다.

2 불고기 양념장을 만들어 핏물을 뺀 쇠고기를 넣어 골고루 버무려 재운다.

3 배추김치는 잎 쪽만 잘라서 양념을 긁어내고 종이타월에 올려 물기를 없앤다.

4 실파는 다듬어 씻어 소금 넣은 끓는 물에 살짝 데쳐 찬물에 헹궈 물기를 빼서 김치를 묶을 끈으로 사용한다.

5 따끈한 밥을 준비해서 참기름과 소금, 깨소금으로 버무려 잠시 식힌다.

6 팬을 뜨겁게 달군 후 재워 놓은 불고기를 국물 없이 바특하게 볶아낸다.

7 김치 잎을 도마에 펼치고 밥을 한 숟가락씩 담아 놓고 볶은 불고기를 적당히 얹고 김치 잎을 위쪽으로 감싼 후 실파로 돌돌 감아 고정한다.

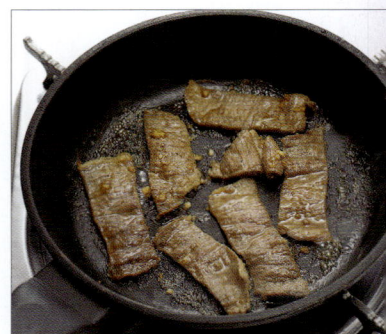

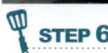 STEP 6

🔶 **COOK TIP**

너무 발효되어 신 김장김치는 오래 두면 자칫 골마지가 껴서 다 버리는 수가 있는데 이럴 때에는 시어진 김장 김치의 국물을 짜서 잠시 찬물에 담가 신맛을 약간 없애고 물기를 꼭 짠 후 된장이나 고추장, 청국장 등을 약간 넣어서 조물조물 무쳐 찌개나 바특한 조림을 하면 토속적인 김치맛을 느낄 수 있다.

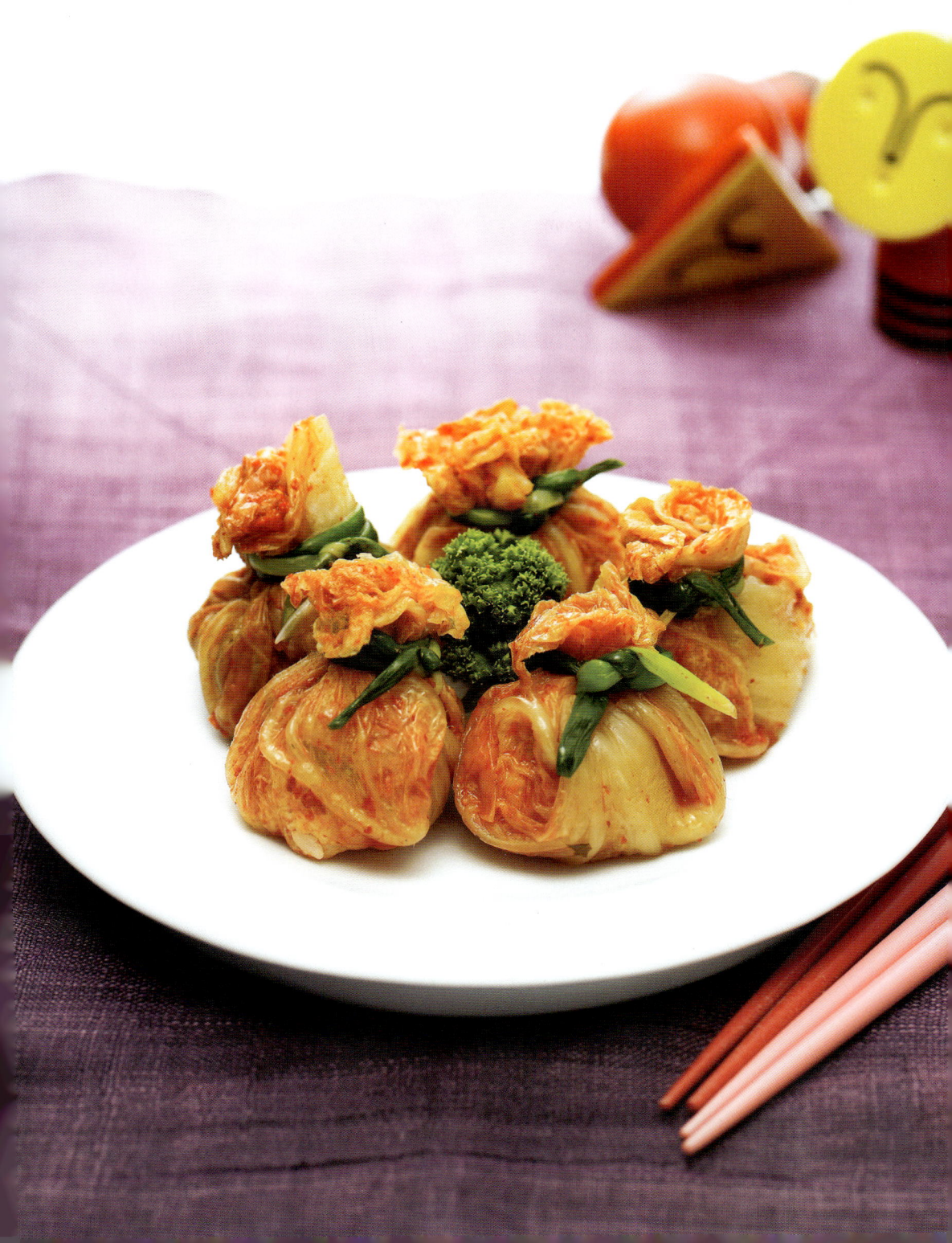

김치춘권말이

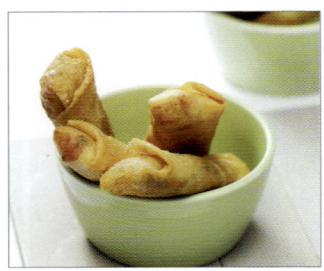

▶ **주재료**
배추김치 줄기 200g, 춘권피 12장

▶ **부재료**
설탕 · 토마토케첩 1작은술씩, 슬라이스 체더치즈 2장, 튀김기름 약간

1 배추김치는 줄기만 준비해서 곱게 송송 다져 국물을 꼭 짠다.

2 슬라이스 체더치즈는 아주 곱게 다진다.

3 볼에 다진 배추김치를 담고 설탕과 다진 치즈, 토마토 케첩을 넣고 골고루 섞는다.

4 도마에 춘권피를 한 장씩 넓게 마름모꼴로 펼쳐 ③의 배추김치를 한 줄로 얇게 놓고 돌돌 말아 양옆을 오므리고 마저 돌돌 말아 물칠을 해서 붙인다.

5 튀김 온도 180℃에서 말아 놓은 김치춘권을 노릇하게 튀겨낸다.

> ➜ **COOK TIP**
> 김치로 별미요리를 만들 때에는 김치 양념을 털어서 되도록 양념이 많이 묻지 않은 상태로 만들어 국물을 꼭 짠 후 다지거나 채 썰어서 준비한다. 토르티야, 춘권피, 치즈 또는 쇠고기를 이용해서 김치와 함께 별미 일품요리를 준비하는데 되도록 토르티야나 춘권피를 이용할 때에는 튀기거나 오븐에 구워 김치의 맛을 한층 돋워 준다.

김치불고기치즈말이

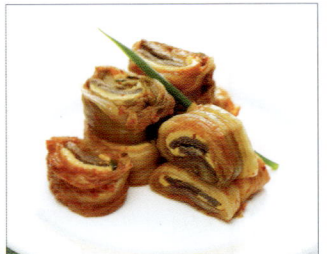

▶ **주재료**
배추김치 200g, 쇠고기(불고기) 400g, 슬라이스 체더치즈 3장, 깻잎채 3큰술

▶ **불고기 양념**
간장 1½큰술, 양파즙 · 사과즙 · 다진 마늘 1큰술씩, 물엿 · 설탕 · 참기름 · 맛술 1작은술씩, 다진 생강 · 후춧가루 약간씩

1 배추김치는 속을 털어내고 김치 가닥을 한 잎씩 떼어 낸 다음 줄기 부분은 얇게 저며 김발 위에 깐다.

2 쇠고기는 불고깃감으로 준비하고 잔칼질을 여러 번 해서 고기를 부드럽고 연하게 만든다.

3 불고기 양념장을 분량의 재료대로 만들어 준비한다.

4 손질한 불고기를 준비한 양념장에 버무려 30분 정도 재운다.

5 팬에 약간의 기름을 두른 후 재운 불고기를 중간 불에 서 수분이 없도록 자작하게 볶아준다.

6 속을 털어낸 배추김치 위에 슬라이스 체더치즈를 반 장씩 두 장을 깔고 그 위에 볶은 불고기를 길이로 길 게 올린 후 돌돌 말아 모양을 만든다.

7 불고기를 넣은 김치말이를 알맞은 두께로 잘라 그릇 에 담고 곱게 채 썬 깻잎을 소복이 올려 상에 낸다.

> ➜ **COOK TIP**
> 김치와 불고기, 치즈의 만남은 맛은 물론 영양학적으로도 궁합이 잘 맞는 메뉴다. 김치 위에 밥을 한 줄로 놓고 불고기를 올려 말면 손 쉽게 불고기 김치 김밥이 완성되어 아이들 간식으로도 아주 좋다.

김치겨자채

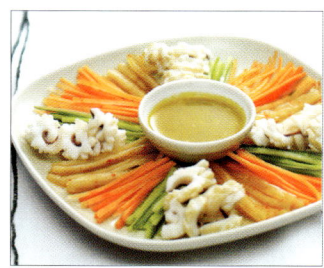

▶ **주재료**
배추김치 줄기 150g

▶ **부재료**
오징어(몸통) 1마리, 오이 · 당근 ½개씩, 소금 약간

▶ **겨자소스**
발효 겨자 2작은술, 간장 1큰술, 물 3큰술, 설탕 · 식초 2큰술씩,
소금 약간, 다진 마늘 1작은술

1 배추김치는 줄기만 준비해서 속을 털어낸 후 물기를
  꼭 짜고 4cm 길이로 잘라 다시 곱게 채 썬다.

2 오징어는 몸통으로만 준비해서 껍질과 내장 먹물을
  없애고 몸통을 반으로 갈라 세로로 칼집을 촘촘하게
  넣는다.

3 손질한 오징어를 끓는 물에 소금을 약간 넣고 데쳐서
  찬물에 헹군 후, 물기를 없애고 가로로 채 썬다.

4 오이는 소금으로 박박 문질러 씻어서 4cm 길이로 토막
  내어 돌려 깎아서 채 썬다. 당근도 오이 길이대로 토
  막 내어 곱게 채 썬다.

5 발효 겨자를 곱게 개어서 다진 마늘→설탕→간장→물
  →식초→소금 순서대로 넣고 섞어서 매콤 새콤 달콤
  한 겨자소스를 만든다.

6 접시에 배추김치와 오징어, 오이, 당근을 골고루 둘러
  담고 겨자소스를 끼얹어 상에 낸다.

🡢 **COOK TIP**
쫄깃하게 삶은 오징어를 함께 먹는 채소와 맛있게 먹으려면 톡 쏘
는 듯한 겨자소스를 만들어 비벼 먹으면 좋다.

김치채멸치볶음

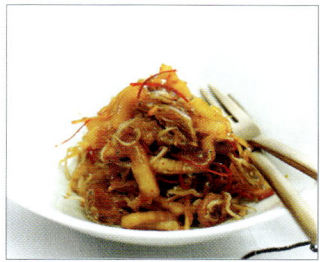

▶ **주재료**
배추김치 줄기 150g, 잔멸치 100g

▶ **부재료**
쪽파 3대, 마늘 2쪽, 홍고추 1개

▶ **볶음 양념장**
참기름 · 간장 1큰술씩, 설탕 · 물엿 · 청주 · 맛술 · 깨소금 1작은
술씩, 소금 · 후춧가루 약간씩

1 배추김치는 속을 털어내고 줄기 부분만 잘라서 물기
  를 꼭 짠 후 가로로 채 썬다.

2 잔멸치는 체에 밭쳐 흔들어 잔가루를 없애고 잡티를
  골라낸다.

3 쪽파는 송송 썰고 마늘은 곱게 채 썬다. 홍고추는 반
  갈라서 씨를 뺀 후 3cm 길이로 곱게 채 썬다.

4 팬에 기름을 넉넉히 두르고 마늘채를 넣고 볶다가 배
  추김치 줄기 채 썬 것을 넣고 볶는다.

5 배추김치에 기름기가 돌면서 윤기가 돌면 참기름과
  설탕을 넣고 투명할 때까지 볶는다.

6 볶은 배추김치가 투명해지면 잔멸치를 넣고 간장, 물
  엿, 청주, 맛술을 넣어서 함께 볶는다.

7 잔멸치와 배추김치가 어우러지게 볶아지면 쪽파와 홍
  고추채를 넣어서 재빨리 볶아 그릇에 담아낸다.

🡢 **COOK TIP**
잔멸치의 비린맛이 없도록 배추김치에 넣어 청주와 맛술로 양념
해서 볶으면 김치의 맛과 잘 어우러진다.

김치토마토스파게티

▶ **주재료**
스파게티 200g, 김장 배추김치 150g, 토마토 2개, 토마토 홀 3큰술

▶ **부재료**
월계수잎 2장, 다진 마늘 1작은술, 다진 셀러리 · 올리브오일 3큰술씩, 다진 양파 2큰술, 파슬리가루 · 소금 · 후춧가루 약간씩, 닭 육수 1컵

1 스파게티는 끓는 물에 소금을 약간 넣고 삶아 건진 후 팬에 올리브오일을 두르고 볶는다.

2 잘 익은 김장 배추김치는 속을 털어서 송송 썰어 물기를 꼭 짠다. 되도록 김치의 양념을 다 털어내야 매운맛이 없다.

3 토마토는 십자로 칼집을 넣어 불에서 직화로 구워 껍질을 벗기고 씨를 빼낸 후 굵직하게 다진다.

4 팬에 올리브오일을 두르고 다진 마늘, 다진 양파를 넣어서 볶다가 송송 썬 김치와 토마토 홀, 다진 토마토를 넣어 볶는다.

5 ④에 닭 육수를 붓고 월계수잎과 다진 셀러리를 넣어서 끓인다.

6 걸죽한 상태의 김치토마토소스가 완성되면 소금, 후춧가루, 파슬리가루를 넣어서 간을 맞춘다.

7 김치토마토소스에 스파게티면을 넣어서 살살 버무려서 김치토마토소스가 흠씬 배도록 한 후 접시에 담아낸다.

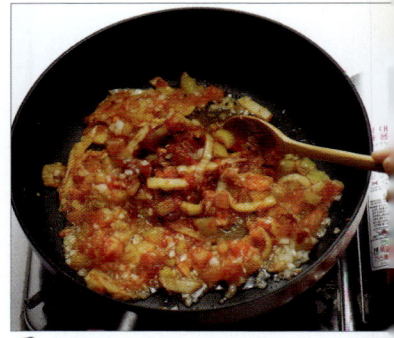

STEP 4

→ **COOK TIP**

올리브오일을 두르고 마늘과 양파를 충분히 볶은 후 김치와 토마토를 넣어야 향신채의 향이 우러나 더욱 풍미가 좋아진다. 담백한 올리브오일로 볶으면 맛이 더 좋다.

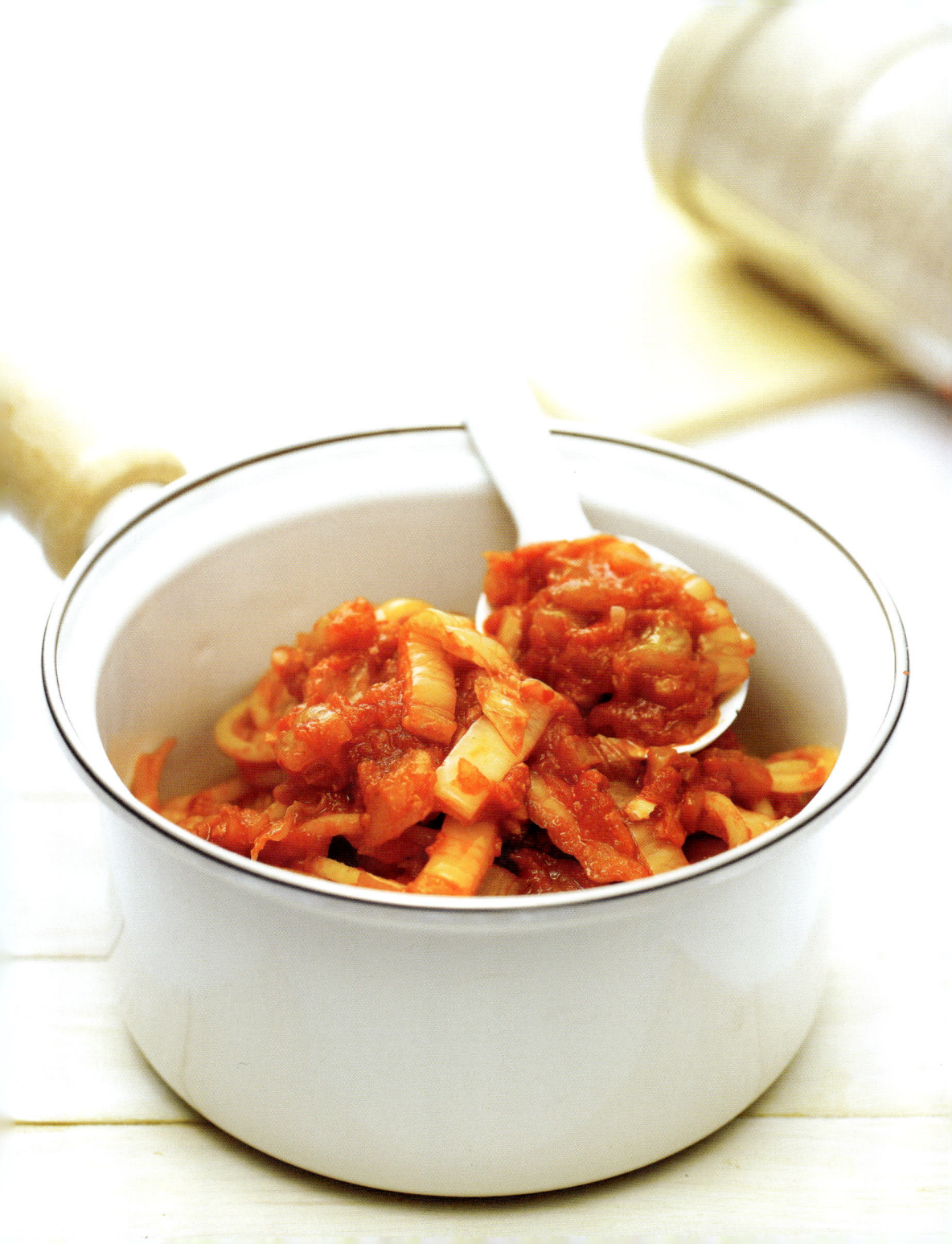

김치낙지잡채

▶ **주재료**
김장 배추김치 150g, 낙지(중간 크기) 1마리

▶ **부재료**
양파 ½개, 당근 20g, 청·홍고추 1개씩, 소금 약간

▶ **잡채 양념장**
참기름·깨소금·다진 마늘·간장 1큰술씩, 맛술 1작은술, 설탕 ½작은술, 다진 생강·소금·후춧가루 약간씩

1 김장 배추김치는 속을 훌훌 털어내고 줄기만 준비해서 세로로 도마에 올려 0.8㎝ 두께로 8㎝ 길이로 썬다.

2 낙지는 중간 크기로 준비해서 소금에 바락바락 주물러 해감시킨 후 먹물과 내장을 떼어내고 물에 헹궈 물기를 뺀 후 6㎝ 길이로 썬다. 썰기 전에 미리 칼집을 넣어주면 더욱 좋다.

3 양파는 곱게 채 썰고 당근도 양파 길이로 채 썬다. 청·홍고추는 배를 갈라 씨를 발라내고 곱게 채 썬다.

4 잡채 양념장을 분량의 재료대로 섞어 준비한다.

5 팬에 기름을 약간 두르고 양파와 당근, 배추김치 썬 것을 넣어서 볶다가 잡채 양념장과 낙지 썬 것을 넣어 재빨리 볶아서 낙지를 익힌다.

6 볶은 김치낙지잡채를 접시에 담고 청·홍고추채를 고명으로 올려 상에 낸다.

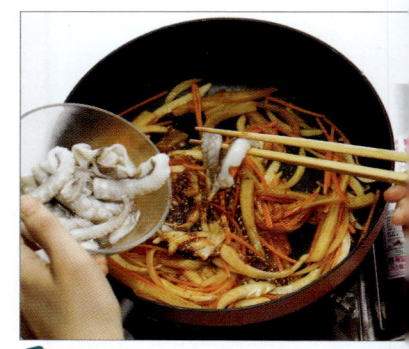

STEP 5

> → **COOK TIP**
> 낙지를 처음부터 김치와 함께 넣어 볶으면 수분이 많이 생겨 잡채가 질척하다. 배추김치와 채소가 충분히 익은 다음 양념장과 낙지를 마지막에 넣어서 재빨리 볶아낸다.

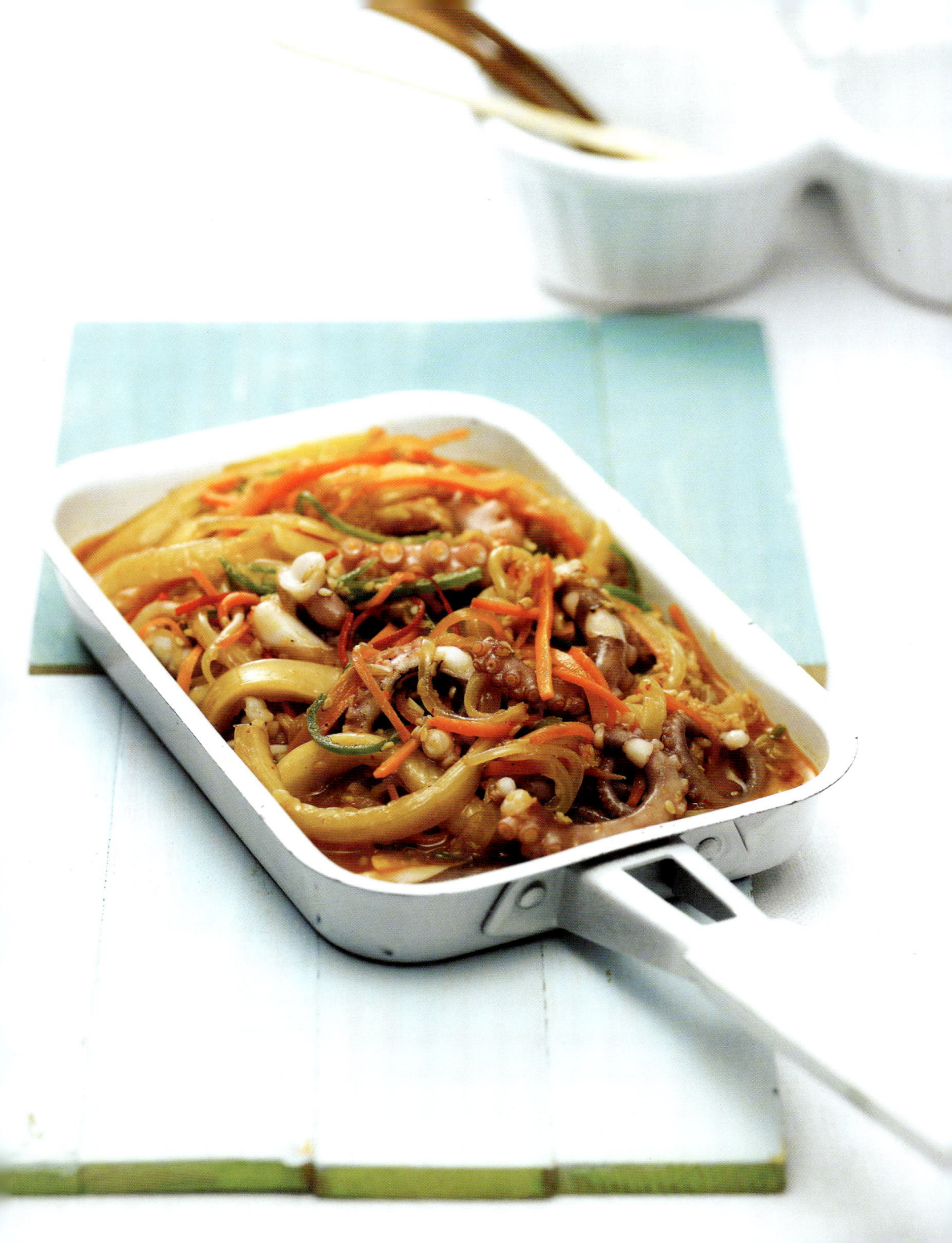

꽁치김치김말이튀김

▶ **주재료**
  꽁치(통조림) 1통, 배추김치 8장, 구운 김 1장

▶ **부재료**
  밀가루 ⅓컵, 달걀 1개, 빵가루 ⅓컵, 토마토케첩 2큰술, 마요네즈 1큰술, 튀김기름 약간

▶ **꽁치통조림 밑간**
  소금·후춧가루 약간씩, 마늘즙 1작은술, 카레 분말 2큰술

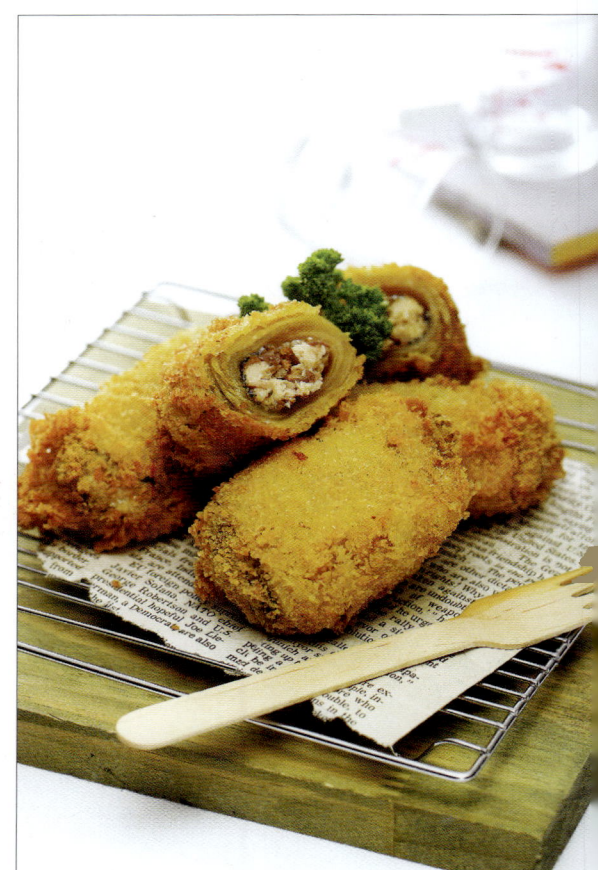

1 꽁치 통조림은 체에 밭쳐 물기를 모두 뺀 상태에서 소금, 후춧가루, 마늘즙, 카레 분말을 뿌려 밑간한다.

2 배추김치 양념을 물에 헹궈 물기를 꼭 짠 후 물기를 닦는다.

3 도마에 물기를 제거한 배추김치를 평평하게 펴서 올린 후 밀가루를 솔솔 뿌리고 김을 김치의 가로 길이대로 잘라 깐 다음에 밑간한 꽁치를 한 개씩 올려 돌돌 말아 고정한다.

4 도톰하게 만 꽁치김치김말이를 밀가루→달걀물→빵가루 차례로 옷을 입힌다.

5 튀김 반죽에 옷을 입힌 꽁치김치김말이를 180℃로 달군 기름에 바삭하게 튀겨낸다.

6 기름을 뺀 꽁치김치김말이를 알맞게 잘라서 토마토케첩과 마요네즈를 섞어서 뿌려 먹는다.

➔ COOK TIP

DHA가 풍부한 대표적인 등 푸른 생선인 꽁치는 머리를 맑게 하고 뇌의 운동을 촉진해 집중력 강화에 아주 좋은 생선 중의 하나다. 배추김치의 양념을 모두 물에 씻은 후 김을 올린 상태에서 꽁치를 놓고 돌돌 말아 꼬치로 고정을 시킨 후 튀김옷을 듬뿍 입혀야 튀길 때 풀어지지 않는다.

김치안심튀김

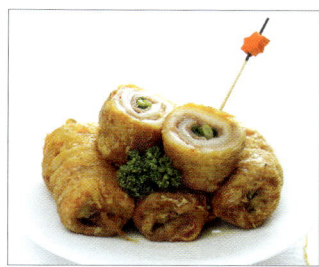

▶ **주재료**
배추김치 12장, 쇠고기(안심) 400g

▶ **부재료**
찹쌀가루 4큰술, 녹말가루 1큰술, 달걀 1개, 실파 5대, 소금·튀김기름 약간씩

▶ **쇠고기 밑간**
소금·후춧가루 약간씩, 참기름 1작은술, 통깨 ½큰술

1 김장 배추김치는 잘 익은 것으로 준비해서 소를 털어내고 물기를 꼭 짠 뒤에 8cm 길이로 썬다.

2 쇠고기는 안심으로 준비해서 되도록 얇게 저미서 고기 밑간에 살짝 재운다.

3 실파는 다듬어 씻어서 5cm 길이로 썬다.

4 넓적한 접시에 배추김치 썬 것을 펼치고 밑간한 쇠고기 안심을 올려 실파를 적당히 가운데 놓고 돌돌 말아준다.

5 찹쌀가루와 녹말가루를 섞어서 접시에 담아 말아놓은 김치안심에 골고루 묻히고 달걀을 곱게 풀어서 소금간을 한 후 찹쌀가루 입힌 김치안심에 달걀물을 완전히 입힌다.

6 튀김 온도 180℃에 튀김옷을 입힌 김치안심을 노릇하게 튀겨내 기름기를 뺀 후 접시에 담아낸다.

→ **COOK TIP**
김치를 소만 털어내고 물기를 꼭 짜고 재운 쇠고기 안심과 실파를 넣어서 돌돌 말아야 김치 간과 쇠고기 안심 간이 어우러져 싱겁지 않고 짭짤한 일품 술안주가 만들어진다.

배추옥수수생채

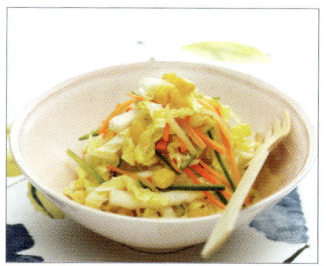

▶ **주재료**
배추(노란 속대) 8장, 오이 ½개, 옥수수(통조림) 30g, 당근·무순 20g씩

▶ **생채소스**
다진 마늘 ½작은술, 설탕 1큰술, 식초 2큰술, 소금 ½작은술, 흰 후춧가루 약간

1 배추는 노란 속대의 고소한 부분으로 준비해서 깨끗이 씻고 가로로 0.5cm 간격으로 채 썬다.

2 오이는 소금에 바락바락 문질러 씻어서 3cm 길이로 토막 내어 돌려 깎아 곱게 채 썬다.

3 당근은 오이 길이로 곱게 채 썰고 무순은 깨끗이 씻어서 물기를 턴다.

4 옥수수 통조림은 물기를 뺀다.

5 다진 마늘에 설탕과 식초, 소금을 넣고 혼합해서 흰 후춧가루를 뿌려 생채소스를 만든다.

6 볼에 배추 오이, 당근, 옥수수, 무순을 버무려서 만들어 놓은 생채 소스를 끼얹어 상에 낸다.

→ **COOK TIP**
배추의 노란 속대 부분은 고소하고 단맛이 많이 나는데 새콤한 생채소스에 버무리면 아삭한 맛이 있다.

배추부침

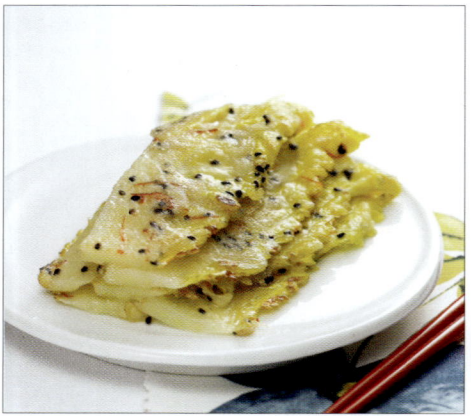

▶ **주재료**
배추 $\frac{1}{2}$포기

▶ **부재료**
찹쌀가루 5큰술, 밀가루 $\frac{1}{2}$컵, 실고추 · 통깨 · 흑임자 · 소금 약간
씩, 들기름 · 올리브오일 2큰술씩

1 배추는 한 잎씩 떼어서 옅은 소금물에 헹궈 건져 물기
를 닦고 도마에 올려 칼등으로 자근자근 연하게 두드
린다.

2 볼에 찹쌀가루와 밀가루를 두 번 정도 체에 내려 고운
가루에 소금과 물을 조금씩 붓고 거품기로 멍울 없이
저어서 체에 한 번 더 내린다.

3 배추 한 장에 만들어 놓은 반죽을 듬뿍 묻혀서 올리브
오일과 들기름을 두른 두꺼운 팬에 올린다.

4 배추의 아랫면이 익혀질 때 위쪽에 실고추와 흑임자
를 조금씩 넣어서 모양을 내고 뒤집어 한 번 지진 후
채반에 올려 한 김 나가면 손으로 쭉쭉 찢어서 바로
먹는다.

> **COOK TIP**
> 배추전은 찹쌀가루를 조금 넣어서 부드럽게 만들어야 한다. 배추
> 를 칼로 자근자근 두드리면 억센 배추의 질감이 조금 부드러워지
> 고 전으로 부쳤을 때 수분이 생기지 않는다.

배추시래기된장무침

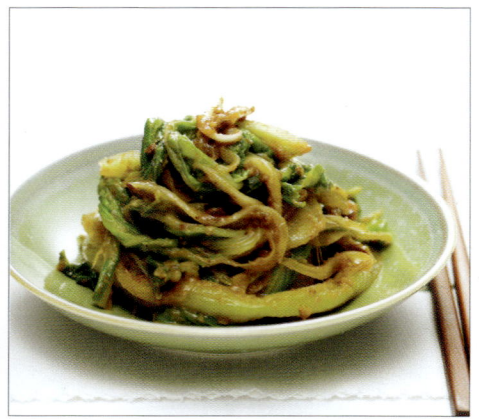

▶ **주재료**
배추 겉잎 7장

▶ **부재료**
대파 1대, 양파 $\frac{1}{4}$개, 된장 $1\frac{1}{2}$큰술, 다진 마늘 $\frac{1}{2}$작은술, 들기름
1작은술, 들깻가루 1큰술, 소금 약간

1 배추 겉잎은 끓는 물에 소금을 약간 넣고 부드럽게 데
쳐 찬물에 헹구고 물기를 꼭 짠 후 손으로 잘게 찢는다.

2 대파와 양파는 아주 곱게 채 썰어 찬물에 헹궈 건져
물기를 뺀다.

3 볼에 배추 겉잎과 대파, 양파를 넣고 된장, 다진 마늘,
들기름을 넣어서 소금으로 간을 맞추고 들깻가루를
뿌려서 고소하게 먹는다.

> **COOK TIP**
> 배추 시래기는 미리 말려서 삶아도 되지만 배추 겉잎으로도 시래
> 기처럼 삶아서 먹을 수 있다. 배추 겉잎을 소금에 살짝 삶아서 물
> 기를 꼭 짜고 손으로 찢어 된장에 무쳐 먹으면 더 깔끔한 맛을
> 느낄 수 있다.

배추새송이버섯산적

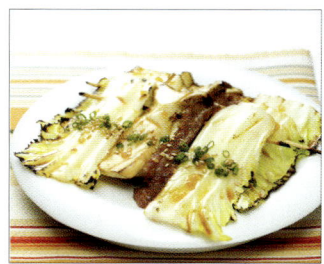

▶ **주재료**
배춧잎 8장, 새송이버섯 3개, 쇠고기(산적용) 250g, 꼬치 약간

▶ **쇠고기 양념**
간장 1큰술, 다진 마늘 ½작은술, 참기름 1작은술, 설탕 ½작은술

▶ **구이 양념장**
참기름 · 양파즙 1큰술씩, 소금 · 흰 후춧가루 약간씩, 마늘즙 1작은술

1 배추는 속대로 준비해서 소금물에 헹구고 칼등으로 자근자근 두드려 연하게 한다.

2 새송이버섯은 씻어서 길이대로 0.5㎝ 두께로 썬다.

3 쇠고기는 산적용으로 준비해서 6㎝ 길이로 썰어 고기 산적 양념에 조물조물 무친다.

4 꼬치에 배추, 새송이버섯과 산적용 고기를 차례로 꿴다.

5 참기름에 소금, 흰 후춧가루를 넣고 양파즙과 마늘즙을 뿌려서 고소한 구이 양념장을 만든다.

6 길이 잘 든 석쇠에 배추, 새송이버섯, 산적꼬치를 올려 앞뒤로 굽다가 만들어 놓은 양념장을 붓으로 발라가면서 노릇하게 구워 간을 맞춘다.

→ **COOK TIP**
새송이버섯은 생으로 꼬치에 꿴 후 석쇠에서 노릇하게 구우면 쫄깃하다. 구우면서 참기름으로 만든 양념장을 발라야 색이 곱고 간이 알맞다.

배추채느타리버섯볶음

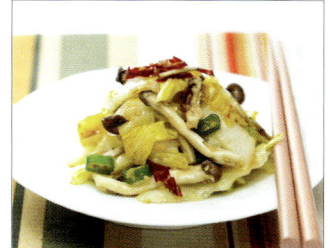

▶ **주재료**
배춧잎 5장, 느타리버섯 200g

▶ **부재료**
마른 홍고추 · 청양고추 1개씩, 송송 썬 쪽파 3큰술, 다진 마늘 · 맛술 1큰술씩, 소금 · 흰 후춧가루 · 통깨 약간씩, 참기름 1작은술

1 배추는 깨끗이 씻어 칼을 뉘여 1㎝ 폭으로 가로로 채썬다. 소금물에 5분 정도 담가 살짝 숨을 죽인 후 물에서 건져 마른 면포에 담아 물기를 턴다.

2 느타리버섯은 굵게 손으로 찢어 물에 헹궈 마른 면포에 담고 물기를 없앤다.

3 마른 홍고추와 청양고추는 씨가 있는 채로 송송 썰고 쪽파도 송송 썰어 놓는다.

4 팬에 기름을 약간 두르고 마른 홍고추와 다진 마늘을 넣어 볶다가 배추와 느타리버섯을 넣어 센 불에서 재빨리 볶는다.

5 볶은 채소에 소금과 흰 후춧가루, 참기름으로 간을 맞추고 청양고추와 쪽파를 넣어 버무린 후 그릇에 담고 통깨를 뿌린다.

→ **COOK TIP**
배추의 아삭함, 느타리버섯의 쫄깃한 맛과 향을 느끼려면 느타리버섯을 물에 데치지 말고 굵게 찢어 센 불에서 숨이 살짝 죽은 배추와 함께 재빨리 볶아야 한다.

배추속대무침

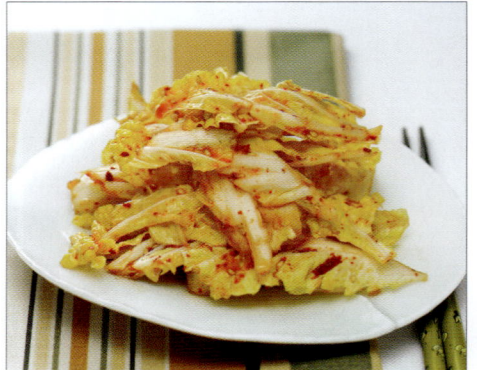

▶ **주재료**
배추속대 300g

▶ **부재료**
실파 3대, 홍고추 1개, 소금 약간

▶ **무침 양념장**
고운 고춧가루 · 설탕 · 식초 2큰술씩, 다진 마늘 · 깨소금 1큰술씩, 참기름 1작은술, 소금 약간

1 배추속대는 씻어서 소금을 약간 뿌려 살짝 절인 상태에서 흐르는 물에 여러 번 헹궈 채반에 건져 물기를 뺀다.

2 실파는 2㎝ 길이로 썰고 홍고추는 어슷하게 채 썰어 씨를 턴다.

3 준비한 배추속대에 고운 고춧가루를 뿌려서 버무려 색이 빨갛게 우러나게 한다.

4 색이 든 배추속대에 다진 마늘과 설탕, 식초, 참기름, 깨소금을 뿌리고 소금으로 간을 맞춰 무치면서 실파와 홍고추를 넣어 섞은 후 그릇에 담아낸다.

COOK TIP
배추속대는 배추를 2등분해서 가운데 노란 부분을 소금에 절였다가 물에 씻어 고춧가루 물을 들이면 속대가 고소하고 더욱 맛이 있다. 속대 무침은 새콤달콤하게 먹어야 아삭한 맛이 우러난다.

배추콩나물볶음

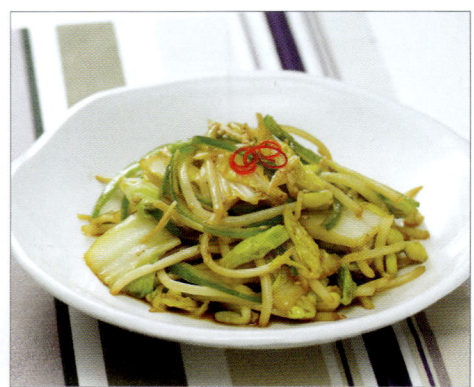

▶ **주재료**
배춧잎 5장, 콩나물 100g

▶ **볶음 양념장**
청피망 ½개, 송송 썬 실파 · 콩기름 2큰술씩, 마늘채 · 통깨 1큰술씩, 간장 ½큰술, 소금 · 흰 후춧가루 약간씩

1 배추는 깨끗이 씻어 사방 2㎝ 크기로 썬다. 청피망도 씨를 빼고 곱게 채 썬다.

2 콩나물은 꼬리를 다듬어 씻어 물기를 턴다.

3 팬에 콩기름을 두르고 달군 후 마늘채를 넣어 볶아 향이 올라오면 배추와 콩나물을 볶다가 배추가 나른하게 볶아지면 청피망을 넣어 볶는다.

4 ③에 간장을 뿌려 색을 약간 낸 후 소금과 흰 후춧가루를 뿌려서 간을 맞추고 불에서 내려 통깨를 넣어 버무린 후 그릇에 담아낸다.

COOK TIP
채소를 볶을 때 팬에 콩기름을 두르고 살짝 달군 후 먼저 마늘을 볶아 마늘향을 올린 후 채소를 넣고 볶는다. 너무 오래 볶으면 채소에서 수분이 생겨 맛이 없으니 아삭한 맛이 살아 있도록 센 불에서 재빨리 볶는 것이 좋다.

배추베이컨무침

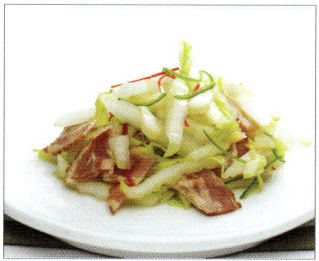

▶ **주재료**
배춧잎 8장, 베이컨 5줄

▶ **부재료**
실파 3대, 홍고추 · 풋고추 ½개씩, 소금 · 후춧가루 약간씩, 다진 마늘 · 맛술 1작은술씩

1 배추는 가로로 나무젓가락 굵기로 채 썰어 끓는 물에 소금을 넣어 데쳐 찬물에 헹궈 물기를 꼭 짠다.

2 실파는 송송 썰고 홍고추, 풋고추는 씨를 뺀 후 길이대로 곱게 채 썬다.

3 베이컨은 팬에서 지져 기름기를 뺀 후 2㎝ 길이로 썬다. 베이컨을 지져낸 팬에 홍고추, 풋고추채를 넣어서 재빨리 볶아 꺼낸다.

4 볼에 배추와 베이컨, 고추채, 실파, 다진 마늘, 맛술, 소금, 후춧가루를 넣어 버무려서 맛을 낸 후 그릇에 담아낸다.

배추어묵볶음

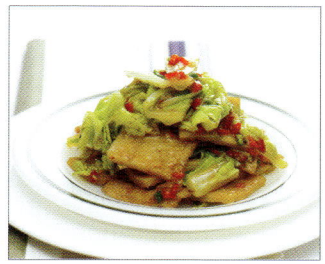

▶ **주재료**
배춧잎 8장, 어묵 100g

▶ **부재료**
청양고추 · 홍고추 1개씩, 실파 3대, 소금 약간

▶ **굴소스 볶음장**
굴소스 1큰술, 다진 마늘 · 참기름 · 맛술 1작은술씩, 소금 · 흰 후춧가루 약간씩

1 어묵은 적당히 먹기 좋은 크기로 썰어서 끓는 물에 소금을 약간 넣어 살짝 데쳐 기름기를 빼고 식힌다.

2 배추는 깨끗이 씻어 반을 갈라 사방 2㎝ 크기로 썬다.

3 청양고추와 홍고추는 곱게 씨째 다지고 실파는 송송 썬다.

4 굴소스에 다진 마늘과 참기름, 맛술을 넣어서 볶음장을 만든다.

5 팬에 기름을 두르고 배추와 어묵을 넣고 볶는다.

6 볶은 어묵에 만들어 놓은 볶음장과 다진 고추를 넣어서 서로 어우러지도록 볶는다.

7 배추와 어묵에 볶음장의 간이 배면 소금, 흰 후춧가루로 맛을 내고 송송 썬 실파를 뿌려서 상에 낸다.

→ COOK TIP

베이컨은 약한 불에서 살짝 익혀야 딱딱해지지 않고 기름기만 쪽 빠진다. 기름기를 뺀 베이컨을 적당한 크기로 썰어 데친 배추와 양념에 무치면 기름지지 않고 쫄깃한 맛이 난다.

→ COOK TIP

어묵은 간장에 조려 먹는 일반적인 밑반찬인데 아삭한 배추를 넣어서 굴소스로 담백하게 볶아만 주어도 어묵의 쫄깃함이 살아 있다. 어묵은 미리 끓는 물에 살짝 데쳐서 기름기를 빼주고 나서 볶음장에 볶아야 배추와 볶았을 때 기름지지 않고 담백하다.

배추당면찜

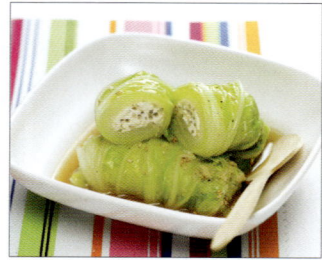

▶ **주재료**
배춧잎 6장, 불린 당면 50g

▶ **부재료**
두부 ½모, 멸치 국물 1컵, 녹말가루 약간

▶ **찜 양념**
다진 파 1큰술, 다진 마늘 · 깨소금 · 간장 1작은술씩, 참기름 · 후춧가루 약간씩

1 배춧잎은 넓고 찢어지지 않은 것으로 골라 김이 오른 찜기에 살짝 쪄낸다.

2 당면은 충분히 물에 불려서 물기를 없앤 후 1cm 길이로 썬다.

3 두부는 면포에 싸서 물기를 빼고 불려놓은 당면을 넣어서 치댄다.

4 쪄놓은 배춧잎을 도마에 깔고 녹말가루를 조금 뿌린 후 두부, 당면 치댄 것을 약간 올려 돌돌 말아 싸준다.

5 냄비에 ④를 담고 찜 양념을 만들어 붓고 나서 멸치 국물을 자작하게 붓고 약한 불에서 찐다.

6 속재료가 다 익고 배춧잎이 부드럽게 쪄지면 그릇에 담아 국물을 살짝 부어서 낸다.

⟳ COOK TIP

비타민 C가 풍부한 배춧잎과 식물성 단백질 두부 그리고 열량이 낮은 당면으로 만든 영양가 높은 다이어트 밤참이다. 조리거나 볶거나 튀기는 음식보다 쪄 먹는 조리법이 영양가 손실도 없을뿐더러 열량이 낮아 위나 장에 부담이 없다. 찔 때는 김이 충분히 올라오고 나서 재료를 넣고 익혀야 골고루 잘 익는다.

배추돼지고기조림

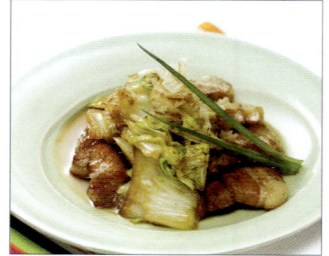

▶ **주재료**
돼지고기(통삼겹) 400g, 배춧잎 8장

▶ **돼지고기 밑간**
소금 · 후춧가루 약간씩, 생강즙 ½작은술

▶ **조림장**
대파잎 ½대, 마늘 3쪽, 통후추 5알, 가다랑어포 2큰술, 간장 3큰술, 물 ½컵, 청주 2큰술, 설탕 1큰술, 물엿 1작은술

1 돼지고기는 삼겹살 덩어리로 준비해서 사방 4cm의 크기로 썰어 소금과 후춧가루, 생강즙으로 밑간한다.

2 밑간한 돼지고기를 팬에 기름을 아주 조금만 두르고 노릇하게 지져 기름기를 뺀다.

3 배추는 2cm 폭으로 칼을 뉘여 썰어 소금물에 헹궈 건진다.

4 냄비에 대파잎과 마늘, 통후추를 넣고 간장과 물, 청주, 설탕, 물엿을 부어 약한 불에서 끓여 향신채의 맛이 들면 불에서 내리고 준비한 가다랑어포를 우려 맑은 면포에 조림장만 거른다.

5 냄비에 만들어 놓은 조림장을 붓고 약한 불에서 끓으면 준비한 돼지고기를 넣어 뚜껑을 덮지 말고 자작하게 조린다.

6 간장물이 배어 돼지고기가 속까지 익으면 배추를 넣어 볶아 양념이 배도록 볶은 후 접시에 돼지고기와 배추를 담고 남은 조림장을 약간 부어서 상에 낸다.

배추쌈과 고기쌈장

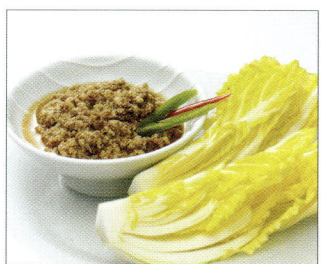

▶ **주재료**
배추 ½포기, 쇠고기(등심) 300g

▶ **부재료**
두부 ¼모, 고춧가루 · 다진 마늘 · 참기름 1작은술씩, 소금 · 후
춧가루 약간씩, 된장 1큰술, 쌀뜨물 ½컵

1 배추는 노란 속대만 준비해서 흐르는 물에 깨끗하게
씻어 물기를 턴다.

2 쇠고기는 핏물을 닦은 후 굵게 다진다. 쇠고기와 물기
를 뺀 으깬 두부를 냄비에 담고 된장과 고춧가루를 넣
어 달달 볶다가 쌀뜨물을 부어서 끓인다.

3 ②에 된장을 풀어서 은근하게 끓이면서 다진 마늘과
소금, 후춧가루, 참기름으로 맛을 내서 걸쭉한 농도의
쌈장을 만든다.

4 고기쌈장을 배추쌈에 약간 올리고 밥을 넣어 먹는다.

파프리카배추견과류무침

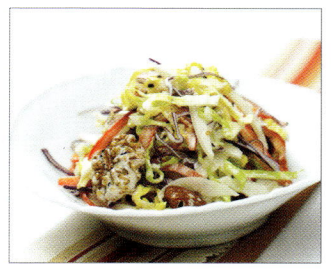

▶ **주재료**
파프리카 1개, 배춧잎 3장, 호두 ¼컵, 아몬드 5큰술

▶ **부재료**
적채 1장, 양파 ½개, 소금 약간

▶ **깨간장마요네즈소스**
올리브오일 2큰술, 마요네즈 · 흑임자 · 통깨 1큰술씩, 간장 · 꿀
1작은술씩

1 파프리카는 씻어서 반을 갈라 씨를 긁어내고 먹기에
적당한 크기로 채 썬다.

2 배추와 적채는 각각 아주 곱게 채 썰어 찬물에 담가
싱싱하게 한다.

3 호두는 껍질을 벗기고 물에 헹구고 아몬드는 젖은 면
포에 닦아 준비한다.

4 양파는 아주 곱게 채 썰어 찬물에 담가 아린맛을 빼고
건져 물기를 턴다.

5 간장에 마요네즈와 흑임자, 통깨, 꿀을 섞어 잘 섞은
후 올리브오일을 넣어 고루 저어서 소스를 만든다.

6 싱싱한 파프리카와 배추, 적채, 견과류를 한 곳에 담
고 만들어 놓은 소스로 버무려 무친다.

⊙ **COOK TIP**
아삭하게 씹히는 배추쌈에 넣는 고기를 다질 때에는 약간 굵게 썰
어 넣으면 쫄깃하게 씹히는 맛과 아삭한 배추의 궁합이 잘 맞는다.

⊙ **COOK TIP**
파프리카는 씨를 도려낼 때 씨방을 같이 도려내야 깔끔하고 배추
는 채 썰어 찬물에 담가 싱싱하게 해야 아삭한 맛을 느낄 수 있다.

배추바지락팽이버섯찜

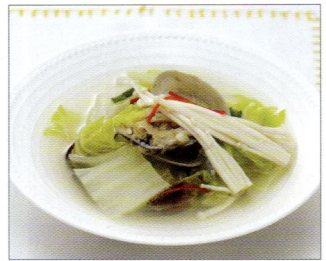

▶ **주재료**
배춧잎 5장, 바지락 100g, 팽이버섯 50g

▶ **부재료**
쪽파 3대, 마늘 1쪽, 홍고추 1개, 청주 1큰술, 다시마 우린 물 1컵, 소금·후춧가루 약간씩

1 배추는 깨끗이 씻어 반을 갈라 2㎝ 폭으로 썬다.

2 마늘과 홍고추는 채 썰고 쪽파는 1㎝ 길이로 썬다.

3 바지락은 비벼 씻어 옅은 소금물에 담가 신문지를 덮어 찬 곳에 1시간 정도 두어 충분히 해감을 시킨다.

4 냄비에 다시마 우린 물을 담고 팔팔 끓으면 해감시킨 바지락을 넣어서 한소끔 끓이는데 청주를 넣어서 끓이면 바지락의 비린맛을 없앨 수 있다.

5 바지락이 입을 벌리면서 익으면 면포에 밭쳐 맑은 국물만 냄비에 담고 바지락은 건져 둔다.

6 바지락 맑은 국물이 끓어오르면 배추와 마늘채, 고추채, 쪽파를 1㎝ 길이로 썰어 넣어 한소끔 끓인다.

7 팽이버섯은 밑동을 잘라 물에 흔들어 씻어 물기를 뺀 후 ⑥의 냄비에 바지락 건더기와 함께 넣어서 소금, 후춧가루로 간을 맞추고 약한 불에서 2~3분 정도 더 끓여서 그릇에 담아낸다.

데친배추무침

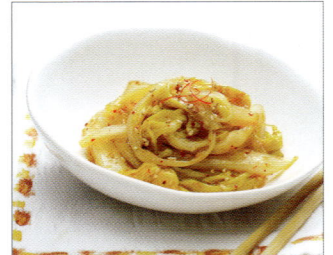

▶ **주재료**
배춧잎 10장

▶ **무침 양념**
다진 마늘 ½작은술, 다진 파 2큰술, 참기름·고운 고춧가루·깨소금 1작은술씩, 간장 1큰술, 소금·후춧가루 약간씩

1 배추는 씻어서 손으로 대강 길고 얇게 찢은 후 끓는 물에 소금을 넣고 살짝 데쳐 찬물에 헹궈 건져 물기를 꼭 짠다.

2 볼에 분량의 무침 양념 재료를 넣고 고루 잘 섞는다.

3 ②에 데친 배추를 넣어 조물조물 무쳐 낸다.

구운김배추나물

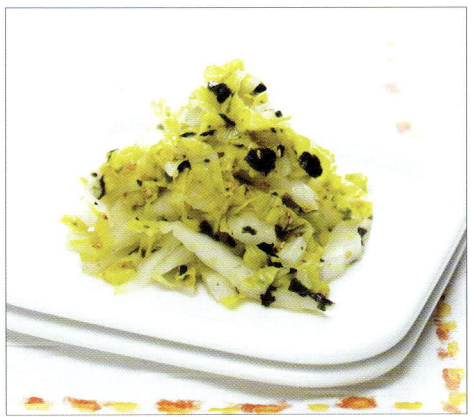

▶ **주재료**
김 3장, 배춧잎 5장

▶ **부재료**
송송 썬 실파 2큰술, 실고추 · 통깨 · 소금 약간씩

▶ **양념장**
다진 마늘 · 참기름 · 맛술 1작은술씩, 생강즙 ¼작은술, 깨소금 1큰술, 소금 약간

1 배추는 가로로 채 썰어 끓는 물에 소금을 약간 넣고 데쳐 찬물에 헹궈 물기를 자근자근 눌러 짠다.

2 김은 손으로 비벼서 잡티를 없앤 후 팬에 올리고 중간 불에서 앞뒤로 바삭하게 굽는다. 구운 김은 비닐에 넣어서 잘게 부순다.

3 양념장을 만들어 잘 섞은 후 데친 배추와 부순 김을 넣어서 조물조물 무친다.

4 ③의 무침에 실고추를 짧게 잘라서 넣고 통깨, 실파 송송 썬 것을 뿌려서 고루 버무려 소금으로 간을 맞춰 그릇에 담아낸다.

> ⟶ **COOK TIP**
> 김을 구울 때 불에 직접 닿게 해서 구우면 좋지 않다. 팬을 올려서 달군 후 아무것도 두르지 않은 상태로 구워야 김이 바삭하게 구워진다.

배추달래간장무침

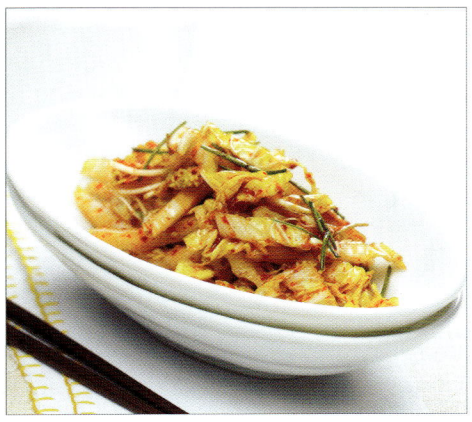

▶ **주재료**
배춧잎 8장, 달래 50g, 간장 · 다시마 우린 물 3큰술씩

▶ **부재료**
고운 고춧가루 · 물엿 1큰술씩, 마늘채 · 깨소금 1작은술씩, 생강즙 ¼작은술, 참기름 ½큰술, 소금 · 후춧가루 약간씩

1 배추는 가로로 채 썰어 소금에 살짝 절인 후 물에 헹궈 물기를 꼭 짜고 팬에 참기름을 두르고 살짝 볶아 식힌다.

2 달래는 다듬어 씻어 2㎝ 길이로 썬 후 간장과 다시마 우린 물, 고운 고춧가루, 물엿, 참기름, 깨소금, 소금, 후춧가루를 넣어서 고루 저어서 양념을 만든다.

3 ②에 마늘채를 넣고 생강즙을 뿌려서 진한 양념이 되게 한다.

4 상에 내기 직전에 달래 간장과 볶아 놓은 배추를 넣어 젓가락으로 잘 버무려서 그릇에 담아낸다.

> ⟶ **COOK TIP**
> 배추는 소금에 절인 상태에서 물에 헹궈 물기를 꼭 짜고 팬에 참기름을 두르고 살캉하게 볶아내면 고소한 맛이 더욱 많이 나면서 수분이 생기지 않는다.

배추멸치양념찜

▶ **주재료**
배춧잎 8장, 잔멸치 5큰술, 소금 약간

▶ **간장 양념장**
간장 2큰술, 고춧가루 · 다진 마늘 · 청주 · 참기름 1작은술씩, 다시마 우린 물 ½컵, 다진 파 1큰술, 통깨 · 후춧가루 약간씩

1 배추는 옅은 소금물에 담가 깨끗하게 씻은 후 건져서 물기를 턴다.

2 잔멸치는 마른 팬에 볶아 비린맛을 날린다.

3 간장 양념장에 다시마 우린 물을 넣는다.

4 냄비에 배추를 손으로 쭉쭉 찢어 넣고 잔멸치와 ③의 양념장을 뿌려 약한 불에서 찐다.

5 국물을 숟가락으로 끼얹어 가면서 양념장이 골고루 배도록 쪄서 그릇에 담아낸다.

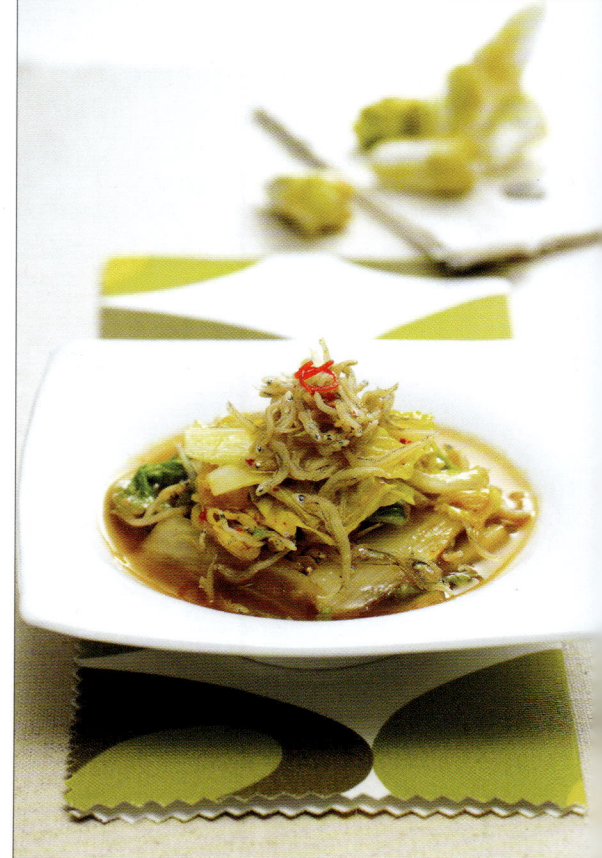

🔘 **COOK TIP**
배추는 건어물과 된장, 간장, 고추장 등의 양념장 함께 넣어 찌면 맛이 좋다. 양념장을 만들 때 다시마 우린 물을 넣고 찜을 해야 골고루 익을 뿐 아니라 배추가 더 부드럽게 익어 맛이 있다.

중화풍배추볶음

▶ **주재료**
배춧잎 8장, 마른 홍고추 2개, 마늘 3쪽, 양파 ½개, 홍고추 ½개

▶ **부재료**
두반장 · 참기름 1큰술씩, 간장 · 깨소금 1작은술씩, 소금 · 후춧가루 약간씩

1 배추는 씻어 칼날을 뉘여 2㎝ 폭으로 저며 썬다.

2 마른 홍고추는 가위로 듬성듬성 잘라서 씨를 털고 마늘은 얇게 편 썬다. 양파는 곱게 채 썬다. 홍고추는 아주 곱게 다져 종이타월에 올려 물기를 눌러 닦아 없앤다.

3 팬에 기름을 넉넉하게 두르고 마른 홍고추와 양파, 마늘을 넣어 볶다가 향이 충분하게 나면 배추를 넣어 볶는다.

4 배추의 숨이 살짝 죽으면 두반장과 간장, 참기름, 깨소금을 넣어 맛을 내고 모자라는 간은 소금과 후춧가루로 맞춰 재빨리 볶아 낸다.

5 그릇에 볶은 배추를 담고 다진 홍고추를 뿌려 완성한다.

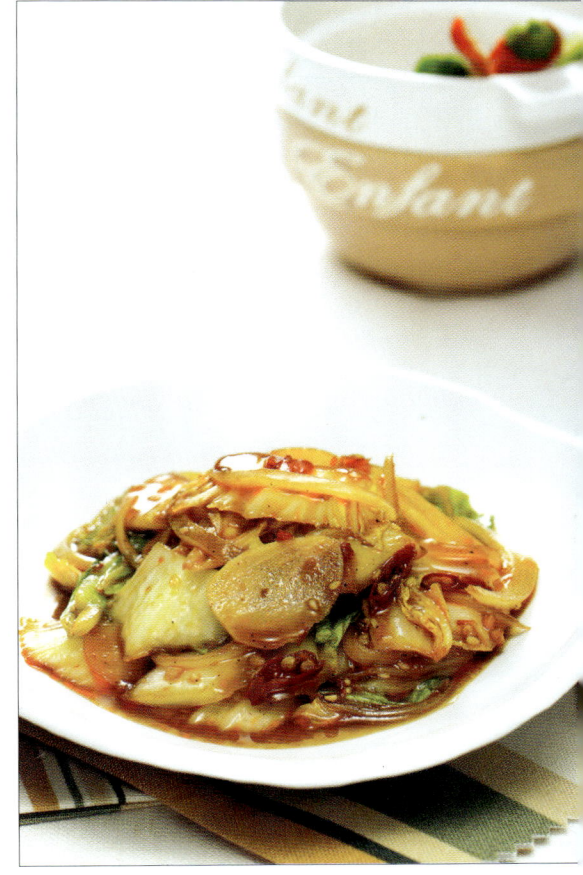

⊙ **COOK TIP**
배추를 두반장의 맛을 살려 볶은 것으로 뜨거운 밥에 부어 덮밥으로 즐겨도 좋고 우동, 칼국수 등의 면발을 삶아 함께 볶아 볶음면으로 먹어도 별미다. 새우살, 오징어 등을 함께 넣으면 간편한 해물 우동볶음을 만들 수 있다.

배추불고기볶음

▶ **주재료**
배춧잎 8장, 쇠고기(등심) 200g, 소금 약간

▶ **불고기 양념장**
간장 · 다진 파 2큰술씩, 양파즙 · 사과즙 · 설탕 · 청주 · 깨소금 1작은술씩, 다진 마늘 1큰술, 소금 · 후춧가루 약간씩

1 배추는 씻어 칼을 뉘여 2㎝ 폭으로 길게 썬다. 소금을 뿌려 잠시 절여 물에 헹궈 물기를 자근자근 눌러 없앤다.

2 쇠고기는 등심으로 준비해서 5㎝ 길이로 굵게 채 썬다.

3 간장에 양파즙, 사과즙, 설탕, 청주, 다진 마늘, 파, 깨소금, 소금, 후춧가루를 넣어서 골고루 섞어 불고기 양념장을 만든다.

4 볼에 배추와 쇠고기를 담고 준비한 양념장을 붓고 버무려 잠시 재운다.

5 팬에 기름을 두르고 달군 후 센 불에서 재워 놓은 배추불고기를 볶아 낸다.

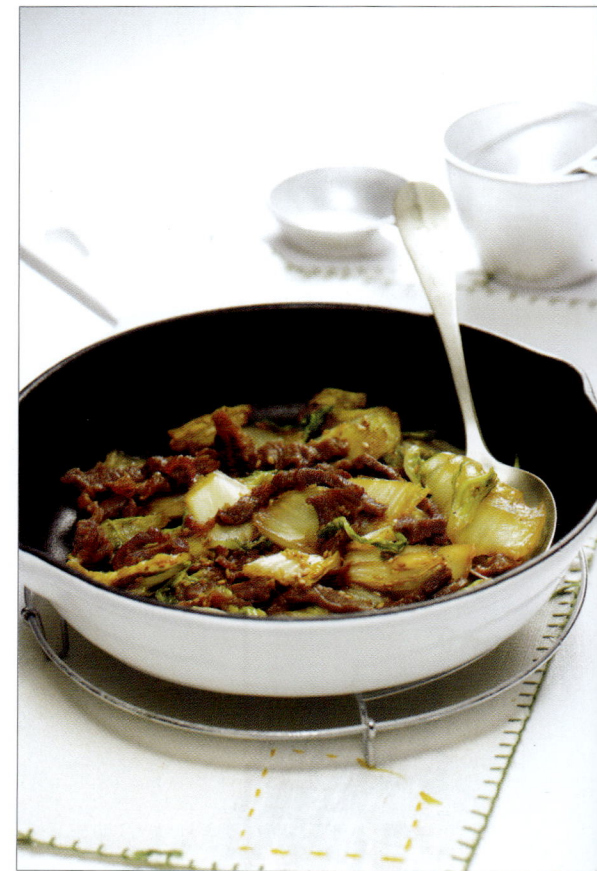

🔁 **COOK TIP**
불고기 양념장을 미리 배추와 쇠고기에 버무려 재우면 고기의 육즙이 배추에 스며들어 더욱 맛이 난다.

무생채

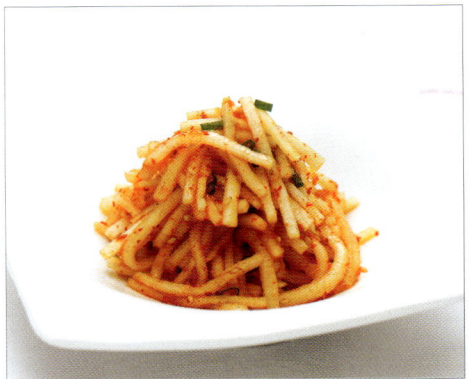

▶ **주재료**
무 200g, 쪽파 3대

▶ **생채 양념**
고운 고춧가루 3큰술, 다진 마늘 · 설탕 · 깨소금 1큰술씩, 다진 생강 ⅓작은술, 소금 약간

1 무는 껍질째 씻어서 4cm 길이로 곱게 채 썰어 찬물에 헹궈 건져 물기를 턴다.

2 채 썬 무에 고운 고춧가루를 넣어 버무려 색이 빨갛게 우러나도록 한 후 다진 마늘과 생강, 설탕, 소금을 넣어서 무친다.

3 쪽파를 송송 썰어서 ②의 무침에 넣고 깨소금을 뿌려 버무려 그릇에 담아낸다.

🔶 **COOK TIP**

무생채는 소금에 절이지 말고 생채로 즐겨야 더욱 맛이 있는데 먼저 고춧가루로 무에 물을 들이면 생채의 빛깔이 곱고 양념이 제대로 밴다.

무생강초절임

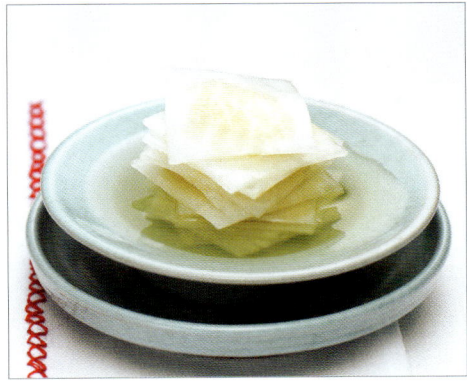

▶ **주재료**
무 200g, 생강 300g

▶ **부재료**
소금 1큰술, 설탕 ⅓컵, 식초 5큰술, 물 1컵

1 무는 사방 3cm 크기로 아주 얇게 저미서 소금물에 절여 물기를 꼭 짜서 채반에 널어 꾸덕하게 만든다.

2 싱싱하고 연한 생강을 골라 껍질을 깎아 아주 얇고 납작하게 썰어 찬물에 헹궈 건져 끓는 물에 살짝 데쳐 매운맛을 뺀다.

3 데친 생강을 찬물에 헹궈 물기를 완전히 닦아 채반에 올려 약간 꾸덕하게 말린다.

4 밀폐용기에 무와 생강을 넣고 소금, 설탕을 넣어 고루 저은 다음 1시간쯤 그대로 둔다.

5 숨이 죽어 부드러워진 무와 생강을 고루 섞으면서 눌러 다지고 식초를 붓는다.

6 ④의 무와 생강에 물을 부어서 눌러진 무와 생강 위쪽까지 오게 해서 무거운 돌이나 그릇으로 눌러서 절인다.

🔶 **COOK TIP**

무생강초절임은 한 달 정도 절여서 먹는데 물이 너무 많으면 무와 생강 쪽이 떠오르고 모자라면 물에 잠기지 않은 부분의 무와 생강이 뭉크러져 부패하므로 주의한다.

무생강나물

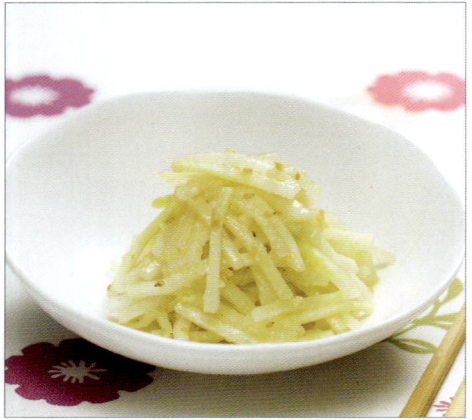

▶ **주재료**
무 200g, 생강 ½톨

▶ **부재료**
소금 약간, 들기름 · 다진 파 1큰술씩, 다진 마늘 · 깨소금 1작은
술씩

1 생강은 껍질을 모두 벗기고 아주 곱게 다진다.

2 무는 3㎝ 길이로 곱게 채 썰어 소금을 약간 뿌려 절인
후 숨이 죽으면 물에 헹궈 건져 물기를 꼭 짠다.

3 팬에 들기름과 식용유를 반씩 두르고 지글지글 끓어
오르면 생강과 다진 마늘을 넣어 볶다가 향이 올라오
면 무채를 넣어 볶는다.

4 아삭하게 무채가 익으면 다진 파와 깨소금을 뿌려 버
무리고 소금으로 간을 맞춰 그릇에 담아낸다.

→ **COOK TIP**
무와 생강은 궁합이 잘 맞는 식품 중의 하나로 무의 찬 기운을
생강의 뜨거운 열로 중화시켜 소화도 잘 되게 하고 독을 없애는
역할을 한다.

무오징어채고추장무침

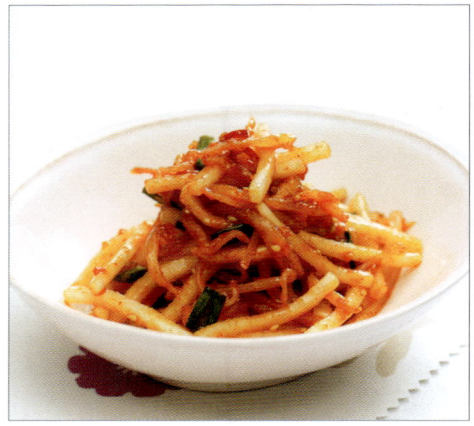

▶ **주재료**
무 100g, 오징어채 80g, 소금 약간, 쪽파 2대, 홍고추 1개

▶ **고추장 양념장**
고추장 2큰술, 물엿 · 다진 마늘 1큰술씩, 간장 · 참기름 · 통깨 1
작은술씩, 생강즙 ½작은술, 설탕 ½작은술, 후춧가루 약간

1 무는 깨끗이 씻어서 4㎝ 길이로 굵게 채 썰어 소금을
뿌려서 절인다.

2 절인 무를 찬물에 헹궈 물기를 꼭 짜고 오징어채는 물
에 헹궈 물기를 짠 후 4㎝ 길이로 가위로 자른다.

3 볼에 고추장과 물엿, 간장, 다진 마늘, 생강즙, 설탕,
참기름, 후춧가루를 넣어 잘 섞어 양념장을 만든다.

4 ③에 무와 오징어채를 넣고 쪽파를 1㎝ 길이로 썰어서
함께 넣은 후 고추장 양념장으로 조물조물 무친다.

5 무친 무와 오징어채에 통깨를 뿌리고 홍고추를 아주
얇고 동그랗게 썰어 씨를 턴 후 함께 버무려 그릇에
담아낸다.

→ **COOK TIP**
오징어채와 함께 무치는 무는 소금에 절여서 수분이 생기지 않도
록 해야 하는데 무에서 수분이 나오면 고추장 양념이 흘러내려
간이 싱거워지므로 무를 꼭 절여야 한다.

무잔멸치조림

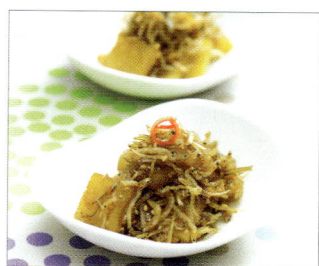

▶ **주재료**
무 80g, 잔멸치 80g

▶ **부재료**
생강즙 1작은술, 실고추 · 통깨 · 소금 약간씩

▶ **조림장**
간장 3큰술, 설탕 · 물엿 · 청주 · 다진 마늘 1큰술씩, 참기름 · 깨
소금 1작은술씩

1 무는 씻어서 사방 2㎝ 크기로 도톰하게 썰어 끓는
물에 소금을 약간 넣고 데쳐 찬물에 헹궈 물기를
꼭 짠다.

2 잔멸치는 체를 친 후 마른 면포에 싸서 말끔하게 닦는다.

3 냄비에 간장과 설탕, 물엿, 청주, 다진 마늘, 참기름을
넣어 우르르 끓으면 ①의 무를 넣어 생강즙과 함께 조
린다.

4 무가 갈색으로 조려지면 잔멸치를 넣어서 볶으면서
간이 배도록 한다.

5 무와 잔멸치에 간이 배 짭조름한 조림이 완성되면
실고추를 짧게 끊어서 통깨와 함께 버무려 그릇에
담아낸다.

COOK TIP

무를 조릴 때에는 생으로 넣으면 무의 지린 맛이 우러날 수가 있
다. 끓는 물에 소금을 넣어 살짝 데친 후 찬물에 헹궈 물기를 꼭
짜고 나서 조림장에 넣어 조려야 더욱 아삭하고 맛이 있다.

동치미무장아찌채무침

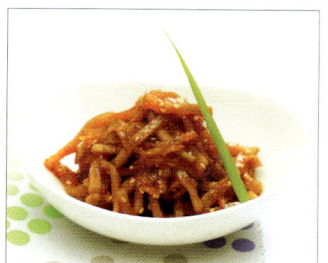

▶ **주재료**
동치미 무 300g, 굵은 소금 약간

▶ **고추장물**
고추장 2컵, 간장 · 다시마 우린 물 $\frac{1}{2}$컵씩, 물엿 $\frac{1}{4}$컵

▶ **무침 양념장**
고춧가루 · 고추장 · 다진 마늘 · 설탕 · 맛술 · 깨소금 1작은술씩,
다진 파 · 참기름 1큰술씩, 후춧가루 약간

1 동치미 무를 준비해서 세로로 도톰하게 잘라 굵은 소
금을 뿌려서 채반에 올리고 꾸덕하게 말린다. 무의 겉
면이 쪼글쪼글 마르면 밀폐용기에 차곡차곡 담는다.

2 냄비에 고추장과 간장, 다시마 우린 물, 물엿을 넣어
멍울을 풀어가면서 개어 끓인다.

3 싸늘하게 식힌 고추장물을 ①의 무에 붓고 돌로 지긋
이 눌러서 한 달 이상 삭힌다.

4 한 달 후 ③의 고추장물을 걷어내 다시 끓여 식힌 다
음 무에 붓기를 2~3회 반복해 무 장아찌를 만든다.

5 3~4개월 후 완전히 식은 무 장아찌를 꺼내어 고추장
물을 걷어낸 후 곱게 채 썰어 물기를 꼭 짠다.

6 무침 양념장을 분량의 재료대로 만들어 ⑤의 채 친 무
장아찌를 넣어서 조물조물 무쳐 윤기가 돌도록 해서
그릇에 담아낸다.

COOK TIP

동치미 무는 굵은 소금을 뿌려서 수분을 뺀 후 꾸덕하게 말려야
무가 물러 상하지 않고 간이 맛있게 배며 장아찌를 담았을 때 보
관도 쉽다.

무초절임오징어강회

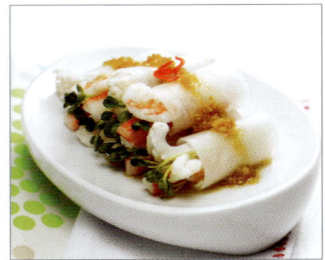

▶ **주재료**
무 150g, 오징어(몸통) 1마리, 게맛살 6줄, 칵테일새우 12마리, 무순 50g, 소금 약간

▶ **무초절임장**
식초 · 설탕 2큰술씩, 소금 ⅓큰술, 물 1컵

▶ **강회땅콩소스**
다진 땅콩 2큰술, 올리브오일 3큰술, 간장 · 다진 마늘 · 레몬즙 · 설탕 1큰술씩

1 무는 가로 4㎝, 세로 7㎝의 크기로 아주 얇게 저며서 무초절임장에 절여 새콤달콤한 맛이 들면 물기를 닦아 준비한다.

2 오징어는 배를 갈라 사선으로 칼집을 넣고 4㎝ 길이, 나무젓가락 굵기로 채 썰어 끓는 물에 헹궈 건진다.

3 게맛살은 3등분으로 잘라 찢고 칵테일새우는 끓는 물에 소금을 넣고 데쳐 찬물에 헹군다. 무순은 잡티를 없애고 물기를 턴다.

4 땅콩을 굵게 다져서 나머지 양념을 넣어서 골고루 버무려 고소하면서 새콤달콤한 소스를 만든다.

5 ①의 무에 오징어, 게맛살, 칵테일새우와 무순을 올리고 돌돌 말아서 접시에 모양내 담고 준비한 강회땅콩소스를 곁들인다.

> ⊙ **COOK TIP**
> 무는 초절임에 재워 새콤하게 먹으면 소화 흡수가 잘 되고 무를 먹고 나서도 샌트림이 생기지 않는다. 주로 무초절임은 날 것으로 먹는 해산물, 어류 등에 싸 먹으면 좋다.

삼겹살무말이찜

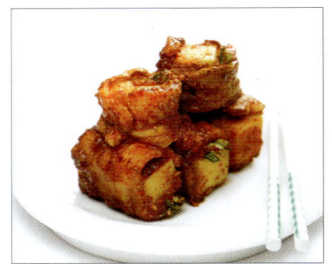

▶ **주재료**
무 100g, 삼겹살 400g, 쪽파 10대, 소금 · 후춧가루 약간씩

▶ **찜 양념장**
간장 2큰술, 고춧가루 · 설탕 · 다진 마늘 · 청주 1큰술씩, 참기름 1작은술, 통깨 약간

1 무는 사방 2㎝, 두께 5㎝ 길이로 썰어 소금을 뿌려 살짝 절인다.

2 삼겹살은 7㎝ 길이로 썰어서 소금과 후춧가루로 밑간을 한다.

3 쪽파는 깨끗이 다듬어 씻어 무 길이로 썬다.

4 양념장을 재료 분량대로 잘 섞어 찜 양념장을 만든다.

5 ②의 삼겹살을 펴고 무와 쪽파를 놓고 돌돌 만다.

6 팬에 식용유를 두르고 ⑤의 삼겹살 말이를 굴려가면서 익힌다.

7 냄비에 익힌 삼겹살 무말이를 담고 ④의 양념장을 부어서 약한 불에서 찐다.

8 간이 무 속까지 깊게 배이고 윤기나게 찜이 되면 그릇에 담아낸다.

> ⊙ **COOK TIP**
> 삼겹살 대신에 베이컨을 말아서 팬에 구워 양념에 졸여도 아주 좋은 술 안주가 되는데 삼겹살이나 무는 소금으로 애벌 밑간을 한 후 찜 양념장에 익혀야 풍미가 느껴진다.

조갯살무밥

▶ **주재료**
무 100g, 조갯살 30g, 불린 쌀 2컵, 물 2¼컵, 소금 약간

▶ **양념장**
간장 · 물 1큰술씩, 국간장 · 다진 마늘 1작은술씩, 송송 썬 실파 2큰술, 깨소금 · 참기름 약간씩

1 쌀은 씻어서 체에 담아 1시간 이상 불린다.

2 무는 납작하게 썰어 4등분하여 마름모꼴로 썬다.

3 조갯살은 엷은 소금물에 살살 흔들어 씻어 물기를 뺀다.

4 양념장을 분량의 재료대로 섞어 혼합한다.

5 솥에 쌀과 무를 넣고 물을 분량대로 부어 밥을 짓는
다. 한소끔 끓으면 불을 줄이고 준비된 조갯살을 넣어
푹 뜸을 들인다.

6 밥이 고슬하게 지어지면 양념장을 곁들여 낸다.

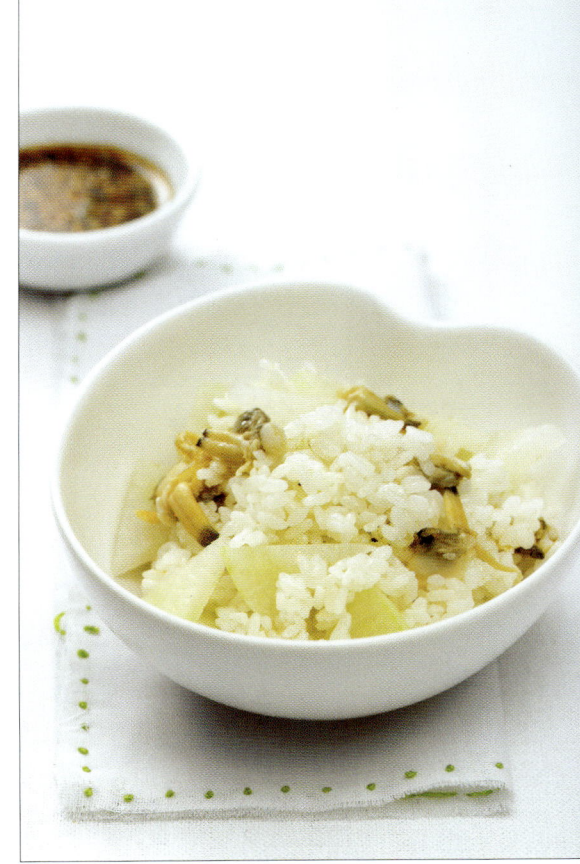

🍴 **COOK TIP**
냄비나 뚝배기에 불린 쌀과 무를 넣고 물을 붓는데 무에서 수분이
빠져나와 밥이 질어지기 쉬우므로 밥물을 좀 적게 부어야 한다.

무볶음야키우동

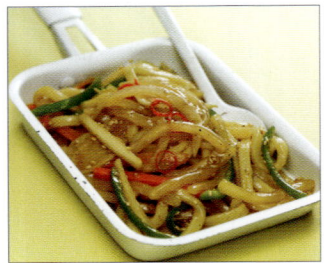

▶ **주재료**
무 80g, 생우동 200g

▶ **부재료**
당근 20g, 양파 · 청피망 $\frac{1}{2}$개씩, 간장 · 올리브오일 2큰술씩,
설탕 1작은술, 우스터소스 $\frac{1}{2}$큰술, 저며 썬 마늘 1큰술, 소금 ·
후춧가루 · 참기름 · 통깨 약간씩

1 무는 얇게 채 썰어 소금에 살짝 절여 물기를 짠다.

2 당근, 양파, 청피망은 무와 같은 길이로 채 썬다.

3 생우동은 끓는 물에 쫄깃하게 삶아 찬물에 헹군다.

4 팬에 올리브오일을 두르고 저민 마늘, 채 썬 양파를
볶다가 당근, 무, 청피망, 우동을 넣은 후 간장, 설탕,
우스터소스에 재빨리 볶는다.

5 ④의 우동에 소금과 후춧가루로 간을 맞춘 후 참기름
을 살짝 두르고 통깨를 얹어낸다.

무호두밥과 미나리양념장

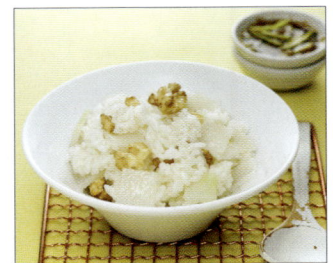

▶ **주재료**
무 200g, 호두 12알

▶ **부재료**
잣 2큰술, 불린 쌀 · 물 1컵씩, 흑설탕 1작은술(물 $\frac{1}{2}$컵), 소금 약간

▶ **미나리 양념장**
미나리 80g, 간장 1$\frac{1}{2}$큰술, 참치액 · 다진 마늘 · 설탕 1작은술
씩, 고운 고춧가루 $\frac{1}{2}$작은술, 다시마 우린 물 1큰술, 송송 썬 실
파 2큰술, 깨소금 · 참기름 약간씩

1 쌀은 씻어서 체에 담아 1시간 이상 불린다.

2 무는 사방 1㎝ 크기로 납작하게 저민다.

3 호두는 속껍질까지 말끔하게 벗겨 물 $\frac{1}{2}$컵에 흑설탕
을 녹여 잠시 담가 쌉쌀한 맛을 없앤다.

4 미나리를 씻어 2㎝ 길이로 썰어 간장과 참치액, 고운
고춧가루를 넣고 섞은 후 물, 다진 마늘, 실파, 깨소
금, 설탕, 참기름을 넣어 버무려 미나리 양념장을 만
든다.

5 솥에 쌀과 무를 넣고 물을 분량대로 부어 밥을 짓는
다. 한소끔 끓으면 불을 줄이고 준비된 호두를 넣어
뜸을 푹 들인다. 무에서도 수분이 나오므로 쌀과 물의
비율을 1 : 1로 맞춘다.

6 고소하고 단맛이 나는 밥이 완성되면 그릇에 적당히
퍼 담고 미나리 양념장을 곁들여 비벼 먹는다.

→ **COOK TIP**

팬에 올리브오일을 두르고 먼저 마늘, 양파를 볶아 향을 낸 후 채
소와 우동을 볶아야 무와 우동의 진한 풍미를 느낄 수 있다. 양념
을 한 후 가볍게 섞어서 바로 넓은 접시에 담아 먹어야 채소의
색이 누렇게 변하지 않는다.

→ **COOK TIP**

무맛이 나는 밥에 향이 좋은 미나리 양념장을 함께 넣어 비벼 먹
으면 소화가 잘 될 뿐 아니라 식감을 자극해서 입맛을 돋우준다.

무조림

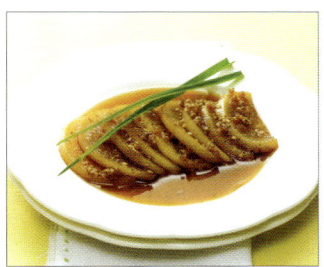

▶ **주재료**
무 200g, 홍고추 · 풋고추 1개씩, 식초 1큰술

▶ **부재료**
간장 2큰술, 물 · 물엿 · 맛술 1큰술씩, 다진 마늘 · 통깨 1작은술씩, 참기름 ½작은술, 후춧가루 약간

1 무는 껍질을 긁어낸 후 반을 갈라 어슷하게 채 썬다.

2 채 썬 무는 생강즙을 탄 물에 담갔다가 찬물에 여러 번 헹궈 채반에 건져 물기를 턴다.

3 홍고추와 풋고추는 반을 갈라 씨를 빼고 3㎝ 길이로 곱게 채 썬다.

4 깊은 팬에 식용유를 약간 두르고 무를 넣어 볶는다.

5 무에 간장과 물, 다진 마늘, 맛술을 넣어 간장 색이 나도록 조린다.

6 조린 무에 간장 색이 배면 홍고추와 풋고추를 넣고 물엿과 참기름을 넣어 은근하게 조리고 통깨와 후춧가루를 뿌려 마무리한다.

→ COOK TIP

무를 조릴 때 생강즙을 물에 타서 무를 헹군 후 조리면 무의 매운맛이 없어지면서 조림장이 잘 배고 무의 색이 예쁘다. 무를 채 썰 때에는 무의 섬유질 반대 방향으로 채를 썰어야 무가 쉽게 무르지 않고 썬 모양이 가지런하게 예쁘다.

총각김치묵무침

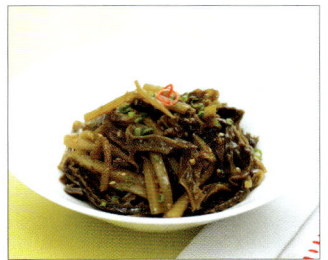

▶ **주재료**
총각김치 8줄기, 마른 도토리묵 100g, 실파 3대, 소금 · 후춧가루 · 실고추 · 통깨 약간씩

▶ **무침장**
참기름 · 간장 1큰술씩, 다진 마늘 ½큰술, 청주 · 설탕 1작은술씩

1 총각김치는 물에 한 번 헹구어 고춧가루를 없앤 후 물기를 닦고 채 썬다.

2 ①의 무채를 볼에 담고 무침장을 반만 넣고 조물조물 무쳐서 팬에 기름을 두르고 볶아낸다.

3 마른 도토리묵은 물에 잠시 불렸다가 부드러워지면 물기를 꼭 짠다.

4 볼에 마른 도토리묵을 담고 나머지 무침장을 넣고 조물조물 무친다.

5 팬에 기름을 넉넉히 두르고 무친 도토리묵을 넣어서 볶아낸다.

6 무채 볶은 것과 ⑤의 도토리묵 볶은 것을 볼에 담고 송송 썬 실파와 짧게 자른 실고추, 통깨를 넣어서 무친 후 소금과 후춧가루로 간을 맞추어 그릇에 담아낸다.

→ COOK TIP

새콤하게 익은 총각무 김치는 물에 헹궈 군내를 없앤 후 다른 부재료와 함께 볶거나 무쳐 먹으면 색다른 별미 반찬으로 즐길 수 있다. 무는 속보다 껍질에 비타민 C가 풍부하게 들어 있으므로 벗겨 내지 말고 물에서 깨끗하게 씻어 사용하는 것이 좋다. 껍질에 있는 홈은 도려내고 무의 수염은 말끔하게 잘라낸다.

무게맛살초냉채

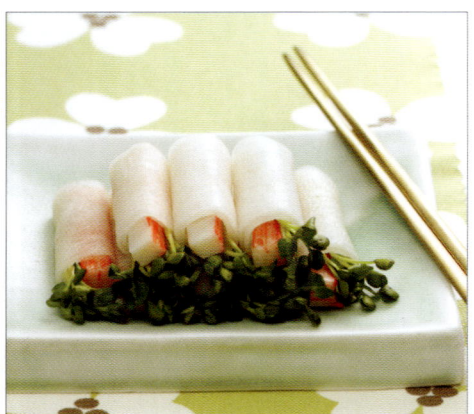

▶ **주재료**
무 100g, 게맛살 6줄, 무순 50g, 소금 약간

▶ **냉채소스**
다진 땅콩 2큰술, 올리브오일 3큰술, 간장 · 다진 마늘 · 레몬
즙 · 설탕 1큰술씩

1 무는 가로 4㎝, 세로 7㎝의 크기로 아주 얇게 저며서
소금물에 절인 후 물기를 닦아 준비한다.

2 게맛살은 3등분으로 잘라주고 무순은 잡티를 없애고
물기를 턴다.

3 다진 땅콩에 나머지 양념을 넣고 골고루 버무려 고소
하면서 새콤달콤한 소스를 만든다.

4 ①의 무에 게맛살과 무순을 올리고 돌돌 말아서 접시에
모양 나게 담고 준비한 냉채소스를 뿌려서 상에 낸다.

> ↻ **COOK TIP**
> 무는 최대한 얇게 저며서 소금에 살짝 절이는데 되도록 소금의
> 양은 적게 해 무가 짜게 절여지는 것을 방지하고 대신에 무가 충
> 분히 절여지도록 조금 시간을 둔다.

중국식무무침

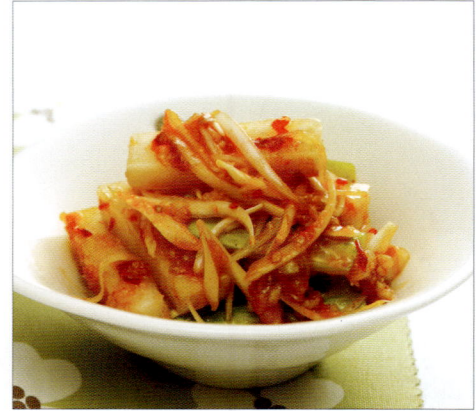

▶ **주재료**
무 200g

▶ **부재료**
오이 ⅓개, 양파 ¼개, 정향 2알, 산초 · 소금 · 후춧가루 약간씩

▶ **중식 무침장**
고추기름 · 다진 마늘 · 설탕 1큰술씩, 두반장 · 참기름 1작은술
씩, 다진 생강 · 소금 약간씩, 식초 2큰술

1 무는 손가락 굵기로 5㎝ 길이로 썰어서 방망이로 두드
려 으깬다.

2 오이도 무와 같은 굵기와 길이로 썰어서 방망이로 자
근자근 으깬다.

3 양파는 곱게 채 썬다.

4 무침장을 분량의 재료대로 만든다.

5 볼에 무와 오이, 양파, 정향, 산초를 넣어 중식 무침장
을 부어 살살 버무린 후 소금과 후춧가루로 간을 하고
냉장실에 차게 해서 아삭한 맛을 즐긴다.

> ↻ **COOK TIP**
> 무와 오이를 절이거나 삭히지 말고 방망이로 두드려 모양을 살짝
> 으깬 후 바로 무침장에 버무려 차게 해서 먹으면 무와 오이에서
> 수분이 생기지 않아 아삭하게 먹을 수 있다. 되도록 차게 해서 먹
> 으면 양념장의 맛이 잘 배어 일품이다.

무새우젓찜

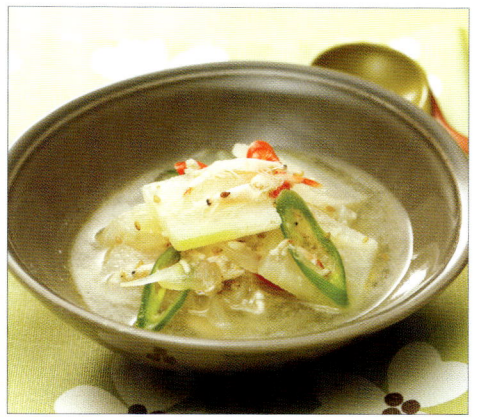

▶ **주재료**
무 200g, 새우젓 · 맛술 1큰술씩

▶ **부재료**
대파 ½대, 양파 ½개, 청양고추 · 홍고추 1개씩, 다진 마늘 · 참기름 · 통깨 1작은술씩, 소금 약간, 쌀뜨물 ½컵

1 무는 씻어 납작하게 편 썰어 사방 3㎝ 크기로 자른다.

2 새우젓은 국물을 따로 받고 건지는 곱게 다진다.

3 대파와 양파를 굵게 채 썰고 청양고추와 홍고추는 어슷하게 썰어 씨를 턴다.

4 냄비에 참기름을 두르고 무와 다진 마늘, 양파를 넣어 볶는다.

5 무가 무르게 볶아지면 쌀뜨물을 붓고 새우젓을 넣어 끓인다.

6 무에 새우젓 맛이 들면 맛술과 고추, 대파를 얹어 한소끔 끓여 통깨를 뿌리고 소금으로 간을 맞춘다.

🡒 **COOK TIP**
조리하다 남은 무는 랩에 싸서 밀폐용기에 담아 냉장 보관했다가 무즙을 낼 때 또는 굴을 씻을 때 믹서에 갈아서 사용하면 좋다. 강판에 간 무가 남으면 냉동실에 보관했다가 생선을 조릴 때 다시마 국물이나 쌀뜨물 대신에 조림장에 섞어서 쓰면 좋다.

무고추장장아찌

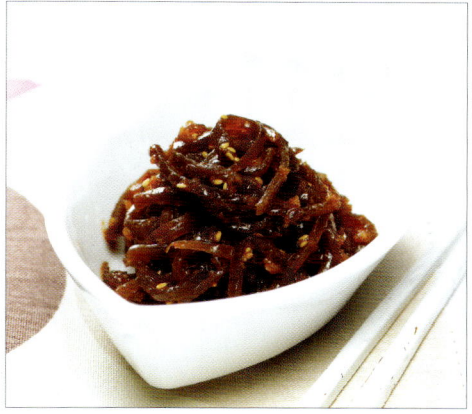

▶ **주재료**
무 5개, 고추장 2컵, 간장 ½컵, 설탕 ¼컵, 소금 약간

▶ **무침 양념**
참기름 · 다진 마늘 · 송송 썬 실파 1작은술씩, 통깨 약간

1 무는 작고 동그란 것으로 골라 준비한 후 깨끗이 씻어서 반 갈라 소금물에 잠시 담갔다가 건져서 물기를 닦아준 후 채반에 펼쳐 담고 3~4일 정도 꾸덕하게 말린다.

2 냄비에 고추장과 간장, 설탕을 넣고 끓여서 식힌다.

3 무에 ②의 고추장 양념을 한 켜 씩 발라 항아리에 담고 비닐로 덮어 돌로 눌러준 후 15일 정도 삭힌다.

4 고추장물이 무에 흠씬 물들면 꺼내어 고추장을 발라내고 곱게 채 썬다.

5 채 썬 무장아찌에 참기름, 다진 마늘, 실파, 통깨를 넣고 조물조물 무쳐 먹는다.

🡒 **COOK TIP**
고추장이나 된장에 담는 장아찌는 주재료가 고추장과 된장에 완전히 덮히고 돌로 무겁게 눌러놓아야 장아찌가 잘 삭는다. 장아찌는 바람이 잘 통하고 그늘진 곳에서 보관해야 부패하지 않고 골마지도 끼지 않는 깔끔한 장아찌를 만들 수 있다.

무피클

▶ **주재료**
무 200g

▶ **부재료**
청양고추 5개, 레몬 ¼쪽, 월계수잎 2장, 통후추 10알, 물 1½컵, 식초 1컵, 설탕 ¼컵, 소금 5큰술

1 무는 씻어 손가락 굵기와 길이로 썰어 소금물에 헹궈 건져 물기를 완전하게 없앤다.

2 청양고추는 꼭지째 씻어서 꼭지를 가위로 반만 잘라 주고 물기를 닦는다.

3 레몬은 저민다.

4 냄비에 물, 식초, 설탕, 소금을 분량대로 넣고 끓여서 피클물을 만든다.

5 피클을 담을 용기는 끓는 물에 끓여서 진공 상태로 만든다.

6 ⑤의 용기에 무, 청양고추, 레몬, 월계수잎, 통후추를 넣고 피클물을 식혀서 부어 밀봉한다.

7 3일 정도 지난 후 피클 물을 따라내어 한 번 더 끓여 식혀서 붓고 밀봉한 후 일주일 후부터 먹기 시작한다.

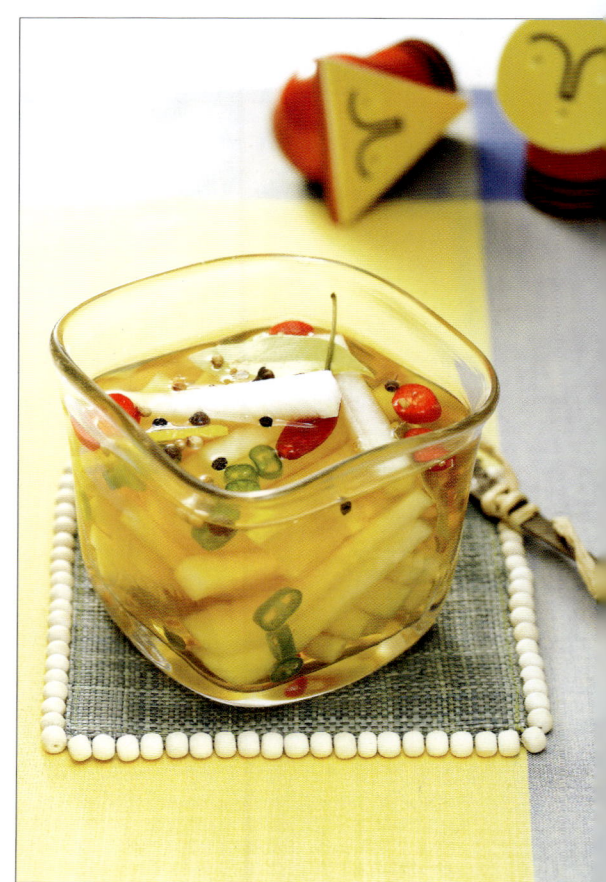

→ **COOK TIP**
무는 신문지에 싸서 비닐에 담아 냉장고 과일 칸에 보관하거나 김치 냉장고에 보관하면 겨울 무의 단맛이 없어지지 않고 무의 수분을 그대로 유지하여 오래도록 먹을 수 있다.

무콩나물밥과 달래장

▶ **주재료**
무 100g, 콩나물 80g

▶ **부재료**
호두 12알, 불린 쌀·물 1컵씩, 흑설탕 1작은술, 소금 약간

▶ **달래장**
달래 80g, 간장·물 1큰술씩, 참치액·다진 마늘 1작은술씩, 고운 고춧가루 ½작은술, 송송 썬 실파 2큰술, 깨소금·참기름 약간씩

1 쌀은 씻어서 체에 담아 1시간 이상 불린다.

2 무는 납작하게 썰어 4등분하여 마름모꼴로 썬다. 콩나물은 물에 헹궈 꼬리를 정리하고 물기를 턴다.

3 호두는 속껍질까지 말끔하게 벗겨 물 ½컵에 흑설탕을 녹여 잠시 담가 쌉쌀한 맛을 없앤다.

4 달래를 씻어 2㎝ 길이로 썰어 간장과 참치액, 고운 고춧가루를 넣고 섞은 후 물, 다진 마늘, 실파, 깨소금, 참기름을 넣어 버무려 달래장을 만든다.

5 솥에 쌀과 무, 콩나물을 켜켜이 넣고 물을 분량대로 부어 밥을 짓는다. 한소끔 끓으면 불을 줄이고 준비된 호두를 넣어 뜸을 푹 들인다. 무와 콩나물에서도 수분이 나오므로 쌀과 물의 비율을 1:1로 맞춘다.

6 고소하고 단맛이 나는 밥이 완성되면 그릇에 적당히 퍼 담고 달래장을 곁들여 비벼 먹는다.

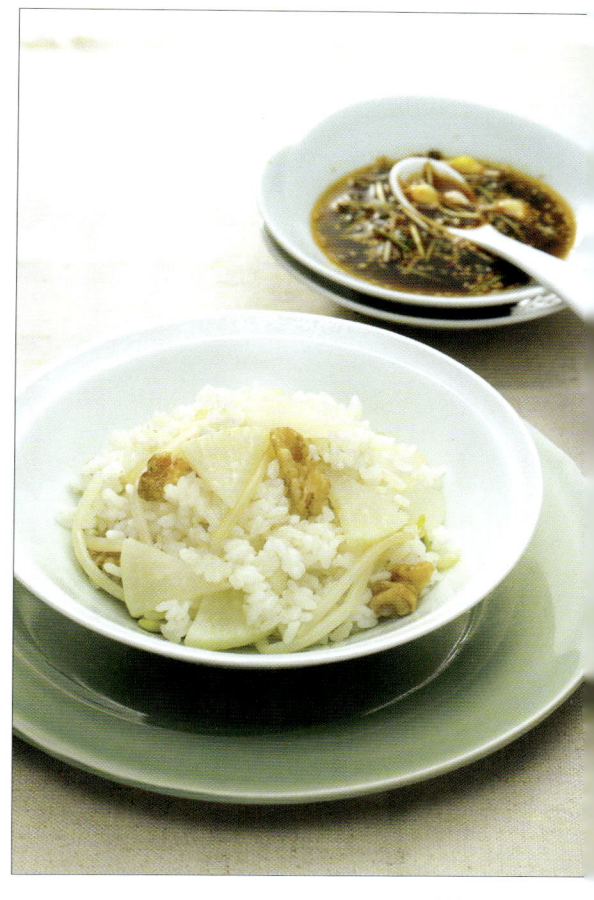

🡒 COOK TIP

여름에 나는 무는 연하고 가을 무는 수분이 많고 단맛이 난다. 특히 대체로 매운 무가 요리의 맛을 좋게 한다. 작고 둥근 무는 동치미를 담그고, 아래가 둥글고 퍼진 조선무는 깍두기를 담기에 적당하다. 무는 조리법에 따라 여러 가지 모양으로 썰어서 넣을 수 있는데 김치나 생채일 경우에는 깍둑썰기나 채 썰기를 하고 무국이나 무가 들어가는 탕에 넣을 때에는 납작하고 얇게 써는 것이 무의 단맛이 많이 우러나오게 하는 방법이다.

무개성닭찜

▶ **주재료**
무 200g, 닭 ½마리

▶ **부재료**
표고버섯 3장, 대파 2대, 다시마 국물 1컵, 소금 · 후춧가루 약간씩

▶ **찜 양념장**
간장 2큰술, 고추장 · 참기름 1작은술씩, 다진 마늘 · 청주 1큰술씩, 다진 생강 · 후춧가루 · 깨소금 · 소금 약간씩

1 닭고기는 사방 5㎝ 크기로 먹기 좋게 토막 내어 끓는 물에 데쳐 건진다.

2 무는 껍질을 벗기고 닭고기 크기로 썰어 모서리를 다듬어 준다.

3 표고버섯은 밑동을 자르고 어슷하게 칼을 대고 2등분 한다.

4 냄비에 참기름을 약간 두르고 찜 양념장을 넣어 보글보글 끓으면 무와 닭을 넣어서 버무려가면서 애벌로 익힌다.

5 양념이 무와 닭에 애벌로 입혀지면 다시마 국물을 붓고 중불에서 충분히 찐다.

6 무와 닭이 어느 정도 익으면 표고버섯과 굵게 채 썬 대파를 넣어 버무리고 소금, 후춧가루로 간을 맞춘 다음 그릇에 담아낸다.

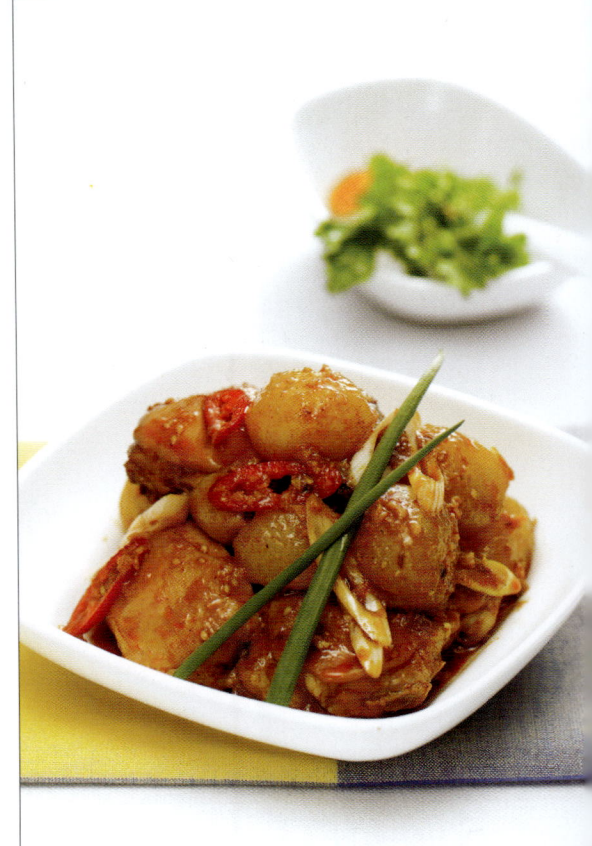

🍳 COOK TIP
닭고기는 팔팔 끓는 물에서 살짝 데치는 것이 요령이다. 찬물에서 서서히 데치면 고기가 질겨지고 맛있는 성분이 물에 빠져나간다. 또 무와 닭을 감칠맛 있게 찌려면 맹물보다 다시마 우린 물로 찌도록 한다.

우엉편양념조림

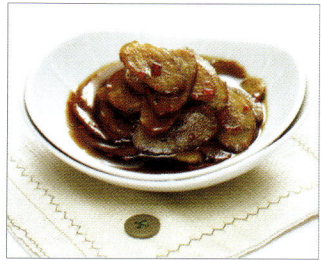

▶ **주재료**
우엉 200g

▶ **부재료**
홍고추 ½개, 풋고추 1개, 식초 1큰술, 올리브오일 1½큰술

▶ **간장소스**
간장 3큰술, 다시마 우린 물 2큰술, 물엿 · 맛술 1큰술씩, 설탕 · 다진 마늘 · 통깨 1작은술씩, 참기름 ½작은술, 후춧가루 약간

1 우엉은 필러로 껍질을 긁어낸 후 어슷하게 편 썰기 한다.

2 ①의 우엉은 찬물에 두 번 정도 주물러 헹군 후 볼에 물을 넉넉하게 붓고 식초를 약간 넣어서 우엉을 담가 갈변을 막고 건져서 물기를 완전하게 턴다.

3 홍고추와 풋고추는 반을 갈라 씨를 빼고 곱게 다져서 종이타월에 올려 물기를 없애고 고슬하게 만든다.

4 깊은 팬에 올리브오일을 두르고 우엉을 넣어 볶는다.

5 우엉에 간장과 다시마 우린 물, 설탕, 다진 마늘, 맛술을 넣어 간장색이 나도록 조린다.

6 우엉에 간장색이 나면 홍고추와 풋고추를 넣어 버무린 후 물엿, 참기름을 넣어 은근하게 조려 통깨와 후춧가루를 뿌려 마무리한다.

🔽 **COOK TIP**

우엉은 찬물에서 두 번 정도 주물러 가면서 씻고 난 후 볼에 물을 넉넉하게 붓고 식초를 넣고 마지막으로 우엉을 헹궈야 갈변 현상도 없어질 뿐 아니라 우엉이 더욱 깔끔하게 씻겨 아린맛도 없어진다.

우엉나물잡채

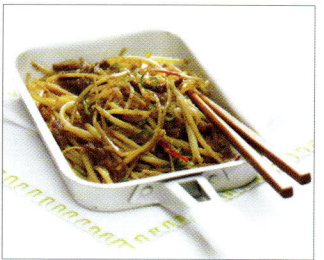

▶ **주재료**
우엉 150g, 콩나물 100g, 쇠고기(등심) 300g, 양파 ½개, 풋고추 2개, 홍고추 1개, 소금 · 식초 약간씩

▶ **쇠고기 양념**
소금 · 후춧가루 약간씩, 참기름 · 다진 마늘 ½작은술씩

▶ **잡채 양념**
간장 · 다진 파 2큰술씩, 물엿 · 설탕 · 참기름 · 깨소금 1작은술씩, 다진 마늘 1큰술, 소금 · 후춧가루 약간씩

1 우엉은 껍질을 벗기고 5㎝ 길이로 썰어 곱게 채 썬 후 식초를 넣은 물에 주물러 씻어 건진다.

2 콩나물은 머리와 꼬리를 떼어내고 씻어서 끓는 물에 살짝 소금을 넣어 데친 후 찬물에 헹궈 물기를 뺀다.

3 쇠고기는 5㎝ 길이로 곱게 채 썰어 쇠고기 양념에 조물조물 무쳐 팬에서 고슬하게 살짝 볶는다.

4 양파는 되도록 곱게 채 썰고 풋고추와 홍고추는 반을 갈라 씨를 털고 3㎝ 길이로 곱게 채 썬다.

5 팬에 기름을 두르고 양파와 우엉을 넣어 볶는다. 우엉이 살캉하게 익으면 잡채 양념을 넣어서 버무려 쇠고기와 콩나물을 넣어 함께 볶는다.

6 콩나물이 살캉하게 볶아지면 수분이 생기지 않도록 센 불에서 풋고추와 홍고추를 넣어 볶은 후 소금으로 간을 맞춰 재빨리 꺼내 한 김 식혀 그릇에 담아낸다.

🔽 **COOK TIP**

우엉을 양파와 함께 미리 볶으면 윤기가 많이 나면서 양파의 단맛이 스며들어 더욱 아삭한 맛을 낸다.

우엉편인삼구이

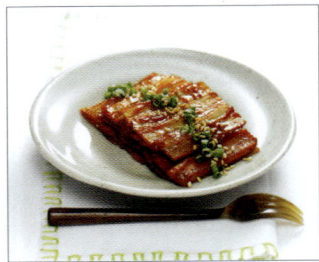

▶ **주재료**
우엉 200g, 인삼 4뿌리

▶ **부재료**
송송 썬 실파 2큰술, 통깨 1큰술, 소금·식초 약간씩

▶ **기름장**
참기름 1큰술, 간장 1작은술

▶ **구이 양념장**
고추장 3큰술, 맛술·꿀 1큰술씩, 간장·물엿·마늘즙·참기름
1작은술씩

1 우엉은 껍질 벗기고 4㎝ 길이로 토막 내어 도톰하게
세로로 편 썬 후 식초물에 헹궈 건진다.

2 인삼도 우엉과 같은 길이와 크기로 썬 후 엷은 소금물
에 헹궈 건진다.

3 기름장을 만들어 우엉과 인삼을 버무려 잠시 재운다.

4 볼에 구이 양념장을 만들어 잘 섞는다.

5 ④의 양념장에 우엉과 인삼을 넣어 버무려 20분 정도
간이 배도록 재운다.

6 팬에 기름을 두르고 ⑤의 우엉과 인삼을 윤기가 나도
록 구운 후 접시에 담고 송송 썬 실파와 통깨를 뿌려
먹는다.

⊙ **COOK TIP**
뿌리채소를 조릴 때 물엿을 처음부터 넣어서 조리면 윤기가 덜
나면서 식었을 때 서로 들러붙어 깔끔하지 못하다. 물엿, 참기름
등은 다 조린 후 마지막에 넣어서 살짝 버무려 낸다.

우엉전

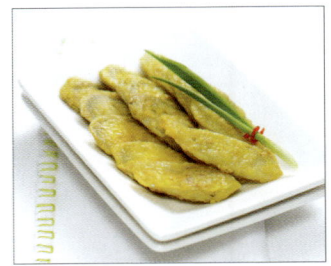

▶ **주재료**
우엉 200g

▶ **부재료**
식초 1큰술, 밀가루 5큰술, 달걀 1개

▶ **우엉 양념**
다진 파 1큰술, 다진 마늘·참기름·깨소금 1작은술씩, 소금 약간

1 우엉은 껍질 벗기고 어슷하게 편 썰기 한다.

2 냄비에 물을 넉넉하게 붓고 끓으면 우엉과 식초를 넣
고 데쳐 체에 건져 식힌다.

3 볼에 분량의 우엉 양념을 골고루 섞어 우엉을 넣고 버
무린 후 밀가루→달걀물에 순서로 옷을 입힌다.

4 달군 팬에 우엉전을 노릇하게 부쳐낸다.

⊙ **COOK TIP**
우엉의 주성분은 당질인데 다른 식품들과 달리 녹말이 적고 대부분
이 이눌린이라는 성분으로 구성되어 있다. 이눌린은 당질 전체의
절반으로 7% 정도 함유되어 있는데 독특한 효능을 가지고 있다.

우엉풋마늘호두볶음

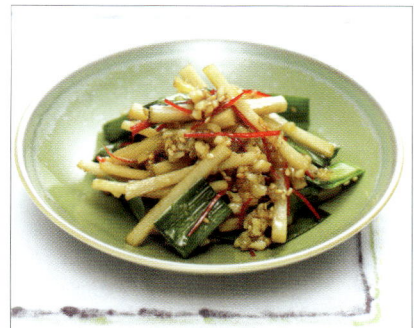

▶ **주재료**
우엉 150g, 풋마늘 2대, 호두 4알

▶ **부재료**
홍고추 1개, 참기름 · 깨소금 · 간장 1작은술씩, 물엿 ½작은술, 소금 · 식초 약간씩

1 우엉은 껍질을 벗기고 4㎝ 길이로 토막 내어 굵게 채썬 후 식초를 탄 물에 헹궈 건진다.

2 풋마늘은 잎 안쪽의 흙을 말끔하게 씻어서 물기를 털고 2㎝ 길이로 썬다.

3 호두는 껍질을 모두 벗기고 속의 껍질이 있는 채로 끓는 물에 데쳐 떫은맛을 없애고 물기만 닦아서 팬에 볶아 잘게 으깬다.

4 홍고추는 반 갈라 씨를 털고 3㎝ 길이로 곱게 채 썬다.

5 팬에 기름을 두르고 우엉과 풋마늘을 넣어서 볶는다.

6 우엉과 풋마늘이 연해지면 간장과 참기름을 넣어 볶다가 으깬 호두를 넣어서 함께 볶은 후 불을 끈다.

7 ⑥에 물엿과 깨소금을 넣고 고루 섞은 후 소금으로 간을 맞춘다.

🍳 **COOK TIP**
풋마늘은 마늘의 향이 짙게 배어 나오지 않으면서도 단맛이 있는 것이 특징인데 찬밥이 많이 있을 때 풋마늘을 송송 썰어 팬에서 볶다가 밥을 함께 볶아서 소금과 참기름만으로 맛을 내어 먹어도 색다른 볶음밥으로 즐길 수 있다.

우엉즉석장아찌

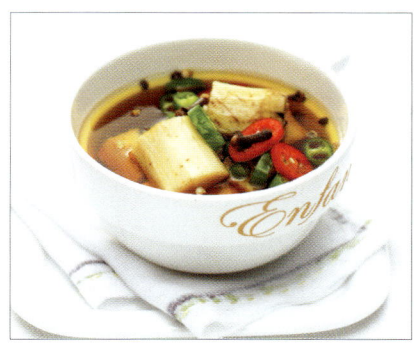

▶ **주재료**
우엉 200g, 식초 1큰술, 소금 약간, 청양고추 2개

▶ **양념소스**
간장 · 물 ⅓컵씩, 다시마 사방 10cm 1장, 가다랑어포 3큰술, 맛술 5큰술, 물엿 · 식초 2큰술씩, 마늘즙 1작은술

1 우엉은 필러로 껍질을 벗기고 2㎝ 길이로 토막 낸 후 세로로 반을 가른다.

2 물에 소금 약간과 식초를 넣어 녹인 후 우엉을 담가 갈변 현상을 막는다.

3 청양고추는 송송 썰어 씨를 턴다.

4 냄비에 간장과 물을 넣어 끓이다가 끓으면 다시마를 넣어 잠시 더 끓인 후 건지고 맛술과 물엿, 식초, 마늘즙을 넣어 은근하게 끓인다.

5 끓인 양념소스를 불에서 내리고 가다랑어포를 담가 1분 정도 우린 후 건져서 소스를 차게 식힌다.

6 밀폐용기에 우엉과 청양고추를 켜켜이 담고 ⑤의 가다랑어포 양념소스를 잠기도록 부어서 반나절 정도만 보관했다가 바로 먹는다.

🍳 **COOK TIP**
이 요리는 금방 담가 바로 먹는 장아찌 요리로 양념소스의 맛이 그다지 진하지 않고 담백해야 더욱 맛이 있다. 특히 가다랑어포 양념소스를 차게 해서 우엉에 부어야 우엉이 더욱 아삭하고 맛이 좋다.

우엉겉절이

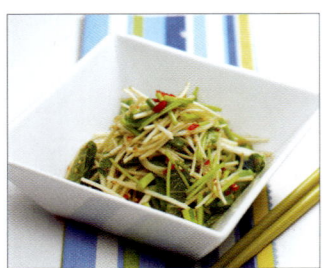

▶ **주재료**
우엉 200g, 소금 약간, 참나물 80g, 깻잎 2장, 양파 ½개, 쪽파 2대

▶ **겉절이 양념장**
썬 홍고추 · 물 2큰술씩, 다진 마늘 · 까나리액젓 · 설탕 · 깨소금 1작은술씩, 참기름 ½작은술, 소금 약간

1 우엉은 필러로 껍질을 벗기고 4cm 길이로 토막 낸 후 다시 곱게 채 썰어 소금물에 담가 20분 정도 절인다.

2 절인 우엉을 끓는 물에 살짝 데쳐 찬물에 헹군 후 물기를 뺀다.

3 참나물은 다듬어 씻어 2cm 길이로 썰고 깻잎은 씻어서 1cm 폭으로 썬다.

4 양파는 곱게 채 썰어 찬물에 헹궈 건지고 쪽파는 1cm 길이로 썬다.

5 홍고추는 씨째 작게 썰어 믹서에 담고 까나리액젓과 물을 2큰술 정도 넣고 곱게 간다.

6 간 홍고추에 설탕과 다진 마늘, 깨소금, 참기름을 넣어 잘 섞은 후 소금으로 간을 맞춘다.

7 상에 내기 직전 볼에 우엉과 참나물, 양파, 깻잎, 쪽파를 담고 ⑤의 홍고추 양념장으로 살살 버무려 낸다.

우엉팽이버섯간장조림

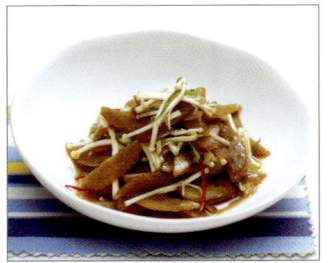

▶ **주재료**
우엉 200g, 팽이버섯 1봉지, 청 · 홍고추 1개씩, 식초 1큰술

▶ **간장소스**
간장 2큰술, 물 · 물엿 · 맛술 1큰술씩, 다진 마늘 · 통깨 1작은술씩, 참기름 ½작은술, 후춧가루 약간

1 우엉은 필러로 껍질을 벗긴 후 반을 갈라 어슷하게 채 썬다.

2 채 썬 우엉은 식초물에 담가 갈변 현상을 막고 찬물에 여러 번 헹군 후 채반에 건져 물기를 턴다.

3 팽이버섯은 밑동을 잘라내고 물에 흔들어 씻어 건져 물기를 뺀다.

4 홍고추와 청고추는 반을 갈라 씨를 빼고 3cm 길이로 곱게 채 썬다.

5 깊은 팬에 식용유를 약간 두르고 우엉을 넣어 볶는다.

6 ⑤의 우엉에 간장과 물, 다진 마늘, 맛술을 넣어 간장색이 나도록 조린다.

7 우엉에 간장색이 배면 청 · 홍고추와 팽이버섯을 넣고 물엿과 참기름을 넣어 은근하게 조린 후 통깨와 후춧가루를 뿌려 마무리한다.

🡒 **COOK TIP**
우엉은 생것으로 겉절이를 먹기보다는 절인 상태에서 살짝 끓는 물에 데쳐 찬물에 헹궈서 양념장에 무쳐야 우엉의 깊은 풍미가 나타나고 참나물과 깻잎의 싱싱함에 우엉이 더 아삭하고 맛이 있다.

🡒 **COOK TIP**
팽이버섯을 넣을 때는 우선 우엉에 간장색이 나도록 조린 후 넣어야 팽이버섯의 맛이 살아난다.

우엉채안심볶음

▶ **주재료**
우엉 150g, 쇠고기(안심) 300g

▶ **부재료**
대파 1대, 양파 $\frac{1}{4}$개, 당근 20g, 고추장·다진 마늘 1큰술씩, 참기름·간장·맛술·물엿 1작은술씩, 소금·후춧가루 약간씩

1 우엉은 필러로 껍질을 벗기고 반을 갈라 어슷하게 편 썰어 소금물에 헹궈 건진다.

2 쇠고기는 배추 굵기로 썰어 고추장 $\frac{1}{2}$큰술과 참기름 $\frac{1}{2}$작은술, 다진 마늘 $\frac{1}{2}$큰술, 맛술 $\frac{1}{2}$작은술로 조물조 물 무친다.

3 양파와 당근은 우엉 길이로 곱게 채 썰고 대파는 3㎝ 두께로 송송 썬다.

4 팬에 기름을 두르고 다진 마늘과 양파, 당근, 우엉을 먼저 볶다가 고추장 양념에 재운 쇠고기 안심을 넣어 볶는다.

5 고기가 익으면 남은 고추장, 다진 마늘, 맛술, 참기름, 물엿, 간장을 넣어 버무려 볶은 후 소금과 후춧가루로 간을 맞추고 대파를 넣어 재빨리 볶아 그릇에 담아낸다.

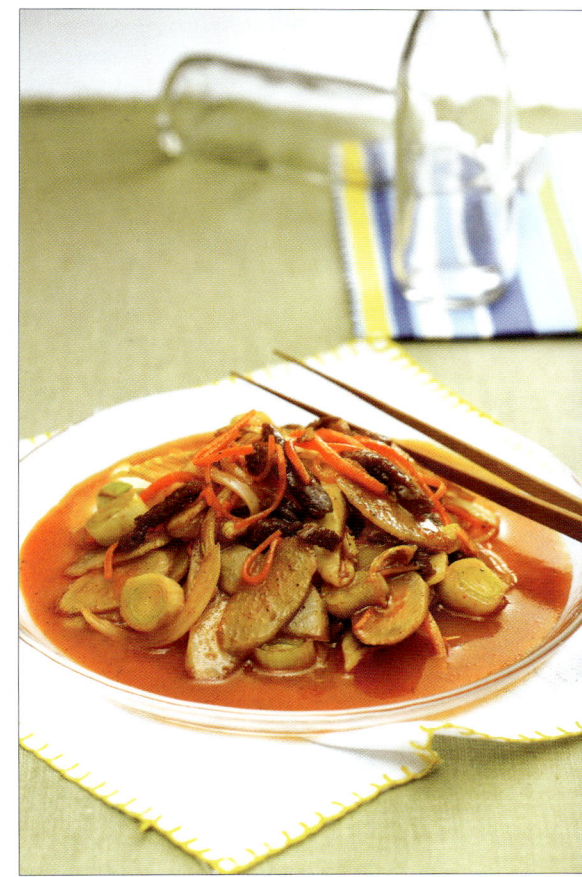

🠖 **COOK TIP**
우엉을 고기와 함께 볶을 때는 되도록 우엉의 간이 깊게 배도록 오래 볶는 것이 좋다.

우엉찹쌀흑임자튀김

▶ **주재료**
우엉 200g, 흑임자 2큰술, 찹쌀가루 · 튀김가루 5큰술씩

▶ **부재료**
풋고추 ½개, 소금 · 튀김기름 약간씩

1 우엉은 필러로 껍질을 말끔하게 벗기고 6cm 길이로 토막 낸 후 세로로 도톰하게 썬다. 엷은 소금물에 잠시 담가 아린맛을 없애고 건져 찬물에 여러 번 헹궈 물기를 말끔하게 닦는다.

2 흑임자는 팬에 기름 없이 통통하게 볶아 접시에 펼쳐 놓는다.

3 풋고추는 씨를 빼고 아주 잘게 다져 종이타월로 꾹꾹 눌러 수분을 없앤다.

4 볼에 찹쌀가루와 튀김가루를 넣고 물을 부어 걸쭉한 농도가 되도록 만든 후 소금으로 살짝 간을 한다.

5 ④에 우엉을 담가 옷을 입히고 흑임자와 풋고추에 굴려 옷을 덧입힌다.

6 170℃의 기름에 ⑤의 우엉을 넣어 노릇하게 튀긴 후 기름을 제거하고 먹는다.

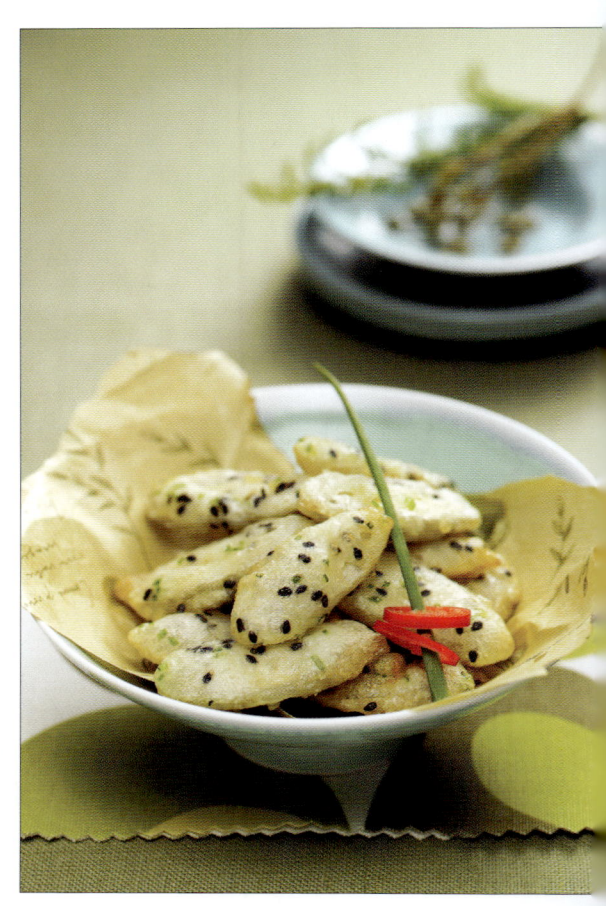

🔄 COOK TIP

우엉은 껍질을 벗기면 갈색으로 색이 변하는 것을 알 수 있는데 이것은 공기 중에 있는 폴리페놀계 화합물이 산화 요소에 의해서 산화되어 나타나는 것이므로 껍질을 벗기고 채를 썰 때에는 식초를 탄 물에 담가 두어야 한다. 식초가 색의 변색을 막아서 하얗게 유지 시키고 떫은맛도 없어지게 한다. 또는 곱게 채 썰어서 마지막 헹구는 물에 식초 한 방울을 떨어뜨려 건져 내도 갈변현상을 막는데 도움을 준다.

연근검은콩밥

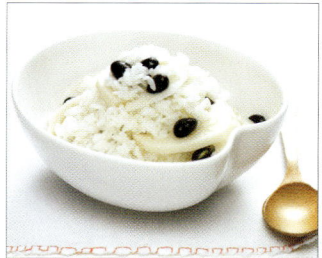

▶ **주재료**
연근 150g, 쌀 1½컵, 검은콩 ⅓컵, 참기름·식초 1작은술씩, 쌀뜨물 2컵, 물 1⅓컵, 소금 약간

▶ **물파래 양념장**
물파래 50g, 국간장·참기름·다진 마늘 1작은술씩, 간장 2큰술, 다시마 우린 물 3큰술, 생강즙 ½작은술, 깨소금 1큰술, 후춧가루 약간

1 연근은 껍질을 벗기고 반을 갈라 0.5㎝ 두께로 편 썬다.

2 ①의 연근은 씻어서 쌀뜨물을 냄비에 붓고 식초를 넣어서 끓으면 연근을 데쳐 찬물에 헹군다.

3 쌀은 미리 씻어서 충분하게 불리고 검은콩은 물에 담가 불린 후 씻어서 물을 조금 붓고 삶고 콩물을 따로 받는다.

4 솥에 참기름을 두르고 쌀과 연근을 넣어 볶아 쌀알이 투명해지면 삶은 콩을 넣고 콩물에 소금을 조금 타서 밥물로 부어서 센 불에 올려 밥을 짓는다.

5 밥물이 잦아들면 약하게 불을 줄여 뜸을 충분하게 들인다.

6 물파래를 깨끗하게 씻어 잘게 다진 후 볼에 담고 국간장과 간장을 섞고 나머지 양념을 모두 넣어 잘 혼합해서 고소하면서 파래의 향이 나는 양념장을 만든다.

7 뜸이 잘 든 연근검은콩밥을 위아래 뒤섞어 그릇에 담고 ⑥의 물파래 양념장을 넣어 비벼 먹는다.

⊙ COOK TIP
검은콩은 충분히 불려서 물에 삶아 그 물로 밥을 지으면 밥이 더욱 구수하다. 연근의 아삭하게 씹히는 맛은 소화를 더 잘되게 하는데 물파래로 만든 양념장에 비벼 먹는 연근검은콩밥은 주말 별식으로 손색이 없다.

연근찹쌀흑임자튀각

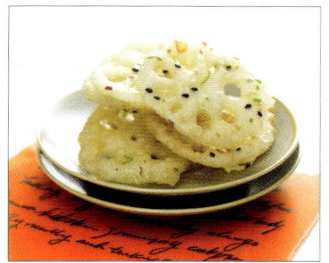

▶ **주재료**
연근 200g, 흑임자 2큰술, 찹쌀가루·튀김가루 5큰술씩

▶ **부재료**
식초 1큰술, 청고추 ½개, 소금·튀김기름 약간씩

1 연근은 껍질을 말끔하게 벗기고 동그랗고 얇게 썰어 옅은 식초물에 잠시 담가 아린맛도 없애고 갈변현상을 막은 후 찬물에 여러 번 헹궈 물기를 말끔하게 닦는다.

2 흑임자는 팬에 기름 없이 통통하게 볶아 접시에 펼쳐 놓는다. 청고추는 씨를 빼고 아주 잘게 다져 종이타월로 꾹꾹 눌러 수분을 없앤다.

3 볼에 찹쌀가루와 튀김가루를 넣고 물을 적당하게 걸쭉한 농도가 되게끔 부어 소금으로 살짝 간을 한다.

4 ③에 연근을 담가 옷을 입히고 ②의 흑임자와 청고추에 굴려 옷을 덧입힌다.

5 170℃의 기름에 ④의 연근을 넣어 노릇하게 튀겨 기름을 빼고 먹는다.

⊙ COOK TIP
연꽃의 뿌리인 연근은 얕은 연못이나 논, 진흙 속에서 곧게 자라며 11월부터 이듬해 1월까지가 제철이다. 예로부터 식재료 뿐 아니라 쇠약해진 기력을 회복시키고 기침을 잠재우기 위한 귀중한 약재로 사용되기도 했다. 또한 신경과민이나 스트레스, 우울증에도 도움을 주며 피부건강, 소화기능 촉진, 빈혈이나 하혈, 출혈성 위궤양, 위염에 효과가 있으면서 니코틴 해독작용이 있어 흡연자에게 좋은 음식이다.

연근등심토마토찜

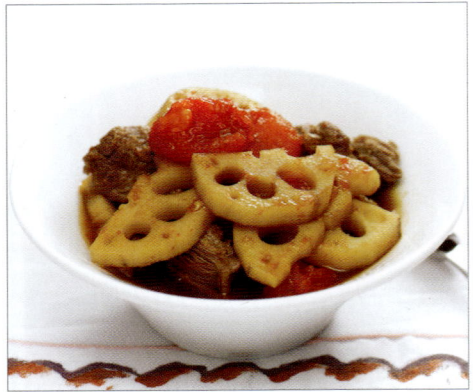

▶ **주재료**
연근 150g, 쇠고기(등심) 400g, 토마토 2개

▶ **부재료**
간장 · 다진 마늘 1큰술씩, 다진 양파 2큰술, 화이트와인 3큰술,
소금 · 후춧가루 약간씩

1 연근은 껍질 벗기고 1㎝ 두께로 썰어 반으로 가른다.

2 쇠고기는 등심으로 준비해서 사방 2㎝ 크기로 썰어 칼
집을 넣는다.

3 토마토는 씻어 십자로 칼집을 넣고 끓는 물에 데쳐서
껍질 벗긴 후 4등분한다.

4 냄비에 올리브오일을 두르고 다진 마늘과 다진 양파,
쇠고기 등심, 연근, 토마토를 넣고 중간 불로 끓인다.

5 ④의 재료가 끓으면 화이트와인을 넣어 약한 불에서
은근하게 찜하고 간장과 소금, 후춧가루로 버무려 간
을 한다.

> → **COOK TIP**
> 연근즙과 생강즙을 뜨거운 물에 섞어 마시면 기침과 가래에 효과
> 가 있다. 연근을 삶을 때 식초를 넣으면 아린맛도 빠지고 색도 선
> 명해지면서 영양성분의 손실도 막아준다.

연근현미가루전

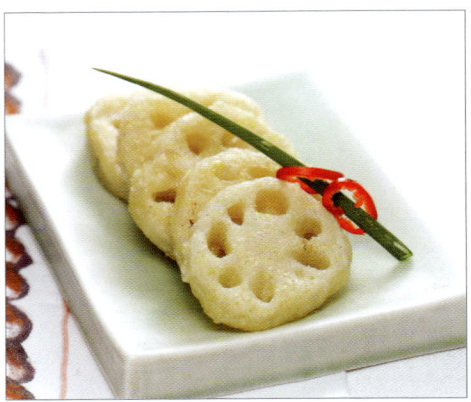

▶ **주재료**
연근 200g, 현미가루 5큰술

▶ **부재료**
찹쌀가루 · 녹말가루 1큰술씩, 소금 · 포도씨오일 약간씩, 식초
1작은술

▶ **연근 양념**
다진 파 1큰술, 다진 마늘 · 참기름 · 깨소금 1작은술씩, 소금 약간

1 연근은 껍질을 벗기고 씻어 식초를 넣은 끓는 물에 데
쳐 찬물에 헹군 후 물기를 닦는다.

2 ①의 연근에 다진 파, 다진 마늘, 참기름, 깨소금, 소
금을 넣어 양념한다.

3 볼에 현미가루, 찹쌀가루, 녹말가루를 넣어 물을 조금
씩 붓고 걸쭉하게 반죽을 해서 ②의 연근 무침을 넣어
버무려 옷을 입힌다.

4 팬에 포도씨오일을 두르고 달궈지면 ③의 연근을 한
개씩 올려 노릇하게 앞뒤로 부친다.

> → **COOK TIP**
> 연근을 그냥 소금으로만 밑간하여 부치면 현미가루가 거칠고 까
> 끌까끌해서 맛이 없다. 연근에 갖은 양념을 한 후 현미가루 옷을
> 입혀 부드럽게 부쳐야 맛이 좋다.

연근튀김

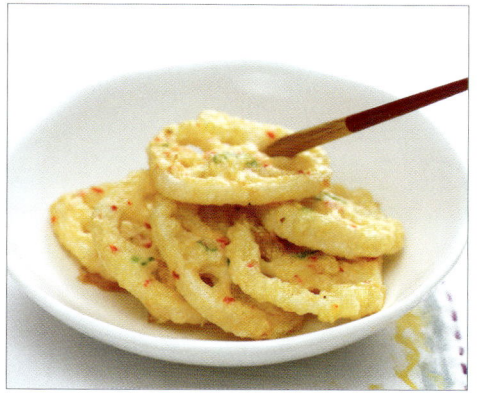

▶ **주재료**
연근 250g

▶ **부재료**
쪽파 5대, 홍고추 2개, 마늘 5쪽, 식초 1큰술, 녹말가루 2큰술, 튀김가루 5큰술, 달걀흰자 1개분, 튀김기름·소금 약간씩

1 연근은 껍질을 벗겨 아주 얇게 썬 후 식초를 탄 물에 헹궈 건진다.

2 쪽파는 1cm 길이로 썰고 홍고추는 반을 갈라 씨를 털어 곱게 다진다. 마늘은 곱게 채 썬다.

3 연근에 녹말가루를 고루 묻히고 튀김가루와 달걀흰자에 쪽파와 홍고추, 마늘을 넣어 잘 섞어 연근에 옷을 듬뿍 입힌다.

4 160℃로 달군 기름에 연근을 바삭하게 튀긴다.

> ⊙→ **COOK TIP**
> 연근을 튀길 때 너무 센 불에서 튀기면 연근의 맛이 없어진다. 튀김기름에 소금을 넣어 보아 아랫면까지 닿았다가 바로 올라오면 알맞은 온도(160℃)이니 바로 바삭하게 튀겨내는 것이 좋다.

연근푸성귀들깨무침

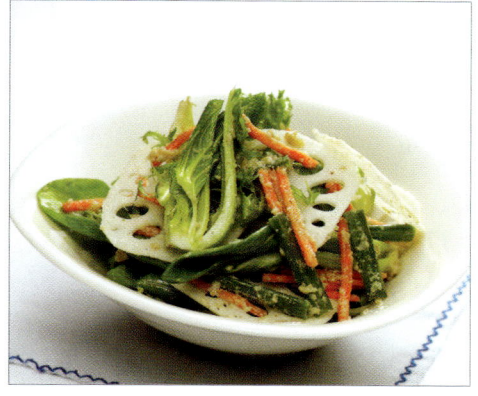

▶ **주재료**
연근 200g, 치커리 30g, 청경채 2포기, 당근 20g, 실파 3대, 쌀뜨물 1컵, 소금 약간, 잣가루 1큰술, 땅콩가루 2큰술

▶ **들깨 양념장**
들깻가루 1½큰술, 다진 마늘 ½작은술, 들기름·맛술 1작은술씩, 소금·흰 후춧가루 약간씩

1 연근은 껍질을 벗겨 아주 얇고 동그랗게 썰어 쌀뜨물에 담가 흔들어 건진 후 소금에 살짝 절여 물기를 닦는다.

2 치커리와 청경채는 씻어서 손으로 적당한 크기로 뜯어 찬물에 싱싱하게 한 후 건진다.

3 실파는 다듬어 씻어 3cm 길이로 썰고 당근은 아주 곱게 3cm 길이로 채 썬다.

4 유리 볼에 들깻가루와 들기름, 다진 마늘, 소금, 흰 후춧가루, 맛술을 넣어 잘 섞어 양념장을 만든다.

5 그릇에 연근과 치커리, 청경채, 실파, 당근을 골고루 섞어서 담고 ④의 들깨 양념장을 뿌려 버무린 후 잣가루와 땅콩가루를 뿌려서 먹는다.

> ⊙→ **COOK TIP**
> 쌀뜨물에 연근을 흔들어 씻어 건지면 연근의 아린 맛을 없애는 효과가 있어 씹을수록 담백하고 고소한 맛이 우러나므로 맹물에 흔들어 씻어 건지는 것보다 효과적이다.

연근칩

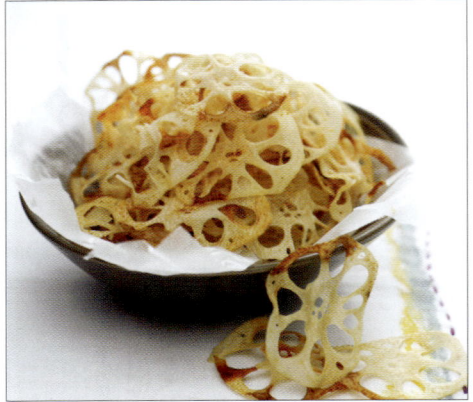

▶ **주재료**
연근 200g

1 연근은 껍질을 벗기고 씻은 후 동그란 모양으로 아주 얇게 저며 썬다.

2 끓는 물에 연근을 데쳐 찬물에 헹군 후 물기를 한 개씩 닦는다.

3 미리 예열한 오븐에 연근칩을 평평하게 놓고 160℃의 온도에서 10분 정도 노릇하게 구워낸다.

COOK TIP

연근은 평소 불면증이 심한 사람에게 좋다. 신선한 연근을 약한 불에서 푹 삶아 익힌 뒤 얇게 썰어서 꿀과 함께 자주 먹으면 정신을 안정시키고 잠이 잘 오게 하는 효과가 있다. 연근은 한방에서 우절이라고 하여 출혈성 질환, 빈혈 등에 좋고 강장작용으로 위궤양에 좋다고 한다. 연근의 철분, 타닌 성분은 소염 작용을 하며 특히 위염, 위궤양, 코피를 자주 흘릴 때도 효과적이다.

연근무생강초

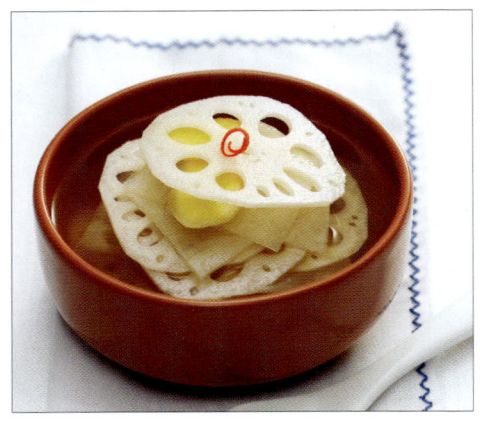

▶ **주재료**
연근·무 100g씩, 생강 1톨, 소금 약간

▶ **초절임물**
식초 ½큰술, 설탕 3큰술, 소금 1작은술, 물 1컵

1 무는 껍질을 벗겨 5×5×0.4㎝ 크기로 썰어 밑쪽에 1㎝ 정도만 남기고 0.4㎝ 굵기로 썬다.

2 연근은 껍질을 벗기고 0.5㎝ 두께로 썰어 물에 잠시 담근다.

3 생강은 되도록 얇게 저민다.

4 냄비에 초절임물을 분량의 재료대로 담고 팔팔 끓여 식힌다.

5 밀폐용기에 무와 연근, 생강을 담고 ④의 초절임물을 부어 밀봉한 후 5일 정도 두었다가 맛이 들면 다시 초절임물을 따라내어 끓여서 다시 식혀 붓기를 2회 정도 반복하면 칼칼한 맛의 초절임을 맛볼 수 있다.

COOK TIP

연근의 주성분은 당질이며, 대부분이 녹말이다. 아미노산으로는 아스파라긴, 아지닌, 티록신이 많으며 레시틴과 펙틴도 많고, 비타민 B12가 들어 있다.

연근고기샌드전

▶ **주재료**
연근 200g, 다진 쇠고기 100g

▶ **부재료**
식초 1작은술, 녹말가루 2큰술, 밀가루 ⅓컵, 달걀 2개, 올리브오일 2큰술

▶ **다진 쇠고기 밑간**
참기름 · 다진 마늘 · 맛술 ⅓작은술씩, 소금 · 후춧가루 약간씩

1 연근은 껍질을 벗기고 깨끗이 씻은 후 0.5㎝ 두께로 썰어 식초를 넣은 물에 살짝 데친다. 찬물에 헹구어 물기를 뺀다.

2 다진 쇠고기에 고기 밑간으로 해서 조물조물 무쳐 잠시 재워 둔다.

3 ①의 연근에 녹말가루를 뿌리고 ②의 고기를 연근구멍에 촘촘히 채운 후 밀가루 → 달걀 순으로 옷을 입힌다.

4 팬에 올리브오일을 두르고 달군 후 ③의 연근전을 앞뒤로 노릇하게 지진다.

5 아삭한 맛이 나는 연근고기샌드전을 접시에 돌려 담아 상에 낸다. 실파를 많이 썰어 넣은 초간장 양념장에 찍어 먹어도 아주 맛이 있다.

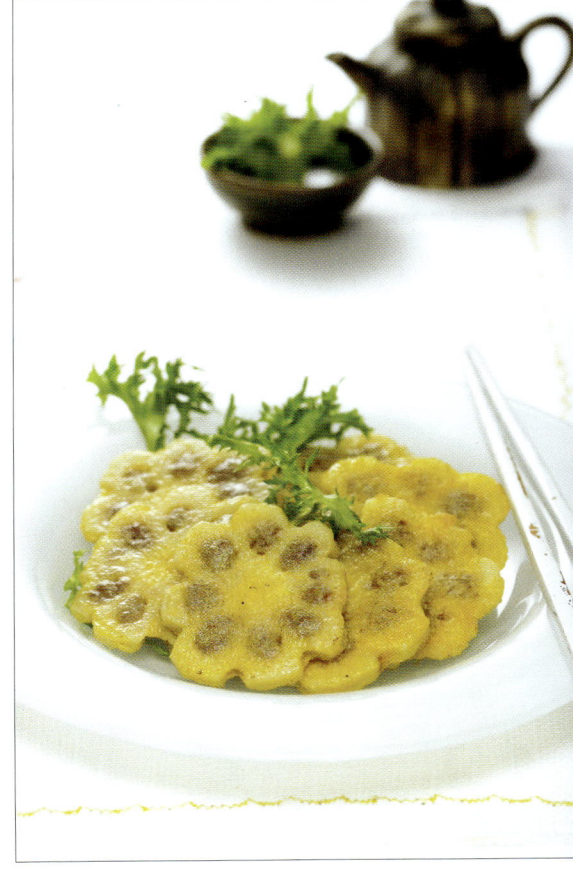

🔶 **COOK TIP**

연근을 이용한 전은 무엇보다 아삭하게 씹히면서 고기 맛이 나야 제 맛을 내는데 연근을 오래 부치면 아삭한 맛이 안 나게 된다. 이럴 때는 식초 넣은 끓는 물에 연근을 데쳐 찬물에 헹군 뒤에 다진 쇠고기를 연근 구멍에 촘촘히 넣고 전을 부쳐야 한다.

연근칩녹차튀김샐러드

▶ **주재료**
연근 100g

▶ **부재료**
녹말가루 · 녹차가루 · 참깨 · 식초 1큰술씩, 흑임자 · 설탕 1작은술씩, 맛소금 약간, 치커리 · 겨자잎 · 비타민 30g씩, 무순 20g, 튀김
기름 약간

▶ **드레싱**
레몬즙 1큰술, 꿀 1작은술, 올리브오일 2큰술, 흰 후춧가루 약간

1 연근은 껍질을 벗기고 아주 얇게 편 썰기 한다. 물에 약
간의 식초를 타서 연근을 담가 색이 변하는 것을 막는다.

2 ①의 연근을 건져 채반에 하나씩 올린 후 그늘지고 통
풍이 잘되는 곳에서 꾸덕하게 말린다.

3 약간의 수분기가 있는 말린 연근을 녹말가루와 녹차
가루를 섞어서 골고루 앞뒤로 묻힌다.

4 가루를 묻힌 연근칩을 160℃ 기름에서 노릇하고 바삭
하게 튀겨내 참깨와 흑임자, 설탕, 맛소금을 솔솔 뿌
린다.

5 치커리와 무순, 겨자잎, 비타민은 모두 깨끗하게 씻어
물기를 털고 적당하게 자른다.

6 접시에 ⑤를 골고루 담고 연근칩튀김을 올린 후 드레
싱을 뿌려 상에 낸다.

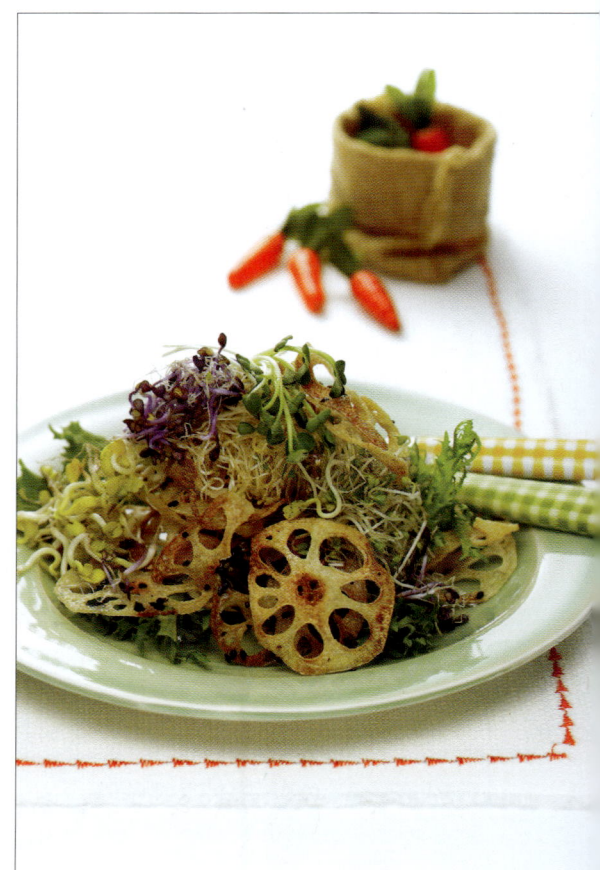

⊙ **COOK TIP**
연근에 녹말가루와 녹차가루를 뿌려서 튀기면 연한 녹색의 연근
칩이 맛도 좋지만 연근의 당질 성분을 녹차가루가 더욱 증가시
키면서 면역력 증강에 큰 도움을 준다.

파채수육무침

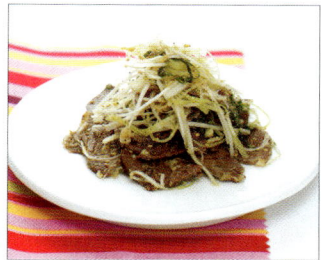

▶ **주재료**
대파(흰 부분) 3대, 쇠고기(사태살) 300g

▶ **부재료**
깻잎 3장, 마늘 2쪽, 생강 1톨, 청주 2큰술

▶ **참깨즙 간장소스**
참깻가루 2큰술, 간장 1½큰술, 다진 마늘 · 맛술 1작은술씩, 다시마 우린 물 ½컵, 설탕 · 식초 1큰술씩, 소금 · 후춧가루 약간씩

1 사태는 물에 담가 핏물을 뺀 후 냄비에 물을 붓고 마늘, 생강, 청주를 넣고 끓이다가 끓으면 고기를 넣고 삶는다.

2 삶은 사태를 마른 면포에 올려 모양을 잡아 꾹 눌러주고 모양이 잡히면 사태를 2×4×0.3㎝의 크기로 썬다.

3 대파는 흰 부분만 준비해서 5㎝ 길이로 토막 내어 가운데를 칼집 넣어 펼친 후 곱게 채 썰어 찬 얼음물에 담가 싱싱하게 하고 아린맛도 빼준다.

4 깻잎은 곱게 채 썰어 찬 얼음물에 담가 싱싱하게 한 후 건져서 물기를 뺀다.

5 참깨즙 간장소스를 분량대로 고루 섞어서 만든다.

6 볼에 사태편육과 깻잎, 대파채를 넣고 ⑤의 참깨즙 간장소스를 부어 무친다.

→ COOK TIP
대파는 주로 국이나 찌개에 많이 쓰이는데 대파의 흰 부분은 특히 단맛이 나므로 무침에 넣으면 재료의 감칠맛을 내주기도 한다. 대파잎 부분의 점액질을 뜨거운 물에 데쳐 없애야 국물의 씁쓸한 맛을 없애준다.

쪽파들기름나물

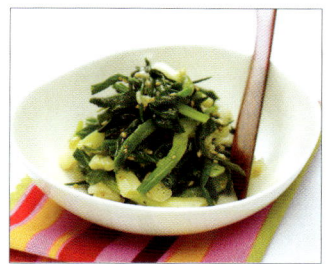

▶ **주재료**
쪽파 20대, 들기름 1½큰술

▶ **부재료**
다진 마늘 1작은술, 김 1장, 소금 · 후춧가루 · 통깨 약간씩

1 쪽파는 다듬어 씻어서 물기를 뺀다. 쪽파 머리 부분에 칼집을 십자로 넣는다.

2 냄비에 소금을 넣고 끓으면 준비한 쪽파를 넣고 파랗게 데쳐서 찬물에 헹궈 물기를 짠다.

3 ②의 쪽파를 5㎝ 길이로 적당히 잘라 볼에 담고 들기름, 다진 마늘, 후춧가루, 소금을 넣고 조물조물 무친다.

4 김을 불에 직화로 구워 손으로 비벼서 잘게 부순다.

5 ③에 부순 김을 넣고 버무려서 통깨를 솔솔 뿌린다.

→ COOK TIP
쪽파는 어떤 요리에도 다 넣는 밑 양념 중 하나인데 어린 쪽파를 데쳐서 무치면 아린맛도 없이 야들거리는 그 맛이 일품이기도 하다. 또 쪽파는 잘게 썰어서 맑은 국이나 우동, 국수 등에 고명으로 올리기도 한다.

실파게맛살강회

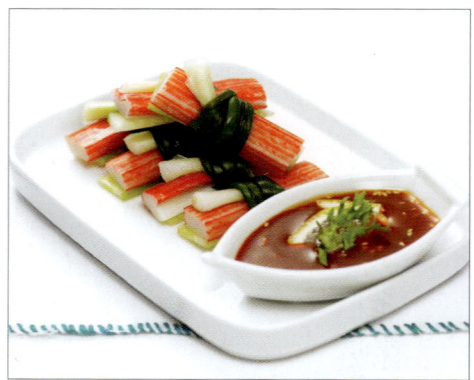

▶ **주재료**
실파 30대, 게맛살 3줄, 오이 ½개, 소금 약간

▶ **강회 초장**
고추장 · 설탕 · 식초 2큰술씩, 꿀 · 참기름 1작은술씩, 통깨 약간

1 실파는 깨끗이 다듬어 씻어서 물기를 턴다.

2 준비한 실파를 넓적한 채반에 펼쳐 담고 소금을 넣은 끓는 물을 단번에 부어 실파를 파랗게 데치듯이 익힌 후 찬물에 재빨리 헹궈 물기를 꼭 짠다.

3 게맛살은 5㎝ 길이로 썰고 오이는 소금으로 박박 문질러 씻어서 게맛살과 같은 크기로 편 썰기 한 후 마른 면포로 오이의 물기를 말끔히 닦는다.

4 게맛살과 오이를 포개고 실파 머리 부분을 얹고 줄기 부분으로 돌돌 말아 모양을 만든다.

5 강회 초장을 분량의 재료대로 섞어 만든다.

6 접시에 실파맛살강회를 펼쳐 담고 초장을 곁들어 상에 낸다.

> **COOK TIP**
> 파는 칼슘, 인, 철분이 많고 비타민이 풍부하다. 특히 잎사귀 쪽은 비타민 A와 비타민 C가 많다. 음식의 영양가를 높여주고 맛을 좋게 하는 양념으로 많이 쓰인다. 특히 실파는 대가 얇고 부드러워 생채나 샐러드, 강회 같은 요리에 많이 쓴다.

실파간장소스와 구운두부

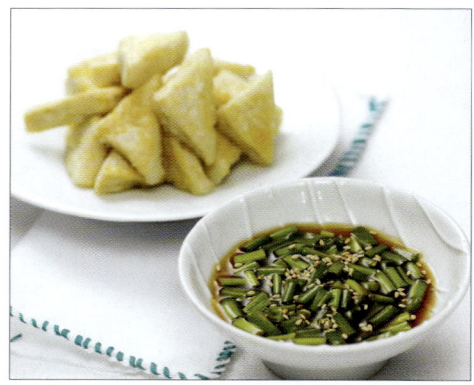

▶ **주재료**
두부 ½모, 녹말가루 2큰술, 무순 50g, 소금 약간, 포도씨오일 2큰술

▶ **부재료**
다시마 우린 물 1컵, 간장 ½컵, 청주 · 맛술 · 설탕 2큰술씩, 가다랑어포 3큰술, 실파 5대

1 두부는 삼각형 모양으로 1㎝ 두께로 썰어 소금을 뿌려 밑간한다.

2 ①의 두부에 물기를 닦고 녹말가루를 뿌린 후 팬에 포도씨오일을 두르고 노릇하게 구워낸다.

3 무순은 다듬어 씻어 물기를 털고, 실파는 다듬어 1㎝ 길이로 썬다.

4 냄비에 다시마 우린 물을 붓고 간장, 청주, 맛술, 설탕을 넣어 한소끔 끓여 진한 맛이 우러나면 불에서 내린 후 가다랑어포를 1분 정도 우려 차게 식힌 후 썬 실파를 듬뿍 넣어 실파간장소스를 만든다.

5 접시에 구운 두부를 담고 실파간장소스를 듬뿍 뿌린 후 무순을 가득 올려 낸다.

> **COOK TIP**
> 실파를 넣은 간장소스는 짜지 않고 파의 향이 많이 우러나서 맛있다. 가다랑어를 구수하게 우려내고 간장물을 완전히 식힌 후 실파를 넣어야 향과 씹히는 맛이 좋다.

레몬대파겉절이

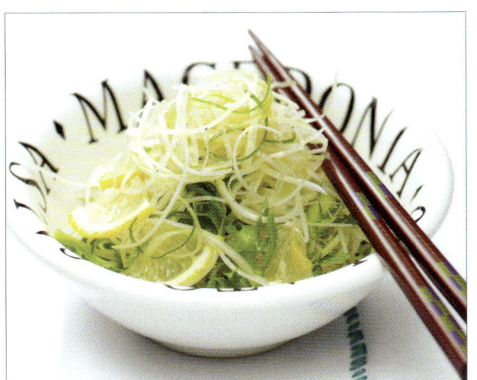

▶ **주재료**
대파 2대, 레몬 ½개, 치커리 30g

▶ **부재료**
소금 · 흰 후춧가루 약간씩, 참기름 ¼작은술

1 대파는 5㎝ 길이로 토막 내어 세로로 반 갈라 채 썬다.

2 레몬은 세로로 4등분해서 얇게 썬다.

3 치커리는 손으로 적당하게 뜯어 찬물에 헹궈 둔다.

4 대파채를 얼음물에 헹궈 아린맛을 없앤 후 마른 면포에 올려 흔들어 물기를 뺀다.

5 상에 내기 직전 볼에 대파와 레몬, 치커리를 담고 소금, 흰 후춧가루, 참기름을 넣어 젓가락으로 버무려 바로 먹는다.

→ COOK TIP

대파는 양념이 된 상태로 그냥 두면 숨이 죽어 아삭한 맛과 향이 없어진다. 되도록 겉절이 등으로 이용하는 대파는 먹기 직전에 바로 무쳐 먹어야 한다.

파기름목살무침

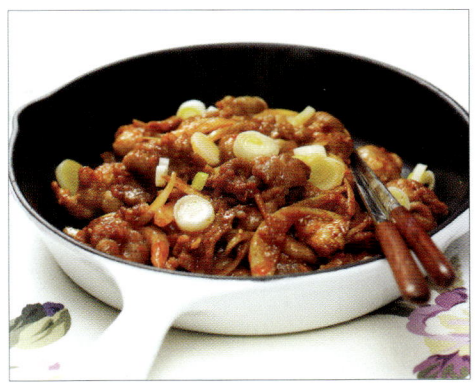

▶ **주재료**
돼지고기(목삼겹) 600g, 양파 ½개, 대파 3대, 포도씨오일 3큰술, 생강 ¼톨, 마늘 5쪽

▶ **무침 양념장**
간장 · 굴소스 · 물엿 · 청주 1큰술씩, 고추장 2큰술, 다진 마늘 1작은술, 소금 · 후춧가루 · 통깨 약간씩

1 돼지고기는 목삼겹살로 준비해서 사방 4㎝ 크기로 얇게 썬다.

2 볼에 간장, 굴소스, 고추장, 물엿, 청주, 다진 마늘을 넣어 잘 섞은 후 돼지고기를 넣어 조물조물 무쳐 재운다.

3 양파는 굵게 채 썰고 대파는 동그랗게 송송 썬다. 생강과 마늘은 굵게 채 썬다.

4 냄비에 포도씨오일을 두르고 대파를 넣고 볶아 파기름을 만든 후 생강, 마늘, 양파를 넣고 볶는다.

5 ④에 재워 놓은 돼지고기 목살을 넣어 볶는다.

6 파기름이 흠씬 배어 목살이 부드럽게 익으면 소금과 후춧가루, 통깨로 버무려 상에 낸다.

→ COOK TIP

파기름은 돼지고기 잡내 뿐 아니라 생선의 비린맛과 닭의 잡내 등 재료의 냄새를 없애고 재료의 풍미를 살려주는 역할을 한다. 대파를 송송 썰어 포도씨오일을 두른 냄비에서 노릇하게 볶아 파 향이 충분하게 우러날 때 주재료를 넣어 익힌다.

실파두부샐러드

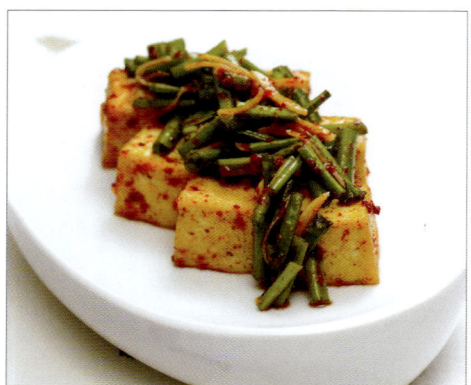

▶ **주재료**
실파 5대, 두부 ½모

▶ **부재료**
마늘 2쪽, 생강즙 ½작은술, 참기름 1큰술, 고춧가루 · 맛술 · 식초 1작은술씩, 소금 · 후춧가루 약간씩

1 실파는 껍질을 벗기고 다듬어 깨끗하게 씻는다. 물기를 털고 2㎝ 길이로 썬다.

2 마늘은 껍질을 벗겨 곱게 채 썬다.

3 두부는 사방 2㎝ 크기로 썰어 소금으로 밑간하여 잠시 수분을 뺀 후 물기를 닦아 팬에 기름을 두르고 노릇하게 지져낸다.

4 볼에 실파와 마늘, 생강즙, 참기름, 고춧가루, 맛술, 식초, 소금, 후춧가루를 모두 넣고 양념해서 살살 버무린다.

5 접시에 지져낸 두부를 담고 위에 실파 버무린 것을 소복이 올려 완성한다.

➡️ **COOK TIP**

실파는 약간 아린 맛이 나고 매콤함이 살아 있는데 마늘채와 생강즙을 함께 넣어서 참기름으로 고소한 맛을 주고 식초로 새콤한 맛이 나게 하면 부담없이 실파 샐러드를 즐길 수 있다.

대파채북어무침

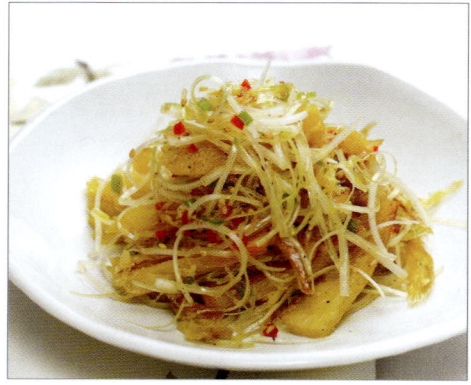

▶ **주재료**
대파 2대, 북어채 100g

▶ **부재료**
홍고추 · 청양고추 1개씩, 참기름 · 설탕 · 청주 · 다진 마늘 · 식초 1작은술씩, 고추기름 ½작은술, 통깨 · 소금 · 후춧가루 약간씩

1 대파는 3㎝ 길이로 토막 내어 가로로 썬 후 대파의 면을 펼쳐서 곱게 채 썬다. 찬물에 담가 아린 맛을 없애고 싱싱하게 만든 후 체에 받쳐 물기를 완전히 뺀다.

2 북어채는 가시를 발라내고 대파의 길이만큼 얇게 찢는다.

3 홍고추와 청양고추는 씨까지 통째로 곱게 다진다.

4 볼에 참기름, 설탕, 청주, 다진 마늘, 고추기름, 식초, 통깨, 소금, 후춧가루를 넣어 골고루 버무려 양념장을 만든다.

5 ④에 대파채와 북어채, 고추를 모두 넣고 살살 버무려 간이 배도록 한 후 그릇에 담아낸다.

➡️ **COOK TIP**

대파는 곱게 채를 썰면 끈적끈적한 점액질이 많이 나오는데 이 점액질은 찬물에 헹구면 없어진다. 찬물에 대파를 담갔다가 아린맛과 점액질이 없어지면 마른 면포에 대파를 눌러 가면서 물기를 없애야 양념에 무쳤을 때 간이 잘 배고 물기가 흥건하게 되지 않는다. 북어는 면역력을 없애줄 뿐 아니라 세균의 침투를 막는 역할을 하므로 대파와 함께 무쳐 먹게 되면 면역력 증강에 큰 도움이 된다.

쪽파오징어부침

▶ **주재료**
쪽파 10대, 조갯살 50g, 오징어 1마리

▶ **부재료**
밀가루 1½컵, 녹말가루 2큰술, 다시마 우린 물 1컵, 소금 · 실고추 · 통깨 약간씩

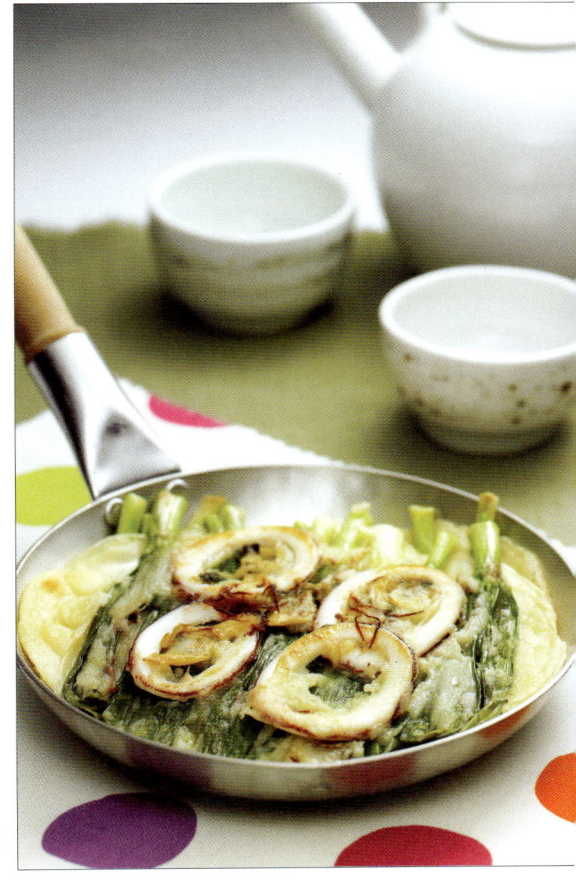

1 쪽파는 깨끗이 다듬어 씻어 물기를 빼고 8cm 길이로 썬다.

2 조갯살은 옅은 소금물에 헹궈 싱싱하게 만들어 물기를 뺀 후 볼에 담아 준비한다. 비릿한 맛을 없애기 위해 마늘이나 생강즙을 약간 넣고 밑간을 해도 좋다.

3 오징어는 내장과 먹물을 빼고 씻어서 껍질째 그대로 곱게 채 썬다.

4 밀가루와 녹말가루를 섞어서 다시마 우린 물에 풀어 걸쭉한 상태로 반죽한 후 약간의 소금을 넣어 간을 맞춘다.

5 팬에 기름을 두르고 달군 후 ④의 밀가루 반죽을 널찍한 모양으로 한 국자씩 떠놓고 위에 쪽파를 가지런히 놓는다. 조갯살과 오징어를 위에 올리고 실고추와 통깨를 올려 모양을 살린 후 밀가루 반죽 한 숟가락을 쪽파 위에 약간씩 뿌려서 쪽파가 떨어지지 않도록 주의해서 부친다.

6 쪽파가 너무 익어 뭉그러지지 않도록 노릇하게 부쳐 고춧가루와 참기름, 식초를 넣은 초간장과 함께 찍어 먹는다.

🔸 **COOK TIP**

쪽파는 건강에 좋은 채소다. 파 특유의 냄새로 알려진 알리신(Allicin)이라는 성분이 비타민 B_1을 활성화하여 특정 병원균에 대해 강한 살균력을 나타내고 있어 면역력의 강화에 특히 좋기 때문이다. 파는 한방에서도 건위, 살균, 이뇨, 발한, 정장, 구충, 거담 등의 효과가 있다고 한다.

베이컨대파잎꼬치구이

▶ **주재료**
  베이컨 6줄, 대파잎 6대, 나무꼬치 6개, 소금 약간
▶ **꿀생강 간장소스**
  간장 3큰술, 생강 1톨, 꿀 1½큰술, 다시마 우린 물 ¼컵

1 베이컨은 종이타월에 올려 기름을 뺀다.

2 대파잎은 소금을 약간 넣은 끓는 물에 데쳐 찬물에 헹궈 나무젓가락으로 밀어 점액질을 뺀다.

3 베이컨과 대파잎을 겹쳐 나무꼬치에 주름을 잡듯이 한 개씩 뗀다.

4 냄비에 간장, 생강, 꿀, 다시마 우린 물을 붓고 끓여 걸쭉한 농도가 되면 꺼낸다. 생강은 통째로 넣지 말고 얇게 저며 한소끔 끓이면 생강의 향이 더욱 진하게 난다.

5 팬에 ③의 베이컨대파잎꼬치를 올리고 구우면서 ④의 꿀생강 간장소스를 발라 윤기가 나도록 굽는다.

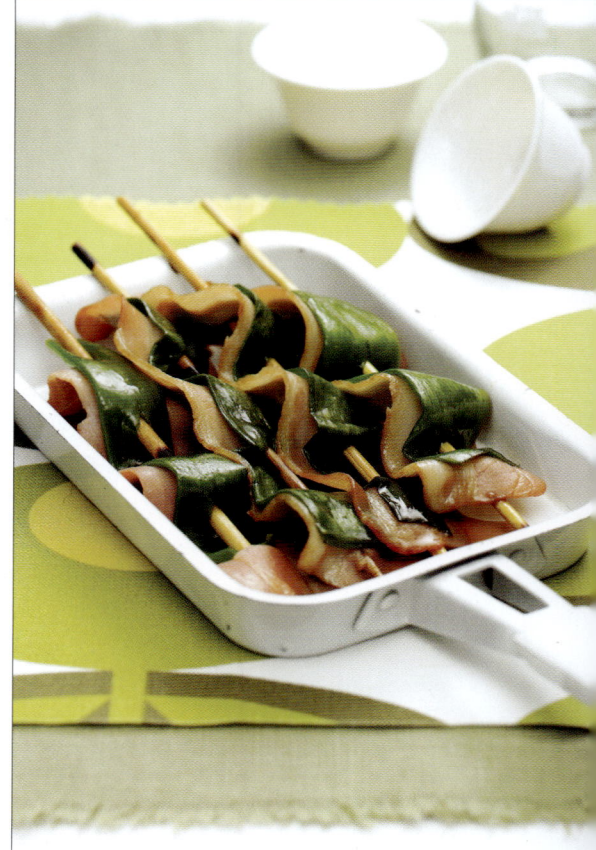

> → **COOK TIP**
> 대파잎의 점액질은 쓴맛을 내므로 끓는 물에 데친 후 찬물에 헹궈 젓가락으로 이용해서 밀어 빼야 한다.

생강술

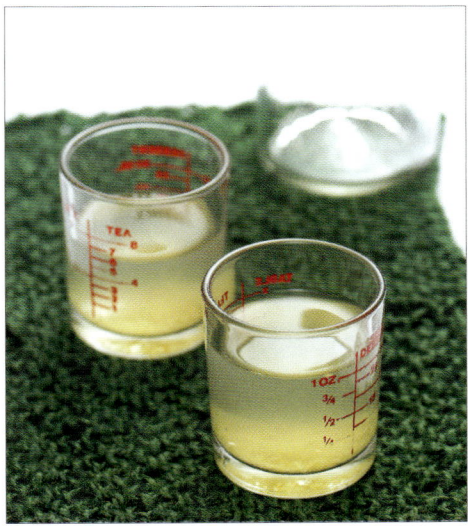

▶ **주재료**
생강즙 5큰술, 청주 10큰술

1 청주는 생강의 분량보다 2배 많은 10큰술을 준비하여 생강즙과 1:2 비율로 섞는다.

2 준비한 생강술은 작은 밀폐용기에 담아 냉장 보관한다. 비린내가 나거나 누린내가 나는 생선요리와 닭요리에 바로 쓰면 생강즙을 일일이 내지 않고 간편하게 쓸 수 있다.

생강차

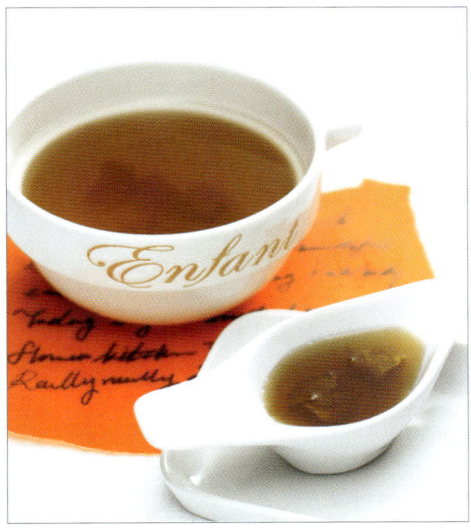

▶ **주재료**
생강 100g, 황설탕 · 물 1컵씩

1 생강은 껍질을 모두 벗기고 씻어서 얇게 저민다.

2 냄비에 황설탕과 물을 넣어 시럽을 만드는데 설탕이 녹아 끓어오르면 절대로 젓지 말고 그대로 찬 곳에 두어 식힌다.

3 밀폐용기에 저민 생강을 모두 넣고 ②의 차게 식힌 시럽을 부어서 통풍이 잘되는 그늘진 곳에서 2주 이상 삭힌다. 생강의 알싸한 맛이 많이 우러나면 뜨거운 물을 끓여 생강시럽을 두 스푼 정도 타서 마신다.

 COOK TIP

보통 생강술은 일주일 정도 보관해서 쓰는 것이 좋다. 너무 많은 양을 한꺼번에 만들어 쓰는 것보다는 일주일 정도 쓸 양만 만들어 보관하도록 한다.

COOK TIP

생강은 다년생 초본식물로 우리나라에는 향신료로 이용하는 생강과 어린 순이나 화수를 식용하는 것이 많다. 생강은 맛이 맵고 성질은 약간 따뜻하다. 생강즙은 위 점막을 자극하여 반사적으로 혈압을 높이고 살균시키는 작용을 한다.

볶은생강차

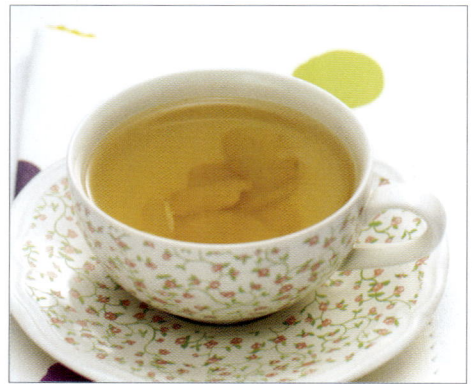

▶ **주재료**
생강 20g

▶ **부재료**
물 3컵, 꿀 2큰술, 대추채 약간

1 생강은 껍질을 벗기고 얇게 저미 썬 후 말려둔다.

2 말린 생강은 기름 없이 검게 볶은 다음 물을 넣고 끓인다.

3 생강물을 따라 담고 꿀을 넣어 저은 다음 대추채를 띄워 마신다.

생강초절임

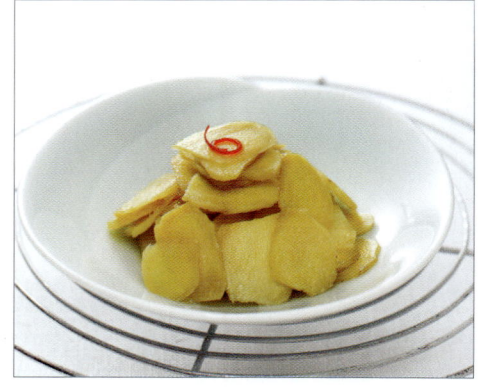

▶ **주재료**
생강 1kg

▶ **부재료**
소금 1큰술, 설탕 ⅓컵, 식초 5큰술, 물 1컵

1 싱싱하고 연한 생강을 골라 껍질을 깎아 아주 얇고 납작하게 썬 후 찬물에 헹궈 건진다.

2 끓는 물에 생강을 넣고 살짝 데쳐 매운맛을 뺀 후 찬물에 헹군다. 물기를 완전하게 닦아 채반에 올려 약간 꾸덕하게 말린다.

3 밀폐용기에 생강을 넣고 소금과 설탕을 넣어 고루 저은 다음 1시간쯤 그대로 둔다.

4 숨이 죽어 부드러워진 생강을 고루 섞으면서 눌러 다지고 식초를 붓는다.

5 ④의 생강에 물을 부어 생강이 다 잠기게 해서 무거운 돌이나 그릇으로 눌러서 절인다.

고사리생강즙볶음

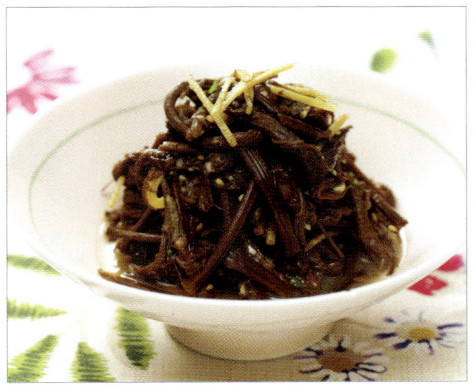

▶ **주재료**
삶은 고사리 250g

▶ **부재료**
생강즙 · 국간장 · 간장 1작은술씩, 들기름 · 다진 파 · 다진 마늘 · 깨소금 1큰술씩, 소금 약간, 쌀뜨물 2컵, 다시마 우린 물 5큰술

1 삶은 고사리는 물에 헹군 다음 쌀뜨물에 담가 아린 맛을 빼고 찬물에 헹궈 건진다.

2 ①의 손질한 고사리를 가지런하게 정리해서 6cm 길이로 썬다.

3 볼에 고사리를 담고 생강즙과 국간장, 간장, 다진 마늘, 다진 파를 넣어 조물조물 무쳐 잠시 간이 배도록 둔다.

4 팬에 들기름을 두르고 지글지글 끓어오르면 무친 고사리를 넣어 볶다가 다시마 우린 물을 끼얹은 후 잠시 불을 약하게 줄여 뚜껑을 덮어 뜸을 들인다.

5 ④의 고사리가 부드럽게 익으면 중간 불에서 볶아 깨소금과 소금으로 버무려 간을 맞춘다.

> → **COOK TIP**
> 고사리를 볶아 두면 비린맛이 올라오거나 씹을 때 비린맛이 나는데 생강즙을 함께 넣고 무쳐 잠시 재웠다가 들기름에 볶으면 오래 두고 먹어도 고사리의 고소한 맛이 살아 있고 씹으면 씹을수록 단맛이 난다.

생강꿀절임

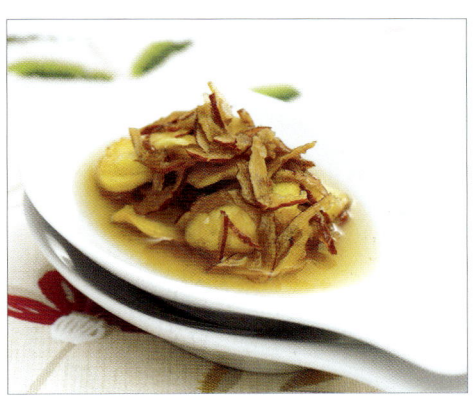

▶ **주재료**
생강 200g, 꿀 1컵, 대추 5개

1 생강은 껍질을 벗기고 얇게 저민다.

2 대추는 씻어 물기를 완전히 닦은 다음 돌려 깎아 곱게 채 썬다.

3 열탕 소독한 병에 생강, 대추, 꿀을 한 켜씩 넣어 밀봉한 후 3~4일간 숙성시킨다.

4 생강꿀절임을 그대로 먹어도 되고 뜨거운 물에 생강편 3~4개와 꿀을 적당하게 덜어 차로 마셔도 좋다.

> → **COOK TIP**
> 생강은 다양한 쓰임새 중에서도 독특한 약리 작용으로 예로부터 한방의 중요한 재료로 쓰였다. 생강은 위를 튼튼하게 해주는 작용을 하고 기침과 딸꾹질을 멈추게 하며, 차멀미를 할 때 편강(설탕에 잰 것)을 씹으면 좋다. 또 위를 따뜻하게 하는 효과도 있다. 찬 것을 너무 많이 마셔 토하려고 할 때 따끈한 생강차를 마시면 도움이 된다. 증세가 심하면 생강즙을 한 숟가락 먹으면 뱃속이 훈훈해진다. 생강정유(생강가루를 수증기로 증류해서 만듦)는 티푸스균, 콜레라균 등 세균에 대해 살균작용이 있어 생선회와 곁들여 먹으면 좋다.

생강쪽파피클

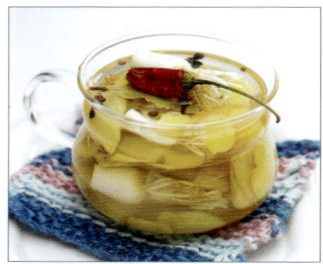

▶ **주재료**
생강 150g, 쪽파뿌리 100g

▶ **부재료**
정향 1개, 통후추 5알, 월계수잎 2장, 마른 홍고추 2개

▶ **피클물**
식초 $\frac{1}{2}$컵, 설탕·물 $\frac{1}{4}$컵씩, 소금 1큰술

1 생강은 껍질을 벗기고 물에 헹궈 물기를 닦은 후 얇게 썬다.

2 쪽파는 다듬어 뿌리 쪽의 흰 부분만 2㎝ 길이로 잘라 물에 헹군 다음 물기를 없앤다.

3 열탕 소독된 병에 생강과 쪽파뿌리, 정향, 통후추, 월계수잎, 마른 홍고추를 차곡차곡 넣는다.

4 냄비에 피클물을 분량의 재료대로 섞어 끓인 후 차게 식힌다.

5 ③의 피클 재료에 ④의 피클물을 붓고 잘 밀봉해서 15일 정도 삭힌 후 피클물만 따라내어 다시 끓여서 식혀 피클에 붓기를 2~3회 정도 반복해서 삭혀 먹는다.

생강채꽁치간장조림

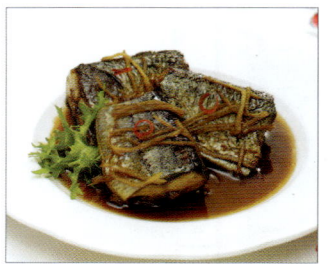

▶ **주재료**
생강 50g, 꽁치 2마리, 소금 약간

▶ **조림장**
다시마 우린 물 1컵, 간장·맛술 2큰술씩, 굴소스·설탕 1작은술씩, 가다랑어포 2큰술, 청주 1큰술, 마른 홍고추 1개, 마늘 3쪽

1 생강은 껍질을 벗기고 4㎝ 길이로 곱게 채 썬다.

2 꽁치는 머리와 꼬리를 자르고 내장을 꺼낸 후 3㎝ 길이로 토막 낸다. 찬물에 헹궈 건져서 소금을 뿌려 잠시 밑간한다.

3 냄비에 다시마 우린 물을 붓고 간장, 굴소스, 청주, 맛술, 설탕, 마른 홍고추, 마늘을 넣어서 끓이다가 끓으면 불을 끈 후 가다랑어포를 넣고 1분 정도 우려서 체에 밭쳐 조림장만 받는다.

4 팬에 기름을 약간 두르고 밑간한 꽁치를 놓고 앞뒤로 노릇하게 지진 후 팬의 가장자리에 ③의 가다랑어 우려낸 조림장과 생강채를 넣는다. 조림장이 지글지글 끓어오르면 꽁치와 함께 약한 불에서 은근하게 조린다.

5 윤기가 나게 꽁치가 조려지면 접시에 담고 같이 조린 생강채를 듬뿍 올려서 남은 조림장을 끼얹어 낸다.

🔾 **COOK TIP**
생강과 쪽파의 흰 부분을 물에 헹구고 물기를 완전히 없애야 피클이 잘 삭으면서 물러지지 않아 아삭한 상태를 유지한다.

🔾 **COOK TIP**
생강은 파, 마늘과 함께 고기 생선의 비린내를 없애는데도 널리 쓰이고 있으며, 김치의 맛을 돋우는 중요한 양념이기도 하다.

생강채연어조림

▶ **주재료**
생강 50g, 연어(조림용) 150g

▶ **연어 밑간**
레몬즙 1큰술, 소금 · 흰 후춧가루 약간씩

▶ **조림장**
다시마 우린 물 1컵, 간장 · 맛술 2큰술씩, 굴소스 · 설탕 1작은술씩, 가다랑어포 2큰술, 청주 1큰술, 마른 홍고추 1개, 마늘 3쪽

1 생강은 껍질을 벗기고 4cm 길이로 곱게 채 썬다.

2 연어는 도톰하게 토막 낸 것으로 구입해서 흐르는 물에 씻어 겉기름을 종이타월로 말끔하게 닦은 후 레몬즙과 소금, 흰 후춧가루를 뿌려서 10분 정도 밑간한다.

3 냄비에 다시마 우린 물을 붓고 간장, 굴소스, 청주, 맛술, 설탕, 마른 홍고추, 마늘을 넣어서 끓이다가 끓으면 불을 끈 후 가다랑어포를 넣고 1분 정도 우려서 체에 밭쳐 조림장만 받는다.

4 팬에 기름을 약간 두르고 밑간한 연어를 놓고 앞뒤로 노릇하게 지진 후 팬의 가장자리에 ③의 가다랑어 우려낸 조림장과 생강채를 넣는다. 조림장이 지글지글 끓어오르면 연어와 함께 약한 불에서 은근하게 조린다.

5 윤기가 나게 연어가 조려지면 접시에 담고 같이 조린 생강채를 듬뿍 올려서 남은 조림장을 끼얹어 낸다.

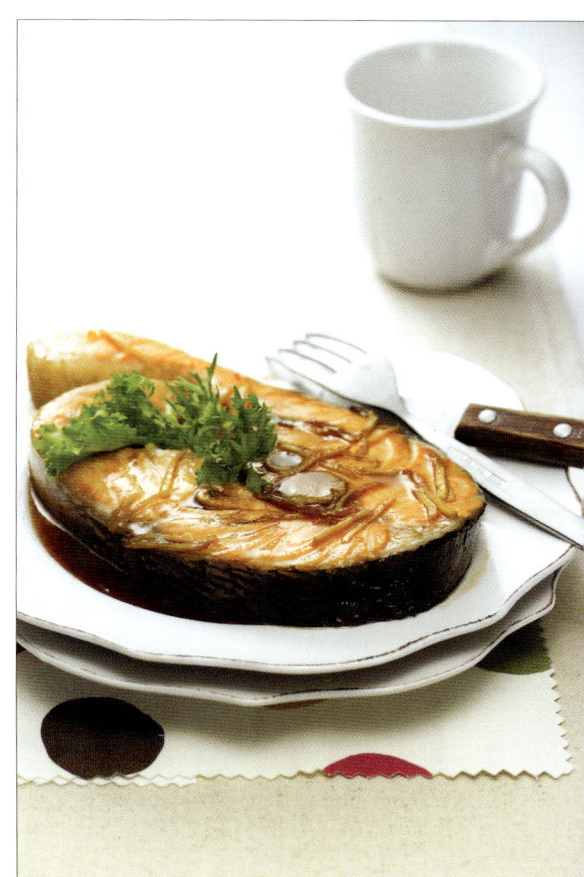

🔸 **COOK TIP**
생강은 건강을 위한 간식으로도 만들어 먹을 수 있는데 보통 생강 넣은 매작과를 전통적으로 많이 만들어 먹는다. 생강을 곱게 갈아 즙을 내어 계핏가루와 함께 밀가루 반죽을 한 후 넓게 밀어 네모지게 썬다. 반죽 가운데 칼집을 넣어 밀가루 반죽 한쪽을 칼집 안쪽으로 넣어 꺼내면 매작과가 만들어진다. 튀김기름에 바삭하게 튀겨 생강을 넣어 만든 생강꿀시럽에 매작과를 듬뿍 적셔 한 개씩 떼어 식히면 맛있는 건강 간식이 만들어진다.

숙주생강버섯볶음

▶ **주재료**
생강 1톨, 표고버섯 3장, 숙주 200g

▶ **부재료**
마늘 2쪽, 송송 썬 실파 2큰술, 소금 · 식물성 기름 약간씩

▶ **볶음 양념장**
간장 · 깨소금 1큰술씩, 물엿 · 참기름 1작은술씩, 소금 약간

1 생강은 껍질을 벗겨 길이대로 곱게 채 썬다.

2 표고버섯은 물에 충분하게 불려 기둥을 자르고 곱게 채 썬다.

3 숙주는 다듬어 씻어 물기를 털고 마늘은 곱게 채 썬다.

4 팬에 식물성 기름과 참기름을 한데 두르고 생강채와 마늘채, 표고버섯을 넣어 볶는다.

5 표고버섯에 생강과 마늘의 향이 배면 숙주와 간장, 물엿을 넣어 볶는다.

6 숙주가 나른하게 볶아지면 불에서 내려 깨소금과 소금으로 간을 맞추고 송송 썬 실파를 뿌려 접시에 담아낸다.

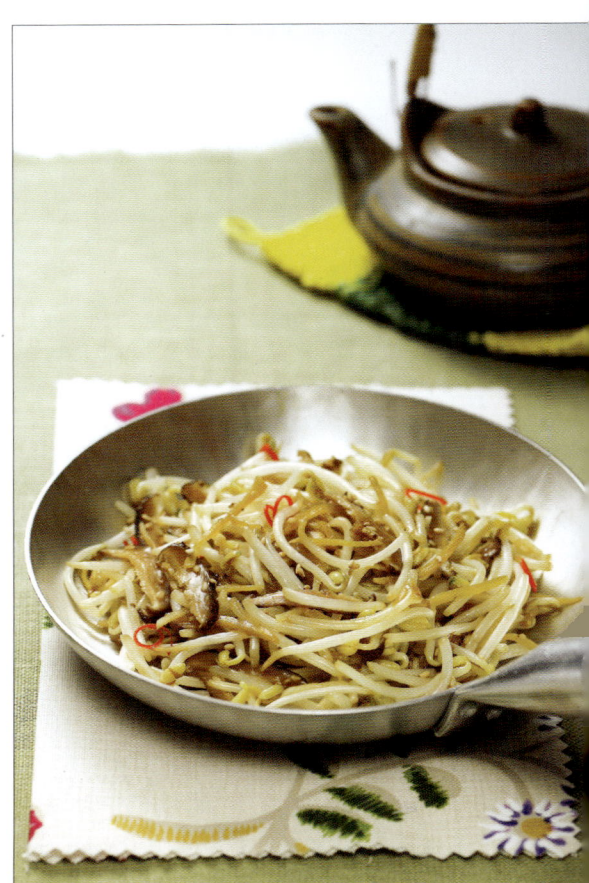

🔸 COOK TIP

생강에는 효소, 디아스타아제가 들어 있어 육회 등 조리에 활용하면 부드러운 맛을 즐길 수 있다. 버터를 넣고 만드는 과자, 쿠키 등을 만들 때 생강을 넣으면 버터의 산화가 방지된다. 카레 조제에도 쓰이는 생강은 생강엿, 생강차 등의 기호식품으로도 애용되고 있다.

마늘초장아찌

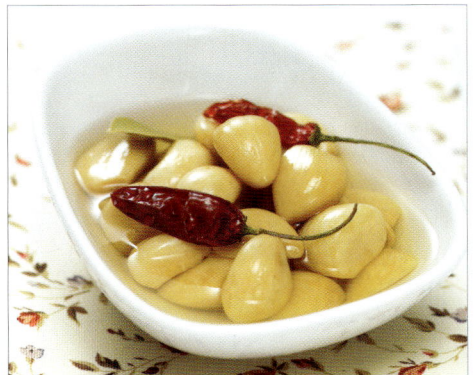

▶ **주재료**
마늘 20쪽, 통후추 5알, 월계수잎 1장, 마른 홍고추 1개

▶ **초장물**
물 1컵, 식초 ½컵, 소금 2큰술, 설탕 6큰술

1 마늘은 껍질을 벗겨 씻고 물기를 닦는다.

2 장아찌를 담을 병은 뜨거운 물에 열탕 소독을 해서 자연 건조한다. 그래야 마늘초장아찌가 오래도록 맛이 변하지 않는다.

3 ②의 병에 마늘, 통후추, 월계수잎 마른 홍고추를 넣는다.

4 냄비에 분량의 물과 식초, 설탕, 소금을 넣고 끓여 차갑게 식히고 나서 ③의 병에 붓고 밀봉한다.

5 3일 후 초장물을 따라내고 다시 끓여 식혀 병에 붓고 10일쯤 지나서 먹기 시작한다. 마늘초장아찌는 생고기를 구워 먹을 때 곁들이거나 등 푸른 생선 구이를 먹을 때 마늘과 함께 먹으면 좋다.

🡒 COOK TIP

마늘초장아찌를 담을 때에는 마늘의 물기를 모두 없애고 만들어야 마늘이 무르지 않고 아삭한 맛이 살아있다. 마늘이 자칫 녹색으로 변할 수도 있으나 이 현상은 마늘의 녹변 현상으로 맛이 변한 것이 아니니 그냥 먹어도 무방하다.

마늘매운고추장장아찌

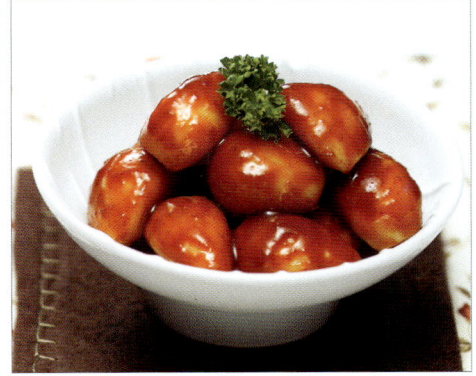

▶ **주재료**
통마늘 10개, 고추장 1½컵

▶ **부재료**
간장 ½컵, 설탕 ¼컵, 물엿 3큰술, 소금 약간

1 마늘은 껍질을 벗겨 소금을 푼 물에 푹 담가 2시간 이상 절인다.

2 냄비에 고추장과 간장, 설탕을 넣고 끓여서 식힌다.

3 ②의 고추장 식힌 것에 물엿을 넣어 잘 섞은 후 ①의 마늘 절인 것을 물기가 없도록 잘 닦아서 섞는다.

4 밀폐용기에 ③의 마늘 고추장 장아찌를 담고 비닐로 공기와 차단이 되도록 덮은 후 10일 이상 삭힌다.

5 고추장의 맛이 배어든 마늘은 고추장을 발라내고 그냥 먹어도 좋고 참기름과 깨소금에만 무쳐 먹어도 아주 좋다.

🡒 COOK TIP

고추장이나 된장에 담는 장아찌는 주재료가 고추장과 된장에 완전히 덮이고 돌로 완전히 무겁게 눌러놓아야 장아찌가 잘 삭혀진다.

마늘가래떡튀김꼬치

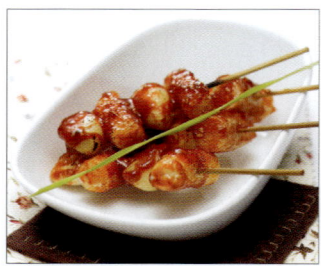

▶ **주재료**
마늘 16쪽, 가래떡 80g, 꼬치 4개, 튀김기름 약간

▶ **엿장소스**
토마토케첩 · 물 2큰술씩, 고추장 1큰술, 물엿 1½큰술, 간장 ½작은술, 통깨 1작은술

1 마늘은 껍질을 벗기고 끓는 물에 살짝 데쳐 찬물에 헹궈 물기를 닦는다.

2 굵은 가래떡은 2cm 길이로 잘라 찬물에 헹궈 건져 물기를 닦고 꼬치에 마늘, 가래떡 순서로 번갈아 4개씩 꿴다.

3 170℃로 달군 기름에 ②의 꼬치를 넣어서 노릇하게 튀겨내 기름을 뺀다.

4 냄비에 물과 토마토케첩, 고추장, 물엿, 간장을 넣고 잘 섞어 약한 불에 올려 바특하게 끓으면 꺼내어 식힌다.

5 튀긴 마늘가래떡 꼬치에 엿장소스를 발라서 그냥 먹어도 되고 엿장소스를 발라 석쇠에 살짝 구워 먹어도 된다.

🡢 **COOK TIP**

마늘을 꼬치에 꿰려면 마늘이 부서지거나 잘 꿰어지지 않는다. 이때 마늘을 끓는 물에 살짝 데쳐서 꼬치에 꿰면 부드럽게 잘 들어간다. 마늘이 남았거나 색깔이 변한다면 마늘을 저며 볶음요리에 향을 내면 좋다. 마늘향이 자연스럽게 퍼져 볶음 재료의 풍미를 더해주고 고기나 생선 요리는 재료의 잡내를 완전히 없애준다.

마늘닭날개양념찜

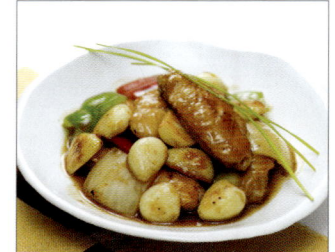

▶ **주재료**
마늘 10쪽, 닭날개 6개

▶ **부재료**
청 · 홍피망 ½개씩, 양파 ¼개, 간장 1큰술, 소금 · 후춧가루 약간씩, 청주 · 생강채 · 참기름 · 물녹말 1작은술씩, 다시마 우린 물 5큰술

1 닭날개는 씻어서 물기를 닦고 칼집을 서너 번 넣어 주고 소금과 후춧가루로 버무려 밑간한다.

2 마늘은 중간 크기의 마늘로 준비해서 껍질을 벗기고 2등분한다.

3 양파와 청 · 홍피망은 사방 2cm 크기로 자른다.

4 팬에 기름을 두르고 마늘을 넣어 노릇하게 볶은 후 생강채와 닭날개를 넣고 볶다가 청주와 간장을 넣어 버무리고 다시마 우린 물을 뿌려서 뚜껑을 덮어 닭날개 속까지 익도록 약한 불에서 찐다.

5 닭날개가 속까지 익으면 자른 양파, 청 · 홍피망을 넣고 볶아 소금, 후춧가루로 간을 맞춘다.

6 ⑤에 물녹말을 약간 부어서 걸죽한 농도가 되면 참기름을 뿌려 버무려 상에 낸다.

🡢 **COOK TIP**

충분하게 달구어진 팬에 기름을 두르고 마늘을 넣어서 굽듯이 볶아야 나중에 닭날개를 넣었을 때 누린 맛이 없고 마늘의 아린맛도 사라진다.

마늘오일버섯샐러드

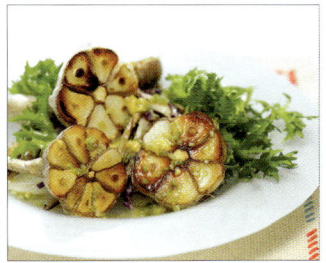

▶ **주재료**
통마늘 4개, 마른 표고버섯 6장

▶ **부재료**
치커리 20g, 양파 ½개, 적채 2장, 양배추 3장, 버터 2큰술, 소금 약간

▶ **오일 드레싱**
올리브오일 4큰술, 식초 2큰술, 꿀·설탕·다진 파 1큰술씩, 머스터드 ½작은술

1 통마늘은 껍질을 두 겹 정도 남기고 모두 벗겨 통째로 가로로 2등분한다.

2 오븐 팬에 통마늘을 담고 버터를 발라서 180℃의 온도에서 살짝 구워낸다.

3 마른 표고버섯은 물에 담가 충분하게 부드러워지면 밑동을 떼어서 씻은 후 곱게 채 썬다.

4 치커리는 씻어서 적당하게 자르고 양파와 적채, 양배추는 아주 곱게 4㎝ 길이로 채 썰어 찬 얼음물에 담갔다가 건져 물기를 마른 면포로 닦아낸다.

5 팬에 버터를 두르고 표고버섯을 달달 볶아서 오븐에 구운 마늘을 팬에 넣고 표고버섯에 마늘향이 스며들도록 지져낸다.

6 오일 드레싱을 분량대로 만들어 잘 섞어 놓는다.

7 접시에 치커리, 양파, 적채, 양배추를 모양내서 담고 볶은 표고버섯과 구운 마늘을 얹어 준비한 오일 드레싱을 뿌려낸다.

마늘양송이찹쌀튀김

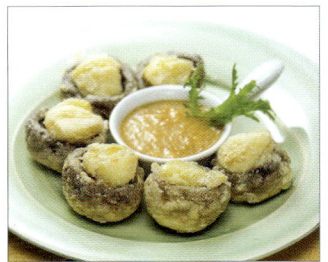

▶ **주재료**
마늘 16쪽, 양송이버섯 8개

▶ **부재료**
홍고추 1개, 녹말가루 1큰술, 찹쌀가루 5큰술, 달걀 1개, 소금·후춧가루·튀김기름 약간씩, 참나물 50g

▶ **인삼 드레싱**
인삼 ½뿌리, 간장 1큰술, 고추냉이·꿀·레몬즙 1작은술씩, 양파 ½개, 올리브오일 2큰술, 소금·흰 후춧가루 약간씩

1 마늘은 껍질을 벗기고 길이로 반 갈라 씻어 물기를 닦고 녹말가루를 뿌린다.

2 양송이버섯은 기둥을 떼고 씻어서 버섯에 소금, 후춧가루를 뿌려서 살짝 밑간한다.

3 밑간 한 버섯 갓의 안쪽에 녹말가루를 묻힌 마늘을 2~3개씩 담아 달걀을 곱게 풀어서 옷을 입히고 찹쌀가루를 넓은 접시에 뿌려 놓고 굴리면서 옷을 입힌다.

4 튀김기름을 냄비에 담아 160℃ 정도로 달군 후 ③의 마늘과 양송이버섯을 넣어서 노릇하게 튀겨내 기름기를 뺀다.

5 믹서에 손질해서 자른 인삼과 간장, 고추냉이, 양파, 꿀, 올리브오일, 레몬즙을 넣어 곱게 갈아 소금과 흰 후춧가루로 간을 맞춰 드레싱을 만든다.

6 참나물을 씻어서 물기를 털어 접시에 담고 튀긴 마늘과 양송이버섯을 올린 후 인삼 드레싱을 뿌려서 먹는다.

오징어마늘볶음

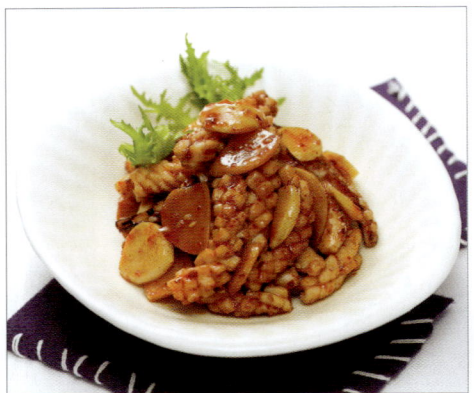

▶ **주재료**
오징어 1마리, 마늘 10쪽

▶ **부재료**
참기름 · 설탕 1작은술씩, 청주 · 고춧가루 1큰술씩, 다진 파 2큰술, 통깨 · 후춧가루 약간씩

1 오징어는 내장과 먹물을 떼어내고 몸통과 다리를 깨끗하게 씻은 후 몸통은 안쪽에 사선으로 칼집을 넣어 가로 4cm, 세로 1cm 크기로 썰고 다리는 칼집을 넣어 4cm 길이로 썬다.

2 마늘은 얇게 저민다.

3 고춧가루에 참기름, 청주를 넣고 잘 섞어 색을 낸 후 다진 파, 설탕, 후춧가루를 넣고 섞어 양념장을 만든다.

4 팬에 기름을 약간 두르고 마늘을 넣어 볶다가 오징어와 ③의 양념장을 붓고 고루 섞어가면서 볶는다.

5 마늘과 오징어를 양념과 어우러지게 접시에 담고 통깨를 뿌려 낸다.

> ⟶ **COOK TIP**
> 마늘이 몸에 좋다 해서 생마늘을 마구 먹으면 위궤양이 있거나 간 기능이 떨어지는 사람에게는 오히려 좋지 않다. 또 마늘을 먹으면 독특한 향 때문에 입에서 마늘 냄새가 날 수 있는데 마늘을 익혀 먹으면 냄새가 덜하다.

마늘찜닭살무침

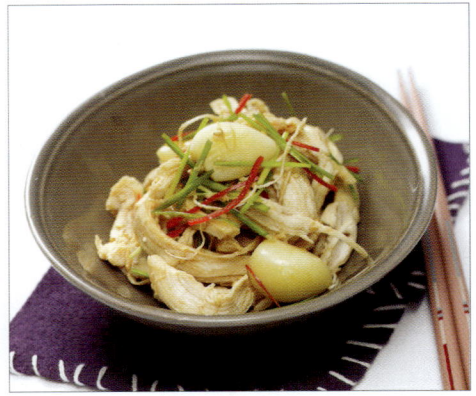

▶ **주재료**
마늘 20쪽, 닭가슴살 2개

▶ **부재료**
영양부추 30g, 홍고추 1개, 연겨자 · 깨소금 1작은술씩, 간장 · 설탕 1큰술씩, 대파 2대, 참기름 ½작은술, 레몬즙 · 소금 · 후춧가루 약간씩

1 마늘은 껍질을 벗기고 소금물에 헹궈 건진다.

2 닭가슴살은 씻어 잔칼집을 넣는다.

3 찜기에 대파를 5cm 길이로 토막 내어 깔고 김이 오르면 마늘과 닭가슴살을 넣어 찐다.

4 닭가슴살이 익으면 꺼내 잠시 식힌 후 결대로 굵게 찢는다.

5 영양부추는 다듬어 씻어 2cm 길이로 썰고 홍고추는 반을 갈라 2cm 길이로 곱게 채 썬다.

6 볼에 찐 마늘과 닭가슴살, 영양부추, 홍고추를 담고 연겨자와 간장, 설탕, 레몬즙, 참기름, 깨소금, 소금, 후춧가루로 간을 해서 버무려 먹는다.

> ⟶ **COOK TIP**
> 마늘을 얄팍하게 져며 꾸덕하게 말려 생선을 굽거나 고기를 볶을 때 넣으면 쫀득하게 씹히는 질감이 아주 좋고 향이 독특하다. 완전하게 마른 상태가 아니므로 냉동 보관하는 것이 좋다. 완전히 말랐으면 비닐에 담아 냉장고에 넣었다가 쓴다.

마늘채보리새우치즈커틀릿

▶ **주재료**
마늘채 2큰술, 마른 보리새우 1컵, 슬라이스 체더치즈 3장

▶ **부재료**
양파 ¼개, 튀김가루 ½컵, 달걀 2개, 빵가루 1컵, 소금·후춧가루 약간씩, 물엿 1큰술, 청주 1작은술, 튀김기름 약간

▶ **치즈크림소스**
생크림 ½컵, 크림치즈 5큰술, 설탕·올리브오일 1큰술씩

1 마늘채는 찬물에 헹궈 면포에 올려 말끔하게 물기를 닦는다.

2 마른 보리새우는 젖은 면포에 올려 말끔하게 잔먼지를 닦는다.

3 슬라이스 체더치즈는 잘게 다지고 양파도 잘게 다진다. 양파는 수분이 생기지 않도록 다진 후 팬에 살짝 볶아 식힌다.

4 볼에 채 썬 마늘과 보리새우, 슬라이스 체더치즈, 양파를 모두 넣고 튀김가루와 약간의 물을 넣어서 반죽한다. 반죽을 할 때 물엿과 청주, 소금, 후춧가루를 넣어 간을 맞춘다.

5 마늘채를 넣은 보리새우와 채소, 치즈가 덩어리로 뭉쳐지면 숟가락으로 떠서 곱게 푼 달걀물과 빵가루를 듬뿍 입힌다.

6 180℃로 달군 기름에 ④의 반죽을 숟가락으로 뜬 모양 그대로 노릇하고 바삭하게 튀겨낸다.

7 생크림과 크림치즈, 설탕, 올리브오일을 거품기로 충분하게 섞어서 치즈크림소스를 만들어 바삭한 마늘채 보리새우 치즈 커틀릿을 찍어 먹는다.

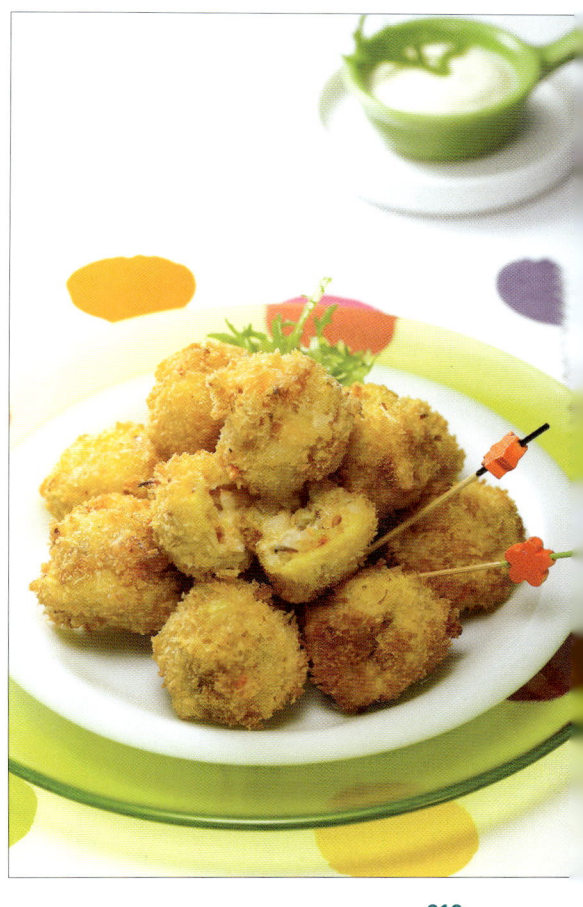

🔶 **COOK TIP**
아이들이 잘 먹지 않은 마늘을 채 썰어서 새우 또는 멸치와 함께 치즈를 넣어서 커틀릿을 만들면 마늘이 고소하면서 단맛이 나서 먹기에 좋고 영양도 듬뿍 들어 있다.

마늘발사믹소스바게트

▶ **주재료**
곱게 다진 마늘 3큰술, 바게트 8쪽, 발사믹소스 1작은술

▶ **부재료**
버터 2큰술, 다진 파슬리 ½큰술, 올리브오일 2큰술

1 버터는 실온에서 크림상태로 만든다.

2 파슬리는 면보에 싸서 찬물에 헹궈 특유의 향을 약간 없애고 물기를 꼭 짜서 보슬보슬하게 만든다.

3 바게트는 1㎝ 두께로 어슷하게 썬다.

4 볼에 다진 마늘과 버터, 파슬리를 모두 섞어서 마늘 버터를 만든다.

5 ③의 바게트에 ④의 마늘 버터를 골고루 펴 바른다.

6 예열 온도 180℃의 오븐에 마늘 바게트를 넣어 10분 간 구워 내거나 약한 불로 달군 팬에 마늘 바게트를 넣어 살짝 구워낸다.

7 볼에 올리브오일을 담고 발사믹소스를 넣어 구운 마늘 바게트를 찍어 먹는다.

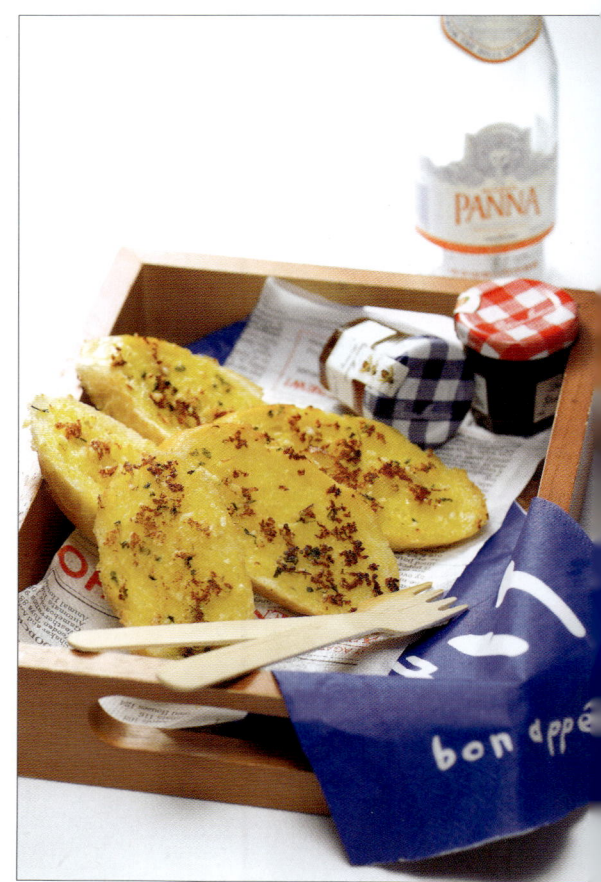

> → **COOK TIP**
> 바게트 대신 잡곡 식빵, 베이글을 이용해서 마늘구이를 만들어도 된다. 아이들이 좋아하도록 슈거파우더를 듬뿍 뿌려 주는 것도 좋다.

브로콜리마른새우볶음

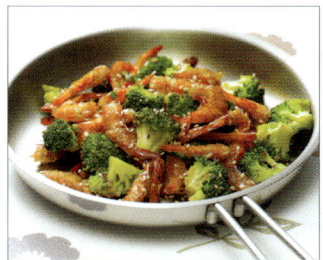

▶ **주재료**
브로콜리 150g, 마른 꽃새우 100g

▶ **부재료**
홍고추 1개, 실파 2대, 다진 마늘 · 청주 · 설탕 · 물엿 1작은술씩, 소금 약간

1 브로콜리는 한 송이씩 떼어서 끓는 물에 소금을 넣고 파랗게 데쳐 물기를 뺀다.

2 팬에 기름을 두르고 다진 마늘을 넣어 볶다가 마른 꽃새우와 청주, 설탕을 넣고 볶는다.

3 실파는 송송 썰고 홍고추는 반을 갈라 씨를 빼고 송송 썰어서 볶은 꽃새우에 넣고 소금으로 간을 해서 볶는다.

4 마른 꽃새우가 투명하게 볶아지면 브로콜리를 넣고 물엿과 소금으로 간을 맞춰 재빨리 볶아낸다.

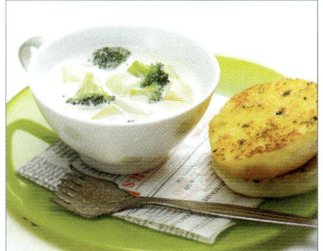

🢂 COOK TIP

채소 가운데 영양가가 많은 것으로 꼽히는 브로콜리는 비타민 A, C, B 등이 풍부한데 특히 비타민 A는 피부의 점막의 저항력을 강화시켜 세균 감염을 막는 역할을 한다. 브로콜리는 꽃봉오리처럼 몽실몽실한 송이를 한 송이씩 떼어서 사용하는데 기름을 넣어서 조리를 하면 영양과 맛이 훨씬 좋아진다. 또한, 브로콜리는 복잡한 조리과정 없이도 손쉽게 데쳐 먹을 수 있다는 장점이 있다.

브로콜리감자크림수프와 모닝빵

▶ **주재료**
브로콜리 100g, 감자 1개, 모닝빵 5개

▶ **부재료**
양파 ¼개, 버터 1큰술, 우유 1컵, 생크림 ½컵, 소금 약간, 버터 2큰술, 다진 마늘 1작은술, 파슬리가루 ¼작은술

1 브로콜리는 작은 송이로 떼어 끓는 물에 소금을 약간 넣고 데친 후 찬물에 헹궈 물기를 뺀다.

2 감자는 껍질을 벗겨 사방 2㎝ 크기로 자르고 찬물에 담가 녹말기를 없애고 건진다. 양파는 감자와 같은 크기로 썬다.

3 냄비에 버터를 녹여 달궈지면 감자와 양파를 넣어 볶다가 감자가 익으면 우유를 넣어 끓인다.

4 걸쭉한 농도로 감자와 양파가 끓으면 생크림과 브로콜리를 넣어 저으면서 소금으로 간을 하고 불에서 내린다.

5 다진 마늘과 크림상태의 버터를 섞은 후 파슬리가루를 넣어 골고루 버무린다.

6 모닝빵을 세로로 반을 갈라 ⑤를 발라서 오븐 토스터기에서 노릇하게 구워낸다.

7 브로콜리 감자크림수프와 마늘 모닝빵을 곁들여 찍어 먹는다.

🢂 COOK TIP

브로콜리를 씻을 때는 한 송이씩 가위로 잘라서 큰 것은 반을 가르고 소금을 약간 푼 물에 씻은 후 맑은 물에 두 번 정도 헹궈 체에 건져야 한다.

브로콜리체더치즈구이

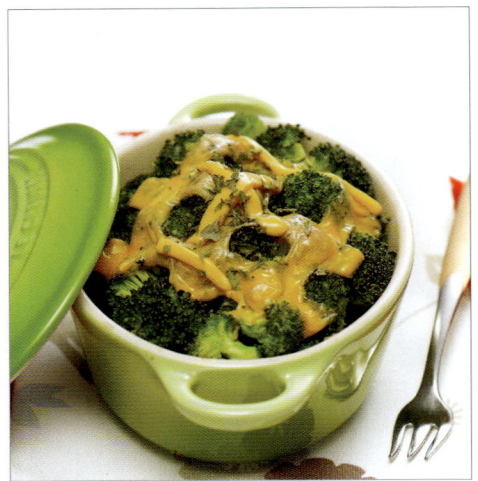

▶ **주재료**
브로콜리 200g, 슬라이스 체더치즈 3장, 소금 약간

1 브로콜리는 한 송이씩 떼어서 반을 갈라 끓는 물에 소
금을 약간 넣고 데쳐서 찬물에 헹군 후 종이타월에 올
려 물기를 없앤다.

2 슬라이스 체더치즈는 1㎝ 두께로 길게 자른다.

3 내열용 접시에 브로콜리를 간격을 두어 나란히 담고
잘라놓은 치즈를 길게 올려 오븐 토스터기에 5분 정도
치즈가 녹아내릴 정도로만 굽거나 전자레인지에 3분
정도 가열해서 상에 낸다.

> ⊕ **COOK TIP**
>
> 브로콜리는 오래 데치면 비타민 C가 쉽게 파괴되어 버리고 브로
> 콜리를 물렁하게 익히면 아삭한 맛이 없다. 브로콜리를 데칠 때
> 는 끓는 물에 소금을 약간 넣고 데친다. 브로콜리를 넣어서 녹색
> 으로 변하면 바로 꺼내어 찬물에 여러 번 헹궈야 비타민 C도 파
> 괴되지 않고 아삭한 질감을 느낄 수 있다. 또 브로콜리는 한 송이
> 씩 떼어서 데쳐야 속까지 잘 익는다.

브로콜리호두볶음

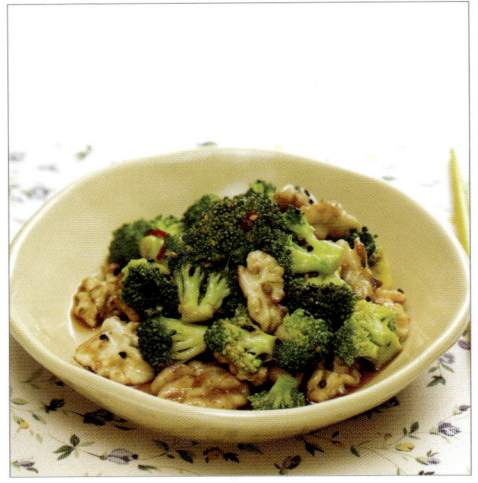

▶ **주재료**
브로콜리 100g, 호두 1컵

▶ **부재료**
소금 약간, 올리브오일 · 간장 · 물엿 1큰술씩, 설탕 1작은술, 통
깨 · 검은깨 ¼작은술씩

1 브로콜리는 먹기 좋은 크기로 한 송이씩 작게 잘라서
끓는 물에 넣어 살짝 데쳐 찬물에 헹궈 물기를 뺀다.

2 호두는 속껍질까지 완전하게 벗기고 미지근한 물에
헹궈 건진다.

3 팬에 올리브오일을 두르고 호두를 볶다가 브로콜리를
넣고 간장과 설탕, 물엿을 넣어 소금으로 간을 한다.

4 넓은 접시에 볶은 브로콜리와 호두를 담고 통깨와 검
은깨를 솔솔 뿌려 버무려 먹는다.

> ⊕ **COOK TIP**
>
> 브로콜리는 애벌로 미리 데친 것을 호두와 볶아야 브로콜리의 아
> 삭함이 살아있다. 브로콜리를 너무 오래 팬에 볶으면 자칫 브로
> 콜리의 색이 누렇게 변색이 될 수 있으므로 살짝 재빨리 볶아 주
> 는 것이 좋다.

브로콜리감자러시안수프

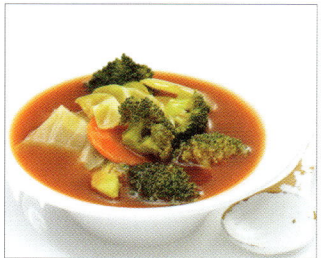

▶ **주재료**
브로콜리 100g, 감자 1개

▶ **부재료**
양배추 5장, 당근 30g, 치킨스톡 2개, 물 5컵, 월계수잎 2장

▶ **수프**
토마토 페이스트 · 토마토케첩 2큰술씩, 소금 · 흰 후춧가루 · 핫소스 약간씩, 우스터소스 · 레드와인 1작은술씩

1 브로콜리는 한 송이씩 떼어서 끓는 물에 소금을 넣어 파랗게 데쳐 찬물에 헹궈 물기를 뺀다. 감자는 껍질을 벗겨서 사방 3cm 크기로 얄팍하게 썰어서 찬물에 담가 녹말기를 빼준다.

2 양배추는 사방 3cm 크기로 썰고 당근은 동그랗게 편 썰기 한다.

3 냄비에 치킨스톡과 물을 붓고 끓으면 월계수잎을 넣어서 한소끔 끓여 수프 국물을 만든다.

4 수프 국물이 끓으면 감자와 당근을 넣고 토마토 페이스트와 토마토케첩, 우스터소스, 레드와인을 넣어 색과 맛을 내어 끓인다.

5 감자가 익으면 브로콜리를 넣어서 소금과 흰 후춧가루로 간을 맞춰 농도가 있는 수프를 끓이고 먹기 직전에 핫소스를 뿌려서 매콤한 맛을 살려서 먹는다.

🡒 COOK TIP
브로콜리가 아삭하게 씹히는 수프를 만들려면 조리 과정 마지막에 넣어서 끓여야 한다. 그러면 색도 누렇게 변하지 않고 나머지 채소와 함께 어우러져 더욱 맛이 좋다.

브로콜리옥수수스크램블

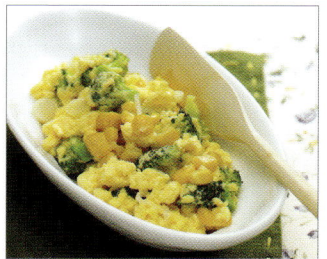

▶ **주재료**
브로콜리 100g, 달걀 3개, 옥수수(통조림) 5큰술

▶ **무침 양념장**
대파 1대, 마늘 2쪽, 청주 1큰술, 우유 5큰술, 소금 · 후춧가루 약간씩, 올리브오일 2큰술

1 브로콜리는 작은 송이로 떼어 줄기를 서로 맞춰 썬 후 끓는 물에 소금을 약간 넣고 데쳐 찬물에 헹궈 물기를 뺀다.

2 옥수수는 뜨거운 물에 살짝 데쳐 찬물에 헹궈 물기를 완전하게 빼고 대파는 송송 썰고 마늘은 곱게 채 썬다.

3 달걀은 알끈을 제거하고 곱게 풀어서 청주와 우유를 넣어 체에 곱게 내린다.

4 팬에 올리브오일을 두르고 마늘과 대파를 넣어 볶다가 옥수수, 브로콜리를 넣고 소금과 후춧가루를 넣어 볶는다.

5 ④에 달걀을 넣어서 젓가락으로 휘저어 서로 엉기도록 익혀 스크램블을 만든 후 모자라는 간을 소금으로 맞추고 그릇에 담아낸다.

🡒 COOK TIP
브로콜리에 달걀물을 직접 부어서 익히면 달걀옷이 입혀져 브로콜리의 색이 없어지므로 브로콜리를 볶다가 한편으로 밀어 놓은 후 팬에 달걀을 붓고 젓가락으로 휘저어 달걀을 살짝 익힌 상태에서 브로콜리와 섞어야 한다.

브로콜리칵테일새우샐러드

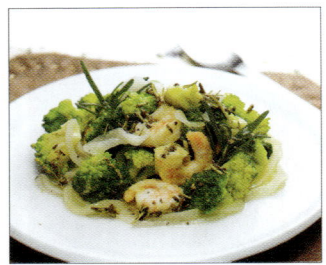

▶ **주재료**
브로콜리 200g, 칵테일새우 12마리

▶ **부재료**
양파 ½개, 소금 약간, 머스터드 ½작은술, 올리고당 1작은술,
올리브오일 2큰술

▶ **허브식초 드레싱**
딜 · 로즈메리 · 타임 약간씩, 식초 5큰술, 레몬 슬라이스 1쪽

1 브로콜리는 한 송이씩 떼어서 소금물에 헹궈 건져 끓는 물에 살짝 데쳐 찬물에 헹궈 물기를 뺀다.

2 칵테일새우는 브로콜리 삶은 물에 역시 살짝 데쳐 찬물에 헹궈 물기를 뺀다.

3 양파는 링으로 얄팍하게 썰어 찬물에 담가 아린맛을 빼고 건진다.

4 팬에 올리브오일을 두르고 칵테일새우와 양파, 브로콜리를 넣어 볶으면서 머스터드와 올리고당을 넣어 맛을 낸 후 불에서 내린다.

5 식초를 끓여서 식힌 후 딜, 로즈메리, 타임 등의 허브를 넣고 레몬 한 조각을 넣어서 1시간 정도 두어 허브식초를 만든다.

6 그릇에 브로콜리 칵테일새우 볶음을 담고 만들어 놓은 허브식초 드레싱을 약간씩 뿌려 낸다.

브로콜리치즈구이

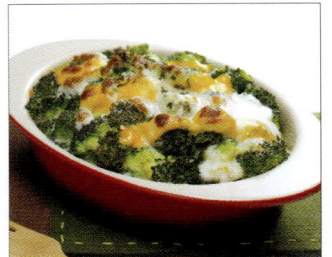

▶ **주재료**
브로콜리 300g, 슬라이스 체더치즈 1장, 피자치즈 80g

▶ **부재료**
파르메산 치즈가루 · 버터 1큰술씩, 파슬리가루 · 소금 · 흰 후춧가루 약간씩, 밀가루 2큰술, 우유 · 물 ½컵씩

1 브로콜리는 한 송이씩 떼어 끓는 물에 데쳐 찬물에 헹궈 물기를 뺀다.

2 슬라이스 체더치즈는 1㎝ 폭으로 길게 자르고 피자치즈는 잘게 다진다.

3 냄비에 버터를 녹이고 밀가루가 갈색이 나도록 볶다가 우유와 물을 붓고 멍울 없이 곱게 풀어 화이트 루를 만든다. 소금과 후춧가루로 약간의 간을 한다.

4 준비한 화이트 루에 브로콜리를 담아 버무려 그라탕 그릇에 담고 슬라이스 체더치즈와 피자치즈를 듬뿍 뿌린다.

5 ④에 파르메산 치즈가루를 뿌리고 파슬리가루를 끼얹어 180℃로 예열한 오븐에 15분 정도 구워 내거나 오븐 토스터기에 10분 정도 노릇하게 구워 낸다.

브로콜리닭다릿살레몬조림

▶ **주재료**
브로콜리 200g, 닭다리 3개(150g), 레몬 슬라이스 4쪽, 소금 · 후춧가루 약간씩

▶ **조림장**
간장 · 다시마 우린 물 · 맛술 2큰술씩, 물엿 1큰술, 다진 마늘 ½작은술, 소금 약간

1 브로콜리는 한 송이씩 떼어서 소금물에 헹궈 끓는 물
   에 살짝 데쳐 물기를 뺀다.

2 닭다리는 껍질을 벗기고 뼈를 중심으로 살만 발라내
   어 2등분한 후 잔칼집을 넣어 소금, 후춧가루에 잠시
   재운다.

3 레몬은 소금물에 씻어 물기를 없애고 얇게 저며서 반
   달로 썬다.

4 냄비에 조림장을 넣어 한소끔 약한 불에서 끓여 놓
   는다.

5 오븐 용기에 닭다릿살 재운 것을 평평하게 깔고 200℃
   의 온도에서 10분간 구워낸다.

6 구운 닭다릿살을 ④의 조림장에 레몬과 함께 넣고 약
   한 불에서 조린다.

7 닭다릿살이 어느 정도 익으면 브로콜리를 넣어 함께
   조려서 그릇에 담아낸다.

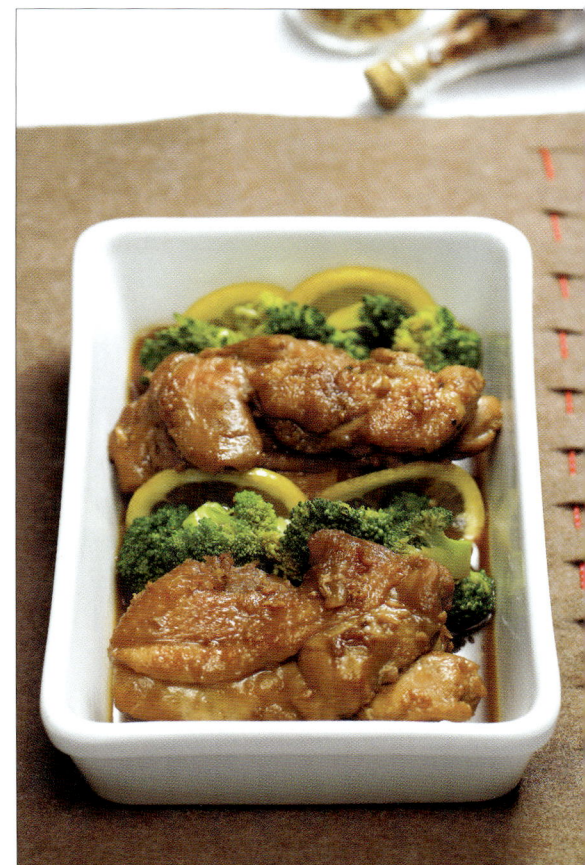

🍊 **COOK TIP**
브로콜리는 끓는 물에 넣었다가 윗부분까지 녹색이 선명해지면
바로 꺼내어 찬물에 헹궈야 무르지 않고 아삭거린다. 샐러드 또
는 냉채에 쓸 때는 아삭해야 신선한 맛이 있고 그라탱, 볶음, 치
즈구이 등에 넣을 때에도 역시 살짝만 데쳐서 넣어야 오븐이나
팬에 익혔을 때 브로콜리의 아삭함이 살아난다.

브로콜리등심폭찹

▶ **주재료**
브로콜리 200g, 돼지고기(등심) 300g

▶ **부재료**
양파 ½개, 셀러리 2대, 소금 · 후춧가루 약간씩, 청주 1큰술

▶ **칠리 마늘소스**
버터 · 다진 마늘 · 칠리소스 1큰술씩, 밀가루 2큰술, 우유 5큰술, 물 1½컵, 월계수잎 2장, 바질가루 ½작은술, 토마토케첩 3큰술, 소금 · 후춧가루 약간씩

1 브로콜리는 큼직하게 한 송이씩 떼어 끓는 물에 소금을 약간 넣고 데쳐 찬물에 헹궈 물기를 뺀다.

2 돼지고기 등심은 먹기 좋은 크기로 썰어 잔칼집을 넣은 후 소금, 후춧가루, 청주를 뿌려서 밑간한다.

3 양파는 사방 3㎝ 크기로 썰고 셀러리는 껍질 끈을 제거하고 3㎝ 크기로 어슷하게 채 썬다.

4 냄비에 버터를 두르고 녹으면 다진 마늘과 밀가루를 넣어 갈색이 나도록 볶다가 우유와 물을 붓고 멍울을 풀어서 중간 불에서 끓인다. 소스가 끓으면 월계수잎과 바질가루, 칠리소스, 토마토케첩을 넣고 잘 저어서 소금과 후춧가루로 간을 맞춰 걸쭉한 소스가 되도록 끓인다.

5 팬에 올리브오일을 두르고 양파와 돼지고기 등심을 넣어 볶아 익으면 칠리 마늘소스를 넣어서 중간 불에서 끓인다.

6 고기가 부드럽게 익으면 브로콜리와 셀러리를 넣어 한소끔 더 끓여 볼에 뜨겁게 담아내 먹는다.

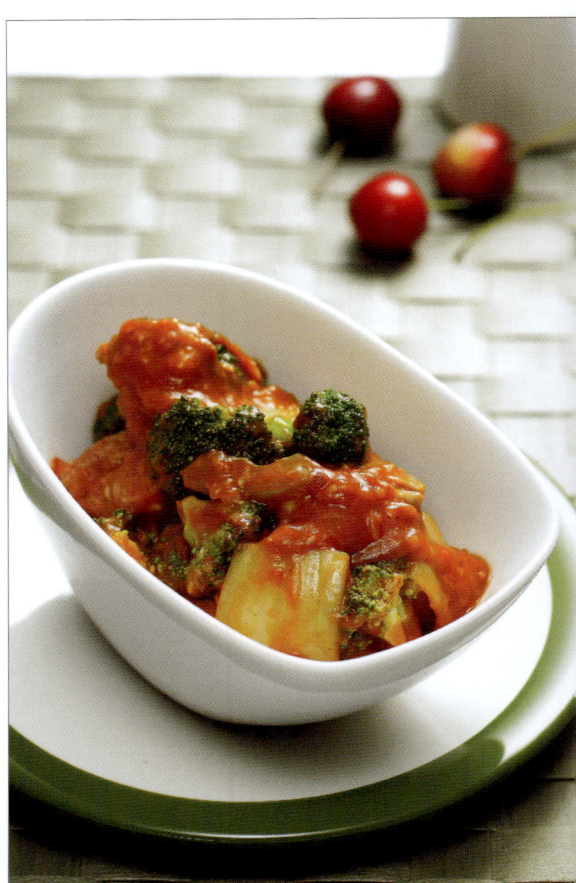

> **COOK TIP**
> 돼지고기와 브로콜리는 궁합도 잘 맞을 뿐 아니라 매콤한 칠리소스로 익히면 고기의 잡내까지 말끔하게 없어져 술안주뿐 아니라 일품요리로도 손색이 없다. 걸쭉한 소스를 풍부하게 만들어 덮밥으로 즐겨도 아주 좋다.

양배추간장피클

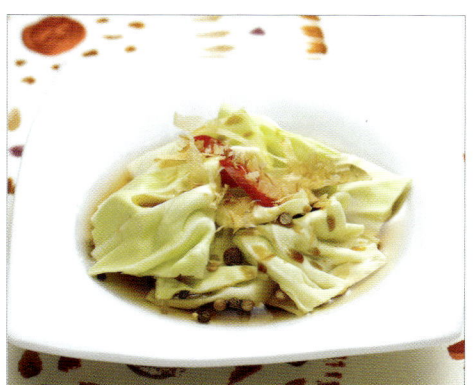

▶ **주재료**
양배추 150g, 소금 약간

▶ **가다랑어포 간장물**
간장·다시마 우린 물 $\frac{1}{4}$컵씩, 가다랑어포·식초·설탕 3큰술씩, 통계피 1쪽, 통후추 5알, 월계수잎 1장, 마늘 3쪽

1 양배추는 사방 4㎝ 크기로 잘라 한 장씩 벌려 옅은 소금물에 헹궈 건져 물기를 완전히 제거한다.

2 냄비에 간장과 다시마 우린 물을 동량으로 넣고 식초와 설탕, 통계피, 통후추, 월계수잎, 마늘을 넣어 끓인다.

3 한소끔 끓인 간장물에 가다랑어포를 체에 걸러 우려낸다.

4 열탕 소독한 병에 양배추를 차곡차곡 담고 식힌 가다랑어포 간장물을 부어 떠오르지 않도록 무거운 것으로 눌러 닷새 동안 삭힌다.

5 간장물을 다시 따라내 끓인 후 차게 식혀 다시 양배추에 붓기를 2회 정도 반복했다가 10일 후쯤 먹는다.

🡒 **COOK TIP**
양배추를 옅은 소금물에 헹궈야 나중에 양배추가 물러지지 않고 아삭하게 씹히는 맛을 느낄 수 있다.

양배추물고추김치

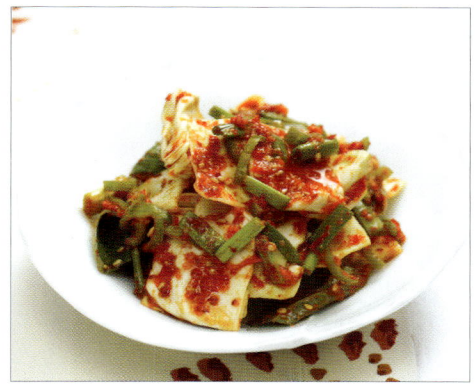

▶ **주재료**
양배추 200g, 깻잎 5장, 실파 2대, 청양고추 1개, 소금 약간

▶ **양념장**
홍고추 2개, 고운 고춧가루·식초 1큰술씩, 다진 마늘·참기름 $\frac{1}{2}$작은술씩, 설탕·까나리액젓 1작은술씩, 소금·후춧가루 약간씩, 통깨 $\frac{1}{2}$작은술, 물 $\frac{1}{3}$컵

1 양배추와 깻잎은 흐르는 물에 깨끗이 씻어 사방 3㎝ 크기로 썰어 양배추만 약간의 소금물에 담가 숨을 죽인 후 건져 물기를 뺀다.

2 실파는 1㎝ 길이로 썰고 청양고추는 반을 갈라 씨를 모두 긁어내고 송송 잘게 썬다.

3 홍고추를 씻어 적당하게 썰어서 고운 고춧가루와 까나리액젓을 넣고 물 $\frac{1}{3}$컵을 붓고 곱게 갈아 나머지 양념을 모두 넣고 섞어 김치 양념장을 만든다.

4 볼에 양배추를 담고 만들어 놓은 김치 양념장을 붓고 잘 섞어서 양념이 살짝 배면 깻잎과 실파, 청양고추를 넣어 버무려 소금으로 간을 맞춰 익히지 말고 바로 냉장실에 넣어두고 먹는다.

🡒 **COOK TIP**
양배추김치는 까나리 액젓의 짭조름하면서 단맛이 양배추와 어울려 아삭한 맛을 느낄 수 있다. 양배추김치는 익히지 말고 담근 후 바로 먹어야 김치의 신선함과 감칠맛을 더욱 느낄 수 있다.

데친양배추쌈밥과 고추쌈장

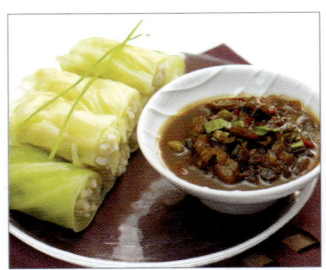

▶ **주재료**
양배추 ½통, 현미기장조밥 4공기, 쇠고기(등심) 250g, 소금 약간

▶ **쇠고기 양념**
간장·다진 파·청주 1큰술씩, 다진 마늘·깨소금 1작은술씩, 참기름 ½작은술, 소금·후춧가루 약간씩

▶ **고추쌈장**
삭힌 고추 10개, 홍고추 1개, 된장 1큰술, 양파 ½개, 풋마늘 1대, 쌀뜨물 ½컵, 꿀 ½작은술

1 양배추는 한 장씩 떼어서 굵은 심지를 도려내고 찜기에서 찐 다음 찬물에 담갔다가 물기를 닦는다.

2 현미와 기장, 조를 넣어서 고슬한 밥을 지어 한 김 식힌다.

3 쇠고기는 등심으로 준비해서 3㎝ 길이로 곱게 채 썰어 쇠고기 양념에 조물조물 무친 후 팬에서 윤기가 나도록 볶아낸다.

4 삭힌 고추는 송송 썰고 홍고추도 반을 갈라 씨를 털고 송송 썰어서 굵게 다진 양파와 풋마늘을 함께 냄비에 담고 된장과 꿀을 넣고 버무려 쌀뜨물을 붓고 중간 불에서 바특하게 끓여 쌈장을 만든다.

5 익힌 양배추는 사방 8㎝ 정도의 크기로 도마에 펼치고 현미기장조밥을 길게 깐 후 그 위에 쇠고기 등심을 올리고 고추쌈장을 약간 넣은 후 양옆을 아물려 쌈을 싸서 완성한다.

⊙ **COOK TIP**
양배추는 워낙 감칠맛 나는 재료기 때문에 쌈장이 약간 매콤하면서 칼칼해야 더욱 맛이 좋다. 삭힌 고추와 홍고추를 된장으로 버무려서 쌀뜨물로 바특하게 끓이면 양배추와 궁합이 잘 맞는 쌈장이 완성된다.

양배추햄굴소스마늘볶음

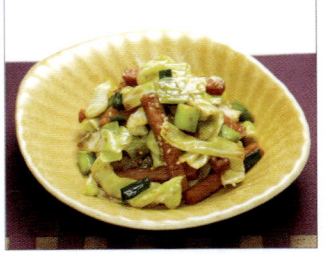

▶ **주재료**
양배추 100g, 햄 80g, 풋마늘대 1대

▶ **부재료**
굴소스 1½큰술, 올리브오일 1큰술, 맛술 1작은술, 소금·통깨 약간씩

1 양배추는 가로 3㎝, 세로 1㎝의 크기로 잘라 소금물에 헹궈 건져 물기를 뺀다.

2 햄도 양배추와 같은 크기 0.5㎝ 두께로 썰고 풋마늘대를 씻어 1㎝ 길이로 송송 썬다.

3 팬에 올리브오일을 두르고 햄과 양배추를 넣어 굴소스와 맛술로 맛을 내어 볶는다.

4 볶는 중간에 풋마늘대를 넣고 소금으로 간을 한 후 통깨를 뿌려 그릇에 담아낸다.

⊙ **COOK TIP**
양배추는 일반적인 식용유에 볶는 것보다 올리브유에 볶으면 부드러워지고 기름을 조금만 넣어도 충분하게 볶아진다.

양배추깻잎즉석무침

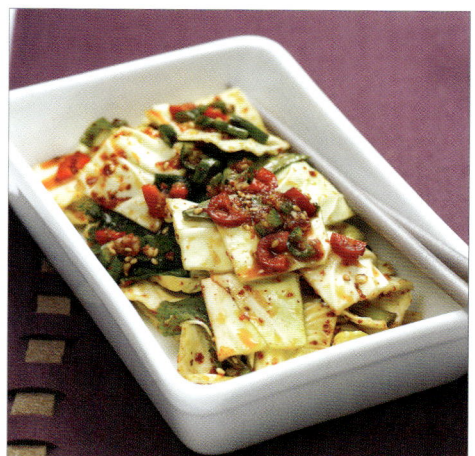

▶ **주재료**
양배추 200g, 깻잎 8장

▶ **부재료**
실파 2대, 홍고추 ½개, 청양고추 1개, 소금 약간

▶ **무침 양념장**
고운 고춧가루 · 설탕 · 까나리액젓 1작은술씩, 다진 마늘 · 참기름 ½작은술씩, 식초 1큰술, 소금 · 후춧가루 약간씩, 통깨 ¼작은술

1 양배추와 깻잎은 흐르는 물에 깨끗이 씻어 사방 3cm 크기로 썰어 양배추만 약간의 소금물에 담가 숨을 죽인 후 건져 물기를 뺀다.

2 실파는 1cm 길이로 썰고 홍고추와 청양고추는 반을 갈라 씨를 모두 긁어내고 송송 잘게 썬다.

3 까나리액젓을 볼에 담고 나머지 양념장 재료를 섞어 무침 양념장을 만든다.

4 상에 내기 직전에 양배추와 채소를 모두 볼에 담고 준비한 양념장으로 즉석에서 버무려 그릇에 담아낸다.

→ **COOK TIP**
까나리 액젓을 양배추 무침에 넣으면 짭조름하고 단맛이 양배추와 잘 어울린다.

양배추옥수수샐러드

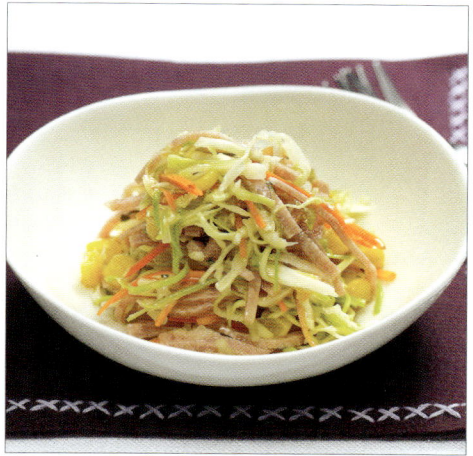

▶ **주재료**
양배추 5장, 옥수수(통조림) 5큰술

▶ **부재료**
햄 50g, 오이 ⅓개, 당근 20g, 소금 약간

▶ **드레싱**
올리브오일 4큰술, 식초 1½큰술, 올리고당 1큰술, 파슬리가루 · 소금 · 흰 후춧가루 약간씩, 머스터드 ½작은술

1 양배추는 아주 곱게 4cm 길이로 채 썰어 찬물에 담갔다가 건져 물기를 뺀다.

2 햄은 양배추와 같은 길이로 채 썰고 옥수수는 찬물에 헹궈 체에 밭쳐 물기를 뺀다.

3 오이는 3cm 길이로 돌려 깎아 곱게 채 썰고 당근은 아주 곱게 채 썰어 찬물에 비벼 가면서 씻어 건진다.

4 드레싱을 만들어 차게 둔다.

5 먹기 직전에 양배추와 햄, 오이, 당근, 옥수수를 버무려 차가운 드레싱을 끼얹어 먹는다.

→ **COOK TIP**
양배추는 곱게 채 썬 후 찬물에 헹궈야 더 싱싱하고 아삭한 맛을 느낄 수 있다.

양배추롤칠리소스조림

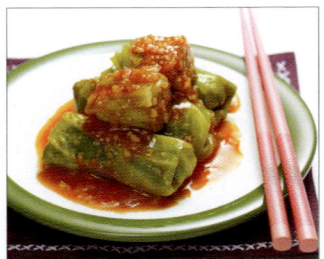

▶ **주재료**
양배추 8장, 다진 돼지고기 200g

▶ **부재료**
빵가루 $\frac{1}{2}$컵, 우유 1큰술, 소금·후춧가루 약간씩, 생강즙 $\frac{1}{2}$작은술, 녹말가루 3큰술

▶ **칠리소스**
올리브오일·다진 양파·다진 사과 1큰술씩, 시판 칠리소스 $1\frac{1}{2}$큰술, 토마토케첩·다진 마늘 1작은술씩, 물 $\frac{1}{4}$컵

1 양배추는 굵은 심지를 도려내고 넓은 모양 그대로 끓는 물에 소금을 약간 넣고 데쳐 찬물에 헹궈 물기를 말끔하게 닦아낸다.

2 곱게 다진 돼지고기에 빵가루, 우유, 소금, 후춧가루, 생강즙을 넣어 반죽한다.

3 도마에 양배추를 한 장씩 올리고 녹말가루를 안쪽에 솔솔 뿌리고 반죽한 돼지고기를 손가락 굵기로 가지런히 올려 양옆을 아물려 돌돌 말아 꼬치로 고정한다.

4 찜통에 김이 충분하게 올라오면 ③의 양배추롤을 넣고 중간 불에서 15분 정도 익힌다.

5 냄비에 올리브오일을 두르고 다진 마늘, 양파, 사과를 넣어 볶다가 시판 칠리소스와 토마토케첩을 넣고 물을 부어 약한 불에서 조림장을 만든다.

6 준비한 조림장에 익힌 양배추롤을 넣고 약한 불에서 조림장이 배도록 조려서 그릇에 담아낸다.

> **→ COOK TIP**
> 양배추는 녹말가루를 솔솔 뿌린 후 돼지고기 다진 것을 올려 말아야 고기가 빠지지 않고 단단하게 말려 모양도 좋고 맛도 깔끔하다.

양배추편육겨자채

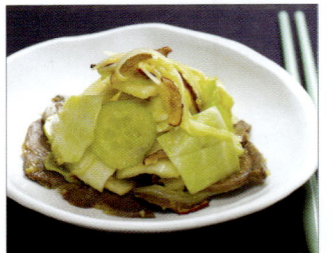

▶ **주재료**
양배추 8장, 쇠고기(홍두깨살) 400g, 배·오이·양파 $\frac{1}{2}$개씩, 대추 2개, 소금 약간

▶ **편육 삶을 물**
대파잎 1대, 마늘 2쪽, 통후추 3알, 물 2컵, 소금 약간

▶ **겨자소스**
발효 겨자 1큰술, 식초 2큰술, 물엿 $1\frac{1}{2}$작은술, 소금·흰 후춧가루 약간씩, 참기름 $\frac{1}{2}$작은술, 맛술·다진 마늘 1작은술씩, 편육 삶은 물 2큰술

1 양배추는 굵은 심지를 도려내고 사방 3㎝ 크기로 썰어 엷은 소금물에 헹궈 건져 물기를 뺀다.

2 쇠고기는 홍두깨살 부위로 준비해서 찬물에 덩어리째 담가 핏물을 빼고 편육 삶을 물을 준비해서 끓으면 고기를 넣어 삶아서 식힌 후 양배추 크기로 얇게 썬다.

3 오이와 배는 양배추 크기로 얇게 저며 썰고 양파는 곱게 채 썬다. 대추는 씨를 빼고 곱게 채 썬다.

4 볼에 편육 삶은 물을 담고 겨자소스 나머지 재료를 모두 혼합해서 골고루 섞어 놓는다.

5 섞어 놓은 소스에 양배추와 편육, 배, 대추, 양파, 오이를 넣고 살살 버무려 상에 낸다.

> **→ COOK TIP**
> 양배추는 겨자소스와 함께 버무리면 양배추의 단맛이 살아난다. 겨자소스에 편육 삶은 물을 넣으면 부드럽고 새큼한 맛이 살아난다.

양배추찜과 고기두반장소스

▶ **주재료**
양배추 ⅓통, 소금 약간

▶ **고기 두반장소스**
다진 쇠고기 100g, 두반장 · 물녹말 2큰술씩, 다시마 우린 물 ½컵, 청주 1큰술, 간장 · 설탕 · 다진 마늘 1작은술씩, 참기름 ½작은술, 소금 · 후춧가루 약간씩

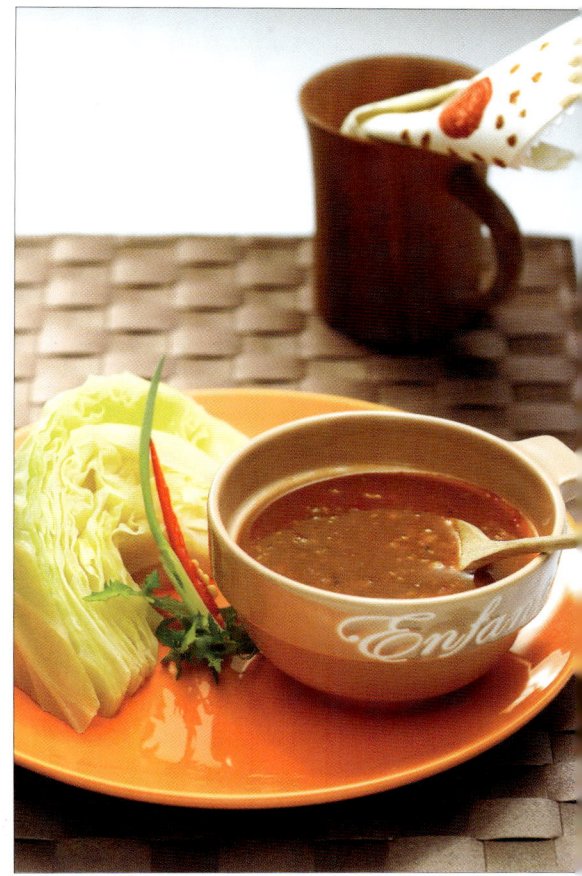

1 양배추는 삼각형 모양으로 큼직하게 잎이 떨어지지 않도록 잘라서 소금물에 잠시 담갔다가 건져 물기를 뺀다.

2 찜통에 김이 충분하게 오르면 씻어놓은 양배추를 넣어 15분 정도 찐다.

3 양배추가 부드럽게 쪄지면 꺼내어 접시에 담아 식힌다.

4 팬에 기름을 두르고 다진 마늘을 넣고 볶다가 다진 쇠고기와 두반장, 청주, 간장, 설탕, 참기름을 넣어 볶는다.

5 고기가 익으면 다시마 우린 물을 붓고 한소끔 약한 불에서 끓인 후 물녹말을 넣어 걸쭉한 농도로 맞춰 소금과 후춧가루로 간을 한다.

6 ③의 양배추에 고기 두반장소스를 듬뿍 뿌려 찐 양배추와 함께 싸서 먹는다.

⊙ COOK TIP

양배추를 찔 때에는 김이 오르는 찜통에 젖은 면포를 펼쳐 놓고 양배추를 올려야 모양이 흩어지지 않고 깔끔하다.

양배추해물오코노미야키

▶ **주재료**
양배추 6장, 오징어 1마리, 새우살 50g, 송송 썬 실파 5큰술, 가다랑어포 3큰술

▶ **밀가루 반죽**
밀가루 · 물 ½컵씩, 달걀 2개, 식용유 1작은술

▶ **소스**
마요네즈 ½컵, 화이트와인 1큰술, 설탕 약간

1 양배추는 한 잎씩 떼어서 굵은 심지는 도려내고 4㎝ 길이로 잘게 채 썰어 찬물에 담갔다가 채반에 건져 물기를 뺀다.

2 오징어는 내장을 빼고 껍질을 벗겨서 4㎝ 길이로 잘게 채 썬다. 오징어 다리도 4㎝ 길이로 썬다.

3 새우살은 옅은 소금물에 헹궈 건지고 실파도 송송 썬다.

4 볼에 밀가루와 달걀, 물, 식용유를 분량대로 넣고 거품기로 저어서 되직하지 않도록 반죽을 만든다.

5 철판에 식용유를 두르고 밀가루 반죽을 한 숟가락 떠 얹어 지름이 10㎝ 크기로 둥글게 모양을 다듬는다.

6 ⑤의 반죽 위에 양배추를 돌려 깔고 오징어, 새우살, 실파를 얹어 지진다.

7 ⑥의 윗면이 익으면 뒤집어 마저 익힌 후 위의 소스를 만들어 오코노미야키에 바르고 가다랑어포를 뿌려서 접시에 담는다.

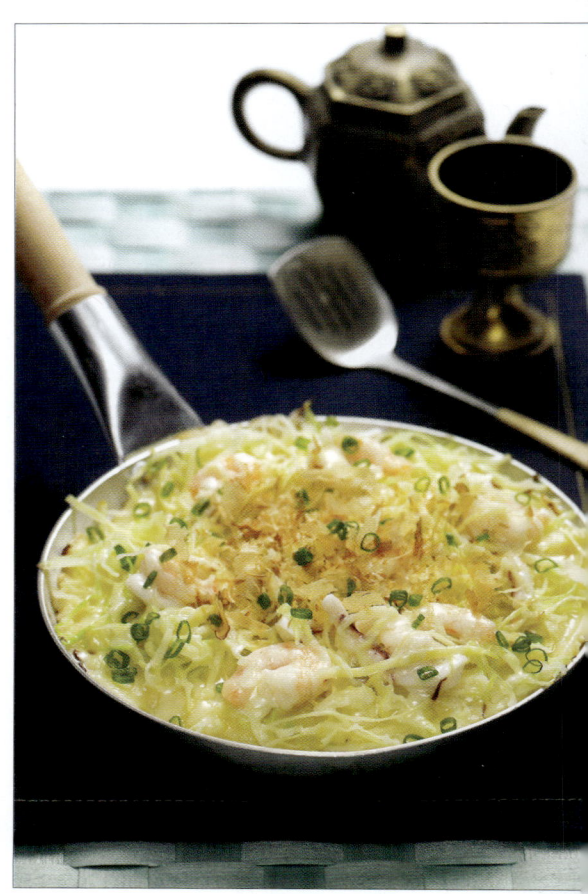

🔸 **COOK TIP**
오코노미야키는 반죽 위에 채 친 양배추를 올리고 그 위에 해물을 올린다. 낙지, 오징어, 새우, 홍합, 패주 등 싱싱한 해물을 올려 상큼하고 담백한 맛을 즐긴다.

어묵간장조림

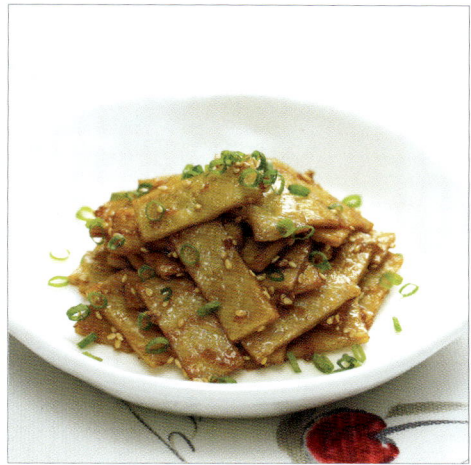

▶ **주재료**
어묵 3장

▶ **부재료**
실파 2대, 간장 2큰술, 물엿 · 설탕 · 청주 · 다진 마늘 1작은술씩

1 어묵은 네모난 튀긴 어묵으로 준비해서 가로 3㎝, 세로 1㎝ 크기로 썰어 채반에 올려 끓는 물을 끼얹어 겉기름을 뺀다.

2 팬에 기름을 약간 두르고 마늘과 청주를 넣어 볶다가 ①의 어묵을 넣어 볶는다.

3 부드럽게 볶아진 어묵에 간장을 넣어 조린 후 간이 배면 물엿과 설탕을 넣어 조리다가 실파를 송송 썰어 버무려 불에서 내린다.

⊙ COOK TIP
포장된 어묵을 구입할 때는 반드시 제조일자를 확인하고 구입한다. 표면에 섬유질이 묻어 기름기가 묻어 오르는 것은 구입하지 않는다. 튀긴 어묵은 랩에 싸서 보관하고 찐 어묵은 종이타월에 싸서 지퍼백에 넣어 냉동 보관하는 것이 좋다.

어묵채게살찜

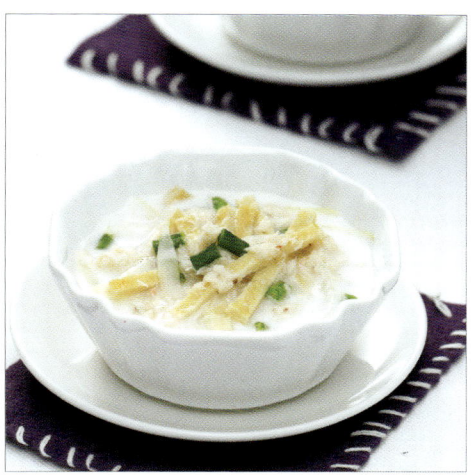

▶ **주재료**
어묵 3장, 게살(통조림) 1통

▶ **부재료**
실파 2대, 양파 ¼개, 달걀흰자 2개분, 다진 마늘 1작은술, 소금 · 후춧가루 · 생강즙 약간씩, 다시마 우린 물 ¼컵

1 어묵은 3㎝ 길이로 채 썰어 끓는 물에 살짝 데쳐 식힌다.

2 통조림 게살을 준비해서 볼에 담고 실파는 1㎝ 길이로 썰고 양파는 아주 곱게 채 썬다.

3 달걀의 알끈을 없애고 흰자만 준비해서 가위로 흰자의 끈을 잘라내고 다진 마늘과 소금, 후춧가루, 생강즙을 넣고 다시마 우린 물로 희석한다. 실파와 양파를 넣어 함께 섞는다.

4 찜 그릇에 ③의 흰자물을 담고 어묵채와 게살을 넣어 섞은 후 찜통에 김이 충분하게 오르면 10분 정도 쪄낸다.

⊙ COOK TIP
표면에 물기가 있는 어묵제품은 보관을 잘못한 것이므로 피하는 것이 좋다. 튀긴 어묵 남은 것은 랩에 한 장씩 싸서 냉동 보관하는 것이 좋다.

튀긴어묵채소샐러드

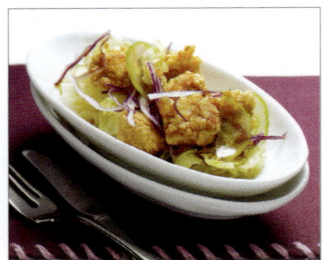

▶ **주재료**
동그란 어묵 150g

▶ **부재료**
밀가루 2큰술, 녹말가루 1작은술, 달걀 1개, 양상추 3장, 적채 1장, 오이 ½개, 소금 약간

▶ **간장레몬소스**
간장 3큰술, 레몬즙 · 레몬식초 1큰술씩, 올리브오일 2큰술, 꿀 1½큰술, 마늘즙 1작은술

1 동그란 모양의 어묵을 준비해서 끓는 물에 살짝 데쳐 내 찬물에 헹군 후 소금으로 살짝 밑간한다.

2 볼에 밀가루, 녹말가루, 달걀을 섞은 반죽에 밑간한 어묵을 넣어 옷을 입혀 170℃의 온도에서 노릇하게 튀겨 기름기를 뺀다.

3 양상추는 손으로 뜯어 찬물에 담가 싱싱하게 하고 적 채는 아주 가늘게 3㎝ 길이로 채 썬다.

4 오이는 소금에 문질러 씻어 동그란 모양 그대로 얇게 저민다.

5 간장에 레몬즙을 짜 넣고 올리브오일과 레몬식초, 꿀을 섞은 후 마늘즙으로 맛을 내 간장레몬소스를 만든다.

6 접시에 양상추와 적채, 오이를 담고 튀긴 어묵을 모양 있게 담은 후 준비한 간장레몬소스를 뿌린다.

⊙ COOK TIP
어묵을 데쳐 익힌 상태로 남았으면 은박지에 싸서 어묵의 표면이 마르지 않게 해서 보관하면 나중에 조리했을 때 부드러운 어묵의 맛이 다시 살아난다.

다진어묵달걀구이

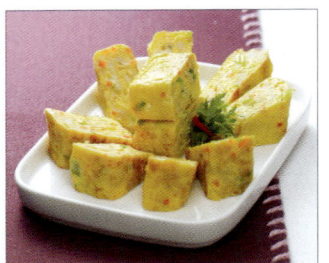

▶ **주재료**
네모 어묵 2장, 달걀 2개

▶ **부재료**
다시마 우린 물 3컵, 다진 파 · 다진 당근 2큰술씩, 다진 마늘 ½작은술, 맛술 1큰술, 소금 · 후춧가루 약간씩

1 네모 모양 어묵을 준비해서 1㎝ 폭으로 썰어 곱게 다 진다.

2 달걀은 알끈을 제거하고 곱게 풀어서 다시마 우린 물과 맛술, 소금, 후춧가루를 넣어서 섞는다.

3 볼에 다진 어묵과 달걀물, 당근, 다진 파, 다진 마늘을 넣어서 잘 섞는다.

4 팬에 기름을 약간 두르고 달군 후 약한 불에서 섞어 놓은 어묵 달걀물을 반만 부어서 평평하게 굽는다.

5 아랫면이 거의 익으면 바깥쪽에서 돌돌 말고 다시 남은 어묵 달걀물을 모두 붓고 다시 구워서 돌돌 말은 쪽에서 다시 반대쪽으로 돌돌 말아 굽는다.

6 어묵달걀구이가 속까지 익으면 도마에 올리고 잠시 식힌 후 1㎝ 폭으로 썰어 토마토케첩 등을 찍어서 먹는다.

⊙ COOK TIP
곱게 채 썬 어묵을 삶아 놓는 당면과 함께 간장에 버무려 살짝 볶아서 깔끔한 잡채로 만들어도 좋다. 특히 반찬이 없을 때 밥에 올려 덮밥으로 비벼 먹으면 아주 좋다.

채소어묵꽃당근데리야키볶음

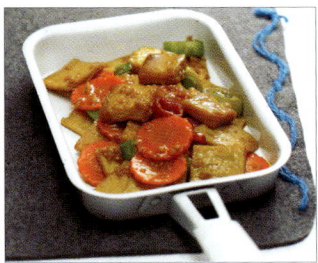

▶ **주재료**
채소 어묵 2장, 당근 $\frac{1}{2}$개

▶ **부재료**
대파 1대, 홍고추 1개, 소금·통깨 약간씩

▶ **데리야키소스**
간장 2큰술, 청주 1큰술, 물엿 $\frac{1}{2}$큰술, 다진 마늘 1작은술, 다시마 우린 물 5큰술, 참기름 $\frac{1}{2}$작은술

1 채소를 넣어서 튀겨낸 채소 어묵을 먹기 좋은 크기로 알맞게 썰어서 끓는 물에 살짝 데쳐 찬물에 헹궈 기름기를 없애고 물기를 뺀다.

2 당근은 껍질을 벗기고 0.5㎝ 두께로 동그랗게 썰어서 꽃모양 틀로 눌러서 꽃당근을 만든다.

3 대파는 1㎝ 굵기로 송송 썰고 홍고추는 0.5㎝ 굵기로 송송 썰어 씨를 턴다.

4 냄비에 간장과 청주, 물엿, 다진 마늘, 다시마 우린 물, 참기름을 넣어 끓어오르면 채소 어묵과 당근을 넣어서 윤기나게 볶는다.

5 당근과 어묵에 간이 배면 대파와 홍고추를 넣고 윤기가 나도록 버무려 통깨를 뿌려서 상에 낸다.

→ COOK TIP
어묵을 살짝 데쳐서 시판하는 양념 고추장에 볶아서 쉽고 간편하게 반찬으로 만들 수 있다. 야외에 놀러 가서 즉석에서 만들어 먹을 수 있는 반찬이다.

어묵소시지꼬치바비큐

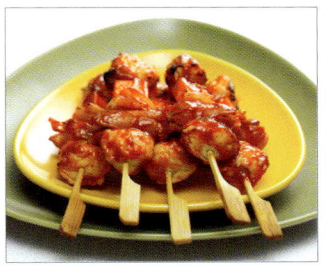

▶ **주재료**
동그란 어묵 100g, 프랑크 미니 소시지 20개

▶ **부재료**
양파·당근 1개씩, 나무 꼬치 10개, 올리브오일 1큰술

▶ **바비큐소스**
토마토 1개, 다진 마늘 1큰술, 올리브오일·고추장·물엿 1작은술씩, 토마토케첩 2큰술

1 동그란 어묵을 준비해서 뜨거운 물에 살짝 데쳐 기름을 뺀다.

2 미니 소시지는 끓는 물을 끼얹어 겉에 있는 기름기를 없애고 물에 헹궈 건져 양쪽에 십자로 칼집을 낸다. 양파는 사방 2㎝ 크기로 자른다. 당근은 양파와 같은 크기로 썰어 끓는 물에 살짝 데쳐 찬물에 헹궈 건져 물기를 닦는다.

3 나무 꼬치에 어묵, 소시지, 양파, 당근, 소시지 순서로 꿰어 올리브오일을 두른 팬에서 애벌로 구워낸다.

4 토마토를 끓는 물에 데쳐 찬물에 헹궈 껍질을 벗긴 후 4등분해서 씨를 발라내고 곱게 다진다.

5 팬에 올리브오일을 두르고 다진 마늘과 다진 토마토, 고추장, 토마토케첩, 물엿을 넣어 저어가면서 끓여 바비큐소스를 만든다.

6 석쇠에 애벌로 구워둔 꼬치에 준비한 바비큐소스를 발라 가면서 어묵, 소시지와 채소를 구워서 간이 배면 먹는다.

어묵베이컨라이스치즈구이

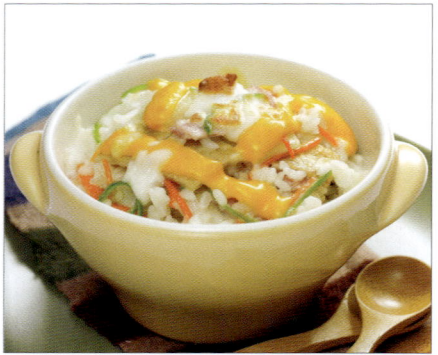

▶ **주재료**
어묵 80g, 베이컨 5줄

▶ **부재료**
양파·피망 ½개씩, 당근 20g, 밥 1공기, 슬라이스 체더치즈 2장, 피자치즈 30g, 올리브오일 1큰술, 우유 ½컵, 소금 약간

1 어묵은 뜨거운 물에 데쳐 찬물에 헹궈 식힌 후 물기를 닦고 사방 2㎝ 폭으로 자른다.

2 베이컨은 2㎝ 폭으로 자르고 양파는 사방 2㎝ 크기로 자른다. 당근과 피망은 3㎝ 길이로 곱게 채 썬다.

3 팬에 올리브오일을 두르고 당근→양파→어묵→베이컨 순서로 넣어 볶는다.

4 채소가 볶아지면 피망과 밥을 넣어 버무려서 우유를 붓고 잘박하게 끓으면 불에서 내려 슬라이스 체더치즈를 길게 잘라 올리고 피자치즈를 듬뿍 올린다.

5 ④의 팬을 약한 불에 올려 치즈가 녹아내리면 버무려 먹는다.

> → **COOK TIP**
> 아이들이 좋아하는 피자처럼 먹는 그라탱으로 어묵, 베이컨과 치즈의 간이 충분해서 따로 소금 간을 하지 않는 것이 원칙이다. 채소와 밥이 볶아지면 우유를 부어서 충분하게 재료에 스며들도록 불에서 볶은 후 불에서 내려 치즈를 올린 다음 다시 굽는 것이 좋다. 어묵을 기름에 볶아 양념해 조리거나 볶을 때에는 기름을 너무 많이 두르면 나중에 기름이 흥건하므로 기름을 알맞게 넣고 많이 볶아야 어묵이 부드럽고 고소하다.

어묵게맛살볼튀김꼬치

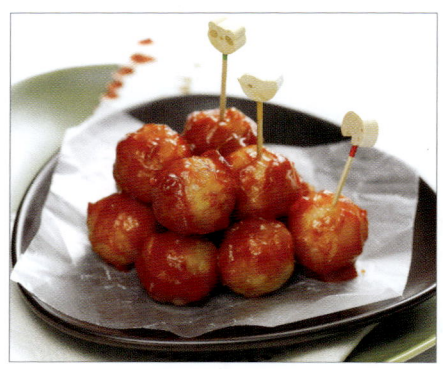

▶ **주재료**
어묵 100g, 게맛살 8줄

▶ **부재료**
양파 ½개, 쪽파 2대, 마늘 2쪽, 생강즙 ½작은술, 빵가루 2큰술, 튀김가루 5큰술, 녹말가루 2큰술, 튀김기름 약간, 꼬치 8개, 토마토케첩 3큰술, 물엿 1큰술

1 어묵은 뜨거운 물에 데쳐 찬물에 헹군 후 굵게 다진다.

2 게맛살은 사방 0.5㎝ 크기로 다져서 찬물에 헹궈 마른 면포에 담아 물기를 완전하게 없앤다. 양파는 곱게 다져서 팬에 고슬하게 볶아내 식히고 쪽파와 마늘은 곱게 다진다.

3 볼에 다진 어묵과 게맛살, 양파, 파, 마늘, 생강즙을 넣어 녹말가루와 빵가루를 섞어서 된 반죽을 만든다.

4 튀김가루에 ③의 어묵 게맛살 볼을 한 숟가락씩 담아 굴려서 볼을 만들어 170℃로 달군 기름에 노릇하게 튀겨낸다.

5 튀겨낸 어묵게맛살볼을 토마토케첩과 물엿을 넣은 팬에 굴려 윤기가 나도록 조린 후 식혀서 꼬치에 꽂는다.

> → **COOK TIP**
> 게맛살은 절대로 찢지 말고 굵게 칼로 다져서 입자가 그대로 씹힐 수 있도록 한다. 게맛살은 썰어서 찬물에 헹궈 마른 면포로 꾹꾹 눌러 가면서 물기를 완전히 없앤다. 어묵은 기름기가 많은 식품이므로 먹기 좋은 크기로 썰어 끓는 물에 살짝 데쳐 기름기를 없애고 굵게 썰어 입자가 있도록 볼을 만들어야 기름지지 않고 고소하다.

어묵냄비

▶ **주재료**
어묵(구이어묵 · 완자어묵 · 꽃어묵 · 막대어묵) 400g, 무(10cm 두께) 1토막, 곤약 100g, 은행 12알, 메추리알 5개, 꼬치 · 미나리 약간씩

▶ **가다랑어 국물**
가다랑어포 2큰술, 국물 멸치 5마리, 맛술 1큰술, 청주 · 설탕 1작은술씩, 간장 2큰술, 소금 약간, 물 6컵

▶ **겨자간장**
발효 겨자 1작은술, 간장 · 식초 · 설탕 · 다시마 우린 물 1큰술씩

1 냄비에 국물 멸치를 볶다가 비린맛이 날아가면 물을 붓고 끓인다.

2 무는 2cm 두께로 도톰하게 썰고 다시마는 면포로 흰 가루를 닦아서 3cm 크기로 자른다.

3 ①의 국물이 끓으면 불을 끄고 가다랑어포를 우려서 진한 국물을 만든다.

4 ③의 가다랑어 국물을 냄비에 담고 끓으면 무와 다시 마를 넣고 끓이면서 간장과 청주, 맛술, 설탕을 넣어 서 끓인 후 소금으로 간을 맞춘다.

5 어묵은 찐 어묵과 튀긴 어묵 두 종류가 있는데 냄비 요리에는 튀긴 어묵으로 준비해야 더욱 맛이 있다. 튀긴 어묵은 모양대로 큼직하게 썰어서 끓는 물에 데 쳐 기름기를 뺀다.

6 메추리알은 완숙으로 삶아서 껍질을 벗기고 은행은 기 름 두른 팬에 굴려가면서 볶아 껍질을 말끔히 벗긴다.

7 꼬치에 준비한 어묵을 색깔 있게 꿰고 메추리알과 은 행도 꼬치에 꿴다.

8 ④의 가다랑어 국물에 ⑦의 어묵과 메추리알, 은행을 담고 은근하게 끓여서 완성해 매운맛의 겨자간장에 찍어 먹는다.

→ **COOK TIP**
어묵은 찐 어묵과 튀긴 어묵 중에서 튀긴 어묵을 골고루 넣어야 더욱 맛이 있다. 튀긴 어묵은 끓는 물에 데쳐서 기름기를 뺀 후 냄비 요리에 넣어야 맛이 담백하고 국물이 시원하다.

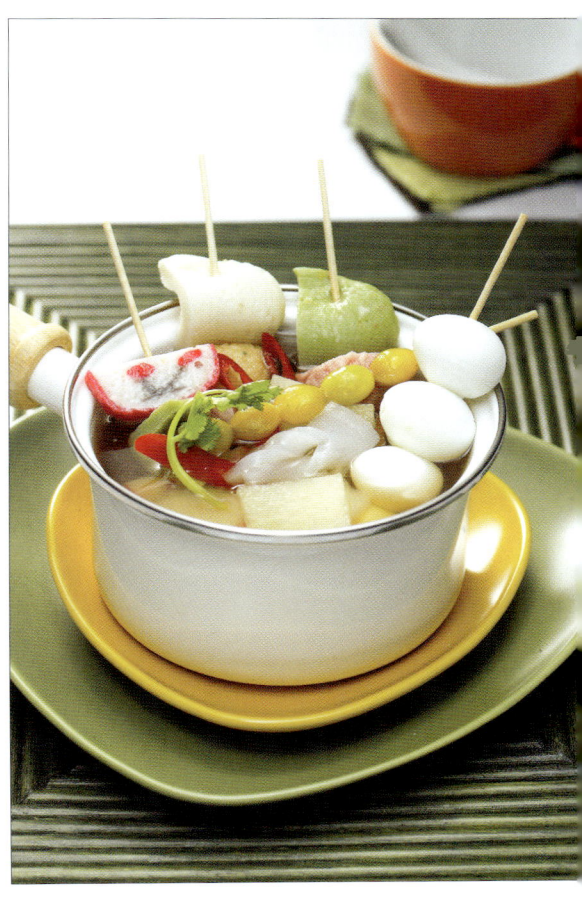

어묵잡채

▶ **주재료**
네모 어묵 3장

▶ **부재료**
오이 $\frac{1}{2}$개, 당근 $\frac{1}{2}$개, 콩나물 80g, 홍고추 2개, 소금 약간

▶ **잡채 양념장**
간장 · 다진 마늘 · 참기름 · 깨소금 1큰술씩, 참치액 · 설탕 · 물엿 · 맛술 1작은술씩, 소금 약간

1 어묵은 사각형 모양으로 준비해서 넓은 채반에 올리고 뜨거운 물을 끼얹어 겉기름을 없애고 찬물에 헹궈 물기를 뺀다. 손질한 어묵은 4㎝ 길이로 채 썬다.

2 오이는 소금에 문질러 씻어서 4㎝ 길이로 돌려 깎아서 곱게 채 썰어 소금을 약간 뿌려 절인다.

3 당근은 오이와 같은 길이로 곱게 채 썰고 홍고추도 반을 갈라 씨를 뺀 후 같은 길이로 채 썬다. 콩나물을 머리와 꼬리를 떼어내고 끓는 물에 소금을 약간 넣고 살캉하게 데쳐 찬물에 헹궈 물기를 꼭 짠다.

4 팬에 기름을 아주 조금 두르고 오이와 당근, 콩나물, 고추를 순서대로 각각 볶아내 넓은 접시에 펼쳐 식힌다.

5 다시 팬에 기름을 두르고 다진 마늘과 어묵을 넣어서 볶는다.

6 어묵이 부드럽게 볶아지면 맛술과 간장, 참치액, 설탕을 넣어서 볶아낸다.

7 넓은 볼에 볶아 놓은 어묵과 오이, 당근, 콩나물, 고추채를 모두 담고 물엿, 참기름, 깨소금으로 버무려 잡채를 만들고 모자라는 간을 소금으로 맞춰 그릇에 담아낸다.

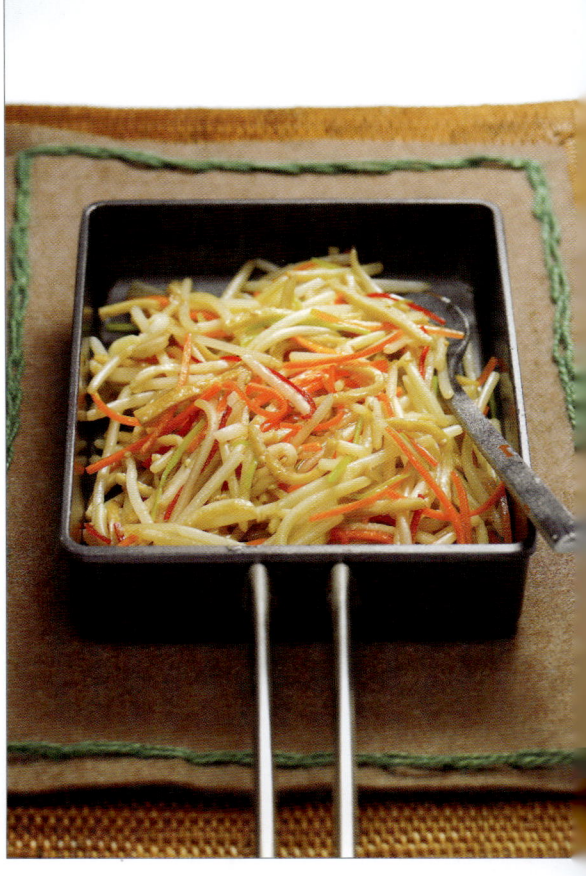

→ COOK TIP
어묵은 구입해서 그냥 사용하면 조리하고 난 후 기름기가 그대로 굳어서 딱딱해지고 뻣뻣한 맛이 나면서 느끼하다. 그래서 항상 어묵으로 요리할 때 뜨거운 물에 데치거나 뜨거운 물을 끼얹어 어묵의 기름기를 빼야 한다.

열무된장나물

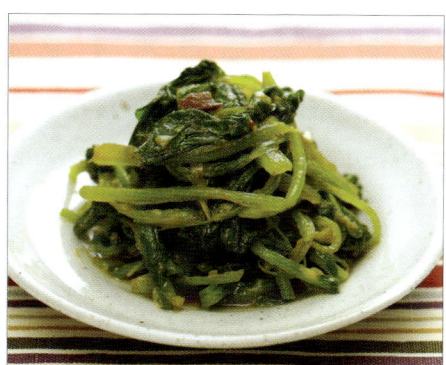

▶ **주재료**
열무 250g

▶ **부재료**
재래된장 · 일본된장 · 참기름 1작은술씩, 다시마 우린 물 2큰술,
다진 파 1큰술, 소금 약간

1 열무는 다듬어 씻어 끓는 물에 데쳐 찬물에 여러 번
헹궈 물기를 짠다.

2 열무를 가지런히 도마에 펼치고 포크로 열무를 찢어
가늘게 만들어 먹기 좋은 길이로 썬다.

3 볼에 다시마 우린 물을 담고 재래된장과 일본된장을 풀
어 파, 참기름, 소금으로 간을 해서 양념장을 만든다.

4 준비한 열무를 살살 버무려 그릇에 담아낸다.

> 🔸 **COOK TIP**
>
> 재래된장에만 열무를 무치면 자칫 짠맛과 함께 씁쓸한 진한 된장
> 맛이 느껴질 수 있다. 열무의 상큼한 맛을 살리면서 구수한 나물
> 을 만들어 먹고자 하면 재래된장과 일본된장을 1:1비율로 섞어
> 서 다시마 우린 물에 개어 무치면 담백하고 너무 짜지도 않고 간
> 이 딱 알맞다.

열무표고버섯볶음

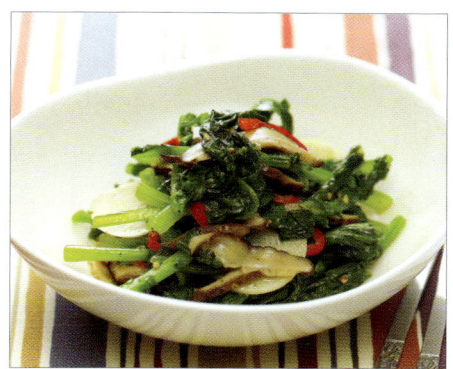

▶ **주재료**
열무 200g, 표고버섯 5장

▶ **무침 양념장**
실파 2대, 홍고추 1개, 마늘 4쪽, 들기름 1큰술, 통깨 · 식용유
1작은술씩, 소금 · 후춧가루 약간씩

1 열무는 깨끗하게 씻어 여린 속 줄기 쪽만 준비해서 3㎝
길이로 썬다.

2 표고버섯은 밑동을 깨끗하게 자르고 고운 채로 썬다.

3 실파는 송송 썰어 준비하고 홍고추는 반을 갈라 씨를
제거하고 어슷하게 채 썬다. 통마늘은 얇은 편으로
썬다.

4 팬에 들기름과 식용유를 두르고 홍고추와 마늘을 함
께 넣어 볶다가 표고버섯을 넣고 달달 볶아 가면서 소
금, 후춧가루로 간을 맞춘다.

5 ④에 열무를 넣어 소금으로 간을 맞추고 통깨와 실파
를 넣어 버무려 슬쩍 열무가 무르게 볶아지면 꺼내어
그릇에 담아낸다.

> 🔸 **COOK TIP**
>
> 열무를 이용해서 국이나 반찬을 할 때에는 미리 한 번 데쳐야 풋내
> 가 나지 않고 국물에 푸른기가 돌지 않는다. 또 열무는 소금 넣은
> 끓는 물에 데쳐서 재빨리 찬물에 헹구는 게 요령이다. 들깨와 들기
> 름은 열무의 파릇한 색과 아삭한 맛을 살려주면서 또한 고소함이
> 줘 열무의 맛을 한층 맛깔스럽게 한다. 된장과 고추장은 국물에 풀
> 어서 삶은 열무를 넣어 끓이면 한층 담백하고 맛있는 국이 된다.

열무베이컨볶음

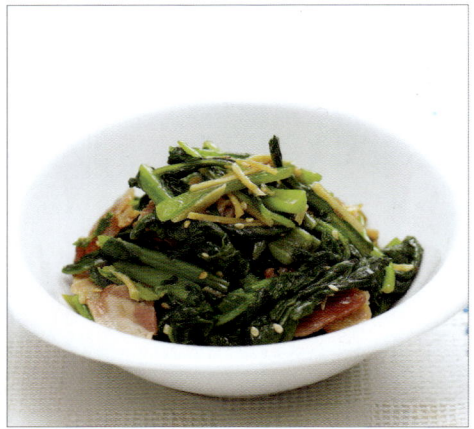

▶ **주재료**
열무 200g, 베이컨 5줄

▶ **부재료**
송송 썬 쪽파 · 올리브오일 1큰술씩, 마늘채 · 굴소스 1작은술씩,
소금 · 후춧가루 · 통깨 약간씩

1 열무는 다듬어 씻어 끓는 물에 소금을 넣고 삶은 후
찬물에 헹궈 물기를 꼭 짠다.

2 ①의 열무는 3㎝ 길이로 썬다.

3 베이컨은 2㎝ 길이로 썬 후 팬에 살짝 구워 종이타월
에 올려 기름기를 뺀다.

4 팬에 올리브오일을 두르고 마늘채를 볶다가 열무와
베이컨을 넣어 굴소스, 소금, 후춧가루도 넣어 버무려
볶는다.

5 모자라는 간을 소금으로 맞추고 통깨와 쪽파를 뿌려
그릇에 담아낸다.

COOK TIP

열무와 함께 고소한 베이컨을 볶아도 아이들도 잘 먹는 밥반찬으
로 즐길 수 있는데 베이컨은 되도록 마른 팬에 구워 기름기를 종
이타월로 닦은 후 열무와 볶아야 기름지지 않고 담백하게 먹을 수
있다.

열무들깨무침

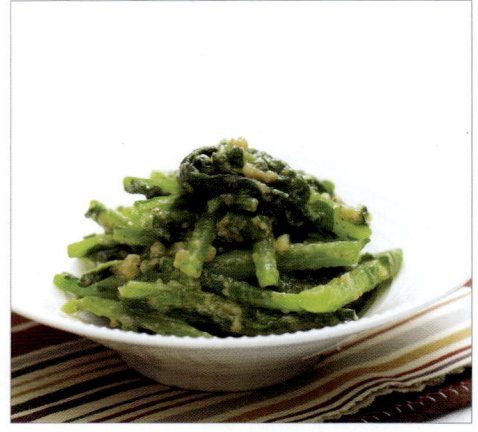

▶ **주재료**
열무 200g, 들깻가루 3큰술

▶ **부재료**
들기름 · 다진 마늘 · 다진 파 · 맛술 1큰술씩, 참치액 · 올리브오
일 1작은술씩, 소금 약간

1 열무는 깨끗이 다듬어 씻어서 4㎝ 길이로 썰어 끓는
물에 소금을 넣고 파랗게 데쳐 찬물에 헹궈 물기를 꼭
짠다.

2 열무에 다진 마늘과 다진 파, 참치액, 맛술을 넣어 팬
에 올리브오일을 두르고 재빨리 볶아내 식힌다.

3 ②의 열무에 들깻가루와 들기름을 뿌려 고르게 버무
려서 모자라는 간을 소금으로 맞춰 그릇에 담아낸다.

COOK TIP

열무를 들깨와 함께 무칠 때에는 미리 올리브오일에 살짝 볶아
윤기가 나게 한 후 들기름과 들깻가루를 넣어주면 훨씬 고소하고
열무의 초록빛이 윤기나게 도드라지며 부드럽다.

열무오이김치

▶ **주재료**
열무 1단, 오이 2개

▶ **부재료**
양파 ½개, 쪽파 10대, 풋고추 2개, 마늘 5쪽, 생강 ½톨, 밀가루죽(밀가루 3큰술, 물 ⅜컵) ⅓컵, 굵은 소금 약간

▶ **양념장**
홍고추 5개, 고운 고춧가루 2큰술, 까나리액젓 1큰술, 소금 약간

1 열무는 다듬어 5㎝ 길이로 씻어서 옅은 소금물에 흔들어 씻은 후 건져서 굵은 소금을 훌훌 뿌린 후 잠시 절인다.

2 오이는 껍질째 소금에 문질러 씻어서 4㎝ 길이로 토막내어 세로로 4등분한다. 양파는 껍질을 벗겨서 채 썰고 쪽파는 3㎝ 길이로 썰고 풋고추는 씨를 뺀 후 채 썰고 마늘과 생강은 곱게 채 썬다.

3 냄비에 밀가루 3큰술을 넣고 물 ⅜컵을 붓고 멍울이 풀리도록 저어주고 나서 은근히 약한 불에서 끓여 되직한 죽을 쑨다.

4 풋고추는 씻어서 적당히 자르고 믹서에 고운 고춧가루와 까나리액젓을 넣고 갈아서 홍고추 양념을 만든다.

5 다듬어 절인 열무를 체에 밭쳐 물기를 빼고 넓은 볼에 양파, 쪽파, 풋고추, 마늘, 생강과 홍고추 양념 소를 넣고 오이와 열무를 넣어 풋내가 나지 않도록 살살 버무려서 소금으로 간을 한다.

6 밀폐용기에 열무오이김치를 담고 눌러준 후 양념 그릇에 남은 양념을 물 2컵 정도와 소금을 약간 넣고 녹여 헹궈서 열무에 붓고 뚜껑을 덮어 찬 곳에서 살짝 익혀 먹는다.

→ COOK TIP
열무는 잎이 여리고 부드러워서 절일 때 특히 주의를 해야 한다. 열무에 소금을 그냥 훌훌 뿌려서 절이지 말고 열무를 절일 소금을 반 정도 물에 풀어서 열무를 헹군 후에 나머지 소금을 훌훌 털어 가면서 절여야 열무 풋내가 나지 않고 골고루 잘 절여진다.

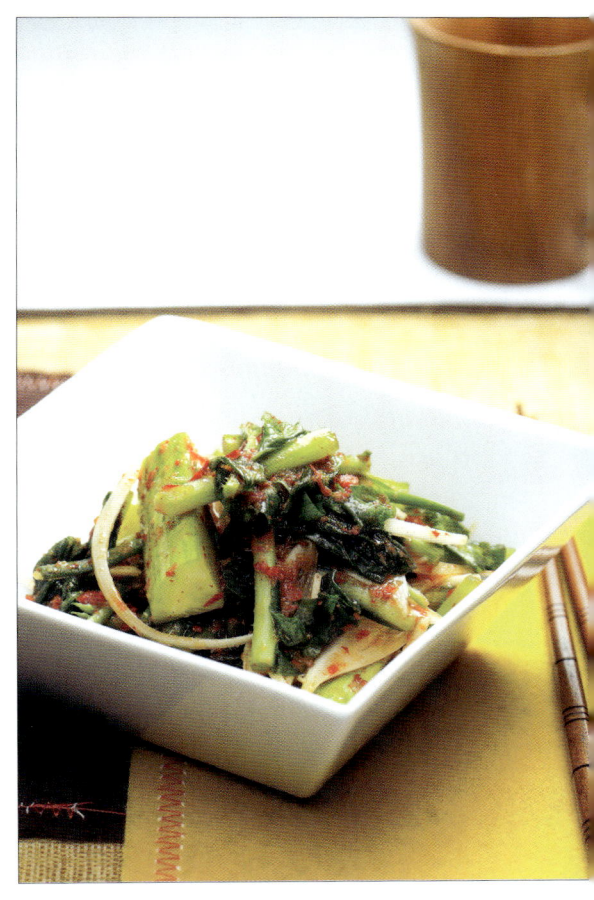

미나리액젓무침

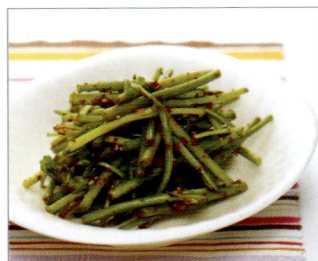

▶ **주재료**
 미나리 250g, 멸치액젓 · 고운 고춧가루 2큰술씩

▶ **부재료**
 다진 마늘 · 다진 파 · 깨소금 1큰술씩, 생강즙 $\frac{1}{3}$작은술, 소금
 약간

1 미나리는 다듬어 씻어서 넓은 볼에 담가 10원짜리 동
 전 하나를 넣어 두거나 놋수저를 넣어서 잡티 또는 이
 물질을 완전하게 없앤다.

2 ①의 미나리를 헹궈 건져 물기를 털고 5cm 길이로 썬
 다. 미나리의 잎도 싱싱한 것만 골라서 여러 번 헹궈
 건져 함께 썬다.

3 볼에 고운 고춧가루를 넣고 멸치액젓을 넣어 고루 저
 어 고춧가루를 빨갛게 불린다.

4 ③에 다진 마늘, 생강즙, 파를 넣어 잘 섞은 후 미나리
 를 넣어 고루 버무려 잠시 숨이 죽게 한다.

5 간이 밴 미나리 무침에 소금으로 모자란 간을 맞추고
 깨소금을 뿌려서 버무리고 그릇에 담아낸다.

→ **COOK TIP**

미나리를 말끔하게 씻으려면 찬물에 미나리를 담그고 놋수저 또
는 10원짜리 동전을 넣어서 잠시 담가 놓는다. 동전이나 놋수저
를 넣으면 이물질이 들러붙어 깔끔하게 씻을 수 있고 여러 번 물
에 헹구면 아삭한 맛과 함께 깨끗한 미나리 무침을 먹을 수 있다.

미나리오징어생채

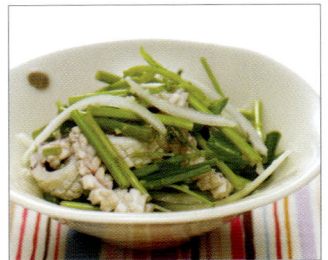

▶ **주재료**
 미나리 100g, 오징어 1마리, 양파 $\frac{1}{2}$개, 실파 5대, 소금 약간

▶ **양념장**
 다진 마늘 1큰술, 식초 2큰술, 물엿 1$\frac{1}{2}$큰술, 생강즙 $\frac{1}{3}$작은술,
 청주 1작은술, 소금 · 후춧가루 약간씩

1 미나리는 찬물에 놋수저 또는 10원짜리 동전을 넣고
 담가 이물질을 없앤 후 흐르는 물에 헹궈 건져 물기를
 털고 4cm 길이로 썬다.

2 오징어는 내장과 먹물을 빼고 소금으로 비벼 씻어 물
 기를 완전하게 없애고 몸통 안쪽에 사방으로 칼집을
 넣어 가로 4cm, 세로 1cm로 썬다. 오징어 다리는 흡반
 을 긁어내고 칼집을 넣어 4cm 길이로 썬다.

3 끓는 물에 소금을 약간 넣고 오징어 썬 것을 살짝 데
 쳐 차게 식힌다.

4 양파는 곱게 채 썰고 실파는 2cm 길이로 썬다.

5 볼에 다진 마늘과 식초, 물엿, 생강즙, 청주, 소금, 후
 춧가루를 넣어 버무려 놓는다.

6 먹기 직전에 오징어와 미나리, 양파, 실파를 모두 볼
 에 담고 ⑤의 양념장을 뿌려 살살 버무려 낸다.

→ **COOK TIP**

오징어 껍질에는 타우린 성분이 있는데 이것은 몸 안의 독성을
밖으로 배출시키는 역할을 한다. 특히 미나리는 간의 기능을 항
진시켜 튼튼하게 해주고, 황달을 치료해주는 간장 보호작용과 해
독작용이 탁월하다고 한다. 미나리는 예로부터 정신을 맑게 하고
피를 깨끗하게 해준다고 전해져 오는데 간의 해독작용을 도와주
는 미나리와 함께 먹으면 특히 좋다.

미나리북어포찜

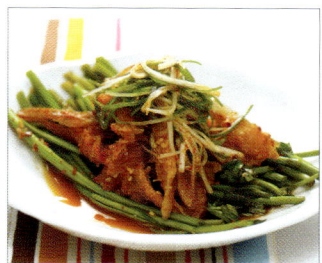

▶ **주재료**
미나리 150g, 통북어 1마리

▶ **부재료**
다시마 사방 10cm 1장, 대파 1대, 쌀뜨물 ½컵

▶ **찜 양념장**
고운 고춧가루 1½큰술, 간장 · 다진 마늘 · 청주 · 참기름 1큰술씩, 깨소금 1작은술, 소금 · 후춧가루 약간씩

1 미나리는 다듬어 씻어서 물에 잠시 담근 후 건져 10㎝ 길이로 가지런하게 썬다.

2 통북어는 방망이로 두드려 가시를 골라내고 살만 큼직 하게 뜯어내 냄비에 담고 쌀뜨물과 다시마를 잘게 썰어 서 넣고 중간 불에 올려 뚜껑을 덮어 5분 정도 찐다.

3 고운 고춧가루에 간장, 청주, 참기름을 섞어서 고춧가 루 색을 빨갛게 불린 후 다진 마늘과 깨소금, 소금, 후 춧가루를 넣어서 양념장을 만든다.

4 ②에서 익힌 북어포에 만들어 놓은 양념장을 넣어 잘 버무린 후 준비한 미나리를 얹고 대파를 채 썰어 뿌리 고 약한 불에서 5분 정도 찐다.

5 살캉하게 미나리가 익으면서 찜이 완성되면 미나리가 위로 오도록 해서 그릇에 담아낸다.

⊙ **COOK TIP**

미나리는 달면서 맵고 서늘한 성미를 지녔다. 각종 비타민과 무 기질 섬유질이 풍부한 알칼리성 식품으로 간의 해독작용과 혈액 을 정화하는 데 탁월한 효과가 있는 알칼리성 식품이다.

돌미나리기름나물

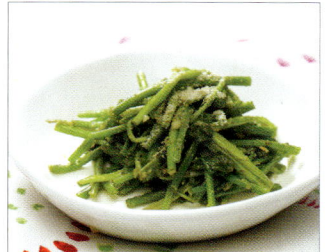

▶ **주재료**
돌미나리 250g

▶ **부재료**
들기름 · 다진 파 1큰술씩, 다진 마늘 ½작은술, 소금 · 후춧가루 약간씩, 들깻가루 1작은술

1 돌미나리는 뿌리를 잘라내고 물에 잠시 담근 후 건져 흐르는 물에 씻어서 물기를 턴다.

2 냄비에 소금을 약간 넣고 물을 넉넉하게 부어서 끓으 면 손질한 돌미나리를 넣어 살짝 데쳐 찬물에 재빨리 헹궈 건져 물기를 짠다.

3 데친 돌미나리를 적당크기로 자른다.

4 팬에 들기름을 둘러 지글지글 끓으면 다진 마늘을 넣 어 볶다가 ③을 넣어 중간 불에서 재빨리 볶아 넓은 접시에 담고 다진 파와 소금, 후춧가루, 들깻가루를 뿌려서 그릇에 담아낸다.

⊙ **COOK TIP**

돌미나리는 소금을 넣은 끓은 물에 재빨리 데쳐 찬물에 헹궈 미 나리의 초록빛과 맛, 향이 손실되지 않도록 하는 것이 중요하다. 미나리는 뿌리, 잎, 줄기를 사용하며 초봄부터 초여름이 제철이 다. 곧게 자란 미나리의 잎이 진한 녹색을 띤 것이 신선하다. 줄 기가 억센 것은 먹지 않는 것이 좋으며 대가 빨간색을 띠고 키가 작은 것은 바위틈에서 나는 돌미나리인데 늪에서 자라는 미나리 보다 비싸지만 영양은 더 우수하다.

미나리배채버무리

▶ **주재료**
미나리 150g, 배 1개

▶ **부재료**
대추 2개, 마늘 2쪽, 설탕 1큰술, 소금 · 실고추 약간씩

▶ **양념장**
참기름 · 깨소금 1큰술씩, 검은깨 · 볶은 소금 · 흰 후춧가루 약간씩

1 미나리는 다듬어 씻어서 물기를 털고 4㎝ 길이로 썬다.

2 배는 단물이 많이 나는 것으로 준비해서 껍질을 벗기고 미나리와 비슷한 굵기와 길이로 곱게 채 썰어 설탕을 뿌려 놓는다.

3 대추는 주름 부분까지 깨끗하게 씻어서 돌려 깎아 가로로 곱게 채 썬다. 마늘은 끓는 물에 살짝 데쳐서 얇게 저며 썬다. 생마늘을 넣으면 아린맛이 강하므로 익혀서 넣어야 먹기에 좋다.

4 상에 내기 직전에 볼에 배와 미나리, 마늘을 넣어 참기름, 소금, 흰 후춧가루를 넣고 잘 버무린 후 깨소금과 검은깨를 뿌리고 짧게 자른 실고추와 대추채를 올려서 상에 낸다.

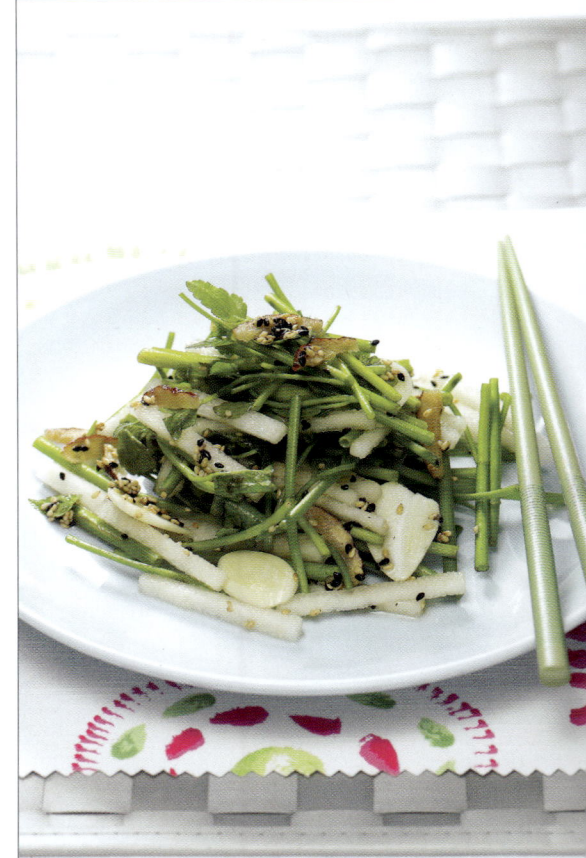

🔸 COOK TIP

미나리와 배는 궁합이 잘 맞는 음식이다. 배는 껍질을 벗겨 채 썬 후 설탕에 살짝 재워야 더욱 아삭하고 단물이 많이 나온다. 파릇한 색에 어울리는 특유의 향으로 많은 요리에 쓰이는 미나리는 예전에는 미나리꽝이라 불리던 개천 습지에서 거머리 등과 함께 자라서인지 '미나리 반찬은 개 반찬'이라는 말이 나올 정도로 천대를 받았지만 요즘은 비타민과 칼슘, 인 등 무기질이 풍부한 고알칼리성 식품으로 각광을 받고 있다.

우거지고추장무침

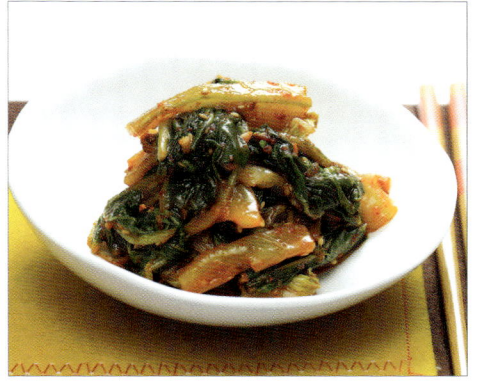

▶ **주재료**
우거지 250g, 소금 약간

▶ **새콤한 고추장 양념장**
고추장 3큰술, 고운 고춧가루 1작은술, 설탕·식초 1½큰술씩, 다진 마늘·깨소금 1큰술씩, 다진 파 2큰술, 생강즙 ¼작은술

1 우거지는 끓는 물에 소금을 약간 넣고 부드럽게 데쳐 찬물에 헹궈 물기를 꼭 짠다.

2 데친 우거지를 가지런하게 정리해서 3㎝ 길이로 썰고 면이 넓으면 손으로 적당하게 찢는다.

3 볼에 고추장과 고운 고춧가루를 섞고 설탕과 다진 마늘, 다진 파, 생강즙을 섞은 후 식초를 넣어 새콤한 맛을 내고 깨소금을 뿌려 새콤한 고추장 양념장을 만든다.

4 볼에 우거지를 담고 ③의 새콤한 고추장 양념장을 붓고 조물조물 무쳐 그릇에 담고 물이 생기기 전에 먹는다.

→ COOK TIP

새콤하게 만든 고추장 양념장은 생강즙을 넣어서 고추장의 맛을 더욱 진하게 하고 설탕과 식초를 넣어서 새콤달콤하게 만들어 무생채, 돌미나리 무침 등에 사용한다. 우거지를 데친 것으로 구입할 때에는 우선 냄새를 맡아 보아 쉰내 또는 군내가 없는 것으로 구입해야 한다. 자칫 판매대에 오래 있던 것을 구입해 조리하면 쉰내가 많이 나서 못 먹을 경우가 생기므로 구입할 때 냄새를 맡아 보는 것이 필수다. 데친 우거지도 집으로 가져 와서는 한 번 더 소금을 넣은 끓는 물에 데쳐서 사용하는 것이 좋다. 판매하는 곳에서는 무르게 삶지 않고 살짝 삶아 놓기 때문에 그냥 사용하면 자칫 질겨서 맛이 없고 위생적이지도 못하기 때문이다.

우거지솥밥

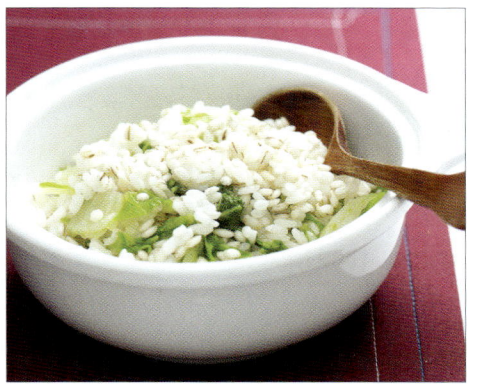

▶ **주재료**
우거지 200g, 쌀 1컵, 보리쌀 ½컵

▶ **부재료**
들기름 1큰술, 들깻가루 2큰술, 다진 마늘 1작은술, 물 1½컵

1 우거지는 끓는 물에 소금을 넣고 데쳐서 찬물에 헹궈 물기를 꼭 짠다. 손질한 우거지는 1㎝ 길이로 썬다.

2 쌀과 보리쌀은 깨끗이 씻어 물에 충분하게 불린 후 체에 건져 물기를 뺀다.

3 솥에 들기름을 두르고 우거지와 들깻가루, 다진 마늘을 넣어 볶아 우거지가 투명하게 볶아지면 쌀과 보리쌀을 넣어 볶다가 물을 붓고 밥을 짓는다.

4 밥물이 잦아들면 불을 아주 약하게 줄여 뜸을 충분하게 들여 우거지솥밥을 완성한다. 위아래 우거지를 고루 섞어 그릇에 담는다.

→ COOK TIP

우거지솥밥은 된장으로 만든 강된장을 넣어 비벼 먹으면 더욱 맛이 있다. 뚝배기에 다진 양파와 풋고추, 홍고추, 청양고추를 넣고 된장과 순두부를 넣어 고루 섞어 불에 올려 쌀뜨물을 붓고 끓인 후 파와 마늘을 넣어 한소끔 더 끓여 소금으로 간을 맞춰 걸쭉한 강된장을 만든다. 우거지를 무르게 지질 때 또는 국을 끓일 때는 고추장, 된장, 국간장을 이용하는 것이 좋다. 구수한 맛이 특징인 우거지는 집에서 담근 고추장과 된장, 국간장으로 양념해서 끓이면 더욱 구수하면서 감칠맛이 많이 난다.

우거지장국밥

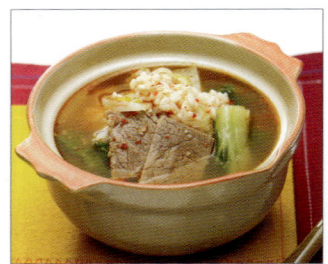

▶ **주재료**
우거지 300g, 쇠고기(양지머리) 500g, 쇠잡뼈 1kg

▶ **부재료**
대파잎 3대, 된장 1작은술, 마늘 5쪽, 생강 1톨, 무 100g, 물 10컵, 소금 약간, 밥 2공기, 대파 1대

▶ **국밥 양념**
고운 고춧가루 $1\frac{1}{2}$큰술, 고추기름 2큰술, 다진 마늘·청주·국간장 1큰술씩, 다진 생강 $\frac{1}{4}$작은술, 후춧가루 약간

1 우거지는 부드럽게 삶아 찬물에 담가 군내를 없애고 건져 물기를 꼭 짠 후 4cm 길이로 썬다.

2 무는 큼직하게 0.5cm 두께로 썰어 놓고 대파는 송송 썬다.

3 쇠잡뼈와 양지머리는 물에 담가 핏물을 완전하게 빼서 냄비에 물을 붓고 대파잎과 된장, 마늘, 생강을 넣어 반나절 정도 푹 끓인다.

4 진한 쇠뼈 국물이 우러나면 면포에 걸러 맑은 국물만 따로 냄비에 담고 양지머리는 얇게 편육으로 썰어 준비한다.

5 ④의 국물에 무와 우거지를 넣어 국밥 양념을 넣어서 맵고 칼칼하게 끓인다.

6 뚝배기를 뜨거운 물로 토렴하고 달궈 놓은 후 밥을 알맞게 담고 무와 우거지, 양지머리를 듬뿍 넣고 뜨거운 국물을 붓는다.

7 대파 송송 썬 것을 듬뿍 올려 상에 낸다.

고등어우거지조림

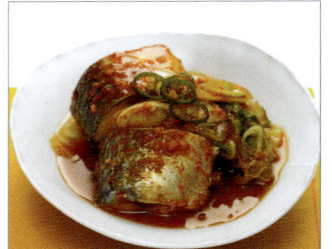

▶ **주재료**
고등어 1마리, 우거지 200g

▶ **부재료**
청양고추 1개, 대파 1대, 쌀뜨물 $1\frac{1}{2}$컵, 소금 약간

▶ **양념장**
고추장 $1\frac{1}{2}$큰술, 간장·다진 마늘·청주 1큰술씩, 다진 파 2큰술, 다진 생강 $\frac{1}{4}$작은술, 물엿 1작은술

1 고등어는 머리와 꼬리를 떼어내고 위쪽에서 내장을 모두 뺀 후 엷은 소금물에 씻어서 건져 3cm 길이로 토막 낸다.

2 우거지는 부드럽게 삶아 찬물에 헹궈 물기를 꼭 짠 후 4cm 길이로 썬다.

3 볼에 고추장과 간장, 다진 마늘, 다진 파, 다진 생강, 청주, 물엿을 넣어 잘 섞어서 양념장을 만든다.

4 뚝배기에 우거지를 깔고 그 위에 고등어를 올린 후 준비한 양념장을 끼얹고 쌀뜨물을 부어서 불에 올려 끓인다.

5 부드럽게 우거지가 익고 고등어에 간이 배면 굵게 채썬 대파와 청양고추를 송송 썰어서 고명으로 올려 국물을 끼얹어 가면서 익히다가 소금으로 모자라는 간을 해서 상에 낸다.

> ⊙ **COOK TIP**
> 고등어와 함께 조리는 우거지는 고추장으로 간을 해서 조려야 고등어의 비린맛도 없고 우거지에 맛이 배어 더욱 맛이 있는데 되도록 뚝배기 같은 열전도율이 큰 그릇에 넣어 조려야 제 맛이 난다.

우거지된장지짐이

▶ **주재료**
우거지 250g

▶ **부재료**
중멸치 30g, 대파 2대, 된장 2큰술, 쌀뜨물 1½컵, 맛술 1큰술, 다진 마늘 1작은술, 고춧가루 ½작은술, 소금 약간

1 우거지는 소금을 넣은 물에서 데쳐 찬물에 여러 번 헹궈 건져 우거지의 결대로 쭉쭉 찢어 물기를 꼭 짠다.

2 중멸치를 준비해서 젖은 면포로 깨끗하게 닦은 후 냄비에 담고 아무것도 넣지 않은 상태로 볶는다.

3 멸치가 볶아지면서 비린맛이 없어지면 쌀뜨물을 붓고 끓인다.

4 데친 우거지에 된장과 맛술, 다진 마늘, 고춧가루를 넣어 조물조물 무친다.

5 멸치를 우린 물에 무친 우거지를 넣어 볶으면서 지진다.

6 지지는 중간에 대파를 4㎝ 길이로 토막 내어 반 갈라 넣어 함께 지진다. 국물이 자작하게 줄어들면서 우거지의 부드럽게 된장맛이 배면 바로 불에서 내려 그릇에 담아낸다.

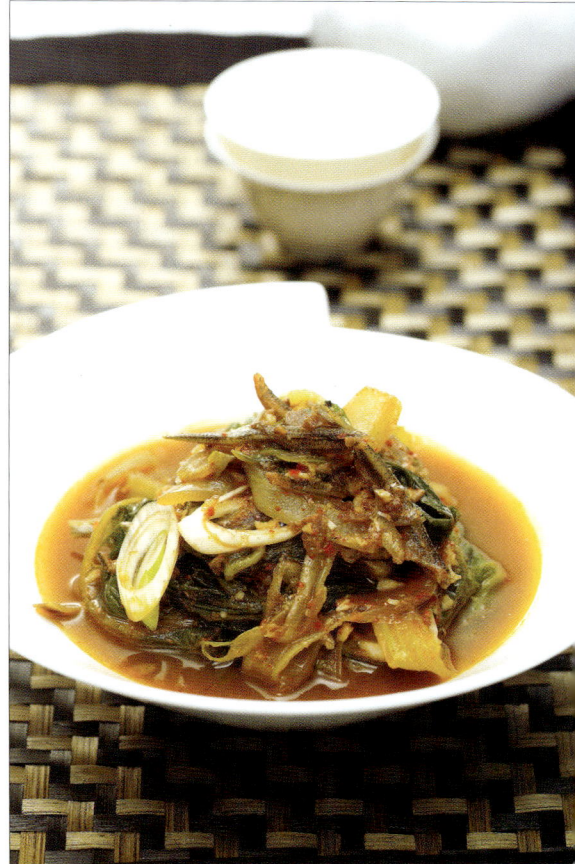

🠖 COOK TIP

우거지는 되도록 길이로 짧게 자르지 말고 손으로 길게 결대로 찢어서 지짐이를 해야 토속적인 맛이 더욱 잘 우러난다. 우거지로 국, 해장국, 매운탕, 전골 등에 넣을 때 국물은 쌀뜨물을 넣거나 북어 머리를 우려낸 국물이나 멸치를 충분하게 우려낸 국물 등을 넣어서 구수하고 깊은맛을 내면 좋다. 특히 된장이나 고추장을 넣어 끓이는 국, 찌개 등은 쌀뜨물을 넣어서 끓여 주면 자연스런 단맛이 나고 구수한 고향의 맛을 볼 수 있다.

더덕생채

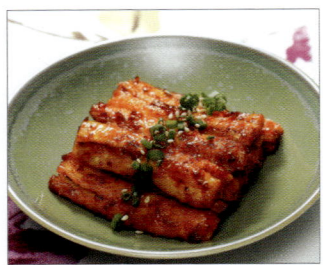

▶ **주재료**
더덕 200g, 소금 약간, 송송 썬 실파 1큰술

▶ **생채 양념장**
고운 고춧가루 · 식초 1큰술씩, 고추장 · 꿀 · 물엿 · 다진 마늘 1작은술씩, 소금 · 후춧가루 약간씩

1 더덕은 껍질 벗기고 반을 갈라 방망이로 살짝 두드려 연하게 한 후 소금물에 헹궈 건져 물기를 뺀다.

2 실파는 되도록 곱게 송송 썬다.

3 고운 고춧가루에 고추장과 꿀, 물엿을 넣어 색이 우러나도록 곱게 개어 식초와 다진 마늘, 소금, 후춧가루를 넣어서 간을 맞춘다.

4 볼에 더덕을 담고 ③의 양념장을 넣고 살살 버무려 그릇에 담아 실파 송송 썬 것을 뿌려 낸다.

더덕고추장소라냉채

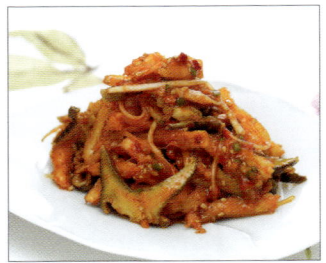

▶ **주재료**
더덕 200g, 참소라 150g

▶ **부재료**
청양고추 · 홍고추 1개씩, 양파 ½개, 대파 3대, 소금 약간

▶ **고추장냉채소스**
고추장 3큰술, 참기름 · 맛술 · 다진 마늘 1큰술씩, 물엿 · 식초 2큰술씩, 통깨 1작은술, 생강즙 ¼작은술, 소금 · 후춧가루 약간씩

1 더덕은 껍질을 벗기고 깨끗이 씻어 도마에 올리고 방망이로 자근자근 두드려 부드럽게 해서 결대로 굵게 찢는다.

2 참소라는 굵은 소금으로 바락바락 주물러 씻어 얄팍하게 저민 후 냄비에 물을 붓고 끓으면 살짝 데쳐 찬물에 헹궈 식힌다.

3 청양고추와 홍고추는 반을 갈라 씨를 털고 잘게 다진다. 양파는 곱게 채 썰고 대파는 흰 부분만 4cm 길이로 토막 내어 세로로 반을 갈라 펼친 후 곱게 채 썰어 찬물에 담가 싱싱하게 한다.

4 고추장냉채소스를 분량의 재료대로 섞어 차게 냉장고에 넣어둔다.

5 볼에 더덕과 참소라, 양파를 담고 차게 한 고추장 냉채소스를 넣어 조물조물 무쳐 소금으로 간을 맞춘다.

6 접시에 채 썬 대파채를 깔고 그 위에 무친 더덕 참소라 냉채를 올린 후 청양고추와 홍고추 다진 것을 뿌려서 먹는다.

더덕불고기

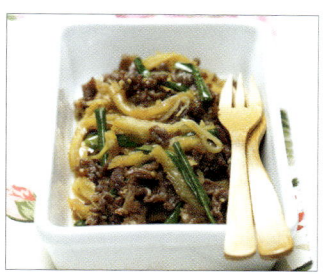

▶ **주재료**
쇠고기(불고깃감) 600g, 더덕 150g, 양파 ½개, 실파 10대

▶ **불고기 양념장**
양파즙 · 사과즙 · 참기름 · 다진 마늘 1큰술씩, 간장 4큰술, 설탕 1½큰술, 맛술 · 청주 · 깨소금 1작은술씩, 다진 생강 · 소금 · 후 춧가루 약간씩

1 쇠고기는 불고기용으로 준비해서 먹기 좋은 크기로 썰어서 준비한다.

2 더덕은 껍질 벗겨 반 갈라 방망이로 자근자근 두드려 굵게 찢는다.

3 양파는 곱게 채 썰고 실파는 다듬어 씻어서 물기를 뺀 후 5㎝ 길이로 자른다.

4 불고기 양념장을 분량대로 만들어 섞어준다.

5 볼에 불고기와 양파, 더덕을 양념장을 섞어서 충분히 재워준다.

6 팬을 뜨겁게 달군 후 더덕 불고기 재운 것을 적당히 올리고 실파를 올려 볶아낸다.

더덕잣즙무침

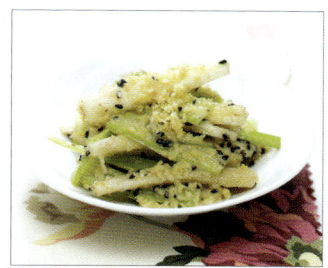

▶ **주재료**
더덕 250g, 셀러리 1대, 잣 ¼컵

▶ **부재료**
들깻가루 1작은술, 다시마 우린 물 ⅓컵, 맛술 2큰술, 마늘즙 · 참치액 ½작은술씩, 흑임자 ¼작은술, 무순 30g, 소금 약간

1 더덕은 껍질을 벗기고 흐르는 물에 씻어 소금물에 헹 궈 건진다.

2 헹군 더덕을 반으로 갈라 방망이로 자근자근 두드려 부드럽게 한다.

3 셀러리는 껍질끈을 벗겨내고 3㎝ 길이로 곱게 채 썬다.

4 잣은 마른 면포에 비벼 닦아 기름기를 없애고 고깔을 떼어낸 후 도마에 올리고 곱게 다진다.

5 다시마 우린 물에 ④의 잣가루와 들깻가루를 넣어 멍 울이 없도록 잘 푼 다음에 맛술과 마늘즙, 참치액을 넣어 약한 불에 은근하게 끓여 식힌다.

6 접시에 더덕, 셀러리, 씻어 놓은 무순을 소복하게 올 리고 ⑤에서 만든 식힌 잣즙을 듬뿍 뿌린 후 흑임자를 끼얹어 상에 낸다.

⊙ COOK TIP

더덕은 봄에는 어린잎을 가을에는 뿌리를 식용으로 한다. 특유의 쌉쌀한 향을 내는 사포닌이 많이 함유되어 있어 불고기 등의 고 기 요리를 먹을 때 함께 먹으면 고기의 잡내가 없고 은은한 향 때문에 고기의 풍미를 더욱 느낄 수 있다.

⊙ COOK TIP

더덕잣즙무침은 더덕에 향긋한 셀러리를 함께 넣어서 고소한 잣 즙에 버무려 차게 먹는 요리로써 잣즙에 들깻가루를 약간 첨가하 면 더욱 고소한 맛이 나고 깊은맛이 있다.

더덕다진고기조림

▶ **주재료**
더덕 200g, 다진 쇠고기 150g

▶ **간장소스**
간장 2큰술, 설탕 · 다진 마늘 1작은술씩, 다진 파 1큰술, 소금 · 깨소금 · 참기름 약간씩

▶ **유장**
참기름 2큰술, 간장 1큰술

▶ **다진 쇠고기 양념**
간장 1큰술, 설탕 · 다진 마늘 · 다진 파 1작은술씩, 참기름 · 후춧가루 약간씩

1 더덕은 껍질을 돌려 깎아 소금물에 담가 아린맛을 뺀 후 건져 물기를 닦는다.

2 다진 쇠고기를 볼에 담고 고기 양념에 조물조물 무쳐 재운다.

3 볼에 유장재료를 넣고 고루 섞은 후 물기를 제거한 더덕에 앞뒤로 고루 발라준다.

4 ③의 더덕에 칼집을 내어 쇠고기 재운 것을 채워 넣어서 기름 두른 팬에 앞뒤로 노릇하게 지진다.

5 냄비에 간장과 설탕, 다진 파, 다진 마늘, 깨소금, 참기름을 넣고 끓으면 지진 더덕 쇠고기를 넣어서 간장물이 들도록 윤기나게 조려낸다.

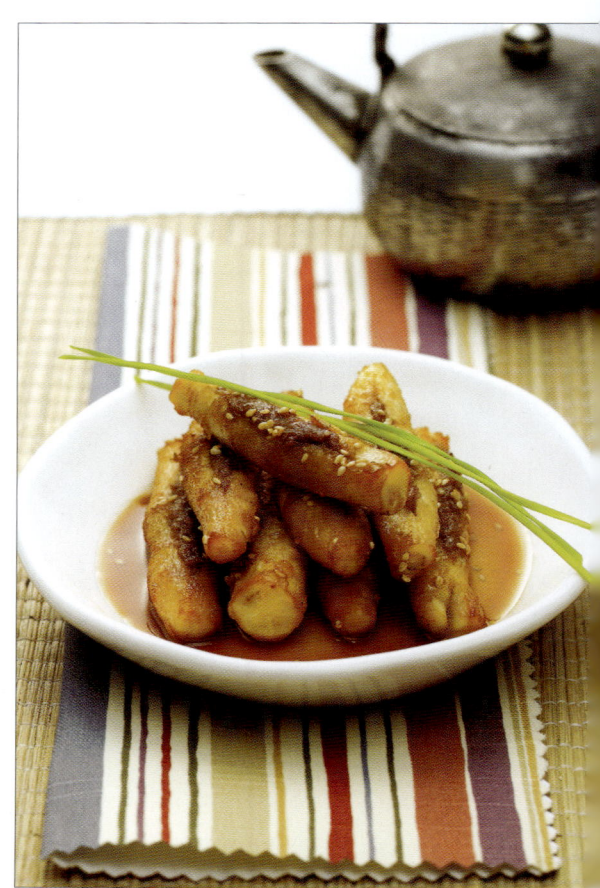

> ➔ **COOK TIP**
> 더덕은 알싸한 맛과 쌉쌀한 맛이 특징이다. 영양 많은 쇠고기와 함께 조려 먹으면 체력회복에 도움을 주고 원기회복에 좋다.

도라지숙채

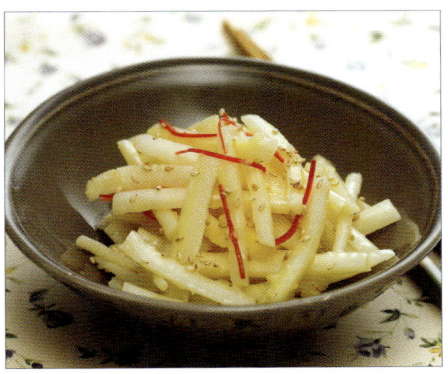

▶ **주재료**
도라지 300g, 소금 1큰술, 홍고추 1개

▶ **양념장**
다진 마늘 ½큰술, 다진 파 · 깨소금 · 참기름 1큰술씩

1 도라지는 껍질을 벗기고 4~5㎝ 길이, 나무젓가락 굵기로 잘라 찬물에 30분 정도 담가 쓴맛을 우려낸다.

2 우려낸 도라지의 물기를 털고 끓는 물에 소금을 약간 넣고 손질한 도라지를 넣어 삶아 차게 식힌다. 끓는 물에 소금을 넣고 데치면 도라지의 쓴맛이 사라진다.

3 홍고추는 반으로 갈라 씨를 제거한 후 어슷하게 곱게 채 썬다.

4 다진 마늘과 다진 파, 깨소금, 참기름을 분량대로 넣어 양념장을 만든다.

5 삶은 도라지를 물기 없게 꼭 짜서 볼에 담고 준비한 양념장과 홍고추 채 썬 것을 넣어 조물조물 무쳐 낸다.

→ **COOK TIP**
도라지의 쓴맛을 없애려고 소금에 너무 많이 바락바락 주물러 씻으면 도라지 특유의 쌉쌀한 맛이 모두 없어질 수 있으므로 주의해야 한다. 숙채를 만들 때는 손질해서 찬물에 담가 놓았던 도라지를 소금물에 한 번 데쳐내어 찬물에 헹궈 물기를 꼭 짠 후 양념에 무쳐야 쓴맛이 없고 쌉쌀한 특유의 맛이 있는 도라지 무침이 된다.

도라지생채

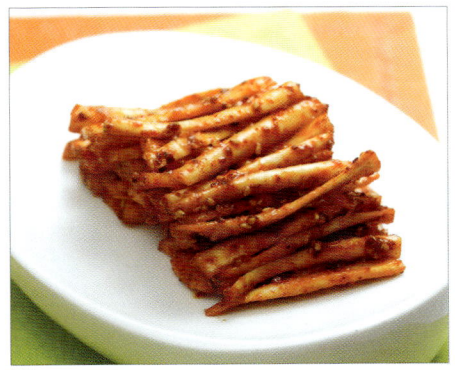

▶ **주재료**
껍질 벗긴 통도라지 10개

▶ **밑간 양념**
식초 · 물엿 3큰술씩, 소금 1작은술

▶ **생채 양념**
고추장 2큰술, 고운 고춧가루 · 설탕 · 다진 파 · 깨소금 1큰술씩, 다진 마늘 · 참기름 1작은술씩

1 껍질을 벗긴 통도라지는 넓적하게 3등분으로 갈라 5㎝ 길이로 적당하게 자른다.

2 손질한 도라지를 깨끗이 씻어서 볼에 담고 식초와 물엿, 소금을 넣어 1시간 이상 재운다.

3 재운 도라지를 건져 마른 면포에 싸서 물기를 없앤다.

4 볼에 생채 양념을 모두 넣고 잘 섞고 고춧가루를 빨갛게 불린다.

5 준비한 생채 양념에 밑간 한 도라지를 상에 내기 직전에 넣어 조물조물 무쳐 낸다.

→ **COOK TIP**
도라지생채는 되도록 도라지의 쌉쌀한 맛이 많이 우러나야 맛이 있는데 특유의 쓴맛을 조금 없애려면 식초와 물엿, 소금에 미리 재워두면 도라지의 쌉쌀한 맛은 살려주면서 새콤달콤한 도라지생채를 맛볼 수 있다.

도라지꿀정과

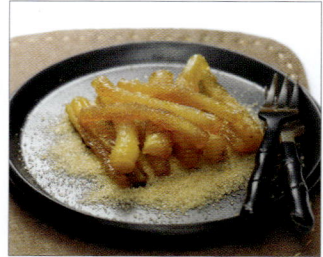

▶ **주재료**
통도라지 200g

▶ **부재료**
꿀 4큰술, 황설탕 1큰술, 소금 약간

1 통도라지는 껍질을 벗겨 옅은 소금물에 비벼 씻어 찬물에 2시간 정도 담가 아리고 쓴맛을 뺀다.

2 도라지를 물에서 건져 통통한 부분만 골라 5㎝ 길이로 썰어 방망이로 살살 두드려 부드럽게 한다.

3 냄비에 꿀과 물½컵을 붓고 약한 불에서 끓으면 부드럽게 만든 도라지를 넣어 바특하게 조린다.

4 도라지가 꿀에 완전하게 조려져 쫄깃하면서 단맛을 내면 채반에 건져 한 김 나게 해서 황설탕에 굴려 그릇에 담아낸다.

도라지흑임자튀김

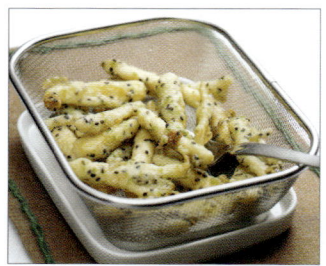

▶ **주재료**
통도라지 200g, 흑임자 2큰술

▶ **부재료**
찹쌀가루 · 튀김가루 5큰술씩, 청고추 ½개, 튀김기름 · 소금 약간씩

1 통도라지는 껍질을 말끔하게 벗기고 본래의 모양 그대로 옅은 소금물에 잠시 담가 쓴맛을 없앤 후 찬물에 여러 번 헹궈 물기를 말끔하게 닦는다.

2 흑임자는 팬에 기름 없이 통통하게 볶아 접시에 펼쳐 놓는다. 청고추는 씨를 빼고 아주 잘게 다져 종이타월에 올려 수분을 없앤다.

3 볼에 찹쌀가루와 튀김가루를 넣고 적당하게 걸쭉한 농도가 되게끔 물을 부어 소금으로 살짝 간을 한다.

4 ③에 통도라지를 담가 옷을 입히고 ②의 흑임자와 청고추에 굴려 옷을 덧입힌다.

5 170℃의 기름에 ④의 통도라지를 넣어 노릇하게 튀겨 기름을 빼고 먹는다.

⊙ COOK TIP

도라지는 탄수화물과 섬유질이 많고 칼슘과 철분이 풍부한 우수한 알칼리성 식품이다. 특히 함께 조리는 꿀은 오래전부터 이용해온 천연 감미료로써 피로회복과 성인병 예방에 효과가 있고 지구력을 증진시키는 등 영양적인 가치가 풍부해 현대인에게도 최고의 건강식품으로 꼽는다.

⊙ COOK TIP

도라지는 소염효과와 진정효과 외에 특유의 쌉싸름한 맛을 내는 사포닌의 작용으로 기관지의 점액분비 기능을 높여주는 효과가 있다. 그래서 목감기로 생긴 가래가 있거나 목에 통증 있는 사람에게 좋은 약재가 될 수 있다. 도라지는 인후염이나 급 · 만성 기관지염, 급 · 만성 편도선염 등을 치료하고 예방할 수 있다. 특히 함께 먹는 흑임자는 단백질과 지방, 특히 칼슘과 철분 함유량이 많고 예로부터 불로장수의 식품으로 알려져 있는데 몸 안의 독성을 해독하는 작용을 한다.

도라지차

▶ **주재료**
　도라지 40g, 감초 80g(또는 진피 30g), 물 10컵

1 생도라지는 적당하게 잘라서 감초 또는 진피와 함
　께 물을 붓고 약한 불에서 물 양이 반으로 줄 때까
　지 달인다.

2 하루 세 번 따끈하게 데워 마신다.

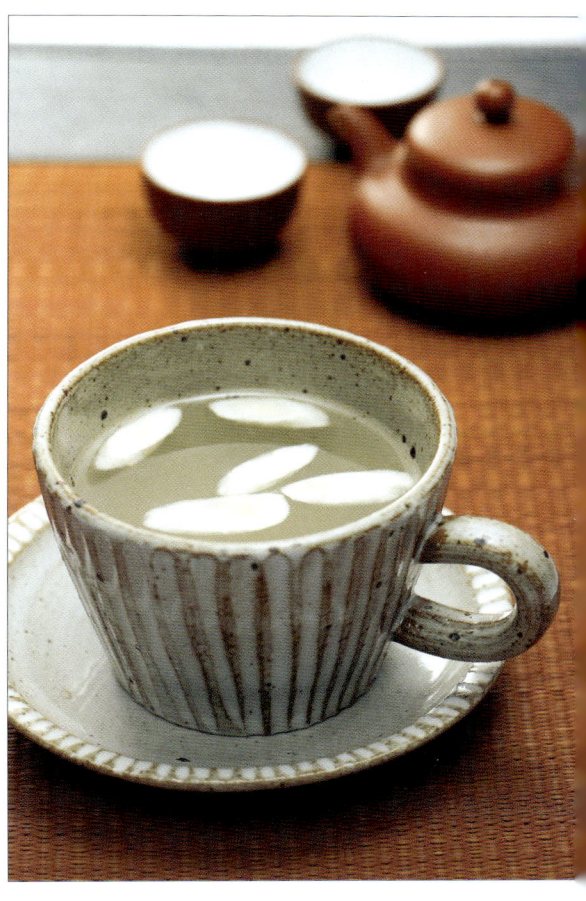

⟶ COOK TIP

도라지 고르는 방법

1 되도록 흙이 묻어 있는 상태 그대로 구입한다. 씻거나 손질되어
　있지 않은 원래 그대로 모습이면 원산지 확인이 더 쉽다.

2 날씬하면서도 매끈하고 쭉쭉 잘 빠진 것은 흙이 묻어 있더라도
　중국산이기 쉽다. 국산 도라지는 길이가 짧고 가늘며 잔뿌리가
　많이 달렸다.

3 껍질을 까서 바로 조리할 수 있도록 잘게 찢어서 판매되는 것
　은 동그랗게 말렸는지를 살핀다. 수입산은 눈에 띄게 동그랗게
　잘 말리고 유난히 뽀야며 티가 없다.

4 껍질을 벗겼을 때 약간 노르스름한 빛을 띠고 모양이 곧은 것,
　날것으로 먹었을 때 단맛이 나는 것이 국산이다. 요즘 시중에 유통
　되고 있는 중국산 도라지는 날 것으로 먹으면 약간 신맛이 난다.

단호박구이새송이버섯샐러드

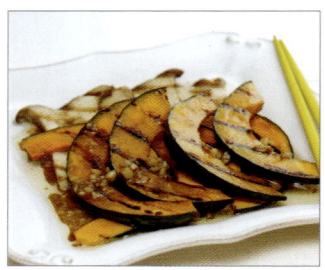

▶ **주재료**
단호박 $\frac{1}{2}$개, 새송이버섯 3개

▶ **부재료**
양배추 5장, 크레송 30g, 소금 약간, 저염 버터 2큰술

▶ **호두오일소스**
올리브오일·다진 호두 3큰술씩, 발사믹식초 1작은술, 레몬즙 2큰술, 꿀 1큰술, 소금 약간

1 단호박은 씨와 껍질을 모두 정리한 후 반달로 얄팍하게 저미며 소금물에 헹군 후 건져 물기를 뺀다.

2 새송이버섯은 길이 그대로 굵게 채 썰고 양배추는 굵은 심지를 도려내고 곱게 채 썬다. 크레송은 씻어서 물기를 턴다.

3 그릴 무늬가 있는 팬에 저염 버터를 녹이고 약한 불에서 단호박을 노릇하게 구워낸다. 그 팬에서 새송이버섯을 슬쩍 볶아 익혀낸다.

4 호두를 굵게 다져서 올리브오일과 발사믹식초, 레몬즙, 꿀을 넣어 잘 섞어서 소스를 만든다.

5 접시에 구운 단호박을 돌려 담고 가운데 새송이버섯과 양배추, 크레송을 모양 있게 올려서 만들어 놓은 소스를 듬뿍 뿌려서 상에 낸다.

단호박들깨즙버무리

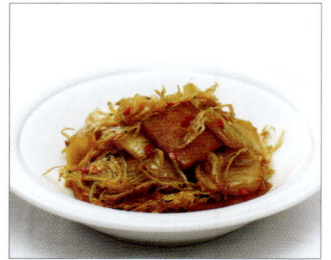

▶ **주재료**
단호박 $\frac{1}{2}$개

▶ **주재료**
치커리 30g, 무순 20g, 오이 $\frac{1}{2}$개, 소금 약간

▶ **들깨소스**
들기름·식초 1작은술씩, 올리브오일 1큰술, 마늘즙 $\frac{1}{2}$작은술, 들깻가루 2큰술, 다시마 우린 물 4큰술, 소금·흰 후춧가루 약간씩

1 단호박은 2㎝ 폭으로 잘라서 씨를 긁어내고 껍질을 말끔하게 벗긴 후 물에 헹궈 건져 반을 가른다.

2 김이 충분하게 오른 찜기에 단호박 썬 것을 넣고 10분 정도 살캉하게 찐다. 씹히는 맛이 있어야 하므로 너무 오래 찌지 말아야 한다. 흐물거리면 맛이 없다.

3 치커리와 무순은 다듬어 씻어서 물기를 완전하게 털고 오이는 깨끗이 씻어서 반 갈라 얇게 저며 썬다.

4 볼에 들기름과 올리브오일, 다진 마늘, 다시마 우린 물, 식초를 넣고 들깻가루를 개어서 곱게 푼 다음 소금과 흰 후춧가루로 간을 맞춰 들깨소스를 만든다.

5 접시에 찐 단호박과 치커리, 무순, 오이를 적당하게 담고 고소하게 만들어 놓은 들깨소스를 듬뿍 뿌려서 먹는다.

⊙ **COOK TIP**

저염 버터로 단호박을 구울 때에는 온도 조절을 잘해야 타지 않는데, 약한 불에서 팬을 올렸다 내렸다 조절을 하면서 구워야 버터가 타지 않고 단호박이 노릇하게 잘 구워진다.

⊙ **COOK TIP**

단호박 대신 감자 또는 고구마를 써도 좋은데 고구마는 단맛이 많이 나므로 꿀이나 물엿 등은 넣지 않는 것이 좋다. 감자는 꿀을 조금 넣어주면 풍미가 느껴져 좋다.

단호박구이검은깨드레싱

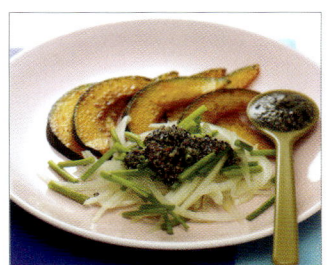

▶ **주재료**
단호박 $\frac{1}{2}$개, 소금 약간, 올리브오일 1큰술, 미나리 20g, 양파 $\frac{1}{3}$개

▶ **검은깨 드레싱**
곱게 간 검은깨 · 올리브오일 2큰술씩, 씨 머스터드 · 꿀 1작은술씩, 다진 마늘 $\frac{1}{2}$작은술, 식초 1큰술, 소금 약간

1 단호박은 2㎝ 폭으로 반달로 잘라 씨와 껍질을 벗기고 소금물에 씻어 건진다.

2 미나리는 씻어서 2㎝ 길이로 썰고 양파는 아주 곱게 채 썰어 찬물에 헹궈 건진다.

3 팬에 올리브오일을 두르고 단호박을 노릇하게 구워낸다.

4 검은깨를 아주 곱게 갈아서 씨 머스터드와 다진 마늘, 올리브오일, 식초, 꿀을 넣어 소금으로 간을 해서 드레싱을 만든다.

5 접시에 미나리와 양파, 구운 단호박을 올리고 만들어 놓은 드레싱을 뿌려 먹는다.

⊖ **COOK TIP**
짙은 녹색의 껍질을 벗기면 노란 속이 나오는 단호박은 맛이 달다. 이처럼 맛이 단 단호박은 비장의 기능을 돕는 채소로 손꼽힌다. 비장의 기능이 좋아지면 변비도 없어지고 얼굴에 생기를 준다. 특히 검은깨는 풍부한 인지질 성분과 비타민 E 덕분에 피부가 건강하고 촉촉해진다.

단호박사태고추장조림

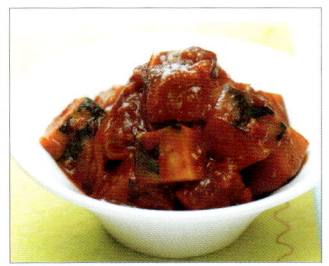

▶ **주재료**
단호박 $\frac{1}{2}$개, 쇠고기(사태) 300g, 소금 약간, 대파 1대, 양파 $\frac{1}{3}$개

▶ **고추장조림 양념장**
고추장 2큰술, 간장 · 참기름 · 청주 · 설탕 1작은술씩, 다진 마늘 1큰술, 통깨 · 후춧가루 약간씩, 쇠고기 사태 삶은 육수 $\frac{1}{2}$컵

▶ **쇠고기 사태 육수**
대파잎 1대, 마늘 2쪽, 후춧가루 약간, 청주 1작은술

1 단호박은 껍질을 벗기고 씨를 긁어낸 후 사방 1.5㎝ 크기로 썬다.

2 핏물을 뺀 쇠고기 사태는 대파잎과 다진 마늘, 후춧가루, 청주를 부어 끓인 물에 넣어 푹 익힌다.

3 익힌 사태는 건져 겉기름을 찬물에 씻어내고 물기를 턴 후 단호박과 같은 크기로 썬다.

4 사태를 익힌 육수에 고추장조림 양념장의 나머지 재료를 분량대로 넣어 골고루 혼합한다.

5 대파와 양파는 굵게 채 썬다.

6 냄비에 썰어놓은 단호박을 넣고 ④의 조림 양념장을 부어 중간 불에서 끓인다.

7 단호박이 살짝 익으면 쇠고기 사태 썬 것과 양파, 대파를 함께 넣고 약한 불에서 윤기나게 조린다.

8 단호박과 사태에 간이 충분히 배면 그릇에 담고 통깨를 뿌려 상에 낸다.

단호박섞음솥밥

▶ **주재료**
단호박 ⅓개, 울타리콩 ½컵, 멥쌀 1½컵, 소금 약간, 물 1⅓컵

▶ **채소 양념장**
다진 고추 · 다진 파 · 다진 양파 · 다진 당근 · 맛술 · 다시마 우린 물 2큰술씩, 간장 3큰술, 고운 고춧가루 · 참기름 · 깨소금 1작은술씩

1 단호박은 씨를 긁어내고 껍질을 껍질깎이로 벗긴 후 사방 1㎝ 크기로 썬다.

2 울타리콩은 잡티를 없애고 깨끗이 씻어 물기를 턴다. 멥쌀은 깨끗이 씻어 충분하게 불린 후 체에 밭쳐 물기를 뺀다.

3 솥에 울타리콩과 멥쌀을 안치고 물을 부은 후 중간 불에 올려 밥을 짓는다.

4 소금물에 한 번 헹군 단호박은 ③의 밥물이 잦아들면 위에 올려서 불을 약하게 줄여 뜸을 10분 정도 들인다.

5 고추와 파, 양파, 당근을 곱게 다져서 간장과 다시마 우린 물을 붓고 고운 고춧가루와 참기름, 깨소금, 맛술로 맛을 낸 채소 양념장을 만들어 놓는다.

6 단호박과 울타리콩이 잘 익은 밥을 위아래로 뒤섞은 후 그릇에 담고 채소 양념장을 곁들여 상에 낸다.

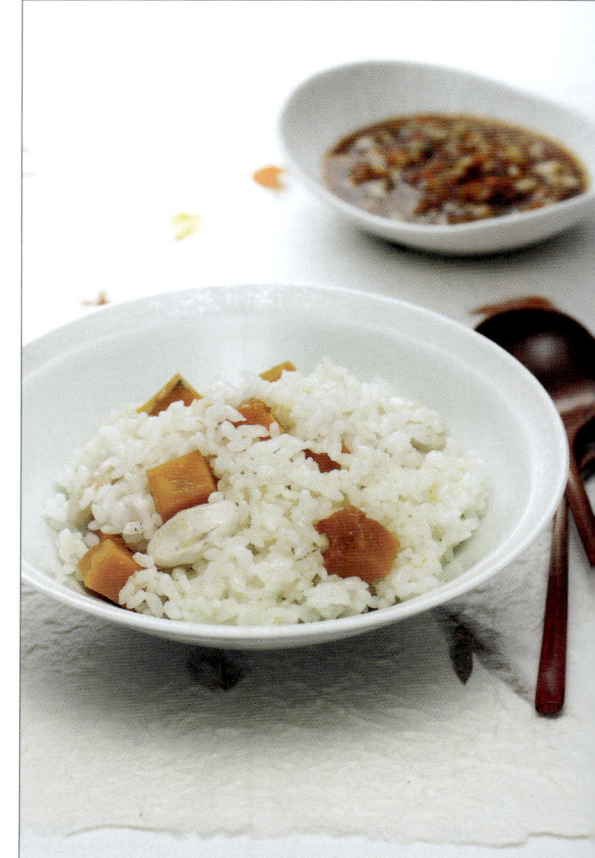

> 🔁 **COOK TIP**
> 단호박은 소금물에 헹궈 간이 약간 된 상태로 뜸이 드는 밥에 올려야 밥맛이 좋고 단호박이 쉽게 무르지 않아서 밥이 지저분해지지 않는다. 소화가 잘 되면서 포만감을 주는 단호박에 현미와 수수를 넣어 찐 밥은 소화도 잘 되고 전체 열량도 낮다. 특히 달래처럼 향이 짙은 채소로 양념간장을 만들어 비벼 먹으면 맛이 좋다.

달걀청양고추말이

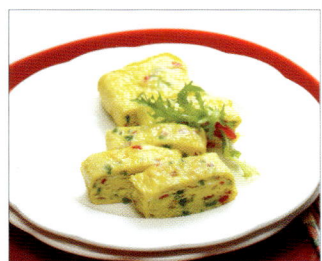

▶ **주재료**
달걀 5개, 청양고추 2개

▶ **부재료**
홍고추 1개, 우유 2큰술, 다시마 우린 물 5큰술, 소금 · 후춧가루 약간씩

1 달걀은 알끈을 제거하고 체에 밭쳐 내린 후 곱게 푼다.

2 풀어놓은 달걀에 다시마 우린 물과 우유를 붓고 다시 한 번 체에 내려 소금과 후춧가루로 간을 맞춘다.

3 청양고추와 홍고추는 반을 갈라 송송 잘게 다져 종이 타월에 올려 수분을 닦아준다.

4 사각 팬에 기름을 약간 두르고 간을 맞춘 달걀물을 반만 넣어 지단을 부친다.

5 아랫면이 살짝 익으면 청양고추와 홍고추 썬 것을 일렬로 올리고 지단 아랫면을 들어 돌돌 만다.

6 달걀말이가 익으면 나머지 달걀물을 마저 붓고 다시 돌돌 말아서 단단한 달걀말이를 부친다.

7 종이타월에 김발을 올리고 ⑥의 청양고추 넣은 달걀말이를 올린 후 뜨거울 때 돌돌 말아서 수분은 종이타월이 빨아들이게 하고 달걀말이의 모양을 잡아 한 김 식힌다.

8 ⑦의 달걀말이를 1㎝ 두께로 썰어 그릇에 담아낸다.

🢂 **COOK TIP**

달걀은 다시마 우린 물과 우유를 붓고 체에서 걸러 알끈을 제거하면 매끈하고 부드러운 달걀말이를 부칠 수 있다.

달걀표고버섯알찜

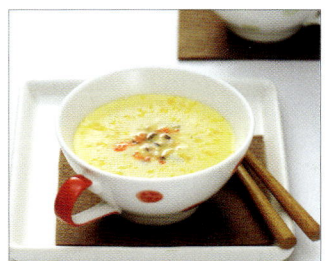

▶ **주재료**
달걀 2개, 표고버섯 2장, 날치알 2큰술

▶ **부재료**
다시마 우린 물 1컵, 소금 약간, 청주 1큰술, 팽이버섯 · 무순 약간씩

1 달걀은 체에 밭쳐 알끈을 제거한 후 곱게 풀어서 소금, 청주, 다시마 우린 물을 붓고 거품기로 잘 저어서 거품을 낸다.

2 표고버섯은 물에 불려 밑동을 자르고 굵게 다진다. 날치알은 청주를 탄 물에 헹궈 건진다.

3 팽이버섯은 밑동을 잘라 물기를 털고 무순은 잡티를 없애고 물에 헹궈 물기를 턴다.

4 찜기에 표고버섯과 달걀물을 넣고 찜통에 충분히 김이 오르면 8분 정도 넣고 찌고 다시 팽이버섯과 날치알을 올리고 2분 정도 더 찐다. 이때 은근한 불로 조절해서 약하게 뜸을 들이듯이 쪄야 부드럽다.

5 속까지 다 쪄진 달걀표고버섯알찜에 무순을 듬뿍 얹어 상에 낸다.

🢂 **COOK TIP**

달걀 푼 것은 체에서 한 번 내리면 더욱 부드럽고 야들야들한 달걀찜이 완성되는데 이때 달걀에 청주와 다시마 우린 물을 넣어 저어주면 더욱 부드럽고 비린맛이 없는 달걀찜이 된다.

오므라이스

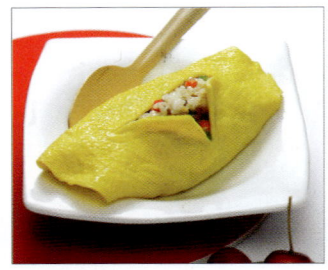

▶ **주재료**
달걀 3개, 밥 1½공기

▶ **부재료**
다진 쇠고기 50g, 양파 · 청피망 ½개씩, 당근 30g, 다진 마늘
1작은술, 소금 · 후춧가루 약간씩

▶ **스테이크소스**
우스터소스 · A1소스 · 토마토케첩 · 올리고당 · 버터 · 밀가루 1큰
술씩, 소금 · 후춧가루 약간씩, 물 3큰술

1 작은 소스용 팬에 버터를 녹이고 밀가루를 갈색이 나
도록 볶다가 물과 우스터소스, A1소스, 토마토케첩,
올리고당을 넣어 걸쭉한 농도가 되도록 조리다가 소
금과 후춧가루로 간을 내 스테이크소스를 만든다.

2 달걀은 알끈을 제거하고 곱게 풀어 소금과 후춧가루
로 약간의 간을 한다.

3 양파와 당근, 청피망은 사방 0.5㎝ 크기로 썬다.

4 팬에 기름을 약간 두르고 양파와 다진 마늘을 넣어 볶
다가 다진 쇠고기와 당근을 넣어 달달 볶는다.

5 ④에 스테이크소스를 2큰술을 넣어 맛을 내고 밥과
청피망을 넣어 볶는다.

6 다른 팬에 기름을 약간 두르고 ②의 달걀물을 붓고 둥
글게 지단을 부친다.

7 지단을 부친 달걀 가운데에 볶아 놓은 밥을 조금 얹고
준비한 스테이크소스를 약간 끼얹고 달걀 양옆을 싼다.

8 접시를 덮어 거꾸로 받아낸 다음 나머지 스테이크소
스를 달걀 지단의 겉면에 모양을 내서 뿌려 먹는다.

중화풍달걀볶음밥

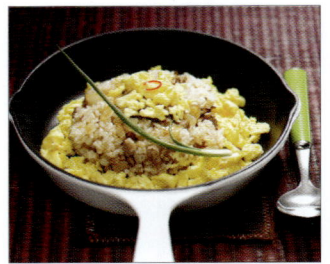

▶ **주재료**
달걀 2개, 밥 1½공기, 돼지고기(살코기) 150g

▶ **부재료**
양파 ½개, 마른 홍고추 1개, 대파 1대, 표고버섯 2장, 참기름 ·
고추기름 1큰술씩, 다진 마늘 · 통깨 1작은술씩, 생강즙 · 소금 ·
후춧가루 약간씩

1 달걀은 알끈을 제거하고 볼에 풀어서 소금으로 간을
맞춘다.

2 돼지고기는 살코기로 준비해서 사방 2㎝ 길이로 썬다.

3 양파와 대파는 1㎝ 크기로 썰고 마른 홍고추는 얇게
어슷하게 썰어 씨를 턴다.

4 마른 표고버섯은 물에 충분하게 불려 밑동을 잘라내
고 곱게 채 썬다.

5 팬에 참기름과 고추기름을 넣고 달궈지면 생강즙을
붓고 마늘과 양파, 대파, 마른 홍고추를 넣어 볶는다.

6 ⑤의 향신채의 향이 충분하게 기름에 배면 표고버섯
과 돼지고기와 밥을 넣어 볶아 소금, 후춧가루로 간을
해서 접시에 담는다.

7 팬에 다시 기름을 약간 두르고 풀어 두었던 달걀물을
붓고 젓가락으로 휘휘 저어가면서 작은 알갱이처럼
달걀을 볶아낸다.

8 ⑥의 중화풍 볶음밥에 ⑦의 익혀낸 달걀을 뿌리고 통
깨를 뿌려 먹는다.

일본식채소달걀전과 미소국

▶ **주재료**
달걀 3개, 양배추 3장, 당근 30g, 감자 ½개, 일본된장 1½큰술, 팽이버섯 1봉지, 두부 ¼모, 실파 5대

▶ **부재료**
빵가루 5큰술, 밀가루·물 2큰술씩, 소금·후춧가루 약간씩, 마요네즈 3큰술, 마른 새우·송송 썬 실파 2큰술씩, 다진 마늘 1작은술, 다시마 우린 물 3컵

1 양배추와 당근, 감자는 아주 얇게 4㎝ 길이로 채 썰고 실파는 3㎝ 길이로 썬다. 감자는 물에 담가 녹말기를 없애고 건져 물기를 뺀다.

2 볼에 양배추와 당근, 감자, 실파를 한 곳에 담고 빵가루와 밀가루를 넣어 소금, 후춧가루로 간을 한 후 마요네즈를 넣어 되게 반죽한다.

3 팬에 기름을 넉넉하게 두르고 ②의 채소 반죽을 한 국자 떠서 팬에 평평하게 펼쳐 익힌다.

4 ③의 반죽 아랫면이 약간 익으면 굵게 다진 마른 새우를 뿌리고 달걀을 한 개씩 깨뜨려 가운데 올리고 팬의 뚜껑을 덮어 은근하게 익힌다.

5 냄비에 다시마 우린 물을 붓고 일본된장을 풀어서 끓으면 잘고 네모지게 썬 두부와 씻어 놓은 팽이버섯을 넣어 다진 마늘로 맛을 낸다. 우르르 끓어 오르면 실파 송송 썬 것을 뿌려 구수한 미소국을 끓인다.

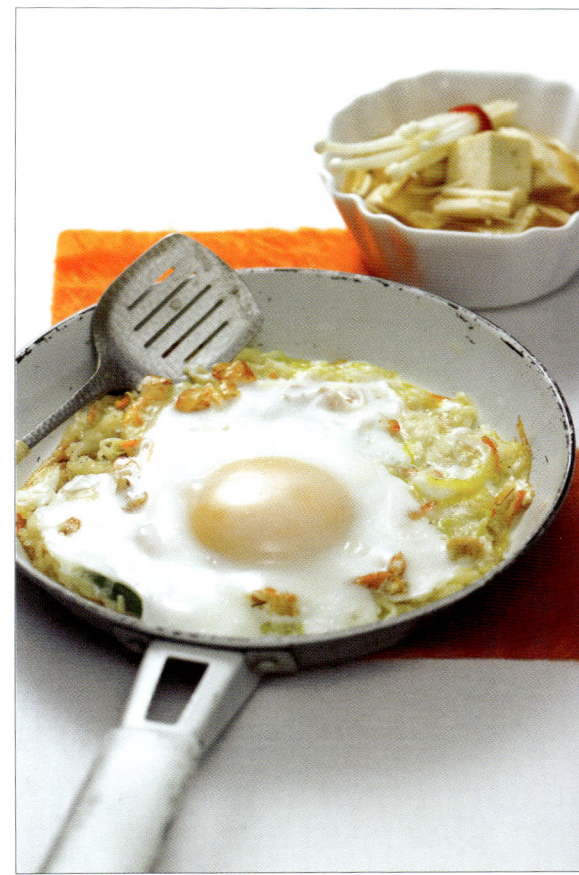

→ COOK TIP
일본식 달걀전은 마른 새우나 가다랑어포를 잘게 잘라 뿌리거나 김가루를 뿌려 구수하고 담백하게 만든다. 채소를 밀가루와 빵가루에 섞을 때에는 채소에서 수분이 많이 흘러나오므로 물은 아주 조금만 넣고 마요네즈를 넣어 골고루 되직하게 반죽해야 더 맛이 있다.

피망게맛살무침

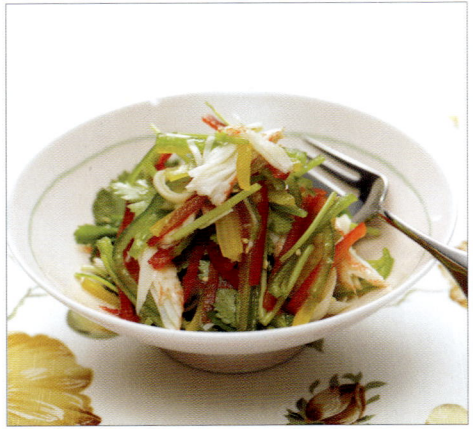

▶ **주재료**
청 · 홍피망 · 파프리카(노랑) ½개씩, 게맛살 100g, 참나물 50g, 소금 약간

▶ **참깨오일소스**
포도씨오일 · 참깨 2큰술씩, 간장 · 참기름 · 다진 마늘 1작은술씩, 맛술 · 레몬즙 1큰술씩, 소금 약간

1 피망은 청피망, 홍피망을 준비해서 반을 갈라 씨를 도려내고 3㎝ 길이로 채 썬다.

2 게맛살은 손으로 굵게 찢고 파프리카는 씨를 도려내고 3㎝ 길이로 곱게 채 썬다. 참나물은 다듬어 씻어 2㎝ 길이로 썬다.

3 믹서에 포도씨오일과 간장, 참기름, 참깨, 다진 마늘, 맛술, 레몬즙, 꿀을 넣어 곱게 갈아 참깨오일소스를 만들어 소금으로 간을 한다.

4 그릇에 피망과 참나물, 게맛살, 파프리카를 고루 담고 참깨오일소스를 듬뿍 끼얹어 버무려 먹는다.

> → **COOK TIP**
> 파프리카는 맵지 않은 홍고추의 일종으로 열매는 향신료로 사용한다. 열매를 건조해 매운맛이 나는 씨를 제거한 후 분말로 사용한다. 일반적인 후추보다 덜 맵고 맛이 좋고 옅으면서 자극적인 좋은 향이 나므로 서양요리 특히 고기요리, 채소요리 등에 많이 쓰인다.

피망뱅어포조림

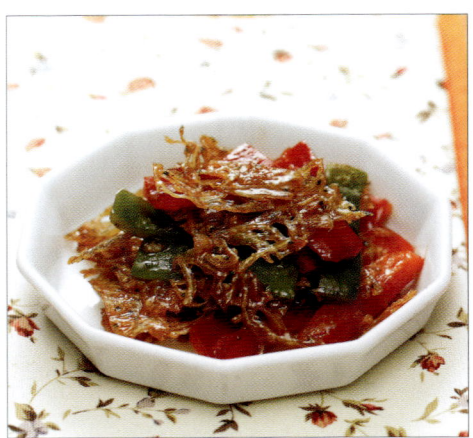

▶ **주재료**
청피망 1½개, 홍피망 ½개, 뱅어포 80g

▶ **부재료**
토마토케첩 2큰술, 다진 마늘 · 맛술 · 간장 1작은술씩, 설탕 ½ 작은술, 소금 · 후춧가루 약간씩

1 청피망과 홍피망은 깨끗하게 씻어 씨를 도려내고 3㎝ 길이, 1㎝ 굵기로 썬다.

2 뱅어포는 피망의 크기대로 썬다.

3 팬에 기름을 두르고 다진 마늘과 맛술을 넣어 뱅어포를 충분하게 볶는다.

4 볶은 뱅어포에 피망을 넣고 볶다가 토마토케첩과 설탕, 간장, 소금, 후춧가루로 간을 맞춰 볶아낸다.

5 그릇에 담을 때에는 피망과 뱅어포를 적절하게 포개어 담아야 뱅어포와 피망을 함께 먹을 수 있다.

> → **COOK TIP**
> 뱅어포는 실치를 붙여 말린 것으로 칼슘이 풍부해 영양가가 높은데 비타민이 많은 피망과 함께 토마토케첩에 볶아 주면 영양의 균형도 맞고 또한 마늘의 알싸한 맛이 함께 나서 더욱 맛이 있다.

색피망견과류볶음

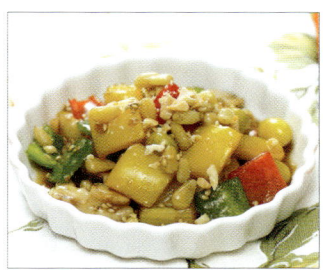

▶ 주재료
홍피망 · 황피망 ½개씩, 청피망 1개, 호두 50g, 땅콩 40g, 잣 1큰술, 은행 5알

▶ 부재료
소금 약간, 간장 1큰술, 맛술 · 설탕 1작은술씩, 통깨 ½작은술

1 홍피망과 청피망, 황피망은 깨끗이 씻어 반을 가르고 씨를 도려낸 후 사방 1.5㎝ 크기로 썬다.

2 호두는 겉껍질을 벗기고 약간 따뜻한 물에 담가 속껍질까지 완전하게 벗겨 반으로 가른다.

3 땅콩은 껍질을 벗기고 굵게 칼날로 다진다.

4 잣은 고깔을 떼어내 준비하고 은행은 팬에 굴려 파랗게 익으면 종이타월에 올리고 비벼 껍질을 벗긴다.

5 팬에 기름을 두르고 호두를 넣어 볶다가 색피망을 넣어 간장과 맛술, 설탕을 넣어 볶는다.

6 ⑤에 잣과 은행을 넣어 통깨를 뿌려 버무리고 그릇에 담아 땅콩 부순 것을 뿌려 상에 낸다.

🔗 COOK TIP

피망은 기름에 볶아 먹으면 더욱 좋은데 특히 견과류와 함께 기름에 볶아 먹으면 카로틴의 흡수뿐 아니라 불포화 지방산의 흡수에 도움을 준다. 피망은 비타민 C와 비타민 A의 카로틴이 풍부한 채소로서 쇠고기, 돼지고기, 닭고기와 함께 요리하면 더욱 맛이 있고 특히 기름에 볶거나 튀기는 요리에 쓰면 카로틴의 흡수를 도와 더욱 좋다. 특히 비타민 A와 C가 세포의 작용을 활성화하여 신진대사를 활발하게 하고 몸 안을 깨끗하게 해준다. 여름에 먹으면 더위를 이기기에 더없이 좋은 식품이다.

파프리카양파볶음

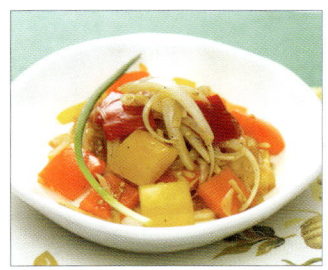

▶ 주재료
파프리카(노랑 · 주황) · 청피망 · 양파 ½개씩

▶ 부재료
마늘채 · 통깨 1큰술, 간장 ½큰술, 소금 · 흰 후춧가루 약간씩

1 색색의 파프리카는 반을 갈라 씨를 빼고 곱게 채 썬다. 청피망도 씨를 빼고 곱게 채 썬다.

2 양파는 곱게 채 썰어 찬물에 헹궈 건져 물기를 턴다.

3 팬에 기름을 두르고 달군 후 마늘채를 넣어 볶아 향이 올라오면 양파와 색색의 파프리카와 청피망을 넣어 볶는다.

4 볶은 채소에 간장을 뿌려 색을 약간 낸 후 소금과 흰 후춧가루를 뿌려서 간을 맞춘다. 불에서 내려 통깨를 넣어 버무린 후 그릇에 담아낸다.

🔗 COOK TIP

너무 오래 볶으면 채소에서 수분이 생겨 숨이 완전하게 죽어 맛이 없으니 아삭한 맛이 살아 있도록 센 불에서 재빨리 볶는 것이 좋다. 파프리카는 비타민 C가 감귤류보다 많이 들어 있고 비타민 E도 풍부하게 함유하고 있어서 감기예방과 항산화작용에 효과적이다. 오래 보존하기 쉽지 않아서 소량씩 구입해서 쓰는 것이 좋다. 파프리카는 채소류의 보석이라고 불릴 정도로 색이 다양하고 예쁜 색감과 풍부한 영양성분이 들어있다. 피망에 비해 당도가 높으면서도 낮은 열량으로 다양한 요리 재료로 쓰인다.

파프리카크림소스식빵그라탱

▶ **주재료**
파프리카 2개, 식빵(또는 바게트) 50g

▶ **부재료**
피자치즈 30g, 슬라이스 체더치즈 2장

▶ **크림소스**
버터 · 밀가루 2큰술씩, 우유 5큰술, 물 ½컵, 월계수잎 1장, 크림치즈 · 생크림 1큰술씩, 소금 · 흰 후춧가루 약간씩

1 파프리카는 씻어서 적당하게 썰고 씨를 턴다.

2 바게트 또는 식빵을 적당하게 썬다.

3 냄비에 버터를 두르고 밀가루가 갈색이 나도록 볶다가 우유와 물을 붓고 월계수잎을 넣어서 소금과 흰 후춧가루로 간을 맞춰 소스를 만든다.

4 ③의 소스가 끓으면 크림치즈와 생크림을 넣어 잘 섞어서 크림소스를 완성한다.

5 그라탱 그릇에 식빵 또는 바게트를 파프리카와 함께 소복하게 담고 크림소스를 듬뿍 끼얹은 후 피자치즈, 슬라이스 체더치즈를 적당하게 얹어서 오븐 토스터기 또는 전자레인지에 5분 정도 노릇하게 구워낸다.

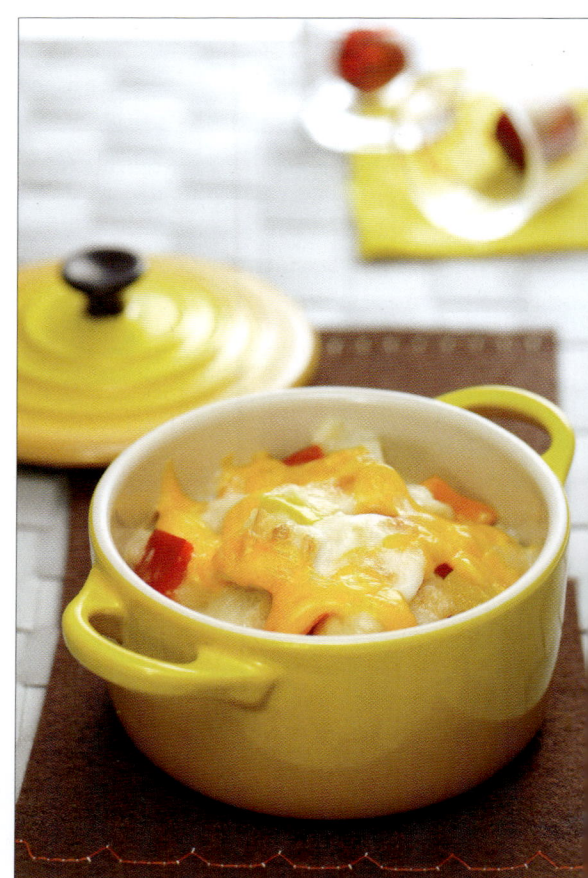

> ⊙ **COOK TIP**
> 파프리카는 살짝 구워 먹어도 맛이 좋은데 특히 크림소스, 크림 치즈, 파르메산 치즈 등과 함께 그라탱, 피자 등을 만들어 먹으면 풍미와 함께 씹히는 질감이 좋다. 파프리카는 19가지 다양한 미량 요소가 많이 함유되어 있으며 특히 비타민 A와 C가 많이 들어 있어 시력 보호에 좋다. 또한 비만 체질과 변비에도 좋은 채소로써 상큼하고 독특한 맛과 향이 있어 다양한 요리로 만들어 먹기에 좋다.

느타리버섯꽈리고추볶음

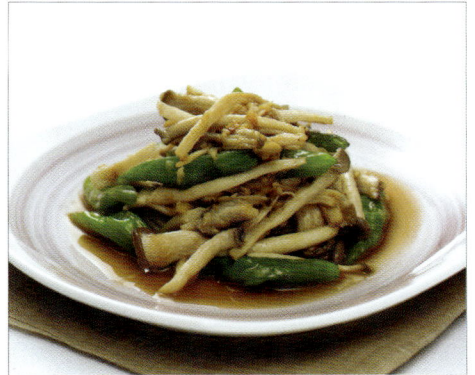

▶ **주재료**
느타리버섯 200g, 꽈리고추 100g, 소금 · 실고추 약간씩

▶ **볶음 양념장**
다진 파 · 들기름 1큰술씩, 간장 · 다진 마늘 · 물엿 · 통깨 1작은
술씩, 소금 약간

1 느타리버섯은 한 가닥씩 떼어서 체에 밭쳐 흐르는 물
에 살짝 헹궈 물기를 턴다.

2 꽈리고추는 물에 헹궈 꼭지를 떼어내고 큰 것은 어슷
하게 길게 2등분하고 작은 것은 그대로 칼집만 조금
넣어서 준비한다.

3 팬에 기름을 두르고 다진 마늘을 볶다가 꽈리고추를
소금을 약간 넣고 볶는다.

4 고추가 살짝 숨이 죽으면 느타리버섯을 넣고 다진 파
와 간장을 넣어 볶으면서 소금으로 간을 맞춘다.

5 불에서 내린 느타리버섯과 고추는 넓은 접시에 쏟아
들기름과 물엿, 통깨를 넣어 버무려서 그릇에 담고 실
고추를 조금 얹어 마무리한다.

> ➡ **COOK TIP**
> 느타리버섯의 향을 살리면서 볶으려면 생것으로 볶는 것이 좋은
> 데 푸른색의 채소와 함께 볶을 때에는 채소의 색상을 살려주도록
> 불에 올린 채로 양념하지 않고 불에서 내려 들기름 등의 양념을
> 넣어 버무려 마무리하는 것이 좋다.

느타리버섯애호박채볶음

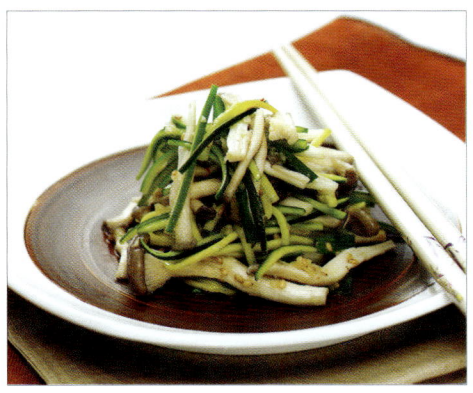

▶ **주재료**
느타리버섯 1봉지(150g), 애호박 ½개

▶ **부재료**
실파 3대, 소금 · 실고추 약간씩, 다진 마늘 · 들기름 · 맛술 · 통
깨 1작은술씩

1 느타리버섯은 갓이 작고 길이가 짧은 것으로 준비해
서 엷은 소금물에 흔들어 씻어 물기를 빼고 굵게 찢어
놓는다.

2 애호박은 4㎝ 길이로 토막 내어 돌려 깎아 곱게 채 썰
어 소금을 뿌려 잠시 절인다.

3 살짝 절인 애호박을 물에 헹궈 물기를 꼭 짜고 실파는
1㎝ 길이로 썬다. 실고추는 짧게 잘라 놓는다.

4 팬에 들기름을 두르고 끓어오르면 다진 마늘과 맛술
을 넣어 볶아 향이 나면 느타리버섯을 넣어 소금으로
간을 해서 볶는다.

5 느타리버섯에 간이 제대로 배이면 애호박채를 넣고 실
파와 짧게 자른 실고추, 통깨를 넣어 재빨리 볶아 불에
서 내려 넓은 접시에 펼쳐 식힌 후 그릇에 담아낸다.

> ➡ **COOK TIP**
> 호박은 되도록 나중에 볶아야 호박의 초록색이 선명해서 더욱 먹
> 음직스럽다. 느타리버섯은 데치거나 절이지 말고 생것 그대로 볶
> 아야 더욱 버섯의 향이 짙게 우러나는데 엷은 소금물에서 흔들어
> 건지는 것이 좋다.

느타리버섯다시마조림

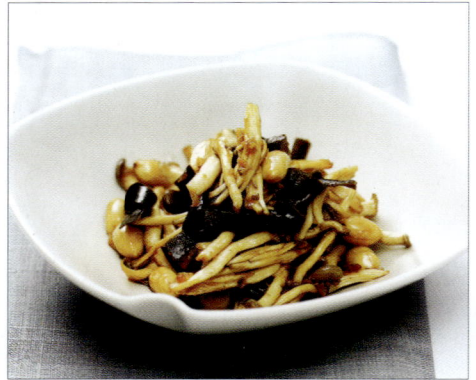

▶ **주재료**
느타리버섯 150g, 다시마 사방 10cm 2장, 땅콩 ¼컵, 소금 약간

▶ **조림장**
간장 2큰술, 물엿 · 다진 마늘 · 청주 · 깨소금 1작은술씩, 참기름 ½작은술, 소금 · 후춧가루 약간씩

1 느타리버섯은 갓이 작고 길이가 짧은 것으로 준비해서 찬물에 씻어 건져 놓는다.

2 다시마는 흰 가루를 젖은 면포로 닦고 6㎝ 길이, 1㎝ 폭으로 잘라 매듭을 지어 준비한다.

3 땅콩은 껍질을 벗겨 찬물에 담가 잠시 불린 후 건져 물기를 뺀다.

4 조림장을 분량의 재료대로 냄비에 담아 약한 불에서 잠시 끓인다.

5 ④의 조림장이 걸쭉한 농도로 끓으면 느타리버섯, 다시마, 땅콩을 넣어 재빨리 중간 불에서 볶다가 아주 약한 불에서 윤기나게 조려 낸다.

> **COOK TIP**
> 느타리버섯과 다시마는 조림장을 걸쭉한 농도로 끓인 다음에 넣고 조려야 윤기도 많이 생기고 버섯과 다시마에 간이 제대로 빨리 밴다.

중화풍느타리버섯

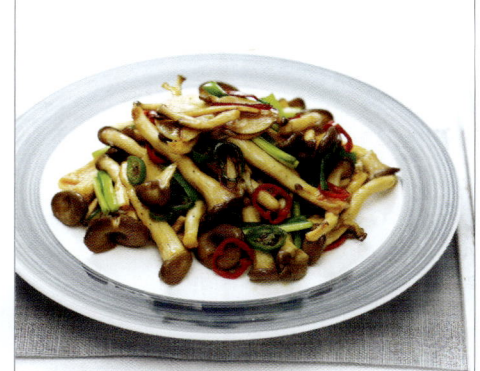

▶ **주재료**
느타리버섯 250g

▶ **부재료**
부추 30g, 마른 홍고추 2개, 마늘 2쪽, 실파 3대, 청고추 1개, 굴소스 1큰술, 소금 · 후춧가루 · 통깨 약간씩, 참기름 1작은술

1 느타리버섯은 두 번 정도 씻어 한 송이씩 가닥을 뗀다.

2 부추는 다듬어 씻어 2㎝ 길이로 썰고 마른 홍고추는 가늘게 송송 썰어 씨를 턴다.

3 마늘은 얇게 편 썰기하고 실파는 송송 썬다. 청고추는 송송 썰어 씨를 턴다.

4 팬에 기름을 두르고 마늘과 마른 홍고추, 청고추를 넣어 달달 볶아 향을 낸다.

5 향이 충분하게 우러나면 손질한 느타리버섯을 넣어 굴소스와 소금, 후춧가루를 뿌려 간을 맞춰 재빨리 센 불에서 볶는다.

6 ⑤에 부추와 참기름을 넣어 버무리고 통깨와 실파 송송 썬 것을 뿌려서 밥 위에 얹어 낸다.

> **COOK TIP**
> 느타리버섯을 처음부터 넣고 볶으면 갓 부분이 뭉그러지고 쫄깃한 맛이 안 나므로 맨 나중에 버섯을 넣어 볶아야 한다. 느타리버섯을 이용한 덮밥은 쇠고기나 닭고기를 함께 조리하면 궁합도 잘 맞고 덮밥이 더욱 맛이 있다. 특히 닭고기는 닭가슴살이나 닭안심살을 이용해서 만드는 것이 좋다.

느타리버섯마파덮밥

▶ **주재료**
느타리버섯 250g

▶ **마파소스**
대파(흰 부분) 2대, 마늘 5쪽, 밥 3공기, 닭가슴살 100g, 홍고추 1개, 굴소스 1큰술, 소금·후춧가루 약간씩, 물녹말 4큰술, 물 2컵, 맛술·간장 2큰술씩, 참기름 1작은술

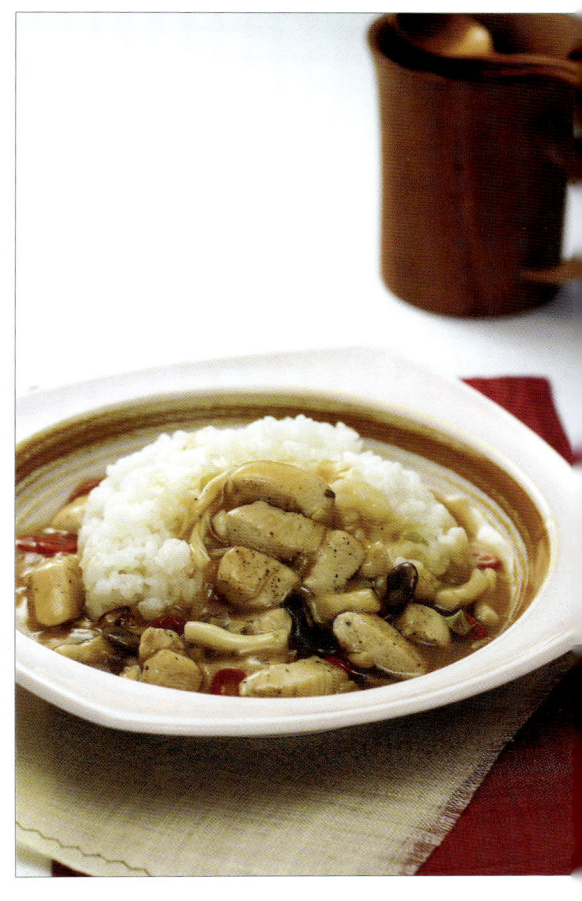

1 느타리버섯은 2㎝ 길이로 기둥과 갓 부분을 나눠 썰어 준비한다. 대파는 흰 부분만 준비해서 송송 썰고 마늘은 곱게 채 썬다.

2 닭가슴살은 사방 1.5㎝ 크기로 잘라 소금과 후춧가루로 버무려 재운다.

3 홍고추는 씨를 발라내고 아주 잘게 송송 썬다.

4 팬에 기름을 두르고 대파와 마늘을 볶다가 닭고기, 홍고추 순서로 넣어 볶는다.

5 ④에 맛술, 간장, 굴소스를 넣어 볶다가 준비한 느타리버섯을 넣어 살짝 더 볶는다.

6 ⑤에 물을 붓고 끓으면 물녹말을 넣어 걸쭉하게 농도를 맞추고 마지막에 참기름을 넣어 향을 낸다.

7 그릇에 밥을 적당히 담고 느타리버섯, 마파소스를 듬뿍 끼얹어 먹는다.

→ COOK TIP

느타리버섯을 볶을 때는 향신채를 먼저 볶아서 기름에 향이 충분하게 밴 상태에서 느타리버섯을 넣어 볶아야 쫄깃한 맛을 즐길 수 있다. 느타리버섯은 싸고 흔해서 많이 먹는 버섯 중의 하나다. 작으면서도 갓의 색이 진하고 줄기가 굵으며 단단하고 탄력 있는 것이 맛이 있다. 느타리버섯은 데쳐서 나물을 하거나 꼬치에 꿰어 산적을 하기도 하며 국이나 찌개, 전골에도 많이 사용한다. 필수 아미노산이 많아서 영양가가 높으며 육질이 쫄깃하다. 자연산 느타리버섯은 향과 맛이 뛰어나며 항암효과와 성인병 예방에도 효능이 있다고 한다.

표고버섯무고추볶음

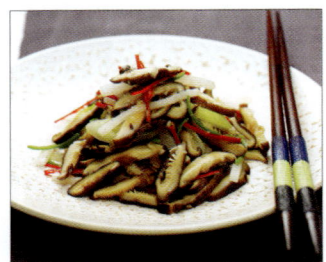

▶ **주재료**
표고버섯 5장, 무 $\frac{1}{3}$개

▶ **부재료**
홍고추 · 청양고추 1개씩, 대파 1대, 다진 마늘 · 청주 · 깨소금 1작은술씩, 생강가루 · 소금 · 흰 후춧가루 약간씩, 참기름 $\frac{1}{2}$작은술

1 표고버섯은 찬물에 담가 불렸다가 밑동을 떼어내고 갓 안쪽부분을 흐르는 물에 씻어 물기를 꼭 짠 후 곱게 채 썬다.

2 무는 표고버섯의 길이만큼씩 곱게 채 썰어 소금에 살짝 절여 물에 담가 헹궈 물기를 꼭 짠다.

3 홍고추 · 청양고추는 반을 갈라 씨를 털고 2㎝ 길이로 채 썬다. 대파는 굵게 채 썬다.

4 팬에 기름을 두르고 다진 마늘과 대파, 무를 넣어 볶으면서 청주와 표고버섯을 넣어 한데 버무려 볶는다.

5 ④에 생강가루를 넣고 소금, 흰 후춧가루로 간을 해서 재빨리 버무려 볶은 후 고추와 참기름, 깨소금을 뿌려 섞어 그릇에 담아낸다.

> ⊖ **COOK TIP**
> 표고버섯을 부드럽게 불리려면 약간 미지근한 물에 갓을 위로 가게 해서 담가 불리면 쉽게 불려진다. 빨리 불리고 싶으면 전자레인지에 넣어 30초 정도 강하게 가열해서 찬물에 담가두면 쉽게 불릴 수 있다. 표고버섯 갓 안쪽에 들어 있는 먼지를 씻어내려면 흐르는 물에 갓을 뒤집어 씻어 주어야 한다.

쇠고기표고버섯조림

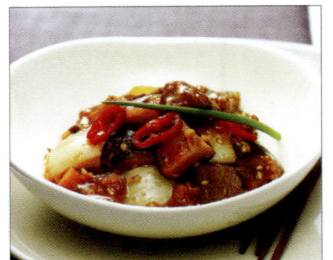

▶ **주재료**
말린 표고버섯 6장, 쇠고기(등심) 200g

▶ **부재료**
양파 $\frac{1}{3}$개, 홍고추 1개, 설탕 1작은술, 소금 · 후춧가루 약간씩

▶ **조림장**
굴소스 2큰술, 고추장 · 물엿 · 참기름 1작은술씩, 다시마 우린 물 5큰술, 다진 마늘 · 다진 파 · 맛술 1큰술씩, 통깨 약간

1 말린 표고버섯은 설탕을 녹인 물에 담아 30분 이상 불려서 기둥을 떼어내고 씻어 물기를 꼭 짠 후 4등분한다.

2 쇠고기는 등심으로 사방 1.5㎝ 크기로 썰어 소금과 후춧가루로 조물조물 무친다.

3 양파는 사방 2㎝ 크기로 썰고 홍고추는 송송 썰어 씨를 없앤다.

4 팬에 기름을 약간 두르고 다진 마늘과 양파를 볶다가 쇠고기와 표고버섯 썬 것을 넣어서 볶는다.

5 고기가 익어 갈색이 되면 굴소스와 고추장을 다시마 우린 물에 풀어서 넣고 파와 맛술을 넣어서 약한 불에서 조린다.

6 자작하게 국물이 졸아들면서 표고버섯에 간이 배면 홍고추와 참기름, 물엿을 넣어 버무리고 통깨를 뿌려 불에서 내린다.

> ⊖ **COOK TIP**
> 표고버섯은 고기와 함께 팬에서 볶으면 풍미가 있고 훨씬 더 깊은맛을 내는데 고추장과 굴소스를 혼합해서 다시마 우린 물을 조금 붓고 조리면 짠맛이 없고 감칠맛이 난다. 약한 불에서 15분 이상 버섯이 쫄깃해지도록 조리는 것이 좋다.

표고버섯오븐팬구이

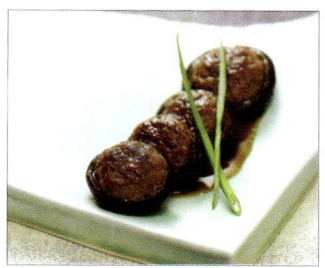

▶ **주재료**
표고버섯 12장, 다진 쇠고기 200g

▶ **부재료**
녹말가루 · 마늘즙 · 올리브오일 · 물엿 1큰술씩, 참기름 1작은술,
간장 · 다시마 우린 물 · 송송 썬 실파 2큰술씩, 소금 약간

▶ **다진 쇠고기 밑간**
소금 · 후춧가루 · 참기름 약간씩

1 표고버섯은 부드럽게 물에 담가 밑동을 잘라내고 물
기를 꼭 짠다.

2 다진 쇠고기에 소금, 후춧가루, 참기름을 넣어 조물조
물 반죽한다.

3 물기를 짠 표고버섯에 마늘즙과 올리브오일, 참기름,
간장, 다시마 우린 물, 물엿을 넣고 잘 섞어서 20분 정
도 간이 배도록 재운다.

4 재운 표고버섯을 건져 손으로 꼭 눌러 짜고 갓 안쪽에
녹말가루를 살짝 뿌려서 다진 쇠고기 무쳐 놓은 것을
직경 2㎝ 크기의 완자 크기로 떼어내어 속을 채운다.
표고버섯의 갓이 다진 쇠고기 완자를 감싸 안듯이 동
그랗게 모양을 만들어 가면서 채워야 나중에 구웠을
때 모양이 살아있다.

5 오븐 팬에 기름을 약간 펼쳐 바르고 ④의 표고버섯 완
자를 올려 양념장 남은 것을 바르고 예열온도 180℃
에서 15분 정도 구워낸다. 중간에 오븐을 열어서 표고
버섯에 양념장을 덧발라주고 위아래를 뒤집어 주어야
골고루 익는다.

표고버섯매운탕수

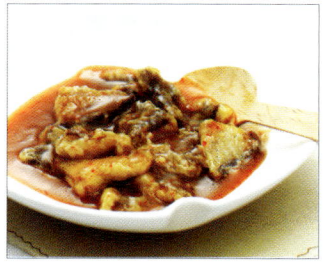

▶ **주재료**
생표고버섯 10장

▶ **부재료**
녹말가루 2큰술, 달걀흰자 1개분, 소금 · 후춧가루 약간씩

▶ **탕수소스**
고춧가루 · 간장 1작은술씩, 닭 육수 1컵, 식초 2큰술, 설탕 3큰
술, 물녹말 1큰술, 참기름 ½작은술

1 생표고버섯은 젖은 면포로 먼지를 살짝 털어내고 기
둥을 떼서 2~4등분한다.

2 ①에 소금, 후춧가루를 뿌려 밑간한다.

3 ②에 달걀흰자와 녹말가루를 넣고 주무른 후 튀김기
름에 바삭하게 튀겨낸다.

4 볼에 분량의 재료를 넣어 섞어서 소스를 만든다.

5 냄비에 준비된 ④의 소스를 넣어서 걸쭉한 농도가 되
도록 끓인다.

6 접시에 튀긴 표고버섯을 담고 ⑤의 탕수소스를 듬뿍
부어서 낸다.

🔄 **COOK TIP**

생표고버섯에는 밀가루보다 녹말가루를 달걀흰자와 함께 버무려
튀겨내야 바삭한 맛이 나면서 튀김이 늘어지지 않고 모양을 오래
도록 유지한다. 영양가가 높고 향이 독특한 표고버섯은 갓이 활
짝 피지 않은 것이 좋다. 갓 안쪽이 흰색이고 살이 도톰하며 표면
이 보송보송 한 것이 오래 두어도 잘 상하지 않는다.

표고버섯피망구이와 매운간장소스

▶ **주재료**
생표고버섯 8장, 청·홍피망 1개씩

▶ **부재료**
대파 2대, 마늘 8쪽, 꼬치 약간, 소금 약간

▶ **매운 간장소스**
간장 4큰술, 청양고추 2개, 다진 마늘 ½작은술, 맛술 1작은술, 물엿 1큰술, 후춧가루 약간

1 생표고버섯은 기둥을 떼어내고 씻어서 사방 3㎝ 크기로 잘라 소금물에 헹궈 건져 물기를 짠다.

2 청·홍피망은 반 갈라 씨를 도려내고 표고버섯 크기로 자른다.

3 대파는 2㎝ 길이로 썰고 마늘은 껍질을 벗기고 끓는 물에 데쳐 찬물에 헹궈 건진다.

4 꼬치에 표고버섯→청·홍피망→대파→마늘을 차례로 꿴다.

5 볼에 청양고추를 곱게 다지고 간장과 다진 마늘, 맛술, 물엿, 후춧가루를 넣어 잘 섞어서 매운 소스를 만든다.

6 팬에 기름을 약간 두르고 꿰어놓은 꼬치를 노릇하게 구우면서 준비한 매운 간장소스를 뿌려서 간을 맞춰 구워낸다.

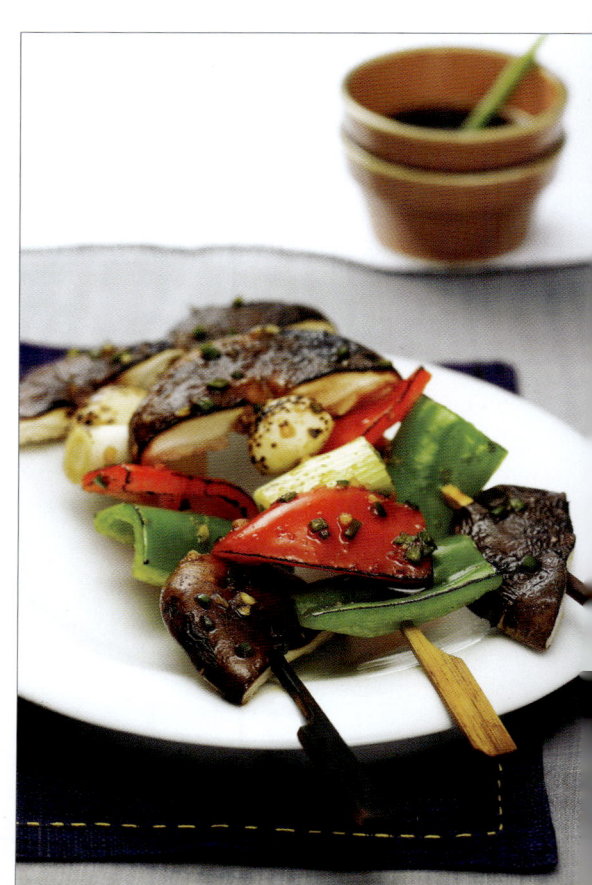

🔶 COOK TIP
매운맛 간장소스를 만들 때 고춧가루를 넣어서 맵게 하는 것보다는 매콤한 청양고추를 다져서 넣으면 표고버섯의 향을 살릴 수 있고 피망 색깔도 선명하다.

새송이버섯채소볶음

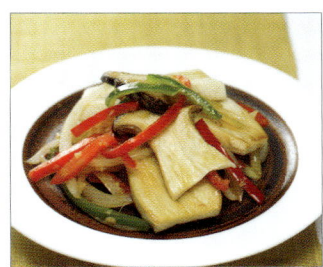

▶ **주재료**
새송이버섯 5개, 청 · 홍피망 · 양파 ½개씩

▶ **부재료**
실파 3대, 소금 · 후춧가루 약간씩, 들기름 · 올리브오일 1큰술씩, 다진 마늘 1작은술

1 새송이버섯은 물에 가볍게 씻어 마른 면포에 싸서 물기를 없애고 길이 그대로 0.5㎝ 두께로 얇게 저며 썬다.

2 팬에 들기름을 두르고 썰어 놓은 새송이버섯을 앞뒤로 지진다.

3 지진 새송이버섯을 잘 달군 석쇠에 올려 노릇노릇하게 앞뒤로 구워낸다.

4 구운 새송이버섯을 길이대로 2등분해서 팬에 담는다.

5 청피망과 홍피망, 양파는 곱게 채 썰고 실파는 곱게 송송 썬다.

6 ④의 팬에 마늘과 올리브오일을 두르고 달달 볶다가 썬 채소를 담고 소금과 후춧가루로 간을 해서 재빨리 볶아 간이 스며들면 실파를 뿌려 불에서 내린다.

> 🔶 **COOK TIP**
> 새송이버섯은 일단 팬에서 들기름에 살짝 지져내야 쫄깃하고 고소하다. 석쇠에 구운 새송이버섯을 2등분해서 채 썬 채소와 올리브유에 재빨리 볶아야 채소의 색감이 잘 살아나면서 느끼하지 않고 담백하다. 새송이버섯은 재배용 버섯으로 송이버섯처럼 맛과 향이 좋지만 값은 싸다. 갓 부분이 납작하고 작은데 줄기까지 함께 먹는다. 색이 뽀얗고 줄기가 굵은 것이 좋다. 느타리버섯보다 저장 기간이 길다. 물에 가볍게 씻어서 마른 면포에 싸서 물기를 없앤 후 줄기까지 함께 길이로 저며서 찌개나 국, 튀김, 전, 볶음, 샐러드 등에 주로 쓴다.

새송이버섯고추장양파조림

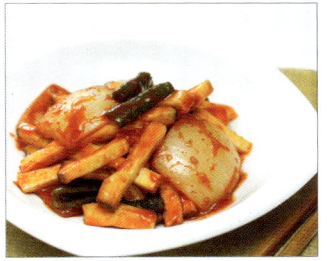

▶ **주재료**
새송이버섯 5개, 양파 1개

▶ **부재료**
풋고추 2개, 고추장 2큰술, 간장 · 다진 마늘 · 물엿 · 참기름 1작은술씩, 청주 1큰술, 통깨 약간, 쌀뜨물 ½컵

1 새송이버섯은 물에 씻어 1㎝ 폭으로 길게 썬다.

2 양파는 사방 4㎝ 크기로 썰고 풋고추는 반으로 갈라 씨를 턴 후 3㎝ 길이로 토막 낸다.

3 냄비에 양파와 새송이버섯, 풋고추를 차례로 얹고 고추장과 간장, 다진 마늘, 청주, 물엿, 참기름을 섞어 올린후 쌀뜨물을 부어서 중간 불에 올려 조린다.

4 새송이버섯과 양파에 고추장의 간이 배면 통깨를 뿌려서 그릇에 담아낸다.

> 🔶 **COOK TIP**
> 새송이버섯은 매운맛이 나도록 고추장으로 조리지만 양파를 넣어서 단맛을 함께 내주는 것이 좋다. 양파가 넉넉하게 들어가므로 설탕, 물엿 등은 아주 조금만 넣어 윤기를 조금 내주는 것이 좋다.

새송이버섯오징어채볶음

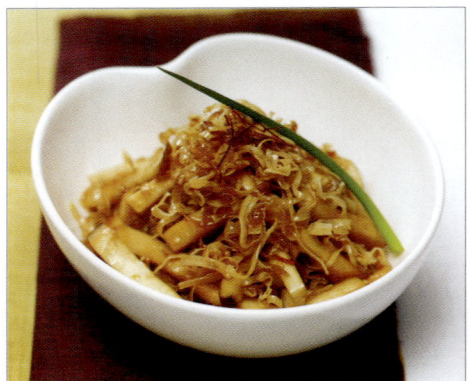

▶ **주재료**
새송이버섯 3개, 오징어채 50g

▶ **부재료**
송송 썬 실파 2큰술, 통깨 1작은술, 소금 · 올리브오일 약간씩

▶ **볶음 양념장**
간장 1큰술, 다진 마늘 · 맛술 · 설탕 · 참기름 1작은술씩, 소금 약간

1 새송이버섯은 젖은 면포에 닦아 1㎝ 폭으로 길이대로 채 썰어 소금을 조금 뿌린 후 올리브오일에 버무려 팬에 노릇하게 구워낸다.

2 오징어채는 4㎝ 길이로 짧게 잘라서 간장과 다진 마늘, 맛술에 조물조물 무친다.

3 팬에 올리브오일을 조금 두르고 ②의 오징어채를 볶는다. 오징어가 조글조글 익혀지면 새송이버섯 구운 것을 넣고 설탕과 참기름, 소금으로 간을 맞춘 후 볶아 넓은 접시에 꺼낸다.

4 ③에 실파와 통깨를 넣어 버무려서 그릇에 예쁘게 담아낸다.

> **→ COOK TIP**
> 오징어실채와 새송이버섯은 익히는 시간이 달라서 먼저 새송이버섯을 올리브오일에 버무려 팬에서 노릇하게 구워내야 좋다. 오징어실채는 따로 양념을 해서 볶은 후 버섯을 넣어 볶아야 간이 잘 맞는다.

새송이버섯산적구이

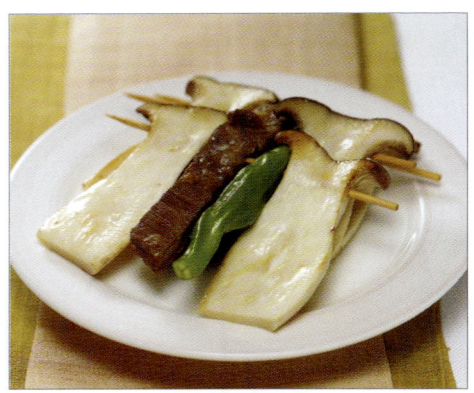

▶ **주재료**
새송이버섯 5개, 쇠고기(산적용) 250g, 꽈리고추 8개, 꼬치 약간

▶ **고기산적 양념**
간장 1큰술, 다진 마늘 ½작은술, 참기름 1작은술, 설탕 ½작은술

▶ **구이 양념장**
참기름 · 양파즙 1큰술씩, 소금 · 흰 후춧가루 약간씩, 마늘즙 1작은술

1 새송이버섯은 씻어서 길이대로 0.5㎝ 두께로 썬다.

2 쇠고기는 산적용으로 준비해서 6㎝ 길이로 썰어 고기산적 양념에 조물조물 무친다.

3 꽈리고추는 꼭지를 떼어내고 씻어서 물기를 턴다.

4 꼬치에 새송이버섯→산적용 고기→꽈리고추를 차례로 꿴다.

5 참기름에 소금, 흰 후춧가루를 넣고 양파즙과 마늘즙을 뿌려서 고소한 구이 양념장을 만든다.

6 길이 잘 든 석쇠에 새송이버섯 산적꼬치를 올려 앞뒤로 굽다가 ⑤의 양념장을 붓으로 발라가면서 노릇하게 구워 간을 맞춘다.

> **→ COOK TIP**
> 새송이버섯은 쫄깃하게 익도록 생으로 꼬치에 꿴 후 석쇠에서 노릇하게 구우면서 참기름으로 만든 양념장을 바르면 색이 곱고 간이 알맞다.

새송이버섯파프리카구이샐러드

▶ **주재료**
새송이버섯 4개, 미니 파프리카 4개

▶ **부재료**
새싹채소 80g, 라디치오 50g, 오이 ½개, 소금 약간, 올리브오일 2큰술

▶ **키위크림 드레싱**
키위 1개, 생크림 3큰술, 올리브오일 · 레몬즙 1큰술씩, 얼음 3조각, 소금 · 후춧가루 약간씩

1 새송이버섯은 젖은 면포로 잘 닦아서 0.5㎝ 두께로 길이대로 얇게 썬다.

2 썰어놓은 버섯에 올리브오일을 붓으로 잘 발라서 그릴 모양의 팬에서 노릇하게 구워낸다.

3 미니 파프리카도 씻어서 반을 잘라 올리브오일을 바르고 ②의 팬에서 굽는다.

4 새싹채소와 라디치오는 각각 씻어서 건지고 오이는 소금에 문질러 씻어서 동그랗게 편 썰기 한다.

5 키위는 껍질을 벗기고 생크림과 올리브오일, 레몬즙, 얼음을 넣어서 믹서에 곱게 갈아 소금과 후춧가루를 넣어 간을 맞춰 드레싱을 만든다.

6 싱싱한 채소를 접시에 소복하게 담고 구운 새송이버섯과 파프리카를 보기 좋게 담아서 키위크림 드레싱을 끼얹어 먹는다.

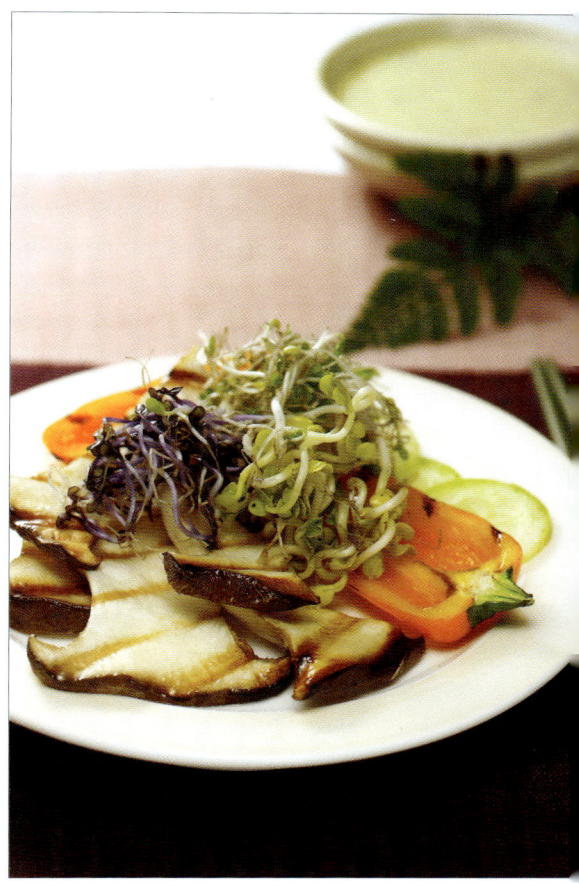

🔶 **COOK TIP**

새송이버섯의 질감은 아삭한 채소와 잘 어울리는데 쌉쌀한 채소와 오이처럼 싱그런 채소를 함께 섞으면 더욱 좋다. 치커리, 청경채, 라디치오, 겨자잎 등을 샐러드 채소로 넣으면 된다.

양송이버섯브로콜리참깨무침

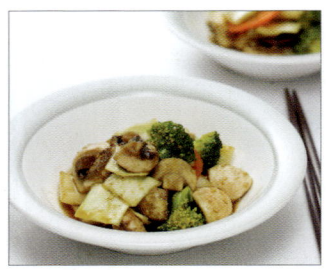

▶ **주재료**
양송이버섯 8개, 브로콜리 100g

▶ **부재료**
양배추 3장, 양파 ⅓개, 당근 30g, 소금 약간

▶ **참깨소스**
간장 · 깨소금 2큰술씩, 맛술 · 설탕 · 참기름 1작은술씩, 소금 약간

1 양송이는 갓 껍질을 살짝 벗기고 기둥을 뗀 후 큰 것은 갓의 윗부분을 칼로 4등분하고 작은 것은 2등분한다.

2 브로콜리는 한 송이씩 떼어 깨끗이 씻는다. 양배추와 양파는 사방 2㎝ 크기로 썰고 당근은 동그랗게 편 썰기 한다.

3 냄비에 넉넉하게 물을 붓고 끓으면 소금을 약간 넣고 양송이, 브로콜리, 양배추, 양파, 당근의 순서로 각각 데쳐내 찬 얼음물에 담갔다가 헹궈 물기를 뺀다.

4 살캉하게 익힌 양송이버섯과 초록빛으로 데친 브로콜리, 양배추, 양파, 당근을 볼에 담고 준비한 참깨소스를 붓고 살살 버무려 먹는다.

> **→ COOK TIP**
> 양송이를 끓는 물에 데칠 때에는 소금을 약간 넣고 양송이를 체에 밭친 채로 담갔다가 서너번 흔들어 바로 건져서 찬물에 헹궈주어야 양송이버섯 고유의 향이 달아나지 않으면서도 쫄깃한 질감이 느껴진다. 양송이버섯은 특히 참깨와 참기름과 궁합이 잘 맞는데 참깨는 소금을 약간 넣고 곱게 빻아서 양송이버섯과 살살 버무려야 더 고소하다.

양송이버섯찹쌀튀김탕수

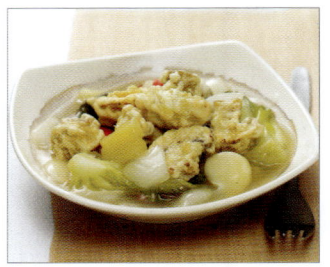

▶ **주재료**
양송이버섯 8개, 청경채 2포기, 마늘 4쪽, 파인애플 슬라이스 2쪽, 양파 ⅓개, 홍고추 1개, 찹쌀가루 5큰술, 녹말가루 2큰술, 달걀흰자 1개분, 소금 · 튀김기름 약간씩

▶ **탕수소스**
파인애플 과즙 ½작은술, 다시마 우린 물 1컵, 간장 1작은술, 식초 · 물녹말 3큰술씩, 물엿 1큰술, 소금 · 흰 후춧가루 약간씩

1 양송이버섯은 갓 부분의 껍질을 벗기고 2등분해서 소금을 약간 푼 물에 헹궈 건져 물기를 완전하게 닦는다.

2 손질한 양송이버섯에 찹쌀가루와 녹말가루, 달걀흰자를 넣어 성글게 저어서 180℃로 달군 기름에 노릇하고 바삭하게 튀긴다.

3 청경채는 한 잎씩 떼어서 2등분하고 마늘은 반만 가른다.

4 파인애플은 통조림으로 준비해서 사방 2㎝ 크기로 썰고 양파와 홍고추도 파인애플 크기로 썬다.

5 냄비에 파인애플 과즙과 다시마 우린 물을 붓고 끓으면 간장과 물엿, 식초를 넣어 새콤달콤하게 한 후 소금과 흰 후춧가루로 간을 맞춰 끓인다.

6 ⑤에 청경채, 마늘, 양파, 홍고추를 모두 넣고 물녹말을 풀어 걸쭉한 농도가 되게 한다.

7 그릇에 양송이버섯 튀긴 것을 소복하게 담고 채소와 파인애플을 넣어서 만든 탕수소스를 듬뿍 뿌려서 먹는다.

팽이버섯베이컨볶음

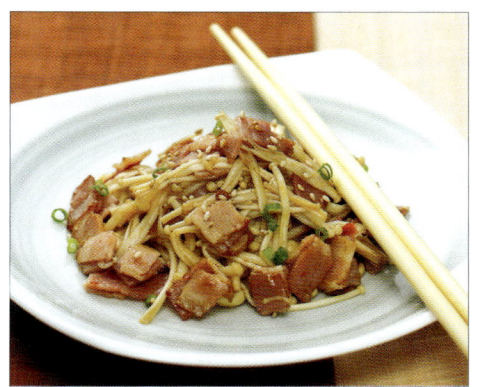

▶ **주재료**
팽이버섯 1봉지, 베이컨 4줄

▶ **부재료**
송송 썬 실파 1큰술, 실고추 · 통깨 · 소금 · 후춧가루 약간씩, 굴소스 · 맛술 1작은술씩, 두반장 · 다진 마늘 ½작은술씩

1 팽이버섯은 밑동을 자르고 흐르는 물에 씻어 물기를 턴다.

2 베이컨은 한 줄씩 떼어내 1㎝ 간격으로 자른다. 자른 베이컨은 팬에 아무것도 넣지 않은채로 살짝 볶아 종이타월에 올려 기름기를 뺀다.

3 팬에 기름을 두르고 다진 마늘과 맛술, 베이컨을 넣어 볶다가 팽이버섯과 두반장, 굴소스를 넣어 재빨리 중간 불에서 볶는다.

4 팽이버섯이 흐물거리기 전에 넓은 접시에 펼쳐 식히면서 짧게 자른 실고추와 통깨를 솔솔 뿌려 버무려 그릇에 담고 실파를 얹어 상에 낸다.

→ COOK TIP
팽이버섯은 열에 약해 쉽게 흐물거리므로 조리 과정 중 맨 나중에 재빨리 볶아 넓은 접시에 펼쳐 식혀야 한다. 그래야 쫄깃한 팽이버섯의 질감이 그대로 살아난다.

팽이버섯미소조림

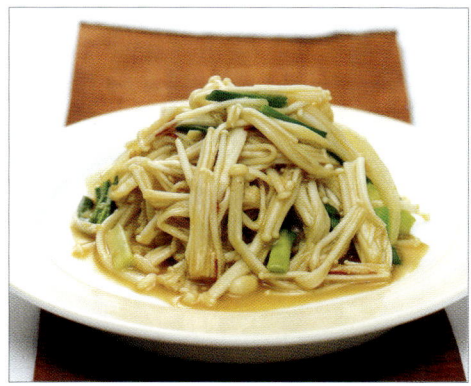

▶ **주재료**
팽이버섯 1봉지, 일본된장 1작은술

▶ **부재료**
다시마 우린 물 5큰술, 실파 2대, 양파 ¼개, 실고추 · 통깨 · 소금 약간씩

1 팽이버섯은 밑동을 자르고 흐르는 물에 씻어 물기를 턴다.

2 볼에 일본된장과 다시마 우린 물을 넣어 잘 섞어서 양념장을 만든다.

3 실파는 2㎝ 길이로 썰고 양파는 곱게 채 썬다. 실고추는 짧게 잘라 놓는다.

4 팬에 기름을 약간 두르고 양파를 볶다가 ②의 일본된장 양념물을 붓고 약한 불에서 조린다.

5 양념장이 끓으면 팽이버섯과 실파를 넣어 재빨리 볶고 실고추와 통깨를 뿌려 버무린 후 그릇에 담아낸다.

→ COOK TIP
일본 된장을 다시마 우린 물에 풀어서 양파와 함께 조리다가 팽이버섯을 넣어 재빨리 조려야 팽이버섯에 간이 잘 배고 쫄깃한 질감이 살아난다. 팽이버섯은 사각사각 씹히는 느낌과 담백한 맛이 특징으로 비타민 B1이 풍부하다. 팽이버섯을 고를 때는 깨끗한 크림색에 갓이 안 벌어져 있는 것이 좋다. 뿌리 끝이 갈색이 되어 들러붙은 것은 신선도가 떨어지는 것이다. 담백하면서도 매끄럽고 향이 은은해서 국이나 찌개 전골에 많이 넣으며 데쳐서 나물로 먹기도 하고 생으로 샐러드 냉채에 쓰기도 한다.

양송이버섯소시지대파구이

▶ **주재료**
양송이버섯 12개, 수제 소시지 5개, 대파 3개, 쇠꼬치 5개, 소금 약간

▶ **고추장소스**
고추장 3큰술, 물엿 2큰술, 다진 마늘 ½작은술, 청주 · 올리브오일 1큰술씩, 통깨 약간

1 양송이버섯은 깨끗이 씻어서 갓의 껍질을 벗기고 반을 가른다.

2 수제 소시지는 소금물에 헹궈 건져 3㎝ 길이로 썰어 양옆에 칼집을 넣는다.

3 대파는 3㎝ 길이로 토막 낸다.

4 쇠꼬치에 양송이버섯→ 수제 소시지→대파를 차례로 꿴다.

5 고추장에 물엿과 다진 마늘, 청주, 올리브오일을 넣어 잘 섞어서 통깨를 뿌려 매콤한 고추장소스를 만든다.

6 팬에 기름을 약간 두르고 ⑤의 고추장소스를 넣어 끓으면 쇠꼬치에 꿴 양송이, 소시지, 대파를 놓고 앞뒤로 구우면서 고추장 맛이 배도록 한다.

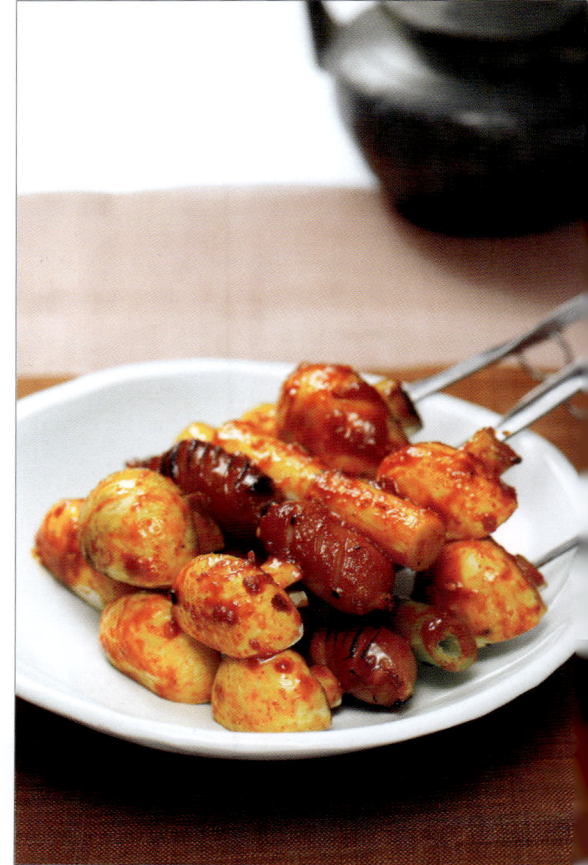

⊖ **COOK TIP**
양송이는 갓 껍질을 완전하게 벗긴 상태에서 반을 자르고 단면이 위로 오도록 꼬치에 꿰여야 모양이 먹음직스럽고 고추장소스가 잘 밴다. 양송이버섯을 구입할 때에는 갓이 둥글고 두께가 있으며 단단한 탄력이 있는 것을 고른다. 양송이버섯은 갓의 뒷면을 특히 잘 봐야 하는데 검게 변한 것은 조금 시일이 지난 것이니 고르지 않는 것이 좋다. 양송이버섯은 질감이 부드럽고 모양과 빛깔이 예뻐서 가장 인기 있는 버섯 중 하나로 향이 강해서 날로 먹거나 익혀 먹는 등 조리 방법이 다양하다.

보리새우튀각

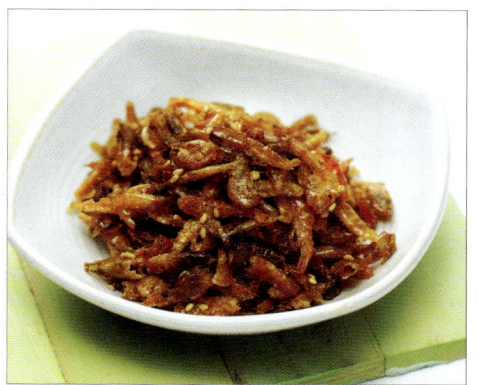

▶ **주재료**
보리새우 200g

▶ **부재료**
실고추 약간, 통깨 1큰술, 맛소금 · 생강가루 ½작은술씩, 설탕 2큰술, 올리브오일 3큰술

1 보리새우는 체에 밭쳐 잔가루를 털어내고 말끔하게 준비한다.

2 팬에 올리브오일을 넉넉하게 두르고 달군 후 보리새우를 넣고 생강가루를 약간 넣어 비린맛이 없도록 재빨리 튀기듯이 볶아 넓은 접시에 담아낸다.

3 볶은 새우가 뜨거울 때 맛소금과 흰 설탕을 골고루 뿌려 간이 배게 한다.

4 실고추는 짧게 잘라 새우에 얹고 통깨를 솔솔 뿌려서 바삭한 보리새우튀각을 완성한다.

⊙ COOK TIP
새우를 고를 때에는 일반적으로 새우의 형태가 그대로 있는 것을 고른다. 색이 붉고 속까지 환하게 비치는 투명한 것을 고르도록 한다.

보리새우고추채볶음

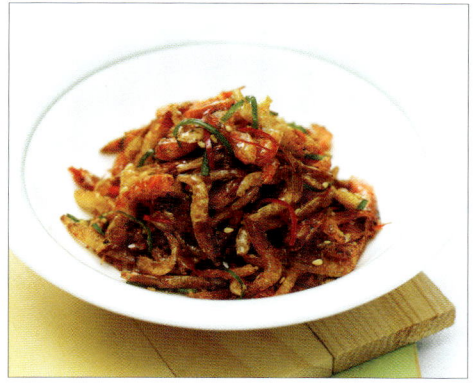

▶ **주재료**
보리새우 1컵, 홍고추 · 풋고추 1개씩

▶ **부재료**
간장 · 청주 1큰술씩, 설탕 · 다진 마늘 · 물엿 · 통깨 1작은술씩, 소금 약간

1 보리새우는 체에 밭쳐 잔가루를 털어내고 흐르는 물에 재빨리 씻어 물기를 닦고 마른 팬에 볶아내 물기를 없앤다.

2 홍고추와 풋고추는 반을 갈라 씨를 빼고 2㎝ 길이로 곱게 채 썬다.

3 팬에 기름을 두르고 다진 마늘과 청주를 넣어 볶다가 보리새우를 넣어 볶는다. 보리새우가 볶아지면 간장과 설탕을 넣어 볶는다.

4 보리새우에 간이 맞춰지면 고추채를 넣어 재빨리 볶아 소금으로 간을 맞추고 불에서 내려 넓은 접시에 펼쳐 식힌다.

5 ④에 물엿과 통깨를 넣어 버무려서 그릇에 담아낸다.

⊙ COOK TIP
새우는 강장식품으로 널리 애용되는데 칼슘, 무기질, 비타민, 단백질을 고루 함유하고 있다. 새우는 예로부터 신장을 강하게 하고 원기를 강화시킨다고 알려졌다. 새우에는 보리새우 홍새우, 꽃두절새우 등이 있다.

잔새우견과류볶음

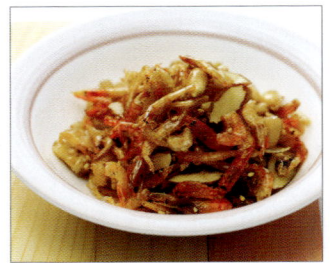

▶ **주재료**
잔새우 20g, 호두 50g, 땅콩 ½컵, 잣 · 아몬드 슬라이스 2큰술씩

▶ **부재료**
올리브오일 2큰술, 설탕 1큰술, 소금 · 통깨 · 후춧가루 약간씩

1 잔새우는 마른 팬에 볶아 비린맛을 없애고 체에 쳐서 가루를 없앤다.

2 호두와 땅콩은 속껍질까지 말끔하게 벗긴다. 잣은 고깔을 떼어내고 아몬드는 슬라이스로 준비한다.

3 팬에 올리브오일을 두르고 달군 후 손질한 잔새우와 호두, 땅콩을 넣어 볶다가 설탕, 소금, 후춧가루, 통깨를 뿌린다.

4 ③에 아몬드 슬라이스와 잣을 넣어 버무려 넓은 그릇에 식혀 먹는다.

→ **COOK TIP**
비린맛이 약간 나는 새우를 국물로 낼 때에는 생강가루와 청주를 약간 넣고 새우를 볶다가 물을 부어 은근히 끓으면 진하고 고소한 새우 국물 맛을 낼 수 있다.

새우두부조림

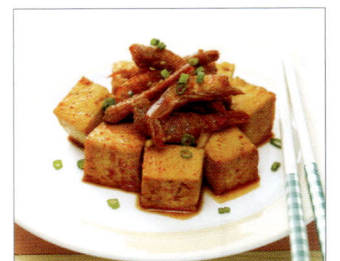

▶ **주재료**
마른 새우 20g, 두부 ½모

▶ **부재료**
양파 ¼개, 송송 썬 실파 2큰술, 통깨 · 소금 약간씩

▶ **조림장**
고운 고춧가루 · 다진 마늘 · 청주 1큰술씩, 간장 1½큰술, 참기름 1작은술, 다시마 우린 물 ¼큰술, 후춧가루 약간

1 마른 새우는 체에 쳐서 잔가루를 없애고 마른 팬에 볶아낸다.

2 두부는 씻어서 사방 2㎝ 크기로 썰어 소금을 뿌린 후 종이타월에 물기를 말끔하게 닦고 팬에 기름을 두르고 노릇하게 구워낸다.

3 양파는 곱게 채 썬다.

4 다시마 우린 물에 조림장의 재료를 분량대로 넣어 잘 섞는다.

5 냄비에 두부와 양파, 마른 새우를 켜켜이 놓고 ④의 조림장을 부어서 약한 불에 올려 조린다.

6 간이 재료에 고루 배면 불에서 내려 통깨와 송송 썬 실파를 넣어 버무려서 그릇에 담아낸다.

→ **COOK TIP**
마른 새우는 비린맛이 없도록 마른 팬에서 바싹 볶아내고 두부는 먼저 애벌로 팬에 구워낸 후 조림장에 조려야 모양이 흐트러지지 않고 제 맛을 낸다.

꽃새우라유소스조림

▶ **주재료**
꽃새우 200g

▶ **부재료**
송송 썬 실파 2큰술, 통깨 약간

▶ **라유소스 조림장**
고추기름 2큰술, 꿀 1큰술, 간장 · 다진 마늘 · 청주 1작은술씩, 후춧가루 약간

1 꽃새우는 잡티를 골라내고 체에 밭쳐 잔가루를 없앤다.

2 팬에 기름을 약간만 넣고 준비한 새우를 넣어 살짝 볶아낸다.

3 팬에 고추기름과 꿀, 간장, 다진 마늘, 청주, 후춧가루를 넣고 살짝 끓여 라유소스 조림장을 만든다.

4 라유소스 조림장에 볶아 둔 새우를 넣고 버무려서 약한 불에서 은근히 조려 윤기나게 간을 맞춘다.

5 조린 새우를 접시에 담고 실파와 통깨를 뿌려서 상에 낸다.

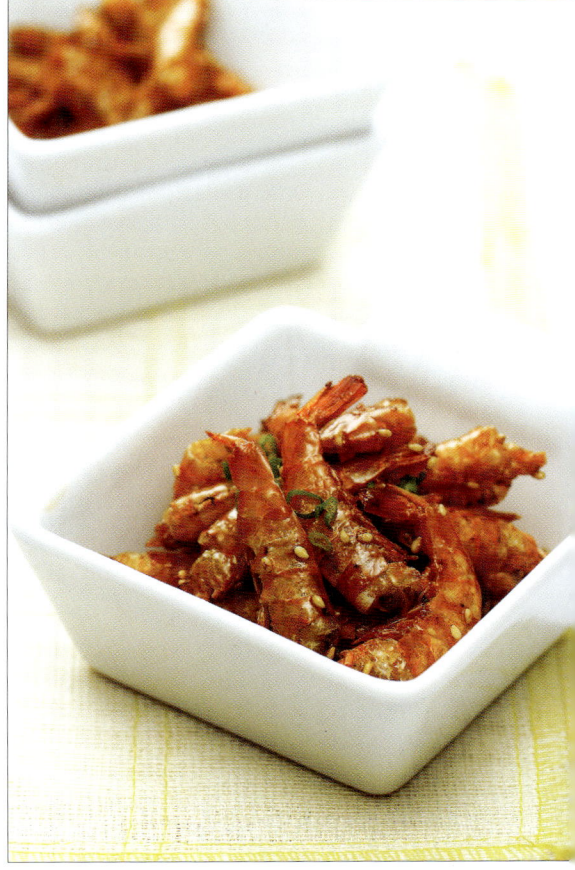

🟠 **COOK TIP**
새우에 양념을 해서 볶음을 할 때에는 조금 매운맛이 나면 더 맛이 있는데 고추기름이나 고운 고춧가루, 고추장으로 양념을 만들어 미리 새우를 볶은 후 양념장에 버무려 볶거나 조려주면 된다.

멸치볶음

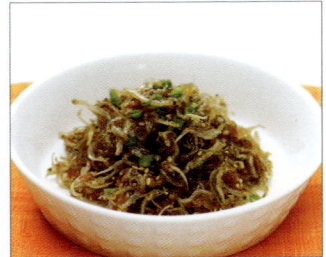

▶ **주재료**
가는 멸치(지리멸치) 50g

▶ **부재료**
올리브오일 · 간장 1½큰술씩, 다진 마늘 · 청주 · 물엿 · 통깨 1작은술씩, 설탕 1큰술

1 체에 가는 멸치를 담고 흔들어 잔가루를 턴 후 흐르는 물에 살짝 헹궈 물기를 털고 팬에 볶아 물기를 완전하게 없애면서 볶아낸다. 그래야 비린맛이 없고 멸치가 더욱 고소하다.

2 팬에 기름을 두르고 달군 후 다진 마늘을 넣고 볶아 향이 나면 바로 멸치를 넣어 볶는다.

3 볼에 청주, 간장, 설탕을 넣어 잘 섞어서 팬의 가장자리에 붓고 지글지글 끓어오르면 멸치를 섞어서 볶는다.

4 멸치가 윤기나게 볶아지면 불에서 내려 물엿과 통깨를 넣어 버무려서 한 김 식혀서 그릇에 담는다.

> ➡ **COOK TIP**
> 뼈째 먹는 생선의 대표인 멸치는 소량으로도 칼슘을 충분히 섭취할 수 있는 식품으로 단백질과 무기질이 풍부해서 칼슘 섭취를 원활하게 도와준다. 멸치에는 잔멸치(지리멸치), 중멸치(주바), 국물멸치(고바, 고주바, 은멸치) 등이 있다. 잔멸치는 주로 간장이나 고추장에 조리거나 볶아서 먹는데 토마토케첩에 간장을 섞어서 함께 조려도 비린맛이 없어지고 맵지 않아 아이들이 잘 먹는다.

중멸치어묵고추장조림

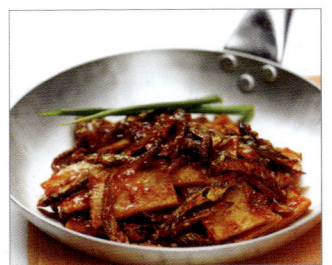

▶ **주재료**
중멸치 50g, 어묵 80g

▶ **부재료**
송송 썬 실파 2큰술, 통깨 약간

▶ **고추장 양념**
고추장 2큰술, 올리브오일 · 물엿 · 청주 1큰술씩, 설탕 · 간장 · 다진 마늘 · 참기름 1작은술씩

1 중멸치는 체에 밭쳐 가루를 없애고 흐르는 물에 재빨리 씻어 물기를 닦아 팬에서 기름 없이 볶아서 비린맛을 없앤다.

2 어묵은 사방 3㎝ 크기로 썰어서 넓은 채반에 펼치고 뜨거운 물을 부어 겉기름을 없앤 후 찬물에 헹궈 물기를 닦아 팬에 기름을 약간 두르고 윤기가 나도록 볶아낸다.

3 냄비에 올리브오일을 두르고 고추장과 간장, 설탕, 청주, 다진 마늘, 참기름을 넣고 잘 섞어서 한소끔 끓여 차지게 만든다.

4 ③의 냄비에 볶아둔 중멸치와 어묵을 담고 버무린 후 약한 불에서 서서히 조려 간이 충분히 배고 윤기가 나게 해서 송송 썬 실파와 통깨를 뿌려 상에 낸다.

> ➡ **COOK TIP**
> 멸치를 볶을 때는 양념이 쉽게 타므로 불 조절이 특히 중요한데 양념에 버무려 볶을 때는 불을 약하게 하고 양념을 버무린 후에는 불을 중간 불로 조절해서 살짝 볶고 다시 약한 불로 볶아야 간도 고루 잘 배고 타지 않는다.

잔멸치호두볶음

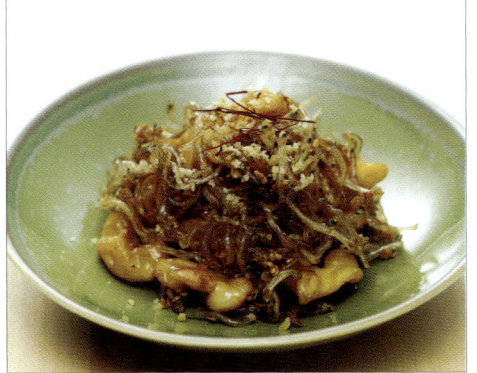

▶ **주재료**
잔멸치 100g, 호두 12알

▶ **부재료**
잣가루 1작은술, 실고추 · 통깨 약간씩

▶ **볶음 양념장**
다진 마늘 · 참기름 1작은술씩, 청주 · 물엿 1큰술씩, 간장 1½큰
술, 후춧가루 약간

1 잔멸치는 굵은 채반에 밭쳐서 흔들어 잔가루를 없애
고 물기를 꽉 짠 행주로 닦아 준비한다.

2 호두는 속껍질까지 깔끔하게 벗겨 2등분한다.

3 팬에 기름을 두르고 잔멸치와 호두를 볶다가 볶음 양
념장을 분량의 재료대로 모두 넣어 중간 불에서 볶아
준다.

4 잔멸치와 호두에 양념이 배어 맛이 나면 접시에 담고
잣가루와 실고추, 통깨를 뿌린다.

😀 **COOK TIP**

칼슘을 많이 함유하고 있는 멸치는 물에 씻어 볶으면 흐물거리면
서 멸치의 제맛을 내지 못한다. 잔가루를 턴 후 물기를 꼭 짠 행
주에 살살 비벼가면서 닦아서 멸치를 볶아야 한다.

중멸치엿고추장조림

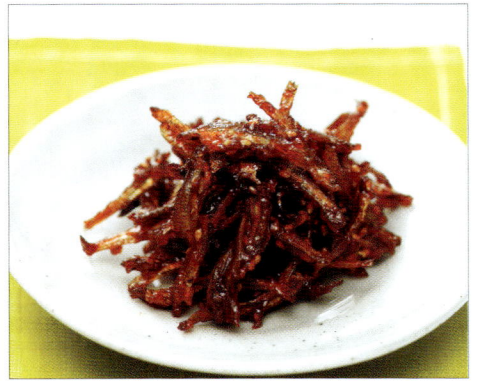

▶ **주재료**
중멸치 200g, 통깨 약간

▶ **엿고추장 양념**
고추장 2큰술, 식용유 3큰술, 물엿 · 청주 1큰술씩, 설탕 · 맛
술 · 다진 마늘 · 참기름 1작은술씩

1 중멸치는 머리와 내장을 정리하고 마른 면포에 닦아
서 준비한다.

2 팬에서 중멸치를 기름 없이 볶아 비린맛을 없앤다.

3 냄비에 고추장과 식용유, 물엿, 설탕, 청주, 맛술, 다
진 마늘, 참기름을 넣고 잘 섞어서 한소끔 끓여 차지
게 만든다.

4 ③의 냄비에 볶아둔 중멸치를 담고 버무리고 약한 불
에서 서서히 조려 간이 충분히 배고 윤기가 나면 통깨
를 뿌려 상에 낸다.

😀 **COOK TIP**

멸치조림을 할 때는 고추장에 그냥 멸치를 조리지 말고 양념장을
불에서 끓여 차지게 한 후 멸치를 넣고 조려야 간도 잘 배고 윤
기도 더 많이 난다.

다진멸치우엉삼각밥

▶ **주재료**
쌀 1컵, 찹쌀 1큰술, 물 1½컵, 우엉 100g, 잔멸치 30g

▶ **부재료**
구운 김 1장, 시판 후리가케 5큰술, 참기름 1큰술, 식초 1작은술

▶ **멸치우엉 조림장**
간장 1½큰술, 물엿 · 올리브오일 1큰술씩, 생강즙 · 마늘즙 ½작은술씩

1 쌀과 찹쌀은 충분하게 불려서 물을 정량대로 붓고 밥을 고슬하게 짓는다.

2 뜨거운 밥에 참기름을 넣어 버무려 젖은 면포를 덮어서 한 김 식힌다.

3 우엉은 껍질을 벗기고 씹히는 입자가 있도록 곱게 다져서 식초를 넣은 물에 헹궈 건져 마른 면포에 놓고 물기를 없앤다. 멸치는 가는 것으로 준비해서 젖은 면포에 닦아 마른 팬에서 비린맛이 나지 않도록 볶아 잘게 다진다.

4 팬에 멸치우엉 조림장을 붓고 끓으면 다진 멸치와 우엉을 넣어서 중간 불에서 볶으면서 조려 넓은 접시에 펼쳐 식힌다.

5 김은 바싹 구워서 아주 잘게 부숴 준비한다.

6 랩을 사방 10㎝ 정도로 잘라서 도마에 펼쳐 놓고 조린 멸치, 우엉과 부순 김을 1작은술 정도 삼각형으로 모양내서 깔고 그 위에 밥을 두 숟가락 정도 놓고 다독여 펼친 후 다시 섞어 놓은 멸치우엉조림을 올려 랩으로 감싸 삼각형 모양을 만들어 주먹밥을 완성한다.

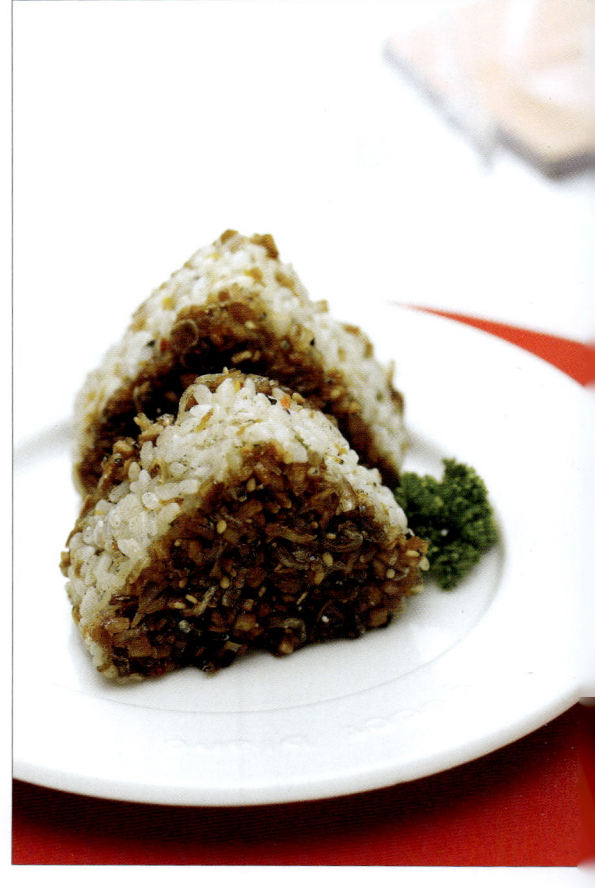

> **→ COOK TIP**
> 멸치우엉조림은 물기가 없도록 바싹 조려야 밥에 올려 주먹밥을 만들었을 때 질척이지 않고 모양이 제대로 살아난다. 조림장을 끓이다가 볶아서 다져 놓은 멸치와 우엉을 넣고 중간 불에서 조린다. 조린 멸치와 우엉은 넓은 접시에 펼쳐 부채질로 식혀야 멸치와 우엉의 물기가 없어지고 윤기가 많이 난다.

뱅어포물파래무침

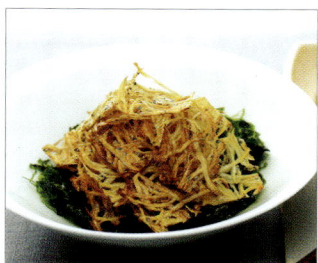

▶ **주재료**
뱅어포 2장, 물파래 100g

▶ **부재료**
다진 파·다진 마늘 1큰술씩, 청주·참기름 1작은술씩, 참치액
½작은술, 통깨·소금 약간씩

1 뱅어포는 잡티를 없애고 마른 팬에서 바삭하게 구워
내 사방 2㎝ 크기로 자른다.

2 물파래는 여러 번 물에 헹궈 물기를 꼭 짜고 잘게 썬다.

3 볼에 물파래와 뱅어포를 넣고 다진 파와 다진 마늘,
청주, 참치액으로 조물조물 무친다.

4 ③의 뱅어포에 참기름과 통깨, 소금으로 간을 맞춰 그
릇에 담아낸다.

🔶 **COOK TIP**

뱅어포를 마른 팬에서 바삭하게 구워내 자른 후 물파래와 무쳐야
비린맛이 없고 담백하고 고소하게 먹을 수 있다. 되도록 물파래
는 물기가 질척이지 않도록 물기를 꼭 짜서 무친다. 많은 사람들
이 뱅어포를 뱅어로 만든 것으로 알고 있지만 사실 뱅어와는 무
관하다. 뱅어는 몸길이 10cm가량의 반투명한 흰색 물고기로 뱅
어포와는 연관이 없다. 뱅어포는 농어목 장갱이과의 바닷물고기
인 괴도라치를 말려서 사각형의 일정한 크기로 잘라 놓은 포이
다. 괴도라치의 새끼가 워낙 작고 가늘어서 김을 만드는 것처럼
발로 떠서 그대로 햇볕에 말린 것이 바로 뱅어포다.

뱅어포칠리소스

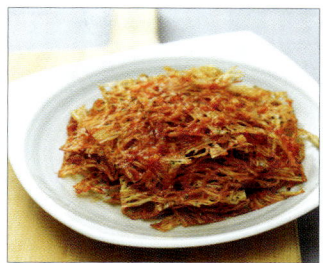

▶ **주재료**
뱅어포 4장, 송송 썬 실파·통깨 1큰술씩, 실고추 약간

▶ **칠리소스**
고추기름 3큰술, 다진 셀러리·다진 양파·물엿 1큰술씩, 다진
마늘·식초 1작은술씩, 토마토케첩 2큰술, 소금 약간

1 뱅어포는 잡티를 골라내고 팬에서 기름 없이 살짝 앞
뒤로 구워내 손질한다.

2 실고추는 짧게 잘라 놓는다.

3 냄비에 고추기름을 두르고 다진 양파와 셀러리, 마늘
을 넣어 볶은 후 토마토케첩과 식초, 소금으로 간을
맞추고 한소끔 끓인다. 끓인 소스에 식초를 넣고 새콤
한 맛을 낸 후 물엿을 넣어서 감칠맛을 내주고 은근하
게 걸쭉한 농도가 되도록 끓여 식힌다.

4 뱅어포를 넓은 접시에 펼치고 ③의 칠리소스를 붓으
로 듬뿍 발라서 잠시 간이 배도록 20분 정도 재운다.

5 팬에 기름을 약간 두르고 칠리소스로 재운 뱅어포를
소스가 위로 가게 해서 윤기나게 굽는다.

6 구운 뱅어포를 사방 4㎝ 크기로 잘라 접시에 담고 실
파 송송 썬 것을 조금 올리고 통깨와 실고추를 뿌려서
상에 낸다.

🔶 **COOK TIP**

일반적으로 뱅어포의 맛을 살려주는 것은 고추장보다 칠리소스
다. 달면서 매콤하게 양념을 해서 뱅어포에 발라 간이 배도록 잠
시 둔 후 구워 먹어야 제맛이 난다.

뱅어포주먹밥

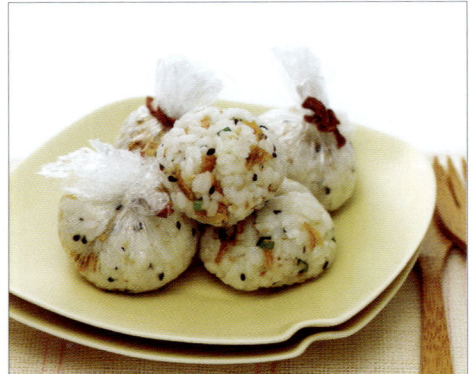

▶ **주재료**
뱅어포 3장, 밥 4공기

▶ **부재료**
깨소금 · 참기름 · 설탕 · 송송 썬 실파 1큰술씩, 검은깨 · 소금 약간씩, 포도씨오일 3큰술

1 뱅어포는 잡티를 골라내고 불에서 직화로 살짝 구워 낸다.

2 구워낸 뱅어포는 가위로 사방 3cm 크기로 자른다.

3 팬에 포도씨오일을 넉넉하게 넣고 달군 후 구운 뱅어 포를 넣어 튀기듯이 볶아낸다.

4 뱅어포의 기름을 종이타월에 올려 완전하게 빼고 바삭한 뱅어포를 손으로 적당하게 자른다.

5 볼에 고슬하게 지은 밥과 뱅어포, 참기름, 깨소금, 검은깨, 실파, 설탕, 약간의 소금을 넣어 버무려 주먹밥 양념을 한다.

6 삼각틀에 랩을 깔고 ⑤의 밥을 적당하게 담아 삼각형 모양을 만들어 완성한다.

→ COOK TIP

뱅어포는 하얗고 도톰하게 말린 것이 좋다. 뱅어포에는 다른 식품에 비해 월등히 많은 칼슘의 양이 들어 있다. 게다가 뱅어포의 칼슘은 고밀도로 농축되어 있어 뼈의 길이뿐 아니라 두께까지 늘려준다. 그래서 성장기 아이들은 물론 골절 위험이 큰 성인에게도 매우 좋은 칼슘 식품이다.

뱅어포콩나물김무침

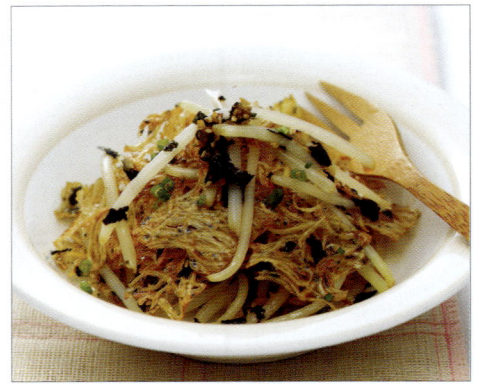

▶ **주재료**
뱅어포 3장, 콩나물 100g

▶ **부재료**
구운 김 2장, 송송 썬 실파 2큰술, 다진 마늘 · 맛술 · 물엿 · 참기름 · 깨소금 1큰술씩, 간장 1작은술, 소금 약간

1 뱅어포는 사방 2cm 크기로 잘라 팬에 기름을 두르고 바삭하게 볶아낸다.

2 콩나물은 머리와 꼬리를 자르고 끓는 물에 살짝 데쳐 찬물에 헹궈 물기를 자근자근 뺀다.

3 김은 잡티를 없애고 불에 바삭하게 구워 잘게 부순다.

4 볼에 뱅어포와 콩나물을 담고 다진 마늘과 맛술, 물엿, 간장, 참기름을 넣어 조물조물 무친 후 부순 김을 넣어 버무려 깨소금, 소금으로 간을 맞춘다.

5 접시에 ④를 소복하게 담고 실파 송송 썬 것을 뿌려 낸다.

→ COOK TIP

뱅어포는 무침, 볶음, 조림 등의 방법으로 조리할 수 있다. 뱅어포는 100g당 칼슘 함유량이 1,000mg에 달할 정도로 칼슘의 보고다. 칼슘 함량이 높다고 알려진 멸치와 우유보다도 칼슘 함유량이 많다. 특히 뱅어포는 중년 여성의 골다공증 예방에 탁월한 효과가 있어 뱅어포를 하루에 4장 정도를 섭취하면 성인 1일 칼슘 섭취량을 모두 충족시킬 수 있다.

뱅어포청경채달걀볶음

▶ **주재료**
뱅어포 2장, 청경채 4포기

▶ **부재료**
달걀 3개, 청주 · 포도씨오일 1큰술씩, 다진 마늘 1작은술, 홍고추 ½개, 소금 · 흰 후춧가루 약간씩

1 뱅어포는 마른 팬에 앞뒤로 구워 사방 2cm 크기로 자른다.

2 청경채는 포기째 씻어 세로로 4등분하고 끓는 물에 포도씨오일 ⅓작은술과 약간의 소금을 넣어 녹색으로 데친 후 찬물에 헹구고 물기를 뺀다.

3 달걀은 알끈을 제거하고 곱게 풀어 청주와 소금, 흰 후춧가루를 넣어 간을 맞춘다.

4 팬에 포도씨오일 남은 것을 두르고 ③의 달걀물을 부어가면서 젓가락으로 휘저어 익히다가 뱅어포와 청경채를 넣고 함께 볶는다.

5 홍고추를 곱게 다져 다진 마늘과 함께 ④에 넣고 버무린 후 소금으로 간을 맞춘다.

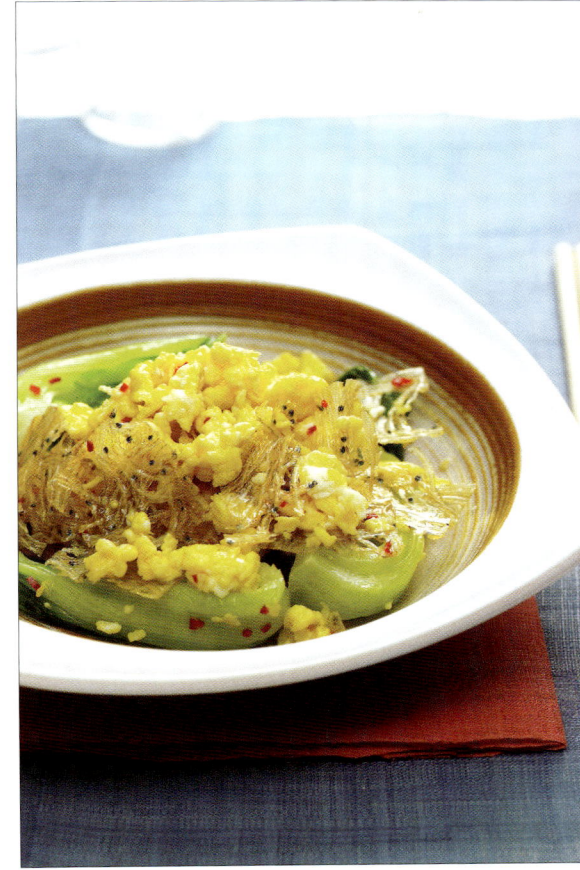

→ COOK TIP
청경채를 데칠 때에는 누렇게 변색이 되지 않고 윤기가 오래 남도록 소금과 함께 식물성 기름을 끓는 물에 약간 떨어뜨려 데쳐야 한다.

북어꽈리고추볶음

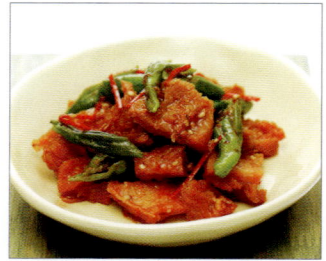

▶ **주재료**
북어 1마리, 꽈리고추 150g, 홍고추 1개, 통깨 약간

▶ **볶음장**
고추장·고춧가루·물엿·청주·다진 마늘 1큰술씩, 간장·맛술·설탕·참기름 1작은술씩, 후춧가루 약간

1 잘 마른 북어포는 머리와 꼬리지느러미를 떼어내고 물에 살짝 담갔다 빼서 채반에 밭쳐서 물기가 저절로 빠지게 한다.

2 물기 빠진 북어포는 껍질을 벗긴 후 사방 2㎝ 크기로 자른다.

3 꽈리고추는 다듬어 씻어서 꼭지를 떼어내고 반 가른다.

4 홍고추는 배를 갈라 씨를 뺀 후 곱게 채 썬다.

5 냄비에 고추장과 고춧가루, 간장, 물엿, 청주, 다진 마늘, 맛술, 설탕, 참기름, 후춧가루를 넣고 섞어서 불에서 살짝 끓여낸다.

6 팬에 기름을 두르고 꽈리고추를 볶다가 북어포 다듬은 것을 넣고 볶아준다.

7 보슬거리는 북어포가 익으면 볶음장을 부어서 버무려 간을 맞춘 후 재빨리 볶아준다.

8 ⑦에 곱게 채 썬 홍고추를 넣어 버무리고 통깨를 뿌려 상에 낸다.

북어불고기양념장구이

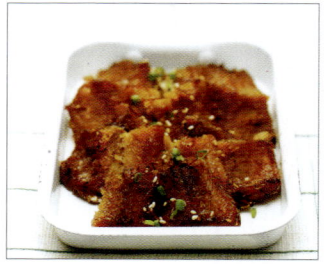

▶ **주재료**
북어 2마리, 실파 3대, 실고추·통깨 약간씩

▶ **불고기 양념장**
간장 3큰술, 양파즙·설탕·참기름·다진 마늘·깨소금 1큰술씩, 물엿·청주·맛술 1작은술씩, 후춧가루 약간

1 북어는 머리와 지느러미 꼬리를 떼어낸 후 물에 잠시 담갔다가 물기를 뺀 후 껍질 쪽에 잔칼집을 넣어준다.

2 다듬은 북어를 4㎝ 길이로 자른다.

3 실파는 송송 썰고 실고추는 짧게 잘라 준비한다.

4 볼에 간장과 양파즙, 설탕, 물엿, 청주, 참기름, 다진 마늘, 맛술, 깨소금, 후춧가루를 넣고 잘 섞어서 불고기 양념을 만든다.

5 준비한 북어포를 ④의 불고기 양념장에 켜켜이 버무려 1시간 정도 재운다.

6 팬에 기름을 넉넉히 두르고 재운 북어를 한 개씩 노릇하게 익혀 접시에 담아 낸 후 실고추, 실파, 통깨를 뿌려서 상에 낸다.

→ COOK TIP

북어는 크게 절단 북어, 북어채, 북어포, 통북어로 나뉜다. 북어는 저지방 식품으로 특히 칼슘을 많이 갖고 있는데 숙취 해소에 아주 뛰어나며 간의 해독에 좋다. 명태를 말린 북어는 적, 구이, 조림, 국 등에 다양하게 이용하는데 생선살에는 칼슘과 인과 같은 무기질이 많다.

황태더덕양념구이

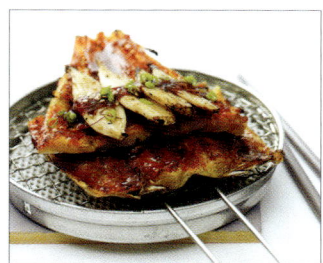

▶ **주재료**
황태 2마리, 더덕 100g, 송송 썬 실파 2큰술, 실고추 · 통깨 약간씩

▶ **유장**
간장 1큰술, 참기름 2큰술

▶ **양념장**
고추장 3큰술, 참기름 · 마늘즙 1큰술씩, 양파즙 · 물엿 2큰술씩, 생강즙 ½작은술, 후춧가루 약간

1 황태는 방망이로 두드려 부드럽게 한 후 찬물에 살짝 담갔다가 건져 비닐에 넣어 수분이 속까지 스며서 불려지도록 한다.

2 더덕은 껍질을 벗기고 물에 헹궈 건져 물기를 뺀 후 방망이로 살짝 두드려 간이 잘 배도록 한다.

3 냄비에 고추장을 담고 참기름, 마늘즙, 양파즙, 생강즙, 물엿, 후춧가루를 넣어서 약한 불에서 서서히 저어가면서 걸쭉한 농도로 만들어 차게 식힌다.

4 ①의 황태는 머리와 꼬리지느러미를 모두 떼어내고 뒤쪽의 껍질에 잔칼집을 넣는다.

5 황태와 더덕에 간장과 참기름을 섞어서 유장을 만들어 붓으로 발라 석쇠에 살짝 애벌로 굽는다.

6 구운 황태와 더덕에 ③의 양념장을 고루 펴 발라 20분 정도 간이 배도록 재운다.

7 재운 황태와 더덕은 팬에 기름을 약간 두르고 나머지 양념장을 발라가면서 윤기나게 굽는다.

8 구운 황태는 먹기 좋은 크기로 잘라 접시에 담고 구운 더덕도 한쪽에 올린 후 송송 썬 실파와 실고추를 짧게 끊어 통깨와 함께 뿌려 상에 낸다.

황태포마늘종볶음

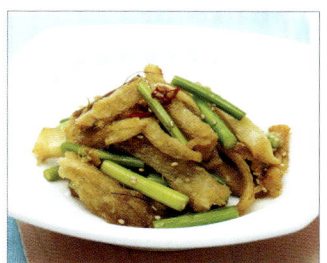

▶ **주재료**
황태포 50g, 마늘종 10줄

▶ **부재료**
마른 홍고추 1개, 마늘채 · 참치액 · 참기름 1작은술씩, 간장 · 청주 1큰술씩, 물엿 1½큰술, 통깨 · 소금 약간씩

1 황태포는 뼈를 골라내고 물에 살짝 헹궈 건져 물기를 꼭 짠다.

2 마늘종은 씻어서 3cm 길이로 잘라 끓는 물에 소금을 넣고 살짝 데쳐 찬물에 헹궈 건져 물기를 뺀다.

3 황태포에 참치액과 청주를 넣어 조물조물 무쳐 밑간 한다. 그래야 비린맛이 없고 황태포가 푸석거리지 않는다.

4 팬에 기름을 두르고 마늘채와 마른 홍고추채를 넣어서 볶다가 황태포를 넣어 볶는다.

5 황태포가 익으면 마늘종, 간장, 물엿, 참기름을 넣어서 약한 불에서 볶다가 소금으로 간을 맞추고 통깨를 뿌려 그릇에 담아낸다.

🔄 **COOK TIP**

황태포는 씻은 그대로 팬에서 볶으면 밑간이 되지 않아서 볶음 밑반찬이 자칫 싱거울 수가 있다. 미리 참치액과 청주와 함께 조물조물 무쳐야 간도 알맞고 말라 보이지 않는다.

북어구이양념숙주볶음

▶ **주재료**
북어 1마리, 숙주 100g, 송송 썬 실파 2큰술, 실고추 · 통깨 약간씩

▶ **구이 양념**
마늘즙 1작은술, 청주 1큰술, 소금 약간

▶ **숙주 양념**
참기름 · 고운 고춧가루 1작은술씩, 다진 마늘 ½작은술, 소금 약간

1 북어는 껍질을 벗기고 물에 잠깐 담가 불린 후 건져 큰 가시와 지느러미 등을 정리한다.

2 손질한 북어에 마늘즙과 청주, 소금을 뿌려서 밑간한다.

3 숙주는 다듬어 씻어서 물기를 턴다.

4 팬에 기름을 두르고 밑간한 북어를 노릇하게 구워내고 그 팬에 다시 숙주를 넣고 볶으면서 다진 마늘, 고춧가루, 참기름을 넣어 버무린다. 숨이 살짝 죽으면 소금으로 간을 맞춘다.

5 접시에 북어구이를 담고 숙주 볶음을 올린 후 실파 송송 썬 것과 실고추, 통깨를 올려서 먹는다.

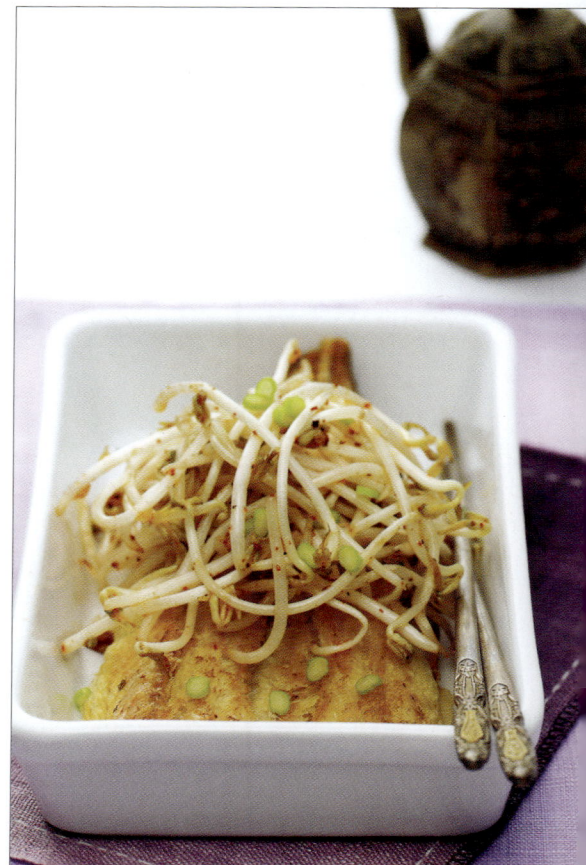

→ COOK TIP
북어를 구울 때 마늘즙과 청주, 소금을 뿌려서 밑간을 하고 살짝 꾸덕하게 만들어 구워야 살이 그대로 있으면서 탄력이 생겨 노릇하게 잘 구워진다. 북어는 기름기가 없는 생선이기 때문에 특히 참기름을 많이 넣고 요리를 해야 부드러워지고 맛이 좋아진다. 들기름을 넣고 찜을 하면 고소한 맛이 나고 깔끔하다.

PART 3

국물이 끝내주는 국물요리

김치찌개&된장찌개, 일품찌개
전골&맑은탕, 맑은국, 매운국&해장국
된장국&토장국, 보양국, 별미국, 냉국

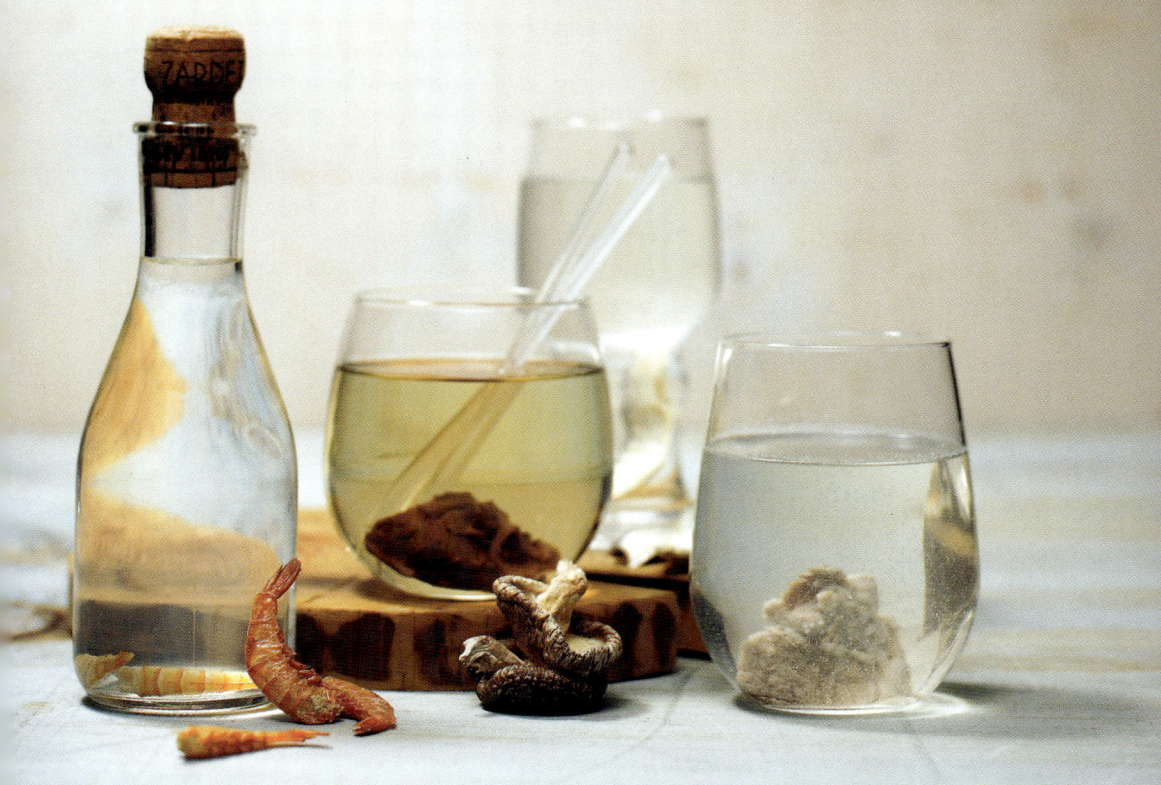

김치찌개

▶ **주재료**
배추김치 300g, 돼지고기(삼겹살) 200g

▶ **부재료**
다시마 우린 물 3컵, 대파 1대, 청·홍고추 1개씩, 소금·후춧가루 약간씩

▶ **찌개 양념**
고춧가루 2큰술, 다진 양파 ¼컵, 다진 마늘·간장·청주 1큰술씩, 생강즙 1작은술, 깨소금·후춧가루·참기름 약간씩

1 배추김치는 속을 털어내고 4㎝ 길이로 썬다.

2 돼지고기는 기름기가 적당히 있는 삼겹살로 준비해서 사방 4㎝ 길이로 썬다.

3 대파는 굵게 어슷 썰고 청·홍고추는 송송 썰어 씨를 털어낸다.

4 고춧가루에 다진 양파와 다진 마늘, 간장, 생강즙, 청주, 깨소금, 후춧가루, 참기름을 적당히 넣고 골고루 저어서 찌개 양념을 만든다.

5 냄비에 약간의 기름을 두르고 돼지고기와 만들어 놓은 찌개 양념을 넣어서 달달 볶는다.

6 돼지고기와 찌개 양념이 골고루 배면서 볶아지면 준비한 다시마 우린 물을 부어서 끓인다.

7 ⑥의 국물이 끓으면 김치 썬 것과 대파 청·홍고추를 넣어서 바글바글 끓인다.

8 김치가 약간 물러지면서 간이 깊이 배면 불에서 내려 상에 낸다.

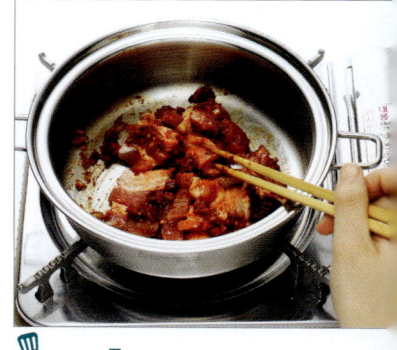

STEP 5

→ **COOK TIP**

김치는 소를 털어내고 찌개에 넣으면 덜 지저분해 보이고 국물이 탁하게 되는 것을 방지할 수 있다. 김치찌개 국물은 다시마 우린 물을 넣으면 담백하고 맛이 있다. 김치찌개에 고기를 넣을 때는 끓이면서 떠오르는 기름을 걷어내야 깔끔한 맛을 낼 수 있다.

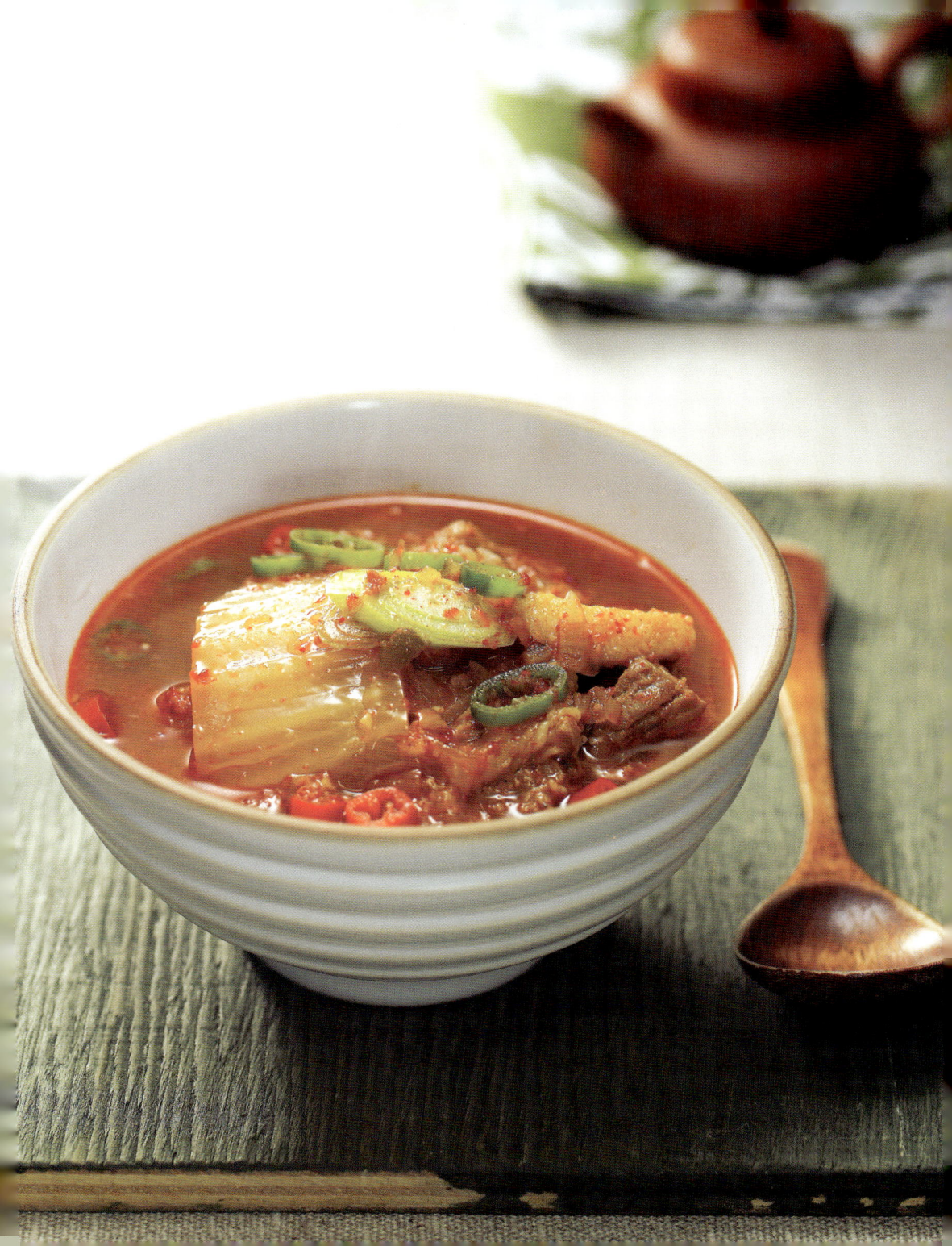

멸치미역고추장김치찌개

▶ **주재료**
　불린 미역 80g, 배추김치 150g

▶ **부재료**
　고추장 2큰술, 표고버섯 3장, 양파 ⅓개, 홍고추 1개, 멸치 육수 3컵, 다진 마늘 1작은술, 소금 · 후춧가루 약간씩

1 배추김치는 소를 털어내고 3㎝ 길이로 썬다.

2 미역은 바락바락 비벼가면서 물에 씻고 물기를 꽉 짜서 먹기 좋은 크기로 썬다.

3 표고버섯은 밑동을 잘라내고 갓 부분만 채 썰어 준비하고 양파와 홍고추는 채 썬다.

4 멸치 육수에 배추김치를 넣어 한소끔 푹 끓인다.

5 ④의 배추김치가 끓으면 불린 미역과 고추장을 풀어 간을 하고 다진 마늘, 소금, 후춧가루, 표고버섯, 양파, 홍고추를 넣어 한 번 더 푹 끓인다.

6 미역과 배추김치가 어우러져 시원한 찌개가 완성되면 상에 낸다.

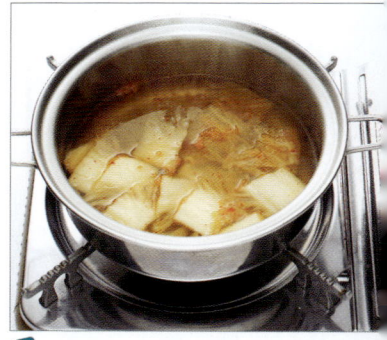

STEP 4

🖐 **COOK TIP**
미역이 들어가는 찌개 국물은 되도록 비린맛을 없앤 멸치를 넣고 끓이는 것이 맛이 더 좋다. 미역도 바락바락 주물러 씻어야 비린 맛 없이 찌개를 끓일 수 있다.

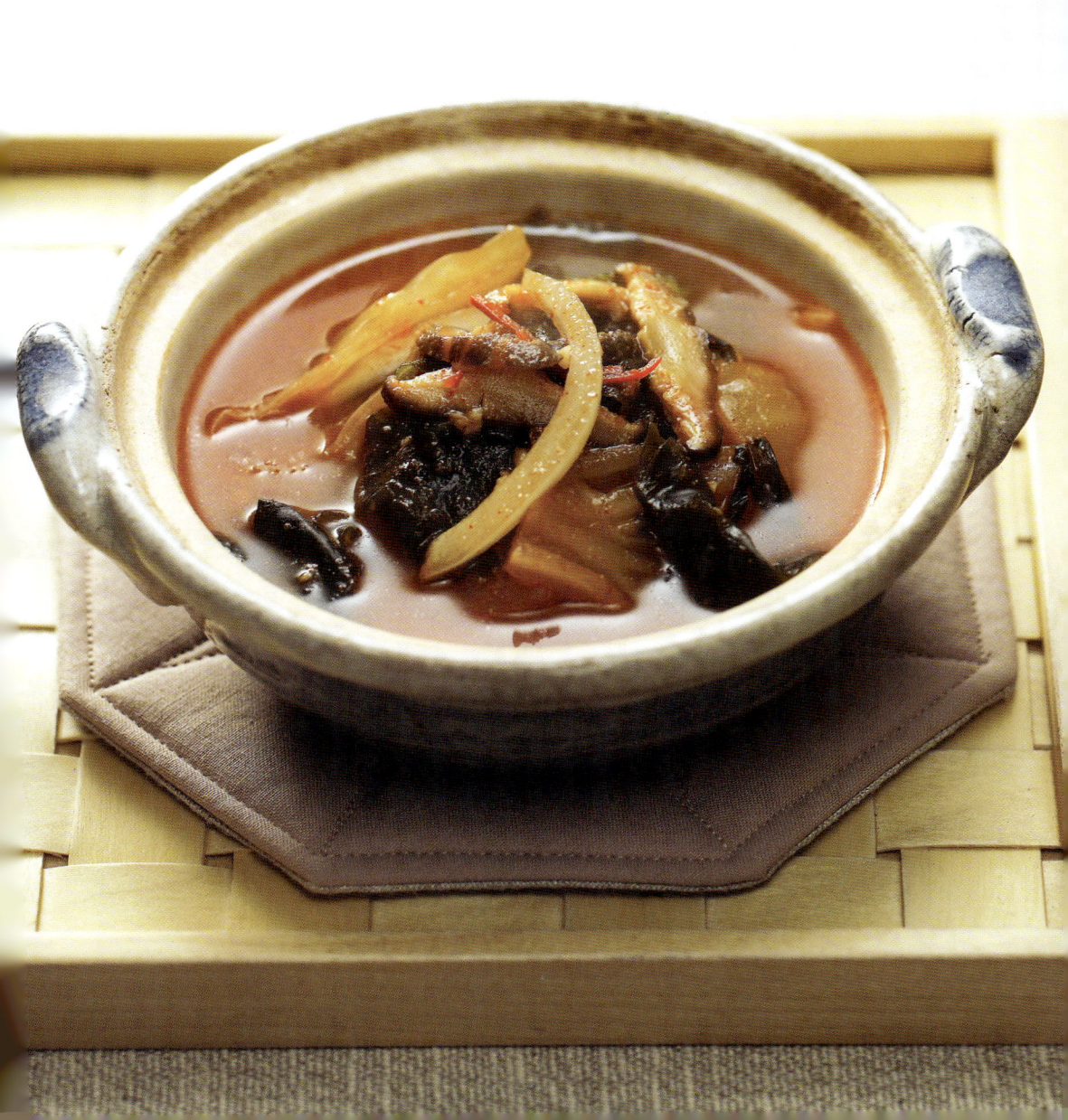

고기완자김치두부찌개

▶ **주재료**
배추김치 100g, 다진 돼지고기 150g, 두부 ½모

▶ **부재료**
양파 ½개, 쌀뜨물 2컵, 김칫국물 1컵, 소금 · 후춧가루 · 생강가루 약간씩, 다진 마늘 1큰술, 맛술 · 설탕 1작은술씩

▶ **고기 완자 밑간 양념**
소금 · 후춧가루 약간씩, 청주 1작은술

1 배추김치는 속을 털어내고 3㎝ 길이로 썰어 놓는다.

2 다진 돼지고기는 밑간 양념을 해서 손으로 치대어 직경 3㎝ 크기의 고기 완자를 빚는다.

3 두부는 사방 3㎝ 크기, 1㎝ 두께로 썰고 양파는 곱게 채 썬다.

4 쌀뜨물과 김칫국물을 섞어서 냄비에 담고 배추김치와 양파, 다진 마늘, 생강가루, 맛술, 설탕을 넣어서 한소끔 끓인다.

5 끓이면서 생기는 거품을 말끔히 걷어주고 고기 완자를 넣어서 끓인다.

6 고기 완자가 익으면서 동동 떠오르면 소금, 후춧가루로 간을 맞추고 두부 썬 것을 넣어서 한소끔 약하게 끓여 상에 낸다.

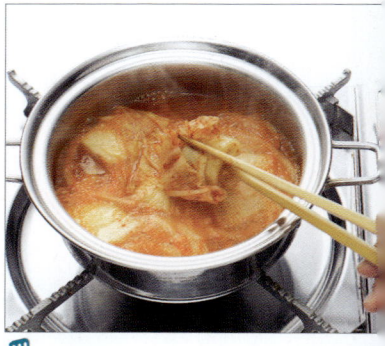

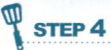 STEP 4

> 😊 **COOK TIP**
> 쌀뜨물과 김칫국물을 섞어서 찌개 국물을 끓여주면 고기 완자의
> 누린내도 없앨 수 있고 김치찌개가 칼칼하면서 더욱 맛이 있다.

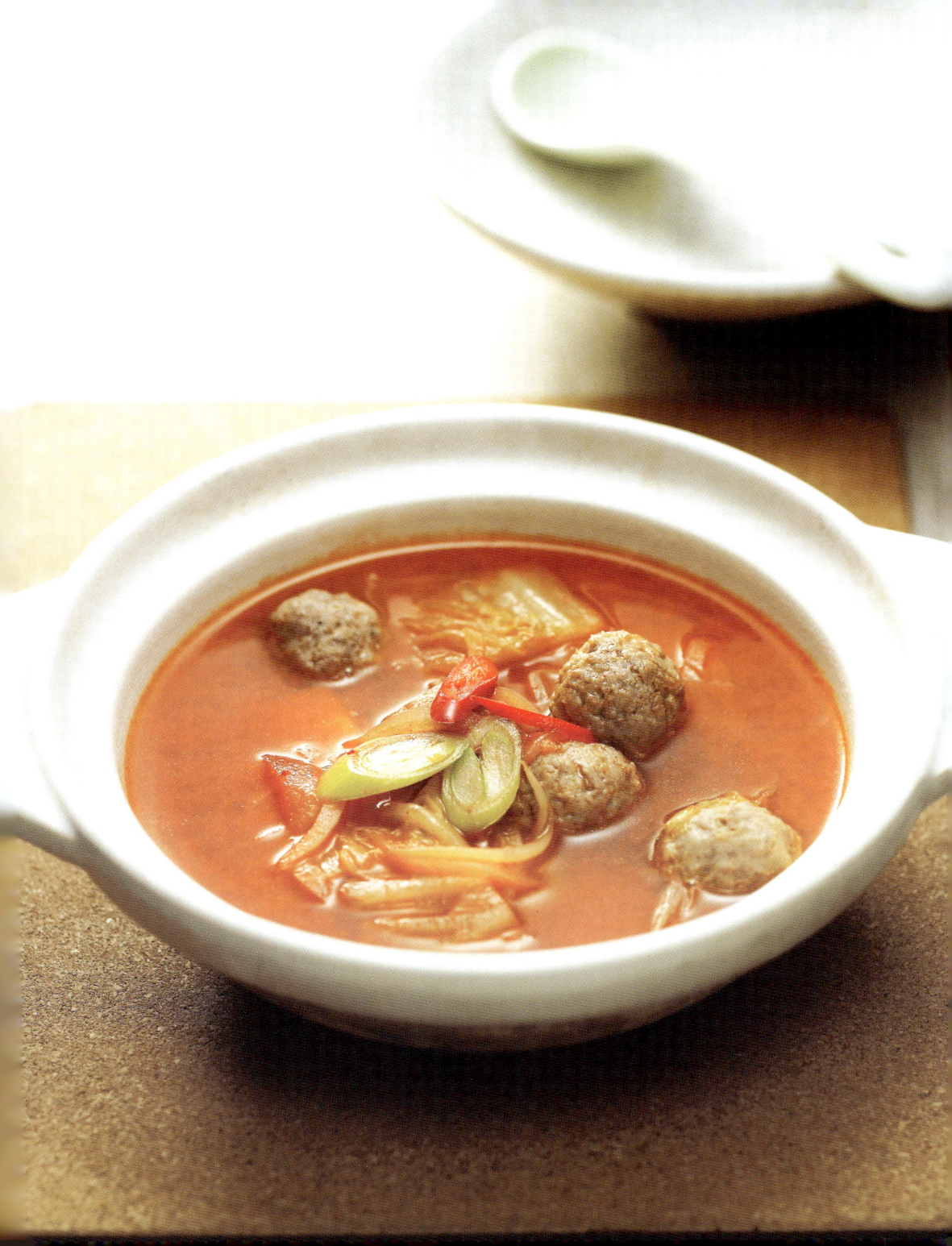

김치순두부찌개

▶ **주재료**
배추김치 100g, 순두부 2컵

▶ **부재료**
고춧가루 · 다진 마늘 1큰술씩, 고추기름 · 참기름 1작은술씩, 양파 ⅓개, 다진 파 2큰술, 소금 · 후춧가루 약간씩, 다시마 우린 물 1컵,
김칫국물 ⅓컵

1 배추김치는 속을 털어내고 송송 잘게 썬다.

2 순두부는 숟가락으로 큼직하게 떠서 그릇에 담는다.
양파는 곱게 채 썬다.

3 냄비에 배추김치와 양파, 고춧가루, 고추기름, 참기름
을 넣어서 달달 볶는다.

4 ③에 다진 마늘과 파를 넣어 김칫국물과 다시마 우린
물을 붓고 팔팔 끓인다.

5 ④가 끓으면서 생기는 거품을 말끔히 걷어내고 준비
한 순두부를 한 숟가락씩 떠서 넣어 불을 약하게 줄여
은근히 끓인다.

6 ⑤에 소금과 후춧가루를 넣어서 간을 맞추고 그릇에
순두부와 김치를 어우러지게 담아서 매콤하게 먹는다.

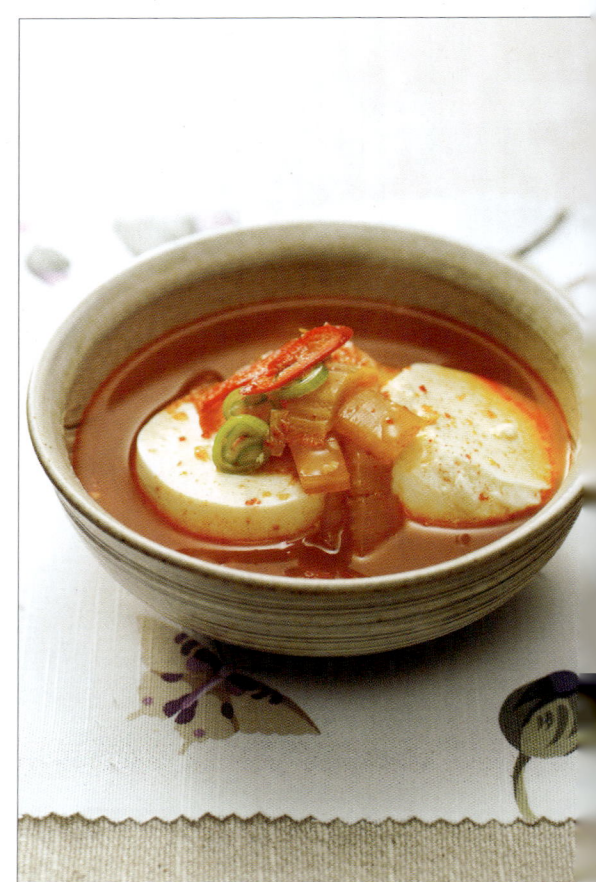

🔄 **COOK TIP**
냄비에 고춧가루와 고추기름, 참기름과 김치를 넣어서 달달 볶아
야 김치에 매운맛이 들면서 부드럽게 찌개가 끓여져 순두부가 연
하고 국물 맛이 매콤하다.

콩나물김치찌개

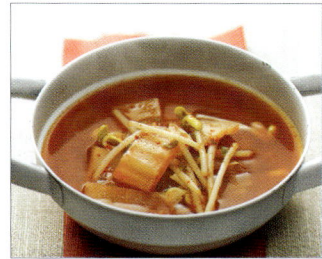

▶ **주재료**
배추김치 150g, 콩나물 100g

▶ **부재료**
대파 ½대, 청양고추 1개, 소금 약간, 쌀뜨물 3컵

▶ **찌개 양념**
고추장 · 맛술 · 다진 마늘 1큰술씩, 고운 고춧가루 · 참치액 1작은
술씩

1 배추김치는 국물을 자근자근 눌러 짠 후 2㎝ 폭으로
  썬다.

2 콩나물은 다듬어 씻어 물기를 턴다. 대파는 굵게 채
  썰고 청양고추는 반을 갈라 다진다.

3 냄비에 배추김치를 깔고 콩나물을 얹은 후 쌀뜨물을
  붓고 뚜껑을 덮어 끓인다.

4 콩나물 익는 냄새가 나면 뚜껑을 열고 찌개 양념을 넣
  은 후 멍울 없이 풀어 대파와 청양고추를 넣고 끓인다.

5 김치와 콩나물이 살캉하게 익으면 소금으로 간을 해
  서 먹는다.

⊙ **COOK TIP**
콩나물을 넣어 만든 김치찌개는 국물에 고추장을 약간 넣어 탁하
게 만들어 먹는 것이 맛있다. 그래서 멸치 국물이나 북어 국물보
다는 쌀뜨물로 찌개 국물을 끓인다.

멸치김치찌개

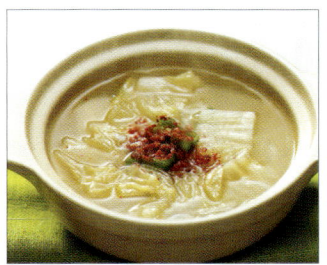

▶ **주재료**
잔멸치 ⅓컵, 신 김치 200g

▶ **부재료**
다진 마늘 · 청주 · 설탕 · 식물성 기름 1큰술씩, 쌀뜨물 3컵, 청
양고추 2개, 대파 1대, 소금 · 후춧가루 약간씩

1 잔멸치는 체에 쳐서 잔가루를 없애고 젖은 면포로 말
  끔하게 닦고 마른 팬에 놓고 아무것도 넣지 않은 채로
  볶아 비린맛을 없앤다.

2 신 김치는 묵은 냄새가 많이 나면 물에 헹궈 고춧가루
  양념을 완전히 없애고 물기를 꼭 짜서 2㎝ 길이로 썬다.

3 냄비에 식물성 기름을 두르고 잔멸치와 신 김치, 다진
  마늘, 청주, 설탕을 넣어 볶는다.

4 신 김치가 부드럽게 익으면서 잔멸치의 담백하고 구수
  한 맛이 잘 우러나면 쌀뜨물을 부어서 끓인다. 쌀뜨물을
  넣어 끓이면 담백하고 구수한 감칠맛을 느낄 수 있다.

5 청양고추는 씨째로 송송 썰고 대파는 굵게 채 썰어서
  ④의 김치찌개에 넣고 소금과 후춧가루로 간을 맞춰
  우르르 끓여 바로 상에 낸다.

⊙ **COOK TIP**
담백하게 즐기는 김치찌개에는 고춧가루를 넣어 매운맛을 나게
하는 것보다 청양고추를 넣어야 칼칼한 매운맛과 깔끔한 찌개를
맛볼 수 있다.

어묵스팸김치찌개

▶ **주재료**
어묵 · 스팸 50g씩, 신 김치 200g

▶ **부재료**
양파 ¼개, 김칫국물 1컵, 다시마 우린 물 3컵, 고추장 · 다진 마늘 · 맛술 1큰술씩, 간장 1작은술, 후춧가루 약간

1 어묵은 사방 2cm 크기로 썰어 뜨거운 물을 끼얹어 겉기름을 없애고 찬물에 헹궈 놓는다. 깔끔한 국물 맛을 원한다면 꼭 뜨거운 물로 데쳐야 한다.

2 스팸은 통조림에서 꺼내어 종이타월에 올려 겉면에 묻어 있는 기름을 닦아주고 어묵과 같은 크기로 썬다.

3 양파는 곱게 채 썰고 신 김치는 소를 털고 3cm 길이로 썬다.

4 냄비에 체에 거른 맑은 김칫국물만 넣고 다시마 우린 물을 넣어 고추장과 다진 마늘, 맛술을 넣어 풀어 끓인다. 고춧가루보다는 고추장으로 맛을 내야 걸쭉하고 진한 국물 맛이 나면서 김치와 스팸, 어묵이 잘 어울린다.

5 ④의 국물이 끓으면 양파와 썬 김치, 어묵, 스팸을 넣고 후춧가루로 매콤한 맛을 내주면서 어묵과 스팸의 잡내를 없애고 끓인다.

6 어묵에서 우러나오는 감칠맛과 스팸의 부드러운 맛이 어우러져 김치가 무르게 익으면 간장으로 간을 맞춰 한소끔 끓여서 먹는다.

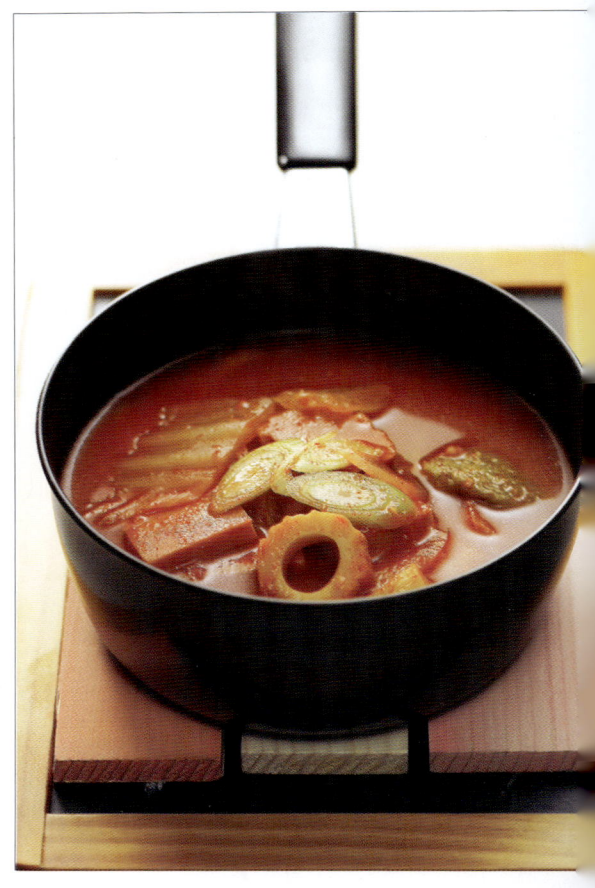

🔄 COOK TIP

일반적인 베이컨, 햄이나 소시지도 김치와 볶거나 찌개를 끓이면 좋은데 특히 스팸 통조림이 김치찌개의 맛을 월등하게 한다. 단, 스팸이 약간 짭짤하므로 김치찌개에 김치국물을 많이 넣지 말고 다시마 우린 물이나 쌀뜨물을 넣어서 국물의 짭짤함을 조금 없애주는 것이 좋다.

베이컨김치찌개

▶ **주재료**
배추김치 200g, 베이컨 5줄

▶ **부재료**
양파 ½개, 다진 마늘 1작은술, 김칫국물 1컵, 물 3컵, 간장 약간

1 베이컨은 뜨거운 물에 살짝 데쳐 물기를 없애고 적당한 크기로 자른다.

2 배추김치는 소를 털어내고 국물을 약간 짠 후 2cm 길이로 썬다.

3 양파는 곱게 채 썰고 김칫국물은 텁텁하지 않도록 체에 밭쳐 맑은 김칫국물만 받는다.

4 냄비에 기름을 약간 두르고 베이컨을 볶다가 김치와 양파, 다진 마늘을 넣어 볶는다.

5 김칫국물과 물을 부어서 끓인다.

6 부드러운 베이컨김치찌개가 끓여지면 간장으로 맛을 내어 상에 낸다.

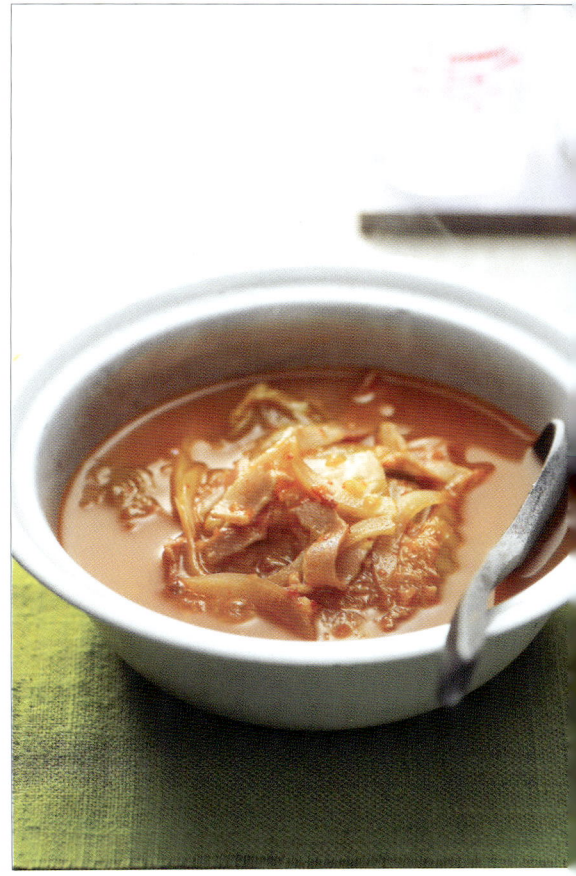

→ COOK TIP

다진 마늘을 김치찌개에 넣어 끓이면 묵은 김치의 잡내를 없애주고 맛깔스럽게 하는 역할을 한다. 김치찌개 국물에 마늘을 넣어 끓이는 것보다는 김치를 썰어서 마늘과 함께 볶다가 국물을 부어서 끓여야 마늘의 아린맛이 없어지고 김치의 씹히는 맛도 좋게 한다.

꽁치김치찌개

▶ **주재료**
꽁치(통조림) 1통, 신 김치 200g

▶ **부재료**
식물성 기름 · 고추장 1작은술씩, 다시마 우린 물 4컵, 다진 마늘 · 청주 · 고운 고춧가루 1큰술씩, 대파 1대, 소금 · 후춧가루 · 다진 생
강 약간씩

1 꽁치는 체에 걸러 기름은 빼 버리고 끓는 물을 꽁치에 끼얹어 꽁치의 잡내
와 기름기를 없앤다. 꽁치의 비린맛이 김치와 어우러지면 국물까지 비린
잡내가 나므로 꼭 뜨거운 물에 꽁치를 데쳐야 한다.

2 신 김치는 양념을 털고 길게 쭉쭉 찢어 놓는다. 꽁치와 함께 끓여 먹는 김
치찌개는 정확하게 썰어 넣는 것보다 길게 손으로 찢어서 넣어 밥에 감아
먹는 맛이 더욱 일품이다.

3 냄비에 신 김치를 담고 고운 고춧가루와 고추장을 넣고 잘 버무려 식물성
기름을 두른 후 중간 불에서 볶는다.

4 신 김치가 무르게 익으면 다시마 우린 물을 붓고 끓인다. 일반적으로 맹물
을 넣은 것보다는 다시마 우린 물을 부어서 끓여야 신 김치가 많이 부드럽
고 국물 맛이 더욱 진하게 우러난다.

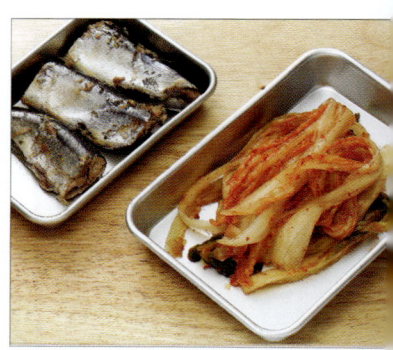

STEP 2

5 ④의 국물이 끓으면 꽁치를 넣고 청주, 다진 생강과 다진 마늘을 넣어 끓
인다. 청주와 마늘과 생강을 처음부터 김치에 넣으면 김치에서 생강의 쓴
맛이 날 수도 있으므로 꼭 꽁치를 넣을 때 마늘과 생강을 넣어야 꽁치 비
린맛도 없애고 쓴맛이 나는 것도 막을 수 있다.

6 국물에 꽁치의 담백하고 단맛이 우러나면 불을 아주 약하게 줄이고 바특
하게 끓인다. 꽁치 김치찌개는 국물을 조금 바특한 정도로 끓여서 밥에 비
벼 먹어야 맛있다.

7 국물이 자작하게 줄어들면서 부드럽게 익힌 김치와 꽁치가 어우러져 국물
맛이 진해지면 대파를 큼직하게 채 썰어 올리고 한소끔 끓여 먹는다. 대파
는 나중에 올려야 대파의 쓴맛이 많이 우러나지 않고 대파 향이 은은하게
우러나 맛이 더 좋아진다.

> → **COOK TIP**
>
> 숙성 김치는 담근 지 6개월 넘은 김
> 치를 말한다. 묵은 김치 또는 숙성
> 김치라고 표현한다. 이렇게 만든 숙
> 성 김치는 일반적으로 담근 김치와
> 는 조금 다른 점이 있다. 일단 숙성
> 김치에는 쪽파와 대파를 넣지 않는
> 다. 쪽파와 대파는 숙성된 상태에서
> 오래 보관하면 쓴맛이 우러나고 쪽
> 파와 대파 때문에 김치의 배추를 무
> 르게 하므로 되도록 쪽파와 대파는
> 넣지 않는 것이 좋다.

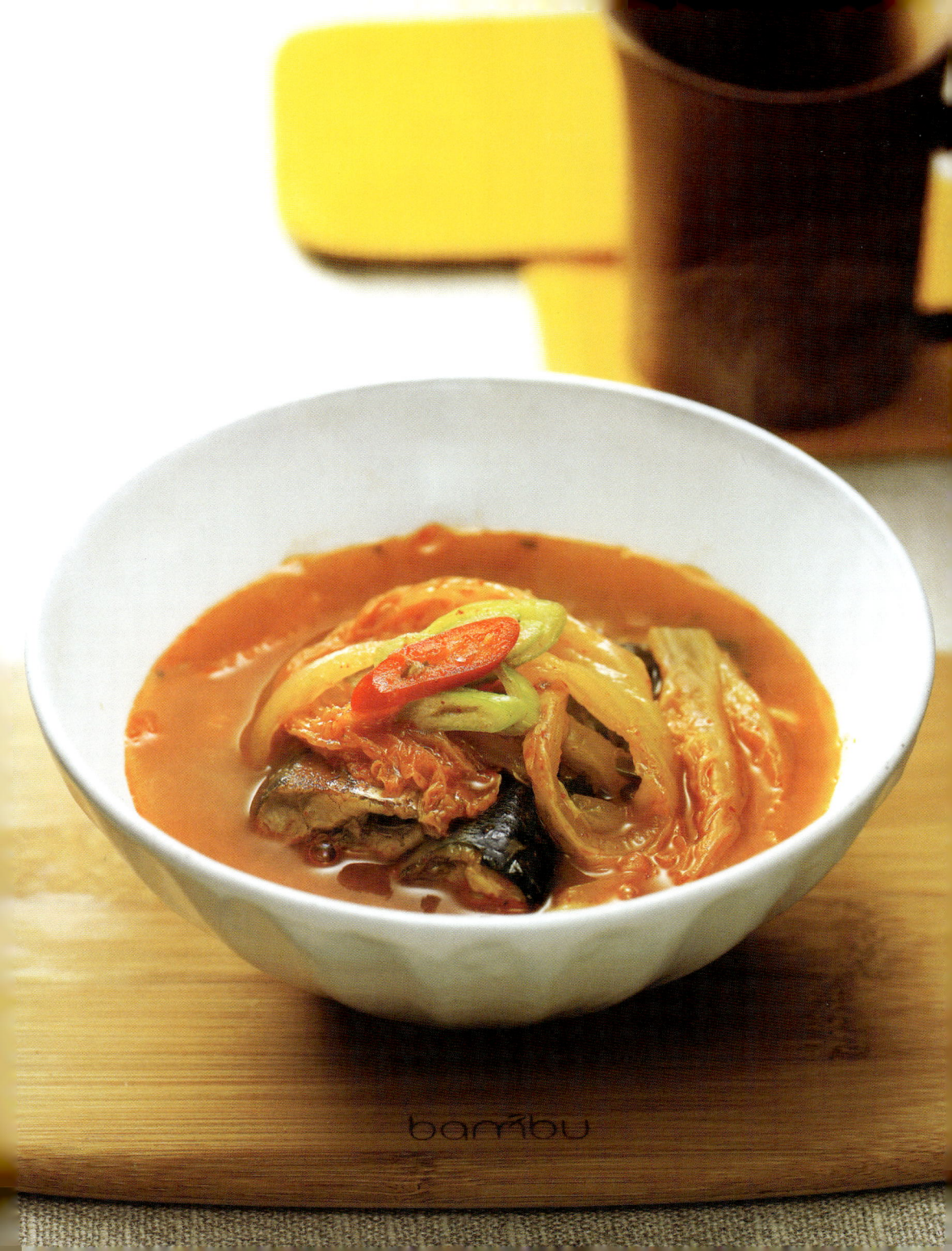

참치김치찌개

▶ **주재료**
참치(통조림) 1통, 신 김치 200g

▶ **부재료**
양파 ½개, 들기름 1작은술, 다진 마늘 · 맛술 · 고운 고춧가루 1큰술씩, 다시마 우린 물 4컵, 간장 · 후춧가루 약간씩

1 신 김치는 양념을 털고 4㎝ 길이로 썬다.

2 참치는 체에 밭쳐 참치 기름과 건더기를 따로 분리한
다. 참치 기름이 찌개에 들어가면 자칫 국물 맛이 기
름지고 맛이 탁할 수가 있으므로 꼭 기름과 건더기를
분리해야 한다. 건더기는 통조림에서 꺼내 덩어리진
것 그대로 넣어야 참치살이 부서지지 않아 찌개가 깔
끔하다.

3 양파는 굵게 채 썰어 냄비에 김치와 함께 담고 들기
름을 약간 두른 후 다진 마늘, 맛술을 넣어 달달 볶는
다. 양파를 넉넉하게 넣으면 따로 김치찌개에 설탕을
넣을 필요가 없이 단맛이 나고 김치의 묵은 냄새를
없애준다.

4 김치와 양파가 어우러져 볶아지고 뽀얀 국물이 맛깔
스럽게 우러나면 다시마 우린 물을 붓고 고춧가루를
넣어서 함께 끓인다. 김치만으로는 김치찌개의 고운
빨간 색을 나게 할 수 없으니 고춧가루에 다시마 우린
물을 붓고 나서 멍울 없이 푸는 것이 좋다.

5 김치찌개가 국물과 함께 부드럽게 익어 끓으면 참치
를 넣어 한소끔 끓여서 간장과 후춧가루로 간을 맞춰
상에 낸다.

 **COOK TIP**
참치 통조림은 김치찌개의 국물 맛을 달게 하고 감칠맛이 나서 많
이 애용하는 재료 중의 하나다. 특히 덩어리진 참치살을 무르게 익
은 김치와 함께 밥을 싸서 먹으면 그 맛이 일품이다.

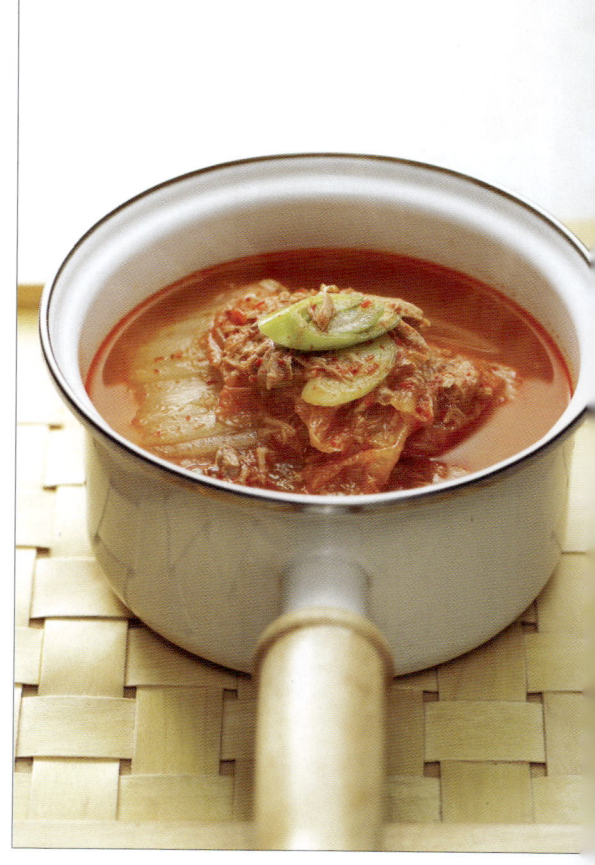

모둠해물된장찌개

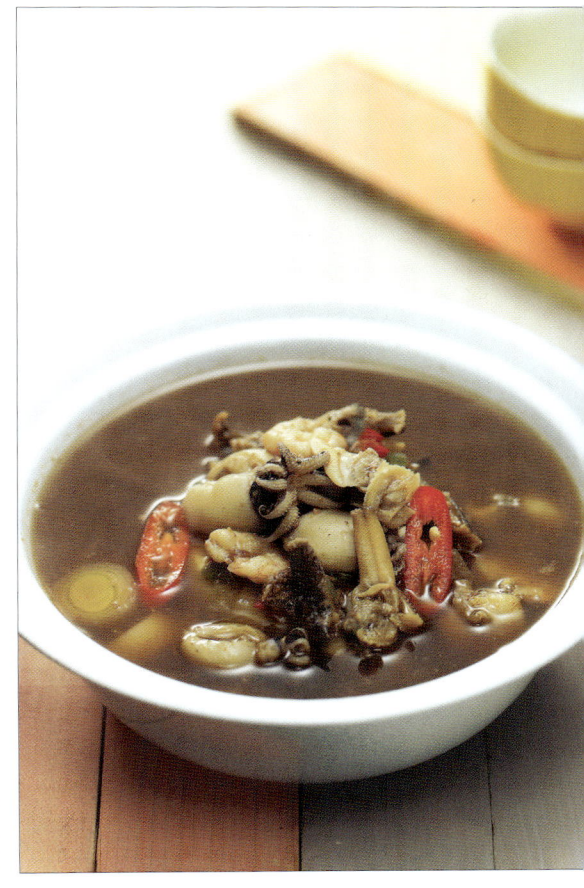

▶ **주재료**
갑오징어 1마리, 참소라살 100g, 조개젓 · 새우살 50g씩, 된장 3큰술

▶ **부재료**
다시마 우린 물 3컵, 다진 마늘 1작은술, 생강가루 · 소금 약간씩, 청주 1큰술, 청양고추 · 홍고추 1개씩, 대파 1대

1 갑오징어는 껍질과 내장, 먹물을 떼어내고 씻어서 안쪽에 칼집을 넣어서 적당한 크기로 썬다.

2 참소라살과 조개젓, 새우살은 엷은 소금물에 헹궈 물기를 빼고 참소라살은 모양대로 얇게 썬다.

3 냄비에 다시마 우린 물을 넣고 팔팔 끓으면 된장을 멍울 없이 풀어 끓인다.

4 냄비에 물과 청주, 생강가루를 넣어 끓으면 준비된 해물을 살짝 데쳐 비린맛을 없앤다.

5 ③의 된장물이 끓으면 ④의 데쳐낸 해물을 모두 넣고 다진 마늘과 대파를 송송 썰어 넣는다.

6 청양고추와 홍고추는 씨째 곱게 다져서 ⑤의 해물 된장에 넣어 한소끔 끓여 소금으로 간을 맞추고 상에 낸다.

→ COOK TIP
해물은 적당한 크기로 썰어서 생강가루와 청주를 넣은 끓는 물에서 살짝 데쳐 해물 특유의 비린맛을 없애고 찌개를 끓여야 비린맛이 없고 향긋한 내음의 해물 된장찌개를 끓일 수 있다.

된장찌개

▶ **주재료**
된장 4큰술, 애호박·양파 $\frac{1}{2}$개씩, 두부 $\frac{1}{2}$모

▶ **부재료**
국물 멸치 5마리, 쌀뜨물 3컵, 청·홍고추 1개씩, 대파 1대, 다진 마늘 1작은술

1 애호박과 두부는 사방 1.5㎝ 크기로 깍둑 썰고 양파와 청·홍고추도 1㎝ 크기로 송송 썰어서 씨를 털어낸다. 대파도 송송 썬다.

2 냄비에 국물 멸치를 담고 볶아 비린맛을 날려준 뒤에 쌀뜨물을 부어서 끓인다.

3 구수한 멸치 국물이 끓여지면 면포에 밭쳐 맑은 국물만 받아 다시 냄비에 담는다. 된장을 체에 밭쳐 숟가락으로 개어 풀어서 끓인다.

4 구수한 멸치 된장국이 끓여지면 애호박과 청·홍고추, 양파, 대파, 다진 마늘을 넣어서 한소끔 끓인다.

5 ④의 냄비에 생기는 거품을 말끔히 걷어내고 준비한 두부를 넣어 한소끔 끓여 그릇에 담아낸다.

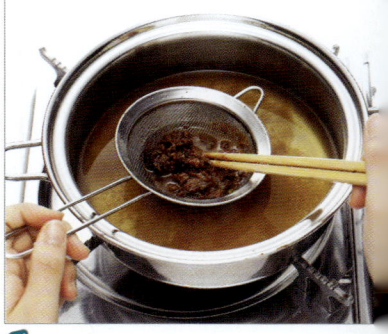

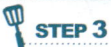 STEP 3

→ **COOK TIP**

된장찌개에는 다시마 우린 물이나 멸치 우린 국물 또는 쌀뜨물에 된장을 개어 끓이면 더욱 구수하면서 된장의 맛이 더 진하게 난다. 된장에 넣는 채소는 된장물이 끓고 나서 넣어야 채소의 싱싱함이 살아있다. 된장에 두부를 넣을 때에는 된장찌개가 거의 완성될 무렵에 넣어 잠시만 끓여준 후 상에 내야 두부가 딱딱해지지 않고 맛이 있다. 또 된장 맛이 진하게 우러난 찌개를 맛보려면 마늘은 약간 적게 넣어야 된장의 맛을 구수하고 진하게 낼 수 있다.

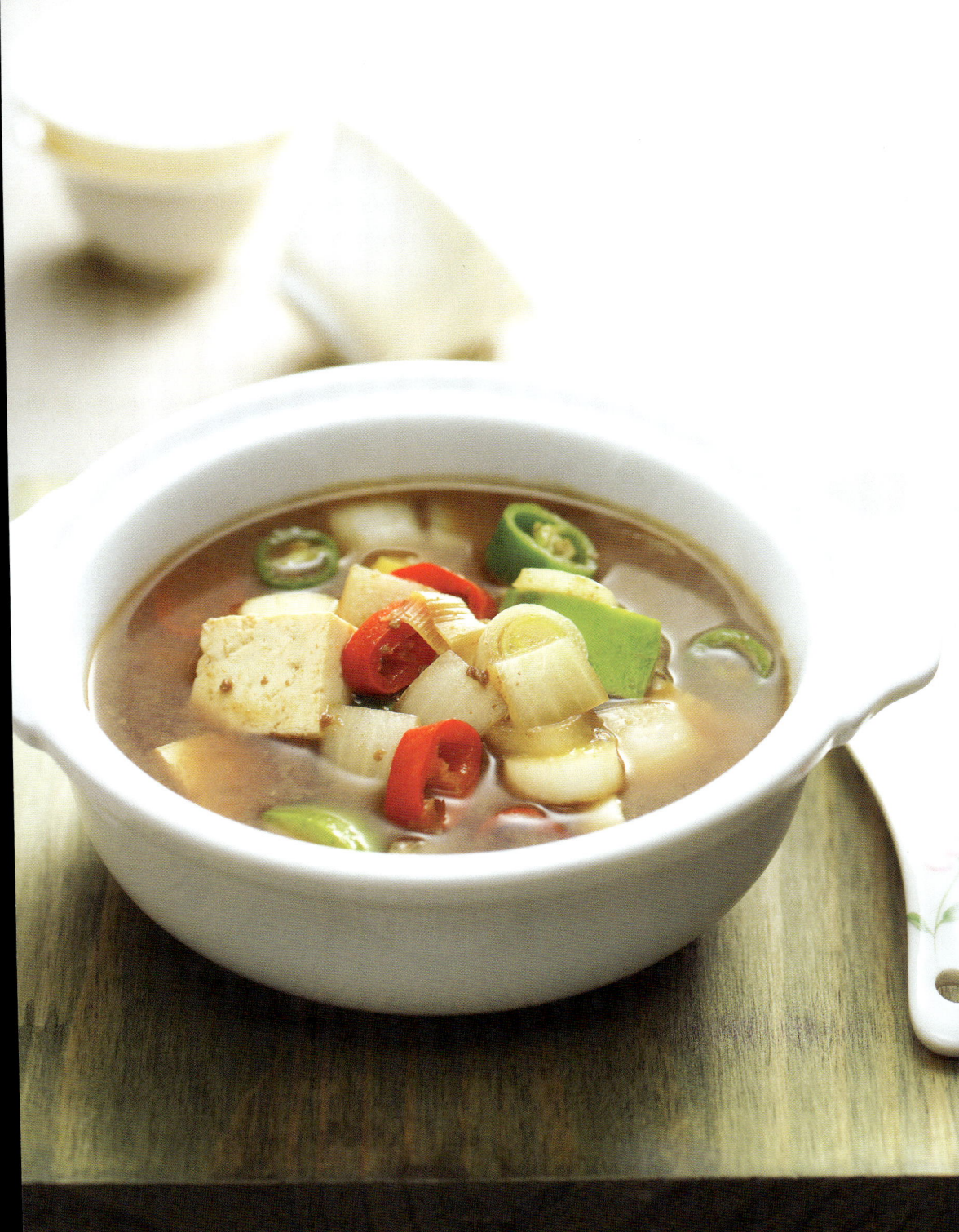

버섯강된장찌개

▶ **주재료**
느타리버섯 100g, 표고버섯 5장, 목이버섯 10g

▶ **부재료**
무 50g, 양파 ⅓개, 홍고추 1개, 된장 2큰술, 고추장·다진 마늘 1작은술씩, 쌀뜨물 2컵, 대파 1대, 소금 약간

1 느타리버섯은 굵게 찢어주고 표고버섯과 목이버섯은 충분하게 불려서 잘게 채 썬다.

2 무는 나무젓가락 굵기로 4㎝ 길이로 썰고 양파는 굵게 채 썬다. 대파는 송송 썰고 홍고추는 씨가 있는 채로 송송 썬다.

3 뚝배기에 무와 양파, 대파, 홍고추를 담고 된장과 고추장을 함께 버무려준 후 쌀뜨물을 붓고 끓인다.

4 자작하게 된장물이 끓으면 느타리버섯과 표고버섯, 목이버섯을 넣어서 끓인다.

5 ④에 다진 마늘을 넣어 소금으로 간을 맞추고 바특하게 강된장찌개를 만들어서 상에 낸다.

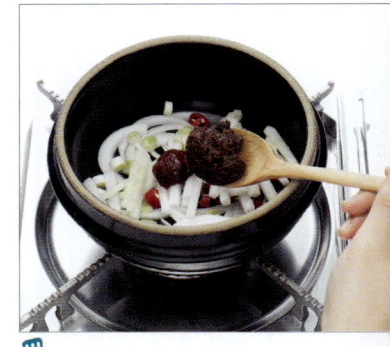

STEP 3

🍳 COOK TIP

강된장찌개는 밥에 비벼 먹을 수 있는 걸쭉한 상태의 찌개를 말하는데 강된장찌개는 쌀뜨물로 끓여야 더욱 구수하고 짠맛이 덜 나는 된장찌개를 만들 수 있다.

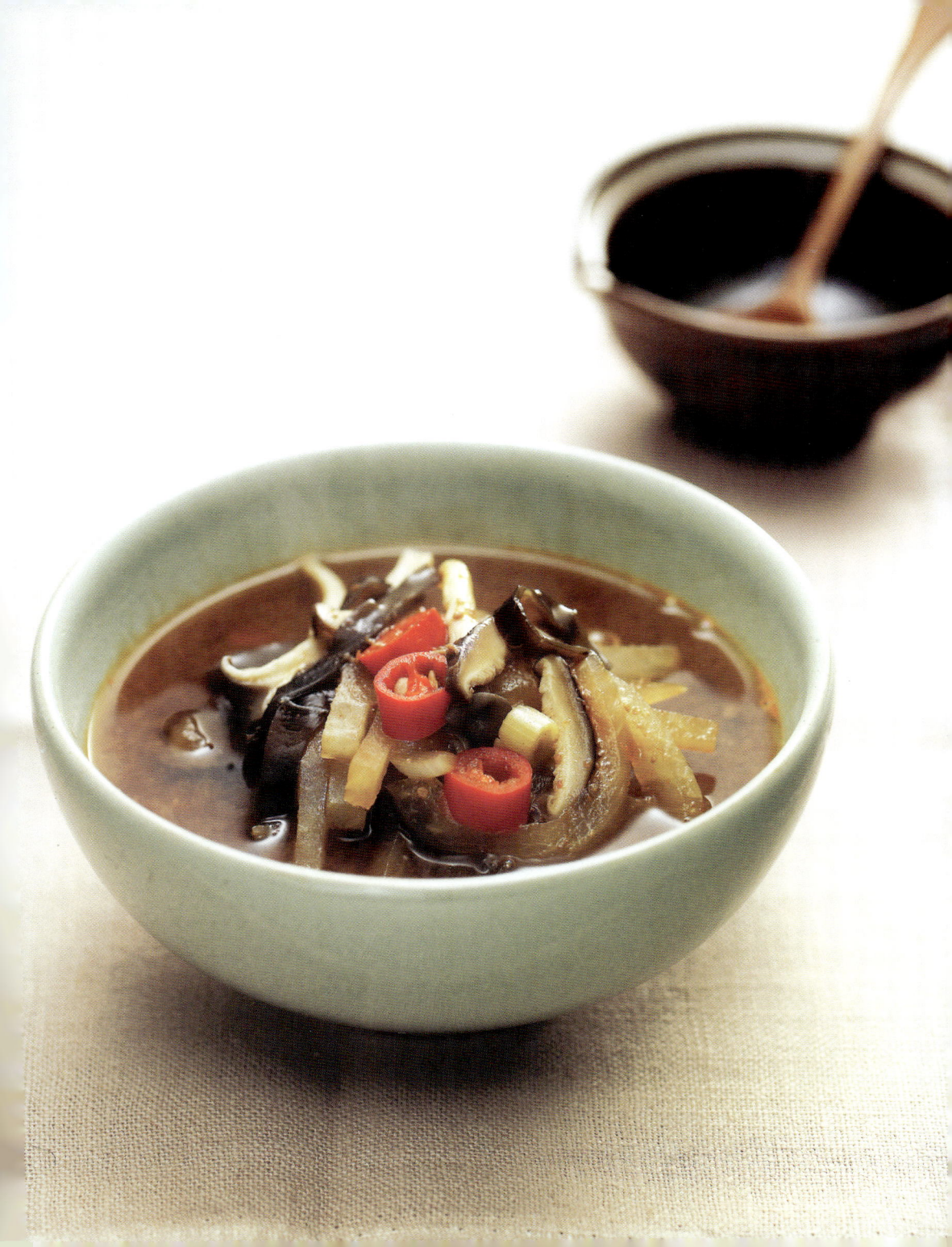

청국장두부된장찌개

▶ **주재료**
두부 ½모, 말린 시래기 30g

▶ **부재료**
대파 1대, 양파 ½개, 쇠고기(등심) 100g, 청 · 홍고추 1개씩, 소금 약간, 물 2½컵

▶ **시래기 양념**
청국장 2큰술, 된장 · 고추장 · 다진 마늘 1작은술씩, 참기름 ½작은술

1 두부는 깨끗이 씻어 사방 3㎝, 두께 0.5㎝ 크기로 썰어 준비한다.

2 말린 시래기는 끓는 물에 부드럽게 삶아 여러 번 물에 헹군 후 물기를 꼭 짜서 송송 썬다. 준비한 청국장, 된장, 고추장, 참기름, 다진 마늘에 조물 조물 무친다.

3 대파는 굵게 채 썰고 양파는 사방 2㎝ 크기로 썬다. 청 · 홍고추는 송송 썰어 준비한다.

4 쇠고기는 등심으로 준비해서 잘게 썰어 뚝배기에 양념한 우거지와 함께 담고 중간 불에서 달달 볶는다.

5 ④에 물을 분량대로 붓고 팔팔 끓으면 떠오르는 거품을 숟가락으로 말끔하게 걷어준 후 대파, 양파, 고추를 넣어 함께 끓인다.

6 청국장 끓는 냄새가 구수하게 나면 소금으로 간을 한 다음 두부를 넣어 팔팔 끓여 상에 낸다.

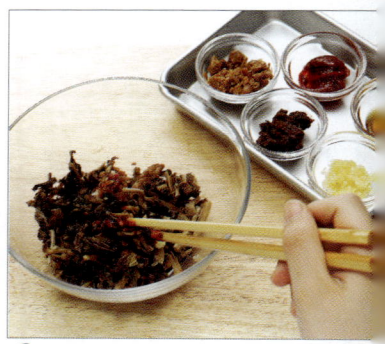

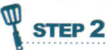 STEP 2

> 🔶 **COOK TIP**
>
> 청국장을 넣어 끓이는 뚝배기 요리는 쇠고기와 양념에 무친 시래기를 함께 볶다가 물을 부어서 끓이면 청국장이 더 구수하고 담백한 맛이 난다. 시래기는 충분하게 불린 후 미리 청국장에 마늘과 참기름을 넣어서 조물조물 무친 후 넣어야 청국장이 제대로 풀어지면서 진한 맛을 낸다. 청국장만 넣고 끓이면 깊은 감칠맛이 나지 않는다. 된장과 고추장을 함께 넣어서 청국장의 맛이 진하게 나게 한다.

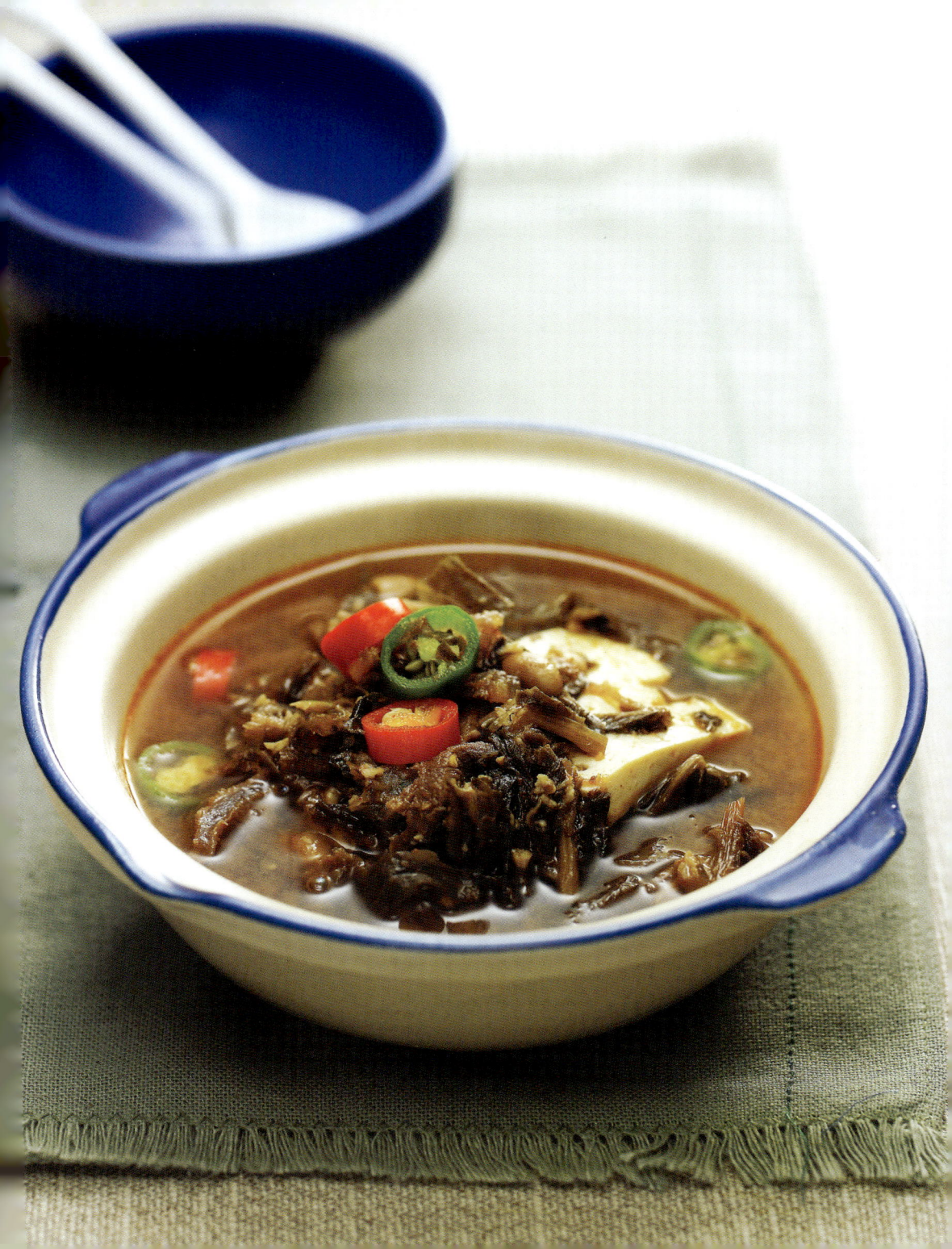

등심봄나물된장찌개

▶ **주재료**
쇠고기(등심) 200g, 두부 ½모, 봄동 100g, 달래 50g

▶ **부재료**
풋고추 2개, 홍고추 1개, 풋마늘 2개, 된장 2큰술, 쌀뜨물 4컵, 소금 약간

▶ **쇠고기 양념**
다진 마늘 · 간장 · 청주 1작은술씩, 후춧가루 약간

1 쇠고기는 등심으로 준비해서 사방 2㎝ 크기로 썰어 다진 마늘과 간장, 청주, 후춧가루를 넣어서 조물조물 무친다.

2 봄동은 씻어서 손으로 적당하게 찢고 달래는 다듬어 씻어서 2㎝ 길이로 썬다.

3 풋고추와 홍고추, 풋마늘은 씻어서 1㎝ 길이로 송송 썬다. 두부는 사방 2㎝ 크기로 썬다.

4 냄비에 풋마늘과 쇠고기를 넣어 볶고 익으면 쌀뜨물에 된장을 풀어서 붓고 한소끔 끓인다.

5 구수한 된장물이 끓으면 봄동, 풋고추, 홍고추를 넣어 중간 불에서 끓이다가 소금으로 간을 맞춘 후 두부와 달래를 올려서 한 번 더 끓여 낸다.

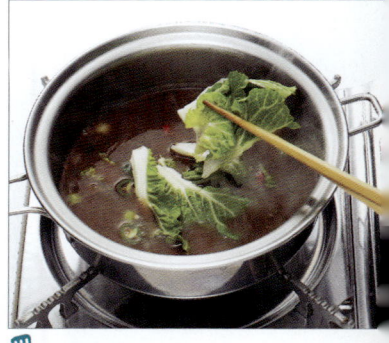

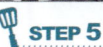 **STEP 5**

> **COOK TIP**
> 봄동과 달래를 넣어서 만든 된장찌개는 쇠고기를 넣어서 약간의 기름진 맛을 함께 주면 더욱 좋은데 봄동과 풋마늘, 고추를 함께 끓인 후 달래는 맨 마지막에 넣어야 향이 좋고 찌개가 부드럽다.

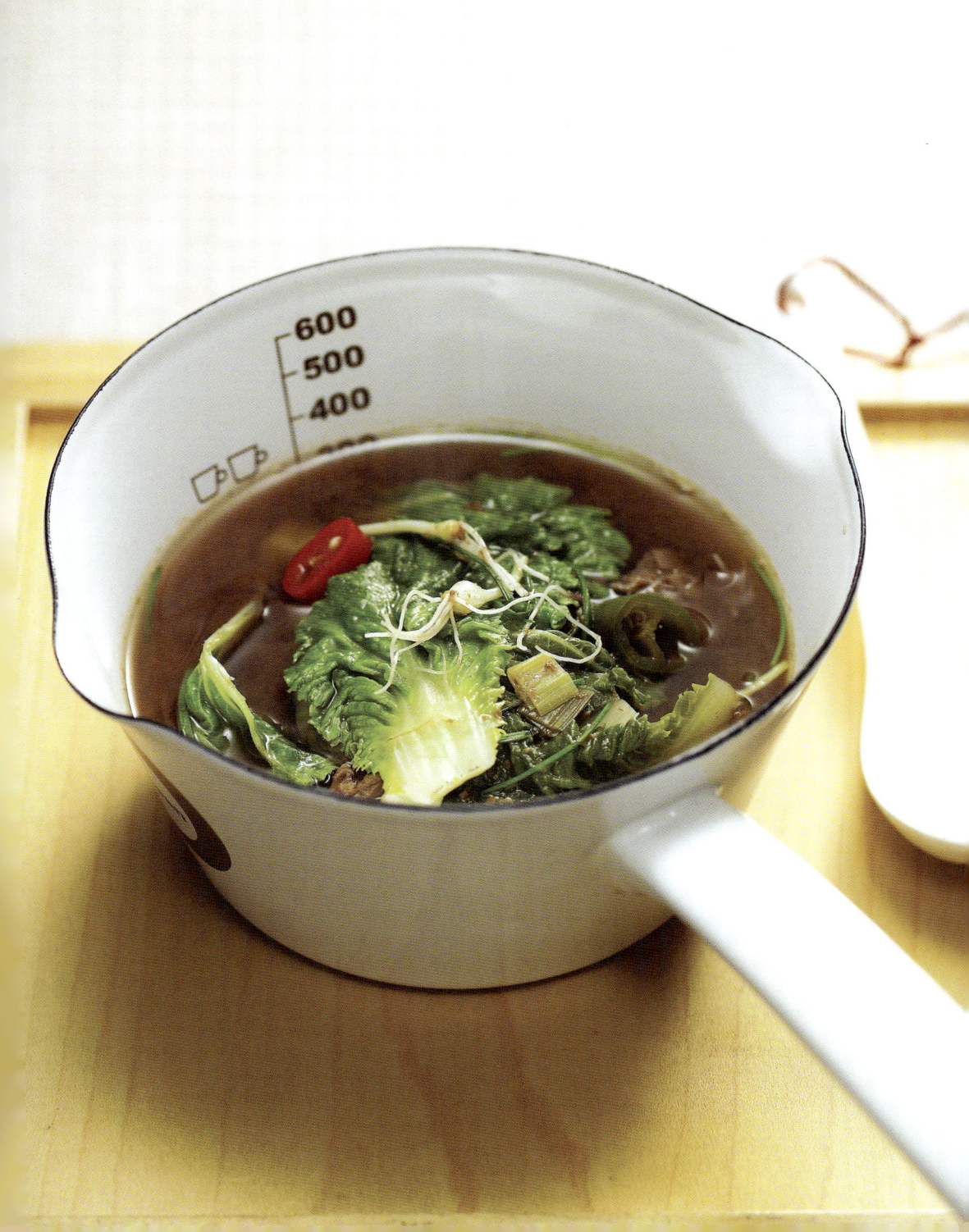

미역무된장찌개

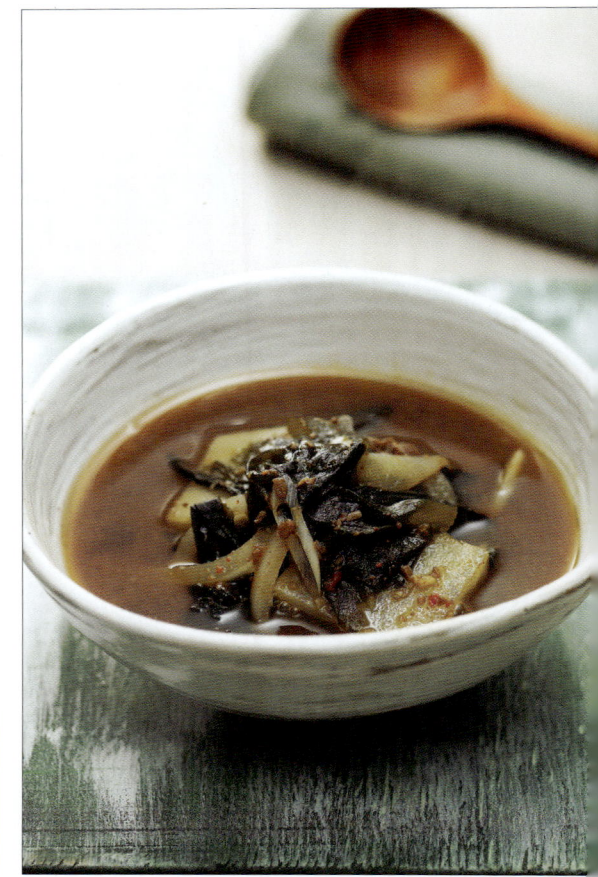

▶ **주재료**
마른 미역 30g, 무 150g, 된장 2큰술

▶ **부재료**
고춧가루 1작은술, 다진 마늘 1큰술, 대파 1대, 양파 ½개, 멸치 우린 물 3컵, 소금 약간

1 마른 미역은 충분히 물에 불려 바락바락 주물러 씻은 후 여러 번 물에 헹궈 물기를 꼭 짜고 적당하게 썬다.

2 무는 나박하게 사방 3㎝ 크기로 납작하게 썰고 대파와 양파는 곱게 채 썬다.

3 냄비에 무와 ①의 미역을 담고 된장과 고춧가루, 다진 마늘을 넣어 무쳐서 달달 볶다가 멸치 우린 물을 붓고 끓인다.

4 무가 익어 단맛이 우러나면 대파와 양파를 넣어 소금으로 간을 맞춰 한소끔 끓여낸다.

> 🠖 **COOK TIP**
> 일반적으로 된장찌개에 들어있는 채소가 살캉하게 익어야 씹는 질감을 살릴 수 있다. 된장찌개를 더 구수하게 먹으려면 멸치를 푹 우린 육수에 끓여야 깊은맛을 낼 수 있다. 특히 된장찌개의 독특한 향을 살리려면 마늘을 많이 넣지 말고 미리 된장국물이 끓을 때 넣어야 한다.

시래기비지된장찌개

▶ **주재료**
시래기 250g, 콩비지 1컵, 돼지고기(목살) 200g

▶ **부재료**
된장 · 다진 마늘 · 청주 1큰술씩, 쌀뜨물 3컵, 참치액 1작은술, 대파 1대, 홍고추 1개, 소금 약간

1 시래기는 끓는 물에 부드럽게 삶아 찬물에 여러 번 헹궈 물기를 꼭 짜고 2㎝ 길이로 송송 썬다.

2 콩비지는 시중에서 판매하는 것으로 간편하게 준비한다.

3 돼지고기는 목삼겹살로 준비해서 사방 3㎝ 크기로 얇게 잘라서 시래기와 함께 된장, 다진 마늘, 참치액, 청주를 넣어 조물조물 무친다.

4 냄비에 ③의 시래기와 돼지고기를 넣어 볶다가 돼지고기가 익으면 쌀뜨물을 부어 끓인다.

5 시래기와 돼지고기가 자박하게 익으면 콩비지를 넣어 한소끔 더 끓인다.

6 대파와 홍고추를 송송 썰어 넣고 모자라는 간을 소금으로 맞춰 그릇에 담아낸다.

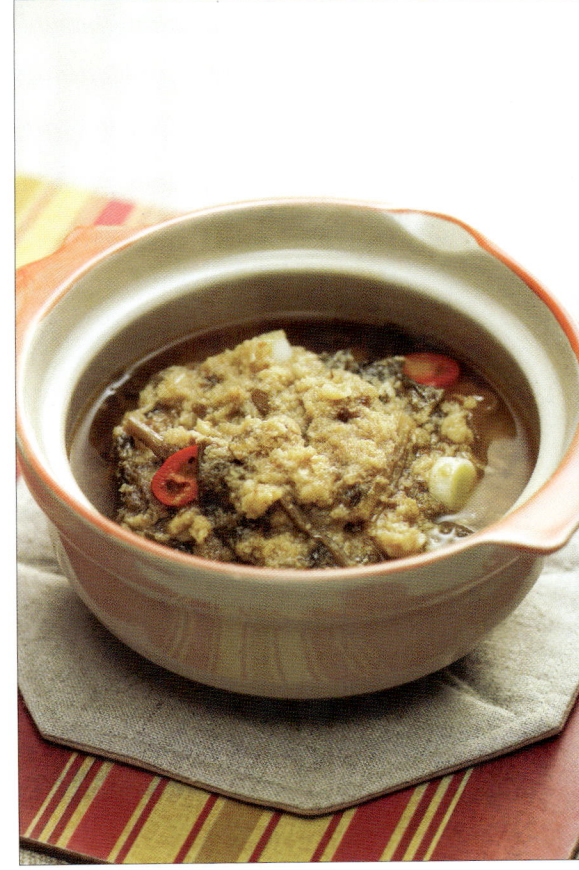

🔶 **COOK TIP**
시래기를 콩비지에 넣어 끓일 때에는 돼지고기를 약간 넣어 기름지게 해야 시래기가 부드럽고 된장과 참치액을 넣으면 감칠맛이 난다.

감자연두부된장찌개

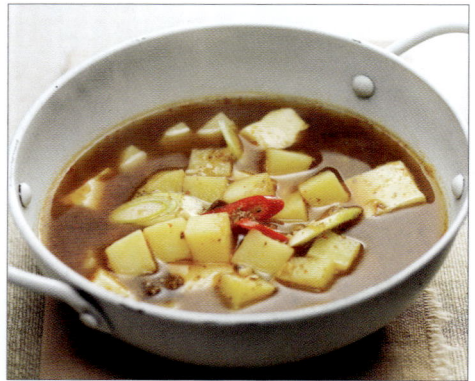

▶ **주재료**
감자(중간 크기) 2개, 연두부 ½모

▶ **부재료**
된장 · 다진 파 2큰술씩, 고춧가루 · 다진 마늘 1작은술씩, 다시마 우린 물 3컵, 참기름 ½작은술, 소금 약간

1 감자는 껍질을 벗기고 사방 1㎝ 크기로 깍둑 썰기해서 잠시 물에 담가 녹말기를 없앤다.

2 냄비에 감자와 된장, 고춧가루, 참기름, 다진 마늘을 넣어 버무려서 잠시 불에서 볶는다.

3 ②에 다시마 우린 물을 붓고 중간 불에서 끓인다.

4 감자가 익으면서 거품이 떠오르면 숟가락으로 말끔하게 걷어주고 다진 파를 넣어 한소끔 끓인다.

5 ④에 연두부를 작은 숟가락으로 떠서 넣어 끓이고 소금으로 간을 맞춰 그릇에 담아낸다.

> ◯→ **COOK TIP**
> 된장찌개를 더욱 부드럽게 먹으려면 참기름을 약간 넣어서 달달 볶아주는데 감자에 된장, 고춧가루, 다진 마늘, 참기름으로 버무려서 볶아야 참기름의 기름기가 찌개에 둥둥 떠오르지 않아 국물 맛이 깔끔하다.

꼬막된장찌개

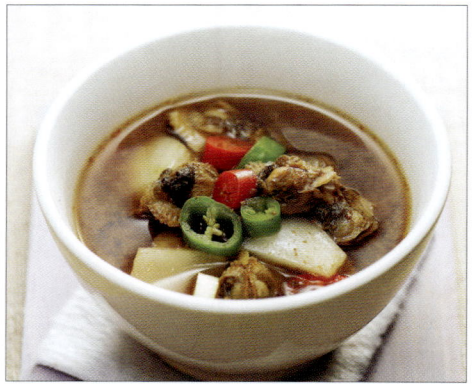

▶ **주재료**
꼬막살 150g

▶ **부재료**
양파 ½개, 청 · 홍고추 1개씩, 대파 1대, 무 80g, 쌀뜨물 3컵, 소금 · 후춧가루 약간씩, 국간장 1작은술, 된장 1½큰술

1 꼬막은 살만 발라내어 옅은 소금물에 헹궈 물기를 뺀다.

2 양파는 사방 2㎝ 크기로 썰고 청 · 홍고추는 송송 썰어 씨를 턴다.

3 대파는 큼직하게 채 썰고 무는 사방 3㎝ 길이로 납작하게 썬다.

4 손질한 꼬막살을 볶으면서 쌀뜨물에 된장을 풀어넣은 후 양파와 무를 넣고 한소끔 끓인다.

5 청 · 홍고추와 대파를 넣어 함께 끓여 국간장으로 색을 내고 소금과 후춧가루로 간을 맞춘다.

> ◯→ **COOK TIP**
> 국물이 끓어오르면서 생기는 거품은 숟가락으로 말끔히 걷어내야 맑고 깨끗한 맛의 찌개를 끓일 수 있다. 손질할 때 미처 빠지지 않는 불순물이나 찌꺼기가 거품으로 떠오르는 것이므로 수시로 떠내야 한다. 숟가락에 묻은 거품이 다시 국물에 들어가지 않도록 주의한다.

김치새우된장찌개

▶ **주재료**
배추김치 100g, 마른 새우 10g

▶ **부재료**
된장 1½큰술, 쌀뜨물 3컵, 대파 ½대, 청양고추 1개, 다진 마늘 ½작은술, 참치액 1작은술

1 배추김치는 물에 양념을 깨끗하게 헹궈 물기를 꼭 짠 후 송송 잘게 썬다.

2 마른 새우는 마른 팬에 볶아 비린맛을 없앤다.

3 대파는 굵게 채 썰고 청양고추는 송송 썬다.

4 쌀뜨물을 냄비에 붓고 된장과 다진 마늘, 참치액을 넣어 끓으면 마른 새우와 배추김치를 넣어 끓인다.

5 끓을 때 생기는 거품을 말끔하게 걷어내고 대파와 청양고추를 얹어 한소끔 끓여낸다.

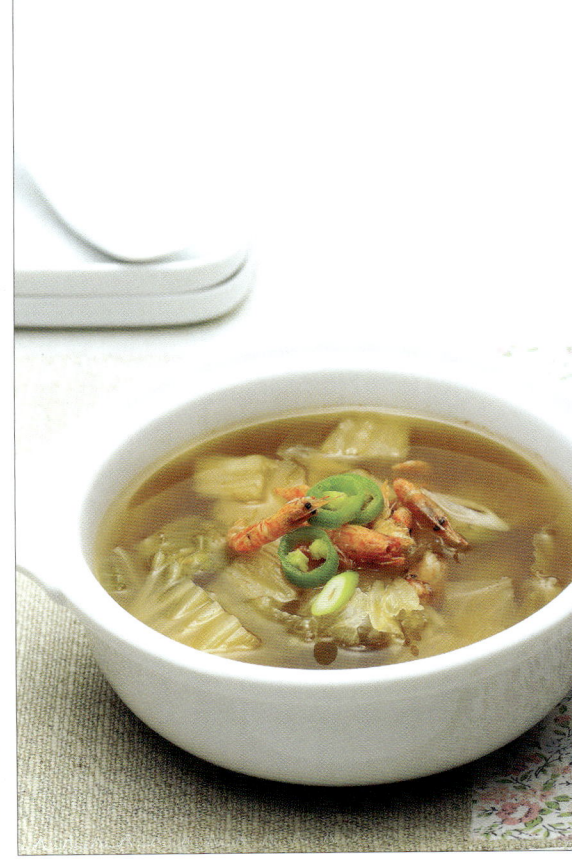

🔶 **COOK TIP**
배추김치가 양념이 완전하게 빠진 상태로 된장찌개를 끓여야 텁텁하지 않고 배추김치의 군내도 말끔하게 없어진다. 짠 배추김치일 경우에는 찬물에 조금 넉넉한 시간으로 담가 두는 것이 좋다.

모둠버섯찌개

▶ **주재료**
새송이버섯 2개, 느타리버섯 80g, 표고버섯 3장, 팽이버섯 1봉지

▶ **부재료**
쇠고기 150g, 양파 ½개, 물 3컵, 국간장·다진 마늘 1큰술씩, 대파 1대, 소금·후춧가루·참기름 약간씩

▶ **쇠고기 밑간**
참기름 1작은술, 소금·후춧가루 약간씩

1 새송이버섯은 5cm 길이로 채 썰고 느타리버섯은 씻어서 굵게 찢는다.

2 표고버섯은 밑동을 자르고 어슷하게 칼을 뉘여서 채 썬다. 팽이버섯은 밑동을 자르고 물에 흔들어 씻어 물기를 턴다.

3 쇠고기는 등심으로 준비해서 4cm 길이로 채 썰어 소금, 후춧가루, 참기름을 넣어 조물조물 밑간한다.

4 양파는 굵게 채 썰고 대파는 송송 썬다.

5 냄비에 참기름을 약간 넣고 밑간한 쇠고기를 넣어 달달 볶다가 물을 붓고 끓인다.

6 쇠고기가 끓으면서 생기는 거품을 걷어내고 양파와 새송이버섯, 느타리버섯, 표고버섯을 넣은 후 국간장과 다진 마늘을 넣고 끓인다.

7 버섯과 쇠고기가 어우러져 맛을 내면 대파와 팽이버섯을 넣어 한소끔 끓여 소금, 후춧가루로 간을 맞춰 그릇에 담아낸다.

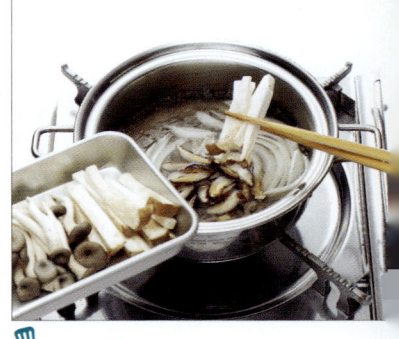
STEP 6

🟠 **COOK TIP**
느타리버섯은 씻어서 굵게 찢어 그대로 찌개에 넣어야 향과 버섯의 질감이 살아있다. 새송이버섯과 느타리버섯, 표고버섯은 국물이 끓어 쇠고기의 육수 맛이 날 때 넣어야 하고 팽이버섯은 불에서 내리기 직전에 넣어야 흐물거리지 않고 쫄깃하다.

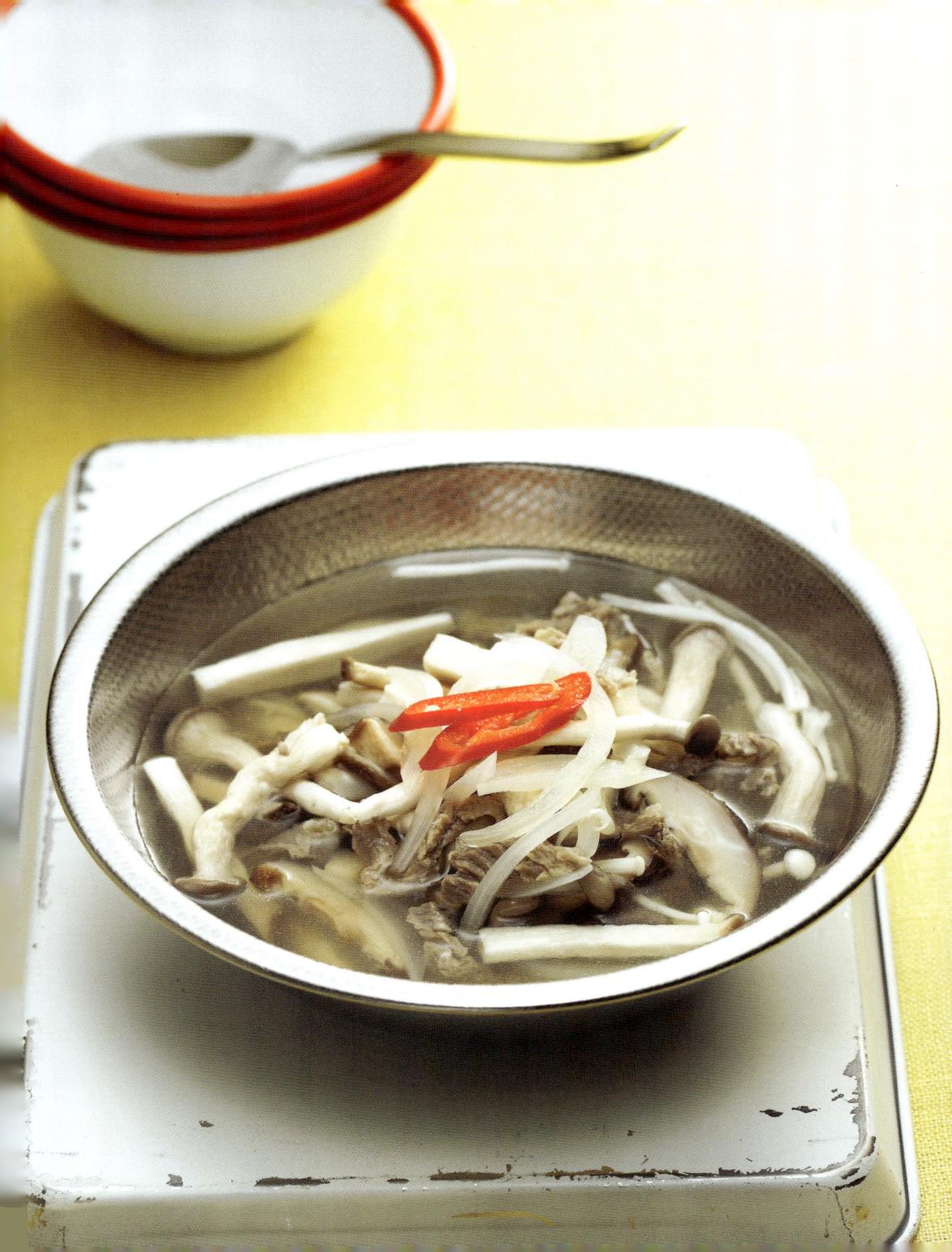

병어고추장찌개

▶ **주재료**
병어 2마리

▶ **부재료**
양파 ½개, 콩나물 100g, 대파 1대, 다시마 우린 물 3컵, 소금 약간

▶ **찌개 양념**
고추장 2큰술, 고춧가루 · 간장 · 청주 1작은술씩, 다진 마늘 1큰술, 다진 생강 ½작은술, 후춧가루 약간

1 병어는 비늘을 긁어내고 머리와 꼬리를 떼어내고 내장을 꺼내어 옅은 소금물에 흔들어 씻어 물기를 뺀다.

2 양파는 굵게 채 썰고 대파는 어슷하게 채 썬다. 콩나물은 꼬리를 떼어내고 물에 씻어 건진다.

3 냄비에 콩나물과 양파를 담고 다시마 우린 물을 붓고 삶는다.

4 찌개 양념을 분량의 재료대로 섞어 만든다.

5 콩나물이 살캉하게 익으면서 국물이 끓으면 뚜껑을 열고 준비한 찌개 양념을 풀어 끓이면서 병어 손질한 것을 넣고 끓인다.

6 ⑤의 국물이 끓어오르면 떠오르는 거품을 말끔하게 걷어주고 대파채를 넣어 소금으로 간을 맞춰 불에서 내려 상에 낸다.

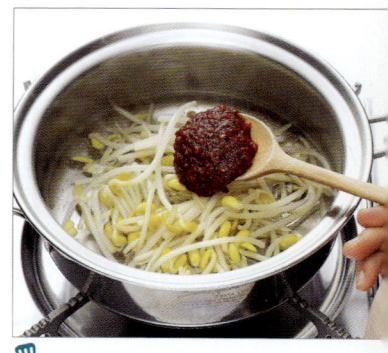

STEP 5

→ COOK TIP
콩나물을 먼저 다시마 우린 물에서 양파와 함께 삶아야 콩나물 비린맛이 없어지고 양파의 단맛이 국물에 빠져나와 찌개의 국물 맛이 달아진다. 콩나물 삶은 물에 양념을 풀어서 찌개를 만들면 국물이 더욱 시원하면서 병어의 비린맛을 가시게 한다.

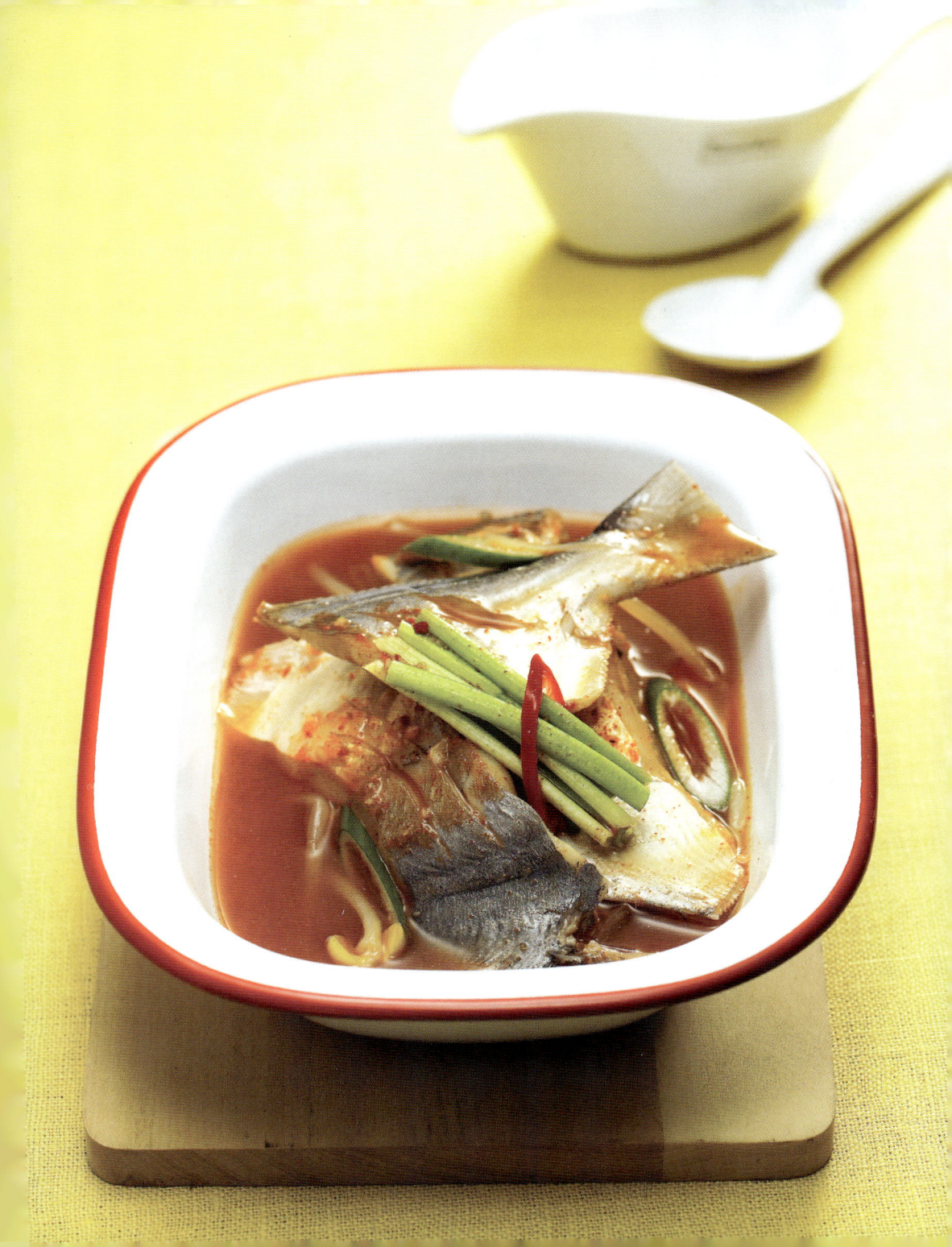

생태수제비찌개

▶ **주재료**
생태 1마리, 밀가루 1컵, 무 100g, 대파 1대, 두부 ½모

▶ **부재료**
물 ½컵, 양파 ½개, 풋고추·홍고추 1개씩, 다시마 우린 물 4컵, 소금·후춧가루 약간씩

▶ **양념장**
고추장 1큰술, 다진 마늘 ½큰술, 고춧가루 2작은술, 다진 생강 약간

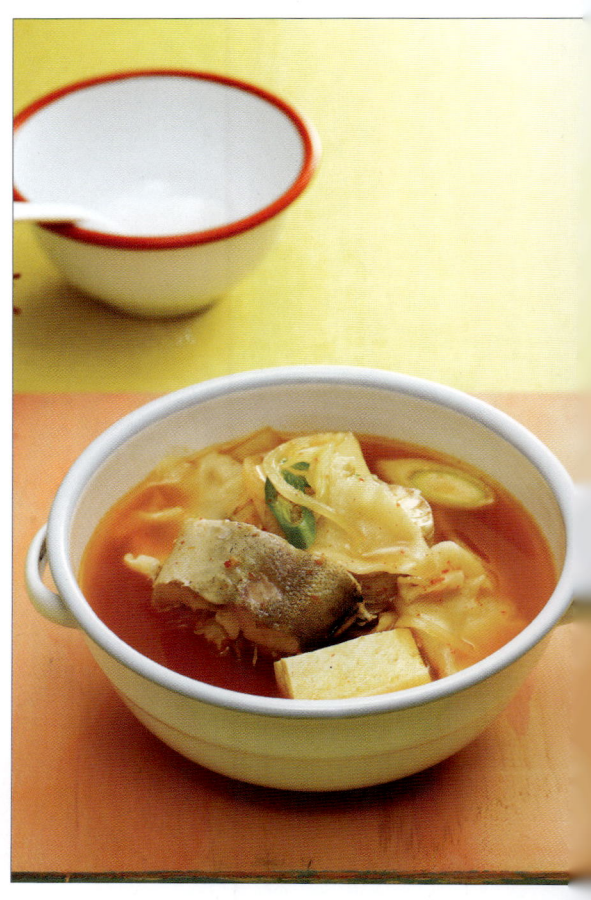

1 생태는 머리와 꼬리를 자른 후 내장을 제거하고 지느러미는 가위로 잘라낸다. 생태는 4등분해서 토막 낸다.

2 분량의 밀가루에 물을 조금씩 부어가면서 수제비 반죽을 하여 젖은 면포로 덮어둔다.

3 무는 사방 3cm 크기로 나박하게 썰고 두부도 같은 크기로 썬다.

4 양파는 굵게 채 썰고 대파는 어슷하게 채 썬다. 홍고추, 풋고추는 어슷하게 채 썰어 씨를 털어낸다.

5 볼에 다진 마늘, 다진 생강, 고추장, 고춧가루를 넣어 양념을 만든다.

6 냄비에 분량의 다시마 우린 물을 넣고 끓으면 무를 넣어 준비한 양념장을 풀어서 끓인다.

7 ⑥의 국물이 끓어오르면 생태를 넣고 끓인다. 생태가 어느 정도 익으면 두부를 넣고 수제비 반죽을 평평하게 펴서 수제비를 떼어 넣어 끓인다.

8 수제비가 익어서 떠오르면 양파와 대파, 고추를 넣고 끓이다가 소금, 후춧가루로 맛을 내 그릇에 담아낸다.

🔶 COOK TIP

생태찌개에 넣는 수제비는 적당히 쫄깃한 상태로 반죽을 해야 한다. 반죽을 치댄 후 비닐이나 젖은 면포에 싸서 잠시 두면 글루텐 형성을 도와 반죽 자체가 쫄깃해 진다. 생태의 살이 반 정도 흰색으로 익어갈 때쯤 반죽을 떼어 넣어야 생태가 푹 익어 생태살이 푸석거리지 않는다.

들깨버섯찌개

▶ **주재료**
느타리버섯 200g, 팽이버섯 1봉지, 표고버섯 5장

▶ **부재료**
대파 1대, 양파 ¼개, 홍고추 1개, 소금 약간

▶ **들깨 양념장**
멸치 우린 물 2½컵, 들깻가루 2큰술, 국간장 1작은술, 다진 마늘·청주 1큰술씩, 소금 약간

1 느타리버섯은 옅은 소금물에 씻어 굵게 찢는다.

2 팽이버섯은 밑동을 자르고 씻어 물기를 턴다. 표고버섯은 부드럽게 불려서 밑동을 잘라내고 채 썬다.

3 대파와 양파는 굵게 채 썰고 홍고추는 씨를 빼고 2cm 길이로 채 썬다.

4 멸치 우린 물에 들깻가루와 국간장, 다진 마늘, 청주를 넣어 끓으면 대파와 양파를 넣어 끓인다.

5 ④의 멸치 우린 들깨 육수가 맛이 나면 느타리버섯과 표고버섯을 넣어 끓이다가 팽이버섯과 홍고추를 올려 한소끔 더 끓여서 소금으로 간을 맞춘다.

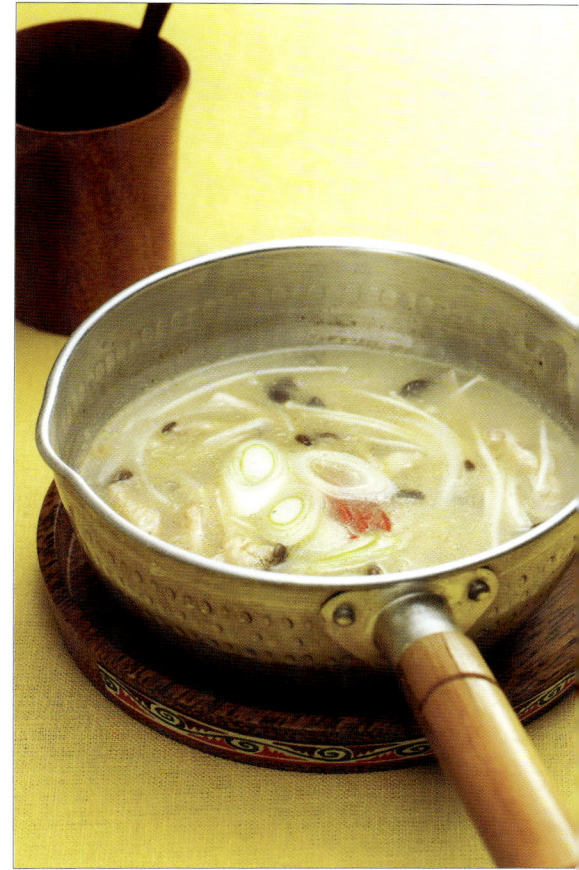

→ COOK TIP

버섯을 넣어 끓이는 뚝배기는 버섯을 데치거나 삶지 않고 생것 그대로 넣어 육수가 충분하게 우러나는 것이 좋은데 멸치 육수에 들깻가루를 넣어 국간장으로 간을 해서 끓인 후 버섯을 넣고 끓이면 진한 육수가 나와 더욱 맛이 있다.

차돌박이된장찌개

▶ **주재료**
차돌박이 150g, 애호박 ½개, 감자 1개, 청양고추 · 홍고추 1개씩, 대파 1대

▶ **부재료**
집된장 · 일본된장 1큰술씩, 쌀뜨물 4컵, 소금 약간

▶ **차돌박이 양념**
소금 · 후춧가루 약간씩, 다진 마늘 ½작은술

1 차돌박이는 핏물을 닦은 후 양념에 조물조물 무친다.

2 애호박은 1㎝ 폭으로 썰어 4등분하고 감자는 껍질을 벗기고 반을 갈라 도톰하게 썬다. 청양고추와 홍고추는 송송 썰어 씨를 턴다. 대파는 굵게 채 썬다.

3 볼에 애호박과 감자를 담고 조선된장과 일본된장을 넣어 버무린다.

4 뚝배기에 쌀뜨물을 부어 끓이다가 끓으면 ③을 넣어서 한소끔 끓인다.

5 ④의 재료가 살캉하게 익으면서 된장물이 구수하게 끓으면 차돌박이 양념한 것을 넣어 청양고추와 홍고추, 대파를 넣고 한소끔 끓인다. 끓이면서 생기는 거품을 말끔하게 걷어내고 먹는다.

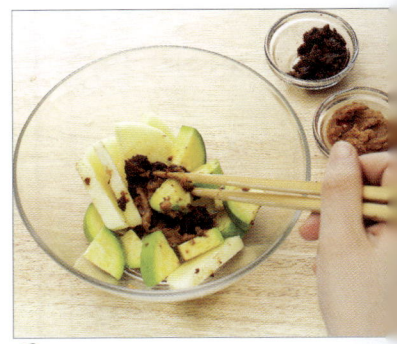

STEP 3

🔶 **COOK TIP**
차돌박이가 들어간 된장찌개는 약간 기름진 맛이 된장찌개의 맛을 한결 부드럽게 해준다. 계절에 따라 다양한 채소를 넣어주면 더욱 좋다. 봄에는 달래, 냉이 등을 넣고 가을에는 말려 놓은 고사리, 취 등을 넣어서 함께 끓이면 좋다. 일본된장이 들어 있어 너무 오래 끓이기보다는 재료가 익으면 바로 불에서 내리는 것이 좋다.

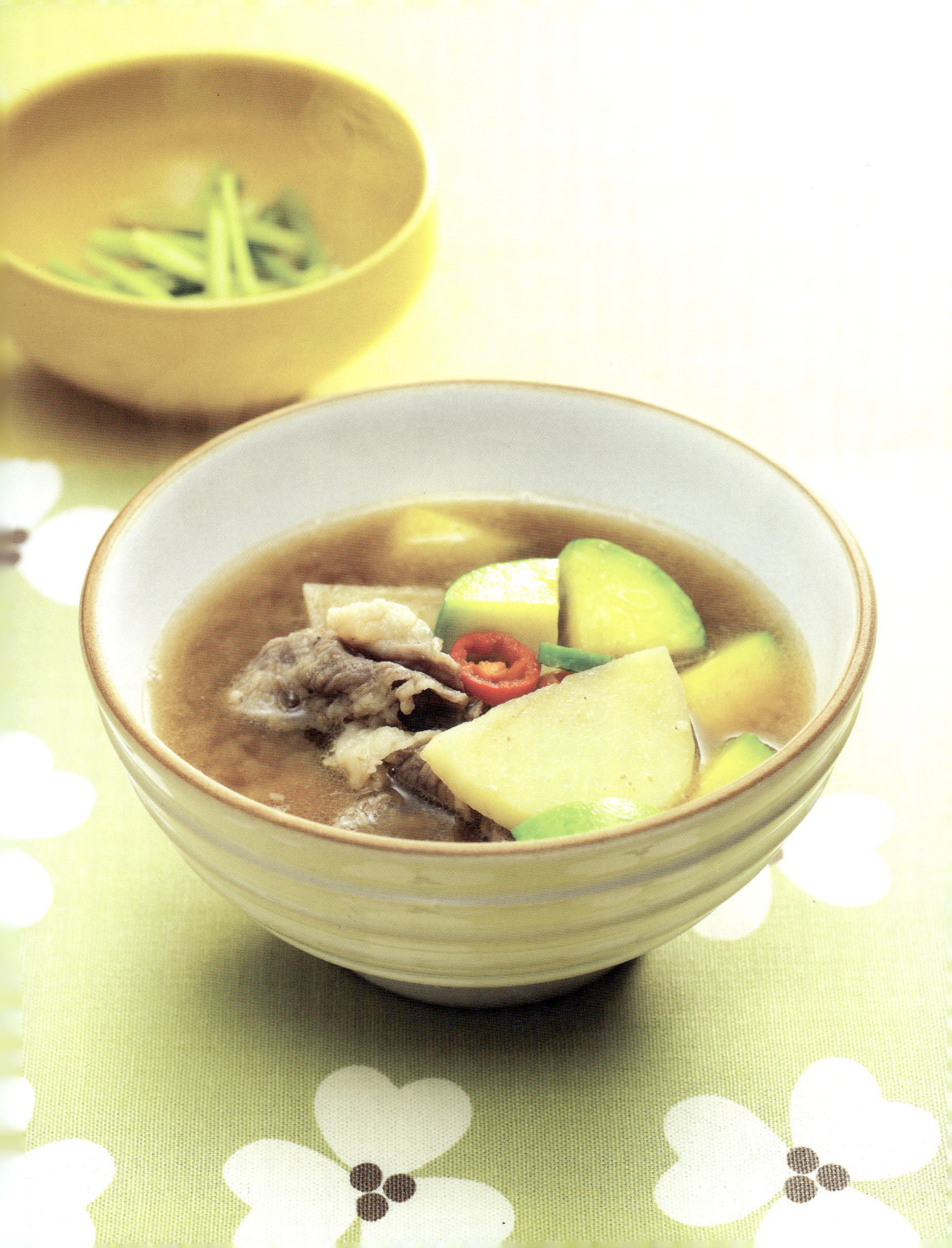

시래기민물새우찌개

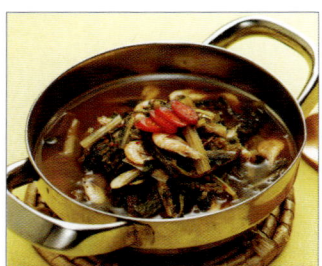

▶ **주재료**
시래기 200g, 민물 새우 80g

▶ **부재료**
대파 1대, 양파 ½개, 홍고추·청양고추 1개씩, 된장·고운 고춧가루·다진 마늘·청주 1큰술씩, 멸치 우린 물 5컵, 쌀뜨물 1컵, 다진 생강 ½작은술, 국간장 1작은술, 소금·후춧가루 약간씩

1 시래기는 하룻밤 물에 충분하게 불렸다가 쌀뜨물을 붓고 부드럽게 삶아 찬물에 담가 아린맛을 우린 후 건져서 물기를 꼭 짜고 2㎝ 길이로 송송 썬다.

2 민물 새우는 옅은 소금물에 흔들어 씻어 체에 건져 물기를 뺀다.

3 대파와 양파, 홍고추, 청양고추는 각각 굵게 채 썰고 고추는 씨를 턴다.

4 냄비에 멸치 우린 육수를 붓고 된장과 고춧가루를 풀어 끓이다가 끓으면 다진 마늘과 다진 생강, 청주, 국간장을 넣어 끓인다.

5 ④의 찌개 국물이 끓으면 시래기를 넣어 부드럽게 간이 배도록 끓인다. 대파와 양파, 민물 새우를 넣고 끓여 새우의 맛이 우러나면 고추를 넣고 소금과 후춧가루로 간을 맞춰 뜨거울 때 바로 먹는다.

꽁치소시지김치찌개

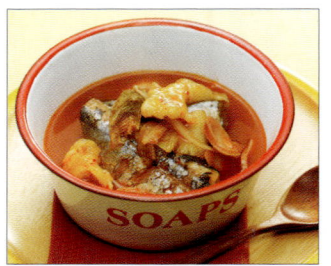

▶ **주재료**
꽁치(통조림) 1통, 소시지 80g, 묵은 김치 ⅛포기

▶ **부재료**
밀가루 ½컵, 녹말가루 1작은술, 다시마 우린 물 6컵, 물엿·고운 고춧가루·다진 마늘·청주 1큰술씩, 고추장 1작은술, 대파 1대, 양파 ½개, 소금·후춧가루 약간씩

1 통조림에 든 꽁치는 체에 밭쳐 국물을 모두 빼고 건지만 준비한다.

2 밀가루와 녹말가루를 섞어서 약간의 소금을 넣어 반죽해서 쫄깃한 수제비 반죽을 만든다.

3 소시지는 어슷하고 얇게 썰어 끓는 물에 살짝 데쳐 식힌다.

4 묵은 김치는 3㎝ 길이로 썰어 냄비에 담고 다시마 우린 물과 함께 물엿을 넣고 끓인다.

5 부드럽게 묵은 김치가 익으면 고운 고춧가루와 고추장을 풀고 대파와 양파를 곱게 채 썰어 넣은 후 다진 마늘과 청주를 넣어 끓인다.

6 ⑤에 꽁치와 소시지를 넣어 끓으면 준비해 놓은 수제비 반죽을 얇게 뜯어 넣어 수제비가 익어 떠오르면 소금과 후춧가루로 간을 맞춰 먹는다.

➡ COOK TIP

민물 새우는 멸치를 우려낸 육수에 넣어 끓여야 얇은맛이 우러나 더욱 찌개가 맛이 있다. 시래기는 쌀뜨물에 부드럽게 삶은 후 찬물에 우려야 시래기의 묵은 냄새가 없고 깔끔하다.

➡ COOK TIP

꽁치 김치찌개에 넣는 김치는 몇 년을 묵힌 묵은 김치로 만들어야 더 맛있다. 쫄깃한 수제비는 반죽을 만들어 비닐에 담아 잠시 휴지기를 두면 글루텐이 형성돼 더욱 쫄깃한 수제비를 만들 수 있다.

갈치찌개

▶ **주재료**
갈치 1마리

▶ **부재료**
다시마 사방 10cm 1장, 무 200g, 양파 ½개, 대파 1대, 다진 마늘·간장·청주 1큰술씩, 다진 생강 ¼작은술, 고춧가루 2큰술, 국간장 1작은술, 소금·후춧가루 약간씩, 마른 홍고추 2개, 쌀뜨물·물 2컵씩

1 갈치는 비늘을 긁어내고 머리와 꼬리지느러미를 정리한 후 배를 약간 갈라 내장을 빼고 옅은 소금물에 흔들어 씻어 4cm 길이로 토막 낸다.

2 냄비에 쌀뜨물과 물을 붓고 끓으면 다시마를 넣어 5분간 우린 후 다시마는 건져 채 썰어 놓고 다시마 우린 국물에 고춧가루와 국간장, 간장을 풀어 끓인다.

3 무는 씻어서 6×4×1cm 크기로 자르고 양파와 대파는 굵게 채 썬다.

4 ②의 국물에 무와 양파를 넣어 끓이다가 다진 마늘과 다진 생강, 청주를 넣고 마른 홍고추를 가위로 큼직하게 썰어 칼칼한 맛을 내면서 끓인다.

5 ④의 채소가 끓어 맛이 배면 손질한 갈치를 넣어 중간 불에서 끓이면서 소금과 후춧가루로 간을 맞추고 대파를 올려 상에 낸다.

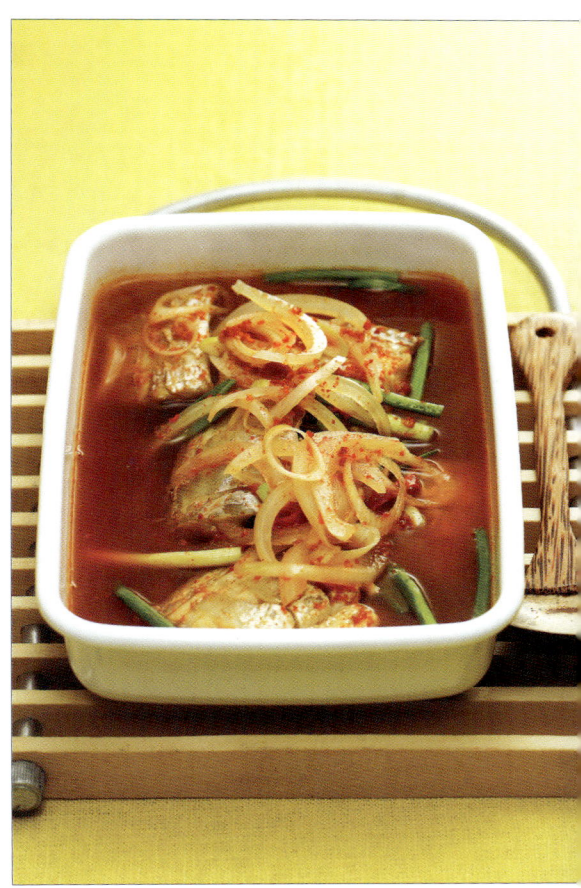

🡢 COOK TIP
고춧가루만 풀어서 끓이면 칼칼한 국물 맛이 올라오지 않아 갈치에 깊은맛이 나지 않는다. 쌀뜨물과 물을 섞어 끓이다가 양념을 풀어 끓여야 쌀뜨물에서 나오는 전분기로 국물이 달고 매워진다.

갈비비지찌개

▶ **주재료**
돼지갈비 300g, 콩비지 200g, 신 김치 80g

▶ **부재료**
대파 1대, 청양고추 1개, 고춧가루 · 청주 1큰술씩, 다진 마늘 1½큰술, 다진 생강 ⅓작은술, 된장 ½작은술, 간장 1작은술, 소금 · 후춧가루 약간씩, 물 3컵

▶ **갈비 향신채**
대파잎 2대, 생강 ½톨, 마늘 2쪽, 양파 ¼개, 물 2컵

1 돼지갈비는 먹기 좋은 크기로 잘라서 찬물에 담가 핏물을 뺀 후 건진다.

2 냄비에 갈비 향신채를 모두 넣고 끓으면 손질한 갈비를 넣어 삶아 데친다.

3 데친 갈비는 찬물에 헹궈 기름기를 없애고 건져 물기를 뺀다.

4 냄비에 물을 붓고 된장과 고춧가루, 간장을 넣어 끓으면 준비한 갈비를 넣고 김치 양념을 털어내고 송송 썰어 갈비와 함께 넣고 끓인다.

5 ④의 돼지갈비와 신 김치에 맛이 배면 다진 마늘과 다진 생강, 청주를 넣어 돼지 잡내를 없애고 끓인다.

6 ⑤의 갈비가 무르게 익으면 콩비지를 넣고 송송 썬 대파와 청양고추를 얹어 매콤하게 한 후 소금과 후춧가루로 간을 맞춰서 상에 낸다.

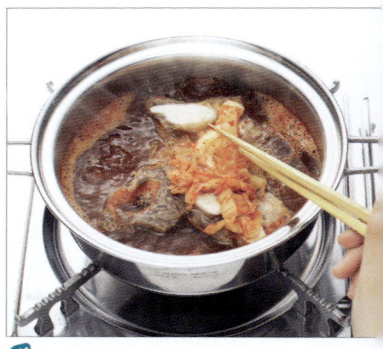
 STEP 4

> **COOK TIP**
> 돼지갈비는 향신채를 넣고 삶아야 잡내가 없고 돼지고기 특유의
> 냄새가 나지 않아 콩비지찌개가 더욱 고소하다.

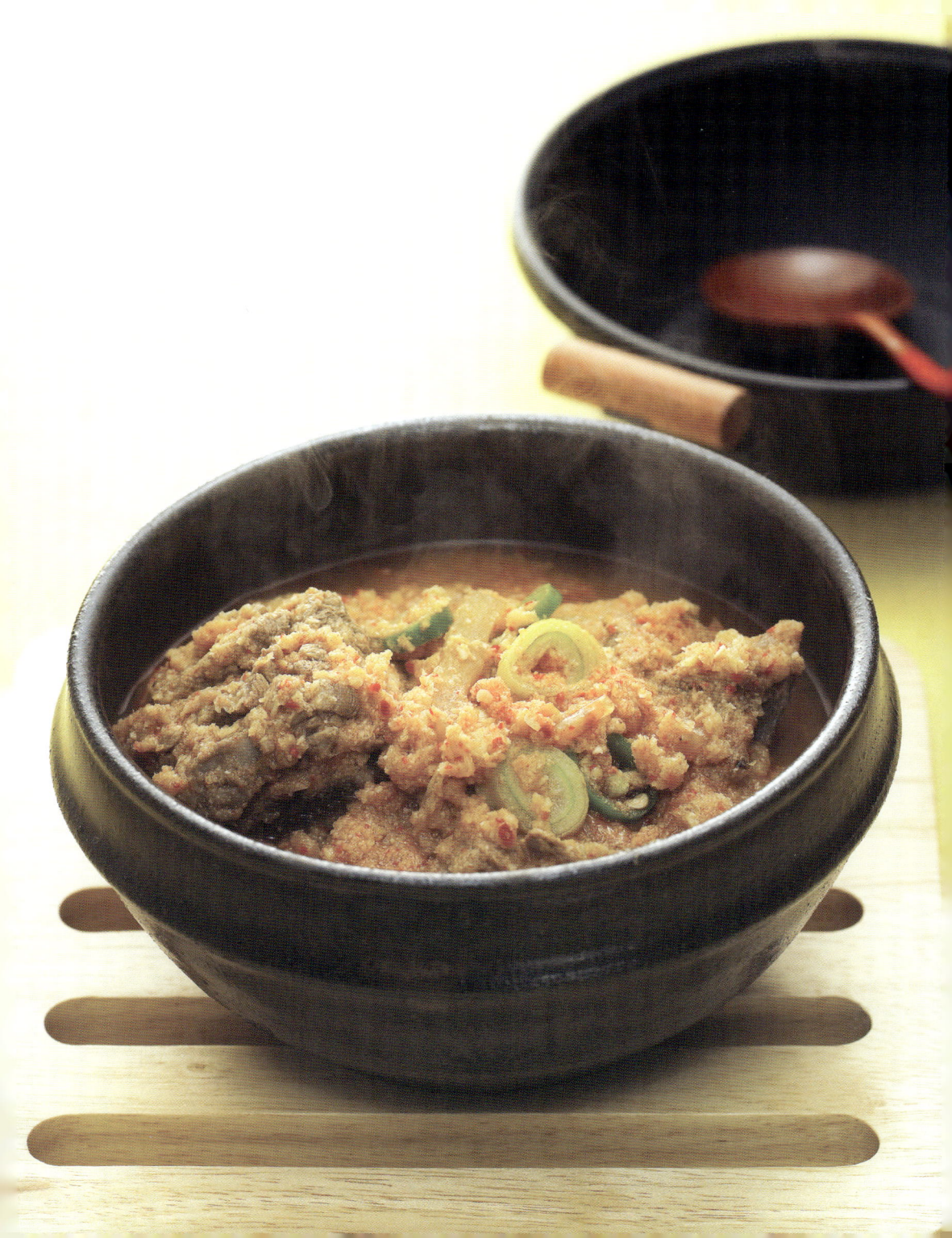

동태찌개

▶ **주재료**
동태 1마리

▶ **부재료**
무 100g, 콩나물 80g, 두부 $\frac{1}{4}$모, 미나리 50g, 쑥갓 30g, 소금 약간, 다시마 우린 물 4컵

▶ **찌개 양념**
고추장 · 고춧가루 · 다진 마늘 · 청주 1큰술씩, 된장 $\frac{1}{2}$작은술, 간장 1작은술, 소금 · 후춧가루 · 다진 생강 약간씩, 다진 파 2큰술

1 동태는 실온에서 해동시켜 비늘을 긁어내고 배를 갈라 내장을 뺀 후 3㎝ 길이로 썰어 옅은 소금물에 흔들어 씻는다.

2 무는 사방 4㎝의 크기로 납작하게 썰고 콩나물은 다듬어 씻어 놓는다.

3 미나리는 깨끗이 다듬어 씻어서 3㎝ 길이로 썰고 쑥갓은 짧게 잘라 놓는다.

4 찌개 양념을 매콤하고 칼칼하게 만들어 준비한다.

5 냄비에 무와 콩나물을 담고 다시마 우린 물을 부어서 뚜껑을 덮어 익힌다.

6 콩나물 익는 냄새가 나면서 ⑤의 국물이 끓으면 뚜껑을 열고 준비한 찌개 양념을 멍울 없이 풀어 끓인다.

7 ⑥에 손질한 동태와 미나리, 쑥갓을 올려 시원하고 칼칼한 찌개를 끓인다.

8 도톰하게 썬 두부를 올리고 한소끔 끓으면 먹기 시작한다.

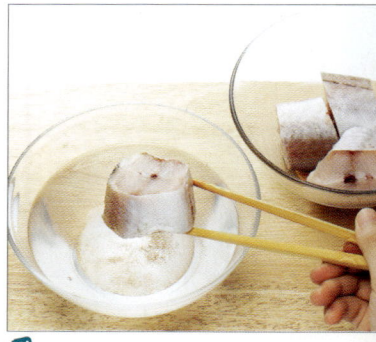

🍴 STEP 1

😊 **COOK TIP**
동태는 맛이 담백하고 지방이 적은 흰 살 생선에 속한다. 동태를 더욱 맛나게 먹으려면 다시마 우린 물이나 멸치를 우린 국물을 한소끔 끓여낸 다음에 양념장을 섞고 한소끔 끓으면 동태를 넣어 끓여야 동태의 깊은맛이 살아나고 더 맛이 있다.

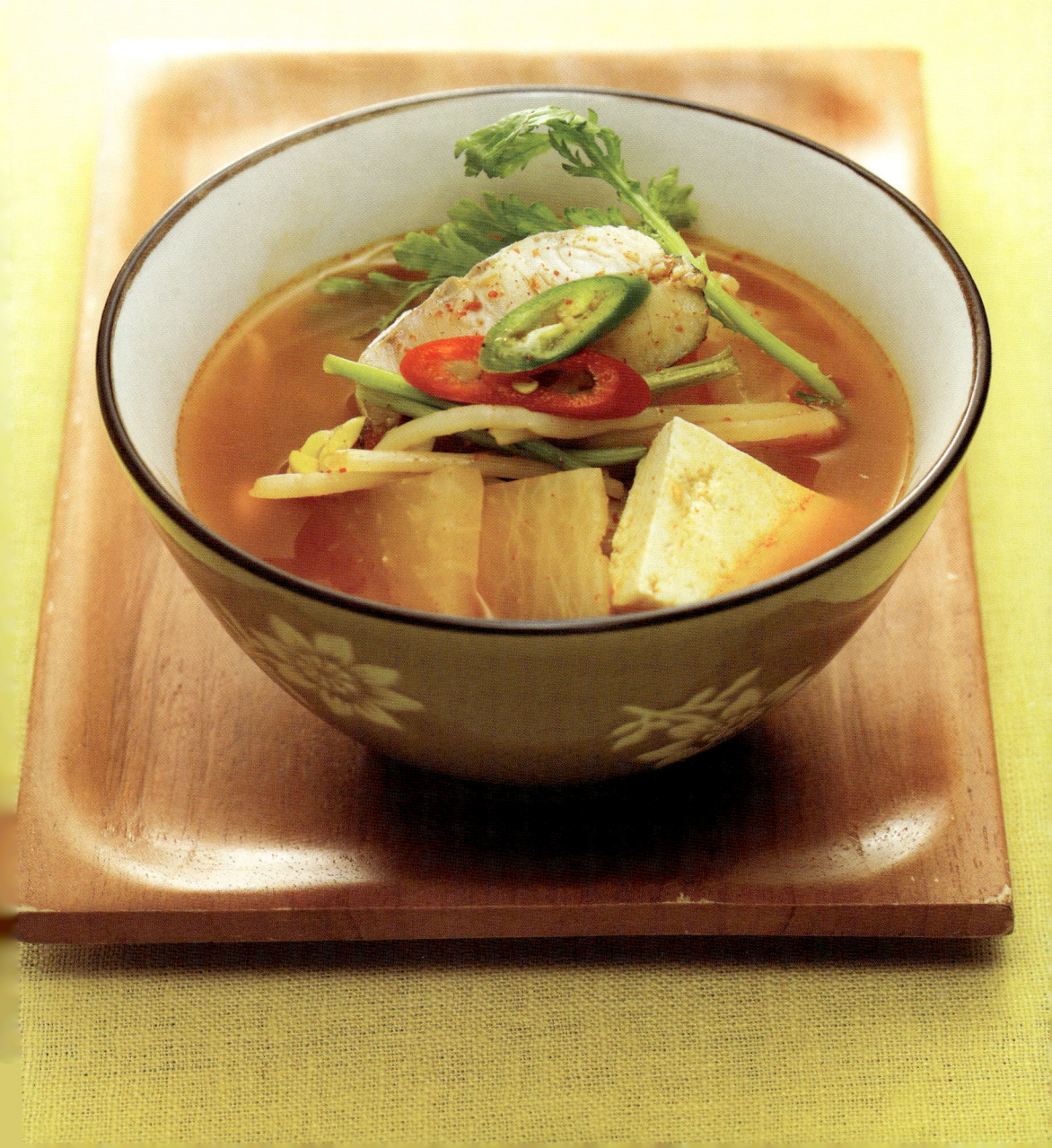

들깨탕버섯순두부찌개

▶ **주재료**
느타리버섯 100g, 표고버섯 5장, 팽이버섯 1봉지, 순두부 200g

▶ **부재료**
들깻가루·송송 썬 대파 3큰술씩, 들기름 1작은술, 다진 마늘·청주 1큰술씩, 쌀뜨물 1컵, 다시마 우린 물 3컵, 소금 약간

1 느타리버섯은 굵게 찢고 표고버섯은 부드럽게 불려서 밑동을 잘라 곱게 채 썬다. 팽이버섯은 밑동을 자르고 흐르는 물에 씻어 물기를 턴다.

2 냄비에 쌀뜨물과 다시마 우린 물을 붓고 끓이다가 끓으면 들깻가루를 넣어 끓여서 들깨탕을 만든다.

3 뚝배기에 느타리버섯과 표고버섯 큼직하게 썬 순두부를 넣고 만들어 놓은 들깨탕을 부어서 끓인다.

4 ③에 다진 마늘과 들기름, 청주를 넣어 소금으로 간을 한 후 끓이다가 팽이버섯과 대파를 올려 한소끔 끓여 먹는다.

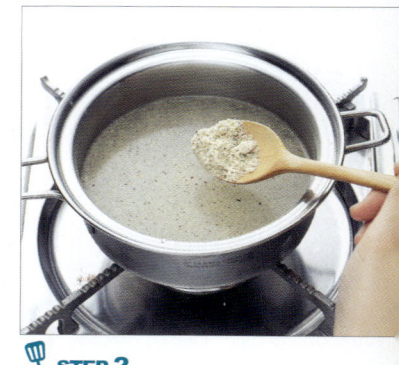
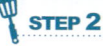 STEP 2

🔘 **COOK TIP**
들깻가루는 쌀뜨물과 다시마 우린 물을 함께 끓여서 멍울 없이
풀어야 들깨탕이 구수하고 맛이 좋다.

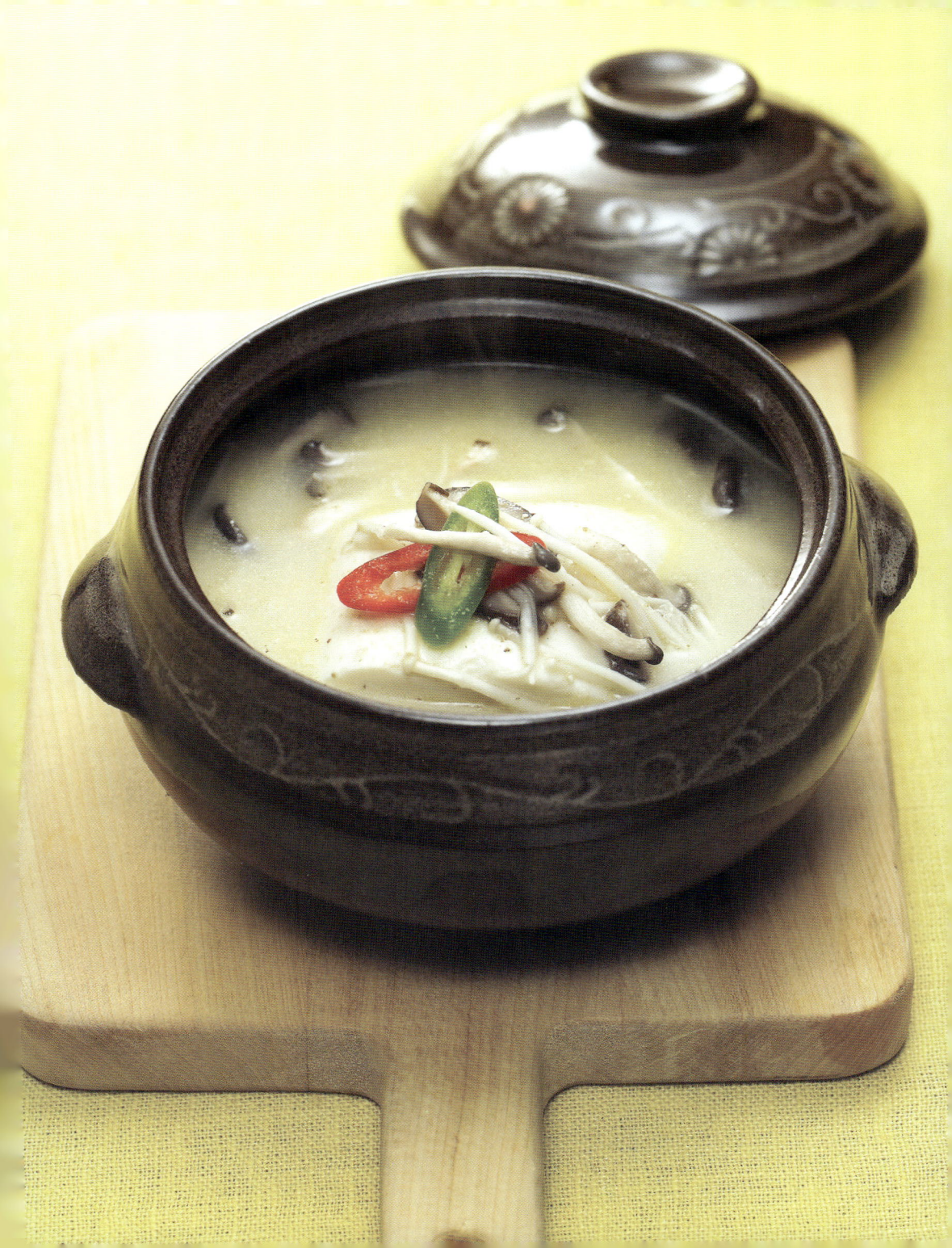

물미역참치풋마늘찌개

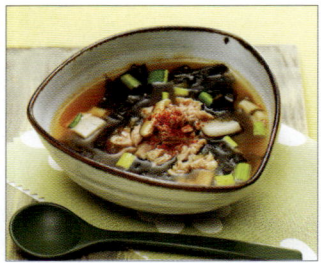

▶ **주재료**
물미역 80g, 참치(통조림) 1통, 풋마늘 3대

▶ **부재료**
양파 ½개, 표고버섯 3장, 고추장 2큰술, 고운 고춧가루 · 간장
1작은술씩, 청주 1큰술, 소금 약간, 물 3컵

1 물미역은 씻어서 물기를 닦고 2cm 길이로 썬다.

2 참치는 통조림으로 준비해서 체에 걸러 기름기를 뺀다.

3 풋마늘은 씻어서 1cm 길이로 썰고 양파는 사방 2cm 크
기로 썬다. 표고버섯은 밑동을 떼고 굵게 채 썬다.

4 냄비에 표고버섯과 물미역, 참치를 담고 청주와 간장
을 넣어 볶다가 물을 붓고 중간 불에서 끓인다.

5 ④의 재료가 익으면 풋마늘과 양파를 넣고 고추장, 고
운 고춧가루를 풀어서 끓인다. 끓이는 도중에 생기는
거품은 말끔하게 걷어 낸다.

> → **COOK TIP**
>
> 풋마늘은 아삭하면서 쌉쌀한 맛이 찌개를 끓여도 아주 좋은데 너
> 무 오래 익히는 것보다는 살짝 익혀 먹는 것이 좋다. 물미역과 참
> 치의 잡내는 볶을 때 청주를 넣어 없애는 것이 국물 맛을 깔끔하
> 게 하는 비결이다.

조기콩나물찌개

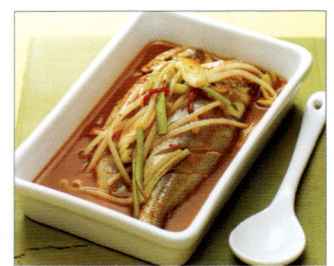

▶ **주재료**
참조기 3마리, 콩나물 250g

▶ **부재료**
대파 2대, 마른 홍고추 2개, 미나리 30g, 소금 약간, 쌀뜨물 4컵

▶ **찌개 양념장**
고운 고춧가루 · 고추장 · 다진 마늘 · 청주 1큰술씩, 소금 · 후춧
가루 약간씩, 다진 생강 ⅓작은술

1 참조기는 비늘을 긁어내고 아가미 쪽에서 내장을 뺀
후 옅은 소금물에 흔들어 씻어 채반에 올려 꾸덕하게
1시간 정도 말린다.

2 꾸덕해진 참조기의 등 쪽에 칼집을 서너 번씩 넣어준
후 소금을 약간 뿌려 놓는다. 그래야 참조기 살이 단
단하고 부서지지 않는다.

3 콩나물은 긴 꼬리 부분만 다듬어 씻어 물기를 턴다.
대파는 굵게 채 썰고 마른 홍고추는 가위로 잘게 잘라
놓는다. 미나리는 다듬어 씻어 4cm 길이로 썬다.

4 양념장을 분량의 재료대로 섞어 준비한다.

5 냄비에 콩나물과 다진 마늘, 홍고추를 담고 약간의 소
금을 뿌린 후 쌀뜨물 1컵을 부어서 뚜껑을 덮어 끓인다.

6 콩나물 익는 냄새가 나면 뚜껑을 열고 나머지 쌀뜨물을
모두 붓고 끓으면 준비한 찌개 양념장을 풀어 끓인다.

7 ⑥에 참조기 손질한 것을 넣어 한소끔 끓이다가 대파
와 미나리를 듬뿍 올려서 모자라는 간을 소금으로 맞
춰 그릇에 담아낸다.

감자쇠고기고추장찌개

▶ **주재료**
감자 2개, 쇠고기(등심) 200g

▶ **부재료**
대파 1대, 양파 ½개, 고추장 3큰술, 참치액 1작은술, 쌀뜨물 4컵, 다진 마늘·청주 1큰술씩

1 감자는 껍질을 벗기고 사방 3cm 크기로 납작하게 썰어
물에 담가 아린맛을 뺀다.

2 쇠고기는 등심으로 준비해서 곱게 채 썰고 대파와 양
파는 굵게 채 썬다.

3 냄비에 쇠고기와 감자, 양파를 담고 고추장과 참치액,
다진 마늘, 청주를 넣어 볶다가 쌀뜨물을 붓고 끓인다.

4 끓이면서 생기는 거품을 말끔하게 걷어내고 대파를
넣어 한소끔 더 끓인다.

5 쇠고기와 감자가 익고 고추장찌개가 얼큰하게 익으면
불에서 내린다.

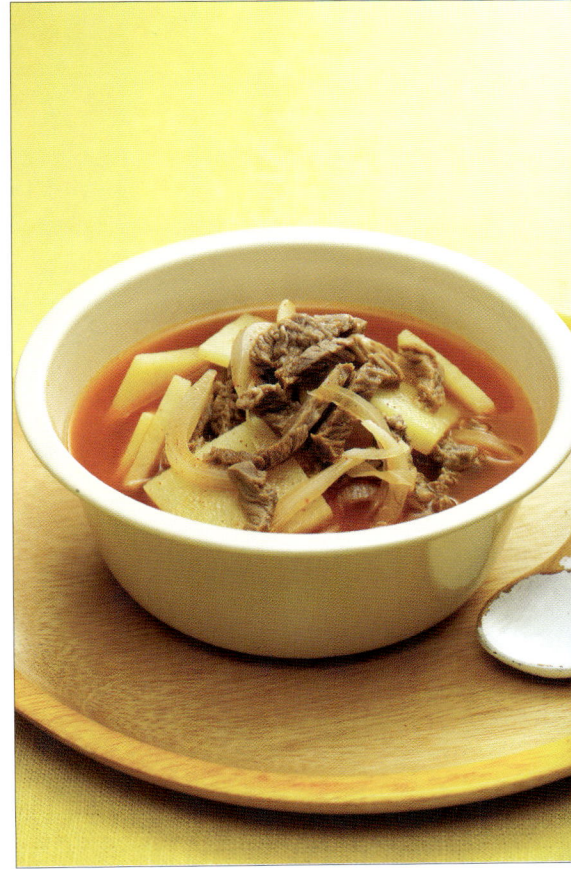

🔄 COOK TIP

고추장찌개는 얼큰하고 구수하게 끓여야 맛이 있는데 특히 쇠고
기를 넣은 찌개는 구수한 국물에 살짝 기름기가 돌아 부드러운
것이 특징이다. 고추장은 국물에 풀어서 끓이는 것이 아니고 재
료에 고추장이 잘 배도록 먼저 무쳐 냄비에 볶으면서 물을 넣는
것이 좋다. 고추장찌개 국물은 쌀뜨물을 이용해서 끓여야 약간
걸쭉하면서 달콤한 감칠맛이 돌아 더욱 맛이 진하다.

매운순두부찌개

▶ **주재료**
순두부 200g, 돼지고기(목삼겹) 80g

▶ **부재료**
모시조개 100g, 대파 1대, 다진 마늘·고춧가루·식용유 1큰술씩, 간장·참기름·새우젓 1작은술씩, 생강즙 ½작은술, 홍고추·청양고추 1개씩, 다시마 우린 물 2컵

1 돼지고기는 기름기가 살짝 있는 목삼겹으로 준비해서 납작납작하게 썰어 다진 마늘, 생강즙, 간장, 참기름으로 양념한다.

2 모시조개는 소금으로 박박 껍질을 문질러 씻어서 옅은 소금물에 조개를 담아 신문지를 덮어 충분하게 해감 시켜 여러 번 물에 헹군 후 체에 밭친다.

3 냄비에 식용유를 둘러 달군 후 고춧가루를 볶다가 썬 돼지고기를 넣어 함께 볶는다.

4 대파는 곱게 송송 썰고 홍고추와 청양고추도 송송 썬다.

5 고기가 익으면 다시마 우린 물을 부어 끓인다.

6 ⑤의 국물이 바글바글 끓으면 순두부를 넣고 불을 줄인다.

7 ⑥에 새우젓으로 간을 맞추고 모시조개와 대파, 홍고추, 청양고추를 넣어 잠깐 끓인 다음 참기름을 떨어 뜨려 상에 낸다.

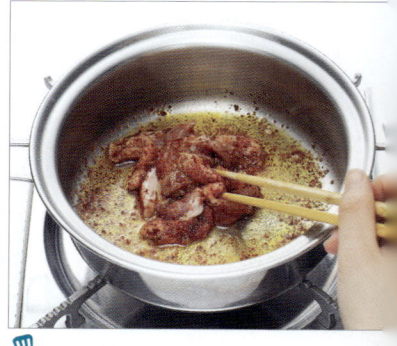
STEP 3

🡒 COOK TIP
순두부찌개는 고추기름이 떠올라야 더욱 맛깔스럽고 먹음직스럽게 보인다. 그래서 돼지고기는 고춧가루를 식용유에 볶다가 고추기름이 나온 상태에서 볶아주어야 고기에 고춧가루 색이 예쁘게 스며들고 고추기름에 돼지고기 성분이 묻어나와 순두부찌개가 더욱 칼칼하고 고소한 맛이 우러난다.

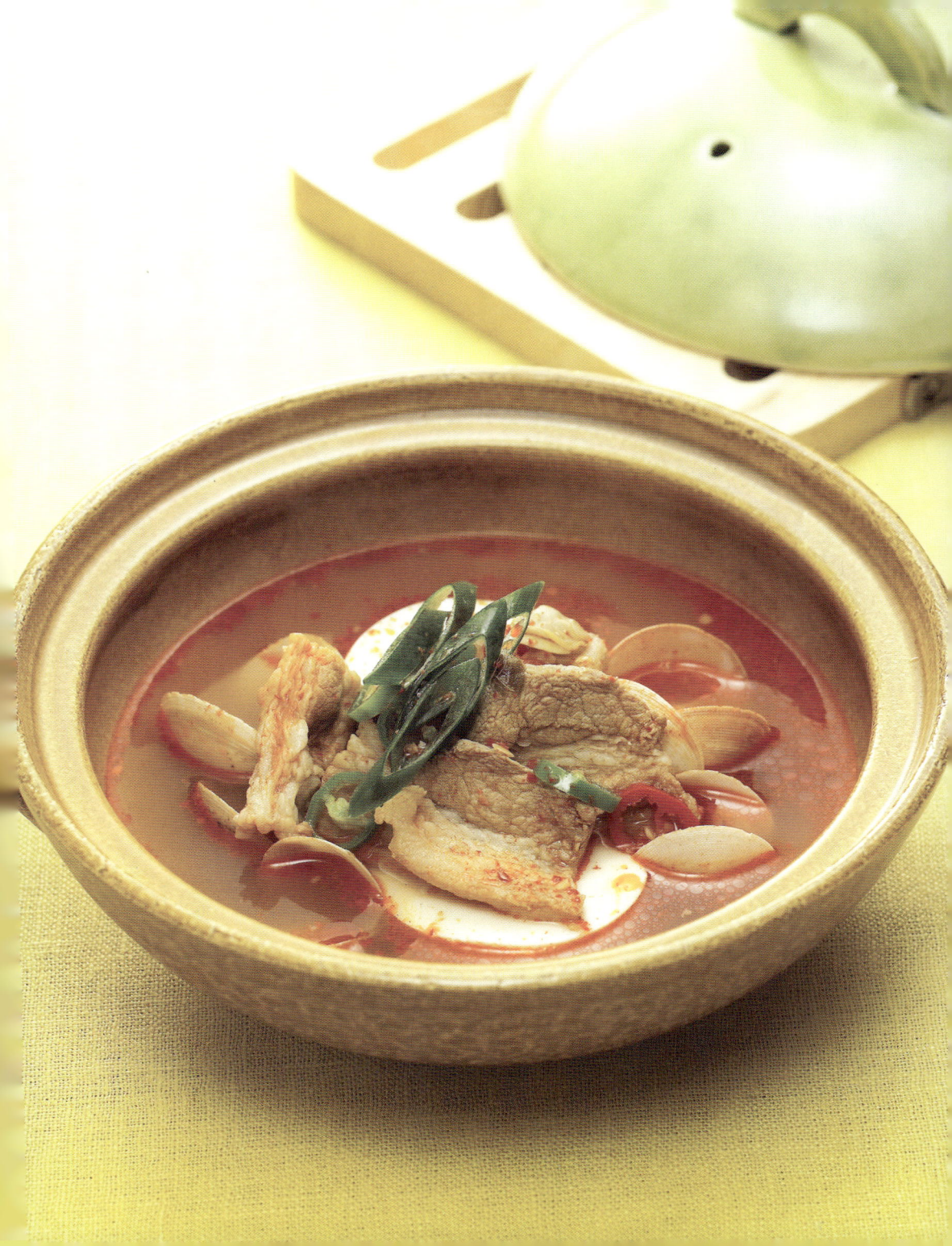

오징어무찌개

▶ **주재료**
오징어 1마리, 무 200g

▶ **부재료**
대파 1대, 미나리 30g, 다시마 우린 물 4컵, 소금 약간

▶ **찌개 양념장**
고추장 · 고춧가루 · 다진 마늘 · 맛술 1큰술씩, 간장 1작은술, 생강즙 · 소금 약간씩

1 오징어는 배를 가르지 않고 먹물과 내장을 떼어내고 씻는다. 몸통은 동그란 고리 모양 그대로 얄팍하게 썰고 다리는 칼집을 넣어 5cm 길이로 썬다.

2 무는 사방 3cm 크기로 납작하게 썰고 대파는 굵게 채 썬다. 미나리는 다듬어 씻어 4cm 길이로 썬다.

3 고추장과 고춧가루를 섞어 간장으로 불린 후 색이 나면 다진 마늘, 생강즙, 맛술을 넣어 고루 섞어 양념장을 만든다.

4 냄비에 다시마 우린 물을 붓고 무와 준비한 양념장을 넣어 끓인다.

5 무가 익어 단 국물이 우러나면 오징어와 대파를 넣어 한소끔 끓여 소금으로 간을 하고 마지막에 미나리를 얹어 상에 낸다.

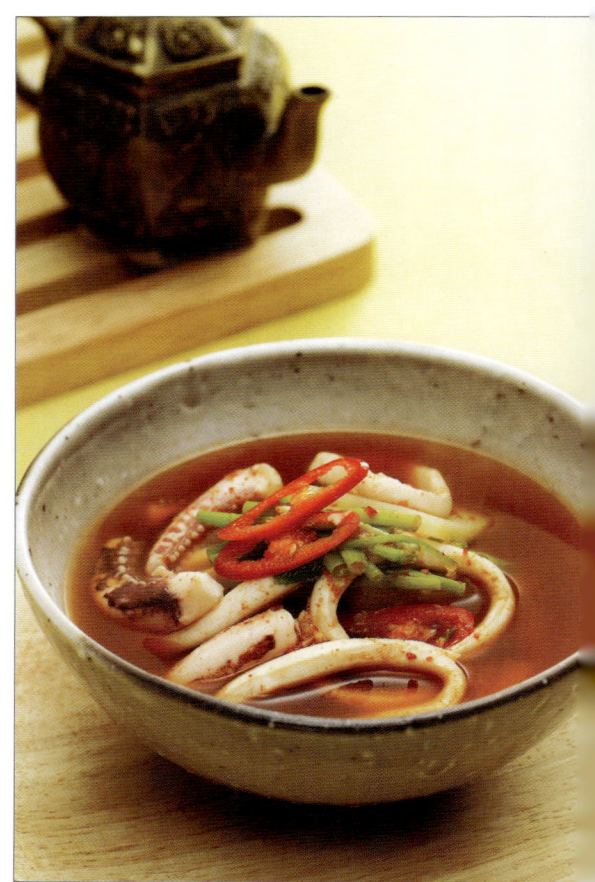

→ COOK TIP
오징어를 처음부터 넣으면 오징어 맛이 우러나 국물은 맛이 있으나 오징어 자체는 질겨지고 맛이 없다. 무가 익은 후 그 국물에 오징어를 넣어 살짝 익혀내는 것이 포인트다.

우럭매운찌개

▶ **주재료**
우럭 1마리, 배춧잎 3장

▶ **부재료**
대파 2대, 양파 $\frac{1}{4}$개, 쑥갓 30g, 청양고추 1개, 생강 $\frac{1}{2}$톨, 소금 약간, 쌀뜨물 4컵

▶ **찌개 양념장**
매운 고춧가루 2큰술, 참치액 1작은술, 다진 마늘 · 청주 1큰술씩, 다진 생강 $\frac{1}{2}$작은술, 후춧가루 약간

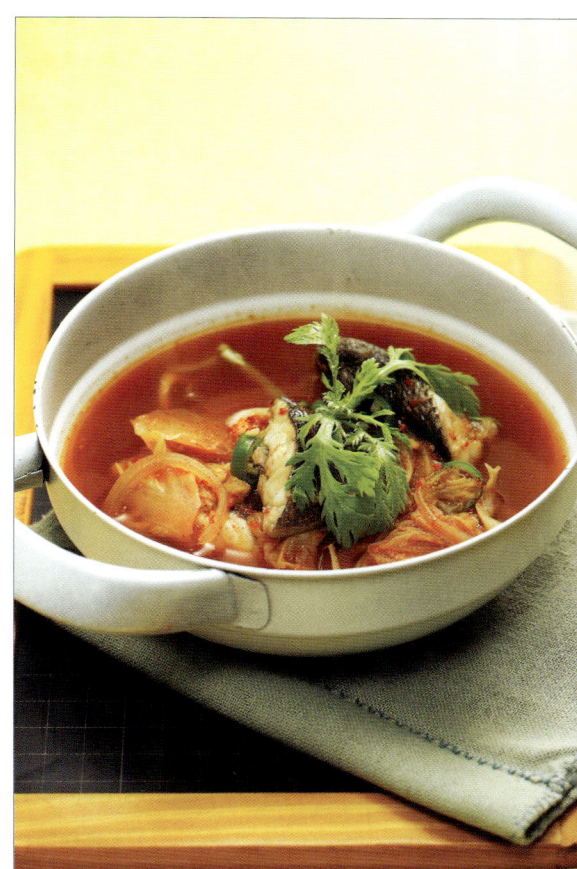

1 우럭은 비늘을 긁어내고 지느러미를 잘라내 아가미 속에서 내장을 꺼내 씻어 3㎝길이로 토막 낸다. 우럭의 머리는 달콤한 감칠맛을 내므로 버리지 말고 찌개에 함께 넣어 끓인다.

2 배추잎은 씻어 어슷하게 칼날을 뉘여 2㎝ 폭으로 자르고 대파와 양파는 굵게 채 썬다. 쑥갓은 짧게 끊어 씻어 놓는다. 청양고추는 송송 썰어 씨를 턴다.

3 고춧가루에 참치액과 다진 마늘, 다진 생강, 청주, 후춧가루를 넣어 양념장을 만든다.

4 냄비에 쌀뜨물을 붓고 우럭의 머리와 생강을 넣어 끓인다.

5 ④의 국물을 면포에 담아 맑은 국물만 냄비에 담고 찌개 양념장을 넣고 끓이다가 배추잎과 토막 낸 우럭을 넣고 끓인다.

6 우럭살이 탄력이 생기면서 끓으면 양파와 대파를 넣고 한소끔 더 끓인 후 청양고추와 쑥갓을 올려 소금으로 간을 맞춰 상에 낸다.

⊙ COOK TIP

우럭매운찌개는 우럭의 머리를 넣어 국물을 내면 훨씬 국물의 맛이 진하고 구수한데 우럭 머리는 생강과 함께 끓여 진한 국물 맛이 나면 그 국물을 받아서 찌개를 끓인다. 우럭머리는 쌀뜨물을 넣고 끓여야 비린맛이 없다.

낙지갈비찌개

▶ **주재료**
쇠갈비 500g, 낙지 2마리, 양파 · 당근 · 애호박 $\frac{1}{4}$개씩, 청양고추 2개, 미나리 30g, 소금 · 밀가루 약간씩

▶ **쇠갈비 국물**
물 12컵, 대파잎 2대, 마늘 5쪽, 생강 $1\frac{1}{2}$톨, 간장 1큰술

▶ **찌개 양념장**
달래 50g, 간장 2큰술, 다진 마늘 · 청주 1큰술씩, 참기름 1작은술, 통깨 · 후춧가루 약간씩

1 쇠갈비는 핏물을 빼고 냄비에 물을 조금 붓고 끓으면 갈비를 데쳐 겉기름을 없애고 물에 헹군 후 다시 냄비에 물을 붓고 대파잎과 마늘, 생강, 간장을 넣어 끓으면 데친 갈비를 넣어 푹 끓인다.

2 낙지는 먹물과 내장을 없애고 밀가루와 소금을 넣어 바락바락 주물러 물에 헹궈 말끔하게 해감을 시킨 후 4cm 길이로 썬다.

3 양파와 애호박, 당근은 가로 4cm, 세로 1cm 크기로 납작하게 썰고 청양고추는 어슷하게 채 썬다. 미나리는 다듬어 씻어 4cm 길이로 썬다.

4 ①의 쇠갈비가 익으면 국물은 따로 받아 놓고 갈비는 건져 놓는다.

5 달래를 다듬어 송송 썰고 찌개 양념장을 재료의 분량대로 모두 넣어 잘 섞는다.

6 냄비에 갈비 국물을 붓고 양파, 애호박, 당근을 넣어 끓으면 낙지와 갈비를 넣고 찌개 양념을 풀어 끓인다.

7 진한 국물 맛이 우러나면 청양고추와 미나리를 얹고 소금으로 간을 맞춰 완성한다.

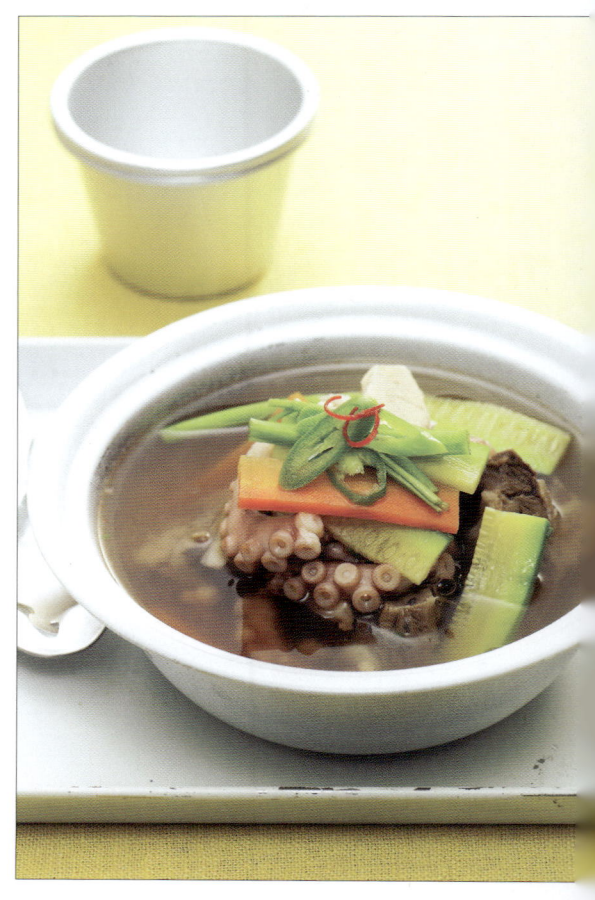

> 🔶 **COOK TIP**
> 낙지 갈비찌개는 갈비 국물을 진하게 만들어 그 국물로 만드는 것이 포인트인데 갈비 국물은 향신채를 넣어서 첫 번째 삶아 놓은 물은 버리고 두 번째 물로 진하게 끓여야 갈비 잡내가 없고 깊은 풍미가 난다. 낙지를 넣은 찌개는 달래를 이용한 양념장을 넣어 끓이면 더욱 맛이 좋은데 달래의 향이 낙지 비린맛도 없애 주고 갈비와 낙지의 맛을 한결 진하게 내준다.

꽃게새우찌개

▶ **주재료**
꽃게 2마리, 대하 6마리

▶ **부재료**
무 100g, 대파 1대, 홍고추 2개, 청양고추 1개, 쑥갓 30g, 팽이버섯 1봉지, 소금 약간, 쌀뜨물 4컵

▶ **찌개 양념장**
고춧가루 2큰술, 고추장·된장 1작은술씩, 다진 마늘·맛술 1큰술씩, 생강즙 ½작은술, 소금 약간

1 꽃게는 뾰족한 다리 끝쪽을 자르고 등딱지를 떼어내고 씻어 큼직하게 네 토막 낸다.

2 대하는 수염을 자르고 등 쪽 두 번째 마디에서 내장을 뺀 후 물에 헹궈 건진다.

3 무는 사방 4㎝ 크기로 납작하게 썰고 대파와 홍고추, 청양고추는 어슷하게 채 썬다. 쑥갓은 짧게 잘라 씻어 물기를 털고 팽이버섯은 밑동을 잘라 물에 헹궈 물기를 턴다.

4 고춧가루와 고추장, 된장을 섞어 볼에 담고 다진 마늘과 생강즙, 맛술을 넣어 양념을 만든다.

5 쌀뜨물을 냄비에 붓고 무와 ④의 양념을 넣어 끓인다.

6 국물이 끓으면 꽃게와 대파를 넣고 한소끔 끓여 국물이 우러나면 고추채와 쑥갓, 팽이버섯을 올리고 소금으로 간을 맞춰 불에서 내린다.

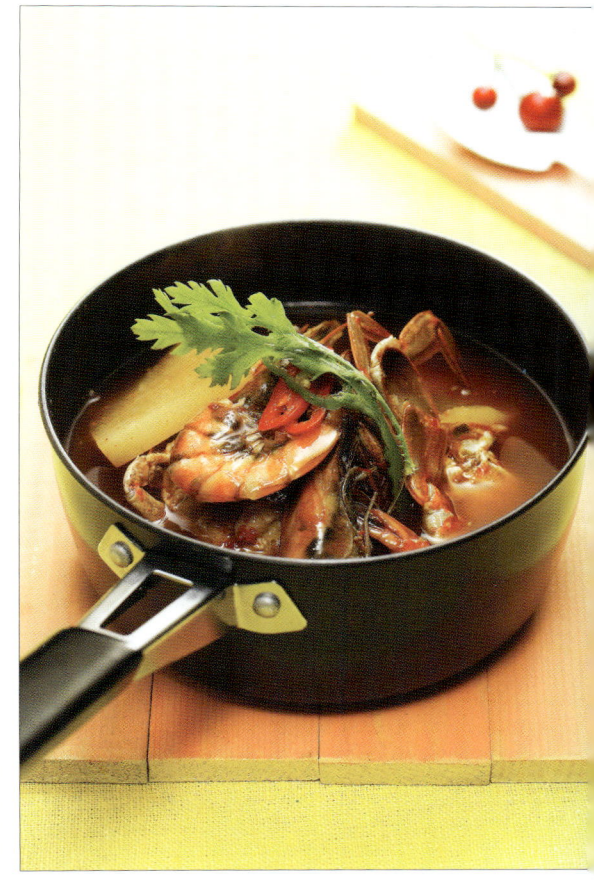

🠖 COOK TIP

꽃게, 새우가 들어간 찌개 양념은 된장을 조금 섞어 비린맛도 없애고 달콤한 감칠맛을 내게 해야 한다. 하지만 된장의 비율이 높으면 찌개가 된장찌개 맛이 나므로 된장은 아주 약간만 넣어 비린 잡내만 없애주면 좋다.

쇠고기두부샌드찌개

▶ **주재료**
두부 1모, 다진 쇠고기 200g

▶ **부재료**
실파 10대, 양파 $\frac{1}{4}$개, 홍고추 · 풋고추 1개씩, 다시마 우린 물 4컵, 녹말가루 약간

▶ **다진 쇠고기 양념**
소금 1작은술, 참기름 · 다진 마늘 $\frac{1}{2}$작은술씩, 깨소금 · 후춧가루 약간씩

▶ **찌개 양념**
간장 · 다진 파 2큰술씩, 다진 마늘 1큰술, 참기름 · 청주 1작은술씩, 소금 · 후춧가루 약간씩

1 두부는 단단한 두부로 준비해서 사방 5㎝, 0.8㎝ 두께로 썰어 채반에 펼쳐
담은 후 소금을 약간 뿌려 물기를 뺀다. 물기 뺀 두부는 팬에 기름을 두르
고 노릇하게 지져낸다.

2 다진 쇠고기는 고기 양념에 조물조물 무쳐서 재운다.

3 실파를 뜨거운 물에 잠시 데쳐서 찬물에 헹궈 물기를 뺀다.

4 지져낸 두부에 녹말가루를 약간 묻히고 다진 쇠고기 무친 것을 평평하게
넣어 다른 두부로 붙인 후 실파로 가운데를 묶어 샌드를 만든다.

5 양파는 채 썰고 홍고추, 풋고추는 어슷하게 채 썰어 씨를 털어낸다.

6 찌개 양념을 재료의 분량대로 섞어 만든다.

7 냄비에 다시마 우린 물을 담고 두부고기소샌드와 양파, 고추를 돌려 담은
뒤 양념을 섞어서 한소끔 끓인다.

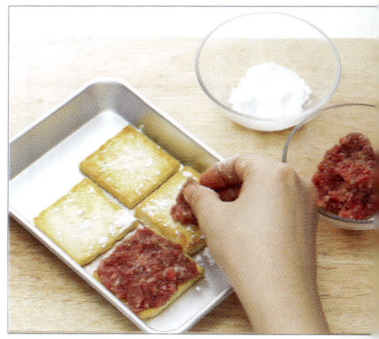

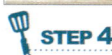 **STEP 4**

↪ COOK TIP

두부를 노릇하게 부치기 전에 소금으로 밑간해서 수분을 뺀 후
물기를 닦아 주고 팬에 노릇하게 지져내야 한다. 물기가 많으면
두부를 부칠 때 쉽게 부서져 모양이 살아나지 않는다. 다진 쇠고
기는 간장보다 소금 간을 해서 조물조물 무쳐야 쇠고기가 무르지
않고 두부에 넣었을 때 빠지지 않고 달라붙는다.

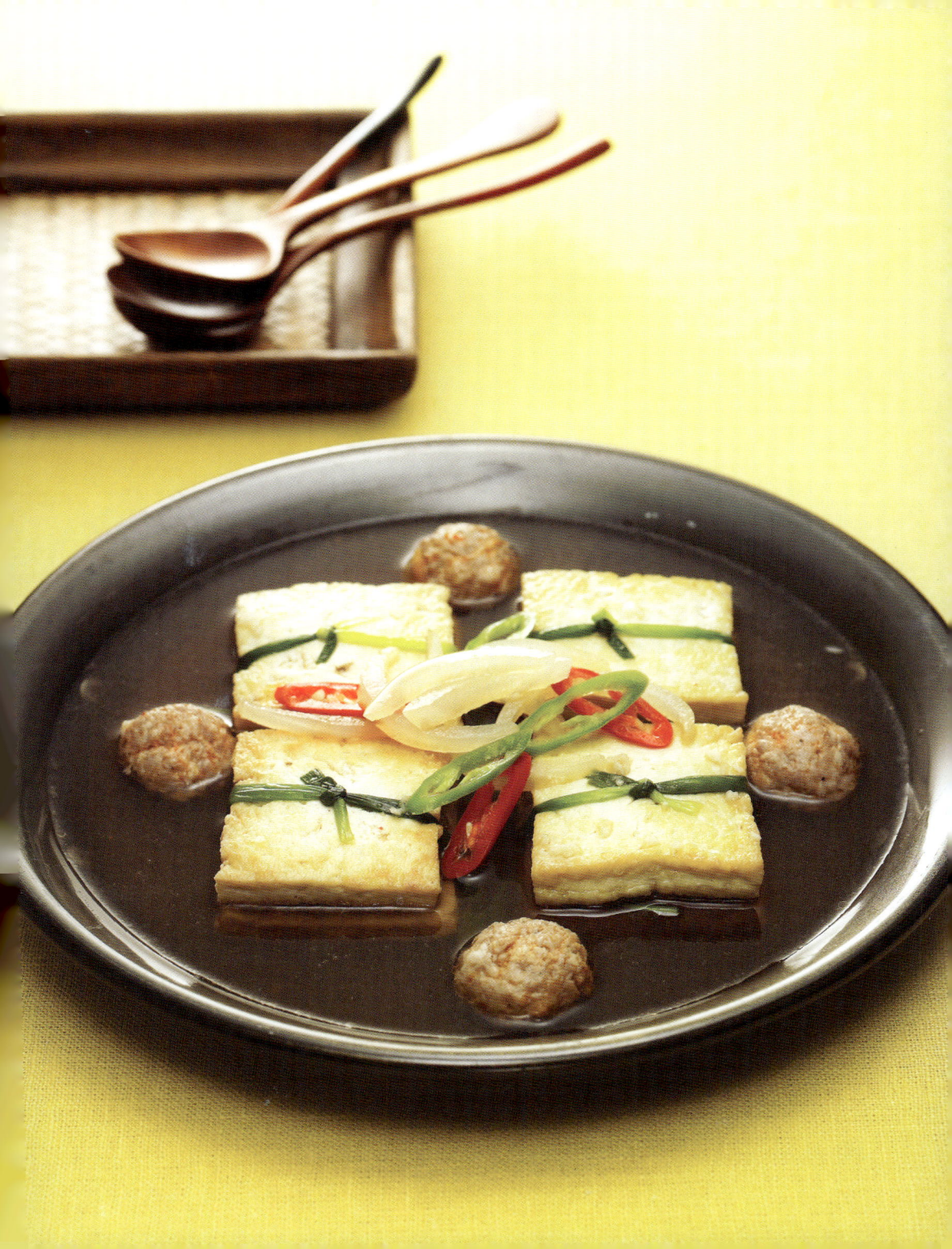

생태미나리맑은탕

▶ **주재료**
생태 1마리, 미나리 100g

▶ **부재료**
양파 ½개, 마늘 3쪽, 청주 1큰술, 대파뿌리 2대, 대파 1대, 무 50g, 배춧잎 2장, 홍고추 1개, 소금·후춧가루 약간씩, 다시마 우린 물 4컵

▶ **간장소스**
간장 2큰술, 다시마 우린 물·식초·맛술 1큰술씩, 얇게 썬 레몬 1쪽

1 생태는 비늘을 긁어내고 머리를 잘라 소금물에 씻어서 4㎝ 길이로 토막 낸다.

2 체에 ①을 담고 끓는 물을 끼얹어 살이 부서지지 않게끔 탄력을 준다.

3 냄비에 다시마 우린 물을 담고 마늘, 청주, 대파뿌리를 넣어서 팔팔 끓여 국물이 3컵 정도 나오도록 우린다.

4 체에 ③의 국물을 따라내어 건지는 버리고 맑은 국물만 냄비에 담아 무를 납작하게 썰어 함께 넣어서 끓인다.

5 배춧잎은 3㎝ 길이로 썰고 미나리는 다듬어 4㎝ 길이로 썬다. 양파는 곱게 채 썬다.

6 홍고추는 어슷하게 채 썰어 씨를 빼고 대파는 굵게 채 썬다.

7 ④의 무가 우러나 단맛이 나는 국물이 끓으면 손질한 생태를 넣고 한소끔 끓어오르면 양파, 대파, 배춧잎, 미나리, 홍고추를 넣어서 끓인다.

8 생태 미나리 탕이 맑게 끓으면 소금, 후춧가루로 간을 해서 상에 낸다.

9 생태살은 간장소스를 만들어 찍어 먹으면 새콤한 레몬 맛에 더욱 맛있다.

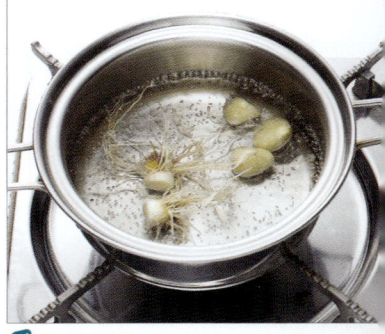

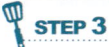 **STEP 3**

> 🔄 **COOK TIP**
> 맑은탕의 특징은 국물의 담백한 맛에 있다. 그러므로 생선살이 부서지지 않고 탄력이 있는 상태로 만들어야 하는데 생태를 손질 한 후 뜨거운 물을 끼얹어 미리 애벌로 익혀서 탄력을 준다.

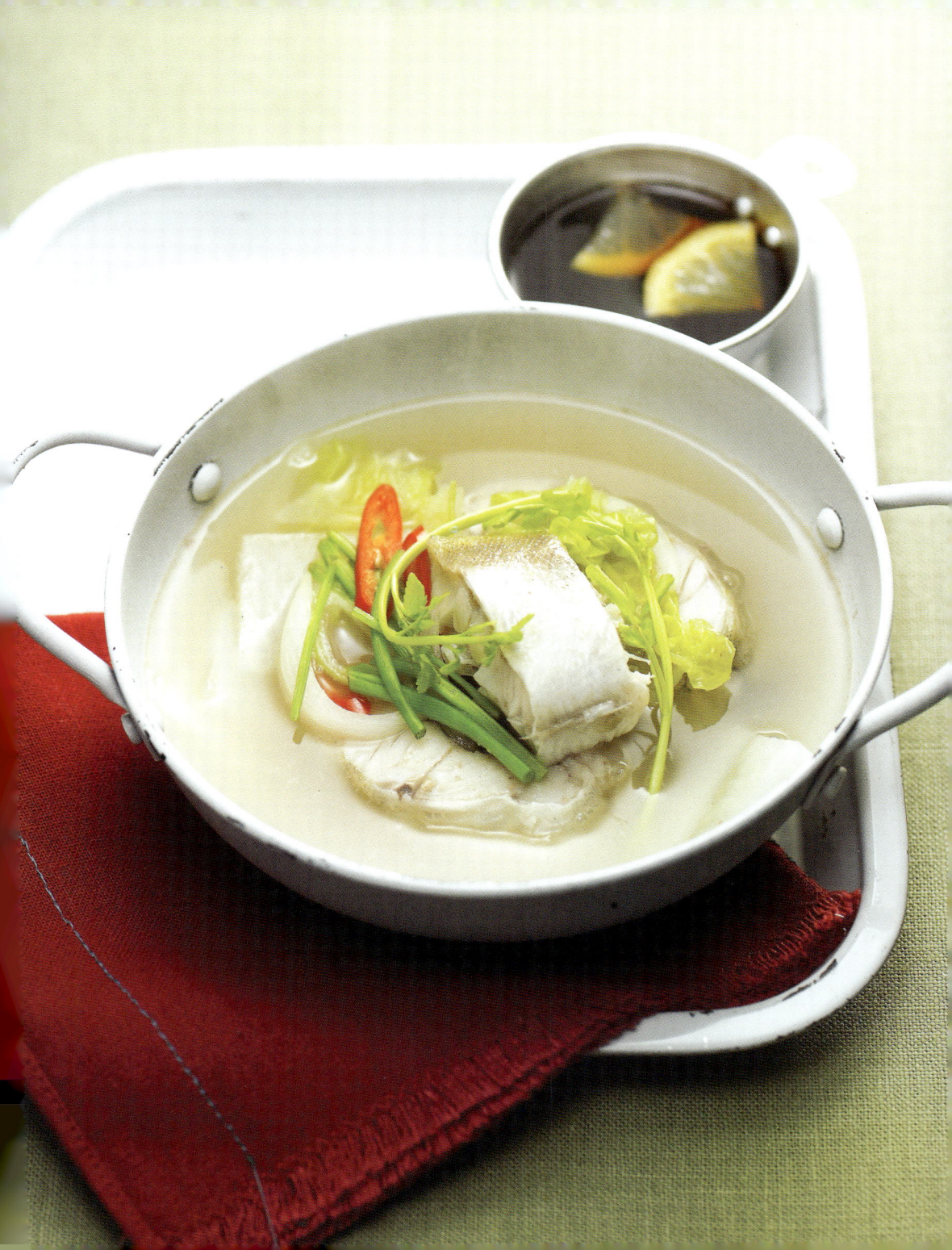

서울식두부고기소맑은탕

▶ **주재료**
두부 ½모, 다진 쇠고기 200g

▶ **부재료**
실파 10대, 다진 표고버섯 50g, 양파 ½개, 청·홍고추 1개씩, 멸치 국물 4컵, 녹말가루 약간

▶ **다진 쇠고기·표고버섯 양념**
소금 1작은술, 참기름·다진 마늘 ½작은술씩, 깨소금·후춧가루 약간씩

▶ **맑은탕 양념**
간장·다진 파 2큰술씩, 다진 마늘 1큰술, 참기름·청주 1작은술씩, 소금·후춧가루 약간씩

1 두부는 단단한 두부로 준비해서 사방 5㎝, 0.8㎝ 두께로 썰어 채반에 펼쳐 담은 후 소금을 약간 뿌려 물기를 뺀다. 물기 뺀 두부는 팬에 기름을 두르고 노릇하게 지져낸다.

2 다진 쇠고기와 곱게 다진 표고버섯은 양념에 조물조물 무쳐서 재운다.

3 실파는 뜨거운 물에 파랗게 데쳐 찬물에 헹궈 물기를 뺀다.

4 지져낸 두부에 녹말가루를 약간 묻히고 ②를 평평하게 넣어 또 다른 두부로 붙인 후 실파를 가운데 리본으로 묶어 고기소 넣은 두부편을 만든다.

5 양파는 채 썰고 청·홍고추는 어슷하게 채 썰어 씨를 털어낸다.

6 맑은탕 양념을 재료의 분량대로 섞어 만든다.

7 냄비에 멸치 국물을 담고 두부편과 양파, 청·홍고추를 돌려 담은 뒤에 전골 양념을 섞어서 한소끔 끓이다가 상에 내어 더 끓여가면서 뜨거울 때 먹는다.

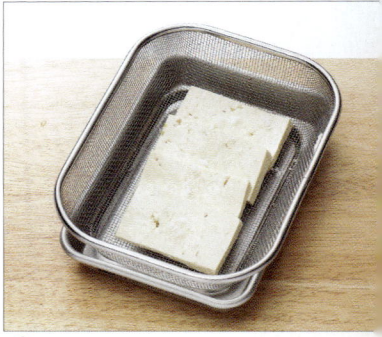

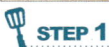 **STEP 1**

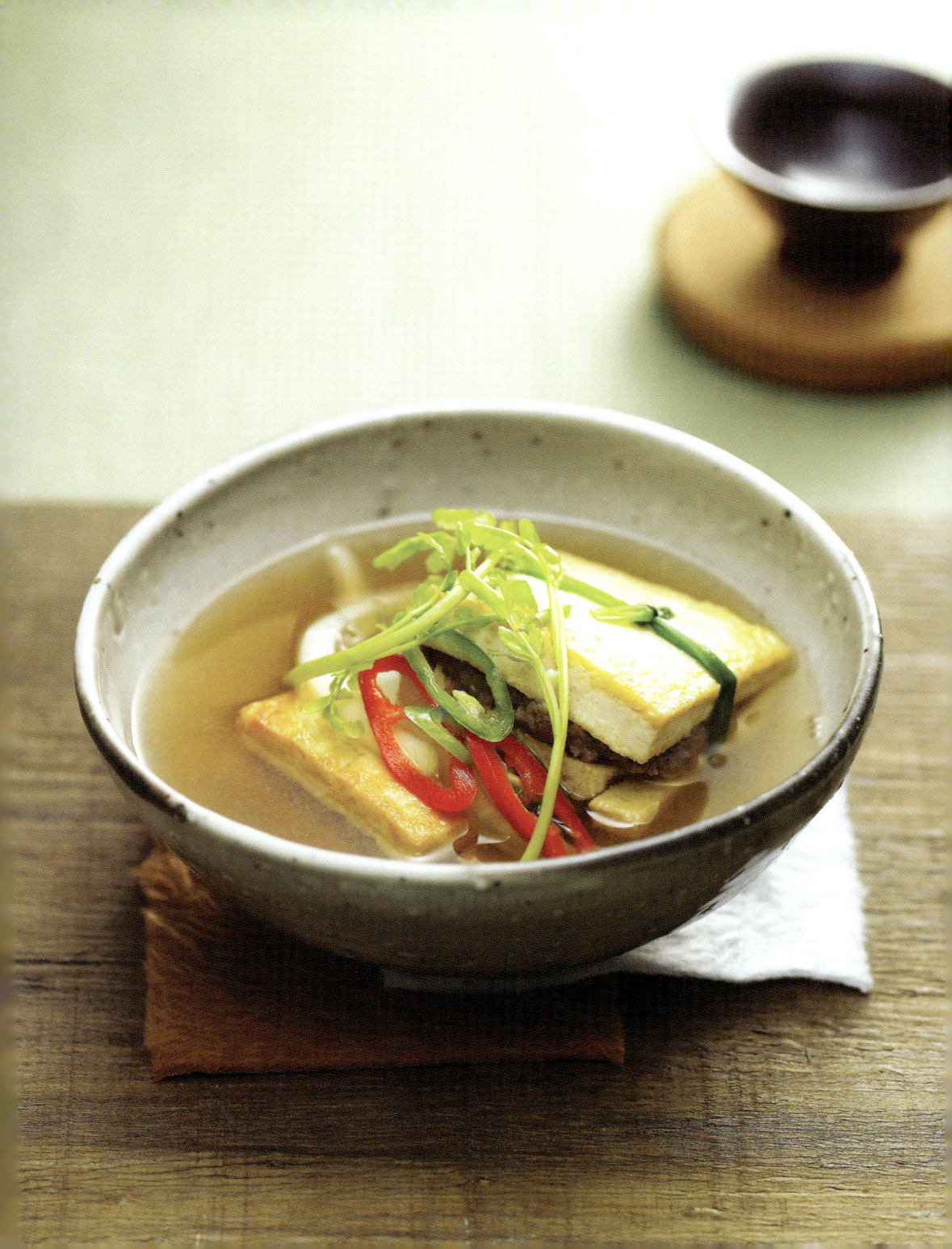

닭살배추말이맑은탕

▶ **주재료**
배춧잎 4장, 닭가슴살 150g

▶ **부재료**
닭육수 3컵, 간장 2큰술, 소금 · 후춧가루 약간씩, 쪽파 3대, 청 · 홍고추 1개씩

▶ **닭 육수**
대파잎 1대, 마늘 3쪽, 청주 1큰술, 물 4컵

▶ **닭가슴살 양념**
다진 마늘 · 다진 파 1큰술씩, 깨소금 1작은술, 소금 · 후춧가루 · 참기름 약간씩

1 닭가슴살은 하얀 피막을 떼어내고 씻어서 냄비에 대
  파잎과 마늘, 청주, 물을 붓고 끓으면 넣어서 속살까
  지 익혀낸다.

2 닭가슴살을 익혀낸 육수는 면포에 밭쳐 받아내 냄비
  에 담고 닭가슴살은 곱게 찢어준다.

3 찢어준 닭가슴살에 양념을 해서 조물조물 무친다.

4 배춧잎은 큼직한 것으로 준비해서 끓는 물에 소금을
  넣고 살짝 데쳐내 찬물에 헹궈 물기를 뺀다.

5 배춧잎을 도마에 깔고 양념한 닭가슴살을 적당히 놓
  고 돌돌 말아 양옆을 아물려 배추말이를 만든다.

6 쪽파는 3㎝ 길이로 썰고 청 · 홍고추는 어슷하게 채 썰
  어 씨를 털어낸다.

7 ②에 닭살배추말이를 담고 쪽파, 고추채를 돌려 담아
  서 닭 육수와 간장, 소금, 후춧가루를 넣어 한소끔 끓
  어오르면 그대로 상에 내어 끓여가면서 먹는다.

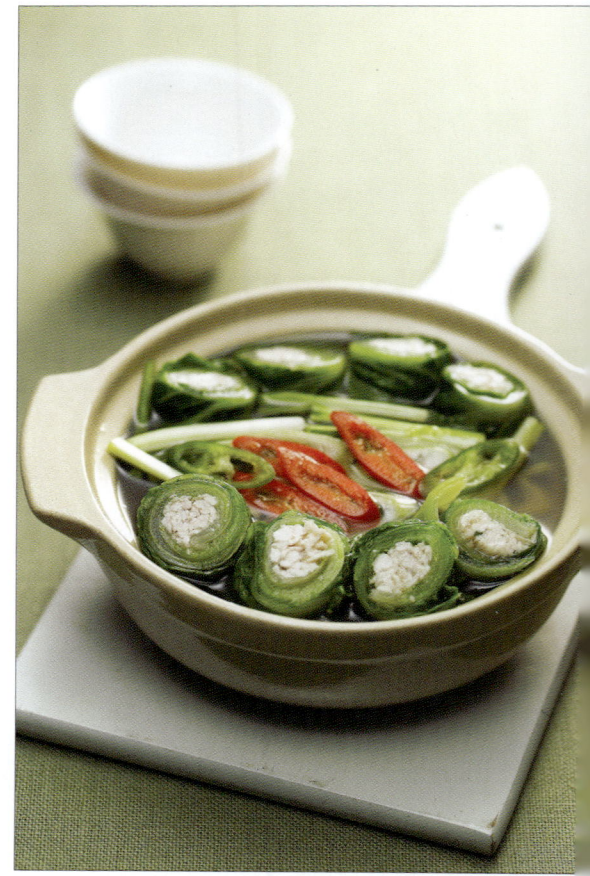

> 🡒 **COOK TIP**
> 배추말이에 약간의 녹말을 넣으면 닭가슴살끼리 달라붙어 나중에
> 전골 국물에 흩어지지 않아 국물이 깔끔하다. 배추말이 안의 닭
> 가슴살은 익힌 것이기 때문에 배춧잎의 색이 투명하면서 어느 정
> 도 국물이 끓어 담백한 맛이 우러나면 바로 먹는 것이 좋다. 닭가
> 슴살은 오래 끓일수록 질겨지고 조금 텁텁하기 때문이다.

일본식쇠고기전골

▶ **주재료**
쇠고기(안심) 300g, 어묵 100g, 무(10cm 두께) 1토막, 곤약 100g, 은행 12알, 메추리알 5개, 꼬치 약간

▶ **가다랑어 국물**
가다랑어포 2큰술, 국물 멸치 5마리, 맛술 1큰술, 청주·설탕 1작은술씩, 간장 2큰술, 소금 약간, 물 6컵

▶ **겨자간장**
발효 겨자 1작은술, 간장·식초·설탕·다시마 우린 물 1큰술씩

1 냄비에 국물 멸치를 볶다가 비린맛이 날아가면 물을 붓고 끓인다. 국물이 끓으면 불을 끄고 가다랑어포를 우려서 진한 국물을 만든다.

2 쇠고기 안심은 도톰하게 썰어 잔칼집 넣고 어묵은 끓는 물을 끼얹어 놓는다. 무는 2㎝ 두께로 도톰하게 썰고 다시마는 면포로 흰 가루를 닦아서 3㎝ 크기로 자른다.

3 가다랑어 국물을 전골 냄비에 담고 끓으면 무와 다시마를 넣고 끓이면서 간장과 소금, 청주, 맛술, 설탕을 넣어서 끓인 후 소금으로 간을 맞춘다.

4 메추리알은 완숙으로 삶아서 껍질을 벗기고 은행은 기름 두른 팬에 굴려가면서 볶아 껍질을 말끔히 벗긴다.

5 꼬치에 준비한 안심과 어묵을 색스럽게 꿰고 메추리알과 은행도 꼬치에 꿴다.

6 가다랑어 국물에 안심과 어묵, 메추리알 은행을 담고 은근하게 끓여서 완성해 매운맛의 겨자장에 찍어 함께 먹는다.

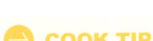 **COOK TIP**
전골 요리의 국물로 이용하는 육수는 주로 멸치와 가다랑어포를 우린 물에 시원한 무와 담백한 다시마를 넣고 끓여야 맛이 있다. 또 어묵은 찐 어묵과 튀긴 어묵 중에서 튀긴 어묵을 골고루 넣어야 더 맛이 있는데 튀긴 어묵은 끓는 물에 데쳐서 기름기를 뺀 후 냄비 요리에 넣어야 맛이 담백하고 국물이 시원하다.

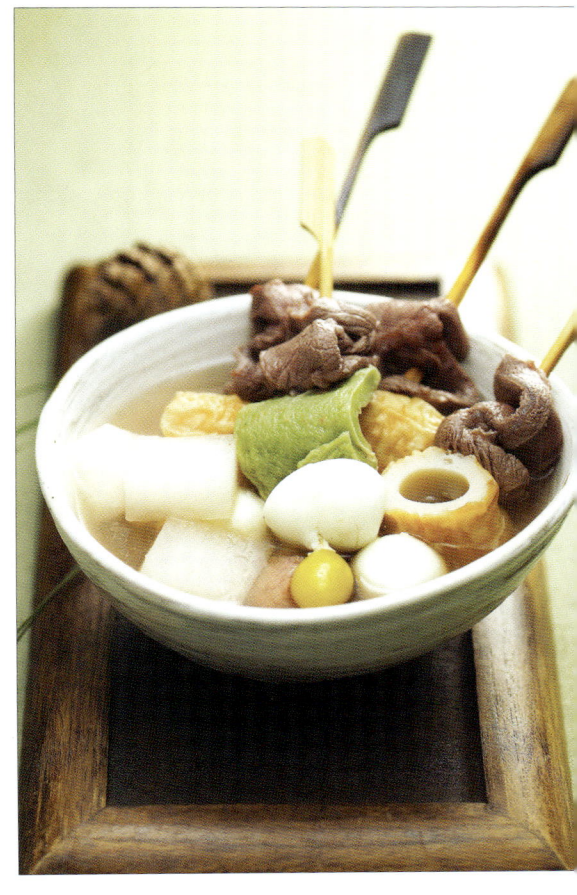

바지락맑은탕

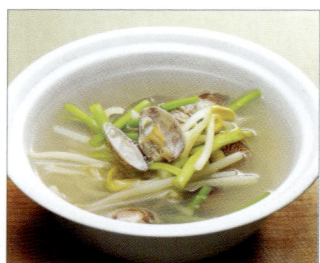

▶ **주재료**
바지락 200g, 콩나물 100g, 미나리 50g

▶ **부재료**
대파 1대, 다진 마늘 · 청주 1큰술씩, 다진 생강 ½작은술, 소금 · 후춧가루 약간씩, 홍고추 1개, 물 7컵

1 바지락은 껍질끼리 비벼 가면서 씻어 맹물에 담가 신문지를 덮어서 해감을 시킨다. 바지락은 소금을 넣지 않고 해감을 시켜야 뻘을 많이 뱉어 낸다.

2 콩나물은 머리와 꼬리를 떼어내고 다듬어 씻어 물기를 털고 미나리는 물에 담갔다가 헹궈서 4㎝ 길이로 썬다. 대파는 큼직하게 채 썬다.

3 냄비에 물을 넉넉하게 붓고 청주를 넣어 끓으면 바지락을 넣어서 입을 벌릴 때까지 삶는다.

4 뽀얀 바지락 국물이 생기면 면포에 걸러 맑은 바지락 국물을 받치고 바지락은 맑은 물에 헹궈 바지락 살에 끼어 있는 모래 등을 말끔하게 없애고 건져 물기를 뺀다.

5 냄비에 다듬은 콩나물을 넣고 약간의 소금과 후춧가루를 뿌려서 뚜껑을 덮어 익혀 콩나물 익는 냄새가 나면 미리 준비한 바지락 국물을 부어 끓인다.

6 ⑤에 씻은 바지락을 넣고 대파, 다진 마늘, 다진 생강, 소금, 후춧가루로 간을 맞춰서 끓이다가 미나리, 홍고추채를 올려 소금으로 간을 맞춰 뜨거울 때 상에 낸다.

곱창콩나물얼큰전골

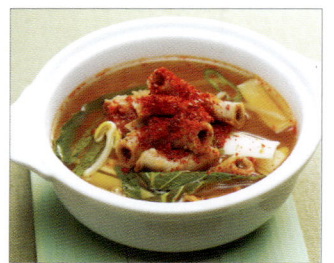

▶ **주재료**
콩나물 150g, 곱창 300g, 깻잎 10장, 대파 1대, 청 · 홍고추 1개씩, 밀가루 3큰술, 굵은 소금 약간, 곱창 삶은 육수 3컵

▶ **곱창 삶는 재료**
물 3컵, 간장 1큰술, 생강 ½톨, 대파뿌리 4대, 통후추 5알, 마늘 3쪽, 양파 ½개

▶ **곱창 양념**
고춧가루 2큰술, 다진 양파 4큰술, 간장 · 곱창 삶은 육수 · 다진 파 · 다진 마늘 1큰술씩, 청주 1작은술, 다진 생강 · 깨소금 · 후춧가루 · 소금 · 참기름 약간씩

1 곱창은 신선한 것을 준비하여 기름을 떼어내고 30㎝ 길이로 자른다. 곱창 주변의 기름기를 너무 말끔하게 떼어내면 곱창 특유의 감칠맛이 사라지므로 약간씩 기름기를 남겨야 좋다.

2 굵은 소금과 밀가루를 곱창 위에 뿌리고 곱창을 비벼 가면서 씻는다.

3 냄비에 곱창 삶은 물을 넣고 끓으면 씻어 놓은 곱창을 넣어서 15분 정도 삶아 건진다. 곱창 삶은 물은 기름을 걷고 베보자기에 내려 육수로 준비한다.

4 콩나물은 다듬어 씻어 건지고 대파는 4㎝ 길이로 잘라 반으로 가른다. 깻잎은 깨끗이 씻어 돌돌 말아 1㎝ 두께로 썰고 청 · 홍고추는 어슷하게 채 썰어 씨를 턴다.

5 삶은 곱창은 먹기 좋은 길이로 썰어서 곱창 양념을 만들어 조물조물 무친다.

6 전골 냄비에 콩나물을 평평하게 깔고 곱창 양념한 것과 깻잎을 가운데 담고 청 · 홍고추, 대파를 모양내 담고 곱창 삶은 물을 붓고 끓이다가 소금으로 간을 맞춘다.

모둠버섯맑은탕

▶ **주재료**
느타리버섯 150g, 새송이버섯 2개, 양송이버섯 5개, 표고버섯 3장

▶ **부재료**
대파 2대, 마른 홍고추 2개, 청양고추 1개, 소금 약간, 국물 멸치 4마리, 쌀뜨물 4컵

▶ **가다랑어포 양념장**
가다랑어포 · 간장 · 청주 2큰술씩, 소금 · 후춧가루 약간씩

1 느타리버섯은 씻어서 굵게 손으로 찢고 새송이버섯은 모양대로 길고 납작하게 썬다.

2 양송이버섯은 갓 부분의 껍질을 벗겨 얇게 저미고 표고버섯은 밑동을 자르고 굵게 채 썬다.

3 대파는 2㎝ 길이로 토막 내고 마른 홍고추는 씻어 통째로 준비한다. 청양고추는 반 갈라 씨를 턴다.

4 냄비에 국물 멸치를 볶아 비린내를 없애고 쌀뜨물을 부어 구수하고 뽀얀 국물을 만들어 체에 걸러 놓는다.

5 간장과 청주를 섞어 가다랑어포를 넣어 잠시 우린 후 체에 걸러 진액만 내리고 소금과 후춧가루를 섞어 양념장을 만든다.

6 냄비에 모둠 버섯을 돌려 담고 마른 홍고추, 청양고추, 대파를 올린 후 ④의 멸치 국물을 부어 끓인다.

7 버섯이 살짝 익으면 가다랑어포 양념장을 끼얹어 소금으로 간을 맞춰 끓이면서 먹는다.

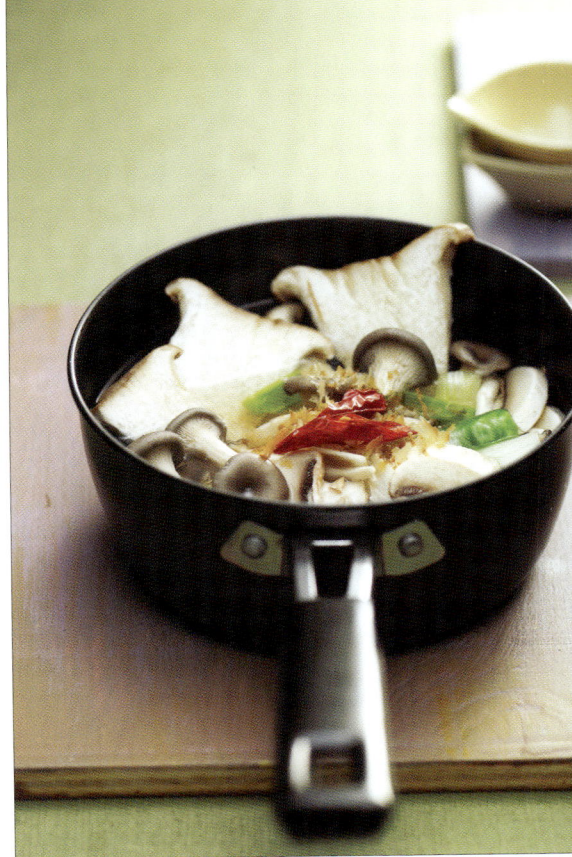

🔅 COOK TIP
가다랑어포는 끓이면 비린내가 나므로 간장과 청주를 섞은 것을 넣고 우려내 체에 거른다. 그 진액으로 간을 맞추는 것이 좋은데 단맛과 청양고추, 마른 홍고추가 우려지므로 칼칼하면서 구수한 맛을 낸다.

낙지김치수제비전골

▶ **주재료**
낙지 2마리, 신배추김치 100g, 수제비반죽 ⅓컵 정도(밀가루 1컵, 물 · 소금 약간씩)

▶ **부재료**
애호박 ⅓개, 양파 ½개, 청 · 홍고추 1개씩, 소금 약간, 국물 멸치 5마리, 참치액 1큰술, 물 5컵

▶ **낙지전골 양념**
고운 고춧가루 · 다진 파 2큰술씩, 간장 · 다진 마늘 · 맛술 1큰술씩, 생강즙 · 참기름 ½작은술씩, 소금 · 후춧가루 약간씩

1 낙지는 먹물과 내장을 빼고 굵은 소금을 뿌려 바락바락 주물러 씻어 해감을 시켜 탱탱한 살집이 되도록 해서 물에 헹궈 건진다. 건진 낙지를 5㎝ 길이로 썬다.

2 고운 고춧가루에 간장과 참기름을 넣어 잘 섞어서 다진 파, 다진 마늘, 생강즙, 맛술을 넣고 소금, 후춧가루로 간을 해서 매콤한 낙지전골 양념장을 만든다.

3 신 배추김치는 소를 털고 국물을 약간 짜서 3㎝ 폭으로 가지런하게 썬다.

4 밀가루에 소금을 약간 넣고 차지게 반죽해서 수제비 반죽을 만들어 비닐봉지에 넣어 잠시 휴지기를 두어 쫄깃하게 한다.

5 애호박은 얇게 반달썰기하고 양파와 청 · 홍고추는 채 썬다.

6 냄비에 국물 멸치를 넣어 볶아 비린내를 날린 후 참치액과 물을 부어서 끓여 진한 멸치 국물을 만들어 체에 걸러 맑은 육수만 따로 준비한다.

7 전골 냄비에 김치, 애호박, 양파, 고추를 둘러 담고 준비한 낙지에 ②의 양념장을 반만 넣어 조물조물 무쳐 가운데 올려 중간 불에서 끓인다.

8 국물이 끓으면 수제비 반죽을 얇게 뜯어 넣고 끓이면서 나머지 양념장을 넣어 간을 맞춰 먹는다.

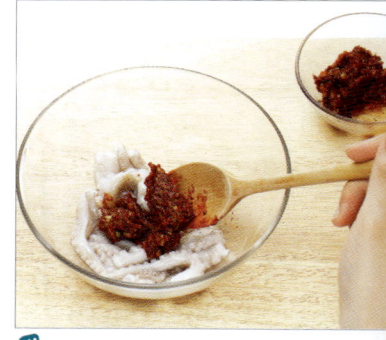

🍳 **STEP 7**

🔶 **COOK TIP**
낙지에는 미리 양념장으로 조물조물 무쳐 간을 맞춘 후 전골의 가운데에 올리고 끓여야 낙지에 간이 먼저 배어 오래 끓이지 않아도 된다. 낙지가 살짝 익으면 바로 수제비 반죽을 뜯어 넣어 완전히 익혀 먹으면 쫄깃하고 질기지 않아 맛이 있다.

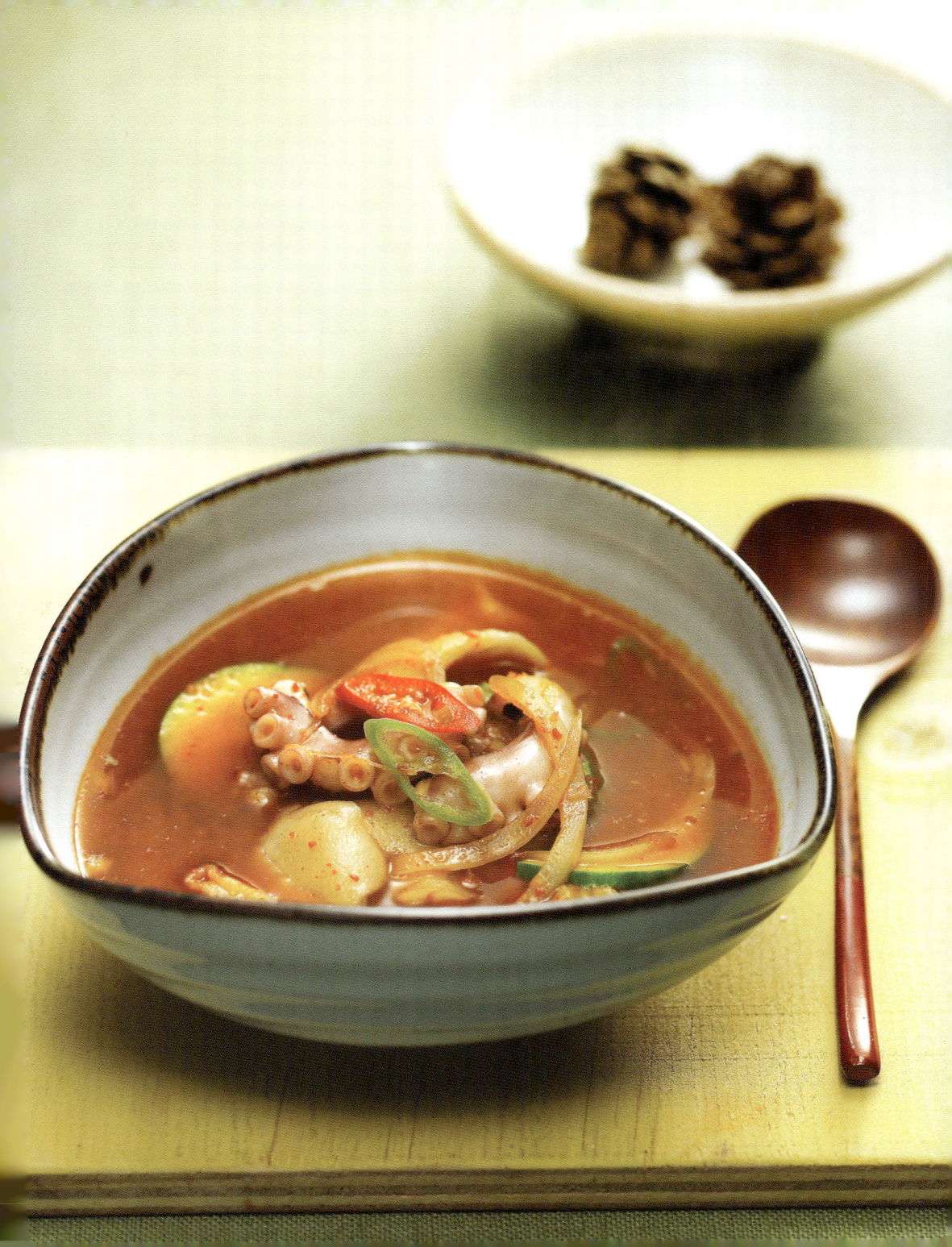

흰살생선우거지어묵전골

▶ **주재료**
흰 살 생선(대구 또는 동태) 200g, 우거지 20g, 어묵 150g

▶ **부재료**
밀가루 2큰술, 달걀 1개분, 홍고추 2개, 당근 $\frac{1}{8}$개, 실파 5대, 소금 · 후춧가루 약간씩, 다시마 우린 물 4컵

▶ **전골 양념**
고운 고춧가루 2큰술, 간장 · 다진 마늘 · 맛술 1큰술씩, 참기름 $\frac{1}{2}$작은술

1 흰 살 생선은 대구 또는 동태로 준비해서 사방 4㎝ 크기로 도톰하게 포를 뜬다.

2 포를 뜬 생선살을 채반에 올려 소금과 후춧가루를 뿌려 밑간을 하면서 물기를 없앤다.

3 ②에 밀가루로 옷을 얇게 입히고 달걀물을 흠씬 적셔 팬에 기름을 두르고 노릇하게 부쳐낸다.

4 우거지는 부드럽게 삶아서 물에 헹궈 건져 물기를 짜고 어묵은 납작한 모양으로 준비해서 도마에 올리고 준비한 우거지를 올려 돌돌 말아 적당한 크기로 잘라 꼬치로 고정한다.

5 홍고추는 2㎝ 길이로 썰고 당근은 동그랗고 납작하게 썬다. 실파는 4㎝ 길이로 썬다.

6 고운 고춧가루를 간장과 참기름으로 개어 불리고 다진 마늘과 맛술을 넣어 양념한다.

7 전골 냄비에 우거지를 돌돌 말은 어묵꼬치와 흰 살 생선, 홍고추, 당근, 실파를 넣어 다시마 우린 물을 붓고 끓으면 ⑥의 매운 양념장을 풀어 소금으로 모자라는 간을 맞춰 먹는다.

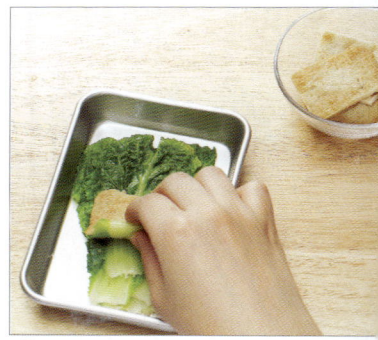

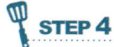 STEP 4

→ **COOK TIP**
어묵과 우거지는 그냥 썰어 넣는 것보다는 씹히는 맛과 함께 어묵의 구수한 맛이 잘 우러나도록 삶은 우거지를 돌돌 말아서 적당한 크기로 잘라 꼬치로 꽂아 전골에 넣으면 모양도 예쁠 뿐 아니라 우거지와 어묵에서 우러난 국물 맛이 시원하다.

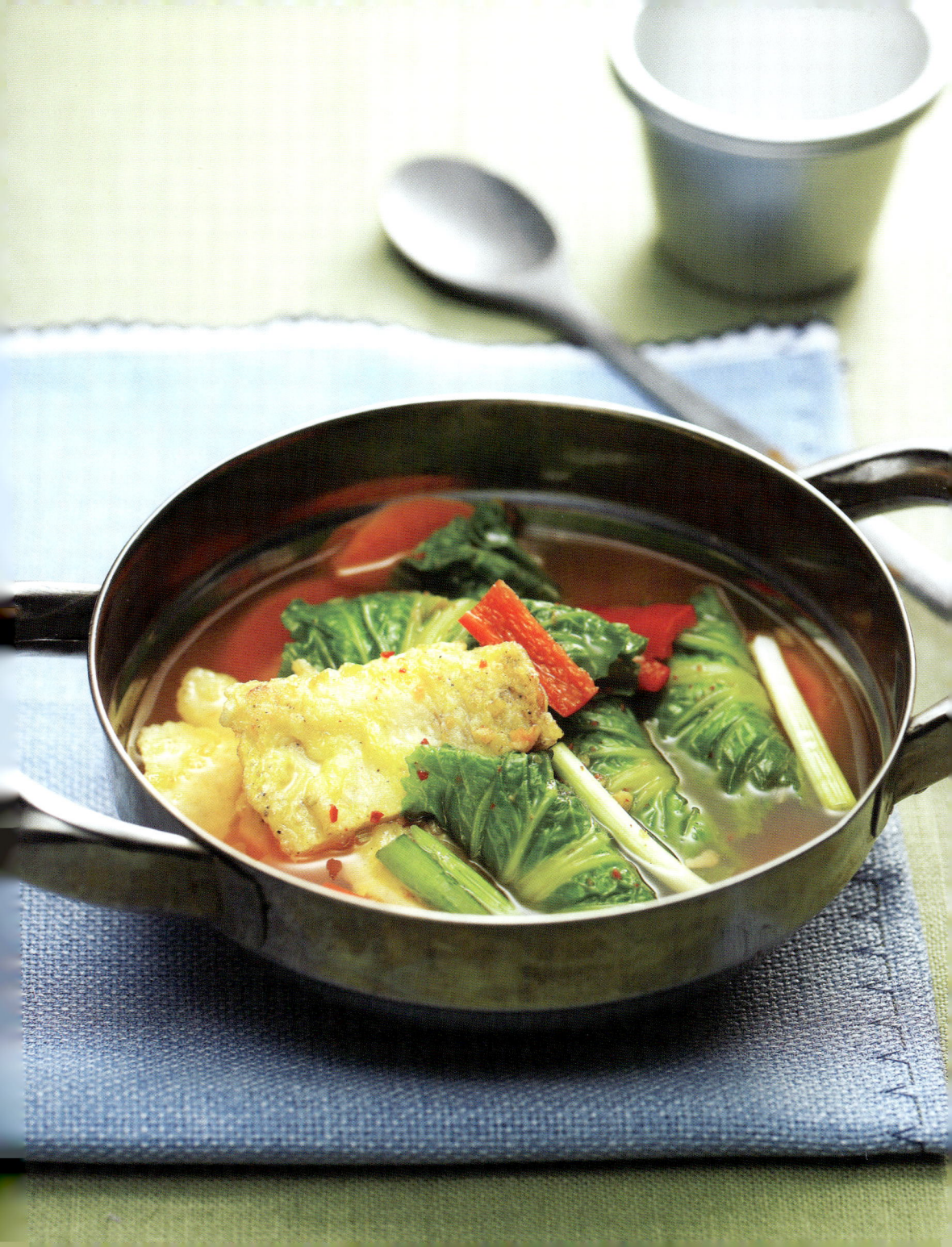

목삼겹버섯청국장전골

▶ **주재료**
돼지고기(목삼겹) 400g, 느타리버섯 100g, 표고버섯 3장, 팽이버섯 1봉지

▶ **부재료**
대파 2대, 청국장 1½큰술, 고운 고춧가루 1작은술, 쌀뜨물 4컵, 청주·다진 마늘 1큰술씩, 소금 약간

▶ **돼지고기 양념**
고추장 1큰술, 다진 마늘·물엿 1작은술씩, 생강즙 ½작은술, 후춧가루 약간

1 돼지고기는 목삼겹살로 준비해서 두툼한 상태로 사방 3㎝ 크기로 썬다.

2 준비한 목삼겹살에 돼지고기 양념을 해서 버무려 30분 정도 재운다.

3 느타리버섯은 굵게 찢고 표고버섯은 밑동을 자르고 채 썬다. 팽이버섯은 밑동을 잘라내고 씻어 건져 놓는다. 대파는 굵게 어슷하게 썬다.

4 쌀뜨물에 청국장과 고운 고춧가루, 청주, 다진 마늘을 넣어 잘 푼 다음 냄비에 넣고 끓인다.

5 전골 냄비에 느타리버섯과 표고버섯, 팽이버섯, 목삼겹살 재운 것을 돌려 담고 굵게 썬 대파를 올려서 끓여 놓은 청국장 전골 육수를 부어 끓이면서 먹는다. 모자라는 간은 소금으로 맞춘다.

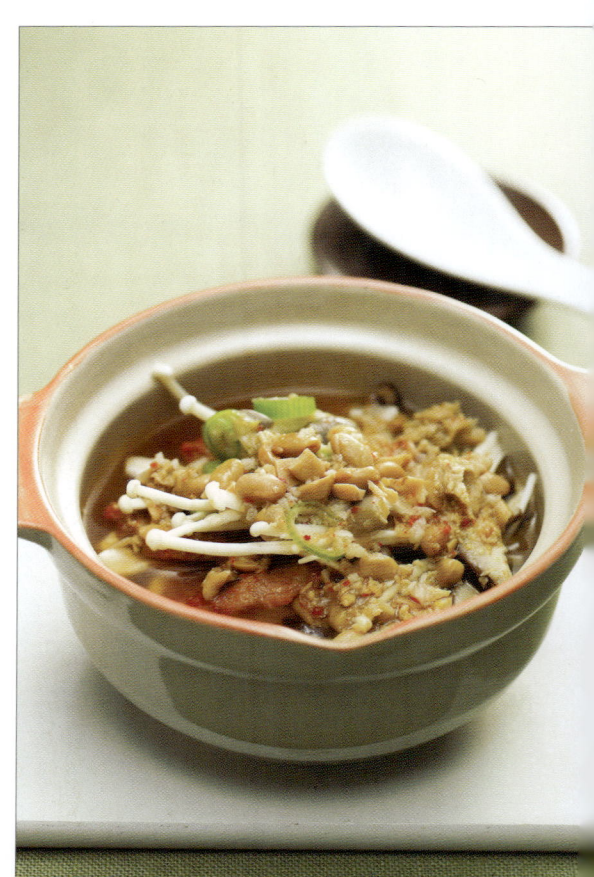

> **COOK TIP**
> 돼지고기와 버섯을 이용해 청국장 전골을 만들려면 우선 구수한 청국장 육수를 먼저 만들어 놓아야 한다. 쌀뜨물에 청국장, 고춧 가루, 마늘, 청주를 넣어 끓여서 구수하면서 매콤한 맛이 나는 육 수를 먼저 한소끔 끓여 놓는다.

배추콩나물사리전골

▶ **주재료**
배춧잎 3장, 콩나물 150g

▶ **부재료**
부추 30g, 햄 80g, 청 · 홍고추 1개씩, 대파(흰 부분) 1대, 깻잎 3장, 우동면 200g

▶ **전골 국물**
국물 멸치 3마리, 다시마 사방 10cm 1장, 물 5컵, 진간장 1큰술

▶ **양념장**
고춧가루 2큰술, 참기름 · 간장 · 다진 마늘 1큰술씩, 청주 · 설탕 1작은술씩, 통깨 · 소금 · 후춧가루 약간씩

1 배춧잎은 깨끗이 씻어서 가로로 3㎝ 간격으로 썬다. 햄은 사방 4㎝ 크기로 0.5㎝ 두께로 썬다.

2 콩나물은 다듬어 씻어서 물기를 뺀다. 부추는 3㎝ 길이로 썬다. 청 · 홍고추는 씨를 빼서 채 썬다. 대파는 흰 부분만 준비해서 채 썬다. 깻잎은 굵게 채 썬다.

3 우동면은 끓는 물에 쫄깃하게 삶아서 찬물에 헹구어 물기를 뺀다.

4 냄비에 다시 멸치를 볶다가 물을 붓고 다시마를 넣고 끓이다가 다시마는 건지고 진간장으로 색을 내고 끓여 전골 국물을 만든다.

5 양념장을 분량의 재료대로 만든다.

6 전골 냄비에 배추, 콩나물, 부추, 햄, 고추, 대파, 깻잎을 돌려 담고 전골 국물을 부어 뚜껑 덮어 끓이다가 콩나물이 익으면 뚜껑을 열고 우동면을 넣고 양념장을 끼얹어 간을 맞추어 가면서 끓여 먹는다.

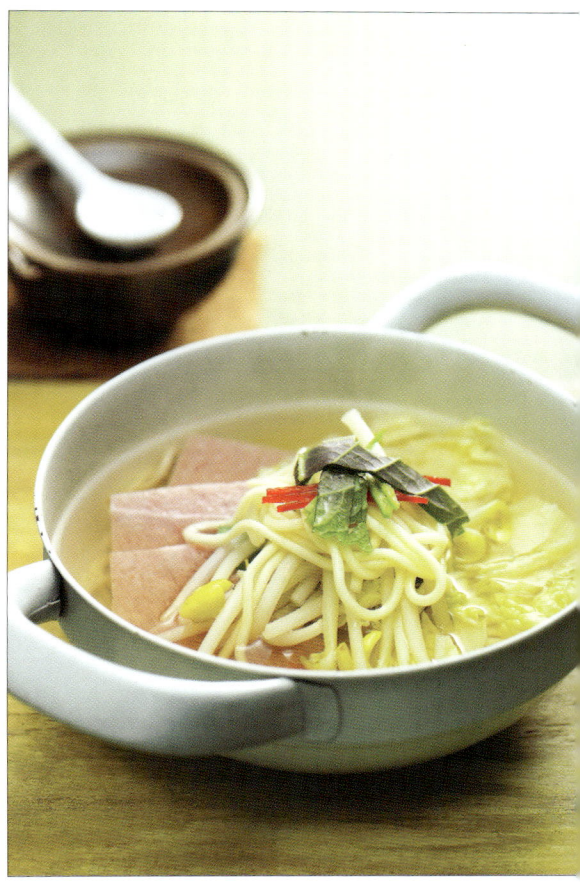

🔶 **COOK TIP**
배추나 콩나물을 전골에 넣으면 국물 맛이 깔끔하면서 담백하고 시원하게 단맛이 우러나 맛있다.

조개버섯전골

▶ **주재료**
모시조개 250g, 느타리버섯 100g, 팽이버섯 1봉지

▶ **부재료**
무 80g, 대파 1대, 홍고추 1개, 다시마 우린 물 5컵, 다진 마늘 · 청주 · 고운 고춧가루 1큰술씩, 간장 1작은술, 소금 · 후춧가루 약간씩

1 모시조개는 껍질끼리 비벼가면서 씻어서 옅은 소금을 풀어서 조개를 담가 신문지로 덮어서 해감시킨다.

2 다시마 우린 물에 청주를 부어서 끓으면 완전하게 해감이 된 모시조개를 넣고 15분 정도 끓인다.

3 모시조개가 입을 벌리면 면포에 걸러 조개 국물을 따로 받고 모시조개는 살만 발라 물에 헹궈 건진다.

4 무는 사방 3㎝ 크기로 납작하게 썰고 느타리버섯은 굵게 손으로 찢는다. 팽이버섯은 밑동을 잘라내고 2등분해서 물에 헹궈 건진다.

5 대파는 송송 썰고 홍고추는 반 갈라서 채 썬다.

6 전골 냄비에 무, 느타리버섯, 대파, 고추를 돌려 담고 조개 국물을 부어 끓으면 다진 마늘과 고춧가루, 간장으로 양념해서 끓인다.

7 ⑥의 전골이 한소끔 끓으면 건져 놓은 조갯살과 팽이버섯을 올려 소금으로 간을 해서 먹는다.

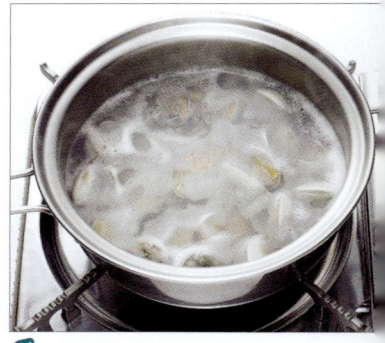

🍴 **STEP 2**

🔜 **COOK TIP**

모시조개는 옅은 소금물에서 신문지로 덮어 어둡게 한 후 해감을 시켜야 말끔하게 해감이 된다. 조개국물에 먼저 무와 버섯을 넣어 끓여 단맛이 많이 우러나게끔 한다.

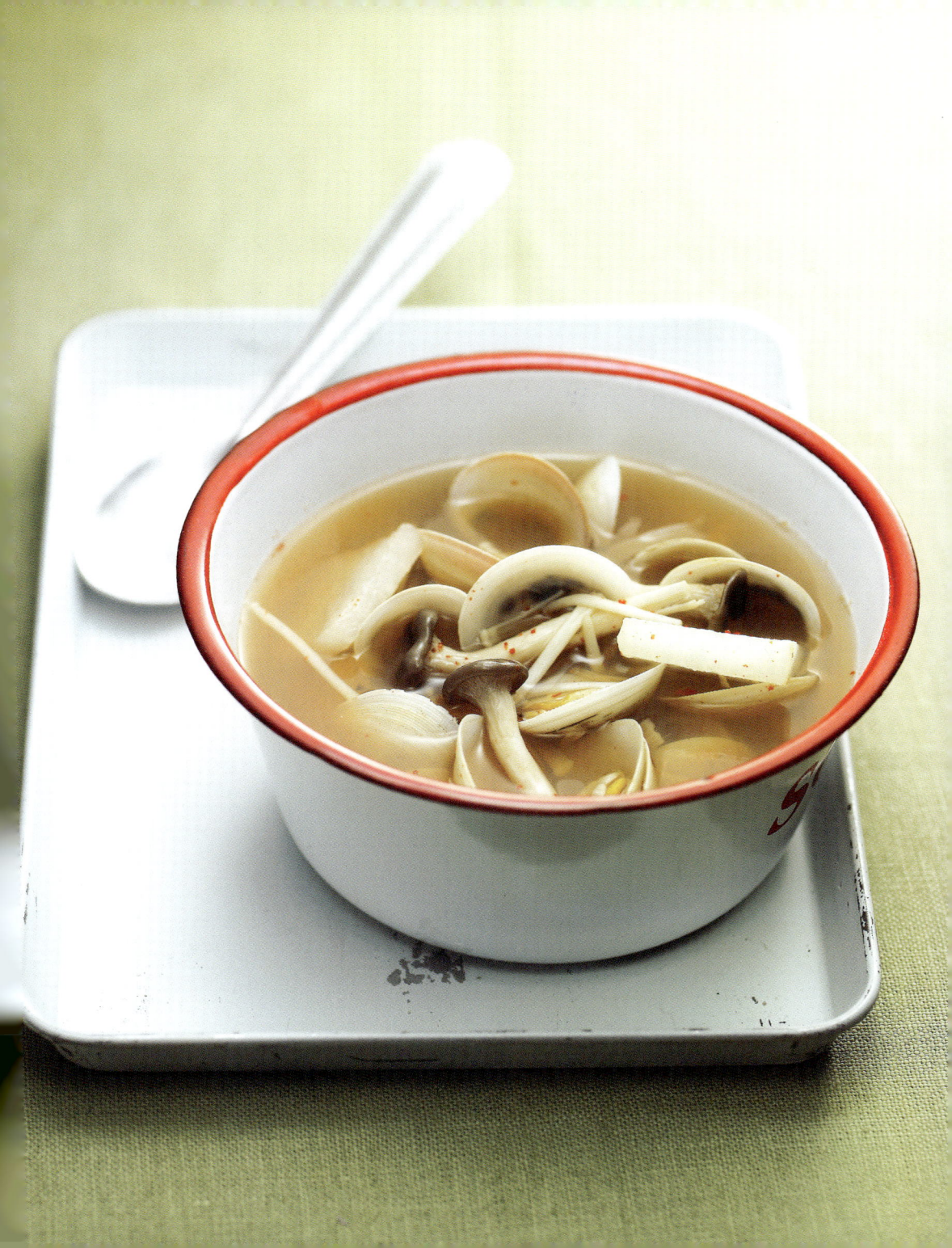

두부완자김치주머니당면전골

▶ **주재료**
묵은 김치 14줄, 실파 14대, 두부 ½모, 당면 30g, 멸치 국물 4컵, 달걀 1개, 소금 약간

▶ **두부 양념**
간장 · 다진 마늘 · 참기름 1작은술씩, 다진 파 1큰술, 소금 약간, 밀가루 2큰술

1 묵은 김치는 물에 헹궈 건져 물기를 꼭 짠다. 김치 줄기는 아주 곱게 다지고 넓은 잎만 따로 잘라서 준비한다.

2 실파는 끓는 물에 살짝 데쳐 찬물에 헹궈 물기를 짠다.

3 당면은 충분하게 물에 불려 물기를 빼고 4㎝ 길이로 썰고 달걀은 알끈을 제거하고 곱게 푼다.

4 두부는 으깨어 물기를 짠 후 다진 김치 줄기와 두부 양념을 넣어 조물조물 무쳐서 동그랗게 완자를 빚는다.

5 김치 잎에 ④의 두부 완자를 넣고 주머니처럼 감싸서 실파로 묶는다.

6 전골 냄비에 멸치 국물을 붓고 끓으면 ⑤의 김치 주머니를 넣어 한소끔 끓이다가 당면과 달걀로 줄알을 치고 소금으로 간을 해서 먹는다.

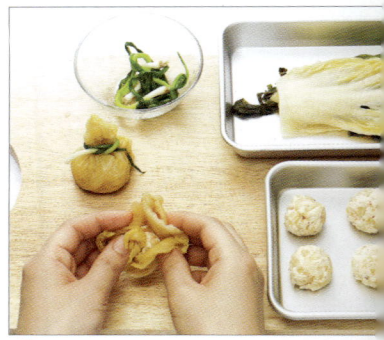

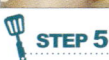 **STEP 5**

> ⟳ **COOK TIP**
> 진한 멸치 국물에 끓인 김치 주머니는 두부로 양념해서 완자를 빚어 넣고 실파로 묶어서 유부 주머니처럼 만들어 한소끔 끓여 맑게 먹어야 더욱 맛이 좋다. 당면은 삶지 말고 부드럽게 불려서 넣어야 탱글탱글하면서 쫄깃한 맛을 즐길 수 있다.

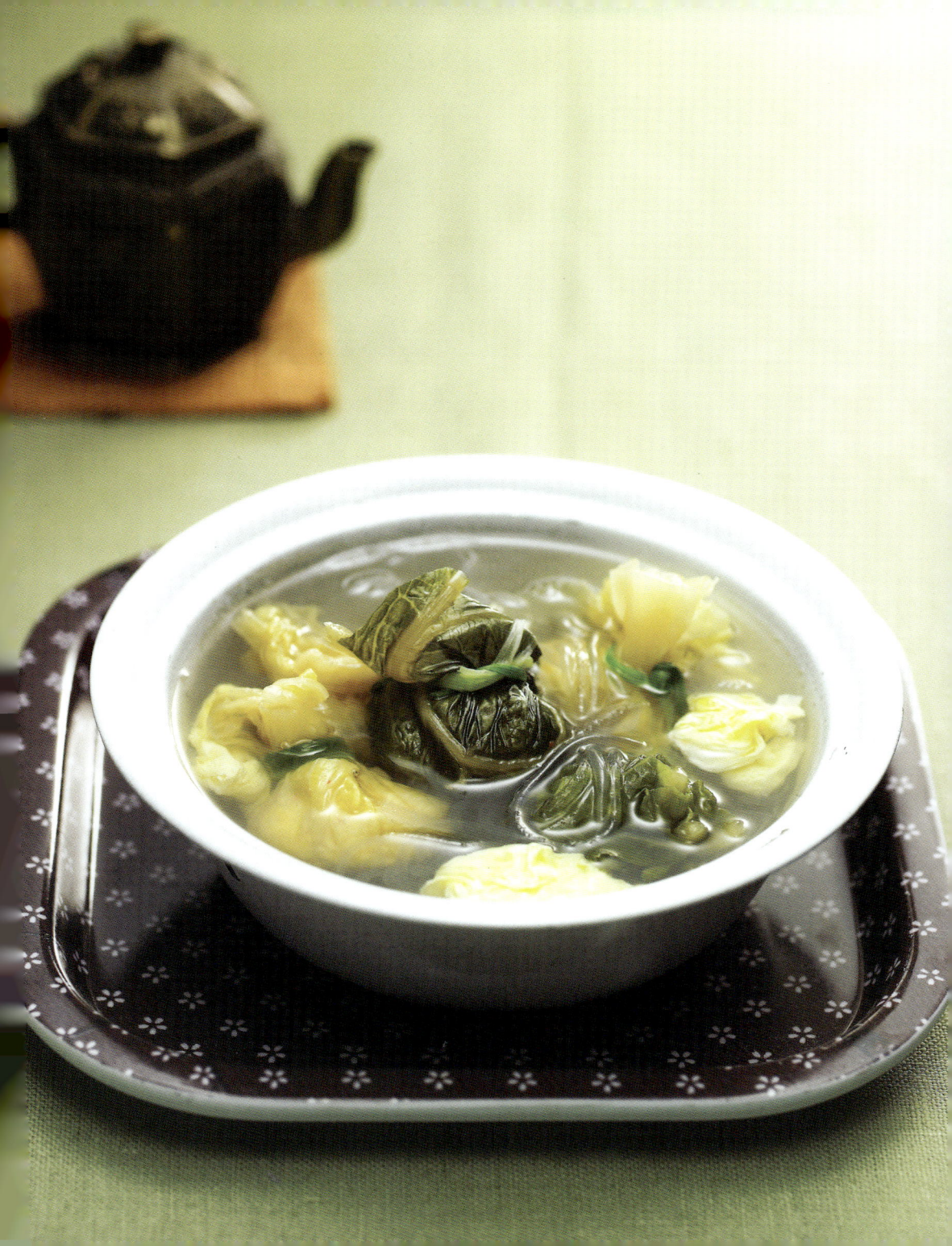

묵은지돼지고기전골

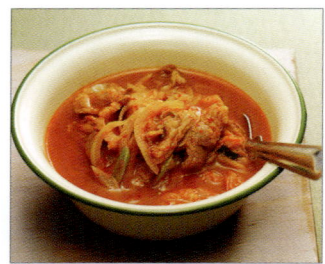

▶ **주재료**
묵은지 250g, 돼지고기(삼겹살) 400g, 대파 1대, 양파 ½개, 쌀뜨물 6컵

▶ **돼지고기 양념**
고추장·고춧가루·청주·다진 마늘 1큰술씩, 간장 1작은술, 다진 생강 ¼작은술

▶ **전골 양념**
국간장 1작은술, 다진 마늘·맛술 1큰술씩, 소금 약간

1 묵은지는 머리 부분만 잘라 긴 상태로 전골 냄비에 담고 쌀뜨물을 붓고 끓인다. 묵은지가 부드럽게 물러지도록 은근하게 푹 끓인다.

2 돼지고기 삼겹살은 얄팍하게 사방 3㎝ 크기로 얇게 썰어 고기 양념에 조물조물 무친다.

3 대파와 양파는 굵게 채 썬다.

4 전골 냄비에 푹 끓인 묵은지를 국물째 담고 불에 올려 끓으면 돼지고기 삼겹살과 양파, 대파를 넣어 함께 푹 끓인다.

5 ④의 고기와 김치가 어우러져 끓어오르면 전골 양념을 넣어 맛을 내어 먹는다.

> ⟳ **COOK TIP**
> 묵은지는 먼저 쌀뜨물을 붓고 푹 끓여 묵은지가 부드럽게 물러지도록 익히면 국물 맛이 진하고 감칠맛이 많이 우러난다.

개성식만두편육전골

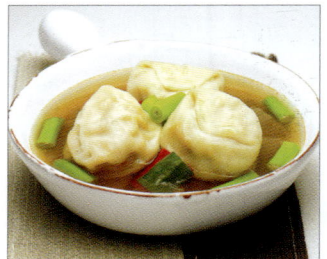

▶ **주재료**
손만두 12개, 쇠고기(아롱사태) 400g, 대파 2대, 풋고추·홍고추 2개씩, 소금 약간, 전골 국물 4컵

▶ **쇠고기 삶을 향신채**
대파잎 2대, 양파 ½개, 마늘 3쪽, 통후추 5알, 생수 8컵, 간장 1큰술

▶ **전골 양념**
간장·고운 고춧가루·다진 마늘·청주 1큰술씩, 쇠고기 육수 ½컵, 참기름·깨소금 1작은술씩, 소금·후춧가루 약간씩

1 개성 손만두는 찜기에 부드럽게 애벌로 쪄 낸다.

2 쇠고기는 아롱사태로 준비해서 찬물에 담가 핏물을 뺀다.

3 냄비에 쇠고기 삶은 향신채를 넣고 물을 넉넉하게 부어 간장으로 색을 낸 후 끓으면 쇠고기 아롱사태를 넣어 푹 삶는다.

4 대파는 4㎝ 길이로 통째로 썰고 풋고추와 홍고추는 반을 갈라 씨를 빼고 대파와 같은 길이로 썬다.

5 아롱사태가 속까지 익으면 불에서 내려 고기를 얄팍하게 저며 썬다. 쇠고기 육수는 체에 면포를 깔고 걸러 4컵은 전골 국물로 쓰고 ½컵은 양념장에 쓴다.

6 쇠고기 육수를 볼에 분량만큼 양념에 담고 고루 섞어 전골 양념을 만든다.

7 전골냄비에 쇠고기 아롱사태를 돌려 담고 개성 손만두를 가운데 얹은 후 대파와 홍고추, 풋고추를 돌려 담고 뜨거운 전골 국물을 부어 전골 양념으로 간을 맞춰 끓여 먹는다.

채소모둠전골

▶ **주재료**
쇠고기(등심) 100g, 표고버섯 4장, 숙주 100g, 무 50g, 당근 ½개, 양파 1개, 실파 5대, 달걀 1개, 다시마 우린 물 4컵, 소금·후춧가루·참기름 약간씩

▶ **표고버섯 밑간**
간장 1작은술, 다진 마늘·참기름 ½작은술씩, 후춧가루 약간

▶ **쇠고기 양념**
간장·다진 마늘·청주 1작은술씩, 후춧가루 약간

1 쇠고기는 등심으로 준비해서 굵게 채 썰어 고기 양념을 만들어 조물조물 무친다.

2 표고버섯도 부드럽게 불려서 밑동을 잘라내고 곱게 채 썰어 밑간한다.

3 숙주는 뿌리를 떼고 껍질이 없도록 씻은 다음 끓는 물에 데쳐 소금, 참기름, 후춧가루를 조금씩 넣고 무친다. 양파는 채 썰고 무와 당근은 껍질을 벗겨 5㎝ 길이로 썬다.

4 다시마 우린 물을 만들어 냄비에 붓고 소금, 후춧가루를 진하지 않게 간해서 끓인다.

5 전골 냄비에 당근, 무를 맨 밑에 깔고 쇠고기채와 함께 숙주, 양파, 실파, 표고버섯을 옆으로 돌려 담고 달걀노른자가 터지지 않게 깨뜨려 얹는다.

6 심심하게 간을 맞춘 ④의 육수를 전골 냄비에 부어가면서 끓여 먹는다. 채소 모둠 전골은 국물을 넉넉하게 부어 시원한 맛을 즐기면서 먹어야 제 맛이다.

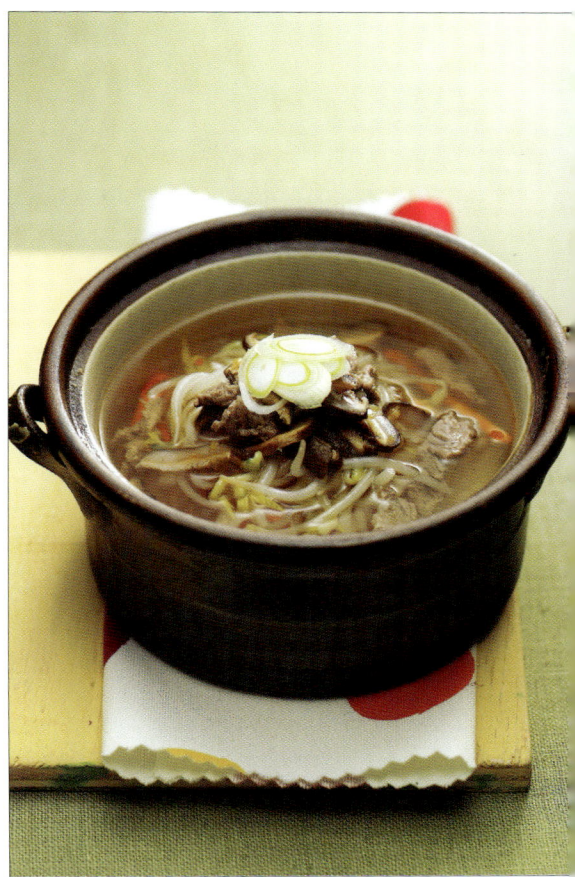

🔶 **COOK TIP**
전골에 넣는 재료를 각각 밑간을 해야 한다. 그래야 표고버섯은 표고버섯의 맛을 진하게 내고 쇠고기는 연해진다. 채소는 데쳐서 간을 해야 나중에 전골 맛이 진하고 담백하다.

해물전골

▶ **주재료**
낙지 1마리, 대하 4마리, 모시조개 8개, 소라 3개, 꽃게 1마리

▶ **부재료**
무 50g, 콩나물 150g, 미나리 80g, 대파 2대, 홍고추 · 청양고추 1개씩, 소금 약간, 물 8컵

▶ **양념장**
고춧가루 2½큰술, 고추장 · 된장 · 참치액 1작은술씩, 다진 마늘 · 청주 1½큰술씩, 다진 생강 ½작은술, 소금 · 후춧가루 약간씩

1 꽃게는 솔로 다리와 몸통의 껍질 부분을 구석구석 깨끗하게 씻어서 꽃게의 등딱지와 몸통을 분리하고 속의 내장을 꺼내어 흐르는 물에 씻어 몸통을 다리와 함께 4등분한다.

2 대하는 깨끗이 씻어 건지고 모시조개와 소라는 해감시켜 건져 놓는다. 낙지는 밀가루로 바락바락 문질러 씻어 놓는다.

3 무는 껍질째 씻어서 사방 4㎝ 크기로 납작하게 썰고 콩나물은 다듬어 씻어 물기를 턴다.

4 미나리는 다듬어 씻어서 4㎝ 길이로 썬다. 미나리의 잎도 싱싱한 것으로 다듬어 씻어 물기를 턴다. 대파와 홍고추, 청양고추는 씻어서 어슷하게 채 썬다.

5 볼에 고운 고춧가루, 고추장, 된장을 잘 섞은 후 참치액과 다진 마늘, 다진 생강, 청주, 소금, 후춧가루를 넣어 매콤한 양념장을 만든다.

6 전골 냄비에 무와 콩나물을 안치고 손질한 해물을 담아 준비한 물을 4컵만 붓고 뚜껑을 덮어서 콩나물이 익고 해물이 주홍색으로 익을 때까지 끓인다.

7 ⑥의 재료가 익으면 ⑤의 양념장을 풀고 나머지 물을 다 붓고 간을 맞춰 끓인다.

8 끓이면서 생기는 거품을 말끔하게 걷고 대파와 청양고추, 홍고추, 미나리를 얹어서 소금으로 간을 맞춰 끓이면서 먹는다.

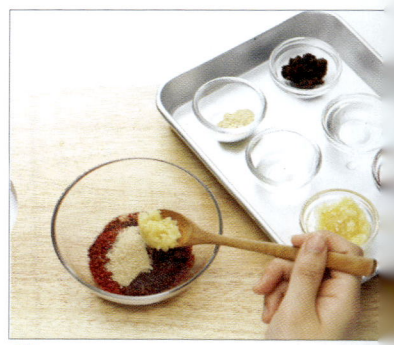

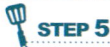 STEP 5

> 🔶 **COOK TIP**
>
> 각종 해물이 들어가는 전골은 특히 해물의 손질이 아주 중요하다. 채소와 해물로 만든 국물로 전골 국물을 하면 더욱 맛있는데 냉장고에 보관하고 있는 채소와 해물로 국물을 끓여 청주를 넣어 보관하면 오래가고 맛이 변하지 않는다. 보통 가다랑어포를 넣어 우리면 구수한 맛이 한결 더 진해지고 해물의 풍미가 생겨 신선한 해물로 끓인 맛이 난다. 냉동실에 보관 중인 해물로 함께 끓이면 더욱 진한 맛이 많이 우러난다. 꽃게, 새우, 오징어, 조개 등의 해산물을 이용하는 것이 좋다.

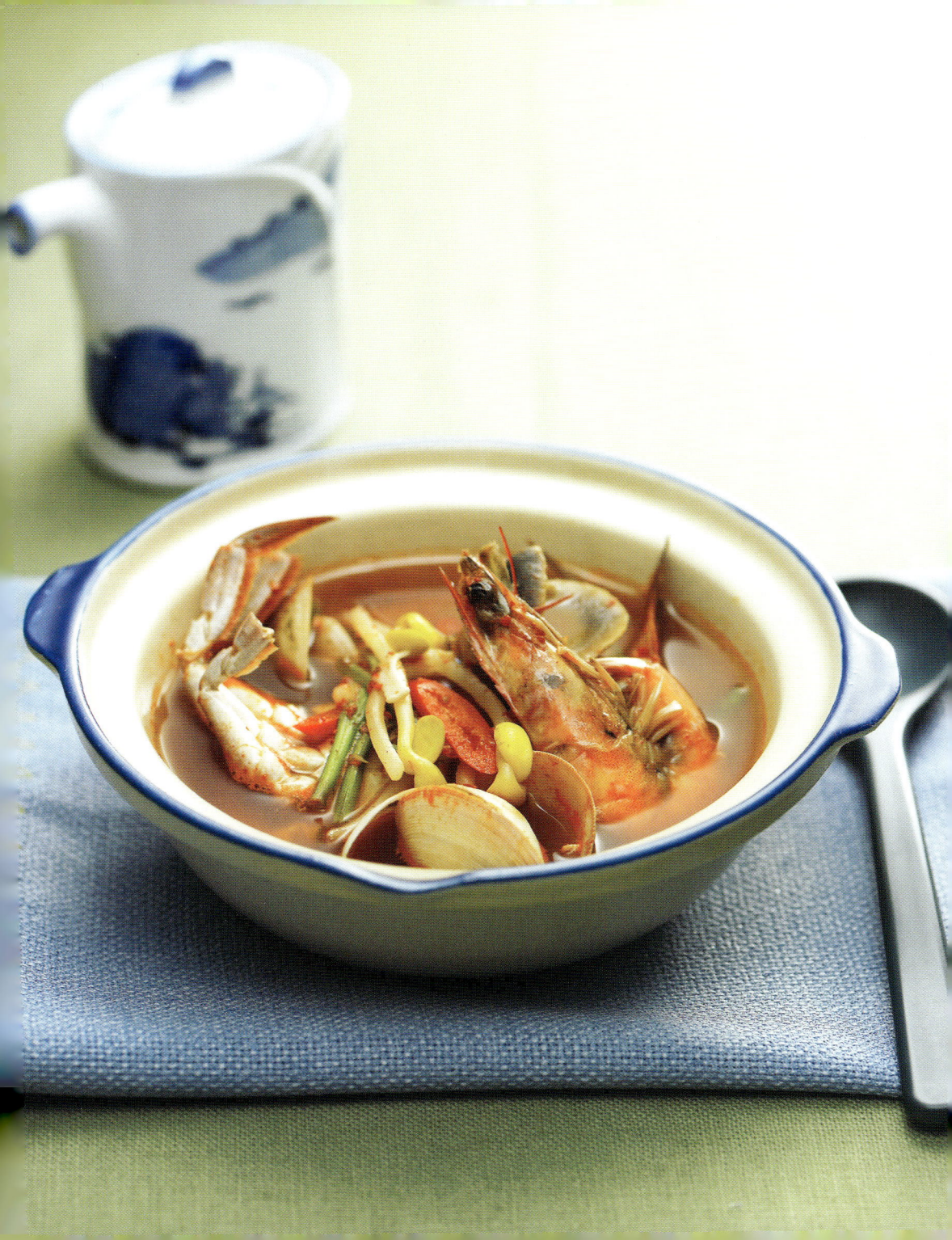

쇠고기말이샤부샤부

▶ **주재료**
쇠고기(샤부샤부용) 300g, 팽이버섯 2봉지, 느타리버섯 80g, 깻잎 20장, 소금 약간

▶ **샤부샤부 국물**
다시마 사방 15cm 2장, 물 8컵, 간장·맛술·가다랑어포 2큰술씩, 대파 1대

▶ **참깨소스**
깨소금 4큰술, 설탕·맛술·레몬즙 1큰술씩, 간장 2큰술, 청주 1작은술, 샤부샤부 국물 1½큰술

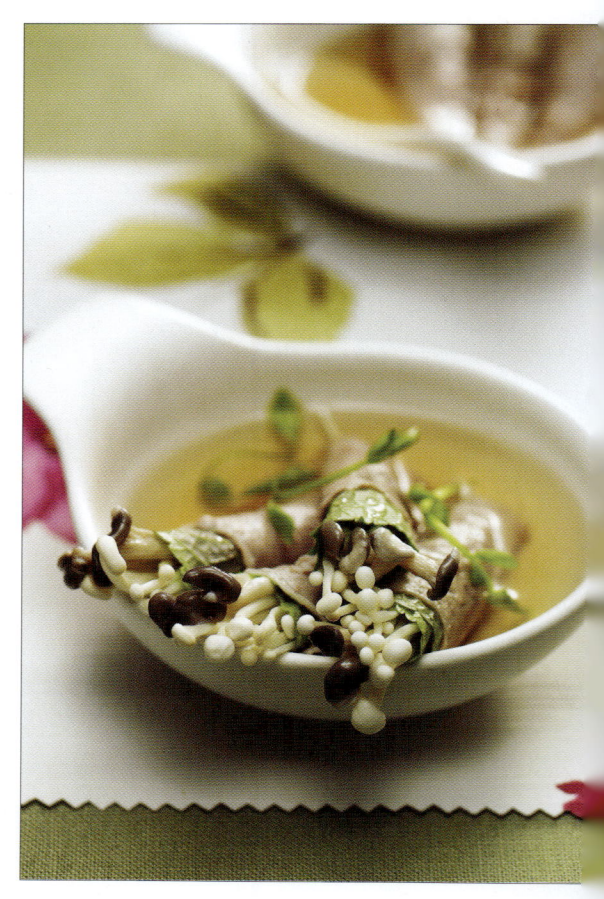

1 다시마는 두껍고 검은빛이 나면서 표면이 흰 가루로 덮혀 있는 것으로 골라 젖은 면포로 하얀 가루를 가볍게 닦아내고 찬물에 30분 정도 우린다.

2 우려낸 국물에 다시마를 건지고 간장과 맛술, 대파를 굵게 썰어 넣고 끓인다.

3 팔팔 끓여 진한 맛의 국물이 완성되면 잠시 불을 끄고 가다랑어포를 체에 밭쳐 1분 정도 우려내 감칠맛이 도는 샤부샤부 국물을 완성한다.

4 쇠고기는 샤부샤부용으로 구입해서 10㎝ 길이로 썬다.

5 느타리버섯은 끓는 물에 소금을 약간 넣고 살짝만 데쳐서 찬물에 헹궈 물기를 꼭 짜서 찢는다. 팽이버섯은 밑동을 자르고 결대로 떼어 씻어서 물기를 뺀다.

6 깻잎은 물에 씻어 물기를 빼고 포개 놓고 굵게 채 썬다.

7 얇은 쇠고기를 도마 위에 펼치고 팽이버섯, 느타리버섯, 깻잎을 올리고 돌돌 만다. 고기를 여러 번 말면 금방 익지 않으므로 풀어지지 않을 정도로만 만다.

8 참깨소스를 분량의 재료대로 모두 섞어 만든다.

9 완성된 샤부샤부 국물을 불에 올려 팔팔 끓으면 ⑦의 고기말이를 하나씩 넣어 얼른 익힌 다음 건져서 참깨소스에 찍어 먹는다. 샤부샤부를 다 먹고 나면 국물에 국수를 말아 먹거나 밥을 넣어 샤부샤부 죽을 쑤어 먹어도 아주 좋다.

메밀국수편육전골

▶ **주재료**
메밀국수 150g, 쇠고기(양지머리) 500g

▶ **부재료**
양파 ¼개, 대파 2대, 홍고추 1개, 느타리버섯 50g, 목이버섯 20g, 소금 약간

▶ **편육 향신채**
대파잎 1대, 마늘 3쪽, 된장 ½작은술, 통후추 3알

▶ **전골 국물**
편육 삶은 육수 1컵, 시판 사골 국물 3컵, 간장·청주 1큰술씩, 다진 마늘 1작은술, 소금·후춧가루 약간씩

1 메밀국수는 소금을 약간 넣은 끓는 물에 삶아 찬물에 헹궈 체에 밭쳐 물기를 뺀다.

2 쇠고기는 양지머리로 준비해서 통째로 핏물을 뺀 후 실로 묶어 냄비에 담고 편육 향신채를 모두 넣고 물을 넉넉하게 부어 끓여 끓인다.

3 다 익은 고기를 묵직한 도마로 눌러 모양을 만들고 실을 풀어 납작하게 편 썬다. 편육 삶은 국물은 고운 면포에 밭쳐 한 컵만 전골 국물로 쓴다.

4 ②의 편육 삶은 물과 시판 사골 국물을 섞어서 간장, 다진 마늘, 청주, 소금, 후춧가루로 간을 맞춰 한소끔 끓여 전골 국물을 만든다.

5 양파와 대파는 채 썰고 홍고추는 어슷하게 채 썰어 씨를 턴다. 느타리버섯은 굵게 찢고 목이버섯은 물에 불려 씻어 적당하게 썬다.

6 전골 냄비에 느타리버섯과 목이버섯, 채소를 돌려 담고 썬 편육과 메밀국수를 가운데 소복이 올린 후 준비한 전골 국물을 듬뿍 부어서 끓이면서 담백하게 먹는다.

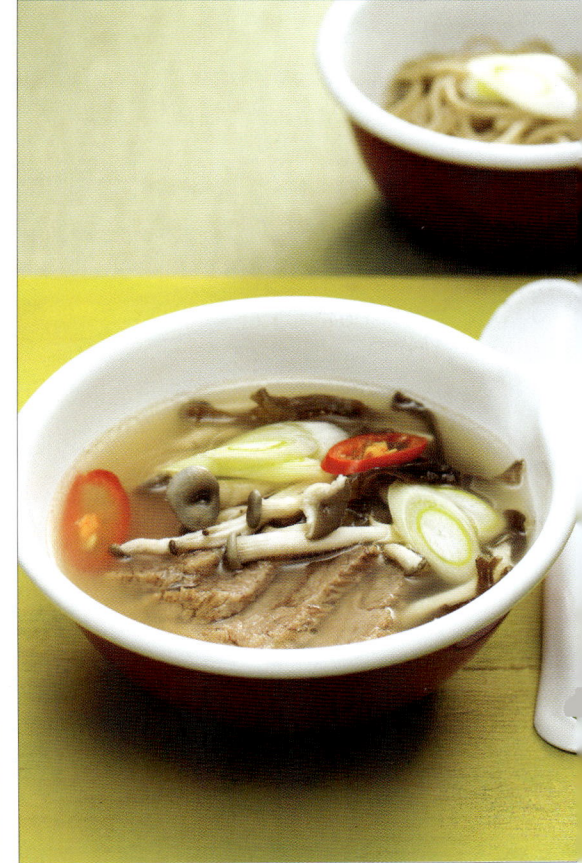

→ COOK TIP

면처럼 잘 익는 재료나 죽순, 우엉처럼 떫은맛이 나는 재료는 미리 삶거나 미리 데친 후 전골에 넣어야 먹기도 좋고 나쁜 맛도 우러나지 않는다. 전골을 먹을 때에는 양념장을 따로 만들어 간을 맞춰가면서 끓여 먹어야 간이 알맞고 전골 국물에 양념이 잘 밴다.

만두떡전골

▶ **주재료**
손으로 직접 빚은 만두 25개, 떡국 떡 50g, 쇠고기(등심) 150g

▶ **부재료**
표고버섯 4장, 실파 5대, 당근 ½개, 미나리 30g, 다시마 우린 물 4컵, 국간장 · 맛술 1작은술씩, 다진 마늘 1큰술, 소금 · 후춧가루 약간씩

▶ **고기 양념**
간장 · 청주 1작은술씩, 다진 마늘 ½작은술, 후춧가루 약간

1 손으로 직접 빚은 만두 25개를 준비한다. 되도록 만두는 고깔 모양이나 모자 모양으로 만들어야 만두쟁반 모양이 살아난다. 가래떡을 떡국용 떡으로 썰어 부드럽게 찬물에 잠시 담근다.

2 쇠고기는 곱게 채 썰어 고기 양념에 미리 무쳐서 재운다.

3 표고버섯은 밑동을 잘라내고 어슷하게 채 썰고 실파는 4cm 길이로 썬다.

4 당근은 표고버섯 크기와 길이로 채 썰고 미나리는 실파 길이로 썬다.

5 널찍한 전골 냄비에 쇠고기, 당근, 표고버섯, 실파, 미나리를 돌려 담고 가운데 만두와 떡국 떡을 돌려 담은 후 다시마 우린 물을 부어서 끓인다.

6 ⑤의 국물이 끓으면 국간장과 맛술, 다진 마늘, 소금, 후춧가루를 넣어서 간을 맞추어 상에 낸다.

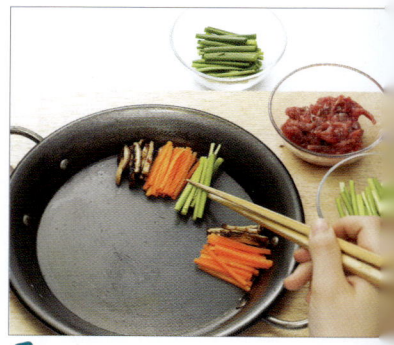

STEP 5

> **COOK TIP**
> 떡은 미리 찬물에 담가 부드럽게 만들어야 전골 국물이 끓을 때
> 바로 떡이 익어 쫄깃하게 먹을 수 있다.

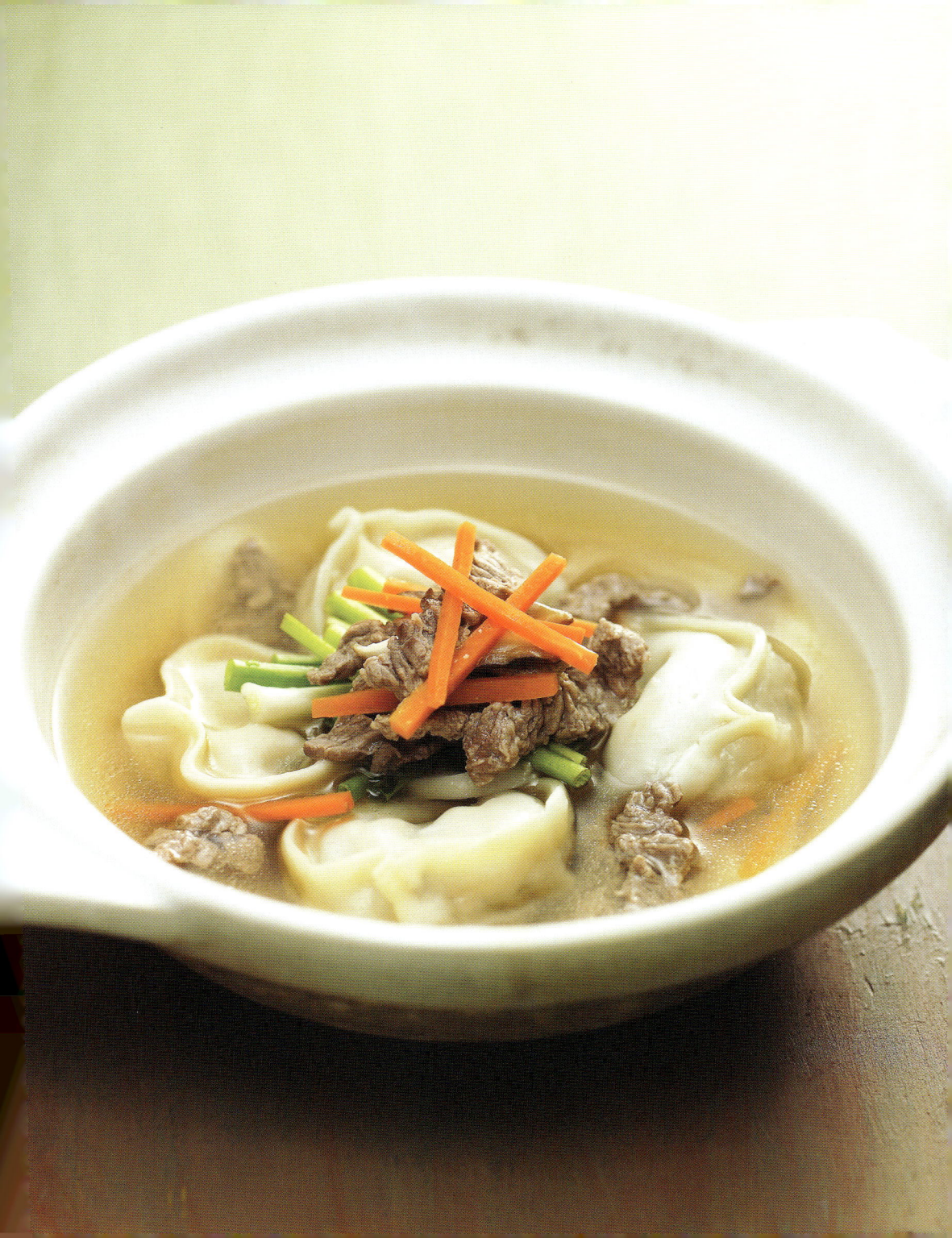

무국

▶ **주재료**
무 150g

▶ **부재료**
대파 ½대, 다진 마늘 · 국간장 · 들기름 1작은술씩, 생강즙 ¼작은술, 쌀뜨물 4컵, 들깻가루 1큰술, 소금 약간

1 무는 사방 2.5㎝ 크기로 납작하게 썰어 소금물에 헹궈 건져 물기를 뺀다.

2 냄비에 국간장과 들기름, 다진 마늘을 넣어 볶다가 무와 생강즙을 넣어 무가 투명해지도록 볶는다.

3 ②에 쌀뜨물을 붓고 끓여 무가 살캉하게 익으면서 국물이 우러나면 대파를 굵게 채 썰어 넣고 들깻가루를 넣어 끓인다.

4 소금으로 간을 해서 완성한다.

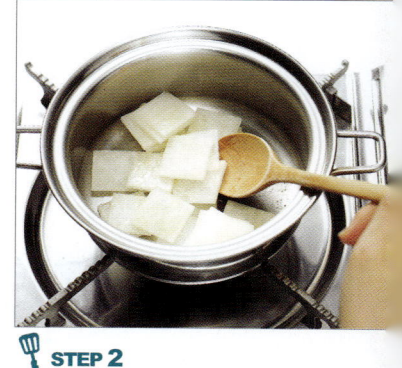
STEP **2**

> **→ COOK TIP**
> 무국을 끓일 때는 들기름에 볶아 무의 아린맛을 없애야 깔끔한 국물 맛이 우러난다. 생강즙을 넣으면 무의 지린맛이 없고 무에서 감칠맛이 많이 우러난다.

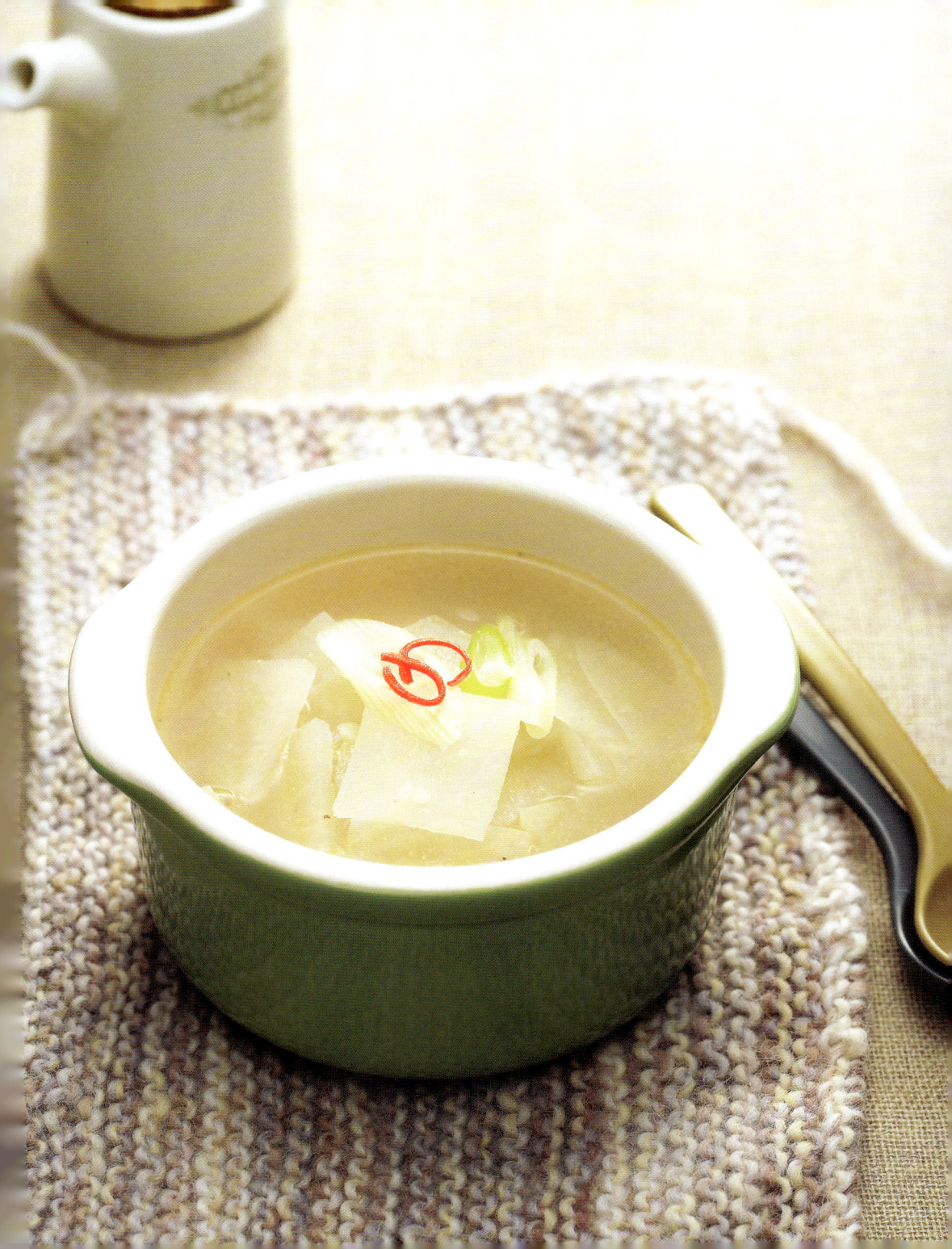

감자국

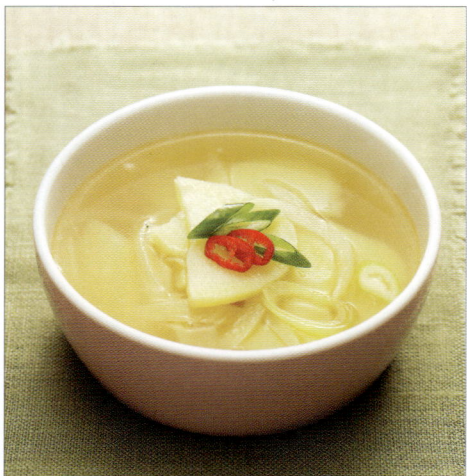

▶ **주재료**
감자 2개

▶ **부재료**
대파 ½대, 양파 ½개, 다진 마늘 · 참치액 1작은술씩, 참기름 ½
작은술, 다시마 우린 물 4컵, 소금 약간

1 감자는 껍질을 벗기고 반을 갈라 납작하게 썰어서 찬
물에 담가 녹말기를 뺀다.

2 대파와 양파는 굵게 채 썬다.

3 냄비에 참기름을 두르고 참치액과 감자, 양파를 넣어
볶다가 다진 마늘과 다시마 우린 물을 붓고 끓인다.

4 감자가 살캉하게 익으면 대파를 넣고 소금으로 간을
한다.

> ⟶ **COOK TIP**
> 감자를 참기름으로 볶은 후 물을 부어 국물을 내면 감자의 감칠
> 맛이 많이 우러나고 탁하지 않은 맑은 국물이 된다.

달걀국

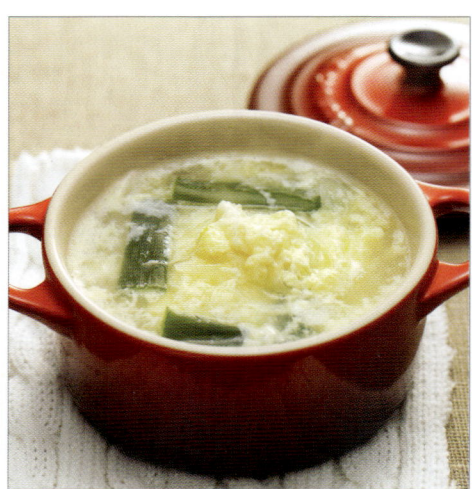

▶ **주재료**
달걀 3개

▶ **부재료**
대파잎 3대, 양파 ½개, 다진 마늘 · 참치액 1작은술씩, 다시마
우린 물 4컵, 소금 약간

1 달걀은 깨뜨려 알끈을 제거하고 곱게 풀어 체에 내려
놓는다.

2 대파는 잎으로 준비해서 4㎝ 길이로 썰어 끓는 물에
소금을 약간 넣어 파랗게 데쳐 찬물에 헹궈 물기를 자
근자근 짠다. 양파는 곱게 채 썬다.

3 냄비에 다시마 우린 물을 붓고 참치액과 대파, 양파,
다진 마늘을 넣어 끓으면 달걀로 줄알을 쳐서 부드럽
게 끓인다.

4 부드러운 달걀국이 만들어지면 소금으로 모자라는 간
을 맞춰 그릇에 담아낸다.

> ⟶ **COOK TIP**
> 달걀국은 생수보다 다시마 우린 물로 끓이면 달걀 특유의 비린맛
> 도 없고 달곰한 감칠맛이 나며 뒷맛이 깨끗하다. 다시마를 찬물
> 에 30분 이상 담갔다가 쓴다.

콩나물국

▶ **주재료**
콩나물 200g

▶ **부재료**
대파 ½대, 홍고추 ½개, 멸치 국물 4컵, 다진 마늘 1작은술, 소금 약간

1 콩나물은 다듬어 씻어 물기를 턴다.

2 대파는 굵게 채 썰고 홍고추는 반을 갈라 씨를 털고 곱게 채 썬다.

3 냄비에 콩나물을 안치고 멸치 국물을 1컵만 붓고 소금을 1작은술 넣어 뚜껑을 덮어 끓인다.

4 콩나물 익는 냄새가 나면 뚜껑을 열고 나머지 멸치 국물을 모두 부은 후 다진 마늘을 넣어 끓인다.

5 ④에 대파와 홍고추채를 넣고 소금으로 모자라는 간을 맞춰 완성한다.

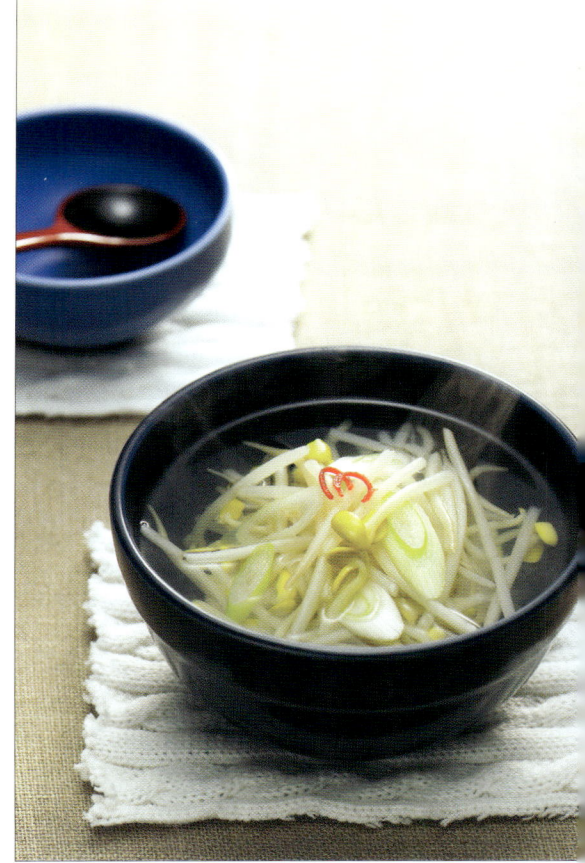

🍳 COOK TIP

콩나물 국물은 멸치를 우려낸 물을 국물로 해야 시원하고 담백한 맛이 난다. 콩나물을 익힐 때 준비한 물을 많이 넣으면 콩나물이 익는 시간이 길어져 콩나물이 질기고 맛이 없다.

미역국

▶ **주재료**
미역 30g

▶ **부재료**
다진 마늘 · 청주 1큰술씩, 참치액 · 참기름 1작은술씩, 쌀뜨물 4컵, 소금 약간

1 미역은 찬물에 담가 부드럽게 불린 후 바락바락 주물러 씻어 물에 헹군다.

2 손질한 미역은 3cm 길이로 썬다.

3 냄비에 참기름과 참치액, 청주를 두르고 미역을 넣어 볶는다.

4 미역이 부드럽게 볶아지면 쌀뜨물을 붓고 중간 불에서 끓인다. 중간에 다진 마늘을 넣어 끓인다.

5 미역이 부드럽게 끓으면 소금으로 간을 해서 완성한다.

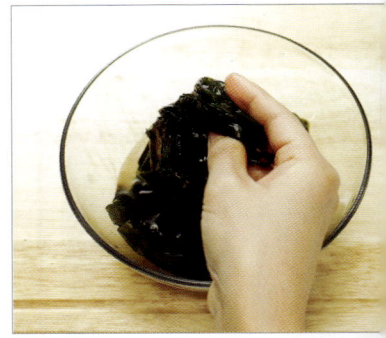

 STEP 1

→ **COOK TIP**

미역국에는 파를 넣지 않아야 쓴맛이 나지 않고 미역의 영양분이 손실되지 않는다.

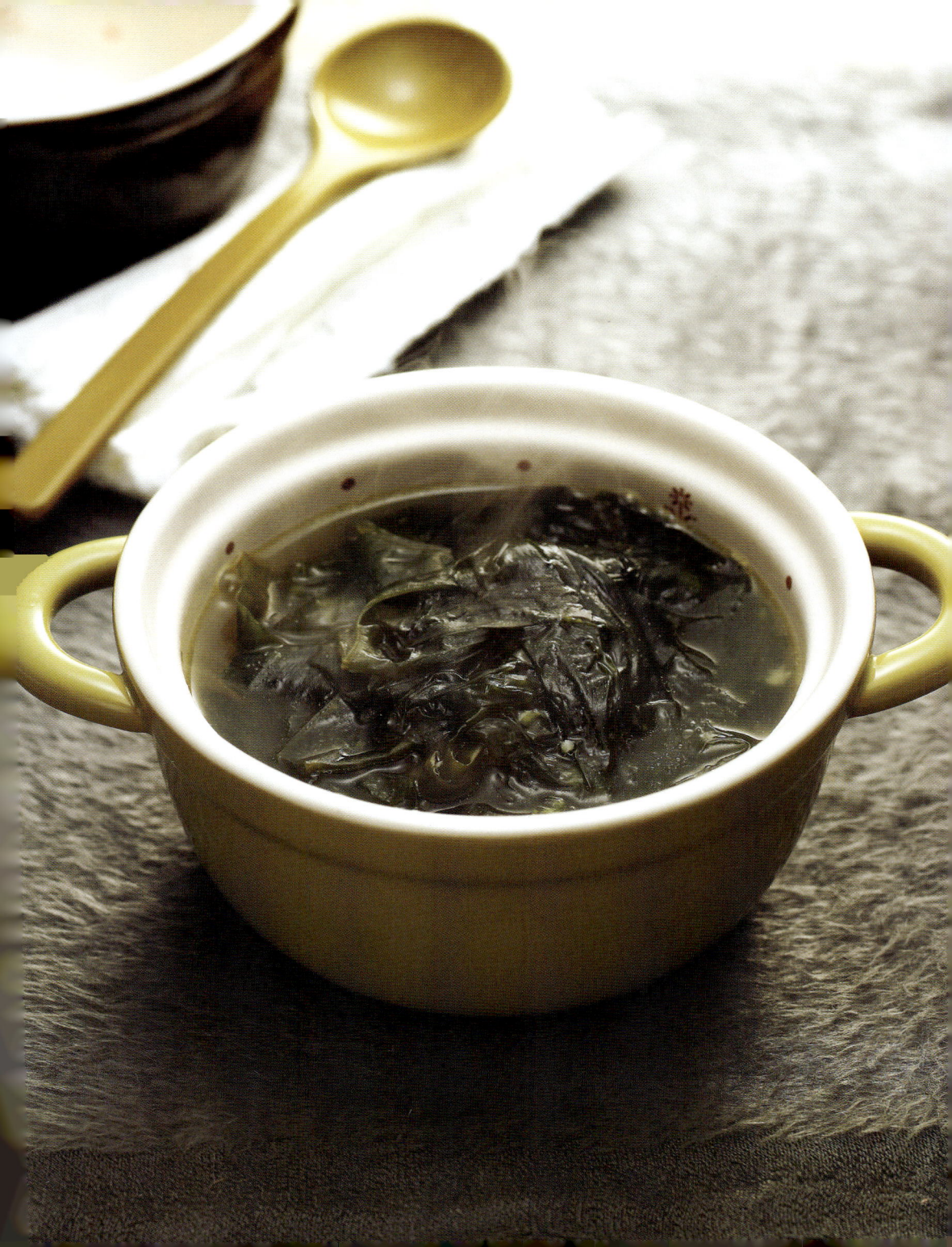

북엇국

▶ **주재료**
북어(찢어 놓은 것) 50g

▶ **부재료**
쌀뜨물 4컵, 참기름 · 국간장 · 고운 고춧가루 1작은술씩, 다진 마늘 · 청주 1큰술씩, 대파 1대, 소금 약간

1 북어는 적당하게 찢은 것으로 준비해서 물에 헹궈 건져 물기를 꼭 짠 후 4㎝ 길이 정도로 자른다.

2 ①의 북어에 국간장과 고운 고춧가루를 넣어 조물조물 무쳐 색을 낸다.

3 냄비에 참기름과 다진 마늘, 청주를 두르고 무친 북어를 넣어 볶다가 쌀뜨물을 붓고 끓인다.

4 국물에 북어 맛이 우러나면 대파를 어슷 썰어 넣어 한소끔 끓여 소금으로 간을 맞춰 완성한다.

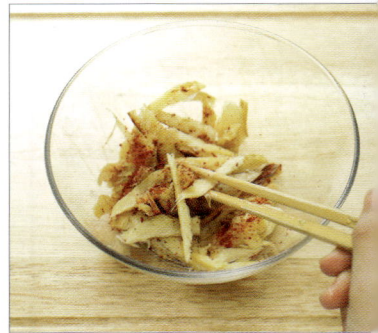

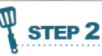 **STEP 2**

 COOK TIP
북엇국은 주로 해장으로 많이 먹는데 무 또는 콩나물을 함께 넣어 얼큰하게 끓이면 북어의 영양 성분이 우러나 더욱 좋다. 특히 무를 넣을 때에는 들기름으로 볶아 달걀을 넣어 줄알을 치면 부드러운 북엇국이 된다.

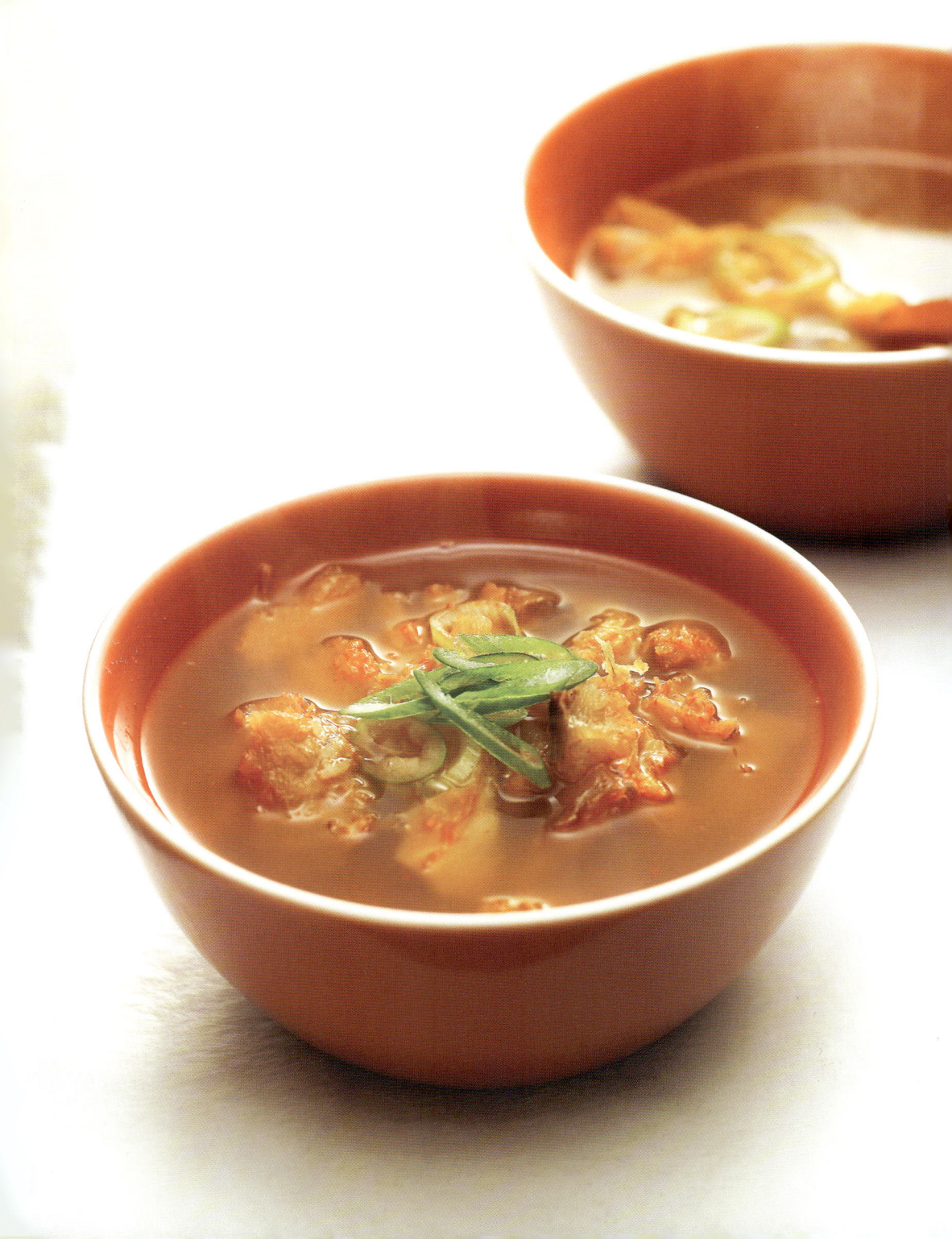

애호박젓국

▶ **주재료**
애호박(중간 크기) $\frac{1}{2}$개, 새우젓 $\frac{1}{2}$큰술

▶ **부재료**
두부 $\frac{1}{4}$모, 홍고추 · 풋고추 2개씩, 대파 1대, 다진 마늘 1작은술, 물 3컵, 소금 약간

1 애호박은 겉면에 윤기가 흐르고 몸체가 고른 것으로 준비해서 반으로 갈라 도톰하게 썬다.

2 두부는 탄력이 있고 신선한 것으로 준비해서 흐르는 물에 씻어 사방 3cm 크기로 도톰하고 네모지게 썬다.

3 풋고추와 홍고추는 어슷하게 썰어 씨를 턴다. 대파는 굵게 채 썬다.

4 새우젓은 건더기만 준비해서 도마에 올리고 곱게 다진다.

5 냄비에 새우젓을 넣고 물을 붓고 끓여 국물에 간이 고루 퍼지게 한다. 국물이 끓으면서 생기는 거품을 말끔하게 숟가락으로 걷어낸다.

6 국물이 팔팔 끓으면 애호박과 두부를 넣고 끓이다가 두부가 익어 떠오르면 다진 마늘과 고추채, 대파채를 넣고 한소끔 끓여 소금으로 간을 맞춰 불에서 내린다.

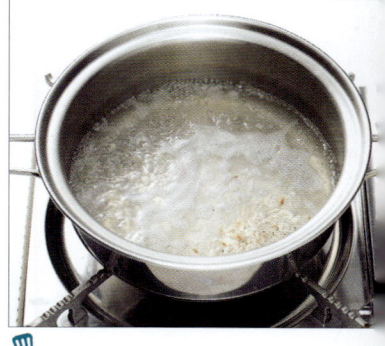

🍴 **STEP 5**

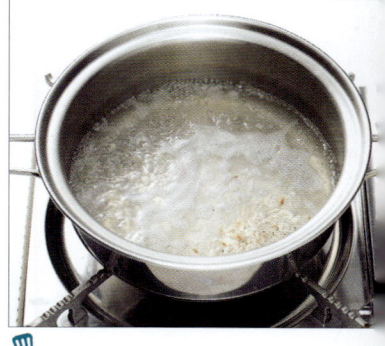

➡ **COOK TIP**

애호박은 연하고 부드러워 국물에서 빨리 익고 쉽게 뭉그러지므로 간이 배고 맛을 내는 동안 물러지지 않도록 도톰하게 썰어야 한다. 애호박을 국물에 넣고 진녹색으로 익으면 바로 불에서 내려야 한다. 새우젓은 국물 맛을 깔끔하고 담백하게 하는데 국물에 새우젓의 맛이 퍼지도록 미리 물에 넣고 팔팔 끓여 국물을 걷어가면서 끓이면 더욱 맛깔스럽고 비린내 없는 국물 맛이 난다.

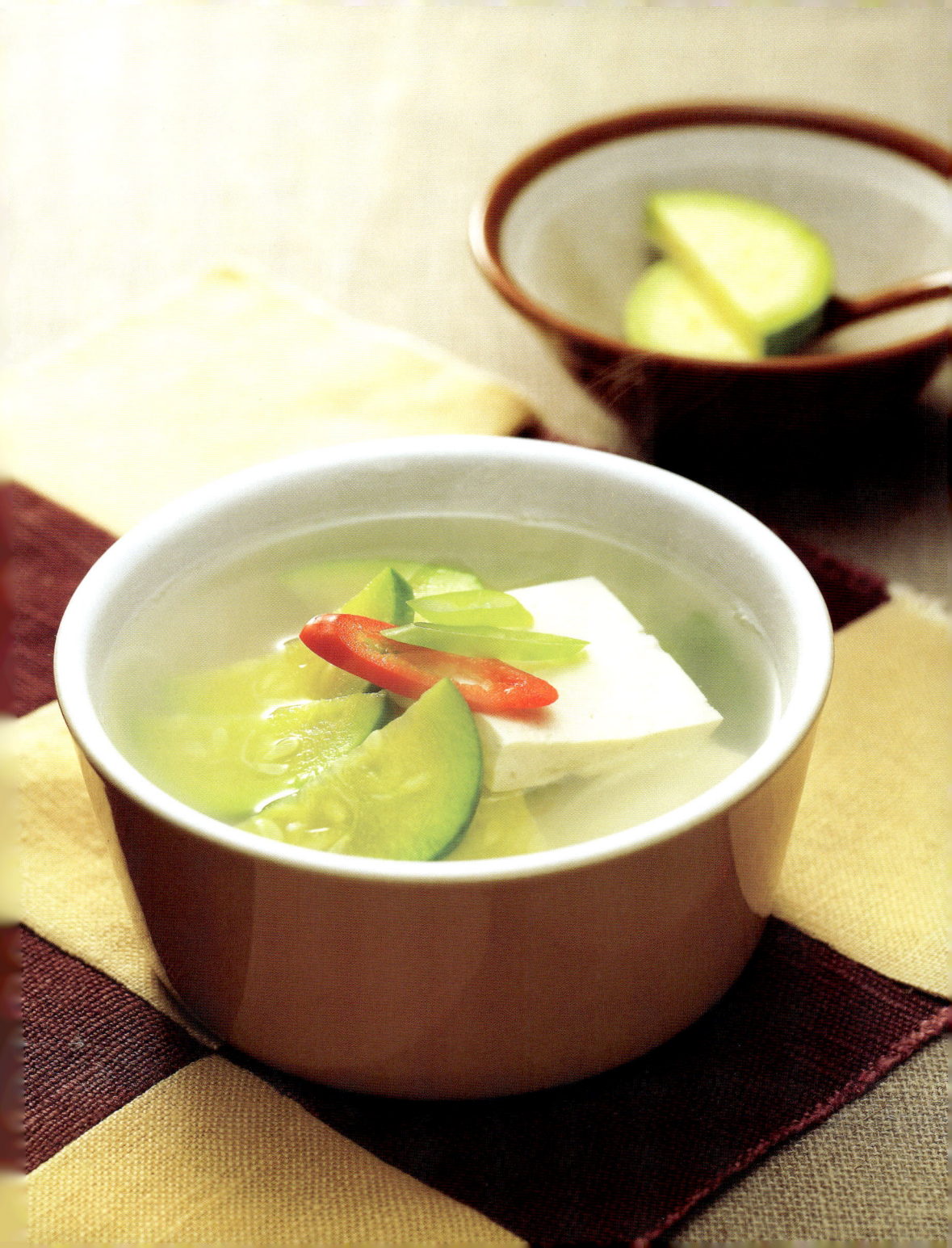

두부탕국

▶ **주재료**
쇠고기(양지머리) 300g, 무 200g, 두부 ½모

▶ **부재료**
다시마 사방 10cm 2장, 대파 1대, 다진 마늘 · 청주 · 국간장 1큰술씩, 물 12컵, 소금 약간

▶ **양지머리 양념**
소금 · 깨소금 · 참기름 · 다진 마늘 약간씩

1 쇠고기는 양지머리로 준비해서 핏물을 빼고 냄비에 물을 넉넉히 붓고 끓으면 양지머리를 넣어서 푹 끓인다.

2 양지머리가 익으면 무를 3cm 두께로 통째로 잘라서 무를 넣어 푹 무르게 끓인다.

3 다시마는 흰 가루를 젖은 면포로 깔끔하게 닦아낸 후 ②의 국물이 끓으면 넣어서 약 5분간 우린 후 다시마를 건져서 사방 2cm 크기로 자른다.

4 두부는 사방 1.5cm 크기로 깍둑 썬다.

5 양지머리를 건져서 결대로 찢고 고기 양념에 조물조물 무친다.

6 무가 푹 무르게 익으면 건져서 두부 크기로 깍둑 썬다.

7 고기 국물에 두부를 넣고 끓이다가 두부가 익으면 건져내고 대파를 어슷 썰어 다진 마늘, 청주와 넣어서 푹 끓인다. 국간장과 소금으로 알맞게 간을 맞춘다.

8 그릇에 무, 다시마, 두부, 양지머리를 적당히 담고 국물을 부어서 상에 낸다.

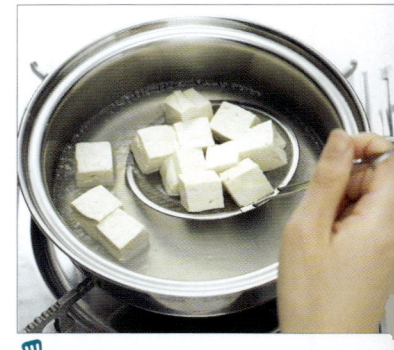

STEP 7

> ⟶ **COOK TIP**
>
> 두부를 국에 넣어 끓일 때 미리 넣어 오래 끓이면 두부에 간이 배 두부가 딱딱할 수 있다. 그러므로 국이 다 끓은 후 두부를 넣고 한소끔 끓여내야 한다.

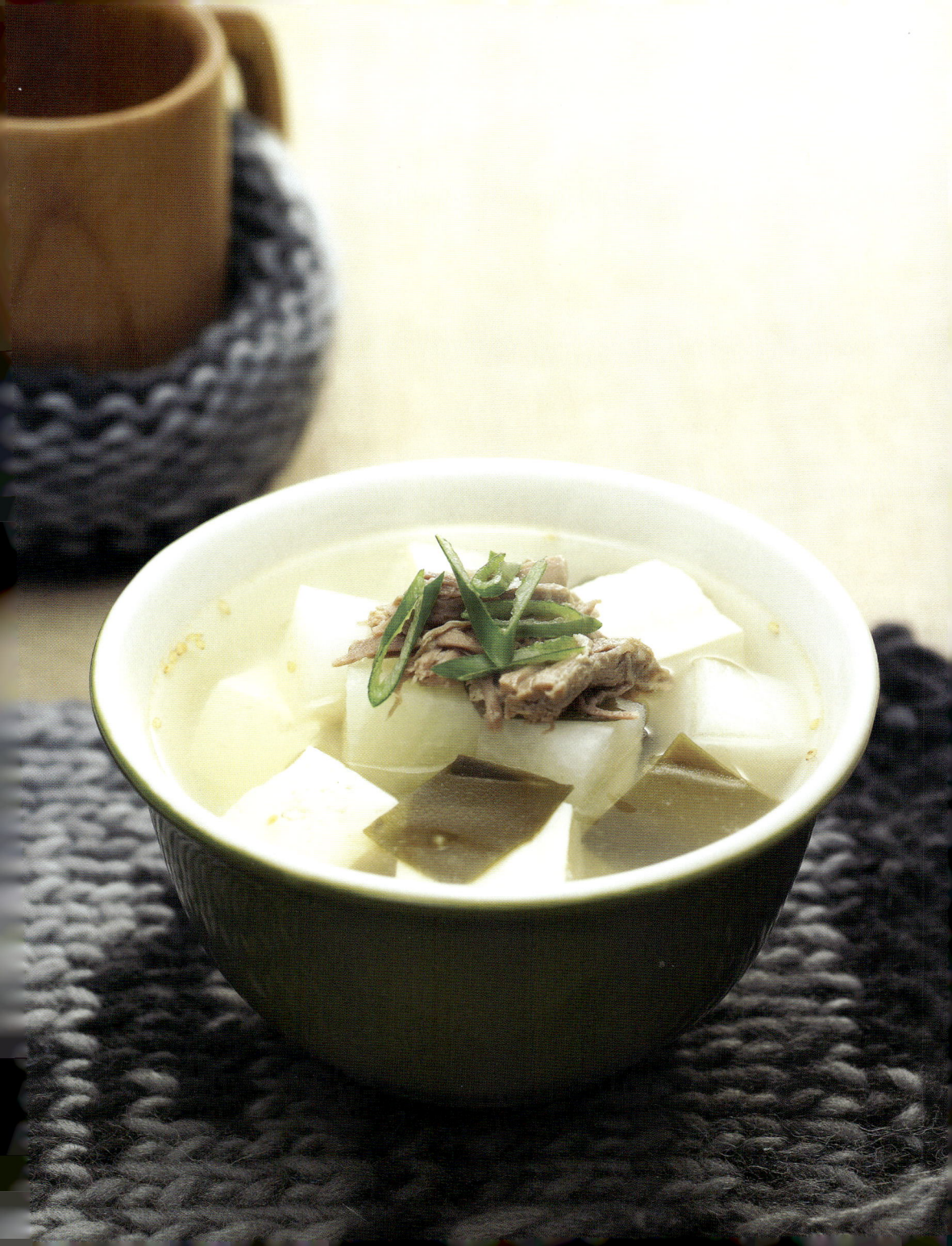

대파달걀탕

▶ **주재료**
달걀 3개, 대파 2대

▶ **부재료**
칵테일새우 10마리, 홍고추 1개, 새우젓 1작은술, 소금 · 참기름 약간씩, 다시마 우린 물 4컵(다시마 사방 15cm 1장, 물 4컵)

1 신선한 칵테일새우를 준비해서 흐르는 물에 가볍게 흔들어 씻어 물기를 뺀다.

2 볼에 달걀을 깨뜨려 알끈을 제거하고 멍울지지 않도록 고루 풀어준다.

3 대파는 5㎝ 길이로 썰어 가로로 칼집을 서너 번 넣는다. 끓는 물에 소금 넣고 살짝 데쳐서 찬물에 헹궈 물기를 뺀다. 대파의 미끈거리는 점액질을 없애야 국물 맛이 씁쓸하지 않다.

4 홍고추는 갈라서 씨를 턴 후 4㎝ 길이로 곱게 채 썬다.

5 냄비를 달군 후 참기름을 두르고 손질한 새우를 넣고 살짝 볶는다. 새우가 익어 붉은색을 띠기 시작하면 다시마 우린 국물을 붓고 끓인다.

6 ⑤에 대파를 넣고 국물에 새우의 감칠맛이 우러나면 홍고추 채 썬 것을 넣고 달걀은 조심스럽게 줄알을 친다.

7 달걀물이 서서히 익을 때까지 휘젓지 말고 모양을 살린 후 새우젓으로 간하여 끓이다가 소금으로 마지막 간을 맞추어 그릇에 담아낸다.

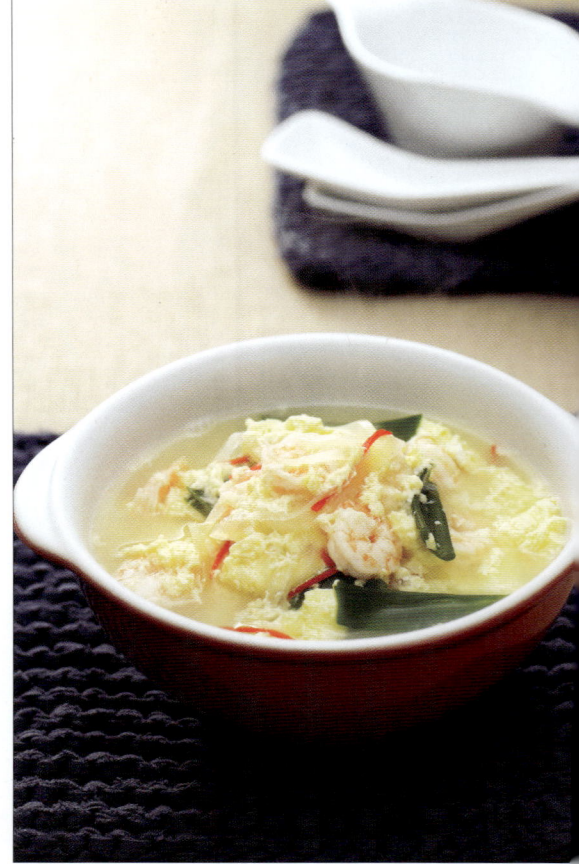

> **→ COOK TIP**
> 줄알을 치는 방법은 젓가락을 45˚로 기울여 달걀물이 젓가락을 타고 흘러들어가게 한다.

조개탕

▶ **주재료**
모시조개 300g

▶ **부재료**
부추 30g, 마른 홍고추 1개, 마늘 2쪽, 생강즙 1작은술, 물 7컵, 소금 · 후춧가루 약간씩

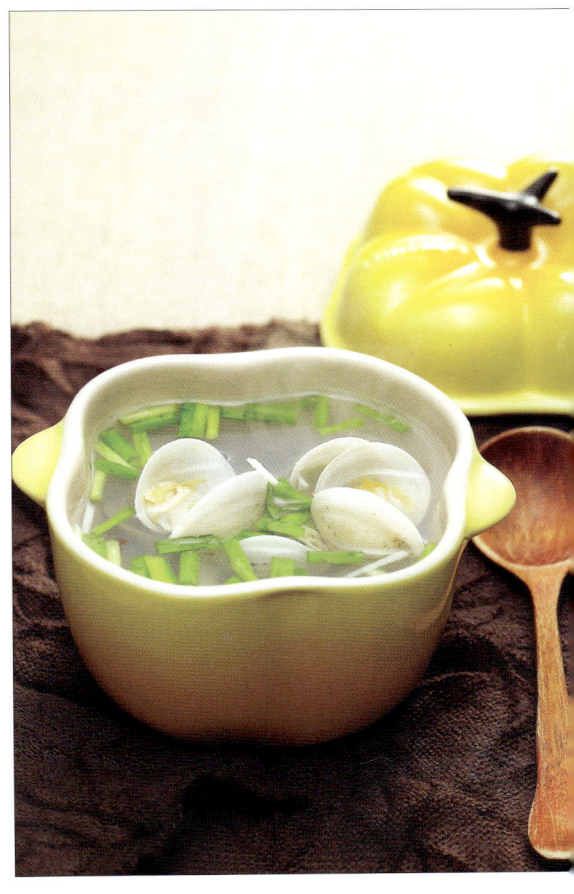

1 모시조개는 싱싱한 것으로 준비해서 소금을 뿌리고 박박 문질러 껍데기에 붙은 지저분한 것을 말끔하게 씻어낸다.

2 3%의 연한 소금물에 씻은 모시조개를 담고 신문지를 덮어 어두운 곳에서 1시간 정도 해감을 시킨다. 이때 소금물이 짜면 조갯살이 질겨지므로 물 1컵에 소금 1큰술 정도가 적당하다.

3 부추는 다듬어 씻어 흐르는 물에 가볍게 씻어 1cm 길이로 썬다.

4 마른 홍고추는 1cm 간격으로 썰어 씨를 털어내고 마늘은 곱게 채 썬다.

5 냄비에 물을 붓고 생강즙을 넣어 팔팔 끓으면 조개를 넣고 충분하게 끓여 입을 벌리게 한다.

6 조개가 입을 벌리기 시작하면 불을 끄고 체에 면포를 받쳐 좀 더 맑은 국물만을 받아낸다.

7 냄비에 맑은 조개 국물을 붓고 끓으면 삶아둔 조개와 부추, 마른 홍고추, 마늘채를 넣어서 한소끔 끓여 소금과 후춧가루로 간을 맞춘다.

> 🠖 **COOK TIP**
> 시원한 맛을 내는 모시조개탕은 속풀이 국으로 아주 좋은데 매운 마른 홍고추를 잘라 넣으면 매운맛과 칼칼한 맛이 나서 더 좋다. 식욕을 돋워 주는 조개탕의 감칠맛은 타우린, 아미노산, 핵산류, 호박산 등이 어울려 내는 맛인데 백합, 맛조개, 바지락 등 어떤 조개로 끓여도 그 시원한 맛이 일품이다.

황태감자국

▶ **주재료**
황태 1마리, 감자 1개

▶ **부재료**
달걀 2개, 홍고추 1개, 대파 ⅓대, 다진 마늘 1작은술, 밀가루 · 참기름 · 국간장 1큰술씩, 소금 · 후춧가루 약간씩, 물 4컵

1 노란색을 띠는 구수한 맛의 황태는 살이 잘 불어나도록 방망이로 흠씬 두드려 찬물에 잠시 담근다. 손으로 만져 휠 정도로 부드럽게 불면 물기를 닦고 머리와 지느러미, 꼬리를 자른다.

2 손질한 황태는 반으로 갈라 가시를 발라내고 먹기 좋은 크기로 살을 쪽쪽 찢어서 물에 가볍게 헹궈 물기를 꼭 짜고 국간장, 소금, 후춧가루, 다진 마늘, 참기름을 넣고 무쳐 밑간한다.

3 감자는 껍질을 벗기고 나무젓가락 굵기와 4㎝ 길이로 채 썬다. 잠시 찬물에 담가 녹말기를 뺀 후 건진다.

4 밀가루와 달걀을 서로 성글게 섞어서 밑간한 황태를 넣어 살살 버무린다.

5 냄비에 감자를 넣고 참기름을 약간 붓고 달달 볶다가 물을 부어서 끓인다.

6 ⑤의 국물이 끓으면 ④의 달걀 입힌 황태를 넣고 끓인다. 황태가 부드러워지면서 감자가 익으면 홍고추를 어슷하게 채 썰어 씨를 턴 것을 넣고 대파를 어슷하게 채 썰어 넣어 함께 끓인다.

7 시원한 황태 감자국이 완성되면 소금과 후춧가루로 간을 맞춰 상에 낸다.

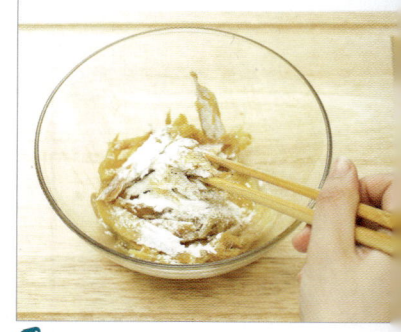

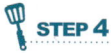 **STEP 4**

> **COOK TIP**
> 북어나 황태로 국을 끓일 때에는 머리와 꼬리지느러미를 미리 떼어내는데 머리를 그냥 버리지 말고 감자를 먼저 끓일 때 머리를 넣어 국물 맛을 내주면 국물 맛이 담백하고 구수하다. 국거리로 인기가 있는 황태는 명태를 추운 겨울날 바닷바람에 말려 얼렸다 녹였다를 반복해서 노랗게 말린 것을 말한다.

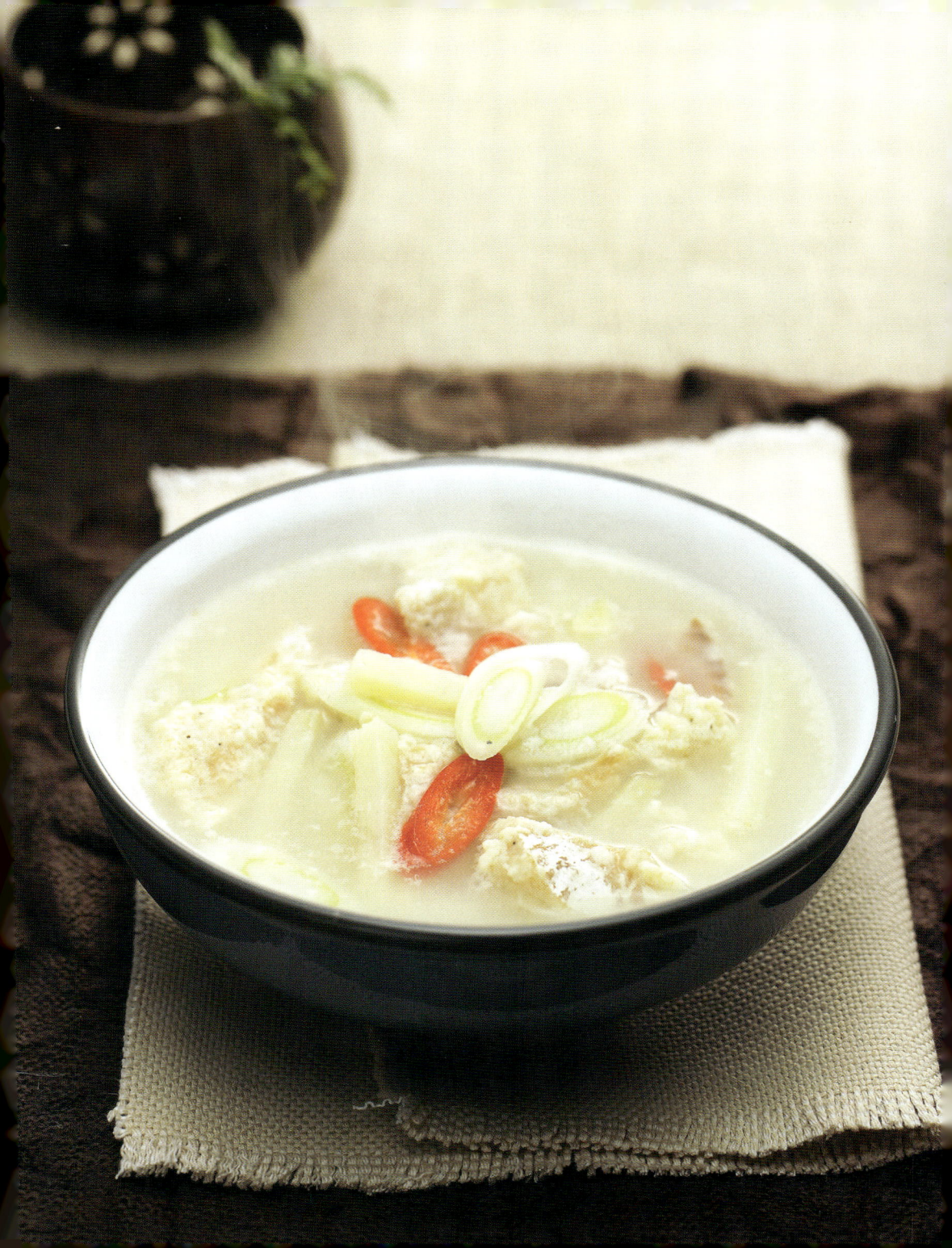

연두부조개국

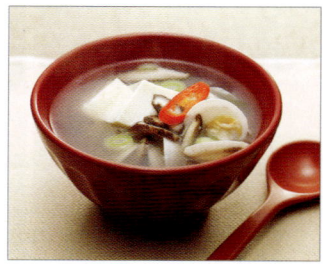

▶ **주재료**
연두부 1모, 모시조개 100g

▶ **부재료**
표고버섯 2장, 대파 1대, 다진 마늘·청주 1큰술씩, 홍고추 1개, 물녹말 2큰술(녹말·물 2큰술씩), 참기름·간장 1작은술씩, 소금·후춧가루 약간씩, 물 5컵

1 연두부는 사방 2㎝ 크기로 칼집을 넣어 준비한다.

2 모시조개는 해감시킨 후 건져 냄비에 물을 분량만큼 붓고 팔팔 끓으면 모시조개를 넣어서 끓인다.

3 모시조개가 입을 벌리면서 국물 맛이 우러나면 면포에 받쳐 맑은 국물만 받아내고 건더기는 따로 건져둔다.

4 표고버섯은 밑동을 자르고 곱게 채 썰고 대파는 송송 썬다. 홍고추는 어슷하게 송송 썰어 씨를 털어낸다.

5 녹말 2큰술에 물 2큰술을 넣고 개어 물녹말을 만든다.

6 냄비에 표고버섯과 대파, 다진 마늘, 청주, 참기름, 간장을 넣고 달달 볶다가 받아둔 조개 국물을 붓고 끓인다.

7 조개살과 연두부를 ⑥의 국물에 붓고 어느 정도 국물 맛이 우러나면 물녹말 갠 것을 부어서 살짝 걸쭉한 상태로 만들어 한소끔 끓인 후 소금, 후춧가루, 홍고추를 넣어 간을 맞춰 그릇에 담아낸다.

굴두부국

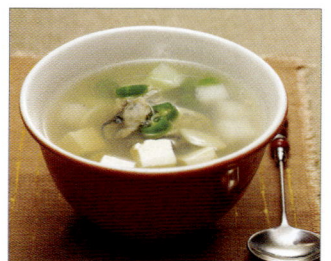

▶ **주재료**
굴 150g, 무 50g, 두부 200g

▶ **부재료**
청고추 1개, 국물 멸치 5마리, 물 4컵, 마늘 2쪽, 쪽파 2대, 청주 1작은술, 국간장 1큰술, 소금·후춧가루 약간씩

1 굴은 체에 밭쳐 껍데기를 모두 꺼내고 옅은 소금물에 흔들어 씻어서 그대로 물기를 뺀다.

2 냄비에 국물 멸치 손질한 것을 넣고 볶아 비린맛을 없앤 후 물을 부어서 끓인다. 멸치 우린 육수가 구수하게 우러나면 면포에 국물만 받아내 냄비에 담는다.

3 무는 사방 1㎝ 크기로 썰어 ②의 국물 있는 냄비에 담고 무의 시원한 맛이 우러나도록 푹 끓인다.

4 두부는 사방 1㎝ 크기로 썰어 물에 헹궈 소금을 살짝 뿌려 밑간한다.

5 마늘은 얇게 편으로 썰고 쪽파는 송송 썬다. 청고추는 송송 썰어 씨를 털어낸다.

6 ③의 무 국물에 마늘과 국간장과 청주로 맛을 내고 소금, 후춧가루로 간을 맞춘 후 굴과 두부를 넣어 한소끔 끓인다.

7 끓여낸 굴두부국에 청고추와 쪽파 썬 것을 담아 상에 낸다.

배추마른새우국

▶ **주재료**
배추 4장, 마른꽃새우 ⅓컵

▶ **부재료**
대파 1대, 참기름 · 국간장 1작은술씩, 찹쌀물(찹쌀가루 · 물 1큰술씩), 소금 · 후춧가루 약간씩, 물 4컵

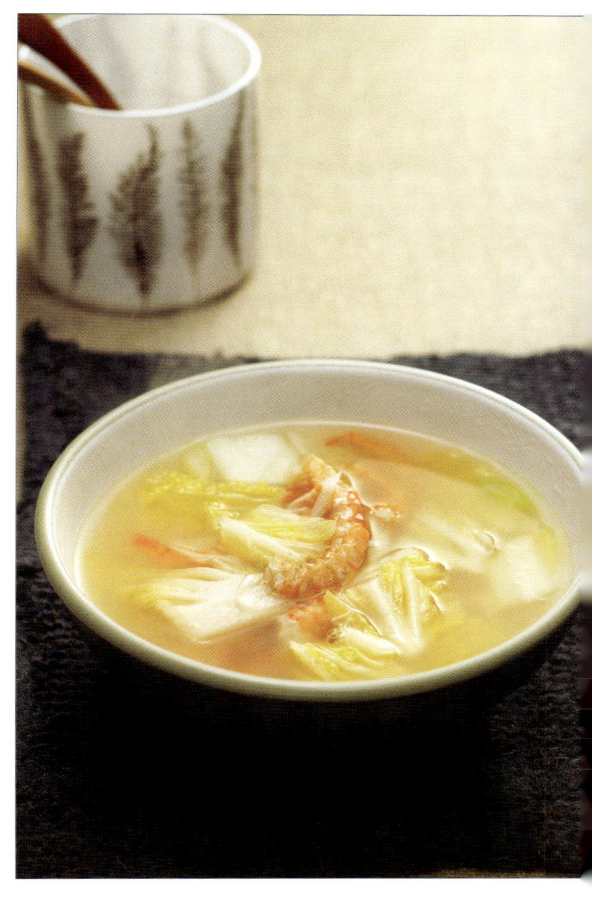

1 배추는 노랗고 부드러운 속대로 준비해서 흐르는 물에 가볍게 씻는다. 칼을 비스듬히 뉘여 섬유질 반대 방향으로 납작하게 썬다.

2 잘 말라 몸통이 활처럼 휘고, 색이 붉고 선명한 마른 꽃새우를 준비해서 체에 밭쳐 잔가시를 털어 말끔하게 한다.

3 대파는 굵게 채 썬다.

4 찹쌀가루에 물을 1:1로 섞어서 찹쌀물을 만든다.

5 냄비에 참기름을 두르고 달군 후 마른 새우를 넣어 볶다가 물을 붓고 끓인다. 국물이 한소끔 끓어오르면서 새우의 감칠맛이 우러나면 썰어놓은 배추를 넣고 무르도록 끓인다.

6 국물이 펄펄 끓어오르고 배추가 말갛게 익으면 대파를 넣고 간장으로 노르스름하게 색을 낸다.

7 ⑥의 국이 다시 한 번 끓어오르면 찹쌀물을 풀어 걸쭉한 농도가 되도록 한 후 소금과 후춧가루로 간을 맞추고 참기름 한 방울을 떨어뜨려 그릇에 담아낸다.

> → **COOK TIP**
> 배추를 손질한 후 칼을 비스듬히 뉘여 섬유질 반대 방향으로 썰어 주어야 배추의 시원한 맛이 국물에 잘 우러난다. 마른 꽃새우는 참기름에 충분히 볶아 선명한 붉은색이 투명해지면 물을 붓고 끓인다. 이렇게 하면 새우의 감칠맛이 국물에 우러나 더 시원하고 담백한 국물 맛이 난다.

새알심미역국

▶ **주재료**
마른 미역 10cm 1장, 찹쌀가루 2컵

▶ **부재료**
들기름 · 국간장 2큰술씩, 다진 마늘 1큰술, 물 6컵, 소금 · 후춧가루 약간씩

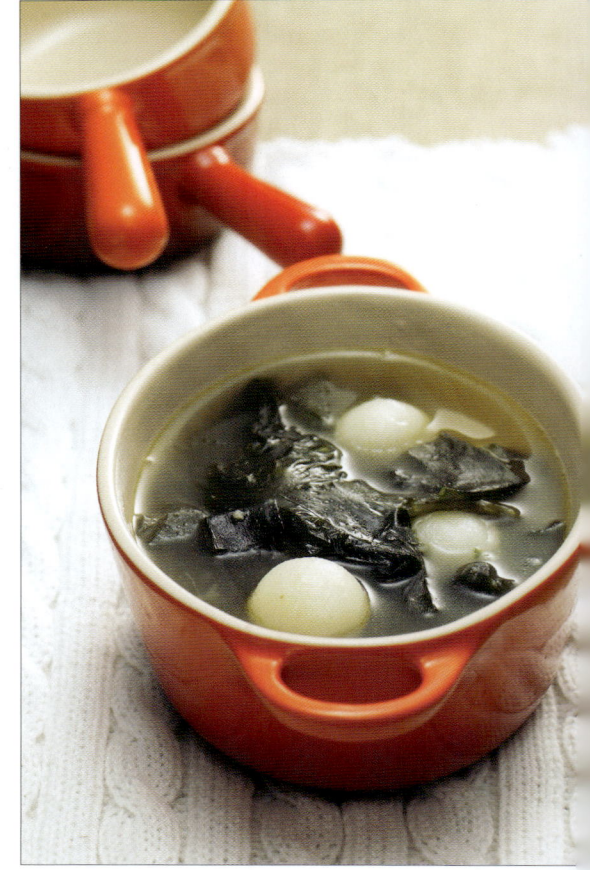

1 미역에 넉넉하게 물을 부어 30분 정도 부드럽게 불린 후 손으로 바락바락 주물러 거품이 나오지 않을 때까지 씻어 먹기 좋은 크기로 썬다. 너무 세게 비비면 미역이 풀어져 맛이 없으므로 살살 주무른다.

2 찹쌀가루에 소금을 약간 넣어 체에 내린 후 끓는 물을 부어서 말랑말랑하게 익반죽한다. 지름 2㎝ 정도로 반죽을 떼어 둥글게 새알심을 만든다.

3 냄비에 들기름을 두르고 손질한 미역을 넣고 달달 볶는다. 뽀얗게 국물이 생기면 물을 부어서 센 불에서 뚜껑을 덮어 끓인다.

4 ③의 국물이 팔팔 끓어오르면 다진 마늘과 국간장을 붓고 한소끔 더 끓인 후 찹쌀 새알심을 넣어 끓인다.

5 새알심이 익어 떠오르면 불을 약하게 줄여 한소끔 더 끓이면서 소금과 후춧가루로 간을 맞춰 그릇에 담아 낸다.

> **COOK TIP**
> 미역은 자칫 해조류 특유의 비린맛이 나올 수 있으므로 손질 시에 주의해야 한다. 거품이 생기면서 나오는 물기를 깨끗하게 씻어 건져 들기름에 뽀얀 국물이 생길 때까지 볶아야 미역이 더 부드럽고 고소한 맛이 나면서 비린맛이 없어진다.

김칫국

▶ **주재료**
배추김치 ½포기, 중간 멸치 2큰술

▶ **부재료**
다진 마늘 1큰술, 국간장 ½작은술, 쌀뜨물 4컵, 달걀 1개, 소금 약간, 대파 ½대

1 배추김치는 소를 털고 국물이 있는 채로 2㎝ 폭으로 썬다.

2 냄비에 배추김치와 중간 멸치, 다진 마늘, 국간장을 넣고 볶는다.

3 ②에 쌀뜨물을 붓고 중간 불에서 한소끔 끓여 배추김치를 부드럽게 익힌다.

4 대파는 굵고 어슷하게 채 썰고 달걀은 알끈을 제거하고 곱게 푼다.

5 김칫국이 맛이 제대로 우러나면 달걀로 줄알을 치고 대파를 넣은 후 소금으로 간을 해서 한소끔 끓여낸다.

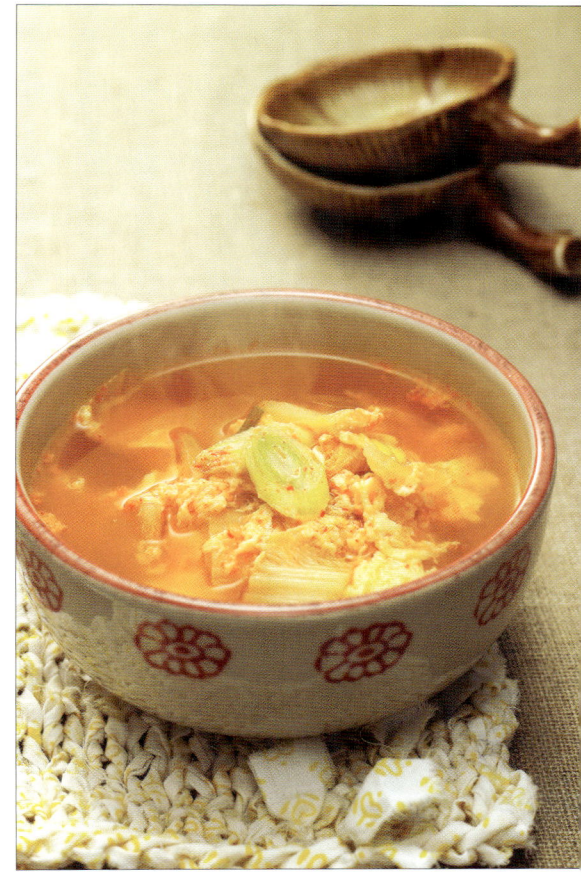

🟠 **COOK TIP**

김칫국을 끓일 때 불린 미역을 함께 넣고 볶아 끓이면 김칫국물이 훨씬 감칠맛이 나면서 김치가 부드럽게 익어 소화도 잘 될 뿐 아니라 시원한 맛이 우러난다. 미역은 충분하게 불린 상태에서 김치와 함께 볶아야 하고 되도록 김치는 국물을 짜지 말고 볶아야 맛이 더욱 좋다.

물오징어매운고추장국

▶ **주재료**
오징어 2마리, 무 100g

▶ **부재료**
홍고추·청양고추 1개씩, 양파 ½개, 대파 1대, 다진 마늘 1큰술, 고추장 2큰술, 참치액 1작은술, 소금·후춧가루 약간씩

▶ **멸치 국물**
국물 멸치 10마리, 물 7컵, 청주 1큰술

1 오징어는 내장과 먹물을 빼내고 소금에 바락바락 주물러 씻어 해감을 시킨 후 다리에 붙은 흡반을 말끔하게 떼어낸다.

2 오징어의 껍질을 말끔하게 벗기고 물에 헹궈 물기를 닦아주고 나서 몸통 안쪽에 사선으로 칼집을 넣어 1㎝ 폭으로 자른다. 다리에도 칼집을 넣고 4㎝ 길이로 썬다.

3 무는 껍질째 씻어서 사방 3㎝ 크기로 납작하게 썰고 홍고추, 청양고추는 어슷하게 썰어 씨를 털고 대파는 굵게 채 썬다. 양파도 같은 크기로 채 썬다.

4 냄비에 국물 멸치를 다듬어 넣고 볶아 비린맛을 날린 후 청주와 물을 붓고 푹 끓인다.

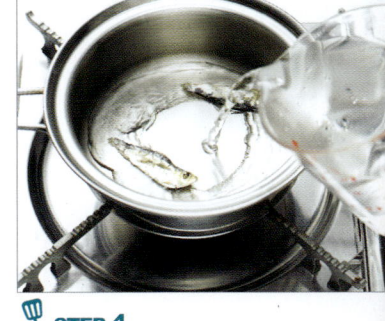

🍳 **STEP 4**

5 진한 멸치 국물이 끓으면 면포에 밭쳐 맑은 육수만 다시 냄비에 담아서 끓인다.

6 ⑤의 국물이 끓으면 무와 오징어, 양파를 넣고 한소끔 더 끓인다.

7 ⑥의 국에 대파, 다진 마늘, 고추장을 넣고 매운맛을 더 한 후 끓으면서 생기는 거품을 말끔하게 걷어낸다.

8 시원한 국물맛이 우러나면 참치액과 소금, 후춧가루로 맛을 내고 홍고추, 청양고추를 넣어 한소끔 끓여 그릇에 담아낸다.

→ **COOK TIP**
오징어를 깨끗하게 손질하려면 내장과 먹물을 뺀 후 굵은 소금으로 바락바락 주물러 다리의 흡반까지 말끔하게 떼어내야 오징어가 깨끗하게 손질된다. 오징어 껍질은 가장자리에 굵은 소금을 비벼 껍질이 들리게 한 후 손으로 잡고 쫙 벗겨 내야 하는데 싱싱한 오징어일수록 한 번에 깨끗하게 벗겨진다.

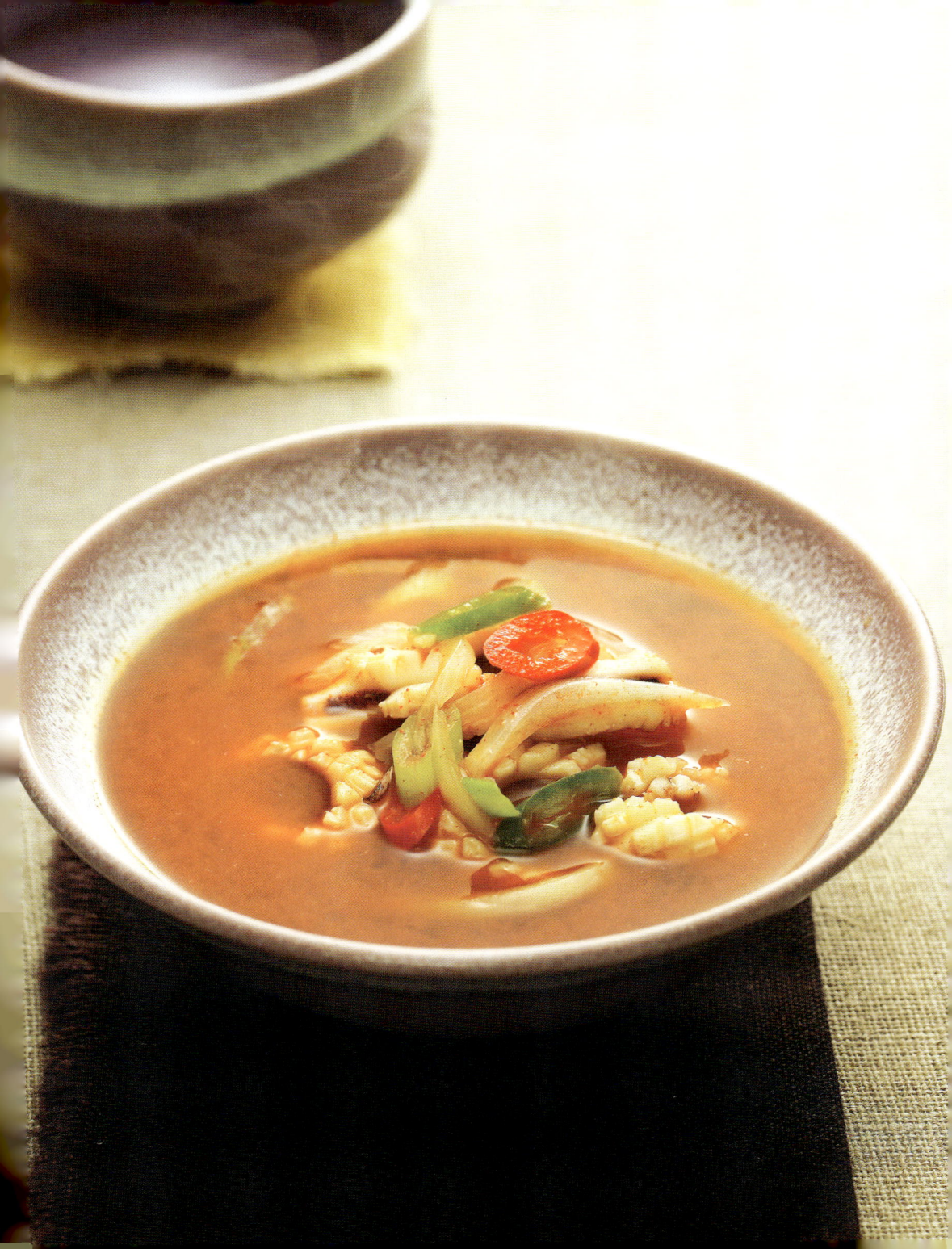

시금치북어매운국

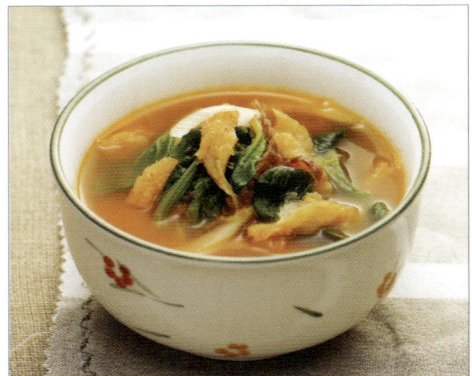

▶ **주재료**
시금치 · 북어포 100g씩

▶ **부재료**
양파 ½개, 대파 1대, 마른 홍고추 1개, 들기름 · 고추장 1큰술씩,
마늘 3쪽, 소금 · 후춧가루 약간씩, 쌀뜨물 4컵

1 시금치는 다듬어 씻어 물기를 털고 4㎝ 길이로 썬다.
다듬은 시금치는 끓는 물에 소금을 넣어 살짝 데치고
찬물에 헹궈 물기를 꼭 짠다.

2 북어포는 잘게 찢어 물에 살짝 헹군 다음 물기를 꼭
짠다.

3 대파와 양파는 굵게 채 썰고 마늘은 얇게 저미고 마른
홍고추는 가위로 적당하게 썰어 씨를 턴다.

4 냄비에 마늘, 마른 홍고추와 양파, 대파를 넣고 들기
름을 둘러 달달 볶다가 북어포와 고추장을 넣어 다시
볶는다.

5 ④에 쌀뜨물을 부어 끓으면 시금치를 넣어 떠오르는
거품을 말끔하게 걷어내고 소금과 후춧가루로 간을
해서 완성한다.

> **COOK TIP**
> 시금치는 생것을 넣어 끓이면 끓으면서 수산 성분이 흘러나와 해
> 롭다. 시금치를 소금을 넣은 끓는 물에 데쳐 찬물에 헹군 후 조리
> 하는 것이 좋다.

유채호박국

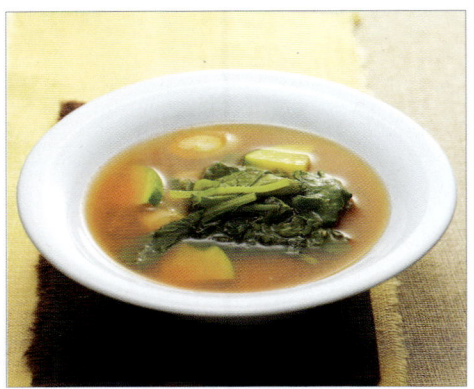

▶ **주재료**
유채 200g, 애호박 ½개

▶ **부재료**
고추장 · 참치액 · 다진 마늘 1큰술씩, 대파 1대, 청양고추 1개,
소금 약간, 쌀뜨물 4컵

1 유채는 깨끗하게 씻어 팔팔 끓는 물에 살짝 데쳐 찬물
에 헹궈 물기를 짜고 3㎝ 길이로 썬다.

2 돼지호박으로 준비해서 0.5㎝ 두께, 부채꼴 모양으로
도톰하게 썬다.

3 청양고추는 곱게 다지고 대파는 큼직하게 채 썬다.

4 냄비에 돼지호박과 유채를 넣고 고추장과 참치액, 다
진 마늘을 넣고 버무려 쌀뜨물을 붓고 센 불에 올려
끓인다.

5 끓으면서 생기는 거품을 말끔하게 걷어내고 대파와
청양고추 준비한 것을 넣어 한소끔 끓여 모자라는 간
을 소금으로 맞춰 그릇에 담아낸다.

> **COOK TIP**
> 유채는 3~4월에 많이 난다. 고추장을 많이 넣어 탁하지 않도록
> 하는 것이 좋고 청양고추를 넣어 칼칼한 맛이 나도록 한다.

연배추순두부매운국

▶ **주재료**
연배추 80g, 순두부 150g

▶ **부재료**
대파 1대, 양파 ½개, 고추기름 1큰술, 다진 마늘 · 참기름 · 간장 · 고운 고춧가루 1작은술씩, 쌀뜨물 3컵, 소금 약간

1 연배추는 씻어서 물기를 털고 가로로 2㎝ 폭으로 썬다.

2 대파와 양파는 굵게 채 썬다.

3 냄비에 연배추와 대파, 양파, 다진 마늘을 넣고 고추
기름과 참기름, 고운 고춧가루를 넣어 달달 볶는다.

4 어느 정도 연배추가 물러지면 순두부와 쌀뜨물을 붓
고 끓여서 간장으로 색을 내고 소금으로 간을 맞춰 바
특하게 끓여 불에서 내린다.

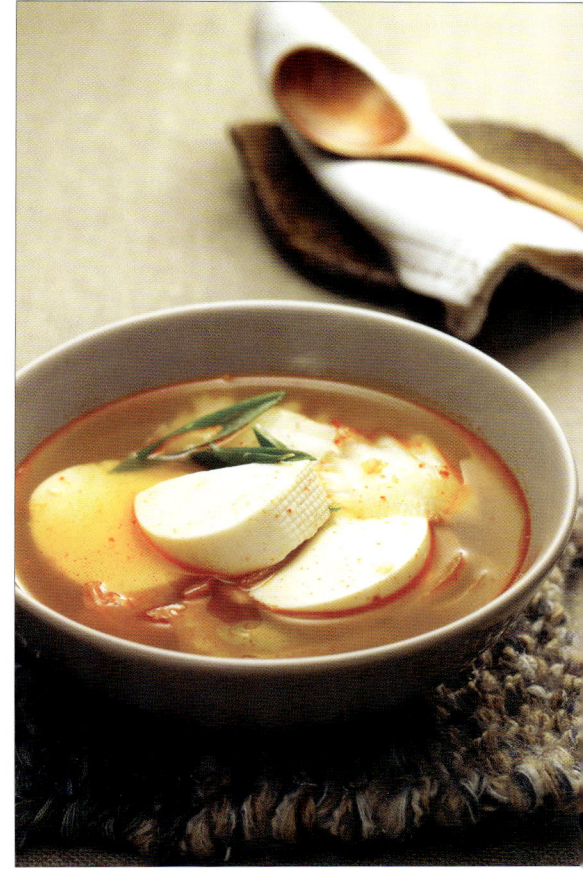

⊜ COOK TIP

순두부를 맵게 먹으려면 고추기름을 넣어 만드는 것이 색상도 곱
고 칼칼한 맛도 많이 우러나 좋다. 특히 쌀뜨물을 이용하면 더 구
수하고 매운맛이 많이 난다.

순두부감자국

▶ **주재료**
순두부 1컵, 감자 2개

▶ **부재료**
대파 1대, 양파 ½개, 마늘 3쪽, 고추기름 · 맛술 1큰술씩, 국간장 · 들기름 1작은술씩, 소금 · 후춧가루 약간씩, 쌀뜨물 4컵

1 감자는 껍질 벗기고 반을 갈라 납작하게 썬다. 찬물에 담가 녹말기를 뺀다.

2 순두부는 채반에 놓고 수분을 뺀다.

3 양파와 대파는 곱게 채 썰고 마늘은 굵게 편 썬다.

4 냄비에 들기름과 고추기름을 두르고 마늘과 양파, 감자를 넣어 나른하게 볶는다.

5 ④에 쌀뜨물을 붓고 국간장, 맛술을 넣어 한소끔 끓인다.

6 ⑤에 순두부를 한 숟가락씩 넣고 소금과 후춧가루를 넣어 맛을 낸 후 대파를 올려 상에 낸다.

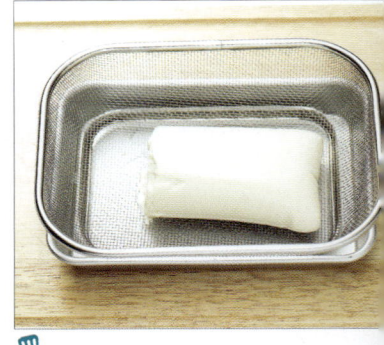
STEP 2

🔄 **COOK TIP**
순두부를 넣은 감자국은 순두부가 흩어지지 않고 모양을 유지해야 국물 맛이 탁하지 않고 구수하다. 그래서 순두부는 채반에 놓고 수분을 없애 탱글거리게 한다.

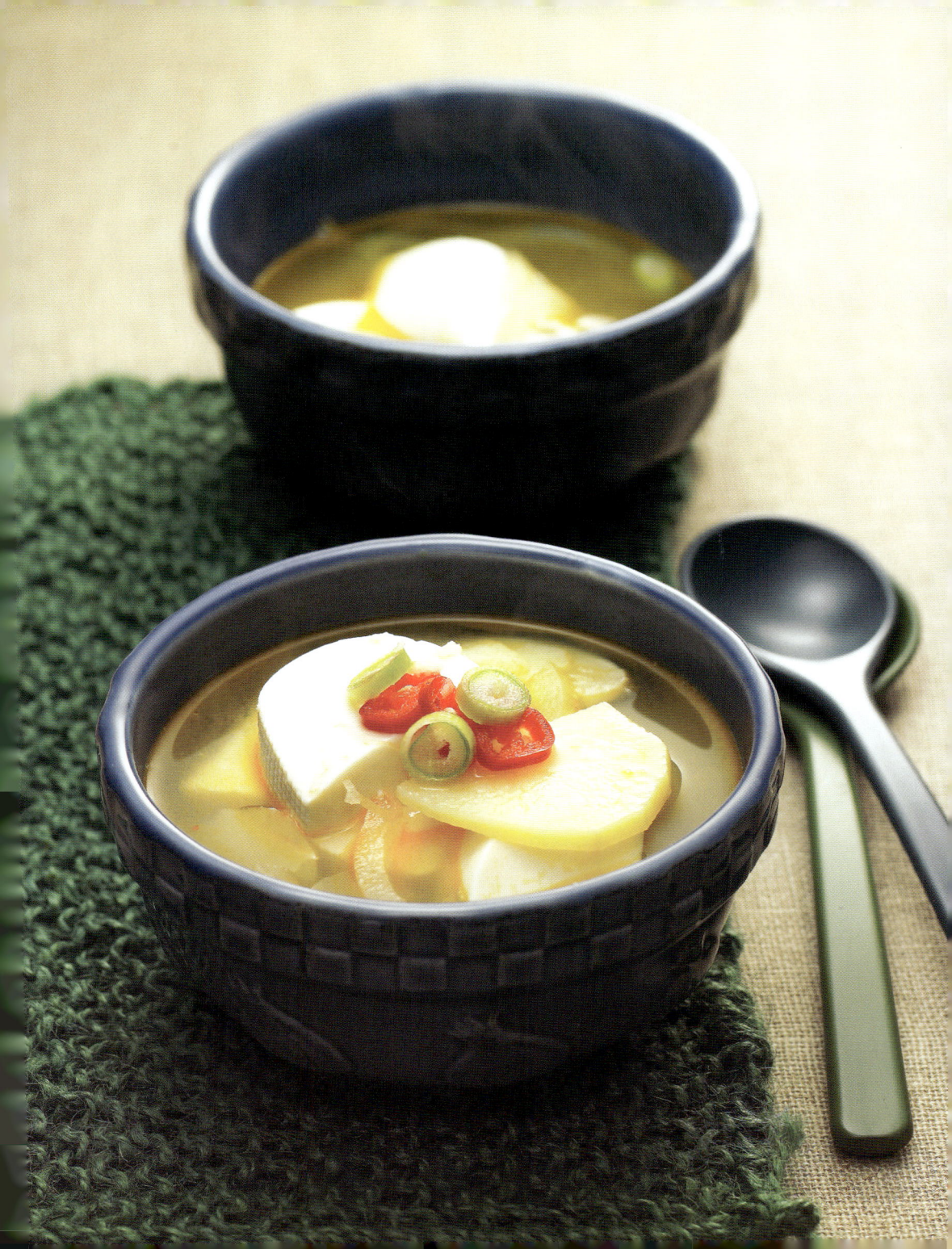

속풀이국

▶ **주재료**
숙주·고사리 100g씩, 대파잎 5대, 쇠고기(양지머리) 400g, 물 12컵, 소금 약간

▶ **양념장**
고운 고춧가루 2큰술, 간장·참치액·참기름 1작은술씩, 다진 마늘 1큰술, 다진 생강 $\frac{1}{4}$작은술, 소금 약간

1 숙주는 다듬어 씻어 끓는 물에 데쳐 찬물에 헹궈 물기를 꼭 짠다.

2 고사리도 다듬어 씻어 끓는 물에 삶아 부드럽게 만들어 먹기 좋은 크기로 썬다.

3 대파잎은 끓는 물에 소금을 넣고 파랗게 데쳐 찬물에 헹궈 속의 점액질을 뺀다.

4 냄비에 물을 넣어 끓으면 핏물 뺀 쇠고기 양지머리를 넣고 40분 이상 푹 끓여 고기는 건지고 국물은 면포에 밭쳐 거른다.

5 볼에 양념장을 모두 넣고 고기를 결대로 찢은 후 다른 채소와 함께 버무린다.

6 냄비에 고기 국물을 붓고 끓으면 ⑤의 재료 무친 것을 넣어 30분 정도 은근하게 끓여 모자라는 간을 소금으로 맞춰 먹는다.

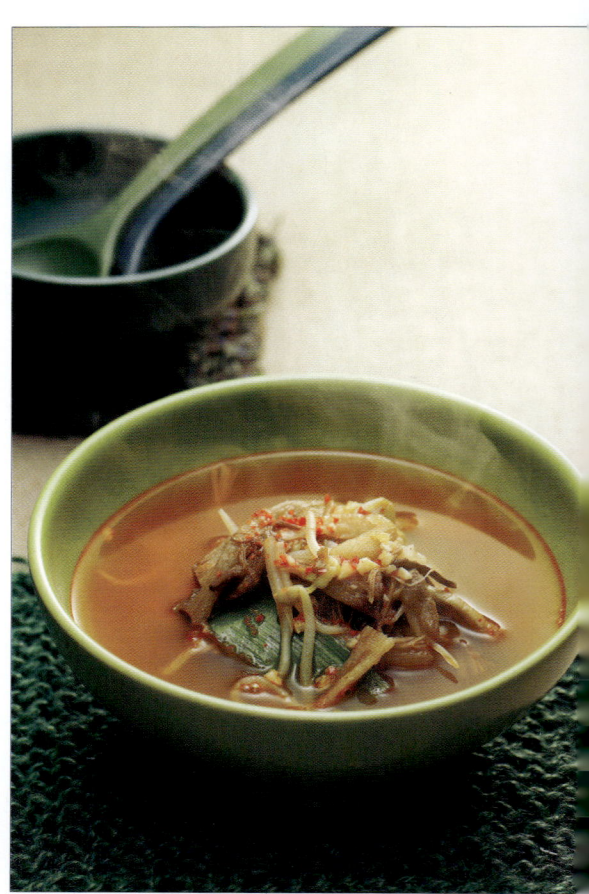

> 🔶 **COOK TIP**
> 속풀이 해장국을 더욱 진하게 먹으려면 사골, 도가니, 선지 등의 부재료를 넣어서 끓이면 좋다. 콩나물, 무, 우거지 등을 넣으면 시원한 맛의 해장국을 만들 수 있다.

북어장터해장국

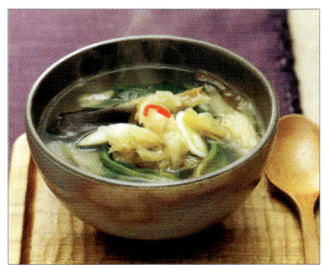

▶ **주재료**
말린 황태 1마리

▶ **부재료**
다시마 사방 10cm 2장, 대파 1대, 시금치 150g, 소금 · 후춧가루 약간씩, 들기름 · 다진 마늘 1큰술씩, 청주 1작은술, 물 6컵

1 말린 황태는 방망이로 자근자근 두드려 머리와 꼬리 지느러미를 잘라내고 물에 잠시 담가서 불어나면 속살만 발라낸다.

2 잘라낸 황태 머리와 뼈는 냄비에 물을 담고 넣어서 푹 끓여 고운 면포에 밭쳐 맑은 물만 받아낸다.

3 다시마는 흰 면포로 하얀 가루를 닦아주고 나서 사방 2cm 크기로 자른다.

4 시금치는 다듬어 씻어서 물기를 빼고 6cm 길이로 썰어 끓는 물에 살짝 데쳐 찬물에 헹궈 물기를 꼭 짠다. 대파는 큼직하게 어슷 썬다.

5 냄비에 황태살, 들기름, 다진 마늘, 청주를 넣어 달달 볶아 황태살이 오므라들게 한다.

6 ⑤에 ②의 맑은 황태 육수를 붓고 끓이다가 삶은 시금치를 넣어 함께 끓인다.

7 황태 육수가 끓으면 떠오르는 거품을 걷어내고 준비한 다시마와 대파를 넣어서 끓인다.

8 진한 국물이 우러나면 소금, 후춧가루로 간을 맞추어 시원하면서 구수한 맛으로 완성한다.

굴김치냄비

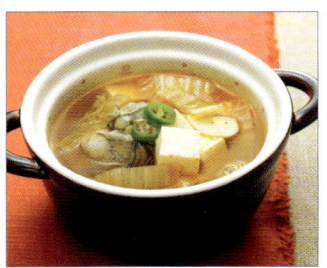

▶ **주재료**
굴 150g, 배추김치 100g

▶ **부재료**
두부 $\frac{1}{3}$모, 풋고추 1개, 국물 멸치 5마리, 물 4컵, 마늘 2쪽, 쪽파 2대, 청주 1작은술, 국간장 1큰술, 소금 · 후춧가루 약간씩

1 굴은 체에 밭쳐 껍데기를 모두 골라내고 엷은 소금물에 흔들어 씻어서 그대로 물기를 뺀다.

2 냄비에 국물 멸치 손질한 것을 넣고 볶아 비린맛을 없앤 후 물을 부어서 끓인다. 푹 우린 육수가 구수하게 우러나면 면포에 국물만 받아내 냄비에 담는다.

3 배추김치는 소를 털고 1cm 폭으로 썰어 ②의 국물에 넣어 한소끔 끓인다.

4 두부는 사방 1cm 크기로 썰어 물에 헹궈 소금을 살짝 뿌려 밑간한다.

5 마늘은 얇게 편으로 썰고 쪽파는 송송 썬다. 풋고추는 송송 썰어 씨를 털어낸다.

6 ③의 배추김치 국물에 마늘과 국간장, 청주로 맛을 내고 소금, 후춧가루로 간을 맞춘 후 굴과 두부를 넣어 한소끔 끓인다.

7 끓여낸 굴김치냄비에 풋고추와 쪽파 썬 것을 담아 상에 낸다.

솎음배추꽃두절새우매운국

▶ **주재료**
솎음배추 ½포기(150g), 꽃두절새우 ½컵

▶ **부재료**
대파 2대, 양파 ¼개, 마른 홍고추 1개, 고추기름·다진 마늘·청주 1큰술씩, 청양고추 2개, 참치액 1작은술, 소금·후춧가루 약간씩,
쌀뜨물 5컵

1 솎음배추는 뿌리 부분을 자르고 한 잎씩 떼어서 손으로 큼직하게 찢어 소
 금 넣은 물에 헹궈 건져 물기를 뺀다.

2 새우는 꽃두절새우로 준비해서 젖은 면포에 싸서 잔먼지를 없앤 후 냄비
 에 담아 불에 올려 볶는다. 이렇게 볶아야 비린맛이 없어진다.

3 ②에서 볶은 새우에 쌀뜨물을 붓고 한소끔 끓인다.

4 대파와 양파는 아주 굵게 채 썰고 마른 홍고추와 청양고추는 잘게 썰어 씨
 를 턴다.

5 냄비에 고추기름과 청주를 두르고 솎음배추와 대파, 양파, 마른 홍고추를
 넣어서 볶다가 ③에서 진하게 우러난 새우 국물을 붓고 끓인다.

6 ⑤의 솎음배추가 무르게 익으면 참치액과 다진 마늘을 넣어 한소끔 끓이
 다가 소금, 후춧가루로 간을 맞추고 미리 썰어 놓은 청양고추를 넣어서 맵
 고 칼칼하게 국을 끓여 완성한다.

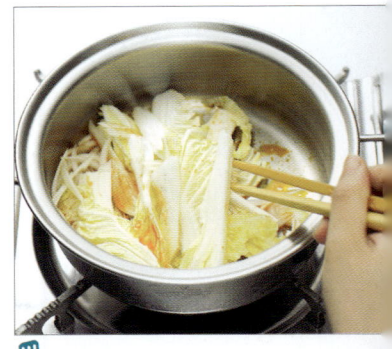

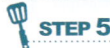 **STEP 5**

⟶ **COOK TIP**
시원한 배춧국의 맛이 우러난 매운 국은 마른 새우의 구수함이
감칠맛을 더해주어서 깔깔한 입안을 개운하게 한다. 맵고 칼칼한
시원한 국물 맛을 원한다면 되도록 청양고추를 잘게 썰어서 매운
맛을 내주는 것이 좋다.

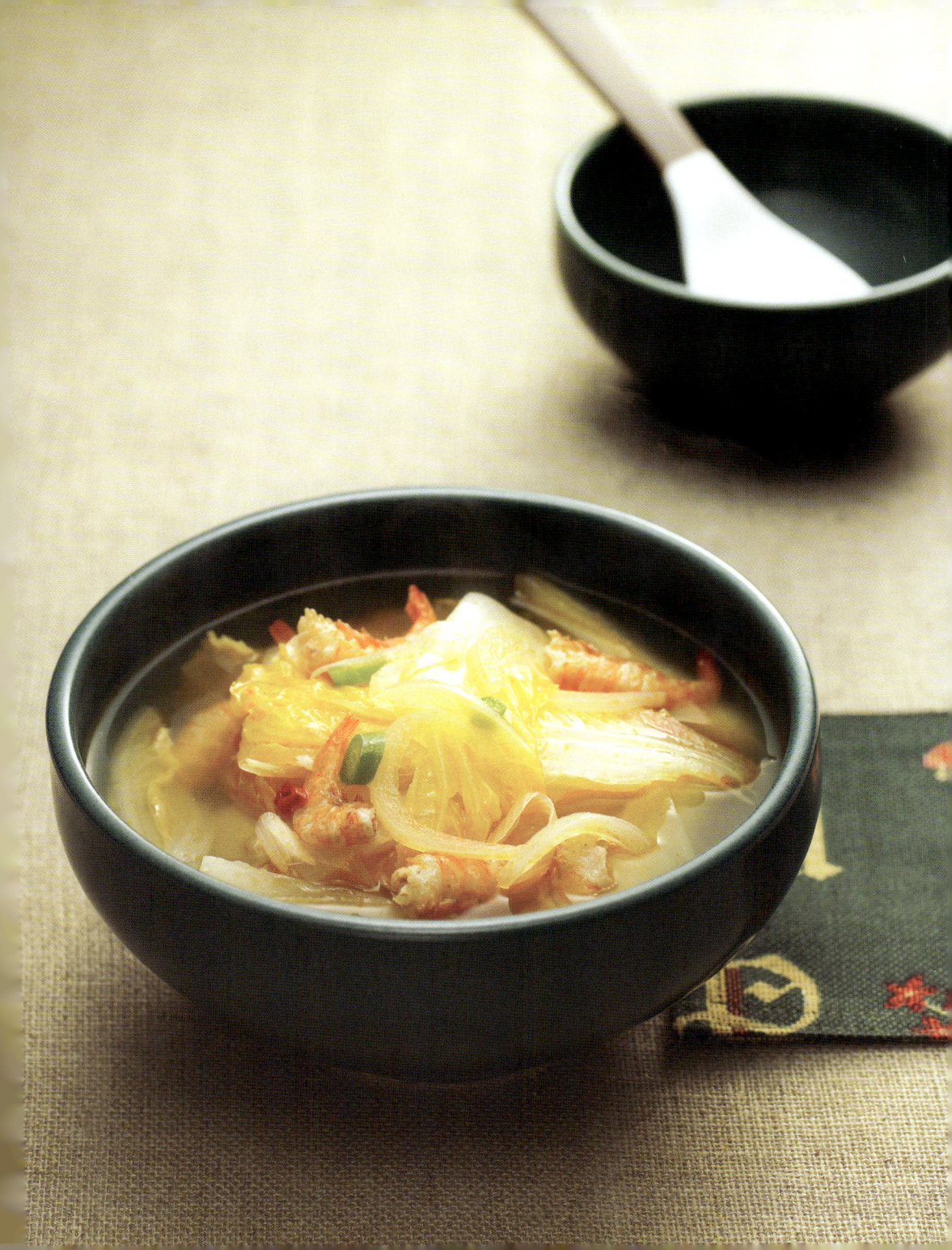

오징어김치술국

▶ **주재료**
오징어 1마리, 배추김치 200g

▶ **부재료**
대파 1대, 고운 고춧가루 · 간장 · 참기름 1작은술씩, 달걀 1개, 다진 마늘 · 청주 1큰술씩, 소금 · 후춧가루 약간씩, 다시마 우린 물 5컵

1 오징어는 껍질을 벗기지 말고 배를 갈라 내장과 먹물을 뺀 후 사선으로 몸통 안쪽에 칼집 넣어 씻는다. 씻은 오징어는 1㎝ 폭으로 4㎝ 길이로 썬다.

2 오징어 다리도 칼집을 넣어서 5㎝ 길이로 썬다.

3 배추김치는 속을 털고 1㎝ 폭으로 가로로 썰어 김칫국물이 있는 채로 냄비에 담고 간장과 참기름, 청주, 다진 마늘, 고운 고춧가루를 넣어 달달 볶는다.

4 배추김치가 부드럽게 익으면 다시마 우린 물을 붓고 끓인다.

5 배추김치와 국물이 어우러져 시원한 맛이 나면 썬 오징어와 대파를 굵게 채 썰어 넣고 소금과 후춧가루로 간을 맞춰 한소끔 끓인다.

6 오징어가 쫄깃하게 간이 들면서 익으면 곱게 푼 달걀로 줄알을 쳐서 부드럽게 끓인 후 불에서 내린다.

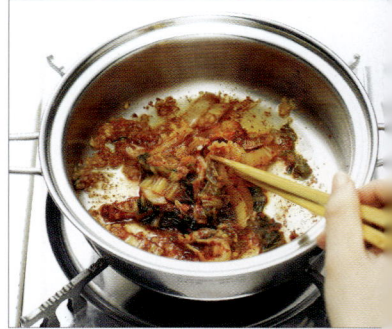

STEP 3

→ COOK TIP
오징어는 많이 끓이면 자칫 질겨지면서 오징어 특유의 야들거리는 쫄깃함이 없어지므로 배추김치가 부드럽게 익은 후 넣는 것이 좋고 고추장을 넣으면 감칠맛은 있으나 시원한 국물 맛이 나질 않으므로 고춧가루를 약간 넣고 김칫국물을 짜지 말고 그대로 넣어서 끓이는 것이 더욱 시원한 국물 맛이 난다.

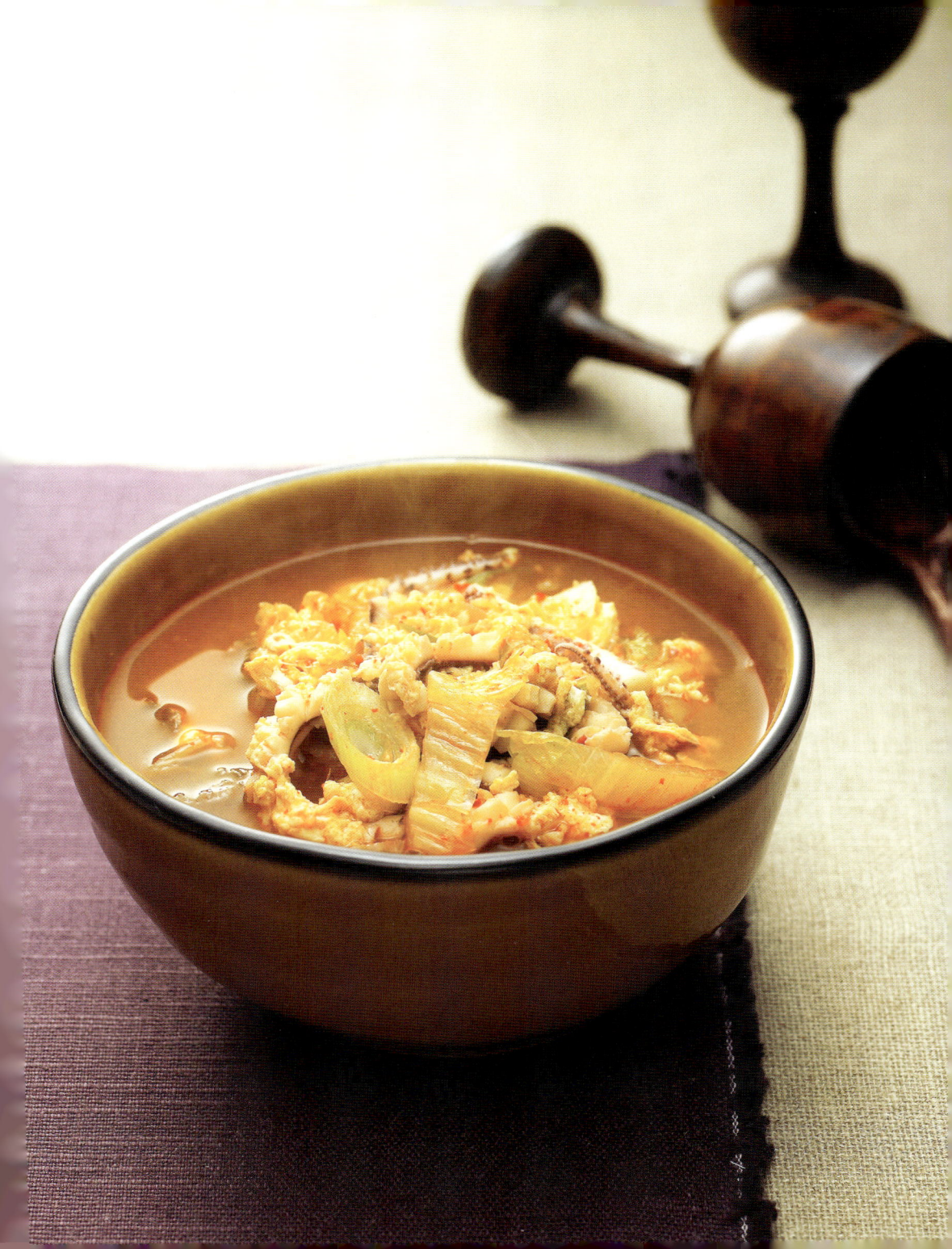

꽃게살대파해장국

▶ **주재료**
찐 꽃게살 200g, 대파 3대

▶ **부재료**
달걀 1개, 된장 · 다진 마늘 1작은술씩, 멸치 국물 6컵, 청주 1큰술, 소금 · 후춧가루 약간씩

1 찐 꽃게살이나 시판용 게살을 준비한다.

2 대파는 5㎝ 길이로 토막 내어 세로로 반 갈라 끓는 물에 살짝 데쳐 찬물에 헹군다.

3 달걀은 알끈을 제거하고 곱게 풀어놓는다.

4 냄비에 멸치 국물을 붓고 된장을 푼 후 다진 마늘과 청주를 넣어 끓인다.

5 ④에 꽃게살과 대파 데친 것을 넣어 한소끔 끓으면 달걀로 줄알을 치고 소금, 후춧가루로 모자라는 간을 맞춰 낸다.

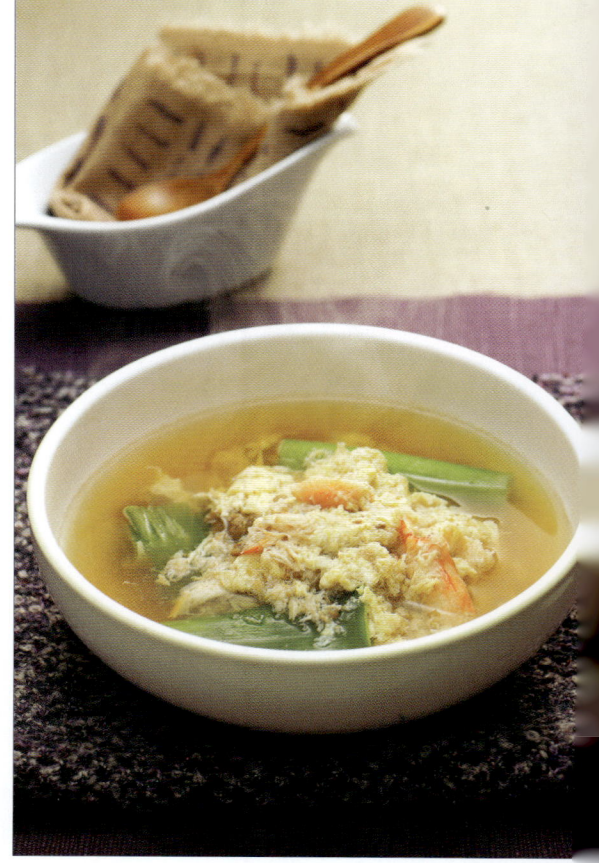

> ➡ **COOK TIP**
> 시원하고 구수하게 먹어야 제 맛인데 대파는 미리 물에 데쳐 점액질을 없애야 쓴맛이 우러나지 않는다.

참마두부국

▶ **주재료**
두부 ½모, 참마 150g

▶ **부재료**
새우젓 ½큰술, 홍고추 · 풋고추 2개씩, 대파 1대, 다진 마늘 1작은술, 쌀뜨물 3컵, 소금 약간

1 두부는 탄력이 있고 신선한 것으로 준비해서 흐르는 물에 씻어 사방 2.5㎝ 크기로 도톰하고 네모지게 썬다.

2 참마는 껍질을 벗기고 반으로 갈라 도톰하게 썬다.

3 풋고추와 홍고추는 어슷하게 썰어 씨를 턴다. 대파는 굵게 채 썬다.

4 새우젓은 건더기만 준비해서 도마에 올리고 곱게 다진다.

5 냄비에 새우젓을 넣고 준비한 쌀뜨물을 붓고 끓여 국물에 간이 고루 퍼지게 한다. 국물이 끓으면서 생기는 거품을 말끔하게 숟가락으로 걷어낸다.

6 국물이 팔팔 끓으면 참마와 두부를 넣고 끓이다가 두부가 익어 떠오르면 다진 마늘과 고추채, 대파채를 넣고 한소끔 끓여 소금으로 간을 맞춰 불에서 내린다.

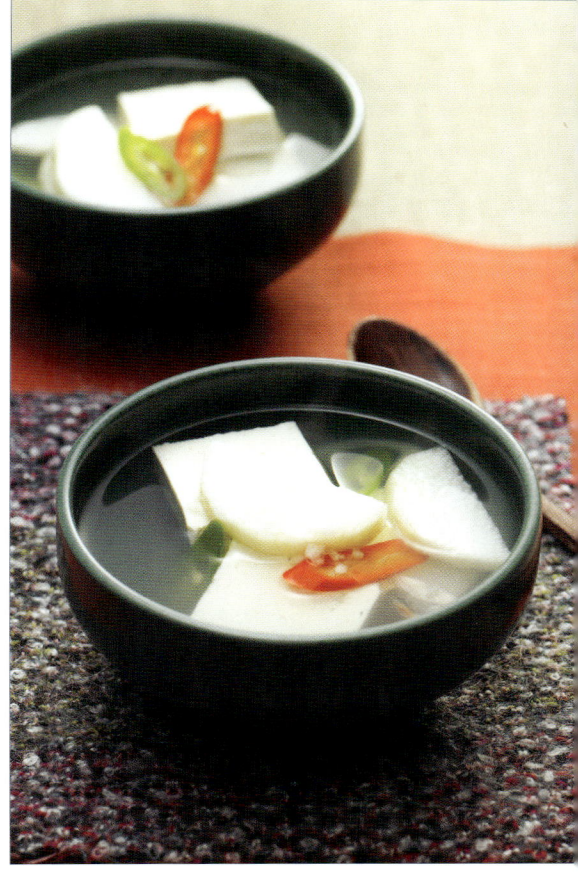

→ COOK TIP
참마는 간의 해독작용을 더욱 원활하게 해주는 역할을 하는 강장 식품이다. 고단백질인 두부와 함께 먹으면 아침에 쓰린 속을 확 풀어준다.

전주식콩나물속풀이국

▶ **주재료**
콩나물 300g, 새우젓 1큰술, 배추김치 80g, 대파 1대, 홍고추 · 풋고추 1개씩, 청양고추 2개, 깨소금 약간

▶ **전주식 국물**
국물 멸치 8마리, 다시마 사방 10cm 1장, 북어 머리 2개, 물 8컵

▶ **콩나물 양념**
다진 파 1작은술, 다진 마늘 1큰술, 참기름 $\frac{1}{2}$큰술, 소금 약간

1 냄비에 국물 멸치와 북어 머리를 볶다가 비린내를 날린 후 물을 부어 끓으면 다시마를 넣어 팔팔 끓여 다시마는 건지고 진한 전주식 국물을 만든다.

2 육수를 고운 면포에 걸러 맑은 국물만 받아 냄비에 담아 은근하게 끓인다.

3 콩나물은 씻어서 물기를 빼준다. 배추김치는 소를 털고 고춧가루를 물에 씻어 물기를 꼭 짜서 송송 썬다.

4 새우젓은 도마에 약간만 덜어내 잘게 다진다. 홍고추, 풋고추는 씨를 빼고 다진다. 청양고추는 씨째 송송 썬다. 대파는 얇고 동그랗게 송송 썬다.

5 냄비에 콩나물을 담고 뚜껑을 덮어 살캉하게 삶아 양념에 조물조물 무친다.

6 뚝배기에 무친 콩나물과 배추김치 썬 것, 대파, 청양고추를 넣고 ②의 국물을 부어 끓인다. 새우젓으로 간을 맞춰 깨소금을 뿌려 먹는다.

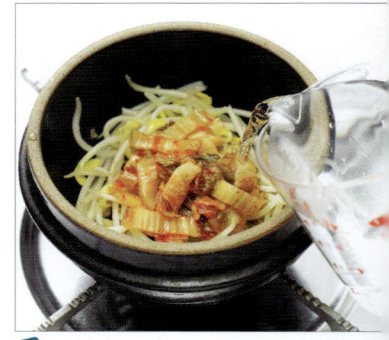

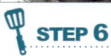 **STEP 6**

🔶 **COOK TIP**
처음부터 생콩나물을 넣고 만들면 간이 덜 맞추어져서 간이 겉돌수가 있다. 한 번 살캉하게 삶은 뒤에 양념을 해서 뚝배기에 담고 육수를 부어 끓여야 더 맛있는 국을 먹을 수 있다.

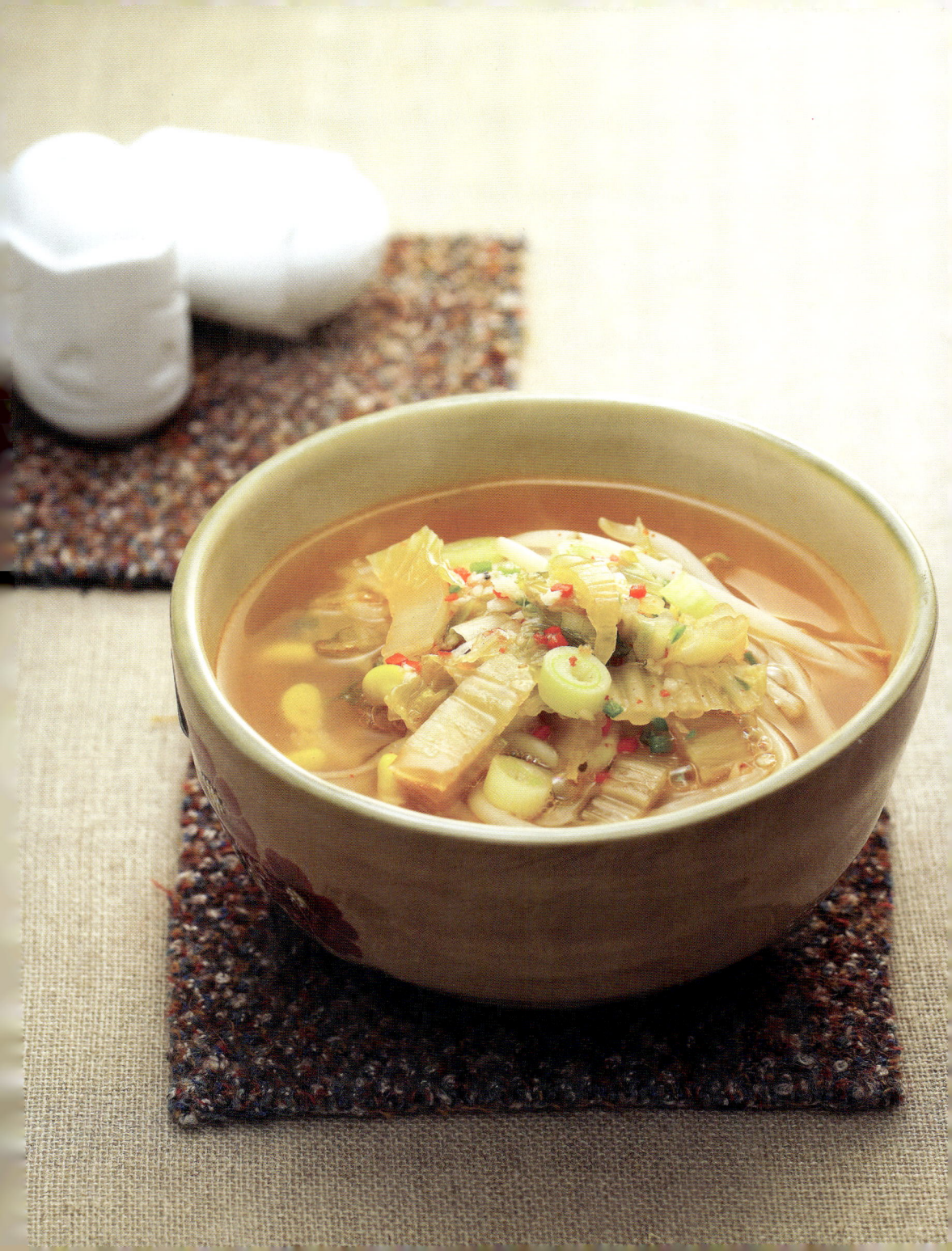

배추들깨탕

▶ **주재료**
배추 4장, 들깻가루 2큰술

▶ **부재료**
대파 1대, 들기름 · 국간장 1작은술씩, 마른 꽃새우 $\frac{1}{3}$컵, 찹쌀가루 1큰술, 물 1큰술, 소금 · 후춧가루 약간씩, 물 5컵

1 배추는 노랗고 부드러운 속대로 준비해서 흐르는 물에 가볍게 씻는다. 칼을 비스듬히 뉘어 섬유질 반대 방향으로 납작하게 썬다.

2 잘 말라 몸통이 활처럼 휘고 색이 붉고 선명한 마른 꽃새우를 준비해서 체에 밭쳐 잔가시를 털어 말끔하게 한다. 대파는 굵게 채 썬다.

3 찹쌀가루에 물을 1:1 비율로 섞어서 찹쌀물을 만든다.

4 냄비에 들기름을 두르고 달군 후 마른 꽃새우를 넣고 볶다가 물을 붓고 끓인다. 국물이 한소끔 끓어오르면서 새우의 감칠맛이 우러나면 ①의 배추를 넣고 무르도록 끓인다.

5 국물이 펄펄 끓어오르고 배추가 말갛게 익으면 대파를 넣고 간장으로 노르스름하게 색을 낸다.

6 ⑤의 국이 다시 한 번 끓어오르면 찹쌀물을 풀어 걸쭉한 농도가 되도록 한 후 소금과 후춧가루로 간을 맞춰 들깻가루를 듬뿍 넣어 고르게 섞어 완성한다.

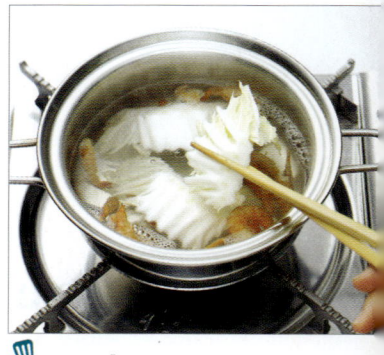

🍴 **STEP 4**

🔄 **COOK TIP**

배추를 손질한 후 칼을 비스듬히 뉘어 섬유질 반대 방향으로 썰어 주어야 배추의 시원한 맛이 국물에 잘 우러난다. 마른 꽃새우는 들기름에 충분하게 볶아 붉은색이 투명하게 되면 물을 붓고 끓여야 새우의 감칠맛을 충분히 우려낼 수 있다.

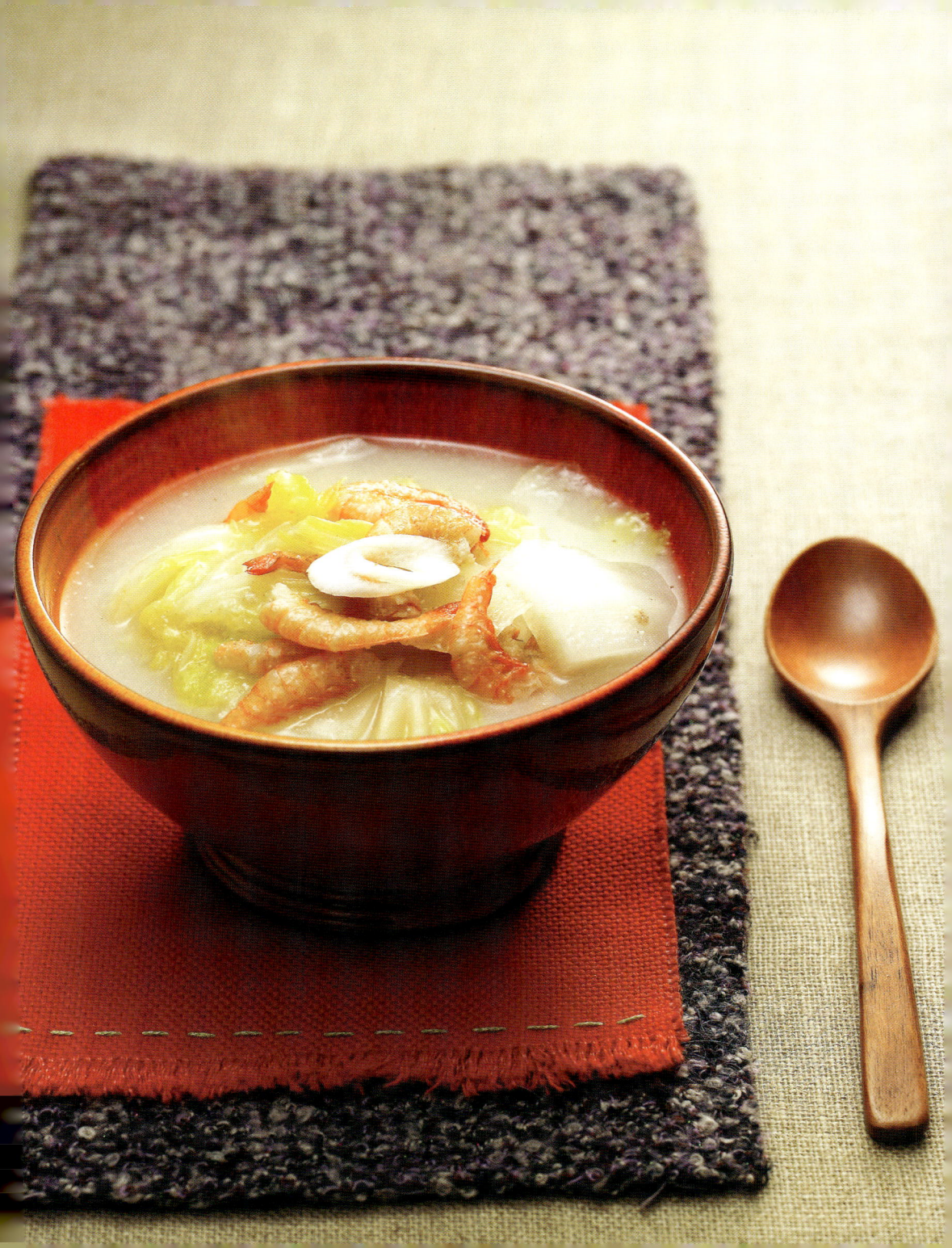

아욱멸치된장국

▶ **주재료**
아욱 1단, 중멸치 30g, 된장 3큰술

▶ **부재료**
다진 마늘 · 고추장 1작은술씩, 쌀뜨물 6컵, 홍고추 1개, 대파 1대, 소금 약간

1 아욱은 줄기가 굵으면서 연하여 꺾으면 단번에 부러지는 싱싱한 것으로 준비해서 줄기를 한쪽으로 꺾어 잡아당겨 투명한 실 같은 껍질을 벗긴 후 한 잎씩 떼어낸다.

2 손질한 아욱은 진초록물이 생기도록 바락바락 주물러 풋내를 없앤다. 맑은 물이 나올 때까지 찬물에 여러 번 헹군다.

3 쌀을 깨끗이 씻어 세 번째 쌀뜨물을 따로 받아 국물로 사용한다. 쌀뜨물이 진하면 국물이 탁하고 텁텁하므로 세 번째 헹군 쌀뜨물로 사용해야 한다.

4 중멸치로 준비해서 머리와 내장을 뺀 후 마른 팬에 볶아 비린맛을 없앤다.

5 준비한 쌀뜨물에 된장과 고추장을 체에 걸러 된장물을 만든다.

6 ⑤의 된장물을 냄비에 담고 비린맛을 없앤 멸치와 함께 팔팔 끓인다.

7 국물이 구수한 냄새를 내면서 한소끔 끓으면 아욱 손질한 것을 넣어 끓인다. 끓으면서 생기는 거품은 숟가락으로 말끔하게 걷어낸다.

8 홍고추는 송송 썰어 씨를 털고 대파는 굵게 채 썰어 다진 마늘과 함께 아욱 멸치된장국에 넣고 모자라는 간은 소금으로 맞춘다.

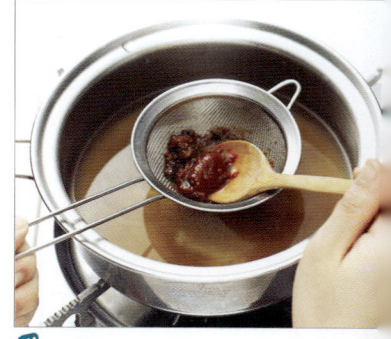

🍴 **STEP 5**

🔄 **COOK TIP**

아욱은 특히 풋내가 많이 나므로 풋내를 없애고 국을 끓여야 구수하면서 담백한 맛을 낸다. 바락바락 주물러 녹색물이 나오지 않을 때까지 찬물에 여러 번 헹궈주는 것이 중요하다. 또 쌀뜨물로 된장을 풀어 국을 끓이면 풋내가 없어져 국물 맛이 진하고 구수하다.

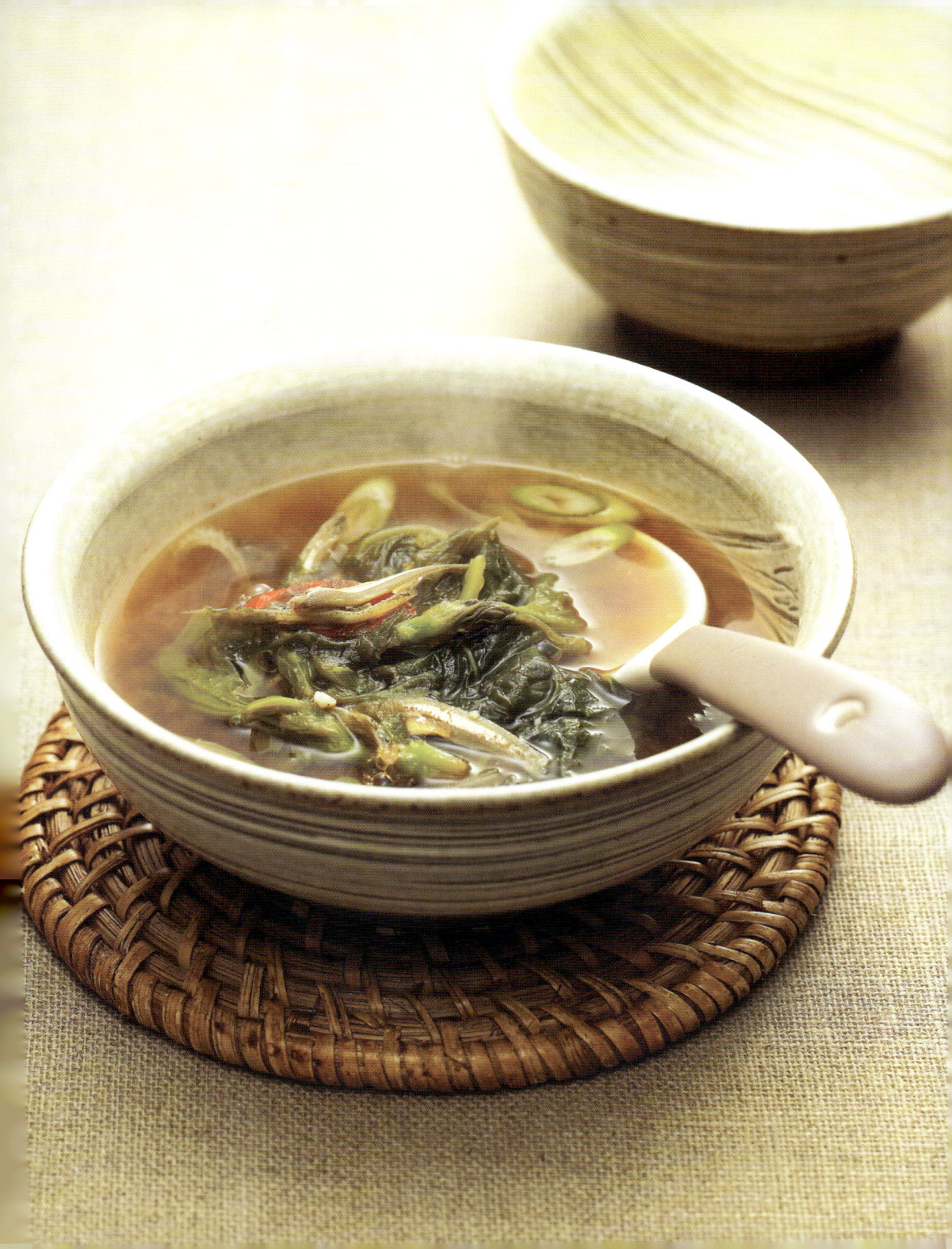

우거지갈비된장국

▶ **주재료**
삶은 우거지 300g, 쇠갈비 300g, 된장 3큰술

▶ **부재료**
다진 마늘 1큰술, 참기름 · 고운 고춧가루 1작은술씩, 국간장 2큰술, 소금 · 후춧가루 약간씩

▶ **쇠갈비 육수**
물 9컵, 대파 1대, 마늘 3쪽, 생강 ½톨

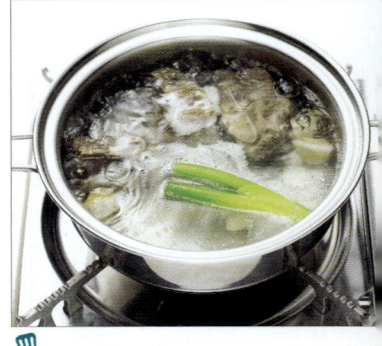

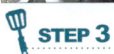
STEP 3

1 우거지는 깨끗하게 다듬어 끓는 물에 소금을 약간 넣고 푹 삶아 찬물에 여러 번 헹궈 물기를 꼭 짜서 먹기 좋은 크기로 자른다.

2 쇠갈비는 겉기름을 말끔하게 떼어내고 먹기 좋은 크기로 잘라 찬물에 담가 핏물을 빼서 끓는 물에 애벌로 데쳐내 더러움을 없애고 찬물에 헹궈 기름기를 닦아낸다.

3 냄비에 물과 대파, 마늘, 생강을 넣고 끓이다가 데쳐낸 쇠갈비를 담고 푹 우려서 진한 국물 맛을 낸 후 면포에 걸러 육수만 거르고 건더기는 따로 건져둔다.

4 냄비에 ③의 육수를 붓고 된장과 다진 마늘을 풀어 끓인다.

5 볼에 우거지와 참기름, 국간장, 고운 고추가루를 넣어서 조물조물 무쳐 끓는 육수 냄비에 넣고 푹 끓인다.

6 ⑤에 익힌 쇠갈비를 넣어 한소끔 중간 불에서 끓인 후 소금과 후춧가루로 간을 맞춰 한 번 더 끓여 그릇에 갈비와 우거지를 어우러지게 담아낸다.

> **→ COOK TIP**
> 쇠갈비 육수를 낼 때에는 대파와 마늘, 생강 등의 향신채를 충분히 넣고 팔팔 끓여서 갈비의 누린내를 없애고 풍미가 느껴지도록 진한 육수를 내야 한다. 쇠갈비의 누린내를 완전하게 없애려면 찬물에 30분 이상 담가 핏물을 빼야 누린내가 없어진다.

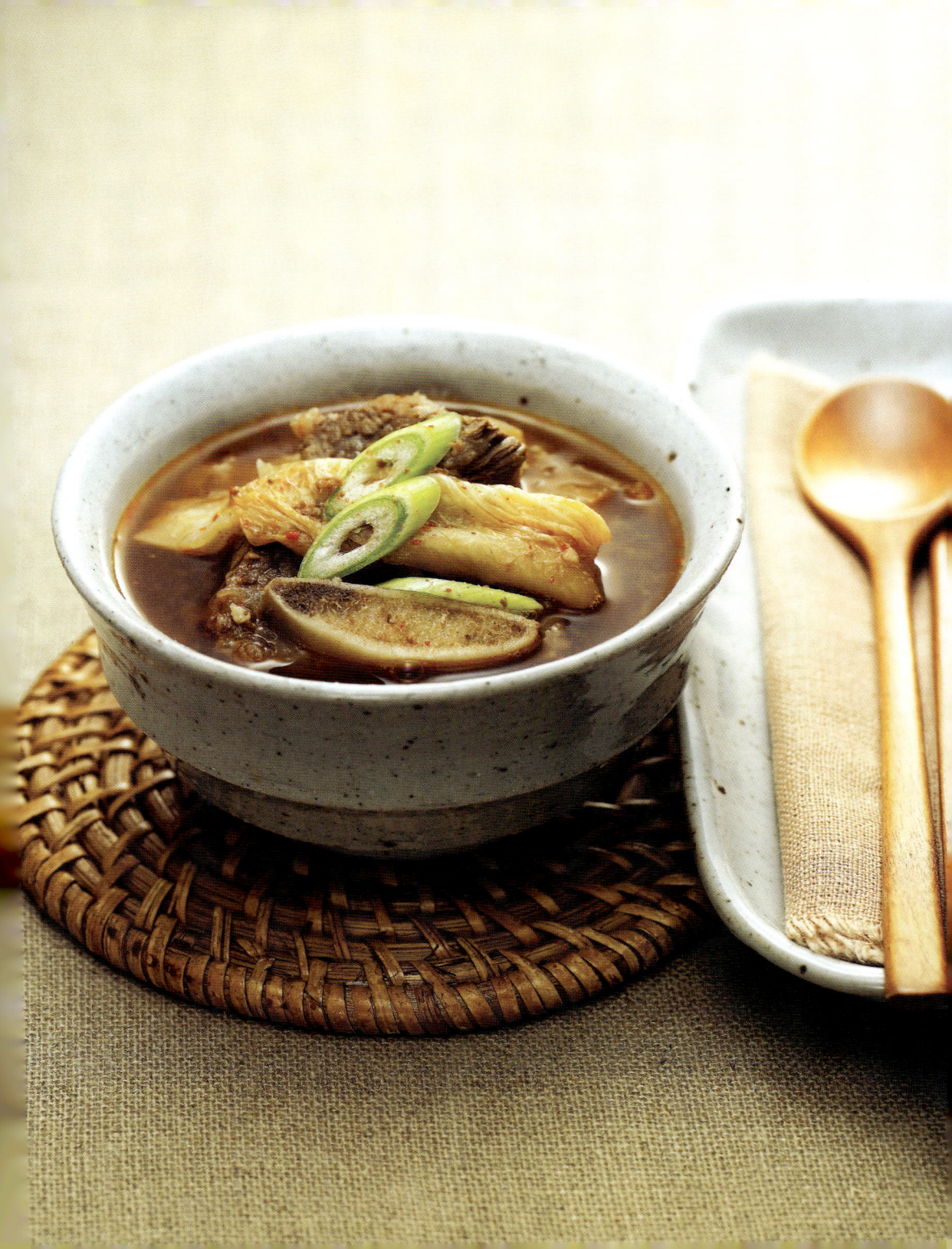

시래기들깨된장국

▶ **주재료**
삶은 시래기 200g, 들깻가루 · 된장 3큰술씩

▶ **부재료**
청양고추 · 홍고추 1개씩, 고운 고춧가루 · 다진 마늘 1큰술씩, 대파 1대, 물 6컵, 소금 약간

1 시래기는 찬물에 충분히 담가 부드럽게 해서 끓는 물에 오래도록 삶아서 질기지 않게 한다. 찬물에 여러 번 씻어 물기를 꼭 짜서 3㎝ 길이로 썬다.

2 들깨는 마른 팬에 볶아 고소한 상태로 만들어 분쇄기에 곱게 갈아 가루를 만든다.

3 청양고추와 홍고추는 곱게 다지고 대파는 굵게 채 썬다.

4 손질한 시래기에 된장, 들깻가루, 고운 고춧가루, 다진 마늘을 넣어 조물조물 무친다.

5 냄비에 ④의 밑간한 시래기를 담고 달달 볶다가 물을 부어서 끓인다.

6 맛이 충분하게 우러난 시래기에 청양고추와 홍고추 다진 것을 넣고 한소끔 더 끓여 대파채를 넣어 소금 간을 한다.

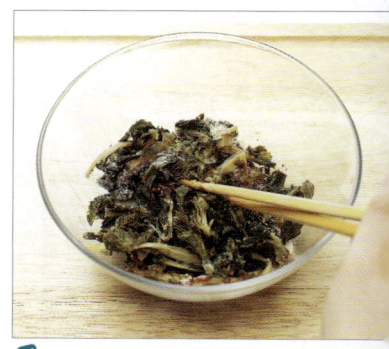

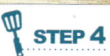 **STEP 4**

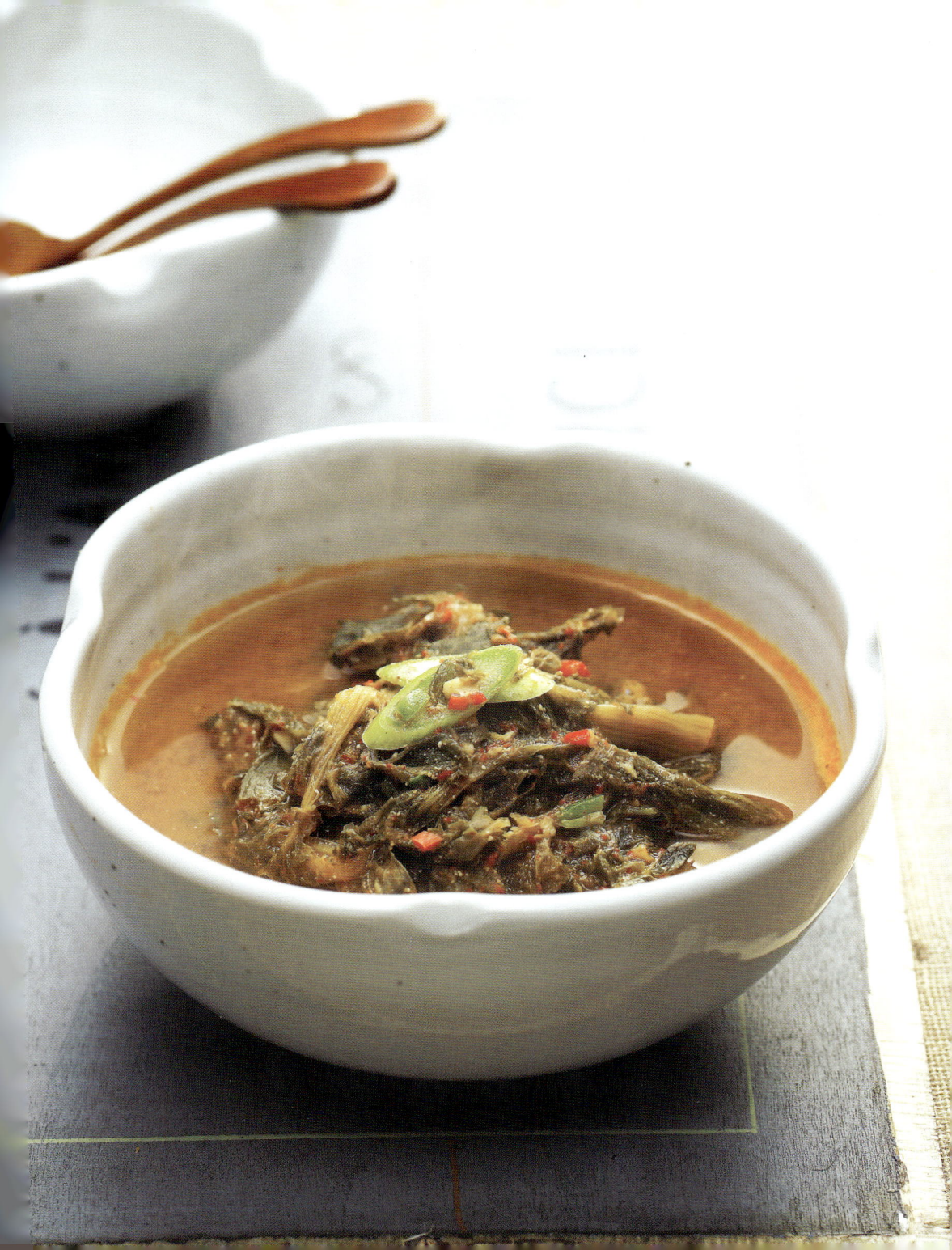

시금치된장국

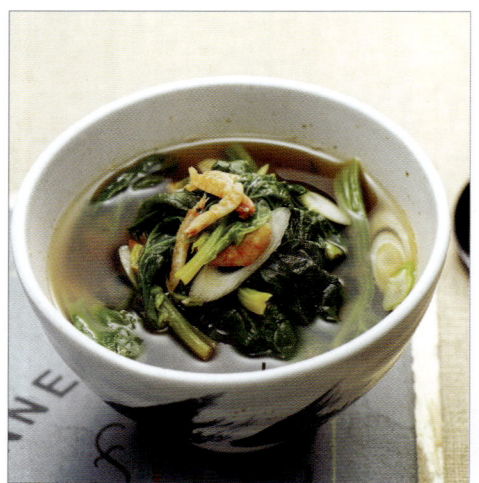

▶ **주재료**
시금치 200g, 된장 2큰술

▶ **부재료**
쌀뜨물 4컵, 보리새우 2큰술, 다진 마늘 ½작은술, 대파 1대, 소금 약간

1 냄비에 보리새우를 볶다가 쌀뜨물을 붓고 끓여 진한 새우의 단맛이 나도록 한다.

2 ①에 된장을 체에 밭쳐 풀어 구수하게 끓인다.

3 ②에 데친 시금치를 적당하게 썰어 넣고 다진 마늘과 대파 채 썬 것을 넣어 한소끔 끓인다.

4 구수한 시금치 된장국이 완성되면 모자라는 간을 소금으로 맞춘다.

🡒 **COOK TIP**
된장국은 국물 맛이 좋아야 하는데 북어 머리, 디퍼리, 마른 새우, 다시마, 가다랑어포 등의 감칠맛 나는 국물 재료를 이용해서 국물을 끓인 후 그 국물에 된장을 풀어 끓이면 더욱 맛이 좋다.

봄동멸치된장국

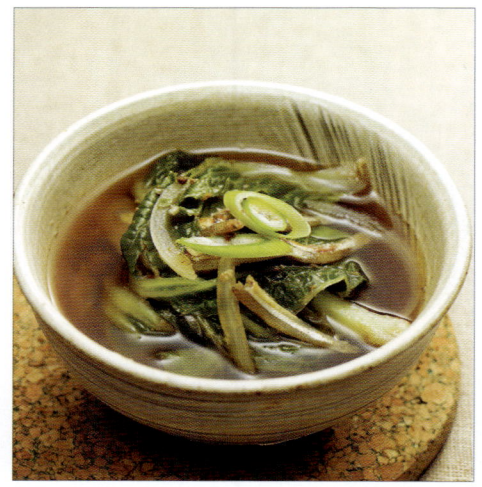

▶ **주재료**
봄동 200g, 중멸치 10g

▶ **부재료**
대파 1대, 양파 ½개, 된장 2큰술, 다진 마늘 ½작은술, 청주 1큰술, 물 5컵, 소금 약간

1 봄동은 한 잎씩 떼어 씻어 손으로 적당하게 찢는다. 대파와 양파는 굵게 채 썬다.

2 중멸치는 내장과 머리를 떼어내고 반을 갈라 뼈를 빼어 냄비에 볶다가 청주와 물을 붓고 끓여 국물을 낸다.

3 ②에 된장을 풀어 끓으면 봄동과 대파, 양파를 넣고 다진 마늘을 넣어 끓인다.

4 부드럽게 봄동이 끓어 구수한 맛이 나면 소금으로 간을 맞춰 그릇에 담아낸다.

🡒 **COOK TIP**
봄동은 멸치와 함께 끓이면 달콤한 감칠맛이 많이 우러나는데 칼로 봄동을 썰지 말고 손으로 쭉쭉 찢어 결이 살아 있도록 하는 것이 좋고 중멸치는 멸치를 함께 먹을 수 있도록 내장과 머리를 손질해서 넣어 함께 끓인다.

재첩된장국

▶ 주재료
재첩 2컵

▶ 주재료
재첩 2컵

▶ 부재료
부추 30g, 다시마 사방 10cm 1장, 된장 1큰술, 마늘 1쪽, 홍고추 1개, 소금 약간, 생강가루 $\frac{1}{4}$작은술, 물 5컵

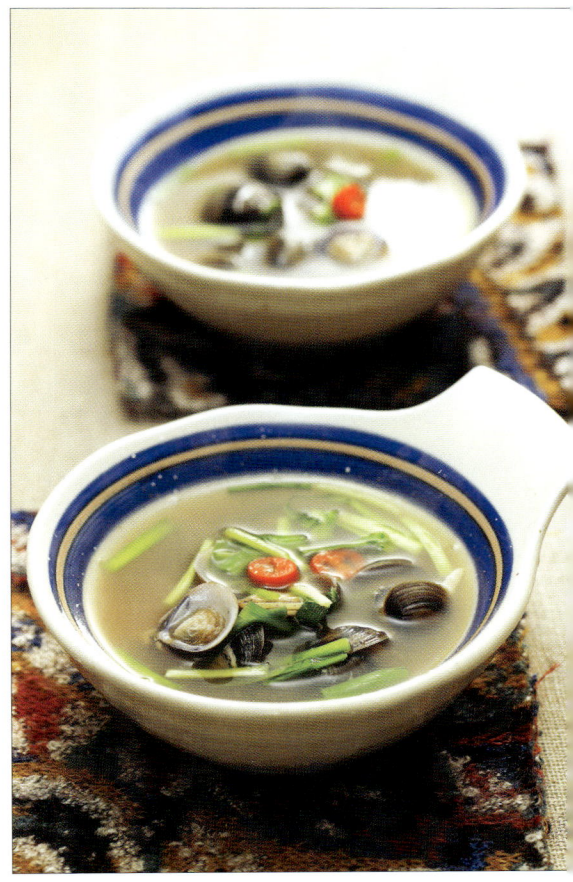

1 재첩은 깨끗이 씻어 찬물에 담가 어두운 곳에서 30분 이상 두어서 해감시킨다. 재첩은 민물에서 살기 때문에 소금물에 해감시키지 않는다.

2 다시마는 젖은 면포로 흰 부분을 깨끗이 씻어서 가위질을 넣어주고 냄비에 물을 붓고 끓으면 다시마를 넣고 잠시 우리다가 다시마는 건진다.

3 ②에 재첩을 넣어서 끓이다가 입을 벌리면서 익으면 고운 면포에 걸러서 맑은 국물만 다시 냄비에 담는다.

4 ③에 된장을 풀어주고 다시 끓이면서 거품은 걷어준다.

5 마늘은 곱게 채 썰고 홍고추는 송송 썰어서 씨를 뺀다. 부추는 다듬어 씻어서 2cm 길이로 썬다.

6 ④의 재첩 된장국물이 충분히 끓으면 생강가루와 마늘을 넣고 한소끔 더 끓인 후 재첩과 부추, 고추를 넣어서 상에 낸다.

→ **COOK TIP**

재첩을 비롯한 조개류는 따로 간을 안 해도 거의 간이 맞는다. 된장을 풀어 넣으면 간이 딱 맞기도 한다. 재첩에 마늘과 생강가루를 약간 넣으면 비릿한 잡내가 없어져서 국물 맛이 깔끔하다. 재첩은 국물이 막 끓어오르면 바로 입을 벌리기 시작하므로 얼른 불을 끄고 데치듯이 익혀야 질기지 않다.

청국장무국

▶ **주재료**
무 100g, 청국장 2큰술

▶ **부재료**
돼지고기 250g, 대파 1대, 청양고추 2개, 된장 · 고운 고춧가루 · 다진 마늘 · 참기름 1작은술씩, 멸치 다시마 국물 4컵, 소금 약간

1 무는 3㎝ 길이로 굵게 채 썰고 대파와 청양고추는 어슷하게 채 썬다.

2 돼지고기는 사방 2㎝ 크기로 납작하게 썰어 다진 마늘과 참기름, 고춧가루를 넣어 조물조물 무친다.

3 냄비에 멸치 다시마 국물을 붓고 끓이다가 끓으면 돼지고기와 무를 넣고 청국장과 된장을 풀어 끓인다.

4 무와 고기가 익으면 대파와 청양고추를 넣어 한소끔 더 끓여 살짝 걸쭉한 농도가 되도록 한다.

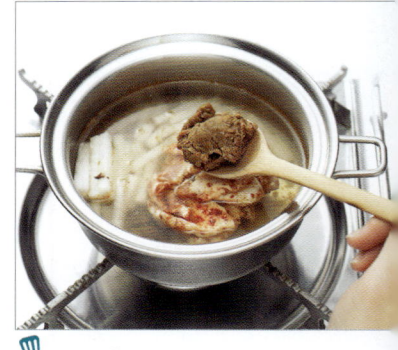

STEP 3

> ➔ **COOK TIP**
> 청국장이나 된장 등의 국물은 멸치나 마른 새우, 북어 등을 우려
> 낸 국물을 쓰면 훨씬 담백하면서 구수하다.

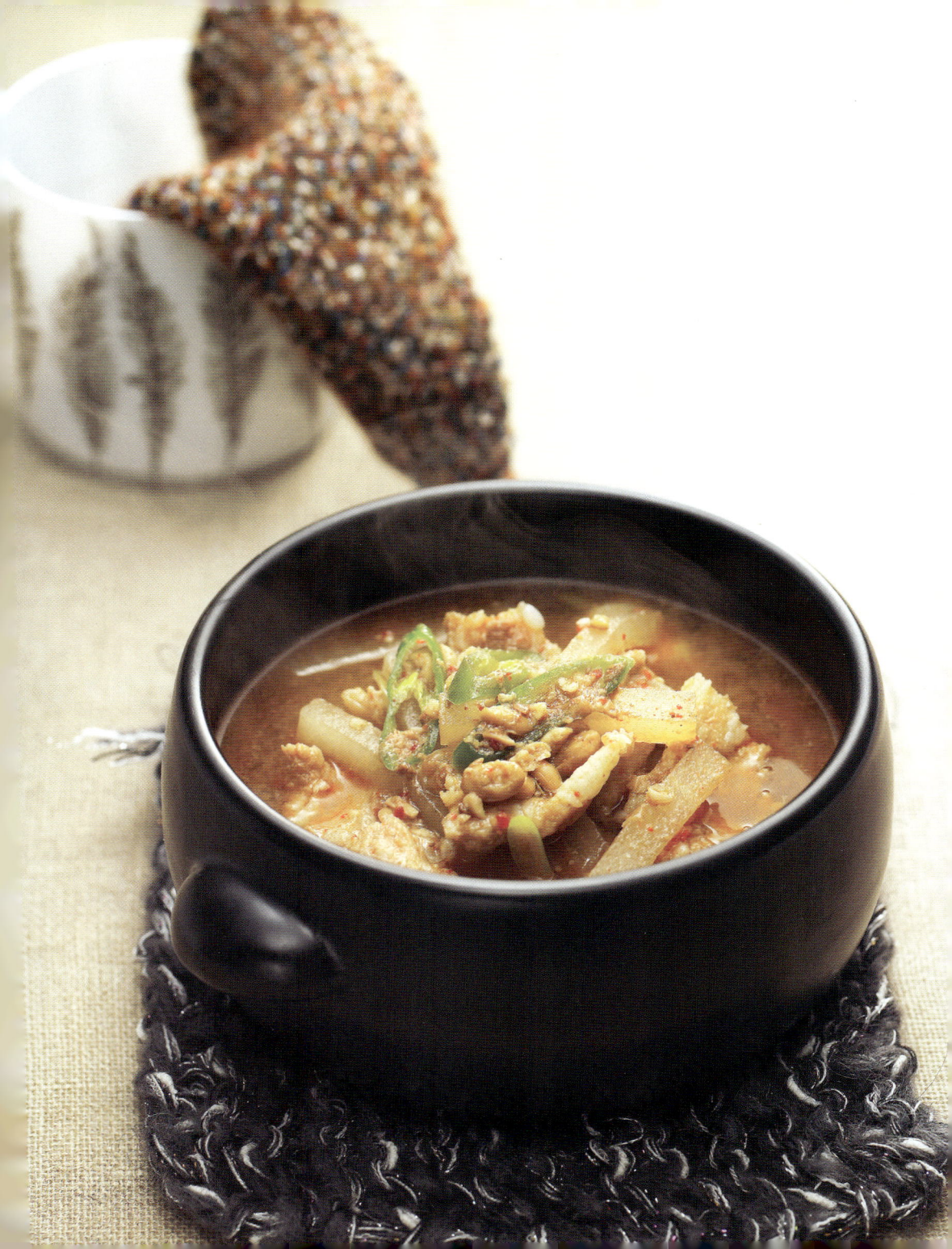

북어포근대된장국

▶ **주재료**
북어포 30g, 근대 200g, 된장 1½큰술

▶ **부재료**
국간장·다진 마늘 1작은술씩, 대파 1대, 홍고추 1개, 청주 1큰술, 쌀뜨물 4컵, 소금 약간

1 근대는 굵은 겉 껍질끈을 벗겨 내고 소금물에 헹궈 건 져 2㎝ 폭으로 썬다.

2 북어포는 잘게 잘라서 물에 헹궈 건져 물기를 꼭 짜고 냄비에 청주와 다진 마늘을 넣고 물에 헹군 북어포를 넣어 약한 불에서 볶는다.

3 북어포가 익으면 쌀뜨물을 붓고 된장과 국간장을 풀 어 중간 불에서 끓인다.

4 ③의 북어포가 우러난 된장 국물이 끓으면 근대 썬 것 을 넣고 끓인다. 끓이는 도중에 대파채와 홍고추 채 썬 것을 넣어 끓인다.

5 구수하게 북어포와 근대가 어우러져 끓으면 모자라는 간을 소금으로 맞추고 그릇에 담아낸다.

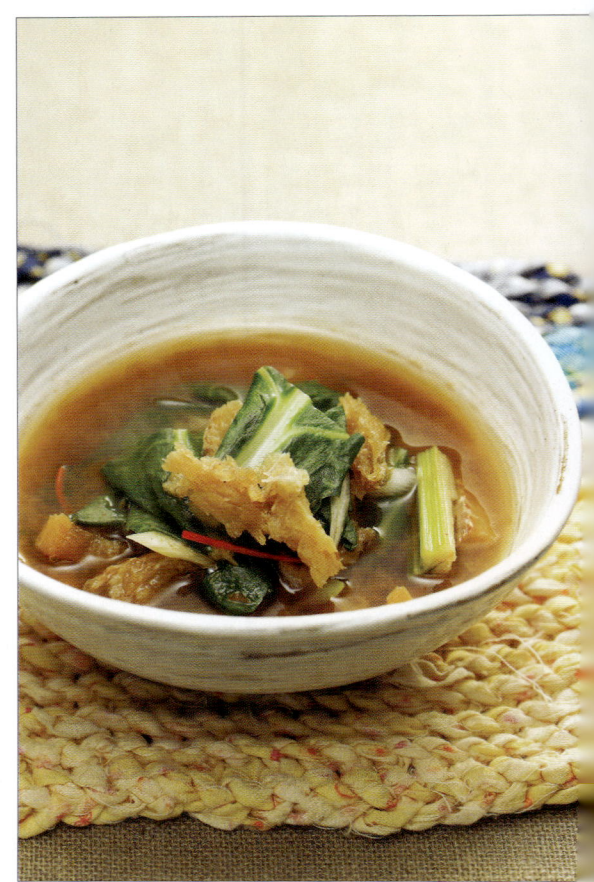

> 🍲 **COOK TIP**
> 북어포는 그냥 물을 붓고 끓이면 북어포에서 뽀얀 국물이 나오지
> 않는다. 마늘과 청주를 함께 넣어 볶으면 비린맛도 없애고 뽀얀
> 국물이 많이 나온다. 또 쌀뜨물을 넣어주면 더 구수한 맛이 많이
> 나므로 맹물보다는 쌀뜨물을 이용하는 것이 좋다.

김치두부된장국

▶ **주재료**
배추김치 150g, 두부 ½모, 된장 2큰술

▶ **부재료**
다진 마늘 · 맛술 1작은술씩, 실파 3대, 홍고추 1개, 다시마 우린 물 4컵, 소금 · 후춧가루 약간씩

1 배추김치는 물에 헹궈 양념과 고춧가루 색을 모두 없애고 물기를 꼭 짠 후 1㎝ 두께로 송송 썬다.

2 ①의 김치에 된장과 다진 마늘, 맛술을 넣어 조물조물 무친다.

3 두부는 사방 3㎝ 크기, 1㎝ 두께로 자른다.

4 냄비에 다시마 우린 물을 붓고 끓으면 된장에 무친 김치를 넣어 부드럽게 물러지도록 끓인다.

5 ④의 김치가 물러 부드러워지면 1㎝ 길이로 썬 실파와 홍고추채를 넣고 두부를 넣어 한소끔 끓인 후 소금과 후춧가루로 간을 맞춘다.

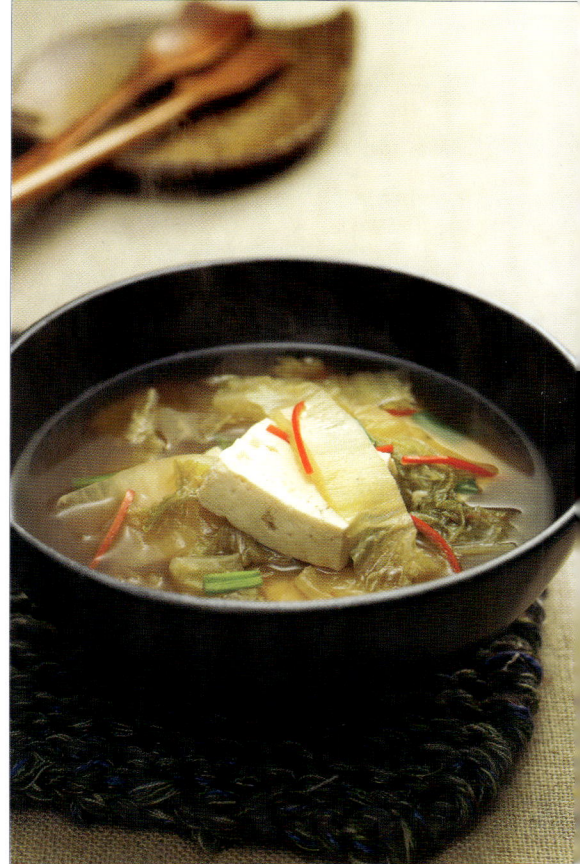

🔶 **COOK TIP**
구수하면서 달큼한 국물을 만들려면 재래된장과 고추장을 3:1로 맞추고 매콤한 맛을 살리려면 재래된장과 고추장을 1:3으로 맞춘다. 여기에는 된장 국물을 조개 국물이나 해물을 이용하면 잘 어울리고 두부, 호박 등 부재료도 적절하게 사용하면 좋다.

열무된장국

▶ **주재료**
열무 200g

▶ **부재료**
대파 1대, 홍고추 1개, 된장 1½큰술, 소금 약간, 다진 마늘 1작은술, 쌀뜨물 · 다시마 우린 물 2컵씩

1 열무는 다듬어 끓는 물에 데쳐서 찬물에 여러 번 헹구어 1㎝ 길이로 송송 썰어 물기를 짠다.

2 ①의 열무에 된장과 다진 마늘을 넣어서 조물조물 무친다.

3 냄비에 다시마 우린 물과 쌀뜨물을 혼합해서 끓인다.

4 ③의 국물이 끓으면 ②의 열무를 넣어서 끓인다.

5 ④에 굵게 채 썬 대파와 잘게 다진 홍고추를 넣어서 소금으로 간을 맞추고 그릇에 담아낸다.

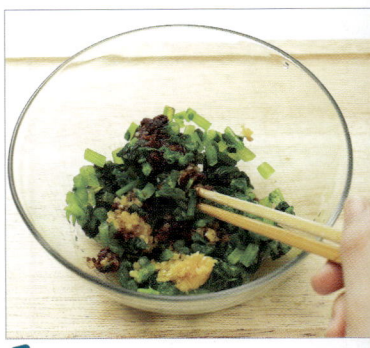

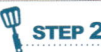 STEP 2

→ **COOK TIP**
시원하게 끓인 열무된장국은 숙취해소와 쓰린 속을 달래주는 효과가 있는데 특히 열무에 들어 있는 비타민 성분이 쓰린 속을 달래준다.

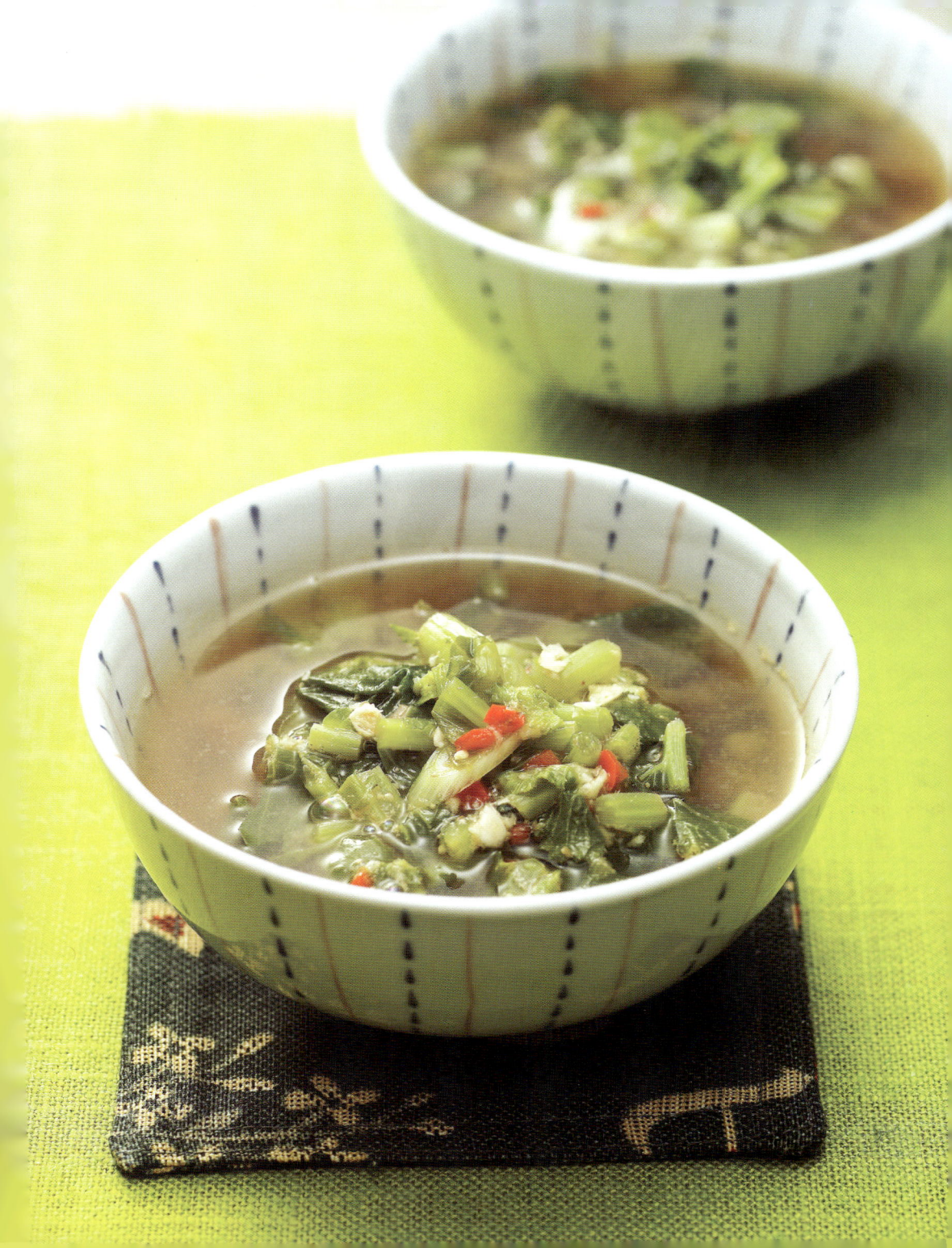

냉이바지락토장국

▶ **주재료**
냉이 250g, 바지락 250g, 된장 2큰술

▶ **부재료**
청주 1큰술, 쌀뜨물 2컵, 생수 4컵, 다진 마늘 ½작은술, 대파 1대, 소금 약간

1 냉이는 억센 겉잎을 떼어내고 끓는 물에 소금을 넣어 살짝 데쳐 찬물에 헹궈 건져 물기를 꼭 짠다.

2 바지락은 껍질끼리 씻어 소금을 약간 넣은 물에 담가 해감시킨다.

3 냄비에 생수를 붓고 끓으면 바지락과 청주를 넣어 한소끔 끓여 입을 벌리면 불에서 내려 면포를 받친 체에 걸러 맑은 국물만 받는다. 바지락살은 따로 골라 놓는다.

4 바지락 삶은 국물을 반으로 나눠 밀폐용기에 담아 냉동시키고 나머지 반은 냄비에 붓고 쌀뜨물을 넣어 된장을 푼 후 끓인다. 바지락살도 반은 냉동시켜 둔다.

5 ④의 국물이 끓으면 삶아 놓은 냉이와 다진 마늘, 굵게 채 썬 대파를 넣어 한소끔 끓인 후 소금으로 간을 한다.

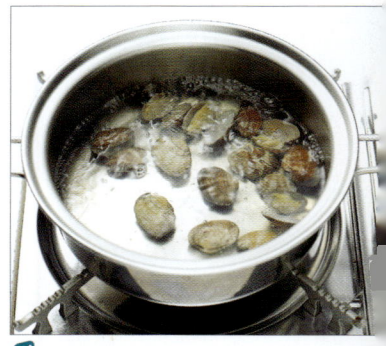

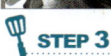 STEP 3

> 🍳 **COOK TIP**
>
> 냉이는 겉잎을 다듬어 씻어 끓는 물에 소금을 약간 넣고 파랗게 데친 후 물기를 꼭 짠다. 한 번 국을 끓일 분량을 덜어내고 나머지는 송송 썬 후 랩에 싸서 냉동한다. 이렇게 냉동시킨 냉이는 바로 끓는 국물에 넣어서 익히면 냉이의 향이 살아 난다.

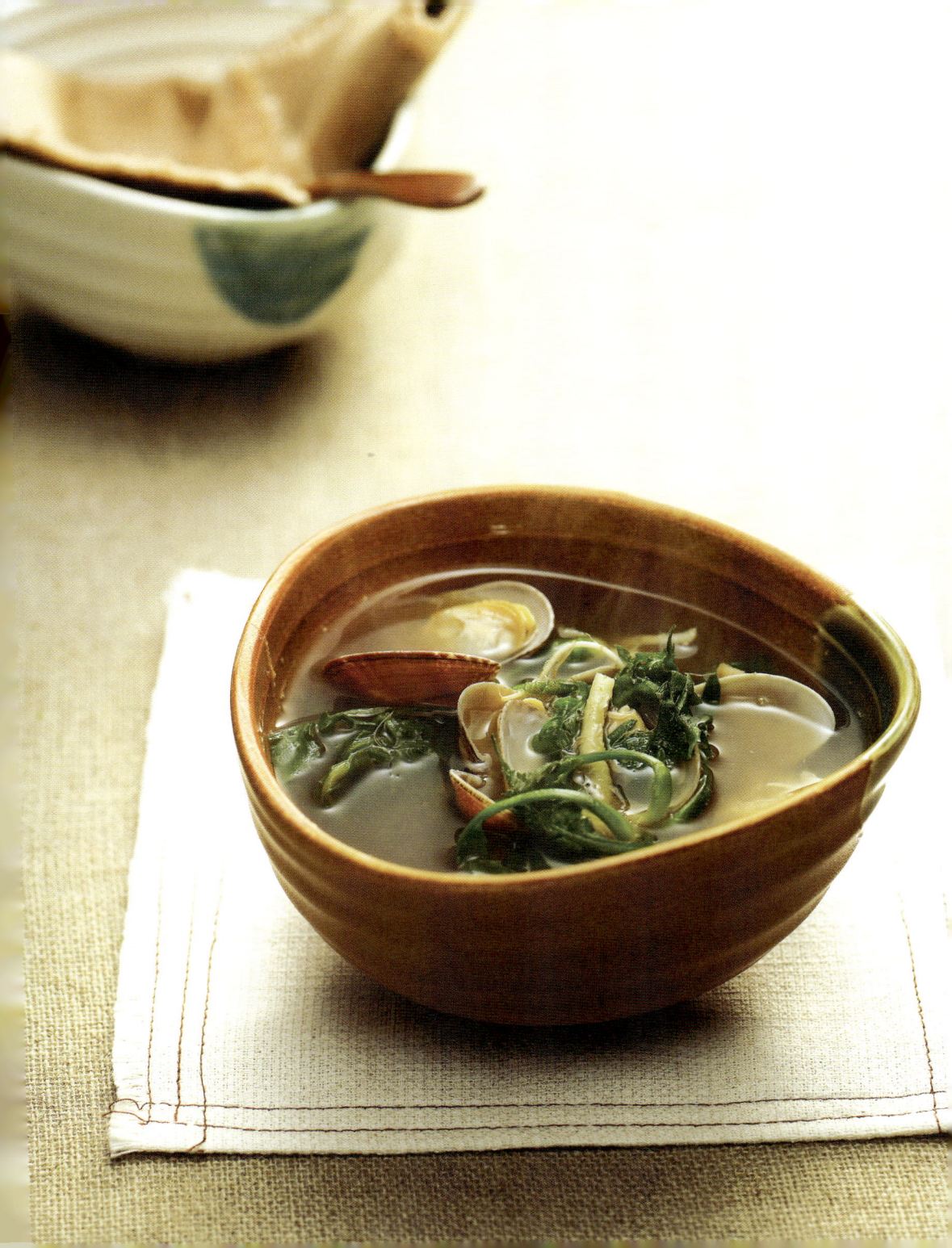

고사리쇠고기토장국

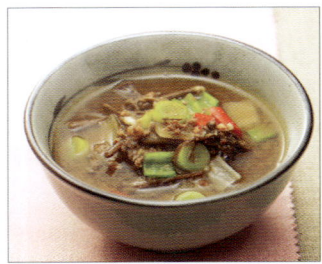

▶ **주재료**
고사리 · 다진 쇠고기 100g씩

▶ **부재료**
양파 ½개, 홍고추 · 풋고추 1개씩, 대파 1대, 된장 1½큰술, 고추장 · 다진 마늘 1작은술씩, 맛술 1큰술, 쌀뜨물 4컵, 소금 약간

1 고사리는 부드럽게 삶아 억센 것을 잘라내고 연한 것만 골라서 4㎝ 길이로 썬다.

2 다진 쇠고기는 종이타월에 올리고 꾹꾹 눌러 핏물을 뺀다.

3 양파와 홍고추, 풋고추는 사방 1㎝ 크기로 썬다. 대파도 송송 썬다.

4 냄비에 고사리와 다진 쇠고기, 양파, 고추, 대파, 다진 마늘을 넣고 된장과 고추장을 넣어 조물조물 무친 후 불에 올려 볶는다.

5 다진 쇠고기가 익으면 쌀뜨물을 붓고 맛술을 넣어 한소끔 중불에서 끓인다.

6 고사리가 물러지면서 쇠고기 토장국이 완성되면 소금으로 간을 해서 그릇에 담아낸다.

실부추감자토장국

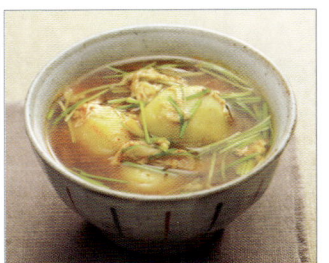

▶ **주재료**
실부추 100g, 감자 2개

▶ **부재료**
대파 1대, 홍고추 1개, 마른 꽃새우 5마리, 쌀뜨물 4컵, 고운 고춧가루 · 다진 마늘 1큰술씩, 된장 · 고추장 · 간장 · 청주 1작은술씩, 소금 약간, 달걀 1개

1 실부추는 다듬어 씻어 2㎝ 길이로 썬다.

2 감자는 껍질을 벗겨 사방 3㎝ 크기로 썰어 동그랗게 모서리를 다듬어 찬물에 담가 녹말기를 뺀다.

3 대파와 홍고추는 굵게 채 썰고 달걀은 알끈을 제거하고 곱게 풀어놓는다.

4 냄비에 마른 꽃새우를 담고 아무것도 넣지 않고 볶다가 비린맛이 없어지면 쌀뜨물을 부어서 끓인다.

5 ④의 국물이 우러나면 고운 고춧가루와 된장, 고추장을 풀어 간장으로 색을 맞추고 감자, 청주, 마늘을 넣어 한소끔 끓인다.

6 ⑤에 대파와 홍고추를 넣고 끓으면 떠오르는 거품을 숟가락으로 말끔하게 걷어내고 실부추를 넣고 달걀물로 줄알을 쳐서 노르스름한 색에 실부추가 도드라지게 보이도록 만들어 한소끔 끓여 소금으로 간을 해서 상에 낸다.

> **COOK TIP**
> 만든 지 오래된 해묵은 된장의 맛을 살리려면 멸치장국을 끓여 만드는 것이 좋다. 특히 쌀뜨물을 받아서 멸치장국을 만들어 된장을 넣고 끓이면 된장의 깊은맛이 살아난다.

> **COOK TIP**
> 토장국에 감자를 넣어 끓일 때 오래 끓이면 감자가 물러져 국물이 탁하고 맛이 없다. 적당하게 한소끔 끓여 감자의 감칠맛이 우러나면 불에서 내리는 것이 좋다.

콩나물토란대토장국

▶ **주재료**
콩나물 · 토란대 100g씩

▶ **부재료**
된장 · 고추장 1큰술씩, 다진 마늘 1작은술, 생강즙 ½작은술, 대파 2대, 국물 멸치 4마리, 쌀뜨물 4컵, 소금 약간

1 콩나물은 다듬어 씻어 물기를 털고 토란대는 끓는 물에 삶아 찬물에 반나절 이상 담가 아린맛을 없애고 건져 물기를 빼고 3㎝ 길이로 썬다.

2 대파는 4㎝ 길이로 토막 내어 반 갈라 끓는 물에 살짝 데쳐 찬물에 헹궈 물기를 짠다.

3 냄비에 국물 멸치를 넣고 달달 볶아 비린맛이 없어지면 쌀뜨물을 부어 생강즙을 넣고 끓인다.

4 면포에 멸치 국물을 밭쳐 다른 냄비에 담아 된장과 고추장을 풀어 다진 마늘을 넣고 끓인다.

5 ④에 콩나물과 토란대, 대파를 넣어 뚜껑을 연 채로 팔팔 끓인다.

6 토란대가 부드럽게 익으면 소금으로 간을 맞춰 그릇에 담아낸다.

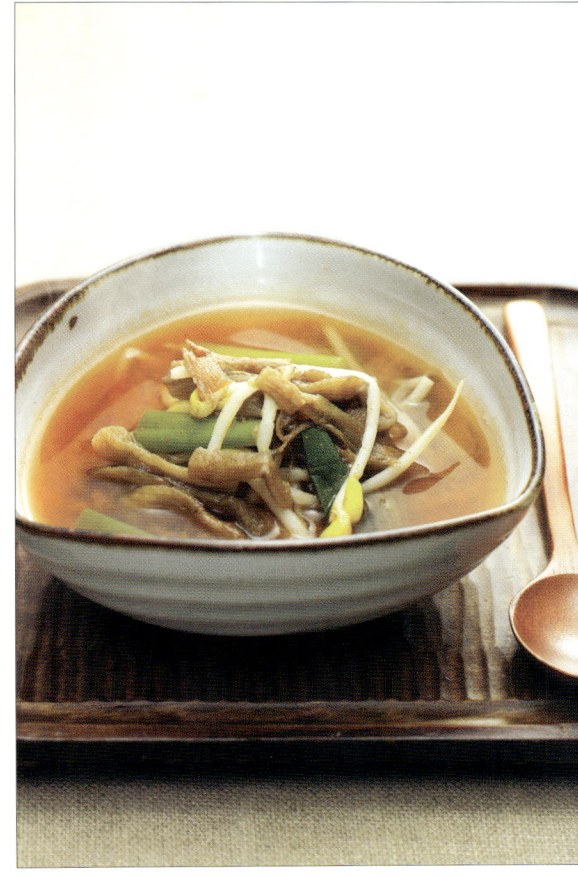

🔜 **COOK TIP**
된장찌개에 얼큰한 맛을 내려면 고추장과 고춧가루를 더해서 끓이는데 된장과 고추장, 고춧가루의 비율은 재래된장(3):고추장(1):고춧가루(0.5)로 맞춘다. 호박이나 냉이 등의 채소나 무청, 가지, 풋마늘도 넣으면 맛이 좋다.

우거지숙주토장국

▶ **주재료**
우거지 · 숙주 100g씩

▶ **부재료**
된장 · 고추장 1큰술씩, 대파 1대, 다진 마늘 1작은술, 멸치 우린 물 4컵, 소금 약간

1 우거지는 부드럽게 삶아 물기를 짜서 송송 썬다.

2 숙주는 다듬어 씻어 끓는 물에 데쳐 찬물에 헹군 후 물기를 꼭 짜서 적당한 길이로 썬다.

3 냄비에 멸치 우린 국물을 부어 끓으면 된장과 고추장을 체에 걸러 풀어 끓이다가 우거지와 숙주를 넣고 굵게 채 썬 대파와 다진 마늘을 넣고 한소끔 끓인다.

4 바특한 토장국이 완성되면 소금으로 간을 맞춰 그릇에 담아낸다.

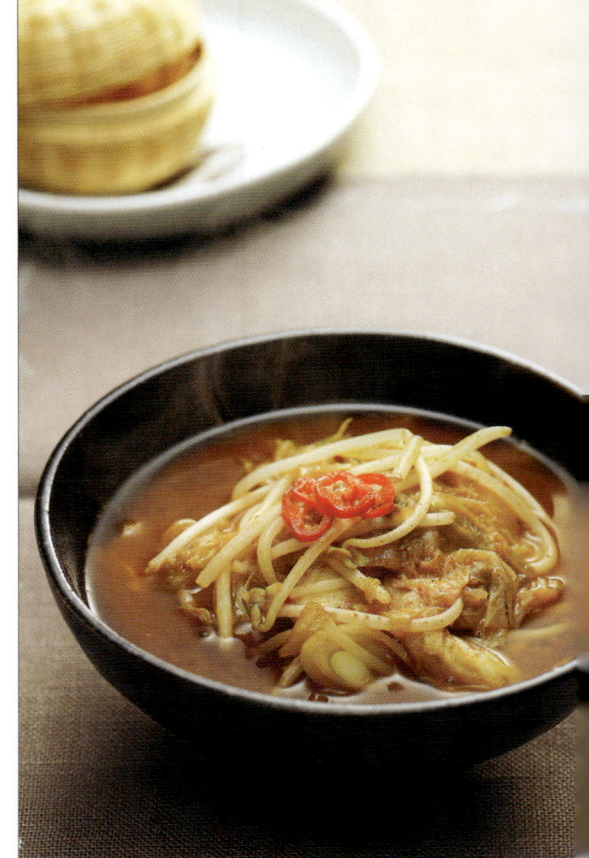

→ COOK TIP
숙주는 생것으로 넣으면 숙주의 비린맛이 올라와 토장국의 구수한 맛을 없앤다. 끓는 물에 살캉하게 삶은 후 찬물에 헹궈 물기를 꼭 짠 상태로 넣어야 한다.

곰국

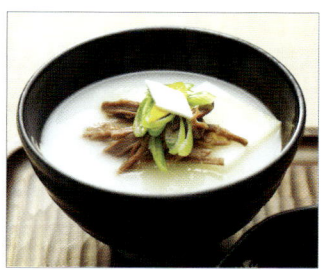

▶ **주재료**
사골 500g, 쇠고기(양지머리) 400g, 무 ½개, 대파 1대, 굵은 소금 · 후춧가루 약간씩

▶ **국건더기 양념**
국간장 · 다진 마늘 1큰술씩, 참기름 1작은술, 후춧가루 약간

▶ **향신채**
대파 2대, 마늘 5쪽, 생강 ½톨, 통후추 5알

1 사골은 5㎝ 길이로 토막 내어 겉기름을 떼어내고 푹 잠기도록 찬물을 붓고 하룻밤 정도 두어 핏물과 나쁜 냄새를 없앤다.

2 쇠고기는 찬물에 1시간 정도 담가 핏물을 뺀다.

3 ①의 사골을 냄비에 넣고 넉넉하게 물을 부은 후 센 불에서 끓인다. 첫물은 따라 버리고 다시 찬물을 부어 2시간 정도 끓인다.

4 ③에 핏물 뺀 쇠고기와 향신채를 넣고 불을 약하게 줄여 은근히 끓인다.

5 무는 껍질을 긁어내고 씻은 후 시원한 맛이 잘 우러나도록 사방 3㎝ 크기로 납작하게 썬다. 대파는 송송 썬다.

6 쇠고기를 꺼내어 한 김 식히고 나서 0.5㎝ 두께로 얄팍하게 결 반대 방향으로 썰고 국건더기 양념에 무친다.

7 뽀얗게 끓는 ④의 국물을 먹을 만큼만 냄비에 덜어 ⑤의 무를 넣고 끓이다가 ⑥의 국건더기를 먹을 만큼 넣어 다시 끓인다.

8 ⑦의 국을 그릇에 담아 대파와 굵은 소금, 후춧가루를 곁들여 함께 낸다.

장어부추맑은탕

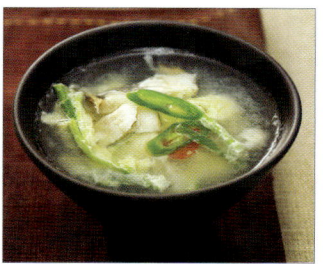

▶ **주재료**
장어 2마리, 조선부추 100g

▶ **부재료**
달걀 2개, 대파 1대, 홍고추 · 청양고추 1개씩, 소금 · 후춧가루 약간씩

▶ **장어 육수 향신채**
대파잎 2대, 양파 ½개, 생강 1톨, 마늘 3쪽, 통후추 3알

1 장어는 등 쪽에 길게 칼집을 넣어 넓게 펴고 내장을 뺀 다음 깨끗이 씻는다. 뼈를 발라 낸 장어살을 3㎝ 길이로 자르고 뼈는 10㎝ 길이로 토막 낸다.

2 깊은 냄비에 장어뼈와 머리를 담고 물을 넉넉히 부어 중간 불에서 향신채를 통째로 모두 넣고 1시간 정도 푹 고아 육수를 만든다.

3 다른 냄비에 끓인 육수를 체에 밭쳐 노란 기름기를 걷어내고 맑은 육수만 받아서 준비한 장어살을 넣고 소금과 후춧가루로 간을 해서 끓인다.

4 싱싱한 조선부추를 준비해서 다듬어 씻어 3㎝ 길이로 썬다. 달걀은 알끈을 제거하고 풀어서 함께 섞어 놓는다.

5 대파는 굵게 채 썰고 홍고추와 청양고추는 잘게 채 썰어 씨를 털어 준비한다.

6 ③의 육수가 뽀얗게 끓으면 대파와 고추를 넣고 부추 달걀물로 줄알을 쳐서 한소끔 끓인 후 그릇에 담아낸다.

설렁탕

▶ **주재료**
사골 1kg, 쇠고기(양지머리) 400g, 양 200g, 무 ½개

▶ **부재료**
달걀지단 사방 10cm 1장, 대파 2대, 국수 적당량, 소금 · 후춧가루 약간씩

▶ **국건더기 양념**
국간장 · 다진 마늘 1큰술씩, 참기름 1작은술, 후춧가루 약간

▶ **향신채**
마늘 5쪽, 대파 1대, 통후추 5알, 생강 ½톨

1 사골은 찬물에 하룻밤 정도 담가 뼛속 핏물까지 완전히 뺀다. 양지머리는 기름기를 떼어내고 덩어리째 찬물에 담가 핏물을 뺀다.

2 양은 끓는 물에 살짝 데쳐 질긴 맛을 내는 안쪽 하얀 기름막을 벗겨 낸다. 칼끝으로 검은 막을 긁어내고 찬물에 여러 번 헹군다.

3 큰 냄비에 ①의 사골을 넣고 끓인다. 검은 첫물은 따라 버리고 다시 물을 부어 향신채를 모두 넣은 후 누린내가 날아가도록 뚜껑을 연 채로 끓인다.

4 뽀얀색을 내며 끓는 ③의 사골국에 양지머리와 양을 넣고 삶는다. 은근히 끓이다가 한 김이 나가면 양지머리와 양을 꺼내 얄팍하게 썬다.

5 끓는 물에 국수를 넣고 삶아 헹군 뒤 사리를 지어주고 달걀지단은 채 썰어 준다.

6 무는 껍질 벗겨 납작하게 썰어서 ④의 사골국에 넣고 끓인다.

7 국건지 양념에 양지머리 썬 것과 양을 조물조물 무친다.

8 그릇에 ⑥의 사골국과 무를 함께 담고 고기와 국수, 달걀 지단을 얹은 후 소금, 후춧가루, 송송 썬 대파를 따로 담아 낸다.

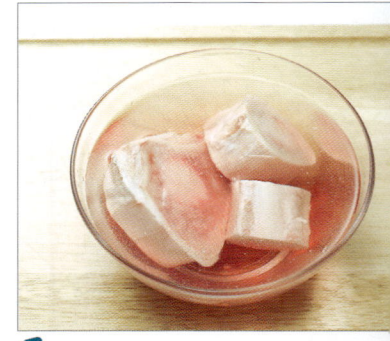

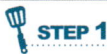 **STEP 1**

→ COOK TIP

끓여둔 사골국이나 곰국은 쉽게 상하므로 냉동실에 보관하는 것이 좋은데 우유팩 500ml면 2인분의 국이 담기니 꽉 채우지 말고 8부 정도 넣고 냉동실에 얼려 하나씩 필요할 때 꺼내어 쓴다. 냉동실 보관용은 조금 진하게 끓이는 것이 좋다.

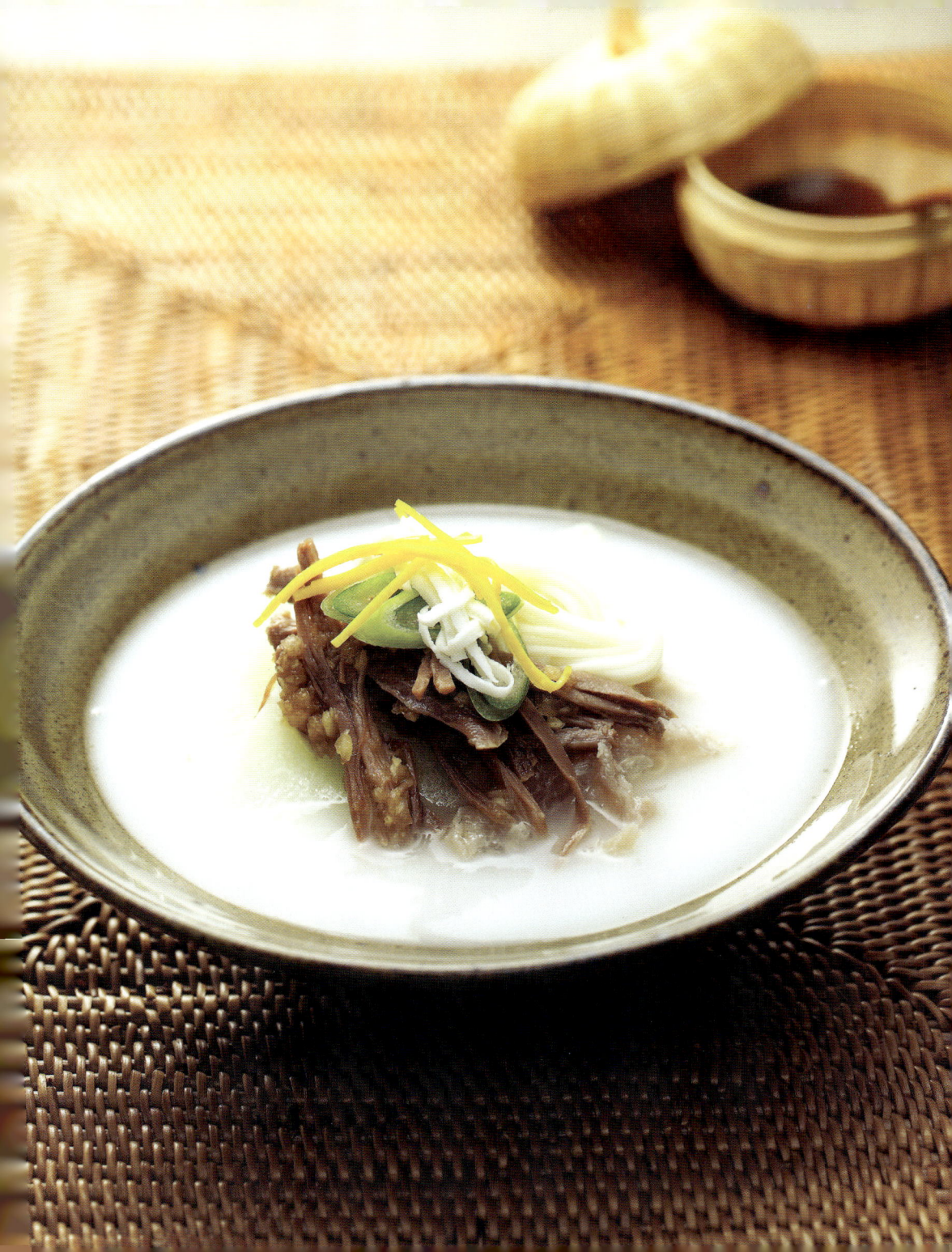

인삼도가니탕

▶ **주재료**
도가니 600g, 쇠고기(양지머리) 300g, 인삼 3뿌리

▶ **부재료**
무 150g, 대파 2대, 마늘 2쪽, 생강 1톨, 소금·후춧가루·실고추 약간씩, 물 15컵, 다진 마늘 1작은술, 다진 파 1큰술

1 도가니는 찬물에 담가 핏물을 뺀다.

2 쇠고기는 양지머리로 준비해서 덩어리째 핏물을 빼서 씻어 물기를 뺀다.

3 인삼은 흙을 떨어내고 씻어서 물기를 닦는다. 무는 큼직하게 토막 낸다.

4 냄비에 양지머리와 도가니, 대파 큼직하게 토막 낸 것과 껍질 벗긴 마늘, 생강을 넣어서 물을 붓고 센 불에서 끓이다가 끓기 시작하면 인삼과 무를 넣고 불을 줄여 뭉근히 끓인다. 중간 중간 뚜껑을 열고 거품과 기름기를 걷어내면서 2시간 정도 끓인다.

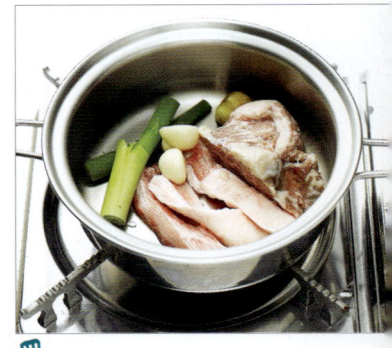

STEP 4

5 국물이 뽀얗게 우러나고 젓가락으로 찔러보아 고기가 쑥 들어가면 고기를 건져내어 한입 크기로 썬다. 무도 건져내어 먹기 좋은 크기로 납작납작하게 썬다.

6 ⑤의 국물을 한 김 식혀 면포에 걸러 기름을 말끔하게 걷어주고 뽀얀 국물만 받는다.

7 도가니 건더기와 썰어놓은 고기와 무에 다진 마늘, 다진 파, 소금, 후춧가루를 넣어서 조물조물 무친다.

8 ⑥의 도가니탕에 소금과 후춧가루로 간을 한다.

9 뜨거운 물로 토렴시킨 뚝배기에 양념해서 무친 고기와 무, 도가니 건더기를 담고 국물을 적당히 부은 후 송송 썬 대파와 짧게 자른 실고추를 얹어 상에 낸다.

> **COOK TIP**
> 도가니와 고기, 무는 나중에 다진 마늘과 파, 소금, 후춧가루를 넣어서 양념한 후 뜨거운 인삼 국물과 함께 달군 뚝배기에 넣어 진한 국물을 부어서 먹어야 더욱 맛이 있다. 도가니탕에는 따로 다진 양념을 곁들이지 않지만 매운맛을 원하면 굵은 고춧가루 3큰술에 간장 1큰술, 다진 마늘 1작은술, 맛술 1큰술을 넣어서 걸쭉하게 개어 함께 내면 좋다.

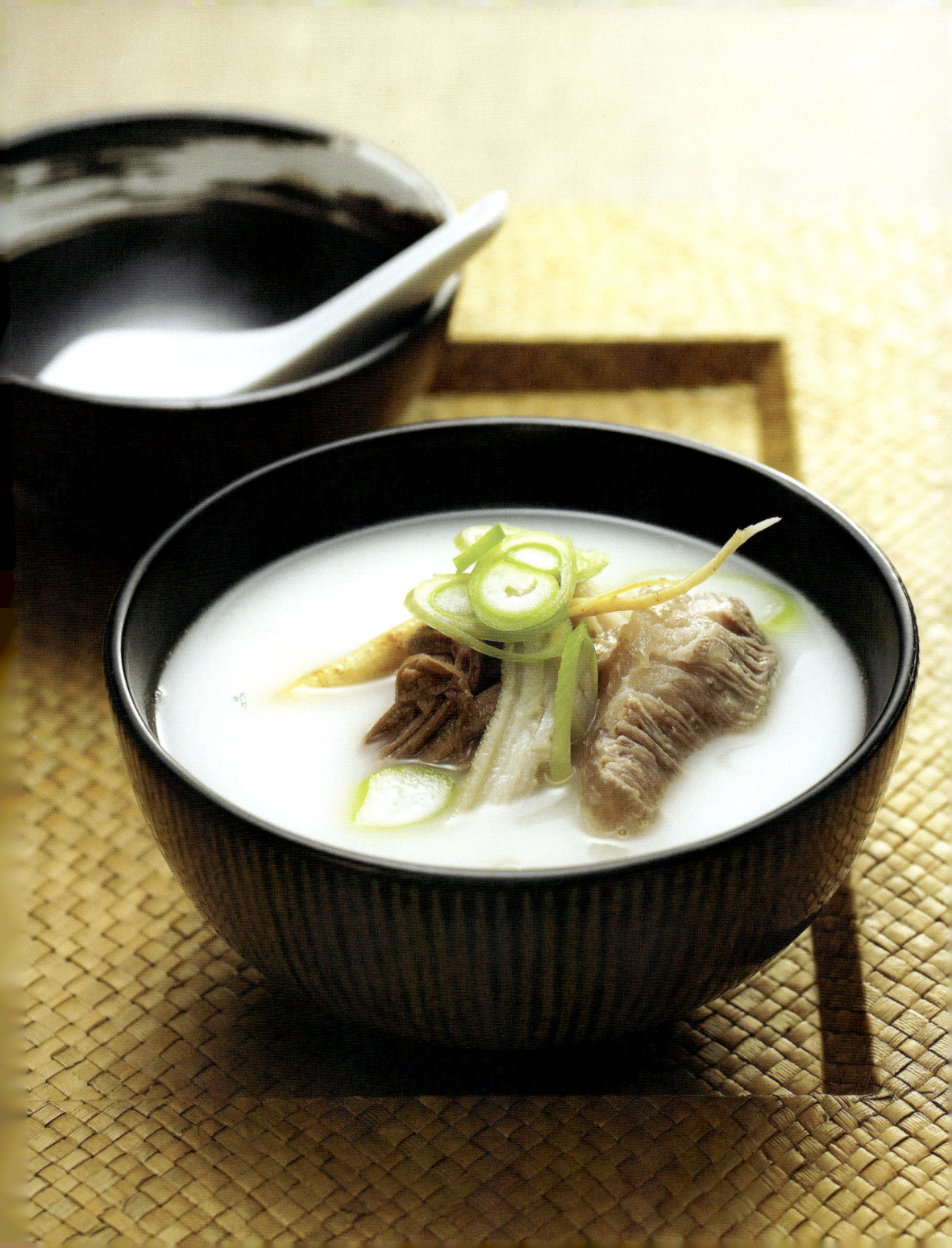

장어백숙

▶ **주재료**
장어 2마리

▶ **부재료**
인삼 3뿌리, 대추 5개, 마늘 5쪽, 소금 ½큰술, 다진 파 · 생강즙 · 청주 1큰술씩

1 장어는 소금물에 주물러 씻어 머리를 자르고 이겹포를 떠서 흐르는 물에 씻어 큼직하게 토막을 낸다. 살과 뼈는 갈라서 살은 먹기 좋은 크기로 자르고 뼈만 핏물을 뺀다.

2 냄비에 물을 넉넉하게 담고 장어뼈와 생강즙, 청주를 함께 넣고 푹 고아 뽀얀 국물을 만든다.

3 인삼은 씻어 반을 가르고 대추와 마늘도 각각 씻어 물기를 닦는다.

4 뼈를 끓인 장어 육수에 인삼과 대추, 마늘을 넣고 푹 끓이다가 장어살을 넣어 한소끔 더 끓여서 백숙을 만든다.

5 그릇에 장어백숙을 담고 다진 파와 소금을 곁들여 상에 낸다.

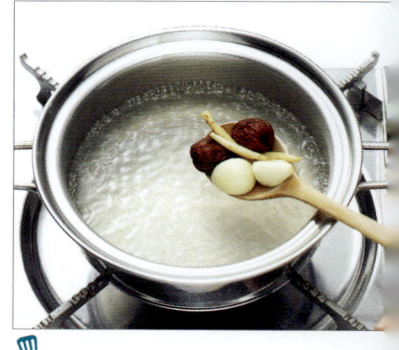

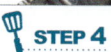 **STEP 4**

> ### COOK TIP
> 장어백숙은 발라낸 뼈와 장어머리를 이용해서 국물을 진하게 내야 한다. 비린맛을 없애려면 생강즙과 청주를 함께 넣고 푹 익히면 비린맛도 나지 않고 뽀얀 국물이 더욱 진하게 우러난다.

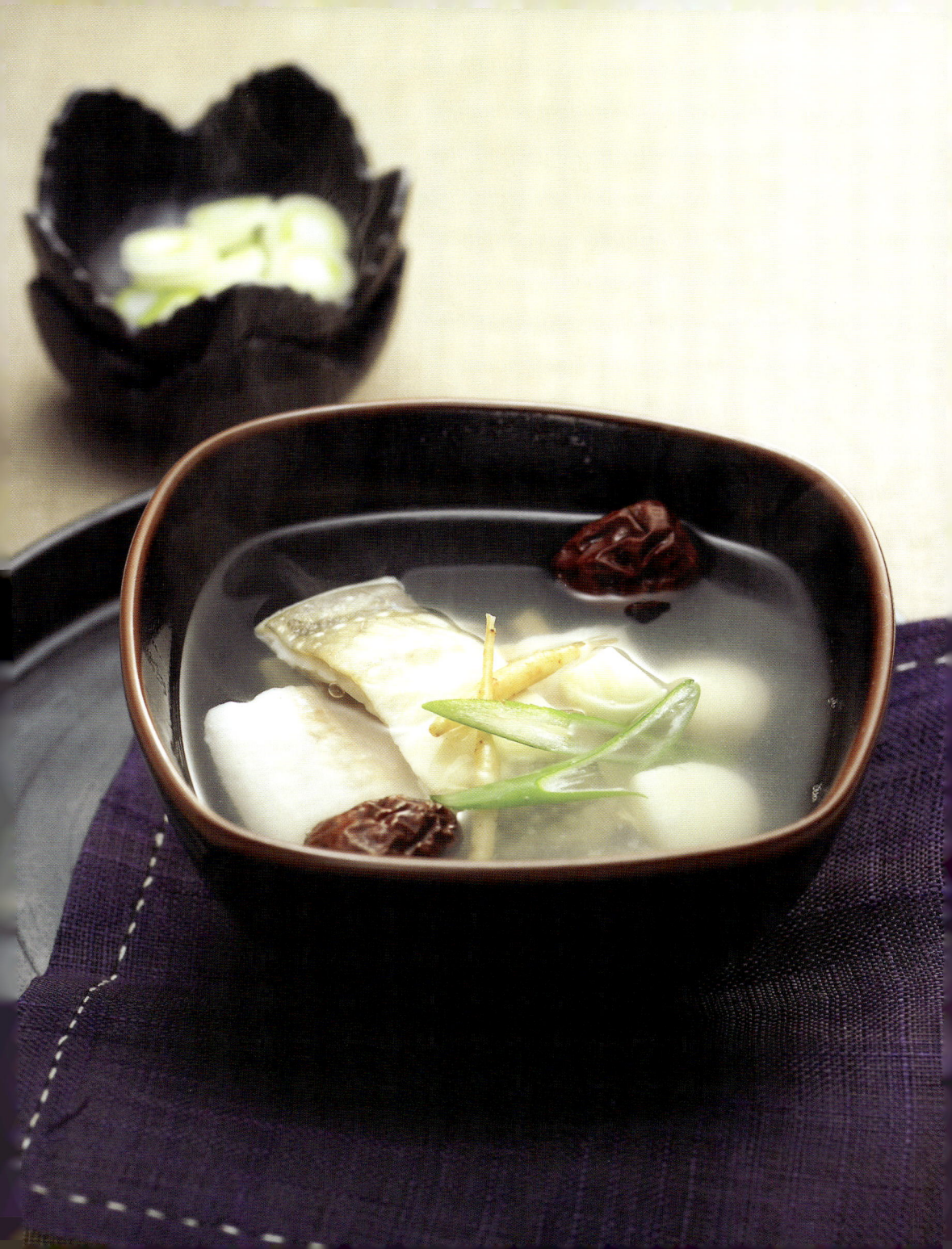

삼계탕

▶ **주재료**
영계 2마리

▶ **부재료**
대추 10개, 수삼 4뿌리, 찹쌀 1컵, 마늘 12쪽, 양파 1개, 대파잎 3대, 소금·후춧가루 약간씩, 물 24컵

1 영계는 몸속 안쪽까지 물에 씻어 물기를 빼고 영계의 항문은 잘라내 누린내가 나지 않게 한다.

2 대추는 주름부분까지 깨끗하게 씻고 수삼은 흙을 털어내고 물에 씻어 반을 가른다. 감초도 씻어서 물기를 뺀다.

3 양파는 큼직하게 썰고 마늘은 껍질 벗겨 씻어 놓는다. 대파잎은 큼직하게 토막 낸다.

4 찹쌀을 깨끗이 씻어 충분하게 불린 후 체에 밭쳐 물기를 뺀다.

5 냄비에 물을 붓고 대파잎과 양파, 마늘 2~3쪽을 넣어서 한소끔 끓인다.

6 영계의 몸속에 찹쌀과 수삼, 대추, 마늘을 넣어 꼬치를 끼워 속의 재료가 밖으로 흘러나오지 않게 한다.

7 ⑤의 향신채를 넣은 물이 끓으면 준비한 영계를 넣어 중간 불에서 뚜껑을 덮고 40분 이상 푹 삶는다.

8 삶은 영계에 젓가락을 찔러 보아 푹 들어가면서 찹쌀이 완전하게 익으면 불에서 내려 꼬치를 빼서 그릇에 담고 국물은 면포에 걸러 기름기를 걷고 맑은 국물만 영계에 부어서 구수하게 먹는다.

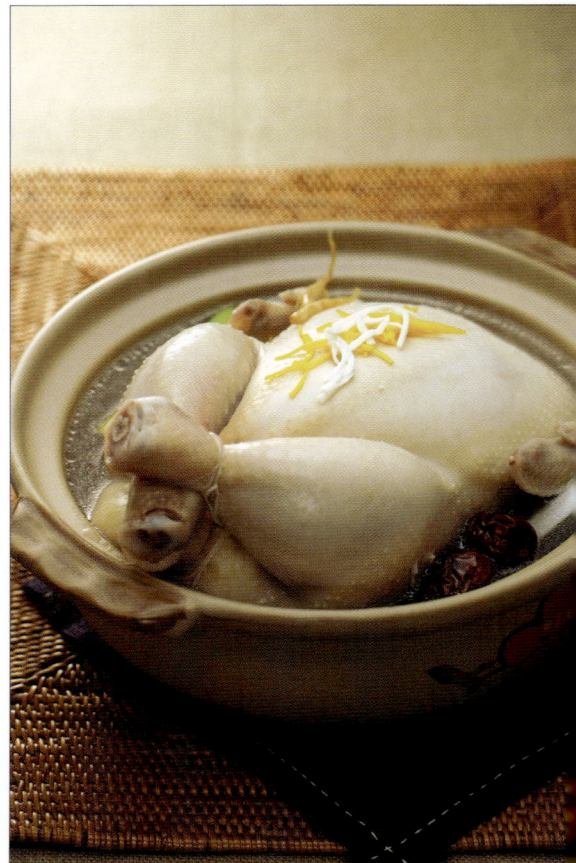

→ **COOK TIP**
삼계탕을 끓일 때에는 닭의 잡내를 없애기 위해서 항문을 가위로 잘라 내고 향신채가 끓을 때 닭을 넣어 끓여야 한다.

쇠고기숙주탕

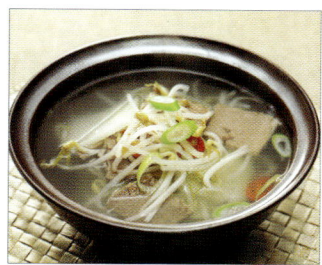

▶ **주재료**
쇠고기(양지머리) 400g, 무 100g, 숙주 150g

▶ **부재료**
대파 1대, 홍고추 1개, 참치액·다진 마늘·청주 1큰술씩, 소금·후춧가루 약간씩, 물 12컵

1 쇠고기는 양지머리로 준비해서 찬물에 담가 핏물을 빼고 냄비에 물을 붓고 끓으면 참치액과 청주를 넣어 양지머리를 넣고 끓인다.

2 무는 사방 3㎝ 크기로 납작하게 썰고 숙주는 다듬어 씻어 물에 헹궈 물기를 턴다.

3 대파와 홍고추는 곱게 채 썬다.

4 ①의 고기가 익으면 고기만 건져 납작하게 저며 썰고 무와 대파를 함께 다시 고기 국물에 넣어 끓인다.

5 무가 익고 국물이 진해지면 다진 마늘과 대파를 넣어 한소끔 끓여 소금과 후춧가루로 간을 한다.

6 그릇에 뜨거운 국물과 건더기를 담고 손질한 숙주를 소복하게 올려 홍고추로 모양내어 상에 낸다.

> → **COOK TIP**
> 쇠고기 양지머리의 핏물을 뺄 때에는 수시로 찬물을 갈아주어 핏물이 고기에 다시 배지 않도록 해야 고기의 잡내가 없고 국물이 진하게 우러난다.

추어탕

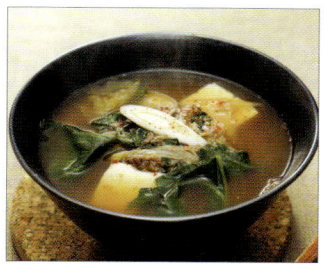

▶ **주재료**
미꾸라지 250g, 우거지 300g

▶ **무침 양념장**
대파 2대, 두부 $\frac{1}{2}$모, 소금·후춧가루·산초가루 약간씩, 된장·고운 고춧가루·다진 마늘·청주·참치액·간장 1큰술씩, 다진 생강 $\frac{1}{2}$작은술, 간장 1작은술, 호박잎 약간, 굵은 소금 1줌, 물 5컵

1 미꾸라지는 체에 담아 굵은 소금을 친 다음에 호박잎으로 주물러 미꾸라지의 미끈거리고 비릿한 냄새를 없애 놓는다.

2 우거지는 부드럽게 삶아 찬물에 헹궈 건져 물기를 꼭 짜고 먹기 좋은 길이로 썬다. 된장과 고춧가루에 버무려 놓는다.

3 대파는 굵게 토막 내고 두부는 사방 2㎝, 1㎝ 두께로 도톰하게 썬다.

4 냄비에 물을 붓고 끓으면 미꾸라지를 넣어 뽀얗게 끓인다. 끓인 미꾸라지만 건져 믹서에 곱게 갈고 미꾸라지 끓인 국물은 체에 걸러 놓는다.

5 큰 냄비에 미꾸라지 간 것과 우거지, 대파를 넣고 청주와 참치액, 간장을 넣고 ④의 국물을 부어 중간 불에서 푹 곤다.

6 미꾸라지가 흐물거릴 정도로 완전히 고아지면 다진 마늘, 다진 생강, 두부를 넣어 한소끔 더 끓여 소금과 후춧가루로 간을 한다. 먹을 때 산초가루를 뿌려 먹는다.

갈비탕

▶ **주재료**
쇠갈비 600g, 무 150g

▶ **부재료**
당면 50g, 대파 1대, 달걀지단 사방 10cm 1장, 소금 · 후춧가루 · 깨소금 약간씩, 다진 마늘 · 진간장 1큰술씩, 참기름 1작은술

▶ **갈비탕 양념장**
갈비 국물 ½컵, 고춧가루 3큰술, 진간장 · 청주 · 참기름 1큰술씩, 다진 파 2큰술, 다진 마늘 · 맛술 1작은술씩, 후춧가루 약간

1 쇠갈비는 잘게 토막(사방 5cm 정도)을 내서 깨끗이 씻은 후 기름을 발라내고 나서 물에 잠시 담가 핏물을 완전히 빼서 건진다.

2 냄비에 핏물 뺀 갈비를 끓는 물에 데쳐내어 찬물에 기름기를 씻은 후 다시 냄비에 물을 넉넉히 부어서 갈비를 넣고 끓인다.

3 무는 사방 4cm 크기로 납작하게 썰고 당면은 적당하게 잘라 물에 담가 불린다.

4 갈비 국물이 진하게 우러나면 갈비는 건져서 썬 무와 함께 진간장, 다진 파, 다진 마늘, 깨소금, 소금, 후춧가루, 참기름을 넣어 양념을 한다. 갈비 국물은 면포에 걸러 기름을 걷어내고 다시 냄비에 붓고 끓인다.

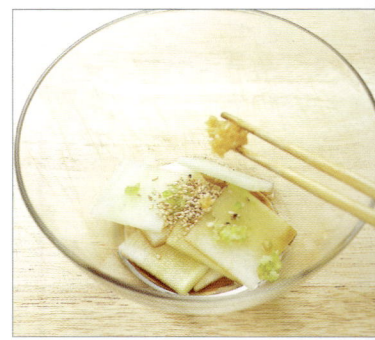

STEP 4

5 불려두었던 당면과 양념한 갈비와 무를 넣어서 한소끔 끓여 진한 국물이 생기게 한다.

6 그릇에 ⑤의 갈비탕을 담고 송송 썬 대파를 뿌린 후 달걀지단을 골패 모양으로 사방 1cm 크기로 썰어서 올린다.

7 고춧가루에 육수와 진간장을 넣어 촉촉하게 섞은 후 다진 마늘, 대파, 후춧가루, 참기름을 넣어 양념장을 만들어 갈비탕에 곁들여 상에 함께 낸다.

> 🔶 **COOK TIP**
>
> 갈비탕은 제일 중요한 포인트가 바로 국물에 있다. 갈비의 핏물을 물을 자주 갈아가면서 빼야 하며 갈비의 첫 번째 끓인 물은 잡내가 나므로 버리고 두 번째 끓인 물부터 사용해야 한다. 갈비는 사골뼈와 달라서 국물이 뽀얗게 나오지 않고 투명한 갈색으로 우러난다. 무, 양파, 당면 등의 부재료를 넣기도 하고 갈비탕을 끓이고 난 남은 갈비뼈를 이용해서 다시 국물을 끓여서 그 국물에 우거지, 시래기 등을 넣어서 해장국으로 시원하게 끓여 내기도 한다.

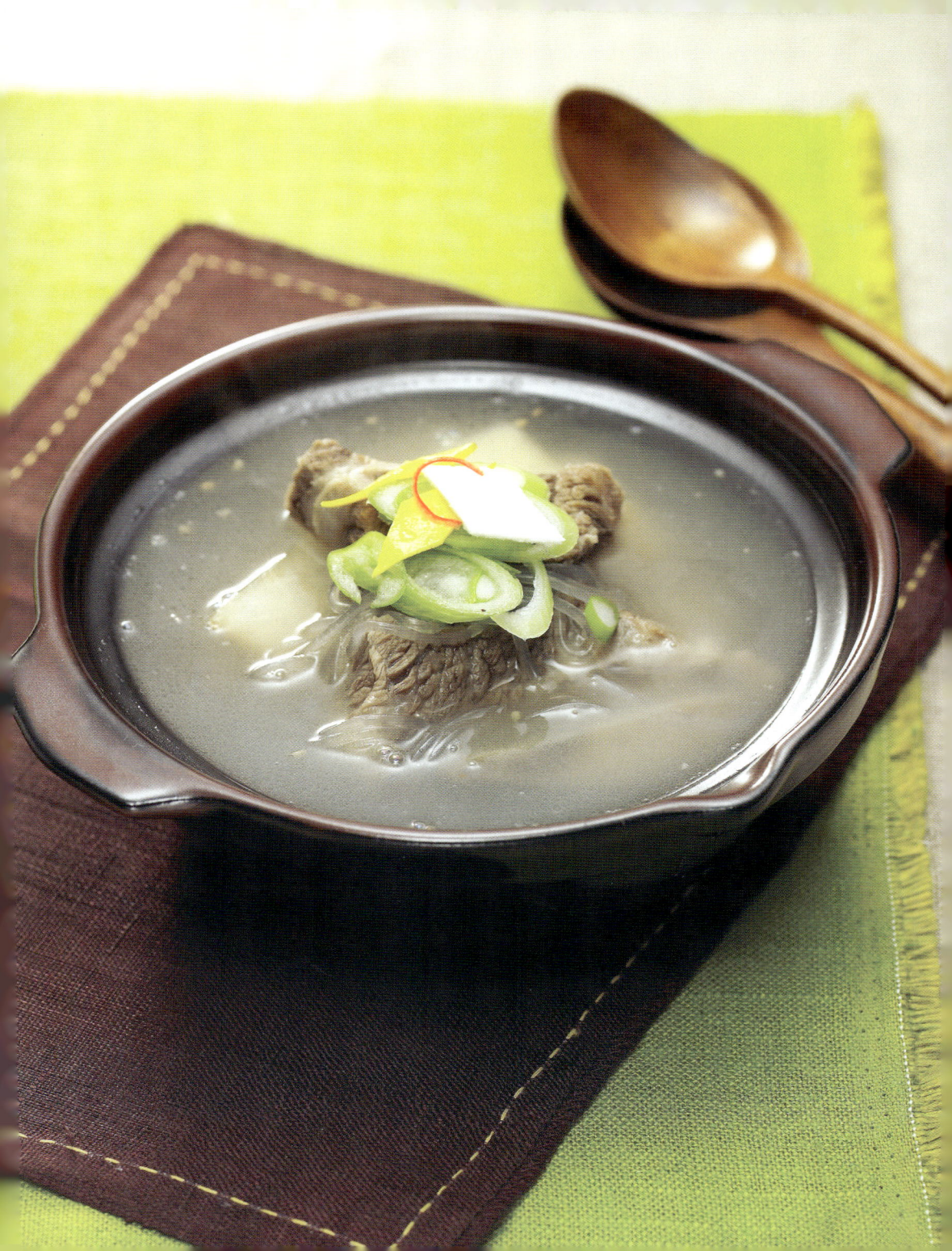

육개장

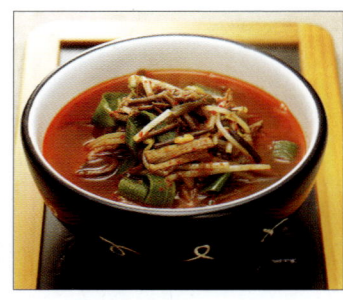

▶ **주재료**
쇠고기(양지머리) 600g, 고사리·토란대·숙주 50g씩, 대파 5대, 소금 약간, 국간장 1큰술

▶ **국건더기 양념**
고춧가루 1½큰술, 국간장·청주 1작은술씩, 다진 마늘 2큰술, 참기름 1큰술, 후춧가루 약간

▶ **고추기름장**
식용유 2큰술, 고춧가루 1큰술

▶ **향신채**
대파잎 1대, 마늘 4쪽, 양파 ½개

1 쇠고기는 기름이 적당히 붙어 있는 양지머리로 준비해서 찬물에 1시간 정도 담가 핏물을 완전히 빼서 건져준다.

2 냄비에 물을 넉넉히 붓고 대파잎과 마늘, 양파, 등의 향신채를 넣어 끓으면 준비한 양지머리 고기를 덩어리째 넣고 푹 삶아 누린내를 없앤다.

3 진한 고기국물이 우러나면 고기는 건져 한 김 식혀 결대로 찢어주고 육수는 고운 면포에 밭쳐 맑은 고기국물만 냄비에 따로 받아 끓인다.

4 대파는 줄기와 잎을 분리해서 10cm 길이로 자른 후 다시 세로로 굵게 썰어 미끈거리는 점액질을 없애도록 끓는 소금물에 데쳐내 찬물에 헹구어 물기를 뺀다. 점액질이 그대로 있게 국에 넣으면 국 맛이 씁쓸해진다.

5 숙주는 콩 껍질이 없도록 씻은 후 끓는 소금물에 데쳐 찬물에 헹구어 먹기 좋은 크기로 자른다.

6 토란대는 끓는 소금물에 삶아서 부드럽게 해서 찬물에 하루 정도 담가 아린맛을 빼주고 건져서 5cm 길이로 썰어 가늘게 찢어준다.

7 고사리는 억세고 질긴 부분을 끊어내고 끓는 소금물에 넣어 부드럽게 삶아 찬물에 담가 1시간 정도 아린맛을 뺀 후 건져 물기를 꼭 짜고 5cm 길이로 썬다.

8 볼에 고춧가루를 담고 참기름을 넣어 개어 곱게 불려 나머지 양념 재료를 넣고 고루 섞어 갠다.

9 양념의 ⅓를 덜어내 볼에 담고 준비한 고기와 숙주, 토란, 도라지, 대파를 모두 넣고 양념이 배도록 살살 버무린다.

10 진한 쇠고기 국물을 냄비에 담아 끓이면서 국건더기 양념 남은 것을 넣고 중불에서 끓이다가 양념에 무친 국건더기를 모두 넣고 한소끔 끓인다.

11 작은 팬에 식용유를 넣고 달군 후 고춧가루를 넣고 볶아 고춧가루의 붉은색과 매운맛이 우러나면서 끓으려고 하면 불에서 내려 그대로 두어 고춧가루를 가라앉힌 다음 종이타올에 걸러 깨끗하고 선명한 고추기름을 받아낸다. 식용유와 고춧가루의 비율은 2:1이 적당하다.

12 국물이 끓어 구수한 맛이 잘 어우러지면 국간장으로 간을 맞추고 고추기름을 넣어서 매콤하면서 윤기 흐르는 육개장을 완성한다.

> 🍳 **COOK TIP**
> 매운맛을 원한다면 청양고추를 듬뿍 넣은 양념을 만들어 곁들이면 좋다. 청양고추 2개, 간장 1큰술, 다진 마늘 1작은술, 참기름 1큰술, 맛술 1큰술, 다시마 우린 물 1큰술을 준비해서 청양고추를 씨째 송송 다져 볼에 담고 나머지 양념을 섞어서 맵고 칼칼한 맛의 양념을 만든다. 더 매운맛의 육개장을 원할 때 넣으면 칼칼한 맛이 일품이다.

사골우거지국

▶ **주재료**
사골 육수 8컵, 사골 육수에서 나온 쇠고기 양지머리 건더기 50g, 대파 2대, 우거지 300g, 콩나물 50g

▶ **부재료**
다진 마늘 · 된장 · 고운 고춧가루 · 청주 1큰술씩, 참기름 1작은술, 소금 · 후춧가루 약간씩

1 사골 육수는 따로 냄비에 담고 된장과 고운 고춧가루를 풀어 끓인다.

2 사골 육수를 만들 때 나온 쇠고기 양지머리는 결대로 찢어서 참기름과 약간의 다진 마늘, 후춧가루에 조물조물 무친다.

3 우거지는 부드럽게 삶아 긴 상태로 물기를 짜고 3㎝ 길이로 송송 썬다. 대파는 흰 부분은 4㎝ 길이로 토막 내어 세로로 갈라서 그대로 국에 넣고 녹색의 잎 부분은 5㎝ 길이로 잘라 끓는 물에 살짝 데쳐 점액질을 없앤다. 콩나물은 다듬어 씻어 물기를 턴다.

4 ①의 사골 국물이 끓으면 우거지와 대파, 콩나물을 넣고 무친 양지머리 고기와 함께 중간 불에서 끓인다.

5 ④의 국물과 재료가 간이 맞아 어우러지면 나머지 다진 마늘과 청주를 넣어 맛을 내고 소금과 후춧가루로 모자라는 간을 맞춰 그릇에 담아낸다.

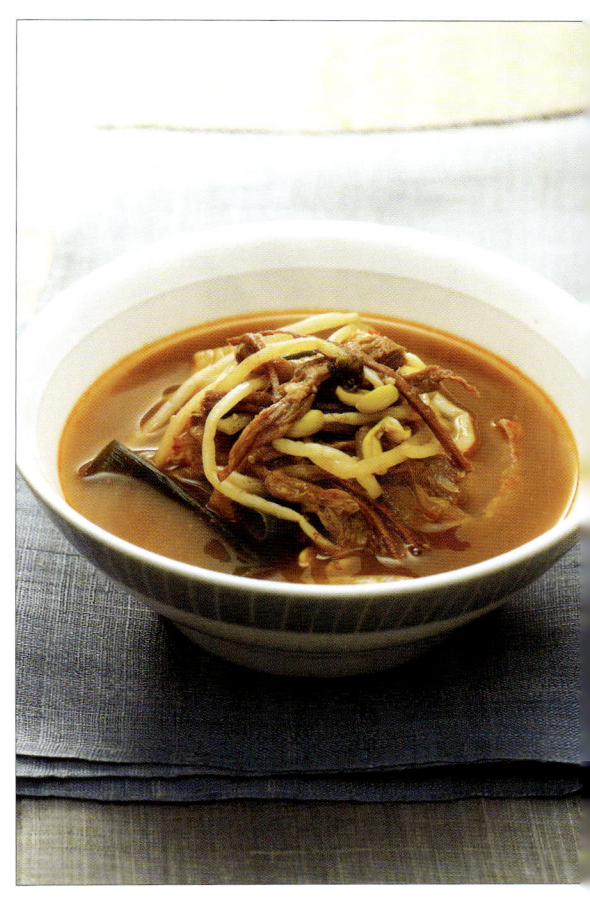

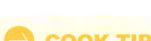 **COOK TIP**
쇠고기 양지머리 대신에 사태를 쓸 때에는 결대로 찢지 말고 국물이 충분히 나오면 건져 얇게 썰어 국물에 다시 넣어서 함께 먹는 것이 좋다. 갈비나 쇠고기로 국물을 낼 때는 향신채(마늘, 양파, 고추, 파, 생강)를 넣어 푹 우린 후 그 물을 걸러내 맑은 육수만 따로 받아서 국을 끓여야 고기 국물의 텁텁함이 없어지고 고기 누린내 역시 없어져서 맛이 좋다.

만둣국

▶ **주재료**
다진 쇠고기 · 다진 돼지고기 50g씩, 배추김치 100g, 두부 ½모, 부추 50g, 다진 파 2큰술, 멸치 다시마 우린 육수 4컵

▶ **부재료**
녹말가루 · 다진 마늘 · 참기름 1작은술씩, 소금 · 후춧가루 · 실고추채 약간씩, 깨소금 1큰술, 소금 ½큰술, 대파 1대, 달걀 1개

▶ **만두피**
중력분 1컵, 뜨거운 물 약간, 소금 ½작은술, 달걀흰자 1개분

1 밀가루와 녹말가루는 고운 체에 두세 번 정도 내려준다.

2 뜨거운 물 약간에 소금을 넣어 녹인 후 체에 내린 밀가루에 조금씩 나눠가면서 붓는다. 달걀흰자만 준비해서 알끈을 없애고 체에 내려 곱게 푼 후 물을 섞어서 밀가루에 붓는다.

3 숟가락으로 잘 섞어서 날가루가 남지 않도록 해서 손으로 치댄다.

4 많이 치대어 부드러워진 반죽을 젖은 면포로 덮어서 잠시 휴지기를 두었다가 밀대로 얇게 밀어서 동그란 모양의 틀로 직경 7cm 정도의 만두피를 만든다.

5 배추김치는 속을 털어서 송송 썬 후 물기를 완전히 짜고 두부도 베보자기에 싸서 물기를 꼭 짠다. 부추는 송송 썬다.

6 볼에 배추김치와 다진 쇠고기, 돼지고기와 부추, 두부를 넣어 소금, 후춧가루, 다진 파, 마늘로 골고루 섞어 간을 맞춘 후 깨소금, 참기름을 넣어 치대어 만두소를 만든다.

7 준비한 만두소를 만두피에 한 숟가락씩 넣어 벌어지지 않도록 잘 아물려 만두를 빚는다.

8 냄비에 멸치 다시마 우린 육수를 붓고 소금으로 간을 맞춰 끓으면 만두를 넣는다.

9 만두가 떠오르면 대파를 어슷하게 썰어 넣고 한소끔 끓여 그릇에 담는다.

10 달걀을 황백으로 나누어 얇게 부쳐서 채 썰고 실고추채와 함께 만둣국 그릇에 고명으로 올려 상에 낸다.

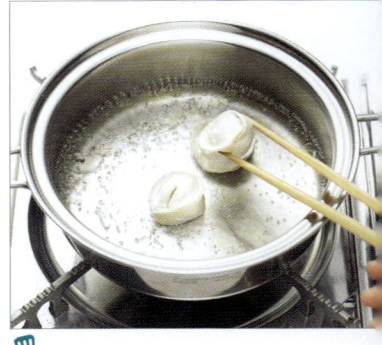

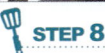 **STEP 8**

> ⟶ **COOK TIP**
>
> **만두피 만드는 방법**
> 1 밀가루는 체에 여러 번 쳐서 내리면 밀가루 안의 공기가 없어져 더욱 쫄깃하면서 부드러운 만두피를 만들 수 있다. 2 밀가루에 녹말 전분을 약간 넣으면 만두피를 만들었을 때 찢어지지 않고 탄력있다. 3 밀가루 반죽을 할 때는 뜨거운 물을 넣어서 익반죽을 해야 만두피가 갈라지지 않고 부드럽다. 4 만두피를 끈기 있고 쫄깃하게 반죽하려면 달걀흰자를 넣는 것이 좋은데 달걀흰자를 넣을 때는 알끈을 제거하고 체에 내려 푼 후 뜨거운 물이 닿지 않도록 밀가루에 부어서 섞어야 만두피의 끈기도 생기고 뜨거운 물에 익지 않는다.

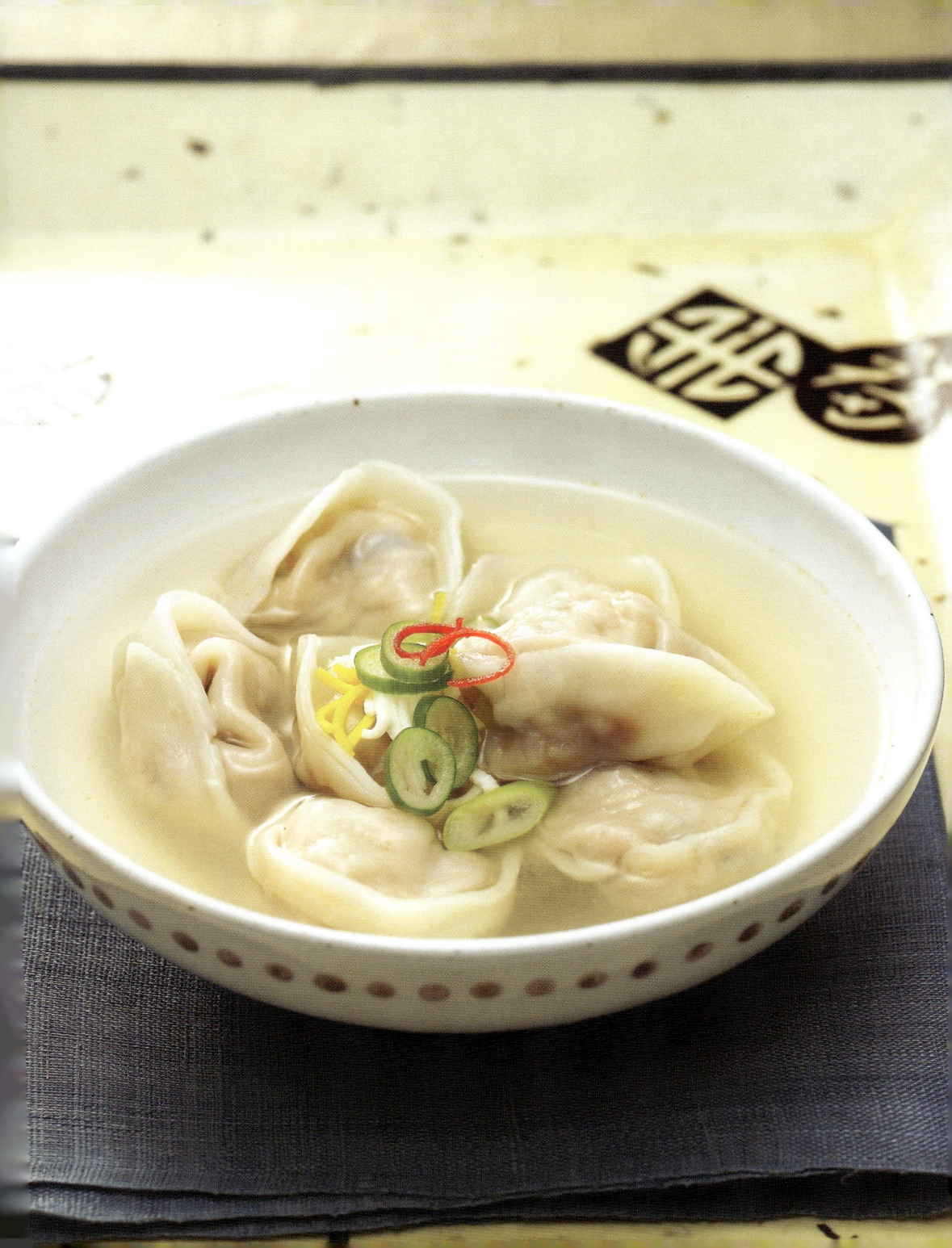

어묵꼬치탕

▶ **주재료**
어묵(모양대로) 300g, 나무 꼬치 10개, 생수 10컵, 소금 약간

▶ **향신채**
대파 1대, 양파 1개, 마늘 5쪽, 마른 홍고추 3개

▶ **국물 재료**
디퍼리 15마리, 무 100g, 북어 머리 2개, 대파뿌리 2대, 간장 1큰술, 참치액 1작은술, 소금 약간

1 네모, 원형 등의 갖가지 모양의 어묵을 준비해서 뜨거운 물을 끼얹어 겉기름을 없앤다.

2 나무 꼬치에 어묵을 적당하게 잘라 촘촘하게 꿴다.

3 냄비에 디퍼리와 북어 머리를 넣어 볶아 비린맛이 없어지면 생수를 붓고 무와 대파뿌리, 향신채를 넣고 40분 정도 진한 국물이 생기도록 중간 불에서 끓인다.

4 끓인 국물을 체에 밭쳐 맑은 국물만 다른 냄비에 붓고 간장과 참치액을 넣어 끓이면서 어묵꼬치를 넣고 은근하게 20분 정도만 끓인다.

5 모자라는 간은 소금으로 맞춰 따끈하게 어묵꼬치와 함께 국물을 먹는다.

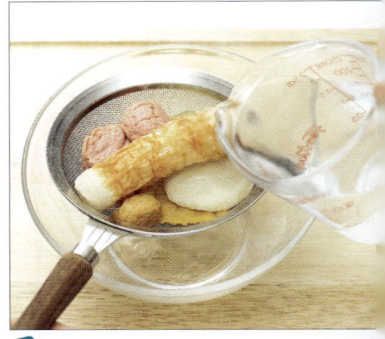

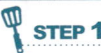 **STEP 1**

→ **COOK TIP**
어묵은 미리 겉기름을 없애고 탕을 끓여야 어묵꼬치의 맛이 담백하고 기름지지 않으면서 뒷맛이 개운하다.

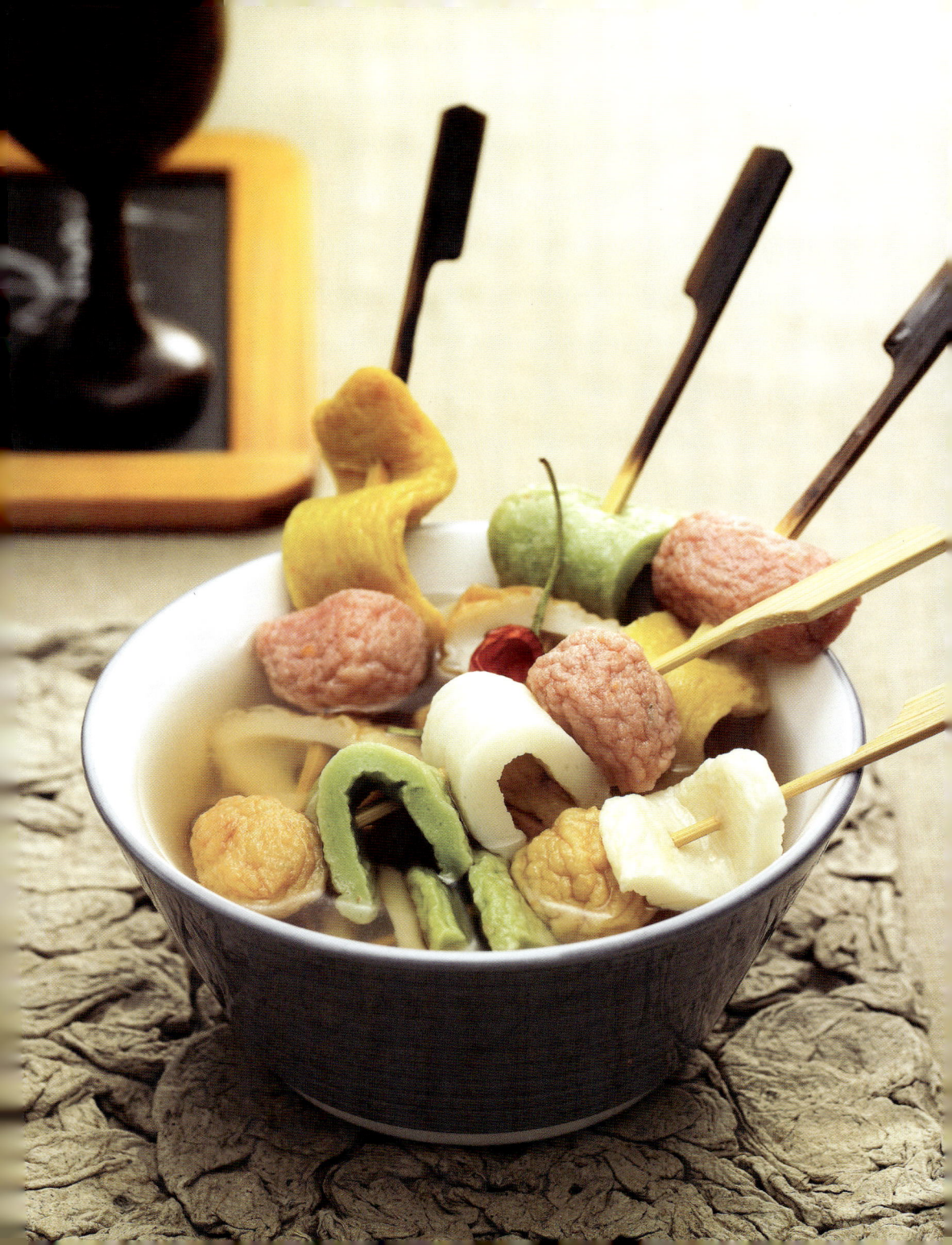

조개미나리탕

▶ **주재료**
바지락 300g, 미나리 100g

▶ **부재료**
굵은 소금 약간, 청주 2큰술, 참치액 1작은술, 마늘 5쪽, 대파 1대, 양파 ½개, 물 8컵, 매운 청양고추 1개

1 바지락은 껍데기째 굵은 소금에 문질러 씻어 옅은 소금물에 30분 정도 신문지를 덮어 어둡게 담가 해감을 시킨다.

2 미나리는 깨끗이 씻어 3㎝ 길이로 썬다. 대파와 양파는 굵직하게 채 썰고 청양고추는 잘게 송송 썰어서 씨를 턴다.

3 냄비에 청주를 넣고 물을 부어 끓으면 해감시킨 바지락을 넣어 입을 벌릴 때까지 끓인다. 뽀얀 국물이 우러나면 면포를 깔고 체에 밭쳐 바지락을 내려 맑은 국물만 받는다. 바지락 건더기는 따로 건져 놓는다.

4 냄비에 바지락 국물을 붓고 끓이다가 끓으면 양파와 대파, 참치액을 넣고 끓인다.

5 ④에 채 썬 마늘을 넣고 한소끔 끓여 소금과 후춧가루로 간을 한다.

6 ⑤에 미나리를 넣고 매운 청양고추를 올려 칼칼한 맛과 미나리 향이 물씬 나도록 해서 상에 낸다.

🔜 COOK TIP

각종 비타민과 미네랄이 풍부한 바지락은 혈중 콜레스테롤 수치를 낮추고 간 기능을 북돋아 주는 역할을 하는 타우린이 풍부하다. 속풀이 해장 재료로 많이 쓰이는 바지락은 뽀얀 국물이 나오면 이물질이 없도록 체에 걸러 다시 냄비에 국물만 붓고 중간 불에서 향신채와 함께 푹 끓이는 것이 중요하다.

굴해초탕

▶ **주재료**
굴 200g, 불린 미역 50g, 해초 30g

▶ **부재료**
생강즙 · 다진 마늘 · 국간장 1작은술씩, 다시마 사방 10cm 1장, 참기름 ½작은술, 소금 · 후춧가루 약간씩, 쌀뜨물 3컵

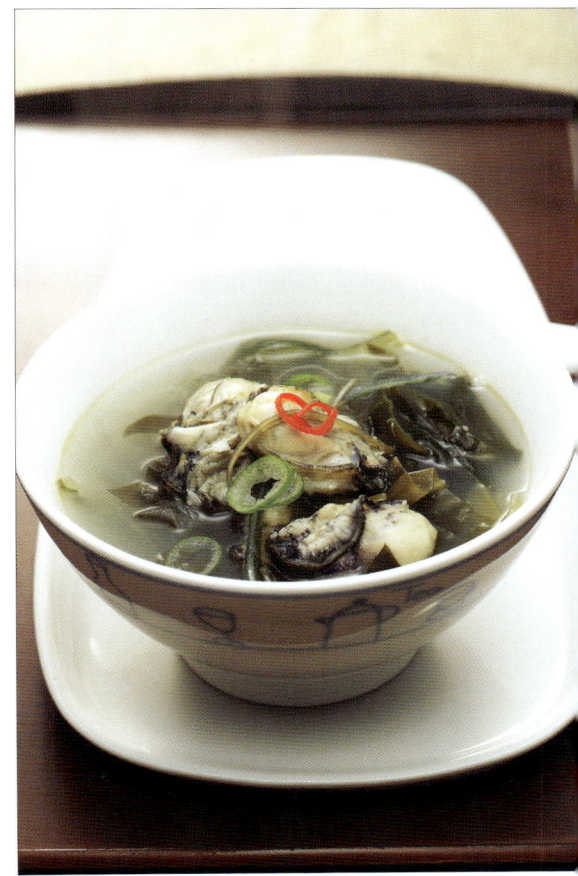

1 굴은 껍질을 모두 골라내고 옅은 소금물에 흔들어 씻어 건진다.

2 생강즙에 손질한 굴을 한 시간 정도 담아 절인다.

3 불린 미역은 바락바락 주물러 씻어 건져서 잘게 썰고 해초는 옅은 소금물에 흔들어 씻어 건진다. 다시마는 젖은 면포로 흰 가루를 닦고 물에 살짝 불렸다가 아주 곱게 채 썬다.

4 냄비에 참기름을 두르고 미역과 다시마, 해초를 넣어 달달 볶다가 쌀뜨물 3컵을 넣어 국간장을 붓고 끓인다.

5 ④의 해초탕이 끓으면 생강즙에 절인 굴을 한 개씩 넣어 굴이 퍼지지 않고 넣는 동시에 익게 한다.

6 ⑤에 다진 마늘과 소금, 후춧가루로 간을 맞춰서 뜨끈한 국물과 함께 먹는다.

> ⊙ **COOK TIP**
> 굴은 다른 조개류보다 훨씬 소화가 잘 되기 때문에 어린이나 노약자에게 좋다. 피로회복과 빈혈 등에 효과적이며 특히 칼슘이 빠르게 흡수되는 역할을 한다. 생강즙에 1시간 정도 절였다가 먹으면 비린맛도 제거될 뿐 아니라 목이 붓거나 식은땀이 날 때 먹으면 효과적이다.

배추쇠갈비된장국

▶ **주재료**
배추 ½포기, 쇠갈비 300g

▶ **부재료**
된장 2큰술, 다진 마늘 1작은술, 대파 2대, 청양고추 1개, 소금 · 후춧가루 약간씩

▶ **쇠갈비 육수**
대파잎 2대, 마늘 2쪽, 통후주 5알, 물 8컵

1 배추는 한 잎씩 떼어서 먹기 좋은 크기로 손으로 찢어 물에 헹궈 건져 놓는다.

2 쇠갈비는 겉기름을 떼어내고 물에 담가 핏물을 충분히 빼고 칼집을 넣어 손질한다.

3 손질한 쇠갈비는 냄비에 물을 붓고 대파잎과 마늘, 통후추를 넣고 끓으면 쇠갈비를 넣어 진한 갈비의 육수가 나오도록 끓인다.

4 갈비의 고기가 물러지면서 진한 육수가 우러나면 체에 면포를 받치고 걸러 맑은 육수만 따로 받고 갈비는 건진다.

5 냄비에 ④의 육수를 붓고 된장을 체에 걸러 풀어서 끓이다가 끓으면 배추 찢은 것과 다진 마늘을 넣어 끓인다.

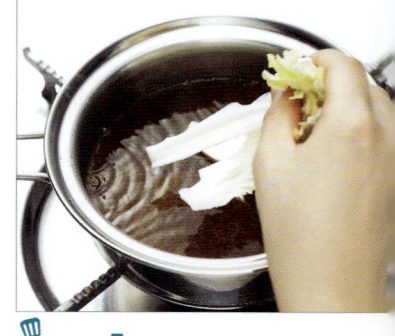

🍴 **STEP 5**

6 부드럽게 배추가 물러지고 된장국이 구수하게 끓으면 건져둔 갈비와 굵게 채 썬 대파, 송송 썬 청양고추를 넣어 끓인다.

7 배추쇠갈비된장국이 완성되면 모자라는 간을 소금과 후춧가루로 맞춰 그릇에 담아낸다.

> 🔶 **COOK TIP**
>
> 쇠갈비는 우선 핏물을 뺀 후 향신채를 넣은 물에서 푹 끓여 갈비 육수를 만든다. 그 육수에 된장을 풀어 끓인다. 배추는 손으로 찢어 넣어야 더욱 먹음직스럽고 갈비는 다시 끓이면 흐물거리고 맛이 없으므로 배추가 충분하게 물러진 후 넣어야 한다. 배추나 우거지, 쇠갈비를 이용한 된장국에는 소금과 후춧가루로 간을 맞춰야 하고 매콤한 청양고추를 송송 썰어 넣으면 더욱 시원한 맛이 우러난다.

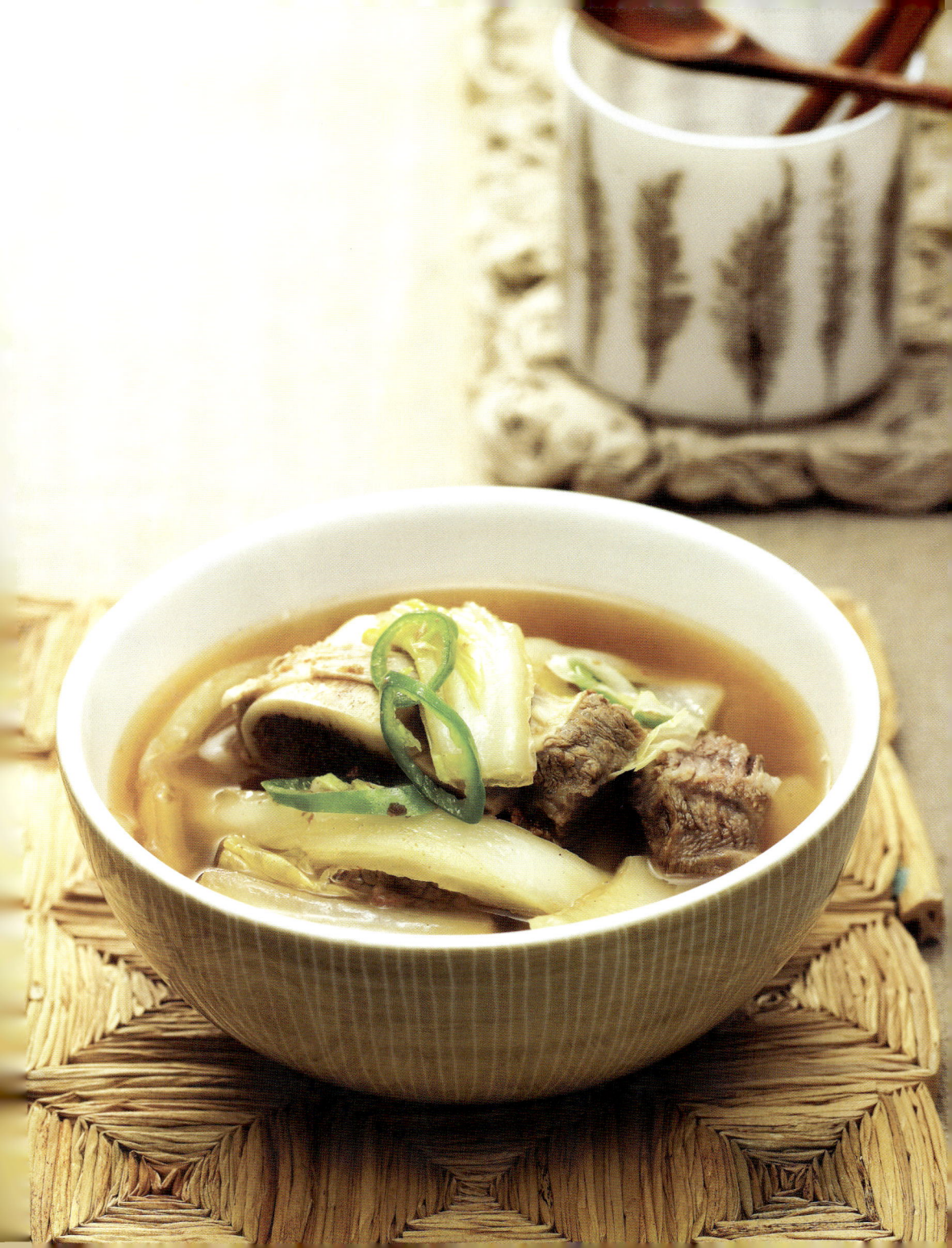

된장삼계탕 | 2인분

▶ **주재료**
영계 2마리, 대추 10개, 수삼 4뿌리, 감초 10g, 찹쌀 1컵

▶ **부재료**
마늘 12쪽, 양파 1개, 대파잎 3대, 된장 2큰술, 소금·후춧가루 약간씩, 물 24컵

1 영계는 몸속 안쪽까지 물에 씻어 물기를 빼고 항문은 잘라내 누린내가 나지 않게 한다.

2 대추는 주름 부분까지 깨끗하게 씻고 수삼은 흙을 털어내고 물에 씻어 반을 가른다. 감초도 씻어서 물기를 뺀다.

3 양파는 큼직하게 썰고 마늘은 껍질 벗겨 씻어 놓는다. 대파잎은 큼직하게 토막 낸다.

4 찹쌀을 깨끗이 씻어 충분하게 불린 후 체에 받쳐 물기를 뺀다.

5 냄비에 물을 붓고 감초를 넣어 끓여 감초물이 우러나면 체에 거른 후 맑은 물만 다시 냄비에 붓고 된장을 풀어서 양파와 대파잎을 넣어 끓인다.

6 영계의 몸속에 찹쌀과 수삼, 대추, 마늘을 넣어 꼬치를 끼워 속 재료가 밖으로 흘러나오지 않게 한다.

7 ⑤의 된장물이 끓으면 준비한 영계를 넣어 중간 불에서 뚜껑을 덮고 40분 이상 푹 삶는다.

8 영계의 몸속에 젓가락을 찔러 보아 푹 들어가면 찹쌀이 완전히 익은 것이므로 불에서 내려 영계의 꼬치를 뺀 후 그릇에 담고 된장 국물은 면포에 걸러 맑은 국물만 영계에 부어서 구수하게 먹는다.

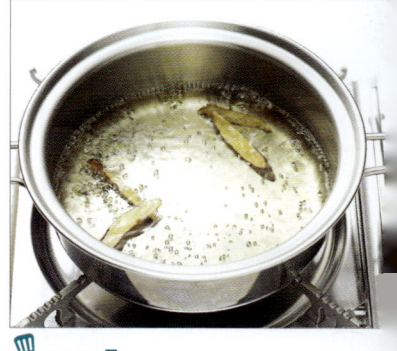

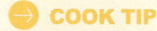 **STEP 5**

> **COOK TIP**
> 된장을 푼 국물에 영계를 넣어 삶으면 된장의 맛이 영계의 잡내를 없애주어 닭 냄새가 나지 않는다. 감초를 삶은 물에 된장을 풀었기 때문에 짠맛도 없이 감칠맛이 뛰어난 삼계탕이 완성된다. 닭의 기름기가 둥둥 뜨는 것을 싫어하는 사람들도 구수한 국물 때문에 잘 먹는다. 특히 닭살이 된장에 삶아져 부드럽고 연해서 퍽퍽한 살집을 먹기에도 아주 좋다.

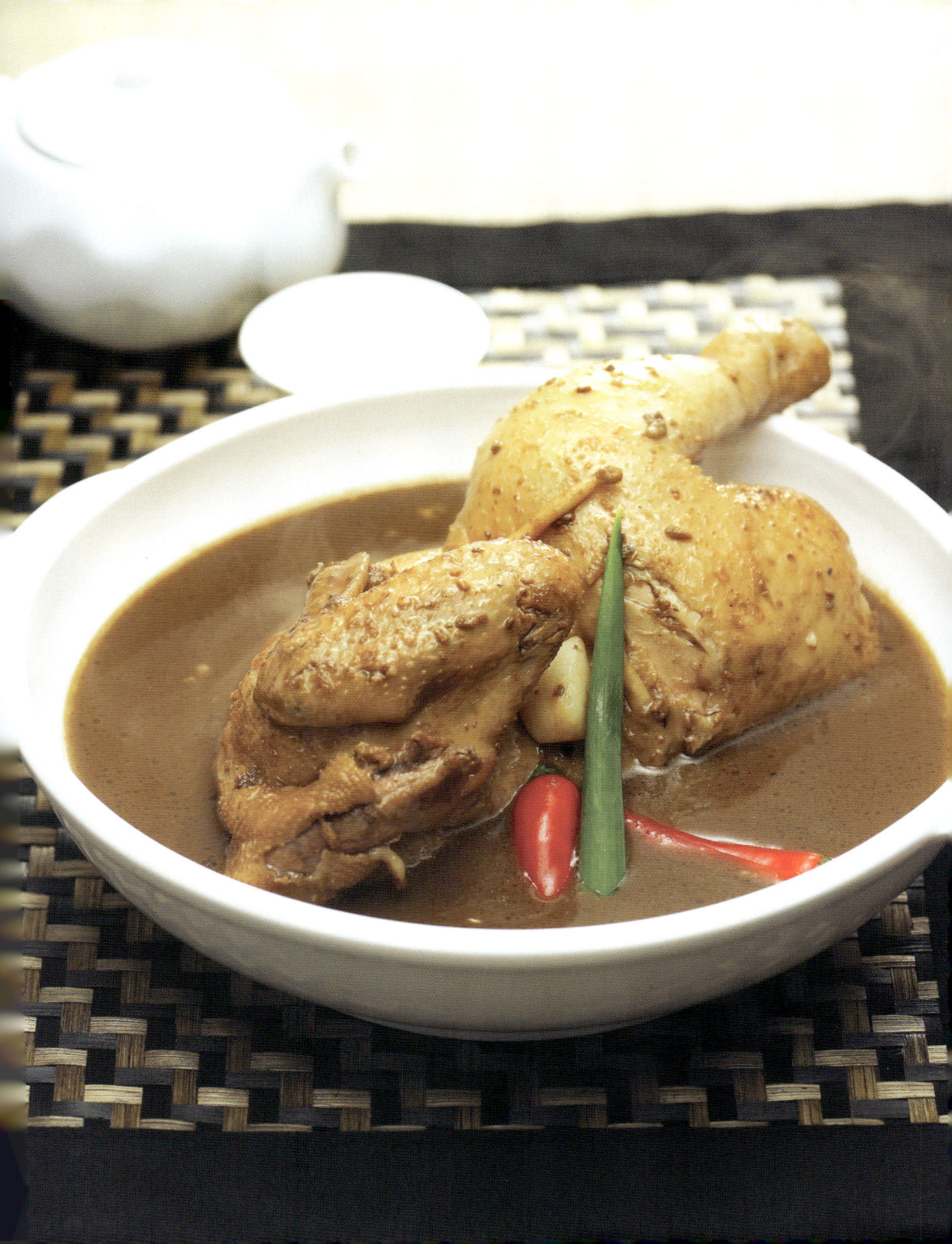

닭살대파매운국

▶ **주재료**
닭가슴살 200g, 대파 4대

▶ **부재료**
된장 1½큰술, 고추장·국간장 1작은술씩, 다진 마늘·맛술 1큰술씩, 양파 ½개, 홍고추 1개, 물 6컵

1 닭가슴살은 흰 피막을 벗겨 내고 씻어서 냄비에 물을 붓고 맛술을 넣어 끓으면 닭가슴살을 넣어 끓인다.

2 닭가슴살이 익고 뽀얀 닭 국물이 우러나면 면포에 밭쳐 국물을 따로 받고 닭가슴살은 결대로 굵게 찢는다.

3 찢은 닭가슴살에 다진 마늘과 고추장을 넣어 조물조물 무친다.

4 대파는 흰 부분과 잎 부분을 나눠서 흰 부분은 6cm 길이로 토막 내어 반 가르고 잎은 적당하게 자른다. 자른 잎은 끓는 물에 살짝 데쳐 쓴맛이 우러나는 점액질을 없애고 건져 찬물에 헹궈 물기를 뺀다.

5 냄비에 닭 국물을 붓고 된장을 풀어서 끓으면 닭가슴살 무친 것, 대파 흰 부분, 데친 잎을 모두 넣고 끓인다.

6 ⑤에 양파와 홍고추를 굵게 채 썰어 넣어 함께 끓이다가 국간장을 넣어 맛을 낸 후 상에 낸다.

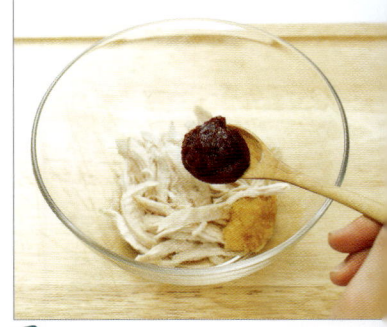

STEP 3

→ COOK TIP

닭가슴살을 처음부터 된장국에 넣으면 닭 누린내가 난다. 맛술을 넣어서 끓인 물에 삶아 그 물로 된장 국물을 만들고 닭살은 마늘과 고추장에 무쳐 국에 넣어야 닭가슴살에도 간이 배어 더 매콤한 맛이 난다. 대파를 국으로 끓일 때에는 흰 부분과 잎 부분을 나눠서 흰 부분은 잘라서 그냥 넣지만 점액질이 있는 잎은 끓는 물에 데쳐 찬물에 헹군 후 넣어야 쓴맛이 없고 맛도 깔끔하다. 매콤하고 건더기가 넉넉한 토장국은 된장과, 고추장, 국간장으로 어우러지게 간을 맞춰 끓여야 더욱 맛이 진하다.

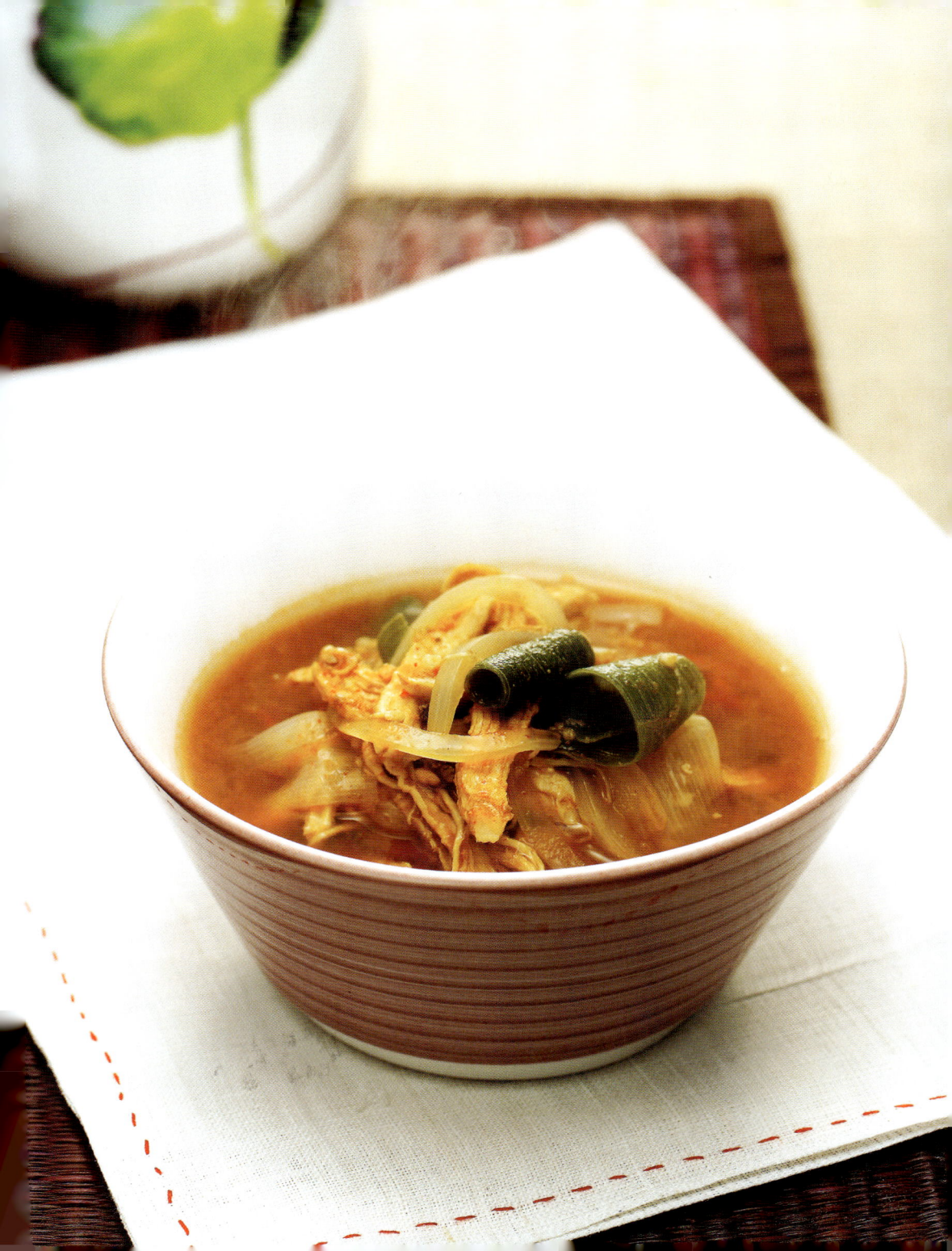

매운닭살숙주탕

▶ **주재료**
닭가슴살 250g, 숙주 200g

▶ **부재료**
대파 1대, 양파 ½개, 쌀뜨물 4컵, 청양고추 2개, 소금 약간

▶ **양념장**
국간장 · 고운 고춧가루 · 다진 마늘 · 청주 1큰술씩, 참기름 ½작은술, 깨소금 1작은술, 소금 · 후춧가루 약간씩

1 닭가슴살은 흰 피막을 떼어내고 씻어 손가락 굵기로 3cm 길이로 채 썬다.

2 숙주는 다듬어 씻어 물기를 털고 대파와 양파는 굵게 채 썬다. 청양고추는 씻어 잘게 송송 썬다.

3 볼에 양념장을 재료의 분량대로 담고 잘 섞은 후 닭가 슴살을 넣어 버무려 잠시 간이 배도록 재운다.

4 냄비에 숙주와 대파, 양파를 담고 ③의 닭가슴살 무친 것을 올린 후 쌀뜨물 1컵을 붓고 뚜껑을 덮어 끓인다.

5 ④의 재료가 끓어오르면 쌀뜨물 남은 것을 마저 넣어 끓인다. 닭가슴살과 숙주가 매운맛이 나면서 나른하 게 끓으면 청양고추를 얹어 소금으로 모자란 간을 맞 춰 완성한다.

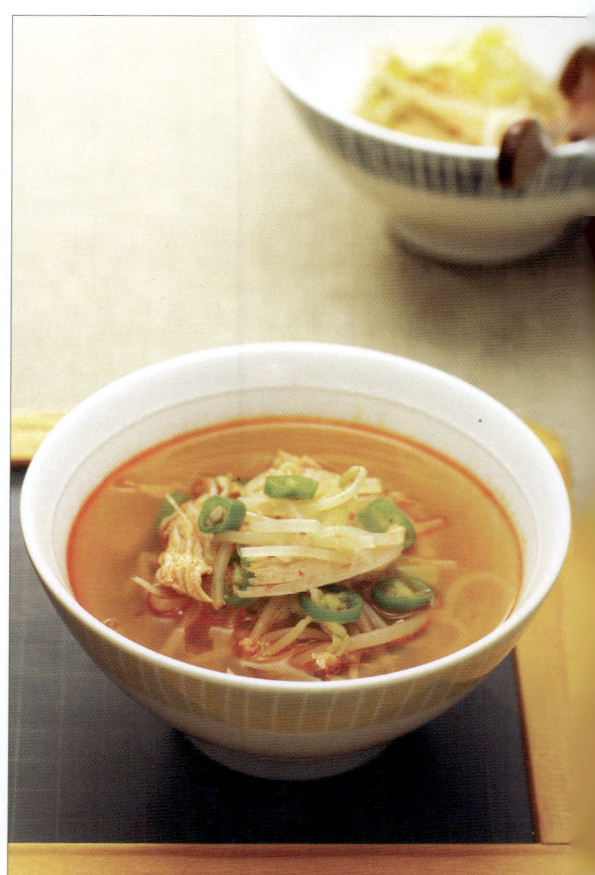

→ COOK TIP
닭가슴살을 미리 삶아 그 국물에 진하게 끓여내도 좋으나 숙주의 살캉한 맛을 살리면서 닭살의 질감을 제대로 느끼려면 닭가슴살 을 적당한 크기로 썰어 양념해서 끓이는 것이 좋다.

무새우국

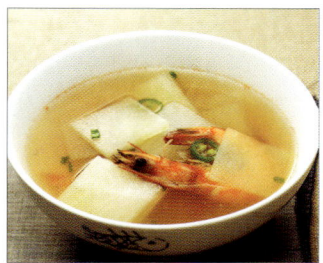

▶ **주재료**
무 300g, 중하 12마리

▶ **부재료**
실파뿌리 5대, 청양고추 2개, 다진 마늘 · 국간장 1작은술씩, 소금 약간, 물 6컵, 쑥갓 20g

1 무는 껍질을 벗기고 사방 3cm 크기, 두께 0.3cm로 썰어 준다.

2 중하새우는 등 쪽의 내장을 빼고 옅은 소금물에 흔들어 씻어준다.

3 냄비에 무와 중하새우를 넣고 볶아 무의 즙이 우러나면 물과 국간장을 붓고 끓인다.

4 ③의 국물에 청양고추를 씨째 송송 썬 것과 실파와 다진 마늘을 넣고 푹 끓여서 소금으로 간을 맞추어서 끓인다.

5 국물 맛이 칼칼한 무국이 완성되면 쑥갓을 짧게 잘라 위에 올리고 상에 낸다.

> ⟶ **COOK TIP**
> 무와 새우를 함께 냄비에 넣고 약한 불에서 볶아 무의 즙이 우러나와 새우와 함께 볶아져야 시원하고 깔끔한 해장국이 완성된다.

흰살생선연두부탕

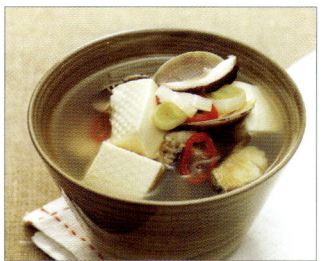

▶ **주재료**
연두부 ½모, 흰 살 생선(대구 또는 생태) 3cm 길이 4토막

▶ **부재료**
바지락 10개, 표고버섯 2장, 대파 1대, 다진 마늘 · 청주 1큰술씩, 홍고추 1개, 물녹말 2큰술(물 · 녹말 2큰술씩), 참기름 · 간장 1작은술씩, 소금 · 후춧가루 약간씩, 물 5컵

1 연두부는 사방 2cm 크기로 칼집을 넣고 흰 살 생선은 대구 또는 생태로 준비해서 토막 낸 것을 소금물에 헹궈 건진다.

2 바지락은 비벼가면서 껍질끼리 씻어서 옅은 소금물에 잠시 담가 신문지를 덮어 충분하게 해감 한 후 건져 냄비에 물을 분량만큼 붓고 팔팔 끓으면 바지락을 넣어 끓인다. 바지락이 입을 벌리면서 국물 맛이 우러나면 면포에 밭쳐 맑은 국물만 받아내고 건더기는 따로 건져둔다.

3 표고버섯은 밑동을 잘라 곱게 채 썰고 대파는 송송 썬다. 홍고추는 어슷하게 송송 썰어서 씨를 털어낸다.

4 녹말 2큰술에 물 2큰술을 넣고 개어 물녹말을 만든다.

5 냄비에 표고버섯과 대파, 다진 마늘, 청주, 참기름, 간장을 넣고 볶다가 흰 살 생선을 넣고 받아둔 바지락 국물을 붓고 끓인다.

6 연두부와 바지락을 ⑤의 국물에 넣고 어느 정도 국물 맛이 우러나면 물녹말 갠 것을 부어서 살짝 걸쭉한 상태로 만들어 한소끔 끓인다. 소금, 후춧가루, 홍고추를 넣어서 간을 맞춰 그릇에 담아낸다.

동태얼큰탕

▶ **주재료**
동태 1마리, 무(5cm 길이) 1토막, 콩나물 100g, 두부 ½모

▶ **부재료**
쑥갓 30g, 홍고추 · 청양고추 1개씩, 대파 1대, 소금 약간, 쌀뜨물 · 물 2컵씩, 생강 1톨, 대파잎 2대

▶ **양념장**
고춧가루 2큰술, 된장 ½작은술, 간장 1작은술, 소금 · 후춧가루 약간씩, 다진 마늘 1½큰술, 다진 생강 ½작은술, 청주 1큰술

1 동태는 해동시켜 비늘을 긁어내고 배를 갈라 내장을 빼고 나서 옅은 소금
물에 흔들어 씻어 3cm 길이로 썬다. 동태를 손질할 때에는 동태 내장과 알
을 따로 떼어내 옅은 소금물에 흔들어 체에 밭쳐 물기를 뺀다. 동태의 머
리는 버리지 말고 아가미를 깨끗하게 함께 씻어 놓는다.

2 냄비에 물을 넉넉하게 붓고 생강과 대파잎을 넣어 끓으면 동태살과 동태
머리를 넣어 애벌로 살짝 익혀 그대로 물기를 빼고 식힌다.

3 무는 사방 4cm의 크기로 납작하게 썰고 두부는 큼직하게 사방 4cm, 1cm 두
께로 썬다.

4 콩나물은 머리와 꼬리를 떼어내고 씻어 물기를 털고 홍고추와 청양고추는
어슷하게 썰어 씨를 턴다. 대파는 큼직하게 어슷하게 채 썬다.

5 양념장을 재료의 분량대로 매콤하고 칼칼하게 만든다. 집된장을 약간 넣
어야 생선 비린내를 없앨 수 있다.

6 냄비에 무와 콩나물, 동태 머리를 담고 쌀뜨물과 물을 부어서 뚜껑을 덮어
익힌다. 동태 머리를 넣어 함께 끓여주면 국물 맛이 달고 감칠맛이 느껴져
더욱 진한 동태의 맛을 느낄 수 있다.

7 ⑥의 국물이 끓으면 뚜껑을 열고 준비한 양념을 멍울 없이 풀어 끓인다.

8 ⑦에 미리 애벌로 데친 동태 살을 넣고 끓이다가 동태 손질할 때 함께 손
질한 애와 알을 얹어 한소끔 끓인 후 소금으로 모자라는 간을 맞추고 두
부, 고추, 대파를 듬뿍 올려서 한소끔만 끓여 바로 먹는다.

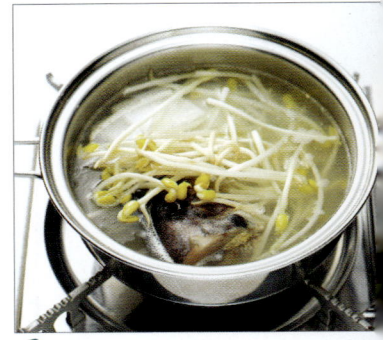

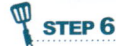 STEP 6

> ### → COOK TIP
>
> 명태를 얼린 냉동어를 동태라 칭하
> 는데 동태는 살이 희고 비린내가 적
> 어 요리 재료로 많이 이용한다. 특
> 히 동태는 매콤하게 전골이나 찌개
> 를 많이 끓여 먹고 껍질 벗긴 동태
> 살을 얄팍하게 포를 떠서 전유어를
> 만들어 먹기도 한다. 동태는 열량이
> 높지 않아 다이어트 요리에 활용하
> 기도 하는데 동물성 단백질 공급원
> 으로 중요한 식품 중의 하나다. 동
> 태는 홍생선이나 등 푸른 생선에 비
> 해 맛이 담백하고 지방이 적은 흰
> 살 생선에 속한다.

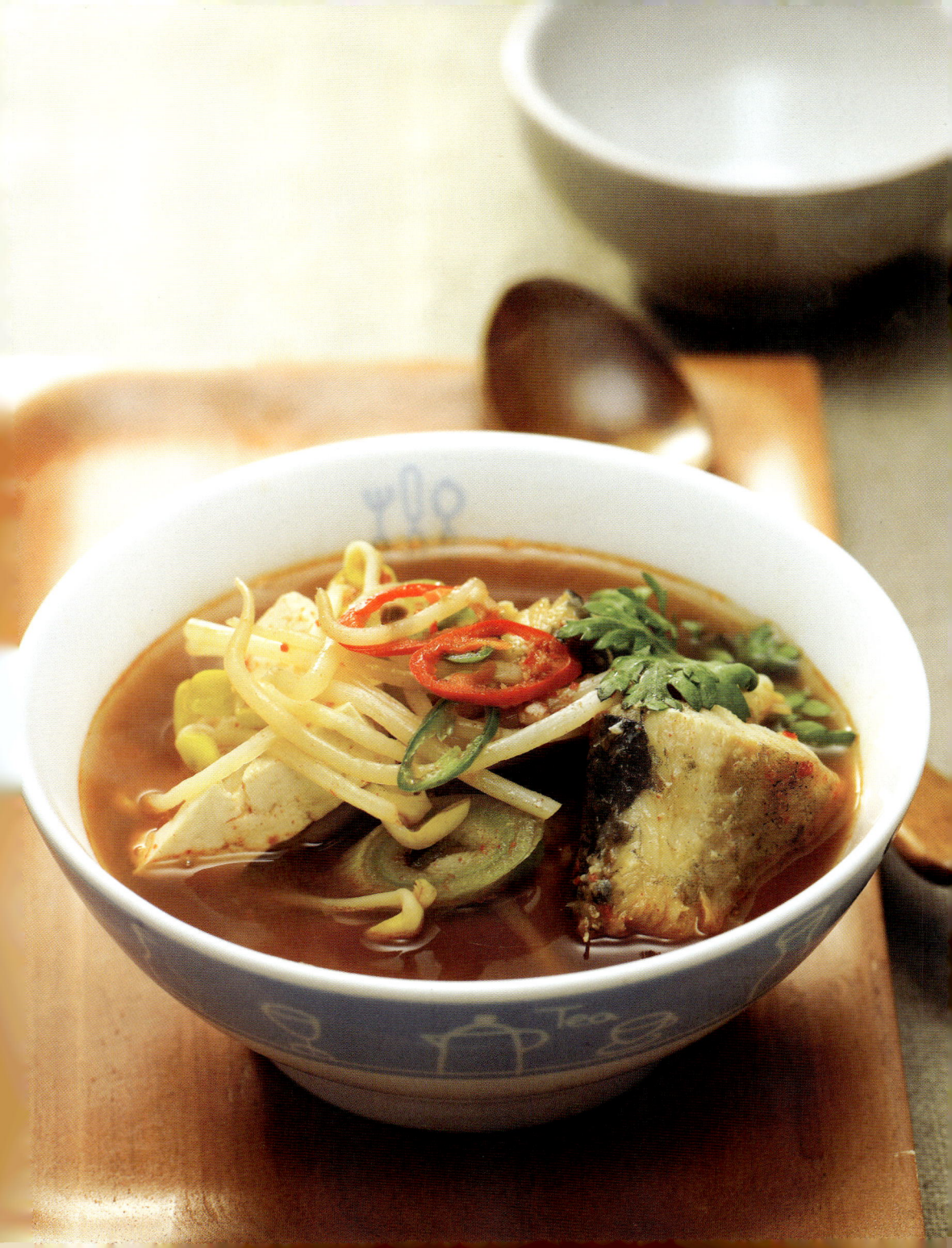

맑은낙지새알심탕

▶ **주재료**
낙지 2마리

▶ **부재료**
대파 1대, 양파 ½개, 홍고추 · 청양고추 1개씩, 찹쌀가루 ½컵, 마른 새우 3큰술, 쌀뜨물 5컵, 청주 · 마늘채 1큰술씩, 생강채 · 소금 · 후춧가루 · 밀가루 약간씩

1 낙지는 먹통을 떼어내고 뒤집어 밀가루를 뿌려 바락 바락 주물러 씻어 물기를 빼고 6㎝ 크기로 썬다.

2 대파와 양파, 홍고추, 청양고추는 채 썰고 고추는 씨 를 턴다.

3 찹쌀가루에 뜨거운 물을 약간 넣어 반죽해서 직경 1.5㎝ 크기의 새알심을 만든다.

4 냄비에 마른 새우를 넣어 볶아 비린맛이 없어지면 쌀 뜨물과 청주, 마늘채, 생강채를 넣어 끓인다.

5 ④의 국물이 끓어오르면 낙지와 대파, 양파를 넣어 한 소끔 끓여 소금과 후춧가루로 간을 맞추고 새알심 넣 어 끓인다.

6 담백하고 시원한 국물 맛이 우러나고 새알심이 동동 떠오르면 홍고추를 넣어 그릇에 담아낸다.

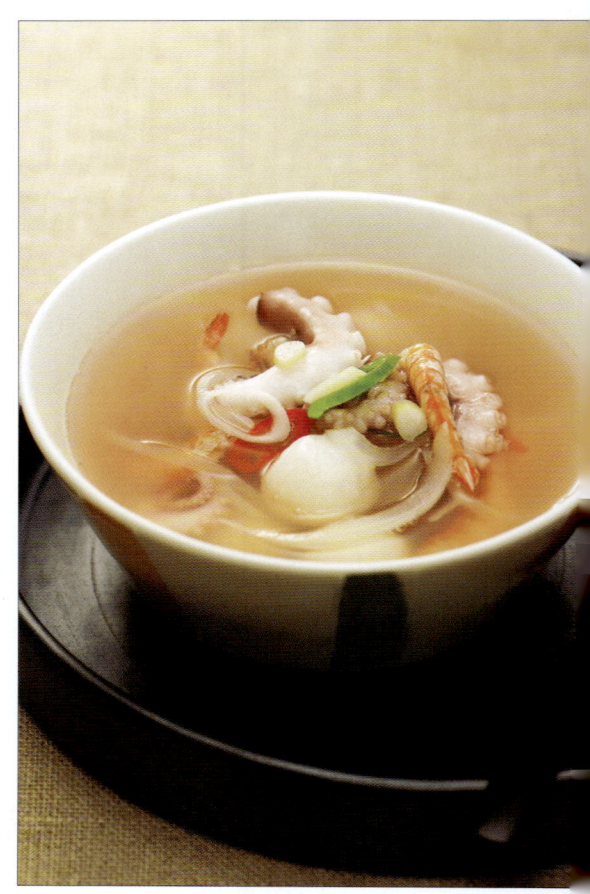

🢂 **COOK TIP**
낙지는 많이 끓이면 질감이 질기고 맛이 없어지므로 살짝 끓여야 하고 새알심이 들어가면 자칫 국물이 탁할 수 있으므로 간장보다 는 소금으로 간을 맞추는 것이 좋다.

새송이버섯냉이미소국

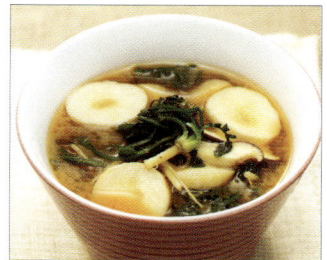

▶ **주재료**
새송이버섯 3개, 냉이 200g, 일본된장 2큰술

▶ **부재료**
국물 멸치 5마리, 청주 1큰술, 다진 마늘 1작은술, 송송 썬 대파 2큰술, 소금 약간, 쌀뜨물 4컵

1 새송이버섯은 씻어서 동그란 모양으로 1㎝ 폭으로 썬다.

2 냉이는 질긴 겉잎을 떼어내고 다듬어서 물에 헹궈 건져 물기를 턴다.

3 국물 멸치를 손질해서 냄비에 담고 불에 올려 볶다가 비린맛이 없어지면 쌀뜨물과 청주, 다진 마늘을 넣어서 멸치 국물을 15분 정도 끓인다.

4 멸치의 국물이 진하게 우러나면 면포에 밭쳐 맑은 국물만 따라낸다.

5 ④의 국물을 중간 불에 올려 끓으면 새송이버섯과 냉이를 넣어 한소끔 끓인 후 일본된장을 풀어서 끓인다.

6 담백하고 구수한 맛의 냉이된장국이 완성되면 모자라는 간은 소금으로 맞추고 송송 썬 대파를 올려서 그릇에 담아낸다.

쇠고기봄동매운국

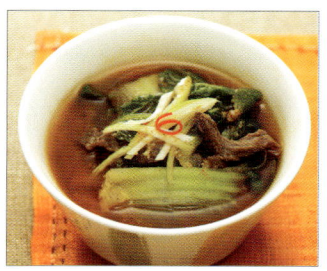

▶ **주재료**
쇠고기(등심) 300g, 봄동 200g

▶ **무침 양념장**
쌀뜨물 4컵, 다진 마늘·고추장 1큰술씩, 된장·국간장 1작은술씩, 대파 1대, 양파 ¼개, 소금·후춧가루 약간씩

1 쇠고기는 등심으로 준비해서 굵게 채 썰어 소금과 후춧가루를 넣어 조물조물 무쳐 밑간한다.

2 봄동은 다듬어 씻어서 물기를 털고 먹기 좋은 크기로 찢고 대파와 양파는 굵게 채 썬다.

3 냄비에 다진 마늘과 쇠고기 밑간한 것, 양파를 넣어 볶다가 쌀뜨물을 부어서 끓인다.

4 ③의 고기와 봄동이 익으면 고추장과 된장, 국간장을 넣어서 약한 불에서 은근하게 끓인다.

5 쇠고기와 봄동이 익고 국물이 구수하게 우러나면 대파를 넣어 모자라는 간을 소금으로 맞춰 그릇에 담아낸다.

→ **COOK TIP**

일본된장을 너무 오래 끓이면 텁텁하고 쓴맛이 우러나므로 멸치 국물을 만들어 냉이와 새송이버섯을 넣어서 한소끔 끓이고 나서 된장을 풀어서 한소끔 끓여야 구수한 맛이 많이 우러나온다. 냉이는 겨울 동안 부족했던 비타민을 보충하기에 가장 좋은 봄나물로 단백질과 칼슘이 풍부하다.

→ **COOK TIP**

봄동은 달고 사각거리는 맛이 일품인 봄철의 대표적인 채소다. 쇠고기의 풍미와 감칠맛이 봄동에 잘 우러나도록 고추장과 된장, 국간장으로 맛을 내면 매콤한 맛의 국물과 봄동의 달콤한 감칠맛이 어우러져 입맛을 돋우는 국물 요리로 아주 좋다.

오이미역냉국

▶ **주재료**
오이 1개, 미역 80g

▶ **부재료**
실파 2대, 홍고추 ½개, 다진 마늘 · 맛술 · 식초 1작은술씩, 생강즙 · 소금 약간씩, 고운 고춧가루 ½작은술

▶ **냉국물 양념**
다시마 우린 물 3컵, 참치액(또는 간장) · 물엿 1작은술씩, 식초 1큰술, 소금 약간

1 오이는 소금에 문질러 씻어 아주 얇게 저며서 약간의 소금으로 절인다. 숨이 죽으면 물에 헹궈 물기를 꼭 짠다.

2 미역은 물에 충분히 불려 냄비에 소금을 약간 넣고 데쳐 찬물에 바락바락 주물러 씻어 먹기 좋은 크기로 썬다.

3 준비한 오이와 미역을 볼에 담고 다진 마늘과 맛술, 생강즙, 고운 고춧가루, 식초로 맛을 내고 소금으로 간을 맞춰 약간 짭쪼름하게 무쳐 놓는다.

4 다시마를 우려낸 물에 참치액 또는 간장을 넣어 색을 맞추고 소금, 식초, 물엿을 넣어 시원한 냉국물을 만들어서 냉장고에 차게 둔다.

5 실파는 송송 썰고 홍고추도 송송 썰어 씨를 턴다.

6 먹기 직전에 무쳐 놓은 오이와 미역을 그릇에 각각 담고 실파와 홍고추를 고명으로 올린 후 차게 해둔 냉국물을 부어서 바로 먹는다.

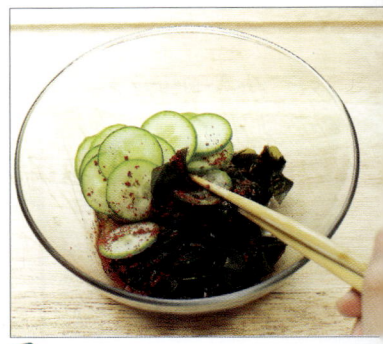

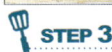 **STEP 3**

 COOK TIP

오이와 미역은 미리 양념을 해서 무쳐 놓고 나중에 냉국물을 부어야 재료의 맛이 살아나고 더욱 감칠맛이 느껴지는 냉국을 맛볼 수 있다. 한꺼번에 냉국물에 담가 놓았다가 먹으면 미역의 비린 맛이 느껴져 맛이 없다.

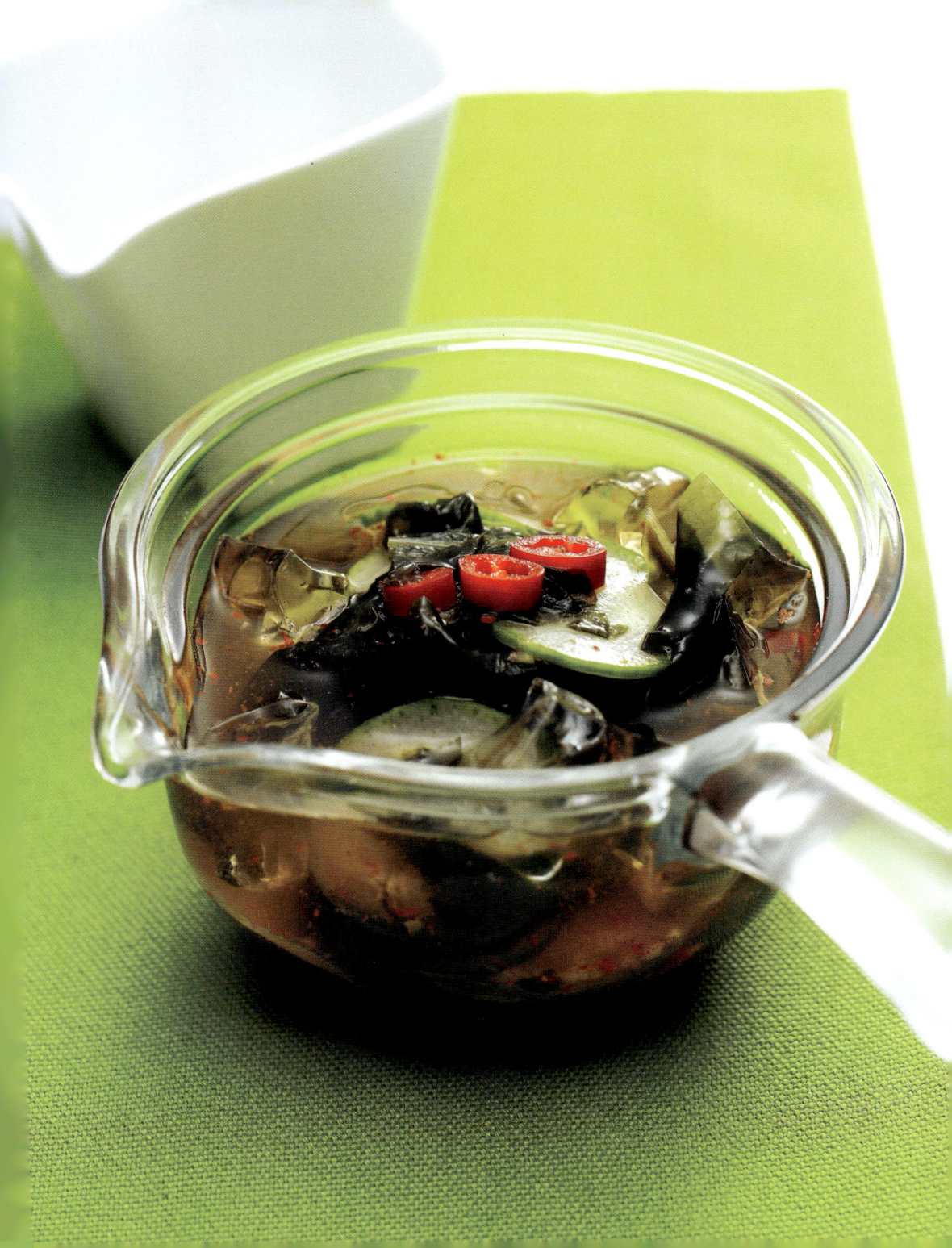

가지냉국

▶ **주재료**
가지 2개, 청양고추 ½개, 홍고추 1개, 국물 멸치 5마리, 다시마 사방 5cm 1장, 가다랑어포 3큰술

▶ **부재료**
간장·맛술·마늘채 1작은술씩, 소금·후춧가루 약간씩, 송송 썬 실파 2큰술, 통깨 ½작은술, 물 4컵

1 가지는 꼭지를 떼어내고 씻어서 동그란 모양대로 얄팍하게 편 썬 후 소금에 살짝 절였다가 물에 헹궈 물기를 꼭 짠다.

2 청양고추와 홍고추는 씨를 빼고 잘게 다진다.

3 냄비에 국물 멸치를 넣어 볶아 비린맛을 없앤 후 물을 붓고 끓으면 다시마를 넣어 5분간 끓인 후 다시마는 건지고 불에서 내려 가다랑어포를 우린다.

4 구수한 가다랑어포를 우려낸 국물을 면포에 걸러 맑은 국물만 받아낸 후 간장과 맛술, 소금, 후춧가루를 넣어 간을 맞춘 후 차게 냉장실에 넣어 둔다.

5 ①의 가지에 송송 썬 실파, 청양고추, 홍고추, 마늘채, 통깨를 넣어 소금으로 간을 해서 조물조물 무친다.

6 차가운 냉국 국물을 그릇에 적당하게 떠 담고 무쳐 놓은 가지를 넣어 상에 낸다.

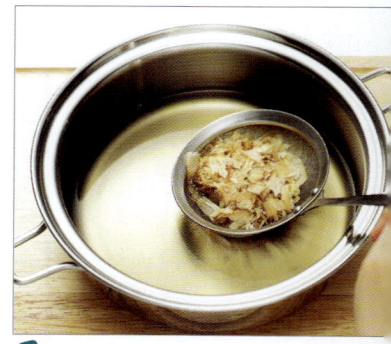
STEP 3

🔘 **COOK TIP**
절임 가지에 양념을 해서 냉국에 담갔다가 상에 내면 가지의 꼬들거림이 없어지고 물러져 야들거리는 질감을 느낄 수 없다. 가지와 냉국을 각각 만들어 놓았다가 나중에 상을 차리면서 냉국물에 가지를 넣어서 그릇에 담아야 가지가 더욱 맛이 있다.

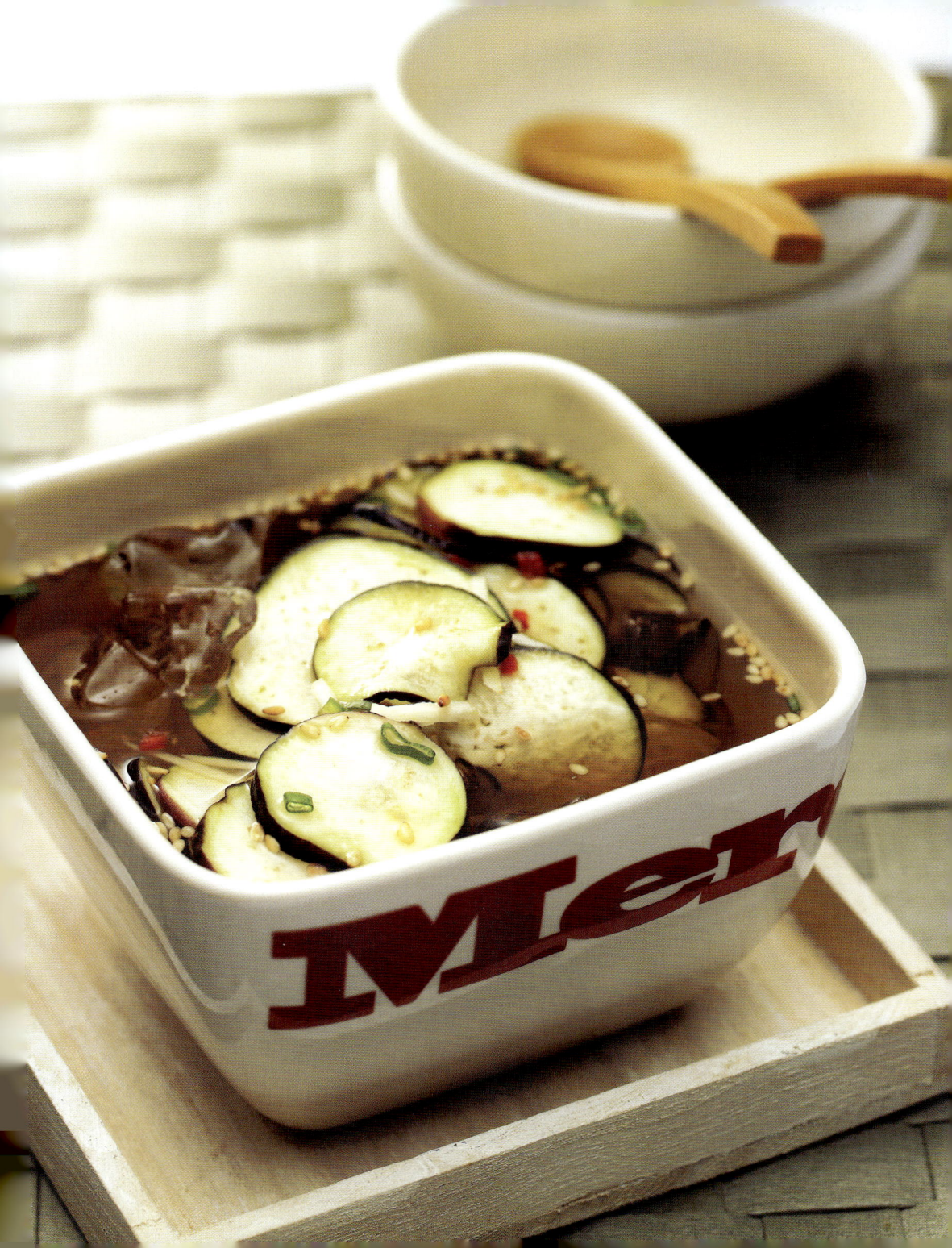

칼칼콩나물냉국

▶ **주재료**
굵은 콩나물 150g

▶ **부재료**
소금에 삭힌 고추 5개, 실파 2대, 실고추 · 소금 · 통깨 약간씩, 생수 4컵, 청주 1큰술, 마늘채 1작은술

1 콩나물은 굵은 것으로 구입해서 머리와 꼬리를 떼어 내고 씻어서 물기를 턴다.

2 찜통을 불에 올려 김이 충분하게 올라오면 준비한 콩나물을 올리고 뜨거운 수증기에 1분 정도 찐다. 살짝 숨이 죽은 콩나물을 찬 얼음물에 담가 뜨거운 기를 재빨리 없애고 건져서 체에 밭쳐 물기를 뺀다.

3 매콤하게 소금에 삭은 고추를 꺼내어 물기를 없앤 후 송송 썰어 청주와 마늘채, 실고추를 짧게 잘라 넣고 통깨를 뿌려 조물조물 무친다.

4 ③에 차게 식혀 놓은 콩나물을 넣고 소금으로 간을 맞춰 무친다. 나중에 생수를 부어 먹으므로 간을 약간 삼삼하게 하는 것이 좋다.

5 그릇에 1인분씩 콩나물 무친 것을 담고 찬 생수를 알맞게 붓고 실파를 송송 썰어 띄운 후 먹는다.

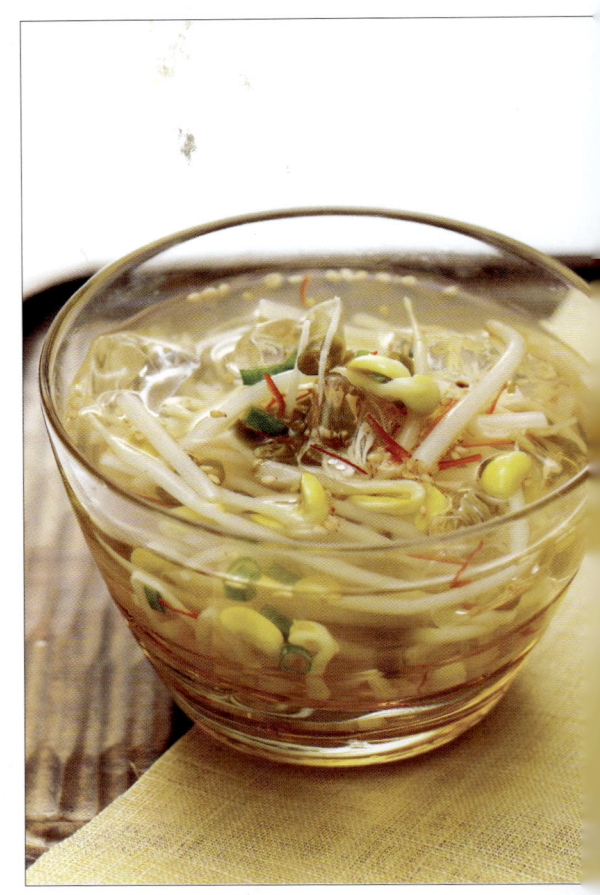

🔄 **COOK TIP**
콩나물을 찜통에서 쪄내고 찬 얼음물을 준비해서 재빨리 담가야 콩나물의 아삭한 맛이 살아나고 통통해져서 씹히는 맛이 좋다.

조개냉국

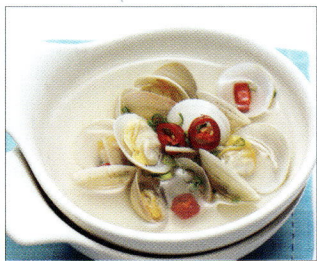

▶ **주재료**
모시조개 200g

▶ **부재료**
홍고추 ½개, 실파 2대, 마늘 3쪽, 생강 1½톨, 생수 5컵, 맛술 1 작은술, 소금 약간

1 모시조개는 옅은 소금물에 비벼가면서 씻어 염도 3% 의 소금물에서 1시간 정도 해감시킨다.

2 홍고추는 씨를 빼고 송송 썰고 실파도 송송 썬다. 마 늘은 곱게 채 썬다.

3 냄비에 생수를 분량만큼 붓고 끓으면 생강과 해감시 킨 모시조개를 넣어 끓인다.

4 거품이 생기면서 조개가 익어 입을 벌리면 불에서 내 려 깨끗한 면포를 받치고 국물과 조개살을 분리한다.

5 조개 국물을 차게 식혀 맛술과 소금으로 간을 해서 냉 장고에 둔다.

6 면포에 거른 조개 건지는 찬물에 헹궈 모래가 없도록 말끔히 씻어 건진다.

7 그릇에 조개 건지를 적당하게 나누어 담고 실파와 홍 고추, 마늘채를 각각 조금씩 넣은 뒤 차게 준비한 조개 국물을 부어서 먹는다.

🡢 **COOK TIP**
조개 국물을 냉장실에 넣기 전에 알맞게 소금으로 간을 맞추고 비린맛을 없애고 감칠맛을 내기 위해서 맛술을 넣는 것이 좋다.

오이지냉국

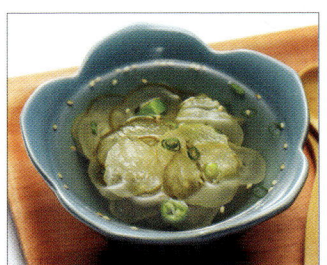

▶ **주재료**
노랗게 잘 삭힌 오이지 3개

▶ **부재료**
실파 2대, 청양고추 1개, 얼음 8조각, 생수 2컵, 물엿 1큰술, 설 탕 1작은술, 식초 2큰술, 다진 마늘·참치액 ½작은술씩, 통 깨·소금 약간씩

1 노랗게 잘 삭은 오이지를 물에 헹궈 얇게 송송 썰어 찬물에 헹궈 물기를 꼭 짠다.

2 실파는 송송 썰고 청양고추는 씨를 빼고 역시 송송 썬다.

3 볼에 오이지를 담고 물엿과 설탕, 식초, 다진 마늘, 통 깨, 실파, 청양고추를 넣고 소금으로 간을 해서 조물 조물 무친다.

4 먹기 직전에 생수와 얼음을 ③의 오이지 무침에 붓고 잘 섞어서 참치액으로 맛을 내 차게 해서 먹는다.

🡢 **COOK TIP**
오이지를 처음부터 냉국물에 넣으면 쫄깃하고 아삭한 맛이 없어 지고 오이지가 흐물거려 맛이 없다. 오이지에 고춧가루를 넣어 무 치는 것보다는 칼칼한 청양고추를 넣어 무치면 차고 맛깔스럽다.

새콤무초절임냉국

▶ **주재료**
무 100g, 당근 30g, 배 ¼개

▶ **부재료**
사이다 ½컵, 생수 2컵, 양파 ¼개, 무순 20g, 설탕 · 식초 1큰술씩, 소금 약간

▶ **무절임**
설탕 1½큰술, 식초 1큰술, 소금 약간

1 배는 곱게 갈아서 즙만 받아 사이다와 생수를 섞어 차게 냉장실에 넣어둔다.

2 무는 아주 얇게 저며서 모양틀로 찍어 설탕과 식초, 소금을 약간 넣고 절인다. 양파는 곱게 채 썰어 찬물에 헹궈 아린맛을 빼고 건진다. 무순도 잡티를 없애고 물에 헹궈 체에 밭쳐 놓는다.

3 ①의 냉국물에 설탕과 식초, 소금을 넣어 간을 해서 새콤달콤하게 한다.

4 ③에 절임한 무와 양파, 무순을 넣어 잘 섞은 후 그릇에 담아 낸다.

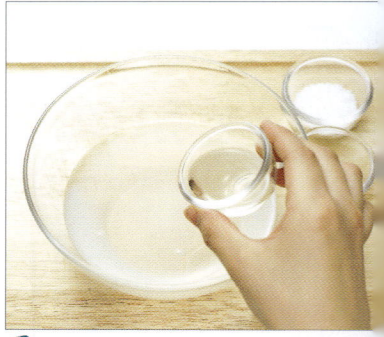

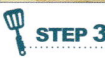
STEP 3

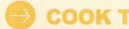 **COOK TIP**
쌉쌀하면서 단맛이 나는 무는 설탕, 식초, 소금으로 절인 후 배즙으로 단맛을 은은하게 내면 더욱 시원하다.

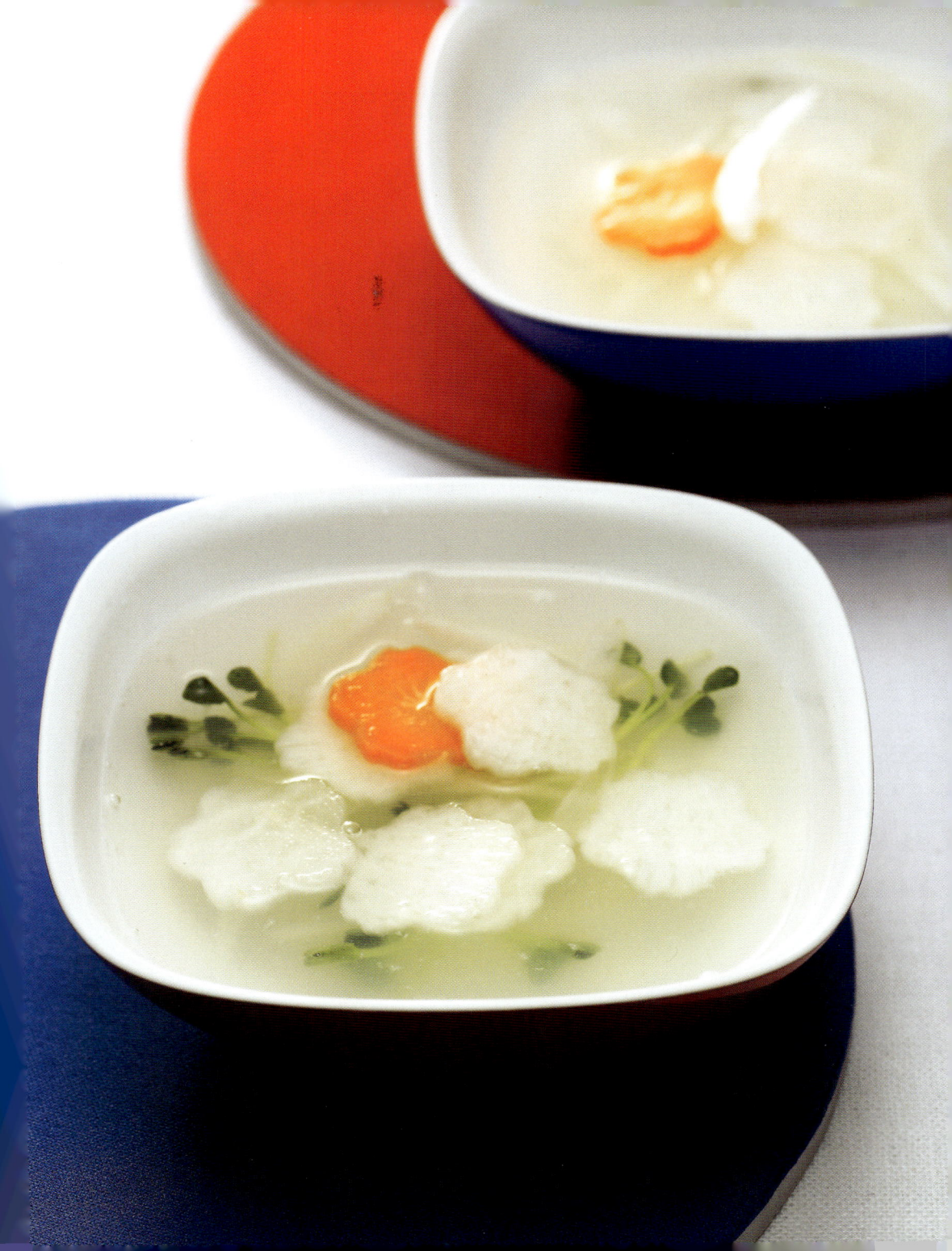

검은콩두부깨냉국

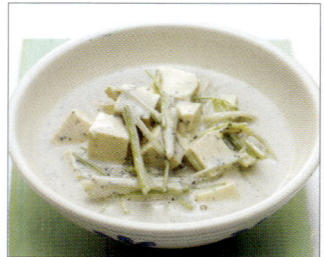

▶ **주재료**
검은콩 두부 1모, 통깨 5큰술, 검은깨 1작은술

▶ **부재료**
무순 20g, 오이 ½개, 생수 4컵, 소금 약간

1 검은콩 두부를 준비해서 채반에 담고 뜨거운 물을 끼얹어 씻어 찬물에 헹궈 물기를 뺀다.

2 ①의 검은콩 두부를 ⅓모만 남기고 통깨와 함께 믹서에 곱게 간다.

3 ②에 생수를 넣어 섞고 소금으로 간을 해서 차게 냉장고에 넣는다.

4 무순은 잡티를 없애고 가지런하게 정리해서 물에 흔들어 씻어 물기를 빼고 오이는 깨끗하게 씻어 3㎝ 길이로 돌려 깎아 곱게 채 썬다.

5 남겨 놓는 검은콩 두부는 사방 1㎝ 크기로 네모지게 썬다.

6 차게 만들어 놓는 검은콩 깨냉국을 그릇에 담고 썬 두부와 오이채, 무순을 고명으로 올리고 검은깨를 솔솔 뿌려 상에 낸다.

COOK TIP

검은콩으로 만든 두부가 없으면 검은콩을 따로 불리고 일반 두부를 구입해서 함께 조리해도 되는데 검은콩은 미리 충분하게 불린 후 삶아 믹서에 곱게 갈고 일반 두부도 생수를 부어 곱게 믹서에 갈아 혼합해서 쓴다.

청포묵열무냉국

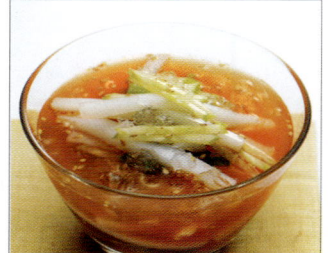

▶ **주재료**
청포묵 ½모, 열무김치 200g

▶ **부재료**
오이 ½개, 생수·열무김치 국물 2컵씩, 식초 2큰술, 설탕 1작은술, 통깨·소금 약간씩, 참기름·설탕 ½작은술씩

1 청포묵은 깨끗이 씻어서 물기를 닦고 곱게 채 썬다. 오이는 씻어서 길게 채 썰어 준비한다.

2 열무김치의 건더기는 따로 건져 두고 김칫국물에 생수와 식초, 설탕을 넣고 잘 섞어서 국물을 만들어 냉동실에 살얼음 지도록 둔다.

3 열무 건더기는 한 번 더 작게 썬 다음 참기름, 설탕을 넣고 버무린다.

4 ②의 열무김치 냉국물에 열무 건더기와 청포묵, 오이를 넣고 소금으로 나머지 간을 한 뒤 통깨를 얹어 상에 낸다.

COOK TIP

열무김치 국물을 그냥 냉국물로 쓰면 조금 짠맛이 많이 나므로 생수 2컵에 식초, 설탕을 넣고 양념하면 냉국물이 더 시원하고 맛이 있다. 이렇게 만든 냉국물은 얼음 틀에 넣어서 얼린 후 시원하게 냉국에 넣어주면 국물이 싱겁지 않고 차게 즐길 수 있다.

더덕도토리묵냉국

▶ **주재료**
더덕 100g, 도토리묵 ½모, 송송 썬 실파 · 다진 홍고추 2큰술씩, 양파 ½개, 소금 약간

▶ **더덕 무침**
식초 · 꿀 1큰술씩, 소금 · 통깨 약간씩

▶ **도토리묵 무침**
간장 · 다진 마늘 · 맛술 1큰술씩, 참기름 · 통깨 1작은술씩, 소금 약간

▶ **냉국 국물**
북어 머리 1개, 국물 멸치 5마리, 참치액 1작은술, 청주 1큰술, 소금 약간, 물 6컵

1 더덕은 껍질을 벗기고 방망이로 두드려 잘게 찢어 무침 양념에 조물조물 무친다.

2 도토리묵은 나무젓가락 굵기로 4cm길이로 썰어서 무침 양념에 조물조물 무친다.

3 양파는 아주 곱게 채 썬 후 찬물에 헹궈서 아린맛을 없앤다.

4 냄비에 북어 머리와 국물 멸치를 볶다가 청주와 물을 붓고 끓이면서 참치액과 소금을 넣어서 간을 맞춰 끓인다. 국물이 진하게 우러나면 면포에 밭쳐 차게 식힌 후 반은 냉동실에 얼려 놓고 반은 냉장실에 넣어 차게 만든다.

5 그릇에 더덕과 도토리묵, 양파, 실파, 다진 홍고추를 모두 소복하게 담고 냉동시킨 ④의 국물은 빙수기에 갈아 그릇에 듬뿍 담은 후 차갑게 만든 국물을 부어서 먹는다.

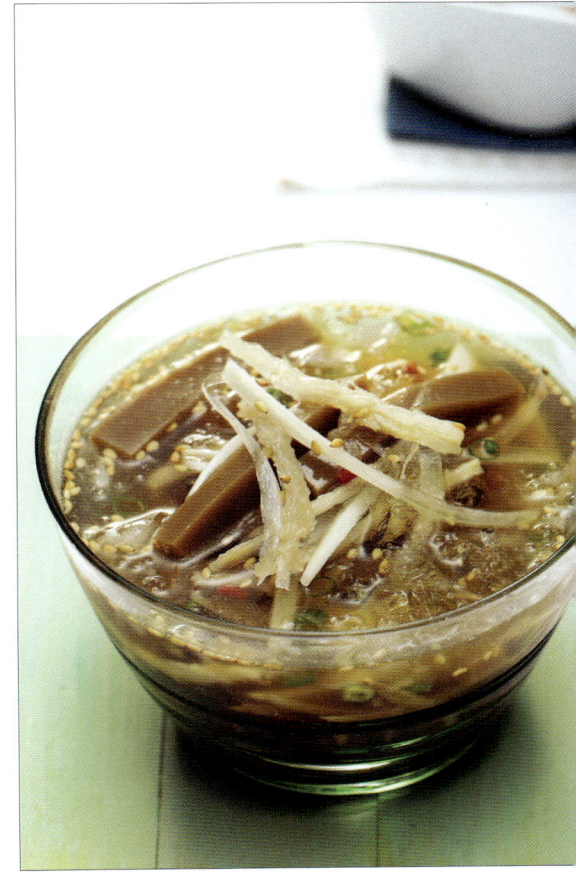

🔶 **COOK TIP**
더덕의 쌉쌀한 맛과 도토리묵의 부드러운 쫄깃함이 어우러져 더욱 맛이 있는 냉국은 재료 각각의 맛이 잘 살아 있는데 냉국물은 냉동시켜서 빙수처럼 얼음을 갈아서 냉국물에 넣으면 차갑고 아삭하게 씹히는 얼음의 맛이 느껴져 더 시원한 맛을 느낄 수 있다.

실곤약무순냉국

▶ **주재료**
실곤약 200g, 무순 50g

▶ **부재료**
청양고추 ½개, 홍고추 1개, 국물 멸치 5마리, 다시마 사방 5cm 1장, 가다랑어포 3큰술, 간장·맛술·마늘채 1작은술씩, 소금·후춧 가루 약간씩, 송송 썬 실파 2큰술, 통깨 ½작은술, 물 4컵

1 곤약은 끓는 물에 데쳐 특유의 냄새를 없애고 찬물에 헹궈 건져 물기를 닦은 후 곱게 실처럼 채 썬다.

2 무순은 잡티를 없애고 물에 헹궈 건져 물기를 턴다. 청양고추와 홍고추는 씨를 빼고 잘게 다진다.

3 냄비에 국물 멸치를 넣어 볶아 비린맛을 없앤 후 물을 붓고 끓으면 다시마를 넣어 5분간 끓인 후 다시마는 건지고 불에서 내려 가다랑어포를 우린다.

4 구수한 가다랑어포를 우려낸 국물을 면포에 걸러 맑은 국물만 받아낸 후 간장과 맛술, 소금, 후춧가루를 넣어 간을 맞춘 다음 차게 냉장실에 넣어 둔다.

5 볼에 실곤약과 무순을 담고 실파, 청양고추, 홍고추, 마늘채, 통깨를 넣어 소금으로 간을 해서 조물조물 무친다.

6 찬 냉국물을 그릇에 적당하게 담고 무쳐 놓은 실곤약 채소 무침을 넣어 상에 낸다.

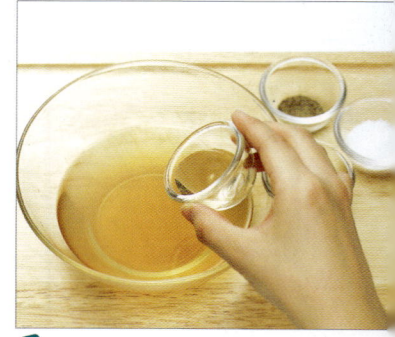

STEP 4

> ⊖ **COOK TIP**
> 쫀득한 곤약을 냉국에 담았다가 상에 내면 실곤약이 풀어져 맛이 없다. 냉국물을 만들고 나면 그릇에 담고 그 안에 실곤약 무친 것을 넣어야 재료의 질감이 잘 살아난다.

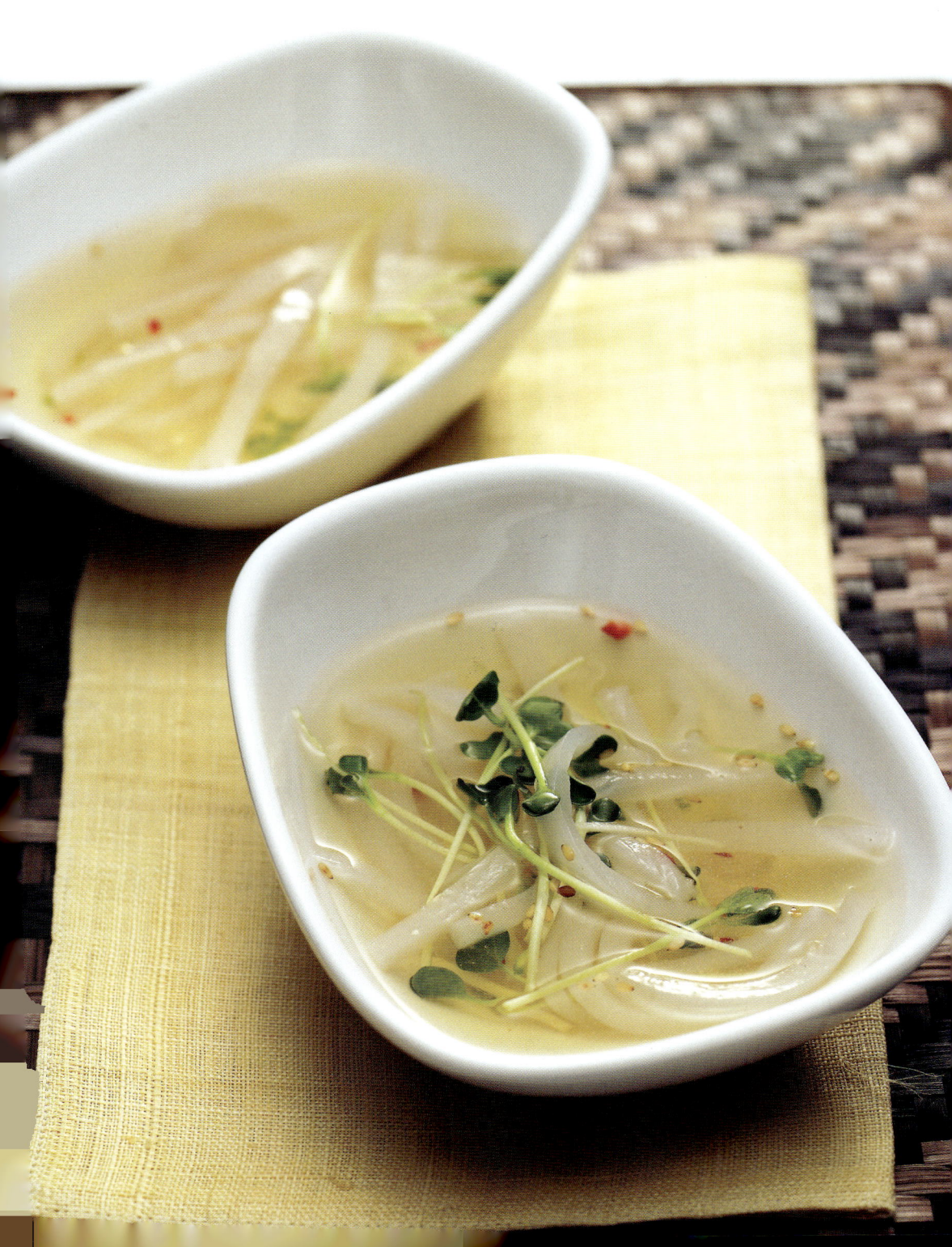

PART 4

먹으면 힘이 나는 고기요리

소고기, 돼지고기, 닭고기

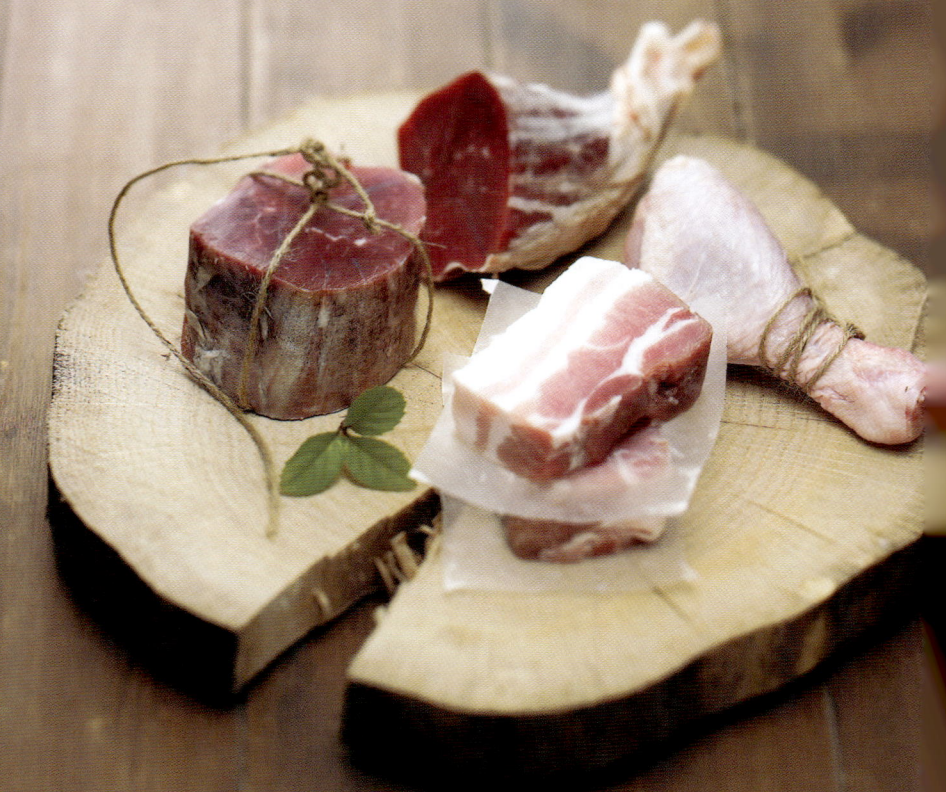

모둠버섯불고기와 무초절임

▶ **주재료**
느타리버섯 80g, 표고버섯 4장, 팽이버섯 1봉지, 쇠고기(등심) 400g, 무 100g

▶ **부재료**
양파 ½개, 쪽파 5대, 소금 · 후춧가루 약간씩, 불고기 양념장 4큰술

▶ **무초절임 양념**
식초 · 설탕 3큰술씩, 소금 1작은술, 물 1컵

1 느타리버섯은 굵게 찢어 옅은 소금물에 흔들어 씻어 건진다. 팽이버섯도 밑동만 잘라 씻어서 건져 물기를 뺀다.

2 표고버섯은 물에 담가 충분하게 불려 부드러워지면 밑동을 잘라내고 곱게 채 썬다.

3 쇠고기 등심은 불고깃감으로 준비해서 먹기 좋은 크기로 자른 후 핏물을 종이타월에 싸서 없앤 다음 불고기 양념장을 넣어서 재운다.

4 양파는 곱게 채 썰고 쪽파는 씻어서 3cm 길이로 썬다.

5 무는 동그랗게 얇게 저며서 무초절임 물에 담가 새콤달콤하게 절인다.

6 팬에 기름을 약간 두르고 양파를 볶다가 미리 재워둔 불고기를 넣어 볶는다. 불고기가 어느 정도 볶아지면 표고버섯→느타리버섯→팽이버섯→쪽파 순서로 넣어 함께 볶아 새콤달콤하게 절여진 무초절임과 함께 쌈을 싸서 먹는다.

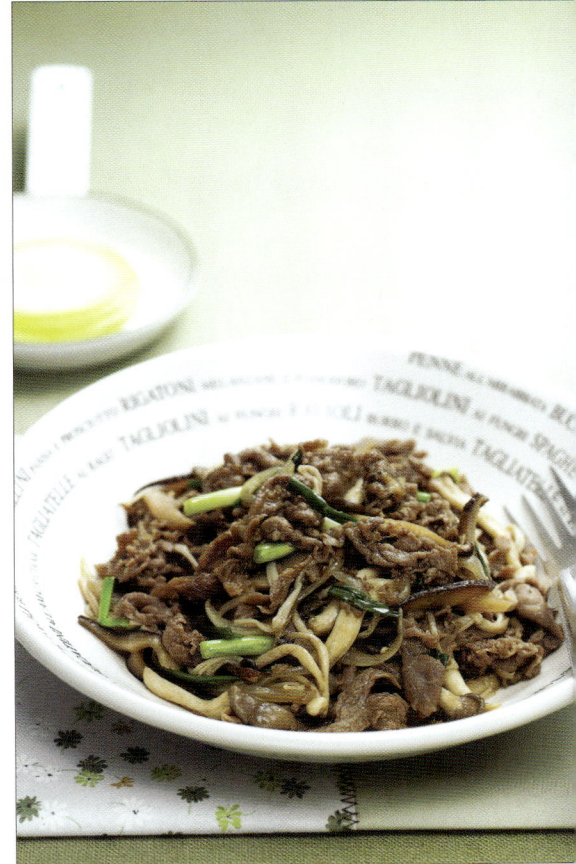

⊖ **COOK TIP**
시판하는 불고기 양념장으로 불고기를 재우면 더욱 간편한데 불고깃감의 핏물을 모두 뺀 후 양념장을 넣어 살살 버무려 숙성시켜야 고기가 연하고 맛이 있다.

쇠고기두부선

▶ **주재료**
두부 1모, 표고버섯 4장, 다진 쇠고기 300g

▶ **부재료**
양파 ½개, 당근 ½개, 달걀 1개, 다진 마늘 · 참기름 · 깨소금 · 잣 1큰술씩, 소금 · 후춧가루 · 실고추 약간씩

▶ **다진 쇠고기 양념장**
간장 ½작은술, 참기름 · 후춧가루 약간씩

▶ **두부선 양념장**
국간장 · 녹말가루 1작은술씩, 설탕 1큰술, 다시마 우린 물 ½컵

1 두부는 흐르는 물에 한 번 씻어서 베보자기에 싸서 물기를 꼭 짠다.

2 쇠고기는 다진 것으로 준비해서 쇠고기 양념장에 조물조물 무쳐 재운다.

3 양파는 곱게 다져서 소금을 약간 넣어 절인 후 물기를 꼭 짜고 당근도 곱게 다진다. 표고버섯도 밑동을 잘라내고 곱게 다진다.

4 준비한 두부와 고기, 양파, 당근, 버섯을 모두 섞어 달걀을 넣고 다진 마늘, 참기름, 깨소금, 소금, 후춧가루로 간하여 주물러서 양념이 골고루 들게 한다.

5 지름이 4cm 정도 되게끔 둥글고 도톰하게 빚어서 기름 두른 팬에서 노릇하게 지진다.

6 냄비에 다시마 우린 국물을 넣고 국간장, 설탕, 녹말가루를 넣어서 한소끔 끓인다.

7 ⑥이 끓으면 ⑤의 지진 두부를 넣고 약한 불에서 국물을 끼얹어 가면서 찐다.

8 윤기가 흐르게 쪄진 두부선을 그릇에 국물과 함께 담고 실고추와 잣을 모양 있게 올려서 상에 낸다.

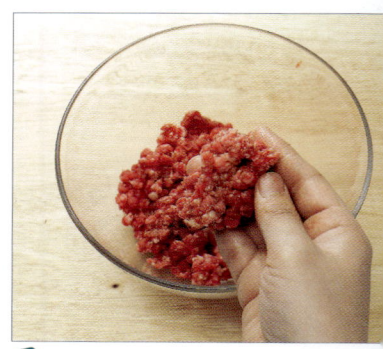

 STEP 2

> **→ COOK TIP**
> 다진 쇠고기의 핏물을 없앨 때에는 종이타월에 올려 자근자근 칼로 두드리면 고기의 지방도 없앨 수 있고 핏물도 뺄 수 있다.

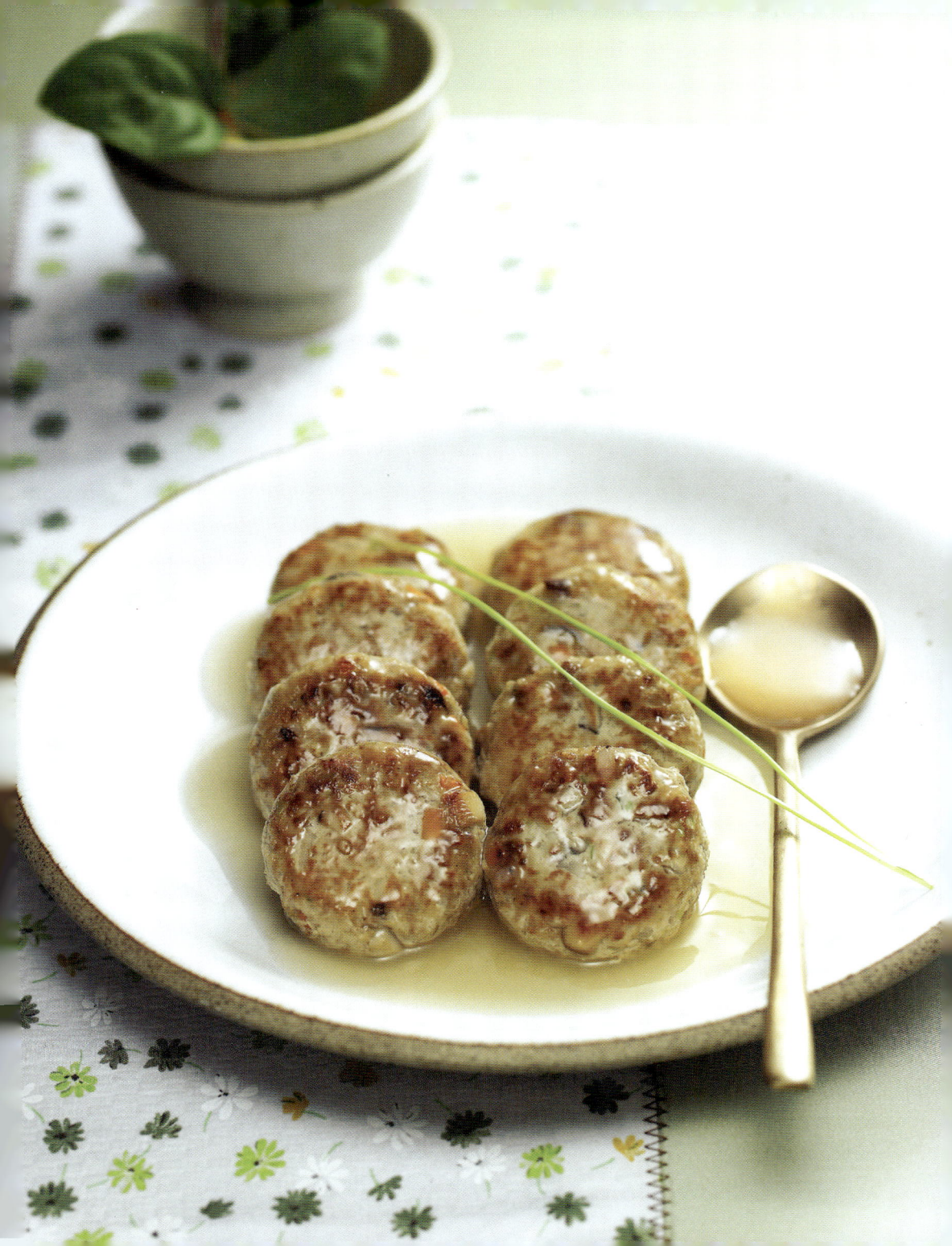

불고기산적

▶ **주재료**
쇠고기(부채살) 600g, 꼬치 12개

▶ **산적 양념장**
간장 4큰술, 설탕 2큰술, 양파즙 · 다진 마늘 · 참기름 1큰술씩, 청주 · 깨소금 1작은술씩, 후춧가루 약간

1 쇠고기는 부채살로 준비해서 잔칼집을 낸 후 길이 6㎝, 너비 3㎝로 자른다.

2 산적 양념장을 재료의 분량대로 만들어 잘 섞어준다.

3 ②의 양념장에 ①의 쇠고기를 넣어서 조물조물 버무려 재워준다.

4 재운 쇠고기를 꼬치에 5개씩 꿰어서 준비해 팬에 기름을 두르고 앞뒤로 육즙이 흘러나오지 않도록 센 불에서 재빨리 지져 상에 낸다.

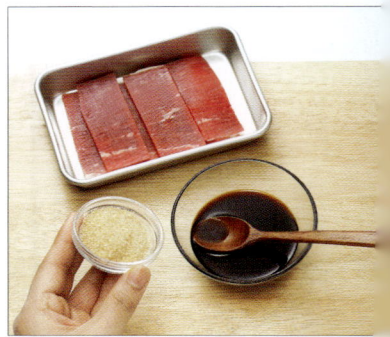

 TIP

→ **COOK TIP**
불고기 양념장은 쇠고기 600g에 간장 4큰술, 설탕 2큰술의 비율로 맞춰 넣으면 고기의 양념이 간이 잘 배고 고기의 연육 작용이 잘 되어 부드럽게 먹을 수 있다.

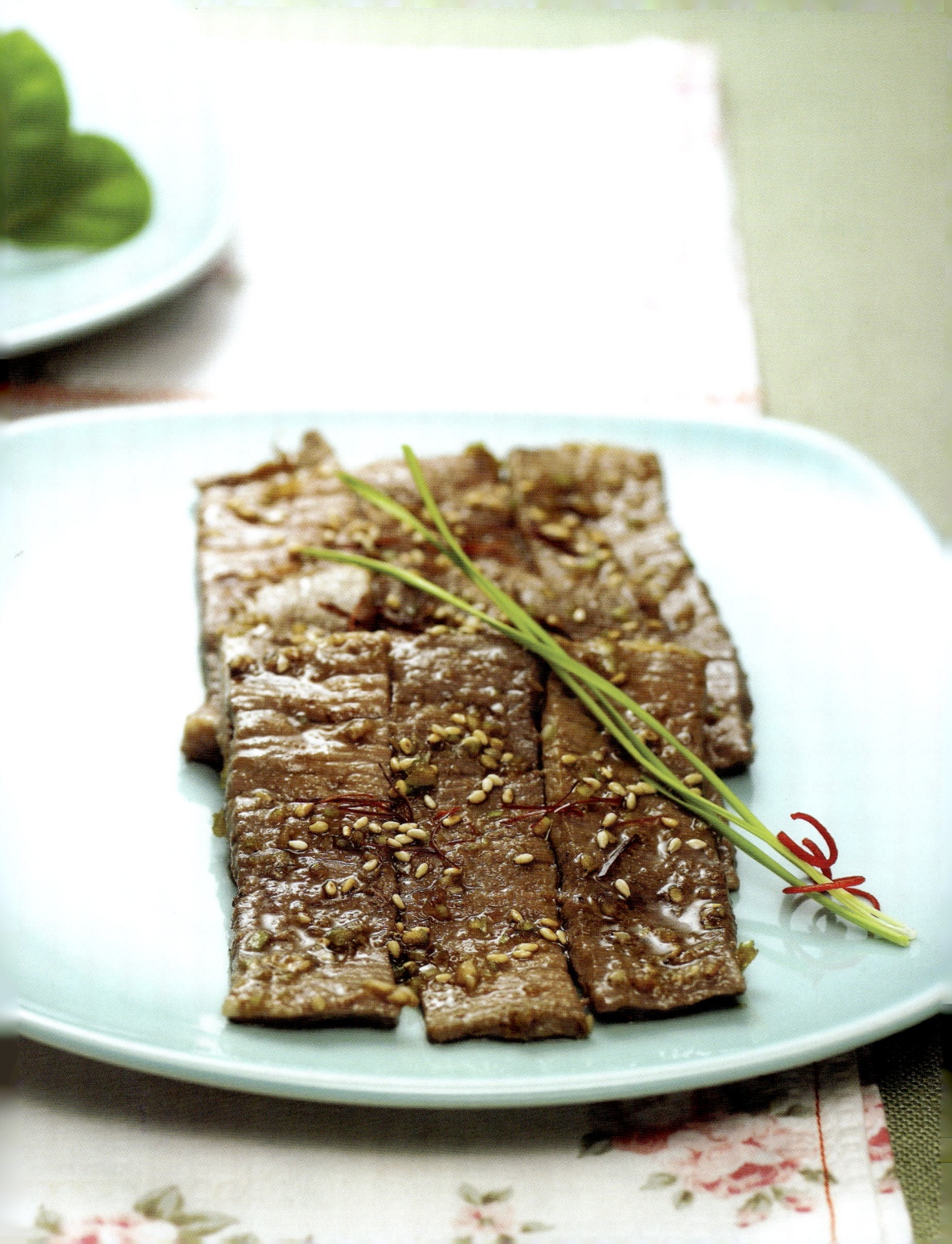

LA갈비구이

▶ **주재료**
LA 갈비 600g

▶ **부재료**
시판 갈비찜 양념장 6큰술, 송송 썬 실파 3큰술, 실고추·통깨 약간씩

1 LA 갈비는 찬물에 담가 30분 정도 핏물을 뺀 후 물기를 없애고 잔칼집을 넣고 겉기름을 떼어 고기가 연하도록 손질한다.

2 큰 그릇에 ①의 갈비를 담고 시판하는 갈비찜 양념장을 넣어서 버무려 1시간 이상 냉장실에서 숙성시킨다.

3 송송 썬 실파를 미리 준비하고 실고추는 짧게 잘라 놓고 통깨를 고소하게 볶아 놓는다.

4 숙성된 갈비를 그릴 팬에 올려 남은 양념장을 끼얹어서 속까지 간이 잘 배도록 구워낸다.

5 구워낸 갈비는 뼈를 중심으로 알맞게 잘라서 송송 썬 실파와 실고추, 통깨를 뿌려 상에 낸다.

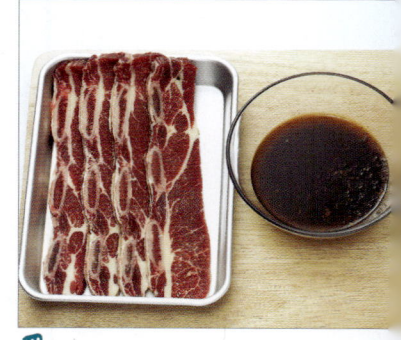

 TIP

→ **COOK TIP**
뼈가 있는 갈비에 양념장을 재울 때에는 갈비에 스며드는 양까지 생각해서 조금 넉넉한 양을 넣는 것이 좋다.

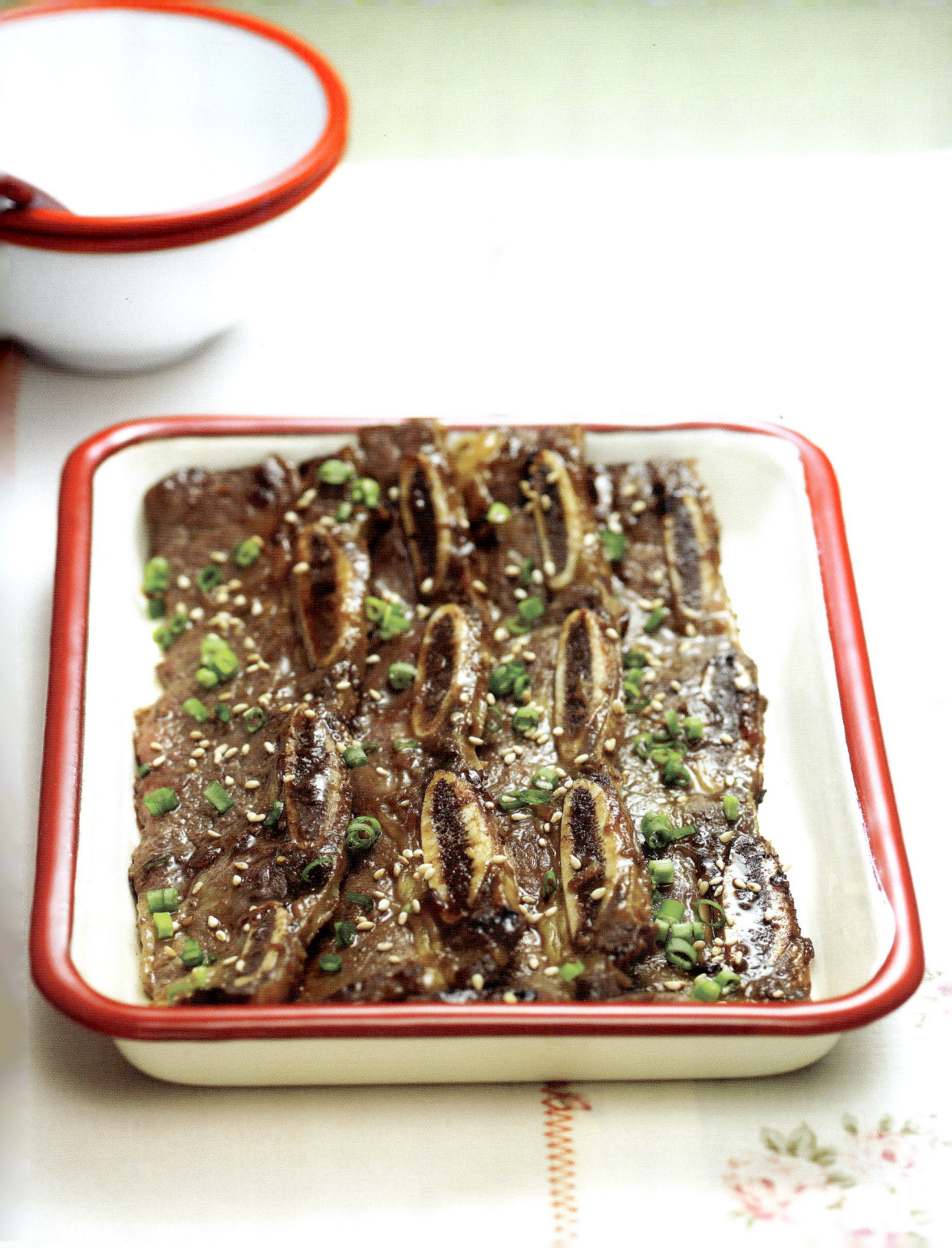

피망쇠고기전

▶ **주재료**
청피망 3개, 다진 쇠고기 150g, 두부 ½모

▶ **부재료**
다진 마늘 · 깨소금 1작은술씩, 다진 파 1큰술, 소금 · 후춧가루 약간씩, 참기름 ½작은술, 녹말가루 2큰술, 밀가루 5큰술, 달걀 2개

1 청피망은 씻어서 0.8㎝ 두께로 잘라서 씨를 발라내 동그란 모양을 살려 놓고 안쪽에 녹말가루를 발라 소가 떨어지지 않도록 한다.

2 볼에 다진 쇠고기와 으깨어 물기를 뺀 두부, 다진 마늘, 다진 파, 소금, 후춧가루, 깨소금, 참기름을 넣어서 조물조물 무쳐서 피망 안에 들어갈 소를 만든다.

3 ②의 소를 많이 치대어 피망 안에 들어갈 만큼씩 뭉쳐서 ①의 피망에 잘 넣어서 앞뒤를 피망 두께와 맞춰 다듬어 두드려 준다. 소가 빠지지 않도록 주의한다.

4 ③의 피망전을 밀가루와 달걀물을 듬뿍 입혀서 팬에 기름을 두르고 노릇노릇하게 속까지 완전하게 익도록 불 조절을 잘해서 지진다.

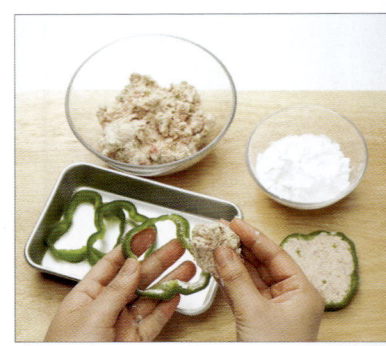

 TIP

→ **COOK TIP**
피망에 소를 채울 때 피망의 안쪽 면에 녹말가루를 발라서 소가 떨어지지 않도록 주의하고 피망의 폭만큼만 소를 채워 모양을 다듬어 만들어야 더욱 예쁘다.

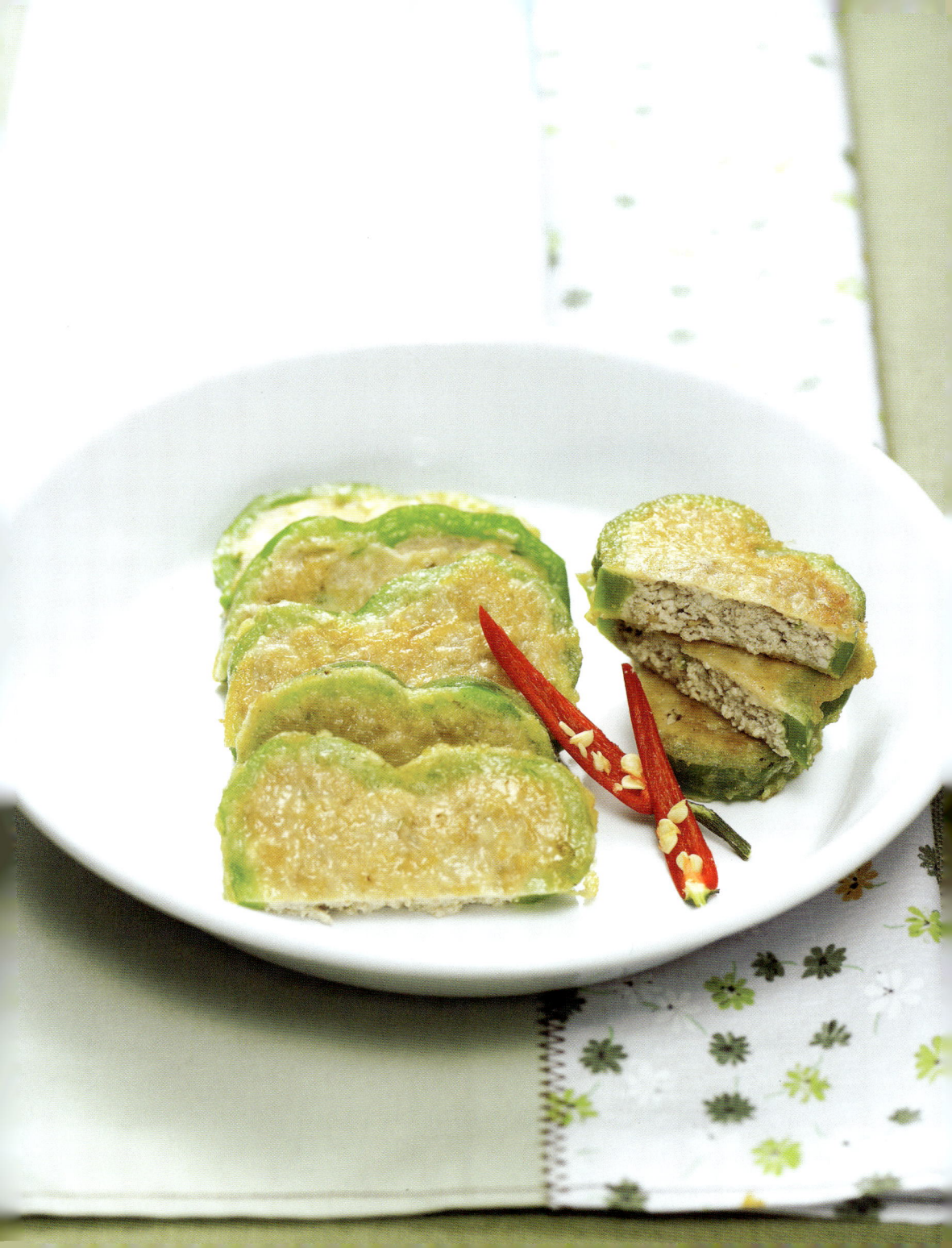

갈비밤찜

▶ **주재료**
쇠갈비 1kg, 밤 12톨

▶ **부재료**
무 100g, 은행 5알, 잣 1큰술, 갈비찜 양념장 1컵, 쇠갈비 육수 $\frac{1}{2}$컵, 소금 · 후춧가루 약간씩

▶ **갈비 삶는 향신채**
대파잎 1대, 생강 $\frac{1}{2}$톨, 마늘 4쪽

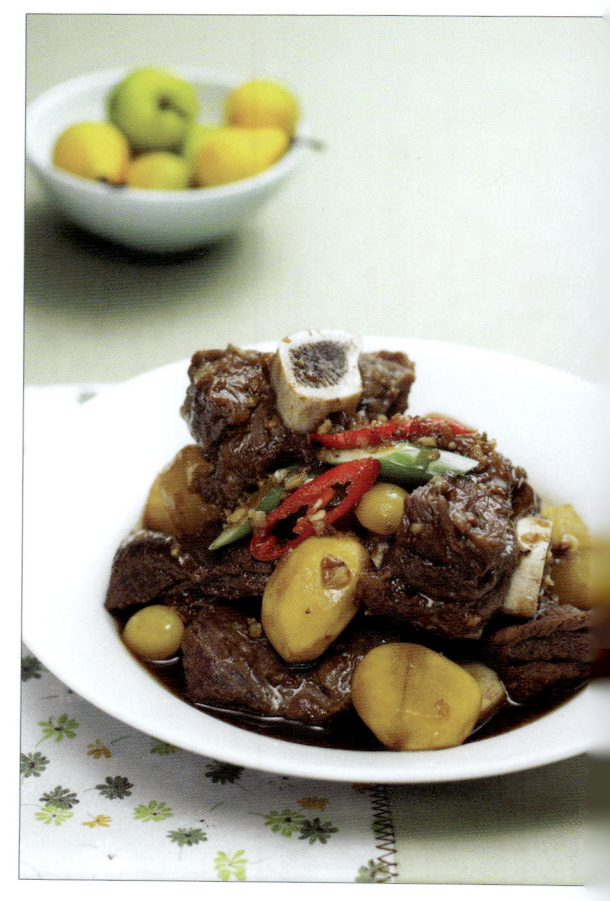

1 쇠갈비는 물에 담가 핏물을 뺀 후 기름기를 떼어내고 칼집을 여러 번 넣어 연하게 한 뒤 물기를 뺀다.

2 밤은 속껍질까지 깨끗이 까서 준비하고 무는 사방 2㎝ 크기로 두툼하게 잘라서 모서리를 다듬어 준비한다. 은행은 겉껍질을 깐 후 팬에 기름을 약간만 두르고 은행을 굴려가면서 익힌 후에 종이타월에 담고 껍질을 까서 깔끔하게 만든다.

3 냄비에 물을 넣고 향신채와 함께 펄펄 끓여 쇠갈비 다듬은 것을 넣고 데쳐낸다. 갈비 육수는 면포에 밭쳐 $\frac{1}{2}$컵만 따로 받아 갈비찜 양념장과 섞는다.

4 데쳐낸 갈비에 ③의 양념장을 부어 버무려 1시간 이상 재운다.

5 냄비에 갈비 재운 것을 담고 처음에는 센 불에서 끓이다가 중간 불에서 은근히 찐다.

6 국물이 어느 정도 잦아들고 갈비가 익어 가면 뚜껑을 열고 밤, 무, 은행을 넣고 국물을 끼얹어가면서 윤기 나게 찐다.

7 갈비가 푹 익어 야들야들해지면 그릇에 갈비와 밤, 무, 은행을 듬뿍 담고 잣가루를 뿌려 상에 낸다.

→ COOK TIP
구입한 갈비찜 양념장에 생갈비를 바로 재우면 익히는 시간도 많이 걸리고 기름기가 많이 떠서 먹기에 부담스럽다. 이럴 때는 끓는 물에 향신채를 넣어 데친 후 갈비 육수와 함께 양념장을 섞어서 재우면 더욱 맛있는 갈비를 먹을 수 있다.

상추쌈과 고기쌈장

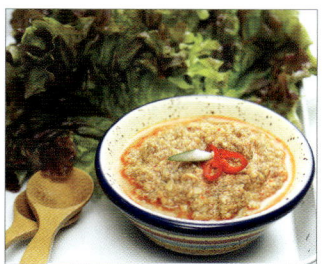

▶ **주재료**
상추 200g, 다진 쇠고기 100g

▶ **부재료**
두부 ⅕모, 고춧가루 · 다진 마늘 · 된장 · 참기름 1작은술씩, 소금 · 후춧가루 약간씩, 쌀뜨물 ⅓컵

1 상추는 흐르는 물에 깨끗하게 씻어 물기를 턴다.

2 다진 쇠고기와 물기를 뺀 으깬 두부를 냄비에 담고 된장과 고춧가루를 넣어 달달 볶다가 쌀뜨물을 부어서 끓인다.

3 ②에 된장을 풀어서 은근하게 끓이면서 다진 마늘과 소금, 후춧가루, 참기름으로 맛을 내서 걸쭉한 농도의 쌈장을 만든다.

4 고기쌈장을 상추쌈에 약간 올리고 밥을 넣어 먹는다.

→ **COOK TIP**
다진 고기를 이용해서 강된장 쌈장이나 강장 등의 고기 양념장을 만들 때에는 두부를 적절하게 섞어 된장과 고춧가루를 넣어 조물 조물 무쳐 양념을 한 후 불에 올려 볶으면 고기의 질감이 부드럽고 잡내가 나지 않는다.

한식불고기덮밥

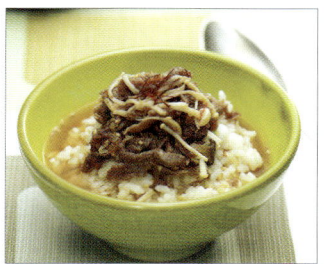

▶ **주재료**
밥 2공기, 쇠고기(등심) 500g

▶ **부재료**
팽이버섯 ⅓봉지, 무순 20g, 실고추 · 통깨 약간씩

▶ **불고기덮밥 양념장**
간장 4큰술, 설탕 · 양파즙 · 배즙 · 참기름 · 다진 마늘 · 다진 파 · 청주 1큰술씩, 후춧가루 약간

1 쇠고기는 등심으로 준비해서 종이타월로 꾹꾹 눌러 핏물을 빼고 먹기 좋은 크기로 적당하게 썬다.

2 팽이버섯은 밑동을 자르고 물에 흔들어 씻어 물기를 털고 무순도 잡티를 골라내고 물에 헹궈 물기를 턴다.

3 볼에 덮밥 양념장을 만들어 혼합한다.

4 ③에 ①의 쇠고기를 넣어 버무려 30분 정도 재운다.

5 팬에 기름을 약간 두르고 달군 후 ④의 쇠고기를 넣어 볶다가 팽이버섯과 실고추, 통깨를 넣어 버무려낸다. 불고기를 볶을 때 되도록 바특하게 볶지 말고 고기의 육즙이 흥건히 나오도록 불을 중간 불로 해서 볶는다.

6 그릇에 밥을 6부 정도 적당히 담고 ⑤의 불고기를 국물이 있는 상태로 올리고 무순을 뿌려 상에 낸다.

→ **COOK TIP**
덮밥에 올리는 불고깃감 쇠고기는 종이타월을 꾹꾹 눌러 핏물을 뺀 후 양념에 재워야 쇠고기의 누린 잡내가 없어지고 고기의 육즙이 부드럽게 나와 밥에 비벼 먹을 때 좋다. 도마에 종이타월을 펼치고 쇠고기를 올려 저절로 핏물이 배어 나오도록 해야 좋다.

가래떡장조림

▶ **주재료**
가래떡 150g, 쇠고기(홍두깨살) 300g

▶ **부재료**
달걀 2개, 소금 약간, 대파잎 2대, 마늘 2쪽, 청주 1큰술, 물 3컵

▶ **장조림 양념장**
간장 2½큰술, 물엿 · 맛술 · 다진 마늘 1작은술씩, 설탕 1큰술, 후춧가루 약간, 쇠고기 육수 1컵

1 가래떡은 물에 헹궈 3㎝ 길이로 썰어 세로로 반을 가른다. 장조림 국물에 넣어서 끓여야 하는데 너무 쫄깃하면 쉽게 떡이 늘어지고 또 너무 딱딱하면 쉽게 속까지 부드럽게 익혀지질 않으니 약간 꾸덕한 느낌이 들면 딱 알맞다.

2 쇠고기는 홍두깨살로 준비해서 찬물에 담가 핏물을 뺀 후 냄비에 대파잎과 마늘, 청주 물을 붓고 끓으면 쇠고기를 넣어서 푹 삶는다.

3 삶은 고기는 건져서 사방 3㎝ 크기가 되도록 썰고 ②의 국물은 면포에 걸러 1컵 분량만 장조림 양념장에 넣는다.

4 달걀은 완숙으로 삶아서 찬물에 헹궈 껍질을 벗긴다.

5 냄비에 떡과 고기, ④의 달걀을 넣어 ③의 장조림 양념장을 부어서 고기와 떡, 달걀에 간이 배도록 중간 불에서 20분간 조려 완성한다.

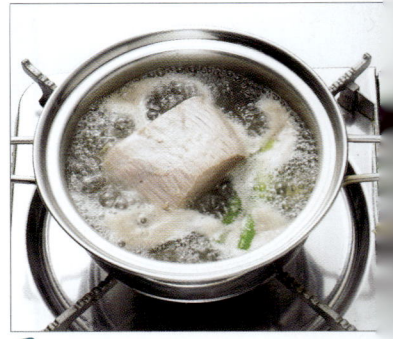

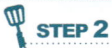 **STEP 2**

→ **COOK TIP**

떡은 구부려 보았을 때 잘 구부려져야 떡이 알맞게 조려진다. 너무 오래 조리면 떡이 늘어지고 맛이 없으므로 정해진 시간에 맞춰 조려야 하고 뚜껑을 열고 조려야 윤기가 돌아 더욱 먹음직스럽다.

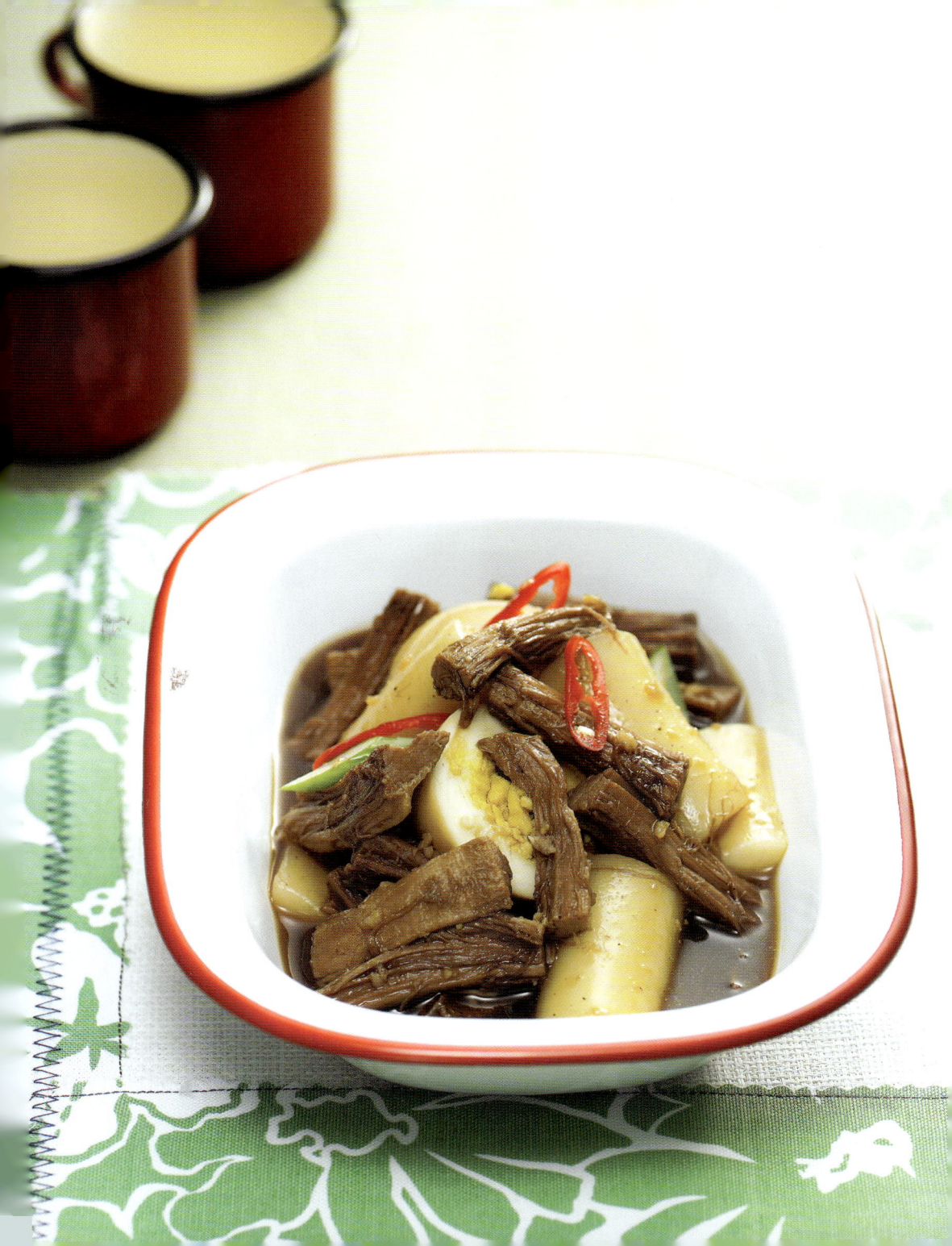

쇠고기구기자찜

▶ **주재료**
쇠고기(안심) 400g, 구기자 ½컵

▶ **부재료**
대파 2대, 청주 2큰술, 다시마 우린 물 5큰술

▶ **찜 양념장**
간장 3큰술, 꿀 · 흑설탕 1작은술씩, 청주 · 다진 마늘 1큰술씩, 통후추 4알, 마른 홍고추 1개, 소금 · 후춧가루 약간씩

1 구기자는 물에 깨끗하게 씻어서 물 1컵에 청주를 붓고 잠시 불린다. 너무 오랜 시간 불리지 말고 20분 정도 불린다.

2 쇠고기는 안심으로 준비해서 0.5㎝ 두께, 사방 5㎝ 크기로 썰어서 잔칼집을 넣어 부드럽게 한다.

3 대파는 2㎝ 길이로 송송 썬다.

4 흑설탕에 꿀을 넣어서 간장과 청주, 다진 마늘, 통후추, 잘게 자른 마른 홍고추를 넣어서 양념장을 만든다.

5 냄비에 쇠고기 안심을 넣고 ④의 양념장을 버무려 재운다.

6 ⑤의 냄비를 중간 불에 올려 다시마 우린 물을 붓고 구기자를 넣어서 찐다.

7 은근하게 쪄서 쇠고기와 구기자에 간이 배면 대파를 넣어서 버무려 대파를 살짝 익혀 그릇에 담아낸다.

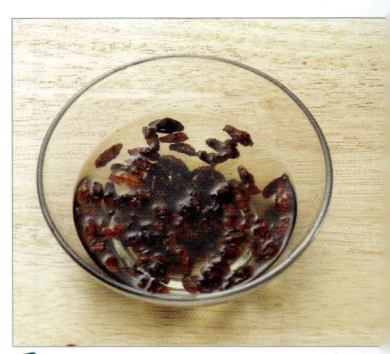

STEP 1

→ **COOK TIP**
구기자는 청주를 넣어서 불리는데 너무 오랫동안 불리면 구기자가 풀어져 영양성분이 흘러나오므로 오랜 시간 불리지 말고 살짝만 불려서 바로 고기찜에 넣어 함께 익힌다.

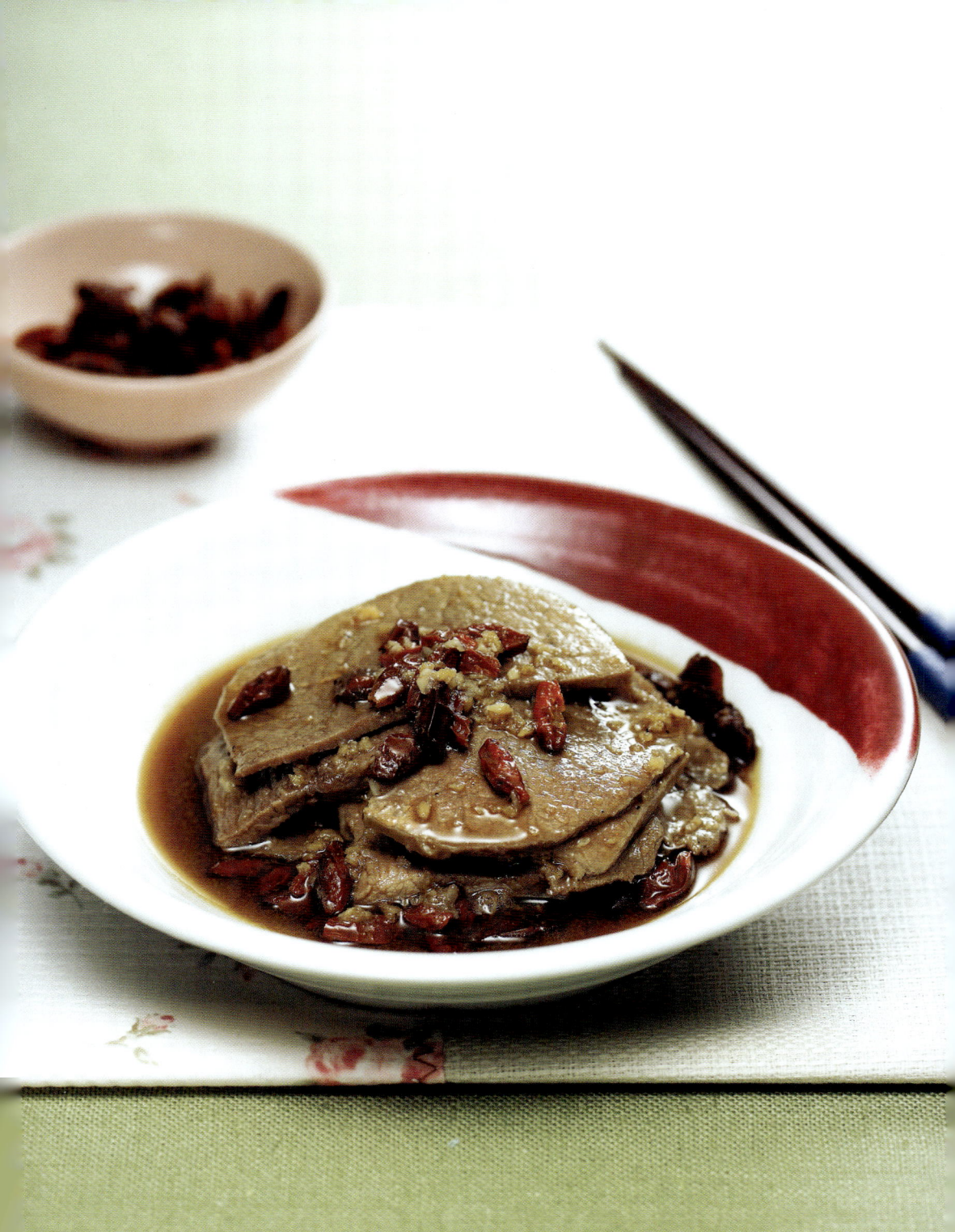

너비아니은행구이

▶ **주재료**
쇠고기(등심) 500g, 은행 20알, 잣 2큰술

▶ **쇠고기 양념장**
간장 · 배즙 4큰술씩, 설탕 1작은술, 청주 · 다진 마늘 · 깨소금 · 참기름 1큰술씩, 다진 파 2큰술, 소금 · 후춧가루 약간씩

1 은행은 겉껍질을 벗겨서 팬에 기름을 살짝 두르고 볶다가 투명하게 연초록색을 띠면 종이타월에 꺼내어 호호 불어가면서 속껍질을 까준다.

2 잣은 고깔을 떼어내고 종이타월에 올려 칼등으로 자근자근 다져서 고운 잣가루를 만든다.

3 쇠고기는 등심으로 준비해서 사방 5㎝ 크기로 얇게 썰어 잔칼집을 넣어 연하게 한다.

4 배를 곱게 갈아서 즙을 받아 나머지 양념장을 재료의 분량대로 넣어서 고루 섞어 단맛의 양념장을 만든다.

5 ④의 양념에 ③의 쇠고기를 조물조물 버무려 30분 정도 재운다.

6 달군 석쇠에 기름을 고루 바르고 양념이 밴 쇠고기를 가지런히 펴서 앞뒤로 고루 익혀 접시에 담는다. 고기를 너무 자주 뒤집으면서 굽게 되면 고기의 육즙이 떨어져 맛이 없으므로 두세 번 정도로만 뒤집어 익힌다.

7 ⑥의 너비아니를 접시에 펼쳐 담고 은행을 올린 후 잣가루를 골고루 뿌려서 상에 낸다.

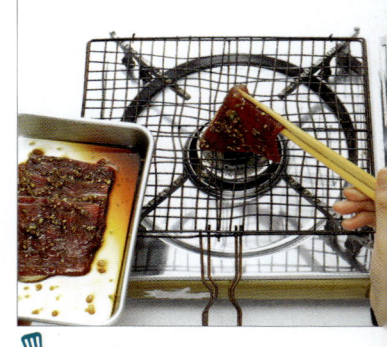

STEP 6

🔄 **COOK TIP**

은행은 하루에 너무 많은 양을 먹으면 오히려 독이 될 수도 있다고 한다. 은행의 속껍질은 굽는 요리에 곁들일 때는 기름에 볶아 껍질을 벗기고 밥이나 기름지지 않은 요리에 넣을 때에는 끓는 물에 데쳐서 껍질을 벗긴다.

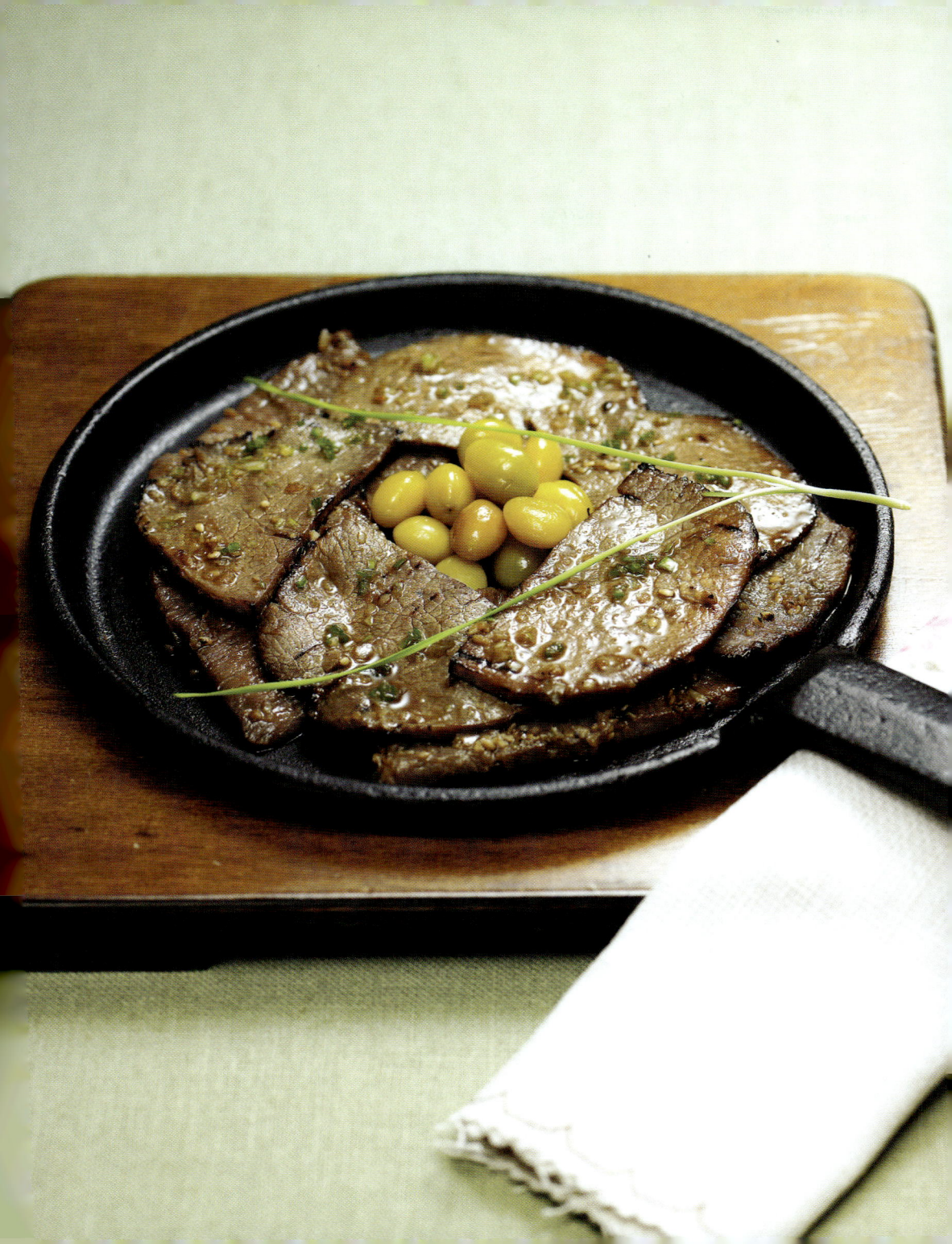

쇠고기러시안수프

▶ **주재료**
쇠고기 500g

▶ **부재료**
밀가루 2큰술, 버터 1큰술, 물 5컵, 양배추 3장, 양파 · 감자 1개씩, 양송이 6개, 당근 $\frac{1}{2}$개, 토마토 1개, 셀러리 2대, 데친 브로콜리 100g, 레드와인 · 토마토케첩 2큰술씩, 월계수잎 1장, 소금 · 후춧가루 · 파슬리가루 약간씩

1 쇠고기는 작게 사방 2㎝ 크기로 잘라서 소금과 후춧가루로 간을 한 후 밀가루를 솔솔 뿌린다.

2 냄비에 버터를 두르고 녹인 후 쇠고기를 넣고 노릇노릇하게 볶다가 레드와인을 뿌리고 토마토케첩을 넣어 볶는다.

3 준비한 분량의 물을 넣고 월계수잎을 넣어 고기가 부드러워질 때까지 서서히 끓인다.

4 감자와 당근은 껍질을 벗겨 밤알 크기로 약간 삼각지게 썬 후 모서리를 둥글게 다듬는다. 양송이는 반으로 가르고 양배추는 가로, 세로 3㎝ 크기로 썰고 양파도 같은 크기로 썬다. 셀러리는 껍질 끈을 벗기고 3㎝ 길이로 썬다.

5 브로콜리는 한 송이씩 떼어서 끓는 물에 살짝 데쳐 찬물에 헹구고 토마토는 열십자로 칼집을 넣어 직화로 구운 후 껍질을 벗겨 4등분한다.

6 ③의 푹 끓인 수프에 ④번과 ⑤번을 차례대로 넣고 끓여 채소가 부드러워지면 소금과 후춧가루로 간을 맞춘다.

7 충분히 끓인 수프를 그릇에 담고 파슬리가루를 뿌려 상에 낸다.

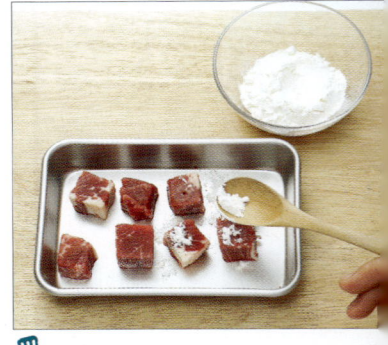

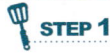 **STEP 1**

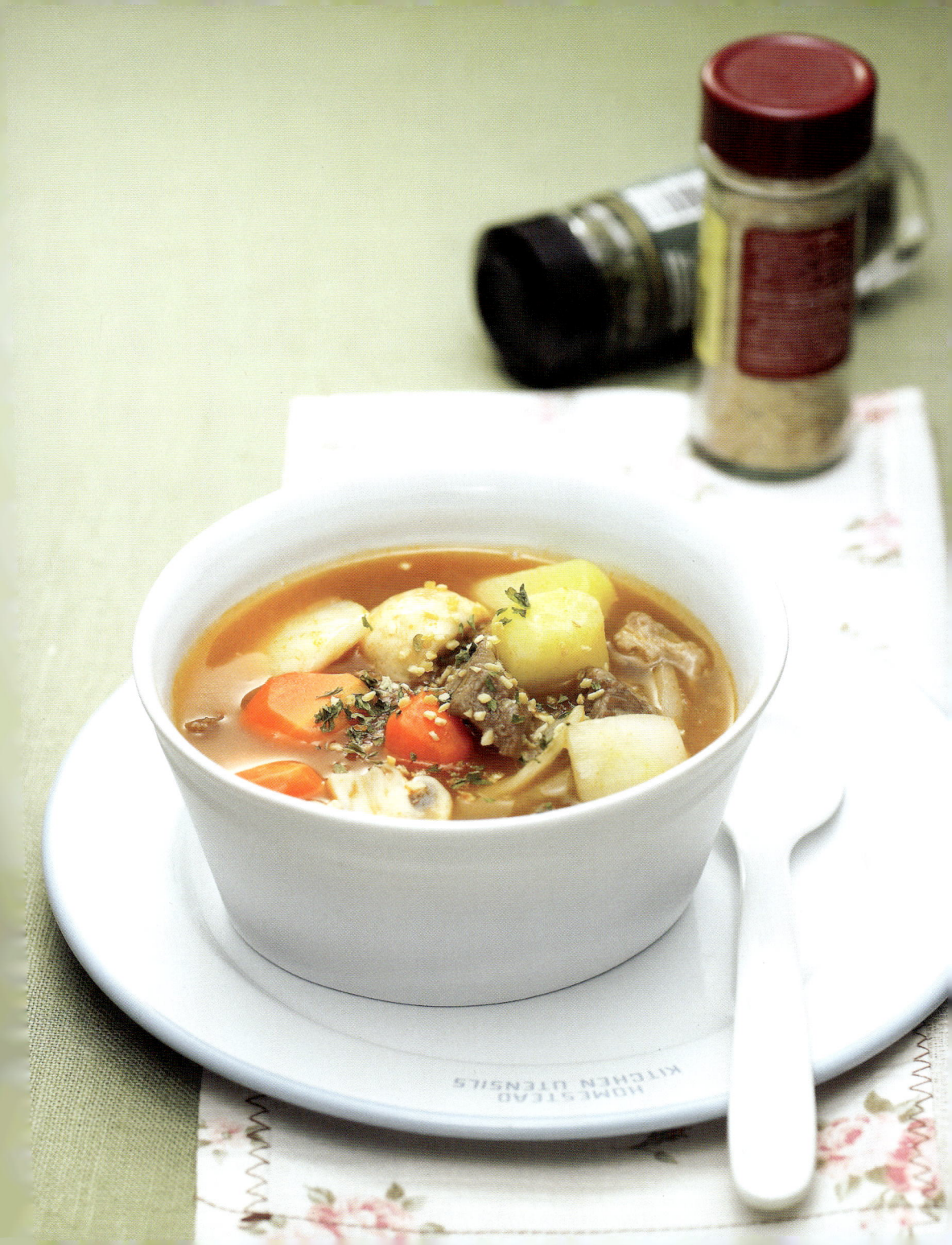

영양부추안심말이

▶ **주재료**
쇠고기(안심) 600g, 영양부추 200g

▶ **부재료**
홍고추 1개, 양파 ½개

▶ **쇠고기 양념장**
간장 4큰술, 설탕 · 배즙 · 다진 마늘 · 다진 파 · 청주 1큰술씩, 물엿 · 참기름 1작은술씩, 깨소금 · 후춧가루 약간씩

1 쇠고기는 안심으로 준비해서 사방 6cm로 얇게 저며서 준비한다.

2 양념장을 분량의 재료대로 혼합해 놓는다.

3 영양부추는 다듬어 씻어서 7cm 길이로 썬다.

4 양파는 곱게 채 썰고 홍고추는 반갈라 씨를 제거한 후 영양부추 길이로 채 썬다.

5 양념장에 쇠고기 안심 썬 것을 한 장씩 묻혀서 잠시 재운다.

6 팬에 기름을 두르고 안심을 앞뒤로 지져내 영양부추와 홍고추, 양파를 골고루 넣어서 돌돌 말아 접시에 담아낸다.

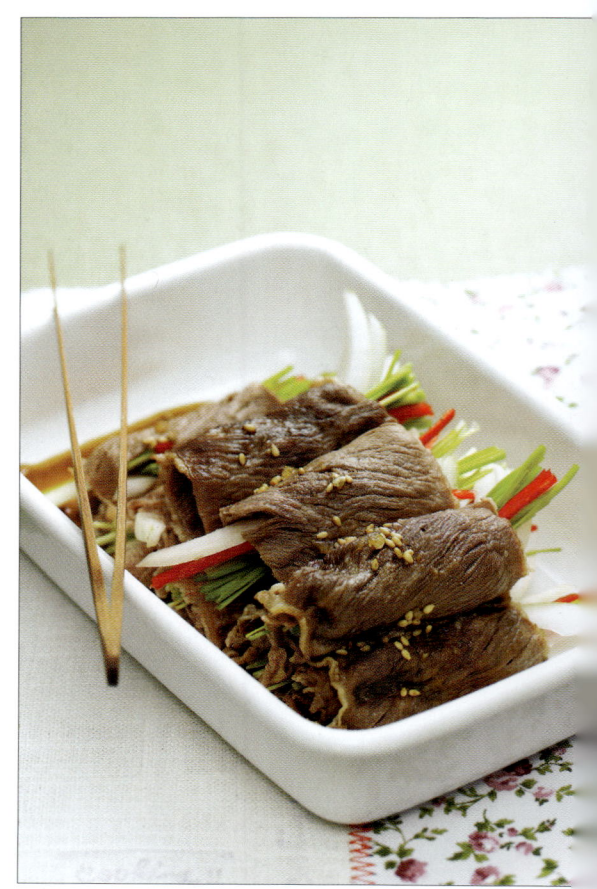

> → **COOK TIP**
> 안심을 양념장에 재우기 전에 칼등으로 자근자근 두드려서 고기가 익었을 때 오므라들지 않게 해야 영양부추를 말았을 때 모양이 가지런하다.

차돌박이구이와 영양부추겉절이

주재료
차돌박이 400g, 영양부추 200g

부재료
소금 · 후춧가루 약간씩, 홍고추 1개, 청양고추 $\frac{1}{2}$개

겉절이 양념
고운 고춧가루 · 다진 마늘 · 깨소금 · 설탕 1작은술씩, 참기름 $\frac{1}{2}$작은술, 소금 · 후춧가루 약간씩, 레몬식초 1큰술

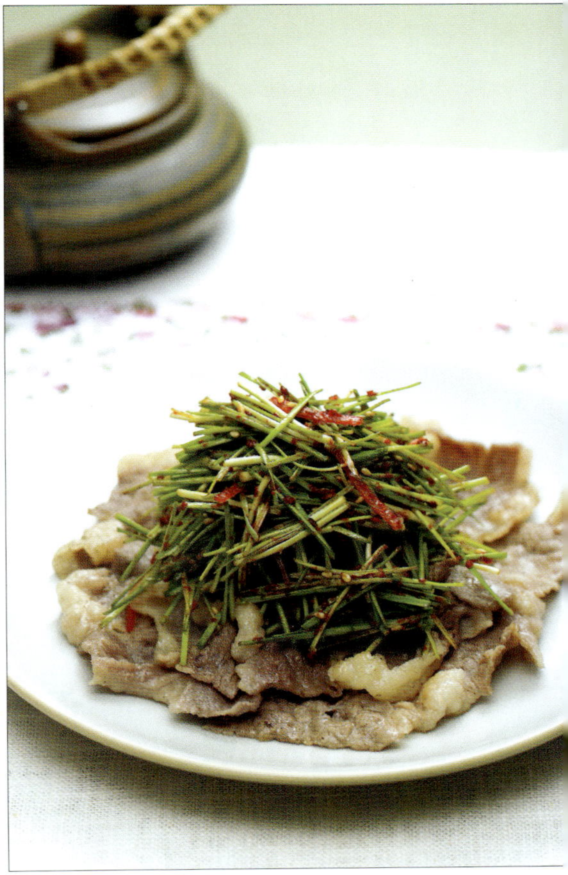

1 차돌박이는 살짝 해동한 것을 접시에 펼치고 소금과 후춧가루를 약간씩 뿌려 밑간한다.

2 영양부추는 다듬어 씻어 물기를 없애고 2㎝ 길이로 썬다.

3 홍고추와 청양고추는 반갈라 씨를 털고 영양부추와 같은 길이로 곱게 채 썬다.

4 볼에 겉절이 양념을 모두 넣고 골고루 섞어 양념장을 만든다.

5 팬을 센 불에서 달군 후 기름을 두르지 않은 상태에서 차돌박이를 한 장씩 펼쳐 굽는다. 약간 오그라들면서 기름기가 흘러나오면 바로 접시에 담는다.

6 ④의 겉절이 양념에 영양부추와 홍고추, 청양고추를 넣어 살살 젓가락으로 버무려 간이 배게 해서 구운 차돌박이에 약간씩 올려 싸서 먹는다.

COOK TIP
매운맛이 나는 향신채 기름장은 돼지고기 갈매기살이나 차돌박이, 얇게 썬 삼겹살을 석쇠에 구워서 함께 찍어 먹으면 고기의 맛이 한결 부드럽고 고기의 잡내가 없어져 맛있게 먹을 수 있다.

쇠고기등심구이와인소스

▶ **주재료**
쇠고기(등심) 스테이크용 600g

▶ **쇠고기 밑간**
소금 · 후춧가루 약간씩, 마늘즙 1작은술

▶ **와인소스**
레드와인 ½컵, 발사믹식초 · 황설탕 · 우스터소스 1큰술씩, 올리브오일 2큰술, 마늘 2쪽, 양파 ¼개, 토마토케첩 1작은술, 파슬리가루 ·
후춧가루 약간씩

1 쇠고기는 등심 스테이크용으로 1㎝ 두께, 사방 8~10㎝ 크기로 썬 것을 준
비한다.

2 ①의 등심에 소금, 후춧가루, 마늘즙을 넣어 골고루 발라 고기의 육질을
연하게 하고 누린내가 없게 재운다.

3 냄비에 레드와인과 발사믹식초, 황설탕, 올리브오일, 우스터소스, 토마토
케첩, 후춧가루를 넣어 골고루 저어서 채 썬 양파와 마늘을 넣고 약한 불
에서 은근하게 졸인다.

4 양파와 마늘의 향이 배면서 와인소스가 걸쭉한 농도로 졸여지면 파슬리가
루를 뿌려 불에서 내려 식힌다.

5 밑면이 두꺼운 팬을 불에 올려 달군 후 재운 등심을 넣어서 센 불에서 지
진다.

6 등심의 아랫면이 익으면서 육즙이 흘러나오면 뒤집어 다시 아랫면을 익힌
후 불에서 내려야 한다. 쇠고기 등심 구이는 속까지 완전하게 익으면 고기
가 질겨지고 육즙이 다 빠져나와 단맛이 없어지므로 약간 익히는 것이 좋
다. 또 등심을 구울 때에는 여러 번 뒤집어 굽는 것보다 단 두 번만 뒤집어
굽는 것이 육즙이 많이 빠져나오지 않아 좋다.

7 구운 등심 스테이크와 함께 준비한 와인소스를 찍어 먹으면 스테이크를
더욱 맛있게 먹을 수 있다.

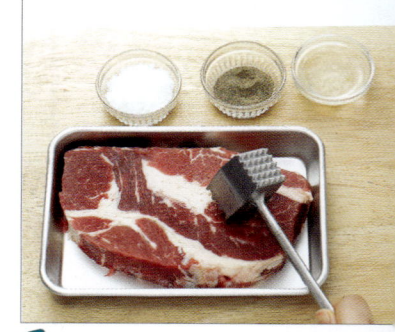
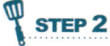 **STEP 2**

🔘 COOK TIP

레드와인으로 만드는 등심구이는 와인의 풍미가 고기 잡내를 없
애고, 고기의 깊은맛을 낸다. 레드와인소스를 만들 때에는 은근하
게 조려 와인소스를 걸쭉하게 만들어야 등심에 잘 스며든다.

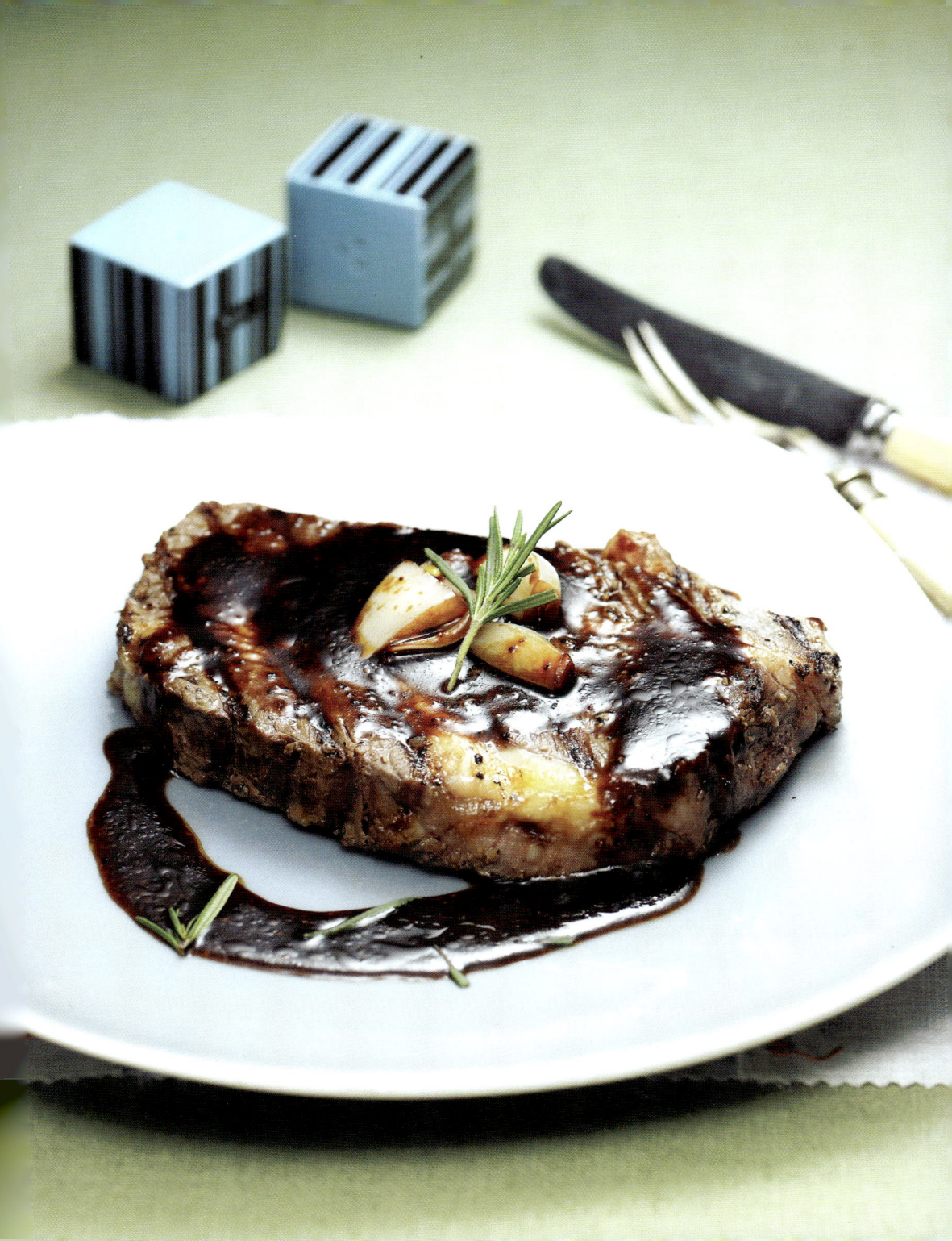

쇠고기양념구이채소냉채

▶ **주재료**
쇠고기(우둔살) 500g

▶ **부재료**
무 50g, 비트 30g, 무순 50g, 양파 $\frac{1}{2}$개, 대파(흰 부분) 2대

▶ **쇠고기 양념**
간장 $\frac{1}{2}$컵, 청주 $\frac{1}{4}$컵, 통마늘 3개, 양파 · 레몬 $\frac{1}{2}$개씩, 통후추 5알, 물엿 1큰술

▶ **생강겨자소스**
발효 겨자 3큰술, 생강 5g, 다시마 우린 물 $\frac{1}{4}$컵, 식초 · 설탕 4큰술씩, 소금 약간

1 쇠고기는 우둔살 덩어리로 준비해서 사방 7㎝, 15㎝ 길이로 썰어 찬물에 20분 정도 담가 핏물을 뺀다.

2 핏물을 뺀 쇠고기는 그릴에서 갈색이 날 때까지 돌려가면서 굽는다. 이때 은박지를 덮어서 구우면 겉게 그을리지 않고 고르게 구울 수 있다.

3 얼음물을 준비해서 구워낸 쇠고기를 뜨거울 때 넣었다가 바로 건져 식힌 다. 망에 올려 식히면 고르게 뜨거운 열기를 날리면서 식힐 수 있고 얼음 물에 담갔다가 건졌기 때문에 쇠고기의 육질이 부드럽다.

4 냄비에 간장과 청주, 마늘, 양파, 레몬, 통후추를 빻아서 넣고 물엿을 부어 서 약한 불에서 끓여 식힌다.

5 ④의 양념에 ③의 쇠고기를 넣어서 중간 중간 뒤집어 가면서 3시간 정도 담가 간이 배도록 한다.

6 무와 비트는 아주 곱게 4㎝ 길이로 채 썰어 얼음물에 담가 싱싱하게 하고 양파와 대파 흰 부분도 곱게 채 썰어 찬 얼음물에 담가 싱싱하게 해서 건 진다. 무순은 잡티를 없애고 물에 헹궈 건져 놓는다.

7 믹서에 생강과 발효 겨자, 다시마 우린 물, 식초, 설탕을 넣어 곱게 갈아서 겨자소스를 만들어서 소금으로 간을 맞춰 놓는다. 생강이 들어 있어 아주 곱게 갈아야 생강 향이 진하게 올라와 깊은맛을 낸다.

8 간이 밴 쇠고기를 얇게 썰어 접시에 돌려 담고 싱싱하게 준비한 무, 비트, 무순, 양파, 대파의 물기를 완전하게 털고 버무려 소복하게 가운데 담아 생강을 넣어서 만든 겨자소스를 곁들여 먹는다.

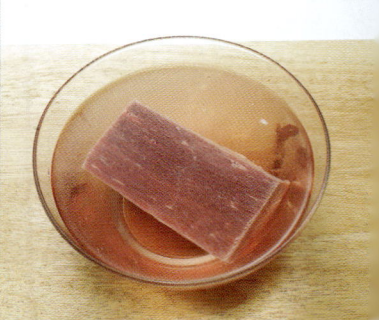

🍴 STEP 1

→ **COOK TIP**
일본풍 쇠고기 다다끼라고도 불리 는 통 쇠고기 양념구이 채소 냉채는 쇠고기를 통째로 간장 소스에 담가 간이 밴 상태로 은박지에 싸서 보관 했다가 차게 해서 손님상에 낼 수도 있어 일품 손님 초대 요리로 좋다. 쇠고기 구입 시에 살과 지방의 마블 링이 적당하게 자리 잡은 것으로 준 비해야 살집이 연하고 부드럽다. 무 와 비트를 아주 곱게 채 썰어 곁들 이면 아삭하게 씹히는 맛이 고기와 함께 잘 어울린다.

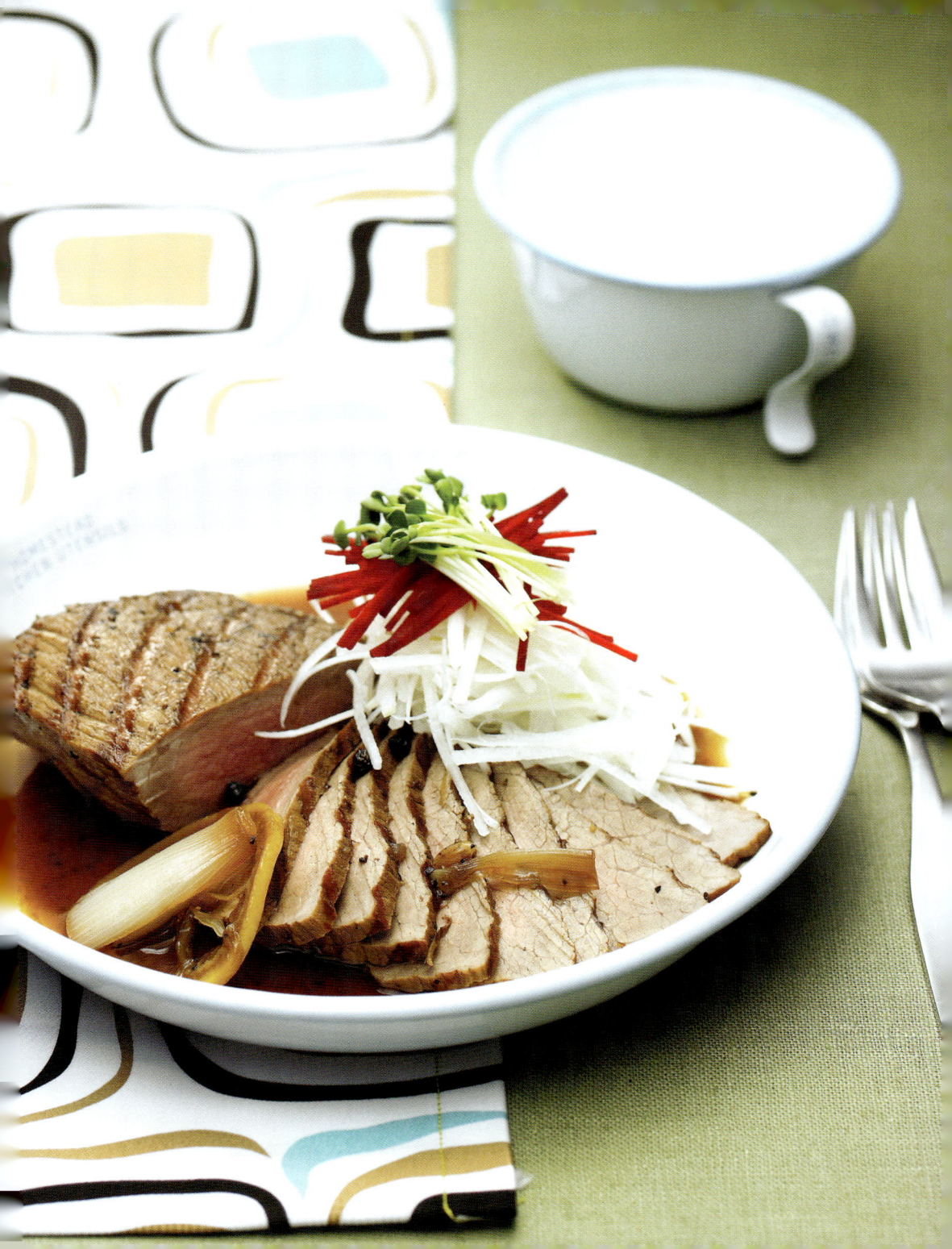

궁중떡볶이

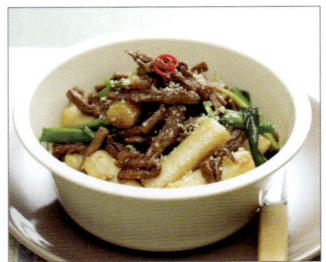

▶ **주재료**
쇠고기(등심) 200g, 가는 가래떡 200g

▶ **부재료**
잣가루 2큰술, 미나리 50g, 실파 3대, 실고추 · 통깨 약간씩

▶ **양념**
간장 3큰술, 다진 마늘 · 물엿 1큰술씩, 맛술 · 참기름 · 깨소금 1작은술씩, 소금 · 후춧가루 약간씩

1 쇠고기는 등심으로 준비해서 가늘게 4㎝ 길이로 채 썰어 종이타월에 올려 핏물을 뺀다.

2 핏물 뺀 쇠고기에 소금과 후춧가루로 약간의 밑간을 해서 조물조물 무쳐 놓는다.

3 가느다란 가래떡을 준비해서 쇠고기와 같은 길이로 썰어 말랑한 상태면 참기름만 약간 넣고 버무린다.

4 미나리는 다듬어 씻어 4㎝ 길이로 썰고 실파도 같은 길이로 썬다. 실고추는 짧게 잘라 준비한다.

5 팬에 기름을 약간 두르고 다진 마늘을 넣어 볶다가 쇠고기와 가래떡을 넣고 볶는다.

6 쇠고기가 익으면 간장과 맛술, 물엿을 넣어 버무려 볶다가 미나리와 실파를 넣어 참기름과 깨소금을 넣어서 한 번 더 볶는다.

7 쫄깃하게 가래떡이 익으면 소금과 후춧가루로 간을 맞추고 실고추와 통깨를 뿌린 후 그릇에 담고 잣가루를 솔솔 뿌려서 낸다.

뚝배기버섯불고기

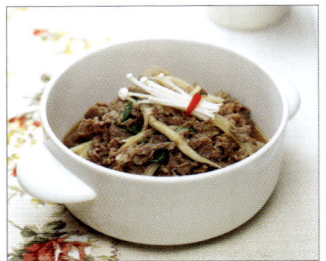

▶ **주재료**
쇠고기(불고깃감) 500g

▶ **부재료**
느타리버섯 100g, 팽이버섯 1봉지, 양파 ½개, 실파 5대, 마늘채 1큰술

▶ **불고기 양념장**
간장 2큰술, 참기름 · 설탕 · 물엿 · 참치액 1작은술씩, 청주 1큰술, 생강즙 ½작은술, 다시마 우린 물 1컵

1 쇠고기는 얇게 썬 불고깃감으로 준비해서 먹기 좋은 크기로 썬다.

2 느타리버섯은 잘게 찢고 팽이버섯은 밑동을 자르고 흐르는 물에 씻어 물기를 턴다.

3 양파는 곱게 채 썰고 실파는 4㎝ 길이로 썬다.

4 다시마 우린 물에 간장과 참치액을 붓고 나머지 양념장을 섞어서 불고기 양념장을 넉넉하게 만든다.

5 ①의 쇠고기를 ④의 양념장에 재워 1시간 이상 숙성시킨다.

6 뚝배기에 재운 불고기와 양파, 실파, 마늘채를 넣어 끓인다.

7 뚝배기가 달궈져 불고기가 익으면 느타리버섯과 팽이버섯을 한데 넣고 섞어서 한소끔 더 끓여서 먹는다.

> **→ COOK TIP**
> 처음부터 버섯류를 넣으면 자칫 너무 물러서 쫄깃한 질감을 느낄 수가 없다. 고기가 익고 난 후 버섯을 넣어서 국물을 자작하게 끓이면서 먹어야 맛있는 불고기를 맛볼 수 있다.

화양적

▶ **주재료**
표고버섯 5장, 쇠고기(우둔살) 200g, 오이 ½개, 통도라지 4줄기, 당근 100g, 달걀 3개, 소금 약간, 물 1컵, 소금 1작은술

▶ **쇠고기 양념**
다진 파 · 설탕 · 참기름 1큰술씩, 다진 마늘 1작은술, 간장 2큰술, 깨소금 ½작은술, 후춧가루 약간

▶ **도라지 · 당근 양념**
다진 파 · 다진 마늘 1작은술씩, 소금 · 참기름 약간씩

▶ **잣즙**
잣가루 2큰술, 육수 3큰술, 소금 1작은술

1 쇠고기는 우둔살로 준비해서 두께 0.8cm로 크게 포를 떠서 잔칼집을 넣어 연하게 한다. 고기 양념장을 만들어 반만 쇠고기에 넣고 잘 버무려서 팬에 지져 내어 6cm 길이 손가락 모양으로 썬다.

2 마른 표고버섯은 충분하게 물에 불려 부드럽게 한 후 밑동을 떼어내고 씻어서 0.8cm 폭으로 썰어 고기 양념 남은 것에 조물조물 무쳐 팬에 볶는다.

3 통도라지와 당근은 6cm 길이로 썰어 소금물에 살짝 데치고 오이도 같은 길이로 씨를 제거한 후 썰어서 물 1컵에 소금 1작은술을 넣고 소금물을 만들어 절였다가 건져 각각 양념에 버무려 팬에서 윤기나게 볶는다.

4 달걀은 황백으로 나누어 소금을 약간 넣고 풀어서 팬에서 0.7cm 두께로 얇게 지단을 부쳐 쇠고기 길이로 썬다.

5 잣가루에 소금을 넣고 육수를 약간씩 부어서 뽀얀 잣즙을 만든다.

6 가는 대나무 꼬치에 준비한 재료들을 색색이 꿰어 접시에 돌려 담고 잣즙을 골고루 뿌려 상에 낸다.

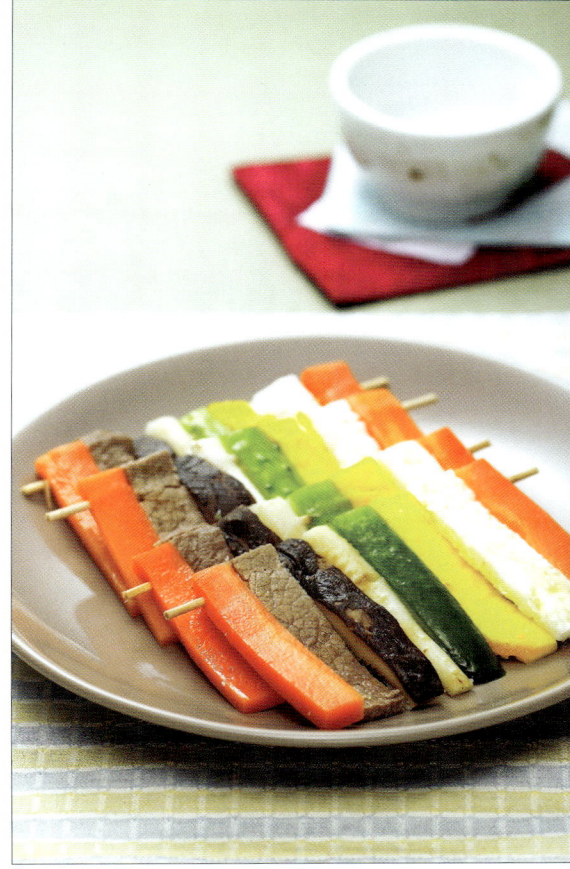

🔵→ **COOK TIP**
화양적에는 버섯, 채소 등이 쇠고기와 함께 들어가는데 고기가 익으면 버섯과 채소보다 고기의 길이가 줄어들 수 있으므로 미리 재료를 다듬을 때 고기의 길이를 약간 길게 하는 것이 좋다.

쇠고기편육깻잎무침

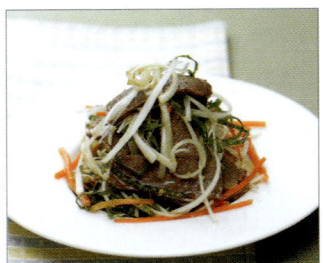

▶ **주재료**
쇠고기(사태살) 300g, 깻잎 6장

▶ **부재료**
대파 1대, 당근 ½개, 마늘 2쪽, 생강 1톨, 청주 2큰술

▶ **깨즙소스**
통깨 ⅓컵, 다시마 우린 물 ⅓컵, 설탕·식초·간장 1큰술씩, 소금 1작은술, 후춧가루 약간

1 다시마는 냄비에 물을 붓고 잠시 끓여서 위로 떠오르면 건져 주고 육수는 차게 식힌다.

2 사태는 핏물을 빼 준 다음 냄비에 물을 붓고 대파잎, 생강, 통마늘, 청주를 넣고 끓으면 사태를 넣고 삶는다.

3 삶은 사태가 한 김이 나가면 채 썬다.

4 당근과 깻잎은 아주 얇게 채 썰고, 대파 줄기는 얇게 채 썰어 아린맛을 없애도록 찬물에 담갔다가 건져 물기를 턴다.

5 통깨를 분말기에서 빻은 후 차게 식힌 다시마 육수와 함께 버무리고 간장, 설탕, 식초, 소금, 후춧가루를 넣고 버무려 깨즙소스를 만든다.

6 볼에 대파, 깻잎, 당근, 사태 편육을 넣고 섞어서 깨즙소스를 넣어 버무려 상에 낸다.

쇠고기표고버섯고추장구이꼬치

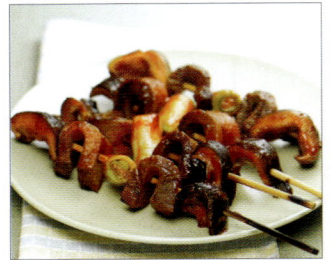

▶ **주재료**
쇠고기(등심덩어리) 400g, 표고버섯 5장

▶ **부재료**
대파(흰 부분) 3대, 꼬치 8개

▶ **고추장 양념**
고추장·물 2큰술씩, 설탕·다진 마늘·참기름 1작은술씩, 청주 1큰술, 흰 후춧가루 약간

1 쇠고기는 등심 덩어리로 준비해서 물에 20분 정도 담가 핏물을 뺀 후 물기를 닦아내고 사방 3㎝ 크기와 1㎝ 두께로 썰어서 칼집을 넣어준다.

2 표고버섯은 밑동을 잘라 내고 2등분한다.

3 대파는 흰 부분만 준비해서 2㎝ 길이로 썬다.

4 꼬치에 쇠고기, 표고버섯, 대파를 차례로 2회 꿴다.

5 고추장 양념을 볼에 분량의 재료를 넣고 섞어서 솔로 ④의 꼬치에 발라 30분 정도 재운다.

6 석쇠에 기름칠을 해서 달군 후 양념 바른 꼬치를 얹고 앞뒤로 뒤집어 가면서 굽는다. 굽는 중간 중간 고추장 양념을 발라가면서 익혀낸다.

불고기크레이프

▶ **주재료**
양념한 불고기 300g

▶ **부재료**
배 ½개, 깻잎 8장, 설탕 · 올리브오일 1작은술씩

▶ **크레이프 반죽**
밀가루 ½컵, 달걀노른자 1개분, 우유 5큰술, 소금 · 물 약간씩

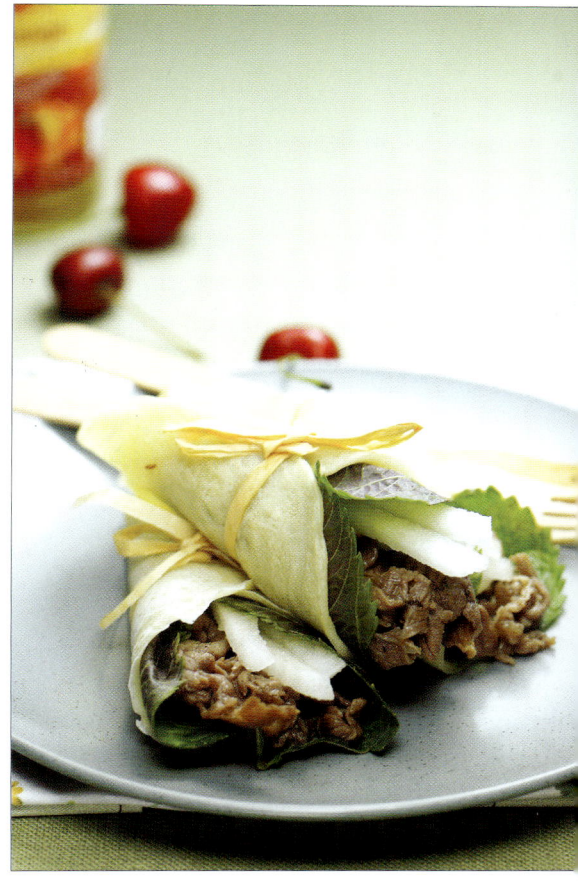

1 냉동실에 얼려 놓은 불고기는 냉장실에 내려 해동 시킨다.

2 해동한 불고기는 팬에 올리브오일을 두르고 중간 불에서 부드럽게 익도록 볶는다.

3 배는 껍질을 벗기고 6cm 길이로 도톰하게 채 썰어 설탕을 뿌려 갈변이 되는 것을 막고 깻잎은 씻어서 물기를 털어 반으로 잘라 놓는다.

4 볼에 밀가루와 달걀노른자, 우유를 넣어 약간의 소금을 넣고 물을 조금씩 부어서 걸쭉한 농도의 크레이프 반죽을 만들어 고운 반죽이 되도록 체에 두 번 정도 내려놓는다.

5 팬에 올리브오일을 아주 조금 두르고 ④의 반죽을 한 국자 듬뿍 떠서 얇은 크레이프를 부친다.

6 부친 크레이프가 뜨거울 때 도마에 올리고 한 김 식고 나면 깻잎을 깔고 그 위에 볶은 불고기와 배채를 올려 돌돌 말아서 먹는다.

> → **COOK TIP**
>
> 양념한 불고기를 냉동시킬 때 한 덩이로 큼직하게 뭉쳐서 냉동시키면 나중에 해동시켜 익힐 때 언 상태에서 잘 익지 않고 부서져서 깔끔하지 않게 볶아진다. 그러므로 냉동할 때 평평하게 모양을 잡아서 냉동을 하는 것이 좋다.

인삼즙쇠고기등심구이

▶ **주재료**
쇠고기(등심) 400g, 인삼 2뿌리

▶ **부재료**
생강가루 · 소금 · 후춧가루 약간씩, 새송이버섯 3개, 마늘즙 · 참기름 1작은술씩, 양파 ½개, 쪽파 5대

1 쇠고기 등심은 얇게 저며서 길게 자른 것으로 준비한다.

2 인삼은 깨끗하게 흙을 털어내고 씻어서 강판에 갈아 생강가루와 소금, 후춧가루를 넣어서 볼에 담는다.

3 ②의 인삼즙에 쇠고기 썬 것을 넣어서 골고루 버무려 재운다.

4 새송이버섯은 모양대로 길고 얇게 썰고 양파는 곱게 채 썬다. 쪽파는 4㎝ 길이로 썬다.

5 팬에 양파와 마늘즙을 두르고 볶다가 새송이버섯과 참기름을 함께 볶고 쪽파를 넣어 살짝 익혀 접시에 담는다.

6 인삼즙에 재운 등심은 석쇠에 기름기를 쫙 빼면서 앞뒤로 노릇하게 구워서 적당한 크기로 잘라 볶은 새송이버섯과 파를 볶은 접시에 올려서 상에 낸다.

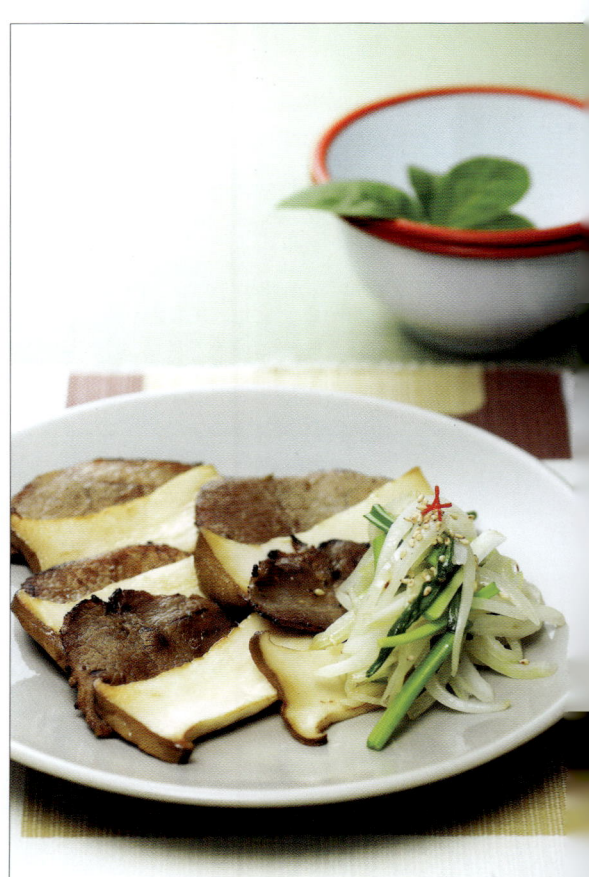

> → **COOK TIP**
> 인삼즙에 재운 쇠고기 등심은 고기의 누린 맛이 없어지면서 약간 쌉싸래한 것이 특징인데 특히 등심의 육질이 연해서 구웠을 때 맛이 있다.

토마토소스다진고기양배추쌈

▶ **주재료**
다진 쇠고기 300g, 양배추 ½통, 소금 약간, 녹말가루 2큰술

▶ **다진 쇠고기 밑간**
소금 · 후춧가루 약간씩, 다진 마늘 · 참기름 ½작은술씩

▶ **토마토소스**
토마토 1개, 토마토 페이스트 2큰술, 버터 · 다진 양파 1큰술씩, 다진 마늘 1작은술, 월계수잎 1장, 우유 5큰술, 물 1컵, 소금 · 후춧가루
약간씩

1 다진 쇠고기는 종이타월에 올려 핏물을 뺀 후 소금과 후춧가루, 다진 마늘, 참기름을 넣어 조물조물 무친다.

2 양배추는 굵은 심지를 도려내고 넓게 펼쳐서 찜통에 김이 충분하게 오르면 넣고 살짝 찐다.

3 찐 양배추를 도마에 올려 물기를 닦은 후 녹말가루를 솔솔 뿌린다.

4 ③의 양배추에 다진 쇠고기를 손가락 두 개 정도의 굵기로 뭉쳐서 올리고 돌돌 말아 아물려서 꼬치를 꿰어 모양을 잡아준다.

5 냄비에 버터를 두르고 다진 마늘과 양파를 넣고 볶다가 껍질을 벗겨 으깨 놓은 토마토와 토마토 페이스트를 넣어 잘 섞는다.

6 ⑤에 우유와 물을 붓고 월계수잎을 넣고 끓이다가 소금과 후춧가루로 간을 맞춘다.

7 ⑥의 토마토소스가 끓으면 준비한 양배추쌈을 넣어 중간 불에서 조린다.

8 토마토소스가 바특하게 조려지면서 양배추 속의 고기가 익으면 적당하게 잘라 그릇에 담고 남은 소스를 부어 낸다.

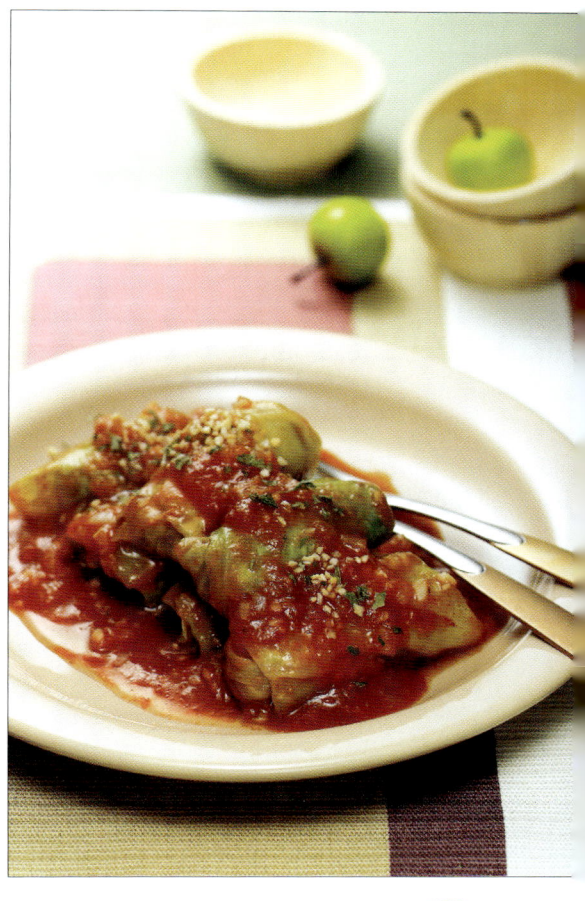

> 🔜 **COOK TIP**
> 양배추는 칼슘이 많은 알칼리성 식품인데 칼슘이 우유에 못지 않게 잘 흡수된다. 양배추 200g이면 하루에 필요한 비타민 C의 섭취가 가능하다.

등심샤부버섯국밥

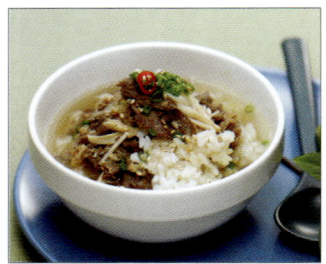

▶ **주재료**
쇠고기 등심(샤부샤부용) 300g, 밥 2공기, 느타리버섯 100g, 팽이버섯 ½봉지

▶ **부재료**
실파 3대, 물 8컵, 소금 약간

▶ **쇠고기 양념**
간장 1큰술, 다진 마늘 ½큰술, 참기름 1작은술, 설탕 ¼작은술, 청주 · 후춧가루 약간씩

1 쇠고기는 등심을 샤부샤부용으로 준비해서 핏물을 뺀 후 양념을 넣어서 조물조물 무친다.

2 냄비에 ①의 쇠고기를 넣어 볶다가 물을 붓고 한소끔 끓인다.

3 느타리버섯은 굵게 찢어 물에 헹궈 건지고 팽이버섯은 밑동을 잘라 물에 흔들어 씻어 물기를 턴다. 실파는 송송 썬다.

4 ②의 냄비의 쇠고기가 부드럽게 익혀지면서 진한 국물이 끓어오르면 느타리버섯과 팽이버섯을 넣어서 소금을 넣고 끓인다.

5 ④의 샤부샤부 국물에 고슬하게 지은 밥을 넣고 부드럽게 끓여서 실파를 넣고 소금으로 모자라는 간을 맞춰 그릇에 담아낸다.

🡒 COOK TIP

양념한 샤부샤부 쇠고기를 미리 볶다가 물을 붓고 푹 끓으면 진한 쇠고기 국물이 시원하게 우러나는데 여기에 버섯을 넣어 향을 더해서 국밥을 만들면 먹기에 부담이 없고 소화에도 도움을 준다. 되도록 뜨거운 밥을 넣어 한소끔 끓여야 부드러운 국밥이 된다.

안심편채

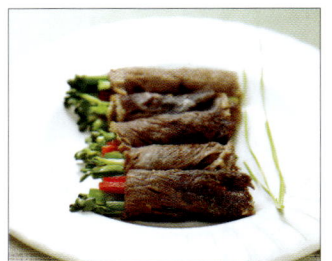

▶ **주재료**
쇠고기(안심) 600g

▶ **부재료**
청 · 홍피망 1개씩, 무순 100g, 실파 10대, 찹쌀가루 5큰술

▶ **쇠고기 양념**
깨소금 · 다진 마늘 · 설탕 1작은술씩, 참기름 · 간장 · 청주 1큰술씩, 소금 · 후춧가루 약간씩

1 쇠고기는 안심으로 준비해서 직경 5㎝ 크기의 동그란 모양으로 준비해서 잔칼집을 약간 넣어서 연하게 만든다.

2 ①의 쇠고기에 양념을 넣어 조물조물 무쳐서 재운다.

3 청피망, 홍피망은 씨와 씨방을 제거하고 나서 길이대로 채 썬다.

4 무순은 잡티를 제거하고 물에 씻어서 물기를 턴다.

5 실파는 깨끗이 씻어서 5㎝ 길이대로 썬다.

6 찹쌀가루를 접시에 넓게 펴 담고 쇠고기 양념을 앞뒤로 묻힌다.

7 팬에 기름을 약간 두르고 달군 후 ⑥의 쇠고기를 앞뒤로 골고루 지져낸다.

8 지져낸 쇠고기 안심에 피망, 실파, 무순을 얹어 돌돌 말아서 접시에 담아낸다.

🡒 COOK TIP

쇠고기 안심은 잔칼집을 자근자근 넣어 부드럽게 연육을 작용한 후 고기 양념에 재워야 고기를 구웠을 때 많이 오므라들지 않고 돌돌 말아 쌈 싸먹기에 알맞다.

쇠고기대하실부추무침

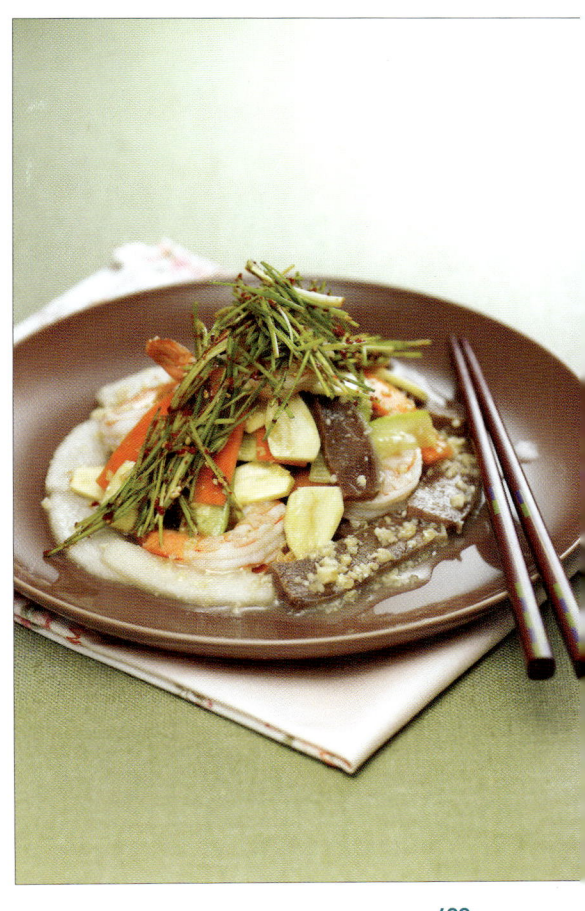

▶ **주재료**
대하 3마리, 쇠고기(양지머리 또는 아롱사태) 300g, 오이 $\frac{1}{2}$개, 당근 · 배 $\frac{1}{4}$개씩, 달걀 1개, 밤 3톨, 소금 · 다진 마늘 약간씩, 설탕 2큰술, 실부추(영양부추) 100g

▶ **잣소스**
잣 2큰술, 참기름 $\frac{1}{2}$큰술, 육수 $\frac{1}{4}$컵(쇠고기 편육 시에 나온 육수), 설탕 1작은술, 소금 $\frac{1}{2}$작은술

▶ **편육 향신채**
대파잎 1대, 마늘 2쪽, 생강즙 약간

▶ **실부추 무침장**
고운 고춧가루 · 식초 · 설탕 1작은술씩, 통깨 · 참기름 $\frac{1}{2}$작은술씩, 소금 약간

1 대하는 머리와 껍질을 벗기고 꼬치를 이용해서 두 번째 마디에서 내장을 뺀 후 엷은 소금물에 흔들어 씻어 김이 충분하게 오른 찜통에서 살짝 익혀낸다.

2 쇠고기는 양지머리나 아롱사태 부위로 준비해서 핏물을 뺀 후 냄비에 향신채를 모두 넣고 물을 넉넉하게 부어 끓으면 고기를 넣어 푹 삶아서 편육을 만들고 고기 삶은 육수는 소스 만들 때 넣는다.

3 쇠고기 편육이 한 김 식으면 얇게 가로 4cm, 세로 1cm의 크기로 썬다.

4 오이와 당근은 가로 4cm, 세로 1cm의 크기로 납작하게 썰어 다진 마늘과 소금을 넣고 볶아낸다.

5 밤은 속껍질까지 모두 벗기고 약간의 설탕에 재웠다가 건져 얇게 편 썰고 배도 오이와 같은 크기로 썰어 설탕에 살짝 재운다.

6 달걀은 알끈을 제거하고 곱게 풀어서 팬에 얇게 지단을 부쳐 식혔다가 오이와 같은 크기로 썬다.

7 잣소스의 재료를 분량대로 모두 섞어 차게 한다.

8 실부추는 다듬어 씻어서 물기를 턴 후 2cm 길이로 썰어 실부추양념에 넣고 살살 버무린다.

9 준비한 새우와 편육, 채소를 모두 넣고 잣소스를 부어서 살살 버무려서 접시에 담고 한편에 ⑧의 실부추 무침을 소복이 올려 상에 낸다.

다진고기우엉볶음밥

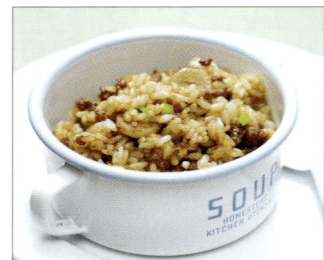

▶ **주재료**
다진 쇠고기 100g, 우엉 80g

▶ **부재료**
풋마늘 1대, 밥 2공기, 굴소스 1큰술, 소금 · 후춧가루 약간씩,
참기름 · 청주 1작은술씩, 식초 ½작은술

1 다진 쇠고기는 핏물을 종이타월로 눌러 없앤 후 소금
과 후춧가루를 약간 넣고 조물조물 무쳐 밑간한다.

2 우엉은 껍질을 벗기고 0.5㎝의 크기로 잘게 썰어 식초를
넣은 물에 담갔다가 건져 맑은 물에 헹궈 물기를 짠다.

3 풋마늘은 씻어서 0.5㎝ 길이로 송송 썬다.

4 팬에 기름을 두르고 풋마늘과 우엉을 넣고 청주를 넣
어 볶다가 다진 쇠고기를 마저 넣고 볶는다.

5 고기와 우엉이 익으면 굴소스와 참기름을 넣어 버무
려 간을 맞춘다.

6 ⑤에 고슬한 따뜻한 밥을 넣어 자르듯이 섞어서 볶고
소금으로 간을 해서 먹는다.

COOK TIP

고명을 잔뜩 올린 볶음밥 또는 소재료를 많이 넣은 볶음밥은 주
로 접시나 밑이 움푹한 그릇 또는 공기에 주로 담았는데, 이런 볶
음밥 등은 작은 대나무 찜통에 유산지(기름종이)를 모양 있게 잘
라 넣고 그 위에 볶음밥을 담으면 모양도 예쁠 뿐 아니라 근사한
일품요리를 먹는 듯한 느낌을 준다.

매운고추갈비찜

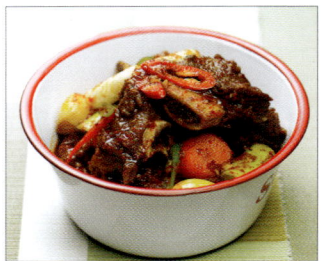

▶ **주재료**
쇠갈비 600g, 청양고추 · 홍고추 1개씩, 당근 30g, 대파 2대,
통마늘 5개

▶ **매운찜 양념**
간장 · 고운 고춧가루 2큰술씩, 맛술 · 물엿 1큰술씩, 참기름 · 깨
소금 1작은술씩, 생강즙 약간, 후춧가루 ½작은술, 갈비 육수 1컵

1 쇠갈비는 먹기 좋은 크기로 뼈대와 살을 붙여서 썰어
찬물에 담가 핏물을 뺀다.

2 핏물을 뺀 쇠갈비를 건져 물기를 없앤 후 칼집을 넣고
겉기름은 떼어낸다.

3 끓는 물에 ②의 쇠갈비를 데치고 갈비 육수는 양념장
에 넣도록 따로 준비한다.

4 청양고추와 홍고추는 어슷하게 채 썰어 씨를 털고 당
근은 동그란 완자 모양으로 다듬어 썰고 대파는 큼직
하게 통으로 썰고 통마늘은 껍질을 벗겨 씻어서 물기
없이 준비한다.

5 갈비 육수 1컵에 나머지 찜 양념장을 넣어 고춧가루가
불도록 섞어 숙성시킨다.

6 삶은 갈비에 ⑤의 양념장을 넣어 잠시 재운다.

7 뚝배기에 갈비, 고추, 당근, 대파, 마늘을 넣고 중간
불에서 뚜껑을 덮어서 끓인다.

8 갈비가 속까지 충분하게 매운맛이 배면 국물이 졸아
들기 전에 불에서 내려먹는다.

고기당면잡채

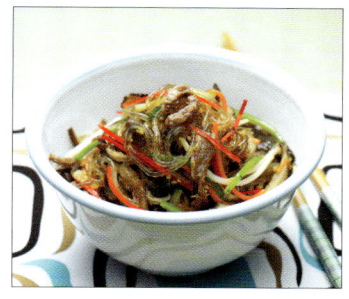

▶ **주재료**
당면 80g, 콩나물 150g, 쇠고기 100g, 표고버섯 5장, 목이버섯 10g, 오이 ½개, 당근 ⅓개, 홍고추 3개, 진간장·설탕·소금 약간씩

▶ **쇠고기 양념**
진간장 ½큰술, 설탕·다진 파 1작은술씩, 다진 마늘·참기름 ½작은술씩, 후춧가루 약간

▶ **잡채 양념**
진간장 2큰술, 설탕 1큰술, 다진 마늘·참기름 1작은술씩, 통깨 ½큰술, 실고추 약간

1 당면은 부드럽게 찬물에 불려 7㎝ 길이로 짧게 잘라 준비한다. 콩나물은 머리와 꼬리를 떼고 다듬어 씻어 물기를 턴다.

2 먹기 좋은 크기로 자른 당면을 진간장과 설탕, 소금을 약간씩 넣어 조물조물 무쳐 밑간한다. 팬에 기름을 약간 두르고 콩나물을 소금으로 간을 해서 아삭하게 볶아낸다.

3 쇠고기는 5㎝ 길이로 채 썰어 쇠고기 양념 ⅜분량에 미리 조물조물 무쳐 잠시 재워 고기가 연해지게 한다.

4 표고버섯은 물에 불려서 밑동을 자른 후 채 썰고 남은 쇠고기 양념장에 조물조물 무친다.

5 목이버섯은 부드럽게 불려서 꼭지에 붙은 흙을 떼어내고 씻어 손으로 쭉쭉 찢어 놓는다.

6 오이는 5㎝ 길이로 돌려 깎아 채 썰어 소금에 살짝 절인다.

7 당근은 오이 길이로 채 썰어 소금에 살짝 절인다. 홍고추는 반을 갈라 씨를 빼내고 5㎝ 길이로 곱게 채 썬다.

8 팬에 기름을 두르고 소금에 절인 오이와 당근, 홍고추 채를 각각 한가지씩 센 불에서 볶아 넓은 그릇에 담아 식힌다. 기름이 너무 많이 들어가면 채소 색깔이 누렇게 되어 맛이 없어 보인다.

9 양념해 둔 쇠고기와 표고버섯은 국물이 없도록 팬에서 달달 볶아 넓은 접시에 펼쳐 식힌다.

10 목이버섯도 팬에 기름을 살짝 두르고 재빨리 볶아내 식힌다.

11 부드럽게 밑간 한 당면을 재빨리 팬에서 볶아낸다.

12 넓은 볼에 위의 재료를 모두 담고 잡채 양념을 넣어서 휘휘 저어가면서 무친다. 고루 무쳤으면 참기름을 넣고 다시 한 번 무쳐서 고소한 맛을 내 그릇에 담아낸다.

→ **COOK TIP**
고기를 넣은 잡채는 고기와 채소, 당면을 각각 채 썰어 양념해서 볶은 후 나중에 한꺼번에 양념을 더 첨가해서 무쳐야 맛있다. 고기는 제일 나중에 볶아 고기가 딱딱해지지 않게 한다.

돼지고기고추장불고기

▶ **주재료**
돼지고기(삼겹살) 600g

▶ **부재료**
대파 1대, 양파 ½개, 홍고추 · 청양고추 1개씩

▶ **고추장 양념장**
다진 마늘 2큰술, 다진 생강 ¼작은술, 고추장 3큰술, 고운 고춧가루 · 참기름 1작은술씩, 간장 · 설탕 · 청주 1큰술씩, 후춧가루 약간

1 돼지고기는 지방층이 골고루 분포한 삼겹살로 준비해서 먹기 좋은 크게 사방 4㎝ 크기로 얇게 썬다.

2 대파는 굵게 채 썰고 양파도 채 썬다.

3 홍고추는 씨를 발라내고 어슷하게 채 썰고 청양고추는 씨째 곱게 다진다.

4 고추장에 고운 고춧가루와 간장을 섞어서 고춧가루를 불린 후 다진 마늘, 생강, 청주, 설탕, 참기름, 후춧가루를 넣어서 잘 섞어준다.

5 볼에 돼지고기, 대파, 양파, 홍고추, 청양고추를 넣고 ④의 양념장에 살살 버무려 간이 배도록 30분 정도 재운다.

6 팬에 기름을 약간 두르고 달군 후 ⑤의 고기와 채소를 넣어서 중간 불에서 볶는다.

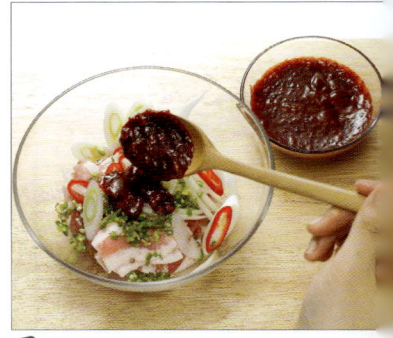

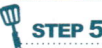 **STEP 5**

→ **COOK TIP**

돼지고기를 볶을 때 특히 냄새에 유의해야 하는데 돼지 누린내를 없애려면 청주와 생강, 양파, 매운 고추 등을 넣어서 함께 양념하면 고기 누린내가 없어진다. 또 돼지고기를 볶을 때는 양념장을 먼저 만들어 고기를 넣고 재워야 고기에 간이 잘 배고 돼지고기가 연해진다. 매운맛을 내려고 고춧가루를 너무 많이 넣으면 텁텁한 맛과 함께 쉽게 고기가 타서 맛이 없다. 돼지고기를 맵게 먹으려면 고추기름을 넣거나 매운 청양고추를 잘게 다져 넣어서 매운맛을 내는 것이 좋다.

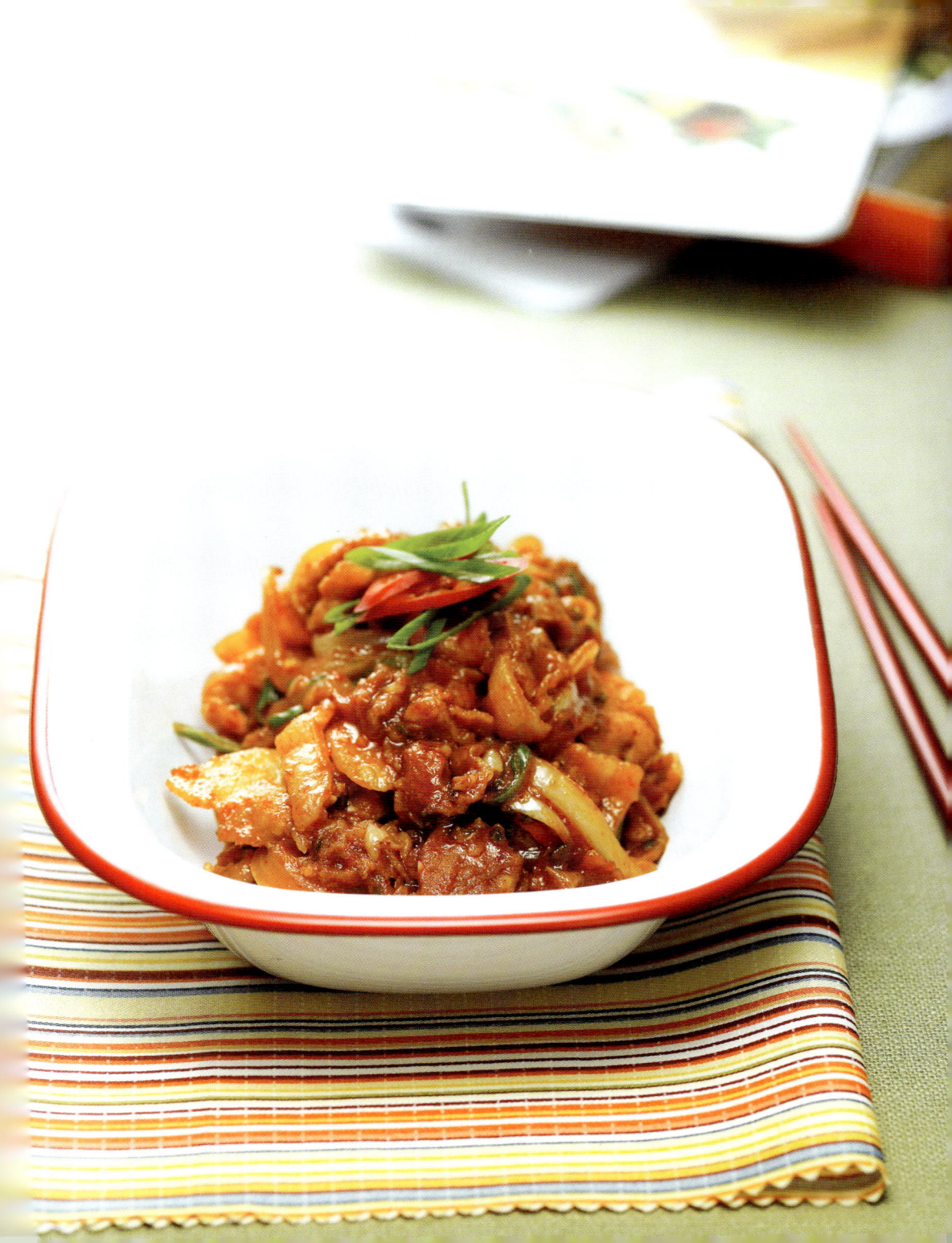

돼지고기김치찜

▶ **주재료**
돼지고기(목살) 400g, 배추김치 200g

▶ **부재료**
대파 1대, 다진 마늘 · 다진 파 1큰술씩, 생강즙 · 후춧가루 · 소금 약간씩, 고추기름 · 식용유 · 설탕 1작은술씩, 쌀뜨물 3컵

1 돼지고기는 목살로 준비해서 먹기 좋은 크기로 삼각형 모양으로 썬다.

2 ①의 돼지고기에 고추기름, 설탕, 다진 파, 다진 마늘, 후춧가루, 생강즙, 소금을 넣고 조물조물 무쳐 재운다.

3 배추김치는 국물이 있는 채로 통째로 준비한다. 대파는 4㎝ 길이로 토막 내어 세로로 반을 가른다.

4 냄비에 양념한 돼지고기를 넣고 볶다가 김치와 대파를 올리고 쌀뜨물을 부어 찐다.

5 김치가 무르게 익고 돼지고기의 맛이 퍼지면 소금으로 간을 해서 한소끔 더 끓여 국물이 처음의 ⅓ 정도가 되면 불에서 내린다.

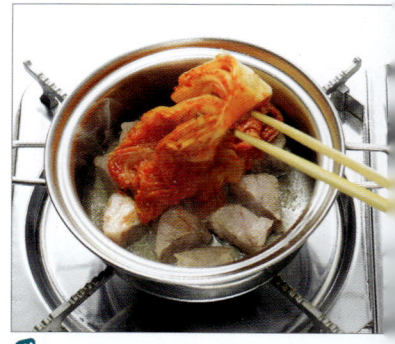

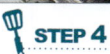 STEP 4

→ COOK TIP

돼지고기를 그냥 물에 넣어서 끓이는 것보다 갖은 양념에 조물조물 무쳐 재운 뒤에 넣어야 돼지고기에 간도 잘 배고 더 맛있다.

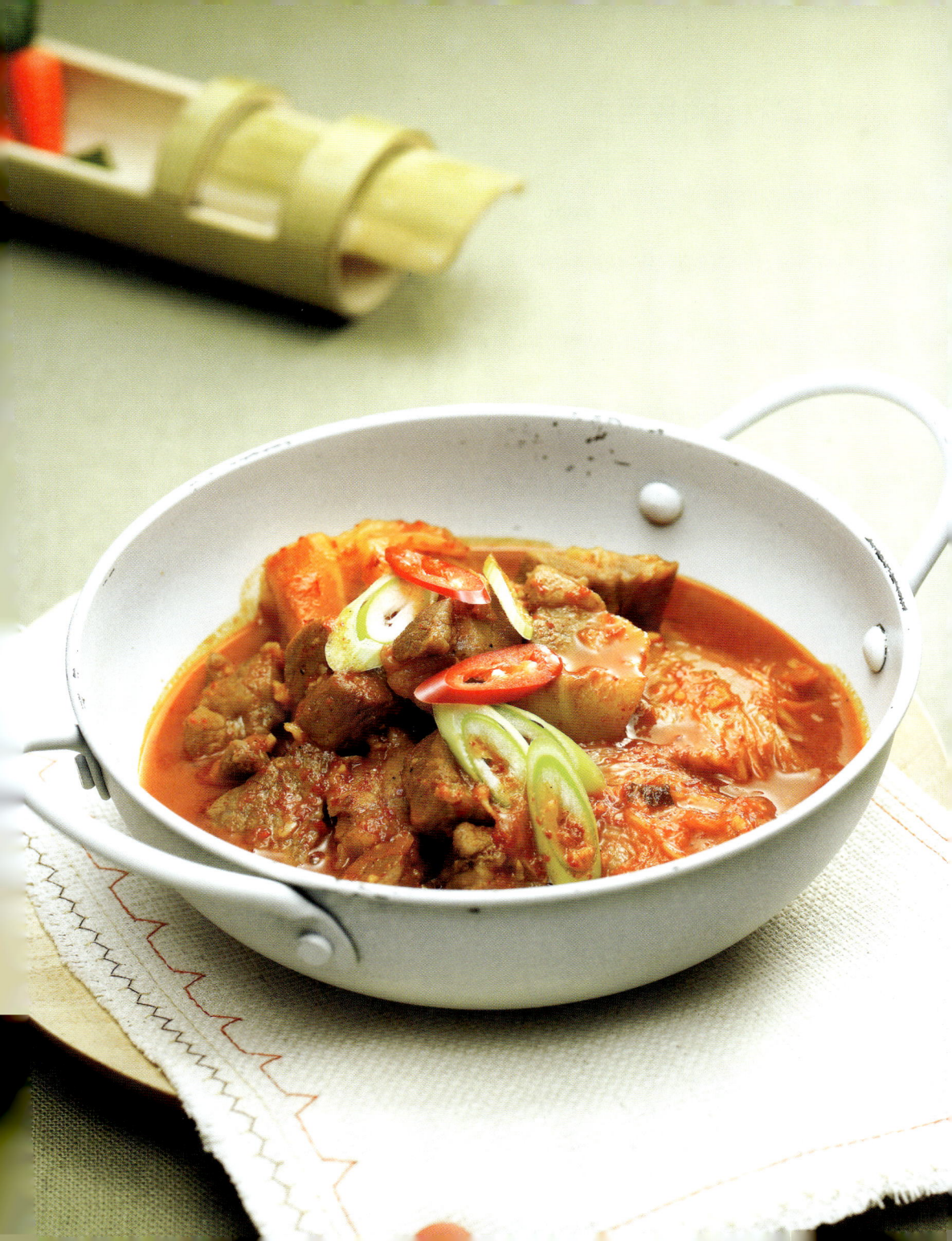

돼지고기견과류찜

▶ **주재료**
돼지고기(삼겹살 덩어리) 600g, 호두 8알, 밤 10톨, 대추 5개, 잣 1큰술

▶ **부재료**
소금 약간, 대파잎 1대, 청주 1큰술, 통후추 3알, 마늘 2쪽

▶ **찜 양념장**
배즙 · 양파즙 · 다진 마늘 · 설탕 · 물엿 · 청주 · 참기름 1큰술씩, 간장 4큰술, 깨소금 1작은술, 후춧가루 약간

1 돼지고기는 삼겹살 덩어리로 준비해서 찬물에 잠시만 담가 핏물을 뺀 후
사방 4cm, 2cm 두께로 썬다. 냄비에 물을 붓고 끓이다가 끓으면 대파잎, 청
주, 통후추, 마늘과 함께 돼지고기를 넣어 삶아낸다.

2 돼지고기가 적당히 삶아지면 꺼내어 채반에 밭쳐 식힌다.

3 볼에 배즙과 양파즙, 다진 마늘, 간장, 설탕, 물엿, 청주, 참기름, 깨소금,
후춧가루를 넣어서 골고루 섞어 찜 양념장을 만든다.

4 삶아서 식힌 돼지고기를 큰 볼에 담고 만들어 놓은 양념장을 넣어서 골고
루 버무려 40분 정도 재운다.

5 호두와 밤은 속껍질까지 말끔히 벗기고 소금을 약간 넣은 물에 잠시 담가
쌉쓸한 맛을 뺀다.

6 대추는 주름 부분까지 말끔히 솔로 문질러 씻어서 물에 헹구어 물기를 뺀다.

7 잣은 고깔을 떼어내고 마른 면포에 닦아 준비한다.

8 냄비에 돼지고기 재운 것을 넣고 중간 불에서 은근히 끓여준다.

9 어느 정도 고기가 익으면 견과류 중에 잣만 빼고 함께 넣어 찐다. 찌는 중
간 중간 뚜껑을 열고 국물을 위에 끼얹어 가면서 찐다.

10 고기가 완전히 익으면 뚜껑을 열고 약한 불에서 은근히 국물을 끼얹어
익혀서 잣을 뿌린 후 그릇에 담아낸다.

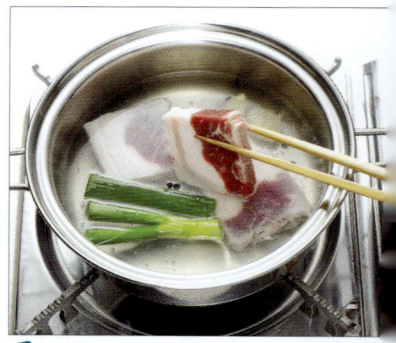

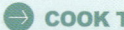 **STEP 1**

> ### → COOK TIP
> 돼지고기를 적당히 두툼하게 썰어서 향신채와 함께 삶아야 누린
> 내도 없어지고 찜 양념장이 속까지 완전히 배어들어 맛있다. 돼지
> 고기는 너무 오래 삶으면 맛이 없으니 살이 익으면 바로 꺼낸다.

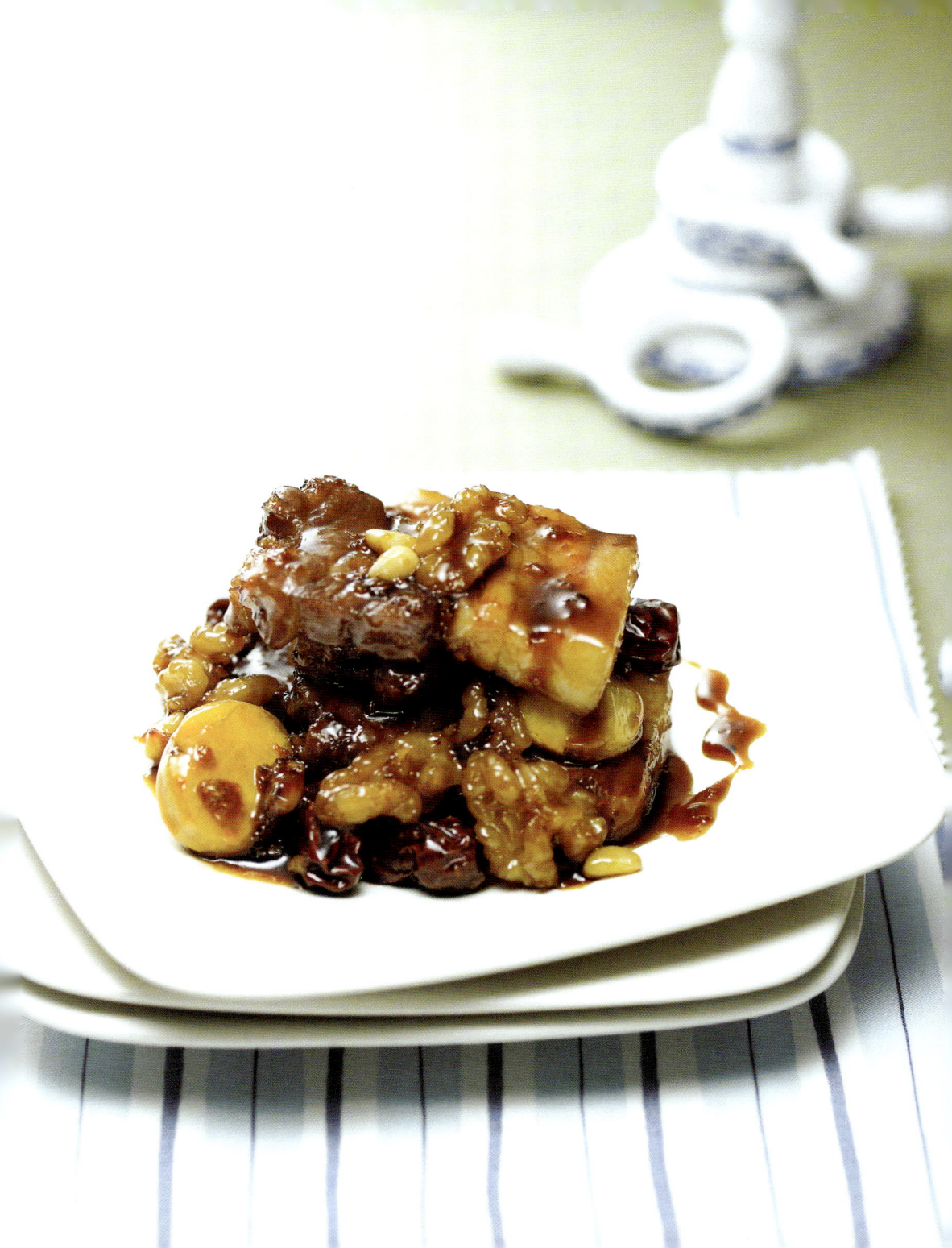

등심겨자구이와 토마토소스

▶ **주재료**
돼지고기(등심) 300g(4장)

▶ **부재료**
소금 · 후춧가루 · 파슬리가루 약간씩, 씨 머스터드 2큰술, 양파 ½개, 고추피클 2개

▶ **토마토소스**
완숙 토마토 2개, 샐러드오일 3큰술, 식초 1큰술, 카레가루 1½작은술, 소금 · 설탕 · 후춧가루 약간씩

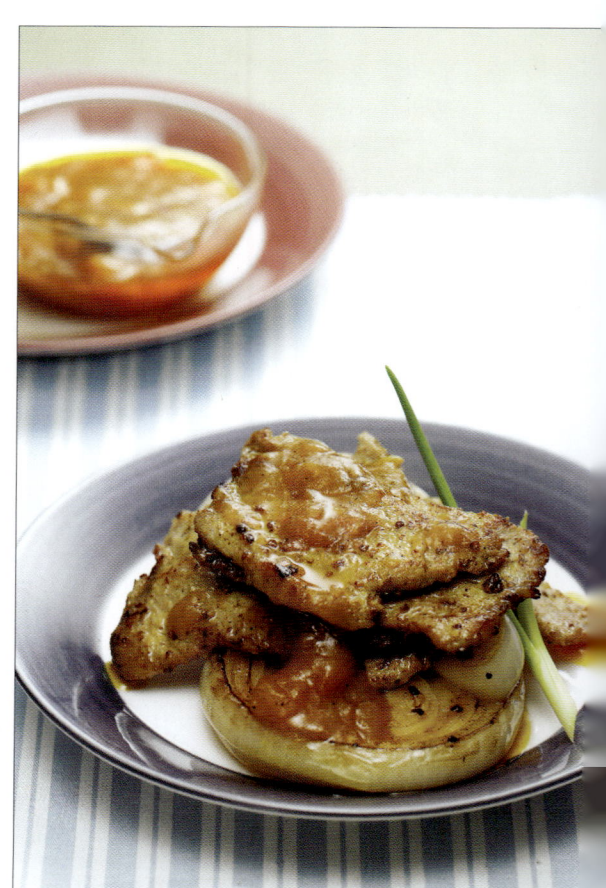

1 돼지고기는 핏물을 뺀 후 칼끝으로 고루 칼집을 넣어서 소금과 후춧가루를 뿌려 밑간한다.

2 밑간한 돼지고기에 씨 머스터드 를 고루 묻힌 후 기름 두른 팬에서 앞뒤로 노릇하게 지진다.

3 토마토는 직화로 불에 구워서 껍질을 벗겨 사방 1cm 크기로 썬다.

4 소스 팬에 샐러드오일을 두른 후 작게 썬 토마토와 식초, 카레가루, 소금, 설탕, 후춧가루를 넣고 잘 섞어서 소스를 만든다. 여기에 파슬리가루를 섞는다.

5 양파는 둥글게 썰어 고기를 지졌던 팬에 앞뒤로 노릇하게 굽는다.

6 그릇에 구운 돼지고기를 담은 후 토마토소스를 뿌려 양파와 고추피클을 곁들여 낸다.

> ⟶ **COOK TIP**
> 돼지고기 등심으로 스테이크 구이를 할 때 등심의 사방에 칼집을 넣어서 구우면 고기의 육질이 오그라들지 않아서 스테이크 모양이 예쁘게 살아난다. 또 씨 머스터드 를 골고루 발라서 잠시만 재운 후 팬에 구워야 겨자 맛이 깊게 배인 등심구이를 맛볼 수 있다.

항정살구이

▶ **주재료**
항정살 200g

▶ **부재료**
굵은 볶은 소금 약간

1 항정살은 도톰하게 마름모꼴로 썰어 접시에 돌려 담는다.

2 화력이 센 숯불이나 바비큐 그릴에 두꺼운 돌판을 올리고 달궈지면 항정살을 평평하고 가지런하게 올리고 굵은 소금을 약간 뿌려 굽는다. 기름기가 있으므로 가볍게 뒤집어 육즙이 빠지지 않게 빠르게 구워 먹는 것이 좋다.

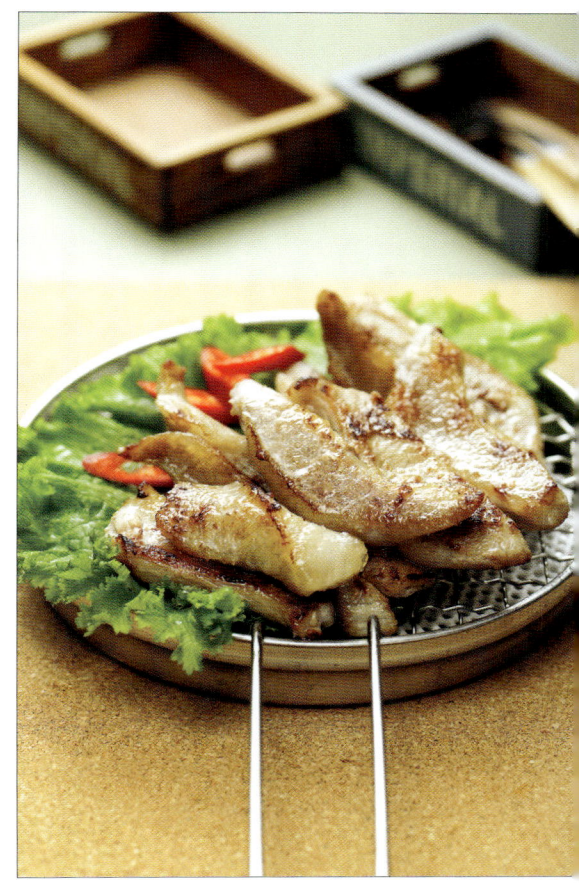

→ COOK TIP

항정살이란 돼지 목덜미 살이다. 돼지고기지만 소의 양지머리처럼 쫄깃쫄깃 씹히는 맛이 있고, 고소하면서 약간은 달큼한 돼지고기 육즙이 입 안 가득 배어드는 맛있는 부위다. 돼지 한 마리에서 200g밖에 나오지 않는 귀한 부위이기도 하다.

유자너비아니

▶ **주재료**
돼지고기(등심) 600g

▶ **부재료**
찹쌀가루 3큰술, 녹말가루 1큰술, 소금 · 곱게 빻은 통후추 약간씩, 잣가루 · 송송 썬 실파 3큰술씩

▶ **유자고추장소스**
유자청 3큰술, 고추장 2큰술, 간장 · 청주 · 다진 파 · 다진 마늘 · 참기름 1큰술씩, 생강즙 ¼작은술

1 돼지고기 등심은 사방 5㎝ 크기로 얇게 썰어서 종이타월에 올려 핏물을 없앤다.

2 도마에 등심을 올리고 잔칼집을 넣어 고기를 부드럽게 하고 고기를 구웠을 때 오므라들지 않게 한다.

3 넓은 접시에 등심을 펼치고 찹쌀가루와 녹말가루, 소금, 통후추 곱게 빻은 것을 고루 뿌려 20분 정도 재운다.

4 팬에 기름을 두르고 노릇하게 앞뒤로 지져 낸다.

5 넓고 깊은 팬에 고추장과 간장, 청주를 유자청에 넣어 고루 섞고 다진 파, 다진 마늘, 생강즙, 참기름을 넣어 약한 불에서 끓인다.

6 유자고추장소스가 끓으면 ④의 등심 찹쌀구이를 넣어 센 불에서 재빨리 섞어 간이 배도록 한다. 접시에 담고 잣가루와 실파를 듬뿍 뿌려 낸다.

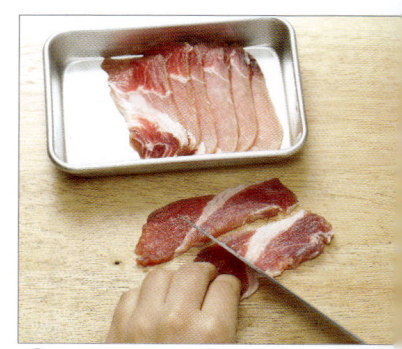

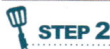 STEP 2

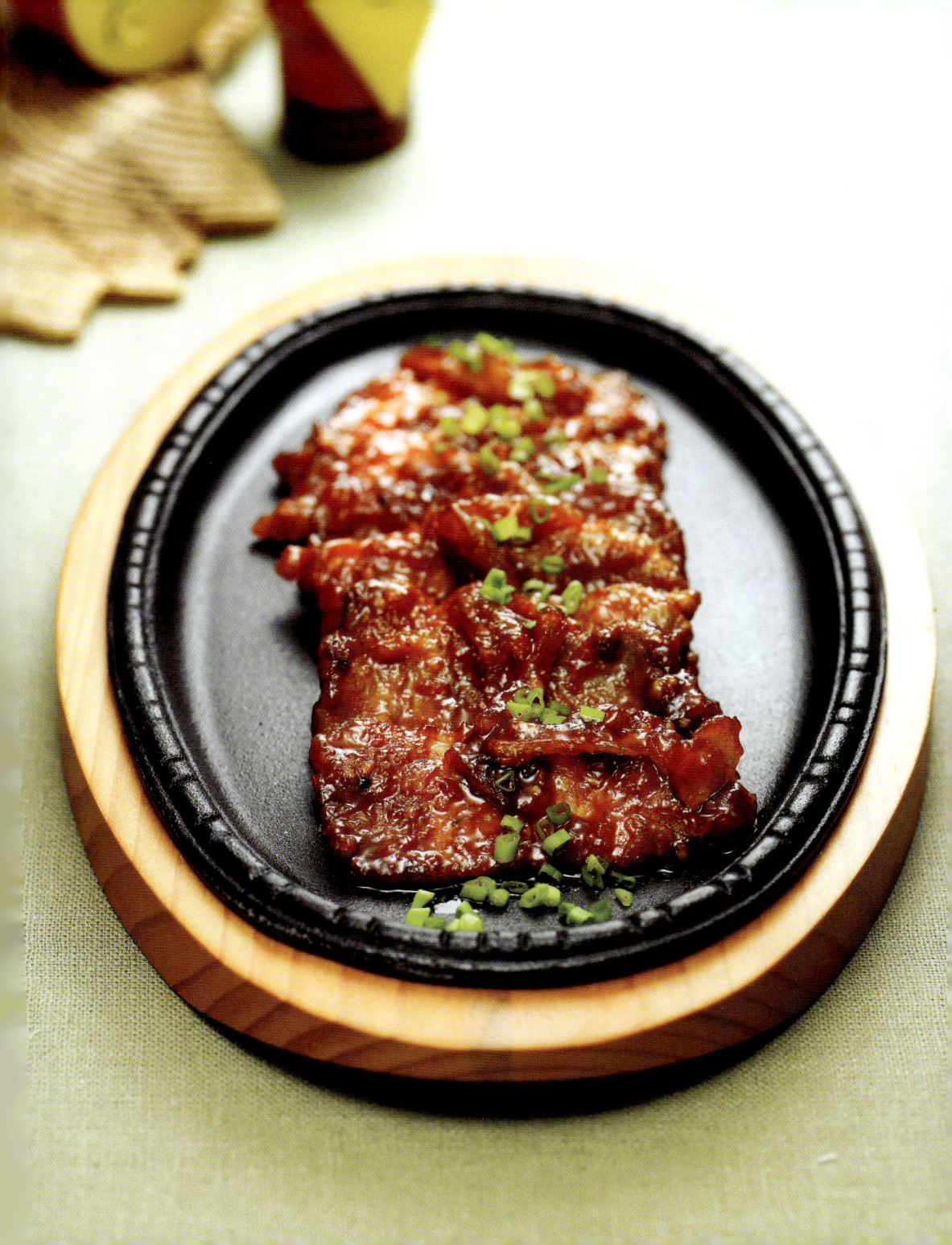

등심채소당면볶음

▶ **주재료**
돼지고기(등심) 300g, 청경채 2포기, 마른 당면 30g

▶ **부재료**
양파 ½개, 당근 30g, 쪽파 3대, 홍고추 2개, 청양고추 1개, 다진 마늘 · 청주 · 녹말가루 · 설탕 · 참기름 · 깨소금 1큰술씩, 굴소스 2큰술, 소금 · 후춧가루 약간씩

1 돼지고기 등심은 나무젓가락 굵기로 4㎝ 길이로 썰어 고기망치로 두드려 고기를 연하게 한다.

2 ①의 등심에 녹말가루 1큰술, 굴소스 1작은술, 설탕 1작은술을 넣어 조물 조물 무쳐 밑간한다.

3 청경채는 한 잎 씩 떼어 씻어 놓고 양파와 당근은 아주 곱게 채 썬다. 쪽파 는 2㎝ 길이로 썰고 홍고추와 청양고추는 반을 갈라 씨를 빼고 2㎝ 길이 로 썬다.

4 당면은 끓는 물에 삶아 체에 밭쳐 물기를 빼고 적당하게 썬다.

5 팬에 기름을 넉넉하게 두르고 양파와 당근, 다진 마늘을 볶다가 돼지고기 등심을 넣어 볶는다.

6 ⑤에 당면과 청경채, 쪽파, 홍고추와 청양고추를 넣고 굴소스, 설탕, 참기 름을 넣어 버무려 볶아낸다.

7 넓은 접시에 ⑥의 등심채소당면볶음을 펼쳐 한 김 식히면서 소금과 후춧 가루로 간을 맞춰 깨소금으로 버무려 그릇에 담아낸다.

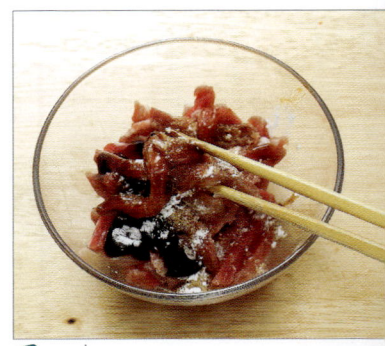
STEP 2

→ **COOK TIP**
등심에 녹말가루와 양념을 넣어 조물조물 충분하게 밑간이 된 상 태에서 고기를 볶아야 간이 잘 배고 당면과 조화롭게 어우러진다.

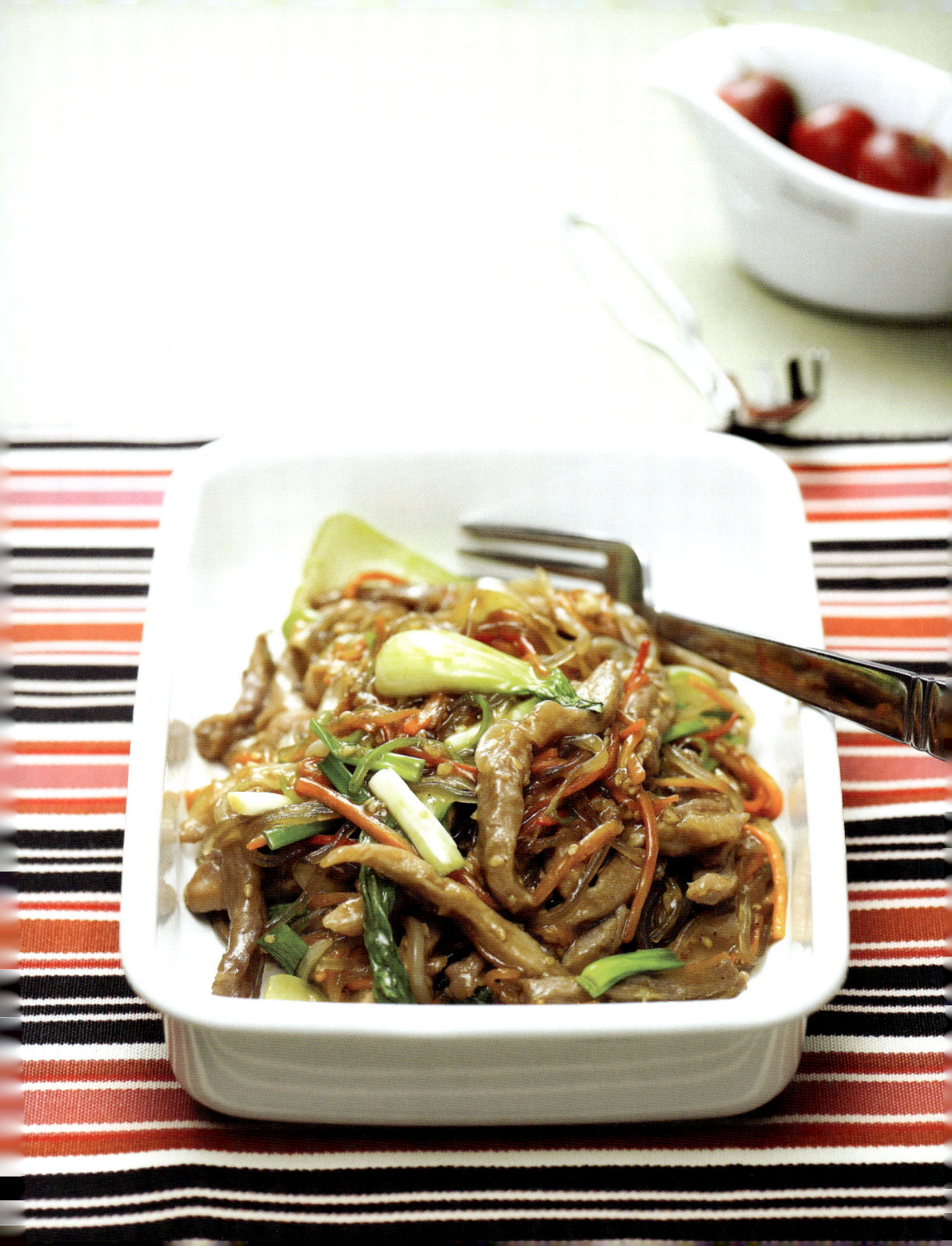

가브리살구이

▶ **주재료**
가브리살 200g

▶ **부재료**
굵은 볶은 소금 약간, 양송이버섯 4~5개

1 준비한 가브리살을 접시에 돌려 담고 양송이버섯은 갓
부분의 껍질을 벗기고 밑동을 자른 후 함께 담는다.

2 화력이 좋은 숯불이나 바비큐 그릴에 석쇠를 올리고
가브리살과 양송이버섯을 함께 구워 먹는다.

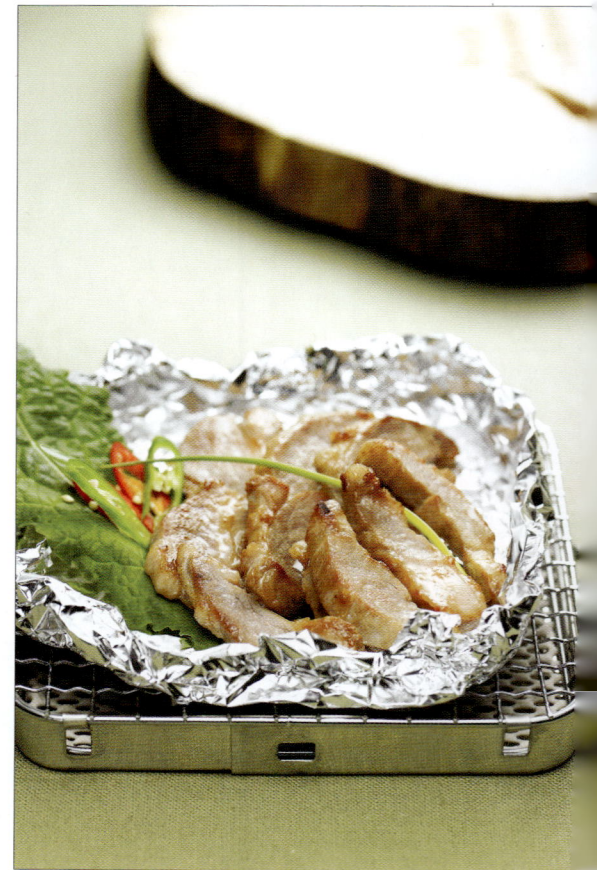

⊙ COOK TIP

가브리살은 돼지고기 등심 바로 윗부분의 지방층 사이에 있는 살
코기 부분을 말하는데 이 부위를 기름기를 발라내고 살코기만 사
방 4cm 크기로 마름모꼴로 잘라낸 것이다. 항정살과 함께 최근
에 정식 부위로 등록된 것이 바로 가브리살이다. 등겹살이라고도
불리운다.

오겹살구이

▶ 주재료
오겹살 400g

▶ 부재료
굵은 볶은 소금 약간

1 오겹살은 도톰하게 0.8cm 두께, 사방 5cm 크기로 썰어 접시에 돌려 담는다.

2 숯불에 석쇠를 올리거나 돌판을 올려서 달군 후 오겹살을 놓고 앞뒤로 노릇노릇하게 기름을 빼주면서 굽는다. 구울 때 굵은 볶은 소금을 약간 뿌려서 구워야 고기의 잡내가 없다.

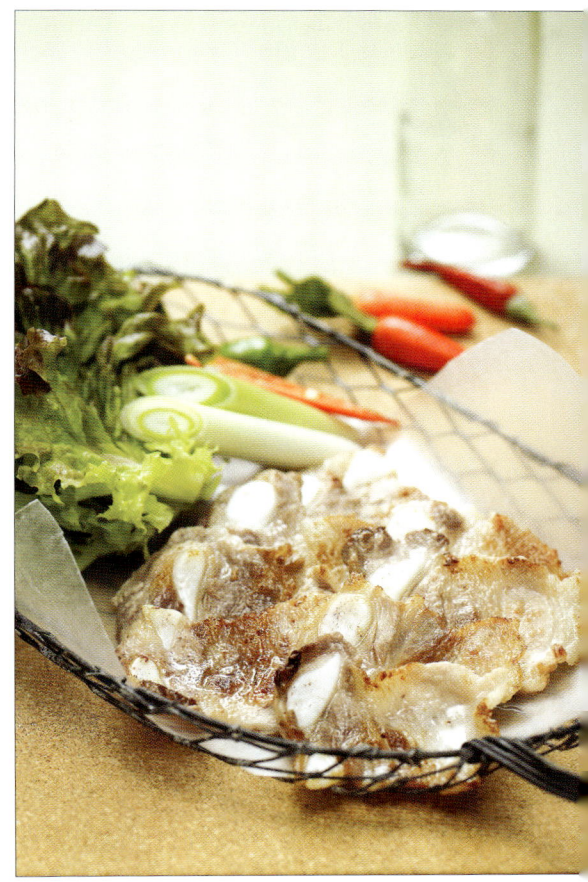

→ COOK TIP

삼겹살 중에 갈비살 부분을 추출하여 역방향으로 썰어 놓은 것을 오겹살이라고 한다. 이 오겹살은 비계 부분을 구웠을 때 쫄깃하고 기름지지 않다.

돼지등심고추장구이와 파채쌈

▶ **주재료**
돼지고기(등심) 400g, 대파(흰 부분) 5대, 양파 ½개, 홍고추 1개, 찬 얼음물 약간

▶ **고추장구이 양념장**
고추장 3큰술, 고운 고춧가루 · 참기름 · 물엿 1작은술씩, 간장 · 청주 · 다진 마늘 1큰술씩, 다진 생강 ¼작은술, 설탕 ½큰술

▶ **돼지고기 밑간**
양파즙 · 파인애플 과육즙 2큰술씩, 소금 · 후춧가루 약간씩

1 대파는 4㎝ 길이로 흰 부분만 토막 내 세로로 칼집을 넣어 펼친 후 곱게 채 썰어 찬 얼음물에 담가 싱싱하게 한다.

2 양파는 아주 곱게 채 썰어 찬 얼음물에 담가 싱싱하게 하고 아린맛을 뺀다.

3 돼지고기 등심은 0.5㎝ 두께, 사방 8㎝의 폭으로 썬 것을 구입해서 밑간 양념에 고루 버무려 20분 정도 재워 고기를 연하게 숙성시킨다.

4 고추장 양념장 구이를 분량의 재료대로 섞는다.

5 밑간 한 등심은 ④의 고추장 양념장을 한 장씩 발라 30분 이상 냉장실에서 고기를 숙성시킨다.

6 팬에 기름을 약간 두르고 양념에 재운 등심을 앞뒤로 구워낸다.

7 대파와 양파를 체에 밭쳐 물기를 완전하게 빼고 접시 가장자리에 돌려 담고 안쪽에 돼지고기 등심을 구워서 담아 상에 낸다.

 COOK TIP

돼지고기 등심 부위는 보통 아이들이 좋아하는 커틀릿으로 많이 사용한다. 삼겹살 부위보다 기름기가 적어서 조금 뻑뻑한 맛이 나는 등심을 양파즙과 파인애플즙에 재웠다가 다시 고추장 양념장에 재우면 매콤한 양념 맛이 잘 배어 파채와 양파채의 싱그러움과 아주 잘 어울리는 요리가 된다. 등심은 부드러워 특히 아이들이나 어르신들의 고기 요리로 적당하다.

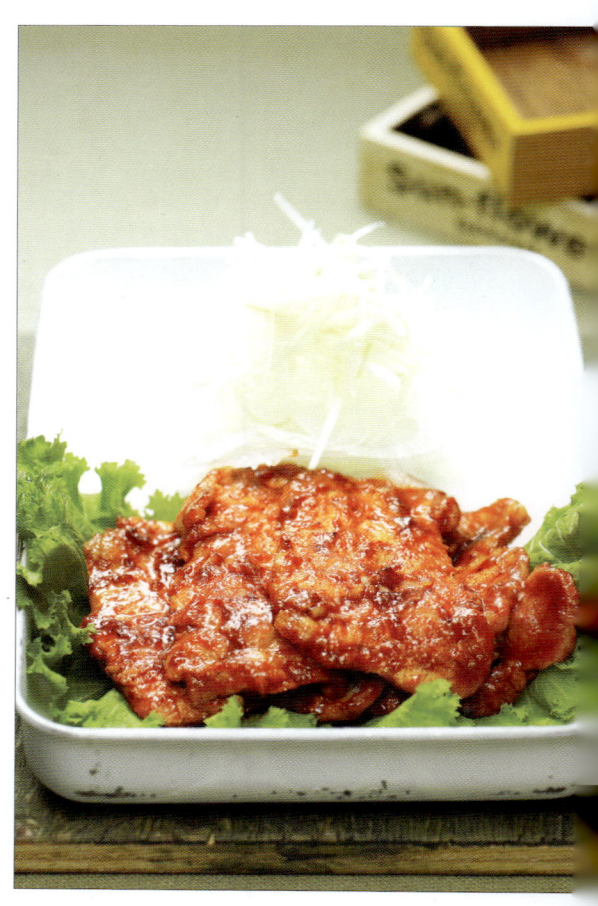

돼지안심완자토마토꼬치

▶ **주재료**
돼지고기(안심) 400g, 방울토마토 20개

▶ **부재료**
빵가루 ⅓컵, 달걀 1개, 소금·후춧가루·녹말가루 약간씩, 작은 나무 꼬치 20개, 토마토케첩 5큰술

▶ **완자조림소스**
간장 3큰술, 다시마 우린 물 ⅓컵, 청주·굴소스·물엿 1큰술씩, 맛술·올리브오일 2큰술씩

1 돼지고기 안심은 아주 곱게 다져서 종이타월에 올려 손으로 꾹꾹 눌러서 핏물을 뺀다.

2 볼에 ①의 돼지고기 안심을 넣고 빵가루와 달걀, 소금, 후춧가루를 넣어 손으로 조물조물 무쳐서 치댄다.

3 ②의 돼지고기 안심을 손에 올려 동그랗게 완자로 빚어서 30분 정도 냉장실에서 숙성시킨다.

4 냄비에 간장과 다시마 우린 물, 청주, 맛술, 굴소스, 올리브오일, 물엿을 넣어 잘 섞은 후 약한 불에서 자작하게 조린다.

5 숙성시킨 ③의 돼지고기 안심에 녹말가루를 약간 입혀서 팬에서 노릇하게 굴려가면서 지진다.

6 돼지고기 안심 완자가 익으면 ④의 완자조림소스를 부어서 윤기가 나도록 조려 완전히 익힌다.

7 꼬치에 ⑥의 완자와 씻어 놓은 방울토마토를 한 개씩 꿰어 접시에 모양나게 담아 토마토케첩을 찍어서 먹는다.

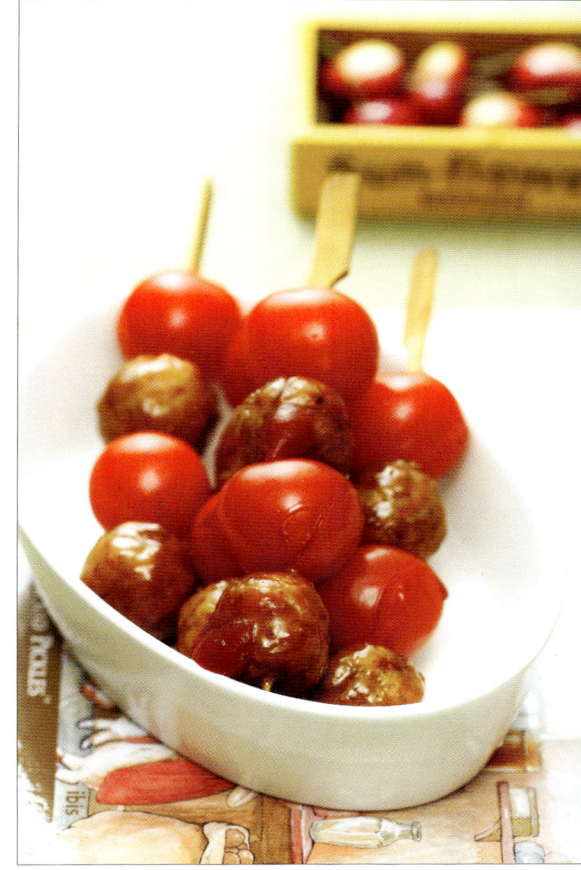

→ COOK TIP
돼지고기 안심은 갈비 안쪽에 붙은 가장 연한 부위로 둥글고 긴 막대 모양을 한 살코기 덩어리다. 지방이 적고 단백질이 많으며 맛이 담백하다. 수육, 스테이크 등 고기 자체의 맛을 살리는 조리에 쓰인다.

돼지등심커틀릿과 허니머스터드

▶ **주재료**
돼지고기(등심) 600g

▶ **부재료**
소금 · 후춧가루 · 튀김기름 약간씩, 사과즙 · 양파즙 5큰술씩, 밀가루 · 빵가루 1컵씩, 달걀 3개

▶ **백김치 양념소**
백김치 300g, 슬라이스 체더치즈 3장, 소금 약간, 다진 양파 5큰술

▶ **허니머스터드소스**
꿀 3큰술, 머스터드 5큰술, 마요네즈 ½컵, 소금 · 흰 후춧가루 약간씩

1 돼지고기 등심은 사방 14㎝, 0.8㎝ 두께로 잘라 자근자근 고기 망치로 두드려 부드럽게 한다.

2 양파즙과 사과즙을 ①의 돼지고기 등심에 뿌리고 소금과 후춧가루로 밑간한 후 1시간 이상 냉장고에서 숙성시킨다.

3 백김치는 물기를 꼭 짠 후 0.5㎝ 크기로 다져서 물기를 또 한 번 짠다. 슬라이스 체더치즈를 다져 넣고 소금과 다진 양파를 넣어서 고루 섞어 소를 만든다.

4 숙성시킨 돼지고기 등심에 밀가루를 안쪽에 약간 묻히고 ③의 백김치 양념소를 넣어서 반으로 접어 아물린 후 밀가루와 곱게 푼 달걀물, 빵가루를 듬뿍 입힌다.

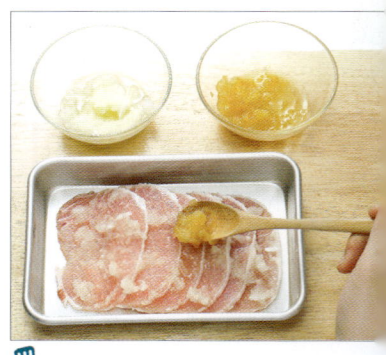

🍳 **STEP 2**

5 180℃로 달군 기름에 ④의 커틀릿을 노릇하게 바삭한 상태로 튀겨내 기름을 뺀다. 되도록 백김치 양념소가 밖으로 나오지 못하도록 잘 튀겨야 말끔하다.

6 볼에 머스터드와 마요네즈, 꿀, 소금, 흰 후춧가루를 넣어서 잘 섞어 허니머스터드소스를 만든다.

7 바삭하게 튀긴 커틀릿을 접시에 담고 ⑥의 허니머스터드소스를 듬뿍 뿌려서 먹는다.

 COOK TIP

기름진 등심의 맛을 없애주고 깔끔하고 개운한 맛이 나는 백김치 토마토소스는 너무 오래 끓이면 아삭한 맛이 없으므로 재빨리 센 불에서 토마토의 향과 맛이 배도록 조리는 것이 포인트이다. 등심은 사과와 양파를 갈아서 그 즙에 재워야 돼지고기의 누린 맛이 없고 맛이 담백하다.

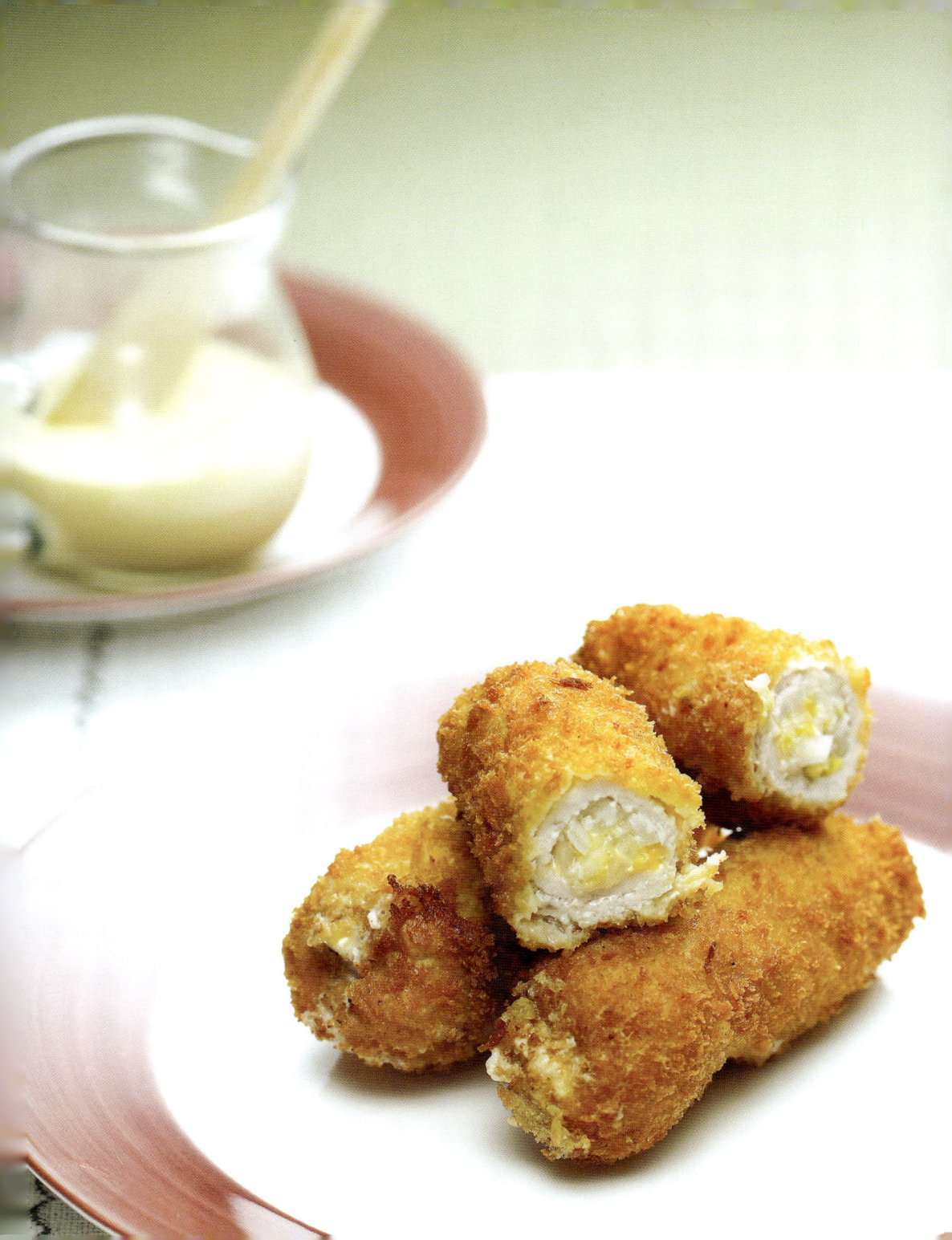

돼지고기깻잎우엉튀김

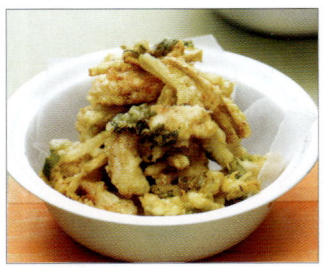

▶ **주재료**
돼지고기(등심) 300g, 깻잎 10장, 우엉 100g

▶ **부재료**
소금 · 후춧가루 약간씩, 식초 1작은술

▶ **튀김옷**
밀가루 5큰술, 달걀 1개, 녹말가루 2큰술, 얼음 7조각

1 돼지고기는 등심으로 준비해서 사방 1㎝ 굵기, 5㎝ 길이로 썰어 소금, 후춧가루로 밑간한다.

2 깻잎은 앞뒤로 깨끗이 씻어 물기를 턴 후 0.8㎝ 굵기로 채 썬다.

3 우엉은 깻잎 굵기 5㎝ 길이로 썰어 식초 탄 물에 잠시 담가 갈변을 막는다.

4 밀가루와 녹말가루를 볼에 담고 달걀을 풀어 넣고 얼음을 부어서 얼기설기 젓가락으로 저어 날가루가 있게끔 튀김옷을 만든다.

5 돼지고기 등심과 깻잎, 우엉채를 섞어서 나무젓가락으로 몇 개씩 짚어 ④의 튀김옷을 입혀 170℃의 온도에서 바삭하게 튀긴다.

6 기름기를 완전히 빼서 바삭한 상태로 접시에 담아낸다.

> → **COOK TIP**
> 돼지고기 등심은 썬 후 소금과 후춧가루로 간을 해서 잠시 재우면 튀김으로 만들었을 때 간이 제대로 배면서 고기가 쉽게 익는다.

안심완자중화풍찜

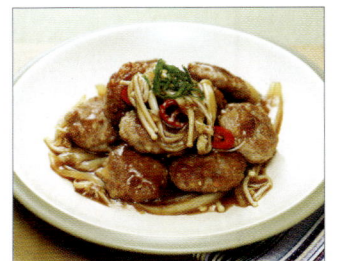

▶ **주재료**
돼지고기(안심) 600g, 팽이버섯 2봉지, 양파 1개, 홍고추 1개

▶ **완자 양념**
다진 마늘 · 녹말가루 2큰술씩, 다진 생강 ½작은술, 청주 · 참기름 · 깨소금 1큰술씩, 소금 · 후춧가루 약간씩

▶ **중화풍 양념장**
자장소스 2큰술, 굴소스 · 참기름 1작은술씩, 해선장 · 녹말가루 · 맛술 1큰술씩, 다시마 우린 물 1컵, 소금 약간

1 돼지고기는 안심으로 준비해서 곱게 다진다. 다질 때 되도록 기름기를 떼어내고 다진다. 그래야 고기가 담백하고 맛이 있다.

2 팽이버섯은 밑동을 떼어내고 씻어서 물기를 털고 양파는 아주 곱게 채 썬다. 홍고추는 송송 썰어서 씨를 턴다.

3 돼지고기 안심에 완자 양념을 모두 넣고 잘 치댄다. 충분하게 치댄 후 지름 5㎝ 정도로 동그랗게 완자를 만들어 납작하게 한다.

4 팬을 달군 후 올리브오일을 약간 두르고 ③의 안심 완자를 노릇하게 지진다.

5 냄비에 다시마 우린 물을 붓고 자장소스와 굴소스, 해선장, 참기름, 맛술을 넣어 끓으면 녹말가루를 넣고 걸쭉한 상태로 만들어 소금으로 모자라는 간을 맞춘다.

6 ⑤의 소스가 끓으면 양파와 홍고추, 팽이버섯, 고기 완자 익힌 것을 넣어서 한소끔 끓으면 뜨거울 때 버섯, 채소와 함께 고기 완자를 먹는다.

중화풍등심새송이버섯볶음

▶ **주재료**
돼지고기(등심) 300g, 새송이버섯 4개

▶ **부재료**
미나리 · 당근 30g씩, 양파 ½개, 쪽파 5개, 홍고추 · 청양고추 1개씩, 소금 · 후춧가루 약간씩, 간장 · 녹말가루 2큰술씩, 굴소스 ·
참기름 1작은술씩, 통깨 · 청주 · 다진 마늘 1큰술씩, 다시마 우린 물 1컵

1 등심은 손가락 굵기인 5㎝ 길이로 썰어 녹말가루, 굴
소스, 청주, 다진 마늘, 소금, 후춧가루로 조물조물 밑
간한다.

2 새송이버섯은 등심과 같은 길이로 얇게 썰고 당근과
양파는 굵게 채 썬다.

3 홍고추와 청양고추는 송송 썰어 씨를 털고 쪽파와 미
나리는 다듬어 4㎝ 길이로 썬다.

4 팬에 기름을 두르고 양파와 당근, 등심을 넣어서 볶다
가 새송이버섯을 넣고 간장과 다시마 우린 물을 부어
서 중간 불에서 볶는다.

5 고기와 버섯이 익으면 고추와 미나리 쪽파를 넣고 참
기름, 통깨, 소금, 후춧가루를 모두 넣어 간을 맞춰 걸
쭉한 상태로 볶아 접시에 담아낸다.

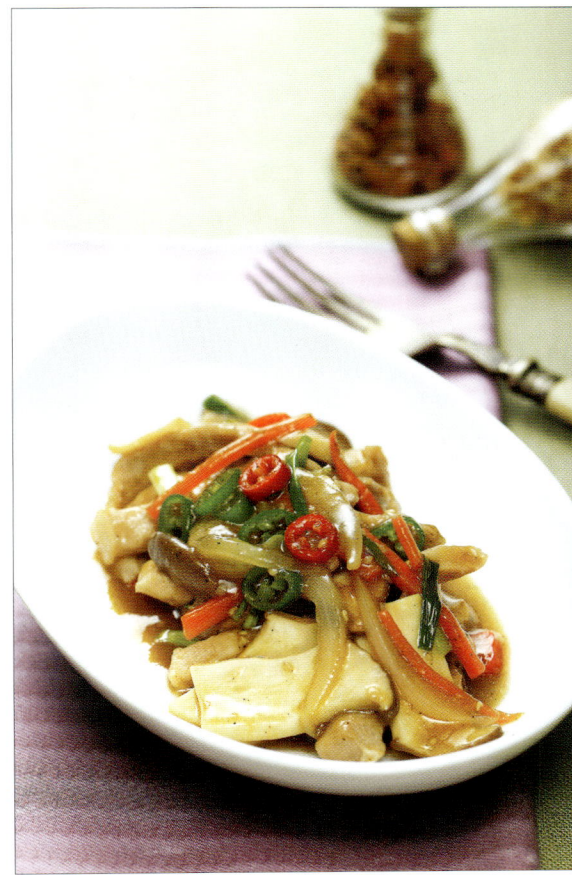

👉 **COOK TIP**
등심을 중국식의 걸쭉한 형태로 버섯과 함께 볶으려면 미리 밑간
을 할 때 녹말가루와 소금, 후춧가루, 굴소스, 청주를 모두 넣어
조물조물 무쳐서 밑간을 하면 따로 물녹말을 넣지 않아도 고기채
가 부드러워 더욱 맛이 있다.

등심떡말이조림

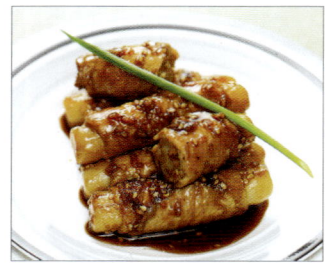

▶ **주재료**
돼지고기(등심) 300g, 가래떡 100g

▶ **부재료**
굵은 면실 약간, 녹말가루 1큰술, 소금 · 후춧가루 약간씩, 양파
즙 · 다진 마늘 1작은술씩, 밀가루 · 송송 썬 실파 3큰술씩

▶ **조림장**
시판 가다랑어장 · 간장 2큰술씩, 물엿 · 양파즙 · 사과즙 · 맛술
1큰술씩, 다진 마늘 · 참기름 · 통깨 1작은술씩, 후춧가루 약간,
다시마 우린 물 $\frac{2}{3}$컵

1 돼지고기 등심은 손바닥 크기로 얇게 썬 것으로 준비
   해서 잔칼집을 넣은 후 소금, 후춧가루, 양파즙, 다진
   마늘을 뿌려서 밑간한다.

2 밑간한 등심에 녹말가루와 밀가루를 뿌리고 가래떡을
   한 줄 놓고 돌돌 말아서 굵은 면실로 칭칭 동여맨다.

3 냄비에 시판 가다랑어장과 간장, 물엿, 양파즙, 사과
   즙, 다진 마늘, 맛술, 참기름, 후춧가루를 모두 넣어 잘
   섞고 다시마 우린 물을 넣어서 조림장을 만든다.

4 ③의 조림장이 약한 불에서 끓으면 등심떡말이를 넣
   어 뚜껑을 덮어서 조린다.

5 조림장이 반 정도 졸아들면 뚜껑을 열고 등심떡말이
   를 굴려가면서 윤기가 나도록 조려 꺼낸다.

6 실을 빼내고 2㎝ 폭으로 썰어 그릇에 담은 후 조림장
   남은 것을 끼얹고 통깨를 뿌려서 상에 낸다.

> ⊙ **COOK TIP**
> 등심에 떡을 놓고 말이를 할 때 녹말가루와 밀가루를 뿌린 후 떡
> 을 올려 말아야 떡과 등심이 따로 떨어지지 않고 모양이 깔끔하다.

삼겹살총각김치말이조림

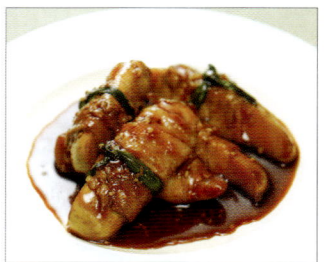

▶ **주재료**
삼겹살(얇게 썬 것) 350g, 총각김치(총각무만 준비) 12쪽

▶ **부재료**
실파 12대, 소금 · 후춧가루 약간씩, 사과즙 3큰술

▶ **조림 양념장**
굴소스 · 다진 마늘 · 청주 · 참기름 1작은술씩, 간장 2큰술, 물엿
1½큰술, 맛술 1큰술, 통깨 · 후춧가루 약간씩

1 삼겹살은 12㎝ 길이 정도로 얇게 썬 것으로 준비해서
   자르지 말고 그대로 넓은 접시에 펼치고 소금과 후춧
   가루, 사과즙을 뿌려서 30분 정도 재운다.

2 총각김치는 잘 익은 것으로 총각무만 4등분한다.

3 실파는 다듬어 씻어서 긴 상태 그대로 소금을 약간 넣
   은 끓는 물에 데쳐 찬물에 헹궈 건져 물기를 뺀다.

4 재운 삼겹살을 도마에 한 장씩 깔고 그 위에 총각무를
   올려 돌돌 말아서 실파로 가운데를 리본으로 묶어 고
   정 시킨다.

5 냄비에 약간의 기름을 두르고 조림 양념장을 분량의
   재료대로 넣은 후 약한 불에서 끓어오르면 삼겹살 총
   각무말이를 넣어서 중간 불에서 국물을 끼얹어 가면
   서 조린다.

6 윤기가 돌면서 삼겹살이 양념에 흠씬 배어 익으면 먹
   기 좋은 크기로 썰어 접시에 담고 남은 국물을 끼얹어
   상에 낸다.

뒷다릿살바비큐소스조림과 콩나물파무침

▶ **주재료**
돼지고기(뒷다릿살) 600g, 콩나물 50g, 대파 3대

▶ **부재료**
실고추 · 통깨 · 소금 · 후춧가루 약간씩

▶ **바비큐소스 조림장**
간장 1½큰술, 물엿 1작은술, 양파즙 · 다진 마늘 · 청주 · 칠리소스 1큰술씩, 토마토케첩 4큰술, 후춧가루 약간

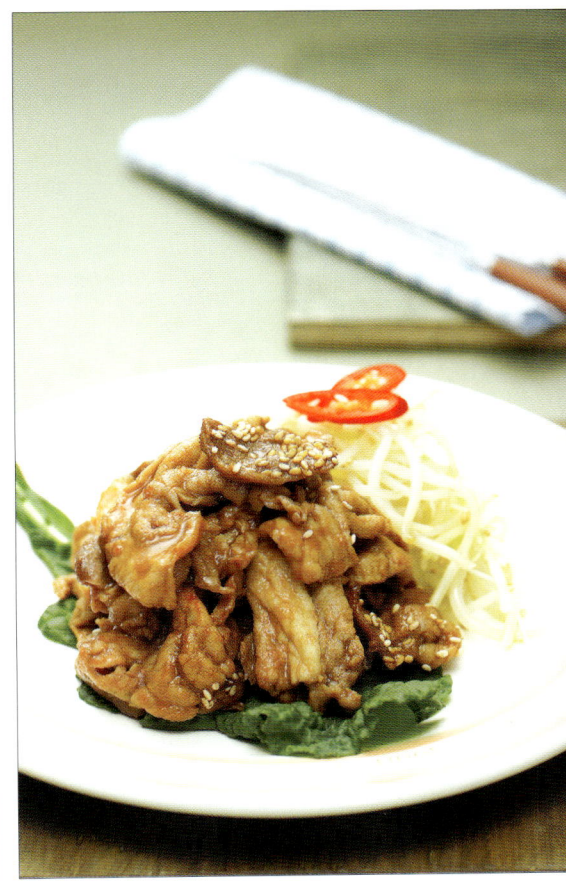

1 돼지고기는 뒷다릿살로 준비해서 사방 5㎝ 크기로 얇게 썰어서 잔칼질을 해서 부드럽게 한다.

2 ①의 돼지고기 뒷다릿살을 바비큐소스 조림장에 버무려 30분 정도 재운다.

3 콩나물은 머리와 꼬리를 떼고 씻어서 김이 오른 찜기에 넣어 살캉하게 쪄서 찬 얼음물에 담가 싱싱하게 해서 건진다.

4 대파는 4㎝ 길이로 토막 내 반을 갈라 곱게 채 썰어 찬물에 헹궈 건져 물기를 뺀다.

5 재워 놓은 돼지고기 뒷다릿살을 길이 잘 든 팬에 바비큐소스와 함께 넣고 중간 불에서 은근하게 조려 실고추와 통깨를 뿌린다.

6 콩나물과 파채를 섞어서 소금, 후춧가루, 실고추, 통깨를 넣어 살살 버무려 뒷다릿살 바비큐소스와 함께 곁들여 상에 낸다.

→ COOK TIP

깔끔한 맛의 뒷다릿살 바비큐소스 조림에 아삭한 콩나물 파채를 곁들이면 더욱 좋다. 돼지고기 뒷다릿살을 바비큐소스로 조리면 맛이 강하니 콩나물 파채는 별다른 간 없이 소금에만 살짝 간을 해서 담백하게 곁들여 먹는 것이 좋다.

중화풍사태살장육

▶ **주재료**
돼지고기(사태살) 600g

▶ **돼지고기 밑간**
시판 자장소스 1컵, 양파즙 1큰술, 생강즙 1작은술, 소금 · 후춧가루 약간씩

▶ **장육소스**
고추기름 · 물녹말 2큰술씩, 참기름 · 굴소스 · 물엿 · 다진 마늘 · 다진 파 1큰술씩, 닭 육수 ½컵, 소금 · 후춧가루 약간씩

1 돼지고기 사태는 덩어리째 핏물을 뺀다.

2 핏물 뺀 사태에 시판 자장소스와 양파즙, 생강즙, 소금, 후춧가루를 고루 발라서 30분 정도 재운다.

3 팬에 ②의 사태를 넣어서 노릇노릇하게 굽는다.

4 구운 사태를 김이 오른 찜기에 넣어서 40분 정도 속까지 익을 정도로 푹 찐다.

5 냄비에 고추기름과 참기름, 굴소스, 물엿, 다진 마늘, 다진 파, 닭 육수, 소금, 후춧가루를 넣어 잘 섞은 후 간이 맞으면 물녹말을 넣어 걸쭉한 소스가 되도록 저어서 불에서 내린다.

6 ④의 사태가 속까지 완전하게 익으면 불에서 내려 뜨거울 때 한 입 크기로 썰어 접시에 담고 ⑤의 장육소스를 듬뿍 끼얹어 상에 낸다.

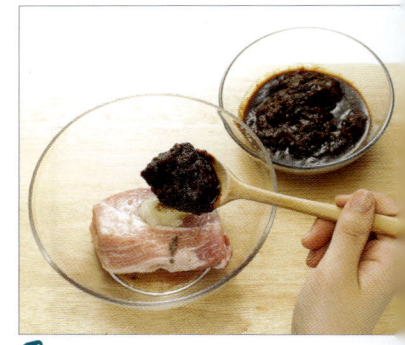

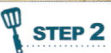 STEP 2

→ COOK TIP

시판하는 자장소스를 듬뿍 발라서 다른 양념과 함께 고기를 재워야 고기의 누린 맛이 없고 중국풍의 사태 맛을 볼 수 있다. 두 번 조리하면 더욱 좋은데 먼저 팬에 구웠다가 찜기에 쪄서 익히는 것이 좋다.

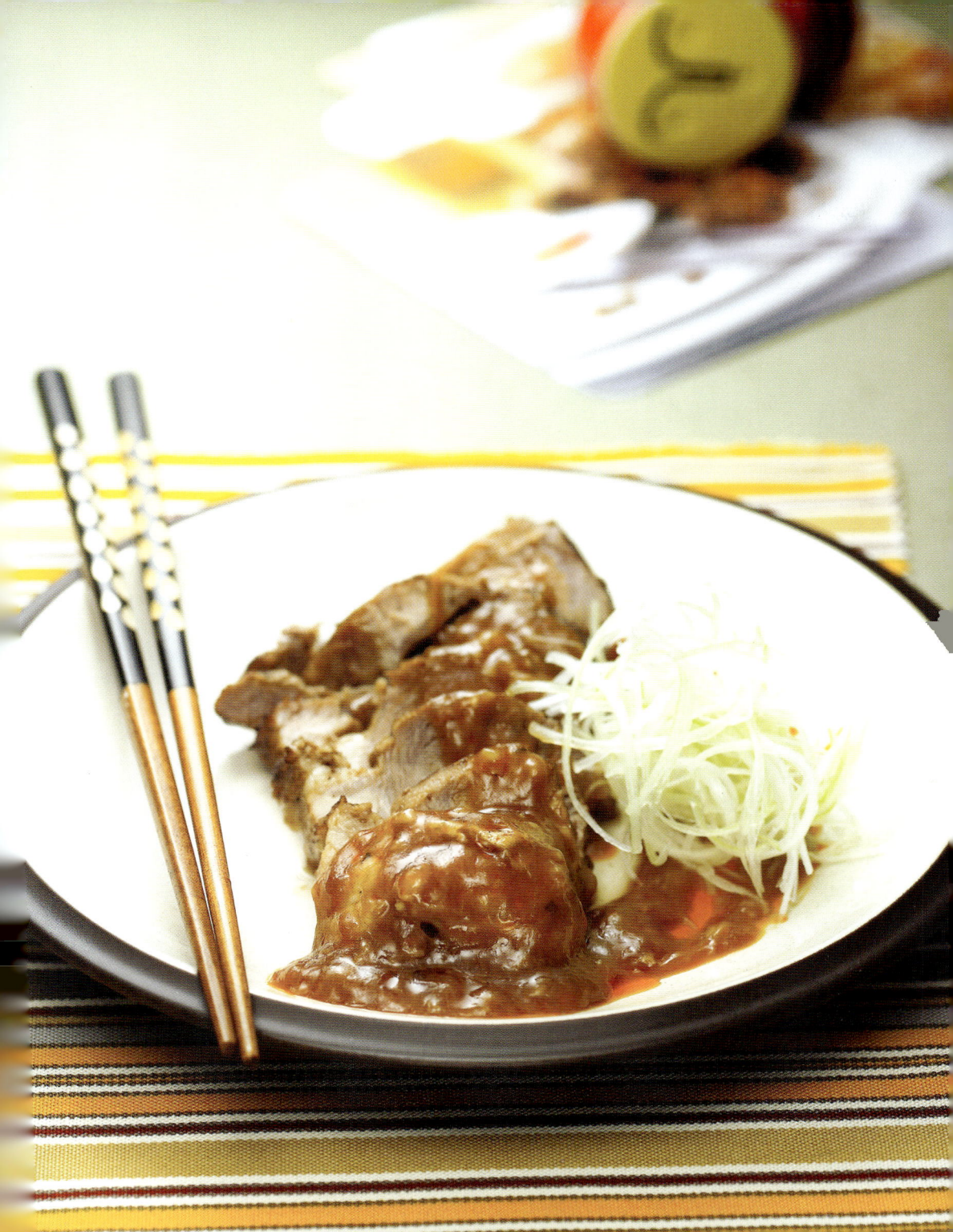

삼겹살튀김강정

▶ **주재료**
껍질이 있는 삼겹살 600g, 청경채 6포기

▶ **부재료**
생강편 · 마늘편 · 굴소스 · 고추기름 · 청주 1큰술씩, 대파 2대, 간장 3큰술, 설탕 1½큰술, 물녹말 · 올리브오일 2큰술씩, 육수 1½컵, 소금 · 후춧가루 · 튀김기름 · 땅콩가루 약간씩

1 껍질이 있는 삼겹살로 준비해서 사방 4cm 크기로 큼직하게 썰어 간장 1큰술, 굴소스 1큰술을 넣어서 조물조물 무친다.

2 청경채는 포기째 씻어서 반을 갈라 끓는 물에 올리브오일을 넣어 윤기가 나도록 데쳐 찬물에 헹궈 건진다.

3 대파는 1cm 크기로 송송 썬다.

4 기름을 180℃ 정도 온도로 달궈서 간장에 재운 삼겹살을 노릇하게 바싹 튀겨낸다.

5 팬에 고추기름을 섞어서 두르고 생강편과 마늘편, 대파를 넣어 볶다가 ④의 튀겨 놓은 삼겹살을 넣어서 간장, 설탕, 청주를 넣어 볶다가 육수를 붓고 끓인다.

6 육수가 반 정도로 졸아들면 물녹말을 넣어 걸쭉한 농도가 되도록 버무린 후 소금과 후춧가루로 간을 한다.

7 접시에 올리브오일로 데친 청경채를 윤기가 나도록 가장자리를 돌리고 그 안쪽에 양념에 조린 튀긴 삼겹살을 듬뿍 담고 굵게 다진 땅콩 가루를 듬뿍 뿌려서 먹는다.

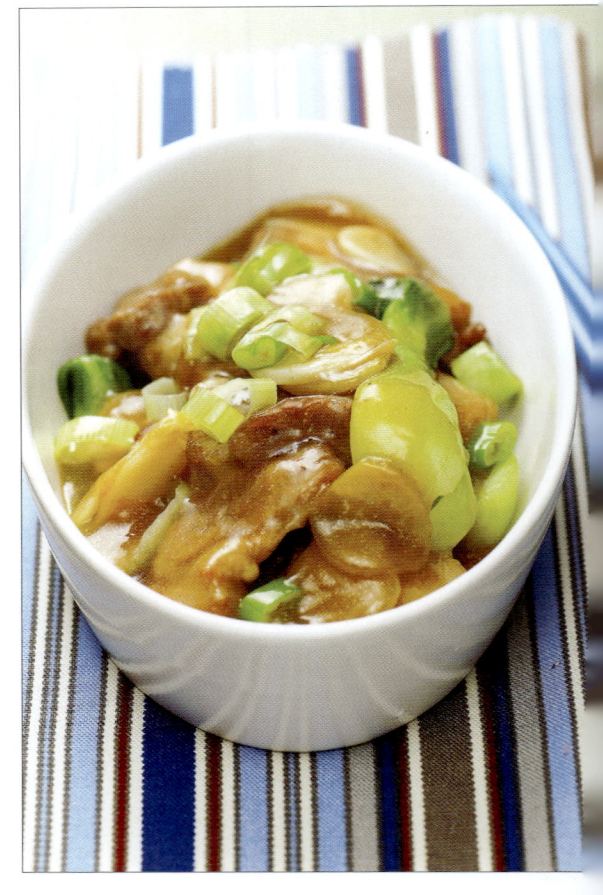

⊙ COOK TIP

청경채와 함께 어우러진 튀긴 삼겹살 조림을 홍소육이라고도 하는데 중국의 상해 요리의 대표적인 메뉴로서 간장이나 설탕으로 달콤하게 맛을 내는 것이 특징이고 기름기가 많고 진하지만 씹히는 질감이 쫄깃하고 입안에 남는 기름기가 별로 없어 담백하게 즐길 수 있다.

등심치즈아몬드커틀릿

▶ **주재료**
돼지고기(등심) 600g, 슬라이스 체더치즈 12장, 아몬드 슬라이스 2컵, 밀가루 1컵, 달걀 4개, 소금·후춧가루·튀김기름 약간씩

▶ **돼지고기 밑간**
사과즙 2큰술, 양파즙·마늘즙 1큰술씩, 소금·후춧가루 약간씩

▶ **키위살사소스** 키위 ½개, 시판 살사소스 3큰술, 다진 양파·다진 토마토 2큰술씩, 소금·후춧가루 약간씩
　머스터드크림요구르트소스 생크림 2큰술, 떠먹는 요구르트 ½컵, 머스터드 3큰술, 간장·레몬즙 1큰술씩, 소금 약간
　파인애플즙 칠리소스 파인애플즙 3큰술, 시판 칠리소스 5큰술

1 돼지고기 등심은 손바닥 크기로 썰고 0.5㎝ 두께로 잘라 고기망치로 두드려 연하게 한다.

2 연해진 돼지고기 등심에 사과즙과 양파즙, 마늘즙, 소금, 후춧가루를 모두 넣고 잘 버무려 재운다. 30분 이상 재워야 고기의 결이 연하고 맛이 있다.

3 슬라이스 체더치즈는 네모진 모양 그대로 4등분하고 아몬드 슬라이스는 잘게 자른다.

4 밑간한 등심을 사방 5㎝ 크기로 잘라 밀가루를 안쪽에만 바르고 치즈를 올려 다른 등심을 한 겹 포개 샌드를 만들어서 밀가루→달걀물→아몬드 슬라이스 순서로 옷을 입혀 노릇하게 튀김에 튀겨낸다.

5 키위를 곱게 갈아서 시판 살사소스와 다진 양파, 다진 토마토, 소금, 후춧가루를 넣어서 키위살사소스를 만든다.

6 생크림을 충분하게 저어서 떠먹는 요구르트와 머스터드, 간장, 레몬즙을 넣어 잘 섞은 후 소금으로 간을 맞춘다.

7 시판 칠리소스에 파인애플 즙을 넣어 잘 섞어 소스를 만든다.

8 튀긴 등심 치즈 한 입 커틀릿을 접시에 담고 준비한 세 가지 소스를 뿌려서 먹는다.

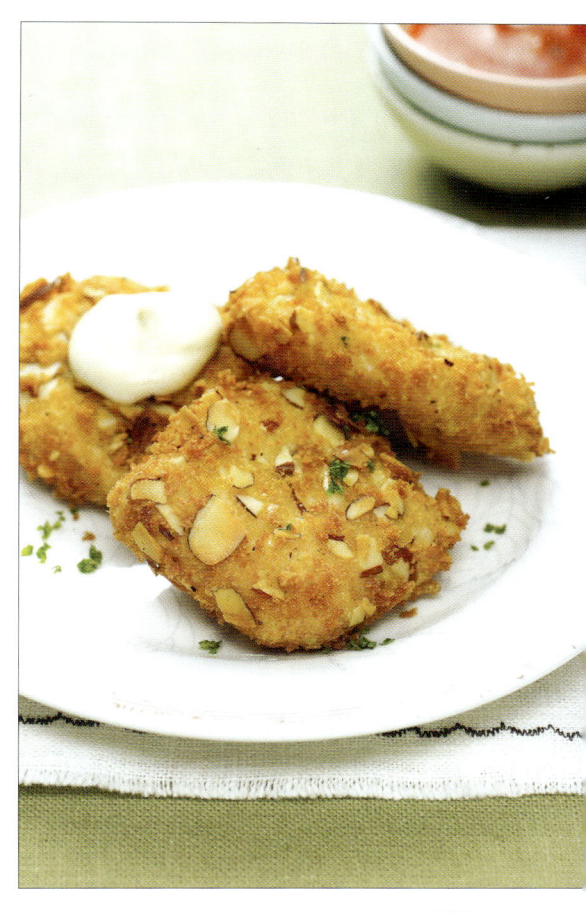

돼지고기소테

▶ **주재료**
돼지고기(등심) 500g

▶ **부재료**
파인애플(통조림) · 얇게 썬 레몬 2쪽씩, 로즈메리 약간

▶ **양파소스**
양파즙 2큰술, 토마토케첩 · 흑설탕 1작은술씩, 우스터소스 1큰술, 소금 · 후춧가루 · 생강즙 약간씩

1 돼지고기는 등심으로 준비해서 도톰하게 손바닥 크기로 잘라서 레몬즙을 뿌려 누린내를 없앤다.

2 파인애플은 통조림으로 준비해서 건더기만 준비한다.

3 양파소스를 분량대로 섞어 만든다.

4 팬에 기름을 두르고 등심을 앞뒤로 굽다가 준비한 양파소스를 붓으로 발라가면서 윤기나게 굽는다.

5 등심이 속까지 익어 윤기가 자르르 흐르면 로즈메리 분말을 살짝 뿌려 접시에 담고 파인애플을 마저 구워 등심에 곁들여 낸다.

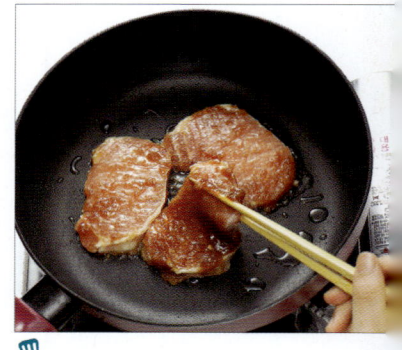

 STEP 4

> **COOK TIP**
> 돼지고기 등심에 파인애플을 넣을 때에는 양파소스 등 천연의 단맛으로 소스를 만드는 것이 좋다. 설탕이나 물엿 등을 과하게 넣지 않아야 파인애플의 맛이 도드라지면서 감칠맛이 난다.

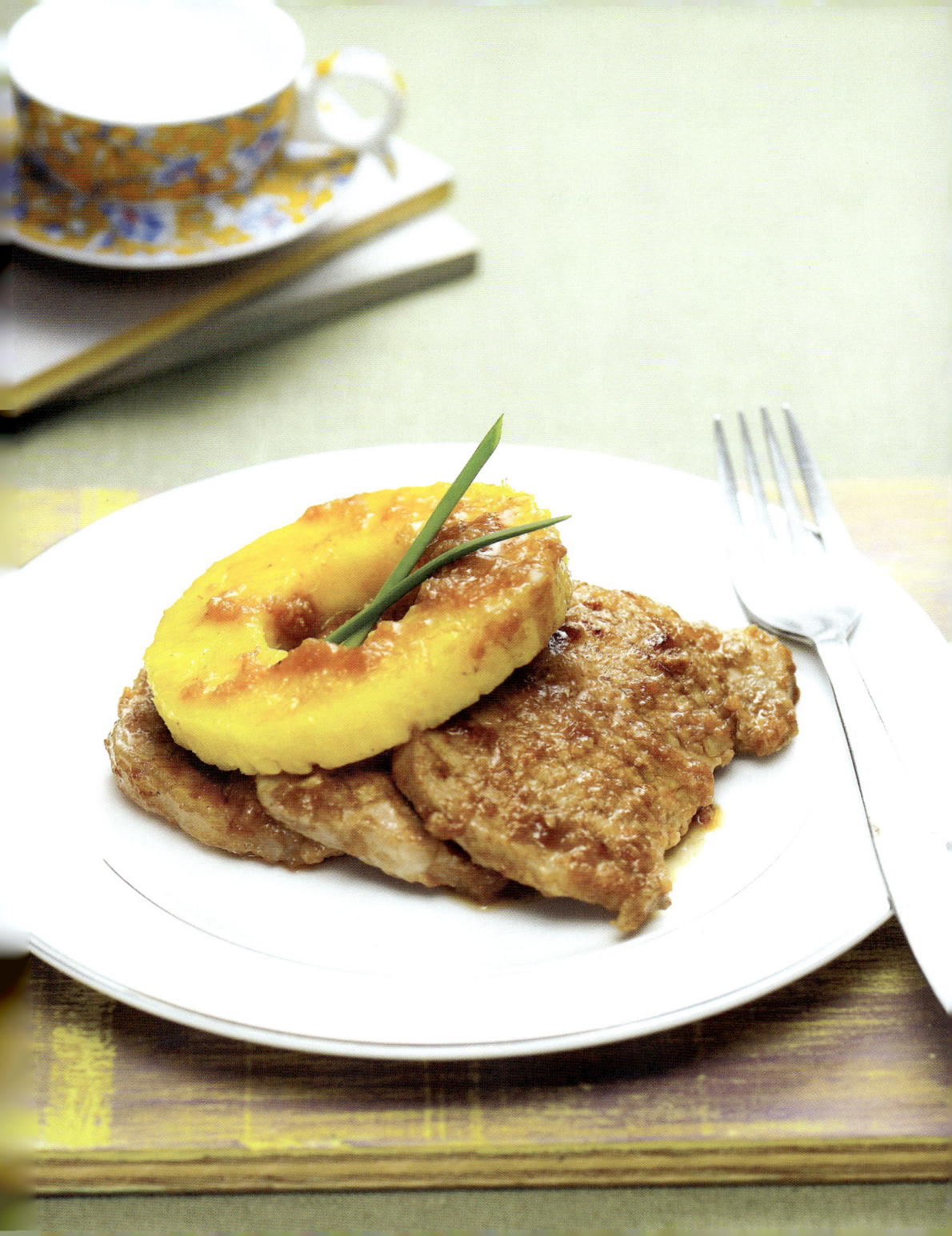

삼겹살고추장채소볶음

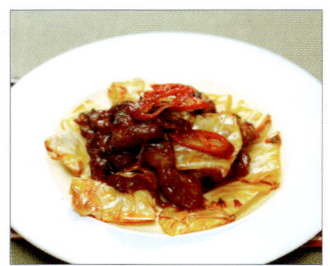

▶ **주재료**
돼지고기(삼겹살) 500g, 양배추 3장, 대파 1대, 양파 ½개, 홍고추 · 청양고추 1개씩

▶ **고추장 양념장**
다진 마늘 · 고추장 2큰술씩, 다진 생강 ⅓작은술, 고운 고춧가루 · 참기름 1작은술씩, 간장 · 설탕 · 청주 1큰술씩, 후춧가루 약간

1 돼지고기는 지방층이 골고루 있는 삼겹살로 준비해서 먹기 좋은 크기 사방 4㎝ 크기로 얄팍하게 썬다.

2 양배추는 굵은 심지를 도려내고 사방 3㎝ 크기로 썰고 양파와 대파는 굵게 채 썬다.

3 홍고추는 씨를 발라내고 어슷하게 채 썰고 청양고추는 씨째 곱게 다진다.

4 고추장에 고운 고춧가루, 간장을 섞어서 고춧가루를 불린 후 다진 마늘, 다진 생강, 청주, 설탕, 참기름, 후춧가루를 넣어서 잘 섞어준다.

5 볼에 ④의 양념장과 돼지고기, 양배추, 대파, 양파, 홍고추, 청양고추를 넣어서 살살 버무려 간이 배도록 30분 정도 재운다.

6 팬에 기름을 두르고 달궈 ⑤의 고기와 채소를 넣어서 중간 불에서 볶아가면서 익힌다.

꽈리고추돼지고기생강구이

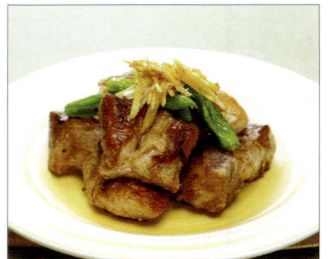

▶ **주재료**
돼지갈비 500g, 꽈리고추 100g, 생강 2톨

▶ **부재료**
마늘 8쪽, 청주 1큰술, 간장 2큰술, 꿀 1작은술, 소금 · 후춧가루 약간씩

1 돼지갈비는 뼈를 중심으로 살코기가 있게 썰어서 핏물을 뺀다.

2 ①의 돼지갈비를 칼집을 깊게 넣어 물기를 완전히 뺀다.

3 생강과 마늘은 굵게 채 썰고 꽈리고추는 꼭지를 떼고 물에 씻어 물기를 닦는다.

4 손질한 돼지갈비에 생강채, 마늘채, 청주, 간장, 꿀, 소금, 후춧가루를 넣어서 버무려 30분 정도 재운다.

5 팬에 기름을 두르고 ④의 돼지갈비를 노릇하게 윤기 나게 굽는다.

6 ⑤의 돼지갈비가 익으면 한쪽으로 밀고 꽈리고추를 넣어 살짝 굽는다.

7 접시에 돼지갈비와 꽈리고추를 듬뿍 얹어서 상에 낸다.

치즈채소돼지고기말이

▶ **주재료**
  돼지고기(삼겹살) 500g

▶ **부재료**
  쪽파 10대, 슬라이스 체더치즈 4장, 홍고추 2개, 치커리 30g, 다진 파슬리 약간

▶ **돼지고기 밑간**
  생강즙 1작은술, 청주 · 맛술 1큰술씩, 양파즙 2큰술, 소금 · 후춧가루 약간씩

1 돼지고기는 삼겹살로 5㎝ 폭, 10㎝ 길이로 얇게 썬다.

2 쪽파는 6㎝ 길이로 썰고 슬라이스 체더치즈는 반으로 가른다.

3 홍고추는 쪽파 길이로 굵게 채 썰고 치커리는 손으로 큼직하게 뜯어 준다. 파슬리는 곱게 다져 면포에 싸서 찬물에 헹구어 물기를 꼭 짠 상태로 준비한다.

4 ①의 돼지고기를 넓은 접시에 펼쳐 고기 밑간 양념을 해서 30분 정도 간이 스며들도록 재운다.

5 ④의 삼겹살을 한 장씩 도마에 올려 치즈를 얹고 쪽파 서너 개와 홍고추채 두 개, 치커리를 약간 올리고 단단하게 말아준다.

6 팬에 기름을 두르고 ⑤의 고기말이를 넣어 노릇하게 굴려가면서 지진다.

7 치즈가 살짝 녹아내리면서 돼지고기말이가 다 구워지면 접시에 담아 다진 파슬리를 뿌려서 상에 낸다.

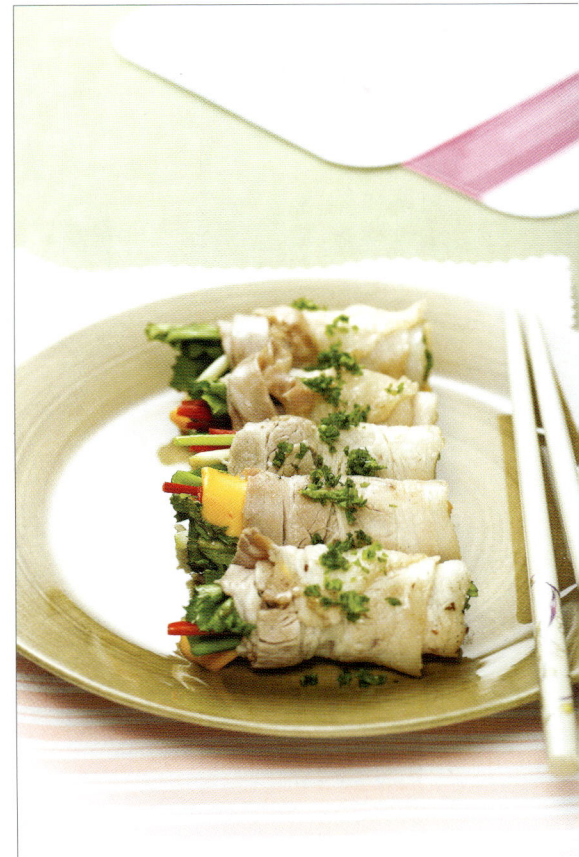

→ **COOK TIP**
치즈가 들어간 돼지고기는 삼겹살 중에서도 기름이 많이 붙어 있지 않고 살코기가 많이 있는 쪽으로 구입해서 만들어야 기름지지 않고 고소한 맛이 많이 난다.

돼지갈비후추채소샐러드

▶ **주재료**
돼지갈비 400g

▶ **부재료**
마늘 5쪽, 영양부추 50g, 양파 ½개, 깻잎 5장, 치커리 30g

▶ **돼지갈비 밑간**
통후추 15알, 사과즙 · 청주 1큰술씩, 소금 약간

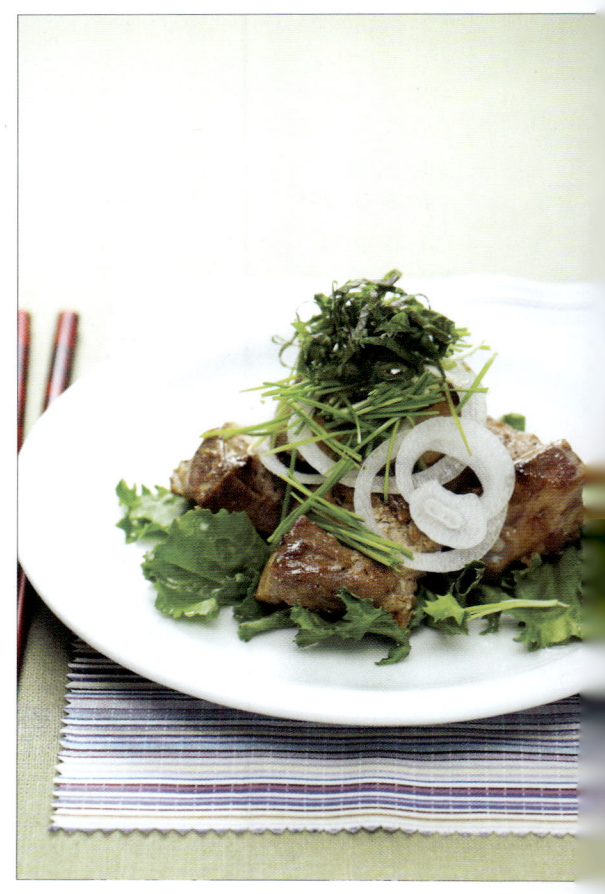

1 돼지갈비는 뼈를 중심으로 살코기가 있도록 썰어서 핏물을 뺀다.

2 핏물이 빠진 돼지갈비는 물기를 완전히 빼 잔칼집을 넣는다.

3 통후추를 거칠게 갈아서 사과즙과 청주, 소금을 넣어 밑간 양념을 만든다.

4 ③에 다듬어 놓은 돼지갈비를 넣어 골고루 밑간을 해 잠시 재운다.

5 마늘은 곱게 채 썰고 영양부추는 3㎝ 길이로 썬다.

6 양파는 곱게 링으로 얇게 썰어 찬물에 담가 아린맛을 빼고 물기를 닦는다. 깻잎은 돌돌 말아서 채 썬다. 치커리는 씻어서 물기를 뺀 후 큼직하게 손으로 뜯어 준비한다.

7 밑간해서 재운 돼지갈비를 팬에 기름을 약간 두르고 노릇하게 속까지 익도록 구워낸다.

8 접시에 마늘, 영양부추, 양파, 깻잎, 치커리를 소복이 담고 구운 돼지갈비를 듬뿍 얹어서 상에 낸다.

⮕ COOK TIP
돼지고기의 잡내나 누린내를 없애는데 쓰이는 청주는 곡주라 알코올 냄새가 심하지 않다. 소주는 증류주라 알코올 냄새가 심해서 돼지고기의 향긋한 풍미를 잃게 하므로 소주를 넣으면 안 된다.

돼지고기완자탕수

▶ **주재료**
다진 돼지고기 400g, 양파 $\frac{1}{2}$개, 완두콩 2큰술, 옥수수알 3큰술, 청 · 홍고추 1개씩

▶ **다진 돼지고기 양념**
달걀 1개, 녹말가루 1큰술, 청주 1작은술, 소금 · 후춧가루 약간씩

▶ **탕수소스**
간장 · 식초 · 물녹말 1큰술씩, 물 1컵, 설탕 1작은술, 참기름 $\frac{1}{2}$작은술, 파인애플 슬라이스 2쪽

1 돼지고기는 곱게 다져서 고기 양념에 골고루 버무려 손으로 많이 치대어 직경 3cm의 길이로 둥글게 만들어 녹말가루를 살짝 입혀서 180℃의 온도에서 노릇하게 튀겨낸다.

2 양파는 사방 2cm 크기로 자르고 완두콩, 옥수수알은 체에 밭쳐 끓는 물에 데쳐 찬물에 헹궈 물기를 뺀다.

3 청고추와 홍고추는 반을 갈라 씨를 털고 2cm 크기로 썬다.

4 팬에 기름을 두르고 양파와 완두콩, 옥수수알을 넣어서 볶다가 탕수소스를 만들어 넣어 끓인다.

5 탕수소스가 끓으면 준비한 청 · 홍고추를 넣고 물녹말을 끼얹어 걸쭉한 농도를 만들어 준다.

6 접시에 고기완자튀김을 담고 ⑤의 탕수소스와 채소를 듬뿍 끼얹어 상에 낸다.

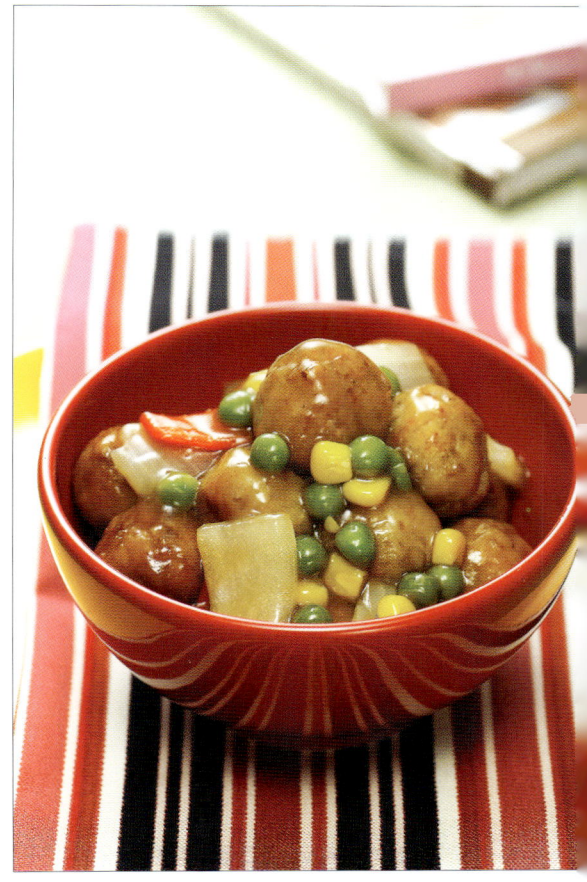

🔄 **COOK TIP**
돼지고기 완자에 뿌리는 탕수소스는 파인애플 슬라이스 조각을 사방 2cm 크기로 썰어 함께 끓여서 부으면 돼지고기의 누린내도 없애면서 영양상 궁합이 잘 맞는다.

피망돼지고기구이

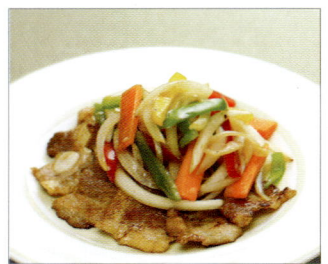

▶ **주재료**
돼지고기(삼겹살) 500g, 파프리카(노랑) · 청 · 홍피망 1개씩, 당근 80g, 양파 $\frac{1}{2}$개

▶ **구이 양념장**
간장 4큰술, 설탕 · 청주 · 참기름 1큰술씩, 물 · 생강즙 1작은술씩, 후춧가루 약간

1 돼지고기는 가로 5cm, 세로 8cm 길이로 얄팍하게 썰어 준비한다.

2 구이 양념장을 재료의 분량대로 만든다.

3 ①의 삼겹살을 넓은 접시에 펼쳐 깔고 ②의 구이 양념장을 발라 재운다.

4 당근은 가로 4cm, 세로 1cm로 편 썰고 양파는 채 썬다.

5 노랑 파프리카와 청 · 홍 피망은 반 갈라 씨를 제거하고 1cm 두께로 모양대로 채 썬다.

6 재운 돼지고기 삼겹살은 팬에서 한 장씩 지져 기름기를 빼면서 구워 식기 전에 돌돌 말아준다.

7 양념장이 남아있는 ⑥의 팬에 당근과 양파, 노랑 파프리카, 청 · 홍 피망을 차례로 색감이 나게 굽는다.

8 접시에 구워 돌돌 말아준 삼겹살을 담고 ⑦의 채소를 색스럽게 담아 상에 낸다.

돼지고기대파채말이

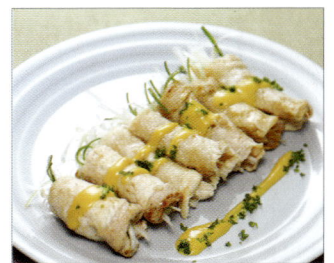

▶ **주재료**
돼지고기(목등심) 600g, 대파 5대, 찹쌀가루 $\frac{1}{2}$컵

▶ **고기 양념장**
다진 파 · 다진 마늘 · 청주 · 설탕 1큰술씩, 다진 생강 약간, 간장 1$\frac{1}{2}$큰술, 참기름 · 깨소금 1작은술씩

▶ **겨자소스**
발효 겨자 · 간장 · 설탕 1작은술씩, 소금 약간, 식초 · 물 1큰술씩

1 돼지고기는 목등심으로 준비해서 사방 8cm 크기로 얇게 썬다.

2 볼에 고기 양념장을 분량의 재료대로 만들어 준비된 목등심에 버무려 잠시 30분 정도 재운다.

3 고기 양념장에 재운 고기를 한 장씩 펴서 찹쌀가루를 솔솔 뿌려 충분히 달궈진 팬에 앞뒤로 지져준다.

4 대파는 흰 부분만 준비해서 5cm 길이로 토막을 내 세로로 칼집을 넣어 펼친 후 곱게 채 썰어 얼음물에 담가 싱싱하게 한다.

5 겨자소스는 재료의 분량대로 섞어서 만든다.

6 대파의 물기를 털고 팬에 지진 고기에 적당히 넣고 돌돌 말아서 접시에 돌려 담고 준비한 겨자소스를 곁들여낸다.

매운고추돼지갈비찜

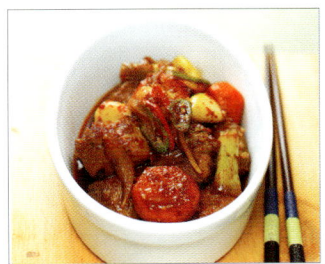

▶ **주재료**
돼지갈비 600g, 청양고추 2개, 홍고추 1개, 당근 30g, 양파 ½개, 대파 2대, 통마늘 5개

▶ **매운 찜 양념장**
간장 2큰술, 고운 고춧가루 3큰술, 맛술·물엿 1큰술씩, 참기름·깨소금 1작은술씩, 생강즙 약간, 후춧가루 ½작은술, 다시마 우린 물 2컵

1 돼지갈비는 먹기 좋은 크기로 뼈대와 살을 붙여서 썰어 찬물에 담가 핏물을 뺀다.

2 핏물을 뺀 돼지갈비를 건져 물기를 없앤 후 칼집을 넣고 겉기름은 떼어낸다.

3 끓는 물에 ②의 돼지갈비를 데쳐 찬물에 헹궈 기름기를 없애고 물기를 뺀다.

4 청양고추와 홍고추는 어슷하게 채 썰어 씨를 털고 당근은 동그란 완자 모양으로 다듬어 썰고 대파는 큼직하게 통으로 썰고 통마늘은 껍질을 벗겨 씻어서 물기없이 준비한다.

5 다시마 우린 물 2컵에 나머지 찜 양념장을 넣어 고춧가루를 불려 숙성시킨다.

6 삶은 갈비에 ⑤의 양념장을 넣어 잠시 재운다.

7 냄비에 갈비, 고추, 당근, 대파, 마늘을 넣고 중간 불에서 뚜껑을 덮어서 끓인다.

8 갈비가 속까지 충분하게 익어 매운맛이 배면 국물이 졸아들기 전에 불에서 내려 먹는다.

고추기름소스목삼겹살구이

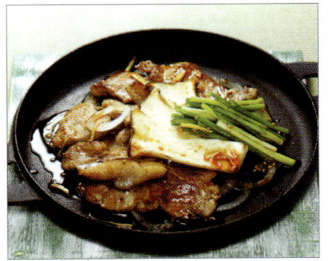

▶ **주재료**
돼지고기(목삼겹살) 400g, 실파 10대, 양파 1개, 새송이버섯 2개, 소금·후춧가루 약간씩

▶ **고추기름소스**
고추기름·다시마 우린 물·깨소금 1큰술씩, 간장 2큰술, 참기름 ½작은술, 마늘채 1작은술

1 목삼겹살은 사방 4㎝ 정도로 도톰하게 썰어서 소금과 후춧가루를 뿌려 밑간한다.

2 실파는 다듬어 씻어서 5㎝ 길이로 썰고 양파는 동그랗게 썬다.

3 새송이버섯은 길이대로 썰어서 생것 그대로 철판에 올려 굽는다.

4 고추기름에 간장과 다시마 우린 물을 섞어서 나머지 재료를 넣고 잘 저어 고추기름소스를 매콤하게 만든다.

5 철판에 돼지고기 목삼겹살을 올리고 양파와 새송이버섯을 함께 올려 굽다가 실파를 고기에 싸서 고추기름에 찍어 먹는다.

→ COOK TIP
삼겹살이나 목삼겹살 구이를 해먹을 때에는 숙성된 김치와 함께 구워 먹으면 김치의 오래된 감칠맛과 깊은 풍미를 느낄 수 있다. 특히 고기 기름에 김치를 구워 먹으면 부드러워 소화에 도움을 준다.

립바비큐구이

▶ **주재료**
돼지갈비 600g

▶ **부재료**
다진 마늘 1큰술, 양파 1개, 피망 1개, 대파 2대

▶ **양념장**
토마토케첩 ½컵, 우스터소스 · 물 ¼컵씩, 꿀 · 화이트와인 1큰술씩, 월계수잎 1장, 파슬리가루 1작은술

1 돼지갈비는 10㎝ 길이로 잘라 기름을 떼어낸 후 물에 충분히 담가 핏물을 제거한다.

2 핏물을 완전히 뺀 돼지갈비의 물기를 제거한다.

3 양파는 가로로 동그랗게 1㎝ 두께로 썰고, 피망은 양파와 같은 크기로 잘라 씨를 뺀다. 대파는 5㎝ 길이로 썬다.

4 냄비에 양념장의 재료를 모두 넣고 혼합해서 잠시 끓여준다.

5 팬에 기름을 두르고 다진 마늘을 볶다가 ④의 양념장을 붓고 한소끔 끓인다.

6 끓인 양념장을 한 김이 나가도록 식힌 후 준비한 돼지갈비에 부어 골고루 간이 배도록 재워둔다.

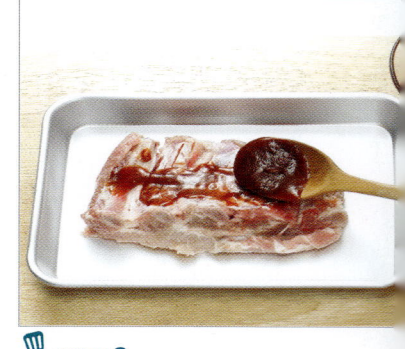

🔷 **STEP 6**

7 180℃로 예열한 오븐에 ⑥의 갈비를 은박지를 깔고 평평하게 펼쳐서 20분 정도 굽는다.

8 ⑦의 돼지갈비가 익을 때 오븐에 양파와 피망, 대파를 넣어 함께 구워 완성한다.

➡ **COOK TIP**
립 모양의 돼지갈비에 간이 완전히 배게 하려면 오븐에 구우면서 바비큐 양념장을 두서너 번 붓으로 발라주어야 간도 잘 배고 윤기가 나서 더욱 맛있게 보인다.

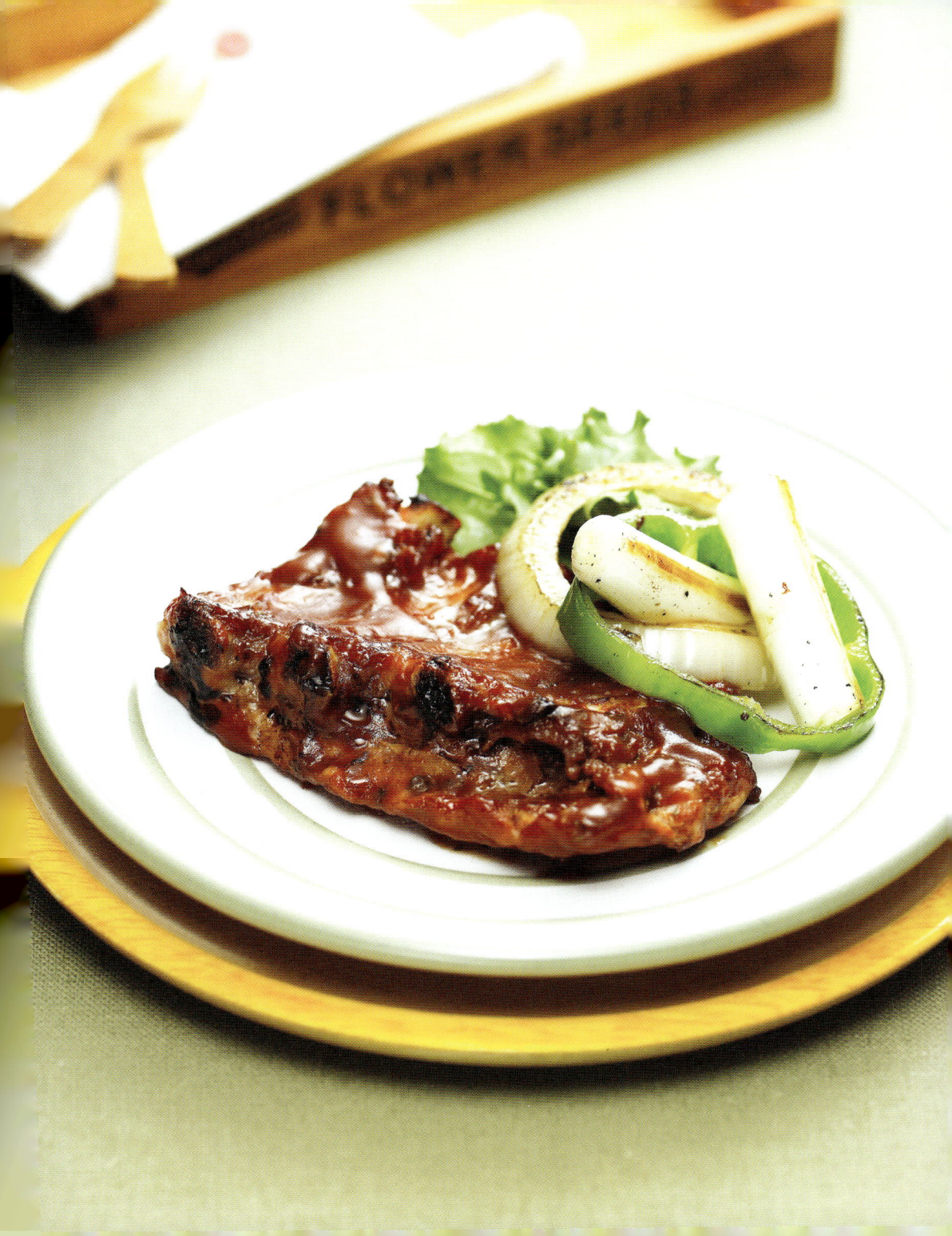

녹차프레시통등심구이

▶ **주재료**
녹차프레시 30g, 돼지고기(목등심) 600g

▶ **부재료**
소금 · 통후추 약간씩, 올리브오일 3큰술, 마늘가루 1큰술, 생강가루 1½작은술

1 녹차프레시는 깨끗이 씻어서 한 잎씩 떼어 준비한다.

2 돼지고기는 목등심으로 준비해서 두께 5㎝, 직경 7㎝
덩어리로 2개 준비한다.

3 ②의 돼지고기를 접시에 올리고 소금과 통후추를 잘
게 으깨어 뿌린 후 올리브오일을 골고루 바른다.

4 ③의 고기에 마늘가루와 생강가루를 뿌린 후 ①의 녹
차프레시를 고기 위에 촘촘하게 펼쳐 깐다.

5 ④의 고기를 냉장실에 1시간 이상 넣어서 숙성시킨다.

6 오븐 팬에 은박지를 깔고 올리브오일을 바른 후 숙성
시킨 통등심을 올리고 다시 은박지를 덮어서 30분 정
도 기름기가 완전하게 빠지도록 구워 익혀낸다.

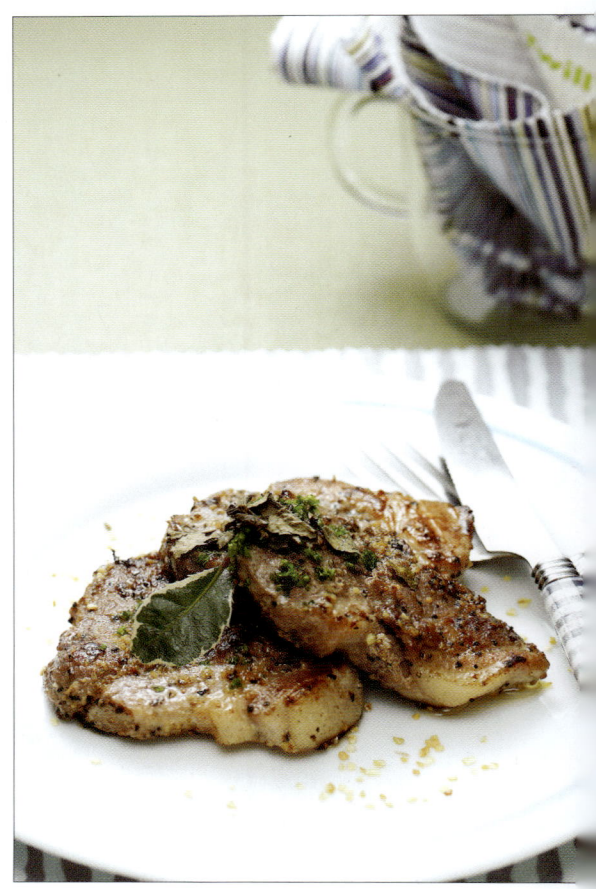

⤳ COOK TIP

오븐에 구워 내는 돼지고기는 기름기가 완전히 빠지도록 굽는 것
이 좋은데 시간이 오래 걸려 윗부분이 탈 수 있으므로 은박지로
덮어 고기의 겉면이 타지 않게 한다.

삼겹살시금치두반장볶음

▶ **주재료**
돼지고기(삼겹살) 300g, 시금치 100g, 두반장 1½큰술

▶ **부재료**
마늘채 · 올리브오일 1큰술씩, 생강채 · 참기름 · 통깨 1작은술씩, 청양고추 1개, 대파 1대, 소금 · 후춧가루 약간씩

1 삼겹살은 얇게 잘라서 사방 3㎝ 크기로 자른다. 자른 삼겹살은 소금과 후춧가루를 넣어 조물조물 무친다.

2 시금치는 다듬어 씻어서 3㎝ 길이로 썬다.

3 청양고추는 송송 썰고 대파도 1㎝ 길이로 송송 썬다.

4 팬에 올리브오일을 두르고 달궈지면 마늘과 생강을 넣고 볶아서 향이 올라오면 재워 놓은 삼겹살을 볶는다.

5 삼겹살이 익으면 시금치와 청양고추, 대파를 넣고 두반장 참기름을 둘러 재빨리 간이 배도록 볶아서 소금과 후춧가루로 간을 맞춰 담아낸다.

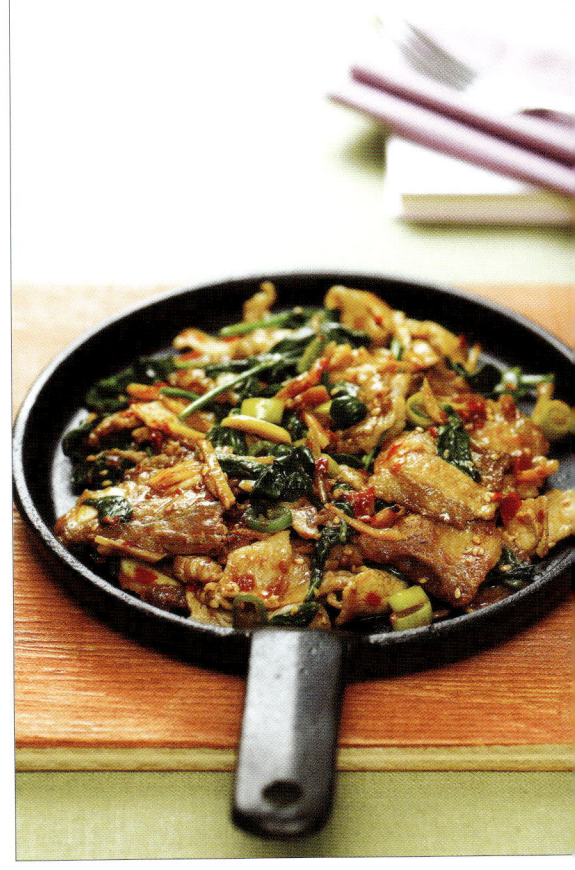

→ COOK TIP

돼지고기에 양파즙, 파인애플즙, 사과즙, 배즙 등을 넣으면 연하게 할 수 있다. 돼지고기의 육질을 부드럽게 하려면 고기망치로 두드리거나 칼로 돼지고기의 근육을 끊어주면 된다.

삼겹살들깨즙무침

▶ **주재료**
아주 얇게 썬 삼겹살 300g, 들깻가루 2큰술

▶ **부재료**
깻잎 2장, 들기름 · 다진 마늘 · 송송 썬 실파 1큰술씩, 생강즙 ⅓작은술, 치커리 약간, 생강 1톨 소금 · 후춧가루 약간씩

1 삼겹살은 아주 얇게 썰어서 사방 5㎝ 크기로 썰어 생강을 넣고 끓인 물에 데쳐 찬물에 헹궈 물기를 뺀다.

2 깻잎은 곱게 채 썰고 치커리는 깨끗이 씻어 손으로 뜯어 놓는다.

3 볼에 삼겹살 데친 것을 담고 들깻가루, 들기름, 다진 마늘, 생강즙을 넣어 조물조물 무친다.

4 소금과 후춧가루로 간을 맞추고 그릇에 담아 깻잎과 치커리를 듬뿍 얹은 후 실파를 뿌려 상에 낸다.

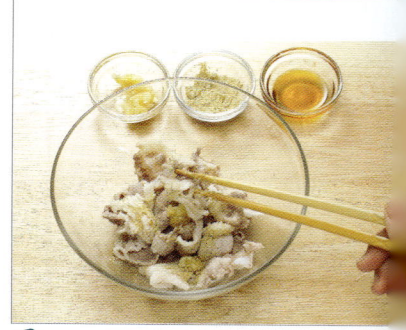

 STEP 3

➜ COOK TIP
삼겹살이나 목삼겹살은 주로 철판이나 숯불에 많이 구워 먹는데 새송이버섯, 양송이버섯, 양파, 감자, 고구마 등을 함께 구워서 고기의 기름진 맛을 조금 없애주면 버섯의 향과 채소의 단맛을 동시에 맛볼 수 있어서 좋다.

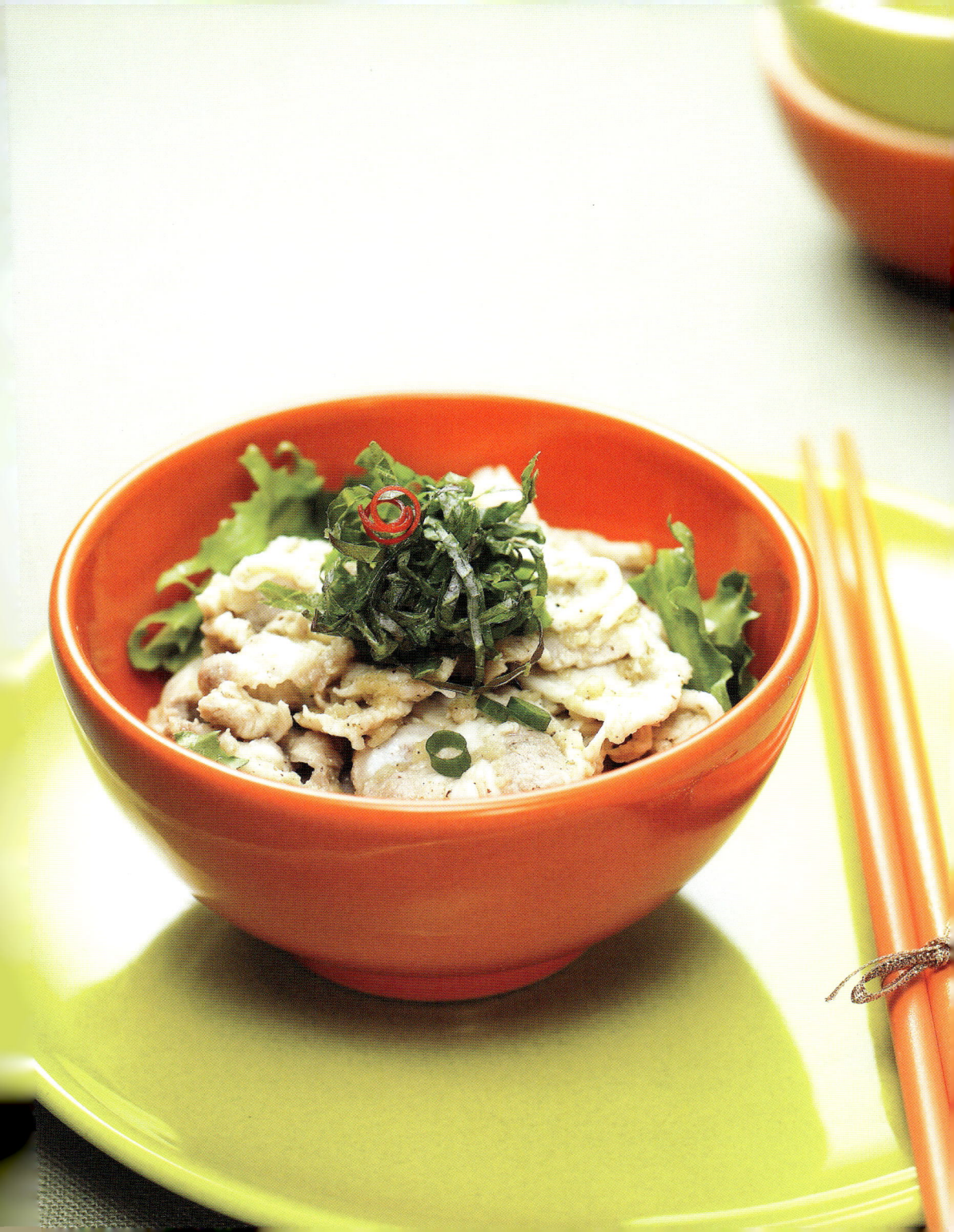

닭보양쟁반

▶ **주재료**
  닭(중간 크기) 1마리, 찹쌀 1컵, 수삼 2뿌리, 대추 5개, 은행 5알, 잣 1큰술, 호두 ¼컵

▶ **부재료**
  굵은 파 2대, 마늘 5쪽, 생강 1톨, 소금 · 후춧가루 약간씩, 황기 30g, 물 2컵

1 닭은 중간 크기로 준비해서 내장을 말끔하게 꺼내 씻고 항문을 가위로 잘라내 물에 헹궈 물기를 닦는다.

2 찹쌀은 깨끗이 씻어서 충분히 불렸다가 소쿠리에 건져 물기를 뺀다.

3 수삼은 머리 부분을 자르고 깨끗이 씻어 준다.

4 대추, 은행, 잣, 호두, 마늘을 깨끗이 씻어 껍질을 벗기고 물기를 털어놓는다.

5 찜기에 김이 충분히 올라오면 손질한 닭과 찹쌀, 수삼, 대추, 은행, 호두, 마늘을 베보자기 위에 담아 1시간 이상 푹 찐다. 중간 중간 찹쌀과 닭의 겉면에 소금을 녹인 물을 뿌려서 속까지 부드럽게 익도록 한다.

6 닭과 찹쌀이 익으면 전골 쟁반에 황기를 푹 끓인 물을 붓고 닭살만 굵게 찢어 담는다.

7 찹쌀과 수삼, 대추, 은행, 잣, 호두, 마늘을 담은 후 굵은 대파를 채 썰어 올리고 소금과 후춧가루로 간을 맞춘다. 중간 불에 올려 한소끔 끓여서 보양쟁반을 만든다.

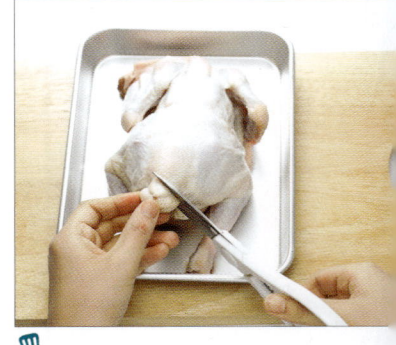

🍳 **STEP 1**

> → **COOK TIP**
>
> 찹쌀은 충분히 불리지 않으면 쌀알이 퍼지지 않으니 1시간 동안 충분히 불려 쓴다. 닭을 손질할 때에는 잔털은 모두 뽑아내고 내장을 완전히 씻어낸 후 닭의 항문 부분은 도려내야 누린내가 나지 않는다. 보양 쟁반은 찜기에서 푹 익힌 닭을 살만 발라내 황기를 우려낸 진한 국물에 담아서 찹쌀과 보양식 재료를 한 번 더 끓인 후 먹는 것으로 부드러운 닭살과 인삼의 향, 황기의 감칠맛이 어우러져 보양식으로 아주 좋다.

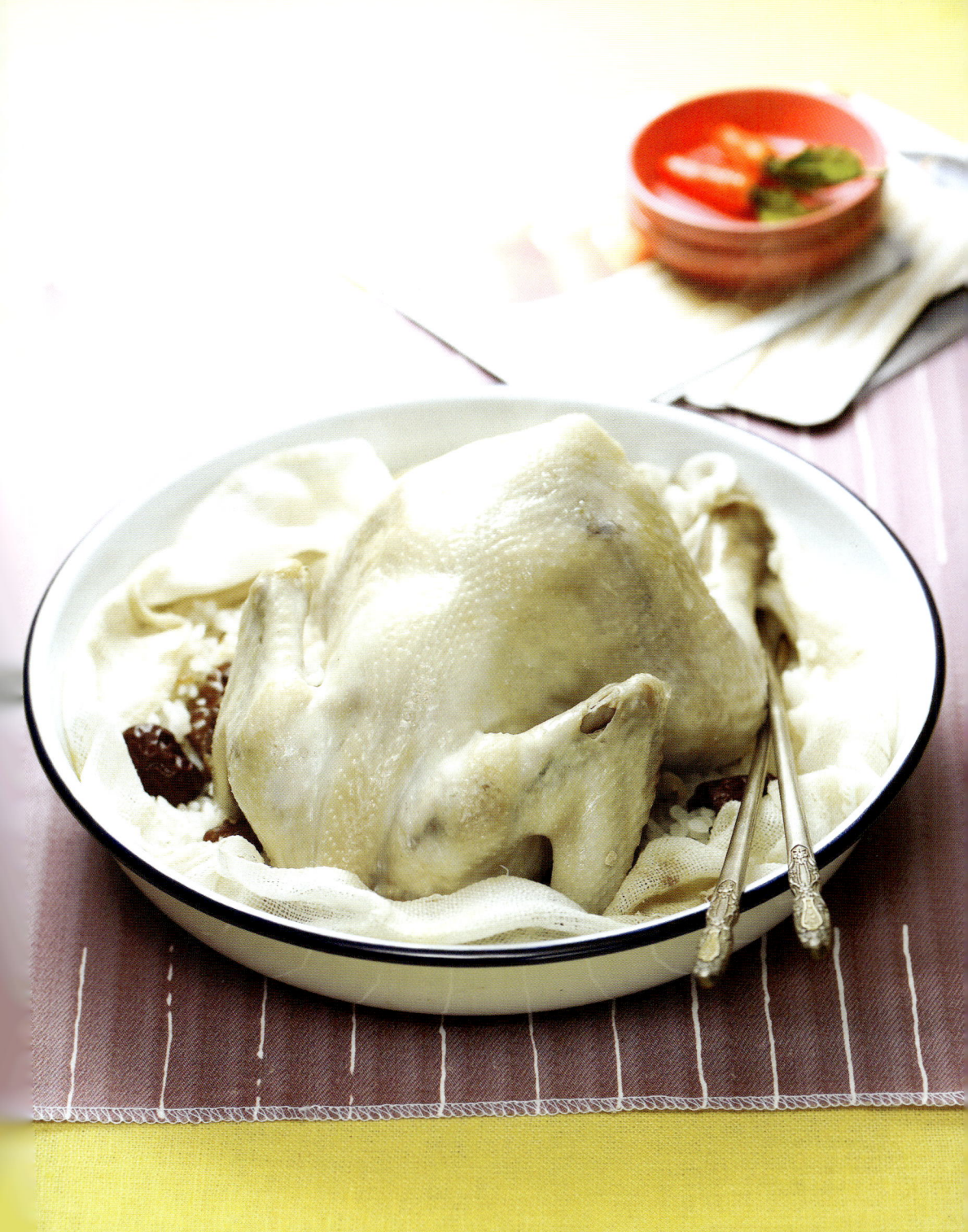

닭다리허브구이

▶ **주재료**
닭다리 4개, 마늘 5쪽, 분말 로즈메리·분말 바질 ⅓작은술씩

▶ **부재료**
소금·통후추 약간씩, 올리브오일 3큰술, 간장 2큰술, 물엿·맛술 1큰술씩

1 닭다리는 짧은 단각으로 준비해서 껍질을 벗기고 물에 헹궈 칼집을 넣은 후 끓는 물에 살짝 데쳐 기름기를 빼고 물에 헹궈 물기를 완전하게 닦는다.

2 통후추를 곱게 빻아서 닭다리에 소금과 함께 뿌리고 분말 로즈메리와 분말 바질을 닭다리에 듬뿍 뿌려서 손으로 두드려 허브의 향이 배도록 밑간한다.

3 재운 닭다리에 올리브오일을 바르고 팬을 달군 후 마늘을 채 썰어 볶다가 닭다리를 노릇하게 굽는다. 간장과 물엿, 맛술을 넣은 양념을 팬 가장자리에 뿌려서 끓어오르는 양념에 흠뻑 적셔 윤기가 나도록 구워 완성한다.

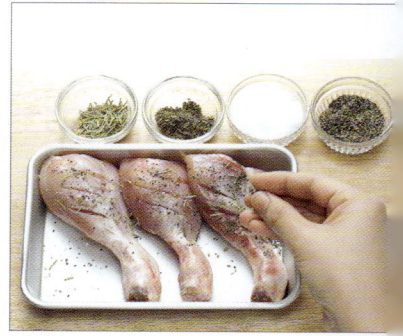

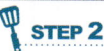 **STEP 2**

🔄 COOK TIP

닭다리에 허브를 넣어서 재우려면 미리 닭다리의 껍질을 벗겨 끓는 물에 데쳐 애벌로 익힌 후 통후추와 소금을 뿌린 후 겉면에 분말 로즈마리와 분말 바질을 뿌려서 재워야 간도 잘 배고 닭다리의 잡내가 완전하게 없어지면서 허브의 향이 배어 깊은맛이 난다.

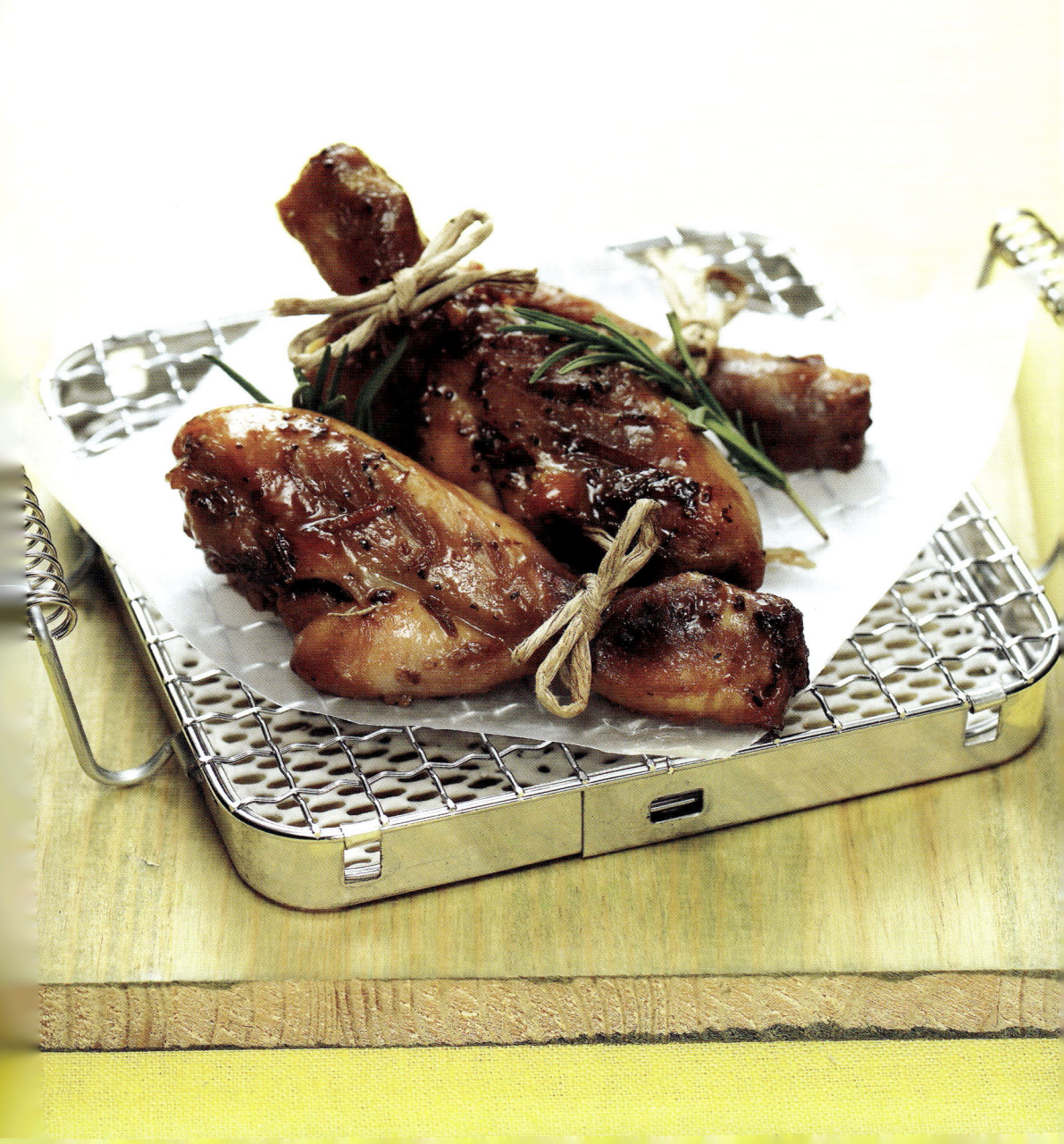

닭날개마늘볶음

▶ **주재료**
닭날개 8개, 마늘 10쪽

▶ **부재료**
청·홍피망 ½개씩, 양파 ½개, 청주·생강채·참기름 1작은술씩, 간장 1큰술, 소금·후춧가루 약간씩, 다시마 우린 물 5큰술

1 닭날개는 씻어서 물기를 닦고 칼집을 서너 번 넣은 후 소금과 후춧가루로 버무려 밑간한다.

2 마늘은 중간 크기의 마늘로 준비해서 껍질을 벗기고 2등분한다.

3 양파와 청·홍 피망은 사방 2㎝ 크기로 자른다.

4 팬에 기름을 두르고 마늘과 생강채를 넣어 충분하게 볶은 후 닭날개를 넣고 볶다가 청주와 간장을 넣어 버무린다.

5 ④에 다시마 우린 물을 뿌려서 뚜껑을 덮어 닭날개 속까지 익도록 약한 불에서 익힌다.

6 닭날개가 속까지 익으면 자른 양파, 청·홍피망을 넣고 볶아 소금과 후춧가루로 간을 맞춘다.

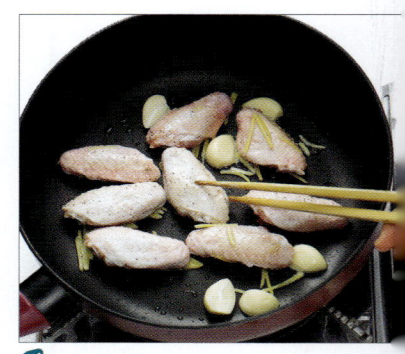

 STEP 4

> **COOK TIP**
> 충분하게 달군 팬에 기름을 두르고 마늘을 넣어서 굽듯이 볶아야 나중에 닭날개를 넣었을 때 누린맛이 없고 마늘의 아린맛도 사라진다. 닭날개는 콜라겐 성분이 많이 들어 있어 수분이 거의 없도록 바싹 볶아야 쫀득한 살집의 맛을 느낄 수 있다.

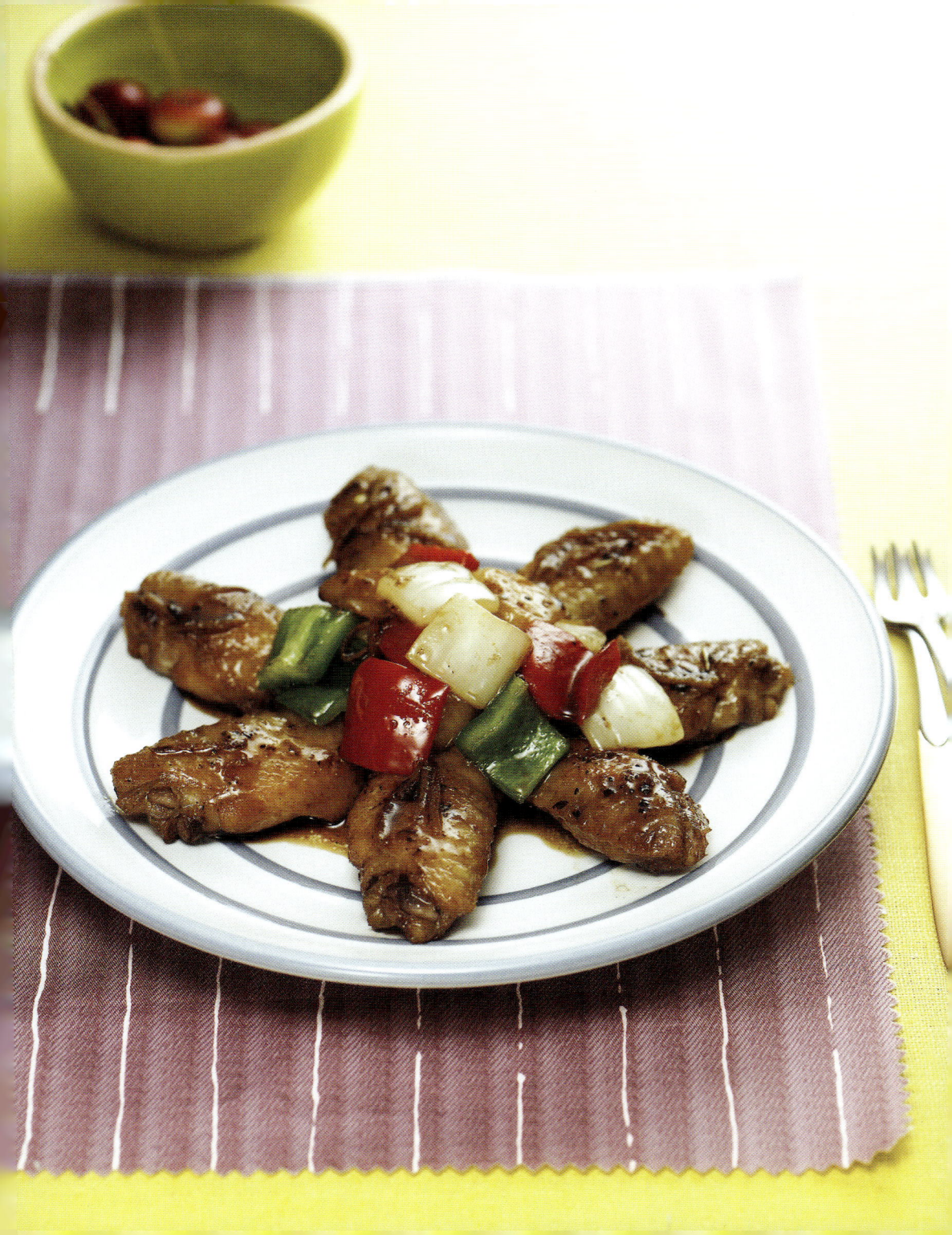

닭살인삼말이

▶ **주재료**
닭가슴살 300g, 인삼 4뿌리

▶ **부재료**
대추 5개, 마늘종 10줄, 올리브오일 3큰술, 소금 · 통후추 약간씩, 청주 1큰술, 녹말가루 2큰술, 굵은 면실 약간

1 닭가슴살은 하얀 피막을 벗겨 내고 씻어서 도톰하게 두 겹으로 포를 뜬다.

2 포를 뜬 닭가슴살에 소금과 후춧가루를 뿌리고 청주와 올리브오일을 고루 바른다.

3 인삼은 씻어서 굵게 채 썰고 대추를 주름 부분까지 말끔하게 씻어 돌려 깎아 놓는다. 마늘종은 씻어서 5㎝ 길이로 잘라 준비한다.

4 닭가슴살에 녹말가루를 뿌린 후 대추를 채 썰어 인삼채와 함께 섞어 올리고 마늘종을 서너 개 놓은 후 돌돌 말아서 굵은 면실로 풀리지 않도록 감싼다.

5 그릴에 은박지를 깔고 올리브오일을 펴 바른 후 ④의 닭살 인삼말이를 놓고 노릇노릇하게 구워내 실을 풀어 먹기 좋은 크기로 잘라 실파를 많이 넣은 초간장과 함께 찍어 먹는다.

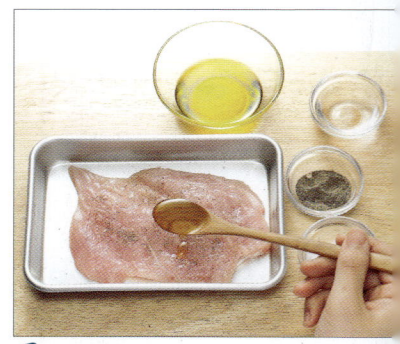

STEP 2

→ **COOK TIP**
인삼의 향과 아삭하게 씹히는 마늘종이 닭가슴살의 퍽퍽한 맛을 없애주어 먹기에 아주 좋은 닭살 인삼말이는 올리브오일을 듬뿍 발라 놓으면 그릴에 구웠을 때에도 살이 쫀득하고 담백하다.

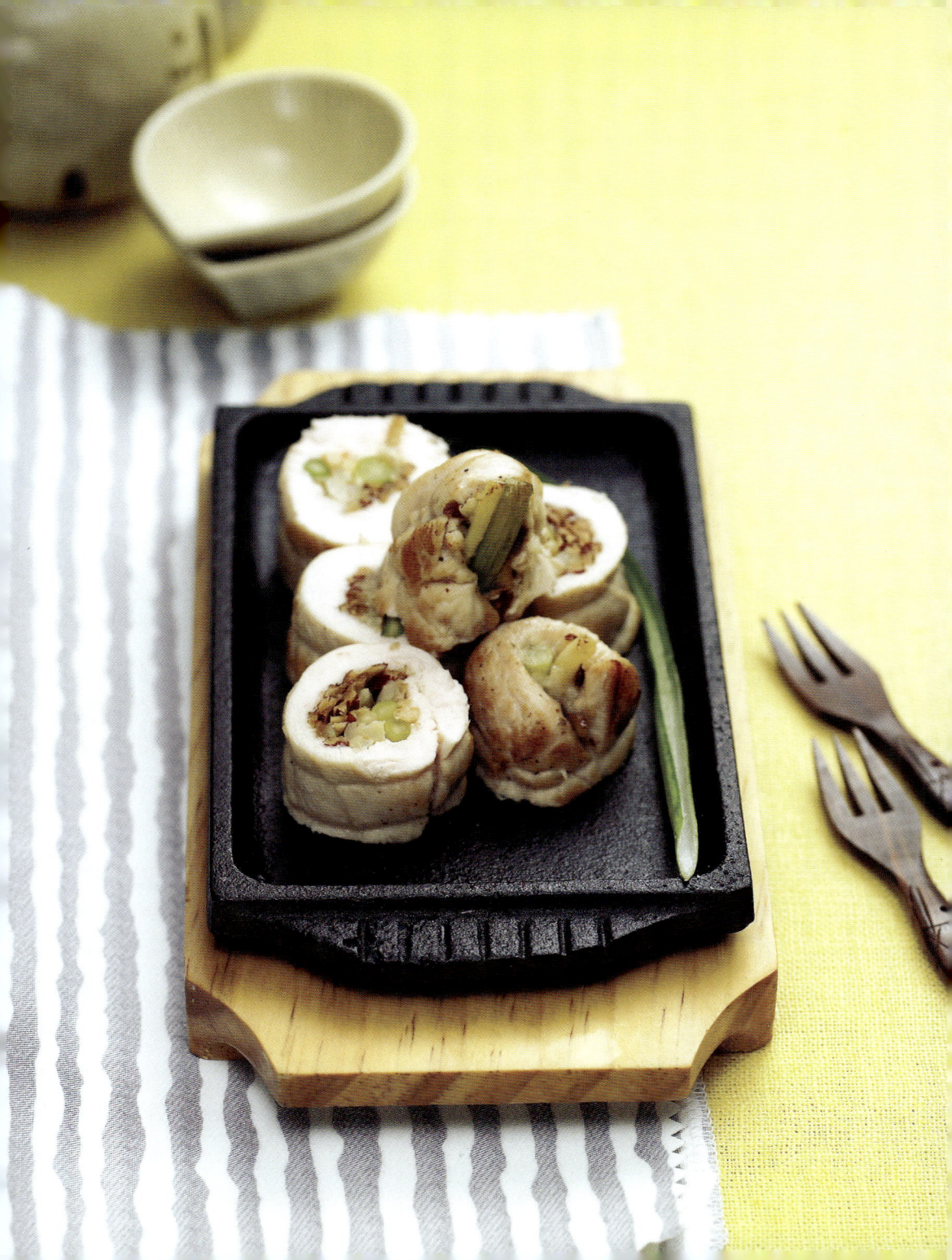

닭가슴살채소볶음밥

▶ **주재료**
닭가슴살 80g, 브로콜리 50g, 당근 $\frac{1}{3}$개, 피망 $\frac{1}{2}$개, 양파 $\frac{1}{2}$개, 표고버섯 2장

▶ **부재료**
올리브오일 2큰술, 밥 1공기, 소금 약간

1 닭가슴살은 흰 피막을 제거하고 씻어서 사방 1.5㎝ 크기가 되도록 썬다.

2 브로콜리는 한 송이씩 떼어서 끓는 물에 소금을 약간 넣고 파랗게 데쳐 찬
  물에 헹궈 건진다.

3 당근은 껍질을 벗기고 씻어서 닭가슴살과 같은 크기로 자른다. 피망과 양
  파는 사방 1㎝ 크기로 썰고 표고버섯은 물에 충분하게 불려 밑동을 떼어내
  고 씻어서 곱게 채 썬다.

4 팬에 올리브오일을 두르고 양파와 당근을 넣고 볶다가 닭가슴살과 밥을
  넣어서 윤기가 나도록 볶는다.

5 밥과 닭가슴살이 잘 볶아지면 피망과 브로콜리, 표고버섯을 모두 넣고 볶
  아 먹는다. 되도록 소금간은 하지 않는 것이 좋다.

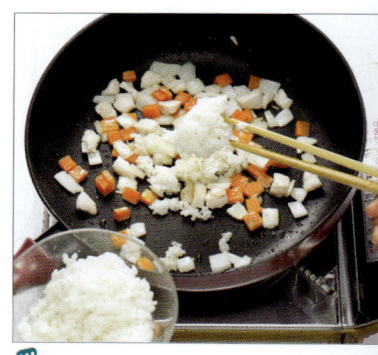

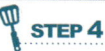 STEP 4

→ COOK TIP

닭가슴살은 닭다릿살에 비해 육색이 엷고 지방이 적기 때문에 부
드럽지만 열을 너무 가하면 퍼석해져 살이 뻑뻑한 느낌이 든다. 팬
을 이용한 요리는 기름을 보충하여 사용하는 것이 좋다. 껍질은 지
방의 양이 많고 단백질, 비타민, 미네랄이 풍부하게 포함되어 있다.
냉채, 샐러드, 커틀릿, 조림, 볶음 등의 다양한 요리에 적합하다.

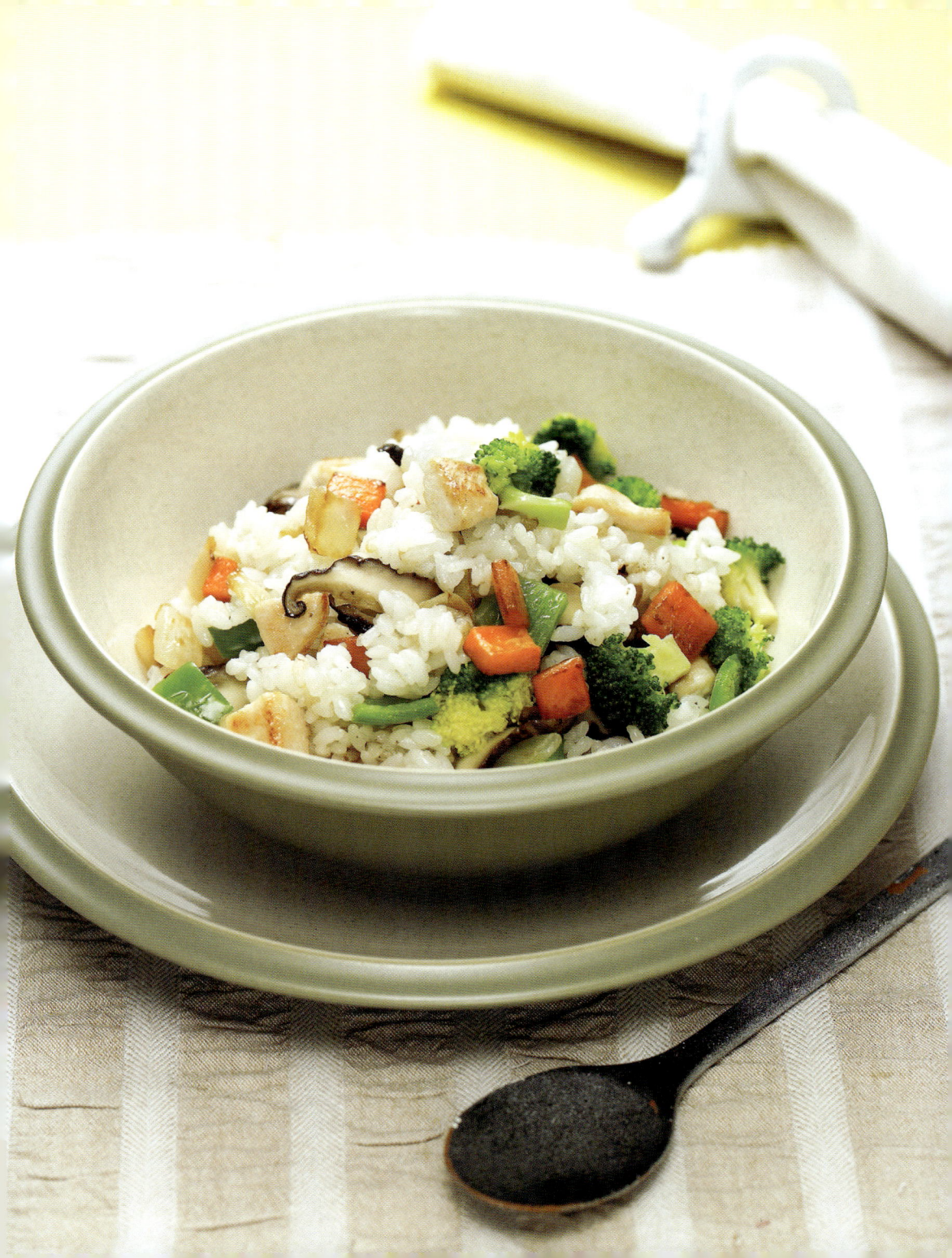

닭살시금치무침

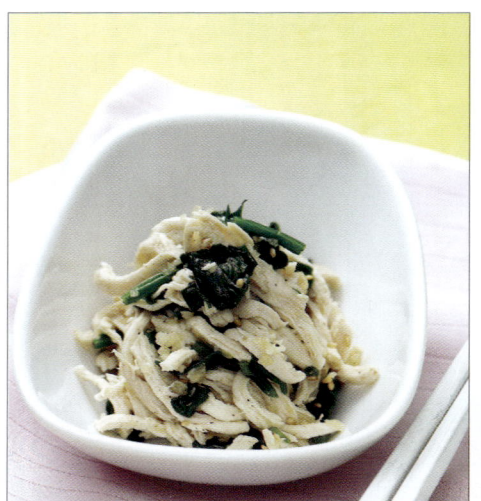

▶ **주재료**
닭(안심살) 100g, 시금치 100g

▶ **부재료**
소금·후춧가루 약간씩, 참기름·깨소금 1작은술씩, 송송 썬 실파·청주 1큰술씩, 다진 마늘 ½작은술

1 닭살은 씻어서 냄비에 물을 붓고 끓으면 청주를 넣어서 닭살을 넣고 삶는다.

2 시금치는 다듬어 씻어 끓는 물에 데쳐서 찬물에 헹궈 물기를 꼭 짜서 3㎝ 길이로 썬다.

3 데친 닭살은 결대로 찢어 시금치와 함께 볼에 담고 참기름, 깨소금, 실파, 다진 마늘, 소금, 후춧가루로 조물조물 무쳐서 먹는다.

> ⊙ **COOK TIP**
> 안심살은 가슴살에 포함되기도 하는 것으로 지방이 매우 적어 맛이 담백하고 근육 섬유로만 되어 있어 색이 희다. 살이 부드러워 아이들 간식, 이유식으로 많이 쓰이고 튀김, 볶음, 조림 등에 써도 좋다.

닭가슴살조림

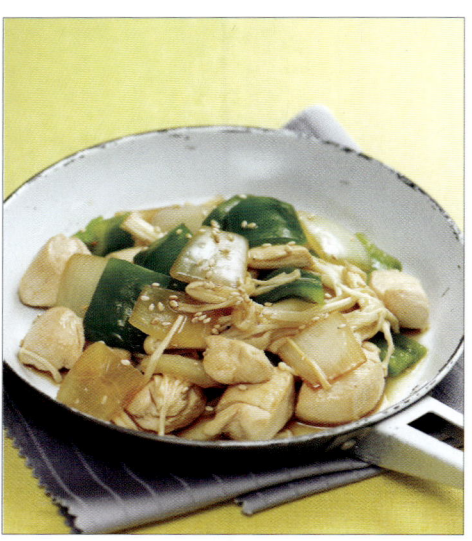

▶ **주재료**
닭가슴살 80g

▶ **부재료**
양파 ½개, 당근 ¼개, 팽이버섯 ½봉지, 올리브오일·간장 1큰술씩

1 닭가슴살은 흰 피막을 떼어내고 씻어서 사방 3㎝ 크기로 썬다.

2 양파와 당근은 사방 1.5㎝ 크기로 썰고 팽이버섯은 밑동을 잘라내고 흔들어 씻어 건진다.

3 팬에 올리브오일을 두르고 양파와 당근을 넣어 볶다가 닭가슴살을 넣어 간장으로 맛을 내어 조린다.

4 간장색이 우러나면 팽이버섯을 넣어 재빨리 볶아서 그릇에 담아낸다.

> ⊙ **COOK TIP**
> 닭 요리에서 필요없는 지방은 미리 떼어내고 조리하는 것이 잡내를 없애는 방법이다. 특히 냄새가 심한 항문 주위의 지방은 가위로 잘라내고 조리한다.

매콤한중국식닭볶음

▶ **주재료**
닭가슴살 200g

▶ **부재료**
홍고추 2개, 두반장 · 다진 파 · 물녹말 · 올리브오일 1큰술씩, 다진 마늘 1작은술

1 닭가슴살은 흰 피막을 떼어내고 씻어서 끓는 물에 삶
아 건져 찬물에 헹궈 기름기를 없애고 사방 1㎝ 크기
로 썬다.

2 팬에 기름을 두르고 닭가슴살 썬 것을 넣고 볶는다.

3 닭가슴살이 거의 익으면 곱게 다진 홍고추와 두반장,
다진 마늘, 다진 파를 넣고 볶다가 물녹말을 넣고 재
빨리 볶아서 매콤하고 개운한 닭볶음을 완성한다.

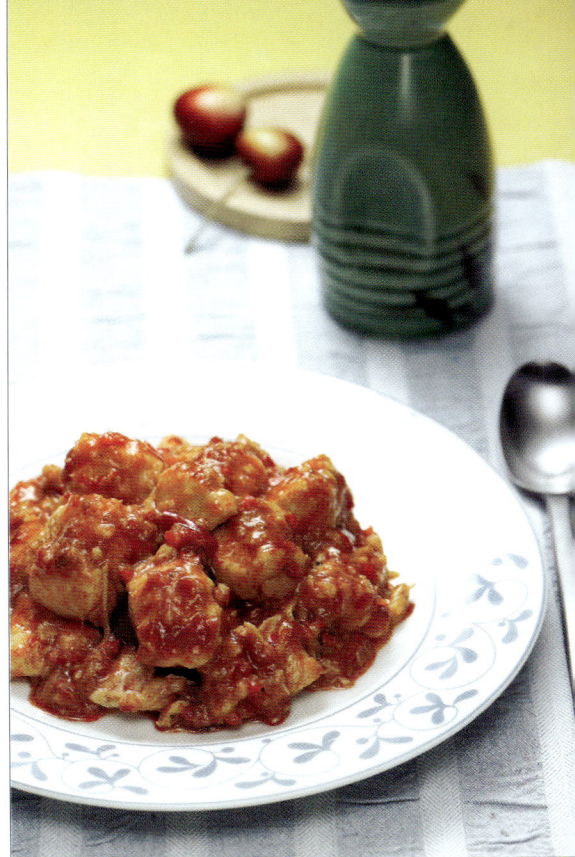

🍳 COOK TIP
닭의 모든 부위는 밑간을 잘해야 누린내 없이 조리할 수 있는데
청주, 생강즙, 마늘즙, 양파즙, 마른 홍고추 등으로 밑간을 해서
센 불에서 재빨리 조리거나 볶거나 구워서 닭의 겉면을 익히고
난 후 은근하게 익혀야 닭의 잡내나 누린 맛이 나지 않는다.

닭고기치즈말이

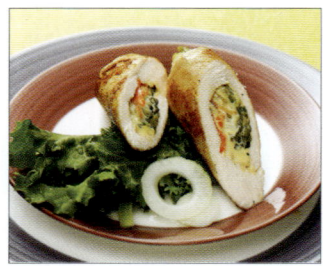

▶ **주재료**
닭가슴살 30g, 치즈 1장

▶ **부재료**
시금치 ½줌, 당근·양파 ⅓개씩, 소금·후춧가루·올리브오일
약간씩, 토마토케첩 2큰술

1 닭가슴살은 손질해 씻어 물기를 닦고 저민 후 소금과
후춧가루로 밑간을 한다.

2 시금치는 데쳐 잘게 자르고 당근과 양파는 채 썰어 기
름에 살짝 볶는다.

3 은박지에 기름을 약간 바르고 닭가슴살을 깔고 그 위
에 치즈와 채소를 차례로 얹어 돌돌 말아서 오븐에 굽
는다.

4 ③의 은박지를 벗긴 후 팬에 올리브오일을 두르고 달
군 후 놓고 앞뒤로 노릇노릇하게 지져 먹기 좋은 크기
로 썰어 토마토케첩을 곁들여 먹는다.

➡ COOK TIP
닭가슴살을 고를 때에는 손으로 만져 보아 탄력이 있고 촉촉한
정도의 수분이 있는 것이 좋다.

닭날개튀김조청시럽무침

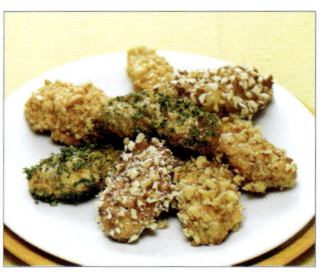

▶ **주재료**
닭날개 12개, 소금·후춧가루 약간씩, 청주·녹말가루 2큰술씩,
튀김가루 ½컵, 달걀 1개, 굵게 다진 땅콩·굵게 다진 아몬드·
굵게 다진 호두 5큰술씩, 다진 파슬리 ½작은술

▶ **조청시럽**
쌀조청 3큰술, 설탕 5큰술, 물 ⅓컵, 마늘즙 1작은술

1 닭날개는 깨끗이 손질해서 찬물에 헹궈 건져 종이타
월에 올려 물기를 닦는다.

2 ①의 닭날개에 소금과 후춧가루, 청주를 뿌려 30분 정
도 밑간한다.

3 밑간한 닭날개에 녹말가루를 뿌리고 달걀을 곱게 풀
어 옷을 입힌 후 튀김가루를 뿌려서 190℃의 고온에
서 노릇하게 튀긴다. 기름을 빼서 냉동 그릇에 담아
냉동고에 넣고 30분 정도 차게 한다.

4 냉동시킨 닭날개를 다시 기름에 튀겨내 기름을 뺀 후
냉동 그릇에 담아 다시 냉동고에 30분 정도 넣어둔다.

5 ④의 닭날개를 꺼내어 다시 기름에 튀겨내 기름을 빼
식힌다.

6 냄비에 쌀조청과 설탕을 넣고 물을 부어 젓지 말고 마
늘즙을 뿌린 후 약한 불에서 끓여 조청시럽을 만들어
차게 식힌다.

7 ⑤의 닭날개를 ⑥의 조청시럽을 바르고 땅콩 굵게 다
진 것과 아몬드 굵게 다진 것, 호두 굵게 다진 것, 다진
파슬리에 각각 굴려서 색과 맛을 낸다.

닭가슴살춘권튀김

▶ **주재료**
닭가슴살 250g, 춘권피 12장

▶ **부재료**
실파 4대, 홍고추 1개, 마늘 2쪽, 소금 · 후춧가루 · 튀김가루 약간씩, 참기름 · 깨소금 · 카레가루 1작은술씩, 녹말가루 3큰술, 달걀흰자 1개분

1 닭가슴살은 흰 피막을 떼어내고 씻어 물기를 닦은 후 0.3㎝ 크기로 다진다.

2 실파는 1㎝ 길이로 썰고 홍고추와 마늘은 곱게 채 썬다.

3 볼에 닭가슴살과 실파, 홍고추, 마늘을 넣어 소금과 후춧가루, 참기름, 깨소금을 넣어 버무린다.

4 ③에 녹말가루와 카레가루를 넣어 고루 섞어 반죽한다.

5 춘권피를 한 장씩 도마에 깔고 ④의 닭가슴살 양념을 한 것을 한 수저씩 올려 길게 놓은 후 돌돌 말아 달걀 흰자를 발라 춘권피를 붙인다.

6 160℃로 달군 튀김기름에 닭가슴살과 춘권을 노릇하게 튀겨 기름을 뺀 후 먹는다.

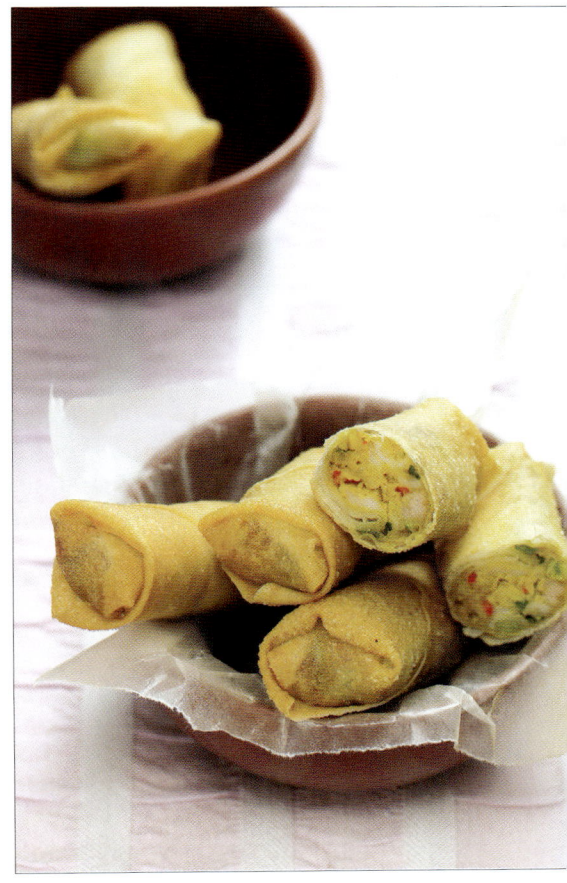

→ **COOK TIP**
닭가슴살은 손질할 때 흰 피막을 떼어내 질기지 않게 한다. 닭가슴살을 쌀뜨물에 헹구면 퍽퍽하지 않고 잡내도 없어지면서 부드러워진다.

구운닭가슴살게살샐러드

▶ **주재료**
닭가슴살 250g, 게맛살(크리미) 100g

▶ **부재료**
소금 · 후춧가루 약간씩, 파슬리가루 · 카레가루 1작은술씩, 파프리카 · 적양파 ½개씩

▶ **요구르트 머스터드 드레싱**
떠먹는 요구르트 ½개, 마요네즈 3큰술, 씨 머스터드 · 송송 썬 실파 1큰술씩, 레몬즙 1작은술, 소금 약간

1 닭가슴살은 흰 피막을 떼어내고 씻어 세로로 길게 잔칼집을 넣어 소금과 후춧가루, 파슬리가루, 카레가루를 뿌려 밑간한다.

2 냉장고에서 40분 정도 밑간한 닭가슴살은 팬에 올리브오일을 두르고 노릇하게 굽는다.

3 구운 닭가슴살은 뜨거울 때 먹기 좋은 크기로 썬다.

4 게맛살은 굵게 찢고 파프리카와 적양파는 곱게 채 썰어 찬물에 헹궈 건진다.

5 요구르트 머스터드 드레싱을 재료의 분량대로 만들어 섞는다.

6 접시에 구운 닭가슴살과 게맛살, 파프리카, 적양파를 담고 ⑤의 드레싱을 듬뿍 끼얹어 완성한다.

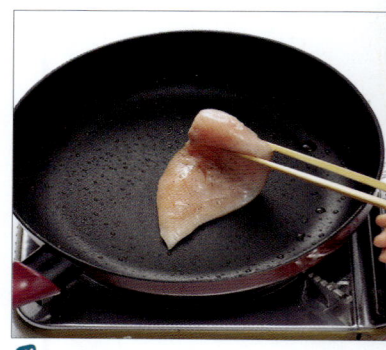

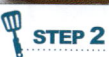 **STEP 2**

🔄 COOK TIP

닭가슴살을 맛있게 구우려면 밑간을 할 때 가슴살의 표면에 잔칼집을 해서 간이 잘 배도록 하는 것이 좋고 팬에서 구울 때에는 올리브오일로 풍미가 나도록 노릇하게 구워야 맛있다.

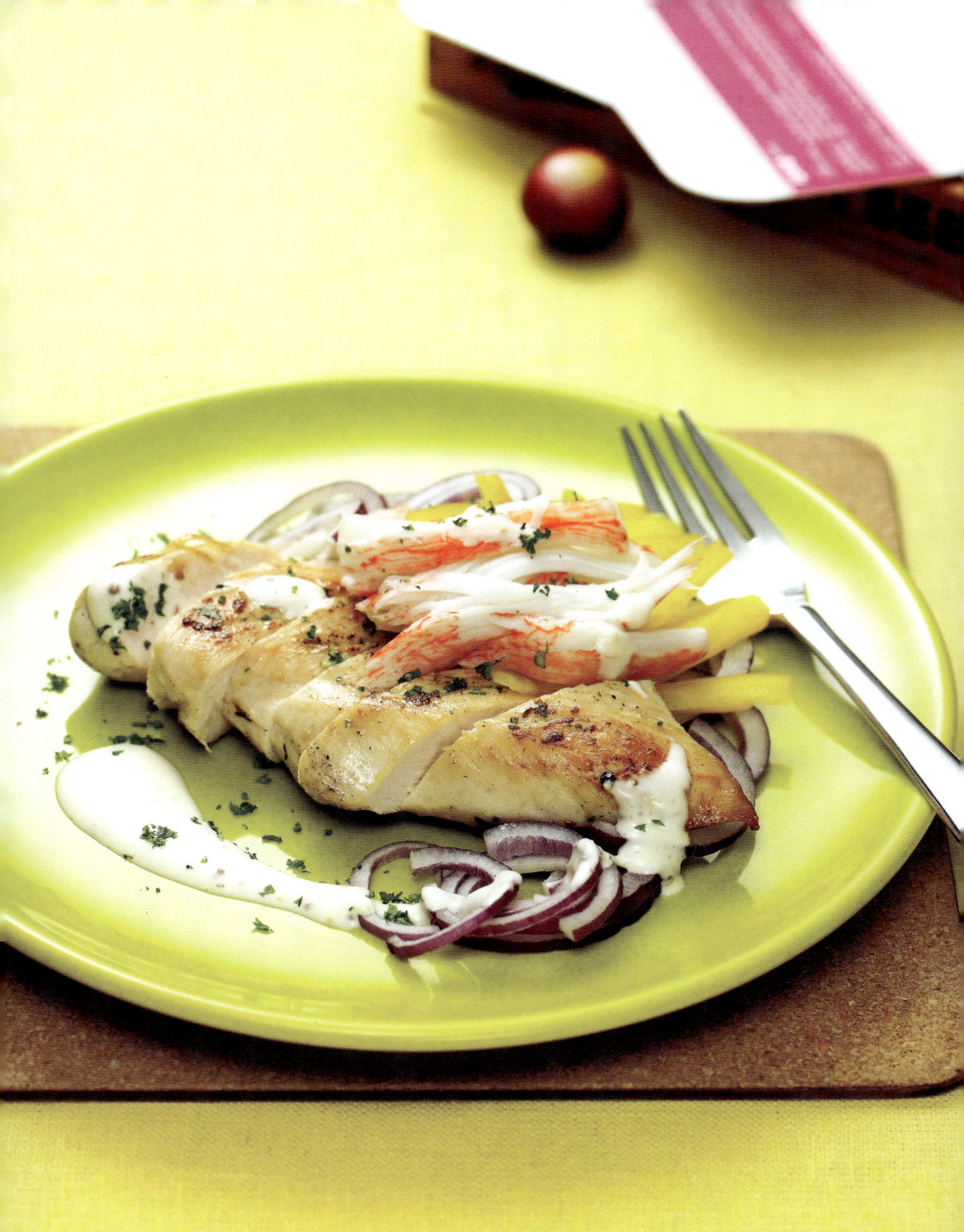

닭살햄버거

▶ **주재료**
닭살 150g, 베이글 2개

▶ **부재료**
적양파 $\frac{1}{2}$개, 양파 $\frac{1}{2}$개, 치커리 30g, 방울토마토 약간, 청주 1큰술

▶ **머스터드소스**
씨 머스터드 1큰술, 마요네즈 2큰술, 레몬즙·소금 약간씩, 꿀 $\frac{1}{2}$작은술

1 베이글은 금방 구운 것으로 구입해서 가로로 반을 가른다.

2 닭살은 흰 피막을 떼어내고 씻어서 끓는 물에 청주를 넣어 삶아 건져 차게 식힌 후 결대로 곱게 찢는다.

3 적양파와 양파는 가로로 얇게 썬다.

4 치커리는 씻어 손으로 뜯고 방울토마토는 씻어서 반을 가른다.

5 볼에 찢은 닭살과 양파, 치커리, 방울토마토를 담고 머스터드소스로 버무린다.

6 베이글에 ⑤의 닭살 양념을 듬뿍 담고 채소를 소복하게 올려 덮어 햄버거를 만든다.

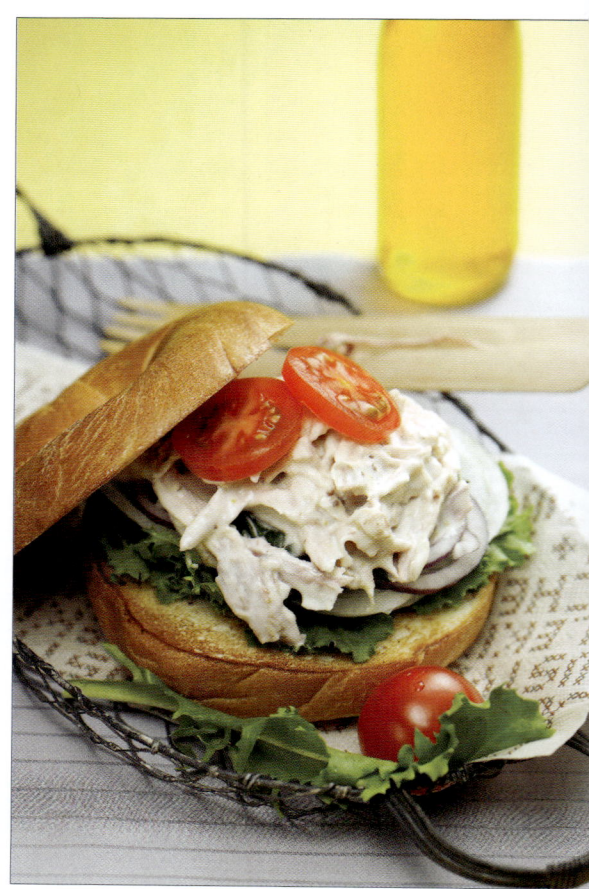

→ COOK TIP
닭살은 베이글, 바게트 등 질감이 두껍고 질긴 빵과 잘 어울린다. 씨 머스터드와 마요네즈를 섞어 양념해서 햄버거, 샌드위치 등을 만들면 닭살의 뻑뻑함이 없고 담백하고 고소하게 먹을 수 있다.

닭가슴살채소칠리볶음

▶ **주재료**
닭가슴살 150g, 브로콜리 50g, 피망 ½개, 당근·양파 ½개씩, 느타리버섯 80g, 칠리소스 4큰술

▶ **부재료**
매운 청양고추 1개, 소금 약간, 올리브오일 2큰술, 마늘 2쪽

1 닭가슴살은 흰 피막을 떼어내고 씻어서 사방 3㎝ 크기로 썬다.

2 브로콜리는 적당한 송이로 떼어 끓는 물에 소금을 약간 넣고 데쳐서 찬물에 헹궈 건진다. 피망과 양파는 사방 3㎝ 크기로 썰고 당근은 곱게 채 썬다.

3 느타리버섯은 굵게 찢어 찬물에 헹궈 건져 물기를 뺀다.

4 매운 청양고추는 송송 썰고 마늘은 채 썬다.

5 팬에 올리브오일을 두르고 마늘과 양파를 넣어 볶다가 당근과 닭가슴살을 넣고 칠리소스로 볶는다.

6 닭가슴살이 익으면 느타리버섯과 피망, 브로콜리를 넣어 어우러지도록 잘 볶아 간이 배도록 한 후 매운 청양고추를 넣어 버무려서 매콤한 맛을 더 내어 상에 낸다.

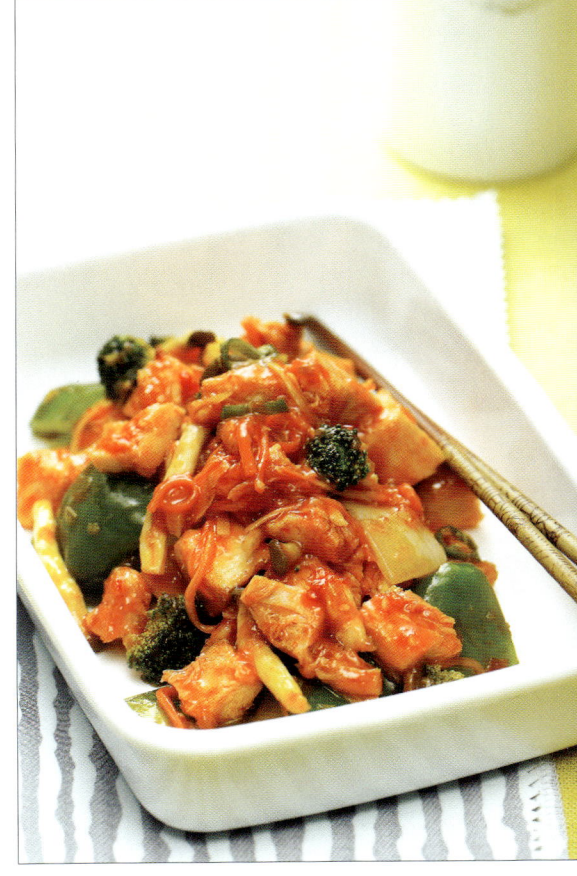

→ **COOK TIP**
닭고기 특유의 냄새를 없앨 때에는 우유가 가장 좋다. 닭고기를 우유에 20분 정도 담가 두면 우유가 나쁜 냄새를 말끔하게 없애준다.

후추닭볶음

▶ **주재료**
닭 1마리, 갓 빻은 검은 후춧가루 1작은술

▶ **부재료**
소금 · 다진 생강 · 통깨 약간씩, 다진 마늘 · 청주 · 맛술 1큰술씩, 다시마 우린 물 3큰술, 대파 1대, 양파 ½개, 마른 홍고추 5개, 청고추 1개, 참기름 ½작은술

1 닭은 부위별로 알맞게 토막 내어 찬물에 담가 핏물을 빼고 깨끗하게 씻어 건진다.

2 ①의 닭은 소금과 갓 빻아 놓은 검은 후춧가루로 재운다.

3 대파는 1㎝ 굵기로 송송 썰고 양파는 굵게 채 썬다. 마른 홍고추는 가위로 큼직하게 잘라 씨를 빼고 청고추는 가늘게 채 썬다.

4 팬에 기름을 약간 두르고 다진 마늘과 다진 생강, 양파, 마른 홍고추를 넣어서 볶아 매운 향을 낸다.

5 매콤한 후춧가루로 재운 닭의 수분을 뺀 후 ④에 넣어서 볶는다.

6 ⑤에 다시마 우린 물과 맛술, 청주를 넣어서 중간 불에서 계속 볶아가면서 익힌다.

7 잠시 불을 약하게 줄여서 뜸을 들이듯이 닭의 속까지 익힌 후 소금으로 마지막 간을 맞추고 대파와 청고추, 참기름을 넣어 버무린 다음 통깨를 뿌려서 상에 낸다.

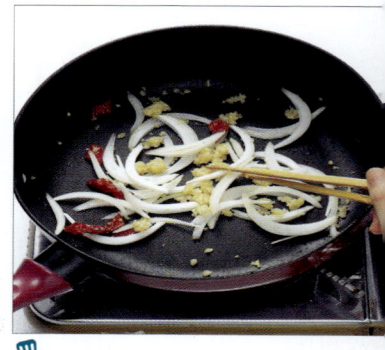

STEP 4

→ **COOK TIP**

매콤하면서 담백한 맛이 나는 닭볶음은 고춧가루가 들어가지 않아도 매운맛이 많이 나는 특색이 있다. 되도록 마늘, 생강, 양파, 마른 홍고추 등의 향신채를 튀기듯이 재빨리 볶아서 매운맛의 향을 듬뿍 낸 후 후춧가루에 재운 닭을 넣어야 누린내와 잡내가 없어지면서 닭에 매운맛이 듬뿍 배어 더욱 맛이 있다.

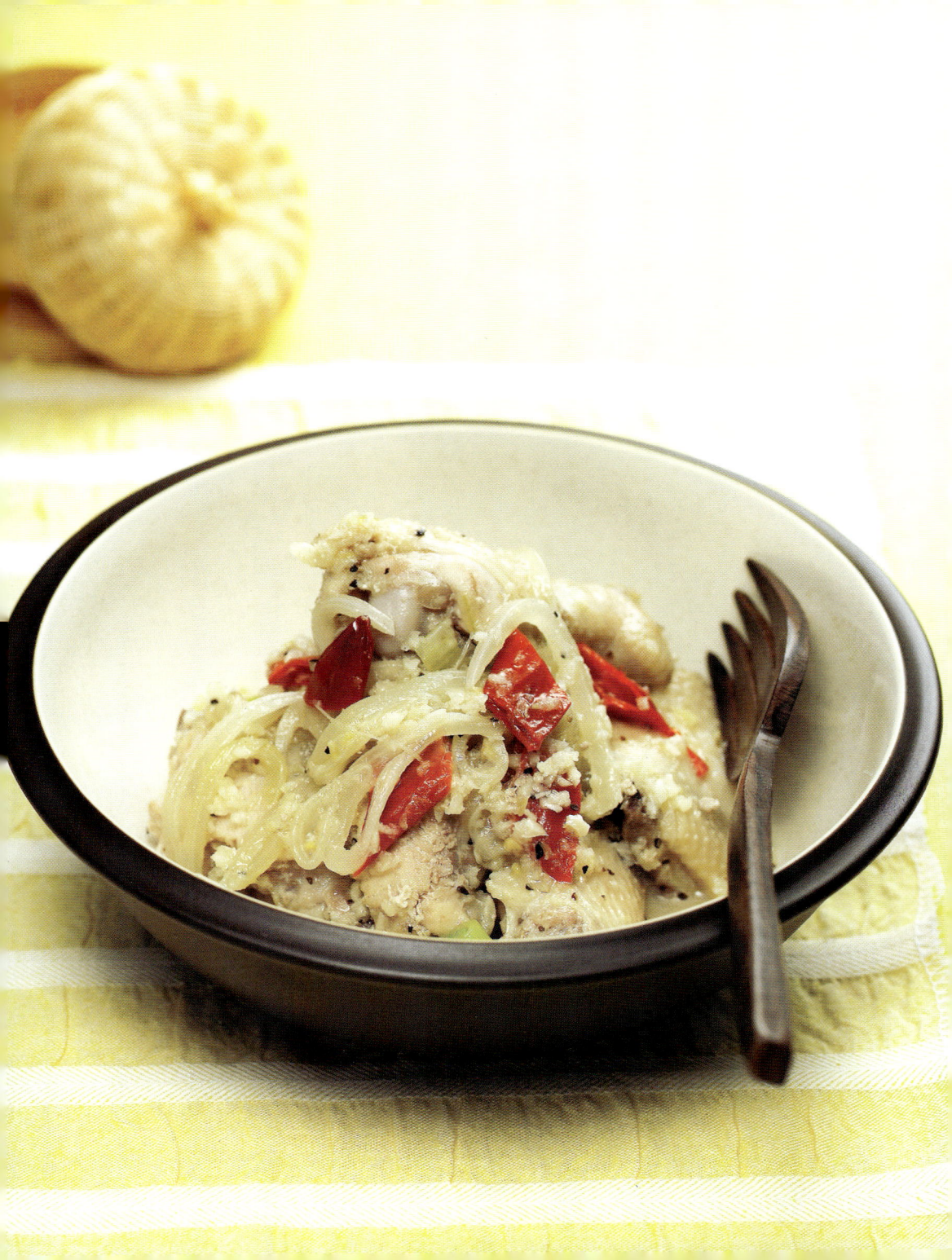

춘천닭갈비

▶ **주재료**
닭 1마리(큼직하게 토막 낸 것)

▶ **부재료**
양배추 150g, 양파 ½개, 깻잎 30장, 대파 1대, 풋고추 · 홍고추 3개씩

▶ **양념장**
고추장 · 맛술 · 설탕 2큰술씩, 고춧가루 3큰술, 간장 · 카레가루 1큰술씩, 양파즙 4큰술, 다진 마늘 · 다진 생강 · 참기름 ½큰술씩, 후춧가루 ¼작은술

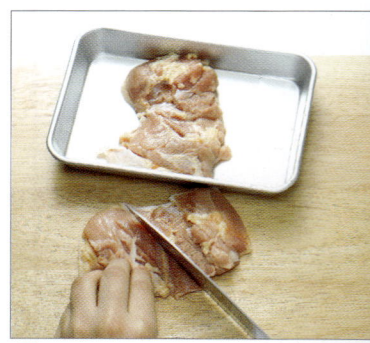

1 닭은 찬물에서 10분 정도 담가 핏기가 빠지면 건져서 종이타월로 남은 물기를 닦는다. 뼈 사이로 칼집을 넣어 살을 발라내고 납작한 모양이 되도록 포를 뜬다.

2 ①의 살쪽(껍질 반대쪽)을 칼로 자근자근 두들긴다. 이렇게 해야 구울 때 덜 오그라들고 속까지 고루 익힐 수 있다.

3 양념장을 분량대로 미리 만들어서 ②의 닭뼈와 살에 골고루 간이 배게 무쳐서 재운다.

4 양배추와 양파, 대파, 깻잎은 큼직하게 썰고 풋고추, 홍고추는 어슷 썬다.

5 철판을 뜨겁게 달군 후 기름을 조금 두르고 ③을 얹어 먹음직스럽게 굽는다. 닭갈비가 반쯤 익었을 때 ④의 채소를 넣고 함께 버무려 볶으면서 먹는다.

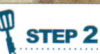 **STEP 2**

🔄 COOK TIP

고구마, 감자, 흰 가래떡 등을 함께 구워 먹어도 아주 별미인데 되도록 가래떡은 떡볶이용으로 넣어야 속까지 쉽게 익고 고구마나 감자는 나무젓가락 굵기보다 약간 굵은 크기로 썰어 넣어야 닭과 함께 익는 시간이 일정하다. 양배추는 단맛을 많이 내므로 설탕의 양을 잘 조절해야 한다.

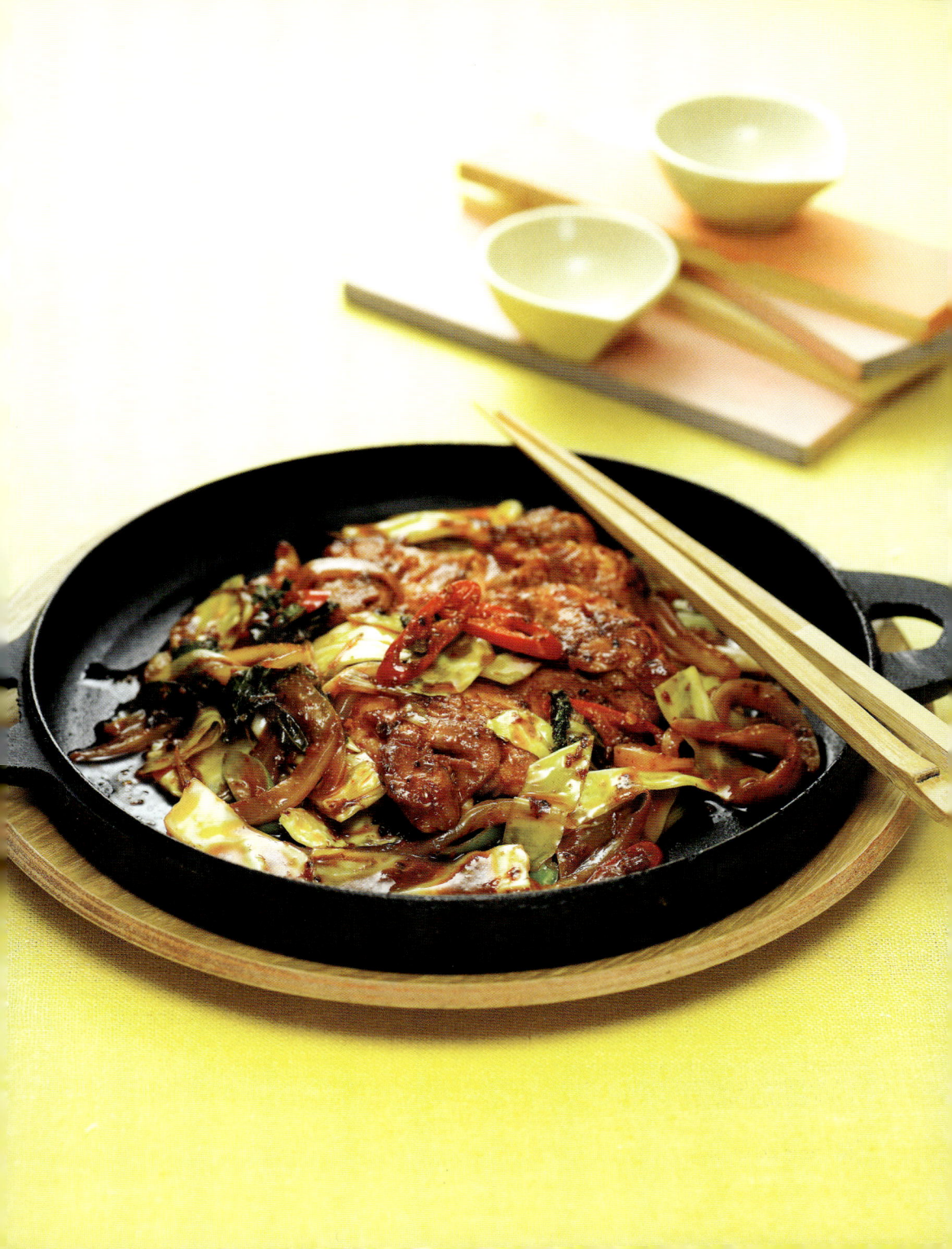

마늘소스닭튀김

▶ **주재료**
닭다리(단각) 8개, 다진 마늘 1작은술, 소금 · 후춧가루 약간씩

▶ **마늘소스**
다진 마늘 · 물엿 2큰술씩, 양파즙 · 마요네즈 · 토마토케첩 1큰술씩, 고춧가루 · 황설탕 · 간장 1작은술씩, 다진 땅콩 3큰술

▶ **튀김옷**
박력분 ½컵, 물 5큰술, 달걀 1개, 녹말가루 1큰술, 소금 약간

1 짧게 자른 닭다리로 준비해서 잔털을 모두 뽑고 깨끗이 씻어 물기를 없앤 후 다진 마늘과 소금, 후춧가루로 밑간을 해서 30분 정도 재운다.

2 박력분에 물과 달걀 1개, 녹말가루를 섞어서 약간의 소금으로 간을 맞춘 후 나무젓가락으로 십자로 저으면서 성글게 반죽한다.

3 ②에 재운 닭다리를 옷을 입혀 튀김 온도 180℃에서 노릇하게 두 번 튀겨내 기름을 뺀다.

4 다진 마늘에 양파즙과 고춧가루를 풀어 곱게 색을 내게끔 불린 후 마요네즈와 케첩, 물엿, 황설탕을 섞어서 다진 땅콩을 넣고 간장으로 맛을 내 매콤하면서 단맛의 소스를 만든다.

5 튀겨낸 닭다리를 ④의 마늘소스에 골고루 버무려 맛을 들인 후 접시에 담아낸다.

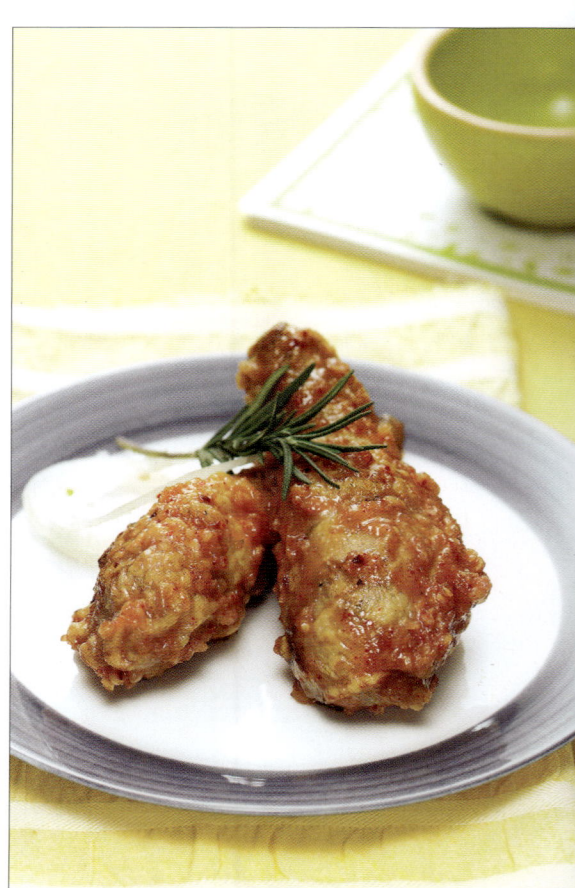

→ **COOK TIP**
마늘소스는 재료의 분량대로 섞어서 일단 약한 불에서 약간 조리듯이 해서 마늘소스를 걸쭉한 상태로 만든 후 닭을 버무려야 훨씬 맛이 있고 윤기가 많이 난다.

안동찜닭

▶ **주재료**
닭 1마리

▶ **부재료**
말린 홍고추 4개, 감자 1개, 당근 · 오이 ½개씩, 당면 100g, 대파 1대, 다시마 우린 물 2½컵, 소금 · 후춧가루 · 참기름 약간씩

▶ **찜 양념장**
시럽(설탕 · 물 ½컵씩), 물엿 · 설탕 · 청주 · 고춧가루 1큰술씩, 간장 · 다진 마늘 · 다진 양파 3큰술씩, 생강가루 · 후춧가루 · 참기름 약간씩

1 냄비에 물과 설탕을 넣고 젓지 말고 약한 불에서 끓여 연한 갈색이 나도록 한 뒤 불을 끄고 그대로 두어 시럽을 만든다.

2 뜨거운 시럽에 찜 양념장의 재료를 넣고 섞어서 미리 양념장을 만든다.

3 닭은 먹기 좋은 크기로 토막을 내어 닦은 후 끓는 물에 데쳐 건진다.

4 감자는 껍질을 벗겨서 1㎝ 두께로 도톰하게 썰고 당근과 오이는 0.8㎝ 두께로 도톰하게 먹기 좋은 크기로 썬다.

5 말린 홍고추는 가위로 큼직하게 썰어서 속씨를 빼고 대파는 4㎝ 길이로 토막 썬다.

6 냄비에 약간의 참기름을 두르고 ⑤의 홍고추와 닭고기를 넣고 볶다가 ②의 찜 양념장을 넣고 볶는다.

7 어느 정도 닭이 익으면 다시마 우린 물을 붓고 끓이다가 감자, 당근, 대파를 넣고 끓인다.

8 채소와 닭에 간이 고루 스며들면 불려둔 당면을 적당히 잘라서 오이와 함께 넣고 버무려서 간이 배도록 섞어 볶다가 상에 낸다.

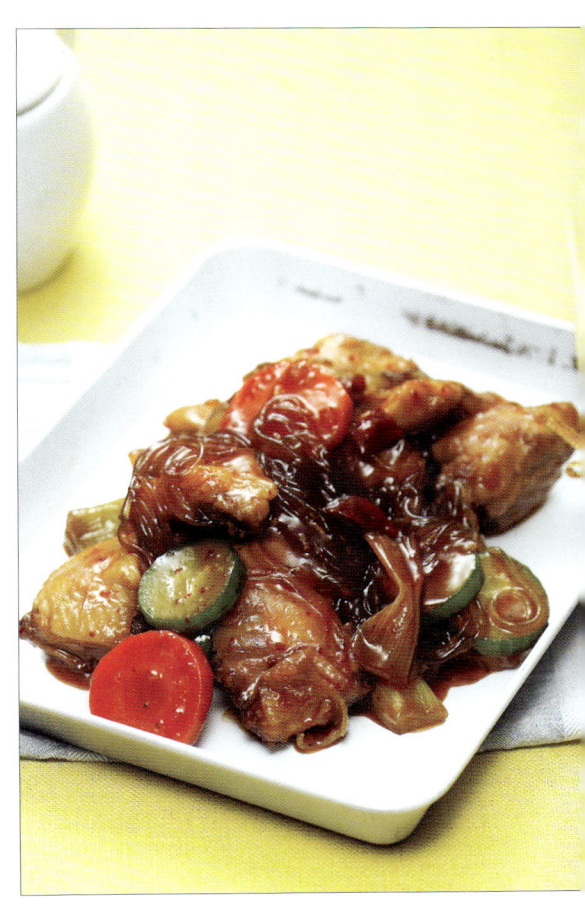

→ COOK TIP

달면서 간간한 맛이 일품인 안동찜닭은 매콤한 맛이 특이한데 그것은 마른 홍고추와 닭을 미리 참기름에 볶아주었기 때문에 매운 맛이 나기 때문이다. 찜 양념장은 시럽이 따끈할 때 만들어야 간이 진하게 밴다.

닭날개훈제바비큐

▶ **주재료**
닭날개 12개

▶ **바비큐소스**
청주 · 맛술 · 양파즙 · 사과즙 1큰술씩, 마늘가루 · 간장 1작은술씩, 오레가노 약간

▶ **닭날개 밑간**
소금 · 후춧가루 약간씩

1 닭날개를 준비해서 찬물에 잠시 담가 핏물을 뺀 후 깨끗이 씻어 물기를 뺀다.

2 ①의 닭날개에 소금과 후춧가루를 뿌려 30분 정도 재워 간이 배게 한다.

3 볼에 청주와 마늘가루, 오레가노, 맛술, 간장, 양파즙, 사과즙을 섞어 혼합한다.

4 오븐을 180℃로 예열한 후 오븐판에 재워 놓은 닭날개를 간격을 두고 올려 10분 정도 굽는다.

5 ④의 닭날개를 꺼내어 ③의 바비큐소스를 붓으로 골고루 발라 다시 오븐에 5분 정도 구우면서 닭날개의 기름기가 오븐판에 떨어지도록 노릇하게 굽는다.

6 다시 닭날개를 꺼내어 바비큐소스를 덧발라 가면서 다시 굽기를 2~3회 반복해 닭날개가 기름기 없도록 구워낸다.

7 윤기가 흐르면서 간이 완전히 배인 닭날개를 꺼내어 접시에 담아낸다.

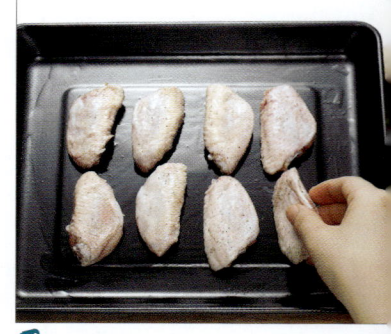

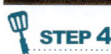 **STEP 4**

> 🡒 **COOK TIP**
> 훈제 닭날개는 양배추와 적채 등을 곱게 채 썰어 머스터드소스와 함께 곁들이면 모양도 예쁘고 훈제된 닭날개와 함께 아삭한 채소를 맛볼 수 있어 좋다.

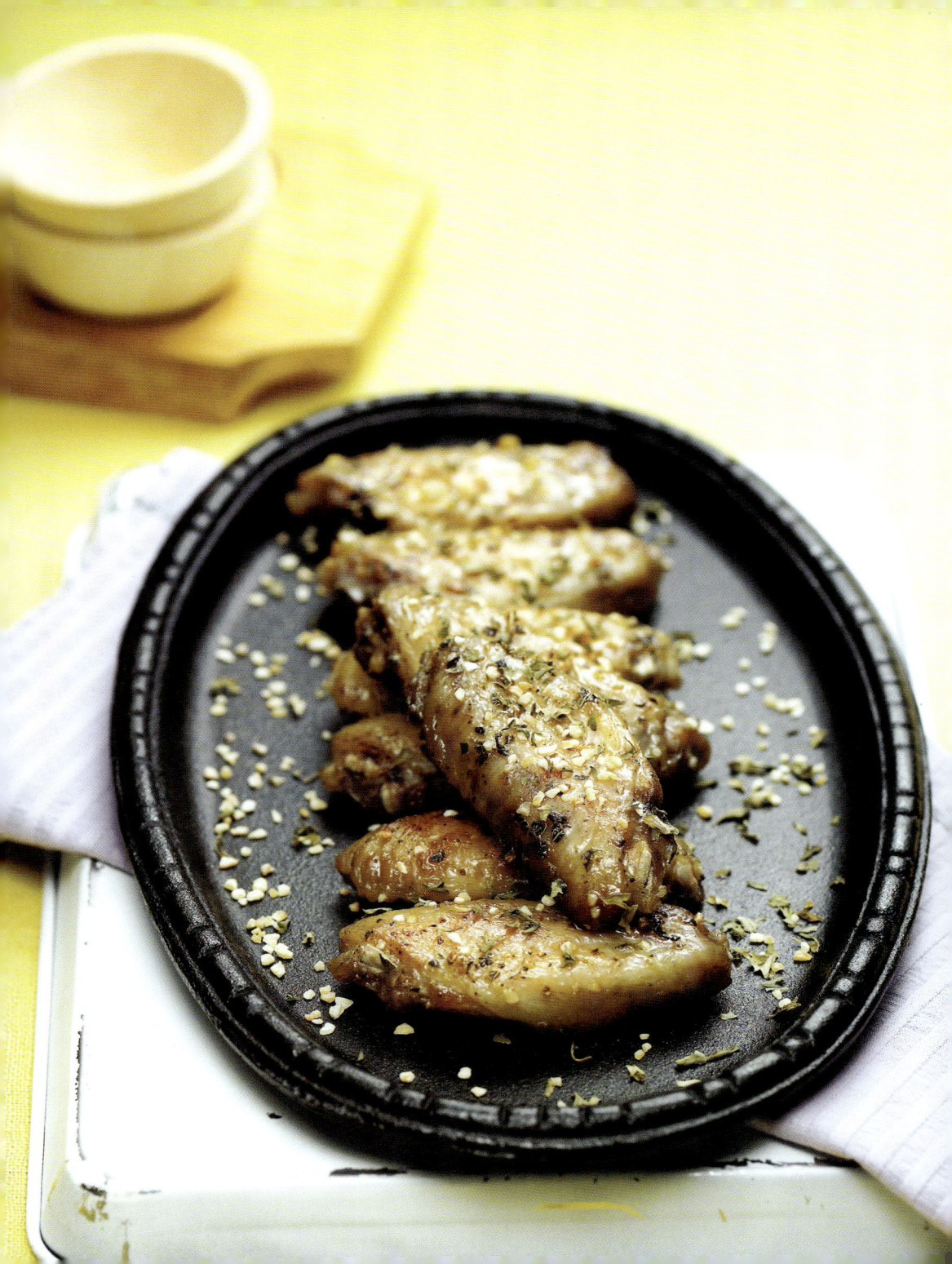

닭봉튀김과 허니머스터드

▶ **주재료**
닭봉 12개

▶ **부재료**
밀가루 5큰술, 달걀 1개, 빵가루 ½컵, 다진 파슬리 1작은술, 튀김기름 약간

▶ **닭봉 밑간**
녹말가루 · 소금 · 후춧가루 약간씩

▶ **허니머스터드소스**
꿀 · 머스터드 1큰술씩, 간장 1작은술, 마요네즈 3큰술, 레몬즙 약간

1 닭봉은 씻어 물기를 닦고 닭살을 봉 앞쪽으로 칼집을 넣어 밀어서 동그랗게 만든다.

2 손질한 닭봉에 녹말가루, 소금, 후춧가루를 넣어 버무려 밑간한다.

3 ②의 닭봉에 밀가루, 달걀, 파슬리가루를 섞은 빵가루에 고루 옷을 입혀 170℃의 기름에 바싹 튀긴다.

4 볼에 머스터드와 간장, 마요네즈를 넣어 버무려 꿀과 레몬즙을 섞어 소스를 만들어 커틀릿과 곁들여 먹는다.

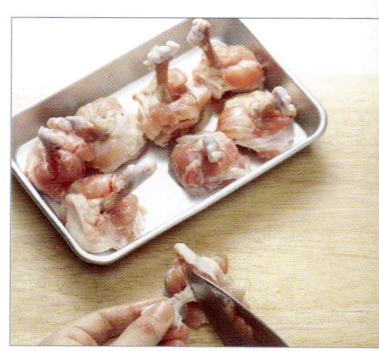

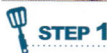 STEP 1

→ **COOK TIP**
닭봉으로 커틀릿을 만들 때에는 쉽게 익도록 칼집을 많이 넣고 간이 배면 밀가루, 달걀, 빵가루를 두껍게 입혀 튀겨야 맛있다.

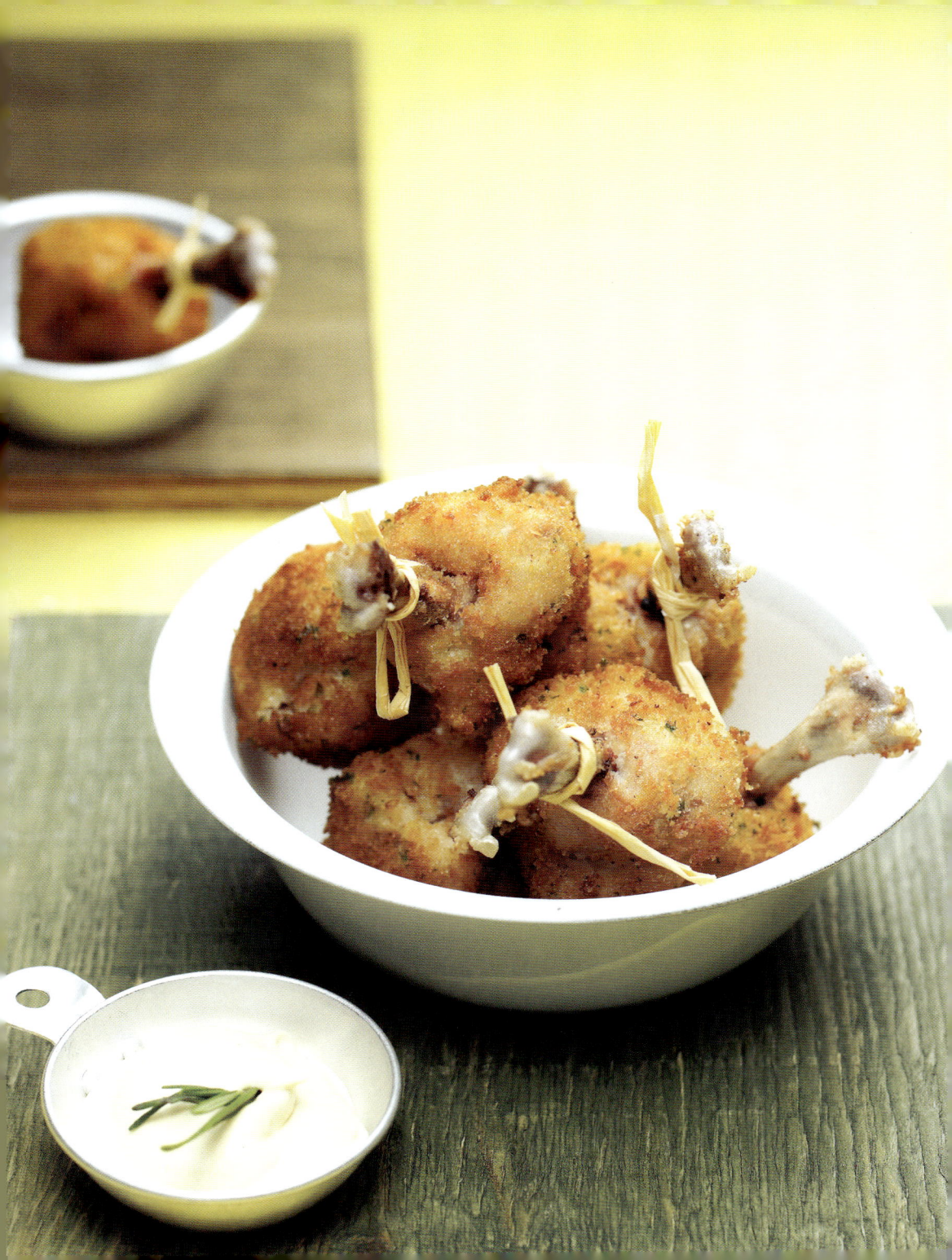

닭살쌀국수잡채

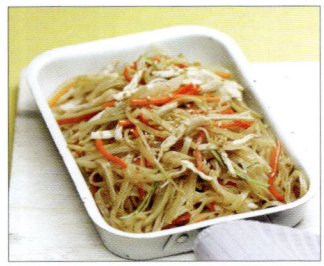

▶ **주재료**
닭가슴살 250g, 쌀국수(중간 굵기) 300g, 베트남 매운 고추 2개, 미나리 50g, 우엉 100g, 양파 ½개, 당근 30g, 소금·식초 약간씩

▶ **잡채 양념**
굴소스·다진 마늘·참기름·청주 1큰술씩, 다진 파 2큰술, 간장 1작은술, 소금·후춧가루 약간씩

▶ **닭 삶을 향신채**
대파잎 2대, 마늘 2쪽, 통후추 3알, 물 2컵

1 닭가슴살은 하얀 피막을 떼어내고 씻어서 냄비에 향신채를 모두 담고 물을 부어서 끓으면 닭살을 넣어 푹 익혀 건져 찬물에 헹궈 물기를 닦은 후 결대로 굵게 찢는다.

2 쌀국수는 미지근한 물에 잠시 담가 불려 놓는다.

3 베트남 매운 고추는 씻어 가위로 잘게 잘라 놓는다.

4 미나리는 씻어 물기를 털고 3㎝ 길이로 썰고 양파와 당근은 곱게 채 썰어 놓는다.

5 우엉은 껍질을 벗기고 4㎝ 길이로 곱게 채 썰어 식초 넣은 물에 헹궈 건져 놓는다.

6 팬에 기름을 약간 두르고 베트남 매운 고추를 넣어 볶아 향이 우러나면 양파와 우엉, 당근을 넣어 볶는다.

7 우엉과 당근이 살캉하게 익으면 닭가슴살과 쌀국수를 넣고 잡채 양념을 넣어서 간을 맞춰 볶는다.

8 센 불에서 쌀국수와 닭가슴살이 채소와 함께 어우러져 익으면 미나리를 넣어 재빨리 볶아 넓은 접시에 펼쳐 식혀 모자라는 간을 소금으로 맞춰 그릇에 담아낸다.

단호박닭찜

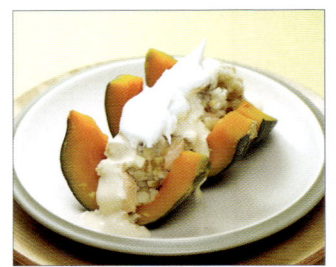

▶ **주재료**
단호박 1개, 닭가슴살 200g

▶ **부재료**
감자 2개, 밤 5톨, 깐 호두 8알, 소금 약간, 올리고당 1작은술

▶ **생크림 머스터드 드레싱**
생크림 3큰술, 마요네즈·송송 썬 실파 1큰술씩, 머스터드·간장 1작은술씩, 레몬즙 약간

1 단호박은 윗부분을 잘라서 뚜껑을 따고 속의 씨를 긁어낸다.

2 닭가슴살은 흰 피막을 제거하고 씻어서 사방 2㎝ 크기로 썰어 끓는 물에 데쳐 찬물에 헹궈 건진다.

3 감자는 껍질을 벗기고 닭가슴살 크기로 잘라서 찜기에 넣어 푹 찐다. 찐 감자는 포슬거리도록 거칠게 으깬다.

4 밤과 호두는 속껍질까지 벗겨 적당하게 다진다.

5 큰 볼에 닭가슴살과 감자, 밤, 호두를 넣고 소금과 약간의 올리고당을 넣어 잘 버무린다.

6 ①의 단호박에 ⑤의 재료를 모두 넣어 단호박 자른 뚜껑을 덮어서 김이 충분하게 올라오면 단호박을 넣어서 30~40분 정도 푹 찐다.

7 생크림을 단단하게 거품 내어 마요네즈와 머스터드, 간장, 레몬즙을 넣어서 잘 섞어서 드레싱을 만들어 송송 썬 실파를 뿌린다.

8 단호박을 꺼내어 도마에 올려 4등분으로 예쁘게 잘라서 ⑦의 생크림 머스터드 드레싱을 듬뿍 뿌려서 먹는다.

오렌지소스닭살과 신선샐러드

▶ **주재료**
닭가슴살 4조각

▶ **부재료**
브로콜리 100g, 레몬 ½개, 송송 썬 실파 2큰술, 소금 · 흰 후춧가루 · 다진 파슬리 약간씩

▶ **오렌지소스**
오렌지즙 5큰술, 간장 3큰술, 가다랑어포 · 맛술 · 물엿 2큰술씩, 다시마 우린 물 ¼컵, 설탕 · 생강즙 1작은술씩

▶ **신선 샐러드**
양배추 5장, 적채 2장, 양파 ½개, 새싹채소 약간

1 닭가슴살은 깨끗이 씻어서 반으로 포를 떠서 잔칼집을 넣어 적당하게 썰어 소금과 흰 후춧가루를 뿌려서 밑간한다.

2 밑간 한 닭가슴살을 미리 예열시킨 그릴에서 은박지를 덮고 노릇하게 구워낸다.

3 브로콜리는 한 송이씩 큼직하게 씻어서 끓는 물에 소금을 약간 넣고 파랗게 데쳐 찬물에 헹궈 물기를 뺀다. 레몬은 깨끗하게 씻어 얇게 썬다.

4 양배추와 적채는 굵은 심지를 도려내고 곱게 채 썰고 양파도 곱게 채 썰어 찬물에 헹궈 건진다. 새싹채소는 물에 헹궈 물기를 턴다.

5 냄비에 오렌지즙과 간장, 다시마 우린 물을 붓고 맛술과 물엿, 설탕, 생강즙을 넣어 약한 불에서 끓으면 바로 불을 끄고 가다랑어포를 우려서 면포에 밭쳐 낸다.

6 다시 그릴 위에 은박지를 펼치고 그 위에 애벌로 구운 닭가슴살에 양념장을 간이 배이도록 듬뿍 발라서 어느 정도 윤기나게 굽고 나서 레몬, 브로콜리를 넣어 다시 양념장이 스며들도록 구워 낸다.

7 큰 접시에 신선 샐러드를 돌려 담고 닭가슴살과 브로콜리, 레몬을 차례로 담고 남은 오렌지소스 양념장을 끼얹고 실파를 뿌려서 상에 낸다.

⊙ COOK TIP
오렌지소스의 진한 새콤함이 느껴지도록 즙을 짤 때 과육의 껍질을 벗겨 말끔하게 짜는 것이 좋다.

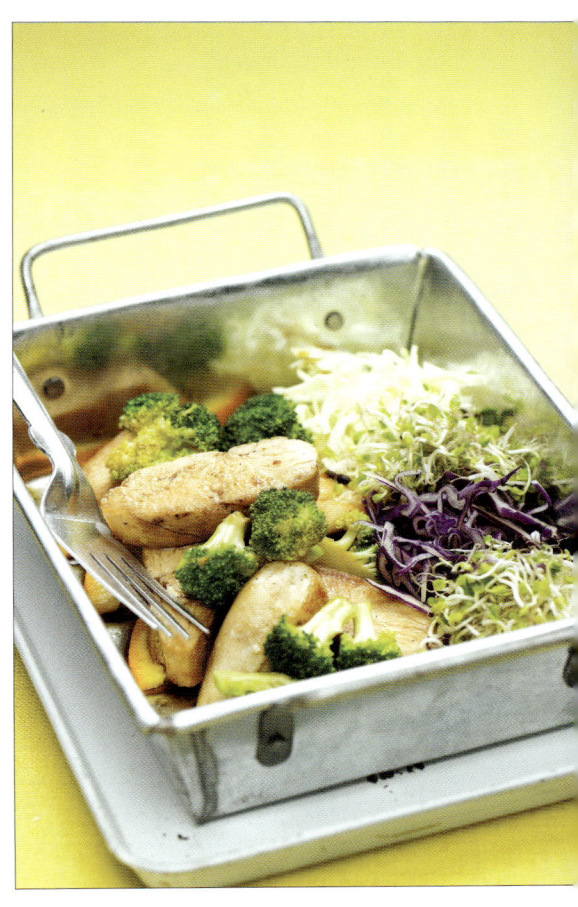

허브닭바비큐구이

▶ **주재료**
닭(작은 크기) 2마리

▶ **부재료**
로즈메리 3~4줄기, 허브 소금 1작은술, 잘게 빻은 통후추 2큰술, 분말 타임 ½작은술, 마늘가루·양파가루 1큰술씩

▶ **바비큐소스**
토마토케첩·다진 양파 3큰술씩, 우스터소스·물엿·버터 1큰술씩, 간장·다진 마늘·밀가루 1작은술씩, 우유·물 5큰술씩, 소금·후춧가루 약간씩

1 닭은 작은 크기의 영계로 준비해서 잔털까지 말끔하게 뽑아 씻은 후 물기를 닦는다.

2 물기를 닦은 닭의 날개 안쪽과 다리 안쪽 닭가슴살 부분에 칼집을 조금씩 넣어서 간이 잘 배고 쉽게 익힐 수 있게 한다.

3 로즈메리와 허브 소금, 통후추 잘게 빻은 것과 분말 타임, 마늘가루, 양파가루를 모두 닭의 속과 겉면에 발라 1시간 정도 은박지를 덮어 숙성시킨다.

4 오븐토스터기에 ③의 닭을 넣어서 40분에서 1시간 정도 핏물이 나오지 않을 때까지 노릇하게 구워낸다.

5 냄비에 버터를 녹이고 밀가루를 볶다가 우유와 물을 붓고 멍울 없이 끓이면서 토마토케첩과 우스터소스, 물엿, 간장, 다진 마늘, 다진 양파를 모두 넣어 잘 섞어서 소금과 후춧가루로 간을 맞춰 걸쭉한 바비큐소스를 만든다.

6 허브로 숙성시켜 구운 닭을 접시에 담고 준비한 바비큐소스를 곁들여서 함께 상에 낸다.

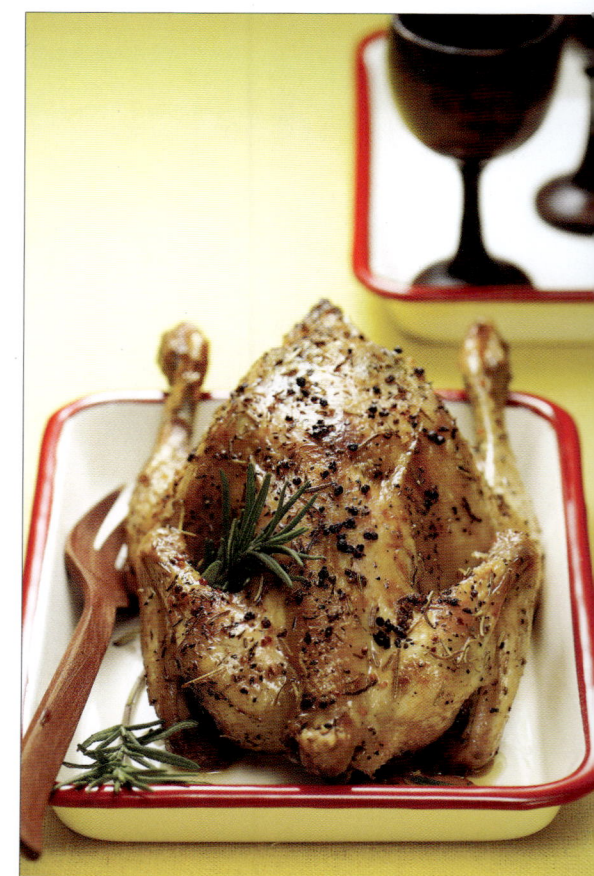

🡒 **COOK TIP**
영계로 준비하면 닭을 쉽게 익힐 수 있는데 닭의 안쪽에 칼집을 넣어 주면 훨씬 쉽고 빠르게 익힐 수 있다.

닭떡꼬치석쇠구이

▶ **주재료**
닭다릿살 200g, 떡볶이 떡 150g

▶ **부재료**
꼬치 약간, 대파 2대, 홍고추 · 풋고추 2개씩, 소금 · 후춧가루 약간씩, 청주 1큰술

▶ **구이 양념장**
고운 고춧가루 1큰술, 고추장 3큰술, 간장 · 참기름 1작은술씩, 물엿 2큰술, 통깨 약간

1 닭다릿살은 껍질을 벗기지 말고 그대로 씻어서 안쪽과 바깥쪽에 칼집을 조금씩 넣고 소금과 후춧가루, 청주를 뿌려서 20분 정도 밑간한다.

2 밑간한 닭다릿살은 사방 3㎝ 크기로 잘라 팬에 노릇하게 구워낸다.

3 떡볶이 떡은 가느다란 4㎝의 길이로 썰어 찬물에 헹궈 건진다.

4 대파는 2㎝ 길이로 자르고 홍고추와 풋고추도 같은 길이로 썬다.

5 꼬치에 구운 닭다릿살과 떡, 대파, 홍고추, 풋고추를 차례로 꿴다.

6 구이 양념장을 재료의 분량대로 섞어 만든다.

7 ⑤의 닭떡꼬치를 석쇠에 올리고 ⑥의 구이 양념장을 붓으로 발라가면서 앞뒤로 노릇하게 굽는다.

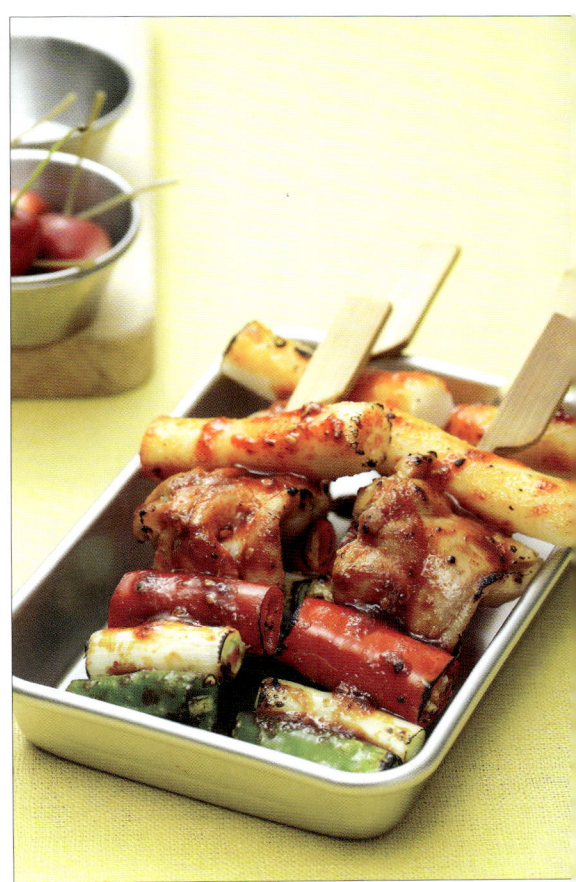

⊖ **COOK TIP**
닭다릿살을 처음부터 꼬치에 꿰어 석쇠에서 익히면 속까지 다 익지도 않으면서 겉면이 쉽게 타버릴 수 있다. 닭다릿살을 밑간한 후 팬에서 한 번 구운 후 꼬치에 꿰어 석쇠에 구워야 한다.

닭맑은국밥

▶ **주재료**
닭 200g, 밥 2공기

▶ **부재료**
콩나물 100g, 느타리버섯 50g, 대파 1대, 청양고추·홍고추 1개씩, 소금·후춧가루 약간씩, 생강 ½톨, 마늘 3쪽, 물 12컵

▶ **국밥 양념**
참치액·다진 마늘·청주 1큰술씩, 참기름 ½작은술, 깨소금 1작은술

1 닭은 깨끗하게 씻어서 사방 4㎝ 크기로 토막 낸다.

2 냄비에 물을 붓고 마늘, 생강, 소금, 후춧가루를 넣어 끓으면 토막 낸 닭을 넣어 삶는다.

3 닭살이 익으면 살만 발라내고 뼈만 다시 넣어서 20분 정도 끓여 진한 국물을 만든다. 닭 국물은 보통 5~6컵 정도 우러나게 하면 된다.

4 콩나물은 다듬어 씻어서 물기를 털고 느타리버섯은 굵게 찢는다.

5 대파와 청양고추, 홍고추는 송송 썰어서 고추의 씨는 털어 없앤다.

6 냄비에 콩나물과 느타리버섯을 넣고 닭 국물을 부어서 뚜껑을 덮어 한소끔 끓인다.

7 ⑥의 재료가 익으면 뚜껑을 열고 국밥 양념을 부은 후 밥을 넣어 한소끔 끓인 다음 대파와 청양고추, 홍고추를 썰어 고명으로 올리고 소금으로 간을 맞춰 상에 낸다.

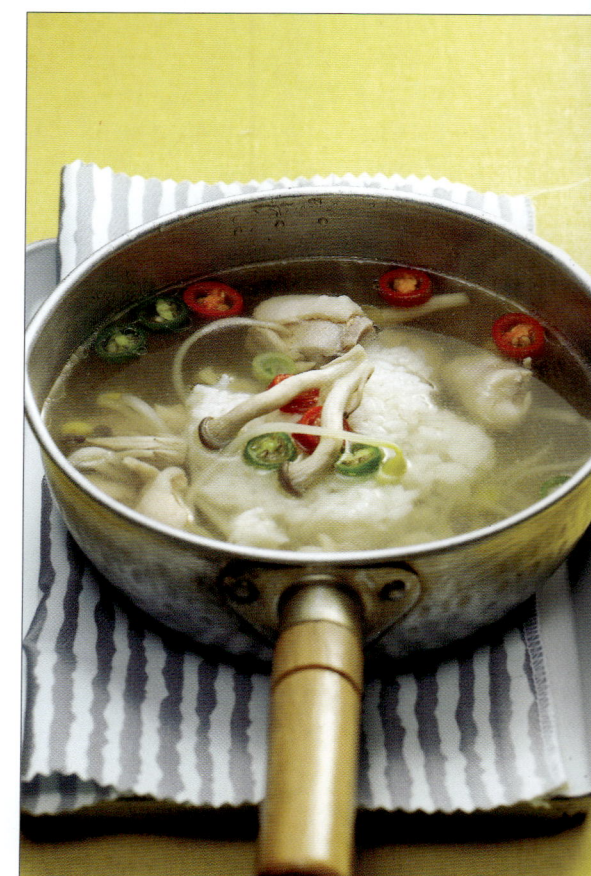

> → **COOK TIP**
> 닭은 적당하게 썰어서 냄비에 닭의 잡내가 없도록 마늘과 생강, 소금, 후춧가루를 넣어 물을 넉넉하게 끓인 후 넣어야 닭의 잡내가 없으면서 진한 국물이 우러난다.

견과류닭강정

▶ **주재료**
닭 $\frac{1}{2}$마리

▶ **부재료**
다진 마늘 · 맛술 1큰술씩, 다진 생강 $\frac{1}{4}$작은술, 소금 · 후춧가루 약간씩, 녹말가루 2큰술, 튀김가루 $\frac{1}{2}$컵, 달걀흰자 1개분

▶ **고추장 견과류 양념**
자른 호두 $\frac{1}{4}$컵, 굵게 다진 땅콩 3큰술, 잣 · 고추장 · 올리브오일 · 물엿 2큰술씩, 참기름 · 통깨 1작은술씩

1 닭은 씻어서 사방 3cm 크기로 잘라 굵은 뼈는 빼내고 살에 잔칼집을 넣는다.

2 ①의 닭에 다진 마늘과 생강, 맛술, 소금, 후춧가루, 녹말가루를 모두 넣어 잘 버무려서 30분 정도 숙성시킨다.

3 ②의 닭을 튀김가루에 달걀흰자를 넣어서 만든 튀김옷을 듬뿍 입혀서 180℃ 기름에서 노릇하게 두 번 바삭하게 튀긴다.

4 냄비에 고추장과 올리브오일, 물엿, 참기름을 넣어 잘 섞어서 약한 불에서 한소끔 끓으면 자른 호두와 땅콩 굵게 다진 것과 잣을 넣어 고루 잘 섞고 통깨를 뿌려 양념을 만든다.

5 기름기를 뺀 닭튀김을 ④의 양념장에 버무려 그릇에 담아낸다.

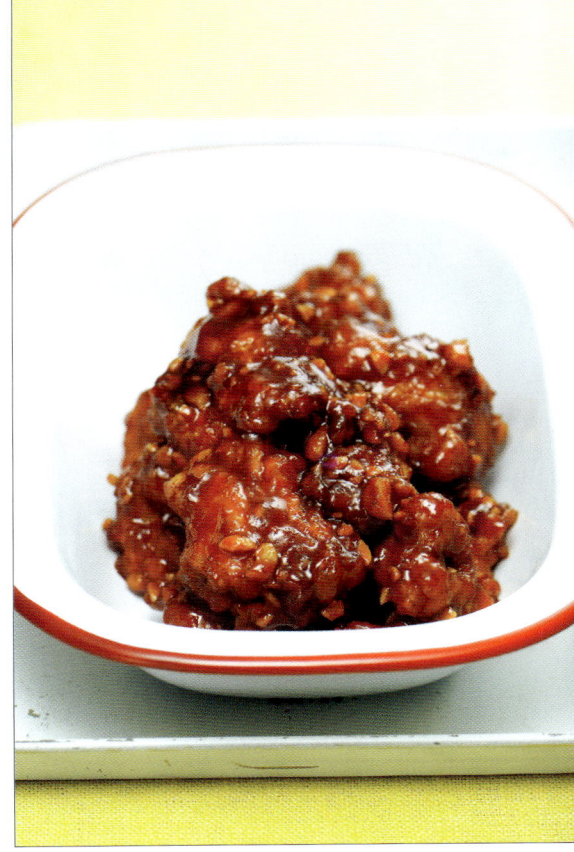

→ **COOK TIP**
닭을 튀기기 전에 미리 밑간을 충분하게 해주어야 닭의 잡내 또는 누린내가 없이 바삭한 닭튀김 양념을 맛볼 수 있다. 다진 마늘과 생강, 맛술, 소금, 후춧가루, 녹말가루를 넣어 고루 섞는다.

닭안심살땅콩튀김

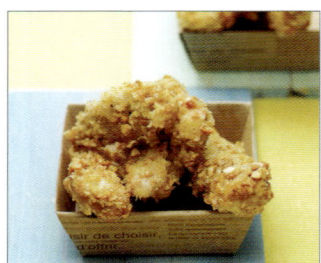

▶ **주재료**
닭 안심살 8쪽, 땅콩 5큰술

▶ **부재료**
소금 · 후춧가루 · 튀김기름 약간씩, 빵가루 · 밀가루 3큰술씩,
달걀 1개

1 닭 안심살은 흰 피막을 벗겨 내고 씻어서 손가락 굵기
로 길게 썬다.

2 ①의 닭 안심살에 소금과 후춧가루를 솔솔 뿌려 밑간
한다.

3 땅콩을 껍질을 벗겨 굵게 다지고 빵가루와 섞어 놓는다.

4 ②의 닭 안심살을 밀가루에 얇게 옷을 입힌 후 달걀
물을 적시고 빵가루와 땅콩을 섞은 가루에 굴려 듬뿍
땅콩을 입힌다.

5 튀김 온도 180℃에서 노릇하게 닭살땅콩버무리를 바
삭하게 튀긴다.

닭살메추리알장조림

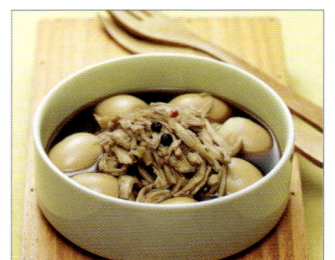

▶ **주재료**
닭가슴살 250g, 메추리알 20개, 가다랑어포 2큰술

▶ **부재료**
다시마 우린 물 2컵, 간장 3큰술, 설탕 1큰술, 대파잎 2대, 마늘
8쪽, 청주 2큰술, 통후추 1작은술, 소금 약간

1 냄비에 다시마 우린 물을 붓고 간장과 설탕, 청주를
넣어 끓으면 불에서 내려 가다랑어포를 체에 밭쳐 우
려서 달고 감칠맛 나는 장조림소스를 만든다.

2 닭가슴살은 흰 피막을 떼어내고 씻어서 사방 5cm 크기
로 썰어 ①의 가다랑어포 양념장이 끓으면 대파잎과
마늘, 통후추를 함께 넣어 끓인다.

3 메추리알은 소금을 넣은 물에 담가 중간 불에서 뚜껑
을 덮어서 완숙으로 익혀 찬물에 헹궈 껍질을 벗긴다.

4 ②의 닭가슴살이 반 정도 익으면 불을 약하게 줄이고
메추리알을 넣어서 윤기가 나도록 조린다.

5 국물이 자작해질 정도로 닭가슴살이 조려지면 불에서
내려 식힌 후 닭가슴살은 결대로 찢고 메추리알을 담
아서 국물을 부어 상에 낸다.

🡒 **COOK TIP**

닭고기는 수분이 많고 의외로 부패하기 쉽다. 2일 이상 보관해
두어야 한다면 처음부터 냉동시키는 것이 좋다. 냉동할 때에는
청주를 뿌려 살짝 찐 상태로 보관하는 것이 가장 오랜 기간 보관
할 수 있다. 냉장을 할 때에는 종이타월로 감싸 수분을 빨아들이
도록 해서 보관해야 쉽게 상하지 않는다. 해동 할 때에는 전자레
인지에서 가열하여 해동해도 좋지만 되도록 냉장고에서 자연스럽
게 해동시키는 것이 가장 좋은 방법이다. 한 번 해동한 닭은 다시
냉동시키지 않아야 한다.

🡒 **COOK TIP**

닭가슴살을 넣기 전에 가다랑어포를 넣어 우려낸 장조림 국물에
마늘과 대파잎을 닭가슴살과 함께 넣어야 닭이 더욱 부드럽고 결
대로 찢어져 담백하면서 퍽퍽한 맛이 없다.

닭안심불고기

▶ **주재료**
닭 안심살 10쪽

▶ **부재료**
팽이버섯 1봉지, 마른 표고버섯 2장, 부추 10대

▶ **불고기 양념장**
간장 · 굴소스 · 다진 마늘 · 다진 파 · 청주 1큰술씩, 설탕 · 참기름 · 깨소금 1작은술씩, 소금 · 후춧가루 약간씩

1 닭 안심살은 찬물에 헹궈 건져 도마에 올려 잔칼집을 넣어 연하게 한다.

2 팽이버섯은 밑동을 자르고 물에 헹궈 건지고 마른 표고버섯은 충분하게 물에 불려 기둥을 떼어내고 곱게 채 썬다. 부추는 다듬어 씻어 2㎝ 길이로 썬다.

3 볼에 불고기 양념장을 만들어 담고 ①의 닭 안심살을 넣어 30분 정도 재운다.

4 팬에 기름을 두르고 표고버섯과 닭 안심살을 넣어 볶다가 안심살이 익으면 팽이버섯, 부추를 넣어 버무려 완성한다.

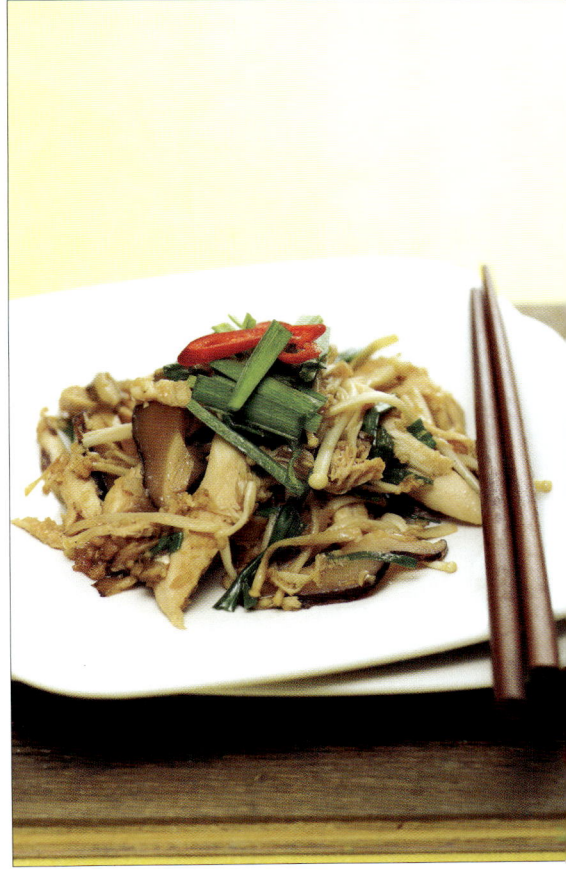

→ COOK TIP
닭 안심살은 다른 닭 부위보다 연하고 부드러워 살짝 볶아 버섯의 향과 함께 먹으면 쇠고기 불고기보다 색다른 맛을 느낄 수 있다. 부드러운 닭 안심살은 불고기 양념장에 흠씬 재워 간이 더 잘 배도록 한다.

닭봉찜

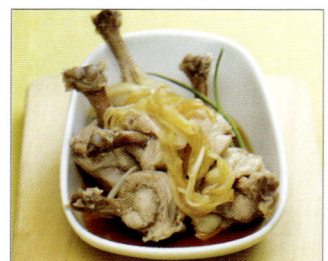

▶ **주재료**
닭봉 12개, 소금 · 흰 후춧가루 약간씩, 생강즙 ½작은술, 맛술 1작은술, 마른 홍고추 1개

▶ **양파간장고추냉이소스**
양파 ½개, 간장 · 다시마 우린 물 2큰술씩, 레몬즙 · 고추냉이 1작은술씩, 물엿 1큰술

1 닭봉은 뼈를 중심으로 살을 발라 앞쪽으로 모아 흐르는 물에 헹궈 물기를 닦는다.

2 마른 홍고추를 도마에 올리고 씨까지 잘게 다져서 닭봉에 소금, 흰 후춧가루, 생강즙, 맛술을 뿌려서 30분 정도 밑간한다.

3 대나무를 깐 찜통에 김이 충분하게 올라오면 ②의 밑간 한 닭봉을 넣어서 간이 배도록 40분 정도 찐다.

4 양파를 아주 곱게 채 썰어 찬물에 헹궈 물기를 마른 면포로 닦은 후 간장과 다시마 우린 물, 레몬즙, 고추냉이, 물엿을 곱게 풀어서 양파의 향이 깊게 우러난 소스를 만든다.

5 접시에 대나무 발을 깔고 잘 쪄진 닭봉을 담은 후 ④의 양파간장고추냉이소스를 곁들여 함께 먹는다.

🡒 **COOK TIP**
닭봉을 밑간 할 때 마른 홍고추를 도마에 올려 씨까지 곱게 다진 채로 향신소스와 함께 버무려 밑간을 해야 닭봉이 부드럽고 담백한 맛이 많이 우러난다. 찔 때에도 대나무를 이용해서 만든 발을 깔고 쪄야 더욱 맛이 있다.

다진닭살배추찜

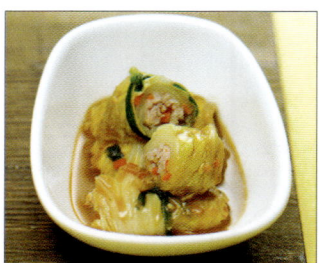

▶ **주재료**
닭다릿살(저며서 포를 뜬 것) 2조각, 속음배추 12장, 녹말가루 2큰술, 다진 당근 · 다진 양파 20g씩, 부추 12대, 쌀뜨물 2컵, 소금 약간

▶ **찜 양념장**
된장 · 청주 1큰술씩, 다시마 우린 물 ½컵, 다진 마늘 1작은술

1 닭다리는 뼈를 중심으로 살만 발라내 힘줄을 끊어 씻고 잔칼집을 넣어 쌀뜨물에 데쳐 물기를 닦은 후 곱게 다진다.

2 속음배추는 한 장씩 떼어내 씻어 소금을 뿌려 잠시 절인다.

3 다진 당근과 다진 양파는 물기가 없도록 마른 팬에 볶아 식힌다.

4 부추는 끓는 물에 소금을 넣어 파랗게 데쳐 찬물에 헹궈 건진다.

5 절인 속음배추는 물에 헹궈 물기를 말끔하게 닦아내고 녹말가루를 뿌린 후 닭다릿살과 다진 당근, 다진 양파를 놓고 돌돌 말아 부추로 묶는다.

6 냄비에 찜 양념장을 만들어 붓고 ⑤의 닭다릿살 배추찜을 담고 약한 불에서 은근하게 찐다.

🡒 **COOK TIP**
닭다릿살은 껍질을 벗기지 않고 함께 쌀뜨물에 삶아 기름기를 없애면 쫄깃한 식감은 살아나고 지방은 빠져 더욱 담백하고 쫀득하여 맛있다.

닭가슴살무침비빔밥

▶ **주재료**
닭가슴살 3쪽, 영양부추 ⅓단

▶ **부재료**
양파 ½개, 당근 ⅓개, 현미밥 3공기

▶ **무침 양념장**
청양고추 3개, 된장 2큰술, 꿀 ½작은술, 쌀뜨물 1컵, 들기름 1작은술, 들깻가루 3큰술

1 닭가슴살은 흰 피막을 떼어내고 씻어 끓는 물에 소금을 넣어 삶아 건져 결대로 찢는다.

2 영양부추는 다듬어 씻어 2㎝ 길이로 썰고 양파와 당근은 3㎝ 길이로 곱게 채 썬다. 양파는 찬물에 헹궈 물기를 빼 아린맛을 없앤다.

3 청양고추를 굵게 다져 된장과 꿀을 넣어 버무려 뚝배기에 담고 쌀뜨물을 부어 은근하게 끓여 비빔장을 만든다.

4 볼에 닭가슴살, 영양부추, 당근, 양파를 담고 ②의 양념장을 넣어 무친다.

5 그릇에 현미밥을 뜨겁게 지어 담고 ④의 닭살 무침을 듬뿍 올려 비벼 먹는다.

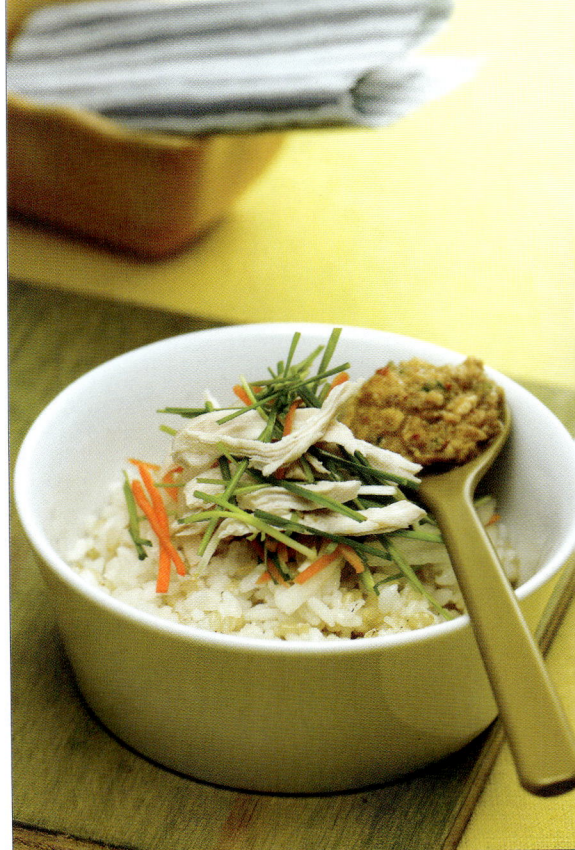

⟶ COOK TIP
닭가슴살과 채소를 된장 양념장에 버무려 현미밥과 함께 비벼 먹는 요리로 닭가슴살의 잡내는 된장 양념이 모두 없애주고 아삭하게 씹히는 생채소와 함께 궁합도 잘 맞고 소화도 잘 되는 요리이다.

닭근위전

▶ **주재료**
닭근위 25개(500g)

▶ **부재료**
미나리 8줄기, 쪽파 3대, 마늘 5쪽, 홍고추 · 청양고추 1개씩, 녹말가루 1큰술, 밀가루 $\frac{1}{2}$컵, 달걀 2개, 식물성 기름 약간

▶ **닭근위 밑간**
마늘즙 · 참기름 1큰술씩, 양파즙 2큰술, 생강가루 $\frac{1}{4}$작은술, 소금 · 후춧가루 약간씩

1 닭근위는 깨끗하게 손질해서 밀가루 2큰술을 넣어 바락바락 주물러 씻어 한입 크기로 얄팍하게 포를 뜬다.

2 ①의 닭근위에 마늘즙과 양파즙, 생강가루, 참기름, 소금, 후춧가루를 넣어 버무려 30분 이상 밑간한다.

3 미나리와 쪽파는 씻어 1㎝ 길이로 썰고 마늘과 홍고추와 청양고추는 굵게 다진다.

4 볼에 닭근위와 ③의 채소를 넣고 버무려 소금으로 간을 한다.

5 밀가루와 달걀물에 ④의 닭근위 채소를 한 숟가락씩 듬뿍 옷을 입혀 팬에 노릇하게 지진다.

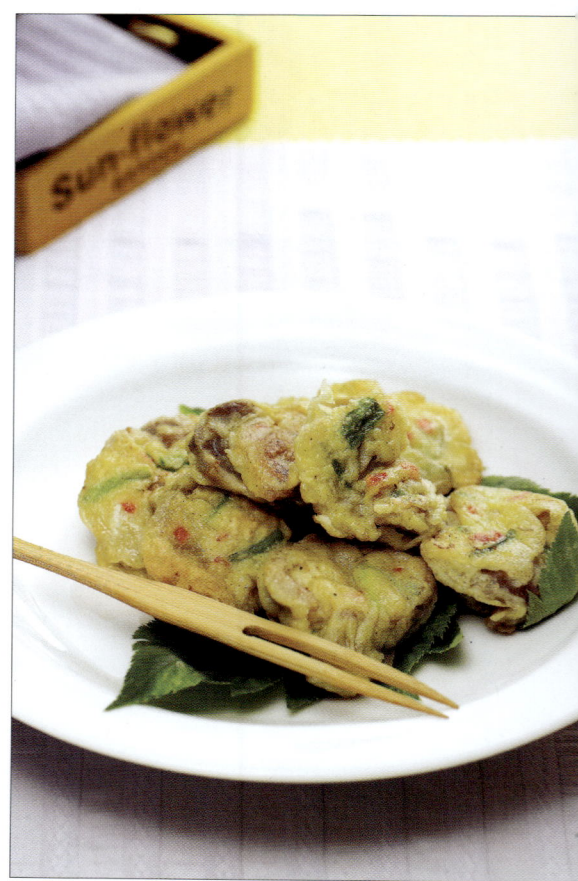

> 🠖 **COOK TIP**
> 닭근위는 잔털 등의 손질을 모두 한 후 밀가루에 바락바락 주물러 씻어야 말끔하게 손질이 되면서 잡내가 없고 닭근위를 쫄깃하게 먹을 수 있다.

닭안심살토마토냉채

▶ **주재료**
닭 안심살 6쪽, 방울토마토 12개

▶ **부재료**
양상추 3장, 치커리 5줄기, 얇게 썬 레몬 2쪽, 소금 약간

▶ **냉채 양념장**
연두부 3큰술, 간장 · 맛술 · 들깻가루 1큰술씩, 고운 고춧가루 $\frac{1}{2}$작은술, 들기름 1작은술, 소금 약간

1 닭 안심살은 씻어 끓는 물에 소금을 넣어 삶아 건져 결대로 굵게 찢는다.

2 방울토마토는 십자로 칼집 넣어 끓는 물에 소금을 넣어 데쳐 껍질을 벗긴다.

3 양상추와 치커리는 씻어 손으로 큼직하게 뜯고 레몬은 4등분한다.

4 연두부와 간장, 고운 고춧가루, 맛술, 들기름을 믹서에 넣어 곱게 갈아 들깻가루와 소금으로 간을 맞춰 냉채 양념장을 만든다.

5 접시에 양상추, 치커리를 깔고 레몬, 닭 안심살, 방울토마토를 섞어 올리고 냉채 양념을 듬뿍 끼얹어 먹는다.

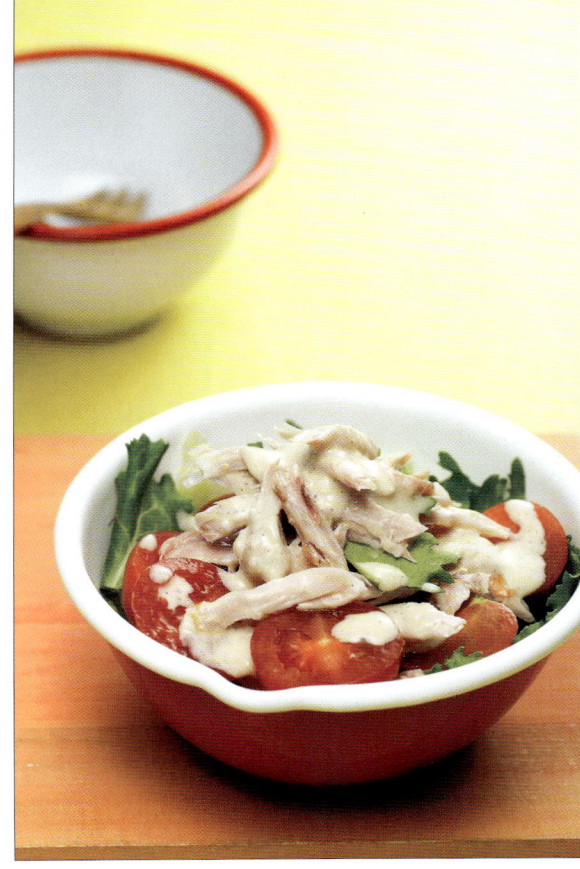

→ COOK TIP
고소한 맛이 나는 연두부는 올리브오일을 대신해서 넣어 더욱 담백한 닭살 냉채를 즐길 수 있는데 연두부를 넣을 때에는 되도록 기름을 많이 넣지 않아야 한다.

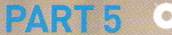

PART 5

싱싱함이 느껴지는
해산물요리

고등어, 꽁치, 갈치, 삼치, 명태, 가자미
양미리, 과메기, 연어, 병어, 조기
오징어, 낙지, 주꾸미, 꽃게, 새우
조개, 홍합

고등어조림

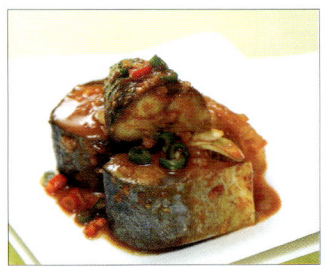

▶ **주재료**
고등어 2마리, 소금 약간, 무 150g, 대파 1대, 청양고추·홍고추 1개씩, 쌀뜨물 2컵, 다시마 우린 물 ½컵

▶ **양념장**
고추장 2큰술, 간장·물엿 1작은술씩, 쌀뜨물 5큰술, 다진 파·다진 마늘·청주 1큰술씩, 다진 생강 ⅓작은술, 후춧가루 약간

1 고등어는 눈알이 투명하고 비늘에서 윤기가 많이 나는 통통한 것으로 골라 구입한 후 머리와 꼬리지느러미를 잘라내고 내장을 모두 뺀 후 3㎝ 길이로 토막 낸다.

2 쌀뜨물에 약간의 소금을 풀어 녹인 후 토막 낸 고등어를 담갔다가 맑은 물에 헹궈서 물기를 뺀다.

3 무는 사방 5㎝, 두께 1㎝로 썰고 대파는 굵게 어슷하게 채 썬다. 청양고추와 홍고추는 반 갈라 씨를 턴 후 송송 썬다.

4 볼에 쌀뜨물과 고추장을 푼 후 간장, 다진 파, 다진 마늘, 다진 생강, 청주, 물엿, 후춧가루를 넣어 잘 섞어서 양념장을 만든다.

5 냄비에 무를 깔고 그 위에 고등어를 평평하게 올리고 또 그 위에 대파를 올려놓는다.

6 ⑥의 고등어에 준비한 양념장을 듬뿍 얹어 가장자리로 다시마 우린 물을 부은 후 뚜껑을 덮어 중간 불에 올려 끓인다.

7 자작하게 고등어에 양념장이 스며들면서 국물이 거의 반으로 졸면 뚜껑을 열고 약한 불에서 국물을 끼얹어가면서 윤기나게 조리고 청양고추와 홍고추 썬 것을 고명으로 올려 그릇에 담아낸다.

고등어묵은지뚝배기

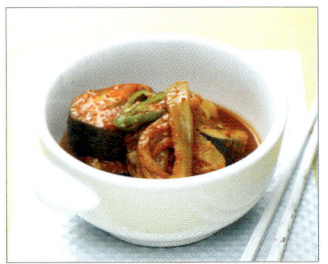

▶ **주재료**
고등어 1마리, 묵은지 200g, 대파 1대, 청양고추 1개, 식물성 기름 1작은술, 다시마 우린 물 4컵

▶ **양념장**
다진 마늘·청주·고운 고춧가루 1큰술씩, 고추장 1작은술, 소금·후춧가루·다진 생강 약간씩

1 고등어는 머리와 꼬리를 자르고 2㎝ 길이로 토막 내어 내장을 뺀 후 깨끗이 씻어 채반에 올려 소금을 뿌려 잠시 밑간한다.

2 묵은지는 양념을 털고 손으로 길게 쭉쭉 찢어 놓는다.

3 뚝배기에 묵은지를 담고 고운 고춧가루와 고추장을 넣고 잘 버무려 식물성 기름을 두른 후 중간 불에서 볶는다.

4 묵은지가 무르게 익으면 다시마 우린 물을 붓고 끓인다.

5 ④의 국물이 끓으면 고등어를 넣고 청주, 다진 생강과 다진 마늘을 넣어 끓인다. 생강을 처음부터 묵은지에 넣으면 쓴맛이 날 수도 있으므로 고등어를 넣을 때 함께 넣어 비린맛도 없애고 쓴맛이 나는 것도 줄이도록 한다.

6 고등어와 묵은지에서 구수한 맛이 우러나면 불을 아주 약하게 줄이고 바특하게 끓인다.

7 국물이 자작하게 줄어들면서 부드럽게 익은 묵은지와 고등어가 어우러져 국물 맛이 진하게 우러나면 대파와 청양고추를 큼직하게 채 썰어 올리고 한소끔 끓인다.

고등어김치커틀릿

▶ **주재료**
고등어 1마리, 배추김치 12쪽

▶ **부재료**
달걀 1개, 밀가루 6큰술, 빵가루 4큰술

▶ **고등어 밑간**
소금·후춧가루 약간씩, 청주 1작은술

1 고등어는 반으로 갈라 내장을 모두 **빼내고** 뼈까지 발라 낸 후 흐르는 물에 씻어 2㎝ 폭으로 포를 떠 소금과 후춧가루, 청주로 밑간한다.

2 배추김치는 소를 털고 국물을 꼭 짠 후 가로로 길게 채 썬다.

3 고등어 포를 뜬 것 한 개에 배추김치 채를 조금 올려 밀가루를 고루 묻힌다.

4 ③에 달걀물과 빵가루를 고루 입혀 160℃로 달군 기름에 바삭하게 튀겨낸다.

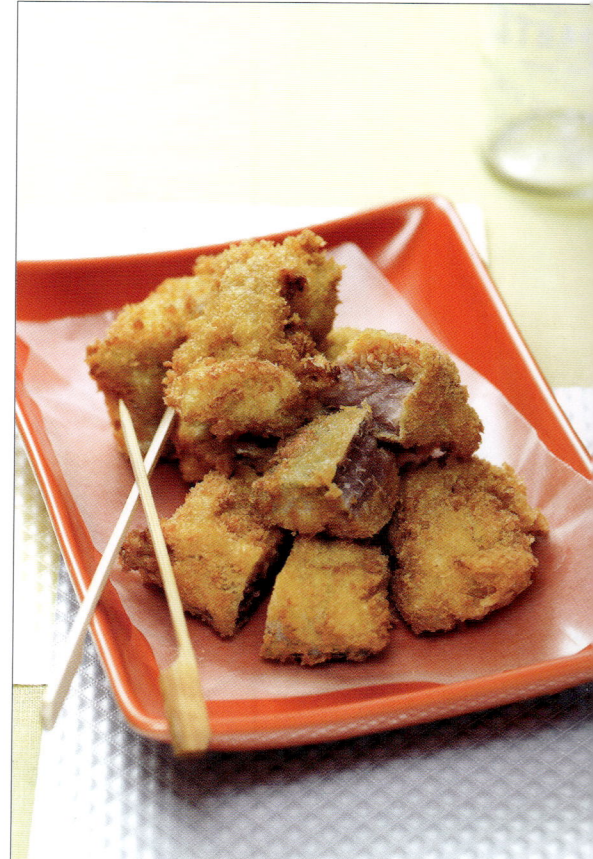

> **→ COOK TIP**
> 고등어를 더욱 맛깔스럽게 먹으려면 비린맛이 없도록 생강즙, 청주 등을 넣어 충분히 밑간을 하는 것이 중요하다.

고등어카레브로콜리찜

▶ **주재료**
고등어 1마리, 브로콜리 100g

▶ **부재료**
마늘채 2쪽분, 생강채 $\frac{1}{4}$톨분, 카레가루 2큰술, 밀가루 1큰술, 식용유 2큰술, 물 1컵

▶ **고등어 밑간**
소금·후춧가루 약간씩, 청주 1작은술

1 고등어는 머리와 내장, 꼬리와 지느러미를 제거하고 깨끗이 씻어 물기를 뺀다. 4cm 길이로 칼을 눕혀 비스듬히 토막 낸다.

2 ①의 고등어에 소금, 후춧가루, 청주를 뿌려 밑간한다.

3 브로콜리는 한 송이씩 떼어 끓는 물에 소금을 약간 넣고 파랗게 데쳐 찬물에 재빨리 헹궈 물기를 뺀다.

4 팬에 기름을 두르고 곱게 채 썬 마늘과 생강을 넣어 볶다가 밀가루 1큰술을 넣어 갈색이 나도록 볶는다.

5 ④에 카레가루를 조금씩 넣으면서 밀가루와 어우러지도록 한데 볶다가 물을 부어가면서 멍울 없이 곱게 푼다.

6 카레 국물이 자작하게 끓으면 준비한 고등어를 넣고 중간 불에서 10분 정도 익힌 후 브로콜리를 넣어 버무려 소금과 후춧가루로 간을 맞춰 그릇에 담아낸다.

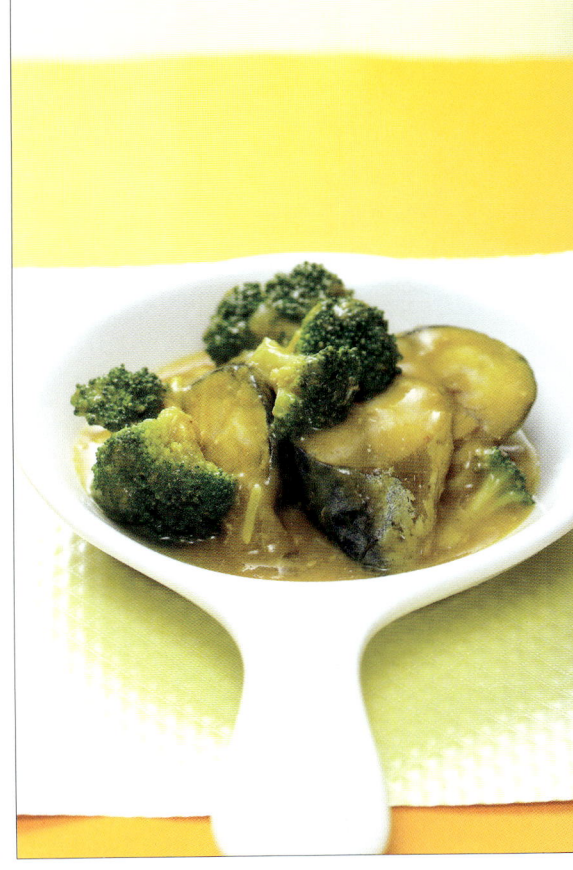

→ COOK TIP
고등어에 카레를 넣어 찜을 할 때는 카레가루만 넣어서 맛을 내는 것보다 밀가루를 먼저 볶다가 카레가루를 한데 섞어 농도를 맞추는 것이 좋다.

고등어두반장튀김

▶ **주재료**
고등어 1마리

▶ **부재료**
청주 2큰술, 셀러리 ⅓대, 대파 1대, 마늘 2쪽, 녹말가루 3큰술, 달걀흰자 1개분, 물 2큰술

▶ **두반장소스**
두반장 1½큰술, 맛술 · 간장 · 물엿 1큰술씩, 다시마 우린 물 1컵, 굴소스 1작은술, 소금 · 식초 약간씩, 물녹말 2큰술

▶ **고등어 밑간**
소금 · 후춧가루 · 생강가루 약간씩

1 고등어는 머리와 내장, 꼬리지느러미를 잘라내고 엷은 소금물에 헹궈 건져 물기를 없앤 후 머리 쪽부터 칼을 눕혀 얇게 포를 뜬다.

2 포를 뜬 고등어를 먹기 좋은 크기로 자른 후 소금, 후춧가루, 생강가루를 뿌려 밑간한다.

3 볼에 녹말가루와 물, 달걀흰자를 섞어 튀김옷을 만들어 밑간 한 고등어 살에 두껍게 옷을 입히고 튀김 온도 170℃에서 노릇하게 두 번 튀긴다.

4 밑면이 두꺼운 팬에 기름을 두르고 마늘과 대파를 굵게 채 썰어 볶아 향이 나면 셀러리 송송 썬 것과 물녹말을 제외한 두반장소스를 모두 넣고 끓인다.

5 채소가 익으면 물녹말을 붓고 걸쭉한 농도로 만들어 한소끔 끓으면 불에서 내린다.

6 튀긴 고등어를 접시에 모양나게 담고 만들어 놓은 두반장소스를 뿌려 먹는다.

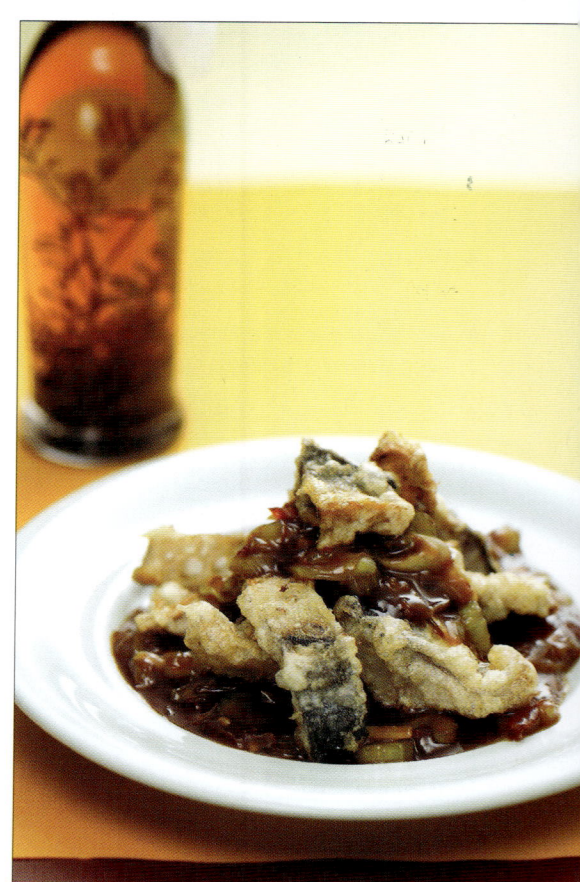

> **→ COOK TIP**
> 녹말가루와 물, 달걀흰자를 성글게 십자로 저어 날가루가 약간 있도록 반죽해서 튀김옷을 입히면 고등어가 바삭하고 질기지 않게 튀겨진다.

586 싱싱함이 느껴지는 해산물요리

꽁치생강장조림

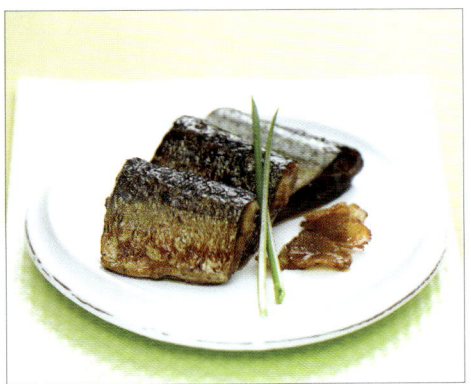

▶ **주재료**
꽁치 2마리, 소금 약간, 실파 2대

▶ **생강 조림장**
생강 1톨, 간장 3큰술, 청주 2큰술, 물엿 1큰술, 후춧가루 약간, 물 5큰술

1 꽁치는 비늘을 긁어내고 머리를 잘라 내장을 나무젓가락으로 빼낸 후 배를 갈라 가시를 추려내고 깨끗이 씻는다.

2 손질한 꽁치를 5cm 길이로 잘라 소금을 약간 뿌린다.

3 뜨겁게 달군 팬에 기름을 두르고 밑간 한 꽁치를 앞뒤로 지진다.

4 냄비에 간장과 청주, 물엿, 물을 붓고 생강을 얇게 저며 넣어 약한 불에서 조린다.

5 ③의 팬에 생강 조림장을 한 쪽에서 부어 지글지글 끓어오르는 조림장에 꽁치를 윤기나게 조려 실파를 송송 썰어 올리고 접시에 낸다.

꽁치고추장조림

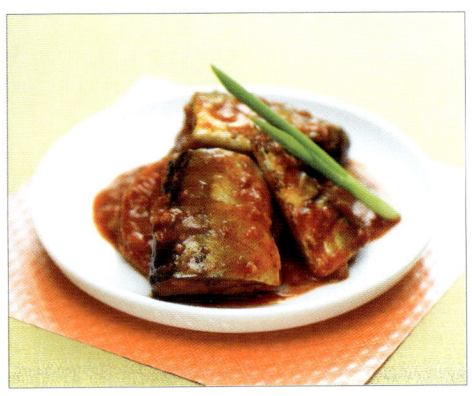

▶ **주재료**
꽁치 2마리, 양파 1개, 대파 1대, 홍고추 1개, 소금 약간, 쌀뜨물 $\frac{1}{2}$컵

▶ **조림 양념장**
고추장 2큰술, 간장 · 물엿 1작은술씩, 쌀뜨물 5큰술, 다진 파 · 다진 마늘 · 청주 1큰술씩, 다진 생강 $\frac{1}{2}$작은술, 후춧가루 약간

1 꽁치는 머리와 꼬리지느러미를 잘라내고 내장을 뺀 후 비늘을 긁어내고 소금물에 씻어 건진다. 5cm 길이로 썰어 1cm 간격으로 칼집을 넣고 채반에 올려 굵은 소금을 뿌린 후 꾸덕하게 말린다.

2 양파는 껍질을 벗기고 가로로 1cm 두께로 썰어 놓고 대파는 어슷하게 채 썰고 홍고추도 함께 어슷하게 채 썰어 씨를 턴다.

3 조림 양념장을 분량의 재료대로 섞어 만든다.

4 냄비에 양파를 깔고 그 위에 준비한 꽁치를 올린 후 ③의 조림 양념장을 듬뿍 끼얹고 쌀뜨물을 부은 후 뚜껑을 덮고 중간 불에서 끓인다.

5 조림장이 자작하게 졸아들면 준비한 대파와 홍고추를 올리고 국물을 끼얹어 윤기나게 조려서 그릇에 담아 낸다.

→ **COOK TIP**
꽁치는 일단 센 불에 먼저 노릇하게 구운 후 조림장을 부어서 함께 조려야 윤기가 더 많이 나고 살이 단단해져서 모양이 좋다.

→ **COOK TIP**
꽁치는 비린맛이 특히 많이 나는 생선인데 조림장을 끼얹고 나서 쌀뜨물을 부어서 함께 조리면 비린맛이 없어진다.

일본식꽁치구이꼬치

▶ **주재료**
꽁치 2마리

▶ **부재료**
송송 썬 실파 · 간장 3큰술씩, 맛술 · 청주 2큰술씩, 설탕 1작은술, 나무꼬치 8개, 통깨 · 검은깨 약간씩, 쌀뜨물 ½컵

1 꽁치는 머리와 꼬리를 자르고 내장을 빼낸 후 3㎝ 길
   이로 토막 내어 소금을 약간 탄 물에 헹궈 건져 물기
   를 말끔하게 닦아준다.

2 준비한 굵은 나무꼬치에 꽁치를 세로로 꿴다.

3 냄비에 쌀뜨물을 붓고 간장과 맛술, 설탕, 청주를 넣어
   잘 섞은 후 불에 올려 반으로 줄어들 때까지 조린다.

4 팬에 기름을 두르고 달궈지면 나무꼬치에 꿴 꽁치를
   중간 불에 올려 굴려가면서 굽는다.

5 꽁치의 겉면이 구워지면 ③의 양념장을 뿌려 조린다.

6 꽁치가 잘박하게 양념에 조려지면 불에서 내려 접시
   에 담고 실파와 통깨, 검은깨를 뿌려 낸다.

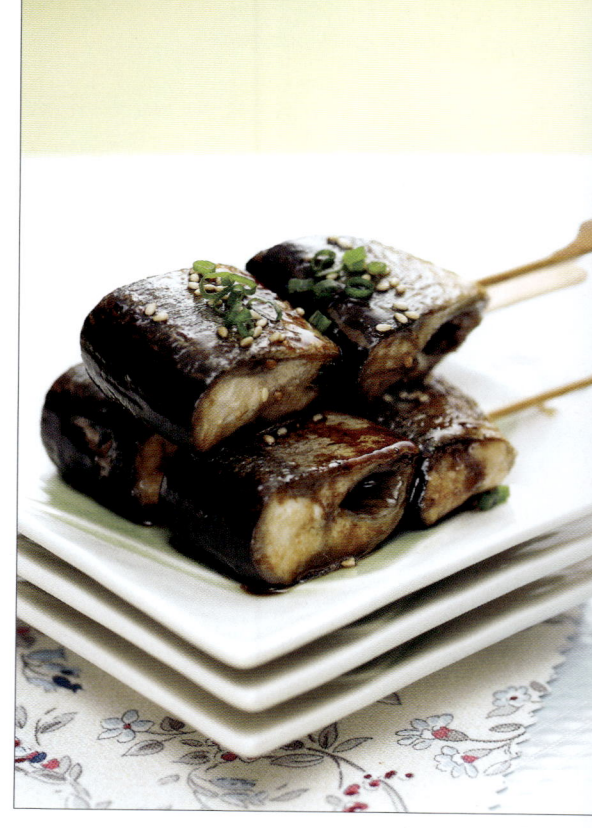

⊙ COOK TIP

꽁치의 비린맛을 확실하게 없애려면 조리는 양념에 생강, 청주
등을 넣어 만들면 좋다. 미리 꽁치를 손질할 때 쌀뜨물에 헹궈 건
지면 꽁치의 비린맛이 많이 가신다.

꽁치무조림

▶ **주재료**
꽁치 2마리, 무 100g

▶ **부재료**
양파 1개, 대파 1대, 소금 약간, 쌀뜨물 ½컵

▶ **조림 양념장**
간장 2큰술, 고운 고춧가루 · 물엿 1작은술씩, 쌀뜨물 5큰술, 다진 파 · 다진 마늘 · 청주 1큰술씩, 다진 생강 ½작은술, 후춧가루 약간

1 꽁치는 머리와 꼬리지느러미를 잘라내고 내장을 뺀 후 비늘을 긁어내고 소금물에 씻어 건진다. 5㎝ 길이로 썰어 1㎝ 간격으로 칼집을 넣고 채반에 올려 굵은 소금을 뿌린 후 꾸덕하게 말린다.

2 무는 두께 1㎝, 사방 5㎝ 크기로 썰고 양파는 껍질을 벗기고 1㎝ 두께로 썬다. 대파는 어슷하게 채 썬다.

3 조림 양념장을 분량의 재료대로 섞어 만든다.

4 냄비에 무와 양파를 깔고 그 위에 준비한 꽁치를 올린 후 ③의 조림 양념장을 듬뿍 끼얹고 쌀뜨물을 부은 후 뚜껑을 덮고 중간 불에서 끓인다.

5 조림장이 자작하게 졸아들면 준비한 대파를 올리고 국물을 끼얹어 윤기나게 조려서 그릇에 담아낸다.

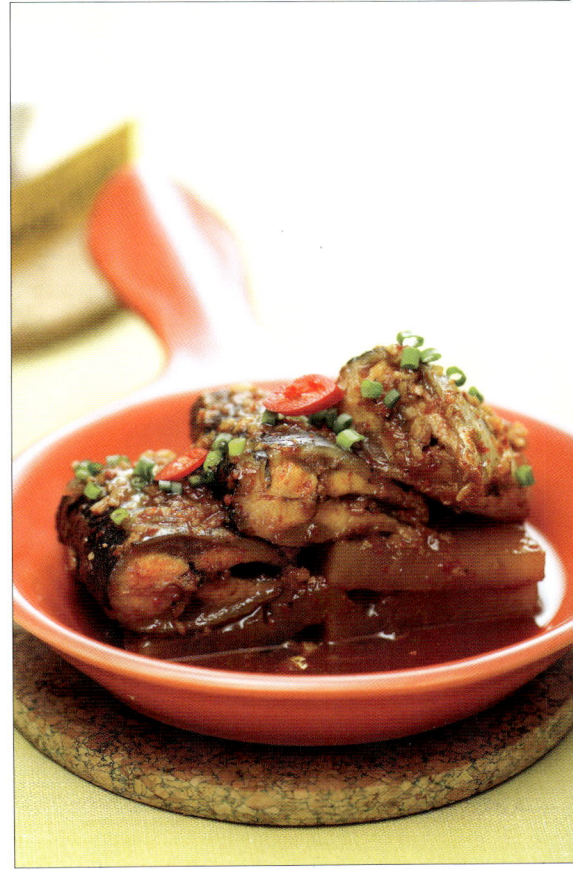

→ COOK TIP
남은 꽁치조림에 백김치를 송송 썰어 넣어 기름을 두르고 볶아주면 아삭하게 씹히는 백김치의 맛과 꽁치조림의 담백함을 함께 느낄 수 있다. 백김치를 넣어 볶을 때 참기름을 이용해서 볶으면 더욱 고소하다.

꽁치감자롤튀김

▶ **주재료**
꽁치 2마리, 감자 1개

▶ **부재료**
달걀 1개, 밀가루 6큰술, 빵가루 4큰술

▶ **꽁치 밑간**
소금 · 후춧가루 약간씩, 청주 1작은술

1 꽁치는 반으로 갈라 내장을 모두 빼내고 뼈까지 발라 낸 후 흐르는 물에 씻어 소금과 후춧가루, 청주로 밑 간한다.

2 감자는 껍질을 벗기고 아주 곱게 4cm 길이로 채 썰어 찬물에 담가 녹말기를 빼고 건져 물기를 없앤다.

3 꽁치에 밑간이 골고루 배면 물기를 닦아내고 껍질 쪽 에 밀가루를 묻힌다.

4 밀가루를 묻힌 꽁치 면에 감자를 올리고 돌돌 둥글게 말아준다. 꼭꼭 눌러 풀어지지 않도록 해서 꼬치로 고 정해 주면 모양이 흐트러지지 않는다.

5 감자를 말은 꽁치에 밀가루→빵가루→달걀물 순서 대로 옷을 입혀서 170℃의 기름에 노릇하게 튀긴 후 꼬치를 빼고 한 입 크기로 썰어 상에 낸다.

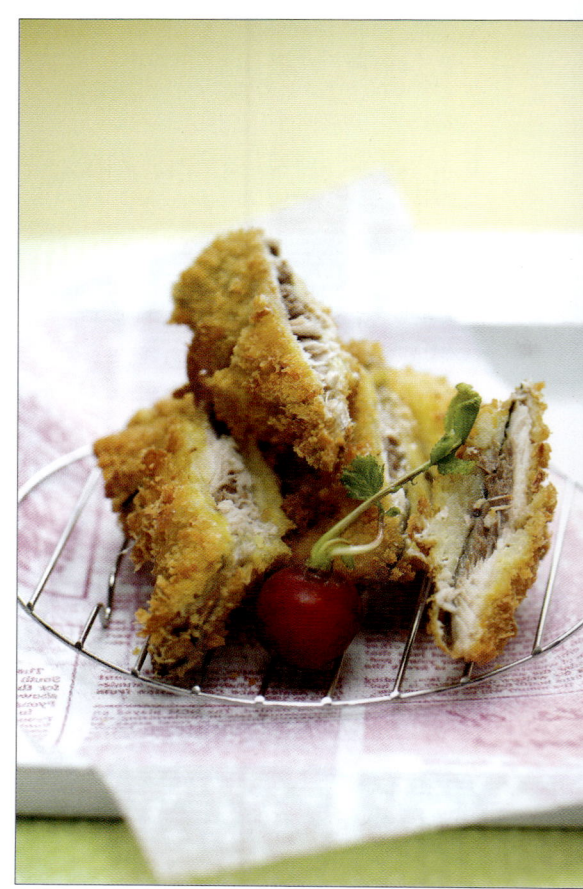

> ⊙ **COOK TIP**
> 꽁치는 이겹포를 떠서 가시를 족집게로 모두 골라내야 튀겨 냈을 때 가시가 없다.

갈치양념구이

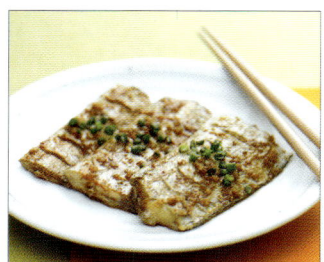

▶ **주재료**
갈치 1마리, 물 2컵, 소금 1작은술, 청·홍고추 1개씩

▶ **구이 양념장**
간장 3큰술, 맛술·다진 마늘 1큰술씩, 다진 생강·참기름 $\frac{1}{2}$작은술씩, 깨소금·후춧가루 약간씩

1 갈치는 비늘을 벗겨 낸 다음 머리를 잘라내고 내장을 제거해서 6㎝ 길이로 잘라 분량의 소금물에 씻어 건져 물기를 닦아 1㎝ 폭으로 칼집을 넣는다.

2 청·홍고추는 반으로 갈라 속씨를 털어내고 나서 결 반대로 얇게 송송 썬다.

3 구이 양념장을 분량의 재료대로 섞는다.

4 물기를 닦은 갈치에 섞어 놓은 구이 양념을 끼얹어 20분 정도 재운다.

5 석쇠나 그릴 팬에 호일을 깐 다음 양념 바른 갈치를 가지런히 놓아 속까지 익도록 약한 불에서 노릇하게 굽는다. 이때 식용유를 호일에 살짝 발라서 구우면 갈치가 들러붙지 않고 깔끔하게 구워진다. 어느 정도 익은 갈치에 청·홍고추채를 올려서 색을 내 윤기나게 구워낸다.

갈치매운향신채조림

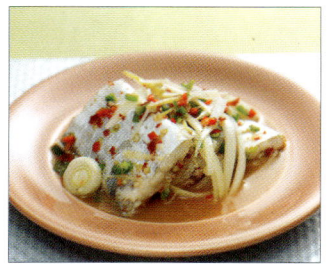

▶ **주재료**
갈치 1마리

▶ **부재료**
양파 $\frac{1}{2}$개, 청양고추 2개, 홍고추 1개, 대파 1대, 마늘 3쪽, 생강 $\frac{1}{2}$톨, 마른 홍고추 1개, 소금 약간, 다시마 우린 물 $\frac{1}{2}$컵

1 갈치는 비늘을 긁어내고 5㎝ 길이로 토막 내어 엷은 소금물에 씻어 건져 놓는다.

2 양파는 굵게 채 썰고 청양고추, 홍고추는 곱게 씨째 다진다.

3 대파는 1㎝ 굵기로 송송 썰고 마늘과 생강은 곱게 채 썬다. 마른 홍고추는 적당히 썰어서 다시마 우린 물과 함께 믹서에 곱게 간다.

4 냄비에 손질한 갈치를 담고 양파와 고추, 대파, 마늘, 생강을 넣은 후 곱게 간 마른 홍고추물을 붓고 중불에서 조린다.

5 조리는 중간에 불을 약하게 해서 매운맛이 은근히 깊이 배도록 숟가락으로 국물을 갈치 윗면에 끼얹어 가면서 조린다.

6 ⑤의 갈치에 소금을 약간 넣어 간을 맞춰 향신채를 곁들여 접시에 담아낸다.

→ **COOK TIP**
갈치의 살을 탄력 있고 단단하게 하려면 소금을 넣은 물에 갈치를 담갔다가 헹군다. 이렇게 하면 갈치살을 불에 올렸을 때 부서지지 않고 구워도 부서지지 않는다.

→ **COOK TIP**
마른 홍고추를 다시마 우린 물과 함께 믹서에 곱게 갈면 매운맛이 많이 나면서 갈치 특유의 비린맛이 없어져 맛이 좋다. 맹물보다는 다시마 우린 물과 함께 갈아야 갈치에 밴 맛이 담백하다.

갈치카레구이

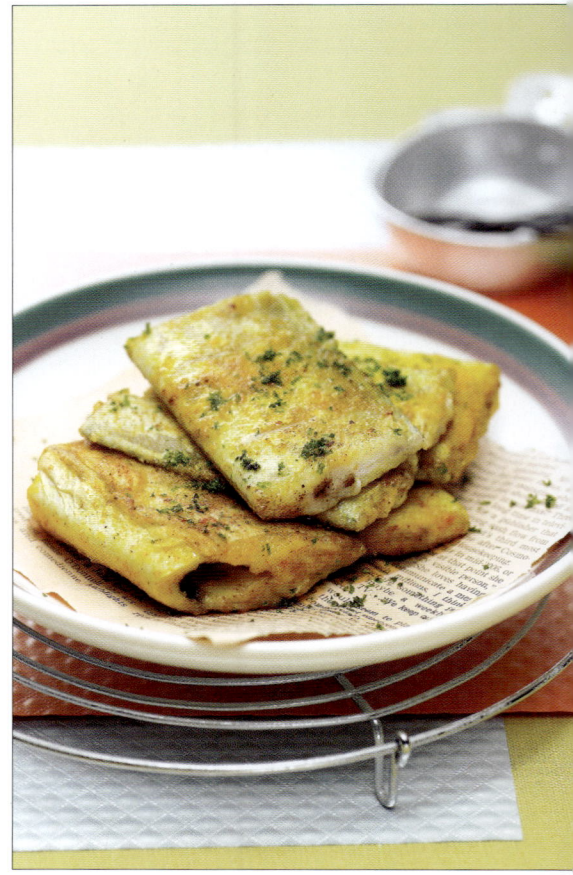

▶ **주재료**
갈치 1마리, 카레가루 2큰술, 밀가루 3큰술

▶ **갈치 밑간**
생강즙 1작은술, 소금 약간

1 갈치는 머리와 꼬리지느러미를 없애고 비늘을 긁어낸 후 내장을 빼고 소금물에 씻어 건진다.

2 물기를 닦은 갈치를 4cm 길이로 토막 내어 생강즙과 소금을 뿌려서 재운다.

3 체에 밀가루와 카레가루를 섞어서 내리고 재워 놓은 갈치의 앞뒤로 골고루 카레옷을 입힌다.

4 팬에 기름을 두르고 달군 후 중간 불에서 카레옷을 입힌 갈치를 노릇하게 굽는다.

➡ **COOK TIP**
카레에 기본 간이 있으므로 갈치에는 소금을 약간만 뿌린다. 카레와 밀가루를 체에 곱게 내려야 카레 덩어리가 생기지 않아 색이 곱다.

단호박갈치된장조림

▶ **주재료**
갈치 1마리, 단호박 ⅓개

▶ **부재료**
실파 3대, 소금 · 실고추 약간씩

▶ **된장 양념장**
된장 1큰술, 다진 마늘 · 청주 · 들기름 1작은술씩, 다시마 우린 물 ⅓컵, 후춧가루 약간

1 갈치는 비늘을 벗기고 내장과 머리, 꼬리를 없애고 옅은 소금물에 흔들어 씻어 건져 물기를 닦아 4cm 길이로 토막 낸다.

2 단호박은 껍질을 벗기고 씨를 긁어낸 후 사방 3cm 크기로 썬다.

3 실고추는 짧게 잘라 준비하고 실파는 송송 썬다.

4 다시마 우린 물에 된장과 다진 마늘, 청주, 들기름, 후춧가루를 넣고 골고루 섞어 된장의 멍울이 없도록 푼다.

5 냄비에 단호박을 깔고 갈치를 올려 ④의 된장 양념장을 끼얹어 중간 불에서 조린다.

6 단호박이 물러지면서 갈치의 속살까지 익으면 된장 양념장을 숟가락으로 끼얹어 간이 제대로 배도록 한다. 약한 불에서 뜸을 들이듯이 익혀 접시에 담아 실파 송송 썬 것과 실고추를 뿌려낸다.

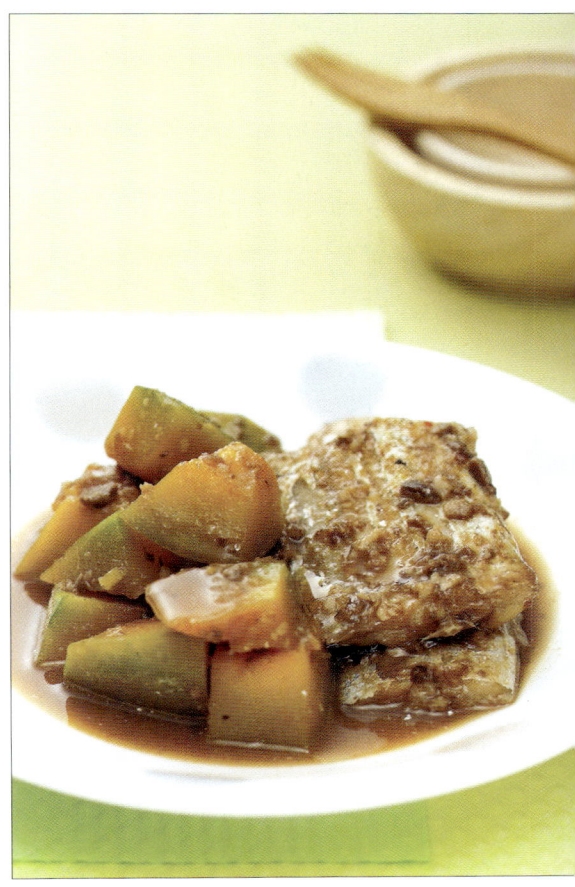

> ➔ **COOK TIP**
> 단호박의 단맛이 갈치를 더욱 담백하고 깊은맛을 내게 한다. 된장 다시마 우린 물에 풀면 짠맛이 덜해진다.

갈치무꽈리고추조림

▶ **주재료**
갈치 1마리, 무 100g, 꽈리고추 10개

▶ **부재료**
대파 1대, 소금 약간

▶ **조림장**
고추장 · 맛술 · 다진 마늘 1큰술씩, 고운 고춧가루 · 간장 · 참기름 1작은술씩, 다진 생강 약간, 물 ¼컵

1 갈치는 내장을 빼서 머리와 꼬리를 잘라내고 옅은 소금물에 씻어 물기를 닦은 후 4㎝ 길이로 어슷하게 칼을 넣어서 토막을 낸다.

2 무는 1㎝ 두께, 사방 5㎝ 크기가 되도록 썰고 꽈리고추는 깨끗이 씻어 꼭지를 뗀다.

3 대파는 굵게 채 썬다.

4 물에 고추장과 고운 고춧가루를 섞어 간장, 맛술, 참기름, 다진 마늘, 다진 생강을 넣고 골고루 혼합해 조림장을 묽게 만든다.

5 냄비에 무를 깔고 갈치를 올려 ④의 양념장을 골고루 부어 중간 불에서 조린다.

6 무와 갈치가 양념이 배면서 조려지면 씻어놓은 꽈리고추와 대파를 넣어서 양념장을 입힌 후 약한 불에서 잠시 조려 윤기가 나면 바로 꺼낸다.

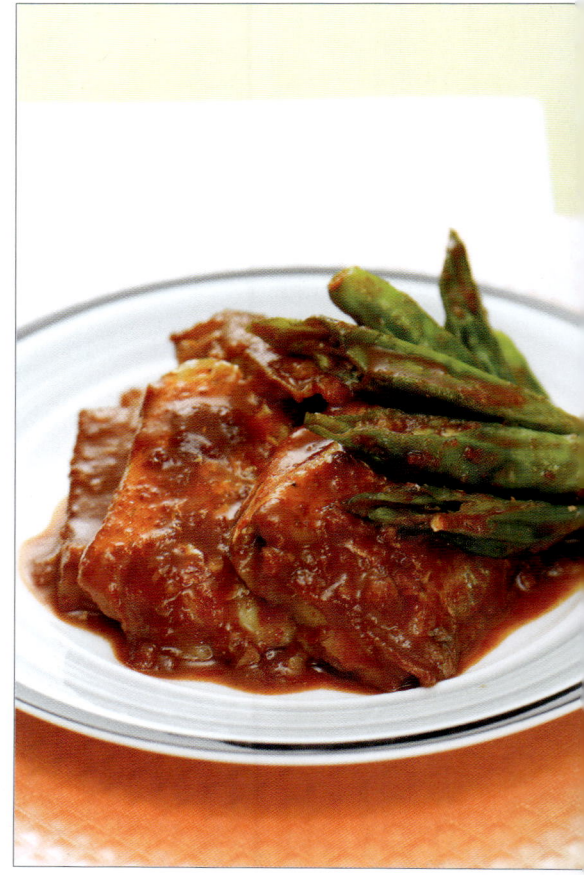

→ **COOK TIP**
꽈리고추는 살짝 익힌 상태로 상에 내야 꽈리고추의 색감이 살아나 더욱 먹음직스럽게 보인다. 무는 미리 넣어 조려서 양념장이 깊게 배면 무가 무르면서 단맛이 나기 때문에 갈치가 더욱 맛이 있다.

삼치카레커틀릿

▶ **주재료**
삼치 1마리, 카레가루 3큰술

▶ **부재료**
밀가루 5큰술, 달걀 1개, 빵가루 ½컵, 튀김기름 · 소금 · 후춧가루 약간씩

▶ **양파 파프리카소스**
다진 양파 2큰술, 다진 파프리카 · 마요네즈 3큰술씩, 머스터드 1큰술, 소금 · 흰 후춧가루 약간씩

1 삼치는 가운데 뼈를 중심으로 이겹포를 떠서 큰 가시를 족집게로 없애고 2㎝ 길이로 썬다.

2 손질한 삼치에 카레가루와 소금, 후춧가루로 간을 해서 잠시 재운다.

3 ②의 삼치를 밀가루→달걀→빵가루에 고루 옷을 입혀 170℃의 기름에 바삭하게 튀겨낸다.

4 양파 파프리카소스를 재료의 분량대로 고루 섞는다.

5 튀긴 삼치 커틀릿과 준비한 소스를 듬뿍 뿌려 먹는다.

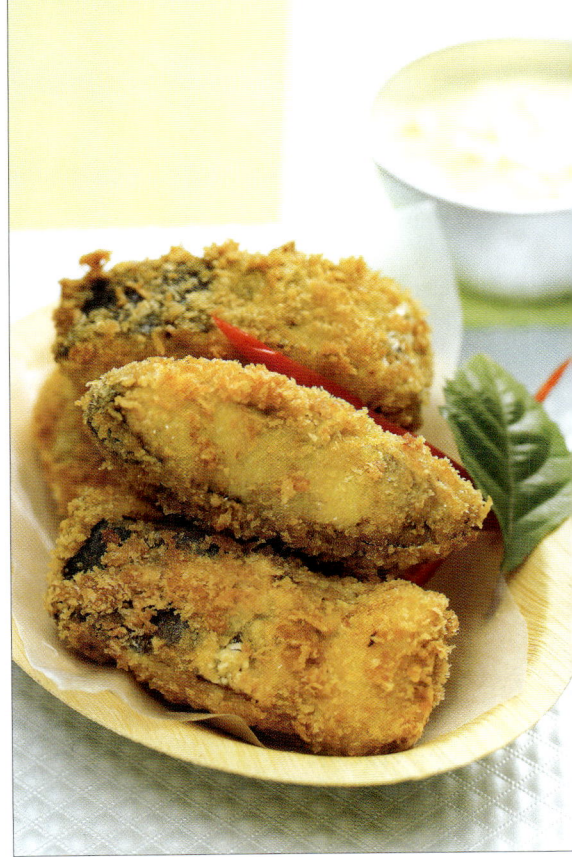

→ **COOK TIP**
삼치는 겹포를 떠서 씨를 족집게로 모두 골라내야 한다. 잔가시는 기름 온도를 높게 해서 바싹 튀겨내면 가시도 먹을 수 있다.

삼치탕수

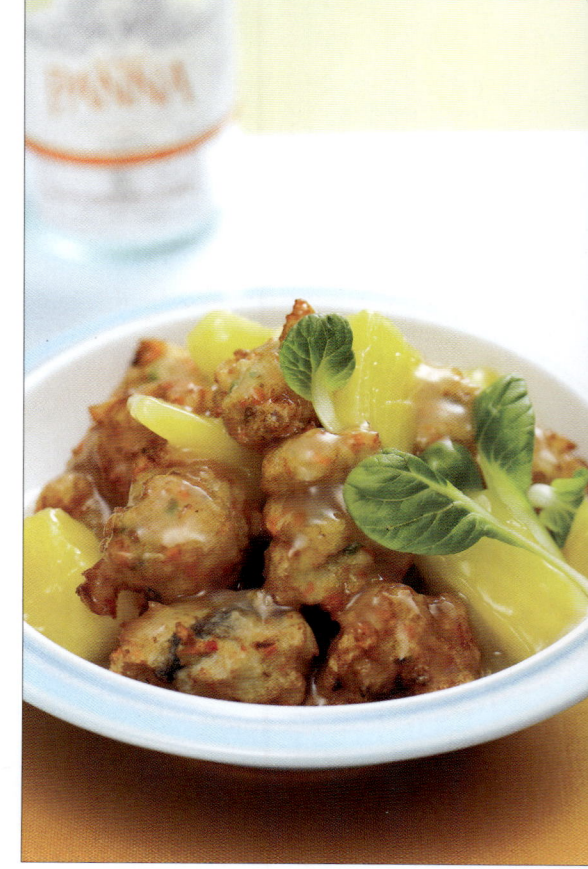

▶ **주재료**
삼치 1마리

▶ **부재료**
양파 ½개, 당근 30g, 청·홍고추 1개씩, 녹말가루 2큰술, 달걀 ½개분, 소금·후춧가루 약간씩

▶ **파인애플 와인소스**
파인애플 슬라이스 2쪽, 화이트와인 3큰술, 설탕 1작은술, 식초·물녹말 2큰술씩, 물 ½컵, 소금 약간

1 삼치는 머리와 내장을 떼어내고 옅은 소금물에 씻어서 중앙의 뼈를 발라내고 큰 가시를 뺀 후 껍질을 벗기고 적당하게 썰어 커터에 곱게 다진다.

2 양파는 아주 곱게 다져 소금에 살짝 절여 물기를 꼭 짜고 당근도 같은 크기로 다져 팬에 기름 없이 볶아낸다. 청·홍고추는 씨를 빼고 곱게 다진다.

3 볼에 삼치 다진 것과 양파, 당근, 고추를 모두 넣고 소금으로 간을 한 후 녹말가루와 달걀물을 붓고 반죽한다.

4 튀김 온도 180℃에 ③의 삼치 반죽을 한 숟가락씩 떼어 넣어 노랗게 튀겨 기름기를 뺀다.

5 냄비에 파인애플 과육을 2㎝ 크기로 썰어 담고 화이트와인과 설탕, 식초, 물을 붓고 소금으로 간을 해서 끓으면 물녹말을 개어 걸쭉한 농도의 소스를 만든다.

6 그릇에 튀겨 놓은 삼치를 담고 ⑤의 탕수소스를 듬뿍 뿌려 먹는다.

→ **COOK TIP**
곱게 간 삼치와 다진 채소를 녹말과 달걀로 버무려 반죽한 삼치탕수는 삼치의 비린맛도 없고 부드러워 아이들의 영양 간식으로도 아주 좋다.

삼치유자청구이

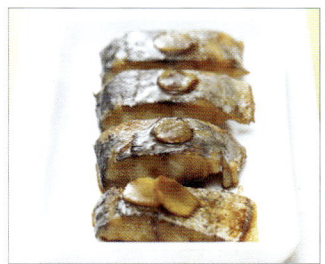

▶ **주재료**
삼치 1마리, 소금 · 후춧가루 약간씩

▶ **유자청소스**
유자청 · 다진 마늘 1큰술씩, 가다랑어포 우린 물 2큰술, 생강즙 · 참기름 ½작은술씩, 청주 1작은술, 소금 약간

1 삼치는 크지 않는 것으로 준비해서 비늘을 긁어내고 머리를 잘라내어 내장을 꺼낸 후 2㎝ 길이로 어슷하게 토막 내어 옅은 소금물에 담가 살집을 단단하게 해서 씻어 건져 물기를 뺀다.

2 손질한 삼치를 접시에 담고 소금, 후춧가루를 뿌려 밑간한다.

3 볼에 유자청과 다진 마늘, 가다랑어포 우린 물, 생강즙, 청주, 참기름을 넣고 소금으로 간해서 골고루 섞어 유자청소스를 만든다.

4 팬에 기름을 두르고 달군 후 밑간한 삼치를 앞뒤로 굽는다.

5 노릇하게 구운 삼치에 준비한 유자청소스를 앞뒤로 골고루 덧발라 구워 향긋한 유자의 냄새가 배도록 해서 접시에 담아낸다.

삼치생강장조림

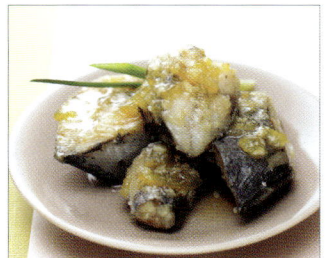

▶ **주재료**
삼치 1마리, 소금 약간, 실파 2대

▶ **생강 조림장**
생강 1톨, 간장 3큰술, 청주 2큰술, 물엿 1큰술, 후춧가루 약간, 물 5큰술

1 삼치는 비늘을 긁어내고 머리를 잘라 내장을 나무젓가락으로 빼낸 후 배를 갈라 가시를 추려내고 깨끗이 씻는다.

2 손질한 삼치를 2㎝ 길이로 잘라 소금을 약간 뿌린다.

3 뜨겁게 달군 팬에 기름을 두르고 밑간 한 삼치를 앞뒤로 지진다.

4 냄비에 간장과 청주, 물엿, 물을 붓고 생강을 얇게 저며서 넣고 약한 불에서 조린다.

5 ③의 팬에 생강 조림장을 한 쪽에서 부어 지글지글 끓어오르는 장물에 삼치를 윤기나게 조려 송송 썬 실파를 뿌려낸다.

🔵 **COOK TIP**

유자와 삼치는 궁합이 잘 맞는 요리 중의 하나다. 겨울철에 유자를 깨끗이 씻어 껍질만 곱게 채 썬 후 시럽을 만들어서 삼치에 발라주면 유자청보다 향이 짙고 삼치의 비린맛을 완전히 없애준다. 또 유자의 단맛이 우러나 삼치살이 부드럽고 연하다. 유자가 없으면 유자청을 이용해도 괜찮다.

🔵 **COOK TIP**

삼치는 먼저 팬에서 센 불에 먼저 노릇하게 구운 후 조림장을 부어서 함께 조려야 윤기가 더욱 많이 나고 살이 단단해져서 구운 모양도 좋다.

삼치고추장양념구이

▶ **주재료**
삼치 1마리, 소금 약간, 실파 3대

▶ **양념장**
고추장 · 다시마 우린 물 2큰술씩, 간장 · 물엿 · 맛술 · 마늘즙 1큰술씩, 생강즙 $\frac{1}{2}$작은술

1 삼치는 머리를 잘라내고 내장을 뽑아낸 다음 소금물에 씻어 건져 물기를 닦는다.

2 손질한 삼치는 뼈 양쪽으로 붙어 있는 살 부분만을 저며 썬다.

3 ②의 저며 썬 삼치를 먹기 좋게 세 토막 내어 등 쪽에 1㎝ 간격으로 칼집을 넣는다.

4 냄비에 양념장을 분량의 재료대로 넣고 반으로 줄어들어 걸쭉한 상태가 되도록 약한 불에서 조려 양념장을 만든다.

5 팬에 손질한 삼치를 담고 ④의 양념장을 발라가면서 굽는다.

6 굽는 동안 양념장을 세 번 정도 더 발라서 윤기가 흐르도록 해서 익혀 접시에 담고 송송 썬 실파를 뿌려서 상에 낸다.

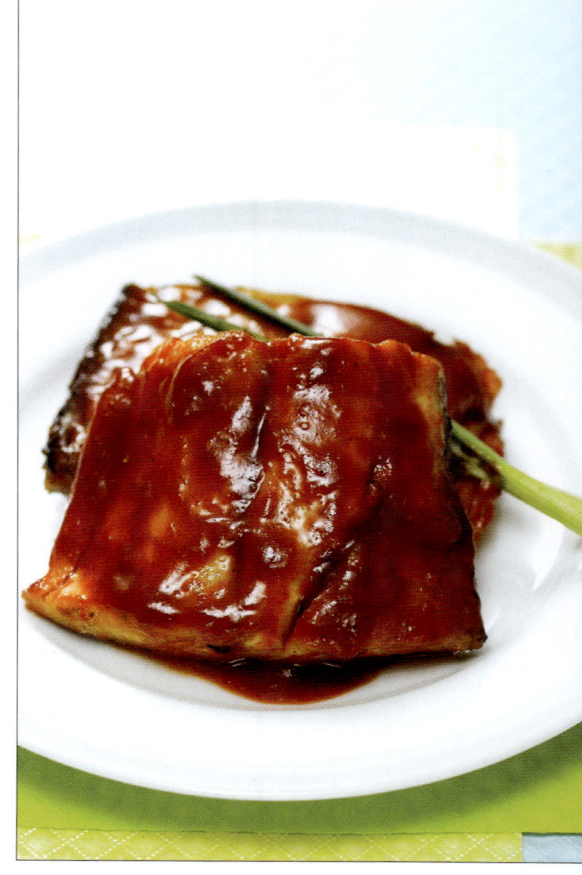

→ COOK TIP
삼치를 고추장 양념에 조릴 때에는 양념을 냄비에 담아 한소끔 끓인 후 양념이 착 달라붙는 감칠맛을 낼 때 삼치를 넣어 조리면 맛도 좋을 뿐 아니라 먹음직스러운 윤기가 많이 난다.

동태매운탕

▶ **주재료**
동태 1마리, 무 · 콩나물 100g씩, 두부 ⅓모, 쑥갓 30g, 미나리 50g

▶ **부재료**
홍고추 · 청양고추 1개씩, 대파 1대, 소금 약간, 쌀뜨물 · 물 2컵씩, 생강 1톨, 대파잎 2대

▶ **찌개 양념**
고춧가루 2큰술, 고추장 · 참치액 1작은술씩, 소금 · 후춧가루 약간씩, 다진 생강 ½작은술, 청주 · 다진 마늘 1큰술씩

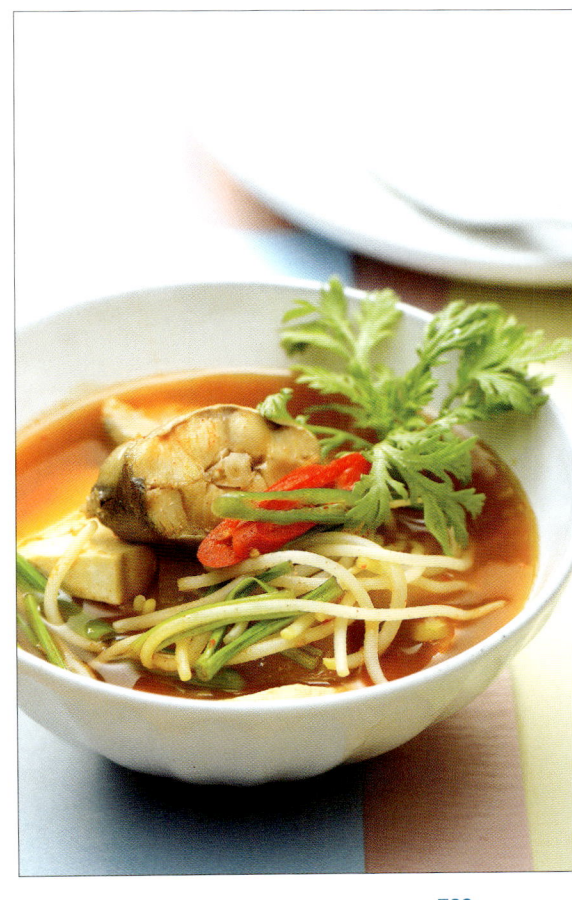

1 동태는 해동시켜 비늘을 긁어내고 배를 갈라 내장을 빼고 나서 옅은 소금물에 흔들어 씻어 3㎝ 길이로 썬다. 동태를 손질할 때 동태 내장과 알을 따로 떼어내 옅은 소금물에 흔들어 씻어 체에 받쳐 물기를 뺀다. 동태의 머리는 버리지 말고 아가미를 깨끗하게 씻어 놓는다.

2 냄비에 물을 넉넉하게 붓고 생강과 대파잎을 넣어 끓으면 동태살과 동태 머리를 넣어 애벌로 살짝 익혀 그대로 물기를 빼고 식힌다.

3 무는 사방 4㎝의 크기로 납작하게 썰고 두부는 큼직하게 사방 4㎝ 크기, 1㎝ 두께로 썬다.

4 콩나물은 머리와 꼬리를 떼어내고 씻어 물기를 털고 미나리는 깨끗이 다듬어 씻어서 3㎝ 길이로 썬다. 홍고추와 청양고추는 어슷하게 썰어 씨를 턴다. 대파는 큼직하고 어슷하게 채 썬다.

5 찌개 양념을 재료의 분량대로 매콤하고 칼칼하게 만든다.

6 냄비에 무와 콩나물, 동태 머리를 담고 쌀뜨물과 물을 부어서 뚜껑을 덮어 익힌다.

7 ⑥의 국물이 끓으면 뚜껑을 열고 준비한 찌개 양념을 멍울 없이 풀어 끓인다.

8 ⑦에 미리 애벌로 데친 동태 살을 넣고 끓이다가 동태 손질할 때 함께 손질한 애와 알을 얹어 한소끔 끓인 후 소금으로 모자라는 간을 맞추고 두부, 미나리, 고추, 대파를 듬뿍 올려서 한소끔만 끓여 바로 먹는다.

동태미나리냄비

▶ **주재료**
동태 1마리, 미나리 50g

▶ **부재료**
생강 ½톨, 마늘 3쪽, 청주 1큰술, 대파뿌리 2대, 대파 1대, 배춧잎 2장, 홍고추 1개, 소금·후춧가루 약간씩, 가다랑어포 우린 물 5컵

▶ **간장소스**
간장 2큰술, 다시마 우린 물·식초·맛술 1큰술씩, 얇게 썬 레몬 1쪽

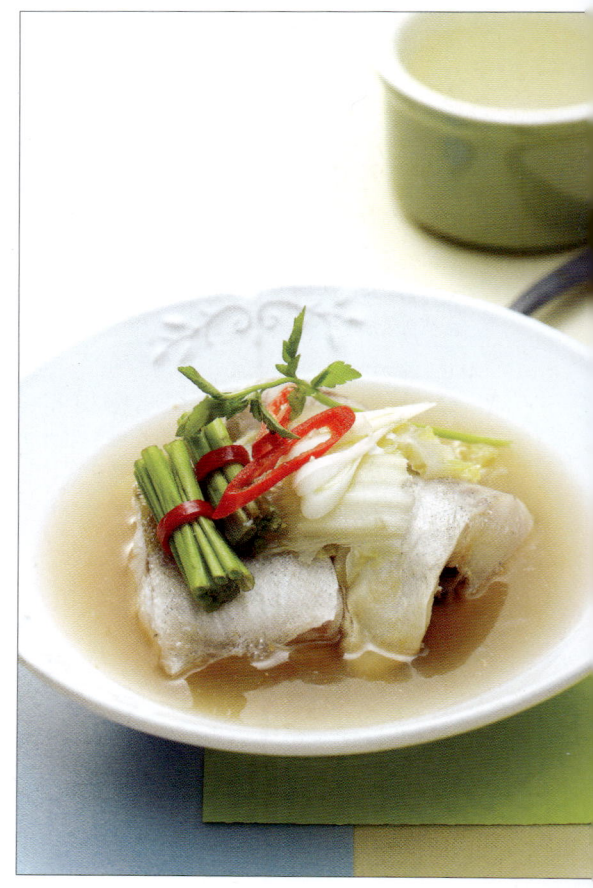

1 동태는 비늘을 긁어내고 머리를 잘라 소금물에 씻어서 4cm 길이로 토막 낸다.

2 체에 토막낸 동태를 담고 끓는 물을 끼얹어 살이 부서지지 않게끔 탄력을 준다.

3 냄비에 물을 넣고 끓으면 다시마를 넣어서 5분 정도 끓인 후 다시마를 건지고 불에서 내려 가다랑어포를 2큰술 정도 체에 넣어 우린 후 건져 낸다.

4 가다랑어포 우린 물에 생강, 마늘, 청주, 대파뿌리를 넣어서 팔팔 끓여 향신채의 맛이 진하게 우러나도록 끓인다.

5 체에 ④의 국물을 따라내어 건지는 버리고 맑은 국물만 냄비에 담아 끓인다.

6 배춧잎은 3cm 길이로 썰고 미나리는 다듬어 4cm 길이로 썬다.

7 홍고추는 어슷하게 채 썰어 씨를 빼고 대파는 굵게 채 썬다.

8 ⑤의 향신 국물이 끓으면 ②의 동태를 넣어서 한소끔 끓이다가 대파, 배춧잎, 미나리, 홍고추를 넣어서 끓이다가 소금과 후춧가루로 간을 해서 상에 낸다.

> **➔ COOK TIP**
> 동태는 끓이기 전에 끓는 물을 한 번 끼얹는다. 이렇게 하면 불순물이 제거되고 살이 단단해져서 요리를 해도 부서지지 않는다. 동태살은 간장소스를 만들어 찍어 먹으면 새콤한 레몬의 맛에 더욱 맛있다.

동태콩나물양념찜

▶ **주재료**
동태 1마리, 콩나물 150g

▶ **부재료**
미나리 30g, 풋고추 · 홍고추 1개씩, 대파 1대, 찹쌀가루 1큰술

▶ **양념장**
고춧가루 2½큰술, 다진 마늘 · 청주 1큰술씩, 설탕 1작은술, 생강즙 ½작은술, 참기름 ½큰술, 깨소금 · 소금 · 후춧가루 약간씩

1 동태는 깨끗하게 씻어 지느러미를 떼고 내장을 빼 3cm 크기로 토막을 낸다.

2 콩나물은 머리와 꼬리를 떼어내고 미나리는 깨끗하게 씻어서 4cm 길이로 썬다.

3 풋고추와 홍고추는 어슷하게 채 썰어 씨를 빼고 대파 는 어슷하고 큼직하게 채 썬다.

4 양념장을 분량의 재료대로 섞어 혼합한다.

5 냄비에 손질한 동태를 넣고 약간의 물을 붓고 소금간 을 해서 끓인다.

6 ⑤의 동태가 한소끔 끓으면 소량의 국물만 남기고 따 라낸다.

7 ⑥에서 따라낸 국물에 ④의 양념장을 넣어 섞어준다.

8 국물을 따라낸 동태에 콩나물을 안치고 ⑦의 양념장 을 끼얹고 뚜껑을 덮어 비린맛이 가시도록 익힌다.

9 ⑧의 동태와 콩나물이 익으면 썰어놓은 미나리와 대 파, 고추를 넣은 후 물 2큰술에 찹쌀가루를 개어서 냄 비에 붓고 고루 버무려 찜이 잘 어우러지도록 한다. 간을 보아 싱거우면 소금으로 간을 맞추고 참기름을 조금 뿌려서 맛을 낸다.

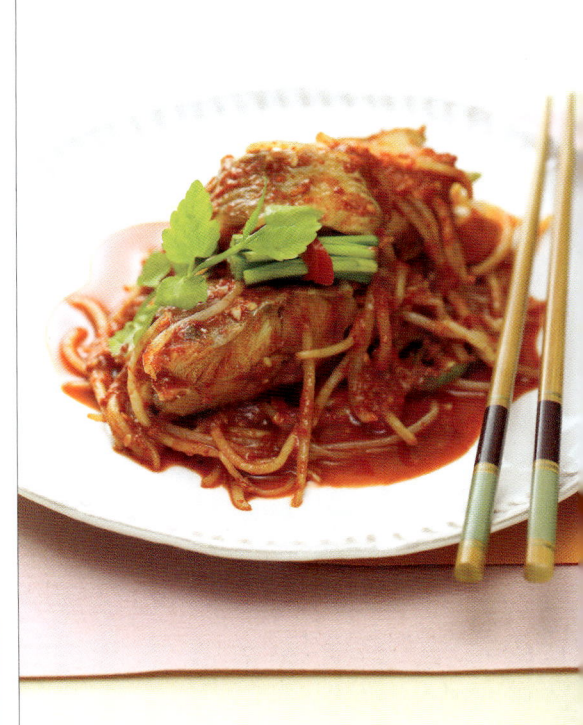

➔ COOK TIP
동태를 한소끔 끓여낸 국물에 양념장을 섞어야 동태의 깊은맛이 살아나고 더 맛이 있는데 동태를 먼저 애벌로 익힌 후 양념장과 콩나물, 무를 넣어서 찜을 해야 비린맛이 없어진다.

동태간장꽈리고추조림

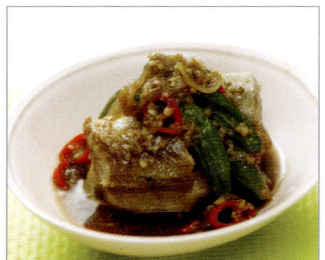

▶ **주재료**
동태 2마리, 양파 ½개, 홍고추 1개, 꽈리고추 50g

▶ **조림장**
다시마 우린 물 ½컵, 간장·다진 파 2큰술씩, 굴소스·참기름 1작은술씩, 청주·다진 마늘 1큰술씩, 다진 생강·깨소금·소금·후춧가루 약간씩

1 동태는 해동시켜서 소금물에 헹궈 건지고 채반에 올려 3~4시간 꾸덕하게 물기를 말린다.

2 말린 동태의 쫄깃한 질감이 느껴지면 내장을 모두 빼내고 머리와 꼬리지느러미 모두를 정리하고 소금물에 재빨리 씻어 건져 물기를 닦는다.

3 ②의 동태를 3㎝ 크기로 자른다. 되도록 작은 크기로 잘라 조려야 모양도 예쁘고 간도 잘 밴다.

4 꽈리고추는 씻어서 꼭지를 떼고 물기를 닦는다. 양파는 곱게 채 썰고 홍고추는 송송 썰어서 씨를 뺀다.

5 다시마 우린 물에 간장과 굴소스를 섞고 참기름, 청주, 다진 마늘, 다진 파, 다진 생강을 넣어 조림장을 만든다.

6 냄비에 기름을 약간 두르고 양파와 동태를 넣어 볶다가 ⑤의 조림장을 부어서 숟가락으로 저어가면서 중불에서 조린다. 동태가 익으면 준비한 꽈리고추를 넣어 함께 조린다.

7 윤기가 나면서 간이 스며들어 맛이 나면 홍고추 다진 것을 넣고 버무리고 깨소금, 소금, 후춧가루로 간을 맞추어 그릇에 담아낸다.

우거지말린명태매운찜

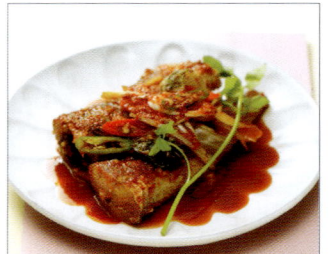

▶ **주재료**
명태 1마리, 우거지 100g, 미나리 50g, 대파 3대, 양파 ½개, 홍고추·청양고추 1개씩, 올리브오일 1큰술, 소금 약간

▶ **찜 양념장**
고운 고춧가루·물녹말·맛술 2큰술씩, 간장·다진 마늘 1큰술씩, 물엿·참기름 1작은술씩, 후춧가루 약간

1 꾸덕하게 말린 명태는 물에 헹궈 건져 비늘을 긁어내고 씻어서 물기를 닦는다. 되도록 한 마리 통째로 찜을 해야 더욱 맛이 있다. 손질한 명태에 올리브오일을 두르고 노릇하게 팬에서 굽는다.

2 우거지는 부드럽게 삶아 찬물에 헹궈 물기를 꼭 짜고 긴 것 그대로 쓴다. 미나리는 3㎝ 길이로 썬다.

3 대파는 3㎝ 길이로 썰고 양파는 되도록 곱게 채 썬다. 홍고추와 청양고추도 잘게 채 썰어 씨를 턴다.

4 찜 양념장을 분량의 재료대로 섞어 만든다. 물녹말은 만들어 섞지 말고 따로 준비한다.

5 냄비에 우거지, 대파, 양파, 고추를 모두 넣고 ④의 찜 양념장을 ½만 넣고 우거지에 간이 배도록 뚜껑을 덮어서 살짝 찐다.

6 ⑤의 우거지에 밑간이 배면 뚜껑을 열고 익혀 놓은 명태와 나머지 양념을 끼얹어 뚜껑을 다시 덮어서 중간불에서 찐다.

7 ⑥의 채소와 명태가 어우러지면 준비한 미나리를 넣고 물녹말을 끼얹어 버무린 후 소금으로 간을 맞춰 그릇에 푸짐하게 담아낸다.

코다리꽈리고추조림

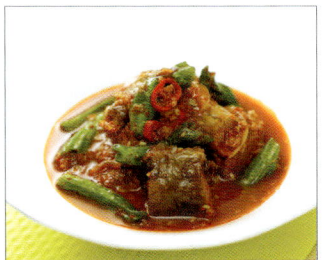

▶ **주재료**
코다리 2마리, 꽈리고추 20개, 양파 ½개, 홍고추 1개

▶ **조림장**
다시마 우린 물 ½컵, 국간장 · 고춧가루 · 청주 · 다진 마늘 1큰술씩, 참기름 1작은술, 다진 파 2큰술, 다진 생강 · 깨소금 · 소금 · 후춧가루 약간씩

1 코다리는 구입 후 3~4일 정도 더 말린다. 판매하는 코다리는 덜 말린 상태이므로 사서 그늘지고 통풍이 잘 되는 곳에서 말리면 조렸을 때 살이 쫄깃하고 맛있다.

2 살코기가 꾸덕거려 쫄깃한 질감이 느껴지면 머리와 꼬리지느러미 모두를 정리하고 소금물에 재빨리 씻어 건져 물기를 닦는다.

3 ②의 코다리를 3㎝ 크기로 자른다. 되도록 작은 크기로 잘라 조려야 모양도 예쁘고 간도 잘 밴다.

4 꽈리고추는 씻어서 꼭지를 떼고 물기를 닦는다. 양파는 곱게 채 썰고 홍고추는 송송 썰어서 씨를 뺀다.

5 다시마 우린 물에 국간장과 고춧가루를 넣어서 개어 참기름, 청주, 다진 마늘, 다진 파, 다진 생강을 넣어 조림장을 만든다.

6 냄비에 기름을 약간 두르고 양파와 코다리를 넣어 볶다가 ⑤의 조림장을 부어서 숟가락으로 저어가면서 중간 불에서 조린다.

7 윤기가 나면서 간이 스며들어 맛이 나면 꽈리고추와 다진 홍고추를 넣고 버무려서 한 번 더 조린 후 깨소금, 소금, 후춧가루로 간을 맞추고 그릇에 담아낸다.

코다리매운조림

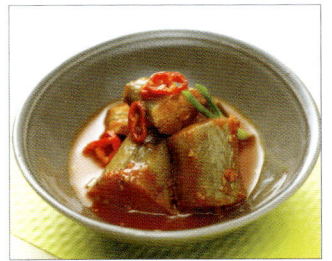

▶ **주재료**
코다리 2마리, 양파 ½개, 홍고추 1개

▶ **조림장**
다시마 우린 물 ½컵, 참치액 · 참기름 1작은술씩, 고추장 · 다진 파 2큰술씩, 청주 · 다진 마늘 1큰술씩, 다진 생강 · 깨소금 · 소금 · 후춧가루 약간씩

1 코다리는 구입 후 3~4일 정도 더 꾸덕하게 말린다.

2 살코기가 꾸덕거려 쫄깃한 질감이 느껴지면 머리와 꼬리지느러미 모두를 정리하고 소금물에 재빨리 씻어 건져 물기를 닦는다.

3 ②의 코다리를 3㎝ 크기로 자른다. 되도록 작은 크기로 잘라 조려야 모양도 예쁘고 간도 잘 밴다.

4 양파는 곱게 채 썰고 홍고추는 송송 썰어서 씨를 뺀다.

5 다시마 우린 물에 참치액과 고추장을 넣어서 멍울 없이 풀어서 참기름, 청주, 다진 마늘, 다진 파, 다진 생강을 넣어 조림장을 만든다.

6 냄비에 기름을 약간 두르고 양파와 코다리를 넣어 볶아 코다리 살이 단단하게 익으면 ⑤의 조림장을 부어서 숟가락으로 저어가면서 중불에서 조린다.

7 윤기가 나면서 간이 스며들어 맛이 나면 홍고추 다진 것을 넣고 버무려서 깨소금, 소금, 후춧가루로 간을 맞추고 그릇에 담아낸다.

> ➔ **COOK TIP**
> 코다리를 기름에 볶을 때에는 양파를 함께 넣고 볶아야 코다리 특유의 비린내가 없어진다. 코다리는 살집이 부서지지 않도록 단단하게 익힌 후 조림장에 조려야 한다.

코다리탕수

▶ **주재료**
코다리 2마리

▶ **부재료**
찹쌀가루 · 녹말가루 2큰술씩, 달걀흰자 1개분, 간장 · 마늘즙 1작은술씩, 튀김기름 · 통깨 약간씩, 참기름 ½작은술

▶ **탕수소스**
고추기름 1작은술, 다시마 우린 물 1컵, 파인애플 슬라이스 1쪽, 양파 · 홍피망 ½개씩, 마늘 2쪽, 생강 ¼톨, 오이 ½개, 소금 · 흰 후춧가루 약간씩, 물엿 · 물녹말 2큰술씩, 레몬식초 1큰술

1 코다리는 꾸덕하게 말려서 머리와 꼬리지느러미를 떼어 속까지 말끔하게 옅은 소금물에 헹궈 물기를 뺀다.

2 ①의 코다리에 간장과 마늘즙을 뿌려서 밑간을 한다.

3 볼에 찹쌀가루와 녹말가루, 달걀흰자를 섞어 튀김옷을 만든다.

4 ③의 튀김 반죽에 ②의 코다리를 담가 두껍게 옷을 입혀서 180℃의 기름에 바삭하게 튀긴다.

5 양파는 사방 2㎝ 크기로 썰고 마늘과 생강은 곱게 채 썬다.

6 오이는 소금에 문질러 씻어서 연필을 깎듯이 빗겨 자르고 홍피망은 씨를 발라내고 양파와 같은 크기로 썬다. 파인애플 슬라이스는 부채꼴 모양으로 8등분한다.

7 냄비에 고추기름을 두르고 양파와 마늘, 생강을 먼저 볶다가 다시마 우린 물을 붓고 끓인다.

8 ⑦의 소스물이 끓으면 오이와 홍피망, 파인애플을 넣고 소금과 흰 후춧가루로 간을 맞춘 후 물엿과 레몬식초로 맛을 낸다. 소스의 재료가 익으면 물녹말을 뿌려 걸쭉한 농도로 만든다.

9 그릇에 코다리 튀긴 것을 담고 ⑧의 소스를 듬뿍 뿌려서 참기름과 통깨를 뿌려 상에 낸다.

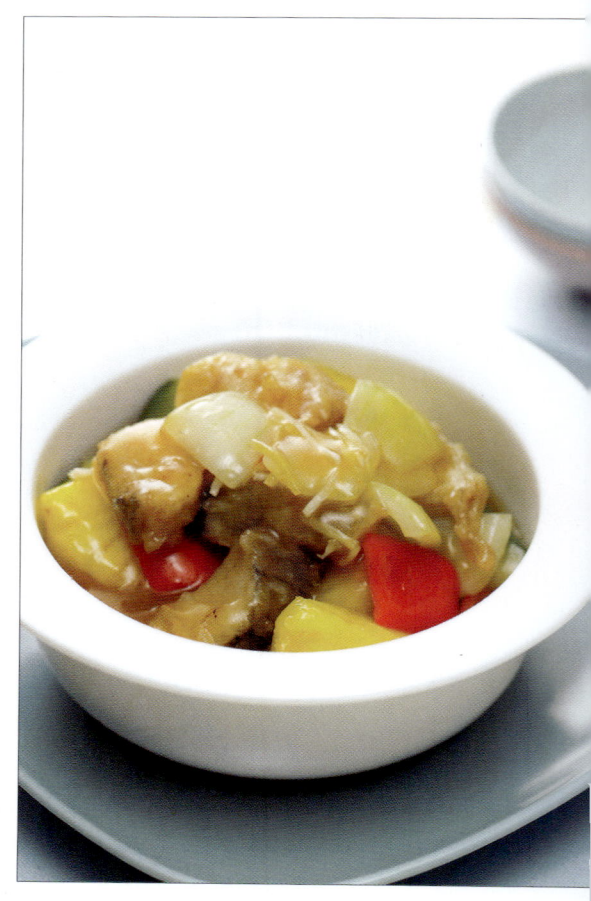

가자미튀김조림

▶ **주재료**
가자미 2마리, 실파 5대, 실고추 · 소금 · 튀김기름 약간씩

▶ **튀김옷**
밀가루 4큰술, 녹말가루 · 간장 1큰술씩, 달걀 1개

▶ **조림장**
고추장 2큰술, 물엿 · 맛술 1작은술씩, 다진 마늘 1큰술, 참기름 $\frac{1}{2}$큰술, 통깨 · 후춧가루 약간씩

1 가자미는 비늘을 긁어내고 씻어 가로로 2cm 길이로 토막 내어 소금물에 헹궈 건진다.

2 밀가루에 녹말가루와 달걀을 풀고 간장을 넣어 반죽을 해서 색을 내어 튀김옷을 만든다.

3 냄비에 조림장을 재료의 분량대로 넣어 걸쭉하게 조린다.

4 가자미를 ②의 반죽에 고루 묻혀 160℃의 온도에서 바삭하게 튀겨낸다.

5 튀긴 가자미를 조림장에 넣어 고루 옷을 버무려 약한 불에서 살짝 조려 낸다.

6 송송 썬 실파와 실고추, 통깨를 넣어 버무려 그릇에 담아낸다.

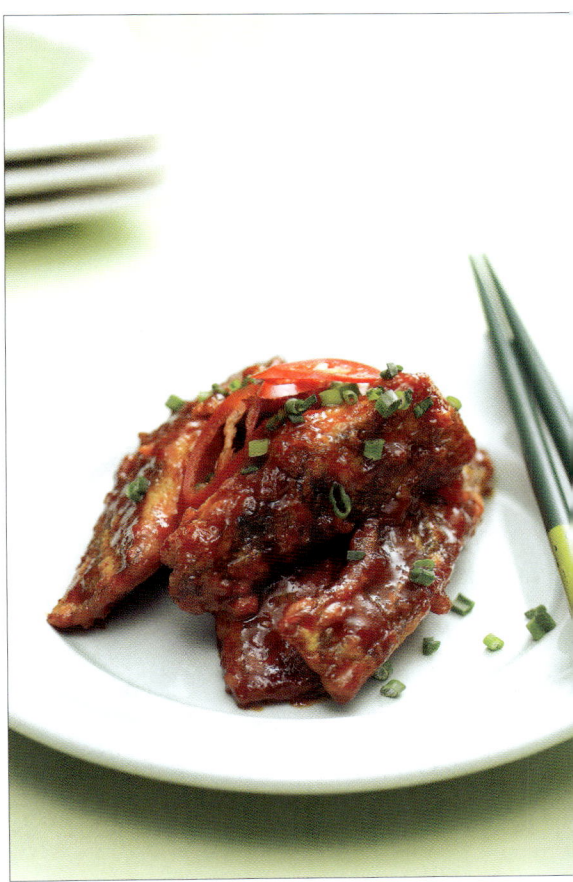

🡒 **COOK TIP**
가자미를 튀길 때 밀가루에 녹말가루, 달걀, 간장을 넣어 반죽을 만들면 가자미 튀김에 밑간이 되어 담백하고 깔끔한 맛을 내준다.

양미리엿고추장조림

▶ **주재료**
양미리 16마리

▶ **부재료**
식용유 · 소금 약간씩, 녹말가루 2큰술

▶ **엿고추장 양념장**
고추장 3큰술, 물엿 2큰술, 다진 마늘 · 생강즙 · 참기름 1작은술씩, 청주 1큰술, 후춧가루 · 통깨 약간씩

1 양미리는 꾸덕하게 바닷바람에 말린 것으로 준비해서 살짝 옅은 소금물에 흔들어 씻어 머리와 꼬리를 떼어 내고 물기를 닦아 2등분한다.

2 녹말가루를 접시에 넓게 뿌리고 손질한 양미리를 골고루 옷 입혀서 튀기듯이 지져낸다.

3 냄비에 고추장과 물엿, 다진 마늘, 생강즙, 청주, 참기름, 후춧가루를 넣어서 약한 불에서 걸쭉하게 끓여 엿고추장을 만든다.

4 지져낸 양미리는 ③의 엿고추장에 넣고 살살 버무려 가면서 약한 불에서 조린다.

5 양념장 때문에 양미리가 탈 수 있으므로 아주 약한 불에서 바특하게 조려야 더욱 윤기가 나면서 맛이 있다.

6 윤기나게 조려진 양미리를 그릇에 담고 통깨를 솔솔 뿌려 상에 낸다.

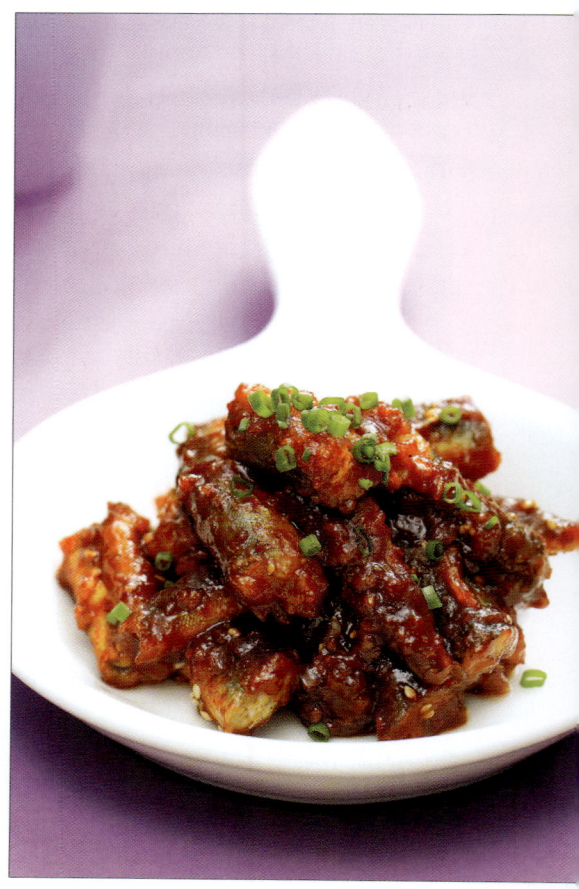

> 🔵 **COOK TIP**
>
> 겨울철 동해안에서 많이 잡히는 까나리과에 속하는 생선인 양미리는 꾸덕하게 말린 것과 냉동 상태의 두 가지가 있는데 꾸덕한 상태로 말려 얼린 것이 상품이며 양미리는 꾸덕한 상태가 그대로 유지된 것이 조림하는데 좋다. 머리와 꼬리를 가위로 잘라 말끔하게 해서 옅은 소금물에 흔들어 재빨리 건져 물기를 거둬야 살이 흐물거리지 않아 조릴 때 살이 부서지지 않는다. 양미리를 보관할 때는 꾸덕한 상태 그대로 비닐에 넣어 냉동보관 해야 한다. 양미리는 향이 강한 채소(고추, 마늘, 양파)와 잘 무르지 않는 뿌리식품(연근, 우엉, 감자)과 함께 조려주면 더욱 맛이 좋다.

과메기고추장조림

▶ **주재료**
과메기 3마리

▶ **부재료**
송송 썬 실파 2큰술, 통깨 · 다진 마늘 1작은술씩, 청주 1큰술

▶ **고추장 조림장**
고추장 2큰술, 물엿 · 맛술 1큰술씩, 설탕 · 다진 마늘 1작은술씩

1 과메기는 꼬리를 썰고 반을 구부려 껍질을 벗긴 후 손으로 잘게 찢는다.

2 팬에 기름을 약간 두르고 ①의 과메기를 넣어 볶다가 청주와 다진 마늘을 넣어 비린맛을 없앤다.

3 냄비에 고추장과 설탕, 맛술, 다진 마늘을 넣어 한소끔 끓으면 ②의 과메기를 넣어 버무려 잠시 조린다.

4 ③의 과메기를 불에서 내려 물엿을 넣어 버무려 맛을 낸 후 송송 썬 실파와 통깨를 뿌려 완성한다.

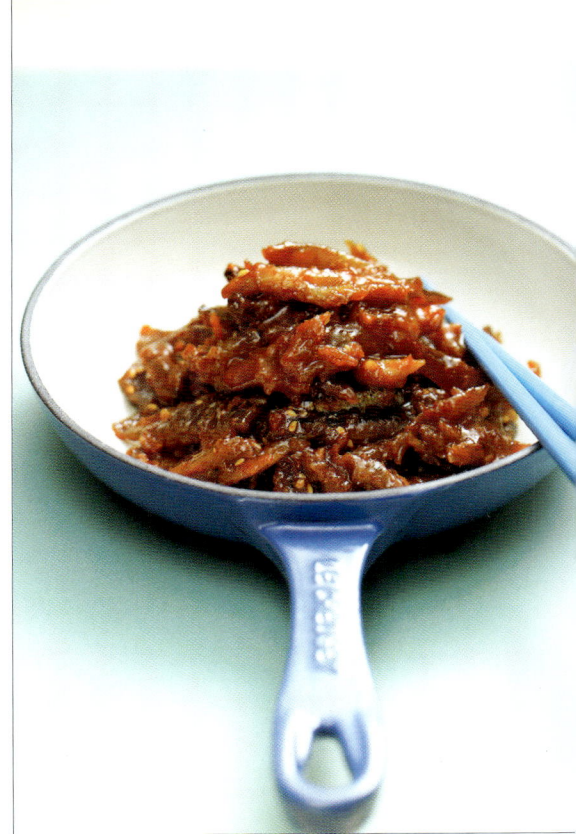

→ **COOK TIP**
짭조름하게 말려 쫄깃하게 씹히는 맛이 있는 과메기는 특유의 비린맛 때문에 먹지 못하는 사람도 있다. 그러므로 반찬을 할 때는 마늘과 청주로 밑간을 하듯이 먼저 볶은 후 조림장에 버무려 양념을 하면 비린맛이 사라져 먹기 좋다.

연어구이와 고추냉이소스

▶ **주재료**
연어 300g, 통후추 · 허브소금 · 경수채 · 치커리 약간씩, 레몬 ⅓개, 올리브오일 1큰술

▶ **간장 고추냉이소스**
간장 3큰술, 고추냉이 · 식초 · 설탕 · 물 1큰술씩

1 연어는 종이타월에 올려 기름기를 닦은 후 채반에 올려 뜨거운 물을 끼얹어 연어살이 부서지지 않고 탄력이 생기도록 한다.

2 손질한 연어에 통후추를 곱게 빻아서 듬뿍 뿌리고 허브소금으로 밑간을 한 후 레몬을 얇게 썰어 올려 연어를 더욱 싱싱하게 한다.

3 팬에 올리브오일을 두르고 ②의 연어를 놓고 노릇노릇하게 굽는다. 연어의 아랫면이 완전히 익으면 뒤집어서 윗면을 역시 노릇하게 구워 향이 진하고 담백하게 구워지게 한다.

4 ③의 연어를 구우면서 레몬을 같이 구워서 레몬의 싱그런 향이 스며들게 하는 것도 좋다.

5 간장 고추냉이소스를 분량의 재료대로 만든다.

6 경수채, 치커리 등을 씻어서 접시에 담고 통후추로 맛을 낸 연어 구이를 담고 간장 고추냉이소스를 곁들여 상에 낸다.

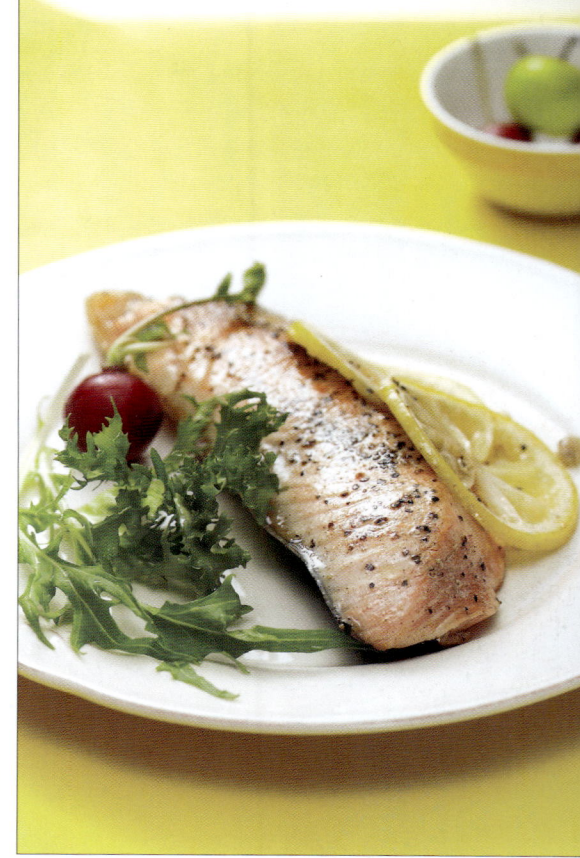

🔵➡ **COOK TIP**
통후추는 연어에 뿌리기 직전에 빻아서 뿌려야 향이 짙고 강한 맛이 연어의 비린맛을 없애준다.

다진고추연어양념찜

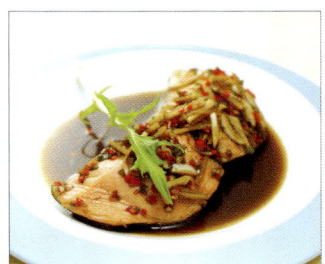

▶ **주재료**
연어 200g, 소금 · 흰 후춧가루 약간씩, 청주 1큰술

▶ **양념장**
다진 홍고추 · 다진 풋고추 · 간장 2큰술씩, 생강채 · 다진 마늘 1작은술씩, 레몬 1조각, 다시마 우린 물 ½컵

1 연어는 부드럽고 고운 면포에 닦아서 겉면의 지방분을 조금 없애고 소금, 흰 후춧가루, 청주로 밑간한다.

2 냄비에 곱게 채 썬 생강채와 마늘, 레몬, 다시마 우린 물, 간장을 부어서 은근히 조리듯이 끓여 반으로 조리면 홍고추와 풋고추 다진 것을 넣어서 매콤한 양념장을 만든다.

3 ②에 준비한 연어 토막을 놓고 중간 불에서 뚜껑을 덮어서 찐다.

4 양념장이 끓으면 뚜껑을 열고 약한 불에서 국물을 끼얹어 가면서 익혀 윤기나게 쪄서 먹는다.

연어납작무매운볶음

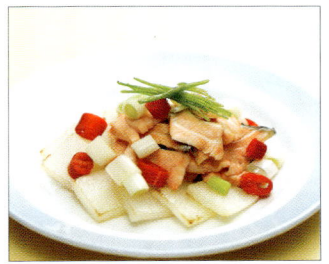

▶ **주재료**
연어(얇게 저민 것) 6쪽, 무 80g

▶ **무침 양념장**
대파 1대, 홍고추 1개, 청양고추 2개, 생강 ½톨, 마늘 4쪽, 소금 · 참기름 · 후춧가루 약간씩

1 연어는 얇게 저민 것으로 준비해서 한 장씩 떼어 4㎝ 길이로 썬다.

2 무는 사방 2㎝ 크기로 납작하게 썰고 대파와 홍고추는 1㎝ 길이로 썰어 고추씨를 뺀다.

3 청양고추는 반을 갈라 씨를 털고 아주 곱게 채 썬다. 생강과 마늘은 굵게 채 썬다.

4 팬에 기름을 두르고 생강, 마늘, 무를 차례로 넣고 볶다가 무가 투명하게 볶아지면 연어와 홍고추, 대파를 넣고 소금, 참기름, 후춧가루로 간을 맞춰 재빨리 볶는다.

5 연어가 익으면 불에서 내려 널찍한 접시에 펼쳐 담고 채 썬 청양고추를 넣어 버무려 식혀서 먹는다.

🔄 **COOK TIP**

지방이 많은 연어를 다진 고추와 생강을 넣은 양념장에 찌면 기름이나 버터를 이용한 조리법보다 연어의 열량을 낮출 수 있고 부드럽고 담백한 맛의 연어를 맛볼 수 있다.

🔄 **COOK TIP**

매콤한 연어 볶음은 고춧가루를 넣으면 텁텁한 맛이 나므로 깔끔하고 칼칼하도록 무와 연어가 익은 후 청양고추를 넣어서 버무려 먹으면 좋다.

연어청양고추맑은찌개

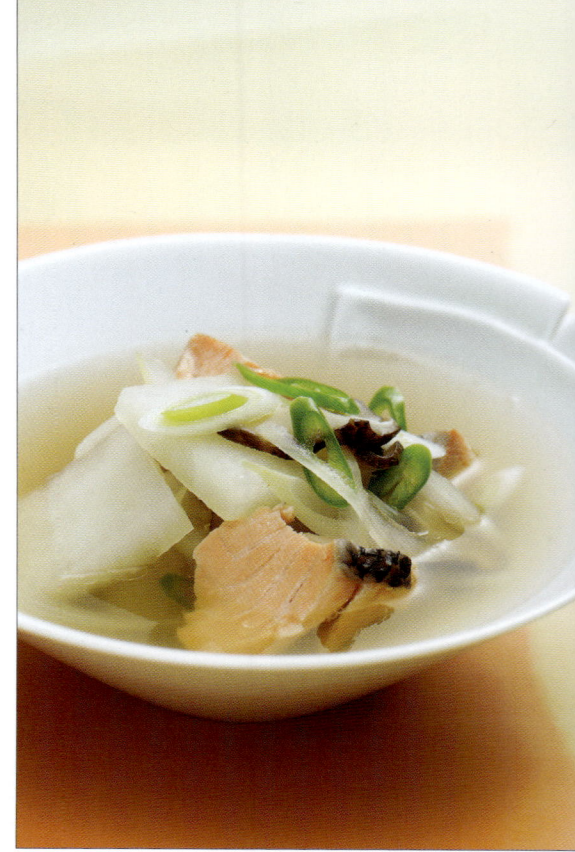

▶ **주재료**
  연어 250g, 청양고추 2개

▶ **부재료**
  양파 ¼개, 표고버섯 2장, 대파 1대, 쑥갓 50g, 멸치 우린 물 3컵, 청주·다진 마늘 1큰술씩, 간장 1작은술, 소금·후춧가루 약간씩

1 연어는 옅은 소금물에 헹궈 건져 물기를 빼고 사방 3㎝ 크기로 썬다.

2 양파와 대파를 굵게 채 썰고 표고버섯은 밑동을 떼어 곱게 채 썬다.

3 청양고추는 어슷하게 채 썰어 씨를 털고 쑥갓은 짧게 잘라서 씻어 건진다.

4 냄비에 멸치 우린 물을 붓고 청주와 간장, 다진 마늘을 넣어서 불에 올려 끓으면 연어와 양파, 표고버섯, 대파를 넣어 한소끔 끓인다.

5 연어와 채소가 익어 국물 맛이 우러나면 청양고추와 쑥갓을 올리고 소금과 후춧가루로 모자라는 간을 맞춰 보글보글 끓이면서 먹는다.

⊙ **COOK TIP**
연어로 국물 요리를 할 때는 멸치 우린 물이나 새우 국물을 넣어서 끓이는 것이 연어의 기름기를 없애면서 담백한 국물 맛이 난다.

병어알감자조림

▶ **주재료**
병어 2마리, 알감자 10개

▶ **부재료**
굵은 소금 · 실고추 · 통깨 약간씩, 실파 5대, 다시마 우린 물 ½컵

▶ **조림 양념장**
고추장 2큰술, 간장 · 물엿 1작은술씩, 쌀뜨물 5큰술, 다진 파 · 다진 마늘 · 청주 1큰술씩, 다진 생강 ¼작은술, 후춧가루 약간

1 병어는 머리를 자르고 아가미 안쪽에서 내장을 모두 빼낸 후 지느러미와 꼬리를 자르고 2등분해서 등 쪽에 칼집을 두 개씩 넣어준다.

2 알감자는 껍질째 비벼 가면서 씻어 물기를 닦은 후 냄비에 물을 넉넉하게 붓고 소금을 넣어 끓으면 알감자를 넣어 애벌로 삶아 건져 놓는다.

3 실파는 5cm 길이로 썰고 실고추는 짧게 잘라 놓는다.

4 조림 양념장을 분량의 재료대로 섞어 준비한다.

5 냄비에 알감자를 반 갈라 담고 그 위에 병어를 올린 후 ④의 조림장을 끼얹고 다시마 우린 물을 부은 후 뚜껑을 덮어 중간 불에서 조린다.

6 조림장이 거의 졸아들고 알감자에 고추장 색이 스며들면 불을 아주 약하게 줄인 후 뚜껑을 열어 실파를 올리고 실고추와 통깨를 뿌려서 그릇에 담아낸다.

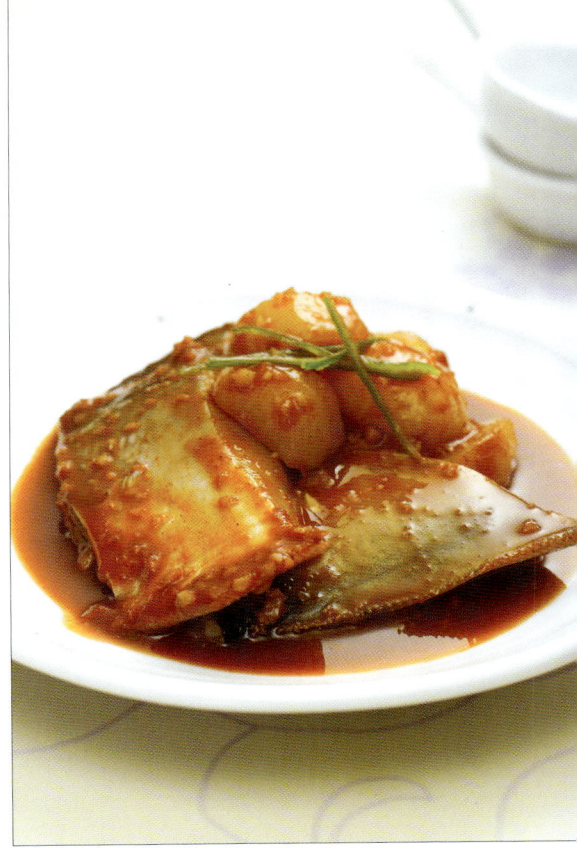

→ COOK TIP
단맛이 많이 나는 병어는 감자와 함께 조리면 더욱 맛이 있는데 알감자는 익히는 시간이 병어보다 오래 걸리므로 미리 애벌로 끓는 물에 데친 후 조리해야 알맞다.

병어배추찜

▶ **주재료**
병어 1마리, 솎음배추 5장

▶ **부재료**
마른 홍고추 2개, 청양고추 1개, 대파 ½대, 양파 ½개, 마늘 3쪽, 소금 약간

▶ **찜 양념장**
간장 2큰술, 청주 1큰술, 다시마 우린 물 ¼컵, 물엿·참기름 ½작은술씩, 후춧가루 약간

1 병어는 머리와 꼬리지느러미를 자르고 속 내장을 뺀 후 소금물에 흔들어 씻어 사선으로 칼집을 넣는다.

2 솎음배추는 씻어 2등분하고 마른 홍고추와 청양고추는 적당하게 썬다. 대파와 양파는 굵게 채 썬다.

3 찜 양념장을 재료의 분량대로 만들어 잘 섞는다.

4 냄비에 솎음배추→병어→대파→양파→고추 순서로 올리고 찜 양념장을 뿌려 중간 불에서 찐다.

5 병어가 익으면 소금으로 모자라는 간을 맞춰 불에서 내린다.

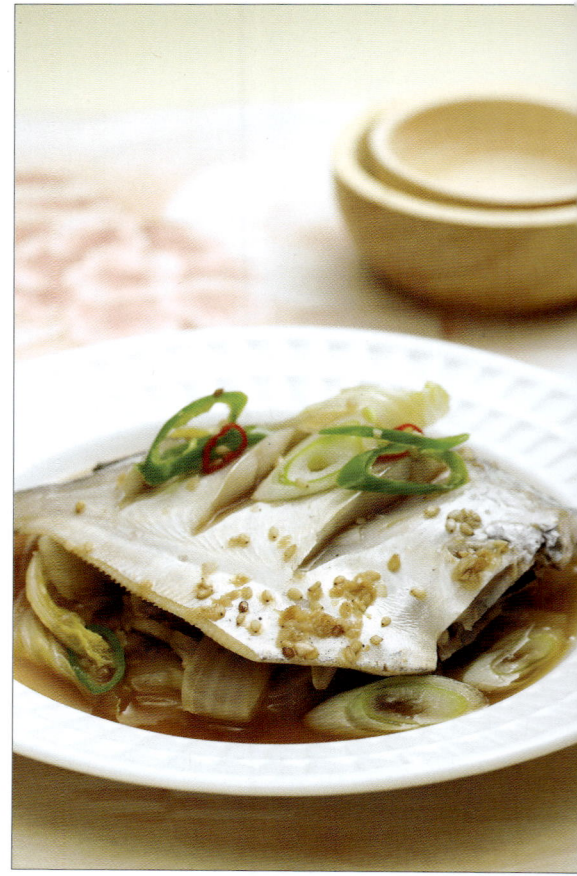

→ COOK TIP
솎음배추에서 달콤한 감칠맛이 나오기 때문에 설탕 등은 넣지 않고 병어와 국물에 윤기를 주기위해 물엿을 조금 넣어 양념하는 것이 좋다.

조기간장구이

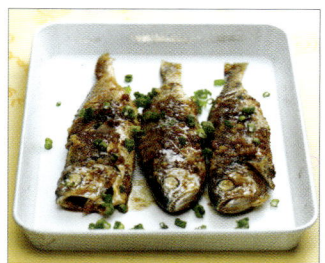

▶ **주재료**
조기 2마리, 쌀뜨물 1컵, 실고추 · 소금 약간씩

▶ **구이 양념**
간장 2큰술, 다진 마늘 · 다진 파 · 청주 1큰술씩, 물엿 · 참기름
½작은술씩, 통깨 · 후춧가루 약간씩

1 조기는 비늘을 긁어내고 아가미와 내장을 제거한 다음 쌀뜨물에 씻어 건진다.

2 물기를 닦은 조기에 1cm 간격으로 칼집을 넣고 약간의 소금을 뿌려준다.

3 제시한 분량대로 구이 양념을 만들어 골고루 저어준다.

4 조기는 물기를 닦고 팬에 기름을 약간 두르고 달군 후 조기를 넣어 앞뒤로 살에 탄력이 생길 정도로 굽는다.

5 조기가 살짝 애벌로 구워지면 준비한 구이 양념을 팬의 가장자리로 부어 끓여가면서 조기에 간이 배도록 굽는다.

6 조기가 윤기나게 구워지면 접시에 담고 실고추를 짧게 잘라 조기에 뿌려 상에 낸다.

조기오븐구이

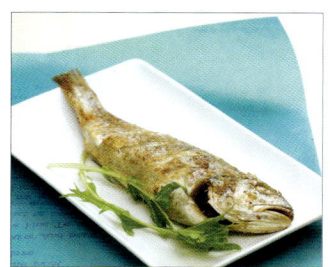

▶ **주재료**
조기 2마리

▶ **부재료**
쌀뜨물 1컵, 소금 · 식용유 약간씩, 생강즙 1작은술

1 조기는 비늘을 긁어내고 아가미 쪽으로 내장을 뺀 후 쌀뜨물에 담가 비린맛을 없애고 씻어 건진다. 조기의 등 쪽에 서너 번 정도 칼집을 넣는다.

2 조기를 채반에 올리고 소금과 생강즙을 뿌려 잠시 밑간한다.

3 오븐 팬에 식용유를 바르고 조기를 올린 후 180℃의 온도에서 구워 중간에 뒤집어 10분 정도 구워낸다.

🔵 **COOK TIP**

조기는 이름 그대로 기운을 보조하는 생선이라는 뜻이다. 전남 위도와 연평도 산 참조기가 유명하며 봄에는 조기에 살이 올라 연중 맛이 가장 좋다. 맛뿐 아니라 영양 면에서도 뒤질 것이 없는 조기는 양질의 단백질이 풍부해 어린이들의 발육과 원기 회복에 좋다. 조기에는 철분을 포함한 무기질과 비타민이 매우 풍부해서 환자의 회복식으로도 좋다.

🔵 **COOK TIP**

냉동된 조기를 해동시킬 때에는 찬물에 소금을 약간 타서 소금기가 있는 물에 냉동된 조기를 넣어 30분 정도 해동시키면 녹으면서 살집에 소금기가 들어가 살이 탄력이 있으면서 간이 알맞아져 따로 간을 할 필요 없이 구워만 주면 된다. 조기의 비린맛을 없애려면 쌀뜨물을 받아서 조기를 살짝 담갔다가 건지거나 생강즙, 레몬즙에 재우기도 하는데 조기는 레몬보다는 생강즙이나 청주로 밑간을 하는 것이 좋다.

조기찜

▶ **주재료**
조기 3마리

▶ **부재료**
달걀지단 사방 10cm 1장씩 소금 · 실고추 · 통깨 약간씩, 무 100g, 다시마 우린 물 5큰술

▶ **양념장**
간장 2큰술, 고추장 · 다진 파 1큰술씩, 설탕 · 청주 · 다진 마늘 · 참기름 1작은술씩, 후춧가루 약간

1 조기는 싱싱한 것으로 골라 비늘을 긁고 내장을 빼서 깨끗이 씻는다.

2 손질한 조기 양면에 어슷하게 칼집을 서너 번 넣는다. 채반에 조기를 올리고 소금을 뿌려서 밑간을 한다.

3 황백지단을 곱게 각각 채를 썰고 실고추는 짧게 잘라 준비한다.

4 간장에 고추장을 풀어 양념장을 만들어 섞어준다.

5 냄비에 무를 깔고 조기를 올린 후 양념장을 끼얹어 다시마 우린 물을 붓고 은근한 불에서 찐다. 중간을 양념장을 끼얹어 가면서 찜을 해야 간이 알맞게 밴다.

6 접시에 찜을 한 조기를 담고 황백지단과 실고추, 통깨를 올려 상에 낸다.

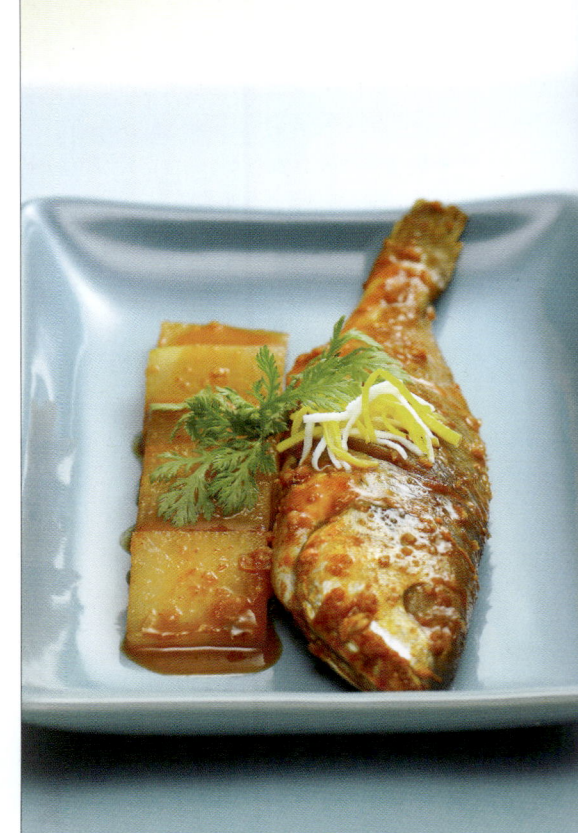

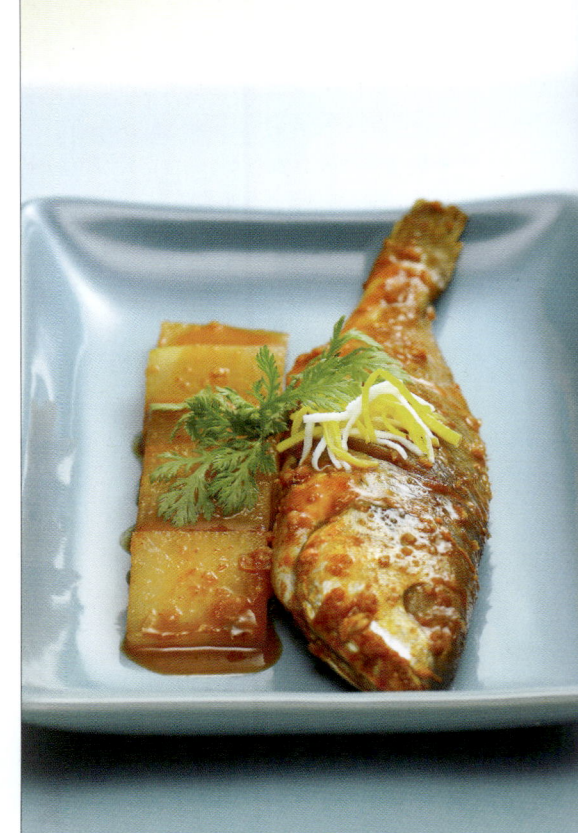

> ## COOK TIP
> **좋은 굴비 고르기**
> 굴비는 참조기로 만든 것이 가장 맛이 좋다. 머리가 삐죽이 올라가지 않고 동그스름하며 옆줄이 뚜렷하거나 두 줄이고 비늘이 흰색이 도는 것을 고른다. 자색이 감돌아 전체적으로 회색빛이 나는 것을 고르면 된다. 몸에 하얀 성에가 꼈으면 간이 너무 짜게된 것이니 좋지 않다. 흔히 시장에서 생선을 다듬어 준다고 머리와 꼬리를 자르고 주는데 생선 맛은 살이 많은 몸통보다 머리와 꼬리에 많으니 통째로 쓰는 것이 좋고 굴비 또한 마찬가지다.

오징어고추장볶음

▶ **주재료**
  오징어 1마리

▶ **부재료**
  양배추 3장, 양파 · 당근 $\frac{1}{3}$개씩, 청 · 홍고추 1개씩, 대파 1대, 소금 약간

▶ **양념장**
  고추장 · 다진 마늘 1큰술씩, 물엿 · 고춧가루 · 간장 · 청주 · 참기름 1작은술씩, 다진 생강 · 통깨 · 후춧가루 약간씩

1 오징어는 배를 갈라 내장과 먹물을 뺀 후 껍질을 벗기고 소금에 바락바락 주물러 씻어서 물에 헹궈 물기를 뺀다.

2 손질된 오징어를 도마에 올리고 안쪽에서 사선으로 칼집을 넣어 가로 5㎝, 세로 1.5㎝ 크기로 자른다. 오징어 다리에도 칼집을 넣어서 5㎝ 길이로 자른다.

3 양배추는 오징어 몸통의 크기로 자르고 양파는 굵게 채 썬다. 당근도 양파 크기로 썬다.

4 파는 굵게 어슷하게 채 썰고 청 · 홍고추는 어슷하게 채 썰어 씨를 턴다.

5 양념장을 재료의 분량대로 섞어 만든다.

6 팬에 양파와 당근, 썬 오징어를 담고 볶다가 양념장을 부어서 골고루 섞은 후 양배추, 고추, 대파를 한데 넣고 버무려 간이 배도록 볶아 상에 낸다.

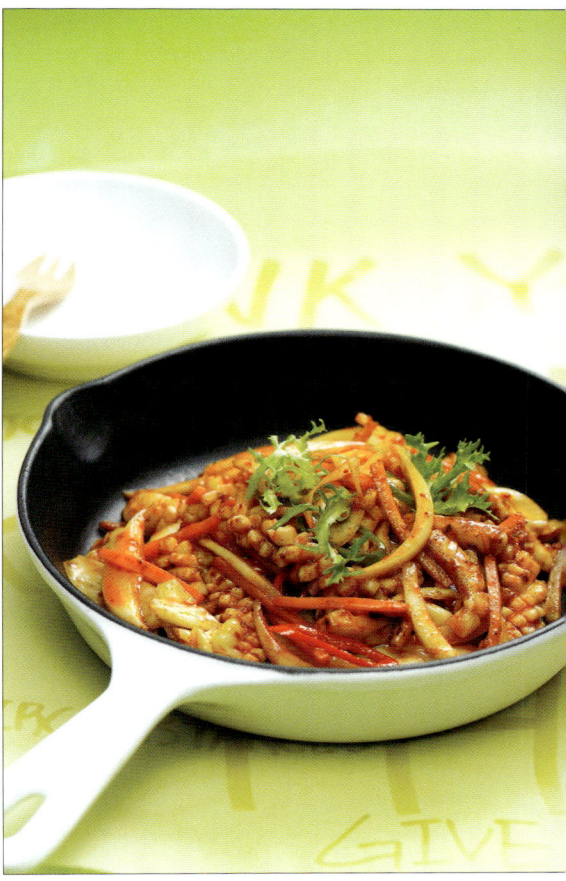

⊙ COOK TIP
오징어를 볶을 때에는 채소의 수분이 많이 나오지 않도록 재빨리 센 불에서 볶아야 오징어가 간도 잘 배고 질겨지지 않는다.

오징어불고기

▶ **주재료**
오징어 1마리

▶ **부재료**
양파 ½개, 홍고추 1개, 실고추 · 통깨 · 굵은 소금 약간씩

▶ **불고기 양념장**
고추장 1½큰술, 간장 · 후춧가루 1작은술씩, 설탕 · 다진 마늘 · 청주 1큰술씩, 다진 생강 약간, 다진 파 2큰술

1 오징어는 배를 갈라 내장을 꺼내고 먹물을 떼어낸 후 굵은 소금으로 겉면의 껍질을 문질러 벗겨 깨끗하게 씻어 물기를 뺀다.

2 오징어 몸통 안쪽에 촘촘하게 칼집을 넣고 사방 4㎝ 크기로 썬다. 오징어 다리에도 칼집 넣어 5㎝ 길이로 썬다.

3 양파와 홍고추는 채 썰고 실고추는 짧게 잘라 준비한다.

4 볼에 불고기 양념장을 재료의 분량대로 넣어 혼합한다.

5 준비한 양념장에 오징어와 양파를 넣어서 버무려 잠시 재운다.

6 오징어에 양념장이 스며들어 간이 배면 팬을 달군 후 기름을 두르고 오징어와 양파를 재빨리 볶아 익힌 다음 홍고추 썬 것을 넣고 통깨와 실고추를 뿌려서 그릇에 담아낸다.

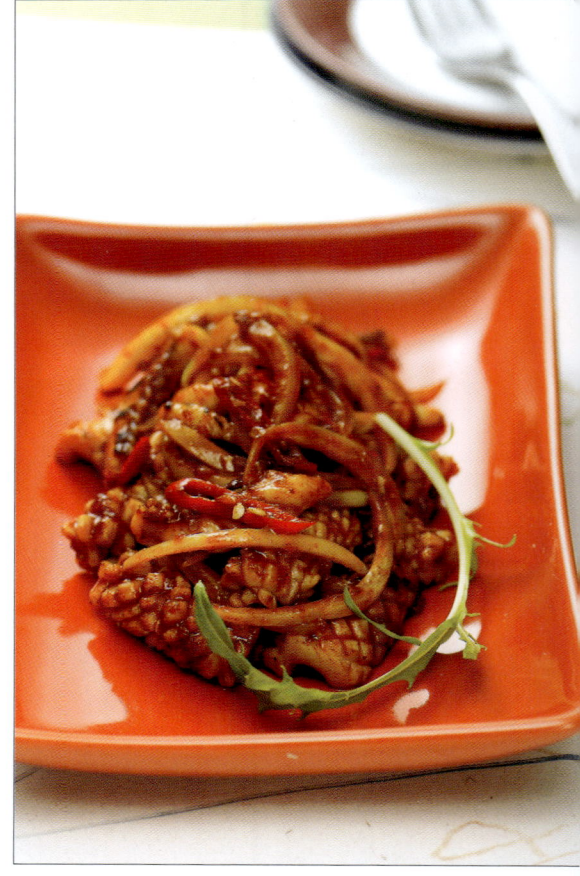

→ **COOK TIP**
오징어 불고기는 양념장에 오징어를 미리 재워두어 오징어에 간이 알맞게 배면서 수분이 나오지 않게 재빨리 볶아내야 한다.

오징어잡전

▶ **주재료**
오징어 1마리

▶ **부재료**
미나리 · 부추 30g씩, 쪽파 3대, 당근 · 양파 ¼개씩, 청 · 홍고추 1개씩

▶ **전반죽**
밀가루 · 물 1컵씩, 튀김가루 2큰술, 소금 약간

1 오징어는 배를 갈라 먹물과 내장을 제거한 후 깨끗하게 씻어서 사방 1㎝ 크기로 썬다.

2 미나리와 쪽파도 깨끗이 씻어서 1㎝ 크기로 송송 썬다.

3 당근은 아주 곱게 2㎝ 길이로 채 썰고 양파도 같은 길이로 채 썬다.

4 청 · 홍고추는 곱게 씨째 다지고 부추는 다듬어 씻어 1㎝ 길이로 썬다.

5 볼에 밀가루와 튀김가루, 물, 소금을 약간 넣고 섞은 후 오징어, 미나리, 쪽파, 당근, 양파, 고추, 부추를 모두 넣고 버무린다.

6 팬에 기름을 약간 두르고 달군 후 중간 불에서 ⑤의 반죽을 한 숟가락씩 듬뿍 팬에 얹어 앞뒤로 노릇하게 지져낸다.

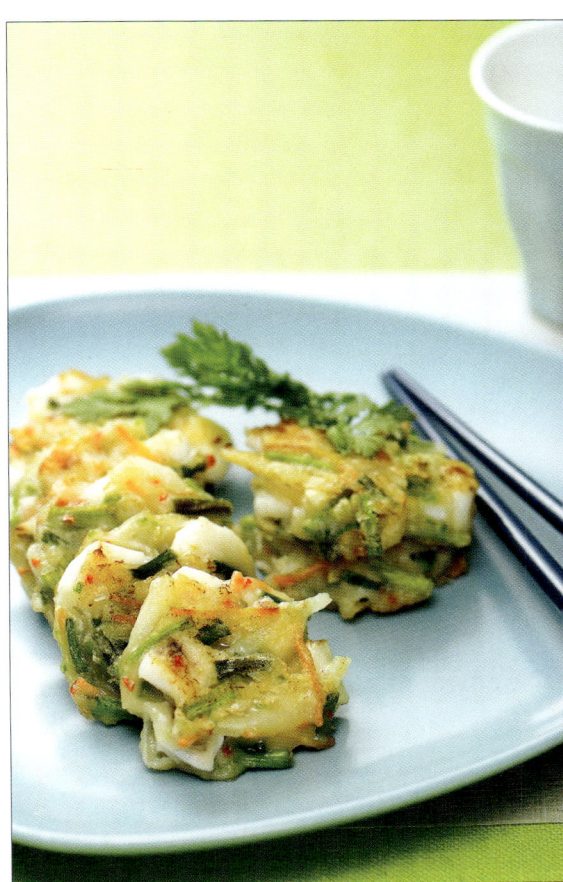

⊙ **COOK TIP**
오징어와 채소에서 수분이 흘러나오므로 반죽에 물을 많이 붓지 말아야 한다.

오징어냉채

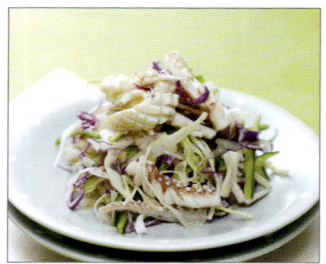

▶ **주재료**
오징어 1마리, 오이 ½개, 양배추 3장, 무순 30g, 적채 2장, 소금 약간

▶ **냉채소스**
다진 마늘·꿀·참기름 1작은술씩, 식초·설탕 2큰술씩, 소금 ½작은술, 통깨·후춧가루 약간씩

1 오징어는 내장과 먹물을 빼고 오징어의 껍질을 소금으로 비벼 벗긴 후 물에 깨끗하게 씻어 물기를 뺀다.

2 오징어 몸통은 안쪽에서 사방으로 칼집을 넣고 가로 4㎝, 세로 1㎝ 크기로 잘라 다리는 칼집을 잘게 넣고 4㎝ 길이로 자른다.

3 손질한 오징어를 끓는 물에 데쳐 익으면 건져서 찬물에 헹궈 물기를 빼서 차게 둔다.

4 오이는 4㎝ 길이로 돌려 깎아 곱게 채 썰고 양배추와 적채도 같은 길이로 채 썬다.

5 무순은 잡티 없이 정리해서 물에 헹궈 가지런히 정리해 물기를 뺀다.

6 다진 마늘에 식초와 설탕, 꿀을 넣고 잘 섞어서 소금, 참기름, 통깨, 후춧가루를 넣어 골고루 섞어 냉채소스를 만들어 차게 냉장고에 넣어 둔다.

7 접시에 오징어, 오이, 양배추, 적채, 무순을 차례로 담고 ⑥의 냉채소스를 뿌려서 상에 낸다.

> → **COOK TIP**
> 냉채소스와 오징어를 차가운 냉장실에 잠시 두어 차갑게 먹는 것이 좋다.

오징어풋고추조림

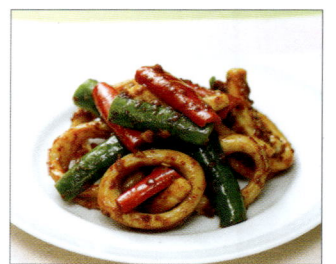

▶ **주재료**
오징어 1마리, 풋고추 5개, 홍고추 1개, 실고추·통깨 약간씩

▶ **조림장**
간장·물엿 1큰술씩, 굴소스·다진 마늘·참기름 1작은술씩, 생강즙·고운 고춧가루 ½작은술씩, 후춧가루 약간

1 오징어는 몸통을 가르지 말고 통째로 안쪽에 손을 넣어서 내장을 뺀 후 먹물을 가위로 자르고 소금에 바락바락 주물러 씻어서 깨끗하게 헹궈 건져 물기를 뺀다.

2 손질한 오징어를 몸통은 0.8㎝ 간격으로 고리 모양으로 썰고 다리는 5㎝ 길이로 썬다.

3 풋고추와 홍고추는 씻어서 큰 것은 2등분으로 잘라 반으로 가르고 작은 것은 반만 갈라 쓴다.

4 실고추는 짧게 끊어 준비한다.

5 조림장을 분량의 재료대로 준비해 섞는다.

6 냄비에 ⑤의 조림장을 담고 끓으면 준비한 오징어를 넣어서 간장의 간이 배도록 약한 불에서 조린다.

7 오징어가 익으면서 간장색이 돌면 풋고추와 홍고추를 넣어서 버무려 윤기나게 살짝 조린 후 접시에 담고 실고추와 통깨를 뿌려서 상에 낸다.

> → **COOK TIP**
> 풋고추나 꽈리고추 등과 같이 조리는 오징어는 넓적하게 배를 갈라 썰지 말고 고리 모양 그대로 도톰하고 동그랗게 썰어서 조리면 모양이 좋다. 풋고추 등은 어느 정도 오징어에 간이 배면 넣는 것이 좋다.

낙지영양밥

▶ **주재료**
낙지 2마리

▶ **부재료**
밀가루 2큰술, 소금 약간, 참기름 적당량, 청주 1작은술, 불린 미역 50g, 불린 쌀 · 다시마 우린 물 2컵씩

▶ **부추간장소스**
조선부추 20g, 간장 · 물 2큰술씩, 까나리액젓 · 다진 마늘 · 생강즙 · 참기름 1작은술씩, 통깨 ½큰술

1 낙지는 먹통을 떼어내고 밀가루와 소금을 넣어 바락
바락 주물러 씻어 물에 헹궈 2cm 길이로 썬다.

2 미역은 물에 담가 부드럽게 불려 물기를 꼭 짠 후 잘
게 송송 썬다.

3 솥에 참기름을 넣고 낙지를 볶다가 청주를 뿌리고 불
린 쌀을 넣어 볶는다.

4 ③에 미역을 넣고 볶은 다음 분량의 다시마 우린 물을
넣고 밥을 짓는다. 처음엔 센 불에서 끓이다가 밥물이
잦아들면 불을 약하게 줄이고 뜸을 들인다.

5 고슬한 낙지 영양밥이 완성되면 위아래를 주걱으로
뒤섞어 밥이 덩어리지는 것을 막는다.

6 조선부추를 깨끗하게 씻어 송송 썰어서 나머지 양념
장 재료와 잘 섞어 부추간장소스를 만들어 뜨거운 낙
지 영양밥과 함께 비벼 먹는다.

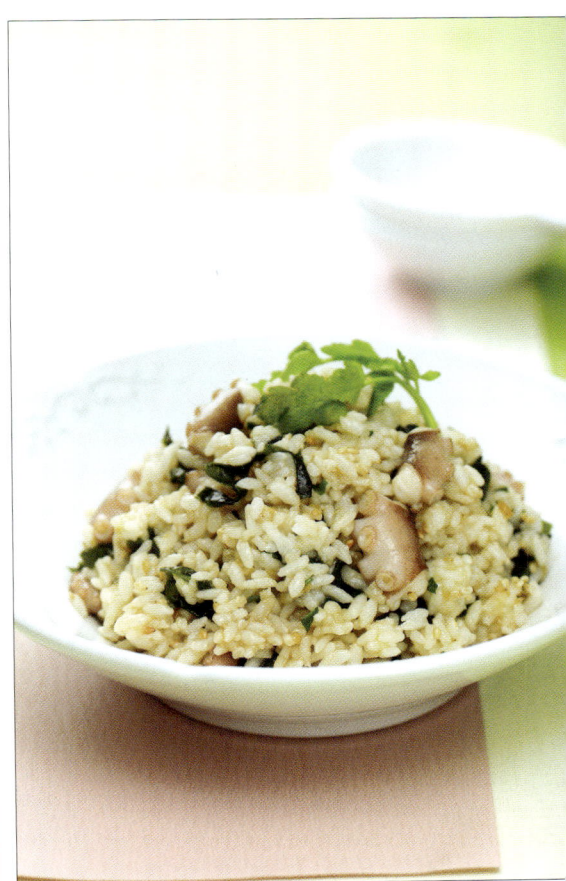

→ **COOK TIP**
낙지를 넣은 밥을 지을 때에는 참기름을 솥에 두르고 낙지를 먼
저 볶으면서 청주를 뿌려야 비린맛도 없어지고 밥이 더욱 고슬하
게 지어진다.

낙지두부찜

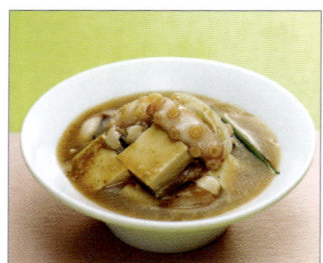

▶ **주재료**
낙지 1마리, 두부 ½모

▶ **부재료**
굴소스 1큰술, 다진 마늘 · 청주 1작은술씩, 참기름 ½작은술, 대파 1대, 소금 · 후춧가루 약간씩, 물녹말 1½큰술, 닭 육수 ½컵

1 낙지는 먹통을 떼어내고 소금으로 바락바락 주물러 씻어 물에 헹궈 건져 4㎝ 길이로 썬다.

2 두부는 씻어서 끓는 물에 물을 넉넉히 붓고 약간의 소금을 넣어 두부를 넣고 튀겨 속까지 부드럽게 익힌다.

3 굵게 썬 대파를 팬에 기름을 두르고 다진 마늘과 함께 볶다가 낙지를 넣고 볶는다.

4 ③에 굴소스를 넣고 볶으면서 닭 육수를 부어 끓인다. 소금과 후춧가루로 간을 하고 청주를 넣어 끓인다.

5 한소끔 끓인 육수에 물녹말을 개어 걸쭉한 농도로 맞춰 불에서 내려 참기름을 떨어뜨려 고소한 맛을 낸다.

6 접시에 물에 튀겨 낸 두부를 담고 ④의 낙지를 끼얹어 뜨거울 때 바로 먹는다.

숙주낙지고추볶음

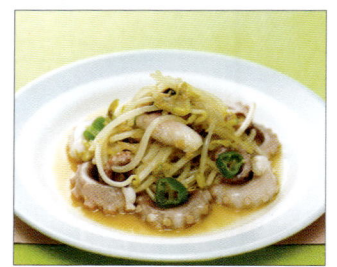

▶ **주재료**
숙주 100g, 낙지 2마리

▶ **부재료**
청양고추 · 마른 홍고추 1개씩, 다진 마늘 · 청주 · 들기름 · 식물성 기름 1작은술씩, 송송 썬 실파 1큰술, 소금 · 다진 생강 약간씩

1 숙주는 다듬어 씻어 물기를 턴다.

2 낙지는 먹통을 떼어내고 소금에 바락바락 주물러 씻어 물기를 털고 5㎝ 길이로 썬다.

3 청양고추와 마른 홍고추는 굵게 송송 썬다.

4 팬에 식물성 기름과 들기름을 섞어 두르고 끓어오르면 청양고추와 마른 홍고추, 다진 마늘, 생강을 넣어 매운 향이 나도록 볶는다.

5 ④에 낙지를 넣고 볶으면서 청주를 뿌려 비린맛을 없애고 숙주를 마저 넣고 볶아 소금으로 간을 한다.

6 접시에 볶은 낙지와 숙주를 담고 실파를 뿌린다.

🔜 **COOK TIP**
낙지는 마늘과 대파가 충분하게 볶아 향이 우러나면 넣어 함께 볶으면서 굴소스로 맛을 내야 부드럽고 감칠맛이 난다.

🔜 **COOK TIP**
매운 향을 더 많이 나게 하려면 들기름과 식물성 기름을 넣고 끓을 때 청양고추와 마른 홍고추를 넣어 볶아야 하는데 매콤한 향 때문에 낙지의 비릿한 맛도 없어지고 더욱 부드럽게 볶아진다.

고추장양념낙지불고기

▶ **주재료**
낙지 2마리

▶ **부재료**
미더덕 80g, 콩나물 150g, 양파 1개, 대파 3대, 당근 30g, 소금 약간

▶ **고추장 불고기 양념장**
고추장 3큰술, 간장 · 사과즙 2큰술씩, 청주 · 다진 마늘 · 물엿 · 설탕 1큰술씩, 참기름 ½큰술, 통깨 1작은술, 후춧가루 약간

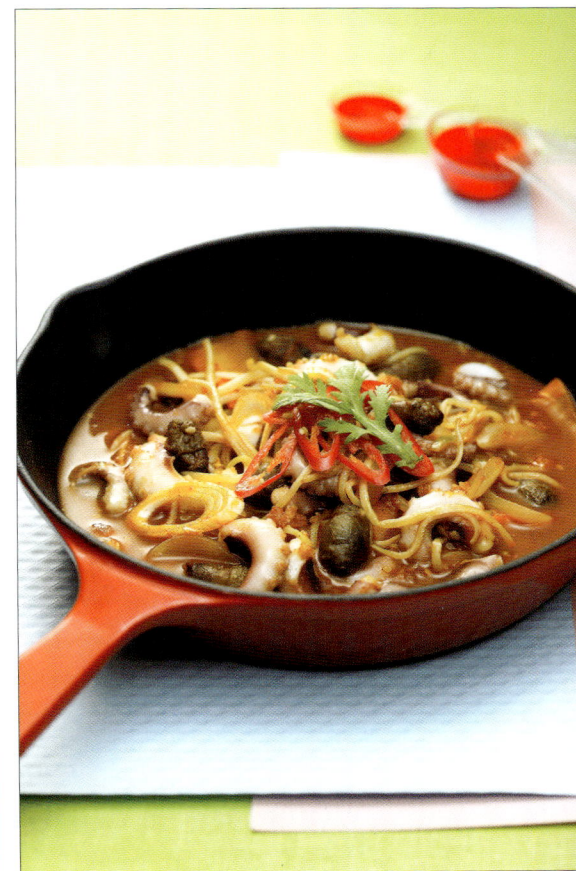

1 낙지는 굵은 소금을 넣어 바락바락 주물러 씻어서 내
장과 먹물을 뺀 후 맑은 물에 헹궈 건져 물기를 닦은
후 5㎝ 길이로 썬다.

2 미더덕은 옅은 소금물에 헹궈 건져 물기를 뺀다.

3 콩나물은 머리와 꼬리를 다듬어 씻어 물기를 턴다.

4 양파와 대파는 굵게 채 썰고 당근은 사방 4㎝ 크기로
얄팍하게 썬다.

5 고추장 불고기 양념장을 재료의 분량대로 섞는다.

6 양념장을 반만 덜어내어 낙지를 넣어 고루 버무려 30
분 정도 재운다.

7 냄비에 기름을 약간 두르고 양파와 당근을 넣어 볶고
콩나물과 함께 낙지와 미더덕을 모두 넣은 후 양념장
남은 것을 붓고 고루 저어가면서 볶는다.

8 고추장으로 양념해서 볶은 낙지 불고기를 상추와 깻
잎과 함께 싸서 먹는다.

→ **COOK TIP**
낙지는 양념을 해서 오래 볶으면 낙지 살이 질겨지고 수분이 많
이 생겨 질척해진다. 낙지를 양념장에 미리 버무려 재워 양념이
배어들게 해서 살짝 볶아내는 것이 감칠맛이 더 난다.

낙지봄나물냉채

▶ **주재료**
낙지 2마리, 냉이 · 달래 · 돌나물 · 두릅 · 봄동 50g씩, 소금 약간

▶ **냉채고추매운소스**
올리브오일 · 식초 · 설탕 2큰술씩, 간장 4큰술, 홍고추 · 청양고추 2개씩, 다시마 우린 물 $\frac{1}{4}$컵, 후춧가루 약간

1 낙지는 내장과 먹물을 빼고 소금으로 바락바락 씻어 끓는 물에 데쳐 먹기 좋은 크기로 썬다.

2 냉이는 억센 겉잎을 떼어내고 씻어서 물기를 털어 먹기 좋은 크기로 썰고 달래도 뿌리 부분의 검은 잡티를 없애고 씻어서 3㎝ 길이로 썬다.

3 소금물에 잡티를 없앤 돌나물을 헹궈 건져 물기를 털고 두릅은 나무 밑동을 잘라내고 가시를 긁어낸 후 끓는 물에 소금을 약간 넣고 파랗게 데쳐 찬물에 헹궈 건져 놓는다.

4 봄동은 씻어서 손으로 적당하게 찢어 찬 얼음물에 싱싱하게 헹궈 건진다.

5 홍고추와 청양고추를 씨가 있는 채로 곱게 다져서 올리브오일과 간장, 다시마 우린 물, 식초, 설탕, 후춧가루를 모두 넣어 잘 섞어서 매운 냉채소스를 만든다.

6 접시에 냉이, 달래, 돌나물, 두릅, 봄동을 돌려 담고 데친 낙지를 소복하게 올린 후 냉채 고추 매운 소스를 듬뿍 끼얹어 먹는다.

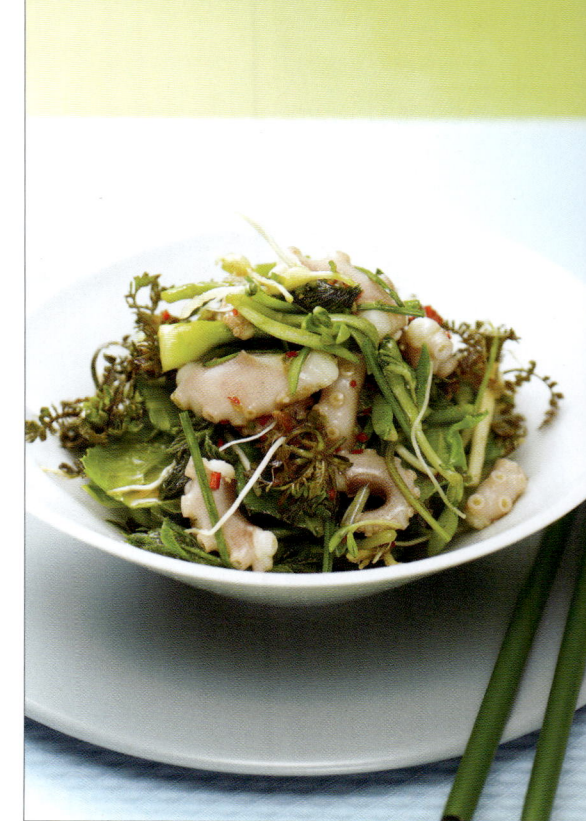

→ COOK TIP
쫄깃하게 씹히는 낙지의 신선함이 쌉쌀한 봄나물과 더불어 함께 먹는 맛이 아주 좋은데 낙지 대신에 신선한 한치나 산 오징어를 넣어도 된다. 봄나물은 두릅을 제외하고는 데쳐 익히지 말고 생으로 먹어야 더욱 좋은데 특히 냉이는 씹는 질감이 좋도록 뿌리 부분을 잘게 썰어서 넣는 것이 쌉싸래한 맛을 느낄 수 있어 좋다.

숯불구이주꾸미

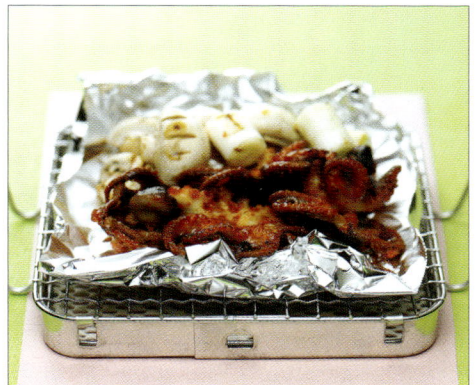

▶ **주재료**
주꾸미 8마리, 굵은 소금 약간, 양송이버섯 5개, 대파 2대

▶ **매운 양념장**
고운 고춧가루 2큰술, 고추장 · 청주 1큰술씩, 다진 마늘 · 물엿 1½큰술씩, 다진 생강 ¼작은술, 참기름 ½작은술, 통깨 · 소금 · 후춧가루 약간씩

1 주꾸미는 굵은 소금을 넣어 주물러 씻어 해감을 시키고 먹물과 내장을 빼고 찬물에 헹궈 건져 놓는다.

2 대파는 2㎝ 길이로 굵게 썰고 양송이버섯은 밑동을 잘라내고 반 갈라 준비한다.

3 볼에 고운 고춧가루와 고추장, 청주, 다진 마늘, 생강, 물엿, 참기름, 통깨, 소금, 후춧가루를 넣어 잘 섞어서 주꾸미 양념장을 만든다.

4 ③의 양념장에 손질한 주꾸미를 넣어 버무려서 1시간 이상 숙성시킨다.

5 숯불에 석쇠를 올리고 양념에 재운 주꾸미를 구우면서 대파와 양송이도 함께 구워 먹는다.

→ **COOK TIP**
대파는 양념이 된 상태로 그냥 두면 숨이 죽어 아삭한 질감과 향이 없어진다. 되도록 겉절이 등으로 이용하는 대파는 먹기 직전에 바로 무쳐 먹어야 한다.

매콤철판주꾸미볶음

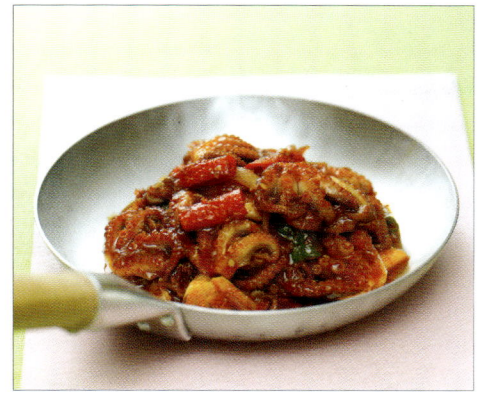

▶ **주재료**
주꾸미 5마리, 양배추 5장, 대파 2대, 양파 ½개, 홍고추 · 청양고추 1개씩

▶ **볶음 양념장**
고운 고춧가루 2큰술, 간장 · 다진 마늘 · 청주 · 물엿 · 깨소금 1큰술씩, 참기름 1작은술, 소금 · 후춧가루 약간씩

1 주꾸미는 먹통을 떼어내고 소금에 주물러 씻어 물에 헹궈 먹기 좋은 크기로 썬다.

2 양배추는 사방 3㎝ 크기로 썰고 대파와 양파는 굵게 채 썬다.

3 홍고추와 청양고추는 반으로 갈라 씨를 털고 2㎝ 길이로 썬다.

4 볶음 양념장을 재료의 분량대로 섞는다.

5 철판에 양배추와 대파, 양파를 담고 ④의 볶음 양념장을 넣어 버무려 센 불에서 볶는다. 채소에 간이 배면 주꾸미를 넣어 재빨리 양념과 섞이도록 볶는다.

6 주꾸미에 간이 배면 고추 썬 것을 넣어 중간 불에서 볶아가면서 먹는다.

→ **COOK TIP**
주꾸미는 비린내가 없도록 볶아야 더욱 맛이 좋은데 채소를 먼저 볶은 후에 주꾸미를 넣어 양념장으로 버무려 밑간이 된 상태에서 센 불에서 볶아야 매운맛이 많이 난다.

허브꽃게튀김

▶ **주재료**
꽃게 2마리, 말린 로즈메리 1작은술, 말린 바질 ½작은술

▶ **부재료**
마른 홍고추 1개, 녹말가루 2큰술, 소금 · 파슬리가루 · 튀김기름 약간씩

1 꽃게는 솔로 구석구석 깨끗하게 씻어 물기를 닦은 후 다리 끝 부분과 뾰족한 입 부분을 가위로 잘라낸다. 먹기 좋은 크기로 가운데를 토막 내고 2등분한다. 큰 것은 4등분한다.

2 손질한 꽃게에 말린 로즈메리와 말린 바질, 녹말가루, 잘게 자른 마른 홍고추를 뿌려서 버무린 후 약간의 소금을 뿌려서 함께 간을 한다.

3 160℃로 달군 기름에 ②의 꽃게를 껍질이 바삭할 정도로 바싹 튀겨낸다.

4 튀긴 꽃게에 다진 파슬리가루를 뿌려서 상에 낸다.

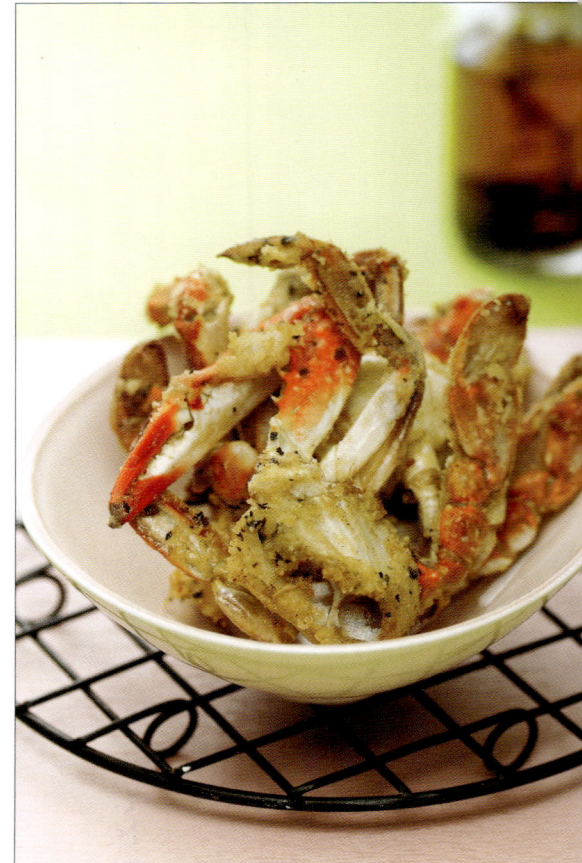

🔵→ **COOK TIP**
꽃게에 허브를 뿌린 때에는 말려 놓은 허브를 뿌려야 하는데 바질은 꽃게의 비린맛을 없애주고 로즈메리는 꽃게의 향을 더욱 좋게 한다.

꽃게강정

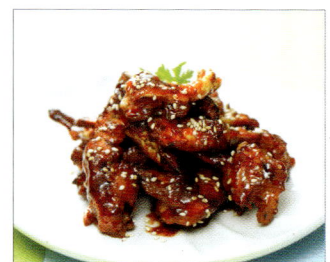

▶ **주재료**
꽃게 2마리, 튀김가루 1½컵, 녹말가루 · 송송 썬 실파 2큰술씩, 소금 · 튀김기름 약간씩

▶ **강정 양념**
간장 · 고추장 · 설탕 · 물엿 · 통깨 1큰술씩, 다진 마늘 · 참기름 1작은술씩, 생강즙 ¼작은술, 후춧가루 약간

1 꽃게는 깨끗하게 씻어 가위로 입 부분과 다리 끝쪽을 잘라내고 칼로 반을 갈라 내장을 뺀 후 4등분한다.

2 튀김가루에 녹말가루를 섞어서 약간의 물을 넣어 성글게 반죽해서 ①의 꽃게에 옷을 입혀 170℃의 온도에서 바삭하게 튀겨낸다.

3 팬에 기름을 두르고 간장과 고추장을 섞고 나머지 양념을 모두 넣은 후 바글바글 끓어오르면 튀긴 꽃게를 넣어서 중간 불에서 바삭 조려 강정을 만든다.

4 꽃게 강정에 실파를 뿌리고 통깨를 듬뿍 끼얹어 상에 낸다.

고추깜풍꽃게

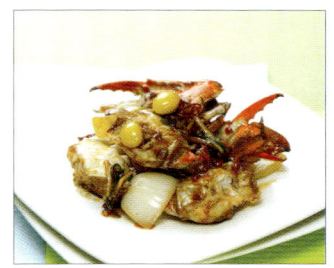

▶ **주재료**
꽃게 2마리, 마른 홍고추 · 풋고추 2개씩

▶ **부재료**
마늘 5쪽, 생강 ½톨, 은행 10알, 양파 ¼개, 소금 · 튀김기름 약간씩, 고추기름 · 물엿 · 청주 1큰술씩, 간장 · 굴소스 1작은술씩

1 꽃게는 깨끗하게 솔로 문질러 씻어서 다리 끝쪽만 조금 가위로 잘라내고 칼로 4등분으로 토막 낸다.

2 ①의 꽃게는 160℃의 온도에서 바싹 튀겨내 기름을 뺀다.

3 마른 홍고추는 가위로 동그랗게 썰어 씨를 털고 풋고추, 마늘, 생강은 채 썬다.

4 은행은 겉껍질을 벗기고 팬에 굴려 속껍질을 종이타월에 올려 빼고 양파는 사방 2㎝ 크기로 썬다.

5 팬에 고추기름과 청주를 넣고 마른 홍고추와 풋고추, 마늘, 생강을 넣어 볶다가 향이 올라오면 튀긴 꽃게와 양파를 넣어서 볶는다.

6 ⑤의 꽃게에 간장과 굴소스, 물엿을 넣고 버무려 간을 맞추고 은행을 넣어 버무려서 그릇에 담아낸다.

🔜 **COOK TIP**
꽃게 강정은 튀김가루에 녹말가루를 넣어서 함께 버무려 튀겨야 꽃게의 바삭한 껍질이 더욱 고소하다. 튀김 온도는 꽃게를 그냥 튀길 때와는 조금 더 기름의 온도가 높아야 바삭하게 튀겨진다.

🔜 **COOK TIP**
약간 매콤한 맛이 나는 깜풍 꽃게는 향신채가 듬뿍 들어간 양념이 주 포인트인데 너무 매울 수 있으니 풋고추는 단맛이 나는 것으로 넣는 것이 좋다.

꽃게백숙

▶ **주재료**
꽃게 4마리, 청주 3큰술

▶ **파간장**
송송 썬 실파 · 간장 3큰술씩, 고추냉이 · 레몬즙 1큰술씩, 다시마 우린 둘 2큰술

1 꽃게는 솔로 다리와 몸통의 껍질 부분을 구석구석 깨끗하게 씻어 다리의 뾰족한 부분만 잘라낸다.

2 ①의 꽃게에 청주를 뿌려 20분 정도 냉장실에 넣어 재운다.

3 찜기에 김이 오르면 베보자기를 깔고 준비한 꽃게를 넣어 20~25분 정도 푹 찐다.

4 볼에 고추냉이와 간장을 섞고 다시마 우린 물과 레몬즙을 넣은 후 실파 송송 썬 것을 넣어 파간장을 만든다.

5 익힌 꽃게는 등딱지를 떼어내 접시에 함께 담고 파간장을 곁들여 먹는다.

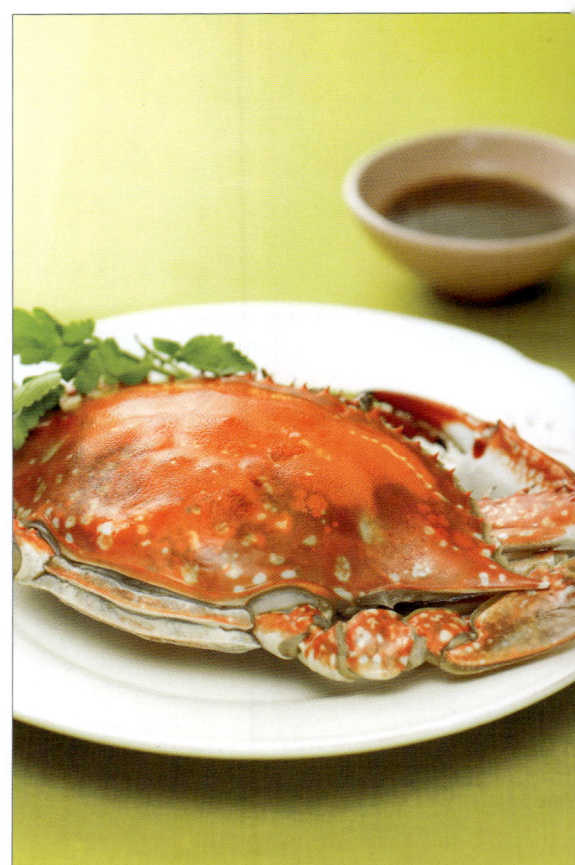

> 🔵 **COOK TIP**
> 꽃게는 흐르는 물에서 큰 솔로 구석구석 씻어야 한다. 특히 등딱지와 배, 다리에는 모래와 이물질이 많으니 신경 써서 잘 닦고 씻은 후에는 물기를 닦는다. 가위를 이용해서 꼬리부분과 먹을 수 없는 다리 끝 부분을 깨끗하게 다듬어 놓고 등딱지를 떼어낸 후 몸통 위쪽으로 삐죽 튀어나온 게의 입을 잘라내야 먹기에 좋다.

꽃게즉석무침

▶ **주재료**
꽃게 4마리

▶ **부재료**
사이다 3컵, 양파즙 2큰술, 소금물 2컵, 실파 2대

▶ **무침 양념장**
고운 고춧가루 · 물엿 · 다진 청양고추 · 다진 마늘 2큰술씩, 고추장 · 간장 · 참기름 1작은술씩, 생강즙 $\frac{1}{2}$작은술, 깨소금 1큰술, 후춧가루 약간

1 꽃게는 등딱지를 떼어내고 내장을 말끔하게 씻어내고 소금물에 살짝 담갔다가 건져 물기를 빼고 4등분한다.

2 ①의 꽃게에 양파즙과 사이다를 붓고 20분 정도 재웠다가 건져 냉동 용기에 담아 20분 정도 냉동실에 넣어 살얼음지도록 한다.

3 볼에 고운 고춧가루와 고추장, 간장, 물엿을 섞은 후 다진 청양고추와 다진 마늘을 넣어 고루 버무려 나머지 양념을 넣고 냉장실에서 1시간 이상 숙성시킨다.

4 매콤 달콤한 ③의 양념에 살짝 냉동한 꽃게를 고루 버무려 실파를 굵게 썰어 올려 상에 낸다.

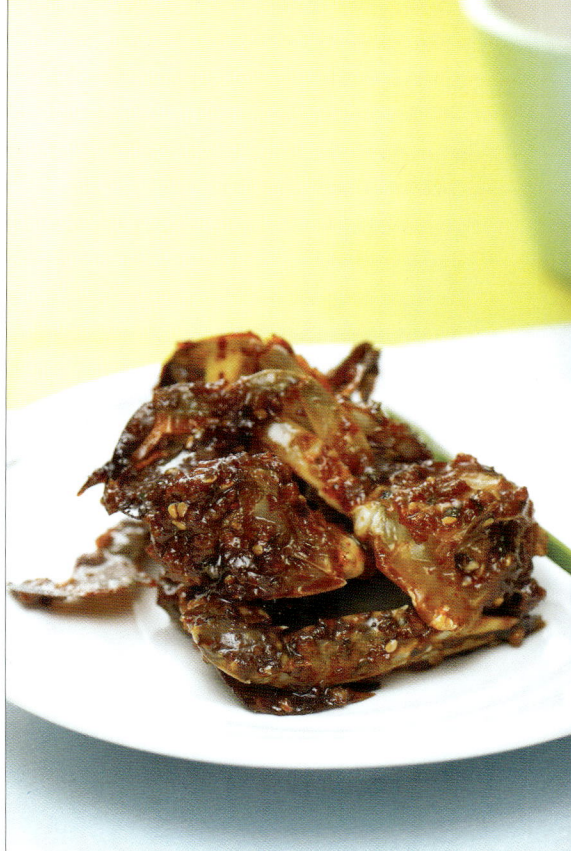

🔵 COOK TIP

게의 아래쪽에서 가슴 쪽으로 삼각형 모양의 딱지가 있는데 가늘고 뾰족한 것이 수게이고 넓고 둥근 것이 암게이다. 여름철 게는 수게가 대부분이지만 날이 추워지기 시작하는 가을에는 알이 가득 찬 암게가 제 맛이다. 알을 선호하면 암게를, 살을 선호할 때는 수게를 고른다. 꽃게는 손으로 건드려봐서 움직이는 것이 싱싱하다. 게는 부패하기 쉽고 세균성 식중독을 일으킬 수 있으므로 꼭 살아 있는 것을 구입해서 바로 조리하는 것이 좋다. 꽃게를 들어 봤을 때 가벼운 것보다는 몸이 단단하고 무게가 느껴지는 것이 속살이 많다. 수게는 꼬리가 삼각형으로 뾰족한 것, 암게는 꼬리의 끝만 뾰족하고 등 모양은 둥근 것이 맛있다.

대하고추장바비큐구이

▶ **주재료**
대하 12마리, 쇠꼬치 12개, 레몬 1개

▶ **고추장 바비큐소스**
고추장 3큰술, 올리브오일 · 양파즙 · 사과즙 · 물엿 2큰술씩, 토마토케첩 · 다진 마늘 1큰술씩

1 대하는 머리가 잘 붙어 있는 싱싱한 것으로 준비해서 수염만 가위로 자르고 소금물에 헹궈 건져 물기를 닦는다.

2 냄비에 바비큐소스의 재료를 분량대로 넣어서 약한 불에서 한소끔 끓여 식힌다.

3 손질한 대하의 두 번째 마디에서 내장을 뺀 후 레몬즙을 뿌리고 쇠꼬치에 꿰어 불에 올려 굽는다.

4 굽는 중간 중간 바비큐소스를 발라 대하에 맛이 스며들도록 구워낸다.

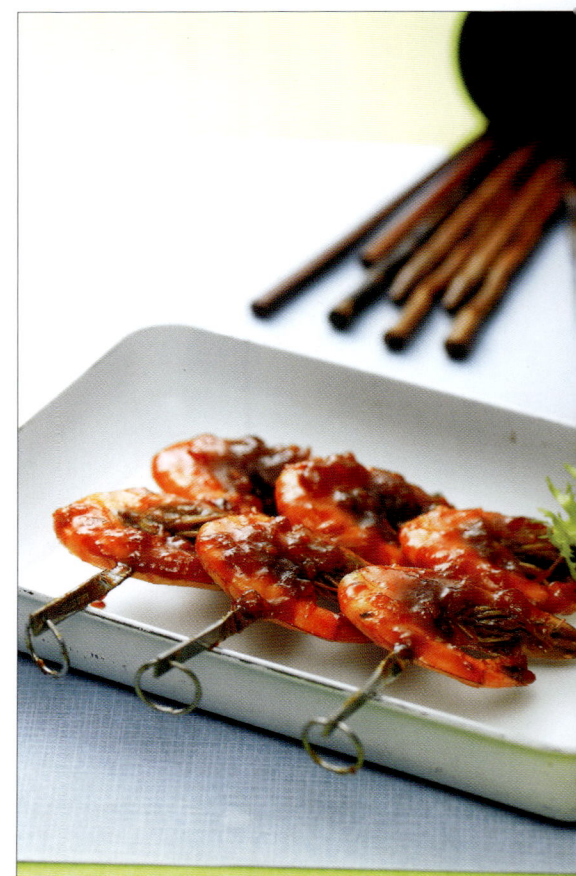

→ COOK TIP
대하는 살에 단맛이 많이 나는데 고추장을 이용해서 함께 구우면 매콤하면서 달콤한 대하의 맛을 진하게 느낄 수 있다. 소스는 미리 불에 끓여 차지도록 만든 후 차게 식혀서 발라야 윤기도 많이 나고 더욱 맛이 있다.

대하찹쌀튀김

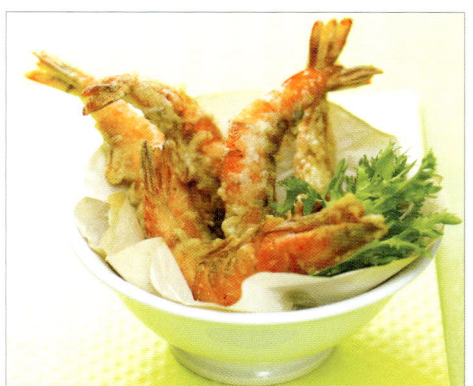

▶ **주재료**
대하 8마리

▶ **부재료**
찹쌀가루 5큰술, 녹말가루 3큰술, 맥주 1컵, 얼음 7조각, 소금 ·
레몬즙 · 튀김기름 약간씩

1 대하는 수염만 떼어내고 등 쪽 두 번째 마디에서 내장
을 뺀 후 소금물에 흔들어 씻어 건져 레몬즙을 뿌려서
신선하게 재운 후 물기를 닦는다.

2 손질한 대하에 녹말가루를 흠씬 뿌려 옷을 입힌다.

3 볼에 찹쌀가루와 시원한 맥주 1컵, 얼음을 넣어서 십
자로 성글게 반죽해서 녹말가루 입힌 대하를 담가 옷
을 입힌다.

4 170℃로 달군 기름에 튀김옷을 입힌 대하를 넣고 노
릇하고 바삭하게 튀겨낸다.

대하단호박구이

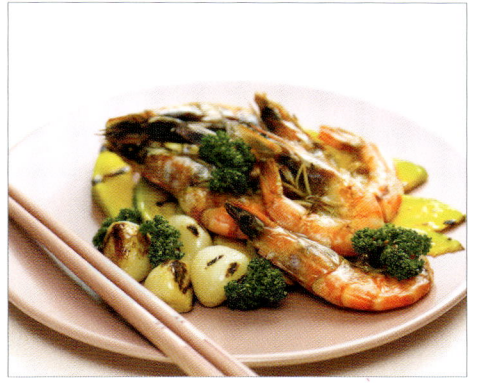

▶ **주재료**
대하 8마리, 단호박 $\frac{1}{4}$개

▶ **부재료**
소금 · 흰 후춧가루 · 올리브오일 약간씩, 다진 파슬리 · 생강즙
$\frac{1}{4}$작은술씩, 통마늘 1개

1 대하는 옅은 소금물에 헹궈 물기를 닦고 수염과 등 쪽
두 번째 마디의 껍질을 벗겨 꼬치로 내장을 빼고 생강
즙을 뿌려 밑간한다.

2 단호박은 씨를 말끔히 긁어내고 껍질을 듬성듬성 깎
아 1㎝ 폭으로 길게 썬다.

3 대하와 단호박에 소금과 흰 후춧가루를 뿌리고 완전히
껍질을 벗기지 않는 통마늘을 반으로 갈라 준비한다.

4 그릴 팬에 올리브오일을 바르고 대하와 단호박, 통마
늘을 넣고 다진 파슬리를 뿌린 후 속까지 익혀낸다.

→ **COOK TIP**
맥주에 대하를 반죽하여 튀기면 비린맛이 없고 살집이 부드러워
져 더욱 맛이 좋다. 찬 맥주와 얼음을 섞어서 반죽하여 튀기면 바
삭바삭하고 눅눅하지 않다.

→ **COOK TIP**
대하는 옅은 소금물에 헹궈야 싱싱한 맛이 살아나고 살을 더욱
단단하게 해서 구웠을 때 모양이 변하지 않고 단맛이 많이 배어
나온다.

새우양파소금구이

▶ **주재료**
대하 10마리, 양파 1개

▶ **부재료**
굵은 소금 1컵, 은박지 사방 25cm 1장

1 대하는 수염만 떼어내고 두 번째 마디에서 내장을 뺀 후 소금물에 흔들어 씻어 건져 물기를 뺀다.

2 양파는 껍질을 벗기고 동그랗게 1㎝ 두께로 썬다.

3 은박지 위에 굵은 소금을 평평하게 깔고 그 위에 양파와 대하를 올려서 불에 올려 굽는다.

4 대하가 분홍색으로 익으면 양파와 함께 구워 먹는다.

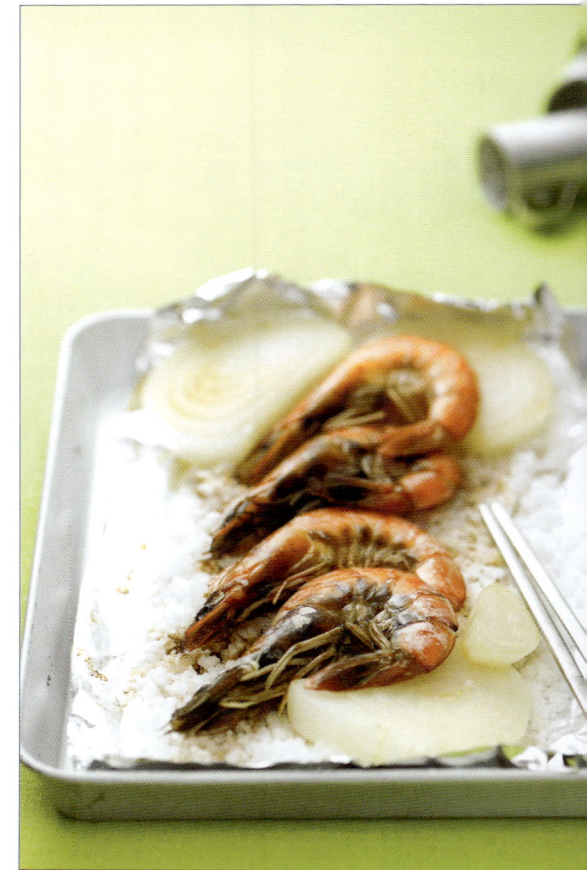

→ **COOK TIP**
양파가 구워지면서 퍼지는 향 때문에 대하의 비린맛이 없고 더욱 담백하고 고소하게 구워 먹을 수 있다. 되도록 간수를 뺀 굵은 소금을 깔고 구워야 제 맛이 나고 대하가 타지 않는다.

삶은새우와 고추냉이소스

▶ **주재료**
중하 15마리, 생강 1½톨, 물 약간

▶ **고추냉이소스**
고추장 3큰술, 물엿 · 고추냉이 1큰술씩, 레몬즙 1작은술

1 중하는 수염을 자르고 등 쪽 두 번째 마디의 껍질을 벗기고 내장을 꼬치로 뺀다.

2 냄비에 물을 붓고 끓으면 생강을 저며 썰어 넣고 손질한 중하를 넣어 삶아낸다.

3 고추장에 물엿과 레몬즙, 고추냉이를 섞어서 소스를 만든다.

4 삶은 중하의 껍질을 벗긴 후 ③의 소스와 곁들여 함께 먹는다.

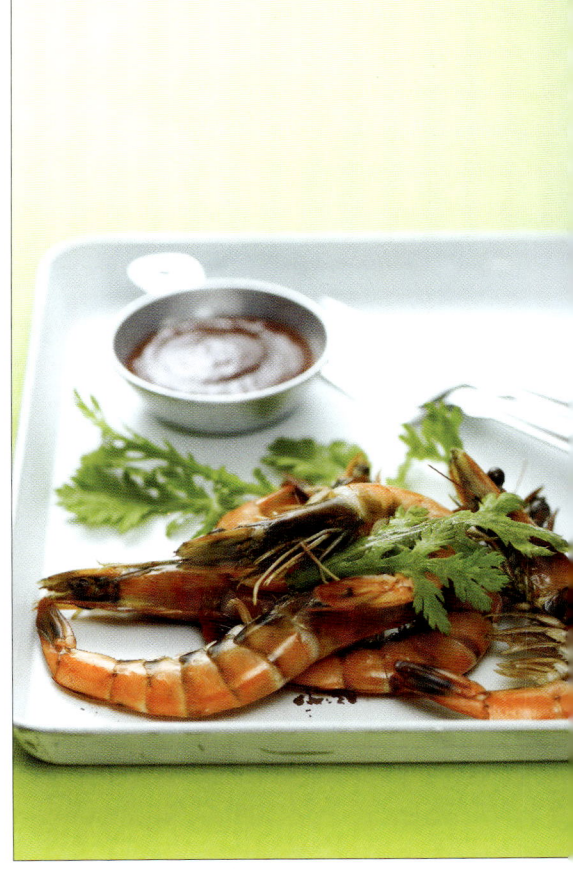

→ COOK TIP
대하보다 중하의 맛이 달고 감칠맛이 뛰어난데 껍질째 쪄서 벗겨 먹어도 좋다. 중하 머리가 남았으면 마른 팬에 볶아 잘 말린 후 분쇄기에 갈아 천연 새우 조미료로 이용하는 것이 좋다.

모시조개간장볶음

▶ **주재료**
모시조개 200g, 소금 1작은술

▶ **부재료**
마늘 2쪽, 생강 ½톨, 대파 1대, 홍고추 1개, 간장 2큰술, 물엿 1작은술, 소금·후춧가루 약간씩

1 모시조개는 옅은 소금물을 넣어 깨끗이 껍질끼리 부딪혀가면서 씻어 소금을 1작은술 정도 넣고 신문지를 덮어서 해감시킨다.

2 말끔하게 해감이 된 모시조개를 찬물에 한 번 더 닦아서 물기를 턴다.

3 팬에 기름을 두르고 마늘과 생강을 편 썰어 넣고 볶다가 모시조개와 홍고추, 송송 썬 대파를 넣어서 볶는다.

4 모시조개가 익어 입을 벌리면 간장과 물엿을 넣어 볶다가 소금, 후춧가루로 간을 맞춰 먹는다.

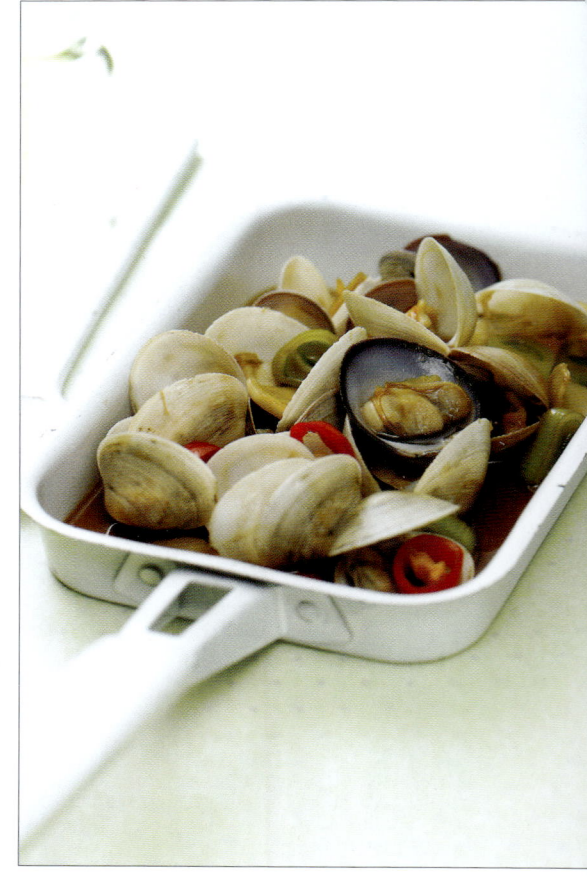

🡢 COOK TIP
모시조개 살에는 타우린과 호박산이 풍부하게 들어 있어 약해진 간 기능을 회복시키는데 탁월하다. 특히 술을 마시고 난 다음 날 숙취해소에 아주 좋다. 모시조개는 옅은 바닷물과 같은 농도의 소금물에 담가 어둡게 해서 해감을 시켜야 모래를 다 뱉어 내고 깔끔하다.

대합살무침소금구이

▶ **주재료**
대합 2개

▶ **부재료**
치커리 30g, 실파 3대, 홍고추 2개, 청양고추 1개, 굵은 소금 약간

▶ **무침 양념장**
고운 고춧가루 · 참치액 · 참기름 · 맛술 · 깨소금 1작은술씩, 다진 마늘 ½큰술, 소금 · 후춧가루 약간씩

1 대합은 깨끗이 씻어서 옅은 소금물에 담가 충분하게 해감시켜 물기를 턴다.

2 냄비에 물을 넉넉하게 붓고 대합을 넣어 끓여 입을 벌리면 대합만 건지고 국물은 나중에 다른 요리에 활용한다.

3 대합은 살만 바르고 껍질을 깨끗이 씻어 물기를 없앤다.

4 대합살을 적당하게 썰어서 치커리와 실파, 홍고추를 적당하게 썰어 함께 넣어서 무침 양념장으로 조물조물 무친다.

5 대합 껍데기에 ④의 대합살을 소복하게 올리고 청양고추를 송송 썰어서 담는다. 오븐 팬에 굵은 소금을 두툼하게 깔고 그 위에 대합 껍데기를 올려 200℃의 온도에서 약 5분 정도만 구워내 먹는다. 살을 먼저 삶아 놓은 것이므로 뜨겁게만 해서 먹어도 무방하다.

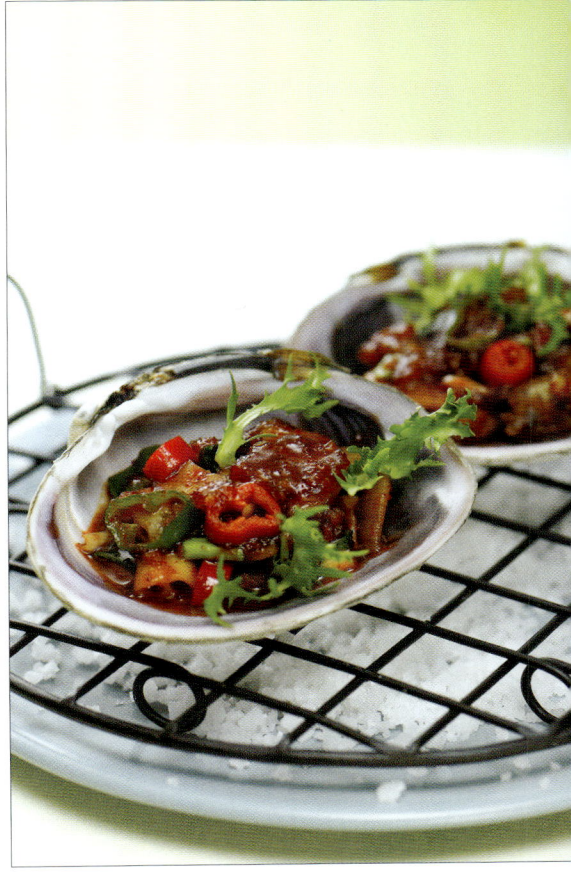

→ **COOK TIP**
대합은 조개의 일종으로 맛이 깔끔하고 씹히는 맛이 좋다. 소화도 잘되고 성장기 어린이에게도 좋다. 대합은 조개 입이 꼭 닫혀 있고 두 개를 마주치면 맑은 소리가 나는 것이 싱싱하다. 대합은 옅은 소금물에 담가 해감시켜야 뻘을 말끔하게 다 내뱉는다.

바지락두부볶음

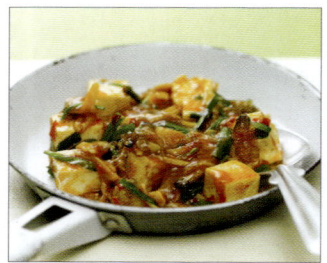

▶ **주재료**
바지락 200g, 두부 ½모

▶ **부재료**
부추 50g, 두반장 2큰술, 굴소스·물엿 1작은술씩, 다진 마늘 1큰술, 다진 생강 ½작은술, 바지락 삶은 물 1½컵, 물녹말 2큰술, 소금·후춧가루·통깨 약간씩, 참기름 ½작은술

1 바지락은 비벼가면서 씻어 맹물을 부어서 해감시켜 물기를 턴다.

2 냄비에 물을 넉넉하게 붓고 끓으면 바지락을 넣어 입을 벌릴 때까지 삶아 면포에 걸러 육수 1½컵은 따로 따로 두고 바지락은 살만 발라서 찬물에 헹궈 이물질을 없앤다.

3 두부는 사방 1.5cm 크기로 깍둑썰기하고 부추는 씻어서 흰 부분과 파란 잎 부분을 나눠서 2cm길이로 썬다.

4 팬에 기름을 약간 두르고 다진 마늘과 다진 생강을 넣고 볶다가 바지락살과 두부를 넣어 볶는다.

5 ④에 두반장과 굴소스, 물엿을 넣고 볶다가 바지락 삶은 물을 붓고 끓인다.

6 ⑤의 소스가 끓으면 소금과 후춧가루로 간을 맞추고 부추를 넣어서 물녹말을 풀어 걸쭉하게 만든 후 참기름, 통깨를 뿌려서 상에 낸다.

매운모시조개볶음

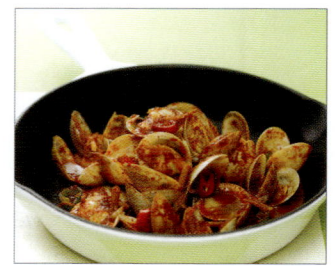

▶ **주재료**
모시조개 300g

▶ **부재료**
홍고추 2개, 청양고추 1개, 고운 고춧가루 2큰술, 마늘 3쪽, 생강 1½톨, 물엿·참기름·참치액 1작은술씩, 통깨·소금·후춧가루 약간씩

1 모시조개는 약간의 소금을 넣고 말끔하게 해감시켜서 건진다.

2 홍고추와 청양고추는 송송 썰어 씨를 털고 마늘과 생강은 굵게 채 썬다.

3 팬에 기름을 두르고 마늘과 생강을 넣어 볶아 향이 올라오면 모시조개를 넣어 볶는다.

4 모시조개 입이 벌어지면서 익으면 고운 고춧가루와 참치액, 물엿을 넣어서 볶다가 홍고추와 청양고추를 넣고 맵게 볶는다.

5 조개가 완전히 익어 매운맛이 퍼지면 참기름을 뿌리고 통깨와 소금, 후춧가루로 간을 맞춰 그릇에 담아낸다.

🔵➔ **COOK TIP**
바지락과 두부를 중국식으로 볶을 때에는 바지락 삶은 물을 육수로 넣어서 걸쭉하게 물녹말을 풀어서 밥도 비벼 먹는다. 반찬으로 두부와 바지락을 먹을 수 있도록 약간 매콤하게 만드는 것이 좋다.

🔵➔ **COOK TIP**
모시조개를 말끔하게 해감을 시켜야 볶았을 때 입안에 씹히는 이물질이 없는데 되도록 찬물에 소금을 옅게 타고 여러 번 헹궈 가면서 해감을 시켜야 말끔하게 해감 된다.

모둠조개찜과 바게트

▶ **주재료**
모시조개 · 바지락 100g씩, 꼬막 50g

▶ **부재료**
마른 칠리고추 2개, 마늘 3쪽, 화이트와인 5큰술, 올리브오일 2큰술, 간장 · 버터 1큰술씩, 소금 약간, 바게트 100g

1 바게트는 1㎝ 두께로 동그랗게 썰어 버터를 얇게 펴 바르고 팬에 살짝 구워 준비한다.

2 모시조개와 바지락, 꼬막은 소금을 약간 넣어 바락바 락 껍데기째 씻어 여러 번 물에 헹군 후 소금물에 담가 신문지를 덮어 어두운 곳에서 완전히 해감시킨다.

3 아주 매운 마른 칠리고추는 잘게 썰고 마늘은 얇게 저민다.

4 팬에 올리브오일을 두르고 마른 칠리고추와 마늘을 넣어 볶다가 매운 향이 나면 모둠 조개를 모두 넣고 강한 불에서 볶는다.

5 볶는 중간에 화이트와인을 가장자리에 부어 화기가 확 달아오를 때 조개의 비린맛을 날리고 중간 불에서 간장을 넣고 은근하게 찜 한다.

6 준비한 조개찜과 구운 바게트를 함께 상에 낸다.

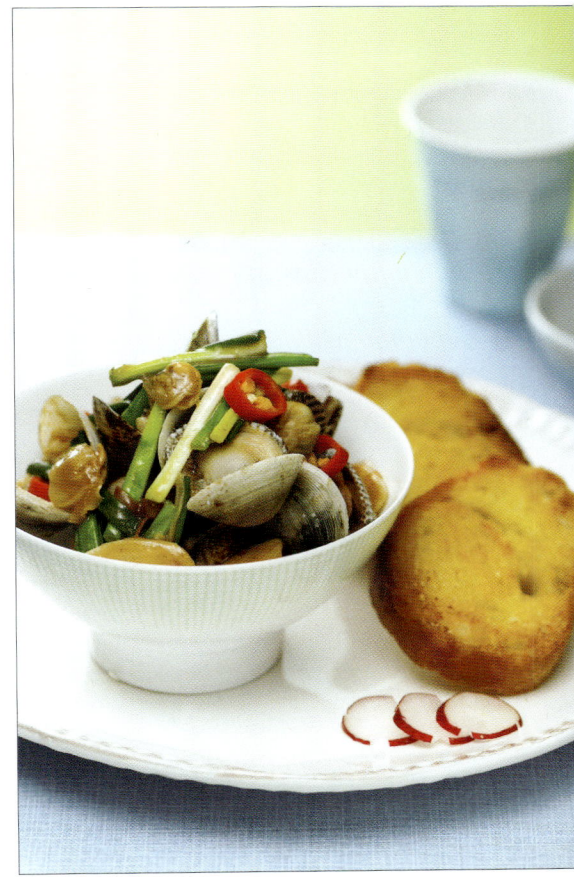

→ COOK TIP
조개류는 염도 3% 정도의 소금물에 담가 어두운 곳에서 신문지 를 덮고 해감을 시키면 말끔하게 모래 등을 뱉어내 지분거리지 않고 맛이 한결 깔끔하다.

홍합칼칼탕

▶ **주재료**
피홍합 500g, 굵은 소금 약간

▶ **부재료**
청주 2큰술, 마늘 5쪽, 대파 1대, 양파 ½개, 물 10컵, 매운 청양고추 1개, 마른 홍고추 2개, 소금 약간

1 피홍합은 껍데기째 굵은 소금에 문질러 씻어 옆으로 나온 수염을 자르고 물기를 뺀다.

2 대파와 양파는 굵직하게 채 썰고 청양고추는 잘게 송송 썰어서 씨를 턴다.

3 손질한 홍합을 냄비에 담고 준비한 마늘, 대파, 양파, 물을 넣어 끓인다.

4 홍합 입이 벌어지기 시작하면 청주를 붓고 뽀얀 국물이 우러날 때까지 끓인다.

5 뽀얀 국물이 우러나면서 홍합이 완전하게 익으면 청양고추 썬 것과 마른 홍고추를 통째로 넣고 맵고 칼칼한 맛이 배어나게 한 후 소금으로 간을 맞춰낸다.

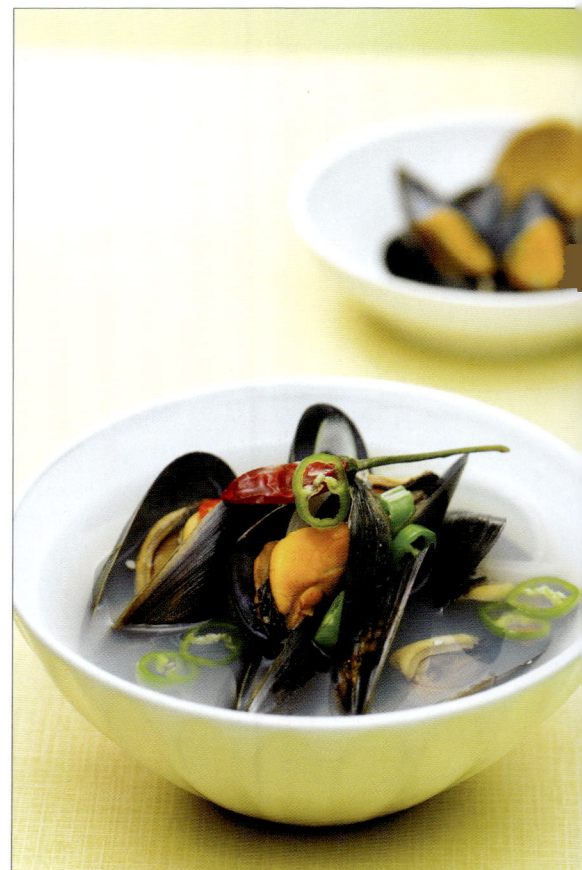

🔵 COOK TIP

피홍합을 해감시킬 때에는 굵은 소금에 껍데기째 문질러 씻어 수염을 가위로 잘라 주어야 수염에 살이 뜯기지 않고 깔끔하다. 피홍합은 향신채만 많이 넣어서 끓이기만 해도 구수하고 시원한 국물 맛이 나는데 간장으로 간을 맞추면 자칫 국물이 텁텁해질 수 있으므로 꼭 소금으로 간을 맞추고 나중에 먹기 직전에 소금을 넣어야 국물 맛이 짜지 않다. 마른 홍고추는 자르지 말고 통째로 넣어서 칼칼한 맛이 많이 우러나게 해야 한다.

홍합찜과 달래간장

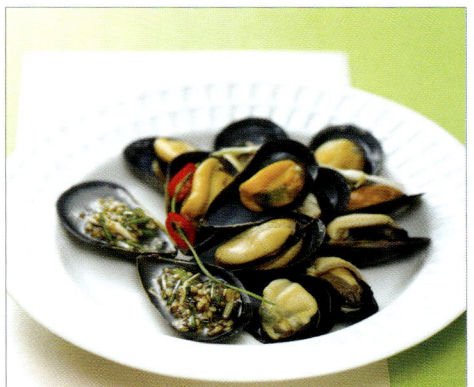

▶ **주재료**
홍합 200g, 굵은 소금 약간, 생강 ¼톨

▶ **달래 간장**
달래 30g, 간장 · 다시마 우린 물 · 다진 파 2큰술씩, 참기름 ½작은술, 깨소금 1큰술, 다진 마늘 · 맛술 1작은술씩, 소금 · 후춧가루 약간씩

1 홍합은 껍질끼리 부딪쳐 씻고 수염을 가위로 잘라 약간의 굵은 소금을 넣어 헹궈 건진다.

2 해감이 된 홍합은 찬물에 여러 번 헹궈 물기를 뺀다.

3 냄비에 물을 넉넉하게 붓고 생강을 큼직하게 썰어 넣은 후 끓으면 홍합을 넣어 삶는다.

4 홍합이 입을 벌리면서 익으면 꺼내어 찬물에 헹궈 한쪽 껍데기를 떼어낸다.

5 달래를 다듬어 씻어 송송 썰어서 간장과 다시마 우린 물, 참기름, 깨소금, 다진 파, 다진 마늘, 맛술을 모두 넣고 소금과 후춧가루로 간을 맞춰 양념장을 만든다.

6 그릇에 홍합을 담고 속살 위에 ⑤의 양념장을 약간씩 얹어 상에 낸다.

> → **COOK TIP**
> 되도록 홍합을 삶고 나서 찬물에 헹궈 모래 등의 잡티가 없도록 헹군 후 한쪽 껍질을 말끔하게 떼어내고 깔끔하게 접시에 담아 속살에 양념장을 약간씩 얹어서 먹는 것이 좋다.

매운홍합찜

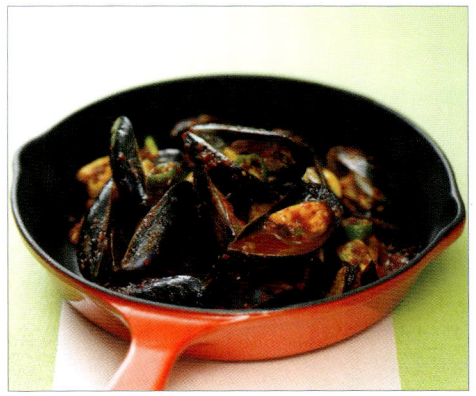

▶ **주재료**
피홍합 250g

▶ **부재료**
대파 1대, 마늘 5쪽, 청양고추 2개, 고운 고춧가루 · 다진 마늘 2큰술씩, 맛술 · 물엿 1큰술씩, 다진 생강 ¼작은술, 참기름 1작은술, 피홍합 육수 1컵, 소금 · 후춧가루 약간씩

1 피홍합은 겉면의 이물질을 말끔하게 떼어내고 찬물에 소금을 약간 넣고 해감을 완벽하게 시킨 후 냄비에 물을 붓고 끓으면 피홍합을 삶아 건진다.

2 대파는 송송 1㎝ 길이로 썰고 마늘은 곱게 편으로 썬다. 청양고추는 송송 썰어서 씨를 뺀다.

3 피홍합을 삶은 육수에 고운 고춧가루와 다진 마늘, 다진 생강, 참기름, 맛술, 물엿을 넣어 잘 섞은 후 소금과 후춧가루로 간을 맞춘다.

4 깊이가 있는 팬에 기름을 두르고 대파와 마늘, 청양고추를 볶다가 피홍합과 양념장을 붓고 재빨리 센 불에서 볶아 간이 속까지 배면 뚜껑을 덮고 약한 불에서 잠시 찐 후 바로 그릇에 담아낸다.

> → **COOK TIP**
> 피홍합 삶은 물을 버리지 말고 체에 밭쳐서 양념장을 개어서 함께 피홍합을 익혀야 홍합살이 부드럽고 맛이 있다.

PART 6

주말이 행복한 일품 · 별미요리

일식, 중식, 양식, 스테이크, 파스타&피자
면, 냉채, 죽&수프, 별미밥, 보름음식

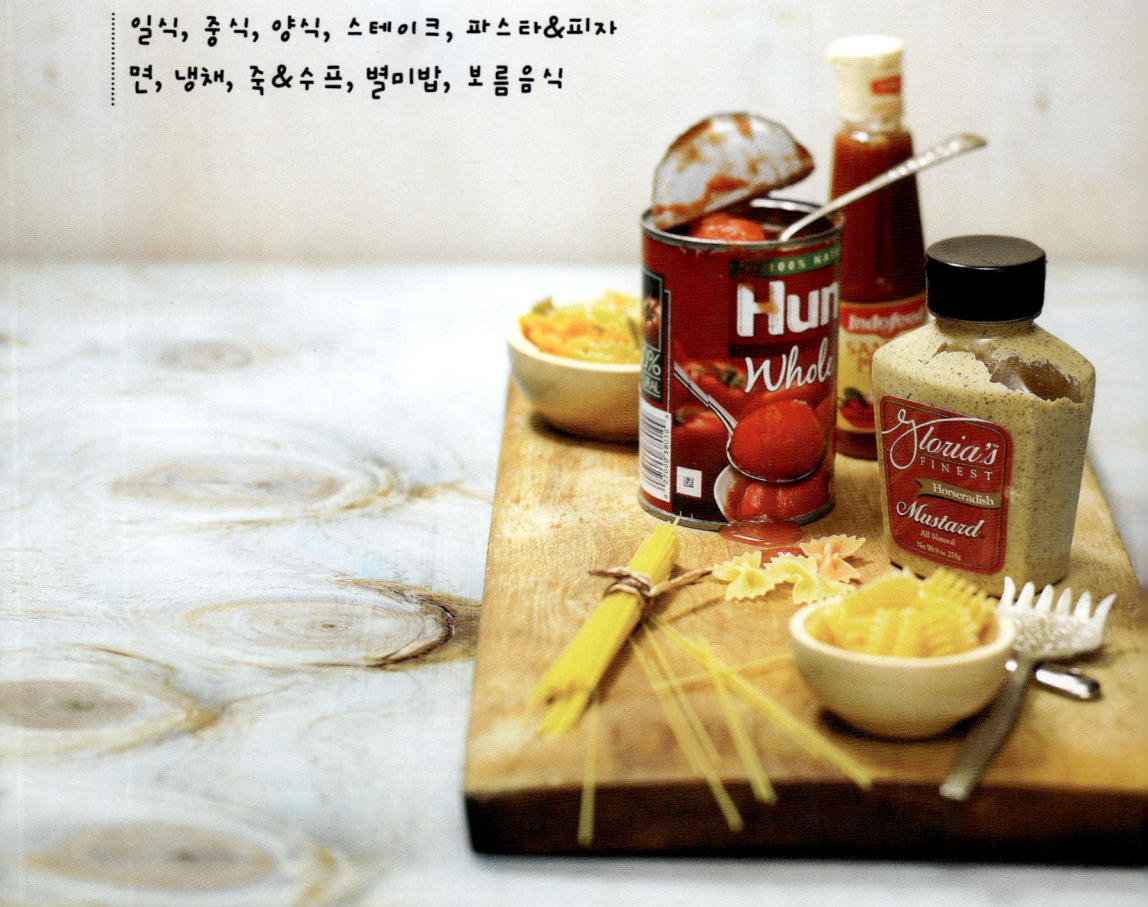

히레가스와 구운밥정식

▶ **주재료**
돼지고기(안심) 600g

▶ **부재료**
밀가루 40g, 달걀 2개, 빵가루 100g, 양배추 5장, 적채 2장, 밥 2공기, 통깨 1작은술, 참기름 1큰술, 소금·후춧가루·설탕·검은깨
약간씩

▶ **프렌치 드레싱**
다진 마늘 ⅓작은술, 올리브오일 2큰술, 설탕·레몬즙 1큰술씩, 흰 후춧가루·파슬리가루 약간씩

▶ **히레가스소스**
토마토케첩 2큰술, 우스터소스·맛술 1큰술씩, 간장·꿀·핫소스 1작은술씩

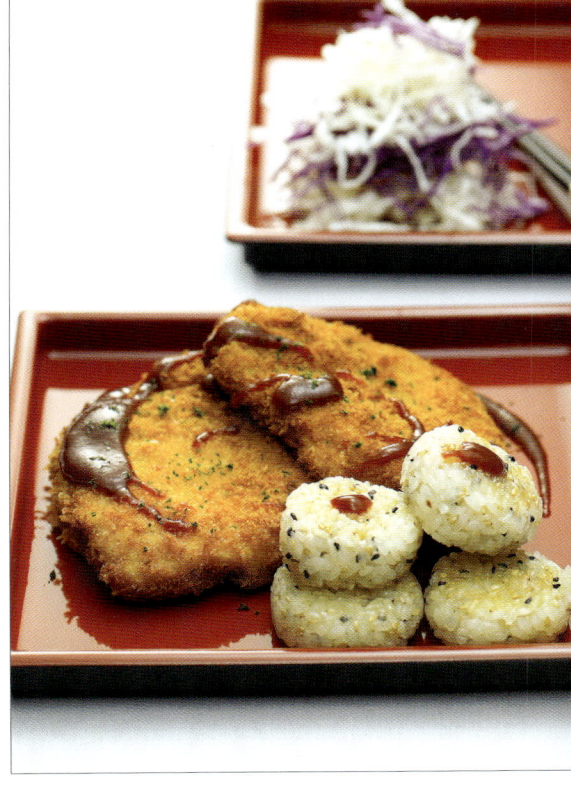

1 돼지고기는 안심으로 준비해서 도톰한 두께로 직경 10cm로 썰어 칼등으로 자근자근 두드려 부드럽게 만들어 소금과 후춧가루를 솔솔 뿌려서 밑간한다.

2 ①의 돼지고기 안심을 밀가루 채 친 것에 충분히 묻히고 달걀을 곱게 푼 물에 담근 후 빵가루를 듬뿍 입혀서 튀김 온도 190℃에서 바삭하게 튀겨낸다.

3 양배추와 적채는 곱게 채 썰어 프렌치 드레싱을 만들어 버무린다.

4 고슬하게 지은 밥에 참기름, 통깨, 검은깨, 소금, 설탕을 넣어 버무려서 한주먹씩 완자를 만들어 평평하게 모양을 내서 팬에 올리브오일을 약간 두르고 앞뒤로 구워 노릇하게 만든다.

5 토마토케첩에 우스터소스, 간장, 맛술, 꿀, 핫소스를 넣어 잠시 끓여 히레가스소스를 만든다.

6 접시에 양배추, 적채를 담고 히레가스를 적당히 썰어서 담은 후 히레가스소스를 뿌리고 구운 밥을 올려서 상에 낸다.

> ⊙ **COOK TIP**
> 돼지고기 안심을 이용한 돈가스를 히레가스라고 하는데 안심은 각 부위 중에서 운동량이 없는 부위이므로 육질이 부드럽고 단백질이 많고 지방이 적어 튀김 등에 아주 적합하다. 소금과 후추로 충분히 밑간을 하여 튀김옷을 입혀 튀겨야 맛이 있다.

어묵영양나베

▶ **주재료**
어묵(구이어묵 · 완자어묵 · 꽃어묵 · 막대어묵) 400g, 무(10㎝ 두께) 1토막, 곤약 100g, 은행 12알, 메추리알 5개, 꼬치 · 쑥갓 약간씩

▶ **가다랑어포 우린 국물**
가다랑어포 2큰술, 국물 멸치 5마리, 맛술 1큰술, 청주 · 설탕 1작은술씩, 간장 2큰술, 소금 약간, 물 6컵

▶ **고추냉이초장**
고추냉이 · 설탕 · 다시마 우린 물 1작은술씩, 간장 · 식초 1큰술씩

1 냄비에 국물 멸치를 볶다가 비린맛이 날아가면 물을 붓고 끓인다.

2 무는 2㎝ 두께로 도톰하게 썰고 다시마는 면포로 흰 가루를 닦아서 3㎝ 크기로 자른다.

3 ①의 국물이 끓으면 불을 끄고 가다랑어포를 우려서 진한 국물을 만든다.

4 가다랑어포를 우려낸 국물을 냄비에 붓고 끓으면 무와 다시마를 넣고 끓이면서 간장과 소금, 청주, 맛술, 설탕을 넣어서 끓인 후 소금으로 간을 맞춘다.

5 어묵은 찐 어묵과 튀긴 어묵 두 종류가 있는데 냄비 요리에는 튀긴 어묵으로 준비해야 더욱 맛이 있다. 튀김어묵은 모양대로 큼직하게 썰어서 끓는 물에 데쳐 기름기를 뺀다.

6 메추리알은 완숙으로 삶아서 껍질을 벗기고 은행은 기름을 두른 팬에 굴려가면서 볶아 껍질을 말끔히 벗긴다.

7 꼬치에 준비한 어묵을 색스럽게 꿰고 메추리알과 은행도 꼬치에 꿴다.

8 ④의 국물에 ⑦을 담고 은근하게 끓여서 쑥갓을 얹어낸 후 매운맛의 고추냉이초장에 찍어 함께 먹는다.

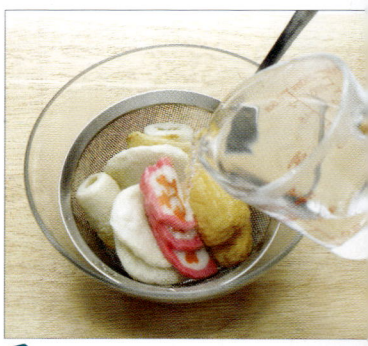

 TIP

> **→ COOK TIP**
> 냄비 요리의 국물로 이용하는 육수는 주로 멸치와 가다랑어포를 우린 물에 시원한 무와 담백한 다시마를 넣고 끓여야 맛이 있다. 또 튀긴 어묵은 끓는 물에 데쳐서 기름기를 뺀 후 냄비 요리에 넣어야 맛이 담백하고 국물이 시원하다.

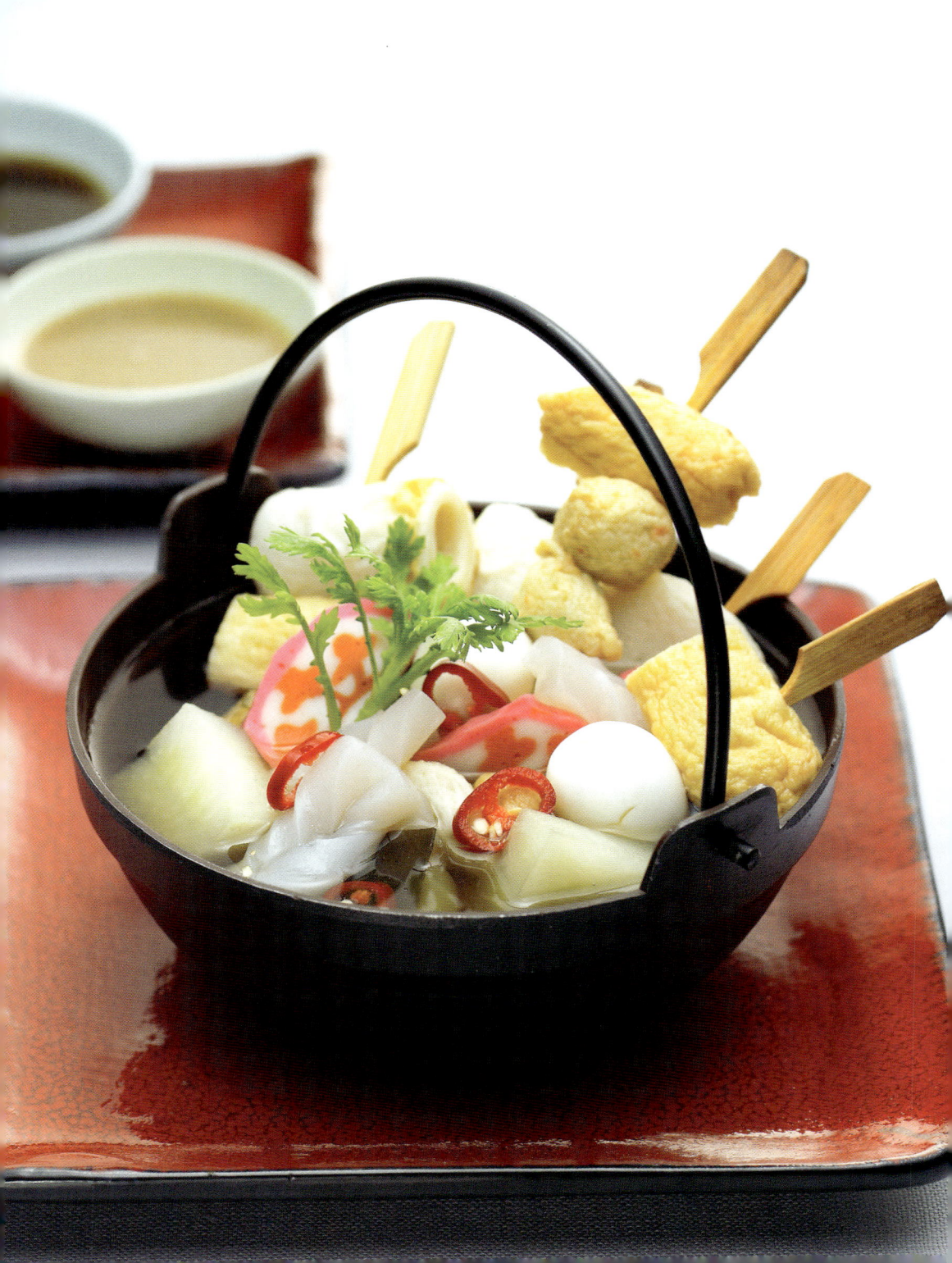

일본식달걀찜

▶ **주재료**
달걀 2개

▶ **부재료**
다시마 우린 물 1컵, 소금 약간, 청주 1큰술, 새우 8마리, 분홍 어묵 50g, 팽이버섯 · 무순 약간씩

1 달걀은 체에 밭쳐 알끈을 제거한 후 곱게 풀어서 소금, 청주, 다시마 우린 물을 붓고 거품기로 잘 저어서 거품을 낸다.

2 새우는 옅은 소금물에 헹구어 물기를 빼고 분홍 어묵은 얄팍하게 편 썰어 끓는 물에 데쳐 찬물에 헹군다.

3 팽이버섯은 밑동을 자르고 물기를 털고 무순은 잡티를 없애고 물에 닦아 물기를 턴다.

4 찜기에 분홍 어묵, 새우, 달걀물을 넣고 찜통에 충분히 김이 오르면 8분 정도 넣고 찌고 다시 팽이버섯을 올리고 2분 정도 더 찐다. 이때 은근한 불로 조절해서 찜을 약하게 뜸을 들이듯이 쪄야 부드럽다.

5 속까지 다 찐 일본식 달걀찜에 무순을 얹어서 상에 낸다.

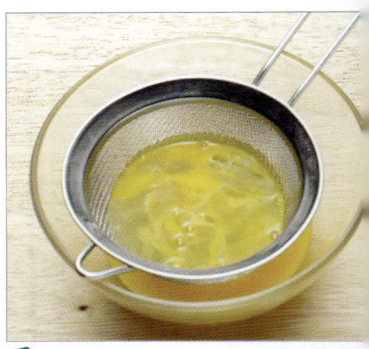

 TIP

→ **COOK TIP**

달걀 푼 것은 체에서 한 번 내려 거품을 내야 더욱 부드럽고 야들야들 한 달걀찜이 완성된다. 이때 달걀에 청주와 다시마 우린 물을 함께 넣어 저어주면 더욱 부드럽고 비린맛이 없는 달걀찜이 된다.

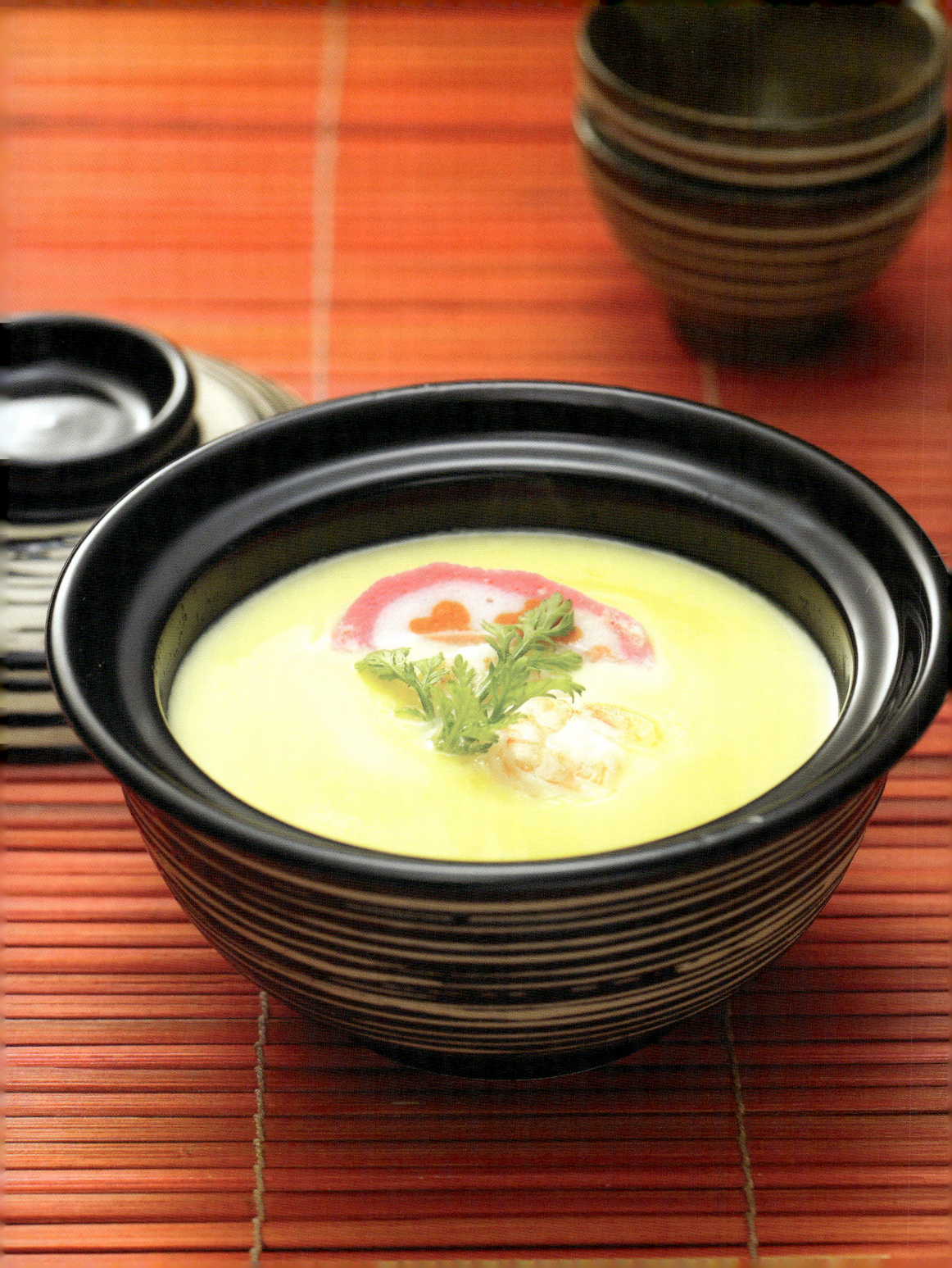

닭꼬치스키야키

▶ **주재료**
닭 안심살 300g, 닭 모래집 100g

▶ **부재료**
배추속대 3장, 홍고추 1개, 두부 $\frac{1}{2}$모, 느타리버섯 50g, 양파 $\frac{1}{2}$개, 대파 1대, 꼬치 · 쑥갓 약간씩, 달걀노른자 2개, 간장 · 참기름 1작은술씩

▶ **닭 밑간 양념**
레몬즙 · 맛술 1큰술씩, 소금 · 후춧가루 약간씩, 청주 · 생강즙 1작은술씩

▶ **양념 국물**
간장 2큰술, 맛술 · 청주 1큰술씩, 다시마 우린 물 $\frac{1}{2}$컵

1 닭 안심은 한 입 크기로 저며 썬다. 닭 모래집은 힘줄과 질긴 부분을 제거한 후 잔칼집을 촘촘하게 넣어서 닭 밑간 양념에 버무려 간이 배게 재운다.

2 재운 닭 안심과 닭 모래집은 꼬치에 번갈아가면서 꿰어 준비한다.

3 배추속대는 씻어서 2cm 두께로 어슷하게 저미고 쑥갓은 짧게 끊어 준비한다.

4 느타리버섯은 물에 씻어서 물기를 털고 두부는 사방 3cm, 두께 1cm로 썰어서 부서지지 않도록 두부를 석쇠에서 앞뒤로 살짝 굽는다.

5 홍고추는 어슷하게 썰어 씨를 털어내고 양파와 대파는 굵게 채 썬다.

6 다시마 우린 물에 양념을 해서 양념 국물을 만든다.

7 오목한 스끼야키 냄비에 ⑥의 양념 국물을 넣어 끓으면 배추 속대와 느타리버섯, 양파, 대파, 홍고추, 두부, 쑥갓을 넣고 재운 닭 꼬치를 넣어서 끓인다.

8 어느 정도 양념 국물이 배어 재료가 익으면 더 끓여가면서 달걀노른자와 간장, 참기름을 넣은 소스를 찍어 먹는다.

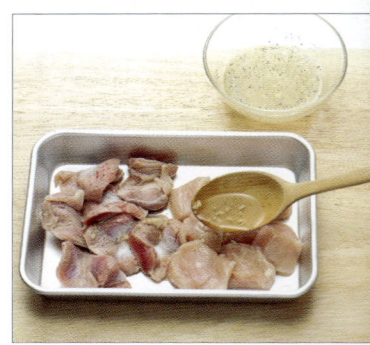

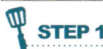 **STEP 1**

→ **COOK TIP**
닭 안심과 닭 모래집에 충분히 밑간을 해서 재운 후 끓여 먹어야 닭 누린내도 안 나고 부드러운 맛이 난다.

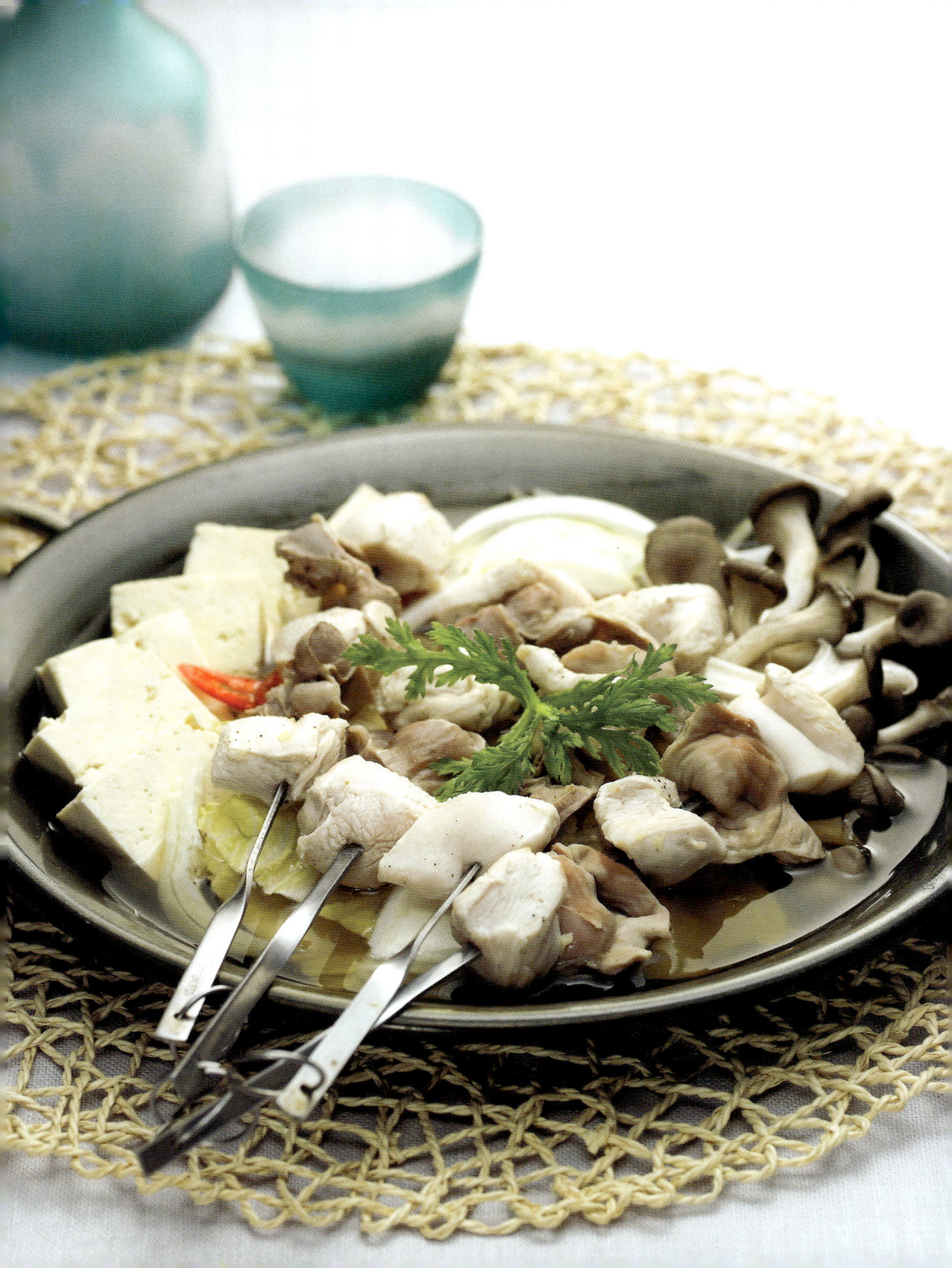

두부데리야키소스조림

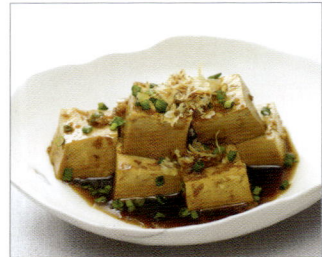

▶ **주재료**
두부 1모, 송송 썬 실파 2큰술, 소금 약간

▶ **데리야키소스**
가다랑어포 우린 국물 ½컵, 간장 5큰술, 청주 · 맛술 2큰술씩, 다진 마늘 · 설탕 1큰술씩(또는 파인애플 과즙 2큰술)

1 소스 재료를 냄비에 모두 붓고 원래의 분량보다 반으로 준 상태로 걸쭉한 농도로 끓여 놓는다.

2 두부는 씻어 사방 2.5㎝ 크기로 썰어 소금을 뿌려 20분 정도 밑간을 한다. 그래야 두부가 부서지지 않고 부드럽게 익는다.

3 냄비에 데리야키소스를 붓고 끓으면 두부를 넣어 잘 박하게 윤기가 나도록 조린다.

4 접시에 두부 데리야키소스 조림을 담고 실파를 송송 썰어 듬뿍 뿌려낸다.

냉동참치새싹채소낫토냉채

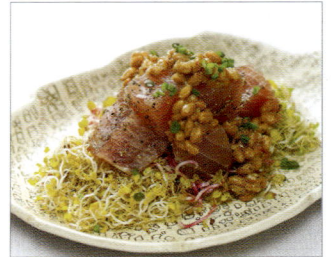

▶ **주재료**
낫토 80g, 냉동 참치 100g, 새싹채소 50g

▶ **부재료**
송송 썬 실파 · 들깻가루 1큰술씩, 참기름 2큰술, 소금 · 곱게 빻은 통후추 약간씩

1 낫토는 실파와 참기름을 넣어 젓가락으로 휘휘 잘 저어서 끈이 많이 일어나게 해서 양념한다.

2 냉동 참치는 미지근한 물에 소금을 약간 풀어 참치를 담가 씻어서 바로 건져 종이타월에 싸서 냉장실에 넣어 살짝 살얼음기가 있도록 해동시킨다.

3 새싹채소는 체에 밭쳐 흐르는 물에 말끔하게 헹궈 건져 물기를 턴다.

4 접시에 사방 2㎝ 크기로 썬 참치를 새싹채소와 함께 버무려 담고 낫토를 소복하게 올린 후 통후추를 곱게 빻아서 뿌리고 들깻가루를 끼얹어 버무려 먹는다.

→ **COOK TIP**
데리야키소스는 조림 이외에도 다양한 용도로 조리할 수 있는데 불고기 양념장 대신에 고기구이, 생선구이 등에 발라가면서 구워주면 윤기도 나면서 더욱 맛이 있다. 샐러드에도 다양하게 이용할 수 있는데 특히 닭가슴살과 양상추를 곁들인 소스에 버무려서 바게트나 샌드위치 빵에 넣어 먹으면 아주 색다른 맛이 나면서 담백한 맛이 그만이다. 또, 찬밥에 김치나 햄, 소시지 등과 함께 데리야키소스를 넣어서 볶음을 하면 색다른 일식풍 볶음밥을 즐길 수 있다.

→ **COOK TIP**
냉동 참치와 낫토는 씹히는 질감이 좋아서 함께 먹으면 좋다. 참치를 너무 오래 해동시켜 흐물거리면 씹히는 맛이 없으므로 살짝 해동시켜 썰어서 넣어야 한다.

장어덮밥

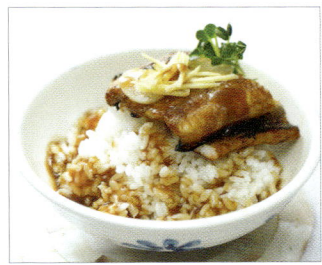

▶ **주재료**
장어 1마리, 생강 1톨, 통마늘 6개, 무순 50g, 밥 2공기, 물녹말 3큰술

▶ **덮밥소스**
장어 육수 1½컵, 간장 4큰술, 굴소스 1큰술, 청주·맛술 3큰술씩, 설탕 2큰술, 계핏가루·후춧가루 약간씩

1 장어는 비늘을 칼로 긁어내 종이타월로 말끔하게 닦고 반으로 갈라 살을 발라내고 장어뼈와 장어머리를 냄비에 담아 찬물을 붓고 육수를 만들어 뽀얀 국물이 나오면 면포에 걸러 육수를 준비한다.

2 생강은 가늘게 채 썰고 마늘은 얇게 저며 썬다. 무순은 잡티를 없애고 씻어서 건져 놓는다.

3 냄비에 소스 재료를 모두 붓고 약한 불에서 은근하게 끓여 소스가 반으로 줄어들게 한다.

4 손질한 장어는 석쇠에 놓고 살짝 굽는다. 장어가 익기 시작하면 ③의 소스를 발라가면서 굽는다. 이때 저민 마늘도 함께 굽는다.

5 구운 장어는 접시에 담고 남은 소스에 물녹말을 풀어서 걸쭉하게 덮밥소스를 만든다.

6 그릇에 밥을 적당하게 담고 구운 장어를 먹기 좋은 크기로 잘라 올리고 무순, 생강채, 구운 마늘을 고명으로 올리고 덮밥소스를 듬뿍 끼얹어 먹는다.

→ COOK TIP
일본에서는 여름철 보양식으로 장어요리를 제일로 꼽는데 장어는 양질의 단백질과 오메가 3가 풍부해서 원기회복 음식으로 아주 좋다.

참치초밥말이

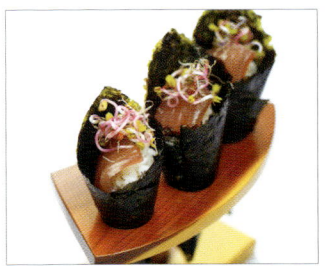

▶ **주재료**
참치 400g, 고슬하게 지은 밥 3공기, 김 4장, 새싹채소 100g, 소금 약간

▶ **배합초**
소금 ½작은술, 식초·설탕 3큰술씩

1 참치는 소금을 푼 물에 헹궈 물기를 꼭 짠 면포에 감싸 냉장고에 넣어 자연스럽게 해동시킨다. 해동시킨 참치는 사방 0.6cm 정도의 두께로 4cm 길이로 썬다.

2 냄비에 배합초를 재료의 분량대로 넣어 한소끔 끓여 차게 식힌다.

3 고슬하게 지은 뜨거운 밥에 ②의 배합초를 넣어 자르듯이 섞어 부채질을 해서 윤기가 나도록 식힌다.

4 김은 손질해서 4등분으로 자른다.

5 새싹채소의 잡티를 없애고 씻어 물기를 완전하게 턴다.

6 김에 배합초로 버무린 초밥을 적당하게 담고 참치와 새싹채소를 올려 돌돌 말아 먹는다. 초생강, 초간장 등을 곁들이면 더욱 좋다.

→ COOK TIP
배합초로 버무린 초밥에 참치와 새싹채소를 버무려 올리고 돌돌 말아 김으로 마무리 한 요리로써 손님 초대 상차림에 적합하다.

알초밥

▶ **주재료**
밥 4공기, 날치알 100g, 캐비아 50g

▶ **부재료**
치커리 50g, 방울토마토 5개, 청주 1큰술, 레몬즙 1작은술, 시판 고추냉이 2큰술

▶ **배합초**
설탕 · 식초 3큰술씩, 소금 1작은술

1 배합초의 재료를 분량대로 섞어 냄비에 담아 끓인 후 뜨거운 밥에 부어 자르듯이 고루 섞어 한 김 식힌다.

2 날치알은 청주를 푼 물에 담가 흔들어 건져 체에 밭쳐 물기를 빼고 캐비아는 레몬즙을 고르게 뿌려 놓는다.

3 초밥이 거의 식으면 초밥 틀에 담아 눌러 한 입 크기를 만든다.

4 초밥 위에 고추냉이를 바르고 치커리를 깐 접시에 올린다.

5 방울토마토를 4등분해서 초밥에 곁들여 모양을 낸다.

6 날치알과 캐비아를 소복하게 초밥에 올려 상에 낸다.

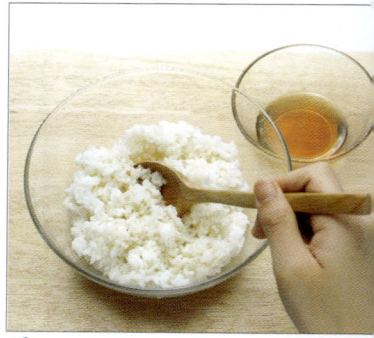

 STEP 1

→ **COOK TIP**

배합초를 만들어 뜨거운 밥에 버무릴 때에는 배합초를 한소끔 끓여 뜨거운 상태를 밥에 넣어야 밥알 한 알 한 알에 배합초가 스며들어 탱글거리는 질감을 느낄 수 있다. 뜨거운 상태로 초밥을 만들면 안 되고 물기를 꼭 짠 면포로 덮어 한 김 식힌 후 만들어야 잘 뭉쳐지고 부서지지 않는다.

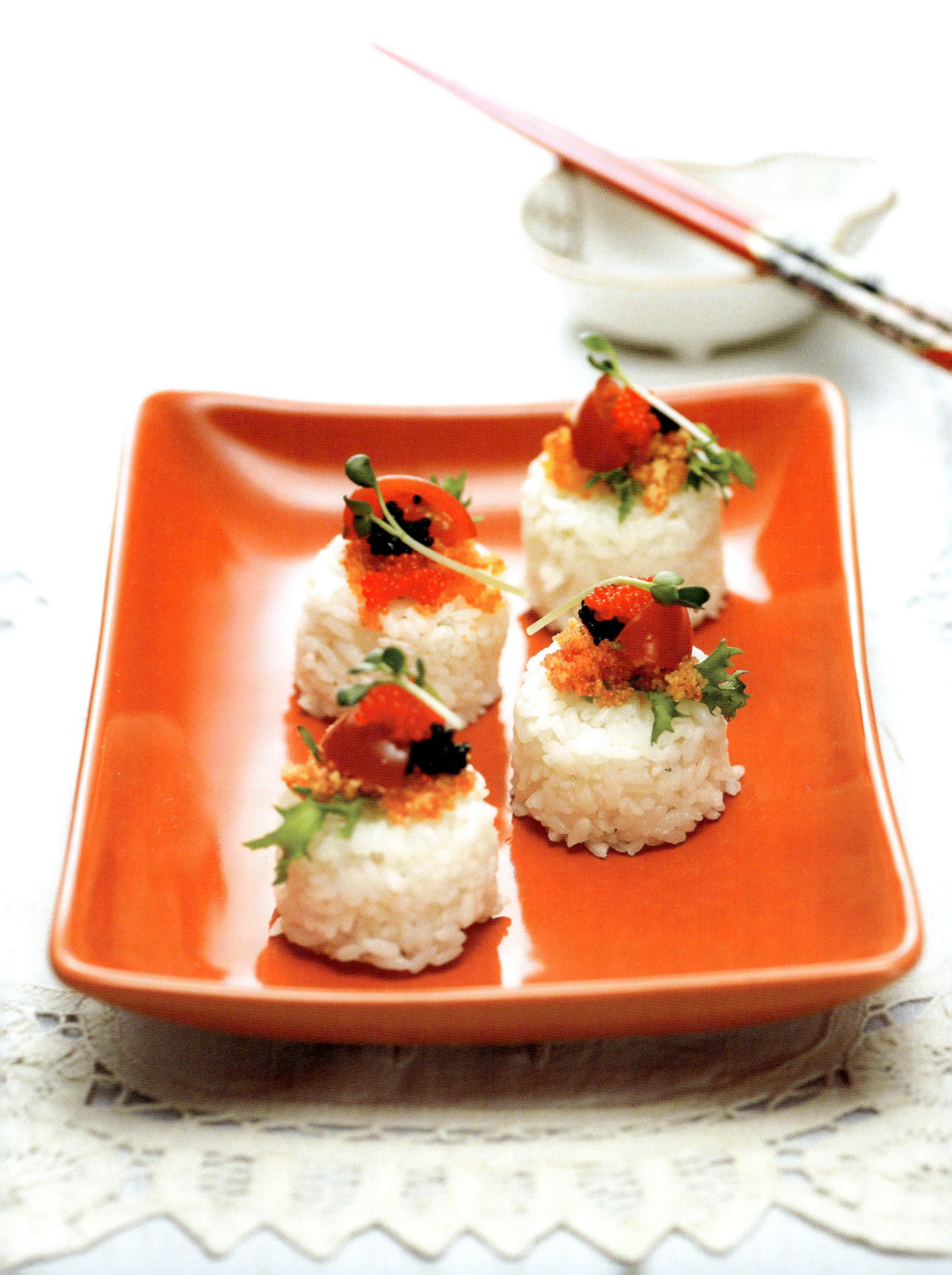

유부고기나베

▶ **주재료**
유부 12장, 미나리 12줄기, 대파 1대, 양배추 3장, 느타리버섯 80g, 소금 약간

▶ **고기속 재료**
닭가슴살 200g, 다진 양파 5큰술, 녹말가루 3큰술, 생강즙 1작은술, 다진 마늘 1큰술, 달걀흰자 1개분, 소금 · 후춧가루 약간씩

▶ **나베 국물**
마른 표고버섯 2장, 다시마 사방 20cm 1장, 물 6컵, 간장 4큰술, 맛술 3큰술, 설탕 1큰술, 소금 약간

1 유부는 끓는 물에 넣고 살짝 데쳐 찬물에 헹궈 기름기를 없앤 후 윗면을 잘라내고 벌려서 주머니 모양을 만든다.

2 닭가슴살을 준비해서 곱게 다지고 양파도 곱게 다진다. 미나리는 줄기만 준비해서 살짝 데쳐 찬물에 헹궈 물기를 꼭 짠다.

3 그릇에 닭가슴살을 담고 다진 양파와 녹말가루, 생강즙, 다진 마늘, 달걀흰자를 넣어 소금, 후춧가루로 간을 해서 버무려 속 재료를 만든다.

4 유부에 ③의 닭가슴살 고기 속을 통통하게 채우고 미나리로 묶는다.

5 냄비에 찬물을 붓고 마른 표고버섯과 다시마를 넣어 끓이다가 10분 정도 끓으면 다시마는 건지고 간장, 맛술, 설탕, 소금을 넣어서 간을 한다.

6 ⑤의 국물이 끓으면 양배추 채 썬 것과 느타리버섯, 대파를 채 썰어 담고 유부를 얹어서 끓인다. 채소와 함께 유부의 속이 익으면 소금, 후춧가루로 모자라는 간을 맞춰 끓이면서 먹는다. 연겨자 등을 간장에 섞어서 장으로 함께 곁들이면 더욱 좋다.

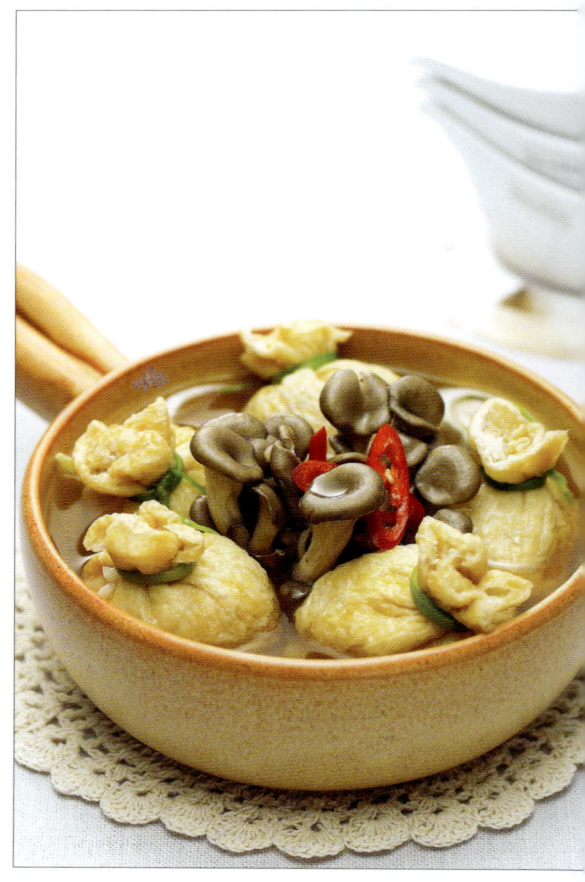

> ### ⊙ COOK TIP
> 일본의 대표적인 나베는 우리나라 전골과 같은 국물 요리로 국물 맛이 담백하고 깔끔한 것이 특징이다. 다양한 재료를 한 냄비에 끓여서 여러 사람이 같이 먹는 음식으로 재료는 보통 한입에 먹을 수 있는 크기로 만드는 것이 일반적이다. 가다랑어포와 다시마, 표고버섯 등으로 국물 맛을 내어 부담 없이 먹을 수 있으며 쇠고기를 얇게 포 떠서 샤부샤부로 먹으면 더욱 좋다.

자장면 | 1인분

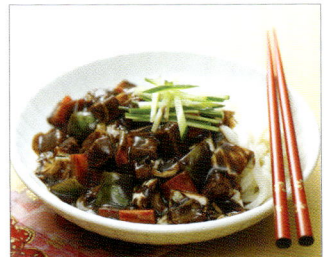

▶ **주재료**
돼지고기 100g, 춘장·물녹말 2큰술씩, 생우동면 150g

▶ **부재료**
설탕 1작은술, 물 1컵, 양파 1개, 양배추 2장, 대파 1대, 당근 30g,
생강 ½톨, 마늘 2쪽, 식용유·소금 약간씩, 오이 ¼개

1 돼지고기와 양파, 양배추는 사방 1㎝ 크기로 각각 썬다. 대파는 송송 썰고 생강과 마늘은 곱게 다진다.

2 팬에 기름을 넉넉하게 두르고 생강과 마늘을 볶아 향이 올라오면 돼지고기를 넣어 센 불에서 빠르게 볶으면서 섞는다. 고기가 익으면 양파와 양배추, 대파를 넣고 함께 볶는다.

3 다른 팬에 기름을 넉넉하게 두르고 춘장을 넣어서 중간 불에서 설탕을 넣어 함께 볶는다. 오래도록 볶아야 자장이 부드럽다.

4 ③에 고기와 채소 볶은 것을 넣어서 고루 섞어 물을 붓고 끓인다.

5 ④의 고기와 채소가 맛이 우러나면 물녹말을 뿌려 걸쭉한 농도로 끓여서 불에서 내린다.

6 생우동을 끓는 소금물에 쫄깃하게 삶아 체에 밭쳐 물기를 뺀 후 그릇에 담고 만들어 놓은 자장을 듬뿍 붓는다. 오이채를 곱게 썰어 고명으로 올려 상에 낸다.

> 🡒 **COOK TIP**
> 춘장을 볶을 때에는 식물성 기름을 넉넉하게 두르고 오래 중간 불에서 볶아야 자장이 부드럽고 맛이 좋은데 설탕은 너무 많이 넣지 말고 춘장의 ⅓정도 넣는 것이 적당하다.

중국식오이김치

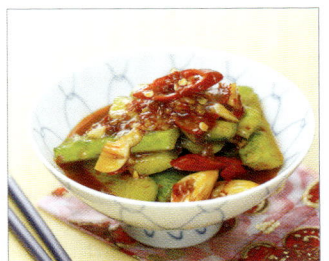

▶ **주재료**
오이 3개

▶ **부재료**
소금 약간, 마늘 5쪽, 홍고추 3개, 설탕·식초 3큰술씩, 두반장·고추기름 1큰술씩

1 오이는 소금으로 박박 문질러 씻어 물기를 닦고 5㎝ 길이로 잘라 4등분해서 씨를 도려내고 소금을 뿌려 1시간 이상 절여 오이가 부들거리게 한다.

2 마늘은 칼등으로 두드려 납작하게 으깨 놓는다.

3 홍고추는 어슷하게 썬다.

4 절인 오이는 물에 헹궈 부들거리도록 마른 면포에 꽉 짜서 놓는다.

5 볼에 식초와 설탕을 섞고 설탕이 녹게끔 한참 저어서 고추기름과 두반장을 섞고 으깬 마늘과 썬 고추를 넣어 고루 섞는다.

6 ⑤의 양념에 준비한 오이를 넣어 밀폐용기에 담아 냉장고에서 이틀 정도 익혀 맛이 들면 차게 해서 먹는다.

> 🡒 **COOK TIP**
> 상큼하면서 새콤달콤한 맛이 특징인 오이김치는 오이건더기만 담지 말고 김치 담을 때처럼 국물이 자작하게 잠기도록 끼얹어야 제맛이 난다. 특히 마늘은 다져 쓰지 말고 약간 으깬 상태로 넣어 마늘의 향과 씹히는 질감이 느껴지도록 해야 더욱 맛이 난다.

중화풍양장피볶음

▶ **주재료**
양장피 4장, 오징어 1마리

▶ **부재료**
청·홍피망 1개씩, 시금치 80g, 양파 ½개, 쪽파 3대, 마늘 4쪽, 생강 ½톨

▶ **양념**
간장·굴소스·청주·설탕·참기름 1큰술씩, 소금·후춧가루 약간씩

1 양장피는 끓는 물에 데쳐 찬물에 헹궈 적당하게 찢은 후 간장 ½작은술, 참기름 1작은술, 설탕 1작은술로 버무려 놓는다.

2 오징어는 손질해서 몸통은 4㎝ 길이로 채 썰고 다리도 손질해서 같은 길이로 썬다.

3 청피망, 홍피망은 반을 갈라 씨를 빼고 길이대로 채 썰고 시금치는 다듬어 씻어 4㎝ 길이로 썬다.

4 양파는 곱게 채 썰고 쪽파는 2㎝ 길이로 썬다. 마늘과 생강은 채 썬다.

5 팬에 기름을 넉넉하게 두르고 양파와 마늘, 생강을 넣어 볶다가 오징어, 시금치, 청피망, 홍피망 순서로 넣어 볶는다. 볶을 때 굴소스와 간장, 설탕, 청주, 참기름, 소금, 후춧가루로 간을 해서 볶아내 넓은 접시에 펼쳐 놓는다.

6 ⑤의 볶은 채소와 오징어에 양장피 양념한 것을 넣어 고루 버무려 접시에 담아낸다.

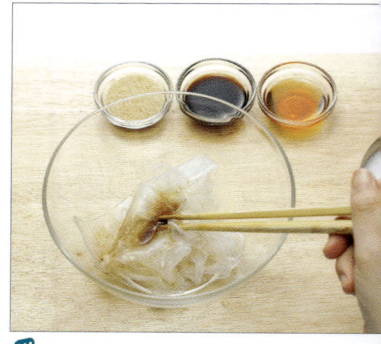

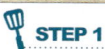 **STEP 1**

> **→ COOK TIP**
> 보통 양장피나 잡채를 생각하면 조리 방법이 복잡해서 집에서 만들기보다 사먹는 것이 편하다고 생각한다. 하지만 양장피는 미리 무쳐 놓는 방법만 알면 쉽게 만들 수 있는 메뉴다. 양장피를 데친 후 찬물에 재빨리 헹궈 양장피가 두텁게 붓는 것을 막고 참기름, 간장, 설탕으로 양념을 해 놓으면 쫄깃한 질감을 느낄 수 있다.

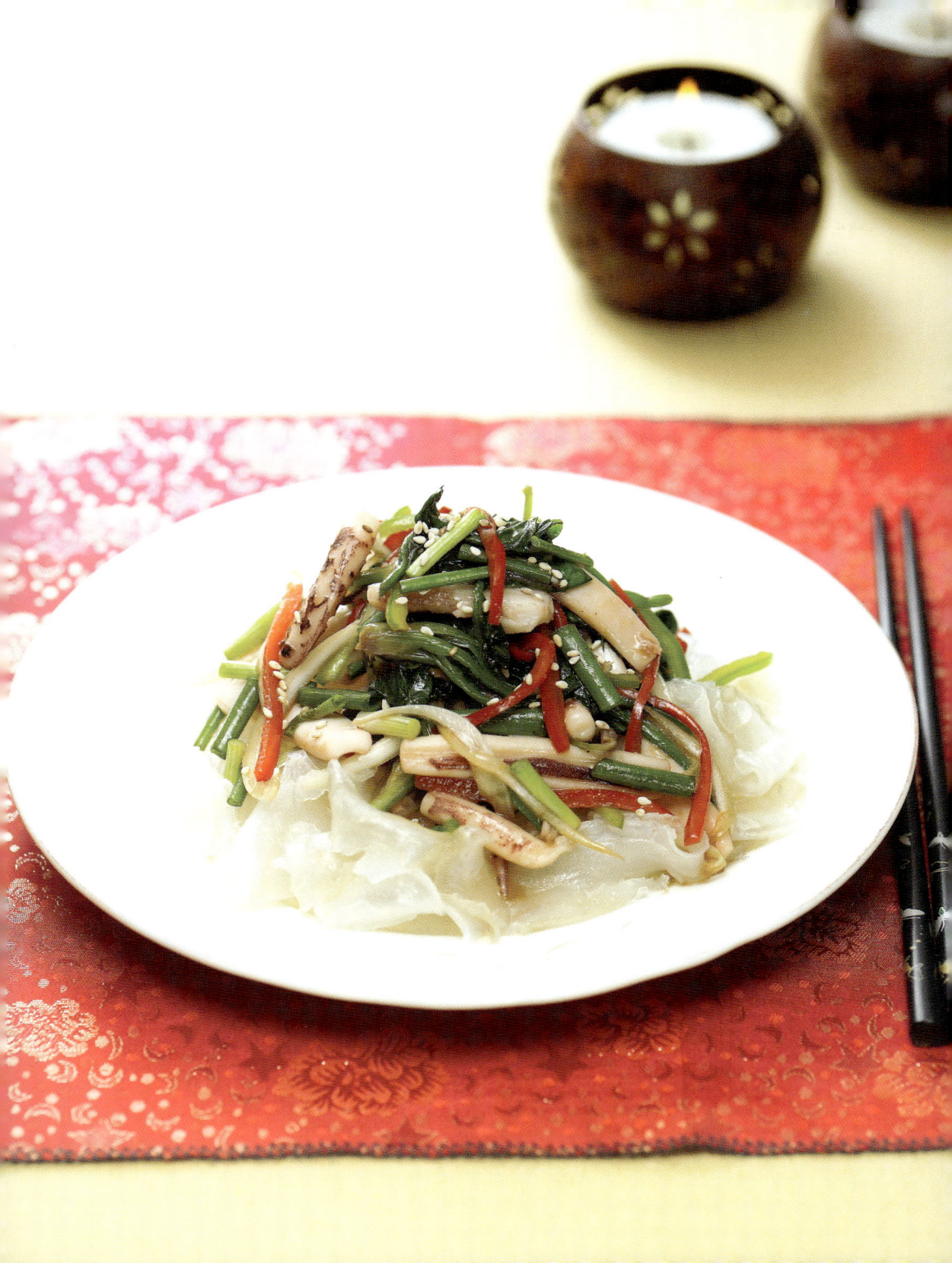

해물누룽지탕

▶ **주재료**
누룽지 10조각, 대하 5마리, 오징어 1마리, 홍합 5개

▶ **부재료**
당근·양파 ⅓개씩, 청·홍피망 ⅓개씩, 대파 1대, 마늘 5쪽, 물 1컵, 소금·튀김기름 약간씩

▶ **누룽지탕소스**
굴소스·청주·맛술 1큰술씩, 간장 1½큰술, 생강즙 ¼작은술, 참기름 1작은술, 후춧가루 약간, 물녹말 4큰술

1 누룽지는 깨끗한 기름에서 180℃의 고온으로 바삭하게 튀겨너 기름기를 뺀다.

2 대하와 오징어는 옅은 소금물에 깨끗하게 씻어 대하는 등 쪽 두 번째 마디에서 내장을 빼고 꼬리 부분만 남기고 껍질을 뗀다. 오징어는 칼집을 넣어 같은 크기로 썬다.

3 당근과 양파, 피망은 사방 2.5㎝ 크기로 얇게 썰고 대파는 큼직하게 송송 썰고 마늘은 반으로 자른다.

4 팬에 기름을 두르고 마늘, 양파, 대파를 먼저 넣고 볶다가 향이 나면 준비한 해물과 나머지 채소를 모두 넣고 달달 볶는다.

5 해물과 채소가 어우러지게 볶아지면 소스의 양념을 물녹말만 빼고 모두 넣어서 맛을 낸다.

6 ⑤에 물녹말을 풀어 고루 젓다가 물 1컵을 붓고 걸쭉하게 끓여 소금과 후춧가루로 간을 맞춘다.

7 그릇에 튀긴 누룽지를 담고 ⑥의 소스를 듬뿍 부어서 바로 상에 너 먹는다.

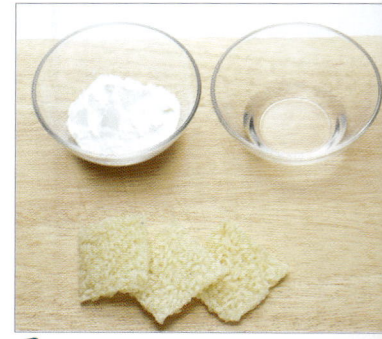

 TIP

 COOK TIP
누룽지는 찹쌀 누룽지로 준비하는데 찹쌀 누룽지는 중식 재료상에 가면 쉽게 구할 수 있다. 하지만 집에서 만들어 놓았던 누룽지를 이용해서 만들어도 별미다. 중국 음식에 많이 사용되는 물녹말은 녹말가루와 물을 1:1 비율로 맞춰 잘 개어서 내용물에 풀어주어야 걸쭉한 농도로 맞출 수 있다.

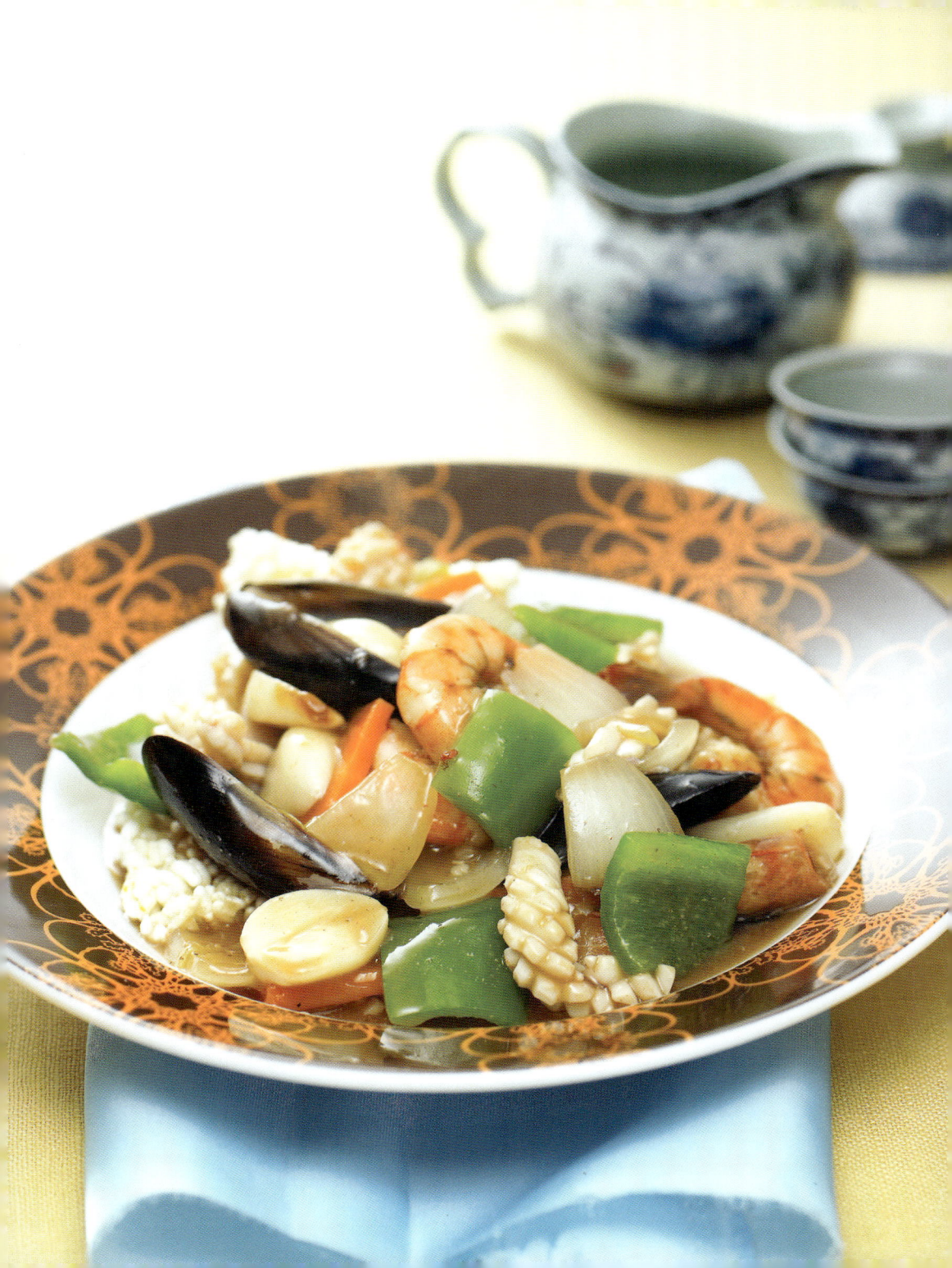

부추잡채와 꽃빵

▶ **주재료**
호부추(중국부추) 200g, 돼지고기(등심) 250g, 꽃빵 10개

▶ **부재료**
청 · 홍피망 ½개씩, 양파 ½개, 대파 ½대, 마늘 3쪽, 생강 · 소금 · 후춧가루 약간씩, 굴소스 1큰술

▶ **돼지고기 양념**
청주 · 녹말가루 2큰술씩, 간장 1작은술

1 호부추는 깨끗이 다듬어서 흰 부분과 파란 부분을 나누고 3㎝ 길이로 각각 썰어 준비한다.

2 돼지고기는 등심으로 준비해서 얇게 5㎝ 길이로 썰어 돼지고기 양념에 조물조물 무쳐 재운다.

3 대파는 굵게 송송 썰고 마늘은 얇게 저민다. 생강도 얇게 저며 썬다.

4 청 · 홍피망과 양파는 4㎝ 길이로 얇게 채 썬다.

5 뜨겁게 달군 팬에 기름을 두르고 마늘, 생강, 파를 넣어 단향이 우러나면 돼지고기 양념한 것을 넣어 재빨리 볶는다.

6 돼지고기가 익으면 양파와 청 · 홍피망, 호부추를 차례로 넣어 볶으면서 굴소스, 소금, 후춧가루로 간을 한다.

7 꽃빵은 김이 충분하게 우러난 찜통에 넣고 5분간 쪄낸다.

8 큰 접시에 ⑥의 부추잡채를 담고 ⑦의 꽃빵을 곁들여 상에 낸다. 발효 겨자와 간장, 식초, 물, 설탕을 약간씩 넣고 겨자 초장을 만들어 함께 상에 내면 더욱 좋다.

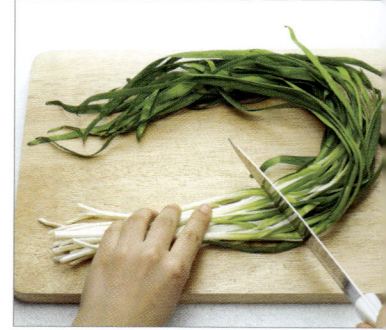

STEP 1

→ **COOK TIP**
호부추(중국부추)는 조선부추보다 질겨서 볶는 시간이 조금 길다.
흰 부분과 파란 부분을 나누어서 따로 볶아야 호부추가 늘어지지
않고 질감이 살아있다. 호부추 대신에 조선부추를 써도 상관없다.

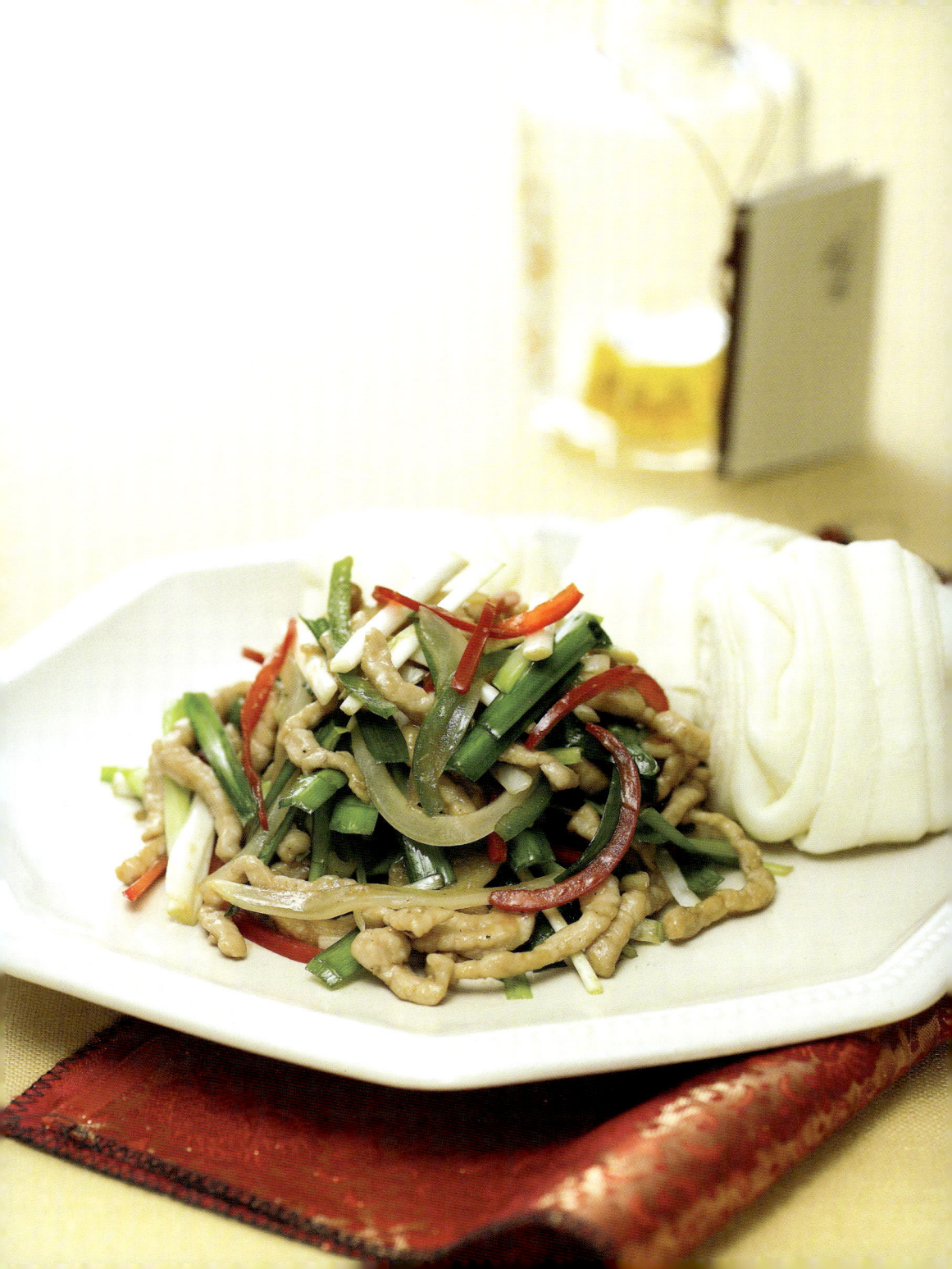

사천탕수육

▶ **주재료**
돼지고기(목삼겹과 등심) 400g

▶ **부재료**
물녹말 ½컵, 녹말가루 5큰술, 튀김기름 약간

▶ **탕수소스**
굴소스 · 간장 · 물엿 · 다진 홍고추 1큰술씩, 완두콩 · 옥수수알 2큰술씩, 다진 마늘 · 고추기름 · 참기름 1작은술씩, 대파 1대, 물 ½컵

▶ **돼지고기 밑간**
소금 · 후춧가루 약간씩, 청주 · 양파즙 2큰술씩, 생강즙 ½작은술

1 돼지고기는 목삼겹과 등심을 섞어 준비해서 손가락 굵기 4㎝ 길이로 썰어 잔칼집을 넣고 소금, 후춧가루, 청주, 생강즙, 양파즙에 버무려 재운다.

2 녹말가루를 물과 같은 비율로 섞어 녹말물을 만든다. 잠시 두어 아래 앙금이 가라앉게 한다.

3 ②의 녹말 앙금에 재운 돼지고기를 넣고 버무려 반죽한 후 녹말가루를 다시 입혀 튀김 온도 180℃의 고온에서 노릇하게 두 번 튀겨 기름기를 뺀다.

4 대파는 송송 썰어 다진 마늘, 다진 홍고추와 함께 중국팬에 담고 고추기름과 참기름을 넣어 달달 볶는다.

5 ④에 물, 굴소스, 간장, 물엿, 완두콩, 옥수수를 넣고 섞어 걸쭉한 농도를 맞춰 탕수소스를 만든다.

6 ⑤의 소스가 바글바글 끓을 때 튀겨낸 돼지고기를 넣어 재빨리 뒤섞어 고기에 탕수소스가 스며 윤기가 나면 그릇에 담아낸다.

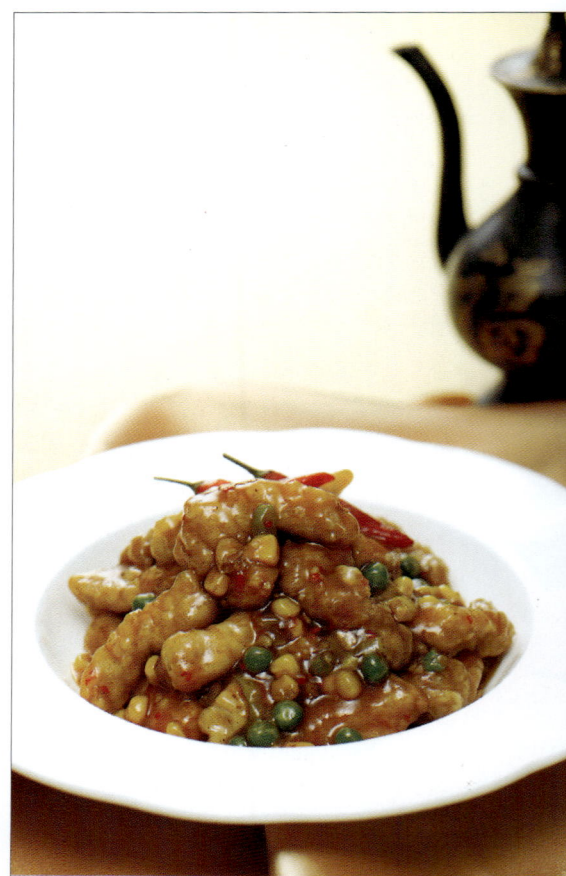

→ COOK TIP

일반적인 탕수소스와 다른 사천탕수는 걸쭉한 탕수소스가 걸쭉한 매콤하고 칼칼하면서 단맛이 우러나야 제 맛이 난다. 채소를 가미하는 것보다는 완두콩이나 옥수수, 매운 홍고추를 넣는 것이 더욱 맛이 있다.

해삼다진새우칠리소스

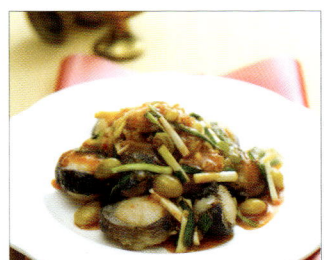

▶ **주재료**
냉동 해삼 200g, 다진 새우 150g, 녹말가루 5큰술, 밀가루 2큰술, 튀김기름 약간

▶ **새우 양념**
생강가루 · 소금 · 후춧가루 약간씩, 다진 마늘 · 참기름 $\frac{1}{2}$작은술씩

▶ **칠리소스 양념**
굴소스 · 칠리소스 1큰술씩, 물녹말 2큰술, 팽이버섯 $\frac{1}{2}$봉지, 호부추 30g, 잣 2큰술, 은행 5알, 다진 마늘 · 고추기름 1작은술씩, 대파 1대, 물 $\frac{1}{4}$컵

1 냉동 해삼은 옅은 소금물에 부드럽게 불려 안쪽의 내장을 말끔하게 씻어내고 마른 면포로 닦아 안쪽에 녹말가루를 솔솔 뿌려 둔다.

2 다진 새우는 씻어 건져 생강가루와 소금, 후춧가루, 다진 마늘, 참기름을 넣어서 분쇄기에 곱게 갈아 녹말가루를 약간 넣고 치대어 작은 완자를 만든다.

3 ①의 해삼 안쪽에 ②의 다진 완자를 담고 감싼 후 밀가루와 녹말가루 순서대로 옷을 묻혀 날가루를 턴 후 180℃ 기름에 살짝 튀겨낸다. 튀겨낸 해삼다진새우는 기름기를 쪽 뺀다.

4 팬에 기름을 두르고 송송 썬 대파와 다진 마늘, 고추기름, 굴소스, 칠리소스를 넣어 끓이다가 밑동 자른 팽이버섯과 2㎝ 길이로 썬 호부추를 넣고 물을 붓고 끓인다.

5 ④에 물녹말을 넣어 걸쭉한 농도를 만들어 껍질 벗긴 은행과 잣을 넣어 버무린 후 튀겨낸 해삼다진새우에 걸쭉하게 뿌려낸다.

호두생조림

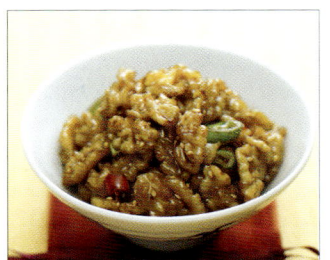

▶ **주재료**
호두 150g

▶ **조림장**
간장 · 물 5큰술씩, 물엿 3큰술, 설탕 1작은술, 팔각 1개

1 팬에 조림장 재료를 모두 넣고 끓인다.

2 국물이 끓으면 속껍질까지 말끔하게 벗긴 호두를 넣고 중간 불에서 서서히 조린다.

3 국물이 거의 없어지고 윤기가 나면서 조려지면 불에서 내려 그릇에 담아낸다.

 COOK TIP

호두조림, 땅콩조림 등 중국식 밑반찬에는 견과류를 조린 음식을 많이 곁들이는데 팔각이나 정향 등을 넣어서 중국 특유의 향을 나타나게 하면 더욱 먹음직스럽다. 팔각이나 정향은 너무 많이 넣으면 특유의 향이 강해 먹기 힘들므로 약간만 넣는다.

팔보채

▶ **주재료**
오징어(몸통) 1마리분, 중하 8마리, 홍합 100g, 마른 표고버섯 3장, 파프리카(노랑·주황)·청피망 ½개씩, 청경채 3포기, 목이버섯 20g, 죽순(통조림) 100g, 양파 ½개, 대파 ½대, 마늘 5쪽, 생강 ½톨, 소금 약간, 고추기름 1큰술

▶ **양념장**
굴소스 4큰술, 청주·물녹말 2큰술씩, 물 ½컵, 참기름 1큰술, 설탕 ½작은술, 소금·후춧가루 약간씩

1 오징어는 배를 가르지 말고 내장을 말끔하게 꺼낸 후 0.8㎝ 두께로 동그랗게 썬다.

2 새우는 중하로 준비해서 껍질을 꼬리 부분만 남기고 홍합은 수염을 말끔하게 잘라 씻어 놓는다. 새우와 홍합, 오징어는 끓는 물에 소금을 넣어 살짝 데쳐 물기를 뺀다.

3 청경채는 씻어 세로로 4등분하고 마른 표고버섯과 목이버섯은 충분하게 불려 채 썬다. 파프리카와 피망은 씨를 도려내고 사방 2㎝ 크기로 썬다.

4 죽순은 빗살무늬를 살려 저미고 양파와 대파는 굵게 채 썬다. 마늘과 생강은 편 썰기 한다.

5 팬에 식용유 1큰술과 고추기름을 두르고 마늘과 생강을 넣어 향이 나도록 볶다가 죽순, 양파, 파프리카, 굴소스를 넣어 센 불에서 재빨리 볶는다.

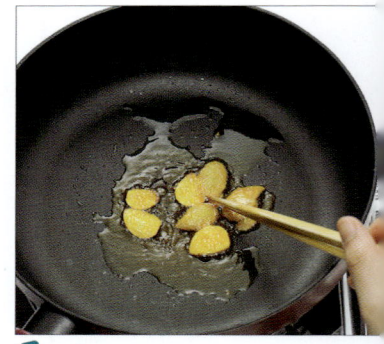

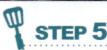 STEP 5

6 ⑤에 데친 오징어와 새우를 넣고 목이버섯, 청주, 설탕물을 넣어 볶다가 물녹말을 넣어 걸쭉하게 볶는다.

7 ⑥에 청경채와 참기름, 소금, 후춧가루로 간을 해서 재빨리 볶아낸다.

⊙ **COOK TIP**
걸쭉한 소스에 어우러진 해물과 채소의 맛은 깊은맛을 내면서 부드러워 남녀노소 모두 좋아하는 맛이다. 매운맛을 원하는 사람은 매운 청양고추, 마른 홍고추를 넉넉하게 넣어 마늘과 생강을 볶을 때 함께 넣어 볶아 칼칼한 맛을 내는 것도 좋다.

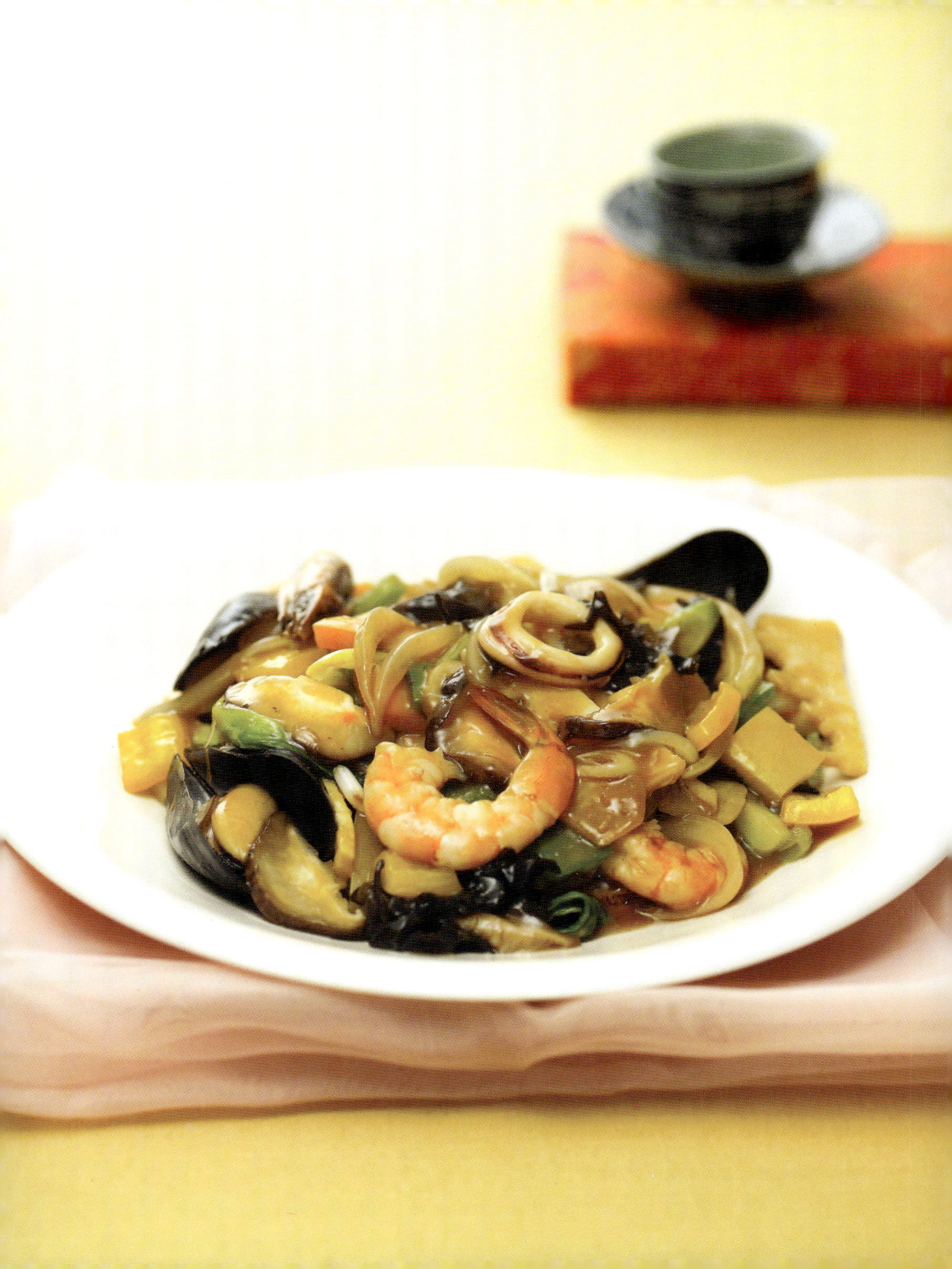

오렌지탕수덮밥

▶ **주재료**
돼지고기(등심) 400g, 밥 2공기

▶ **부재료**
양파즙 2큰술, 생강즙 ½작은술, 사과즙 3큰술, 소금·후춧가루·튀김기름 약간씩, 녹말가루 1컵

▶ **오렌지 탕수소스**
오렌지 1개, 물 1컵, 청경채 3포기, 마늘 2쪽, 청피망 ½개, 양파 ¼개, 물녹말·식초 2큰술씩, 소금 ½작은술, 물엿 1큰술

1 오렌지는 껍질을 벗겨 반은 즙을 짜고 반은 사방 2cm 크기로 썬다.

2 청경채는 씻어서 4등분하고 청피망과 양파는 오렌지 크기로 썬다. 마늘은 얇게 썬다.

3 냄비에 오렌지즙과 물을 붓고 끓으면 양파와 마늘, 식초, 물엿, 소금을 넣어 간을 맞춘 상태로 오렌지와 청경채, 청피망을 넣어 한소끔 끓으면 물녹말로 걸쭉한 농도를 만들어 탕수소스를 만든다.

4 돼지고기 등심은 폭 1cm, 길이 4cm로 잘라 양파즙과 생강즙, 사과즙, 소금, 후춧가루로 간을 해서 조물조물 주물러 밑간한다.

5 녹말가루는 물을 1:1로 넣어 멍울 없이 풀어 가만히 가라앉혀 녹말 앙금만 남기고 윗물을 따라내고 나서 ④의 돼지고기를 넣어 버무려 튀김 온도 190℃에서 노릇하게 두 번 튀겨낸다.

6 뜨거운 오렌지탕수소스에 ⑤의 고기를 넣어 버무려서 적당하게 담은 밥 위에 소복하게 올려 낸다.

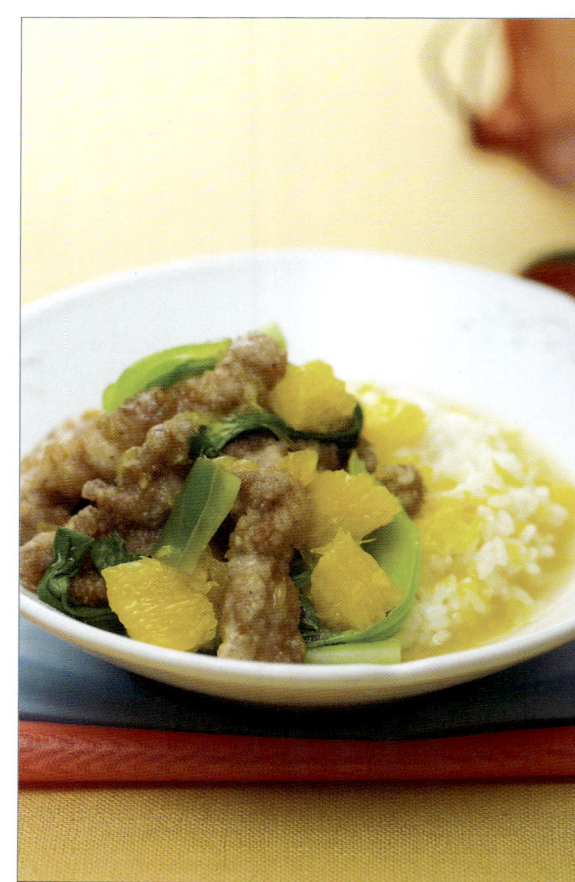

→ **COOK TIP**
돼지고기 등심은 양파즙과 생강즙, 사과즙을 넣어 밑간을 해야 고기가 부드럽고 튀겼을 때 고기와 튀김옷이 따로 떨어지지 않아 깔끔하다.

치즈퐁듀

▶ **주재료**
스위스 와인 1컵(화이트와인), 에멘탈 치즈 200g, 그뤼에르 치즈 100g

▶ **부재료**
옥수수전분 2큰술, 마늘즙 1작은술, 바케트 50g, 양송이버섯 5개, 레몬즙 약간

1 바게트는 먹기 좋게 적당한 크기로 썰고, 양송이는 갓
   이 피지 않은 것으로 반씩 갈라 준비한다.

2 냄비에 마늘즙을 골고루 바른다.

3 냄비가 적당히 달구어지면 준비한 치즈를 잘게 다져
   넣고 옥수수전분과 스위스 와인을 넣고 끓인다.

4 걸쭉해진 치즈가 뜨거울 때 레몬즙을 조금 넣고 준비
   된 바게트를 치즈에 찍어 먹는다.

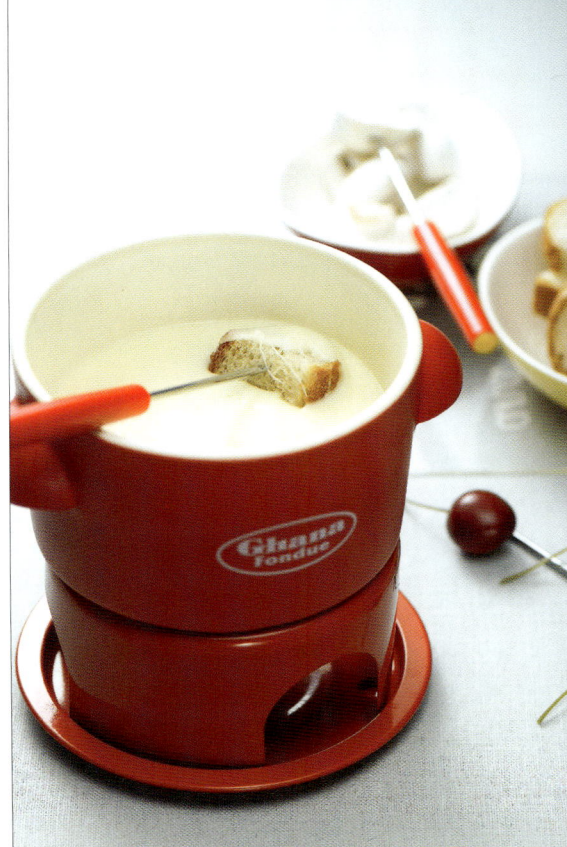

→ COOK TIP

만약 바게트가 없다면 설탕 없는 비스킷을 찍어 먹어도 된다. 퐁
듀는 프랑스어 퐁드르에서 온 말로 '긴 꼬챙이에 꿰어 소스를 찍
어 먹는다'는 뜻이다. 치즈 이외에 고기 퐁듀나 바닐라 퐁듀, 아
이스크림 퐁듀 등 다채로운 퐁듀 요리가 있다. 냄비에 마늘즙을
골고루 바른 후 냄비를 달구어 치즈를 넣어야 치즈 고유의 냄새
를 약간 없앨 수 있다.

새우칠리고추토르티야

▶ **주재료**
토르티야 12장, 칵테일새우 12마리, 멕시칸 칠리고추(할라피뇨) 6개

▶ **부재료**
양배추 3장, 양파 ½개, 청·홍피망 1개씩

▶ **살사소스**
다진 토마토 1컵, 다진 청·홍고추·레몬즙·설탕·다진 양파 1큰술씩, 식초 2큰술, 다진 파슬리 약간

1 토르티야는 냉동한 것으로 구입해서 팬에서 기름을 두르지 말고 한 장씩 노릇하게 구워낸다.

2 칵테일새우는 옅은 소금물에 헹구어서 끓는 물에 데쳐낸다.

3 양배추는 굵은 심지를 도려내고 6㎝ 길이로 굵게 채 썬다. 양파도 굵게 채 썰어 찬물에 헹구어 물기를 건져 뺀다.

4 청·홍피망은 씨를 도려내고 양배추 굵기로 채 썬다. 멕시칸 칠리고추는 반으로 자른다.

5 살사소스를 분량의 재료대로 섞어서 차게 둔다.

6 토르티야에 칵테일새우, 양배추, 양파, 피망, 멕시칸 칠리고추를 적당히 담고 돌돌 말아서 차게 둔 살사소스를 곁들여 상에 낸다.

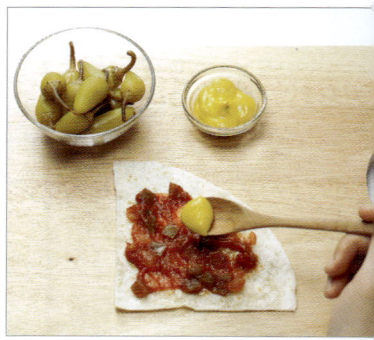

 TIP

→ **COOK TIP**
노란색 멕시코 고추 할라피뇨는 매운맛이 강해 입안이 얼얼한 정도인데 꼭지만 떼어내고 반으로 갈라서 토르티야에 각종 채소와 함께 넣어 먹으면 고소하면서 칼칼한 맛이 일품이다. 토르티야에는 곁들이는 소스에 따라서 매운맛과 새콤달콤한 맛이 나는데 살사소스는 매우면서도 알싸한 맛이 나고 허니머스터드는 단맛과 함께 새콤한 맛이 일품이다. 특히 소스는 차게 해서 먹어야 제 맛이 난다.

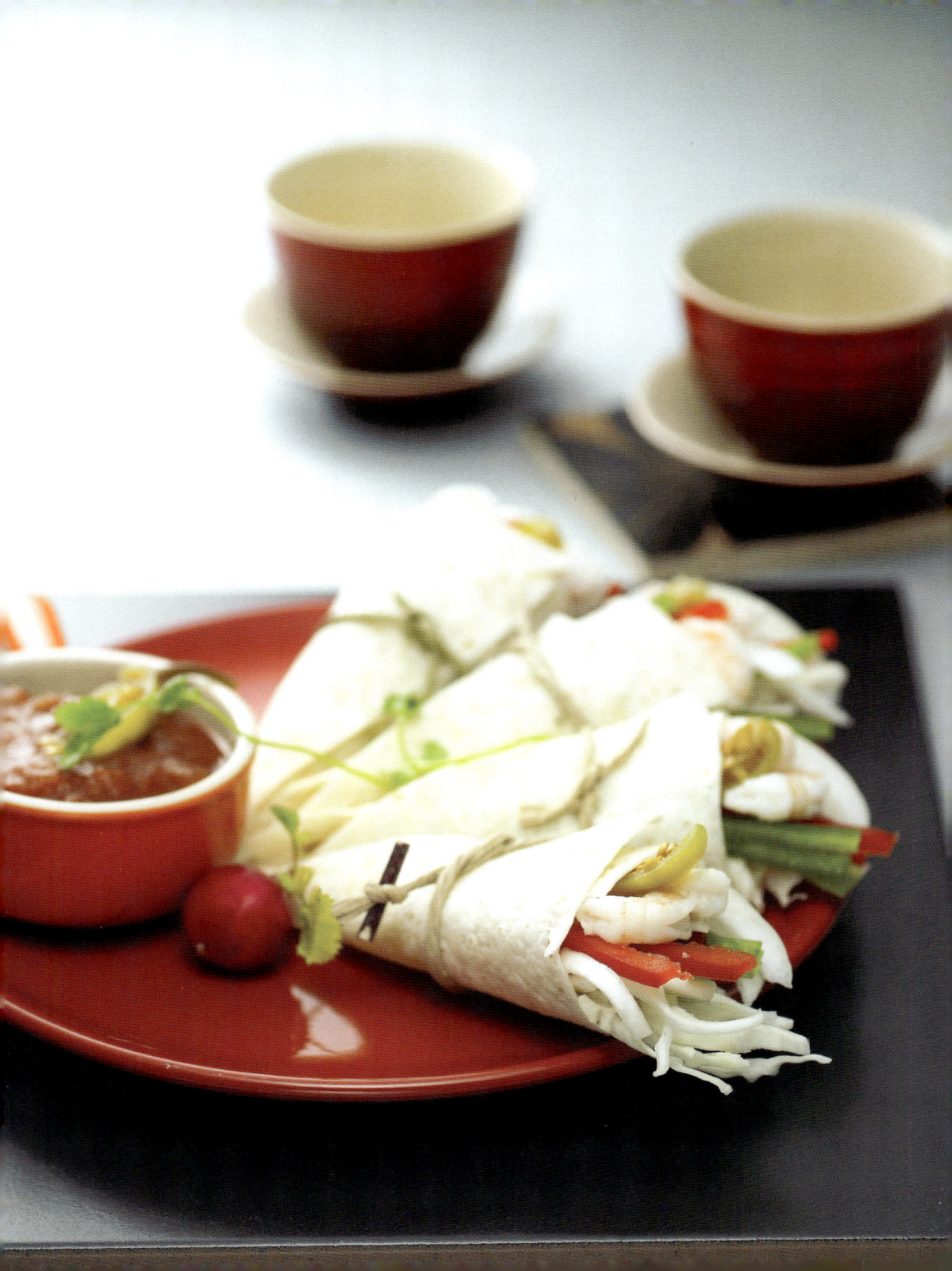

파엘라

▶ **주재료**
쌀 1½컵, 쇠고기(등심) 200g, 홍합(그린 홍합) 8개, 중하 12마리, 양송이버섯 4개, 토마토 1개

▶ **부재료**
마늘 3쪽, 치킨스톡 2개, 물 2컵, 완두콩 5큰술, 칠리고추 2~4개, 건코코넛 10g, 타피오카 펄 10g, 샤프란 · 라임잎 · 소금 · 후춧가루
약간씩

1 샤프란은 따끈한 물에 불려 충분하게 색을 우린다.

2 양파는 사방 2㎝ 크기로 썰고 마늘은 편 썬다. 토마토는 껍질 벗겨 굵게 다진다.

3 쇠고기는 등심으로 준비해서 사방 2㎝ 크기로 썬다. 홍합과 중하는 손질해서 물기를 빼고 준비한다.

4 치킨스톡은 물을 붓고 충분하게 끓여 육수를 만들고 양송이버섯은 굵게 편 썬다.

5 냄비에 토마토와 다진 마늘, 육수를 붓고 끓인다. 끓어오르면 쇠고기, 홍합과 중하, 완두콩, 칠리고추를 넣어 저어가면서 끓인다.

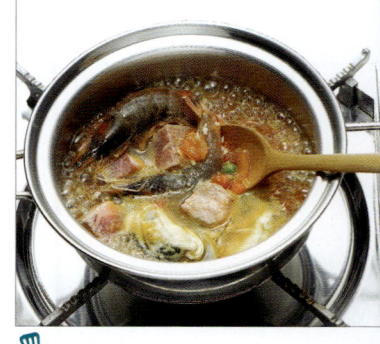

 STEP 5

6 충분하게 불린 쌀을 ⑤에 넣어 볶으면서 타피오카, 건코코넛과 라임잎을 넣어 끓인다.

7 ⑥에 샤프란 우린 물과 닭 육수를 붓고 끓으면 은박지로 뚜껑을 만들어 덮어 약한 불에서 30분 정도 둔다.

8 충분하게 볶아서 쌀알이 완전하게 익으면 양송이를 넣어 버무리고 소금, 후춧가루로 간을 맞춰 그대로 낸다.

> ↻ **COOK TIP**
> 에스파냐의 전통요리인 파엘라(Paella)는 해산물을 넣은 볶음밥이라 할 수 있다. 파엘라는 둥근 모양의 바닥이 얇고 양쪽에 손잡이가 있는 냄비를 말하는데 일종의 팬이다. 전통적인 파엘라는 1m가 넘는 대형 냄비를 장작불 위에 걸어 놓고 흔한 재료를 모두 넣어서 쌀과 함께 볶아 먹었던 것으로 돼지고기, 닭고기, 쇠고기, 양고기 등과 홍합, 새우 등의 해산물을 넣어 만들었다.

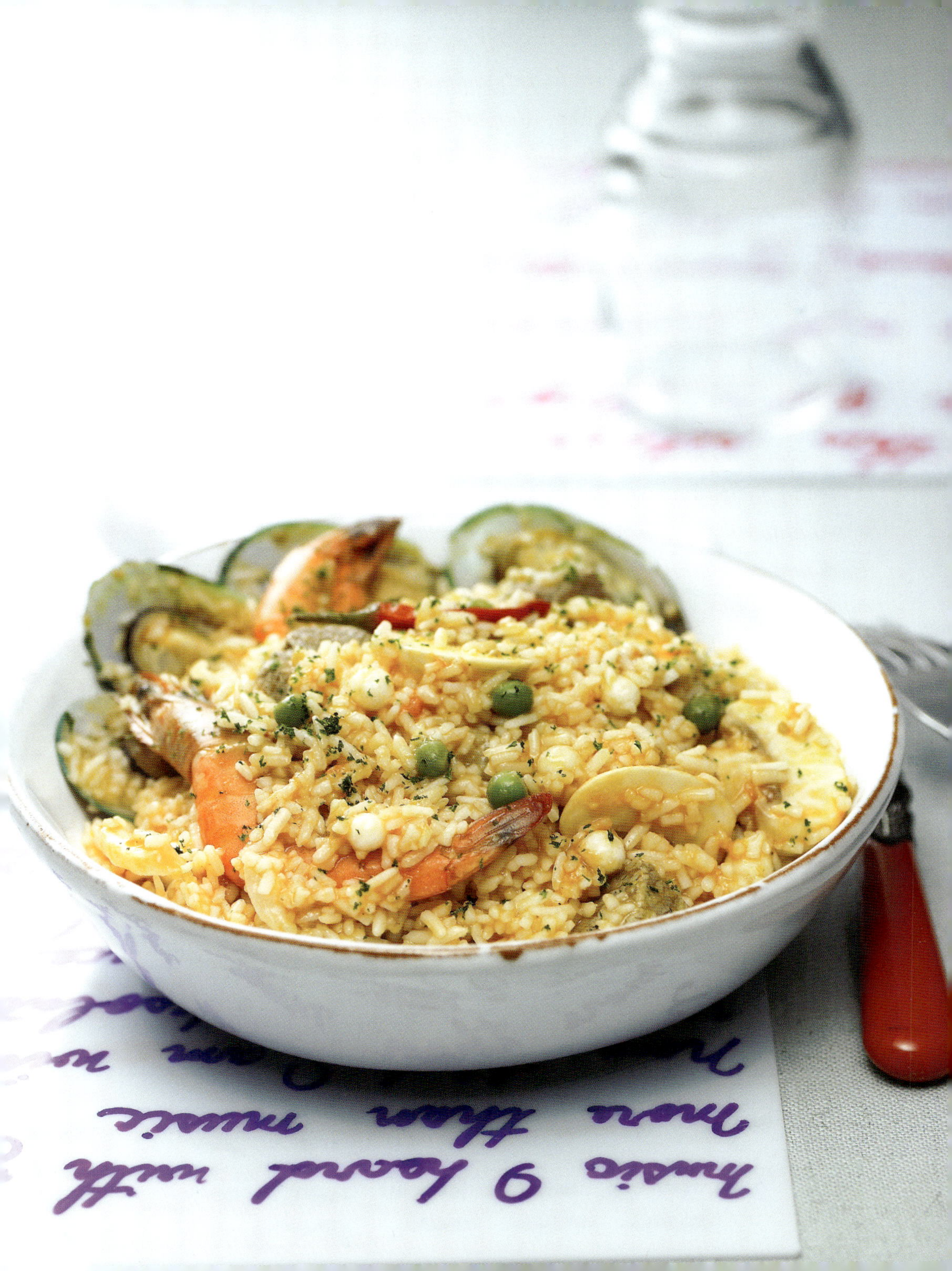

리조또

▶ **주재료**
쌀 1컵, 오징어 1마리, 파르메산 치즈 50g, 파르메산 치즈가루 약간

▶ **부재료**
버터 2큰술, 닭 뼈 육수 2컵, 애호박 30g, 양파 ⅓개 파프리카 ⅓개, 토마토 ⅓개, 마늘 2쪽, 말린 바질 1작은술

1 쌀은 깨끗이 씻어 불리지 않은 상태로 버터를 두른 냄비에 넣어 살짝 볶는다.

2 닭뼈를 물을 넉넉하게 붓고 푹 우려 2컵의 분량을 만든다.

3 ①에 ②의 뜨거운 닭 육수와 말린 바질을 넣어 충분하게 저어 익힌다.

4 토마토는 씻어 껍질 벗겨 다지고 마늘도 굵게 다진다.

5 오징어는 몸통을 준비해서 배를 가르지 않고 손질해서 얄팍하게 동그랗게 썬다. 애호박과 양파, 파프리카는 사방 1cm 크기로 썬다.

6 ③에 마늘, 오징어, 양파, 애호박, 파프리카를 넣어 저어주면서 약한 불에서 익힌다.

7 오징어와 채소가 익으면 파르메산 치즈와 다진 토마토를 넣어 소금으로 간을 맞춰 버무려 볶아낸다. 마지막에 파르메산 치즈가루를 뿌려 완성한다.

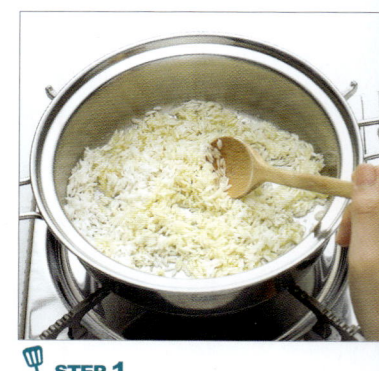

STEP 1

→ **COOK TIP**

리조또(Risotto)의 정확한 뜻은 버터에 쌀을 넣고 살짝 볶은 후 뜨거운 육수를 부어 만드는 이탈리아 요리다. 쌀을 주재료로 사용하기 때문에 이탈리아에서 쌀이 많이 생산되는 지역에서 발달한 요리다. 아이들이 좋아하는 피자치즈를 넣어 만들기도 하지만 파르메산 치즈 등은 넣지 않는 것이 원칙이다. 하지만 요즘 사람들의 입맛에 따라 넣기도 한다. 해물, 육류, 채소 등의 재료에 따라 리조또를 만들어 먹는데 우리나라 해물 비빔밥을 연상하면 알맞다.

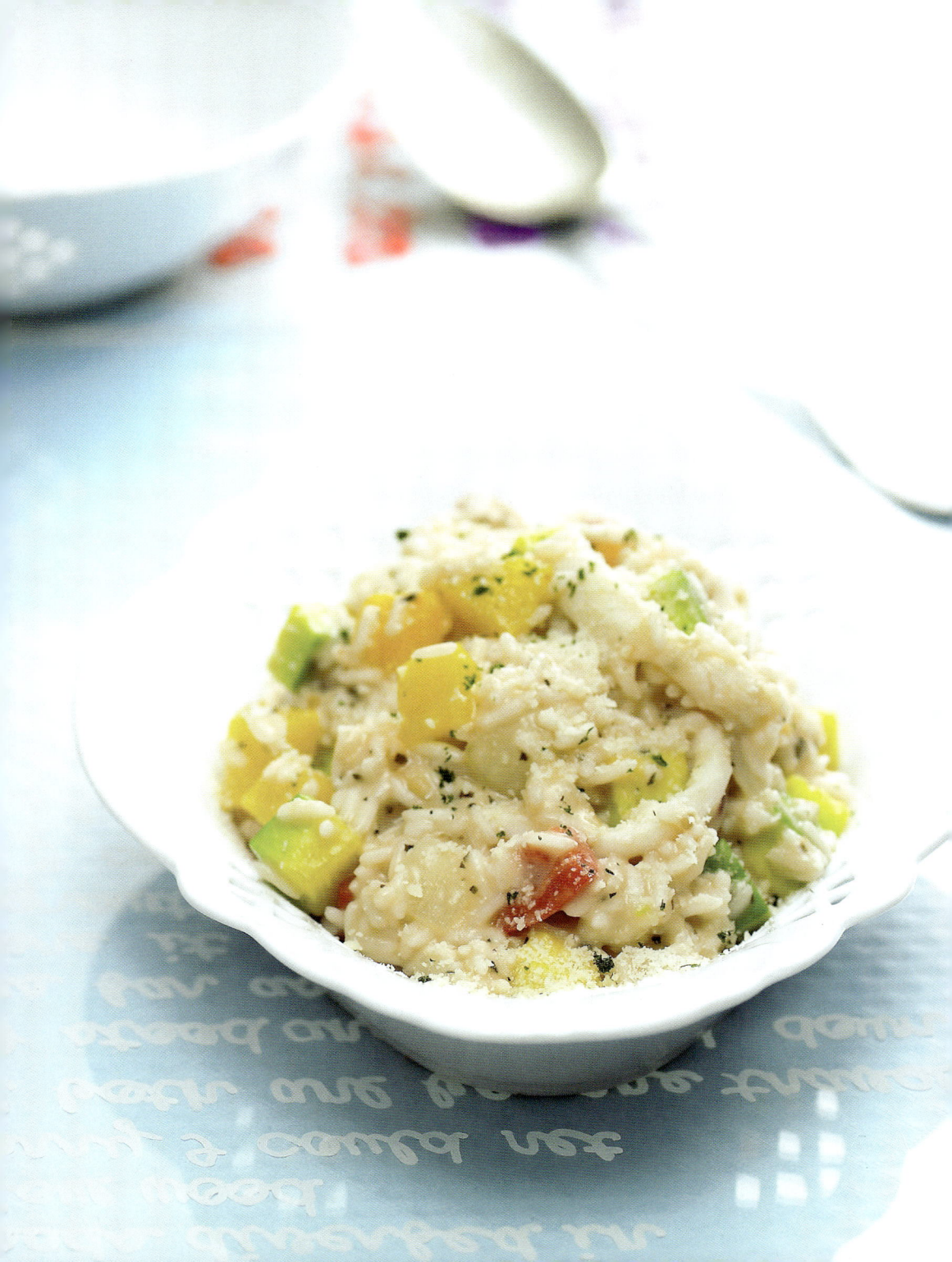

해물마리네

▶ **주재료**
삶은 문어 100g, 칵테일새우 30g, 바지락 100g

▶ **부재료**
방울토마토 4개, 셀러리 1대, 파프리카(노랑) $\frac{1}{2}$개, 민트잎 4장, 화이트와인 $\frac{1}{4}$컵, 레몬즙 $1\frac{1}{2}$큰술, 올리브오일 3큰술, 소금 · 후춧가루 약간씩

1 문어는 삶은 것을 준비해서 어슷썰기하고 새우는 소금물에 헹궈 건진다.

2 바지락은 옅은 소금물에 해감시켜 물에 헹궈 건져 체에 밭친다.

3 방울 토마토는 씻어 꼭지를 떼어내고 셀러리는 겉의 질긴 섬유질을 벗기고 어슷하게 저민다.

4 민트잎은 씻어 잘게 채 썰고 파프리카는 반을 갈라 씨를 도려내고 굵게 채 썬다.

5 냄비에 바지락, 새우, 셀러리잎, 화이트와인을 붓고 뚜껑을 덮어 중간 불에서 끓인다. 바지락이 입을 벌리면 체에 걸러 물을 따로 받는다.

6 레몬즙과 올리브오일을 바지락 삶은 ⑤의 국물에 넣고 거품기르 충분하게 섞어 마리네 액을 만든다.

7 ⑥에 문어와 바지락, 새우, 채소, 민트를 넣어 고루 섞어 소금, 후춧가루로 간을 한다.

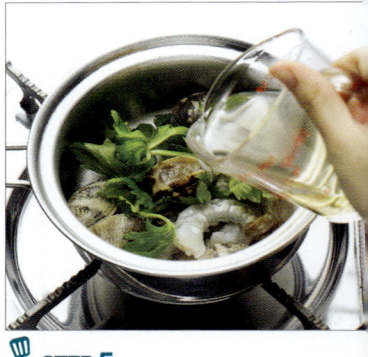

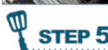 STEP 5

🔵 **COOK TIP**
바지락을 충분히 해감시키지 않으면 자칫 모래나 기타 이물질이 씹힐 수 있다. 해감을 완전하게 시키고 새우와 바지락 삶은 국물은 면포를 깔고 체에 거르는 것이 좋다.

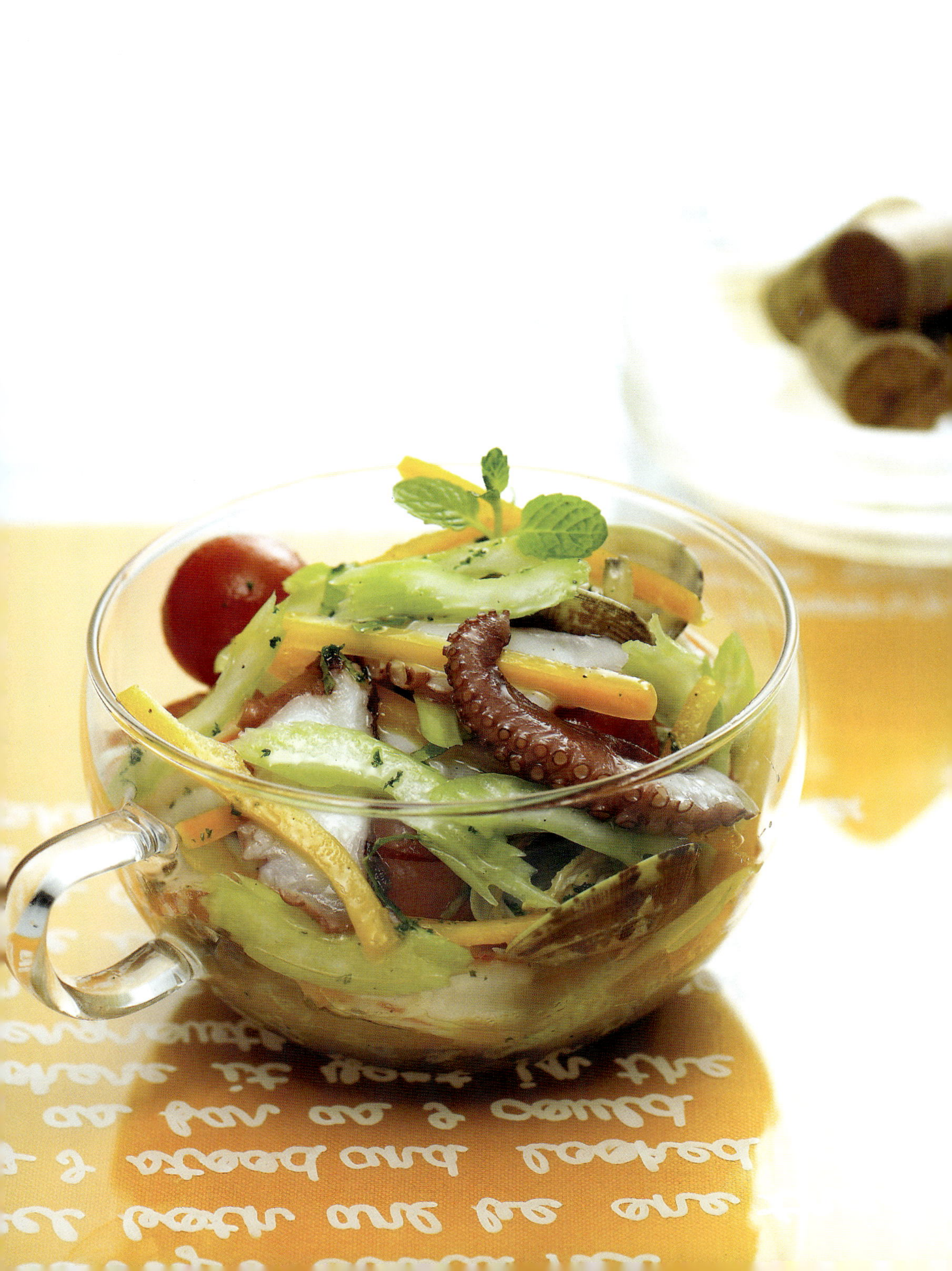

마카로니그라탱

▶ **주재료**
마카로니 50g, 양송이버섯 4개

▶ **부재료**
양파 ½개, 칵테일새우 10마리, 밀가루 1½큰술, 우유 2컵, 버터 3큰술, 파르메산 치즈가루 · 소금 · 후춧가루 약간씩

1 양파는 굵게 채 썰고 양송이버섯은 갓의 껍질을 벗기고 굵게 저민다.

2 칵테일새우는 소금물에 헹궈 건진다.

3 끓는 물에 소금을 약간 넣고 마카로니를 넣어 쫄깃하게 삶아 건지고 ②의 칵테일새우를 그 물에 데쳐낸다.

4 팬에 버터 2큰술을 넣어 달궈지면 양파를 넣어 나른하게 볶는다. 양파가 나른해지면 밀가루를 넣어 갈색이 나도록 볶다가 우유를 조금씩 붓고 걸쭉한 상태로 끓인다.

5 ④에 양송이버섯과 데친 칵테일새우, 마카로니를 넣어 버무려 소금과 후춧가루로 간을 한다.

6 그라탱 그릇에 버터 ½큰술을 넣고 고루 펴 바른 후 ⑤의 버무린 재료를 듬뿍 소담스럽게 담는다.

7 ⑥의 윗면에 파르메산 치즈가루를 뿌리고 남은 버터를 잘게 잘라 올린 후 미리 예열한 180℃의 오븐에서 12분 정도 구워낸다.

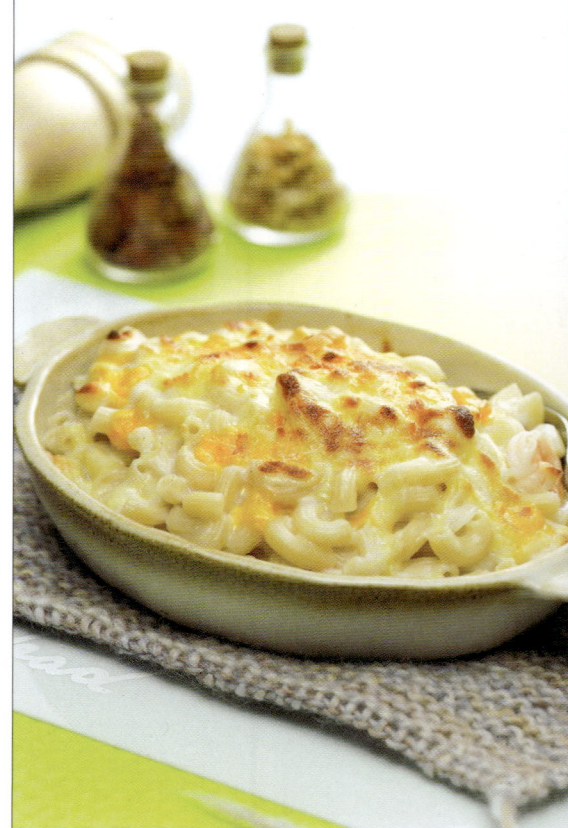

> 🔘 **COOK TIP**
> 그라탱에 중요한 포인트는 바로 화이트 루를 만드는 것이다. 밀가루를 갈색이 나도록 볶다가 우유를 조금씩 부어가면서 멍울 없이 매끈한 루를 만들어야 하는데 밀가루를 볶을 때 약한 불에서 고르게 볶아야 멍울이 잘 풀리고 덩어리지지 않는 매끈한 루가 완성된다.

하이라이스

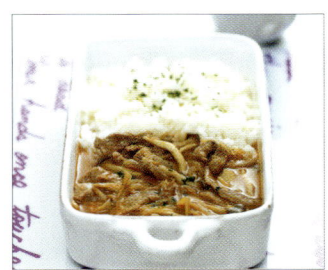

▶ **주재료**
쇠고기(안심) 300g, 밥 3공기

▶ **부재료**
양파 ½개, 마늘 3쪽, 느타리버섯 100g, 버터 1큰술, 설탕 ½큰술, 레드와인 ½컵, 데미글라스소스(시판 제품) ⅓캔, 토마토케첩 3큰술, 당근주스 1컵, 파슬리·소금·후춧가루 약간씩

1 쇠고기는 안심으로 준비해서 3cm 길이로 곱게 채 썰어 소금과 후춧가루를 조금 넣어 조물조물 밑간한다.

2 양파는 곱게 채 썰고 느타리버섯은 가늘게 찢어 놓는다. 마늘은 얇게 저민다.

3 팬에 버터를 넣어 녹으면 양파와 마늘을 넣어 볶는다. 향이 올라오면 밑간한 쇠고기를 넣어 볶아 중간에 설탕을 넣어 볶아준다.

4 ③의 고기가 익으면 레드와인을 붓고 중간 불에서 반으로 국물이 졸아들 때까지 조린다.

5 ④에 시판 데미글라스소스와 토마토케첩, 당근주스, 파슬리를 적당하게 떼어 넣어 함께 조린다. 약한 불에서 15분 정도 끓이는 것이 좋다.

6 ⑤에 느타리버섯을 넣어 밑이 눋지 않도록 저어가면서 5분 정도 더 끓여 그릇에 밥을 적당하게 담고 듬뿍 소스를 부어 먹는다.

포토프

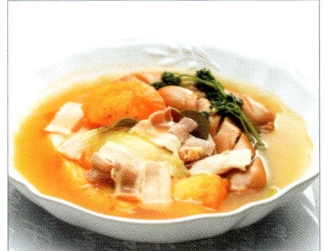

▶ **주재료**
프랑크소시지 4개, 당근 1개(150g), 양파·토마토 1개씩, 양배추 ¼통(150g)

▶ **부재료**
베이컨 2장, 생수 4컵, 치킨스톡 2개, 파슬리 5g, 월계수잎 2장, 소금·후춧가루 약간씩

1 당근은 껍질을 벗겨 4cm 길이로 썰어 세로로 반을 자른다.

2 양파는 큼직하게 4등분하고 토마토는 씻어 꼭지를 자르고 4등분한다.

3 양배추는 심을 떼지 말고 그대로 반달 모양으로 큼직하게 썬다.

4 프랑크소시지는 칼집을 3~4군데 양쪽으로 넣는다. 베이컨은 큼직하게 4cm 길이로 썬다.

5 냄비에 양배추, 당근, 양파, 소시지, 베이컨, 토마토를 모두 담고 파슬리를 잘게 떼어 넣은 후 월계수잎을 넣고 생수에 치킨스톡을 넣어 끓인 물을 붓고 센 불에서 끓인다.

6 끓기 시작하면 거품을 걷어내고 뚜껑을 덮어 약한 불에서 20분 정도 진하게 끓여 소금과 후춧가루로 맛을 내어 먹는다.

→ **COOK TIP**
레드와인을 붓고 양이 반으로 줄어들 때까지 조려야 쇠고기의 질감과 함께 씹히는 맛이 부드럽고 진한 풍미를 느낄 수 있다.

→ **COOK TIP**
포토프는 채소를 듬뿍 넣어 먹을 수 있는 진한 스프를 말한다. 좋아하는 채소를 선택하면 더욱 좋다. 함께 넣는 소시지는 칼집을 넣지 않으면 익는 과정에서 소시지의 겉면이 터져 지저분하므로 꼭 칼집을 넣어 주도록 한다.

포치드에그

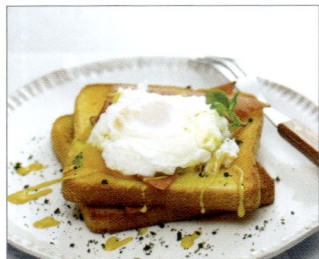

▶ **주재료**
달걀 4개, 식빵 4장

▶ **부재료**
양상추 4장, 버터 2큰술, 슬라이스 샌드위치 햄 8장, 식초 ½작
은술, 소금 약간, 마요네즈 1큰술, 씨 머스터드 1작은술

1 냄비에 물을 2컵 정도 붓고 끓으면 약한 불로 줄여 소
금과 식초를 넣는다.

2 달걀을 한 개씩 작은 종지에 깨뜨려 담아 ①의 끓는
물에 한 개씩 얌전히 넣어 흰자가 흩어지지 않도록 포
크로 모양을 잡으면서 반숙 상태가 될 때까지 익혀낸
다. 4개 모두 같은 방법으로 익힌다.

3 반숙 상태가 된 달걀을 종이타월을 깐 체에 깔고 올려
물기를 뺀다.

4 식빵에 버터를 펴 바르고 햄을 삼각형 모양으로 겹쳐
올린 후 미리 예열한 180℃의 오븐에서 5분 정도 구워
낸다.

5 구운 빵에 양상추를 씻어 물기를 털어 올리고 달걀 반
숙을 올려 살짝 노른자를 터뜨려 놓고 머스터드와 마
요네즈를 끼얹어 먹는다.

독일식포테이토

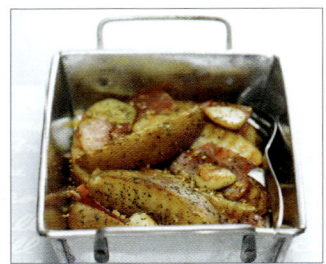

▶ **주재료**
감자 4개, 베이컨 10줄

▶ **부재료**
마늘 4쪽, 올리브오일 2큰술, 소금·후춧가루 약간씩, 다진 파
슬리 1작은술

1 감자는 껍질째 씻어 물기를 닦은 후 큼직하게 8등분
한다.

2 베이컨은 5㎝ 길이로 썬다.

3 팬에 올리브오일을 두르고 약한 불에서 달군 후 껍질
째 반을 가른 마늘과 베이컨, 감자를 넣어 감자 표면
이 갈색이 날 때까지 충분하게 볶는다.

4 넓은 접시에 종이타월을 깔고 감자 볶은 것을 놓아 기
름기를 흡수하게 한 후 소금과 후춧가루, 다진 파슬리
를 뿌려 간을 맞춰 그릇에 담는다. 마늘은 껍질을 벗
겨 가면서 먹는다.

 COOK TIP
달걀은 단백질이 풍부해서 식초를 넣은 끓는 물에 넣으면 응고가
잘 되어 흰자가 지저분하게 풀어지지 않고 매끈하면서 모양을 잘
잡을 수 있다. 하지만 식초를 너무 많이 넣으면 달걀에 식초의 향
이 배어 맛이 없으니 분량을 잘 조절하는 것이 좋다.

COOK TIP
껍질째 마늘을 넣어 볶으면 향이 더 진해져 감자를 먹을 때 마늘
향이 적절하게 배어 더 맛있다. 마늘을 한 개씩 떼어 껍질째 씻어
반을 가른 후 볶아야 한다.

립바비큐스테이크

▶ **주재료**
베이비 립 600g, 치커리 100g

▶ **립 향신채**
대파잎 3대, 생강 $\frac{1}{2}$톨, 물 8컵

▶ **립바비큐소스**
간장 · 올리브오일 · 다진 마늘 2큰술씩, 사과 · 양파 $\frac{1}{2}$개씩, 토마토케첩 $\frac{1}{4}$컵, 월계수잎 2장, 간 통후추 1작은술, 흑설탕 3큰술

▶ **오일소스**
올리브오일 1큰술, 발사믹식초 · 통깨 1작은술씩

1 립은 통째로 찬물에 담가 핏물을 빼고 물기를 닦은 후 냄비에 대파잎과 생강 물을 붓고 끓으면 립을 애벌로 삶아 찬물에 헹궈 기름기를 완전히 닦아준다.

2 사과와 양파를 곱게 갈아서 냄비에 담고 간장과 토마 토케첩, 올리브오일, 다진 마늘, 월계수잎을 넣어서 한소끔 끓으면 불에서 내려 통후추를 갈아서 담고 흑 설탕을 넣어 잘 저어서 우리 입맛에 맞는 바비큐소스 를 만든다.

3 애벌로 데친 립에 고루 발라 30분 이상 간이 배도록 숙성시킨다.

4 ③의 립에 양념장을 듬뿍 다시 발라서 210℃로 30분 을 앞뒤로 노릇하게 굽는다. 중간 중간 립에 바비큐 소스를 덧발라 구워야 립이 속까지 다 익고 윤기가 많 이 나서 먹음직스럽다.

5 치커리는 다듬어 씻어서 물기를 털고 먹기 좋은 크기 로 뜯어 그릇에 소복하게 담는다. 올리브오일 엑스트 라버진과 발사믹식초를 뿌려 버무린 후 통깨를 끼얹 어 무친다.

6 구운 립을 접시에 담고 치커리 무침을 소복하게 얹어 상에 낸다.

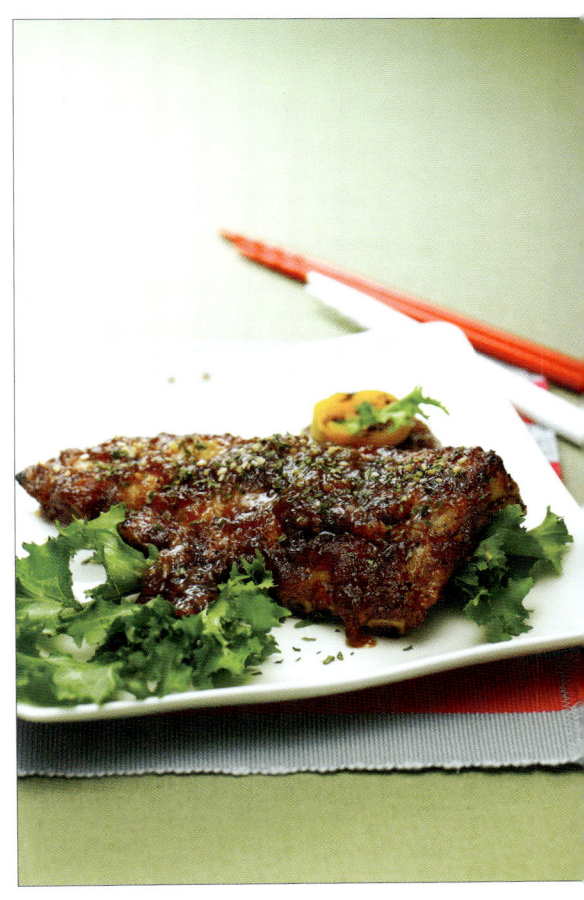

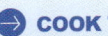 **COOK TIP**
립은 두텁고 질겨서 미리 애벌로 데친 후 바비큐구이를 해야 맛 이 좋다. 대파잎과 생강을 넣어서 누린내를 없애면 좋다.

버섯소스스테이크

▶ **주재료**
쇠고기 등심(사방 12cm, 1.5cm 두께) 600g

▶ **부재료**
양파 1개, 아스파라거스 2개, 파프리카 1개

▶ **마늘버섯소스**
마늘 5쪽, 느타리버섯 50g, 버터·밀가루·토마토 페이스트·A1 스테이크소스 2큰술씩, 우유 5큰술, 물 1컵, 설탕 1큰술, 말린 오레가노
½작은술, 소금·곱게 간 통후추 약간씩

▶ **쇠고기 밑간**
소금·후춧가루·올리브오일 약간씩

1 쇠고기는 등심으로 준비해서 도톰한 부위를 칼로 손질해서 고기 망치로 살짝 두드려 고기를 부드럽게 한 후 소금과 후춧가루, 올리브오일을 뿌려 잠시 재운다.

2 양파와 파프리카는 모양을 살려 1㎝ 두께로 동그랗게 썰고 아스파라거스는 다듬어 씻어 놓는다.

3 냄비에 버터를 두른 후 녹으면 밀가루를 넣어 갈색으로 볶은 후 우유와 물을 붓고 멍울 없이 풀어 끓인다. 화이트 루가 끓으면 편 썰기한 마늘과 굵게 썬 느타리버섯을 넣고 토마토 페이스트와 A1 스테이크소스 설탕을 넣어 부드럽고 걸쭉한 농도가 되도록 끓인다.

4 ③에 말린 오레가노와 소금, 통후추를 곱게 빻아 넣어 마늘버섯소스를 완성한다.

5 그릴 팬을 아주 뜨겁게 달궈 양파와 파프리카 아스파라거스를 올려 살짝 굽는다. 기름을 두르지 말고 그대로 구워야 줄무늬가 생겨 먹음직스럽다.

6 ⑤의 팬에 재워 놓은 등심을 올려 역시 그릴 무늬가 새겨지도록 앞뒤로 구워낸다. 육즙이 빠지지 않도록 살짝 구워야 한다.

7 오븐 팬에 구운 채소를 깔고 고기를 올린 후 210℃로 예열한 오븐에 넣어 기호에 맞도록 10~15분 정도 구워낸다.

8 접시에 구운 양파를 담고 스테이크 고기를 올린 후 마늘버섯소스를 듬뿍 뿌려 함께 구운 아스파라거스와 파프리카를 장식해서 완성한다.

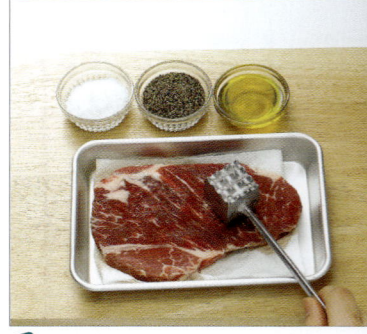

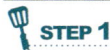 **STEP 1**

→ **COOK TIP**
맛있는 스테이크를 구우려면 쇠고기를 잘 선택해야 한다. 붉은색이 선명하고 살코기와 기름이 적당하게 분포된 것으로 골라야 스테이크를 구웠을 때 육즙이 풍부해서 고기 맛이 살아난다.

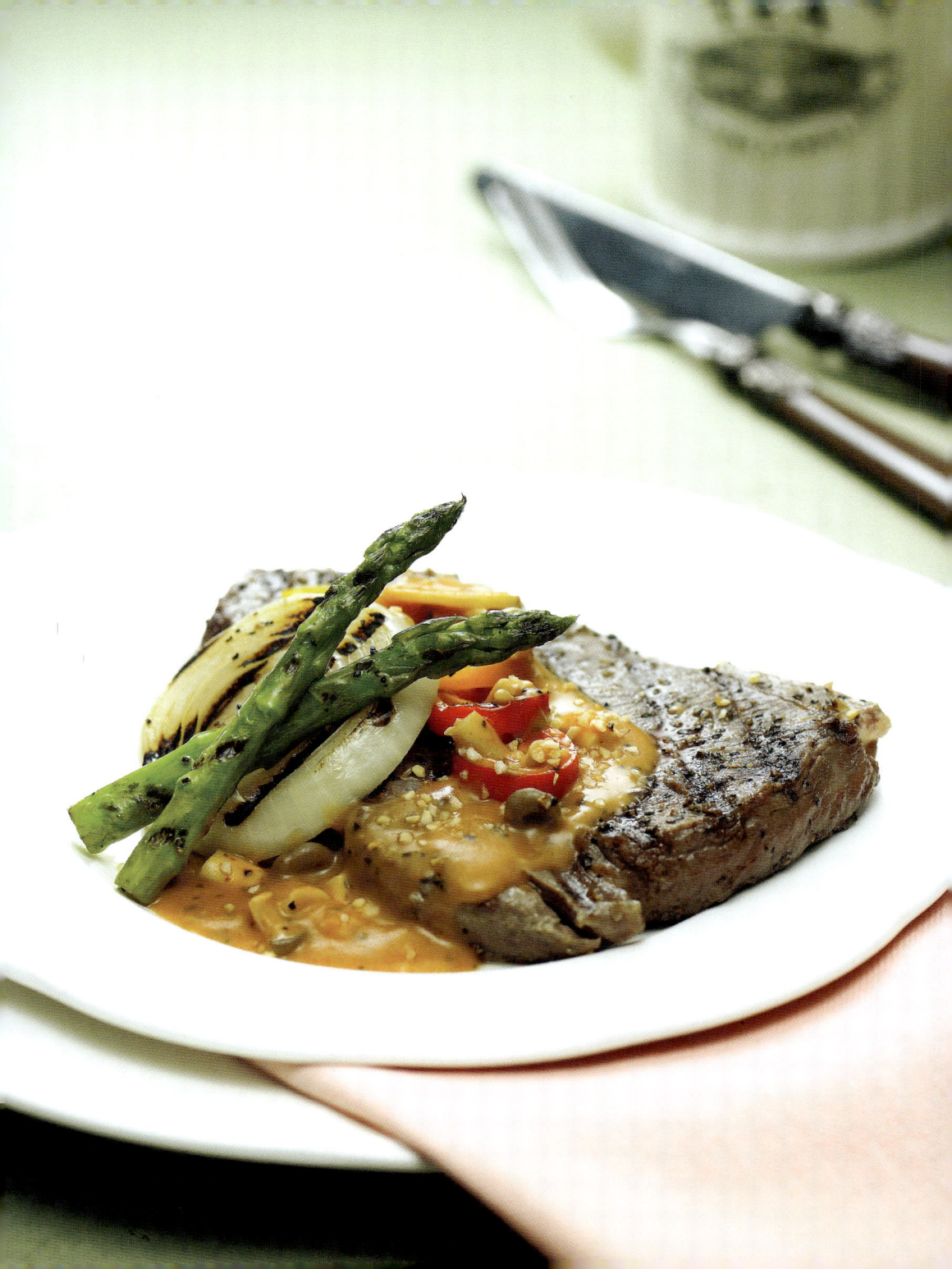

등심스테이크와 감자구이

▶ **주재료**
쇠고기 등심(사방 12cm, 1.5cm 두께) 600g

▶ **부재료**
감자 2개

▶ **갈릭브라운소스**
마늘 5쪽, 버터 · 밀가루 · 토마토 페이스트 · A1 스테이크소스 2큰술씩, 우유 5큰술, 물 1컵, 설탕 1큰술, 말린 오레가노 $\frac{1}{2}$작은술, 소금 · 곱게 간 통후추 약간씩

▶ **쇠고기 밑간**
소금 · 후춧가루 · 올리브오일 약간씩

1 쇠고기는 등심으로 준비하고 도톰한 부위는 고기 망치로 살짝 두드려 고기를 부드럽게 해서 소금과 후춧가루, 올리브오일을 뿌려 잠시 재운다.

2 감자는 껍질째 씻어 세로로 8등분을 해서 찬물에 헹궈 건져 놓는다.

3 냄비에 버터를 두른 후 녹으면 밀가루를 넣어 갈색으로 볶은 후 우유와 물을 붓고 멍울 없이 풀어 끓인다. 화이트 루가 끓으면 편 썰기한 마늘을 넣고 토마토 페이스트와 A1 스테이크소스, 설탕을 넣어 부드럽고 걸쭉한 농도가 되도록 끓인다.

4 ③에 말린 오레가노와 소금, 통후추를 곱게 빻은 것으로 맛을 내 갈릭브라운소스를 완성한다.

5 오븐 팬에 올리브오일을 바른 감자를 깔고 고기를 올린 후 210℃로 예열한 오븐에 넣어 기호에 맞도록 25분 정도 구워낸다.

6 접시에 구운 감자를 담고 스테이크 고기를 올린 후 갈릭브라운소스를 듬뿍 끼얹는다.

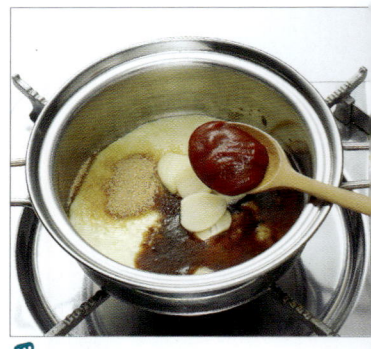

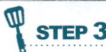 STEP 3

> → **COOK TIP**
> 쇠고기는 숙성된 상태에서 먹어야 최고의 맛과 부드러운 질감을 느낄 수 있다. 신선육을 구입해서 랩으로 공기가 닿지 않도록 싸서 냉장고에서 3일 정도 숙성시키면 최고의 스테이크 맛을 즐길 수 있다.

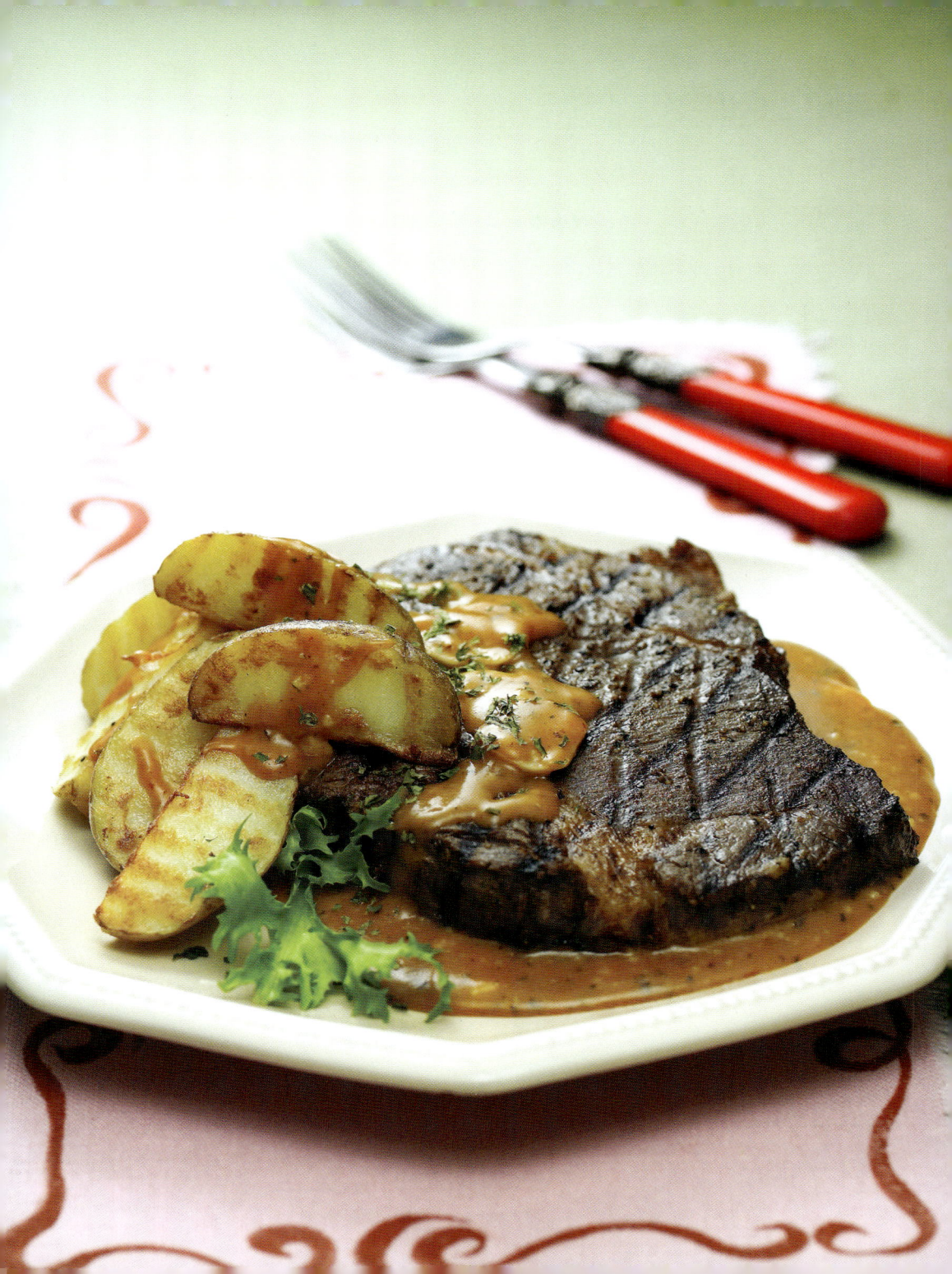

함박스테이크

▶ **주재료**
다진 쇠고기 400g, 다진 돼지고기 100g

▶ **부재료**
다진 양파 5큰술, 다진 마늘 2큰술, 빵가루 ½컵, 우유 · 소금 · 곱게 빻은 통후추 · 올리브오일 약간씩, 쌀 1컵, 모차렐라치즈 5큰술,
완두콩 3큰술, 오이피클 · 할라피뇨 약간씩

▶ **스테이크소스**
버터 · 우스터소스 · 토마토 홀 2큰술씩, 밀가루 3큰술, 우유 ½컵, 생수 1컵, 토마토케첩 5큰술, 월계수잎 2장, 꿀 1큰술, 소금 약간

1 다진 양파와 다진 마늘은 마른 팬에서 살짝 볶아 수분을 없애고 식힌다.

2 볼에 다진 쇠고기와 다진 돼지고기, 볶아 놓은 양파와 다진 마늘, 빵가루
를 넣고 우유를 조금 넣어 버무린 후 소금과 통후추 빻은 것으로 간을 해
서 치댄다.

3 직경 8㎝, 두께 1㎝로 함박스테이크를 만들어 팬에서 올리브오일을 두르
고 노릇하게 익힌다. 익힐 때 고기가 오그라들지 않도록 꼬치로 군데군데
찔러 놓는다.

4 충분하게 불린 쌀을 올리브오일을 두른 냄비에 담고 쌀 알갱이가 투명해
지도록 볶는다. 쌀에 우유와 물을 적당하게 붓고 완두콩을 넣어 밥을 짓는
다. 중간 중간 밥을 뒤섞은 후 모차렐라치즈를 넣어 아주 약한 불에서 밥
알이 완전히 익도록 하고 소금으로 약간의 간을 해 치즈가 완전히 녹도록
리조또를 만든다.

5 냄비에 버터를 녹이고 밀가루가 갈색이 나도록 볶다가 우유와 물을 붓고
멍울 없이 풀어 끓인다. 우스터소스, 토마토 홀, 토마토케첩을 넣고 월계
수잎을 넣어 걸쭉한 농도가 되도록 끓인다. 마지막에 꿀과 소금으로 간을
해서 스테이크소스를 완성한다.

6 접시에 리조또를 적당하게 담고 함박스테이크를 한 조각씩 올린 후 스테
이크소스를 듬뿍 뿌리고 오이피클과 할라피뇨를 얹어 상에 낸다.

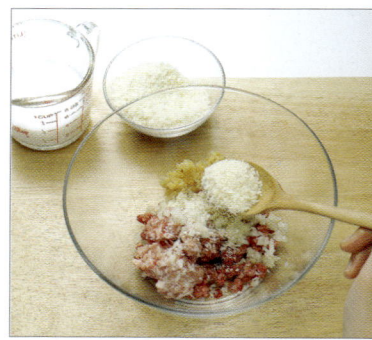
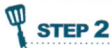 **STEP 2**

> 🢂 **COOK TIP**
> 다진 쇠고기로 만드는 함박스테이크는 다진 쇠고기 반죽이 제일
> 중요하다. 오래 끈기가 있도록 치대 주어야 구웠을 때 고기가 부
> 서지지 않고 모양을 유지한다.

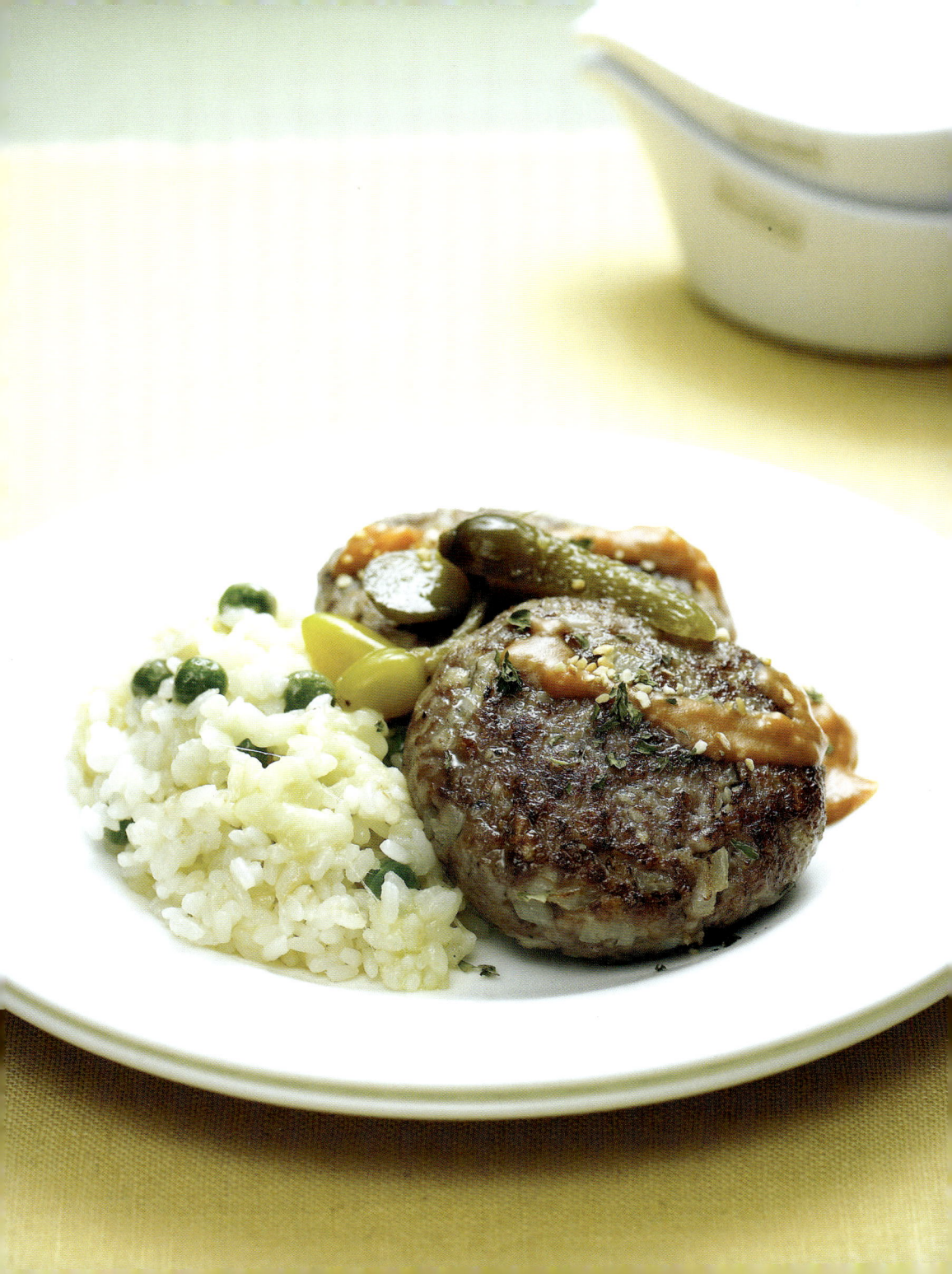

갈릭하와이안스테이크

▶ **주재료**
쇠고기(스테이크용) 400g

▶ **부재료**
양파 1개, 통마늘 3개, 청경채 30g

▶ **쇠고기 밑간**
레드와인 · 간장 1큰술씩, 통후추 · 소금 약간씩

▶ **스테이크소스**
올리브오일 3큰술, 발사믹식초 · 설탕 1큰술씩, 살사소스 2큰술, 우스터소스 1작은술, 로즈메리 분말 약간

1 스테이크용 쇠고기는 고기 망치로 두드려 육질을 부드럽게 해서 기름기를 제거하고 레드와인과 간장, 통후추, 소금을 넣고 밑간해서 손으로 많이 두드려 준다.

2 양파는 1㎝ 두께로 링으로 썰고 통마늘은 두 겹 정도의 껍질을 남긴 채 모두 벗겨 씻어 가로로 반 가른다. 청경채는 씻어서 반 갈라 끓는 물에 살짝 데쳐 찬물에 헹궈 올리브오일에 볶아낸다.

3 볼에 살사소스와 우스터소스, 설탕을 넣어 발사믹식초로 맛을 낸 후 올리브오일을 붓고 거품기로 같은 방향으로 계속 저어서 부드러운 스테이크소스를 만들어 로즈메리 분말을 넣는다.

4 팬을 뜨겁게 달궈 재운 스테이크용 고기를 센 불에서 앞뒤로 구워낸다.

5 구운 고기가 식어 단단해지면 고기의 단면이 보이도록 사선으로 썬다.

6 곁들이는 양파와 통마늘은 고기를 구운 팬에 노릇하게 지져낸다.

7 그릇에 양파, 통마늘, 청경채를 각각 담고 썬 고기를 소복하게 올리고 스테이크소스를 뿌려 상에 낸다.

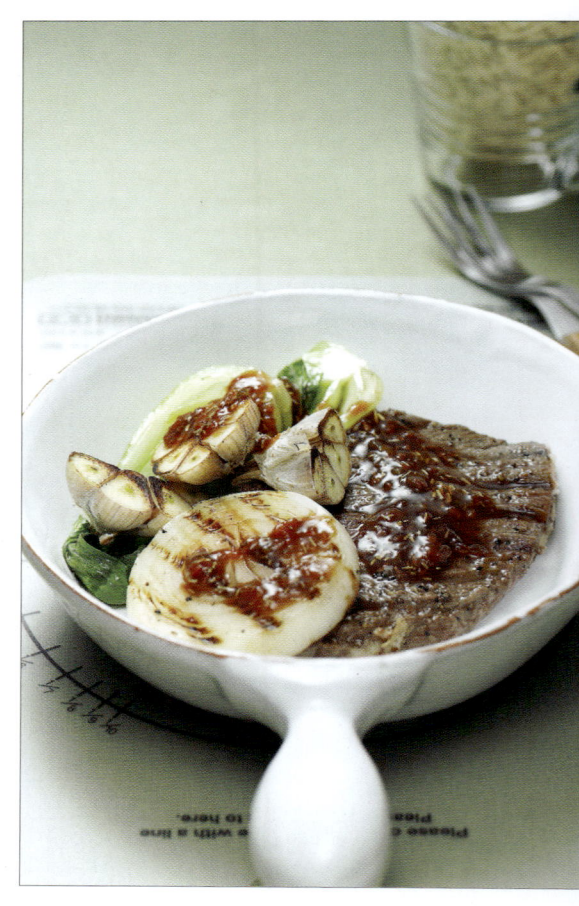

→ COOK TIP
보통 스테이크는 큰 접시에 고기와 소스, 곁들인 채소가 나오는 것이 보통이다. 하지만 각자 써는 것보다는 우리나라의 정서에 맞게 스테이크를 먹기 좋게 썰어서 함께 곁들이는 채소 절임 또는 볶은 채소와 함께 긴 접시에 각각 담아서 내어보자.

미니스테이크

▶ **주재료**
쇠고기(등심) 600g

▶ **부재료**
슬라이스 체더치즈 3장, 피자치즈 50g, 치커리 · 새싹채소 50g씩, 칠리페이퍼 3개

▶ **쇠고기 밑간**
소금 · 빻은 통후추 약간씩, 레드와인 4큰술, 양파즙 2큰술

▶ **오일소스**
올리브오일 2큰술, 발사믹식초 1작은술, 소금 약간

1 쇠고기는 1㎝ 두께, 사방 6㎝ 폭으로 썰어 여러 장을 만든 후 고기망치로 두드려 고기를 연하게 한다.

2 ①의 쇠고기에 소금과 통후추를 곱게 빻아서 뿌리고 레드와인과 양파즙을 뿌려서 30분 이상 밑간한다.

3 치커리와 새싹채소는 씻어서 물기를 털고 적당하게 손으로 뜯어 오일소스에 버무린다.

4 팬에 올리브오일을 두르고 다진 칠리페이퍼를 볶아 향이 올라오면 그릇에 담고 다시 그 팬에서 미니 스테이크를 앞뒤로 살짝 함께 구워낸다.

5 구워낸 미니 스테이크에 슬라이스 체더치즈를 삼각형으로 잘라 올리고 그 위에 피자치즈를 올린 후 볶아 놓았던 칠리페이퍼를 조금씩 올려 210℃로 예열한 오븐에서 15분 정도 치즈가 살짝 녹아내릴 정도만 구워낸다.

6 구워낸 미니 스테이크를 접시에 담고 채소 샐러드를 듬뿍 곁들여 상에 낸다.

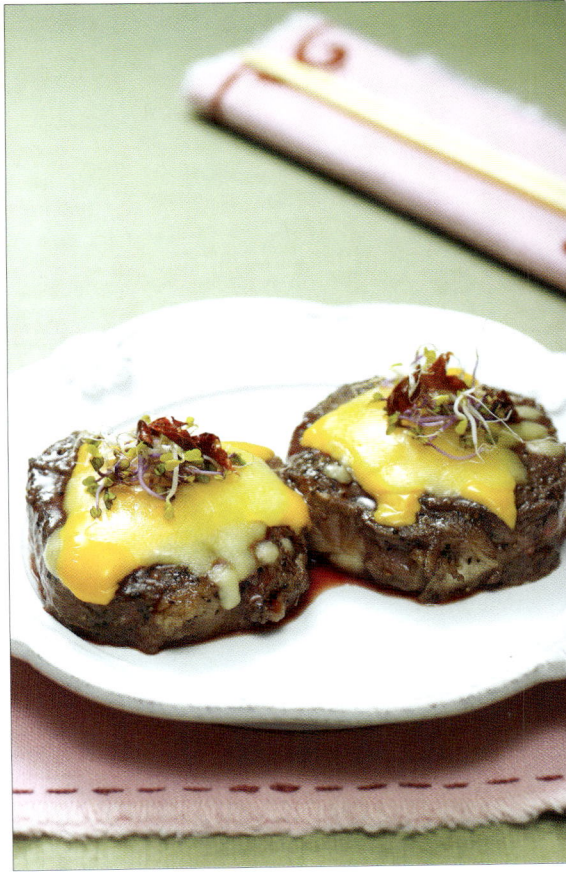

⊙ COOK TIP
부드러운 미니 스테이크는 매콤한 칠리페이퍼를 볶아 향이 오르게 해서 밑간한 고기를 구워야 매콤하고 칼칼한 맛이 배 고기 씹는 질감이 더 좋고 아삭한 채소 샐러드와 어우러져 깔끔한 맛이 난다.

포테이토이태리피자

▶ **주재료**
밀가루 2컵, 모차렐라치즈 100g

▶ **피자반죽**
이스트 1큰술, 미지근한 물 180ml, 소금 약간, 설탕 1작은술, 올리브오일 ˙큰술

▶ **토핑 재료**
감자 1개, 베이컨 4장, 옥수수(통조림) 30g, 올리브 3개, 양파 1개

▶ **토핑소스**
간장 1큰술, 사과 · 양파 ½개씩, 토마토케첩 ¼컵, 월계수잎 2장, 간 통후추 1작은술, 흑설탕 3큰술, 올리브오일 · 다진 마늘 2큰술씩

1 미지근한 물에 이스트를 녹여 밀가루 1큰술과 설탕 1큰술을 넣어 섞은 후 비닐을 덮어 거품이 생길 때까지 10분 정도 둔다.

2 ①에 남은 밀가루와 소금과 ①의 이스트를 넣어 10분 정도 반죽한다.

3 ②에 올리브오일을 넣어 차지게 반죽해서 비닐을 덮어 40분 정도 발효시킨다.

4 부풀어 오른 반죽을 손으로 치대 공기를 빼고 납작하게 동그란 모양으로 빚는다. 포크로 몇 군데 찍어 놓는다.

5 감자는 반을 갈라 모양 칼로 길게 1㎝ 폭으로 썰어 끓는 물에 삶아 건지고 베이컨은 2㎝ 폭으로 썬다. 옥수수 통조림은 끓는 물에 데치고 올리브와 양파는 동그랗고 얇게 썬다.

6 냄비에 토핑소스를 모두 넣어 은근하게 조려 걸쭉한 상태가 되면 차게 식힌다.

7 피자 도우에 ⑥의 토핑소스를 ⅓정도 남기고 모두 부어 평평하게 바른 후 감자, 베이컨, 옥수수, 올리브, 양파를 고루 올린다.

8 ⑦의 피자 토핑 위에 남은 소스를 듬뿍 바르고 잘게 다진 모차렐라치즈를 고루 뿌린 후 180℃로 예열한 오븐에 넣어 25분간 노릇하게 구워낸다.

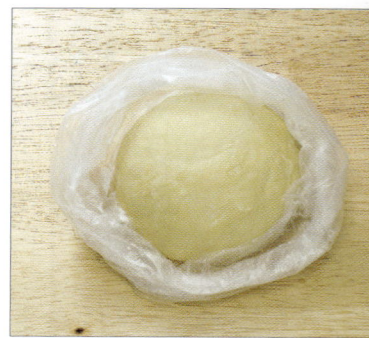

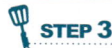 **STEP 3**

🔵→ **COOK TIP**
부풀어 오른 반죽은 손으로 치대 공기를 뺀 후 피자를 구워야 피자 도우가 평평하게 잘 구워지면서 피자 토핑과 함께 잘 어우러진다. 공기를 뺄 때에는 치대면서 손바닥으로 탁탁 쳐준다.

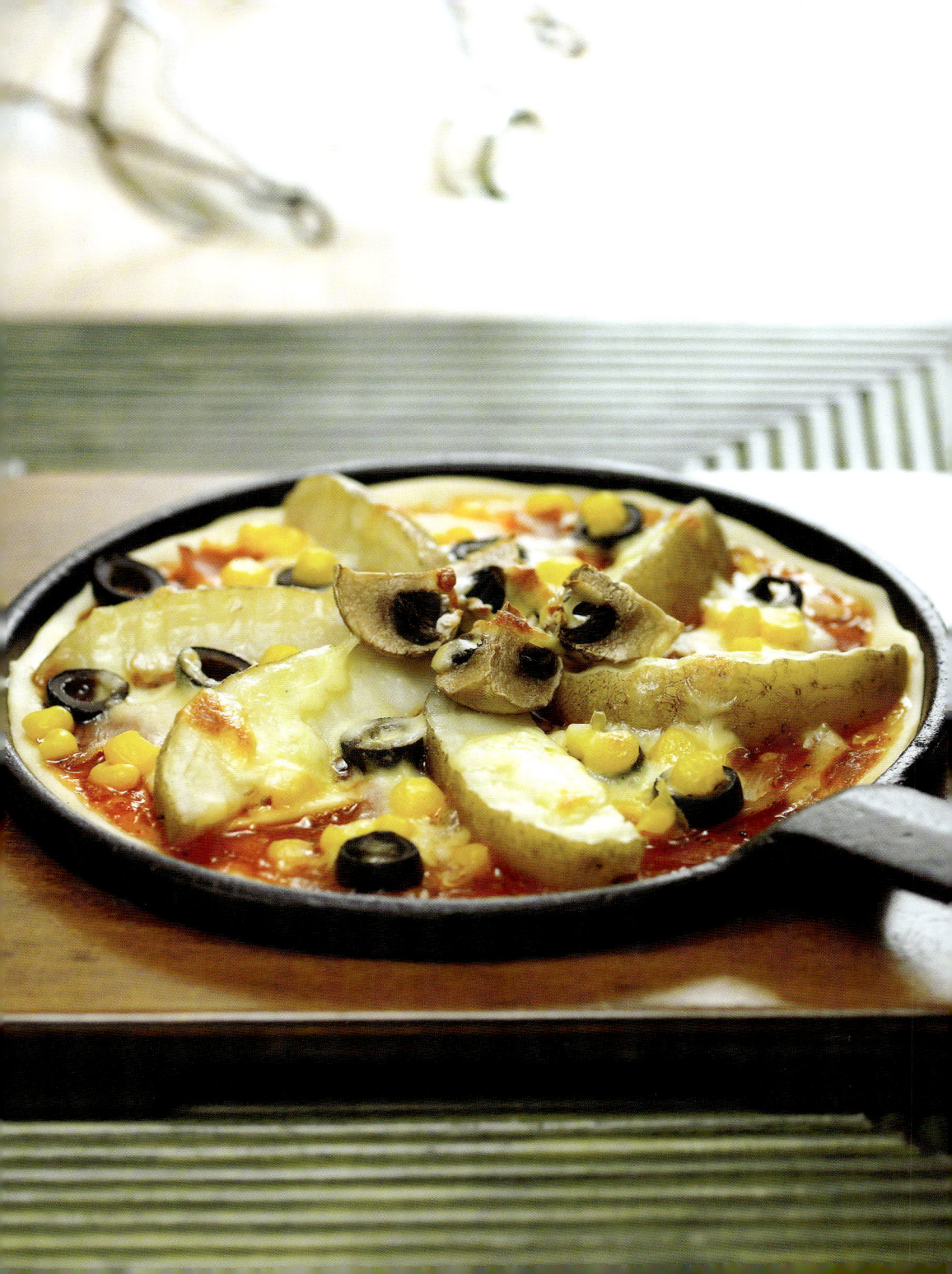

미트소스토르티야피자

▶ **주재료**
토르티야(큰 것) 2장

▶ **부재료**
슬라이스 체더치즈 4장, 모차렐라치즈 50g

▶ **미트소스**
다진 쇠고기 200g, 버터·밀가루 2큰술씩, 토마토케첩·생수 ½컵씩, 다진 마늘 1큰술, 다진 양파·다진 청피망·토마토 페이스트 3큰술씩, 소금·흰 후춧가루 약간씩

1 토르티야는 크기가 큰 것으로 준비해서 두 장 사이에 슬라이스 체더치즈를 끼워 겹쳐 놓는다.

2 냄비에 버터를 녹이고 밀가루와 다진 마늘, 다진 양파를 넣어 갈색이 나도록 볶다가 생수를 부어 멍울 없이 푼다.

3 ②에 토마토 페이스트와 토마토케첩, 다진 쇠고기를 넣어 걸쭉하게 소스를 만들고 다진 청피망을 넣은 후 소금과 흰 후춧가루로 간을 한다.

4 토르티야 위에 ③의 미트소스를 평평하고 두툽게 바르고 슬라이스 체더치즈를 1㎝ 폭으로 잘라 올리고 모차렐라치즈를 듬뿍 뿌린다.

5 170℃로 달군 오븐에 ④의 피자를 넣고 15분 정도 노릇하게 구워낸다.

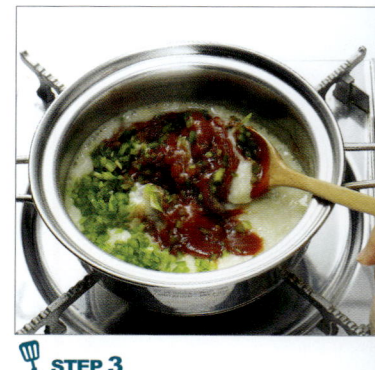

STEP 3

→ **COOK TIP**
미트소스를 만들 때 다진 양파와 다진 청피망 등의 채소를 씹히는 맛이 나도록 사방 1cm 크기로 썰어 살짝 볶은 것이 맛있다. 다진 쇠고기는 토마토소스를 넣어 함께 조리면서 익혀야 고기의 누린 맛이 없고 고소하다.

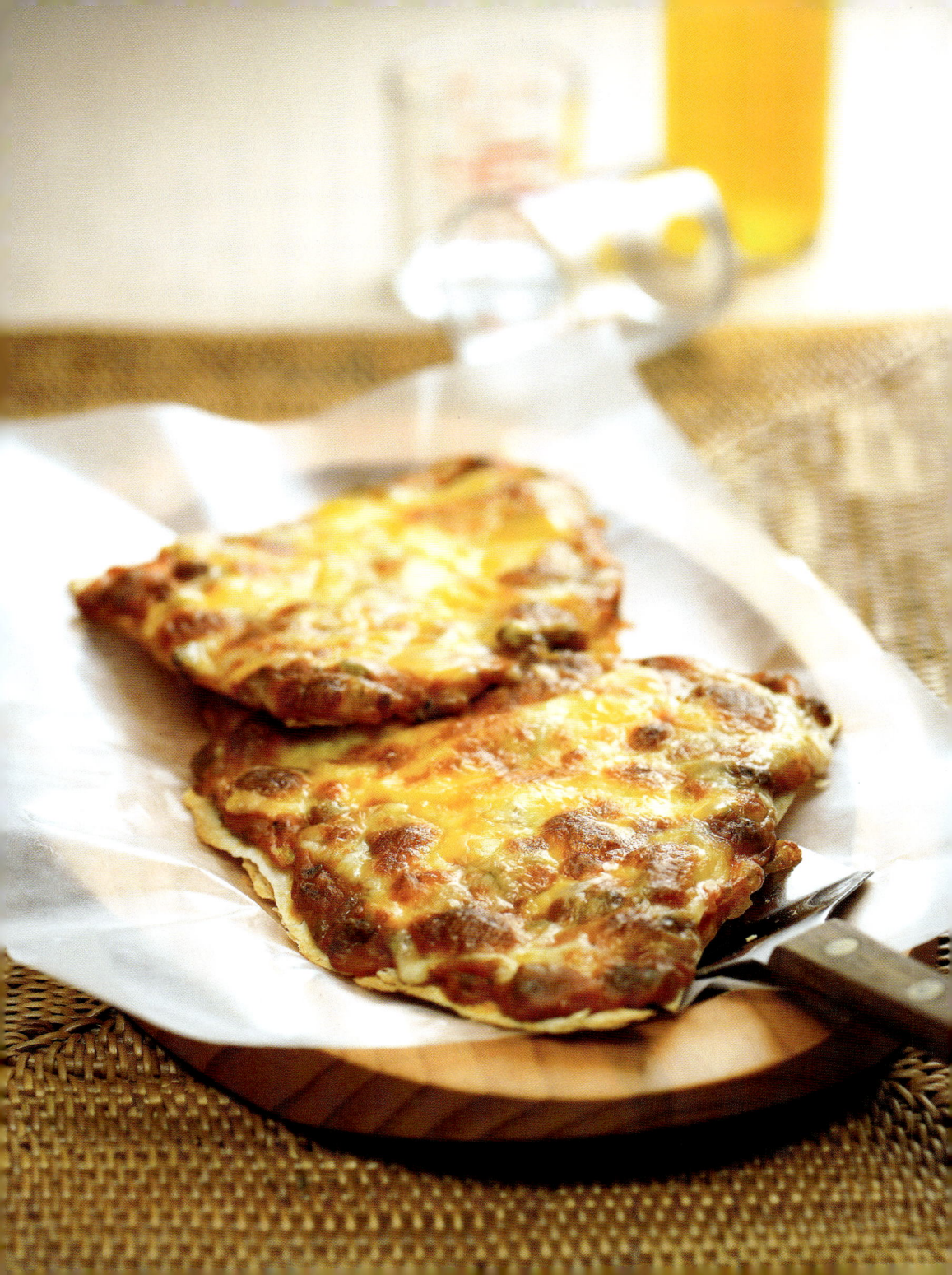

흑임자버섯피자

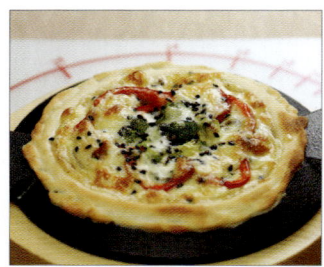

▶ **주재료**
밀가루 2컵, 모차렐라치즈 80g, 크림치즈 · 마요네즈 2큰술씩, 씨 머스터드 1큰술

▶ **피자반죽**
이스트 1큰술, 미지근한 물 180ml, 소금 약간, 설탕 1작은술, 올리브오일 1큰술

▶ **피자토핑**
검은깨 2큰술, 양송이버섯 8개, 브로콜리 50g, 홍피망 ½개

1 미지근한 물에 이스트를 녹여 밀가루 1큰술과 설탕 1큰술을 넣어 섞은 후 비닐을 덮어 거품이 생길 때까지 10분 정도 둔다.

2 ①에 남은 밀가루와 소금과 ①의 이스트를 넣어 10분 정도 반죽한다.

3 ②에 올리브오일을 넣어 차지게 반죽해서 비닐을 덮어 40분 정도 발효시킨다.

4 부풀어 오른 반죽을 손으로 치대 공기를 빼고 납작하고 동그란 모양으로 빚는다. 포크로 몇 군데 찍어 놓는다.

5 양송이버섯은 얇게 편 썰고 브로콜리는 작은 송이로 잘라 끓는 물에 살짝 데쳐 놓는다. 홍피망은 길이대로 곱게 채 썬다.

6 ④의 피자 도우에 크림치즈와 마요네즈, 씨 머스터드를 섞은 소스를 평평하게 바르고 검은깨를 고루 뿌린다.

7 ⑥에 양송이버섯과 브로콜리, 홍피망을 모양내어 깔고 모차렐라치즈를 듬뿍 얹어 180℃로 달군 오븐에 넣어 25분 정도 굽는다.

닭살토마토피자

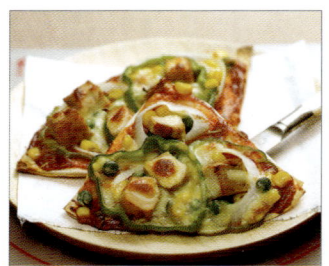

▶ **주재료**
토르티야 2장, 슬라이스 체더치즈 2장, 모차렐라치즈 50g

▶ **피자토핑**
구운 닭가슴살 2조각, 옥수수(통조림) · 완두콩(통조림) 30g씩, 적양파 · 청피망 1개씩

▶ **토마토 피자소스**
토마토케첩 ¼컵, 다진 마늘 1작은술, 토마토 홀 3큰술, 설탕 · 올리브오일 1큰술씩 말린 로즈메리 ½작은술, 우유 5큰술, 소금 · 흰후춧가루 약간씩

1 토르티야는 큰 것을 준비해서 두 장 사이에 슬라이스 체더치즈를 끼워 겹쳐 놓는다.

2 닭가슴살은 소금과 후춧가루를 뿌려 노릇하게 구운 것으로 준비해서 사방 1㎝ 크기로 썬다.

3 옥수수 통조림과 완두콩은 끓는 물에 데쳐 식히고 적양파와 청피망은 얇게 썬다.

4 냄비에 올리브오일을 두르고 다진 마늘과 토마토케첩, 토마토 홀, 설탕을 넣어 끓으면 우유를 조금씩 부어 걸쭉한 농도로 맞추고 말린 로즈메리와 소금, 흰후춧가루를 넣어 간을 한다.

5 토르티야에 토마토 피자소스를 듬뿍 퍼 발라고 피자토핑을 고르게 올려 슬라이스 체더치즈와 모차렐라치즈를 고루 올려 170℃로 예열한 오븐에 넣어 15분 정도 굽는다.

→ **COOK TIP**

모차렐라치즈를 고르게 피자 도우에 뿌리려면 잘게 썰어 올리는 것이 좋은데 모차렐라치즈가 말랑말랑할 때 써는 것보다는 살짝 언 상태로 썰면 잘 썰린다.

쿨스파게티

▶ **주재료**
스파게티 250g, 다진 쇠고기 200g

▶ **부재료**
방울토마토 8개, 당근 ¼개, 양파 ½개, 월계수잎 2장, 소금 · 후춧가루 약간씩, 물 ½컵, 토마토케첩 · 송송 썬 실파 · 올리브오일
3큰술씩, 다진 마늘 1작은술

1 스파게티는 냄비에 넉넉하게 물을 붓고 끓으면 약간의 소금을 넣고 스파게티를 삶아 12~15분 정도 지나 스파게티 한 줄을 꺼내어 잘라서 바늘 끝처럼 심이 보이면 체에 밭쳐 물기를 완전히 뺀다.

2 팬에 올리브오일 1큰술을 넣어 달군 후 삶은 스파게티를 넣어 볶아 식힌다.

3 당근과 양파는 사방 1cm 폭으로 썰고 방울토마토는 윗부분에 칼집을 약간 넣고 끓는 물에 살짝 데쳐 껍질을 벗긴다.

4 냄비에 올리브오일 2큰술을 넣고 다진 마늘과 다진 양파를 넣고 볶다가 다진 쇠고기와 당근을 넣어 소금으로 간을 맞춰 볶는다.

5 ④에 방울토마토 껍질 벗긴 것을 넣고 토마토케첩과 월계수잎 물을 분량만큼 넣고 중간 불에서 저어가면서 끓인다. 끓이는 도중에 방울토마토를 으깨가면서 끓인다.

6 ⑤의 토마토소스와 채소가 익으면 소금과 후춧가루를 뿌려서 간을 맞춰 차게 식힌다.

7 ⑥의 소스에 스파게티를 넣어 버무려서 그릇에 담고 실파를 송송 썰어 뿌려서 상에 낸다.

→ **COOK TIP**
쿨스파게티는 버터를 넣지 않아야 스파게티가 식어도 느끼하지 않고 담백하고 고소한 맛이 난다. 그러므로 버터 대신 올리브오일로 소스와 스파게티를 만들어야 한다.

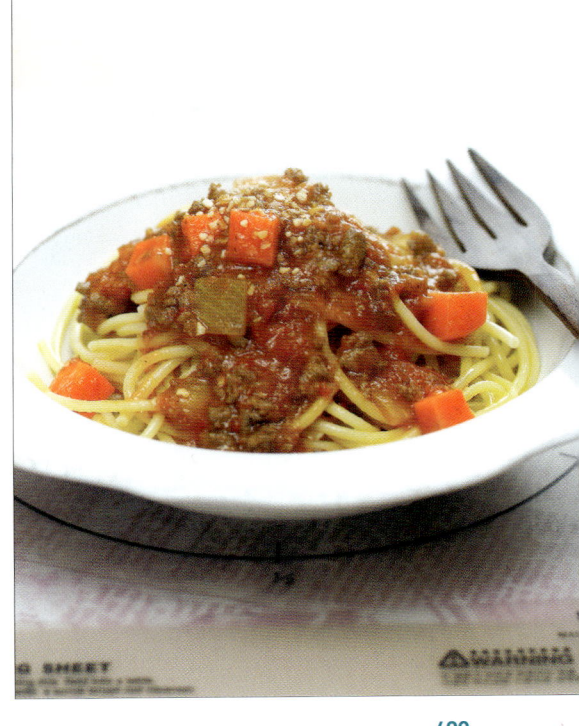

봉골레스파게티

▶ **주재료**
스파게티 300g, 모시조개 300g

▶ **부재료**
화이트와인 ½컵, 양파 1개, 셀러리 1대, 마늘 4쪽, 페페로치니 2개, 물 4컵, 올리브오일 2큰술, 다진 파슬리 · 말린 바질 · 오레가노 ·
소금 · 후춧가루 약간씩

1 모시조개는 소금을 약간 넣은 물에 담가 신문지로 덮어 해감시킨다.

2 양파와 셀러리는 사방 1.5㎝ 크기로 큼직하게 썰고 페페로치니는 어슷하
게, 마늘은 편으로 썬다.

3 팬에 올리브오일을 두르고 마늘과 페페로치니를 넣어 볶다가 향이 나면
양파와 셀러리를 넣어 볶는다.

4 ③에 해감시킨 조개를 넣어 다진 파슬리와 함께 볶아 향을 낸다.

5 ④에 화이트와인과 물을 붓고 끓인다. 알코올 성분이 날아가도록 뚜껑을
열고 끓이다가 바지락이 입을 벌리면 고운 체에 걸러 국물을 따로 받는다.

6 끓는 물에 소금과 올리브오일을 넣고 스파게티를 윤기가 나도록 20분 정
도 삶아 체에 밭친다.

7 냄비에 스파게티와 건진 ⑤의 조개와 채소를 넣고 받아 놓은 육수를 1컵
만 부은 후 바질, 오레가노, 소금, 후춧가루로 간을 해서 볶아낸다.

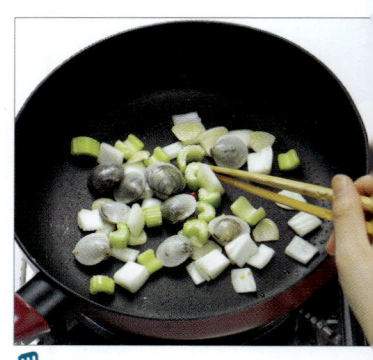

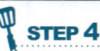 **STEP 4**

🔵➡️ **COOK TIP**
조개는 충분하게 해감시키고 조리해야 비린맛이 없고 지분거리는
것이 없다. 조개 대신 바지락을 써도 된다.

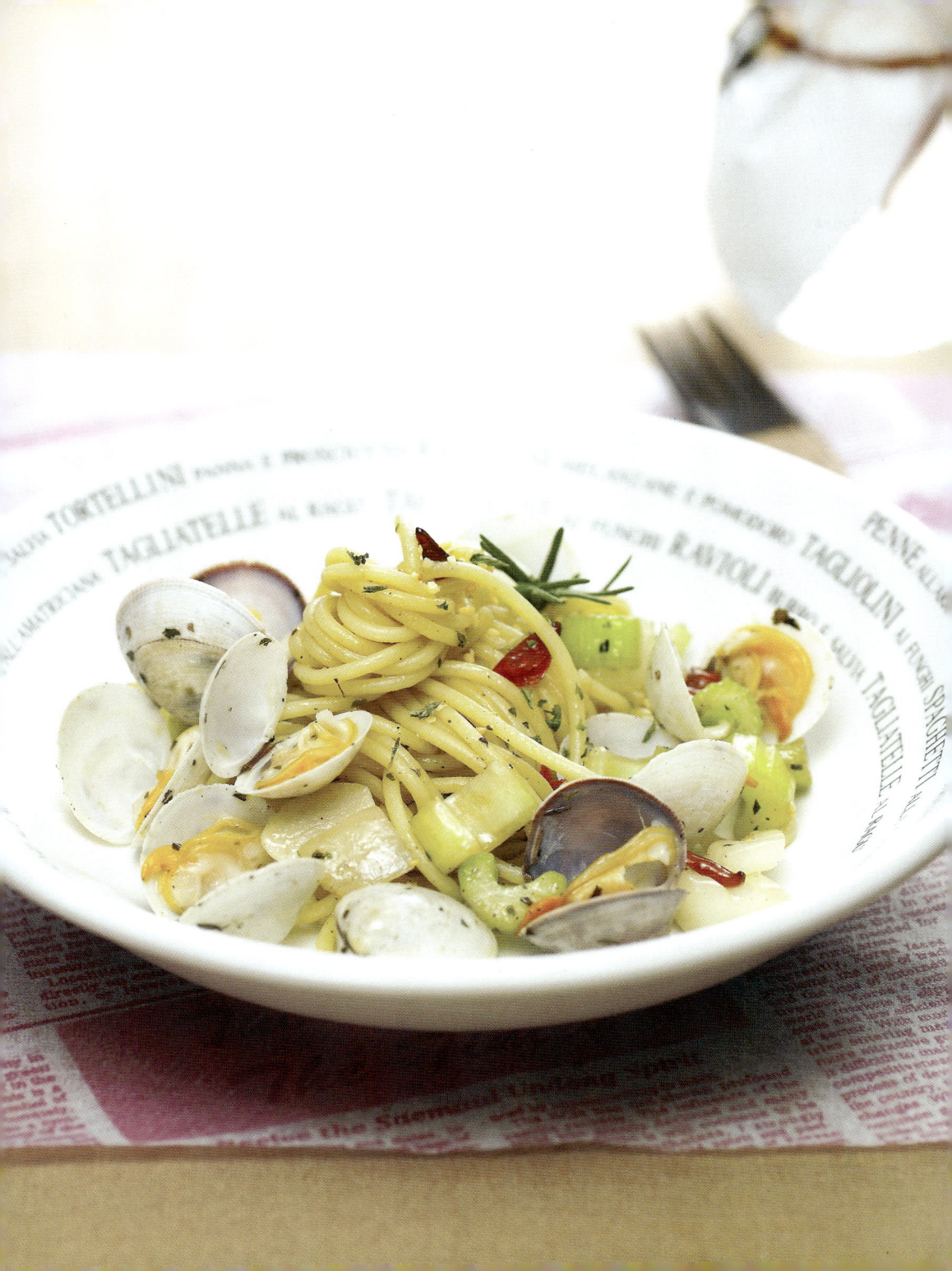

해산물스파게티

▶ **주재료**
스파게티 300g(소금 약간, 올리브오일 1큰술), 오징어(몸통) 1마리분, 칵테일새우 8마리, 모시조개 8개

▶ **부재료**
양파 · 청피망 ½개씩, 마늘 2쪽, 소금 · 후춧가루 약간씩

▶ **와인소스**
화이트와인 5큰술, 토마토 페이스트 · 토마토케첩 3큰술씩, 올리브오일 2큰술, 말린 바질 ¼작은술, 소금 약간

1 오징어는 몸통만 동그랗게 자르고 칵테일새우는 씻어 건지고 모시조개는 해감을 시켜 손질한다.

2 양파와 청피망은 사방 1㎝ 크기로 썰고 마늘은 편으로 썬다.

3 팬에 올리브오일을 두르고 마늘과 양파를 볶다가 오징어, 모시조개, 칵테일새우를 넣어 함께 볶아 소금과 후춧가루로 간을 하고 마지막에 청피망을 넣어 볶아낸다.

4 냄비에 물을 부어 끓으면 올리브오일과 소금을 넣어 스파게티를 20분 정도 쫄깃하게 삶아내 체에 건져 놓는다.

5 팬에 올리브오일을 넣고 화이트와인과 토마토 페이스트, 토마토케첩, 말린 바질을 넣어 끓으면 소금으로 간을 맞춰 와인소스를 완성한다.

6 ⑤의 와인소스에 볶아 놓은 해물과 스파게티를 담고 버무려 좀시 볶아 그릇에 담아낸다.

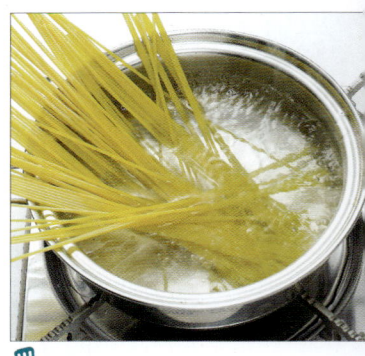

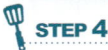 **STEP 4**

> **→ COOK TIP**
> 해산물에서는 특유의 비린맛이 나므로 마늘과 양파를 볶고 나서 해물을 넣어 재빨리 센 불에서 볶아내야 한다.

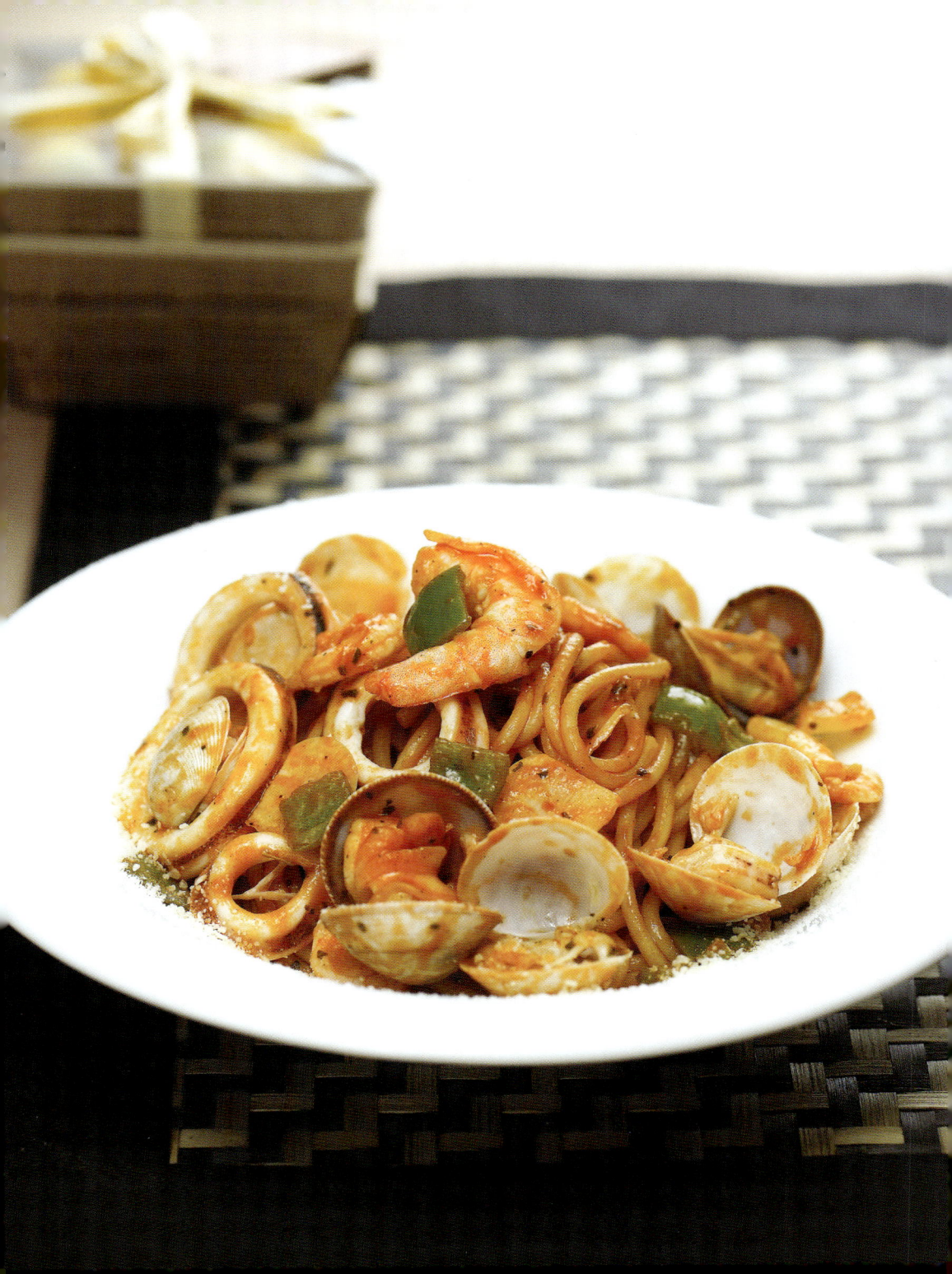

카르보나라

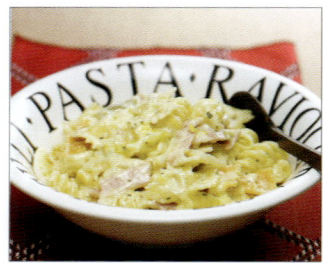

▶ **주재료**
팬네 200g, 베이컨 12줄

▶ **부재료**
생크림 1컵, 달걀노른자 2개분, 소금 · 후춧가루 · 오레가노 약간씩, 양파 ½개, 바질 ½작은술, 올리브오일 3큰술, 마늘 4쪽

1 베이컨은 가늘게 썰고 끓는 물에 데쳐 기름을 뺀다. 마늘은 납작하게 저며 썰고 양파는 곱게 채 썬다.

2 팬에 올리브오일을 두르고 마늘과 양파를 넣어 볶다가 베이컨을 넣어 고소한 맛이 나도록 볶는다.

3 팬네는 끓는 물에 소금과 올리브오일을 넣어 쫄깃하게 22분 정도 삶아 건져 물기를 뺀다.

4 ②의 양파가 투명하게 볶아지면 생크림을 넣어 중간 불로 끓인다.

5 ④의 크림소스에 팬네를 넣고 고루 버무리고 달걀노른자를 넣어 불을 약하게 줄여 달걀노른자가 고루 퍼지게 한 다음 소금과 후춧가루로 간을 하고 바질, 오레가노를 넣어 버무려 그릇에 담아낸다.

→ **COOK TIP**
부드러우면서 풍부한 맛의 크림소스를 만들려면 생크림을 넣는다. 신선한 생크림을 넣어 되직하게 끓인 다음에 달걀노른자를 재빨리 섞어 달걀이 뭉쳐지지 않도록 해야 노르스름한 크림소스의 카르보나라가 부드럽고 고소한 맛을 낸다.

파프리카파스타

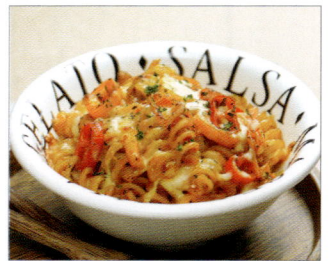

▶ **주재료**
푸실리 250g, 미니 파프리카(빨강 · 주황 · 노랑) 1개씩

▶ **부재료**
적양파 ½개, 감자 1개, 소금 · 올리브오일 약간씩, 모차렐라치즈 50g

▶ **토마토소스**
토마토 홀 ½컵, 마늘 3쪽, 바질 · 오레가노 · 소금 · 후춧가루 약간씩, 우유 5큰술, 설탕 1작은술

1 푸실리는 끓는 물에 소금과 올리브오일을 넣어 쫄깃하게 22분 정도 삶아 건져 체에 밭쳐 물기를 빼고 올리브오일로 버무려 놓는다.

2 미니 파프리카는 씻어 동그랗게 썰고 적양파는 사방 1㎝ 크기로 썬다. 감자는 곱게 채 썰어 물에 헹궈 건진다.

3 토마토소스를 재료의 분량대로 넣어 걸쭉하게 만든다.

4 큰 볼에 푸실리와 파프리카, 적양파, 감자를 넣어 ③의 토마토소스로 버무린다.

5 내열그릇에 ④의 파스타를 소복하게 담고 모차렐라치즈를 듬뿍 뿌려 미리 예열한 170℃의 온도에서 20분 정도 노릇하게 구워낸다.

→ **COOK TIP**
푸실리, 팬네 등의 파스타를 삶을 때에는 올리브오일과 소금을 넣어 윤기가 나도록 삶아야 파스타가 쫄깃하고 쉽게 붇지 않는다.

토마토소스미트스파게티

▶ **주재료**
스파게티 300g(소금 약간, 올리브오일 1큰술), 다진 쇠고기 200g

▶ **부재료**
소금·후춧가루·파르메산 치즈가루 약간씩, 다진 마늘 1작은술, 다진 파 1큰술, 양파 ½개, 셀러리 1대, 당근 30g, 빈스·브로콜리 50g씩, 토마토소스 ½컵, 우유 2큰술, 파슬리가루 ¼작은술, 월계수잎 1장, 물 ¼컵

1 다진 쇠고기는 소금, 후춧가루, 다진 마늘, 다진 파를 넣어 곱게 치대어 직경 2cm 크기의 완자를 빚는다.

2 빚은 완자는 팬에서 굴려가면서 굴려 노릇하게 익힌다.

3 양파는 사방 2cm 크기로 자르고 셀러리도 껍질 끈을 벗기고 2cm 길이로 어슷하게 썬다.

4 당근은 양파 크기와 같게 썰고 빈스와 브로콜리는 먹기 좋은 크기로 썰어 소금 넣은 끓는 물에서 살짝 데쳐 찬물에 헹궈 물기를 뺀다.

5 냄비에 토마토소스와 우유, 월계수잎, 물을 넣어 바글바글 끓으면 익힌 쇠고기 완자와 양파, 당근, 셀러리를 넣어 약한 불에서 끓인다.

6 깊이가 있는 냄비에 물을 넉넉하게 붓고 소금을 약간 넣어 끓으면 스파게티를 넣어 약 18~20분 정도 삶은 후 체에 밭쳐 물기를 뺀다. 팬에 올리브오일을 두르고 물기 뺀 스파게티를 넣어 윤기나게 살짝 볶는다.

7 토마토소스의 맛이 고기 완자에 스며들면 데친 빈스와 브로콜리를 넣어 함께 버무려 잠시 끓인 후 소금, 후춧가루로 맛을 내고 접시에 스파게티 면을 적당하게 담아 ⑤를 듬뿍 부어서 파슬리가루와 파르메산 치즈가루를 뿌려서 먹는다.

→ COOK TIP
스파게티를 삶을 때에는 올리브오일과 소금을 조금 넣고 삶아 스파게티가 쉽게 붙지 않도록 한다. 찬물에 헹구지 말고 체에 밭친 상태에서 팬에 올리브오일을 두르고 윤기가 나도록 볶아 주는 것이 좋다.

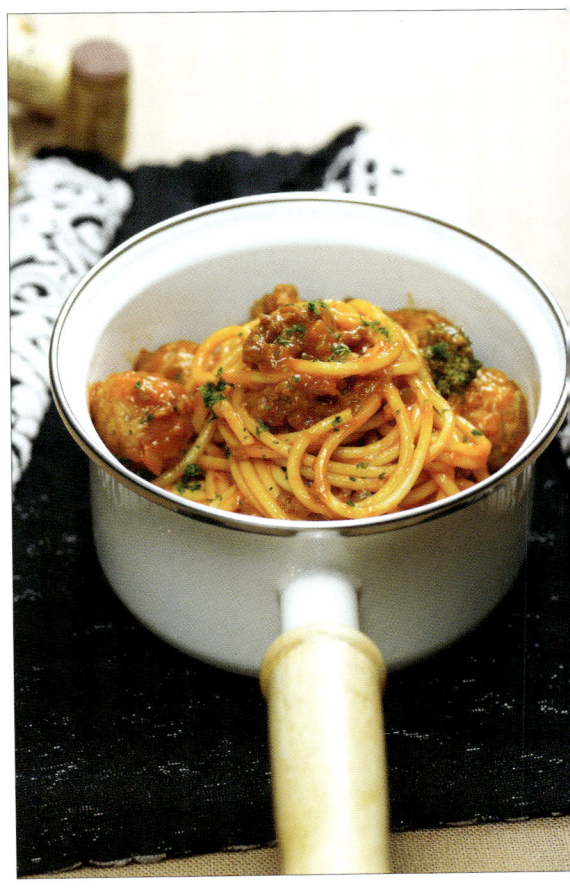

갈릭오일버섯파스타

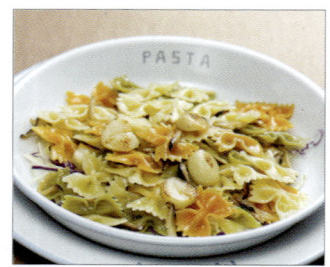

▶ **주재료**
통마늘 4개, 파스타 100g, 마른 표고버섯 6장, 치커리 20g, 양파 ½개, 적채 2장, 양배추 3장, 버터 2큰술, 소금 약간

▶ **오일 드레싱**
올리브오일 2큰술, 식초 · 다진 파 1큰술씩, 꿀 1작은술, 머스터드 ½작은술

1 통마늘은 껍질을 두 겹 정도 남기고 모두 벗겨 통째로 가로로 2등분한다.

2 오븐 팬에 통마늘을 담고 버터를 발라서 180℃의 온도에서 살짝 구워낸다.

3 파스타는 냄비에 물을 넉넉하게 붓고 소금과 올리브오일을 약간 넣어 쫄깃하게 삶아 건진다.

4 마른 표고버섯은 물에 담가 충분하게 부드러워지면 밑동을 떼어서 씻은 후 곱게 채 썬다.

5 치커리는 씻어서 적당하게 자르고 양파와 적채, 양배추는 아주 곱게 4㎝ 길이로 채 썰어 찬 얼음물에 담가 싱싱하게 해서 건져 물기를 마른 면포에 담아 닦아낸다.

6 팬에 버터를 두르고 표고버섯을 볶다가 파스타와 마늘을 넣어 향이 오르도록 볶아낸다.

7 오일 드레싱을 분량대로 만들어 잘 섞어 놓는다.

8 접시에 치커리 양파, 적채, 양배추를 모양내서 담고 마늘 버섯 파스타를 얹어 준비한 오일 드레싱을 뿌려낸다.

파스타토마토치즈그라탱

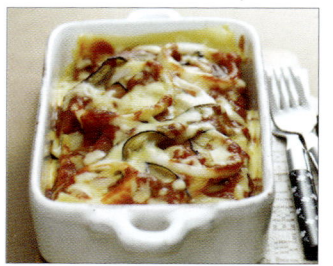

▶ **주재료**
푸실리 50g, 마카로니 30g, 토마토 2개, 모차렐라치즈 150g

▶ **부재료**
브로콜리 50g, 빵가루 3큰술, 파슬리 20g, 소금 약간, 올리브오일 1큰술

▶ **화이트소스**
밀가루 · 버터 1큰술씩, 우유 ½컵, 생크림 2큰술, 소금 · 후춧가루 약간씩

1 푸실리와 마카로니는 냄비에 물을 붓고 끓으면 올리브오일과 소금을 조금씩 넣고 쫄깃하게 삶아 체에 밭쳐 굴기를 뺀다.

2 토마토는 깨끗하게 씻어 꼭지를 떼어내고 1.5㎝ 두께로 가로로 얇게 썬다. 모차렐라치즈는 0.5㎝ 두께로 썰어 놓는다.

3 브로콜리는 한 송이씩 떼어 끓는 소금물에 데쳐 찬물에 헹궈 물기를 뺀다.

4 팬에 버터를 두르고 밀가루를 넣어서 갈색이 나도록 볶다가 우유와 생크림을 넣어 멍울 없이 풀어 바특하게 즈려 소금, 후춧가루로 간을 맞춰 화이트소스를 만든다.

5 그라탱 그릇에 삶아 놓은 푸실리, 마카로니, 토마토, 모차렐라치즈, 브로콜리, 화이트소스를 켜켜이 담고 남은 모차렐라치즈를 덮는다.

6 ⑤에 빵가루와 파슬리를 곱게 다져 올리고 180℃의 오븐에서 20분간 치즈가 녹을 정도로 노릇하게 구워낸다.

단호박라자니아

▶ **주재료**
라자니아 6장, 단호박 ½개

▶ **부재료**
모차렐라치즈 50g, 슬라이스 체더치즈 2장, 파르메산 치즈가루 2큰술, 다진 파슬리 1작은술

▶ **크림소스**
생크림 ½컵, 마늘채 · 양파채 1큰술씩, 페페로치니 2개, 말린 바질 ½작은술, 소금 · 흰 후춧가루 약간씩

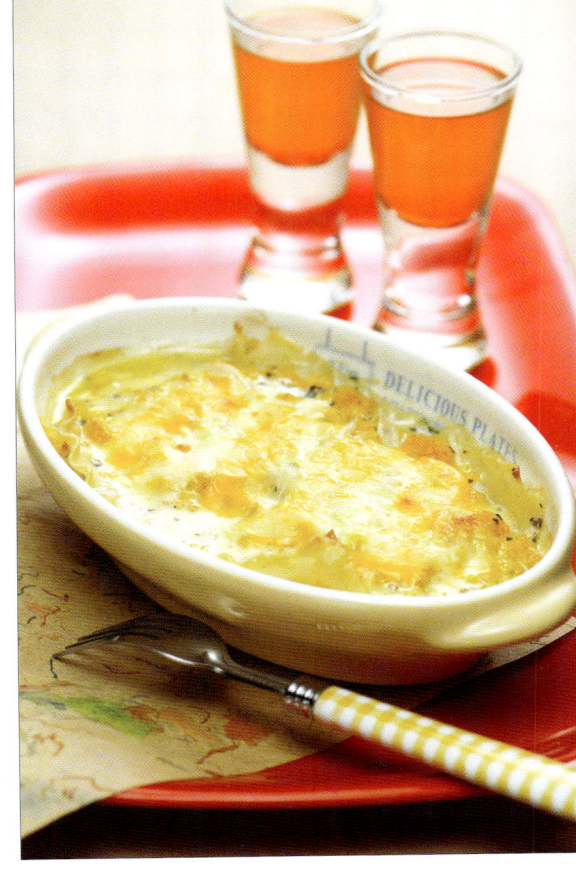

1 라자니아는 끓는 물에 올리브오일과 소금을 넣어 8~9 분 정도 삶아 건져 올리브오일을 펴 바른다.

2 단호박은 껍질을 벗기고 씨를 긁어낸 후 찜기에 쪄 포크로 대강 으깬다.

3 냄비에 올리브오일을 두르고 마늘채와 양파채, 페페로치니를 볶다가 생크림을 넣어 걸쭉한 소스를 만든다. 말린 바질과 소금, 흰 후춧가루로 간을 한다.

4 내열그릇에 라자니아를 한 장 깔고 그 위에 단호박 으깬 것을 올린 후 ③의 소스를 듬뿍 뿌린다. 모차렐라치즈와 슬라이스 체더치즈를 올리고 다시 라자니아를 덮는다. 다시 라자니아 위에 단호박, 소스, 치즈를 듬뿍 올리기를 2번 반복한다.

5 ④의 라자니아 위에 파르메산 치즈가루와 다진 파슬리를 듬뿍 뿌리고 200℃로 예열한 오븐에서 15분 정도 구워 낸다.

↪ **COOK TIP**
단호박에 크림소스를 섞지 말고 라자니아 위에 단호박, 크림소스 순서로 덮어야 단호박에서 수분이 흘러나오지 않아 질척이지 않고 단맛을 느낄 수 있다.

가지토마토라자니아

▶ **주재료**
가지 · 토마토 1개씩, 라자니아 6장

▶ **부재료**
올리브오일 · 소금 약간씩, 모차렐라치즈 ½컵

▶ **미트소스**
다진 양파 3큰술, 다진 마늘 1큰술, 다진 쇠고기 300g, 토마토케첩 ½컵, 우유 5큰술, 소금 · 후춧가루 약간씩, 말린 바질 ½작은술

1 가지와 토마토는 얇게 썰어서 올리브오일을 두른 팬에서 살짝 구워낸다. 가지는 소금을 조금 뿌려 간을 한다.

2 라자니아는 끓는 물에 소금과 올리브오일을 넣어 부드럽게 삶아 체에 밭쳐 물기를 빼고 올리브오일을 바른다.

3 팬에 올리브오일을 두르고 다진 마늘과 다진 양파, 다진 쇠고기를 넣어 볶다가 토마토케첩과 우유를 넣고 말린 바질로 맛을 내고 소금, 후춧가루로 간을 한다.

4 내열용기에 라자니아를 깔고 가지, 토마토를 올린 후 미트소스를 덮어 모차렐라치즈를 뿌리고 다시 라자니아를 덮기를 두 번 반복한다.

5 ④에 모차렐라치즈를 듬뿍 올려 미리 예열한 200℃의 오븐에서 15분 정도 구워낸다.

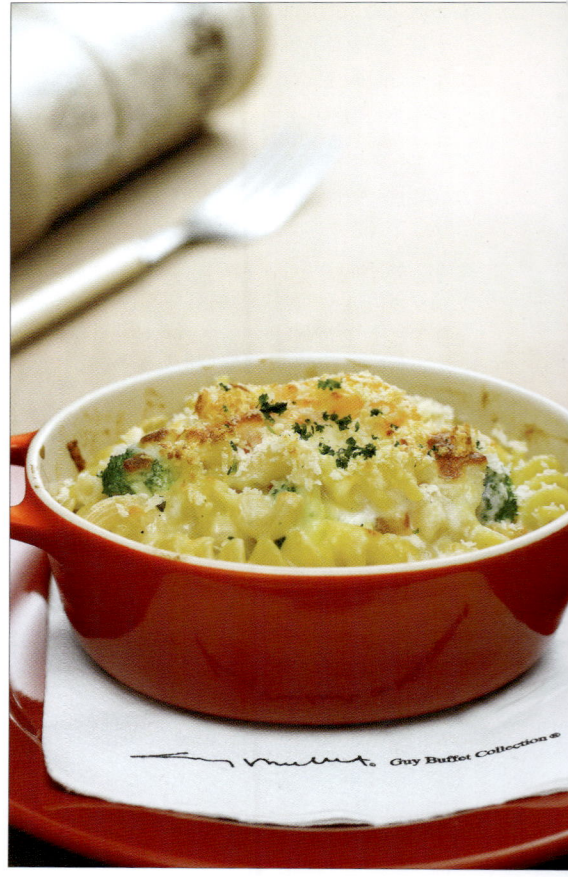

→ **COOK TIP**
가지와 토마토를 적당히 얇게 썰어 올리브오일에 구워 라자니아에 올릴 때에는 미트소스를 이용해서 라자니아에 덮이도록 해야 한다. 미트소스를 뻑뻑하게 하지 말고 걸쭉한 농도로 뿌려야 라자니아와 잘 어우러진다.

토마토소스파스타미트볼

▶ **주재료**
푸실리 100g, 다진 쇠고기 400g

▶ **부재료**
소금 · 후춧가루 · 올리브오일 약간씩, 다진 마늘 1작은술, 다진 파 1큰술, 양파 $\frac{1}{2}$개, 셀러리 1대, 당근 30g, 빈스 · 브로콜리 50g씩, 토마토소스 $\frac{1}{2}$컵, 우유 2큰술, 파슬리가루 $\frac{1}{4}$작은술, 월계수잎 1장, 물 $\frac{1}{4}$컵

1 다진 쇠고기는 소금, 후춧가루, 다진 마늘, 다진 파를 넣어 곱게 치대어 직경 2㎝ 크기의 완자를 빚는다. 빚은 완자는 팬에서 굴려가면서 노릇하게 익힌다.

2 푸실리는 냄비에 물을 붓고 끓으면 올리브오일 약간과 소금을 넣어 쫄깃하게 삶아 건진다.

3 양파는 사방 2㎝ 크기로 자르고 셀러리도 껍질 끈을 벗기고 2㎝ 길이로 어슷하게 썬다.

4 당근은 양파 크기와 같게 썰고 빈스와 브로콜리는 적당히 먹기 좋은 크기로 썰어 소금 넣은 끓는 물에서 살짝 데친 후 찬물에 헹궈 물기를 뺀다.

5 냄비에 토마토소스와 우유, 월계수잎, 물을 넣어 바글바글 끓으면 익힌 쇠고기 완자와 양파, 당근, 셀러리를 넣어 약한 불에서 끓인다.

6 토마토소스의 맛이 충분하게 고기 완자에 스며들면 푸실리, 데친 빈스, 브로콜리를 넣어 함께 버무려 잠시 끓인 후 소금, 후춧가루로 맛을 내고 파슬리가루를 듬뿍 뿌려 접시에 담아낸다.

→ **COOK TIP**
토마토소스에 다진 쇠고기나 다진 채소를 모두 넣어 끓여서 스파게티 또는 파스타, 소면 등에 버무려 먹으면 따로 미트소스 등을 만들지 않아도 더욱 간편하게 만들어 먹을 수 있다. 토마토소스에 우스터소스와 칠리소스 등을 더 넣어 소스를 만들면 간도 알맞고 약간 매콤한 맛이 아주 일품이다. 토마토소스를 냄비에 담고 끓일 때 월계수잎과 우유를 넣어 끓여 걸쭉한 상태의 소스를 만들면 새콤한 맛을 약간 없애주고 담백한 향과 맛이 아주 좋다.

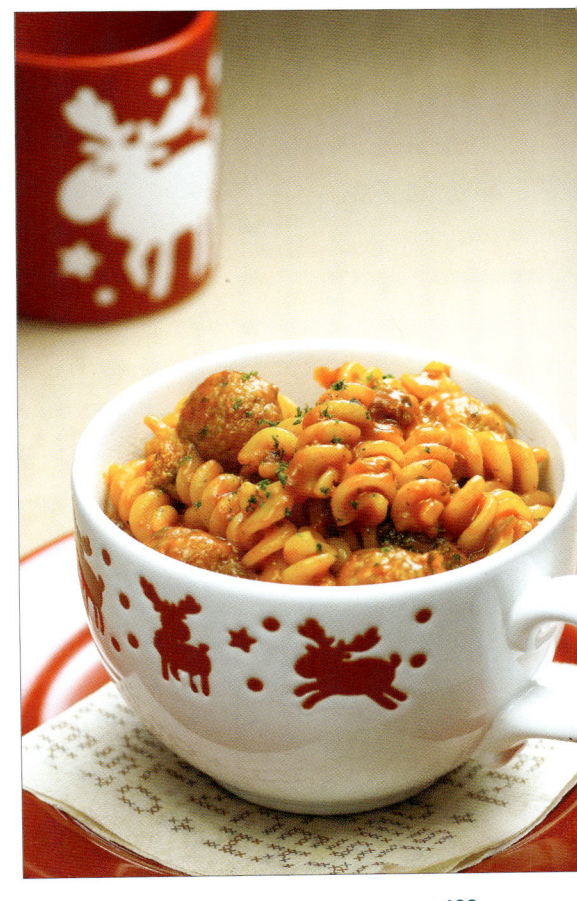

감자쇠고기라자니아

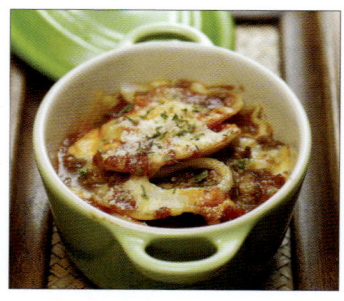

주재료
라자니아 150g, 올리브오일 2큰술, 감자 2개, 다진 쇠고기 150g, 양파 1개, 슬라이스 체더치즈 2장, 피자치즈 100g, 소금 · 파슬리가루 · 치즈가루 약간씩

토마토소스
토마토 페이스트 3큰술, 토마토 2개, 우스터소스 · 다진 마늘 · 설탕 1큰술씩, 물 1컵, 소금 · 후춧가루 약간씩

다진 쇠고기 양념
소금 · 후춧가루 약간씩

1 입구가 넓은 냄비에 물을 넉넉하게 붓고 소금과 올리브오일을 조금 넣어서 끓으면 라자니아를 넣고 삶는다. 이렇게 소금과 올리브오일을 넣어야 라자니아가 들러붙지 않는다.

2 찬물에 삶아 낸 라자니아를 찬물에 재빨리 헹궈 체에 밭쳐 물기를 제거한다.

3 껍질을 벗긴 토마토를 잘게 썰어서 냄비에 담고 다진 마늘과 토마토 페이스트를 넣어 볶다가 설탕과 물을 넣어서 끓인 후 소금과 후춧가루를 넣어 걸쭉한 농도로 맛을 낸다.

4 감자는 껍질을 벗기고 얇게 썰어서 소금물에 헹궈 건지고 양파도 가로로 얇게 썬다. 다진 쇠고기는 고기 양념에 조물조물 버무린다. 팬에 기름을 약간 두르고 감자는 애벌로 앞뒤로 구워내고 다진 쇠고기는 살짝 볶아낸다.

5 내열 오븐 용기의 바닥에 ③의 토마토소스를 펴 바르고 라자니아 한 장을 깐 후 그 위에 토마토소스, 감자, 다진 쇠고기, 양파를 포개어 올린다.

6 다시 토마토소스를 고루 펴 바르고 슬라이스 체더치즈와 피자치즈를 고르게 뿌린다. 이렇게 라자니아 →채소→ 다진 쇠고기 → 양파 → 소스→피자치즈를 차례로 모두 올린다.

7 라자니아 맨 위쪽에 토마토소스를 듬뿍 바르고 슬라이스 체더치즈와 피자치즈를 소복하게 보기 좋게 올린 후 파슬리가루와 치즈가루를 뿌린다.

8 미리 예열한 180℃의 오븐에서 치즈가 노릇하게 녹을 때까지 약 20분 정도 굽는다.

9 구은 라자니아를 5분간 식혀 속의 치즈가 살짝 굳으면 적당하게 잘라 그릇에 담아낸다.

> **COOK TIP**
> 라자니아는 올리브오일을 넣고 삶아 부드럽지만 그대로 두면 자칫 겉면이 마르고 쫄깃한 질감이 없어진다. 파스타나 스파게티와 달리 삶은 후 찬물에 헹궈 쫄깃한 질감을 살려주어야 한다.

물냉면

▶ **주재료**
마른 냉면 300g, 시판 국시장국(쇠고기 맛)·다시마 우린 물·동치미 국물 3컵씩

▶ **부재료**
식초·설탕 2큰술씩, 소금 1작은술, 오이 ½개, 무 50g, 달걀 2개

▶ **오이·무 절임양념**
식초·설탕 3큰술씩, 소금 1작은술

▶ **물냉면 양념장**
발효 겨자·사이다 2큰술씩, 소금 1작은술, 설탕·식초 1큰술씩

1 시판 국시 장국을 다시마 우린 물과 섞어 한소끔 끓인 후 차게 식혀서 동치미 국물과 희석시켜 식초, 설탕, 소금으로 맛을 내어 냉동실에 살얼음지도록 넣어둔다.

2 오이와 무는 가로 5㎝, 세로 1㎝ 폭으로 아주 얇게 썰어서 오이와 무절임 양념에 각각 무쳐서 절인다.

3 달걀은 냄비에 물과 함께 넣고 끓여서 끓기 시작한 지 12분 정도 삶아지면 찬물에 헹궈 건져 껍질을 벗기고 얇게 썬다.

4 발효 겨자를 잘 개어서 사이다와 소금, 설탕, 식초를 넣어 고루 섞어서 물냉면에 톡 쏘는 맛을 내주는 겨자 양념장을 만든다.

5 마른 냉면은 끓는 물에 쫄깃하게 삶아서 찬물에 비벼가면서 씻어 물기를 빼고 일 인분씩 사리를 지어 놓는다.

6 차게 만들어 놓은 그릇에 냉면 사리를 담고 오이와 무, 달걀 고명을 올린 후 냉동실에 넣었던 육수를 듬뿍 부어서 상에 낸다.

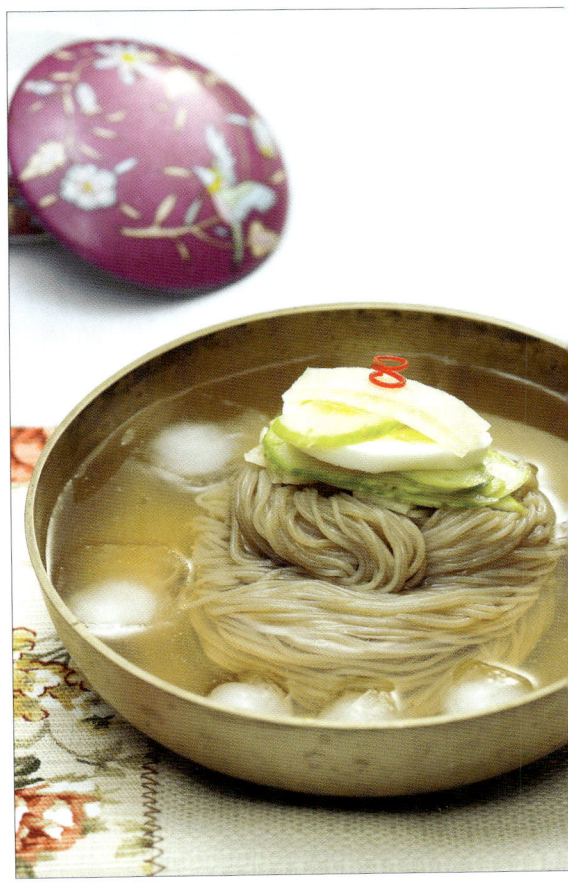

⟶ COOK TIP
동치미 육수가 없으면 다시마 우린 물을 동치미 육수만큼 더 붓고 식초와 설탕으로 간을 한 후 바로 냉동실에 넣어 차게 얼렸다가 물냉면 육수로 쓰는 것이 좋다. 집에 백김치가 있으면 백김치 건지를 송송 썰어서 설탕에 조물조물 무쳐서 물냉면 고명으로 얹어 먹으면 아삭한 맛이 색다르다.

김치말이국수

▶ **주재료**
배추김치 ¼포기, 소면 300g

▶ **부재료**
달걀지단 사방 10cm 1장, 구운 김 ¼장, 김칫국물 1컵, 멸치 우린 물 4컵, 소금 · 통깨 약간씩, 참기름 1작은술, 송송 썬 쪽파 3큰술

▶ **배추김치 양념**
깨소금 1작은술, 참기름 · 설탕 1큰술씩, 다진 마늘 ½작은술

▶ **국수장국 양념**
설탕 · 식초 1큰술씩, 소금 약간

1 배추김치는 소를 털고 잘게 송송 썰어 배추김치 양념을 넣어 조물조물 무친다.

2 김칫국물은 면포에 거르고 멸치 우린 물을 붓고 설탕과 식초를 넣어 새콤달콤하게 만들어 소금으로 간을 맞춰 차게 냉동실에 넣어 살얼음지게 한다.

3 달걀지단은 4㎝ 길이로 곱게 채 썰고 구운 김은 잘게 가위로 잘라 놓는다.

4 소면은 끓는 물에 소금을 약간 넣어 소면을 부채꼴 모양으로 펼쳐 넣고 삶는다. 끓어오르면 물 1컵을 부어서 한소끔 더 끓이고 또 물 1컵을 부어서 한소끔 더 끓어오르면 소면을 찬물에 쏟아 두 번 정도 헹궈 채반에 올려 물기를 뺀다.

5 삶아 놓은 소면을 넓은 그릇에 담고 양념한 김치를 넣어 고루 버무려서 쫄깃한 비빔 소면을 만든다.

6 비벼 놓은 김치 소면에 참기름과 통깨를 뿌려 버무리고 그릇에 일 인분씩 담는다. 달걀지단, 김채, 송송 썬 쪽파를 올리고 차게 만든 김칫국물을 부어 먹는다.

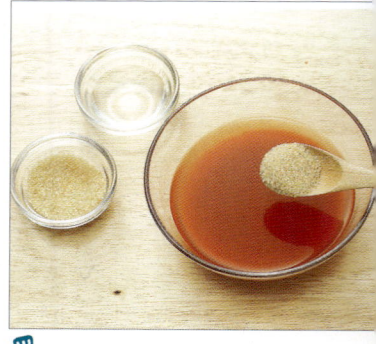

STEP 2

→ **COOK TIP**
배추김치의 국물을 면포에 걸러 맑은 김칫국물만 받아서 설탕과 식초를 타서 새콤달콤하게 만들어 냉동 얼음 용기에 붓고 얼렸다가 비빔김치국수에 넣어 자연스레 녹여 먹으면 시원하고 차가운 김치국수를 만들 수 있다. 꼭 비빔국수가 아니라도 김칫국물과 멸치 우린 물을 섞어 간편하게 차가운 수제비에 부어서 찬 김치말이 수제비로 즐겨도 일품 별미 요리가 된다.

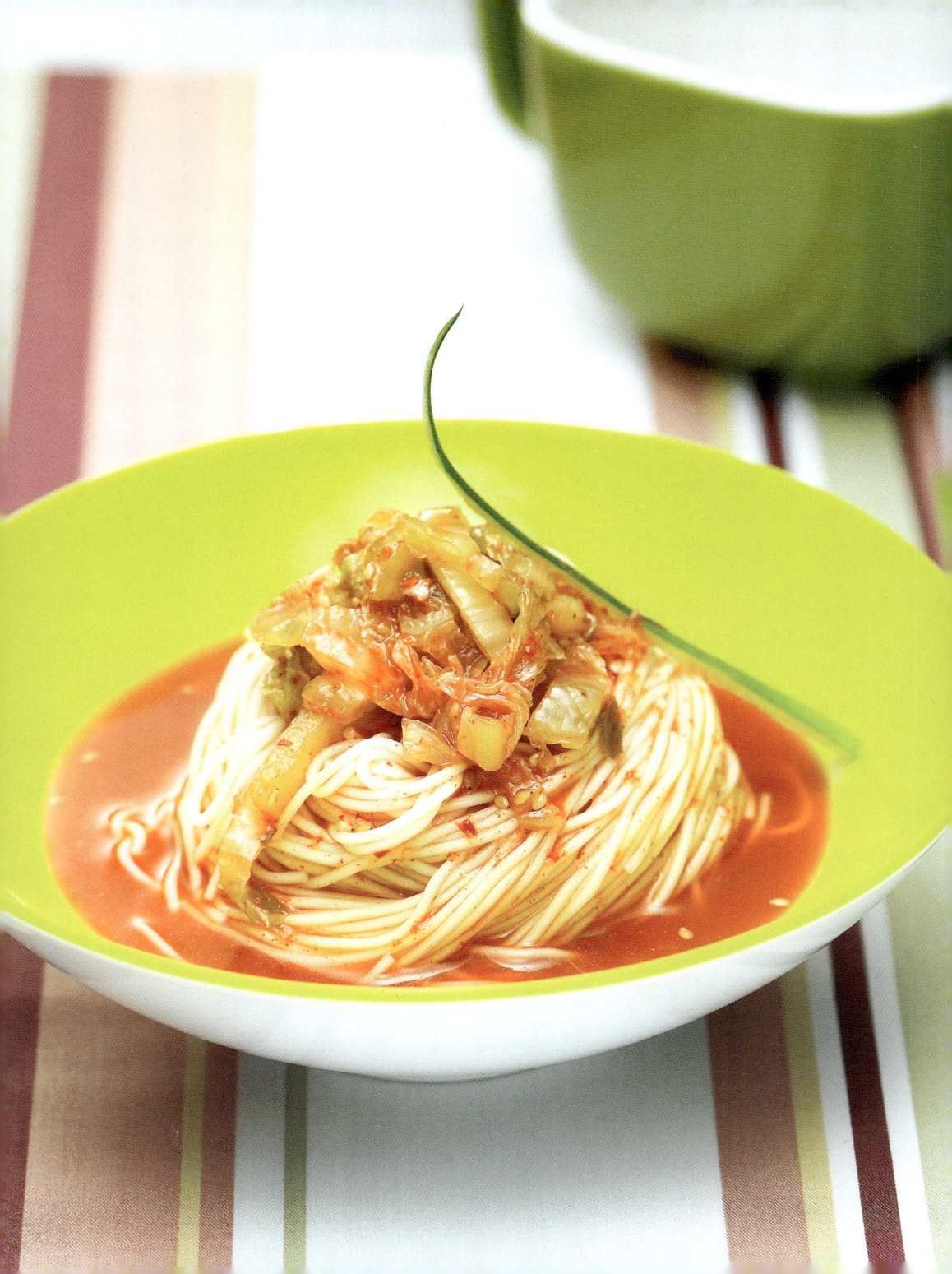

열무김치국수

▶ **주재료**
열무김치 2컵, 열무김치 국물 3컵, 소면 300g, 멸치 우린 물 2컵, 달걀 2개, 소금 · 통깨 약간씩, 홍고추 1개

▶ **열무김치 양념**
깨소금 · 참기름 · 다진 마늘 1작은술씩, 설탕 · 식초 1큰술씩

▶ **열무국수 국물 양념**
갠 발효 겨자 · 식초 1작은술씩, 설탕 2큰술, 소금 약간

1 열무김치는 국물을 따라내고 1㎝ 길이로 송송 썰어서 깨소금, 참기름, 설탕, 식초, 다진 마늘을 넣어 조물조물 무친다.

2 열무김치 국물과 멸치 우려낸 국물을 섞고 발효 겨자 갠 것과 설탕, 식초, 소금을 넣어 새콤달콤하게 톡 쏘는 듯한 맛을 내 냉동실에 살짝 얼린다.

3 달걀은 냄비에 물을 붓고 소금을 약간 넣고 완숙으로 끓는 시점부터 12분 정도 삶아서 찬물에 헹궈 건져 물기를 빼고 껍질을 벗겨 세로로 4등분한다. 홍고추는 3㎝ 길이로 곱게 채 썬다.

4 소면은 끓는 물에 소금을 약간 넣고 쫄깃하게 삶아 찬물에 헹궈 건져 물기를 빼고 일 인분씩 사리 지어 채반에 올려놓는다.

5 차게 냉장실에 넣어 두었던 그릇에 ④의 소면을 담고 차가운 열무김치 국물을 듬뿍 부은 후 달걀과 홍고추, 통깨를 고명으로 올려서 상어 낸다.

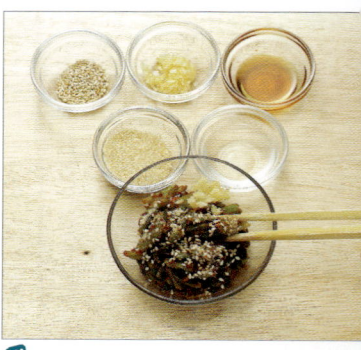

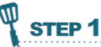 **STEP 1**

→ COOK TIP

열무 물김치의 건지는 없고 국물만 남아 있다면 무를 아주 곱게 채 썰어 소금에 살짝 절인 후 물기를 꼭 짜고 설탕과 식초, 소금을 넣어 새콤달콤하게 만들어서 열무 물김치의 국물을 차갑게 해서 먹으면 남은 열무 물김치도 말끔하게 먹어 버릴 수 있다. 새콤하게 절인 무초절임은 찬 국수뿐 아니라 뜨거운 국수를 먹을 때에도 곁들여 반찬으로 먹으면 입맛을 한결 개운하게 한다.

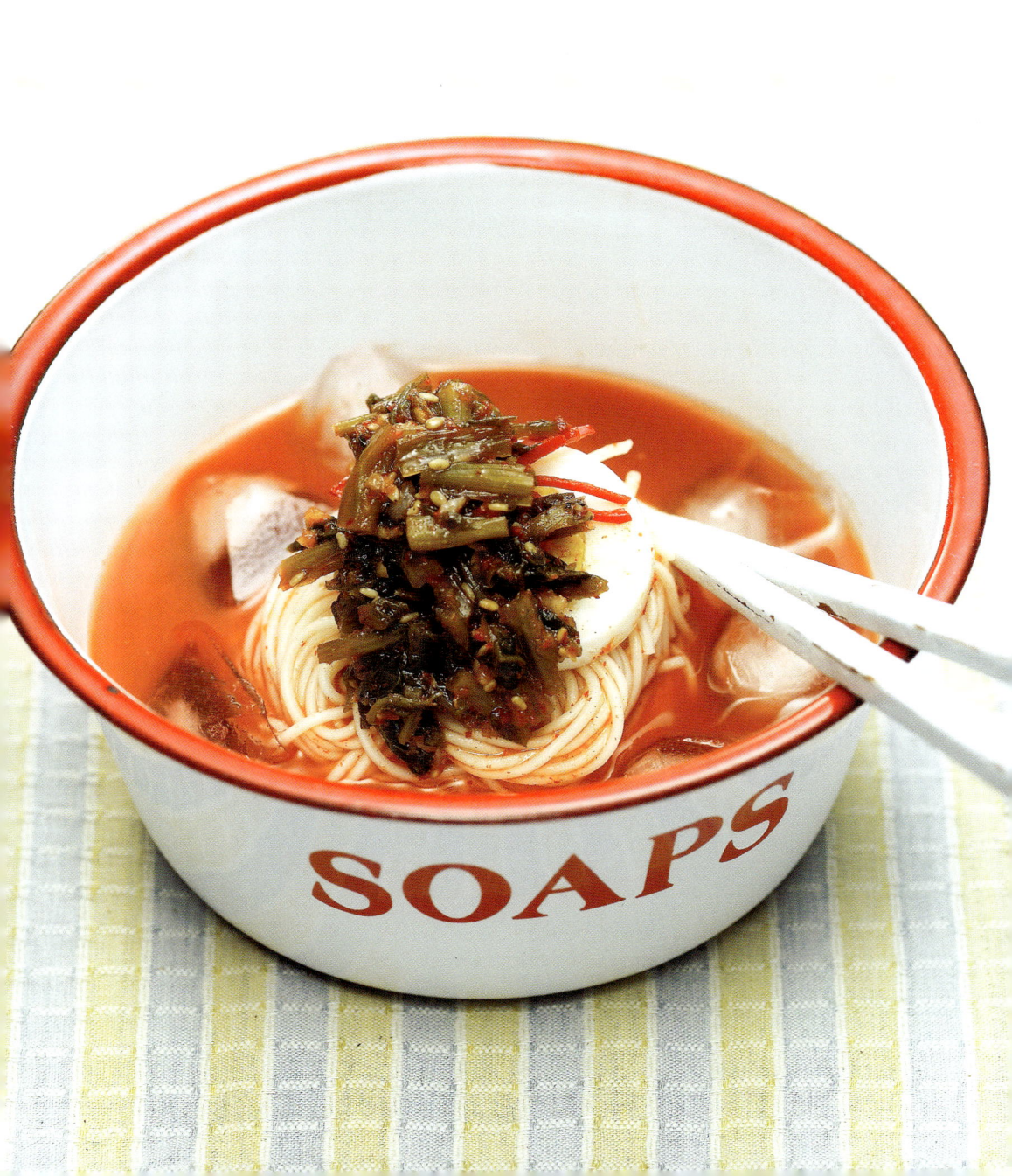

잔치국수

▶ **주재료**
소면 200g, 다진 쇠고기 200g

▶ **부재료**
당근 $\frac{1}{3}$개, 애호박 $\frac{1}{3}$개, 달걀 2개, 실고추 · 소금 약간씩, 송송 썬 대파 2큰술, 간장 1큰술

▶ **다진 쇠고기 양념**
소금 · 후춧가루 약간씩, 다진 마늘 · 청주 1작은술씩, 물 8컵

▶ **채소 고명 양념**
참기름 · 깨소금 · 다진 파 1작은술씩, 소금 · 후춧가루 약간씩, 다진 마늘 $\frac{1}{2}$작은술

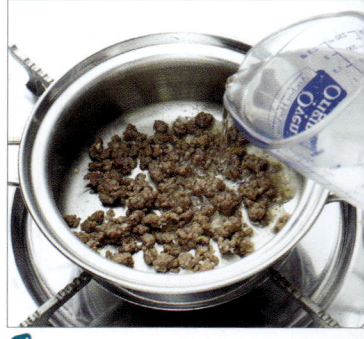

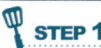
STEP 1

1 다진 쇠고기에 양념을 해서 냄비에 넣고 볶다가 익으면 물을 붓고 푹 끓여 고기 육수를 만든다. 육수는 면포에 밭쳐 맑은 국물은 따로 냄비에 담고 건진 고기는 따로 그릇에 담아 고명으로 쓴다.

2 당근과 애호박은 4cm 길이로 곱게 채 썰어 채소 고명 양념에 각각 따로 볶아 식힌다.

3 달걀은 알끈을 제거하고 곱게 풀어서 팬에 기름을 아주 조금만 붓고 달군 후 얇은 지단을 부쳐낸다. 달걀지단을 식혔다가 4cm 길이로 곱게 채 썬다.

4 실고추는 짧게 끊어 놓는다.

5 소면은 끓는 물에 소면을 넣어 한소끔 끓으면 물을 한 컵씩 부어서 또 끓이다가 다시 물을 부어 끓어오르면 찬물에 두 번 정도 헹궈 건져 일 인분씩 사리 지어 놓는다.

6 ①의 뜨거운 고기 국물에 간장과 소금을 넣어 간을 맞춘 후 팔팔 끓인다.

7 ⑤의 소면을 그릇에 담고 ⑥의 고기 육수를 두 번 정도 뜨겁게 토렴을 시켜서 애호박, 당근, 달걀지단, 실고추, 대파를 약간씩 올리고 다진 고기 삶아 놓은 것을 고명으로 뿌려서 상에 낸다.

> 🔵 **COOK TIP**
>
> 다진 고기를 양념해서 볶다가 물을 붓고 끓여 바로 우동이나 칼국수를 넣어서 뜨거운 장터 칼국수 또는 장터 우동으로 만들어 먹어도 좋은데 다른 고명 없이 송송 썬 김치 하나만 넣어서 끓여도 진한 육수의 맛이 어우러져 뜨겁고 시원한 맛이 난다.

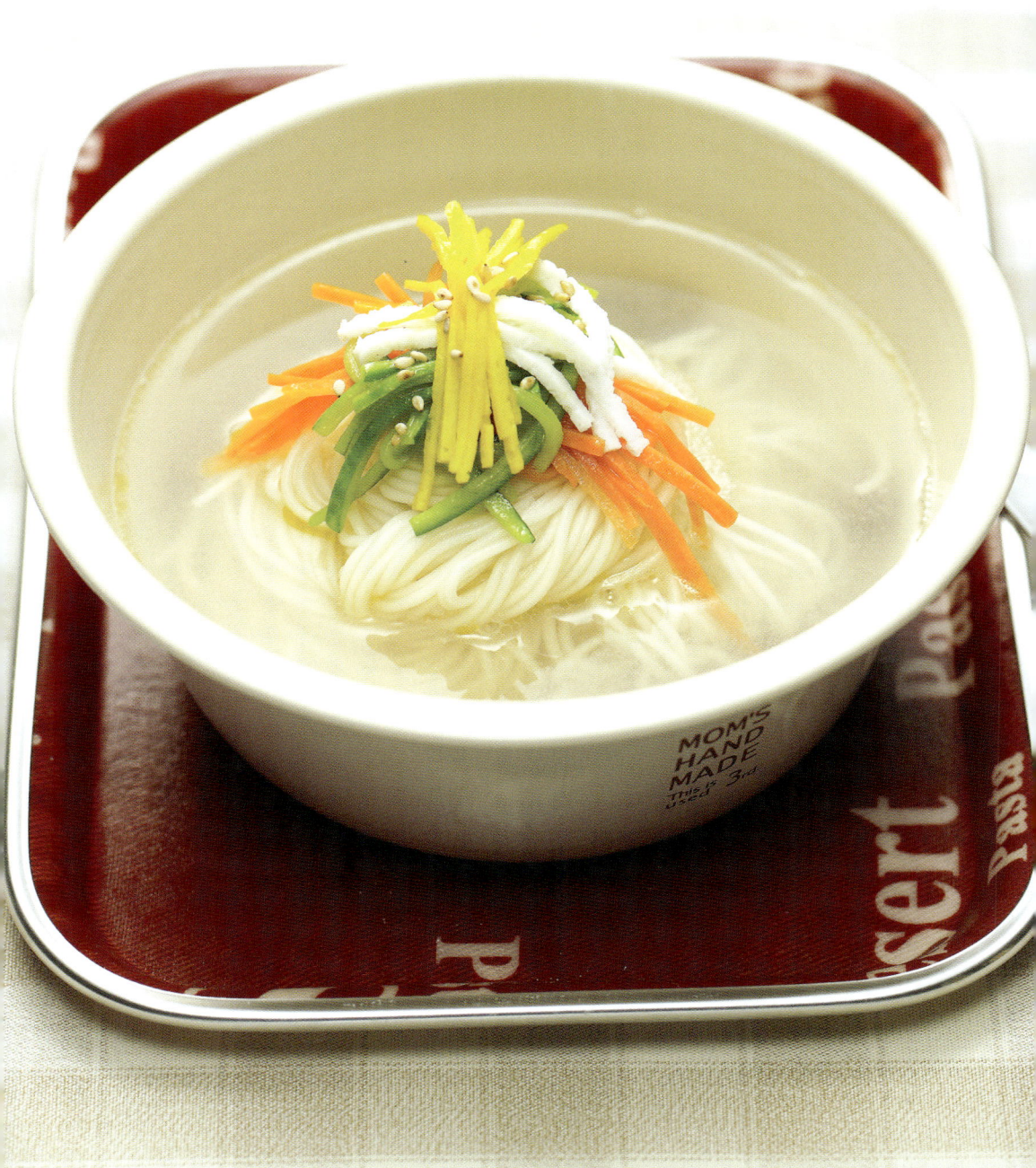

비빔냉면

▶ **주재료**
마른 냉면 300g, 무 80g, 오이 ½개, 송송 썬 실파 3큰술, 달걀 2개, 소금 약간

▶ **무 · 오이 초절임 양념**
고운 고춧가루 ½작은술, 식초 · 설탕 3큰술씩, 소금 · 다진 마늘 1작은술씩

▶ **초고추장 양념장**
고추장 4큰술, 사이다 · 식초 2큰술씩, 물엿 1큰술, 다진 마늘 1작은술

1 무는 껍질째 씻어서 가로 4㎝, 세로 1㎝ 폭으로 아주 얇게 저며서 초절임 양념을 조금씩 넣어서 절인다.

2 오이는 씻어서 반 갈라 어슷하게 채 썰어 초절임 양념을 조금씩 넣어서 절인다.

3 볼에 고추장과 사이다, 물엿, 식초, 다진 마늘을 넣어서 잘 섞어서 새콤달 콤한 비빔냉면 초장을 만든다. 달걀은 완숙으로 삶아 껍질을 벗겨 4등분한다.

4 마른 냉면을 끓는 물에 소금을 약간 넣고 쫄깃하게 삶아 찬물에 비벼가면 서 씻어 헹궈 일 인분씩 사리 지어 물기를 뺀다.

5 그릇을 미리 차게 냉장실에 넣었다가 빼내 ④의 냉면 사리를 담고 무와 오 이 절임, 삶은 달걀, 송송 썬 실파를 올리고 새콤달콤한 초장을 끼얹어 얼 음을 굵게 갈아서 그릇에 담아 시원하게 상에 낸다.

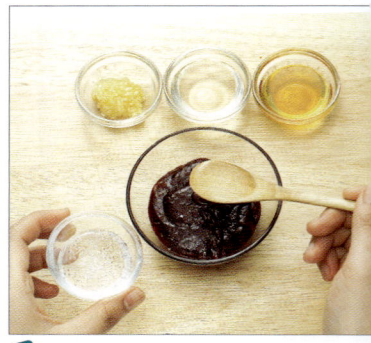

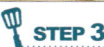 **STEP 3**

> ⊘ **COOK TIP**
> 비빔냉면 초장은 새콤달콤한 맛이 특징인데 오징어를 데쳐 잘게 썰거나 골뱅이를 초장에 무쳐 비빔 냉면과 함께 비벼 먹어도 별 미 비빔냉면을 느낄 수 있다.

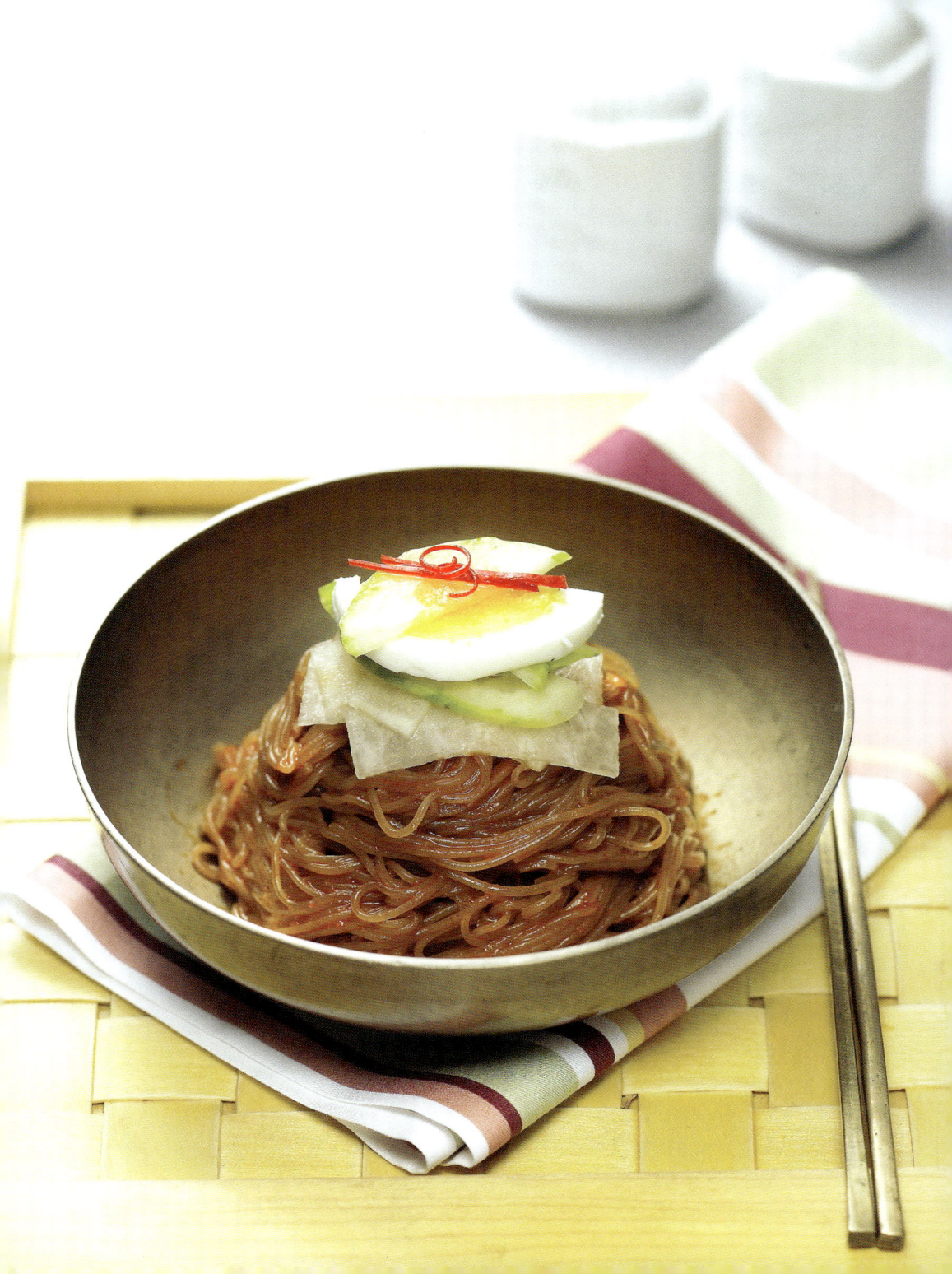

바지락호박칼국수

▶ **주재료**
칼국수 200g, 애호박 · 양파 $\frac{1}{2}$개씩, 바지락 150g

▶ **부재료**
청양고추 · 홍고추 1개씩, 대파 1대, 국간장 · 청주 1큰술씩, 다진 마늘 1작은술, 소금 · 후춧가루 약간씩, 물 8컵

▶ **칼국수 매운 양념**
고운 고춧가루 3큰술, 간장 · 식초 1큰술씩, 다시마 우린 물 2큰술, 물엿 $\frac{1}{2}$큰술, 깨소금 · 참기름 1작은술씩

1 애호박은 씻어서 0.5㎝ 폭으로 저며서 곱게 채 썬다.

2 양파와 대파는 굵게 채 썰고 청양고추와 홍고추는 반 갈라 씨를 털어 채 썬다.

3 바지락은 소금으로 문질러 씻어 찬물에 헹궈 물에 담가 해감시킨 후 물기를 뺀다.

4 냄비에 청주와 물을 붓고 끓으면 ③의 바지락을 넣어 뽀얀 조개국물이 될 때까지 끓인다. 바지락이 입을 벌리면 면포에 걸러 맑은 조개국물을 따로 냄비에 받고 바지락은 흐르는 물에 씻어 속의 이물질을 없앤다.

5 고운 고춧가루에 간장과 다시마 우린 물, 식초를 넣어 잘 개어서 고춧가루 물이 빨갛게 우러나면 물엿과 참기름, 깨소금으로 섞어 매콤한 양념장을 만든다.

6 ④의 뽀얀 조개국물이 끓으면 양파와 대파, 다진 마늘, 국간장을 넣어 끓으면 칼국수를 훌훌 털어서 넣어 끓인다.

7 칼국수가 끓어오르면 애호박과 청양고추, 홍고추를 넣고 소금, 후춧가루를 넣어 간을 맞춘다.

8 그릇에 ⑦의 칼국수를 채소와 함께 듬뿍 담고 씻어 놓은 바지락을 올려서 매운 양념과 함께 상에 낸다.

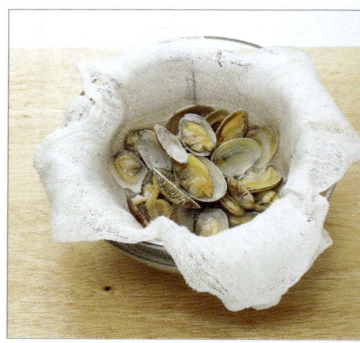
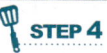 STEP 4

> 🠖 **COOK TIP**
> 소면을 쫄깃하게 삶아서 애호박채를 볶아 고명으로 올린 조개장국수를 만들어 먹으면 시원한 조개국물이 입안을 개운하게 한다. 매콤한 맛을 내려면 청양고추를 송송 다져서 고명으로 올리면 된다.

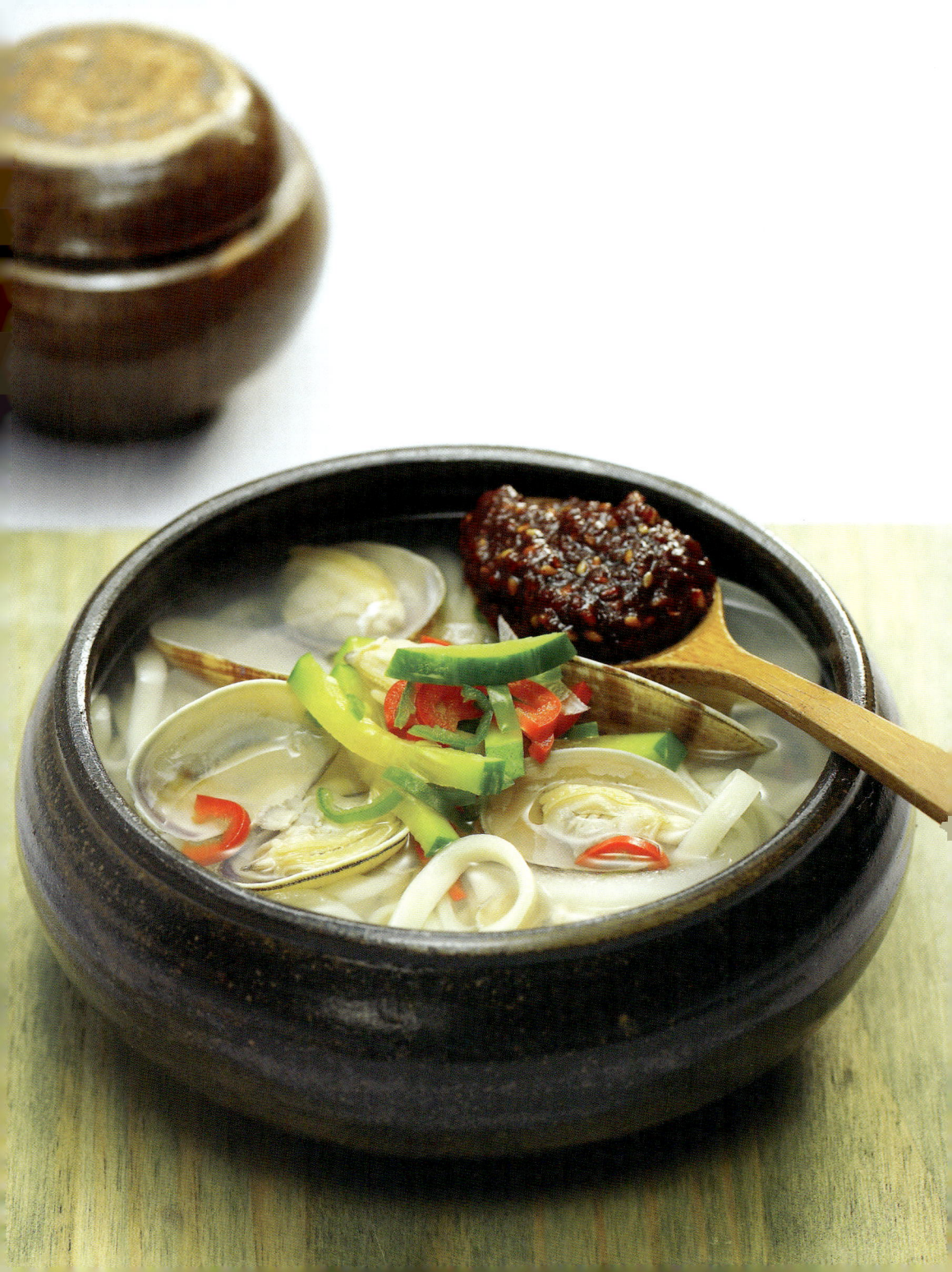

메밀냉국수

▶ **주재료**
메밀국수 300g, 생수 4컵

▶ **부재료**
무 ⅓개, 송송 썬 실파 ½컵, 고추냉이 1큰술, 구운 김 2장, 쑥갓 약간

▶ **메밀장국**
다시마 사방 10㎝ 2장, 국물 멸치 5개, 가다랑어포 ½컵, 진간장·청주 2큰술씩, 맛술 3큰술, 설탕 1큰술, 소금 약간, 물 8컵

1 다시마는 흰 가루를 닦아내고 사방 3㎝ 크기로 썰고 냄비에 국물 멸치를 넣고 볶다가 청주와 맛술을 넣고 물을 부어서 끓인다.

2 ①의 국물이 끓으면 다시마를 넣고 5분 정도 끓여 다시마는 건지고 진간장과 설탕을 넣어 맛을 낸다. 국물이 반으로 줄어들 때까지 끓이다가 불에서 내려 가다랑어포를 체에 걸러 국물 맛을 구수하게 낸 후 차게 식힌다.

3 무는 강판에 곱게 갈아서 면포에 싸서 즙을 내고 무 간 것을 따로 그릇에 두고 구운 김은 2㎝ 길이로 잘게 가위로 자른다.

4 메밀국수는 끓는 물에 삶아 찬물에 비벼가면서 씻어 일 인분씩 사리 지어 물기를 뺀다.

5 접시에 대나무 발을 깔고 ④의 메밀국수를 담고 김 썬 것과 쑥갓을 올린다.

6 ②의 맛 국물에 생수를 희석시키고 ③의 무 건더기를 풀고 고추냉이로 맛을 낸 후 실파 송송 썬 것을 넣어서 메밀국수를 차게 담가서 먹는다.

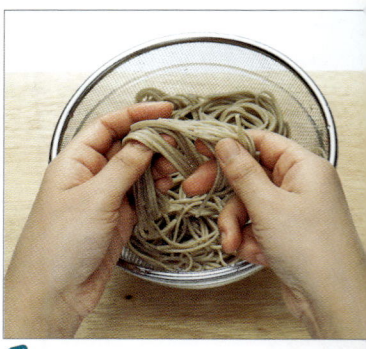

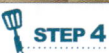 **STEP 4**

 COOK TIP
다시마와 국물 멸치, 가다랑어포를 우려서 만든 맛 국물은 메밀국수뿐 아니라 소면을 담가서 먹어도 아주 맛이 좋은데 소면은 김가루와 실파를 버무려서 맛 국물을 듬뿍 부어서 시원한 국수로 즐겨도 맛이 있다.

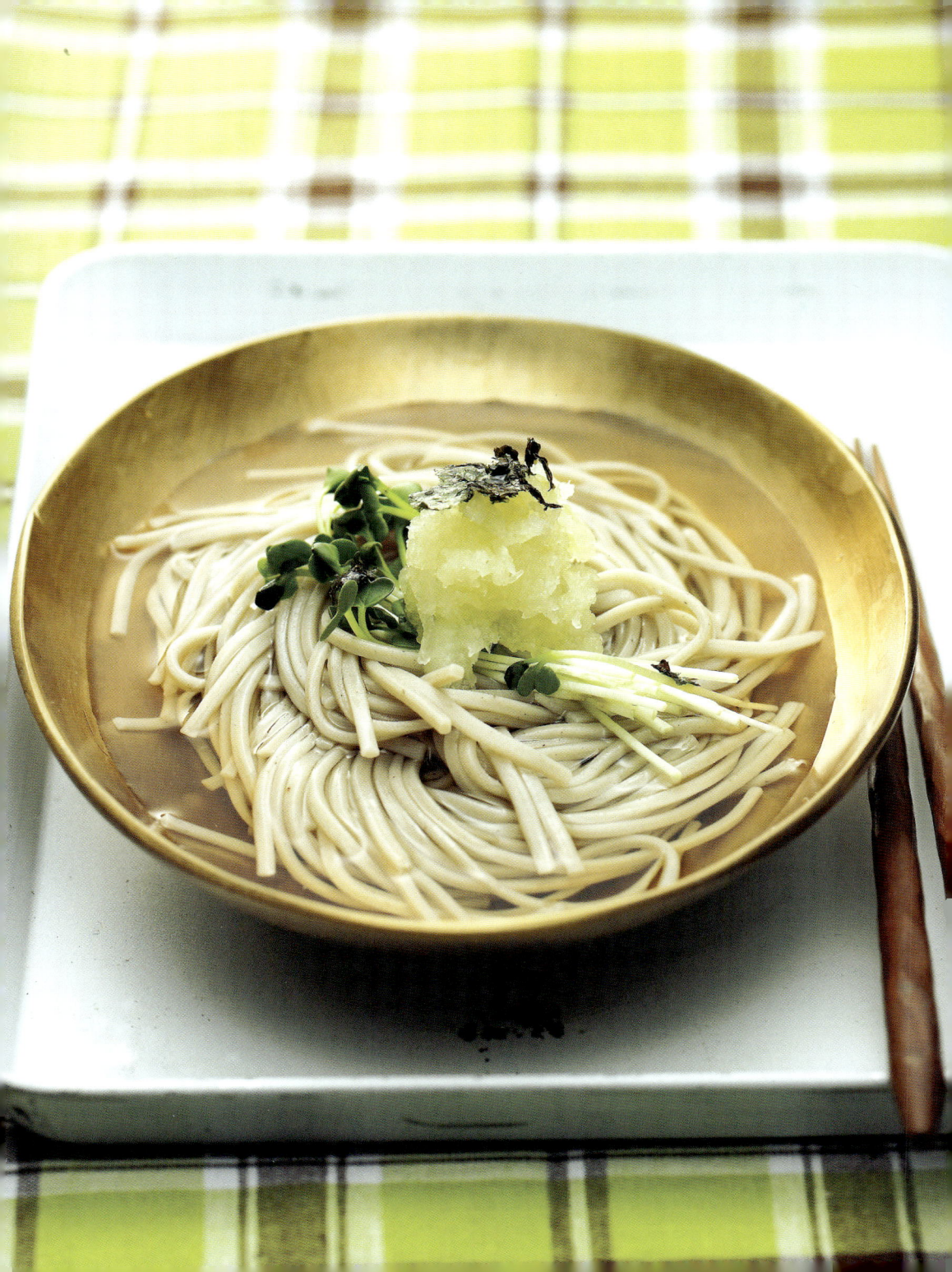

콩나물비빔국수

▶ **주재료**
중면 250g, 콩나물 120g

▶ **부재료**
당근 ⅓개, 쪽파 2대, 깻잎 4장, 소금 약간

▶ **비빔국수 고추장 양념장**
고추장 · 식초 3큰술씩, 고운 고춧가루 · 다진 마늘 · 참기름 1작은술씩, 설탕 · 사이다 2큰술씩, 생강즙 ½작은술, 깨소금 1큰술

1 콩나물은 꼬리를 다듬어 씻어서 찜기에 올려 살강하게 찐 후 찬 얼음물에 담가 헹궈 건져서 물기를 턴다.

2 당근은 3㎝ 길이로 아주 곱게 채 썰고 깻잎은 돌돌 말아 채 썬다. 쪽파는 송송 잘게 썬다.

3 중면은 끓는 물에 소금을 약간 넣고 부채꼴로 넣어 쫄깃하게 삶아서 찬물에 두 번 정도 헹궈 건져 물기를 꼭 짠다.

4 고추장에 고운 고춧가루와 설탕, 사이다, 식초, 다진 마늘, 생강즙, 참기름, 깨소금을 넣어서 잘 섞어서 비빔국수 양념장을 만든다.

5 큰 그릇에 중면 삶은 것과 콩나물 물기를 꼭 짜서 담고 당근과 쪽파를 넣어서 ④의 고추장 양념장을 넣어서 살살 버무린다.

6 접시에 무친 콩나물 비빔국수를 적당하게 담고 깻잎 채를 올려서 상에 낸다.

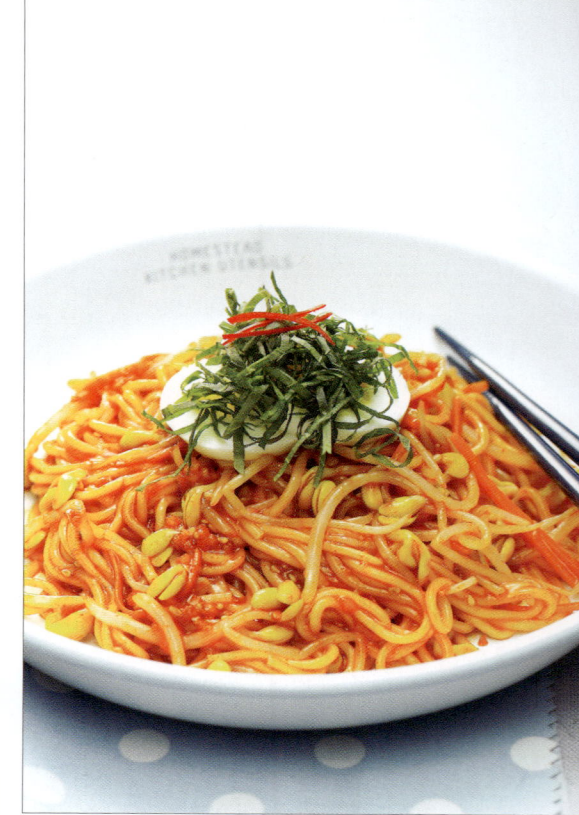

→ **COOK TIP**
콩나물과 비빔 고추장 양념장은 중면뿐 아니라 쫄면, 마른 냉면도 함께 무쳐 먹으면 좋다. 특히 콩나물은 물에 삶아서 건지면 콩나물의 아삭한 질감이 없어지고 무른 맛이 나서 무침 비빔 국수가 맛이 없다. 콩나물을 찜기에 쪄서 찬 얼음에 재빨리 넣고 헹궈야 콩나물의 아삭한 질감이 살아난다. 비빔국수에는 살캉하고 통통한 콩나물을 함께 비벼야 씹는 맛이 좋다.

쫄면

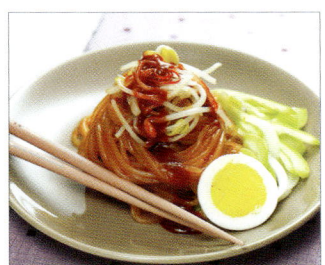

▶ **주재료**
쫄면 300g, 달걀 2개, 사과 · 오이 · 양파 $\frac{1}{5}$개씩, 콩나물 80g, 소금 약간, 설탕 1작은술

▶ **비빔 양념장**
고추장 4큰술, 사이다 · 식초 2큰술씩, 물엿 1큰술, 다진 마늘 1 작은술

1 달걀은 완숙으로 삶아 4등분하고 사과는 곱게 채 썰어 설탕을 뿌려서 갈변을 막는다.

2 콩나물은 찜기에 살캉하게 쪄서 찬 얼음물에 헹궈 건 져 2cm 길이로 썰어 물기를 꼭 짠다.

3 오이는 반을 갈라 씨를 숟가락으로 긁어낸 후 어슷하게 채 썰고 양파는 곱게 채 썰어 찬물에 헹궈 건져 물기를 뺀다.

4 쫄면은 끓는 물에 넣어 쫄깃하게 삶아 찬물에 비벼가 면서 씻어 건져 물기를 꼭 짠다.

5 비빔 양념장을 분량의 재료대로 넣는다.

6 널찍한 그릇에 비빔 양념장을 담고 쫄면과 콩나물, 양 파를 넣어 조물조물 무쳐서 그릇에 적당하게 나눠 담 고 그 위에 달걀, 사과채, 오이채를 소복하게 올려 상 에 낸다.

> ### → COOK TIP
> 집의 냉장고에 있는 양배추 또는 적채를 아주 곱게 채 썰어 찬 얼음물에 담갔다가 헹궈 물기를 없애고 쫄면 위에 고명으로 놓아 함께 비벼 먹으면 매콤한 쫄면의 맛이 더욱 살아나면서 양배추의 단맛이 쫄면을 더욱 달고 새콤하게 느껴지게 한다.

들깨장비빔국수

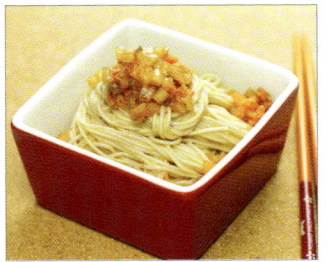

▶ **주재료**
소면 250g, 곱게 다진 배추김치 $\frac{1}{2}$컵, 구운 김 2장, 오이 $\frac{1}{5}$개, 소금 약간

▶ **간장 양념장**
간장 3큰술, 다시마 우린 물 · 들깻가루 2큰술씩, 설탕 1큰술, 다 진 마늘 $\frac{1}{2}$작은술, 들기름 1작은술

1 배추김치는 소를 털고 국물을 꼭 짠 후 아주 곱게 송 송 잘게 다진다.

2 구운 김은 비닐에 넣어 잘게 부수고 오이는 껍질째 곱 게 3cm 길이로 채 썬다.

3 간장에 다시마 우린 물을 섞고 들깻가루와 설탕, 다진 마늘, 들기름을 넣어서 잘 섞어 고소한 간장 양념장을 만든다.

4 소면을 끓는 물에 쫄깃하게 삶아 찬물에 헹궈 건져 물 기를 뺀다.

5 큰 그릇에 소면과 배추김치 ③의 간장 양념장을 넣어 고루 간이 배도록 버무려 그릇에 적당하게 담는다.

6 ⑤의 비빔국수에 오이채를 올리고 구운 김을 듬뿍 뿌 려서 상에 낸다.

> ### → COOK TIP
> 비빔국수는 초고추장으로 새콤하게 만드는 것도 있지만 간장으로 고소하게 만드는 것도 별미인데 간장으로 만드는 비빔국수에는 들깻가루와 들기름을 넣어서 고소한 감칠맛이 돌도록 하는 것이 좋다. 구운 김을 뿌려도 좋지만 건파래 잘게 볶은 것과 다시마를 고소하게 튀긴 튀각을 부숴서 넣어도 아주 별미다.

쟁반막국수

▶ **주재료**
메밀국수 300g

▶ **부재료**
달걀 3개, 방울토마토 5개, 오이 ½개, 양배추 5장, 적채 2장, 소금 약간

▶ **막국수 양념장**
메밀국수 삶은 물 · 고운 고춧가루 · 식초 3큰술씩, 발효 겨자 · 간장 · 설탕 1큰술씩, 물엿 · 양파즙 2큰술씩, 다진 마늘 1작은술, 후춧가루 약간

1 달걀은 냄비에 담아 소금을 약간 넣고 삶아서 끓기 시작하면 12분 정도 삶아 완숙을 만든 후 찬물에 헹궈 껍질을 벗겨 달걀커터기를 이용해서 얇게 썬다.

2 방울토마토는 씻어서 꼭지를 떼어내고 반 가르고 오이는 4㎝ 길이로 곱게 채 썬다.

3 양배추와 적채는 굵은 심지를 도려내고 씻어 4㎝ 길이로 채 썰어 찬물에 헹궈 건진다.

4 메밀국수는 넉넉한 물에 쫄깃하게 삶아 메밀국수 삶은 물을 버리지 말고 메밀국수만 찬물에 비벼가면서 씻어 채반에 건져 물기를 뺀다.

5 ④의 메밀국수 삶은 물에 고운 고춧가루와 발효 겨자를 풀어서 간장과 식초, 설탕, 물엿을 넣고 양파즙을 넣어 희석시킨 후 다진 마늘과 후춧가루를 넣어서 양념장을 만든다.

6 넓은 접시에 메밀국수, 양배추, 적채, 달걀 썬 것, 방울토마토, 오이채를 소복하게 올리고 ⑤의 양념장을 넣어서 비벼 먹는다.

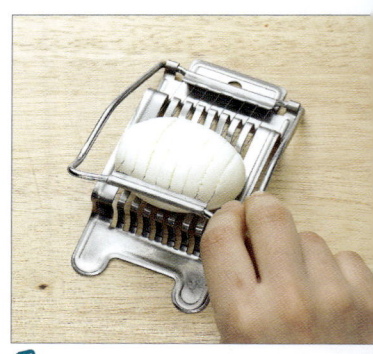

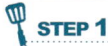 **STEP 1**

→ **COOK TIP**
메밀국수 양념장은 메밀국수 삶은 물을 넣어서 구수한 맛을 함께 내야 더 맛이 있다. 이렇게 만든 메밀국수 양념장에 메밀국수와 송송 썬 김치와 상추를 적당하게 뜯어 넣고 비벼 먹으면 매콤한 맛을 즐길 수 있다.

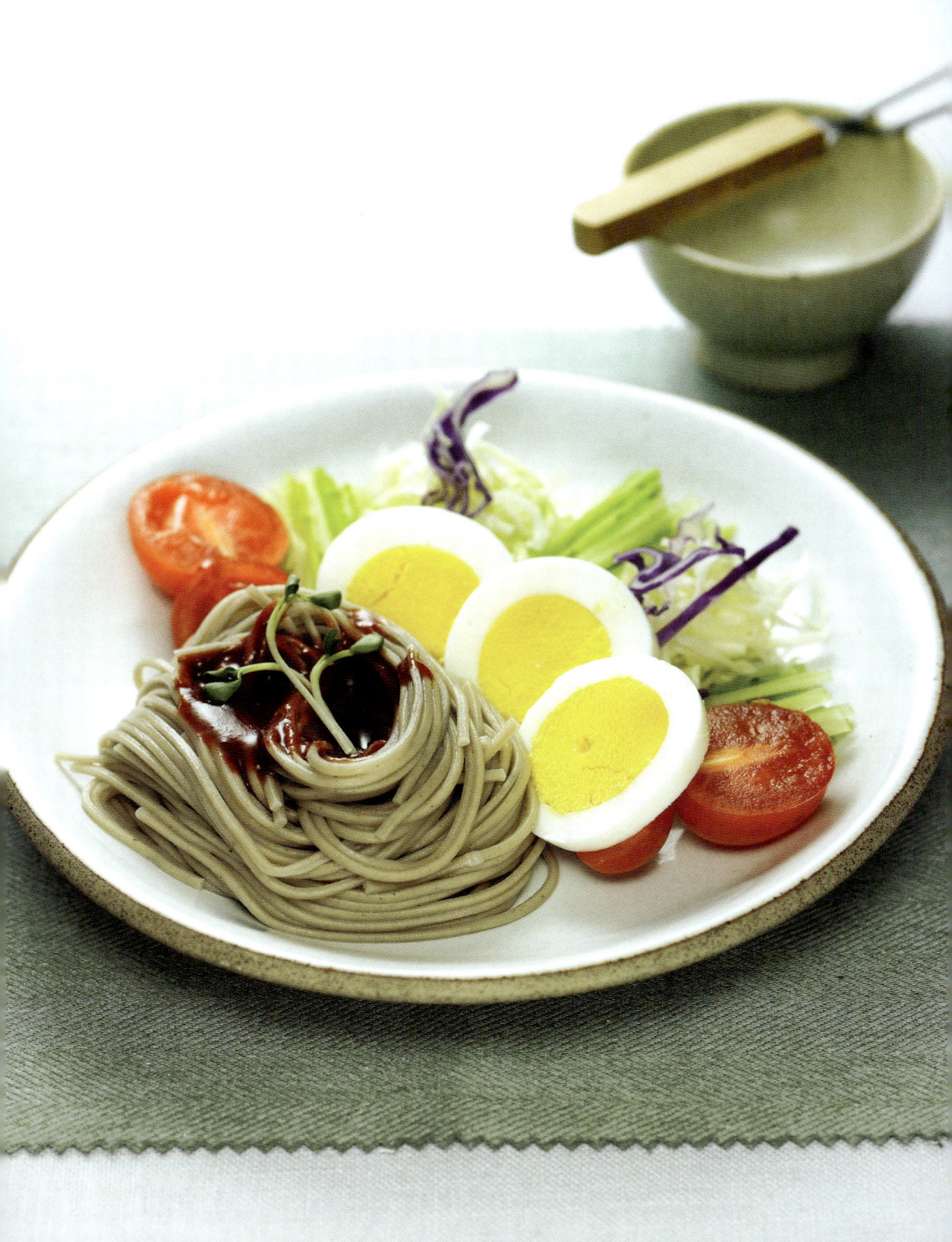

김치칼국수

▶ **주재료**
배추김치 ¼포기, 칼국수 250g

▶ **부재료**
달걀 1개, 대파 1개, 국물 멸치 4마리, 청주 1큰술, 물 7컵, 소금 · 후춧가루 약간씩, 고운 고춧가루 · 국간장 · 다진 마늘 1작은술씩

1 냄비에 국물 멸치를 넣어 볶아 비린맛이 날아가면 청주와 물을 붓고 중간 불에서 끓여 진한 멸치 국물을 만든 후 면포에 걸러 냄비에 담아 끓인다.

2 배추김치는 국물을 약간 짠 다음에 소를 털어 가로로 1㎝ 폭으로 송송 썬다.

3 달걀은 알끈을 제거하고 곱게 풀어 놓는다. 대파는 큼직하고 어슷하게 썬다.

4 ①의 멸치 국물에 국간장과 다진 마늘, 고운 고춧가루를 넣어 끓으면 배추 김치를 넣고 끓인다.

5 배추김치가 익어 매콤하고 구수한 국물 맛이 나면 칼국수는 날밀가루를 흔들어 없애고 넣어 끓인다.

6 칼국수의 면발이 쫄깃하게 익으면 대파를 넣고 달걀로 줄알을 쳐서 소금 과 후춧가루로 간을 맞춰 뜨겁게 한소끔 끓여서 그릇에 담아낸다.

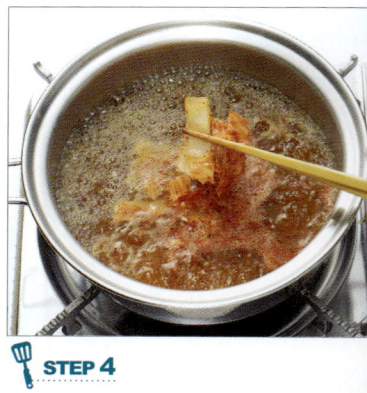

STEP 4

→ **COOK TIP**

김치칼국수는 구수하면서 매콤한 김치의 맛이 우러나 사람들이 즐겨 먹는다. 김치칼국수를 끓일 때 느타리버섯 또는 팽이버섯을 넣으면 버섯의 향이 우러나 김치칼국수의 맛이 더욱 먹음직스럽 다. 버섯은 처음부터 넣으면 물러지므로 칼국수를 다 끓이고 난 후 마지막에 넣어주는 것이 좋다.

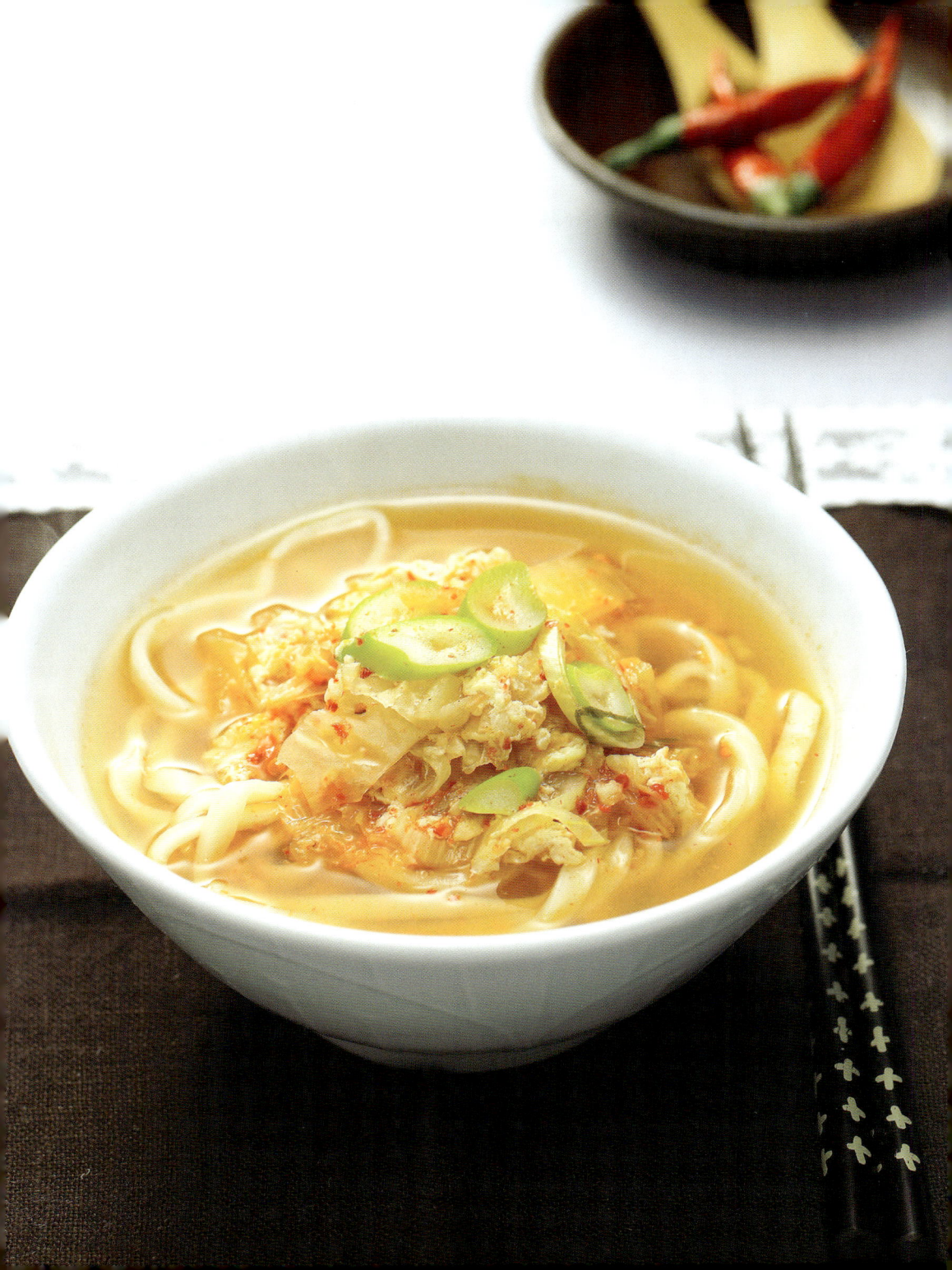

콩국수

▶ **주재료**
흰콩 $\frac{1}{2}$컵, 두부 $\frac{1}{4}$모, 중면 200g

▶ **부재료**
우유 1$\frac{1}{2}$컵, 생수 4컵, 통깨 2큰술, 소금 약간, 오이 $\frac{1}{2}$개

1 흰콩은 하루 전날 물을 부어서 불린 후 냄비에 넣고 물을 1컵만 붓고 8분 정도 삶는다. 찬물에 헹궈 껍질을 벗기고 콩만 건져 물기를 뺀다.

2 두부는 씻어서 끓는 물에 살짝 데쳐서 찬물에 헹군 후 물기를 닦고 칼날로 으깨 면포에 싸서 물기를 뺀다.

3 믹서에 삶은 콩과 두부, 우유, 생수 4컵을 넣고 통깨를 넣어서 급게 간다.

4 걸쭉한 농도의 두유를 차게 냉장고에 넣어 둔다.

5 중면을 끓는 물에 쫄깃하게 삶아 찬물에 헹궈 일 인분씩 사리 지어 채반에 올려 물기를 뺀다.

6 오이는 껍질째 소금에 문질러 씻어서 어슷하게 편 썰어 다시 곱게 채 썬다.

7 그릇에 중면을 일 인분씩 담고 차게 만든 두유를 듬뿍 부은 후 오이채를 올려서 소금으로 간을 맞춰 먹는다.

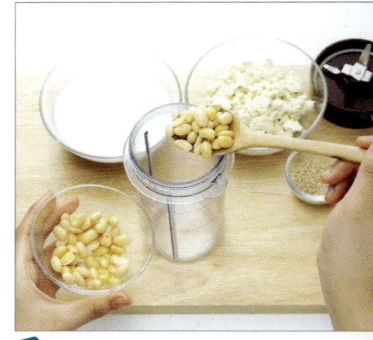

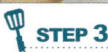 STEP 3

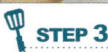 **COOK TIP**

두유는 걸쭉한 상태로 먹어야 더 고소한 맛이 많이 나는데 믹서에 간 두유를 체에 밭치지 말고 거칠게 입안에 씹히는 질감을 함께 느끼면서 먹는 것이 제 맛이다. 두유를 갈 때 집에 있는 땅콩 혹은 잣, 아몬드를 함께 넣고 갈면 더 고소하다.

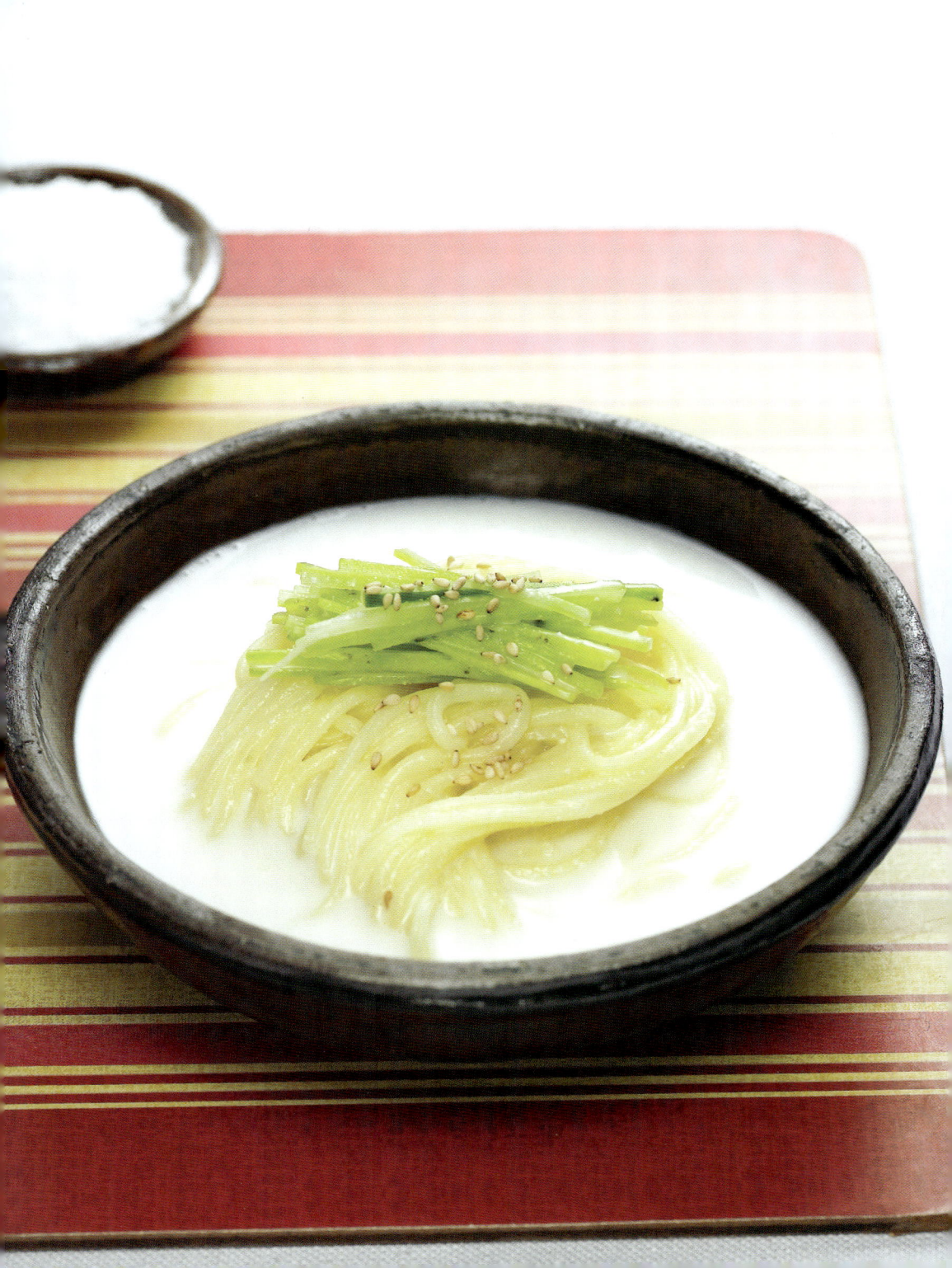

녹차깨국시

▶ **주재료**
잎 녹차 20g, 참깨 3큰술, 소면 200g

▶ **부재료**
뜨거운 물 4컵, 우유 2큰술, 오이 ½개, 실고추·소금 약간씩, 달걀지단 사방 10cm 1장, 참치액 1작은술

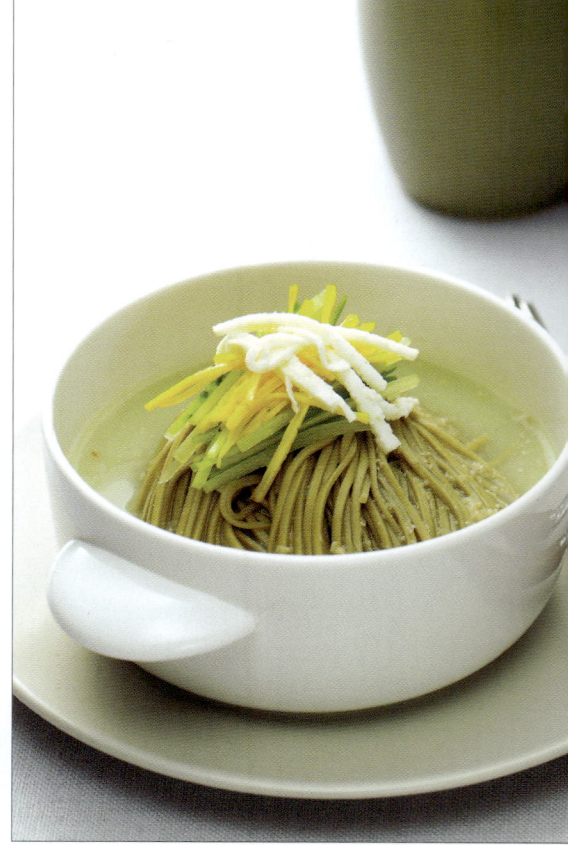

1 뜨거운 물이 살짝 한 김이 나가면 잎 녹차를 체에 넣고 우려서 진한 녹차를 만든다.

2 참깨는 고소하고 통통하게 볶아서 분말기에 곱게 간다.

3 진하게 만든 녹차는 차게 냉장고에 넣어 식혔다가 믹서에 참깨와 우유를 넣어 곱게 간다. 간 녹차깨국물은 참치액으로 맛을 내고 소금으로 간을 맞춘다.

4 오이는 씻어서 3㎝ 길이로 썰어 돌려 깎아 곱게 채 썰고 실고추는 짧게 자르고 달걀지단은 아주 곱게 채 썬다.

5 소면은 끓는 물에 쫄깃하게 삶아 찬물에 헹궈 일 인분씩 사리 지어 물기를 뺀다.

6 그릇에 소면을 담고 오이와 실고추, 달걀지단을 올린 후 차게 만든 녹차깨국물을 듬뿍 부어서 먹는다.

> ⟶ **COOK TIP**
> 녹차는 잎 녹차가 없으면 티백 녹차를 이용해도 좋은데 잎 녹차보다 연하므로 물 4컵에 티백 2개 이상을 넣어 진한 녹차를 우려낸다. 녹차에 참깨를 넣어도 되지만 고소한 땅콩, 흑임자, 잣 등을 함께 넣어서 곱게 갈아도 고소한 맛이 일품이다. 잣은 고명으로 띄워 즐겨도 좋다.

베트남식매운국수

▶ 주재료
중면 250g

▶ 부재료
청양고추 2개, 양파 ⅓개, 까나리액젓·고운 고춧가루·다진 마늘 1큰술씩, 소금·후춧가루 약간씩, 월계수잎 1장, 마른 새우 3큰술,
고수 2~3잎, 송송 썬 대파 3큰술, 고추기름 ½작은술, 물 10컵

1 냄비에 마른 새우를 넣어 볶아 비린맛을 없애고 물을
  붓고 끓인다.

2 마른 새우가 충분하게 우러나면 고운 고춧가루와 까나
  리액젓, 다진 마늘, 월계수잎을 넣어 맛을 내어 끓인다.

3 청양고추는 곱게 송송 썰어 씨를 털고 양파는 곱게 채
  썰어 찬물에 헹궈 아린맛을 없애고 건져 물기를 턴다.

4 고수는 물에 헹궈 건져 적당한 길이로 잘라 놓는다.

5 중면을 끓는 물에 쫄깃하게 삶아서 찬물에 헹궈 건지
  고 일 인분씩 사리 지어 놓는다.

6 ②의 새우국물에 소금, 후춧가루로 간을 맞춰 그릇에
  중면을 담고 국물을 듬뿍 부어서 두 번 정도 토렴 시
  킨 후 양파, 청양고추, 대파, 고수를 올리고 고추기름
  을 끼얹어 베트남식 매운 쌀국수를 먹듯이 뜨겁게 먹
  는다.

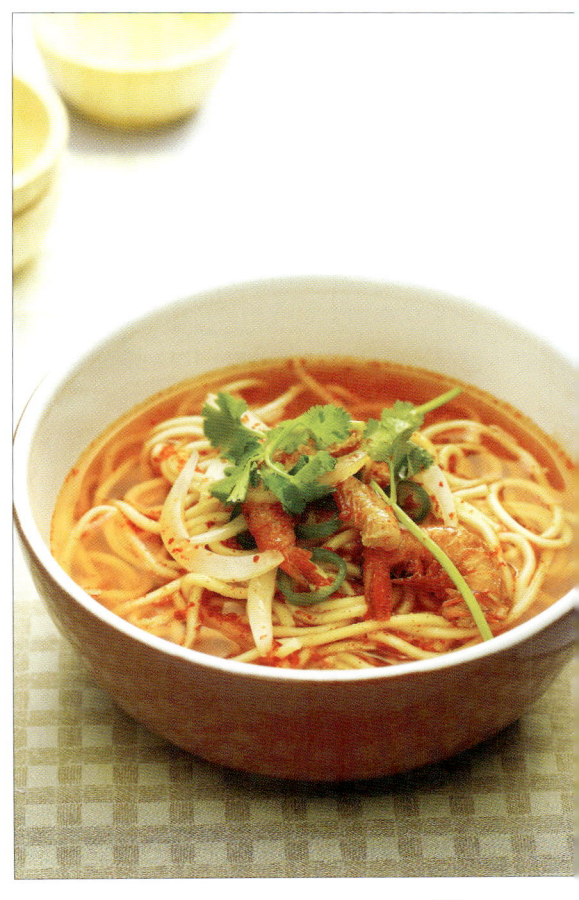

🔵 COOK TIP
베트남 쌀국수는 쌀로 만든 국수와 쇠고기 양지머리와 쇠뼈를 구
워 만든 구수한 국물로 먹는 것이긴 하지만 베트남식 국수의 매
콤한 맛을 흉내 낸 이 매운 국수도 생선소스 대신에 까나리액젓
과 청양고추, 양파를 듬뿍 넣어서 매콤하면서 시원한 맛을 낸다.
고수가 없으면 미나리잎을 잔뜩 넣어도 좋은데 미나리는 양식 미
나리보다는 돌미나리를 이용해서 넣는 것이 좋다. 고추기름이 없
으면 참기름에 고춧가루를 넣어 볶다가 종이타월에 기름을 받아
서 고추기름 대신에 사용해도 고소한 맛과 칼칼한 맛을 동시에
느낄 수 있다.

냉숙주소면

▶ **주재료**
소면 250g, 숙주 80g

▶ **부재료**
물 5컵, 참기름 · 발효 겨자 · 고운 고춧가루 · 국간장 · 다진 마늘 1작은술씩, 깨소금 1큰술, 소금 · 후춧가루 약간씩, 대파 1대, 청양
고추 1개

1 숙주는 머리와 꼬리를 다듬어 씻는다. 냄비에 참기름을 두르고 숙주를 넣
은 후 소금과 고운 고춧가루를 약간 넣고 물을 부어 뚜껑을 덮어서 삶아 식
힌다.

2 삶아 놓는 숙주는 그대로 차게 식혀서 국간장과 다진 마늘, 발효 겨자를
넣어서 간을 맞춘다.

3 소면은 끓는 물에 쫄깃하게 삶아 찬물에 헹궈 물기를 빼고 일 인분씩 사리
지어 놓는다.

4 대파는 4㎝ 길이로 토막 내고 반 갈라 넓게 펼쳐 곱게 채 썰어 찬물에 헹궈
건져 싱싱하게 만들어 놓는다.

5 청양고추는 송송 잘게 썰어서 씨를 턴다.

6 그릇에 소면을 담고 숙주 삶은 국물을 붓고 숙주를 건져 올린 흑 대파채와
청양고추를 고명으로 올린다. 깨소금을 뿌리고 소금과 후춧가루로 간을
맞춰 시원하게 먹는다.

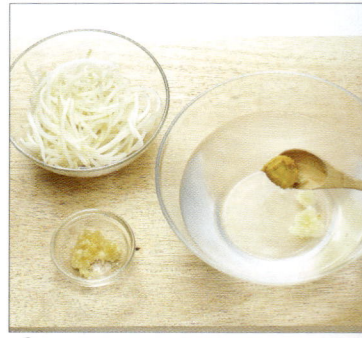

 TIP

> ⟶ **COOK TIP**
>
> 숙주를 삶을 때 소면을 함께 말아 먹을 국물까지 같이 만드는 것
> 이 좋다. 숙주를 살캉하게 삶고 그 물에 겨자, 다진 마늘 등의 맛
> 을 내고 차게 식혀야 냉국수를 맛있게 먹을 수 있다. 숙주를 삶을
> 때 고운 고춧가루를 약간 넣어 매콤한 맛을 내고 붉은 색도 낸다.
> 가다랑어 가루를 내어서 마지막에 가다랑어 가루를 뿌려서 먹으
> 면 구수하게 씹히는 가다랑어 맛이 별미다.

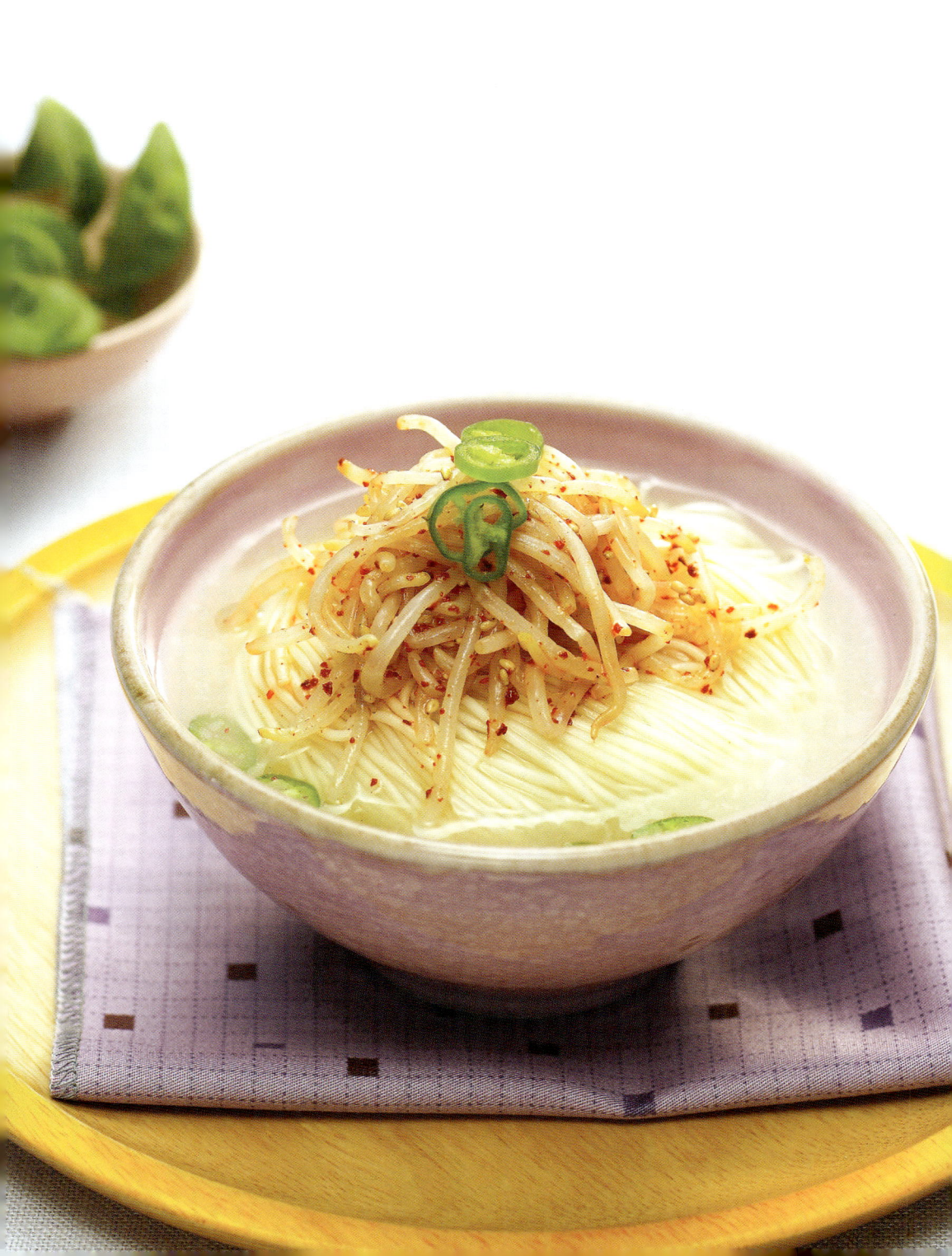

중국식냉면

▶ **주재료**
다진 돼지고기 50g, 냉면 300g

▶ **부재료**
오이 · 양파 ½개씩, 홍고추 · 청양고추 1개씩, 달걀지단 사방 10cm 1장, 발효 겨자 1작은술, 소금 · 후춧가루 · 식초 · 설탕 약간씩

▶ **다진 돼지고기 삶는 물**
양파 ½개, 마늘 1쪽, 생강 ½톨, 정향 1개, 통후추 약간, 물 8컵

▶ **오이 · 양파 절임 양념**
소금 · 발효 겨자 1작은술씩, 식초 2큰술, 설탕 3큰술

1 다진 돼지고기는 끓는 물에 양파와 마늘, 생강, 정향, 통후추와 함께 넣어서 푹 끓인 후 돼지고기의 담백한 맛이 우러나면 면포에 맑은 국물만 건져 차게 식힌다.

2 ①의 국물에 발효 겨자, 소금, 후춧가루, 식초, 설탕을 조금씩 넣어서 새콤달콤하게 만든다.

3 냉면은 끓는 물에 쫄깃하게 삶아서 찬물에 비벼가면서 씻어 건져 일 인분씩 사리 지어 놓는다.

4 오이는 반 갈라 어슷하게 채 썰고 양파는 곱게 채 썬다.

5 채 썬 오이와 양파는 절임 양념에 조물조물 무쳐 재운다.

6 홍고추와 청양고추는 아주 곱게 다진다. 달걀지단은 3cm 길이로 곱게 채 썬다.

7 그릇에 냉면을 담고 오이와 양파 절임을 올린 후 찬 국물을 붓고 다진 홍고추와 청양고추, 달걀지단을 올려서 먹는다.

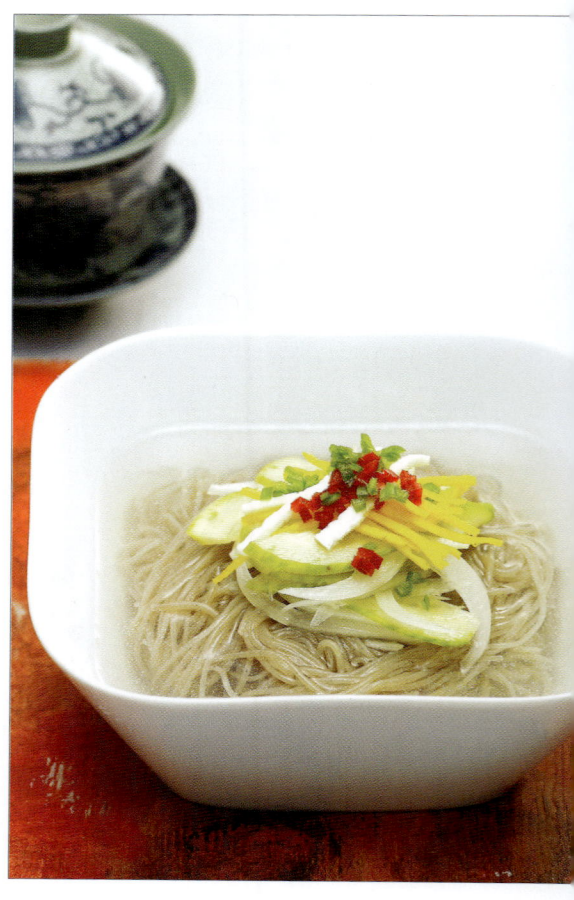

→ **COOK TIP**
중국식 냉면은 돼지고기 국물로 만들어 담백한 국물 맛이 특징이다. 기름지지 않고 산뜻하게 맛을 내려면 양파와 마늘, 생강, 정향, 통후추를 넣어서 육수를 끓여야 돼지고기의 기름이 생기지 않고 맛이 담백하다. 차게 먹어야 제 맛이 나는 중국식 냉면은 육수를 만들어 냉동실에 넣었다가 살짝 기름기가 굳으면 종이타월로 기름기를 완전히 제거하고 냉면 국물로 부어야 입에 이물질이 남지 않고 깔끔하다.

야키소바

▶ **주재료**
생우동 200g

▶ **부재료**
애호박 · 양파 ½개씩, 당근 ⅓개, 가다랑어포 · 송송 썬 실파 3큰술씩, 올리브오일 2큰술, 소금 · 후춧가루 약간씩, 참치액 · 맛술 1큰술씩, 다진 마늘 1작은술

1 애호박은 3㎝ 길이로 토막 내어 돌려 깎은 후 굵게 채 썰어 소금에 살짝 절인다.

2 당근과 양파도 굵게 채 썰어 찬물에 헹궈 건진다.

3 생우동은 끓는 물에 넣어 쫄깃하게 삶아서 찬물에 헹궈 물기를 뺀다.

4 팬에 올리브오일을 두르고 다진 마늘과 양파를 넣어 볶고 생우동과 애호박도 넣어 맛술과 참치액으로 버무려 볶는다.

5 볶아낸 ④의 우동에 소금과 후춧가루, 가다랑어포를 넣어 버무린 후 그릇에 담고 실파 송송 썬 것을 뿌린다.

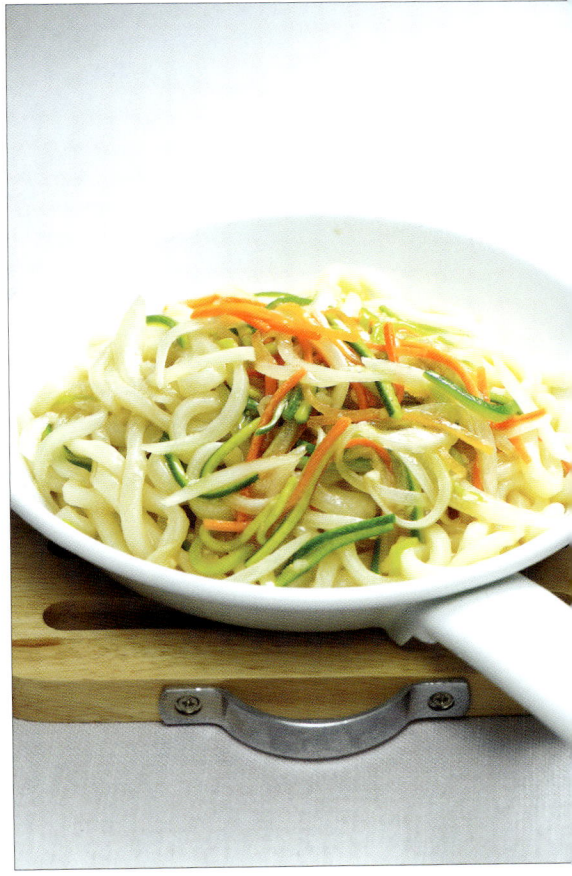

⊙ COOK TIP

야키소바에는 각종 해물을 넣어도 맛이 좋은데 오징어를 살짝 데쳐서 넣거나 새우살, 홍합살 등을 함께 넣고 볶아 소바에 단맛을 낸다. 해물을 넣을 때에는 해물의 비린맛이 없도록 생강채를 볶다가 넣어야 한다.

중국식바지락볶음면

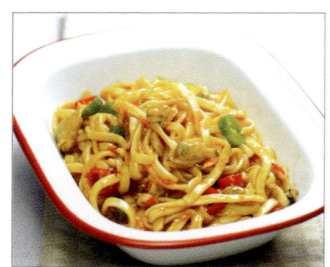

▶ **주재료**
바지락살 50g, 칼국수 250g

▶ **부재료**
대파 1대, 홍고추 2개, 청양고추 1개, 두반장·다진 마늘 1큰술씩, 김가루 2큰술, 간장·깨소금·참기름 1작은술씩, 소금·후춧가루 약간씩, 다진 생강 ½작은술

1 칼국수는 밀가루를 훌훌 털어서 끓는 물에 쫄깃하게 삶아 찬물에 헹궈 건져 물기를 빼고 참기름으로 버무려 놓는다.

2 바지락살은 소금물에 헹궈 건지고 대파와 홍고추, 청양고추는 1㎝ 폭으로 송송 썬다.

3 넓은 중국팬에 기름을 두르고 다진 마늘과 생강을 볶다가 바지락살을 넣고 두반장으로 맛을 내어 볶는다.

4 ③의 바지락살이 익으면 칼국수 삶은 것을 넣고 대파와 홍고추, 청양고추를 넣어 버무려서 간장과 소금, 후춧가루로 맛을 내어 볶는다.

5 볶은 바지락 볶음면을 그릇에 담고 김가루, 깨소금을 뿌려서 먹는다.

→ **COOK TIP**
중국식 바지락 볶음면은 바지락살만 준비해서 미리 생강과 마늘에 볶아야 비린맛이 없는데 조갯살과 맛살을 이용해도 좋고 새우살을 넣어서 볶아도 쫄깃한 면발과 함께 중국식의 매콤한 볶음면을 맛볼 수 있다. 칼국수는 미리 삶아서 참기름에 무쳐 놓아야 볶았을 때 풍미가 더욱 난다.

태국식매운쌀국수

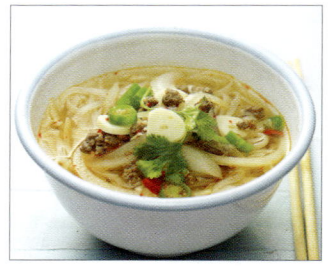

▶ **주재료**
쌀국수 200g, 매운 청양고추 3개

▶ **부재료**
마른 홍고추 2개, 고운 고춧가루 1작은술, 마늘 3쪽, 양파 ¼개, 송송 썬 쪽파 3큰술, 다진 쇠고기 200g, 다시마 우린 물 8컵, 생선소스 2큰술, 소금·후춧가루 약간씩, 고수잎 5장

1 매운 청양고추와 마른 홍고추는 송송 썰어 씨째로 준비한다.

2 마늘은 얇게 편 썰고 양파는 굵게 채 썬다.

3 냄비에 생선소스와 마른 홍고추, 마늘, 양파, 고운 고춧가루를 넣어 볶다가 다진 쇠고기를 넣고 익으면 다시마 우린 물을 붓고 끓인다.

4 쌀국수는 미리 찬물에 살짝 불려 놓는다.

5 ③의 국물이 끓으면 불려 놓은 쌀국수를 넣고 끓이다가 소금, 후춧가루로 간을 맞추고 고수잎과 매운 청양고추를 고명으로 올려서 상에 낸다.

→ **COOK TIP**
쌀국수는 끓는 물에 삶아서 고기 국물에 넣어도 되지만 쌀전분이 흘러나오도록 고기 국물에 직접 넣어도 된다. 그러나 마른 쌀국수를 고기 국물에 넣어 끓이면 오래도록 삶아야 하므로 쌀국수를 미리 찬물에 살짝 불린 상태에서 끓여야 한다. 생선소스 대신에 까나리액젓을 사용해도 되지만 이국적인 맛을 느끼려면 생선소스를 이용하는 것이 좋다. 베트남 매운 고추, 태국의 푸릭키누를 준비해서 쌀국수에 넣으면 오래도록 매콤한 맛이 우러나 더욱 맛이 좋아진다.

싱가포르식쌀국수볶음

▶ **주재료**
쌀국수 200g

▶ **부재료**
달걀 2개, 다진 마늘 2큰술, 카레가루 · 간장 1큰술씩, 홍고추 · 청양고추 1개씩, 당근 · 양파 ¼개씩, 새우살 50g, 소금 · 후춧가루 약간씩

▶ **무 · 북어머리 육수**
무 50g, 북어머리 1개, 청주 1큰술, 물 2컵

1 쌀국수는 냄비에 물을 끓여 삶아서 찬물에 헹궈 건진다.

2 달걀은 알끈을 제거하고 곱게 풀어서 팬에 기름을 약간 두르고 달걀물을 붓고 젓가락으로 휘휘 저어가면서 스크램블을 만든다.

3 양파와 당근은 아주 곱게 채 썰고 홍고추와 청양고추는 2㎝ 길이로 채 썬다.

4 새우살은 끓는 물에 소금을 약간 넣고 데쳐 차게 식힌다.

5 냄비에 북어머리를 볶다가 무와 청주, 물을 붓고 약한 불에서 은근하게 끓여 국물이 반으로 졸아들고 진한 국물이 나오면 면포에 거른다.

6 ⑤의 국물을 냄비에 담고 다진 마늘과 카레가루, 간장을 넣어서 볶다가 새우살과 당근, 양파를 넣어 끓인다.

7 ⑥에 쌀국수 삶은 것을 넣어 버무려 소금과 후춧가루로 간을 맞추고 달걀 스크램블을 넣어 버무려 그릇에 담아낸다.

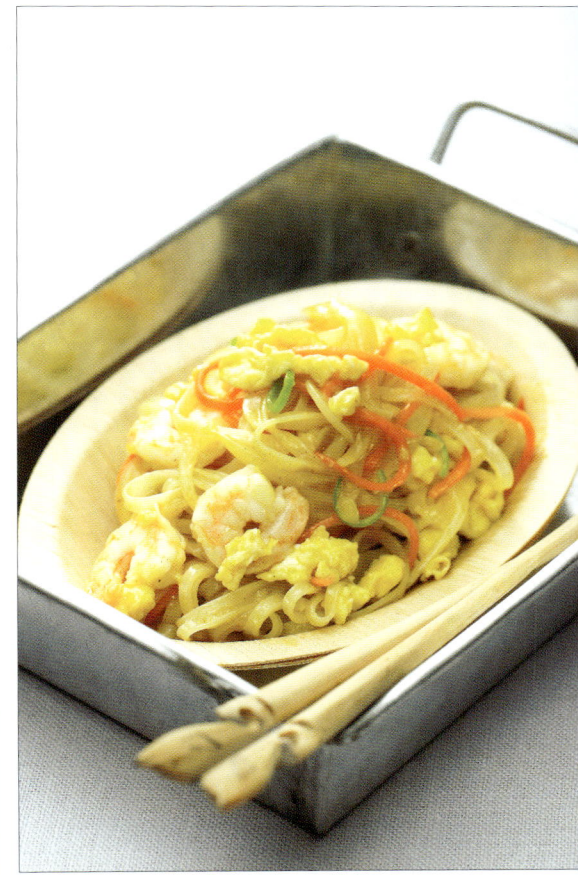

→ COOK TIP
셀러리, 파슬리 등의 채소가 있으면 쌀국수 볶은 것에 함께 넣고 버무려 볶으면 채소의 씹히는 질감이 있어서 더욱 좋다. 쌀국수 양념에 칼국수나 우동을 삶아서 쌀국수 대신 넣고 볶아도 별미 중의 별미다. 옥수수 통조림을 함께 넣고 볶으면 아이들이 좋아하여 온 집안 식구가 먹을 수 있는 일품 국수 요리다.

다진청양고추물국수

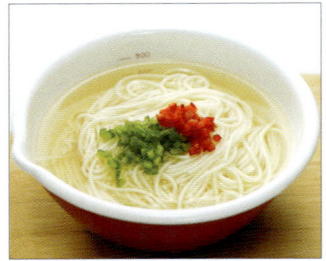

▶ **주재료**
청양고추 4개, 소면 250g, 국물 멸치 5마리

▶ **부재료**
청주 1큰술, 국간장·다진 마늘 1작은술씩, 소금·후춧가루 약간씩, 송송 썬 실파 3큰술, 다진 홍고추 2큰술, 물 8컵, 달걀지단 사방 10cm 1장

1 청양고추는 되도록 곱게 다져 놓는다. 달걀은 지단을 얇게 부쳐서 3cm 길이로 곱게 채 썬다.

2 냄비에 국물 멸치를 넣고 볶다가 비린맛이 없어지면 청주와 국간장, 물을 붓고 진한 국물이 우러나도록 20분 정도 끓인다.

3 멸치 국물이 완성되면 면포를 받쳐 맑은 국물만 따로 받는다.

4 소면을 끓는 물에 쫄깃하게 삶아 찬물에 헹궈 일 인분씩 사리 지어서 채반에 받쳐 놓는다.

5 ③의 뜨거운 멸치 국물에 소금과 후춧가루, 다진 마늘을 넣어 간을 한 후 그릇에 담고 소면을 일 인분씩 넣는다. 다진 청양고추와 달걀지단을 듬뿍 올리고 실파를 뿌려서 상에 낸다.

마른새우물국수

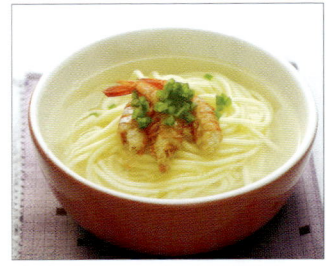

▶ **주재료**
마른 새우 5큰술, 청주 1큰술, 다진 마늘 1작은술, 송송 썬 실파 3큰술, 중면 250g, 소금·후춧가루 약간씩, 물 8컵

▶ **김치건더기 양념**
송송 썬 배추김치 ½컵, 설탕·고운 고춧가루·참기름·통깨 1작은술씩

1 소면은 쫄깃하게 삶아 찬물에 헹궈 일 인분씩 사리 지어 물기를 뺀다.

2 배추김치는 송송 썰어서 국물이 있는 채로 설탕과 고춧가루, 참기름, 통깨를 넣어서 조물조물 무친다.

3 냄비에 마른 새우를 볶다가 청주와 다진 마늘, 물을 붓고 푹 끓여서 고소한 국물 맛을 낸다.

4 그릇에 ③의 뜨거운 국물로 토렴시킨 국수를 담고 배추김치 무친 것을 소복하게 올려서 뜨거운 마른 새우 국물을 건더기와 함께 붓고 먹는다.

→ **COOK TIP**
국물 멸치를 진하게 우려내고 난 후 무를 곱게 갈아서 그 즙을 넣어주면 칼칼하고 시원한 속풀이용 국수가 만들어진다. 무는 되도록 매운맛이 나는 무를 갈아서 넣어야 단맛과 시원한 맛을 동시에 느낄 수 있다.

→ **COOK TIP**
마른 새우 국물에 무를 납작하게 썰어서 함께 끓이면 더욱 국수가 시원하고 맛이 나는데 무를 넣었을 때는 고춧가루를 약간 넣어서 함께 볶아 끓이면 색이 먹음직스럽고 시원하며 뒷맛이 개운하다.

오이북어해장국수

▶ **주재료**
오이 2개, 북어포 50g, 중면 250g

▶ **부재료**
참기름 · 청주 · 국간장 1큰술씩, 달걀 1개, 대파 1대, 물 8컵, 다진 마늘 1작은술, 소금 · 후춧가루 약간씩

▶ **오이 양념**
고운 고춧가루 · 다진 파 1큰술씩, 다진 마늘 · 설탕 1작은술씩, 소금 약간

1 오이는 소금에 문질러 씻어서 2cm 길이로 토막 내어 세로로 4등분한다. 오이를 소금에 살짝 절여서 찬물에 헹궈 물기를 꼭 짠다.

2 볼에 고운 고춧가루 다진 마늘, 다진, 파, 설탕을 넣어 잘 섞어서 양념을 만들어서 ①의 오이를 버무려 소금으로 간을 맞춘다.

3 북어포를 물에 살짝 헹궈 물기를 꼭 짜고 냄비에 다진 마늘과 참기름, 국간장, 청주를 넣어 볶다가 물을 붓고 끓인다.

4 중면을 끓는 물에 삶아 찬물에 헹궈 건져 일 인분씩 사리 지어 놓는다.

5 ③의 북어 국물이 끓으면 대파채를 썰어 넣고 달걀을 풀어서 소금과 후춧가루로 간을 맞춰 끓인다.

6 그릇에 중면을 담고 ⑤의 북어포 끓인 해장국물을 건더기와 함께 듬뿍 붓고 ②의 오이 무침을 올려서 먹는다.

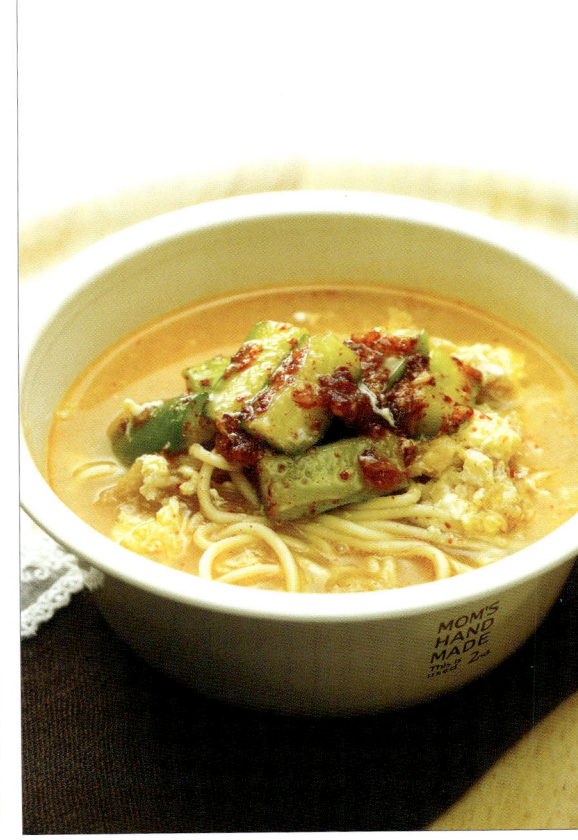

→ **COOK TIP**
오이무침이 없으면 열무김치 또는 얼갈이 김치를 작게 썰어서 설탕과 참기름으로 조물조물 무쳐서 북어 해장 국수에 올려 먹어도 맛이 있다. 북어포는 갖은 양념으로 볶다가 물을 넉넉하게 붓고 끓여서 시원하고 담백한 국물을 만들어야 해장 국수의 국물이 훨씬 맛이 좋아진다.

김간장양념칼국수

▶ **주재료**
칼국수 200g

▶ **부재료**
양파 ½개, 당근 ½개, 청양고추 2개, 대파 1대, 멸치 우린 물 4컵, 국간장 1큰술, 소금 · 후춧가루 약간씩

▶ **김간장 양념**
다진 마늘 · 참기름 1작은술씩, 구운 김 3장, 간장 3큰술, 고운 고춧가루 · 맛술 · 깨소금 1큰술씩, 후춧가루 약간

1 양파와 당근은 곱게 채 썰고 청양고추와 대파는 굵게 송송 썬다.

2 냄비에 멸치 우린 물을 붓고 국간장을 넣어서 끓으면 양파와 당근, 대파를 넣고 끓인다.

3 칼국수는 밀가루를 훌훌 털어서 ②의 국물에 넣어 끓인다.

4 쫄깃하게 칼국수가 익으면 소금과 후춧가루로 간을 맞추고 청양고추를 넣는다.

5 구운 김을 잘게 부숴 간장과 나머지 양념장을 모두 넣고 잘 섞어서 칼국수에 적당하게 얹어 먹는다.

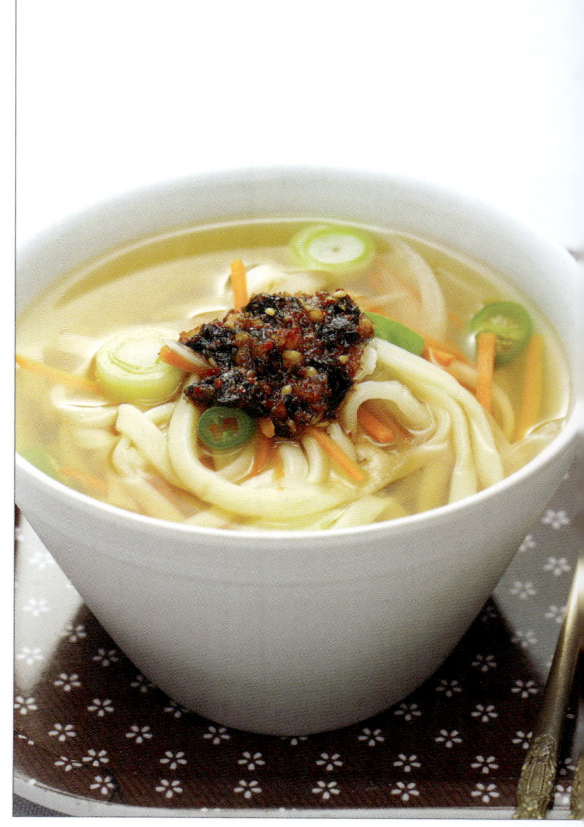

→ COOK TIP
칼국수를 넣는 국물은 멸치 우린 물뿐 아니라 고기 국물, 닭 국물, 조개 국물 등을 함께 넣고 끓이면 더욱 진한 국물맛을 느낄 수 있다. 구운 김은 파래김으로 구워서 섞으면 양념장의 맛이 훨씬 고소하고 풍미가 있다.

동치미국물빙수소면

▶ **주재료**
동치미 국물 8컵, 소면 250g

▶ **부재료**
소금 · 흰 후춧가루 약간씩, 설탕 2큰술, 식초 · 송송 썬 실파 3큰술씩, 사이다 1컵, 동치미 무 80g, 통깨 약간

1 동치미에 들어 있는 무는 곱게 채 썰어 통깨로 조물조물 무친다.

2 소면은 쫄깃하게 삶아서 찬물에 헹궈 일 인분씩 사리 지어 놓는다.

3 동치미 국물에 소금과 흰 후춧가루를 넣고 설탕과 식초를 넣어서 새콤달콤하게 맛을 내어 시원하게 냉장고에 넣어둔다.

4 ③의 동치미 국물 1컵에 사이다 1컵을 희석시켜 얼렸다가 빙수기 또는 믹서에 곱게 갈아 동치미 맛이 나는 빙수를 만든다.

5 차게 냉장고에 놓아둔 그릇에 소면을 담고 ③의 동치미 국물을 부은 후 ④의 빙수를 담아서 동치미 무 무친 것을 올리고 실파를 고명으로 뿌려서 먹는다.

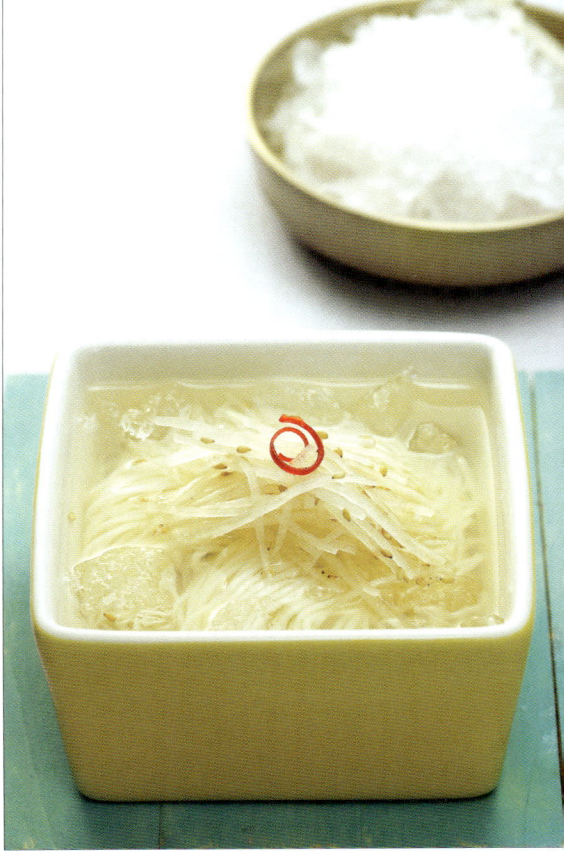

→ COOK TIP
붉은 김칫국물을 사이다와 함께 얼렸다가 빙수로 만들어서 국수에 담아 먹어도 차가운 김치 얼음이 씹혀 간도 알맞고 시원한 맛을 볼 수 있다. 특히 동치미에 들어 있는 무 또는 배추 무청을 송송 썰어서 통깨로 무쳐서 고명으로 먹으면 아주 좋다.

해파리돌나물냉채

▶ **주재료**
해파리 200g, 돌나물 100g

▶ **부재료**
게맛살 1줄, 배 $\frac{1}{4}$개, 홍고추 1개, 소금 약간, 설탕 1작은술

▶ **발효 겨자새콤소스**
발효 겨자 1$\frac{1}{2}$큰술, 레몬즙·흑설탕 1작은술씩, 식초·꿀 1큰술씩, 후춧가루 약간, 소금 $\frac{1}{2}$작은술, 물 2큰술

1 해파리채는 찬물에 1시간 이상 담가 소금기를 빼고 깨끗하게 씻는다.

2 팔팔 끓는 물을 씻어 놓은 해파리채에 부어 꼬들거리게 한 후 찬물에 헹궈 물기를 뺀 다음 냉장고에 잠시 둔다.

3 돌나물은 옅은 소금물에 3~4번 헹궈 물기를 뺀다.

4 게맛살은 4㎝ 길이로 토막 내어 잘게 찢는다. 홍고추는 씨를 털어내고 4㎝ 길이로 곱게 채 썰어 찬물에 담가 싱싱하게 한 후 건져서 물기를 닦는다.

5 배는 껍질을 벗기고 게맛살 길이로 곱게 채 썰어 설탕을 솔솔 뿌려 갈변을 막는다.

6 발효 겨자새콤소스를 분량의 재료대로 섞어 만든다.

7 접시에 차게 해 둔 해파리채, 게맛살, 배, 돌나물, 홍고추를 섞어 담고 먹기 직전에 발효 겨자새콤소스를 뿌린다.

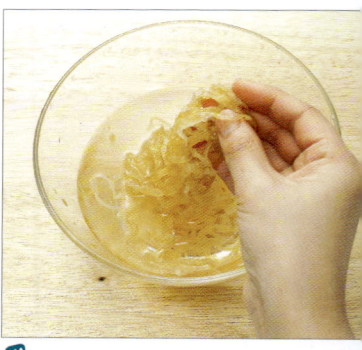

 STEP 1

> 🡒 **COOK TIP**
> 소금기를 1시간 이상 찬물에 담가 뺀 해파리채는 꼬들거리는 질감이 되도록 뜨거운 물에 튀겨내는 것이 좋은데 찬물에 헹궈 차게 냉장고에 두어야 발효 겨자의 톡 쏘는 맛을 즐길 수 있다.

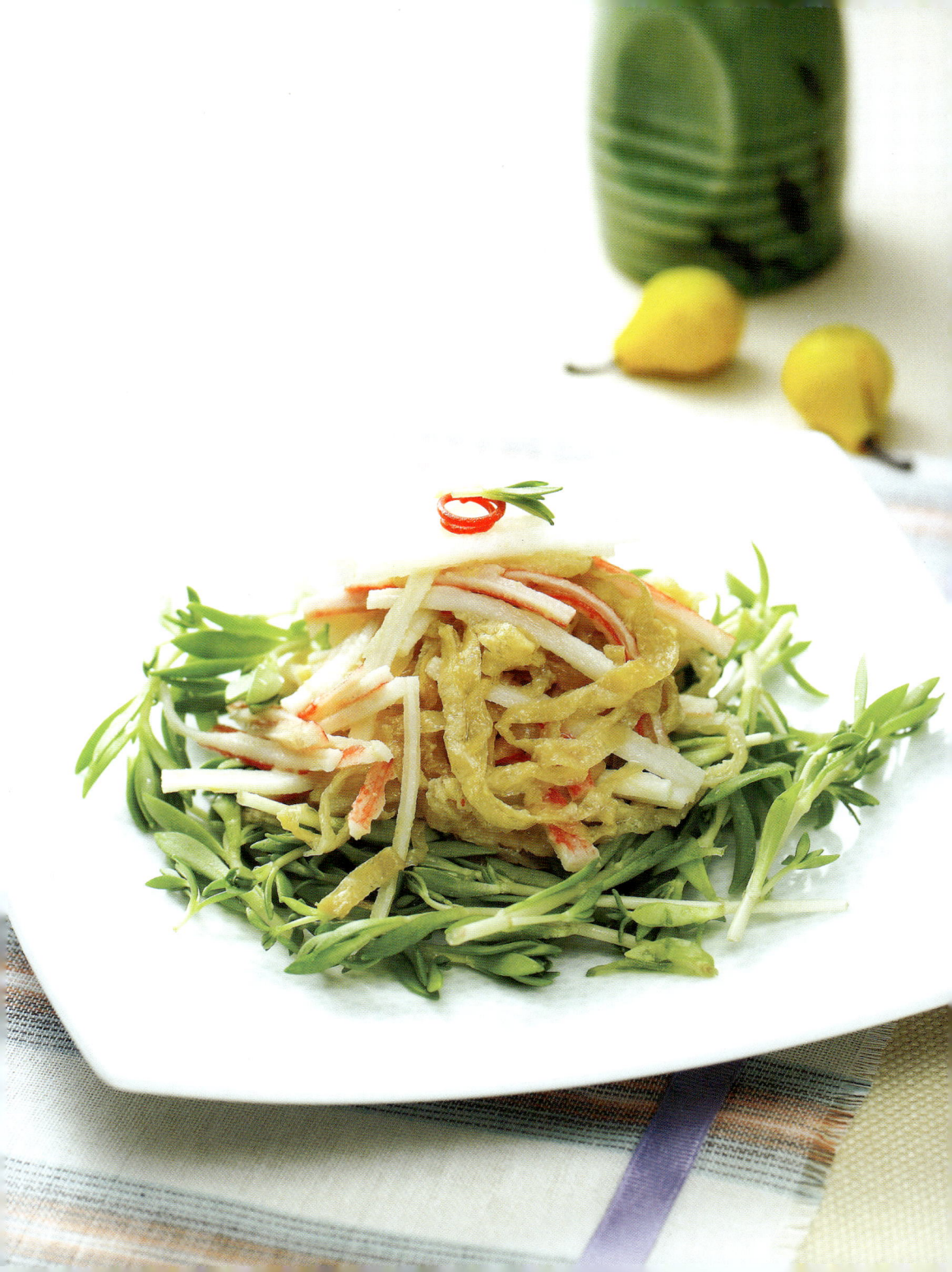

차돌박이가지냉채

▶ **주재료**
차돌박이 300g, 가지 1개, 풋마늘대 2대, 청양고추 ½개, 소금 약간

▶ **차돌박이 양념**
간장 1큰술, 깨소금 · 참기름 · 청주 1작은술씩, 후춧가루 약간

▶ **마늘달콤소스**
다진 마늘 1½큰술, 설탕 1큰술, 맛술 · 흰간장 · 식초 1작은술씩, 소금 ½작은술

1 차돌박이는 기름과 살이 적당히 분리가 잘 된 것으로 준비해서 알맞은 크기로 잘라 팔팔 끓는 물에 차돌박이를 한 장씩 넣어 살짝 익힌 후 식힌다. 식으면 차돌박이 양념을 넣어 살살 버무려 간이 알맞게 배게 한다.

2 가지는 깨끗하게 씻어 4㎝ 길이로 토막 내어 반 갈라 위쪽 껍질 부분에 잔 칼집을 서너 번 넣은 후 엷은 소금물에 담가 절인다.

3 풋마늘대는 깨끗하게 손질해서 씻어 물기를 턴 후 4㎝ 길이로 토막 내어 반 갈라 곱게 채 썬다. 찬 얼음물에 담가 싱싱하게 한 후 건져 물기를 뺀다.

4 청양고추는 씨를 털어내고 곱게 다진다.

5 마늘달콤소스를 분량의 재료대로 섞어 차게 둔다.

6 절여둔 가지는 팬에 기름을 약간만 두르고 살짝 볶아 소금을 솔솔 뿌려 간을 맞춘 후 접시에 꺼내어 식힌다.

7 접시에 볶은 가지를 둘러 담고 차돌박이를 가운데 돌려 담아 풋마늘대 채 썬 것을 소복이 올리고 청양고추 다진 것을 뿌린 후 먹기 직전에 차게 보관해 둔 마늘달콤소스를 뿌려 상에 낸다.

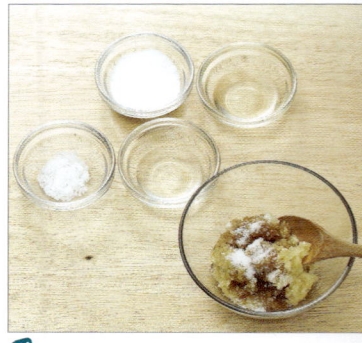

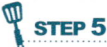 STEP 5

> **→ COOK TIP**
> 냉채는 차가운 상태로 먹어야 제 맛을 내는데 차돌박이는 미리 끓는 물에 한 장씩 데쳐서 양념에 조물조물 무친 상태로 소스를 뿌려 먹어야 제 맛이 난다. 냉채소스는 차게 보관해서 나중에 먹기 직전에 뿌려야 냉채의 본래 맛을 낼 수 있다.

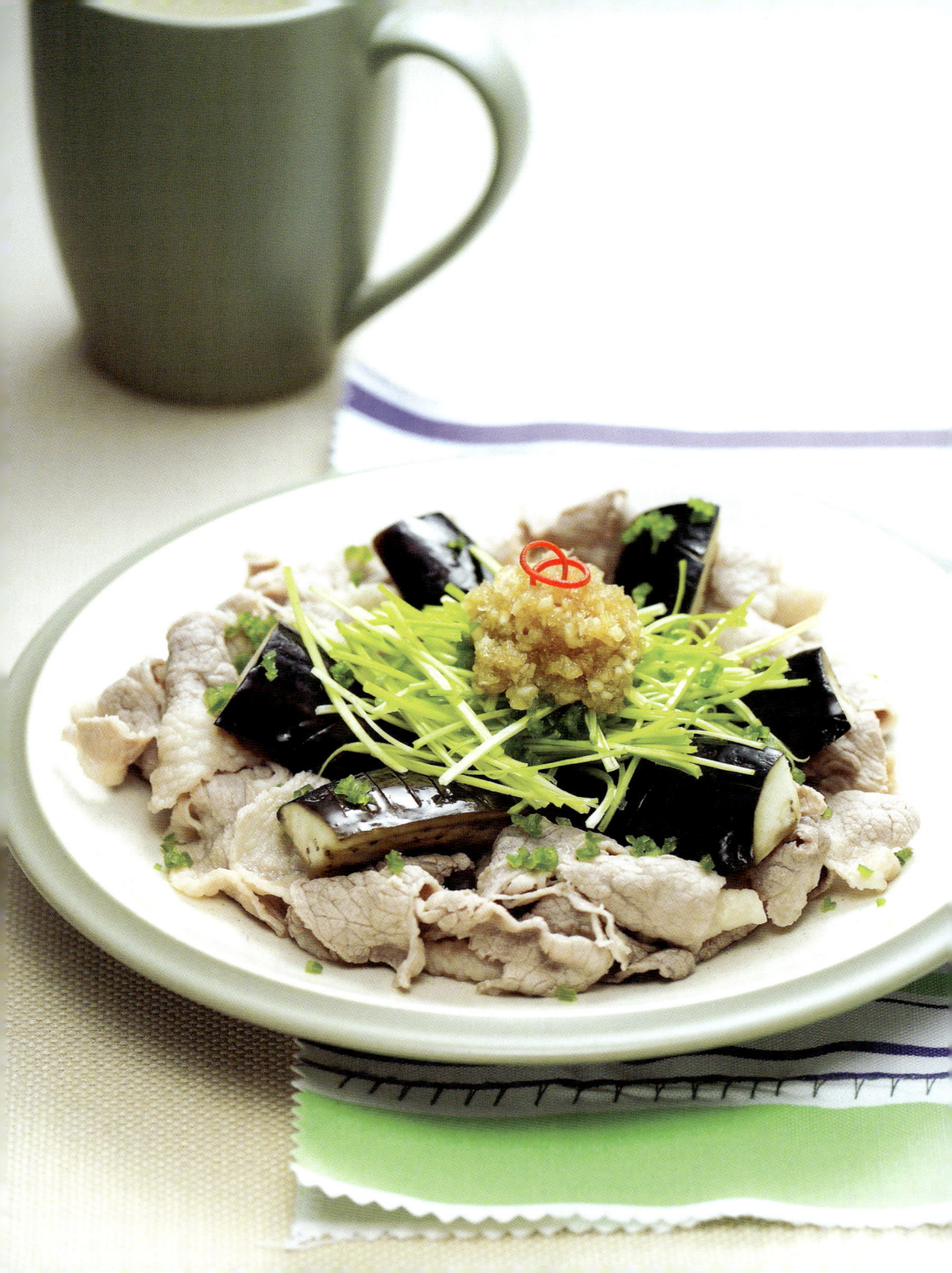

콩나물갑오징어냉채

▶ **주재료**
콩나물 200g, 갑오징어 2마리

▶ **부재료**
오이 ½개, 청·홍고추 1개씩, 슬라이스 햄 2장, 실파 3대, 소금 약간

▶ **마늘달콤소스**
다진 마늘 1½큰술, 설탕 1큰술, 맛술·간장·식초 1작은술씩, 소금 ½작은술

1 콩나물은 꼬리를 다듬어 씻어 약간의 소금을 뿌려 찜통에서 살짝 쪄내 식힌다.

2 갑오징어는 등딱지를 떼어내고 내장과 먹물을 잘라낸 후 소금에 문질러 씻어 물기를 없앤다. 몸통 안쪽에 칼집을 넣어 1㎝ 간격으로 썬다.

3 팔팔 끓는 물에 손질한 갑오징어를 데쳐 식힌다.

4 오이는 소금에 박박 문질러 씻어 4㎝ 길이로 토막 내어 돌려 깎아 채 썬다. 청·홍고추도 씨를 발라내고 오이와 같은 크기로 채 썬다.

5 슬라이스 햄은 오이와 같은 크기로 채 썰고 실파는 송송 썬다.

6 마늘달콤소스의 재료를 분량대로 섞어 차게 둔다.

7 볼에 콩나물, 갑오징어, 오이, 청·홍고추, 햄을 담고 ⑥의 소스로 살살 버무려 접시에 담은 후 실파 송송 썬 것을 뿌려 상에 낸다.

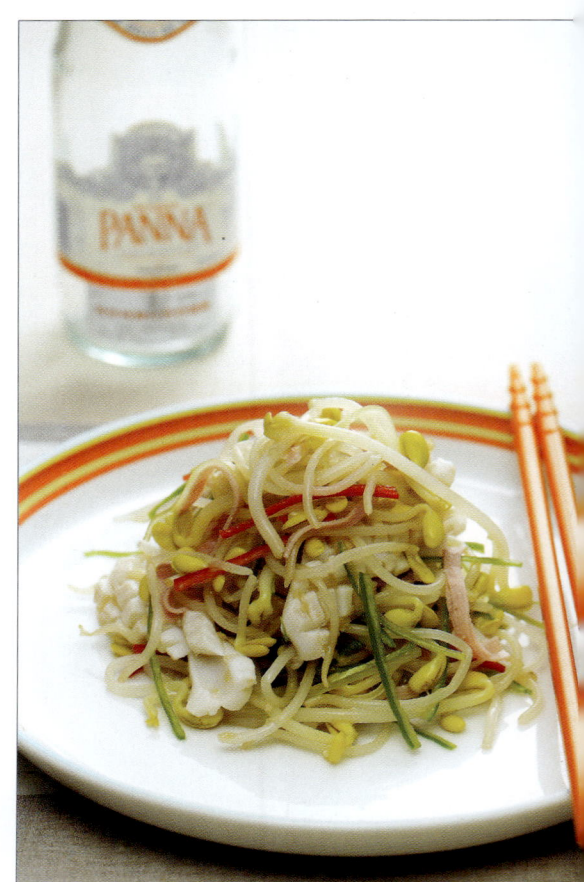

> → **COOK TIP**
> 콩나물은 물에 삶는 것보다 찜통에 쪄야 살이 통통하고 씹히는 질감을 느낄 수 있으며 콩나물의 영양 손실을 줄일 수 있다. 갑오징어는 살집이 두툼해서 냉채 요리의 주 재료로 많이 쓰는데 데쳐서 차게 식혀야 쫄깃한 맛이 일품이다.

오징어해초냉채

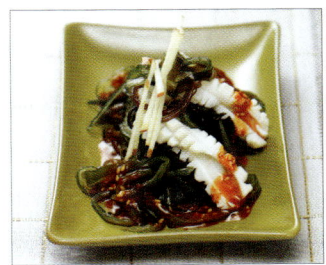

▶ **주재료**
갑오징어 2마리, 해초(물미역, 생다시마, 톳) 150g, 사과 ½개, 설탕 1큰술, 소금 약간

▶ **양파즙 초고추장소스**
양파 ½개, 고추장 2큰술, 식초 1½큰술, 사과즙 1큰술, 통깨 · 황설탕 1작은술씩, 물 5큰술

1 갑오징어는 등딱지를 떼어내고 먹물과 내장을 없앤 후 씻어 물기를 닦고 몸통 안쪽에 칼집을 촘촘하게 넣어 세로 1㎝, 가로 5㎝ 길이로 칼을 뉘여 썬다.

2 냄비에 물과 소금을 넣어서 끓으면 갑오징어를 데쳐 차게 식힌다.

3 물미역과 생다시마는 소금기를 빼 찬물에 담갔다가 여러 번 비벼가면서 씻어 건져 주고 톳은 다듬어 씻어 잠시 물에 담가 소금기를 빼고 건져 물기를 뺀다.

4 팔팔 끓는 물에 물미역과 생다시마, 톳을 넣어 파랗게 데쳐 찬물에 헹궈 물기를 빼고 먹기 좋은 크기로 자른다.

5 사과는 깨끗하게 씻어 껍질째 4등분해서 씨만 도려내고 길이대로 얇게 썰어 흰 설탕을 솔솔 뿌려둔다.

6 양파즙 초고추장소스를 분량의 재료대로 섞어 만들어 차게 둔다.

7 접시에 갑오징어와 사과, 해초를 담고 ⑥의 소스를 뿌려 먹기 직전에 상에 낸다.

> → **COOK TIP**
> 냉채에 넣는 물미역과 생다시마, 톳은 소금물에 데쳐 찬물에 헹궈 초록 색감이 살아나게 해야 냉채가 더욱 먹음직스럽다.

봄나물수삼냉채

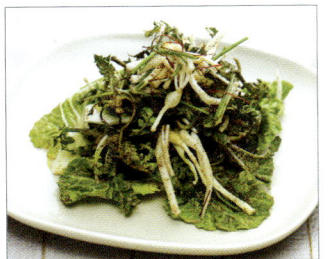

▶ **주재료**
냉이 80g, 달래 50g, 봄동 100g, 수삼 200g, 실고추 · 소금 약간씩

▶ **들깨즙 레몬소스**
들깻가루 3큰술, 물 5큰술, 레몬즙 1큰술, 소금 ½작은술, 마늘즙 1작은술, 생강즙 약간

1 냉이는 뿌리 쪽에 잔털을 긁어내고 누런 겉잎을 떼어내고 나서 깨끗이 씻어 물기를 턴다.

2 달래는 다듬어 씻어서 뿌리쪽 잔털을 잘라내고 3㎝ 길이로 썬다.

3 봄동은 여린 잎만 준비해서 씻어 냉이와 함께 소금을 약간 뿌려서 살짝 절인 후 물에 헹궈 물기를 턴다.

4 수삼은 되도록 가늘고 짧은 것을 준비해서 흙을 털어내고 소금을 약간 넣어 비벼 가면서 씻어 물기를 털고 4㎝ 길이로 곱게 채 썬다.

5 들깨즙 레몬소스를 분량의 재료대로 만든다.

6 볼에 채 썬 수삼과 봄동, 달래, 냉이를 담고 ④의 소스로 살살 버무려 간이 알맞게 배게 한 후 접시에 담고 실고추를 짧게 잘라 올려 낸다.

> → **COOK TIP**
> 수삼은 소금에 비벼 씻어서 약간의 쓴맛을 없애야 하는데 미삼을 준비해도 무리가 없다. 수삼은 곱게 채 썰고 미삼일 경우에는 썰지 말고 모양을 살려 그대로 쓴다. 봄나물은 물에 데치거나 하지 말고 약간의 소금에 살짝 숨만 죽을 정도로만 절여 물에 헹궈서 바로 소스를 버무려 내야 푸릇하고 아삭한 맛을 즐길 수 있다.

삼겹살샤부냉채

▶ **주재료**
얇은 삼겹살 300g, 양배추 1장, 적채 1장, 무순 20g, 홍고추 1개, 깻잎 6장, 맥주 2컵

▶ **양파즙 초고추장소스**
양파 ½개, 고추장 2큰술, 식초 1½큰술, 사과즙 1큰술, 통깨·황설탕 1작은술씩, 물 5큰술

1 삼겹살은 되도록 얇게 썬 것으로 준비한다. 냄비에 맥주를 넣어 끓으면 삼
  겹살을 넣고 익힌 후 차게 식힌다.

2 양배추와 적채는 곱고 길게 채 썰어 찬물에 담갔다가 체에 건져 물기
  를 턴다.

3 무순은 잡티를 없애고 씻어 물기를 털고 홍고추는 씨를 털어내고 5㎝ 길이
  로 곱게 채 썬다. 깻잎은 깨끗이 씻어 물기를 턴다.

4 양파를 곱게 갈아 즙만 받아서 나머지 재료의 분량을 섞어 양파즙 초고추
  장소스를 만들어 차게 둔다.

5 익힌 삼겹살을 도마에 펼치고 깻잎을 한 장씩 깐 후 양배추, 적채, 무순,
  홍고추를 얹고 돌돌 말아 접시에 담고 준비한 소스를 뿌려 먹는다.

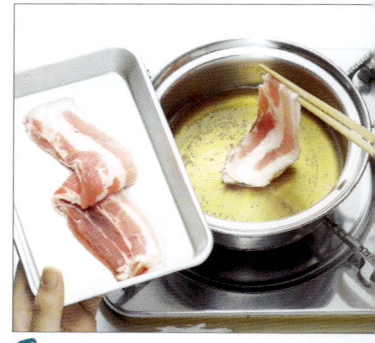

 STEP 1

🔵 → **COOK TIP**

돼지고기 삼겹살은 구입할 때 얇게 썬 샤부샤부용으로 구입하는
것이 좋다. 샤부 삼겹살은 부드럽게 익히는 것이 좋은데 맥주를
끓여서 삼겹살을 익혀내면 돼지고기 누린내도 없애주면서 부드럽
게 익은 삼겹살을 맛볼 수 있다.

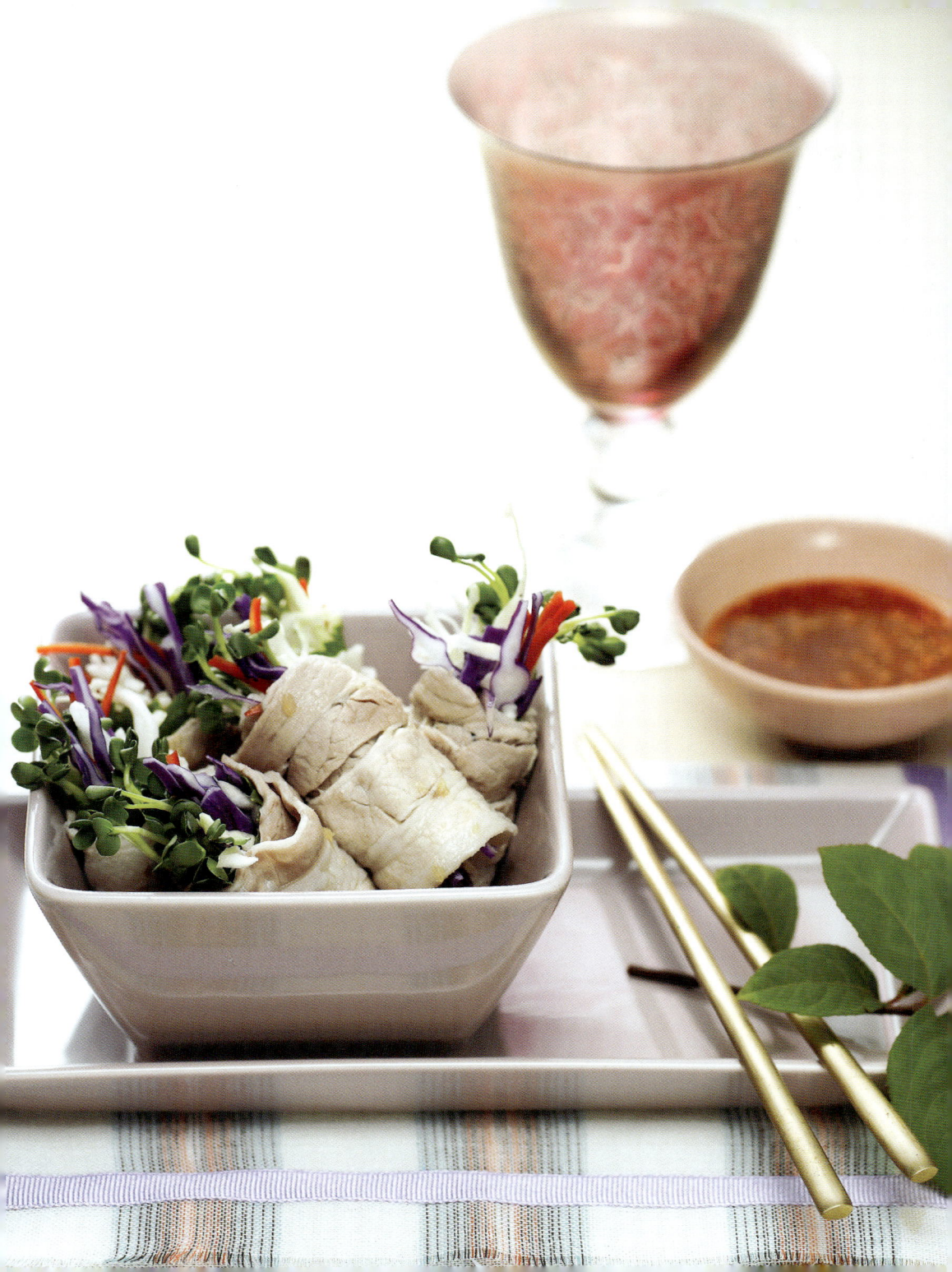

닭안심두릅냉채

▶ **주재료**
닭 안심살 200g, 두릅 200g

▶ **부재료**
미나리 20g, 홍고추 1개, 소금 약간, 통마늘 2개, 청주 1큰술

▶ **들깨즙 레몬소스**
들깻가루 3큰술, 물 5큰술, 레몬즙 1큰술, 소금 ½작은술, 마늘즙 1작은술, 생강즙 약간

1 닭 안심살은 하얀 피막을 없애고 씻어서 냄비에 통마늘과 청주, 물을 붓고 팔팔 끓으면 넣어 삶아서 건진 후 한 김 식으면 결대로 찢어 차게 둔다.

2 두릅은 다듬어 씻어 소금물에 파랗게 데쳐 식힌다.

3 미나리는 깨끗이 씻어 2㎝ 길이로 썰고 홍고추는 송송 썰어 씨를 털어낸다.

4 들깻가루에 물을 부어 믹서에 갈아 들깨즙을 받아 나머지 재료의 분량대로 넣고 골고루 섞어 차게 둔다.

5 볼에 닭 안심살과 두릅, 미나리, 홍고추를 담고 ④의 들깨즙 레몬소스를 부어 살살 버무려 상에 낸다.

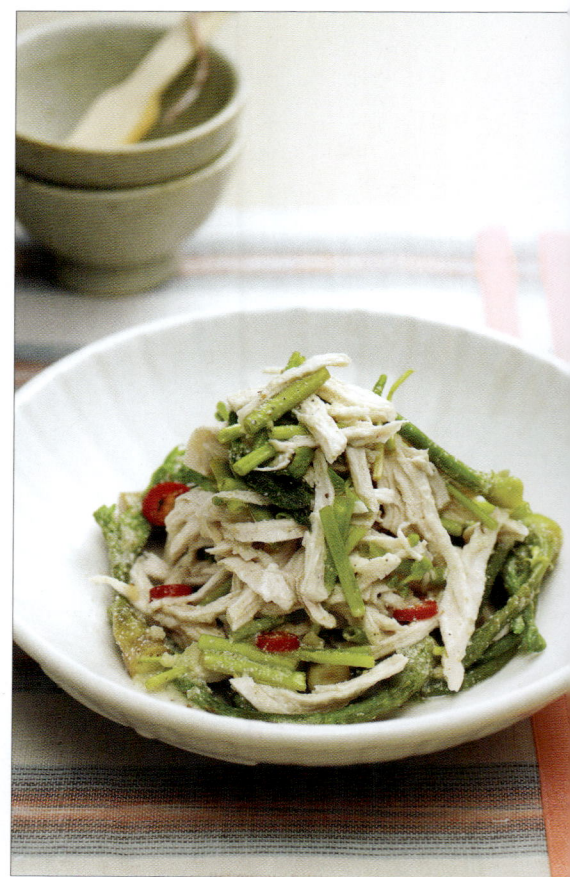

> ➜ **COOK TIP**
> 두릅은 겉대를 잘라내고 씻어서 소금물에 데쳐 찬물에 헹궈 식혀야 두릅의 담백한 맛을 즐길 수 있다. 들깨즙 레몬소스는 먹기 직전에 넣어 버무려야 고소한 맛이 살아난다.

부추찹쌀죽

▶ **주재료**
찹쌀 ½컵, 부추 50g

▶ **부재료**
참기름 · 간장 1작은술씩, 소금 약간, 물 5컵

1 찹쌀은 전날 미리 씻어서 물기를 뺀 상태로 밀폐용기에 넣어 냉장실에 넣었다가 아침에 찹쌀을 믹서에 넣고 물 2컵을 부어서 곱게 간다.

2 냄비에 참기름과 간장을 두르고 찹쌀 간 것을 부어서 중간 불에서 저어가면서 나머지 물을 다 넣고 15분 정도 죽을 쑨다.

3 부추는 다듬어 씻어 1㎝ 길이로 썰어 죽이 완전하게 퍼지면 부추를 넣어 재빨리 저어서 불에서 내려 먹는다.

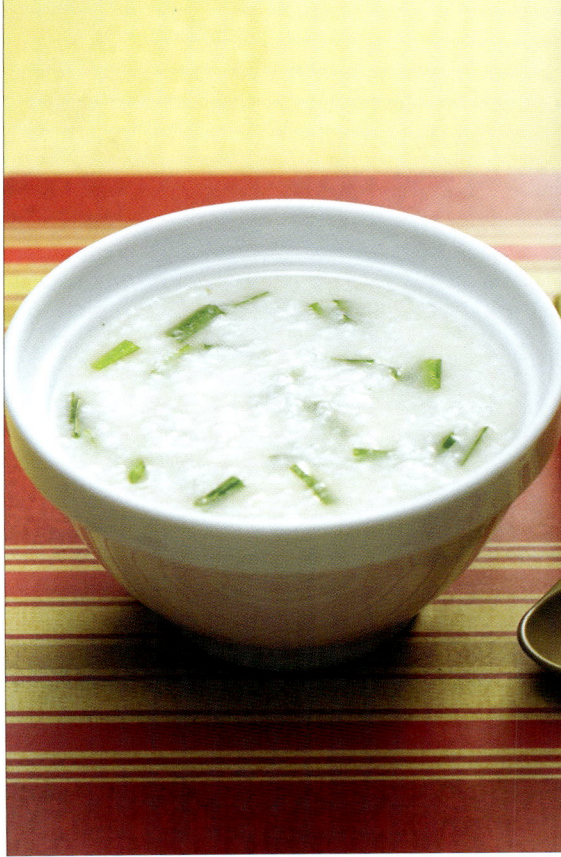

→ COOK TIP

찹쌀은 미리 넉넉하게 씻어서 냉동실에 1~2인분 정도씩 랩에 싸서 보관했다가 믹서에 바로 갈아서 죽을 끓이면 훨씬 간편하다. 찹쌀은 믹서기에 갈 때 분량의 물을 처음에 ⅓정도 넣고 함께 갈아서 찹쌀이 훨씬 부드럽게 갈려 죽이 빨리 끓을 수 있도록 하는 것이 좋다. 찹쌀과 함께 넣으면 좋은 채소는 부추, 우거지 다진 것, 표고버섯, 느타리버섯 등이다. 영양죽을 끓일 때에는 단호박을 찹쌀과 함께 갈아서 죽을 만들면 좋다.

전복죽

▶ **주재료**
전복 2개, 쌀 1컵

▶ **부재료**
참기름 2큰술, 물 5컵, 달걀노른자 2개분, 소금 · 김가루 약간씩

1 전복은 껍질에서 떼어내고 솔로 살살 문질러 씻어 얇고 길게 채 썬다. 전복 내장은 엷은 소금물에 씻어 파란 즙만 따로 받는다.

2 쌀은 씻어서 충분히 불려주고 나서 절구에 넣어 쌀 알갱이를 굵게 찧는다.

3 냄비에 참기름을 두르고 전복을 넣고 볶는다.

4 전복이 고소하게 볶아지면 ②의 쌀을 넣고 노릇해지게끔 볶아준다.

5 ④에 물을 조금씩 넣어가면서 나무주걱으로 저으면서 끓인다.

6 죽의 쌀알이 충분히 퍼지도록 끓이다가 전복의 게웃(내장)을 넣고 잘 저은 후 소금으로 간을 맞춘다.

7 달걀노른자를 푼 것을 넣고 골고루 섞어준 후 달걀이 익으면 그릇에 담고 김가루를 뿌려 상에 낸다.

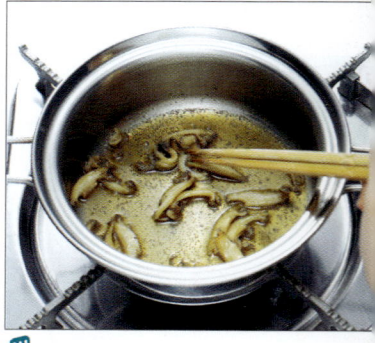
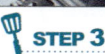
STEP 3

→ **COOK TIP**

전복죽에는 파와 마늘 등 향이 강한 향신채를 넣으면 전복의 풍미를 느낄 수가 없어 넣지 않는 것이 좋다. 식성에 따라 달걀노른자의 비린내가 걱정되면 상에 낼 때 실파를 송송 썰어 고명으로 얹으면 된다. 그냥 깔끔한 전복죽을 만들고 싶다면 검은깨(흑임자)만 살짝 올려 상에 내도 된다.

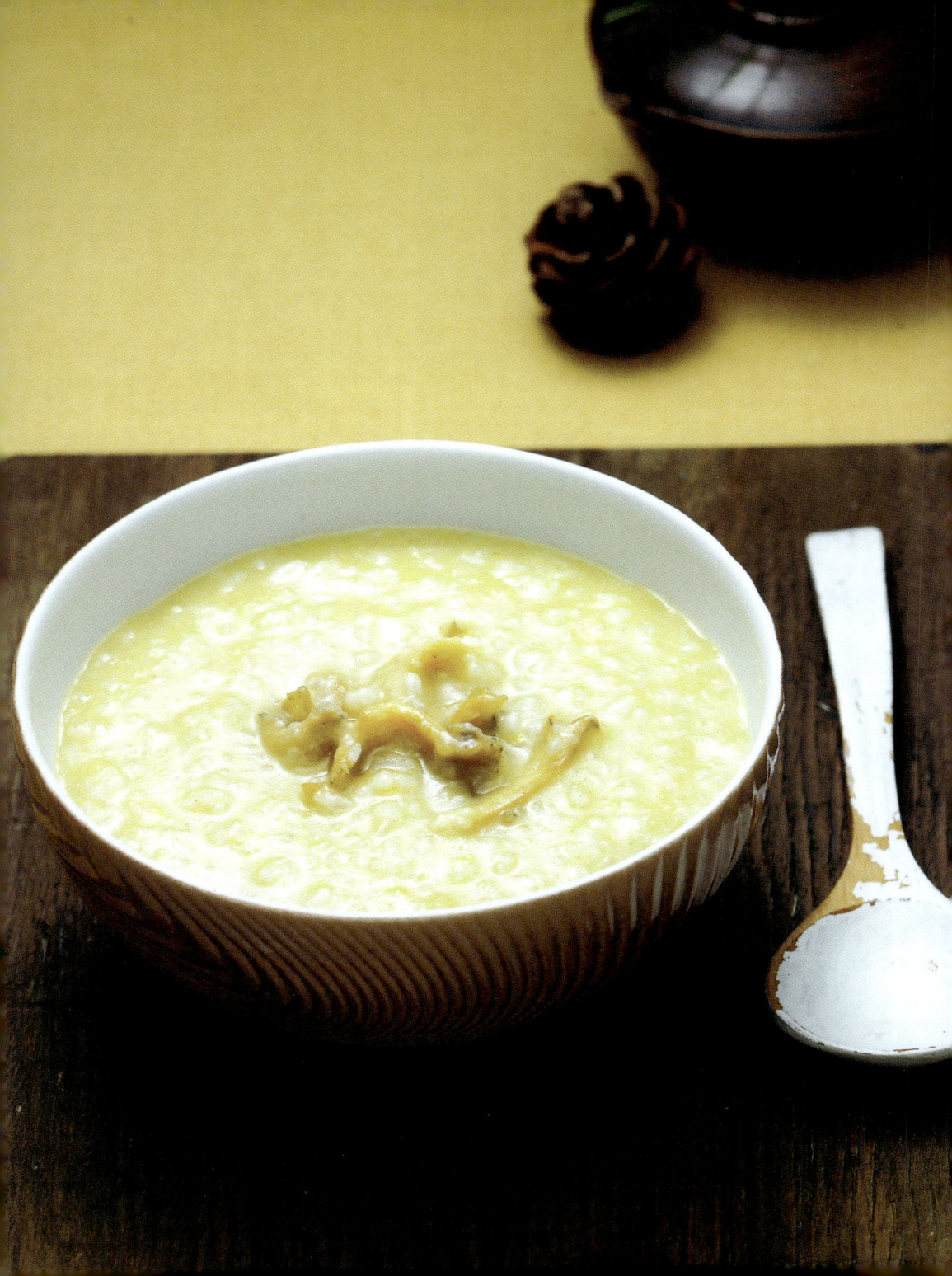

닭가슴살흰죽

▶ **주재료**
닭가슴살 100g, 쌀 $\frac{1}{2}$컵

▶ **부재료**
물 4컵, 청주 · 참기름 1작은술씩, 소금 · 흰 후춧가루 · 통깨 약간씩, 다진 마늘 $\frac{1}{2}$작은술, 송송 썬 실파 1큰술

1 닭가슴살은 흰 피막을 떼어내고 씻어서 사방 1㎝ 크기로 썰어 청주와 소금, 흰 후춧가루를 넣어 밑간한다.

2 쌀은 미리 전날 충분하게 불렸다가 물을 1컵만 붓고 믹서에 곱게 간 후 냄비에 참기름을 두르고 닭가슴살과 함께 다진 마늘을 넣어 볶다가 나머지 물을 모두 붓고 중간 불에서 10분 정도 끓인다. 끓일 때 나무 주걱으로 저어가면서 끓여야 밑에 눌어붙지 않는다.

3 쌀알이 퍼지고 닭가슴살이 익어 구수한 맛이 우러나면 실파 송송 썬 것과 통깨를 넣고 소금으로 간을 해서 먹는다.

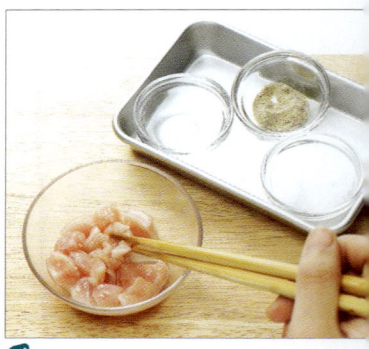

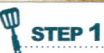 **STEP 1**

 COOK TIP

바쁜 아침에는 쌀가루를 미리 준비했다가 바로 닭가슴살과 볶아 물을 부어서 끓이면 시간이 훨씬 단축된다. 불린 쌀을 갈 때는 믹서에 오래 곱게 갈아서 고운 입자로 만들어 죽을 끓이면 쉽게 호화되어 구수한 쌀 내음이 나는 죽이 완성된다.

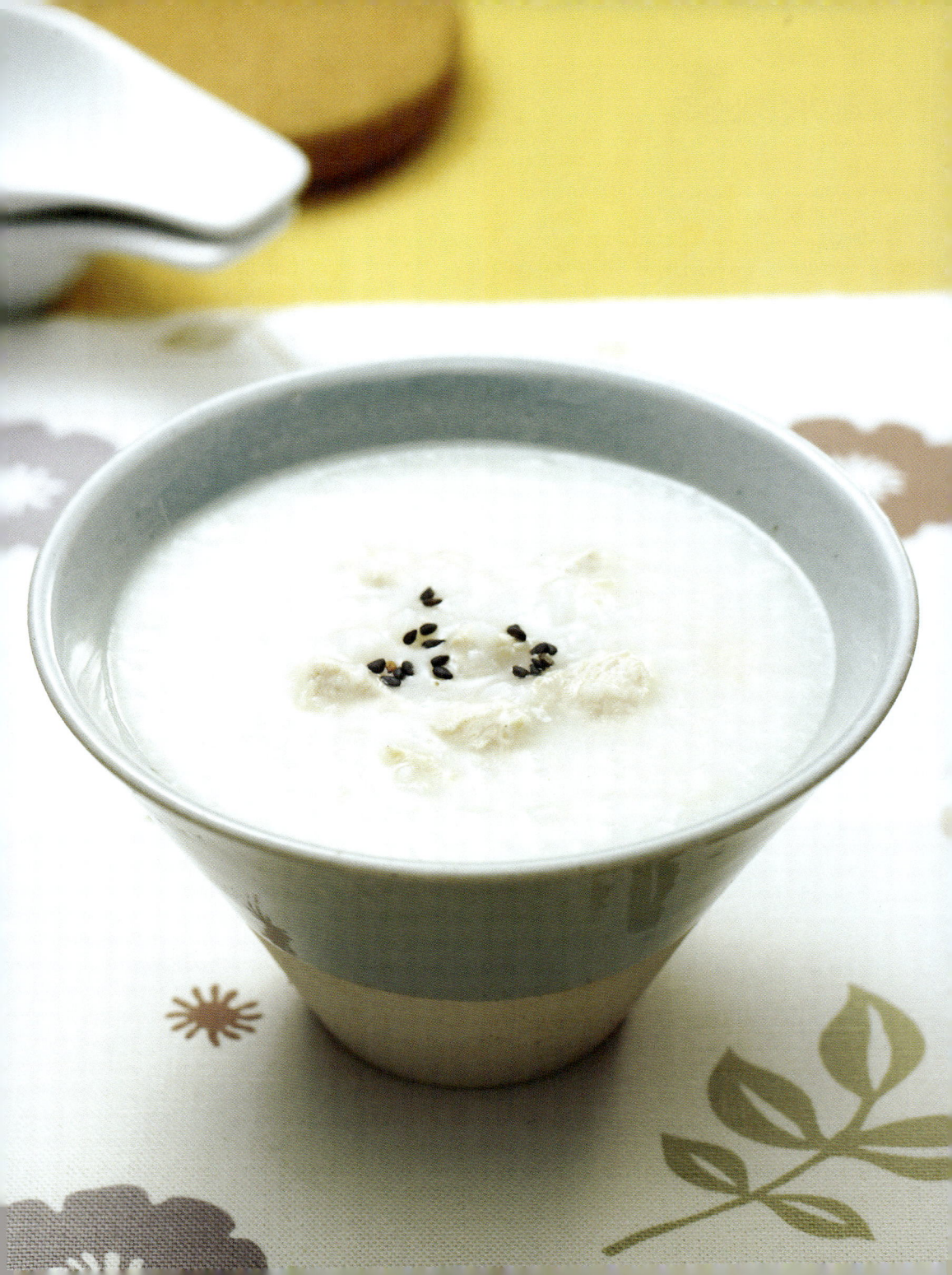

흑미밥채소죽

▶ **주재료**
흑미밥 1공기, 물 5컵

▶ **부재료**
당근 20g, 감자 ⅓개, 대파 ½대, 소금 약간, 참기름 1작은술

1 고슬하게 지은 흑미밥에 물을 2컵 정도 붓고 믹서에서 곱게 간다.

2 당근과 감자는 아주 잘게 썰어 찬물에 헹궈 건지고 대파는 송송 썬다.

3 냄비에 참기름을 두르고 당근과 감자, 대파를 볶는다.

4 ③에 간 흑미밥을 넣어서 나머지 물을 모두 넣고 중간 불에서 8분 정도 죽을 쑨다.

5 저어가면서 끓인 죽이 부드럽게 완성되면 소금으로 간을 해서 먹는다.

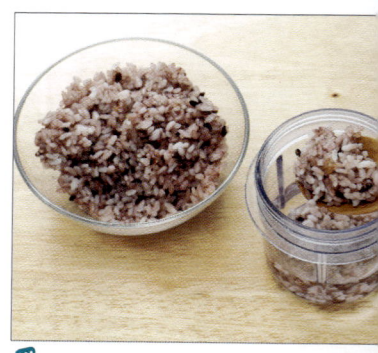

 STEP 1

> **→ COOK TIP**
>
> 죽을 빠르게 쑤는 방법의 하나가 바로 찬밥을 이용하는 것이다. 보리밥, 수수밥, 찰밥, 흑미밥 등 찬밥을 믹서에 곱게 갈아서 채소와 함께 볶다가 물을 부어서 부드럽게 끓이기만 하면 별미 죽이 완성된다. 채소는 냉장고 속 채소를 이용하면 더욱 좋은데 부추, 실파, 셀러리, 미나리 등을 넣어주면 향이 있는 죽이 된다.

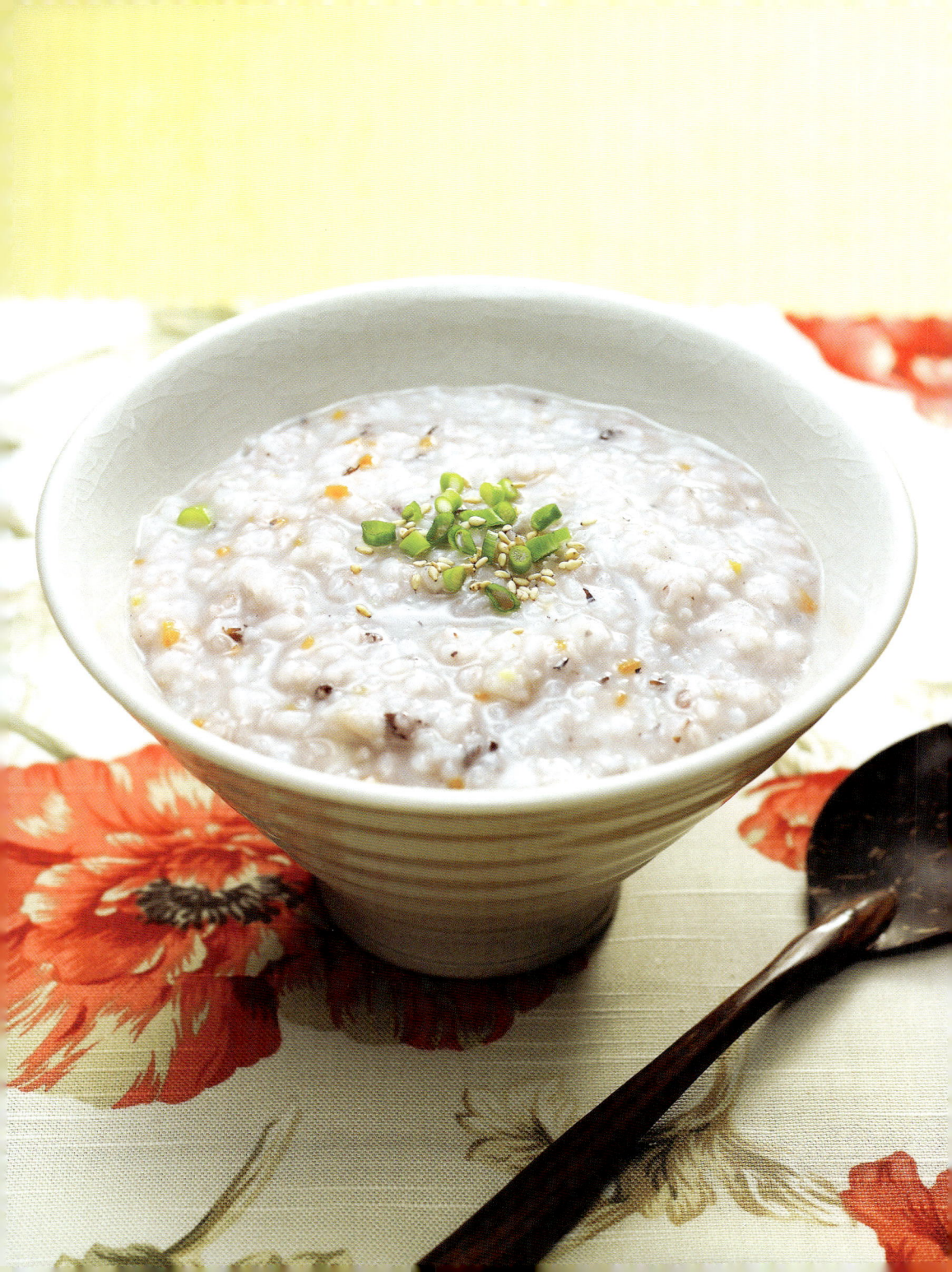

흰죽

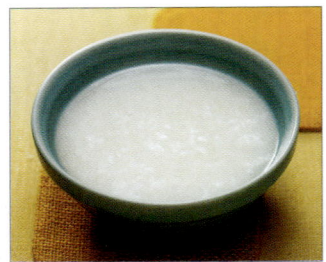

▶ **주재료**
쌀 ⅔컵, 찹쌀 5큰술

▶ **부재료**
참기름 1큰술, 물 8컵, 간장 약간

1 쌀은 찹쌀과 섞어서 깨끗이 씻어 물에 30분 정도 담갔다가 건져 체에 밭쳐서 1시간 정도 충분하게 불린다.

2 불린 쌀은 분쇄기에서 갈거나 절구에 넣고 굵게 빻는다.

3 냄비에 참기름을 두르고 빻은 쌀을 담고 중간 불에서 달달 볶는다.

4 쌀 분량의 8배가 되도록 ③의 냄비에 물을 부어서 중간 불에서 은근히 저어가면서 끓인다. 죽을 쑬 때에는 꼭 나무주걱으로 저어가면서 쑤어야 죽이 삭지 않고 맛이 있다.

5 쌀 알갱이가 퍼지게 끓으면 불을 약한 불로 줄여 은근하게 오래도록 끓인다.

6 쌀이 완전히 퍼져 부드러운 죽이 만들어지면 불에서 내리고 간장으로 간을 해서 먹는다.

닭살부추죽

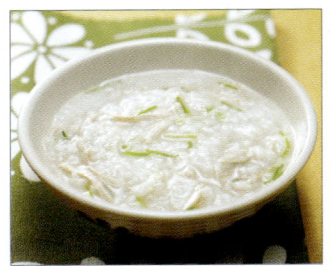

▶ **주재료**
닭가슴살 100g, 영양부추 50g, 쌀 1컵

▶ **부재료**
대파잎 1대, 마늘 2쪽, 물 8컵, 소금 · 통깨 약간씩,
참기름 1작은술

1 닭가슴살은 깨끗하게 씻어 냄비에 담고 대파잎과 마늘을 넣어 푹 삶아낸다.

2 ①의 닭가슴살 삶은 육수는 따로 면포에 밭쳐 두고 닭가슴살은 결대로 쪽쪽 찢는다.

3 쌀은 깨끗하게 씻어 충분하게 불려서 분쇄기에 굵게 간다.

4 냄비에 참기름을 두르고 ③의 쌀을 넣어 달달 볶다가 ②의 닭육수와 물을 8컵이 되도록 섞어서 붓고 쌀 알갱이가 퍼지도록 중간 불에서 끓인다.

5 쌀이 투명하게 익기 시작하면 닭가슴살 찢은 것을 넣어 10분 정도 더 끓인다.

6 끓이는 중간에 영양부추를 다듬어 씻어서 1㎝ 길이로 썬 것을 넣고 약한 불로 줄여 15분 정도 은근하게 끓인 후 소금으로 간을 하고 통깨를 솔솔 뿌려낸다.

→ COOK TIP

죽을 쑬 때는 물을 재료의 6~7배를 부어 끓여야 쌀 알갱이가 제대로 퍼지고 알맞은 농도의 죽이 되는데 조금씩 물을 붓지 말고 한꺼번에 물을 모두 부어야 더욱 맛있고 죽이 잘 퍼진다.

→ COOK TIP

닭고기는 부추나 미나리, 양파 등 향이 강한 채소와 잘 어울리는데 특히 닭의 누린내를 없애고 닭의 찬 성분을 보완하도록 뜨거운 성분의 영양부추를 넣어 상호 궁합을 맞춰 죽을 끓이면 영양면에서 더욱 좋다.

새알심팥죽

▶ **주재료**
붉은 통팥 · 찹쌀가루 2컵씩, 쌀 ½컵

▶ **부재료**
뜨거운 물 ⅓컵, 소금 2작은술, 설탕 약간, 팥죽물 적당량

1 붉은 팥은 돌이 섞이지 않게 깨끗이 씻어 조리로 일어
건져 두고 쌀은 서너 번 씻어서 충분하게 체에 밭쳐서
불린다.

2 찹쌀가루는 뜨거운 물에 소금을 약간 타서 익반죽한
다. 잘 치대어 직경 2cm의 작은 새알심을 만든다.

3 ①의 붉은 팥을 냄비에 담고 물을 넉넉히 부어서 푹
무르도록 삶아 물을 따라 두고 다시 물을 붓고 팥알이
터지도록 푹 삶는다.

4 삶은 팥이 뜨거울 때 체에 담고 나무주걱으로 저어가
면서 곱게 앙금만 내린다.

5 받아낸 앙금에 ③의 따로 담아둔 삶은 팥물을 붓고
나무주걱으로 저어가면서 바닥이 눌어붙지 않도록
끓여준다.

6 ⑤에 불린 쌀을 붓고 쌀알이 퍼질 때까지 끓인다.

7 끓는 동안 눌어붙지 않도록 가끔 나무주걱으로 저어
준다.

8 쌀알이 푹 퍼지면 새알심을 넣고 끓이다가 새알심이
동동 떠오르면 설탕 또는 소금을 넣어 취향에 따라 간
을 한다.

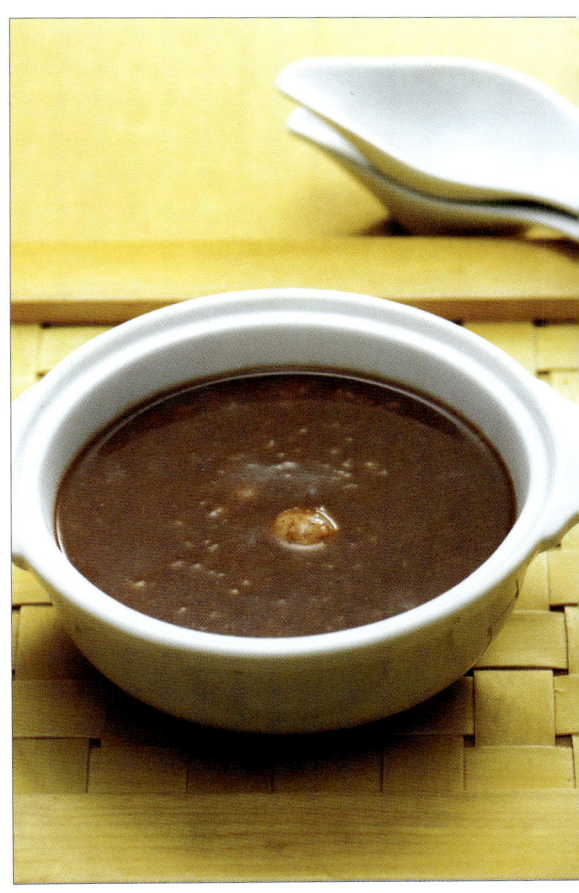

→ COOK TIP

붉은 통팥을 삶은 물을 죽을 쑬 때 넣으면 죽의 색깔이 곱고 단
맛이 더 많이 난다. 새알심은 뜨거운 물로 익반죽해서 만들어야
쫄깃하다.

단호박죽

▶ **주재료**
단호박 200g

▶ **부재료**
찹쌀가루 1큰술, 줄콩 $\frac{1}{5}$컵, 소금 약간, 물 3컵, 꿀 $\frac{1}{2}$큰술

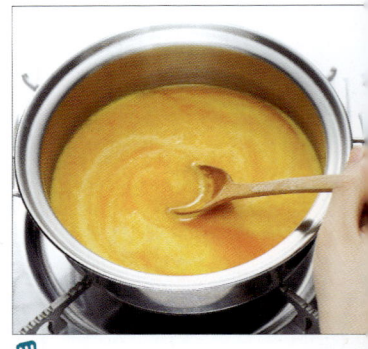

1 단호박은 껍질과 속의 씨를 뺀 후 잘게 다져서 물과 함께 믹서에 곱게 갈 아준다.

2 갈아준 ①을 냄비에 담고 중간 불에서 끓여 나무주걱으로 저어가면서 죽 을 쑨다.

3 걸쭉한 형태로 호박이 물러지면 찹쌀가루를 곱게 개어 넣고 멍울이 풀리 도록 저어가면서 끓인다.

4 줄콩은 끓는 물에 삶아 부드러운 상태로 만들어서 ③의 냄비에 넣고 함께 끓인다.

5 단호박죽이 부드럽고 걸쭉하게 쑤어지면 꿀을 넣어 단맛을 내고 소금을 약간 넣어 간을 맞춘다.

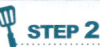 **STEP 2**

→ COOK TIP

단호박은 예로부터 여성의 몸을 보호하고 몸의 나쁜 성분을 소변 으로 배출하게끔 하는 역할을 하는데 줄콩과 찹쌀을 넣고 꿀을 첨가하면 기력이 쇠퇴하기 쉬운 겨울철에 보온효과와 배뇨기능을 활발히 해준다. 호박이 딱딱해서 쉽게 죽이 되지 않으므로 믹서 에 갈아서 죽을 쑤면 손쉽고 시간도 절약이 된다.

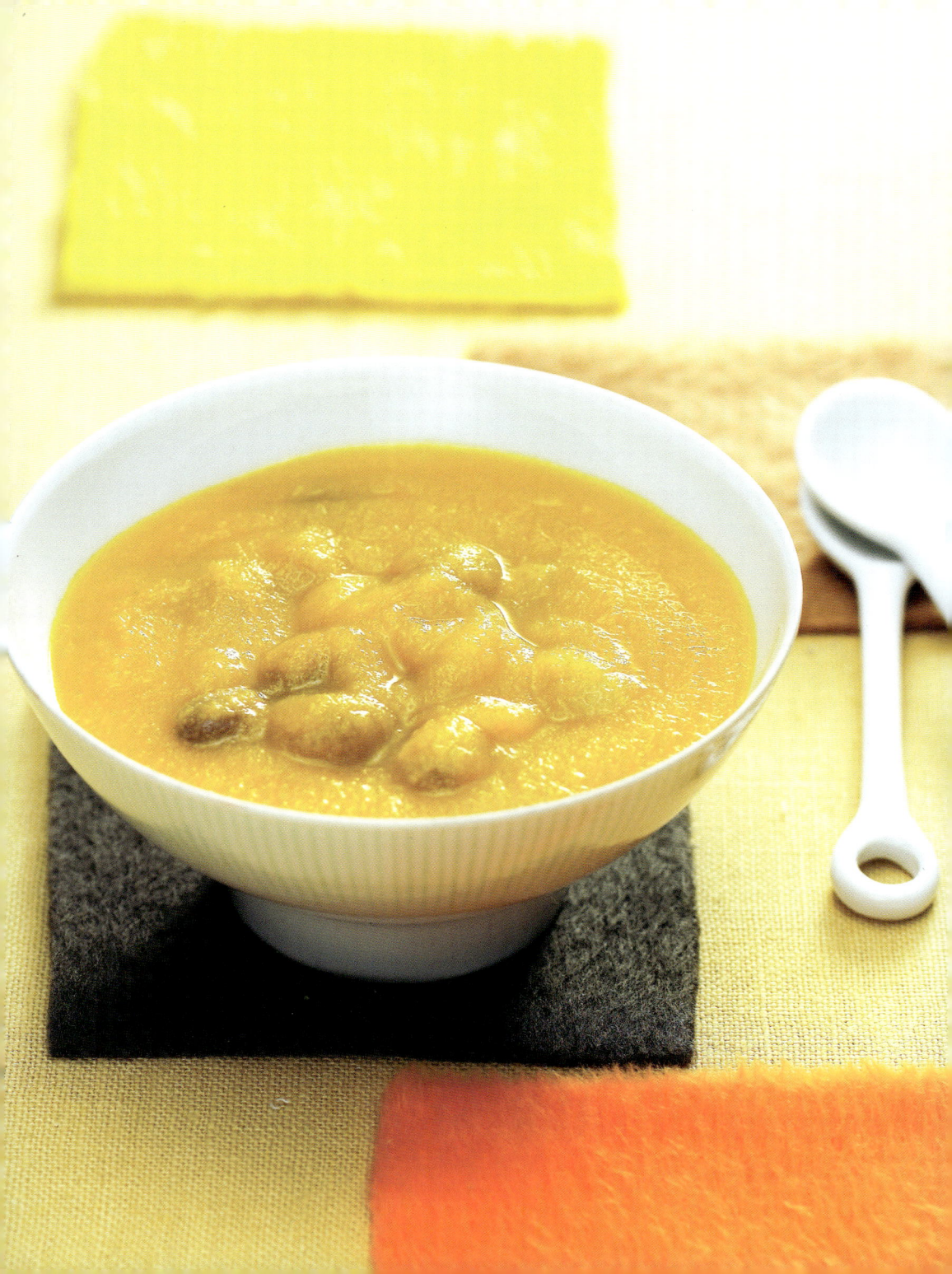

검은깨현미죽

▶ **주재료**
  검은깨 2큰술, 현미 1컵

▶ **부재료**
  물 3컵, 소금 약간, 잣가루 1큰술

1 통통하게 볶은 검은깨는 곱게 가루를 내어 체에 밭쳐 고운 속가루만 받아낸다.

2 현미는 물에 깨끗이 씻어 채반에 밭쳐 잠시 불린다.

3 현미를 물 1컵과 함께 믹서에 갈아준다.

4 냄비에 ③의 현미 간 것과 남은 물을 부어 약한 불에서 서서히 죽을 쑨다.

5 걸쭉한 농도의 죽이 되면 준비한 검은 깻가루를 넣고 섞어서 다시 약한 불에서 서서히 죽을 쑨다.

6 주걱으로 떠보아 뚝뚝 떨어지는 죽이 되면 잣가루와 소금으로 간을 맞추어 상에 낸다.

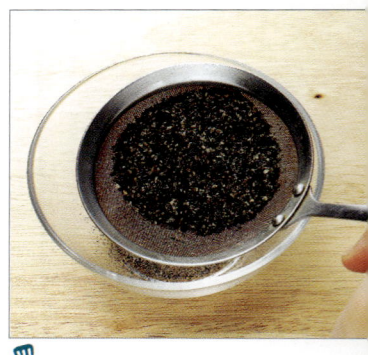

 STEP 1

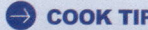

> 🔵 **COOK TIP**
>
> 검은깨는 분쇄기에 아주 곱게 갈아서 체에서 한 번 내려주면 가루가 고와져서 죽을 먹을 때 입 안에 남지 않는다. 검은깨는 지방이 많이 있어 갈기가 나쁘나 분쇄기에 갈아서 종이타월에 올려 꾹꾹 눌러 기름기를 빼주면 고운 가루가 보슬거려 쓰기에 좋다.

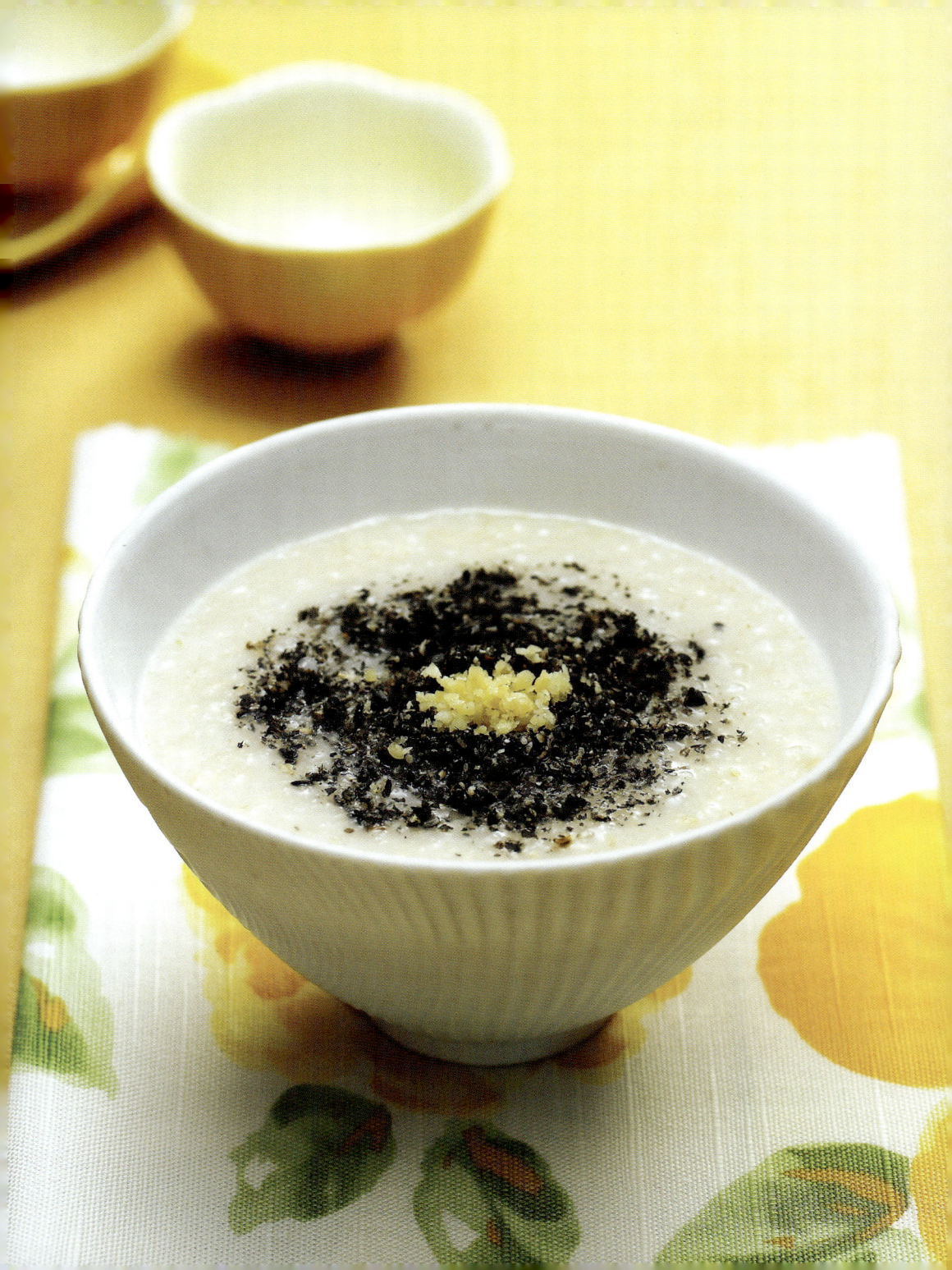

쇠고기장국죽

▶ **주재료**
다진 쇠고기 100g, 쌀 1컵

▶ **부재료**
표고버섯 2장, 실파 3대, 물 8컵, 소금 약간

▶ **쇠고기 양념**
간장 1작은술, 다진 마늘 $\frac{1}{2}$작은술, 설탕 $\frac{1}{4}$작은술, 청주·후춧가루 약간씩

1 다진 쇠고기는 주방타월에 올려 핏물을 꾹꾹 눌러 빼준 후 쇠고기 양념을 모두 넣고 조물조물 무쳐 잠시 재운다.

2 쌀은 씻어서 충분하게 부드럽게 불린다.

3 표고버섯은 물에 불려 밑동을 자르고 물기를 꼭 짠 후 곱게 채 썬다. 실파는 송송 썬다.

4 냄비에 양념한 쇠고기와 쌀을 넣어 볶다가 쇠고기가 익으면 불을 부은 다음 쇠고기에서 육즙이 우러나도록 저어가면서 끓인다.

5 쌀 알갱이가 부드럽게 퍼지면서 죽이 끓으면 중간 불에서 15분 정도 끓이다가 약한 불로 줄여서 다시 20분 정도 끓인다.

6 쌀과 쇠고기가 어우러져 부드럽게 죽이 완성되면 표고버섯과 실파 썬 것을 넣어 한소끔 끓여 불에서 내려 상에 낼 때 초간장이나 기름간장을 곁들여 상에 낸다.

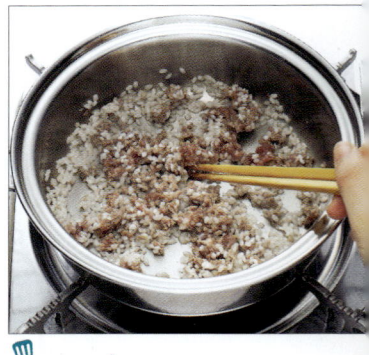

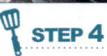 STEP 4

→ **COOK TIP**
양념한 쇠고기와 쌀은 기름을 넣지 않더라도 고기의 육즙에 쌀 알갱이가 볶아져 죽이 부드럽고 고기의 풍미가 느껴진다. 또 고기의 육즙과 함께 쌀을 볶아야 물을 넣었을 때 고기 국물이 잘 우러난다.

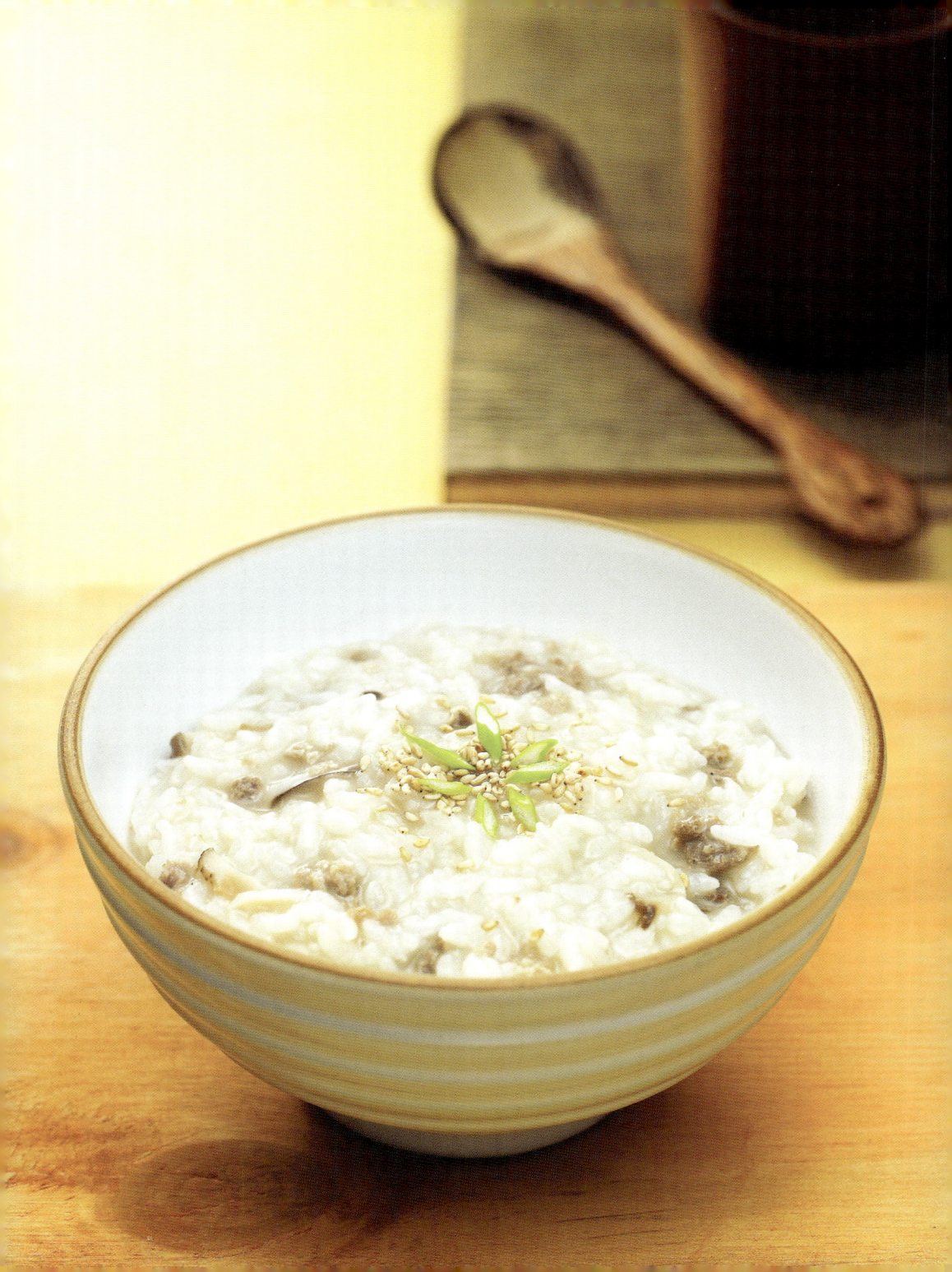

해장북어죽

▶ **주재료**
북어포 100g, 밥 2공기

▶ **부재료**
배추김치 50g, 다시마 사방 10cm 1장, 물 8컵, 국간장·청주·들기름 1작은술씩, 소금 약간

1 북어포는 잔가시를 없애고 물에 잠시 담가 부드럽게 해서 건져 물기를 꼭 짠다.

2 배추김치는 소를 털어 내고 국물을 꼭 짜서 송송 잘게 썬다.

3 밥은 믹서에 물 1컵을 넣어 갈아 놓는다.

4 나머지 물에 다시마를 1시간 정도 담가 우려 놓고 다시마는 건져 잘게 썬다.

5 냄비에 들기름과 국간장, 청주를 넣고 간 밥과 북어포, 배추김치를 넣어 달달 볶는다.

6 ⑤에 다시마를 우린 물을 붓고 중간 불에서 은근하게 죽을 쑨다.

7 20분 정도 끓여 밥이 부드럽게 퍼지면서 북어의 구수한 맛이 배면 다시마 썬 것을 넣고 골고루 저어서 불을 약하게 줄여 뜸을 들이듯이 죽을 쑤다가 불에서 내려 소금으로 간을 맞춰 먹는다.

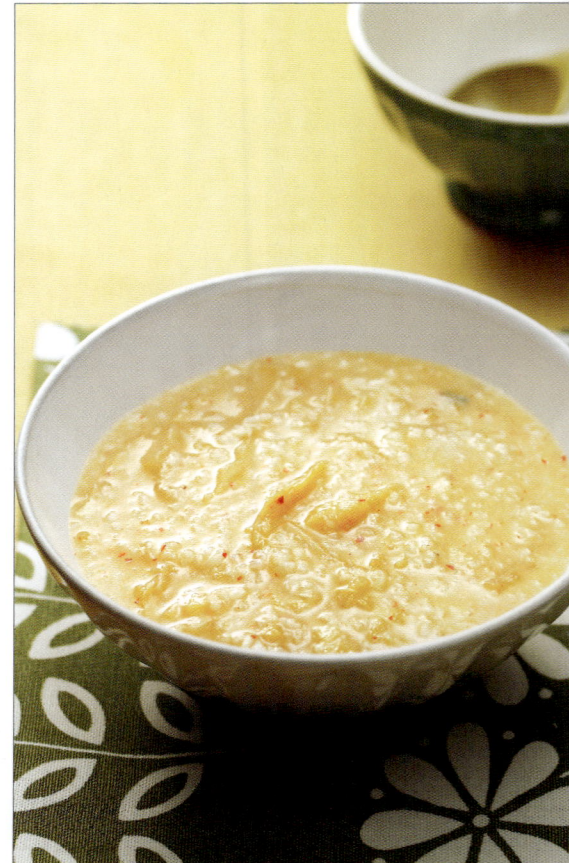

→ COOK TIP
북어포와 김치를 들기름에 간 밥과 함께 볶아 죽을 쑬 때 더 구수한 맛을 내려면 찬물에 우렸다가 그 물로 죽을 쑤면 좋다. 특히 술 마신 다음 날 아침에 해장죽으로 먹으면 속을 푸는 데 아주 좋다.

모둠버섯죽

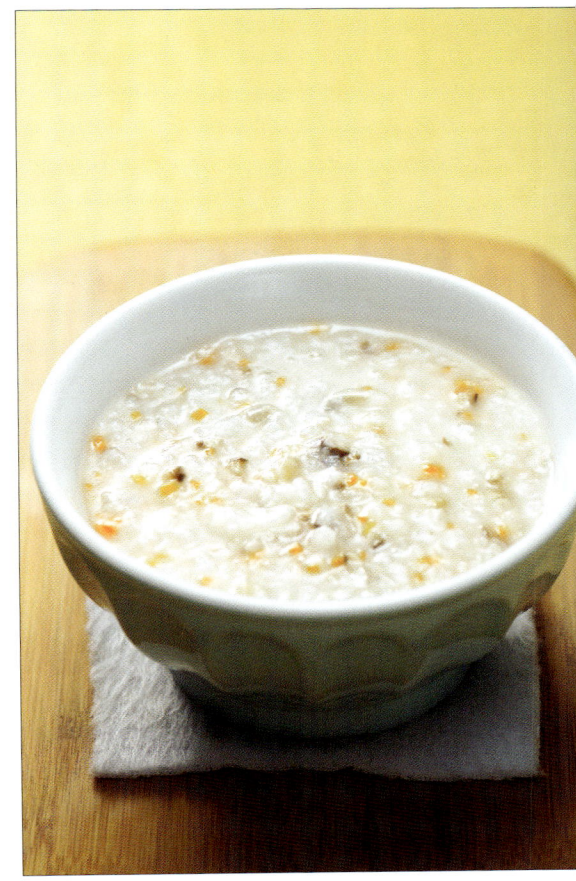

▶ **주재료**
느타리버섯 50g, 마른 표고버섯 3장, 팽이버섯 30g, 쌀 1컵

▶ **부재료**
당근 20g, 쪽파 2대, 다진 마늘 ½작은술, 쌀뜨물 · 물 4컵씩, 참기름 1작은술, 소금 약간

1 느타리버섯은 씻어서 물기를 빼고 나서 잘게 다지고 표고버섯은 물에 담가 불린 다음 밑동을 떼고 잘게 다진다. 팽이버섯도 밑동을 자르고 흐르는 물에 헹궈 물기를 털어 송송 썬다.

2 쌀은 씻어서 쌀뜨물을 받고 체에 밭쳐서 불린 후 손절구나 분쇄기에 굵게 간다.

3 당근은 껍질을 벗겨 잘게 다지고 쪽파는 송송 썬다.

4 냄비에 참기름을 두르고 쌀과 당근을 넣어 볶는다.

5 볶던 쌀과 당근에 쌀뜨물과 물을 붓고 중간 불로 끓이다가 버섯을 모두 넣어 10분 정도 더 끓인다. 쌀이 퍼지면 약한 불로 줄여서 20분 정도 더 끓인다.

6 버섯과 쌀이 푹 퍼져 죽이 완성되면 쪽파와 다진 마늘, 소금으로 간을 맞춰서 먹는다.

→ **COOK TIP**
버섯은 열량이 낮고 식이 섬유와 비타민, 칼슘 등의 영양이 풍부한데 죽에 넣는 버섯은 데쳐서 쓰는 것보다 생으로 다지듯이 잘게 썰어서 넣어야 버섯의 풍미를 그대로 살릴 수 있다. 쌀은 믹서에 갈지 말고 방망이로 굵게 빻아서 죽을 쑤어야 버섯과 맛이 잘 어우러진다.

표고버섯죽

▶ **주재료**
생표고버섯 4장, 가다랑어포 2큰술

▶ **부재료**
실파 3대, 마늘 2쪽, 찹쌀 3큰술, 멥쌀 $\frac{1}{4}$컵, 다시마 우린 물 4컵, 간장·들기름 1작은술씩, 소금 약간

1 냄비에 다시마 우린 물을 붓고 끓으면 불에서 내려 가다랑어포를 체에 밭쳐 우려서 진한 국물을 만든다.

2 생표고버섯은 물에 부드럽게 씻어 밑동을 자르고 잘게 다진다.

3 실파는 송송 썰고 마늘은 곱게 채 썬다.

4 멥쌀과 찹쌀은 물에 씻어 불렸다가 ①의 가다랑어포를 우려낸 국물을 붓고 믹서에 곱게 간다.

5 냄비에 들기름과 간장을 두르고 끓어오르면 ④의 쌀을 붓고 볶는다.

6 ⑤의 쌀 장국이 끓으면 표고버섯과 마늘채를 넣어 약한 불에서 쌀 알갱이가 퍼지도록 저어가면서 끓인다.

7 표고버섯과 죽이 부드럽게 엉기면서 익으면 실파 송송 썬 것을 넣고 소금으로 간을 맞춰 먹는다.

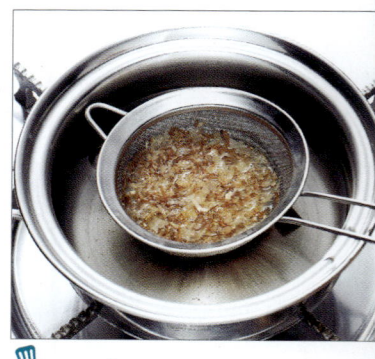
STEP 1

> → **COOK TIP**
> 쌀과 찹쌀을 섞어서 가다랑어포를 우려낸 국물과 함께 믹서에 두 번 정도 곱게 갈아서 들기름과 간장을 넣은 냄비에 볶아 끓이면 부드럽고 소화가 잘되는 죽이 완성된다.

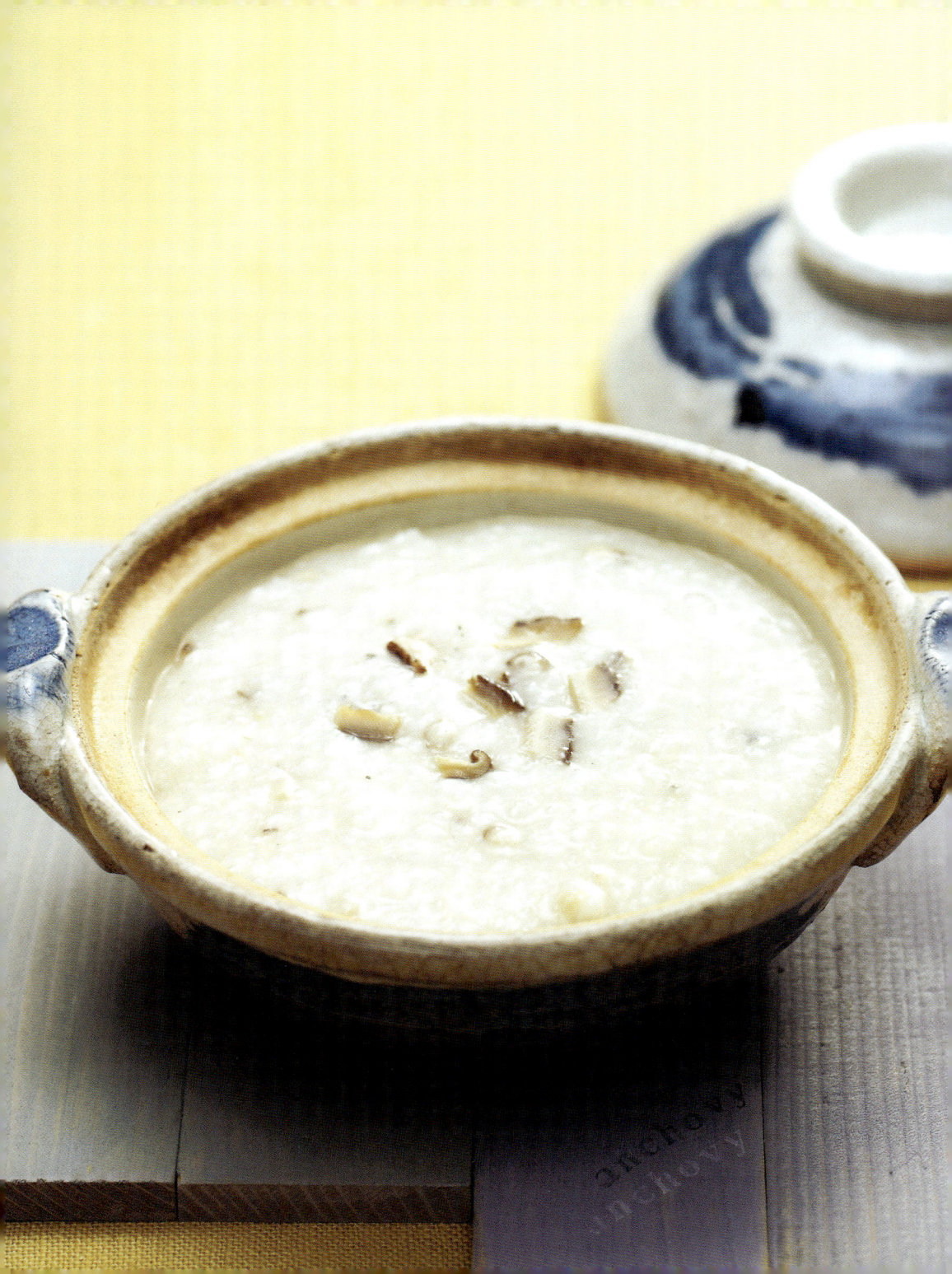

김치현미누룽지죽

▶ **주재료**
묵은 김장김치 100g, 현미 누룽지 100g

▶ **부재료**
참기름 · 깨소금 1작은술씩, 생수 7컵, 마늘 2쪽, 소금 약간

1 묵은 김장 김치는 소를 털고 국물을 꼭 짜서 송송 잘게 썬다.

2 현미 누룽지는 잘게 손으로 잘라 놓는다. 마늘은 납작하게 편 썬다.

3 냄비에 참기름을 두르고 마늘과 묵은 김장김치를 넣어 김치가 투명하게 익도록 볶는다.

4 김치가 익으면 현미, 누룽지 자른 것을 넣고 생수를 넣어 끓인다.

5 현미 누룽지가 완전히 퍼지고 김치가 무르게 익으면 불을 약하게 줄이고 나무주걱으로 눌어붙지 않도록 은근하게 끓여 소금으로 간을 맞춰 먹는다.

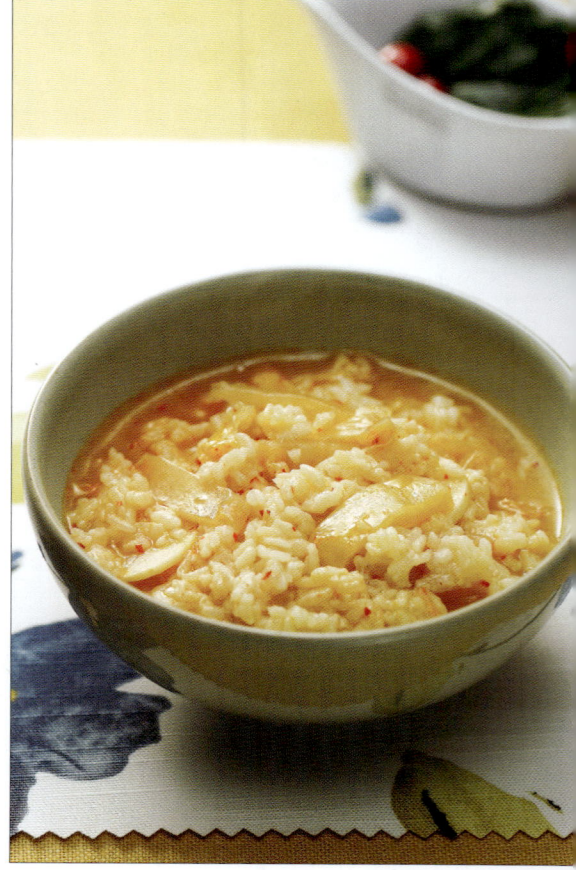

→ **COOK TIP**
참기름에 마늘과 묵은 김장 김치를 완전히 볶아야 묵은 김치 냄새가 나지 않고 누룽지가 더욱 고소하게 퍼진다.

연두부호두죽

▶ **주재료**
연두부 ½컵, 멥쌀 ½컵, 껍질 벗긴 호두 ⅓컵

▶ **부재료**
간장·들기름 1작은술씩, 송송 썬 실파 2큰술, 물 4½컵, 소금 약간

1 연두부는 팩에서 꺼내어 체에 한 숟가락씩 떠서 물기를 뺀다.

2 멥쌀은 깨끗이 씻어서 물에 충분히 불려서 체에 건져 물기를 뺀 후 절구에 넣어 굵게 찧는다.

3 껍질을 벗긴 호두는 미지근한 물에 담가 쓴맛을 없앤 후 종이타월에 올려 물기를 닦는다.

4 물기를 없앤 호두를 도마에 올리고 곱게 다진다.

5 냄비에 간장과 들기름을 두르고 연두부와 ②의 쌀을 넣고 쌀 알갱이가 투명해질 때까지 볶는다.

6 ⑤의 쌀 알갱이가 투명하게 볶아지면 물을 붓고 끓인다. 중간 불에서 나무주걱으로 밑이 눌어붙지 않도록 저어가면서 쌀과 연두부가 푹 퍼지도록 볶는다.

7 ⑥의 죽이 퍼지면 준비한 호두와 실파를 넣어 한소끔 끓인 후 그릇에 담아 소금으로 간을 맞춰 먹는다.

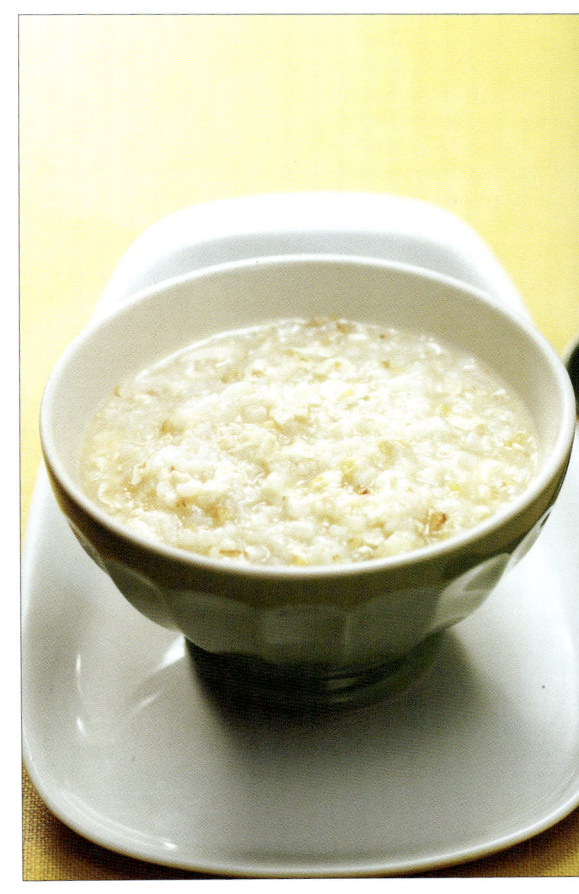

→ **COOK TIP**
간장과 들기름에 연두부와 쌀 알갱이를 먼저 볶아서 노르스름한 색을 내주면서 고소하게 볶아야 죽이 부드럽고 잘 퍼진다.

감자우유수프

▶ **주재료**
감자 1개, 우유 2컵

▶ **부재료**
생수 1컵, 올리브오일 1큰술, 아몬드 슬라이드 · 소금 · 흰 후춧가루 약간씩

1 감자는 껍질을 벗기고 적당한 크기로 썰어 찬물에 담갔다가 건져서 생수와 함께 믹서에 곱게 간다.

2 냄비에 올리브오일을 두르고 ①의 감자를 넣어 볶다가 우유를 조금씩 넣어 멍울 없이 저어서 중간 불에서 5분 정도 끓인다.

3 부드러운 감자우유수프가 완성되면 아몬드 슬라이스를 넣어 소금과 흰 후춧가루로 간을 해서 먹는다.

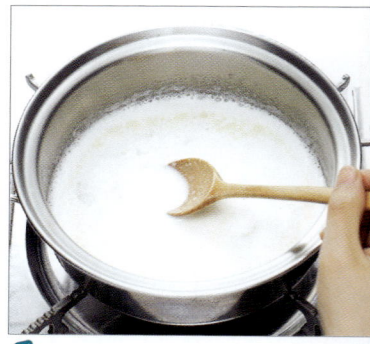

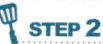 STEP 2

→ **COOK TIP**
간편하게 아침에 뚝딱 만들 수 있는 수프가 바로 감자우유수프이다. 감자를 곱게 생수와 함께 갈아서 금방 익을 수 있도록 올리브오일에 볶다가 우유를 조금씩 넣어서 푹 끓이면 간단하게 완성이 되는데 감자를 미리 깎아 놓았을 때는 찬물에 담가 냉장실에 넣었다가 수프를 만들기 전에 믹서에 갈아서 끓이면 된다. 아몬드, 땅콩, 호두 등의 견과류를 첨가해서 함께 먹으면 씹히는 고소함이 더해져 더욱 맛이 좋다.

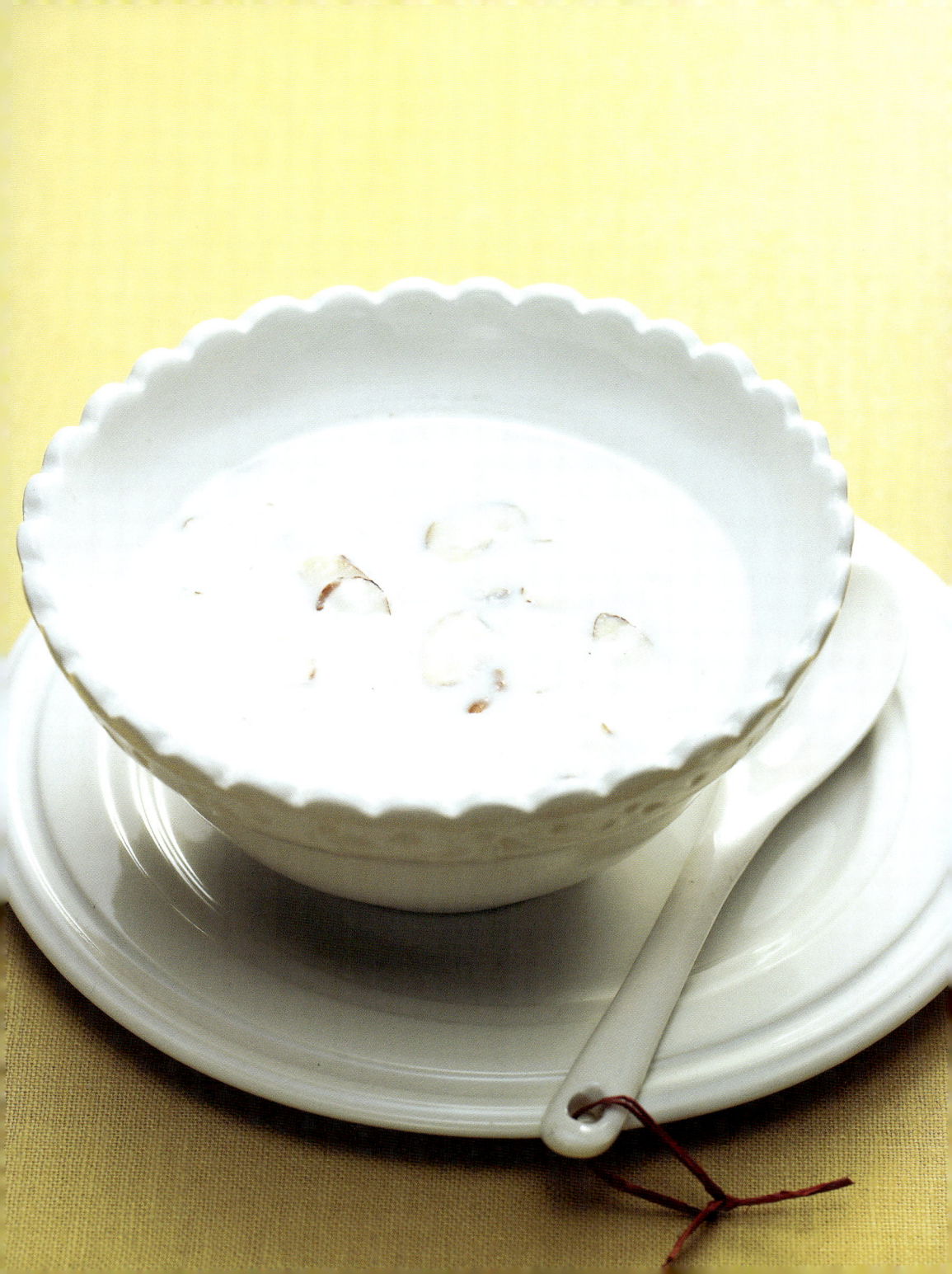

식빵게살수프

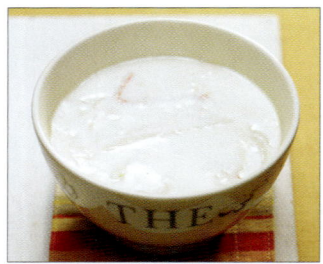

▶ **주재료**
식빵 4쪽, 게살 2줄

▶ **부재료**
우유 · 생수 2컵씩, 다진 양파 · 올리브오일 1큰술씩, 소금 약간

1 식빵은 작게 썰고 게살은 결대로 굵게 찢는다.

2 냄비에 올리브오일을 두르고 다진 양파와 식빵을 넣어 볶다가 우유와 생수를 붓고 저어가면서 중간 불에서 7분 정도 끓인다.

3 식빵이 완전히 퍼져 수프가 완성되면 게살 찢은 것을 넣고 소금으로 간을 해서 재빨리 저어주고 불에서 내려 먹는다.

➡ **COOK TIP**

식빵은 언제든 우유와 물만 붓고 끓이면 쉽게 수프를 만들 수 있는데 올리브오일에 양파와 함께 식빵을 볶다가 끓이면 밀가루 냄새가 없어지고 담백하게 맛볼 수 있다. 특히 게살은 처음부터 넣지 말고 다 수프가 끓여지면 마지막에 넣는 것이 중요하다. 요구르트를 약간 마지막에 넣어주면 단맛이 나서 아이들이 좋아한다.

채소크림수프

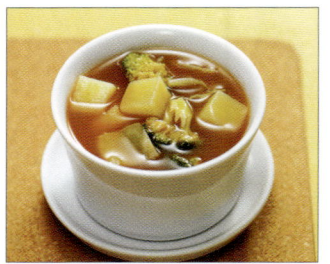

▶ **주재료**
감자 1개, 양배추 5장, 브로콜리 100g, 당근 30g

▶ **수프 육수**
월계수잎 1장, 양파 ½개, 무 80g, 셀러리 1대, 피망 ½개, 당근 ½개, 양배추 3장, 물 5컵

▶ **수프 양념**
토마토 페이스트 2큰술, 토마토케첩 1큰술, 소금 · 흰 후춧가루 · 핫소스 약간씩, 우스터소스 · 레드와인 1작은술씩

1 감자는 껍질을 벗겨서 사방 3㎝ 크기로 얄팍하게 썰어서 찬물에 담가 녹말기를 뺀다.

2 양배추는 사방 3㎝ 크기로 썰고 브로콜리는 한 송이씩 떼어서 준비한다. 당근은 동그랗게 편 썬다.

3 냄비에 자투리 채소(양파, 무, 셀러리, 피망, 당근, 양배추)를 넣고 물을 부은 후 월계수잎을 넣고 한소끔 끓여 맑은 채소 육수를 만든다.

4 시원한 채소 육수가 진하게 우러나면 체에 걸러 육수만 냄비에 붓는다.

5 냄비에 ④의 육수를 넣고 감자, 당근, 양배추, 브로콜리를 넣고 끓인다.

6 모든 재료가 부드럽게 익으면 토마토 페이스트, 토마토 케첩, 우스터소스, 레드와인을 넣고 색과 맛을 내서 끓인다.

7 ⑥의 수프에 소금, 흰 후춧가루로 간을 한 뒤 먹기 직전에 핫소스를 뿌려 매콤한 맛을 살려 먹는다.

옥수수수프

▶ **주재료**
옥수수(통조림) 100g

▶ **부재료**
달걀 1개, 송송 썬 실파 2큰술, 소금·흰 후춧가루 약간씩, 물 3컵, 우유 $\frac{1}{2}$컵

1 옥수수는 통조림으로 이용하면 편리한데 옥수수 알갱이만 체에 걸러 찬물에 헹궈 믹서에 우유와 함께 곱게 간다.

2 냄비에 ①의 옥수수알 간 것을 넣고 물을 붓고 은근하게 10분 정도 끓여 걸쭉한 상태의 수프로 만든다.

3 알끈을 제거하고 곱게 푼 달걀물을 ②의 냄비에 조금씩 부어 저어가면서 줄알을 쳐서 송송 썬 실파와 소금, 흰 후춧가루로 간을 해서 그릇에 담아낸다.

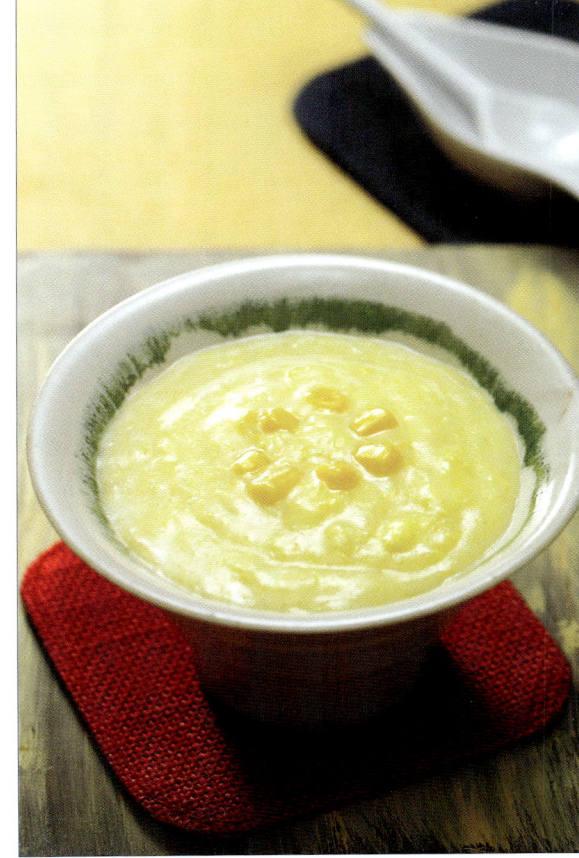

→ COOK TIP

통조림으로 이용하는 수프 중에서도 남녀노소 다 좋아하는 것이 바로 옥수수다. 이 옥수수를 우유와 함께 곱게 갈아서 냄비에 넣고 물을 붓고 끓이다가 달걀을 곱게 풀어 줄알을 치면 간단하게 완성할 수 있다. 옥수수는 통조림이므로 체에 건져 찬물에 헹궈 단맛을 뺀 후 믹서에 우유와 함께 갈면 입자가 곱고 부드럽다. 통조림 제품 중에서 죽순, 그린피스, 옥수수 등을 우유와 함께 갈아서 수프를 만들면 손쉽게 먹을 수 있다.

표고버섯수프

▶ **주재료**
표고버섯 5장

▶ **부재료**
쪽파 2대, 양파 ½개, 가래떡 100g, 버터·밀가루 1큰술씩, 소금·후춧가루 약간씩, 물 2½컵

1 표고버섯은 물에 충분히 불려서 밑동을 떼고 잘게 다진다.

2 양파는 곱게 채 썰고 쪽파는 작게 송송 썬다.

3 가래떡은 딱딱하지 않으면 그대로 0.5㎝ 두께로 썰고 딱딱하면 약간 물에 담가 부드럽게 한 후 썬다.

4 냄비에 버터를 두르고 표고버섯과 양파, 쪽파, 가래떡을 넣어 달달 볶는다.

5 표고버섯과 양파, 가래떡이 충분히 볶아지면 밀가루를 넣어 갈색이 나도록 다시 볶다가 물을 넣어 은근히 끓인다.

6 부드럽고 향이 구수한 표고버섯수프가 다 끓여지면 소금과 후춧가루로 간을 맞춘다.

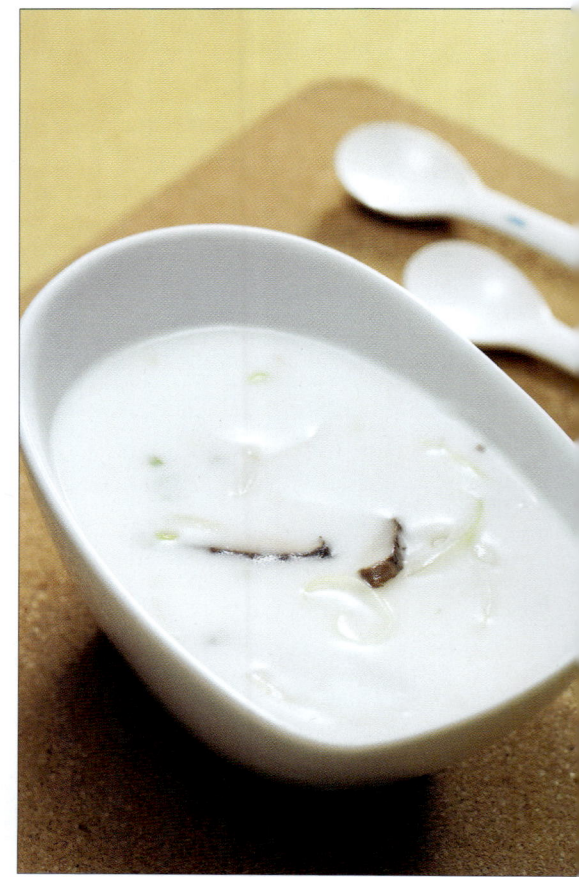

→ COOK TIP
표고버섯과 양파, 가래떡은 충분히 볶다가 밀가루를 넣어 볶아야 화이트 루가 잘 만들어져 부드럽고 버섯의 향과 맛이 진하게 우러난다.

우엉주먹밥

▶ **주재료**
쌀 1컵, 찹쌀 1큰술, 물 1¼컵, 우엉 100g

▶ **부재료**
구운 김 1장, 시판 후리가케 5큰술, 참기름 1큰술, 식초 1작은술

▶ **우엉 조림장**
간장 1½큰술, 물엿 · 올리브오일 1큰술씩, 마늘즙 ¼작은술

1 쌀과 찹쌀은 충분하게 불려서 물을 정량대로 붓고 밥을 고슬하게 짓는다.

2 뜨거운 밥에 참기름을 넣어 버무려 젖은 면포를 덮어서 한 김 식힌다.

3 우엉은 껍질을 벗기고 씹히는 입자가 있도록 곱게 다져서 식초를 넣은 물에 헹궈 건져 마른 면포에 놓고 물기를 없앤다.

4 팬에 우엉 조림장을 붓고 끓으면 우엉을 넣어서 중간 불에서 볶으면서 조려 넓은 접시에 펼쳐 식힌다.

5 김은 바싹 구워서 아주 잘게 부숴 놓고 시판 후리가케를 넣어 섞는다.

6 랩을 사방 10㎝ 정도로 잘라서 도마에 펼쳐 놓고 조린 우엉과 섞어 놓은 후리가케를 1작은술 정도 삼각형으로 모양내서 깐다. 그 위에 밥을 두 숟가락 정도 놓고 다독여 펼친 후 다시 섞어 놓은 우엉과 후리가케를 올려 랩으로 감싸 삼각형 모양을 만들어 주먹밥을 완성한다.

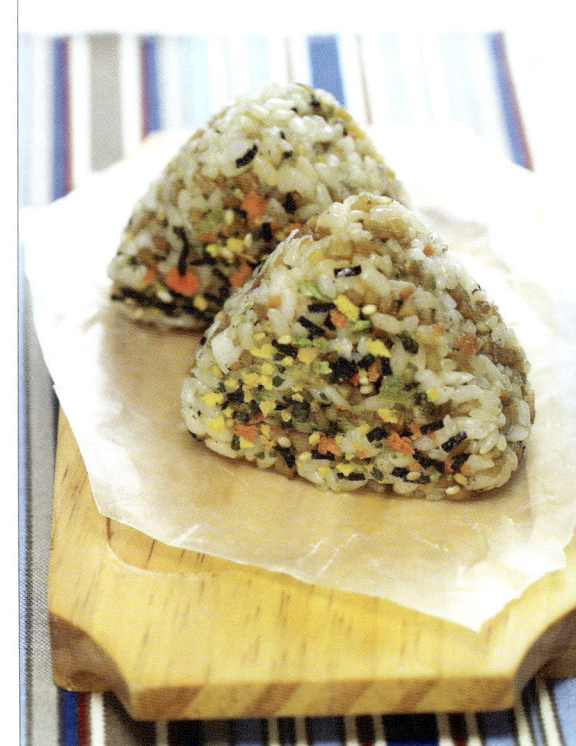

→ COOK TIP

우엉조림은 물기가 없도록 바싹 조려야 밥에 올려 주먹밥을 만들었을 때 질척이지 않고 모양이 제대로 살아난다. 조림장을 끓이다가 우엉을 넣어서 중간 불에서 저으면서 조리고 넓은 접시에 펼쳐 부채질로 식혀야 우엉의 물기가 없어지고 윤기가 많이 난다.

알밥 | 1인분

▶ **주재료**
쌀 $\frac{1}{2}$컵, 날치알 50g(청주 1큰술, 물 1컵)

▶ **부재료**
참기름 · 통깨 1작은술씩, 다진 김치 $\frac{1}{4}$컵, 부순 구운 김 $\frac{1}{2}$컵, 무순 1줌(20g)

▶ **김치 양념**
설탕 · 참기름 $\frac{1}{2}$작은술씩, 다진 마늘 $\frac{1}{4}$작은술

1 쌀을 씻어 충분하게 불린 후 체에 밭쳐 물기를 뺀다.

2 일인용 뚝배기에 참기름을 골고루 발라 중간 불에서 가열해 뜨겁게 한다.

3 물 1컵에 청주를 타서 날치알을 넣어 흔들어 비린맛을 없앤 후 종이타월에 밭쳐 물기를 완전히 뺀다. 이렇게 해야 날치알이 투명하고 더욱 맛이 있다.

4 김치는 잘게 다져 국물을 약간 짜서 설탕과 참기름, 다진 마늘에 조물조물 양념해 둔다.

5 무순은 잡티를 없애고 헹궈 물기를 턴다.

6 ②의 뚝배기에 쌀을 안치고 물을 $\frac{3}{4}$컵만 붓고 밥을 짓는다. 밥물이 잦아들면 불을 아주 약하게 줄여 충분히 뜸을 들인다.

7 밥이 알맞게 지어지면 위아래를 뒤섞어 주고 나서 그 위에 다진 김치, 날치알, 구운 김, 무순, 통깨를 뿌려서 살짝 가열했다가 밥이 따닥따닥 익는 소리가 나면 바로 상에 내서 비벼 먹는다.

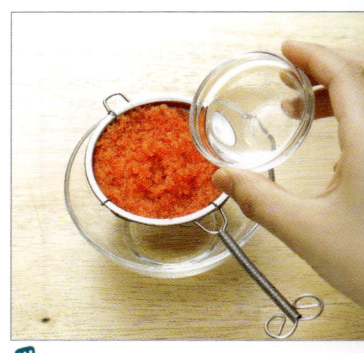

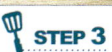 STEP 3

→ **COOK TIP**
날치알을 씻어 밥에 올릴 때에는 우선 청주를 탄 물에 날치알을 담가 흔들어 깨끗하게 씻어 날치알 특유의 비릿한 내음을 없애도록 한다.

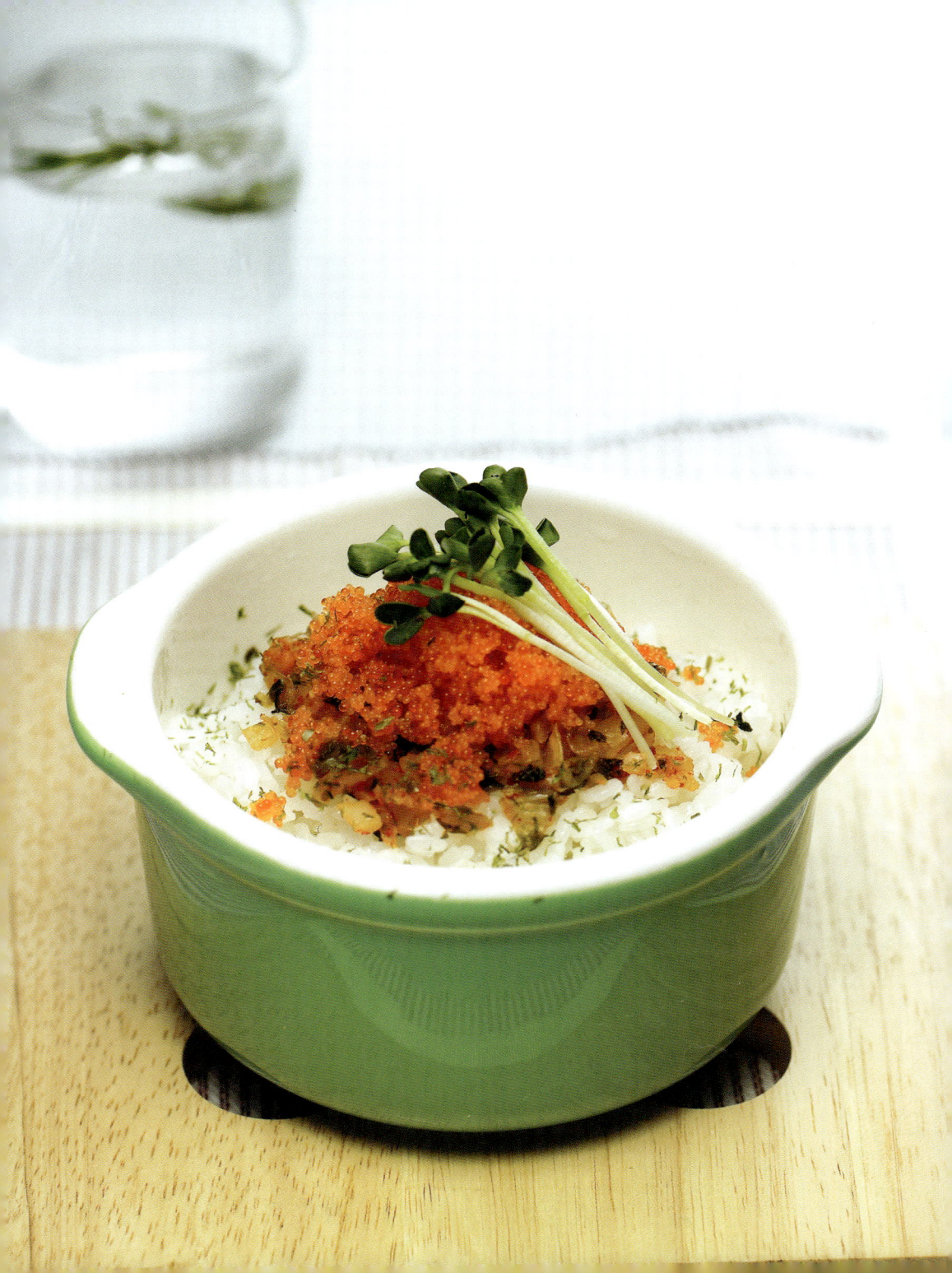

해물솥밥 | 2인분

▶ **주재료**
오징어 $\frac{1}{2}$마리, 홍합살 · 새우살 · 굴 · 불린 미역 30g씩, 밤 3톨, 은행 2알

▶ **부재료**
국물 멸치 3마리, 가다랑어포 1큰술, 물 3컵, 쌀 1컵, 소금 약간

▶ **양념장**
간장 · 가다랑어포 육수 2큰술씩, 고운 고춧가루 · 맛술 · 다진 파 1큰술씩, 다진 마늘 $\frac{1}{2}$작은술, 통깨 · 들기름 1작은술씩

1 오징어는 먹물과 내장을 빼고 물에 씻어 몸통 안쪽에 사선으로 칼집을 넣어 가로 3㎝, 세로 1㎝로 자른다.

2 홍합살과 새우살, 굴은 옅은 소금물에 흔들어 씻어 건진다.

3 불린 미역은 주물러 씻은 후 잘게 썬다.

4 밤은 속껍질까지 완전하게 벗기고 은행도 물에 살짝 데쳐 속껍질까지 벗겨 놓는다.

5 냄비에 국물 멸치를 볶아 비린맛을 날린 후 물을 부어 끓으면 오징어와 홍합살, 새우살, 굴을 체에 밭쳐 흔들면서 익혀내고 멸치 국물은 불에서 내려 가다랑어포를 우려낸다. 이렇게 만든 국물로 밥물을 맞춰 준다.

6 쌀은 물에 씻어 충분하게 30분 이상 불려 체에 밭쳐 물기를 뺀다.

7 돌솥에 쌀을 안치고 ⑤의 육수로 밥물을 잡아 뚜껑을 덮어 밥을 짓는다.

8 밥물이 잦아들면 불을 아주 약하게 줄이고 해물과 밤, 은행, 미역을 올려 뜸을 충분하게 들인다.

9 고슬한 상태로 밥이 지어지면 가다랑어포 육수를 넣어 만든 양념장과 함께 곁들여 비벼 먹는다.

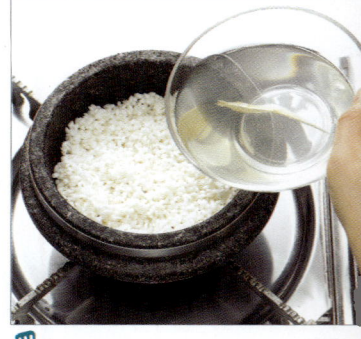

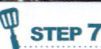 STEP 7

COOK TIP

멸치를 우려 놓은 국물에 해물을 담고 흔들어서 해물의 진액과 함께 가다랑어포를 우려 그 물로 해물솥밥을 지으면 해물의 맛을 진하게 느낄 수 있다. 멸치에 해물을 익혀냈기 때문에 해물의 비린 맛이 없어 더욱 좋다.

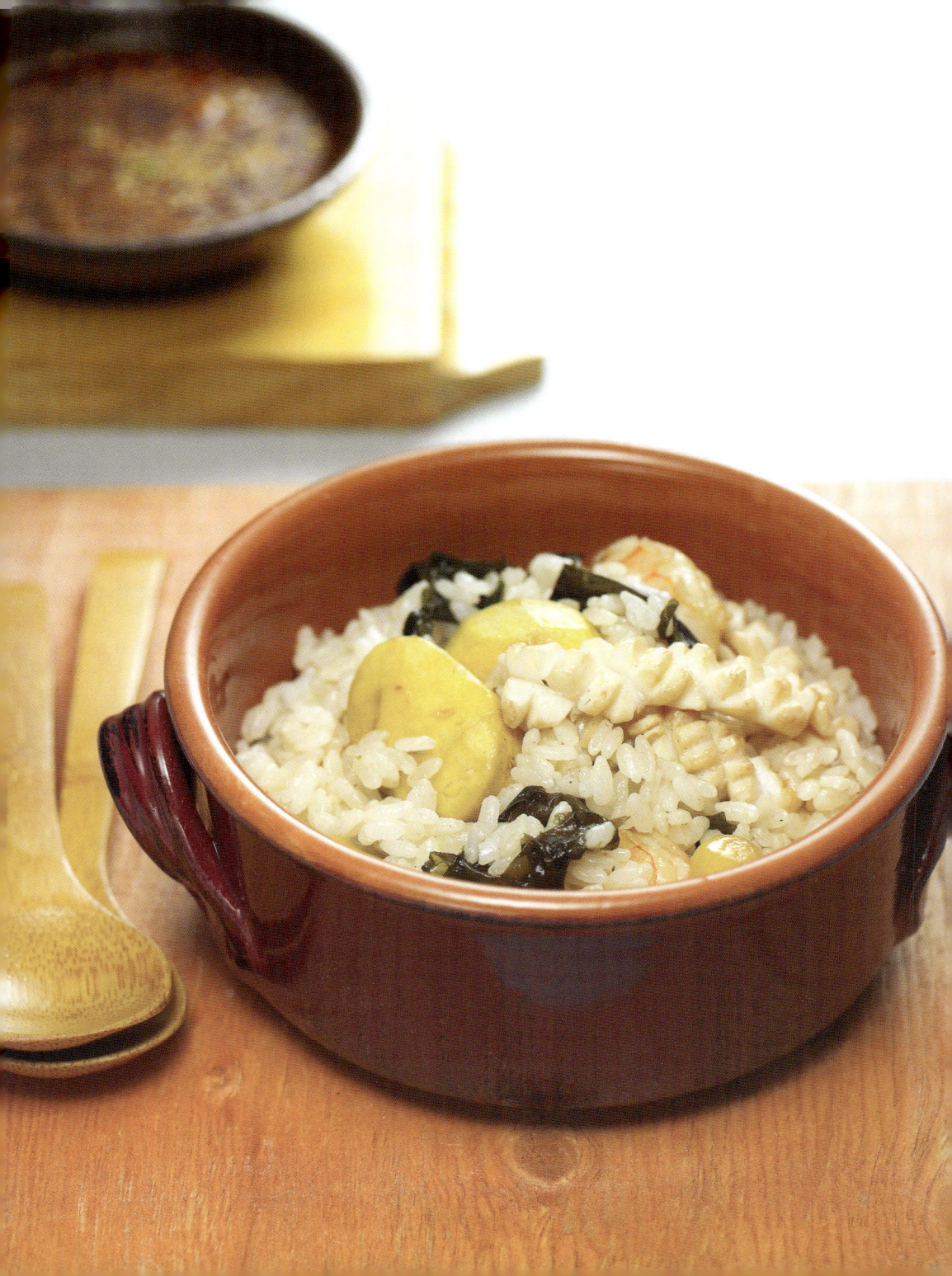

명란비빔밥 | 1인분

▶ **주재료**
명란 50g, 오이 $\frac{1}{2}$개, 당근 $\frac{1}{3}$개, 상추 3장, 깻잎 1장

▶ **부재료**
참기름 · 깨소금 $\frac{1}{2}$작은술씩, 쌀 $\frac{1}{2}$컵, 사골 육수 $\frac{1}{2}$컵

1 명란은 알이 터지지 않도록 고춧가루를 살살 벗기고 잘게 썬다. 썬 명란을 깨소금과 참기름으로 버무려 놓는다.

2 오이와 당근은 아주 곱게 4㎝ 길이로 채 썰고 상추와 깻잎은 1㎝ 폭으로 썬다.

3 쌀은 씻어서 충분하게 불린 후 솥에 안치고 미리 준비해 놓은 사골 육수로 밥물을 잡아 고슬한 상태의 밥을 지어준다.

4 뜸이 충분히 들면 위아래로 밥을 뒤섞어 그릇에 담고 그 위에 생채소를 돌려 담고 가운데 명란을 올려 담백하고 상큼하게 씹히는 맛이 느껴지도록 비벼 먹는다.

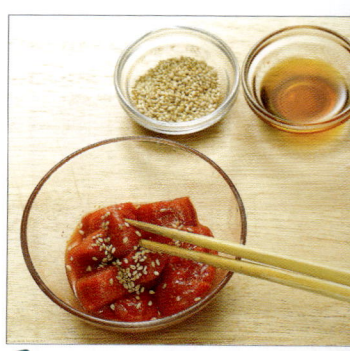

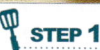 STEP 1

> 🔷 **COOK TIP**
>
> 명란은 주로 젓갈로 담은 것을 이용하면 손쉬운데 명란의 겉에 묻은 고춧가루기를 긁어내고 송송 잘게 썰어서 참기름과 깨소금으로 조물조물 양념을 해서 밥 위에 올려야 더욱 맛이 있다.

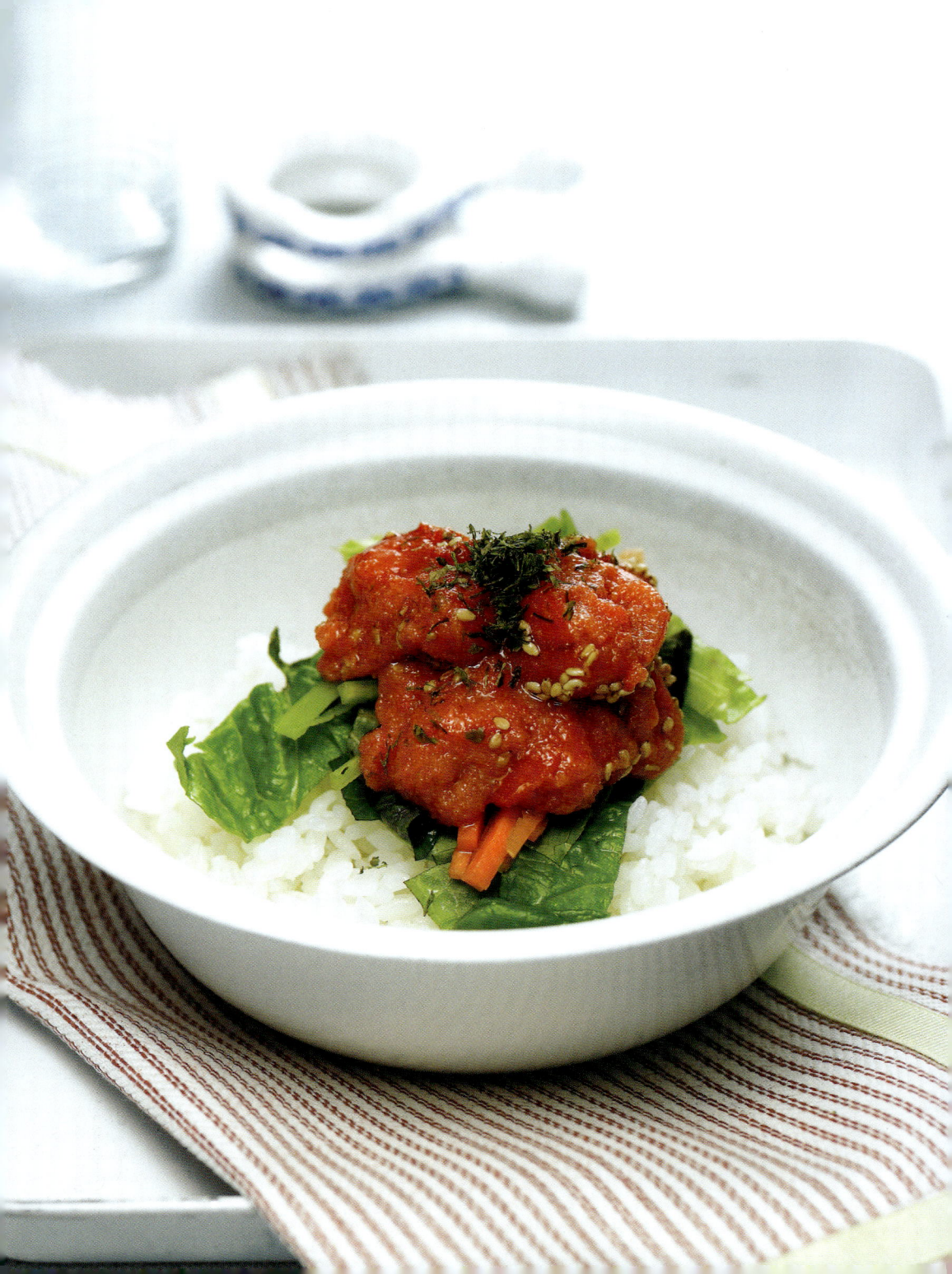

부추비빔밥 | 1인분

▶ **주재료**
조선부추 50g, 검은깨 1작은술, 달걀노른자 1개분, 참기름 ½작은술, 밥 1공기, 소금 약간

▶ **비빔 양념장**
고추장 3큰술, 물엿 1큰술, 다진 마늘 ½작은술, 참기름 1작은술, 깨소금 약간

▶ **무채 무침**
무 200g, 고운 고춧가루 · 다진 파 2큰술씩, 다진 마늘 1큰술, 설탕 1작은술, 다진 생강 · 소금 · 통깨 약간씩

▶ **콩나물 무침**
콩나물 200g, 다진 마늘 · 참기름 1작은술씩, 다진 파 1큰술, 소금 · 후춧가루 약간씩

1 조선부추는 씻어서 물기를 털고 3㎝ 길이로 썬다.

2 고슬하게 지은 밥에 검은깨와 달걀노른자를 올리고 참기름을 약간 떨어뜨린 후 위에 부추를 소복하게 올린다.

3 고추장에 분량의 재료를 모두 섞어 비빔 양념장을 만든다.

4 무는 4㎝ 길이로 곱게 채 썰어 약간의 소금으로 절인 후 물에 헹궈 물기를 꼭 짠 상태에 고운 고춧가루와 다진 마늘, 다진 파, 다진 생강으로 버무려 색이 나면 소금으로 간을 맞추고 통깨를 뿌려 무생채를 만든다.

5 콩나물은 다듬어 씻어 찜기에 살캉하게 찐 후 찬물에 재빨리 헹궈 건져 물기를 빼고 다진 마늘과 다진 파, 소금, 후춧가루로 간을 맞춰 무치고 참기름을 넣어 마무리해서 콩나물 무침을 만든다.

6 부추를 올린 밥과 비빔 양념 고추장, 무생채, 콩나물 무침을 곁들여 상에 내서 모두 함께 비벼 먹는다.

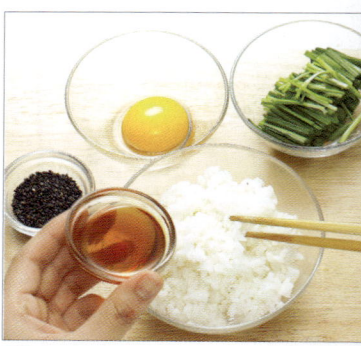

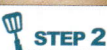 STEP 2

🔵 **COOK TIP**
부추비빔밥은 아주 간단한 방법으로 만들 수 있는 자양강장 비빔밥인데 밥에 부추를 올리기 전에 검은깨와 달걀노른자, 참기름을 고명으로 올려 더욱 맛이 있게 한다.

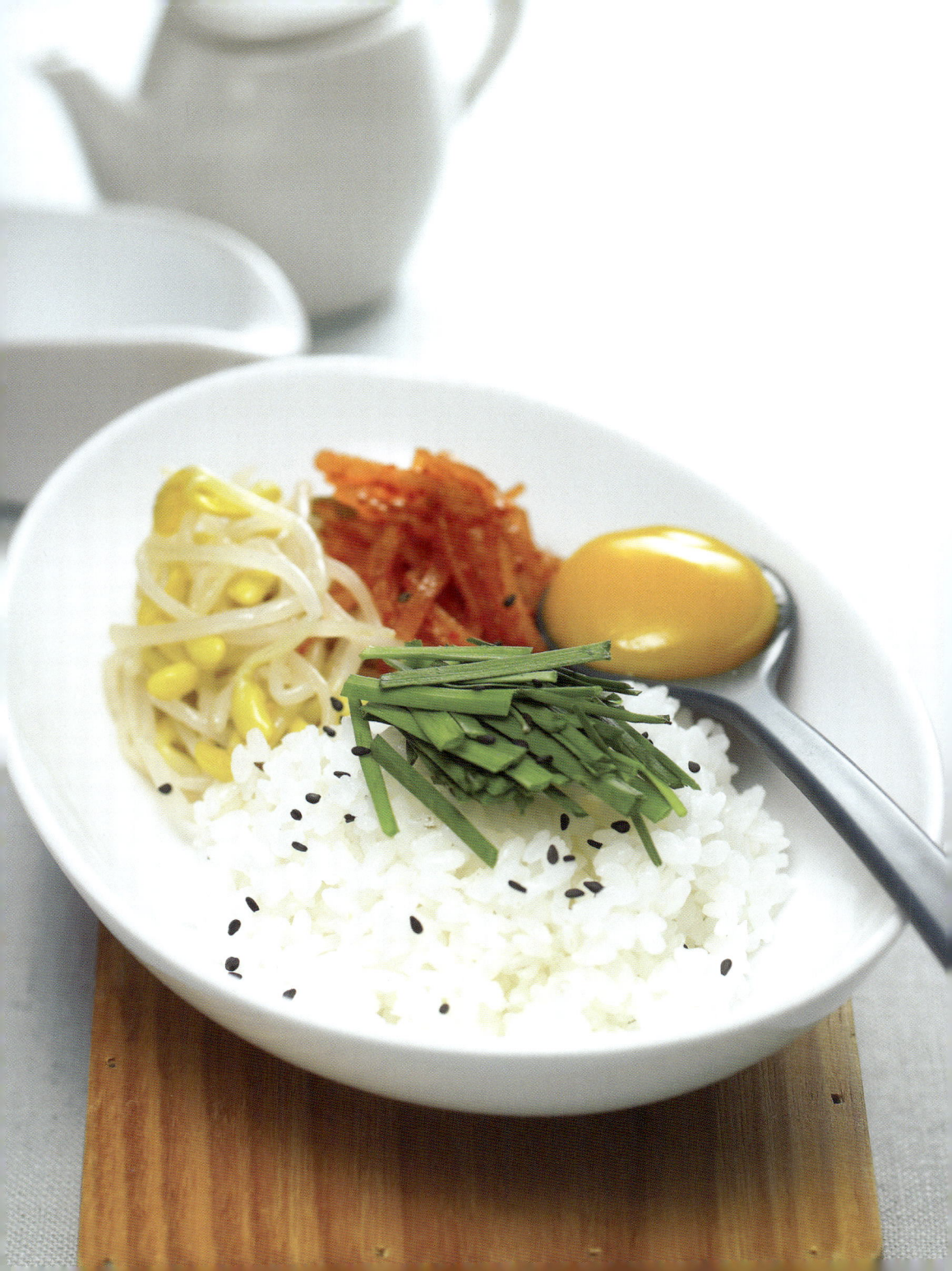

멸치주먹밥

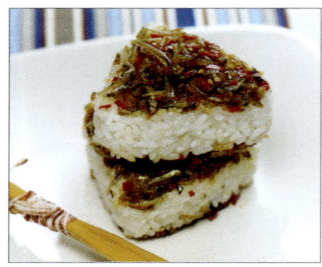

▶ **주재료**
쌀 1컵, 찹쌀 1큰술, 물 1⅓컵, 잔멸치(지리멸치) 30g,
홍고추 ⅓개, 잘게 부순 김가루 ⅓컵, 참기름 1작은술

▶ **멸치 양념**
간장 ⅓큰술, 물엿 · 올리브오일 · 깨소금 1작은술씩,
청주 ⅓작은술

1 쌀과 찹쌀을 섞어서 물을 분량대로 섞어 고슬하게 밥
을 짓는다.

2 잔멸치는 체에 쳐서 가루를 턴 후 도마에 올려 굵게
다지고 홍고추도 씨를 빼고 잘게 다진다.

3 팬에 올리브오일을 두르고 잔멸치와 간장, 청주를 넣
어 조리다가 물엿과 깨소금을 넣어 버무려 식힌다.

4 ①의 밥에 참기름과 ③의 멸치를 넣고 홍고추도 넣어
재빨리 섞어 부채질을 하면서 식힌다.

5 랩을 도마에 사방 10㎝ 크기로 펼치고 밥을 직경 3㎝
정도로 뭉쳐 놓은 후 잘게 부순 김가루를 묻혀 랩으로
감싸 삼각형 모양으로 주먹밥을 만든다.

새송이버섯삼각김밥

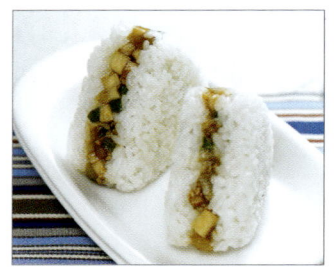

▶ **주재료**
쌀 1컵, 찹쌀 5큰술, 새송이버섯 3개

▶ **부재료**
물 1⅓컵, 양파 · 청피망 ⅓개씩, 굴소스 2큰술, 참기름 · 깨소금
1작은술씩, 소금 · 후춧가루 약간씩

1 쌀과 찹쌀을 섞어서 충분히 불린 후 물을 분량대로 붓
고 고슬하고 윤기가 나는 밥을 지어 부채질을 하면서
식힌다.

2 새송이버섯은 사방 0.5㎝ 크기로 썰고 양파와 청피망
은 더욱 곱게 썬다.

3 팬에 기름을 약간 두르고 양파를 볶아 고슬해지면 새
송이버섯과 청피망을 넣어서 굴소스와 소금, 후춧가루
로 간을 해서 볶는다. 마지막에 참기름과 깨소금을 넣
어서 센 불에서 볶아 물기가 많이 생기지 않게 한다.

4 삼각틀에 랩을 깔고 ①의 밥을 한 숟가락 넣고 깐 후
밥 위에 새송이버섯 볶은 것을 두껍게 올려 다시 밥을
넣어 랩으로 감싸 손으로 살살 눌러서 삼각형 모양으
로 만든다.

➔ COOK TIP

잔멸치를 넣어서 만드는 멸치 주먹밥은 미리 멸치를 굵게 도마에
올려 다진 후 조려야 멸치가 딱딱하지 않고 밥과 섞어 먹을 때에
도 씹기가 편하다. 잔멸치, 또는 마른 오징어 조림 등의 건어물
조림 넣은 주먹밥은 시간이 지나면 건어물 특유의 비린맛이 나기
도 하는데 멸치 주먹밥은 멸치의 고소한 맛이 나면서 비린맛이
없고 씹히는 식감이 아주 뛰어나다. 함께 씹히는 홍고추의 매콤
한 맛이 뒷맛을 개운하게 한다.

➔ COOK TIP

굴소스로 볶아내는 새송이버섯은 되도록 센 불에서 볶아 수분이
생기지 않게 재빠르게 볶는 것이 좋고 기름은 되도록 조금만 둘
러서 양파가 고슬하게 볶아진 후 새송이버섯을 넣은 것이 더욱
맛이 있다.

흑미견과류찰밥

▶ **주재료**
흑미 5큰술, 찹쌀 1컵, 쌀 $\frac{1}{2}$컵, 호두 5알, 땅콩 5큰술, 잣 3큰술, 은행 10알

▶ **부재료**
소금 약간, 다시마 우린 물 1$\frac{1}{2}$컵

1 흑미와 찹쌀, 쌀은 깨끗하게 씻어 물에서 20분, 채반에 밭쳐 30분 이상 충분히 불린다.

2 호두와 땅콩은 껍질을 벗기고 사방 1㎝ 크기가 되도록 썰고 잣은 고깔을 뗀다. 은행은 마른 팬에 굴려 껍질을 벗긴다.

3 솥에 흑미와 찹쌀, 쌀을 섞어 안치고 다시마 우린 물에 소금 $\frac{1}{4}$작은술을 넣어 센 불에 올려 밥을 짓는다.

4 ③의 밥물이 끓어오르면 불을 줄이고 호두와 땅콩, 잣, 은행을 넣어 10분 정도 충분하게 뜸을 들여 위아래를 섞어 밥을 푼다.

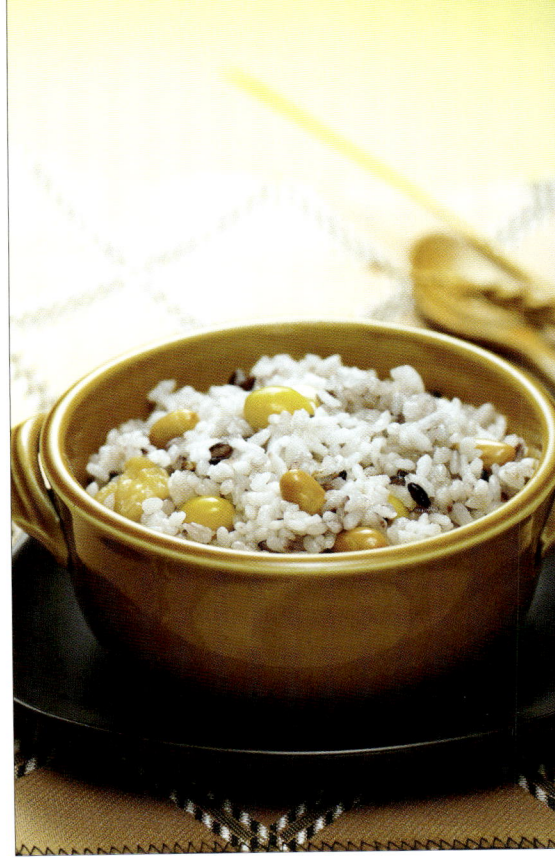

→ **COOK TIP**
흑미를 너무 많이 넣으면 색이 진해지므로 적당히 넣어야 먹음직스럽다. 견과류를 처음부터 넣고 밥을 지으면 밥에서 쓴맛이 나므로 뜸을 들일 때 넣어 살짝 익히는 것이 훨씬 고소하다.

영양밥

▶ **주재료**
단호박 ⅓개, 수삼 2뿌리, 대추 4개, 잣 1큰술, 은행 6알, 부추 20g, 멥쌀 1½컵, 찹쌀 ½컵, 수수 5큰술, 물 2컵, 구운 소금 ¼작은술

▶ **간장 양념장**
구운 김 1장, 다진 마늘 · 참기름 1작은술씩, 다진 파 · 깨소금 · 맛술 1큰술씩, 간장 · 다시마 우린 물 3큰술씩

1 단호박은 2cm 폭으로 잘라서 씨를 긁어내고 껍질을 벗겨 씻어 사방 1.5cm 크기로 썬다.

2 수삼은 흙을 털어내고 씻어서 껍질의 불순물을 칼로 긁어낸 후 씻어서 동그랗게 1cm 폭으로 썬다.

3 대추는 씻어서 돌려 깎아 2cm 폭으로 썰고 잣은 고깔을 떼어낸다. 부추는 씻어서 1cm 길이로 송송 썬다. 은행은 겉껍질을 벗기고 끓는 물에 데쳐 속껍질을 말끔하게 벗겨 낸다.

4 멥쌀과 찹쌀은 씻어서 물에 30분 정도 담갔다가 체에 밭쳐 젖은 면보를 덮어서 한 시간 이상 불린다. 수수는 빨간 물이 나오지 않을 때까지 씻어 역시 물에 담가 잠시 불렸다가 건진다.

5 뚝배기에 쌀과 단호박, 수삼을 섞어서 안치고 구운 소금을 풀어 분량의 물을 붓고 센 불에 올려 밥을 짓는다.

6 밥물이 잦아들면 불을 약하게 줄이고 대추와 잣, 부추, 은행을 올려서 뜸을 충분히 들인다.

7 김을 잘게 부숴 함께 담은 후 다진 마늘과 파, 간장, 다시마 우린 물, 참기름, 깨소금, 맛술을 넣어서 잘 섞어 간장 양념장을 만든다.

8 뜸이 충분하게 든 영양밥을 불에서 내려 위아래로 뒤섞어 골고루 재료가 섞이게 한 후 그릇에 담아 ⑦번의 양념장과 함께 상에 낸다.

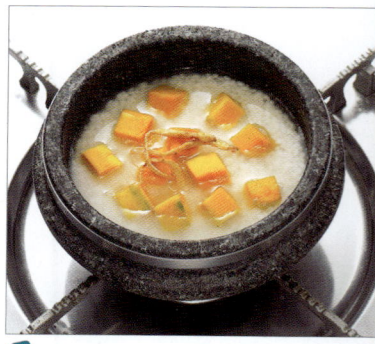

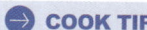 **STEP 5**

> **⊙ COOK TIP**
> 쌀과 단호박, 수삼은 구운 소금을 약간 넣고 밥을 지어야 간이 싱겁지 않고 밥에서 단맛이 더욱 많이 나는데 대추와 부추, 잣, 은행 등 빨리 익는 견과류와 채소는 뜸이 들 때 넣어주는 것이 좋다.

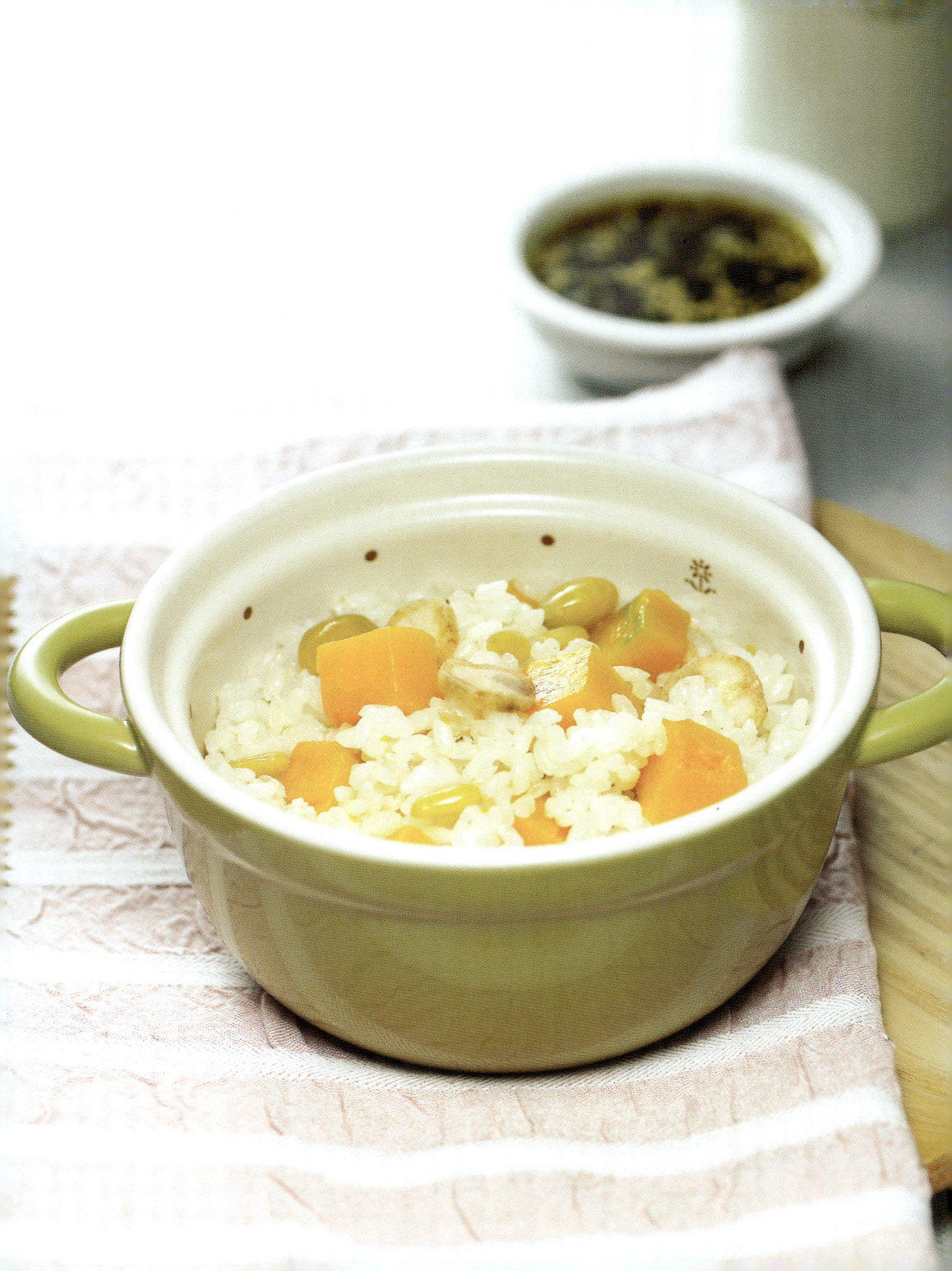

홍합밥 | 1인분

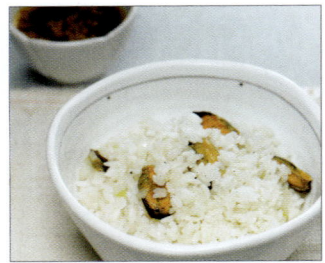

▶ **주재료**
홍합살 50g, 쌀 ½컵, 다진 양파 2큰술, 소금 · 흰 후춧가루 약
간씩, 물 ½컵, 참기름 · 식용유 1작은술씩

▶ **비빔 양념장**
간장 · 다시마 우린 물 2큰술씩, 다진 마늘 · 고운 고춧가루 ½
작은술씩, 다진 파 1큰술, 깨소금 · 참기름 약간씩

1 쌀은 깨끗이 씻어 바로 체에 담아 물기를 뺀다. 볶아
서 만드는 밥은 물에 오랫동안 불리면 밥알이 고슬하
지 않고 질어지기 쉽다.

2 밑이 두꺼운 냄비에 참기름과 일반 식용유를 1:1 비율
로 섞어 두르고 다진 양파를 투명할 때까지 볶는다.

3 홍합은 체에 담아 옅은 소금물에 흔들어 건져 물기를
뺀다.

4 ②의 볶은 양파에 홍합살과 쌀을 넣고 쌀알이 반투명
한 빛이 날 때까지 중간 불에서 주걱으로 저어가면서
볶는다.

5 ④에 소금과 흰 후춧가루로 간을 해서 분량의 물을 붓
고 한소끔 끓인다.

6 한 번 끓어오르면 불을 줄이고 뚜껑을 덮어서 중불에
서 3분, 약한 불에서 10분 정도 뜸을 들이듯이 밥을
짓는다.

7 고슬한 상태의 홍합밥이 완성되면 비빔 양념장을 만
들어 함께 상에 낸다.

얼큰이굴밥 | 3인분

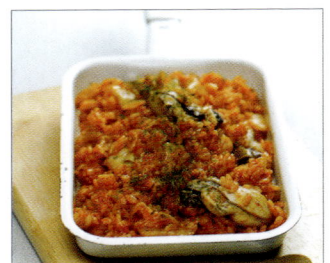

▶ **주재료**
굴 200g, 신 배추김치 2컵, 밥 2컵, 참기름 1작은술

▶ **비빔 고추장**
고추장 3큰술, 물엿 1½큰술, 참기름 · 다진 마늘 1작은술씩,
깨소금 약간

1 굴은 옅은 소금물에 흔들어 해감시켜 싱싱하게 냉장
실에 넣어둔다.

2 신 배추김치는 소를 털어내고 1㎝ 폭으로 송송 썰어
국물을 꼭 짠다.

3 철판에 참기름을 두르고 싱싱하게 준비한 굴과 배추
김치를 올려 달달 볶는다.

4 어느 정도 김치가 아삭하게 익고 굴이 탱글거리게 익
으면 밥을 넣어 나무주걱을 빗겨가면서 볶는다.

5 ④에 비빔 고추장을 두 숟가락 정도 넣고 다시 나무주
걱으로 빗겨가면서 볶는다. 간이 밴 얼큰이 굴밥이 완
성되면 불에서 내려 먹는다.

> → **COOK TIP**
> 밥을 비빌 때 나무주걱을 두 개 준비해서 서로 빗겨가면서 볶아
> 야 굴의 모양이 터지지 않고 탱글거리는 굴을 맛볼 수 있다. 굴과
> 김치를 참기름에 일단 볶아서 밥에 넣어야 더욱 맛이 있다.

팥찰밥

▶ **주재료**
팥 · 쌀 ½컵씩, 찹쌀 1컵

▶ **부재료**
해바라기 씨 5큰술, 팥물 1½컵, 소금 약간

1 팥은 돌을 골라내고 씻어서 1시간 이상 물에 불렸다가 냄비에 물을 붓고 소금을 약간 넣어 끓으면 불린 팥을 넣어 첫물은 따라내고 다시 두 번째 물을 붓고 끓여서 팥이 손으로 눌렀을 때 뭉개지면 꺼낸다. 팥물은 따로 받아 밥물로 쓰고 팥은 건져 둔다.

2 찹쌀과 쌀은 깨끗이 각각 씻어 물에 30분 정도 담가 불린 후 체에 건져 물기를 뺀다.

3 해바라기 씨도 씻어서 체에 건져 놓는다.

4 솥에 쌀과 찹쌀, 팥을 넣어 팥물을 부은 후 해바라기 씨를 넣어 센 불에 올려 뚜껑을 덮어 끓인다.

5 밥물이 끓어오르면 불을 약하게 줄여 일반 냄비나 솥은 8~10분 정도 뜸을 들이고 돌솥이나 가마솥일 경우에는 5분 가열하여 뜸을 들인 후 3분 정도 불에서 내려 잔여 열기로 뜸을 들인다.

6 밥이 차지게 지어지면 위아래 팥을 섞어 그릇에 담는다.

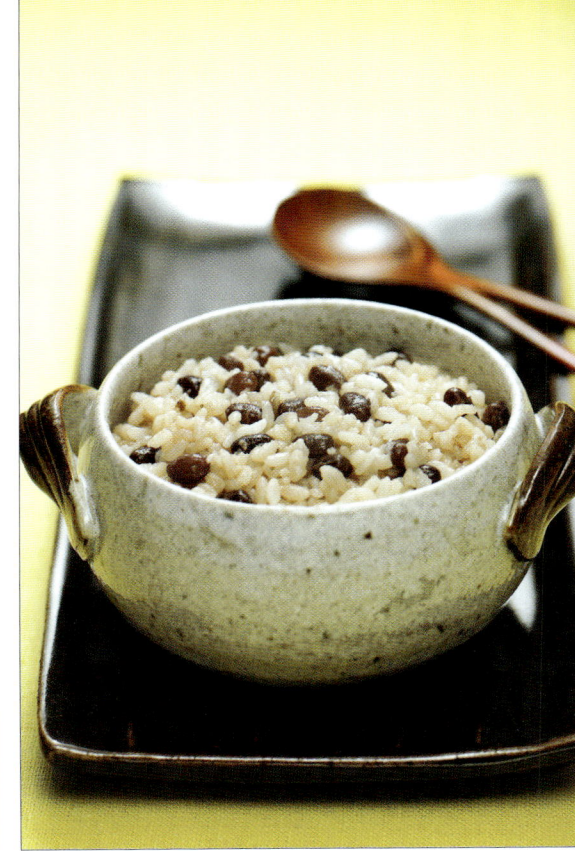

🔜 COOK TIP
팥을 삶은 물을 밥물로 잡아서 먹으면 달고 색도 예쁠 뿐 아니라 구수한 맛이 아주 일품이다. 팥을 넣어 만든 찰밥은 식어도 윤기가 나면서 차진 맛이 좋아서 구운 김과 기름장에 찍어 먹어도 아주 맛이 있다.

단호박수수밥

▶ **주재료**
단호박 ½개, 불린 쌀 1½컵, 수수 ¼컵

▶ **부재료**
물 2컵, 소금 약간

1 수수는 빨간 물이 나오지 않을 정도로 주물러 씻어 물기를 뺀다.

2 쌀은 깨끗이 씻어서 체에 밭쳐 충분히 불려준다.

3 단호박은 껍질을 말끔히 벗기고 씨를 제거해 씻는다.

4 준비한 단호박은 사방 1.5㎝ 크기로 네모지게 썬다.

5 냄비에 수수와 쌀을 안치고 물에 소금을 약간 넣어서 붓는다.

6 ⑤가 끓으면 불을 약한 불로 줄이고 단호박을 올린 후 뜸을 충분히 들여 고슬한 밥이 완성되면 그릇에 적당히 담는다.

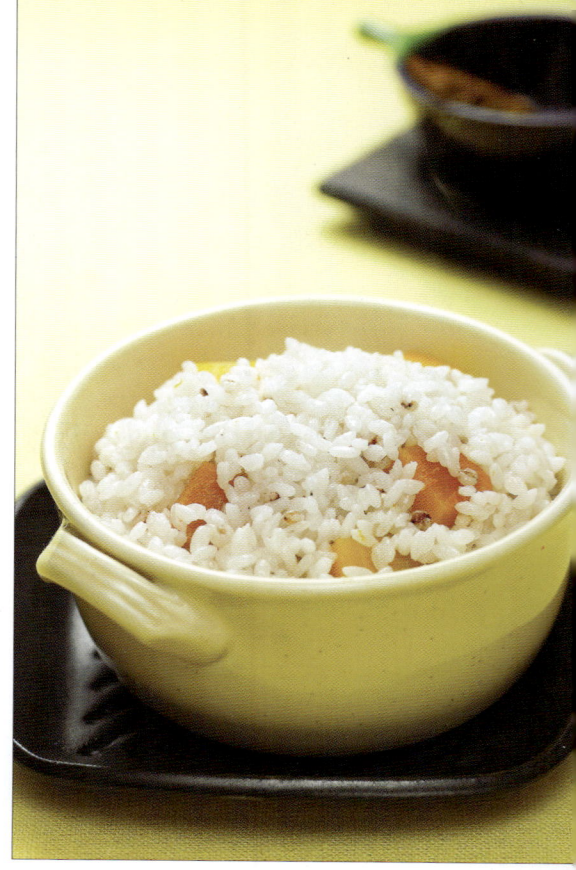

→ **COOK TIP**
냄비에 밥을 할 때 단호박을 처음부터 넣으면 호박이 많이 물러지고 단호박에서 나오는 수분 때문에 밥이 질척인다. 단호박은 뜸을 들이는 시점에 넣어 은근하게 익히는 것이 좋다.

오곡밥

▶ **주재료**
찹쌀 2컵, 멥쌀 1컵, 팥·콩·조 ½컵씩, 수수 ½컵, 밤 10톨, 대추 10개, 잣 1큰술

▶ **부재료**
소금 1작은술, 팥물 1½컵, 물 1¼컵, 설탕 약간

1 찹쌀과 멥쌀은 깨끗하게 씻어 체에 밭쳐 3시간 이상 불린다.

2 붉은 팥은 돌을 골라내고 깨끗이 씻어서 물을 넉넉히 부어 삶는다. 팥이 끓어오르면 물을 따라내고 다시 물을 넉넉히 부어서 팥알이 살강하게 익을 정도로 삶는다. 팥이 거의 익으면 팥물은 따로 받아둔다.

3 콩은 돌을 일어 반나절 정도 불려주고 조는 돌을 일어내어 깨끗하게 씻어 체에 밭쳐둔다.

4 수수는 미지근한 물을 부어서 돌을 일어내고 붉은 물이 나오지 않게 박박 씻어서 체에 밭쳐 불린다.

5 밤은 속껍질까지 말끔하게 벗겨 2등분해서 설탕물에 잠시 담가두고 대추는 깨끗하게 주름 부분까지 말끔하게 솔로 닦아 준비한다.

6 모든 곡식은 체에 밭쳐 물기를 완전히 빼서 섞어준다.

7 바닥이 두꺼운 솥에 ⑥의 곡식을 모두 담고 팥물과 맹물을 섞어 분량의 밥물을 잡아 붓는다.

8 ⑦에 밤과 대추도 넣고 분량의 소금을 넣어 밥을 짓는다.

9 밥이 끓을 때까지 센 불에서 끓이다가 밥물이 잦아들면 불을 약하게 줄여 뜸을 들여 충분히 오곡밥을 익힌다. 뜸을 들일 시점에서 잣을 뿌려 익힌다.

10 고슬하게 오곡밥이 지어지면 위아래를 뒤섞어 준 후 그릇에 소복이 담아낸다.

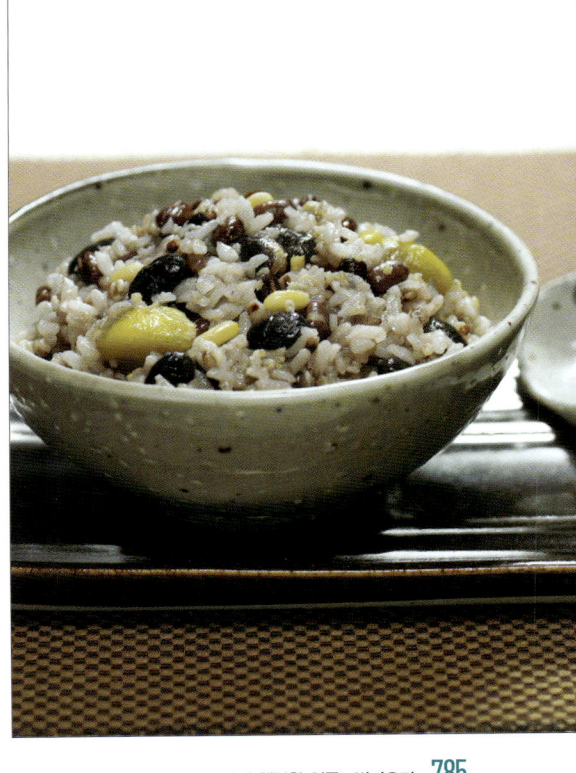

말린취나물볶음

▶ **주재료**
말린 취 50g

▶ **부재료**
다진 파 · 국간장 · 참기름 · 식용유 1큰술씩, 다진 마늘 1작은술, 깨소금 ½큰술, 통깨 ½작은술, 실고추 약간

1 말린 취는 미지근한 물에 충분히 반 나절 정도 불렸다가 찬물에 여러 번 헹궈 냄비에 물을 넉넉히 붓고 불린 취를 넣어서 삶는다.

2 취나물의 줄기가 부드럽게 잘라질 정도로 삶아지면 찬물에 담가 아린맛을 뺀 후 두서너 번 물에 헹궈 물기를 꼭 짠다.

3 물기를 짠 취나물은 먹기 좋은 크기로 자르고 억센 줄기는 골라낸다.

4 팬에 기름을 두르고 자른 취나물을 볶는다.

5 ④에 국간장과 다진 파, 다진 마늘, 깨소금, 참기름을 넣어서 달달 볶아 부드럽게 간이 배게 해서 통깨와 실고추를 넣고 버무려 그릇에 담아낸다.

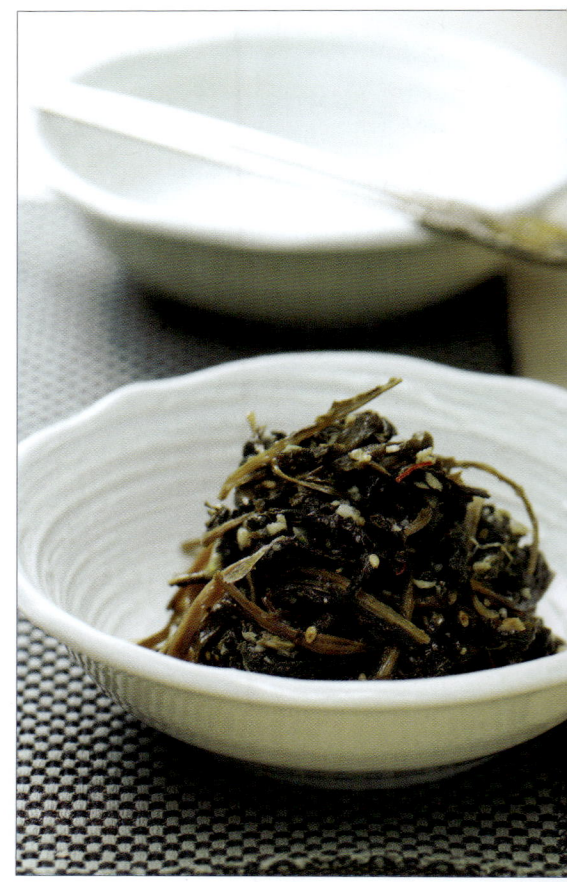

🔵 **COOK TIP**
묵은 취나물은 부드럽게 불려서 식용유에 먼저 부드럽게 볶은 후 국간장과 향신채를 넣어서 간을 맞춰야 취나물이 뻣뻣하지 않고 부드럽게 볶아진다. 참기름은 맨 나중에 넣어야 고소한 맛이 더하다.

호박오가리볶음

▶ **주재료**
호박오가리 50g

▶ **부재료**
다진 파 · 다진 마늘 · 참기름 1큰술씩, 소금 ½작은술, 실고추채 약간, 깨소금 1작은술

1 호박오가리는 찬물에 30분 정도 불려 여러 번 물에 헹궈내어 물기를 꼭 짠다.

2 불린 호박오가리를 큰 것은 반으로 자르고 작은 것은 그대로 둔다.

3 볼에 볶음 양념을 분량의 재료대로 만들어 담고 채 썬 호박오가리를 넣어서 조물조물 무친다.

4 팬에 식용유를 두르고 ③의 양념한 호박오가리를 넣어 달달 볶아서 그릇에 담아낸다.

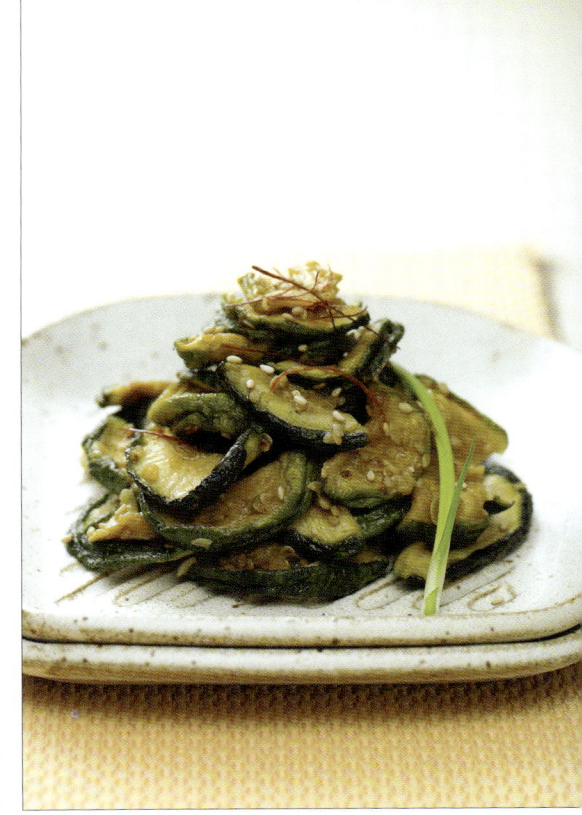

> ➔ **COOK TIP**
> 호박오가리를 맛있게 볶으려면 볶음 양념을 볼에 담고 호박오가리를 넣어서 조물조물 무쳐 잠시 재운 후 팬에 기름을 두르고 센 불에서 재빨리 볶아내야 쫄깃한 상태의 나물을 맛볼 수 있다.

말린가지나물볶음

▶ **주재료**
말린 가지 50g

▶ **부재료**
들기름 · 포도씨오일 · 다진 파 1큰술씩, 다진 마늘 · 맛술 · 깨소금 1작은술씩, 참치액 ½작은술, 소금 약간, 쌀뜨물 1컵

1 말린 가지는 물에 헹궈 물기를 꼭 짠 후 쌀뜨물을 끓여 살짝 데쳐 찬물에 헹궈 물기를 꼭 짜고 잘게 찢는다.

2 가지에 다진 파, 다진 마늘, 맛술, 참치액을 넣어 조물 조물 무친다.

3 팬에 들기름과 포도씨오일을 두르고 지글지글 끓어오 르면 가지를 넣어 볶는다.

4 나른하게 가지가 볶아지면 깨소금을 넣어 모자란 간 을 소금으로 맞춰 버무려 낸다.

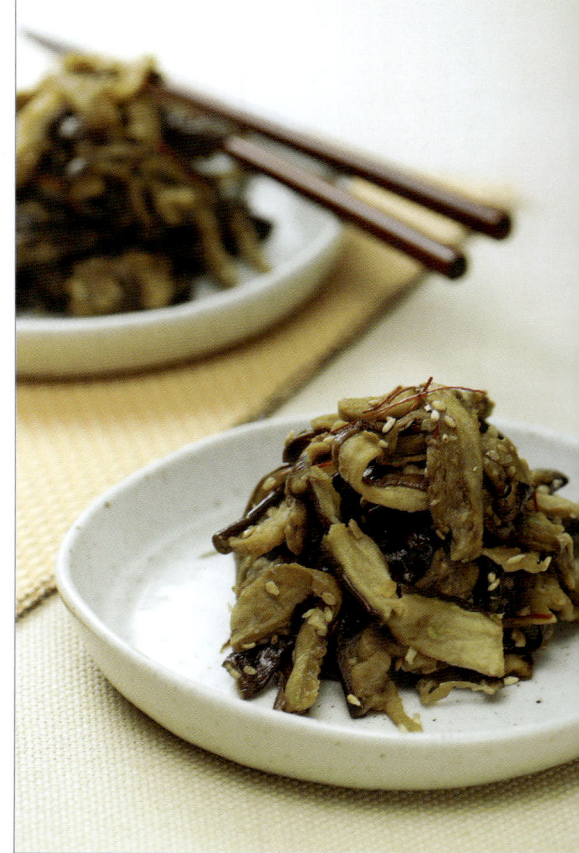

> **→ COOK TIP**
> 잘 말린 가지는 쌀뜨물에 데쳐 부드럽게 익히고 가지의 묵은 냄 새를 한꺼번에 없애는 것이 좋다. 되도록 가지를 결대로 잘게 찢 어 볶아내는 것이 맛있다.

무나물볶음

▶ **주재료**
무 200g

▶ **부재료**
생강 ¼톨, 소금 약간, 들기름 · 식용유 · 다진 파 1큰술씩, 다진 마늘 · 깨소금 1작은술씩

1 생강은 껍질을 모두 벗기고 아주 곱게 다진다.

2 무는 3㎝ 길이로 곱게 채 썰어 소금을 약간 뿌려 절인 후 숨이 죽으면 물에 헹궈 건져 물기를 꼭 짠다.

3 팬에 들기름과 식용유를 반씩 두르고 지글지글 끓어 오르면 생강과 다진 마늘을 넣어 볶다가 향이 올라오 면 무채를 넣어 볶는다.

4 아삭하게 무채가 익으면 다진 파와 깨소금을 뿌려 버무 리고 모자라는 간을 소금으로 맞춰 그릇에 담아낸다.

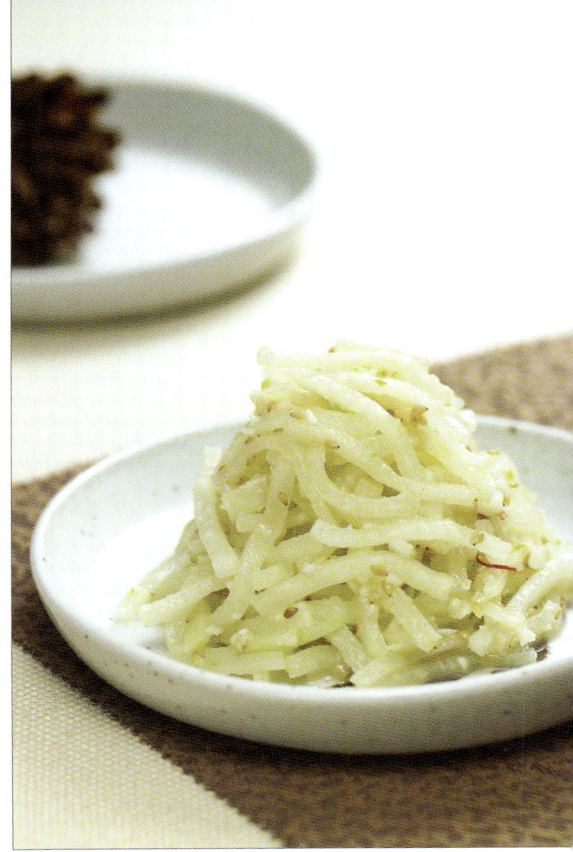

→ COOK TIP
무와 생강은 궁합이 잘 맞는 식품 중의 하나로 무의 찬 기운을 생강의 뜨거운 열로 중화시켜 소화도 잘 되게 하고 독을 없애는 역할을 한다.

콩나물무침

▶ **주재료**
콩나물 250g

▶ **부재료**
다진 마늘 · 참기름 · 깨소금 1작은술씩, 다진 파 1큰술, 참치액 $\frac{1}{2}$작은술, 소금 약간

1 콩나물은 다듬어 씻어 찜기에 김이 충분하게 오르면 넣어 살캉하게 찐다.

2 콩나물이 다 익으면 찬 얼음물에 담가 재빨리 열기를 없애고 건져 물기를 꼭 짠다.

3 볼에 콩나물을 담고 다진 마늘과 다진 파, 참기름, 깨소금, 참치액, 소금으로 간을 해서 조물조물 무쳐낸다.

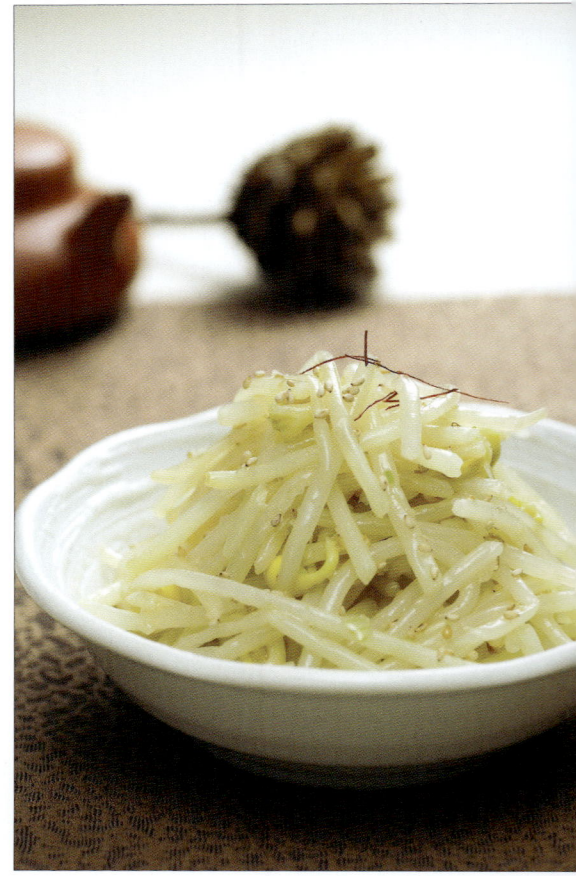

→ COOK TIP

콩나물이 질겨 맛이 없을 때에는 콩나물을 삶아서 찬 얼음물에 재빨리 담가 콩나물을 수축시켜 쫄깃해지도록 하는 것이 좋다. 찜기에 찔 때에도 같은 방법으로 하면 아삭한 질감이 살아 있다.

말린토란대나물볶음

▶ **주재료**
말린 토란대 50g

▶ **부재료**
쌀뜨물 2컵, 다시마 우린 물 $\frac{1}{2}$컵, 국간장 · 다진 마늘 1작은술씩, 다진 파 · 맛술 · 참기름 · 깨소금 1큰술씩, 실고추채 ·
소금 약간씩

1 말린 토란대는 쌀뜨물에 충분히 삶아 찬물에 여러 번
헹궈 물기를 꼭 짜서 4㎝ 길이로 썰고 굵은 대는 손으
로 적당하게 찢는다.

2 ①의 토란대에 국간장과 다진 파, 다진 마늘, 맛술, 참
기름을 넣어 조물조물 무친다.

3 팬에 기름을 두르고 토란대를 볶다가 다시마 우린 물
을 부어 뚜껑을 덮어 잘박하게 끓인다.

4 ③의 뚜껑을 열고 볶다가 깨소금, 실고추채를 넣고 소
금으로 모자라는 간을 넣어 볶아낸다.

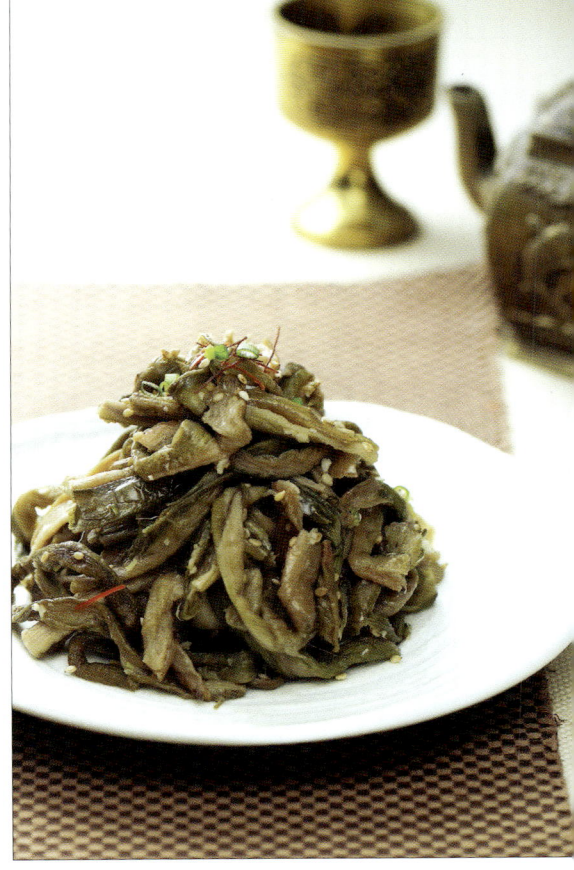

→ COOK TIP
말린 토란대는 특히 아린맛이 있어 쌀뜨물에 충분하게 삶아낸 후
찬물에서 여러 번 헹궈야 토란대가 부드럽고 볶았을 때 고소한
맛이 많이 우러난다.

말린고사리나물볶음

▶ **주재료**
말린 고사리 50g

▶ **부재료**
다진 파 · 국간장 · 식용유 · 들기름 1큰술씩, 다진 마늘 · 깨소금 1작은술씩, 물 3큰술, 실고추 · 통깨 약간씩, 쌀뜨물 2컵

1 말린 고사리는 나물 볶기 반나절 전에 쌀뜨물에 담갔다가 쌀뜨물 채로 냄비에 담고 부드럽게 삶는다.

2 어느 정도 부드럽게 삶아지면 건져서 찬물에 1시간 이상 담가 아린맛을 없애고 찬물에 여러 번 헹궈 건져 물기를 뺀다.

3 고사리의 억센 줄기는 골라내고 5㎝ 길이로 자른다.

4 팬에 식용유와 들기름을 넣고 자글자글 들기름이 끓어오르면 고사리를 넣어서 달달 볶다가 물을 분량대로 넣어서 잠시 뚜껑을 덮어 뜸을 들이듯이 부드럽게 익힌다.

5 ④에 국간장을 넣어 버무려 간을 맞추고 다진 파, 다진 마늘, 깨소금을 넣고 골고루 섞어주고 나서 실고추와 통깨를 얹어서 그릇에 담아낸다.

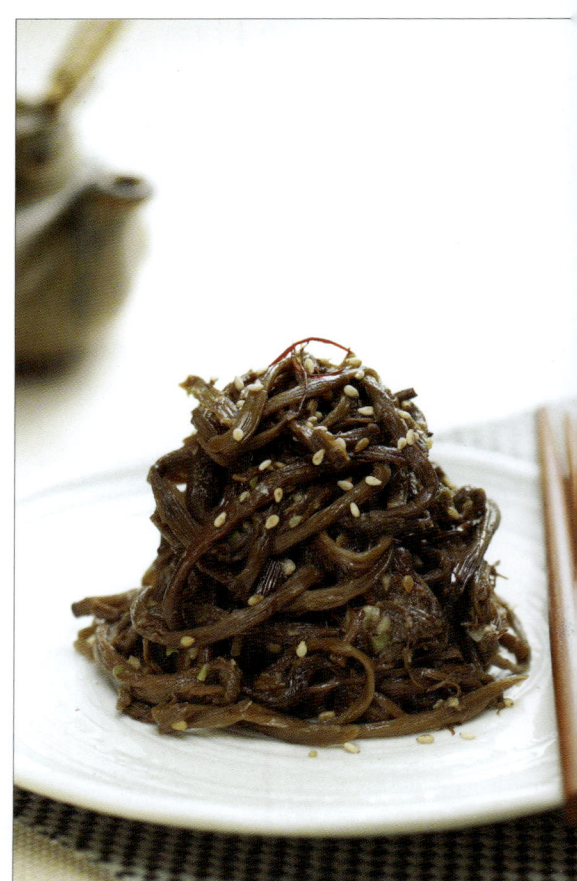

→ **COOK TIP**
들기름으로 고사리를 볶으면 더욱 고소하면서 맛이 좋은데 들기름은 들내가 나지 않도록 팬에 붓고 지글지글 끓어오르면 고사리를 담고 달달 볶아야 윤기도 나면서 부드럽게 볶아진다.

말린시래기나물볶음

▶ **주재료**
말린 시래기 50g, 다시마 우린 물 5큰술, 송송 썬 실파 2큰술, 실고추채 · 통깨 약간씩

▶ **나물 양념**
국간장 1작은술, 소금 ½작은술, 다진 마늘 · 참기름 · 깨소금 1큰술씩, 다진 파 2큰술

1 말린 시래기는 나물을 만들기 전날 큰 냄비에 물을 넉넉히 붓고 푹 삶는다.

2 부드럽게 삶은 시래기를 삶은 상태 그대로 두었다가 충분히 우려지면 찬물에 여러 번 헹궈 물기를 뺀다.

3 볼에 나물 양념을 분량의 재료대로 혼합해서 먹기 좋은 크기로 자른 시래기를 넣어서 조물조물 무친다.

4 팬에 기름을 약간 두르고 달군 후 무친 시래기를 넣어서 볶다가 다시마 우린 물을 부어 잠시 뚜껑을 덮어 김이 오르게 한다.

5 김이 올라 물기가 생기면 뚜껑을 열고 수분이 없어질 때까지 달달 볶아 송송 썬 실파와 짧게 끊은 실고추채와 통깨를 뿌려 그릇에 담아낸다.

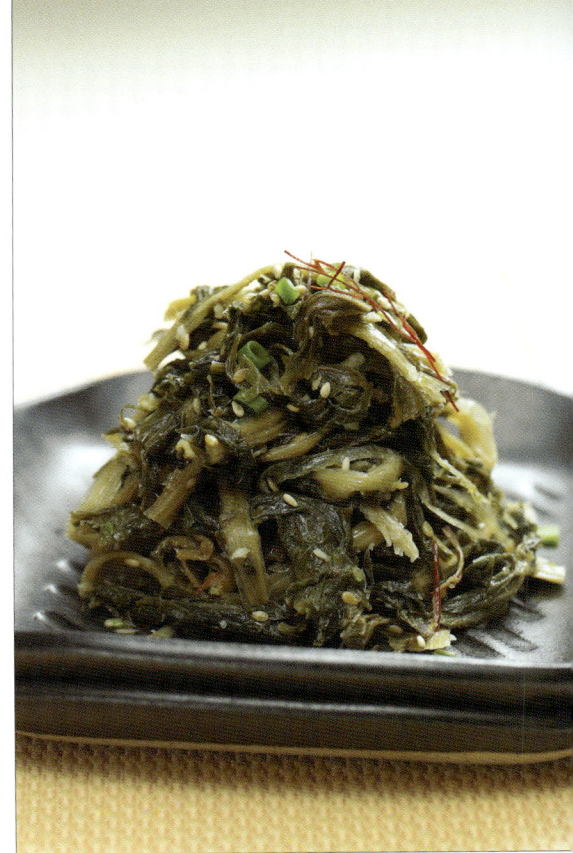

→ **COOK TIP**
시래기는 나물 양념에 무쳐 팬에 달달 볶다가 다시마 우린 물을 부어서 물이 생기도록 뚜껑을 덮어서 푹 익혀야 시래기가 부드럽게 볶아져 연하다.

말린고구마줄기나물볶음

▶ **주재료**
말린 고구마줄기 50g

▶ **부재료**
다진 파 · 참기름 1큰술씩, 다진 마늘 · 국간장 · 깨소금 1작은술씩, 소금 · 실고추채 약간씩, 물 3큰술

1 말린 고구마줄기는 미지근한 물에서 불린 다음 부드러워질 때까지 삶는다.

2 찬물에 여러 번 헹궈 딱딱한 부분은 떼내고 물기를 꼭 짜서 먹기 좋은 길이로 자른다.

3 먹기 좋은 길이로 자른 고구마줄기를 팬에 기름을 두르고 볶다가 국간장과 소금으로 간을 맞춘 후 물을 붓고 끓이면서 볶는다.

4 ③에 다진 파, 다진 마늘, 깨소금, 참기름을 넣어서 골고루 버무려 볶다가 실고추채를 넣어 섞은 후 그릇에 담아낸다.

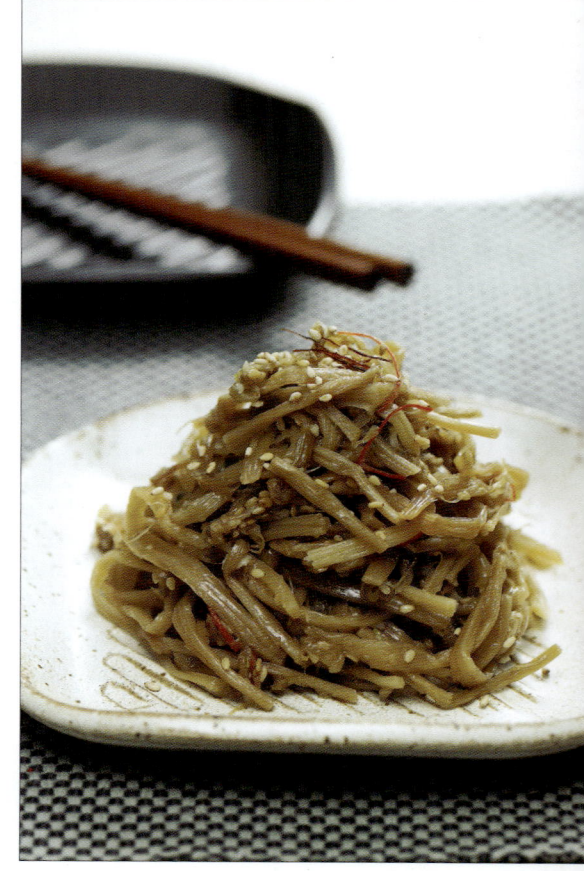

→ **COOK TIP**
고구마줄기는 국간장과 소금을 적당히 함께 넣어 간을 맞춰야 고구마줄기의 색이 곱고 간도 알맞게 밴다. 물을 약간 넣어 함께 볶으면 고구마줄기가 더 부드럽게 볶아져 맛이 있다.

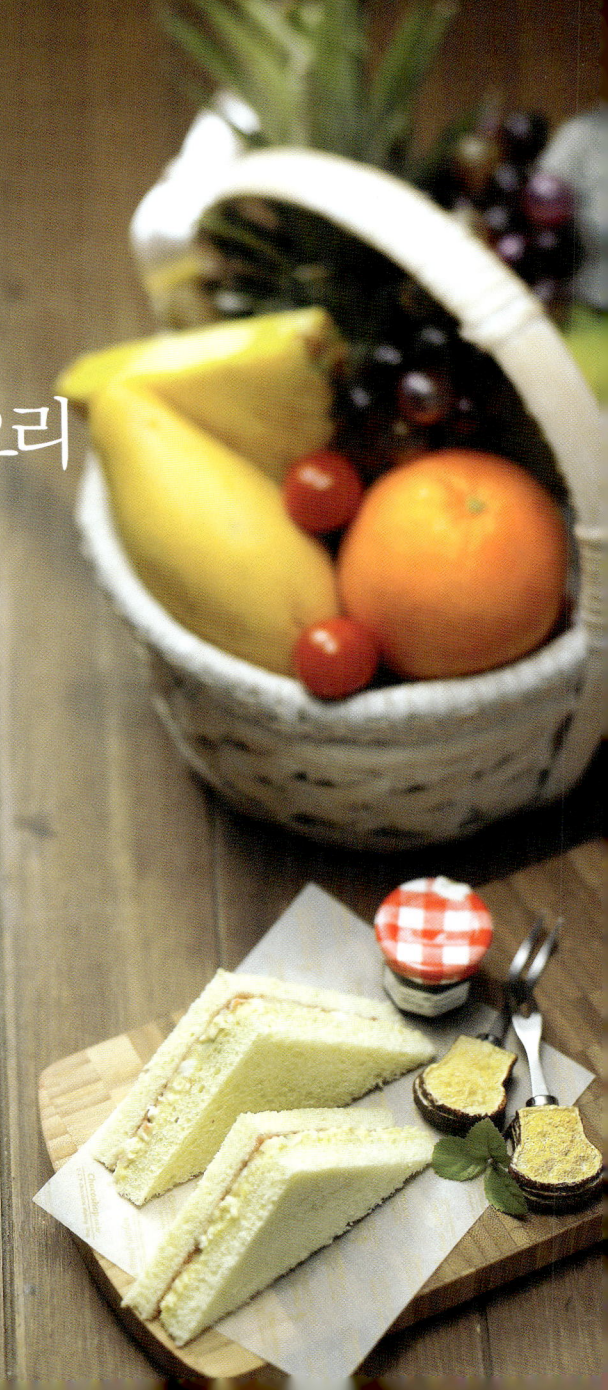

PART 7

입이 즐거운
간식 · 샐러드 요리

간식, 제과제빵, 샌드위치, 김밥, 떡
과일, 온샐러드, 샐러드, 음료&차

매콤떡볶이

▶ **주재료**
떡볶이 떡 200g, 동그란 어묵 50g

▶ **부재료**
대파 1대, 참기름 ½작은술, 통깨 약간, 물 1컵

▶ **매운 양념장**
고추장 2큰술, 마른 매운 청양 홍고추 3개, 물엿 1큰술, 설탕·간장·다진 마늘 1작은술씩, 후춧가루 약간, 물 1컵

1 떡볶이용 떡을 준비해서 낱개로 한 개씩 떼어서 찬물에 헹궈 건져 참기름을 뿌려 버무려 붙지 않게 한다.

2 어묵은 직경 2㎝ 정도의 동그란 모양으로 준비해서 끓는 물에 재빨리 데쳐 찬물에 헹궈 건져 놓는다.

3 매운 청양 홍고추는 물을 1컵을 넣고 곱게 갈아서 고추장과 물엿, 설탕, 간장, 다진 마늘, 후춧가루를 넣어 잘 버무려 아주 매운 양념장을 만든다.

4 팬에 기름을 약간 두르고 큼직하고 어슷하게 썬 대파와 어묵을 넣어 볶다가 ③의 매운 양념장을 넣어서 끓인다.

5 ④에 물 1컵을 마저 넣고 끓이다가 미리 참기름에 무쳐 놓은 떡을 넣어서 양념장이 떡에 스며들어 걸쭉한 농도의 떡볶이가 될 때까지 저어가며 끓이다가 국물이 ⅓정도 남게 졸아들면, 그릇에 담고 통깨를 뿌려서 먹는다.

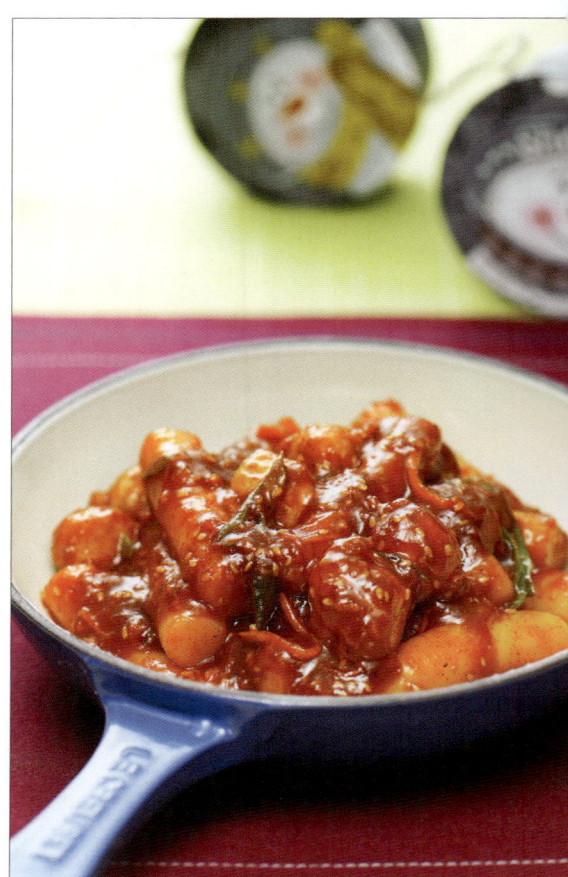

→ **COOK TIP**
매운 양념장을 만들려면 매운 고춧가루를 넣거나 매운 청양 홍고추를 믹서에 갈아서 넣으면 매콤한 떡볶이를 만들 수 있다. 매운 맛 떡볶이에는 다른 채소는 넣지 않고 구수한 맛이 나는 어묵과 대파만 넣어서 만들어야 매콤하고 깔끔한 맛을 느낄 수 있다.

옥수수빠스

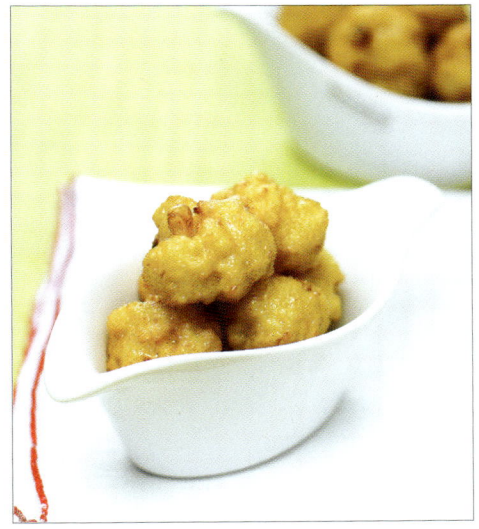

▶ **주재료**
옥수수가루 · 밀가루 ½컵씩, 찹쌀가루 2큰술, 옥수수(통조림)
30g, 튀김기름 약간

▶ **시럽**
식용유 · 설탕 2큰술씩, 물 5큰술, 물엿 3큰술

1 옥수수가루와 찹쌀가루를 섞어 밀가루와 혼합해서 체
에 내려 물을 섞어 가면서 반죽한다.

2 ①의 반죽에 옥수수알을 서너 알갱이씩 박아서 튀김
온도 170℃에서 노릇하게 튀겨낸다.

3 냄비에 식용유, 물, 물엿, 설탕을 넣어 혼합하지 말고
약한 불에서 올려 서서히 녹인다.

4 ②의 옥수수빠스 튀긴 것을 ③의 시럽에 넣어 버무
린다.

팬케이크

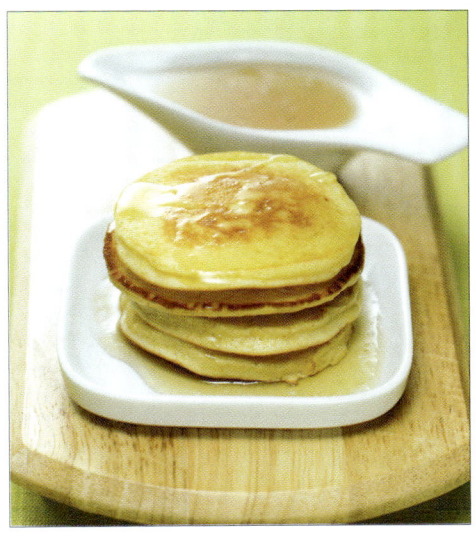

▶ **주재료**
밀가루 1컵, 달걀 1개, 우유 ½컵

▶ **부재료**
설탕 2큰술, 꿀 3큰술, 소금 · 버터 약간씩

1 밀가루는 두 번 정도 체에 쳐 곱게 내린다.

2 볼에 밀가루와 달걀, 우유, 설탕을 넣어 걸쭉한 농도
가 되도록 팬케이크 반죽을 만든다.

3 ②의 반죽을 버터를 약간 두른 팬에 직경 6㎝ 크기로
동그랗고 도톰하게 구워낸다.

고구마맛탕꼬치

▶ **주재료**
고구마 3개, 땅콩 $\frac{1}{2}$컵

▶ **부재료**
현미유 2컵, 황설탕 $\frac{1}{2}$컵, 꼬치 16개, 검은깨 $\frac{1}{2}$작은술

1 고구마는 껍질째 씻어서 삼각형 모양으로 사방 3㎝ 크기로 썰어 찬물에 담가 녹말기를 뺀 후 건져 물기를 완전하게 없앤다.

2 땅콩은 껍질을 벗기고 굵게 다진다.

3 현미유를 튀김 냄비에 붓고 150℃ 정도로 달궈 녹말기를 뺀 고구마를 두 번 정도 노릇하게 튀긴다.

4 냄비에 현미유를 약간 두르고 황설탕을 넣어 녹여 시럽을 만든다.

5 ④에 튀긴 고구마와 땅콩, 검은깨를 넣어 고루 버무려 꼬치에 한 개씩 꿰어 먹는다.

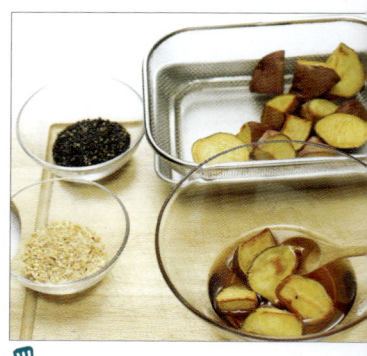

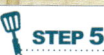 **STEP 5**

> ➜ **COOK TIP**
> 현미유는 현미의 영양성분인 배아(쌀눈)와 호분층(미강)에서 추출 정제한 순식물성 기름으로 맛과 향이 뛰어나다. 튀김 재료들을 깨끗하게 튀길 수 있고 느끼하지 않은 담백하고 고소한 맛이 특징이다.

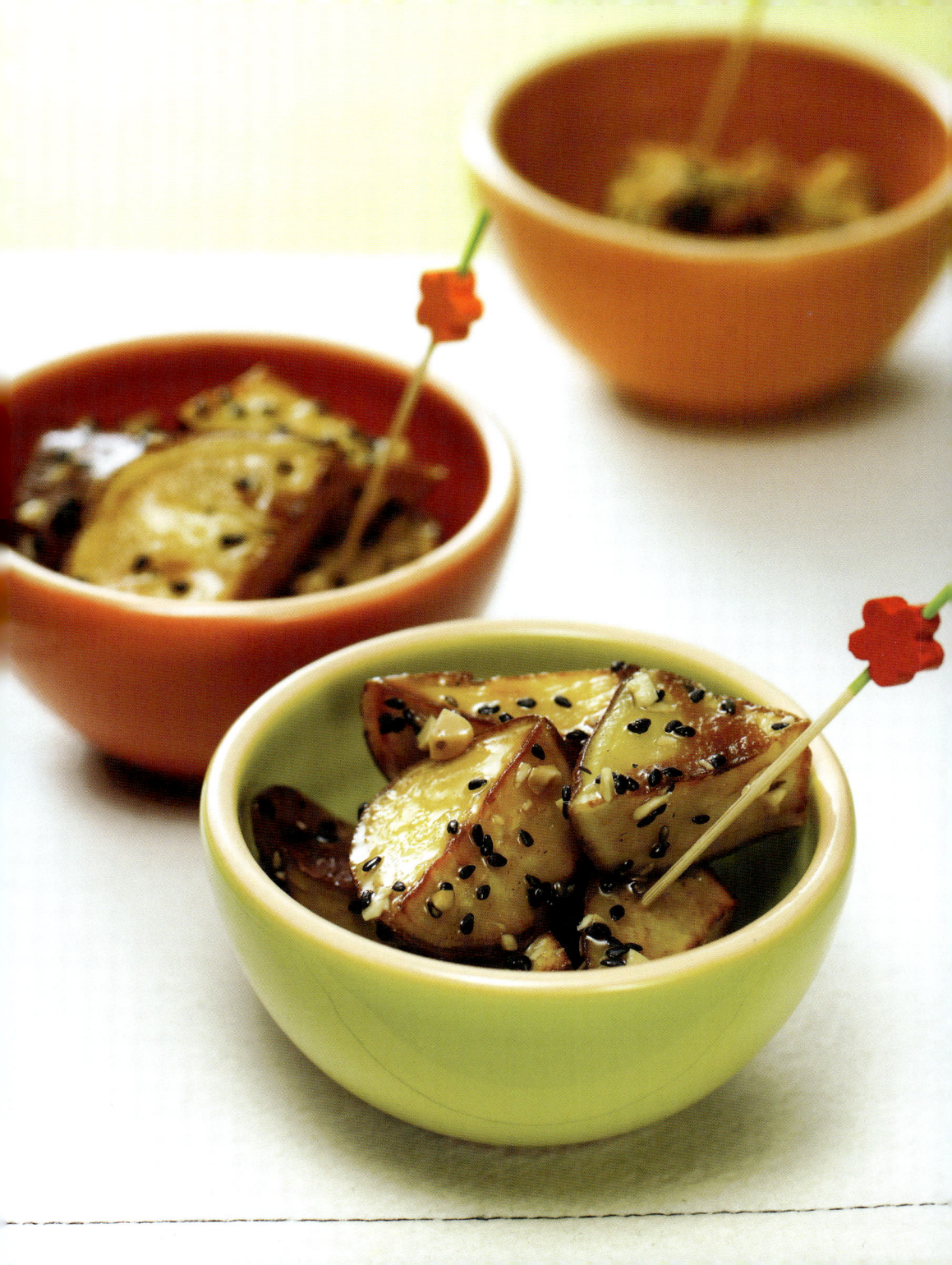

시나몬바게트스낵

▶ **주재료**
바게트 1개, 시나몬가루 ½작은술

▶ **부재료**
슈거파우더 1큰술, 현미유 3큰술

1 바게트는 1㎝ 폭으로 동그랗게 썰어 반을 가른다.

2 ①의 바게트에 현미유를 바르고 팬에 노릇하게 볶아 바삭한 스낵을 만든다.

3 바삭한 바게트에 시나몬가루와 슈거파우더를 뿌려 고소한 맛을 더해준다.

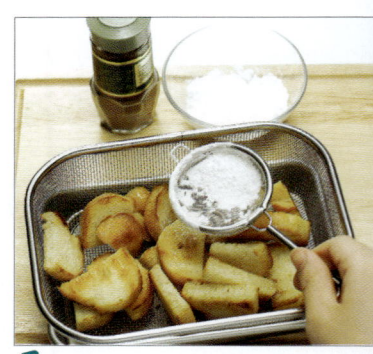

STEP 3

🟣 **COOK TIP**

현미유를 바게트에 발라서 팬에 바삭하게 볶으면 고소한 맛이 많이 나면서 바게트의 맛을 더 부드럽게 하는데 시나몬가루와 슈거파우더로 버무려서 계피향과 단맛을 내준다.

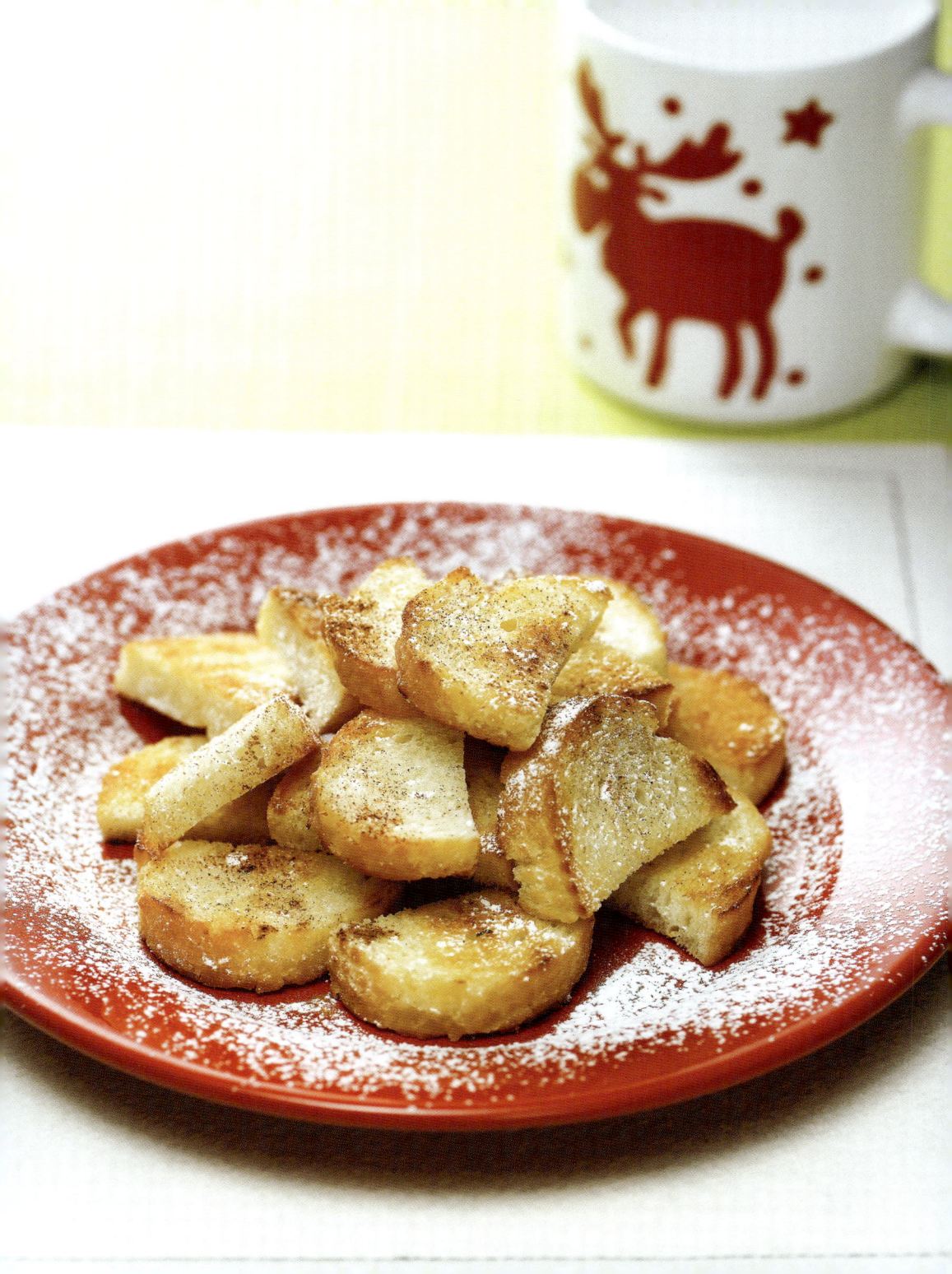

게맛살떡꼬치

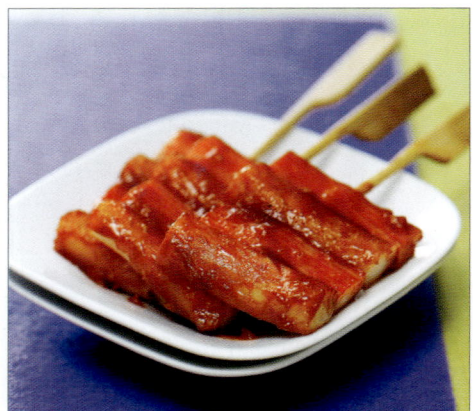

▶ **주재료**
게맛살 2줄, 떡볶이용 흰떡 200g, 땅콩가루 2큰술, 꼬치 8개

▶ **꼬치구이 양념**
토마토케첩 ⅓컵, 다진 마늘 · 간장 ½큰술씩, 물엿 1큰술

1 떡볶이용 흰떡은 3cm 길이로 잘라서 끓는 물에 살짝 데쳐 찬물에 헹구어 물기를 뺀다.

2 게맛살은 흰떡 길이대로 썰어 준비한다.

3 흰떡과 게맛살을 꼬치에 번갈아 가면서 꿴다.

4 토마토케첩과 다진 마늘, 간장, 물엿을 섞어서 구이 양념을 만든다.

5 달군 팬에 기름을 두르고 게맛살떡꼬치를 얹어 굽다가 떡과 맛살이 익으면 구이 양념을 발라가면서 굽는다.

COOK TIP
아이들이 좋아하는 떡과 게맛살을 한데 섞어 꼬치에 꿴 것으로 토마토케첩에 고추장을 조금 섞어 매콤하게 만들어주어도 좋다.

고구마매실잼통구이

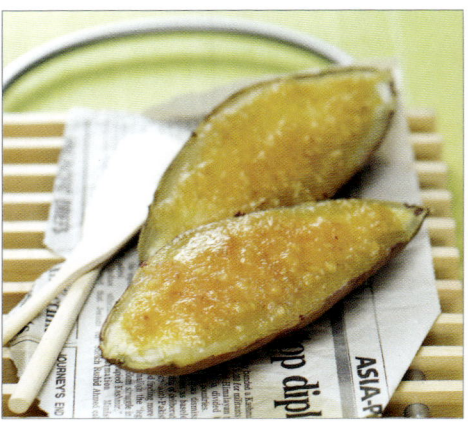

▶ **주재료**
고구마 4개, 매실잼 5큰술

▶ **부재료**
곱게 다진 마늘 1작은술, 올리브오일 1큰술, 소금 약간

1 고구마는 껍질째 씻어서 옅은 소금물에 담갔다가 건져 물기를 뺀다.

2 고구마 껍질 쪽에 은박지로 감싸 옷을 입혀 예열한 오븐토스터기에서 애벌로 익혀낸다.

3 볼에 매실잼과 곱게 다진 마늘, 올리브오일을 섞어서 달콤하면서 고소한 맛이 나는 소스를 만든다.

4 ②의 고구마를 꺼내어 윗면에 ③의 소스를 듬뿍 발라서 다시 오븐토스터기에서 15분 정도 굽고 다시 꺼내어 또 소스를 발라 다시 굽기를 두 번 정도 반복해서 노릇하게 익혀낸다.

COOK TIP
아이들의 영양 간식으로 아주 좋은 식품인 고구마는 열량은 높지 않은 반면에 포만감을 듬뿍 주어서 비만 아동에게 좋은 간식 중의 하나다. 특히 매실잼에 마늘과 올리브오일로 소스를 만들어서 고구마에 발라 구우면 버터나 생크림으로 발라 구운 고구마보다 영양가는 높으면서 열량이 높지 않아 좋다.

견과류크림치즈와 식빵스틱　고구마칩

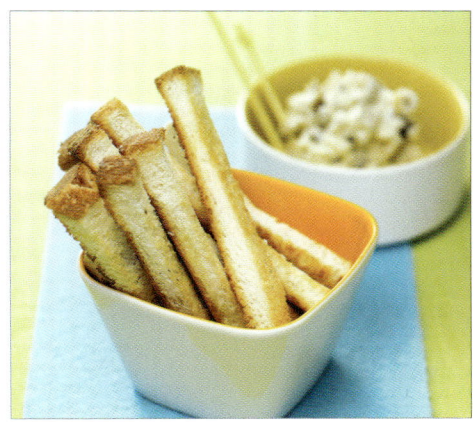

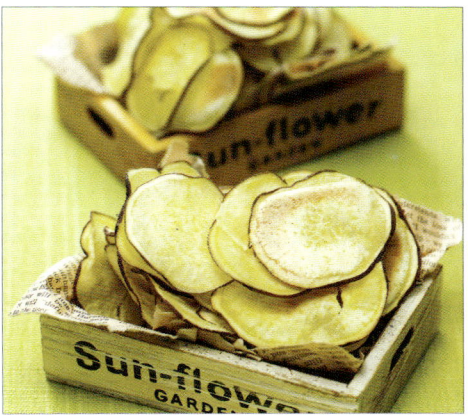

▶ **주재료**
다진 호두 2큰술, 건포도 · 잣 1큰술씩, 크림치즈 1컵, 식빵 3쪽

▶ **부재료**
시나몬가루 · 슈거파우더 1작은술씩, 버터 2큰술

▶ **주재료**
고구마 3개

▶ **부재료**
슈거파우더 1큰술, 버터 2큰술, 소금 약간

1 호두는 속껍질까지 벗겨서 잘게 다져 놓고 건포도는 물에 살짝 불려 물기를 꼭 짠 다음 잘게 다져 놓는다.

2 잣도 고깔을 뗀 다음 종이타월 위에 놓고 잘게 다져 준비한다.

3 크림치즈는 실온에 두어 부드럽게 어느 정도 녹으면 호두, 건포도, 잣을 넣어서 섞는다.

4 식빵은 1cm 폭으로 잘라 버터를 발라서 오븐토스터기에 넣고 3~4분 정도 구워낸다.

5 구운 스틱에 크림치즈를 바르고 시나몬가루와 슈거파우더를 골고루 뿌려 먹는다.

1 고구마는 껍질째로 깨끗이 씻어 0.4cm 두께로 동그랗게 썬다.

2 썬 고구마를 소금을 약간 푼 물에 헹궈 건져 물기를 완벽하게 닦는다.

3 고구마에 슈거파우더를 고루 뿌리고 버터를 바른 오븐 팬에 널찍하게 펼쳐 180℃로 20분 정도 구워낸다. 오븐이 없을 때는 아주 약한 불에서 팬에 버터만 약간 바른 상태로 노릇하게 구워도 되고 전자레인지에는 버터를 바르지 말고 그대로 슈거파우더를 뿌린 채로 2분 정도 구워내 바삭하게 식힌다.

🔘 **COOK TIP**

비타민 E와 레시틴이 풍부한 견과류인 땅콩과 호두, 해바라기씨, 호박씨 등은 두뇌기능을 좋게 하는 대표적인 식품이다. 영양적인 측면뿐 아니라 꼭꼭 씹어 먹는 과정에서 뇌를 자극하므로 더욱 좋다. 뇌의 노폐물을 제거하는 비타민 E는 과일 같은 자연식품으로 섭취하는 것이 좋다.

🔘 **COOK TIP**

고소한 맛이 나는 고구마칩은 오븐에서 굽는 게 가장 간편하지만 오븐이 없으면 팬에서 노릇하게 구워내도 된다. 전자레인지에서 구우려면 고구마칩에 랩을 씌우지 말고 그대로 가열해야 수분이 날아가 더욱 바삭한 맛이 난다.

다진잣옥수수부침

▶ **주재료**
다진 잣 3큰술, 옥수수(통조림) 80g

▶ **부재료**
밀가루 1컵, 찹쌀가루 3큰술, 우유 $\frac{1}{2}$컵, 물 · 소금 약간씩, 올리브오일 2큰술

1 옥수수알은 끓는 물에 소금을 넣어 살짝 데쳐 찬물에 헹궈 물기를 없애고 굵게 다진다.

2 밀가루와 찹쌀가루를 서너 번 쳐서 고운 가루가 내려지면 우유와 물을 섞어서 바특한 농도의 반죽을 만든다. 소금으로 약간의 간을 맞춰 주는 것이 좋다.

3 팬에 올리브오일을 두르고 달궈지면 반죽을 동그랗게 팬에 놓고 아랫면이 살짝 익으면 옥수수알을 올려 지진다.

4 ③에 다진 잣을 솔솔 뿌려 앞뒤로 구워낸다.

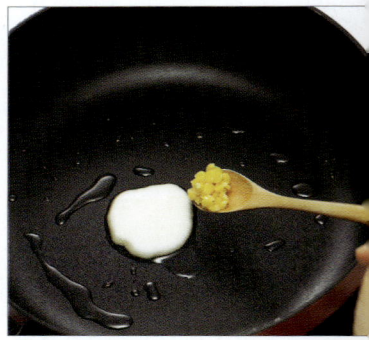

 STEP 3

🔘 **COOK TIP**

잣을 다지려면 도마 위에 종이타월을 깔고 그 위에 고깔을 뗀 잣을 놓고 칼날로 자근자근 다져 고운 가루를 만들면 된다. 다지는 과정에 잣의 겉기름이 종이타월에 묻어나 고소한 맛이 많이 난다. 잣은 호두나 땅콩보다 철분이 많다. 그래서 빈혈에 좋으며 불포화지방산으로 되어 있어 혈압을 강화시키고, 자양강장의 효과가 있다. 잣의 열량은 100g당 670kcal로 매우 높으며, 잣 껍질에 있는 타닌 성분을 생강과 함께 달여 먹으면 여름철 이질에 좋다.

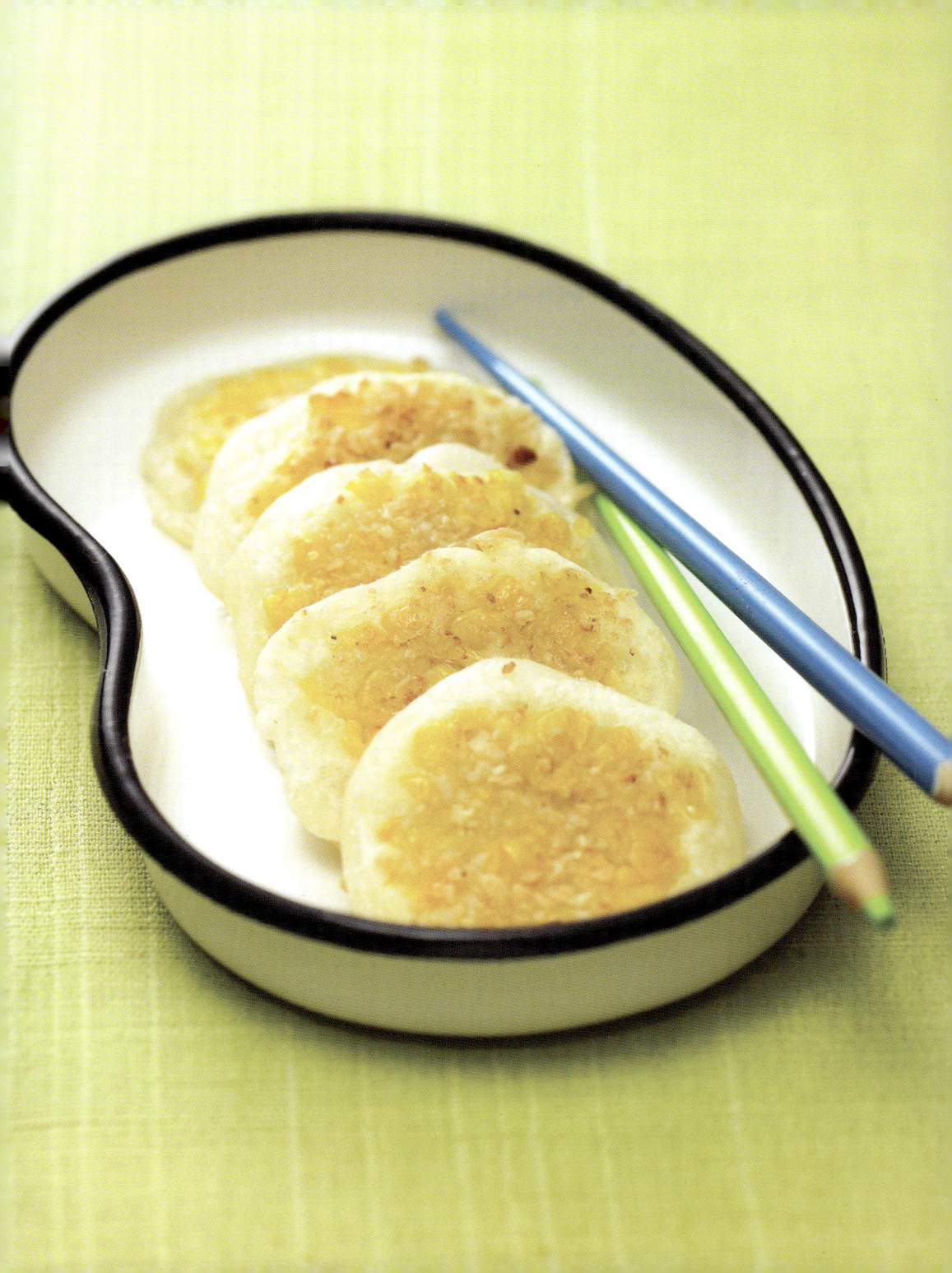

밤양갱

▶ **주재료**
고운 팥 앙금 500g

▶ **부재료**
가루 한천 1작은술, 물 250g, 설탕 75g, 소금 약간, 밤 10톨, 물엿 40g

1 밤은 삶아서 껍질을 깐 후 물에 살살 흔들어 씻어 둔다.

2 가루 한천을 찬물에 넣어 불린 후 물기 없는 냄비에 넣어 녹을 때까지 끓이다가 설탕을 넣고 설탕이 다 녹으면 1분 정도 더 끓인다. 이때 물의 양은 한천 양의 3배로 한다.

3 ②를 불에서 내린 다음 고운 팥 앙금을 넣고 고루 섞어 물, 설탕을 넣고 다시 불에 올려 끓인다. 내용물이 끓기 시작하면 주걱으로 바닥을 긁으면서 한 방향으로 저어가며 5분 정도 끓인다.

4 ③에 소금과 ①의 밤과 물엿을 넣고 밤이 깨지지 않도록 저어가며 2분 정도 졸이고 나서 플라스틱 틀에 붓고 실온 상태에서 2~3시간 정도 굳힌다.

5 ④를 틀에서 빼낸 후 길이로 2등분하고 다시 2㎝ 정도 두께로 썬다.

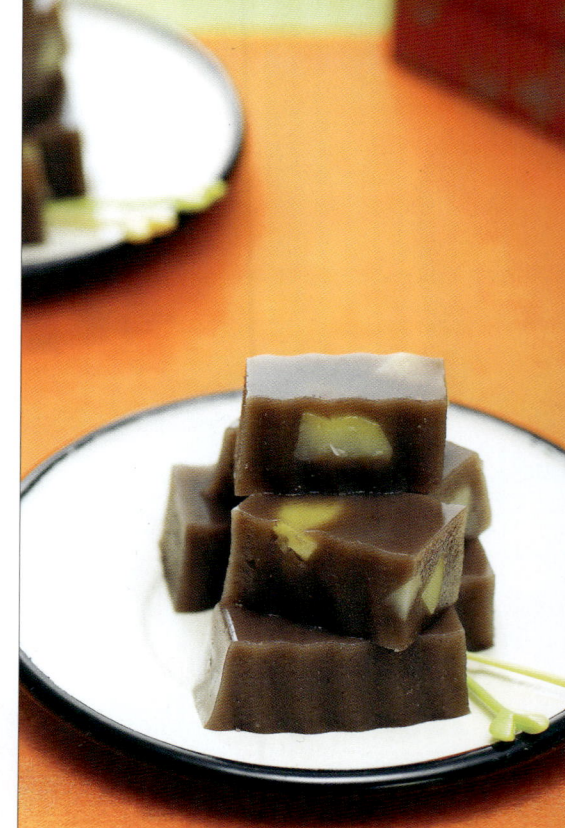

> ➡ **COOK TIP**
> 밤은 철, 나트륨 등 인체의 뼈와 피를 구성하는 무기질과 5대 영양소가 골고루 들어 있는 식품이다. 비타민 B₁은 쌀의 4배가량 되며, 피부미용, 피로회복, 감기 예방에 좋은 비타민 C가 많이 들어 있다. 밤의 당질은 소화가 잘되고 위장의 기능을 강하게 하는 작용을 한다. 밤을 미지근한 물에 담가놓으면 속껍질이 불어서 잘 벗겨진다. 또 껍질 벗긴 밤은 설탕물에 담가놓으면 갈변하지 않고 단맛도 빠지지 않는다.

생크림치즈고구마

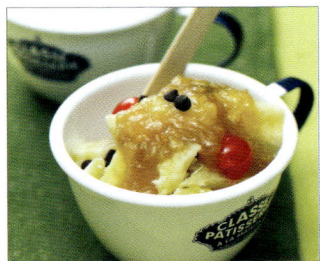

▶ **주재료**
고구마 2개, 슈거파우더 · 제과용 초콜릿칩 · 체리 약간씩

▶ **크림치즈소스**
생크림 1컵, 크림치즈 ½컵, 설탕 2큰술

1 생크림과 크림치즈, 설탕을 넣어서 뻑뻑하게 거품을 크림상태로 만들어 차게 냉장고에 넣어 둔다.

2 고구마는 껍질째 씻어서 찜기에 보슬거리도록 쪄서 껍질을 벗기고 먹기 좋은 크기로 썬다.

3 찬 디저트 그릇에 고구마를 돌려 담고 크림치즈소스를 짤주머니에 담아 모양 틀을 꽂아서 모양내서 짠 후 슈거파우더를 뿌리고 제과용 초콜릿칩을 얹은 후 체리를 담아 모양을 내서 완성한다.

> ⟶ **COOK TIP**
> 아이스크림처럼 상큼하고 담백한 맛이 특징인 크림치즈소스는 고구마의 뻑뻑함을 없애주어 부드럽게 먹을 수 있다.

고구마피자

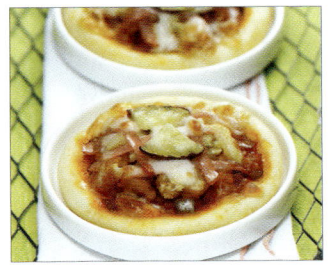

▶ **주재료**
고구마 2개, 소금 약간, 밀가루 150g, 미지근한 물 ⅓컵, 드라이 이스트 ½큰술, 간 피자치즈 150g

▶ **피자토핑**
토마토 페이스트 2큰술, 물 ⅓컵, 토마토케첩 ½컵, 다진 양파 · 다진 청피망 5큰술씩, 슬라이스 햄 3장, 다진 마늘 1큰술, 소금 · 후춧가루 · 오레가노 약간씩, 버터 2큰술

1 고구마는 삶아서 뜨거울 때 아주 곱게 으깬다.

2 미지근한 물에 이스트를 넣어 녹이고 밀가루와 소금과 잘 섞어 반죽덩어리를 만든 다음 표면이 마르지 않도록 해서 실온에서 2시간 정도 두어 발효시킨다.

3 뜨겁게 달군 팬에 버터를 넣고 다진 마늘과 양파를 넣고 볶는다. 채소가 익어 수분이 없어지면 토마토케첩과 토마토 페이스트, 물을 넣고 오레가노, 소금, 후춧가루를 뿌린 후 센 불에서 끓이다가 끓어 오르면 중불로 내려 걸쭉한 상태가 될 때까지 주걱으로 저어가며 졸인다.

4 발효되어 부푼 반죽을 1~2분 정도 다시 치대어 차지게 한 다음 지름 3㎝ 정도의 둥근 피자반죽을 만든다.

5 가장자리는 조금 두껍게 하고 피자 팬에 담는다. 담고 나서 포크로 피자 도우를 꾹꾹 눌러 공기가 빠지도록 한다.

6 반죽 위에 으깬 고구마를 가장자리에 돌려 가면서 올리고 만들어 놓은 소스를 바른 후 얇게 저민 햄을 모양내서 놓고 그 위에 갈아둔 치즈를 뿌린 후 180℃ 오븐에서 20분 정도 구워낸다.

검은깨두부스낵

▶ **주재료**
박력분 200g, 두부 ⅓모, 검은깨 2큰술

▶ **부재료**
달걀 1개, 설탕 ⅓컵, 베이킹파우더 1작은술, 중력분 2큰술

1 두부는 대충 칼등으로 으깨어 면포에 싸서 물기 없이 꼭 짠다.

2 으깬 두부를 큰 볼에 담아 설탕을 먼저 넣고 버무리고 풀어놓은 달걀을 넣고 거품기로 고루 섞는다.

3 밀가루와 베이킹파우더를 체에 담아 여러 번 내린 후 ②에 넣어 주걱으로 섞어 손으로 반죽한다.

4 매끈하고 말랑하게 반죽이 되면 잠시 비닐에 넣어 둔다.

5 넓은 도마에 중력분 밀가루를 솔솔 뿌리고 ④의 반죽을 올려 밀대로 매끈하고 얇게 민다. 밀대로 반죽을 넓게 편 후 검은깨를 솔솔 뿌려 다시 밀대로 밀어 검은깨가 반죽에 고루 박히게 한다.

6 앞뒤로 고르게 반죽을 밀어 2㎜ 정도의 두께를 만든다.

7 사방 3㎝ 크기의 과자로 모양내어 자른 후 160℃의 낮은 온도에서 노릇하게 튀긴다.

8 과자가 노릇하게 튀겨져 오르면 얼른 체에 건져 기름을 완전히 빼어 바삭하게 먹는다.

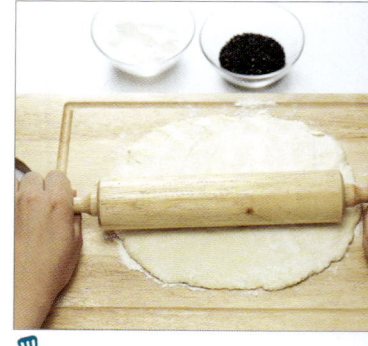

🍳 **STEP 5**

🔵 **COOK TIP**

으깬 두부에 설탕과 달걀을 넣어 섞고 나서 밀가루, 베이킹파우더 체 친 것을 넣고 주걱으로 자르듯이 고루 섞어서 반죽에 끈기가 생기지 않게 해야 더 바삭하고 맛이 있다. 영양이 풍부한 두부에 불포화지방산이 듬뿍 들어 있는 검은깨를 혼합해서 만든 스낵은 고소하고 담백한 맛이 일품이라 성장기 아이들의 소화를 잘되게 하여 발육에 도움을 준다.

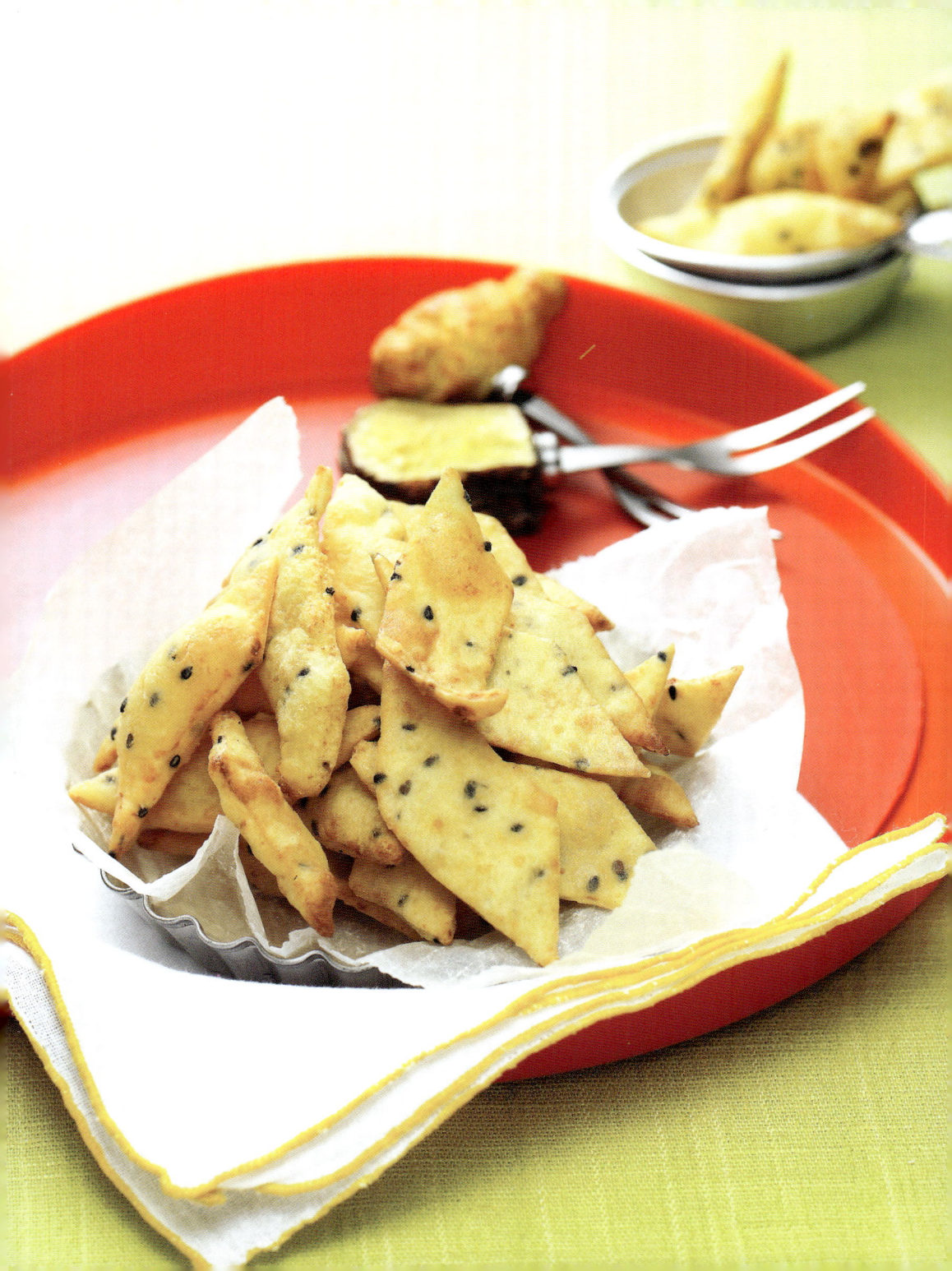

감자누룽지땅콩구이

▶ **주재료**
감자 2개, 땅콩 5큰술

▶ **부재료**
소금 약간, 꿀 1큰술, 흑설탕 · 통깨 · 올리브오일 1작은술씩

1 감자는 껍질을 벗기고 아주 곱게 채 썰어 소금을 넣은 물에 헹궈 건져 손으로 주물러 흐르는 물에 씻어 건져 마른 면포에 담아 물기를 완전히 없앤다.

2 땅콩은 껍질을 벗겨 굵게 다져 볼에 담아 꿀과 흑설탕, 통깨를 넣어서 버무린다.

3 팬에 올리브오일을 아주 조금 두르고 감자 채 썬 것을 고르게 펴서 약한 불에 올려 굽는다.

4 감자가 아래 면이 익으면 뒤집어서 그 위에 ②를 고르게 펴 발라 약한 불에서 은근하게 구워 누룽지를 만든다.

5 구운 감자 누룽지를 채반에 올려 차게 식힌 후 과자처럼 먹도록 적당한 크기로 자른다.

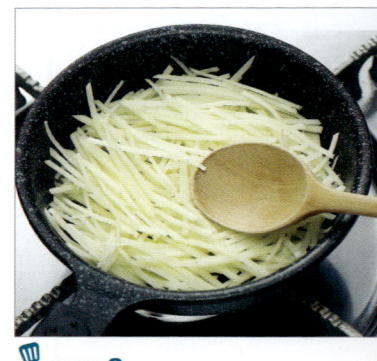

STEP 3

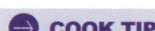 **COOK TIP**

감자는 채 썰어서 소금물에 헹궈 녹말기를 없애야 하는데 흐르는 물에 헹굴 때에는 체에 담아서 바락바락 주물러 가면서 비벼야 녹말기가 완전히 제거된다.

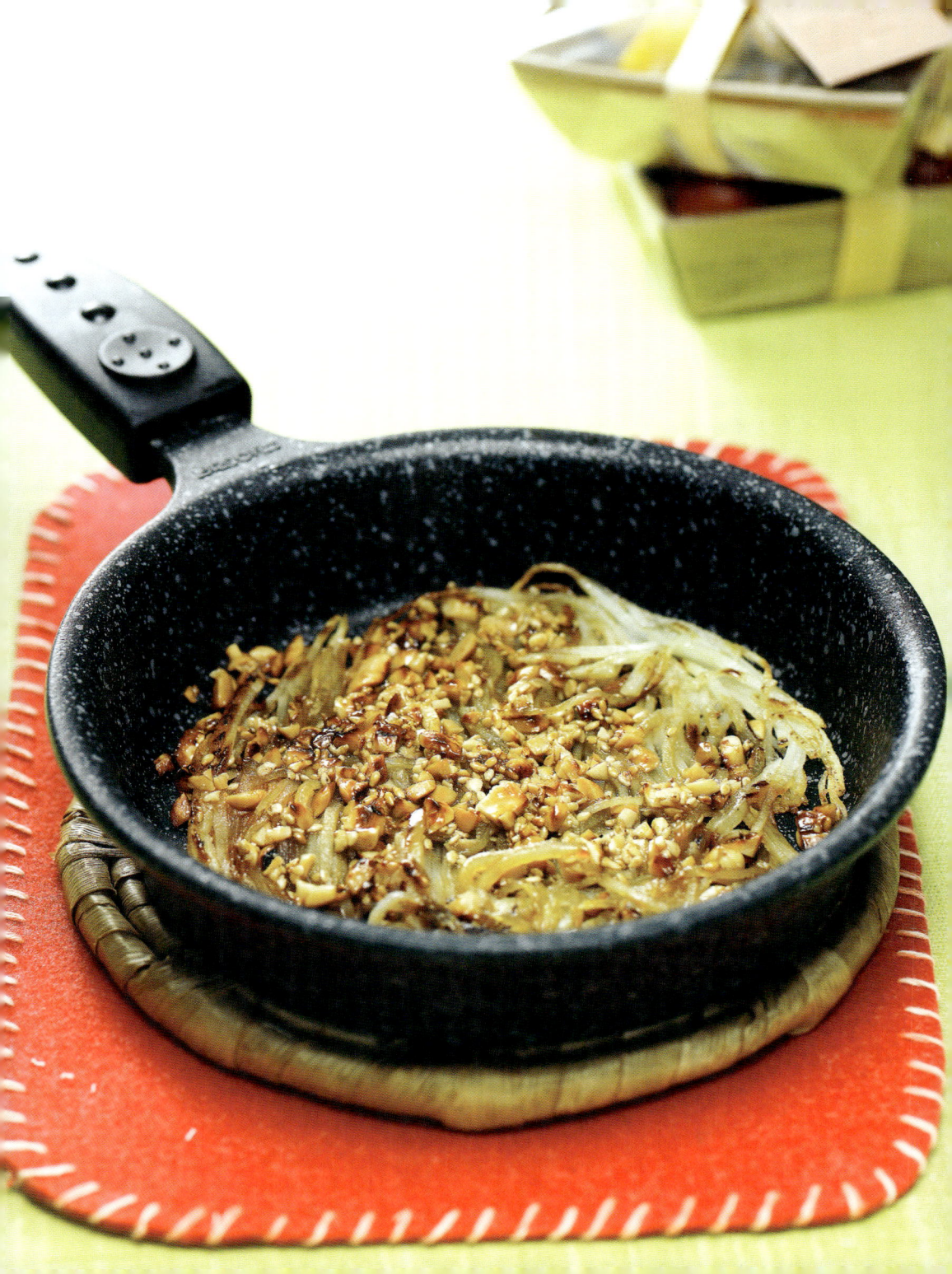

호두들깨밀크

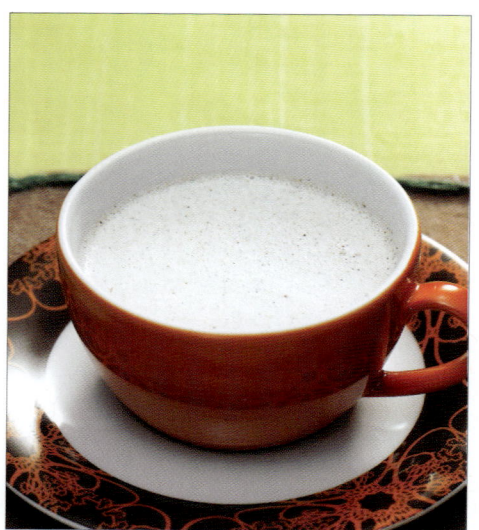

▶ **주재료**
　호두 50g, 들깻가루 3큰술, 우유 3컵, 꿀 1큰술

1 호두는 미지근한 물에 담가 속껍질까지 벗겨 물에 헹군다.

2 믹서에 호두와 들깻가루, 우유를 붓고 곱게 간다.

3 꿀을 타서 걸쭉한 농도로 마신다.

으깬감자견과류버무리

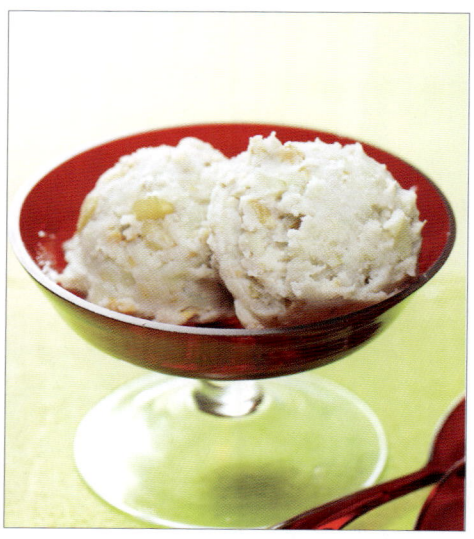

▶ **주재료**
　감자 2개, 호두 · 땅콩 · 잣 · 플레인 요구르트 · 우유 3큰술씩

▶ **부재료**
　머스터드 · 꿀 1작은술씩, 소금 약간

1 감자는 씻어 찜기에 보슬거리도록 푹 쪄서 뜨거울 때 껍질을 벗기고 곱게 으깬다.

2 호두와 땅콩은 껍질을 모두 벗기고 도마에 올려 굵게 다진다. 잣은 고깔을 뗀다.

3 볼에 으깬 감자와 준비한 견과류를 섞고 플레인 요구르트와 우유, 머스터드, 소금을 넣어 버무려 아이스크림 뜨는 숟가락으로 동그랗게 떠서 그릇에 담아낸다.

➜ COOK TIP

뇌 세포의 60%를 차지하는 것은 불포화지방산과 인지질이다. 불포화지방산과 인지질이 많이 들어 있는 호두는 성장기 어린이들에게 아주 좋은 간식이다. 단백질이 풍부한 우유와 함께 곱게 갈아 마시면 질병회복과 성장을 돕고 노화방지에도 도움이 된다.

➜ COOK TIP

감자는 질 좋은 단백질과 비타민 C, 칼륨, 칼슘 등을 함유하고 있다. 불포화지방산이 풍부한 견과류와 함께 섭취하면 성장기 아이에게 큰 도움이 될 뿐 아니라 소화도 잘 된다. 또 면역력이 좋아져 감기 등의 기타 질환을 예방 관리하는데 좋다.

단호박치즈샌드위치

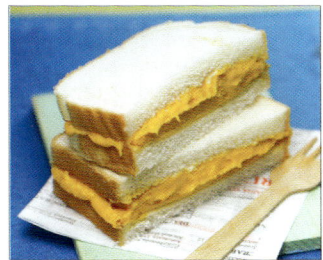

▶ **주재료**
단호박 ½개, 슬라이스 체더치즈 4장, 식빵 8쪽

▶ **부재료**
마요네즈 3큰술, 머스터드 1작은술, 소금 약간

1 단호박은 씨를 긁어내고 껍질을 벗겨 부드럽게 찐 후 뜨거울 때 숟가락으로 으깬다.

2 ①의 단호박에 마요네즈 2큰술, 머스터드를 넣어 소금으로 간을 맞춰 반죽해서 소를 만든다.

3 식빵의 한쪽에 남은 마요네즈를 넓게 펴 바르고 슬라이스 체더치즈를 한 장 올린 후 그 위에 단호박 소를 평평하게 깔아 다른 식빵으로 덮어 샌드위치를 만든다.

→ **COOK TIP**
치즈는 단백질과 지방 등 우유 주성분과 함께 칼슘을 비롯한 무기질, 비타민이 풍부하게 함유되어 있고 발효 과정에서 치즈의 단백질과 지방이 아미노산과 지방산으로 분해되어 치즈 특유의 맛을 갖는 동시에 소화를 잘되게 하여 체내 흡수를 도와준다. 단호박의 풍부한 비타민과 치즈의 단백질, 지방은 성장기 아이들의 뼈를 튼튼하게 할 뿐 아니라 아이의 면역력을 높이는 영양가 있는 간식이다.

꽈베기아몬드스틱

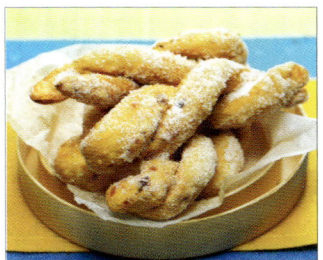

▶ **주재료**
통밀가루 150g, 아몬드 슬라이스 80g

▶ **부재료**
버터 60g, 설탕 100g, 레몬즙 1작은술, 달걀 1개, 소금 약간, 베이킹파우더 ½작은술

1 버터를 상온에 두어 부드러워지면 거품기로 저어서 크림 상태로 만든다.

2 ①에 설탕의 ⅔을 넣어 다시 젓고 크림 상태가 만들어지면 설탕을 모두 넣어서 부드럽게 올린다.

3 ②에 소금과 레몬즙을 넣고 저은 후 다시 달걀 푼 것을 넣어서 젓는다.

4 통밀가루에 베이킹파우더를 넣어서 두 번 정도 체에 쳐서 ③에 넣어서 주걱으로 자르듯이 섞는다. 반죽이 되면 아몬드 슬라이스를 넣어서 살짝 버무려 섞는다.

5 오븐 용기에 유산지를 깔고 날 밀가루를 조금 뿌린 후 ④의 반죽을 얇게 밀어서 꽈배기 모양으로 만들어 유산지 위에 올린다.

6 180℃로 미리 예열한 오븐에서 25분간 노릇하게 구워서 식힌 망에 뒤집어 올려서 완전하게 식혀서 먹는다.

→ **COOK TIP**
통밀가루와 베이킹파우더는 체에 두 번 정도 쳐야 공기 구멍이 생기지 않고 바삭한 쿠키가 만들어진다. 꽈배기 모양은 길게 손으로 밀어서 양쪽을 아물려 돌려서 모양을 만든다.

호떡

▶ **주재료**
땅콩 · 황설탕 3큰술씩, 통깨 2큰술, 흑설탕 1큰술

▶ **반죽**
찹쌀가루 2큰술, 식용유 1큰술씩, 강력분 2컵, 베이킹파우더 $\frac{1}{2}$작은술, 물 $\frac{1}{2}$컵

1 땅콩은 껍질을 벗겨서 적당히 으깨고 통깨와 흑설탕, 황설탕을 섞어서 호떡 안에 들어갈 소를 만든다.

2 볼에 밀가루, 찹쌀가루를 넣고 베이킹파우더, 식용유와 물을 부어 반죽을 한 후 비닐에 잠시 넣었다가 반나절 정도 발효시켜 처음 반죽의 $\frac{2}{3}$배가 되도록 한다.

3 ②의 반죽을 손에 기름칠을 해서 뗀 후 동그랗게 소를 넣을 정도로 구멍을 만들어 ①의 소를 한 숟가락 담고 반죽을 동그랗게 말아 놓는다.

4 팬에 기름을 넉넉히 두르고 ③을 앞뒤로 꾹꾹 뒤집기로 눌러가면서 익혀 노릇해지면 꺼낸다.

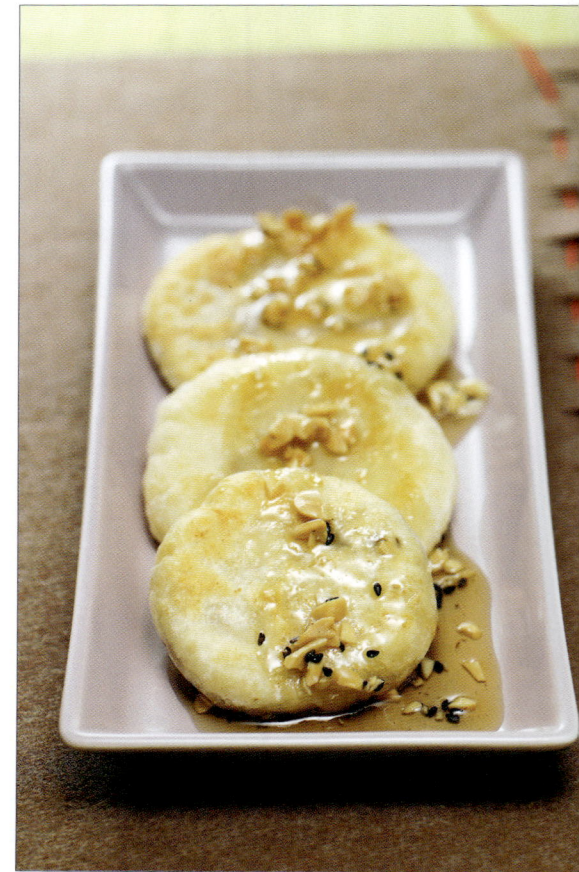

🔵→ **COOK TIP**
호떡 반죽에는 식용유를 약간 넣고 반죽해야 반죽 자체가 윤기가 돌면서 쫄깃하고 호떡을 지졌을 때도 윤기가 많이 나고 쫄깃하다.

찹쌀참깨쿠키

▶ **주재료**
찹쌀가루 · 통참깨 2큰술씩

▶ **부재료**
박력분 · 황설탕 3큰술씩, 버터 4큰술, 달걀 $\frac{1}{2}$개, 소금 $\frac{1}{2}$작은술, 베이킹파우더 $\frac{1}{4}$작은술, 유산지(기름종이) 2장

1 버터는 실온에서 녹여서 황설탕을 두 번에 나누어 넣으면서 거품을 충분히 낸다.

2 찹쌀가루와 박력분, 밀가루, 베이킹파우더, 소금을 체에 넣고 서너 번 내려 섞어준다.

3 거품을 올린 버터에 달걀을 넣고 다시 거품기로 거품을 내준다.

4 ③에 ②의 가루를 넣고 나무주걱으로 자르듯이 반죽을 섞는다. 반죽이 충분히 섞여 어우러지면 통참깨를 넣어 골고루 섞어준다.

5 오븐토스터기 팬에 유산지를 적당히 펴고 ④의 반죽을 한 숟가락씩 떠서 납작하게 눌러줘 모양을 만든 후 오븐토스터에서 10분 정도 노릇하게 구워낸다.

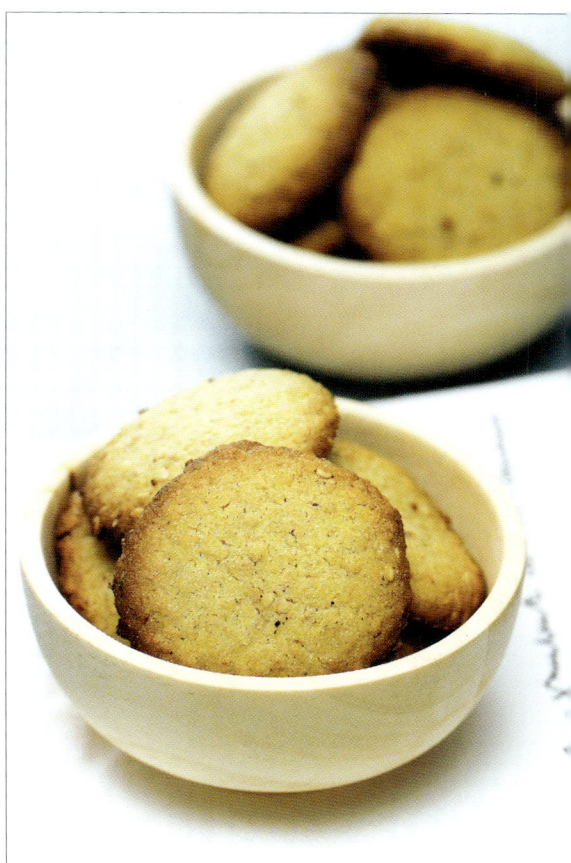

🔘 **COOK TIP**
쿠키를 만들 때 반죽에 처음부터 참깨를 넣으면 거품이 잘 일지 않는다. 충분히 거품 낸 것에 가루를 섞어 반죽을 버무리고 난 후 참깨를 솔솔 뿌려가면서 섞어야 거품이 다시 사그러지지 않고 바삭한 쿠키가 만들어진다.

홈메이드쿠키

▶ **주재료**
박력분 200g, 달걀 1개, 무염 버터 · 설탕 100g씩, 바닐라향 1작은술, 소금 약간

▶ **부재료**
코코아가루 · 초콜릿 · 아몬드 슬라이스 30g씩

1 박력분은 약간의 소금을 넣고 체에 두 번 정도 친다.

2 볼에 버터를 담고 크림 상태가 될 때까지 거품기로 친 후 설탕을 넣어서 고루 섞는다.

3 달걀은 알끈을 제거하고 풀어서 ②에 조금씩 넣고 자르듯이 섞는다.

4 ③의 반죽에 박력분을 넣어서 나무 주걱으로 자르듯이 섞어 반죽한다. 여기에 바닐라 향을 넣어 잘 섞는다.

5 ④의 반죽을 3등분해서 아몬드 슬라이스, 코코아가루, 굵게 다진 초콜릿을 가볍게 섞는다.

6 ⑤의 반죽을 랩에 동그랗게 빚어서 싼 후 냉동시킨다.

7 냉동시킨 쿠키 반죽은 굽기 20분 전에 냉동실에 내려놓고 살짝 해동시킨 후 1㎝ 폭으로 잘라서 170℃의 오븐에서 15분 정도 굽거나 오븐토스터기에서 노릇하게 구워내 먹는다.

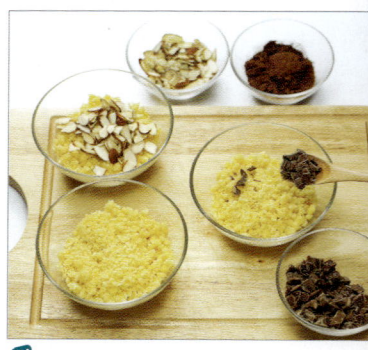

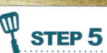 **STEP 5**

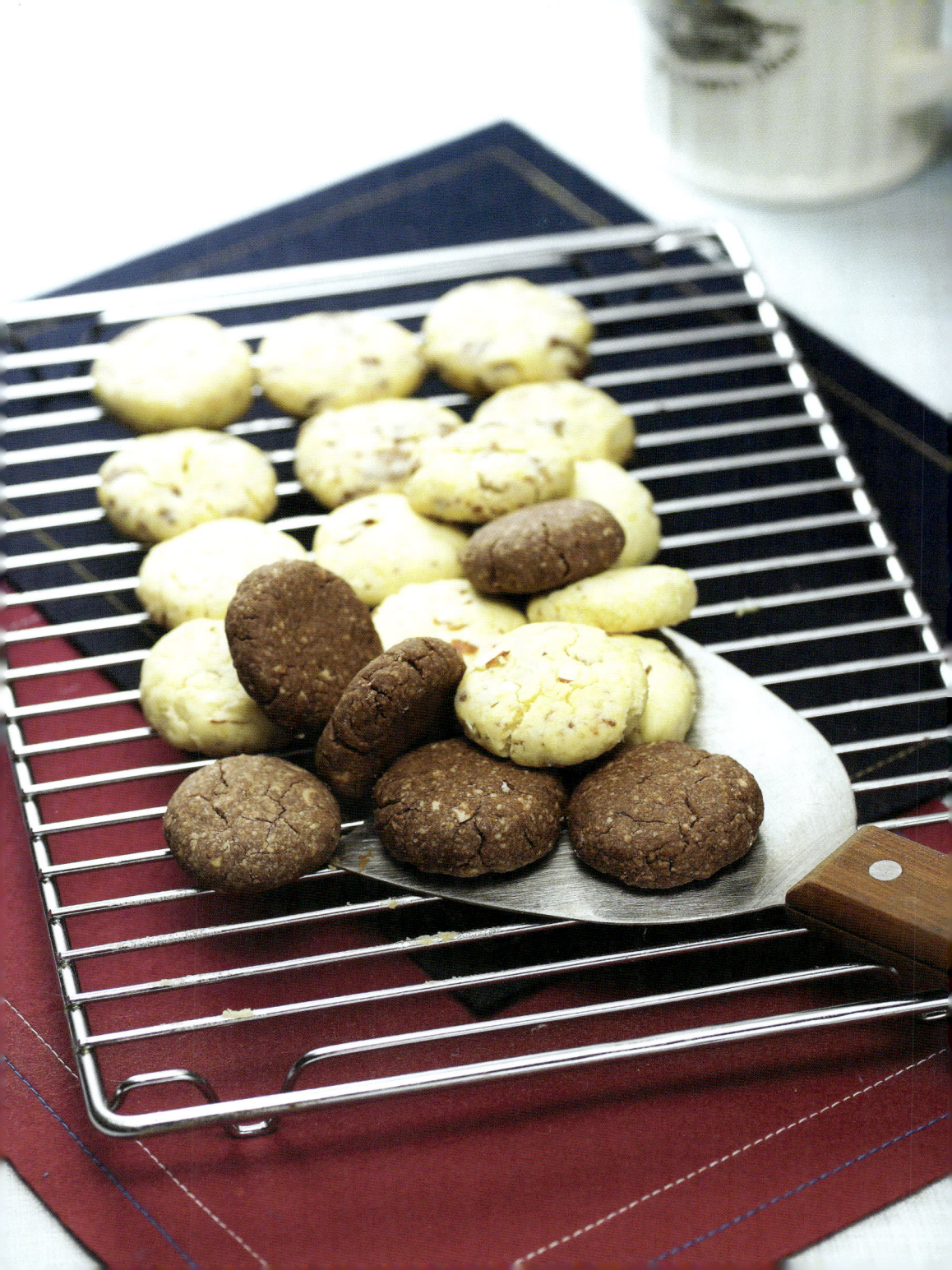

키위토핑녹차카스텔라

▶ **주재료**
강력분 100g, 녹차가루 5g, 설탕 130g, 키위 5개

▶ **부재료**
달걀 3개, 달걀노른자 3개분, 우유 35g, 버터 2큰술, 아몬드 30g, 소금 · 바닐라향 · 레몬즙 1작은술씩, 생크림 ½컵, 은박지 도시락 1개

1 달걀노른자와 달걀을 큰 볼에 담아 거품기로 거품을 충분히 내면서 설탕을 넣고 같이 거품을 낸다.

2 우유와 버터를 작은 볼에 담아서 중탕으로 녹인다.

3 강력분에 소금, 녹차가루를 넣고 체에 서너 번 곱게 내려서 달걀 거품 낸 것에 담고 청주와 ②의 우유를 넣어서 주걱으로 자르듯이 반죽해 섞는다.

4 은박지 도시락을 준비해서 ③의 반죽을 8부 정도 붓고 아몬드를 얇게 썰어 넣고 김이 충분히 오른 찜기에 넣고 25분간 찐다.

5 카스텔라가 부드럽게 완성되면 찜기에서 꺼내어 충분히 식힌다. 충분히 식어야 은박지가 잘 빠진다. 식힌 후 가로로 4㎝ 두께로 썬다.

6 생크림에 레몬즙을 넣어서 충분히 저어서 거품을 단단하게 올려준다. 키위는 껍질을 벗기고 세로로 4등분해서 준비한다.

7 잘라두었던 녹차카스텔라에 생크림을 짜서 모양을 내고 키위를 각각 올려서 완성한다.

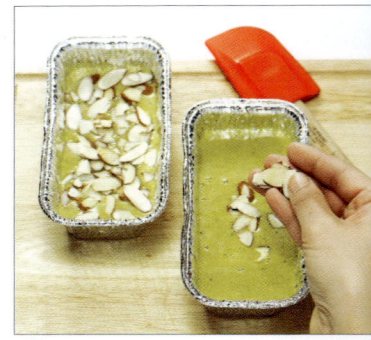

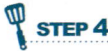 **STEP 4**

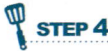 **COOK TIP**

강력분에 녹차가루를 넣어 섞을 때는 녹차가루와 강력분이 잘 어우러지도록 체에 서너 번 쳐서 내려야 한다. 이렇게 여러 번 쳐서 내리면 밀가루에 공기가 적어서 카스텔라를 완성했을때 큰 구멍도 없을 뿐 아니라 녹차가루가 골고루 스며들어 색이 일정하고 곱다.

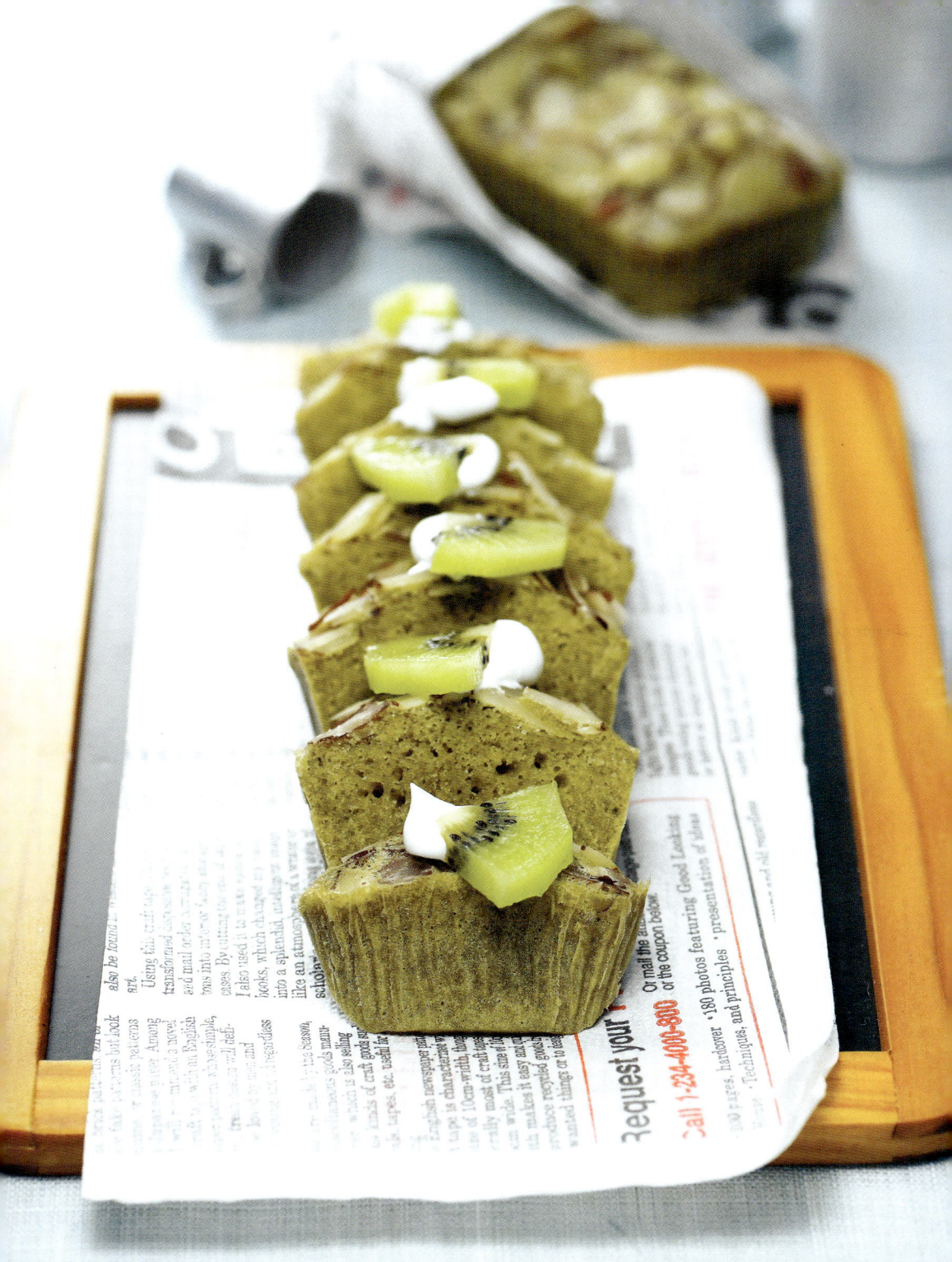

오렌지로즈메리시럽케이크　단호박부추롤빵

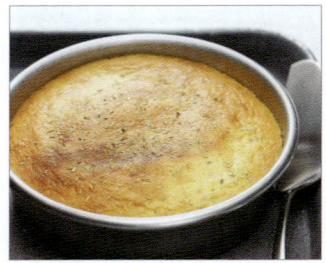
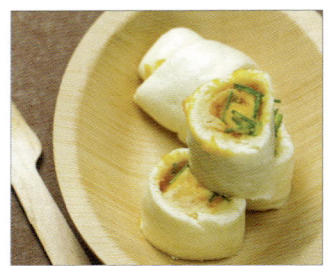

▶ 주재료
오렌지 껍질 2큰술, 로즈메리 $\frac{1}{2}$큰술

▶ 부재료
박력분·황설탕 100g씩, 우유 4큰술, 달걀 2개, 베이킹파우더 1작은술, 소금 $\frac{1}{3}$작은술, 버터 1큰술, 물 $\frac{1}{2}$컵, 설탕 $\frac{1}{2}$컵

▶ 주재료
단호박 $\frac{1}{2}$개, 영양부추 30g

▶ 부재료
강력분 250g, 우유 130g, 설탕·버터 2큰술씩, 소금 $\frac{1}{3}$작은술, 달걀 $\frac{1}{2}$개, 생이스트·설탕 1큰술씩

1 박력분에 소금과 베이킹파우더를 섞어서 체에 서너 번 곱게 내려준다.

2 볼에 알끈을 제거한 달걀을 넣고 황설탕을 2~3회 정도 나누어 넣고 거품기로 충분히 거품을 내어 크림상태로 만든다. 황설탕을 약간 남겨둔다.

3 오렌지 껍질을 얇게 저며 채 썰어서 남은 황설탕을 넣어 재운다.

4 ②에 크림 상태로 만든 ①과 우유, ③을 넣어서 자르듯이 반죽한다. 너무 오래 반죽하면 크림 상태가 가라앉을 수 있으므로 약간만 반죽해서 부드럽게 만든다.

5 오븐토스터 팬에 버터를 골고루 바른 후 ④의 반죽을 8부 정도 부어서 매끈하게 탁탁 친 후 로즈메리 분말을 솔솔 뿌려서 모양을 낸다.

6 충분히 예열한 오븐토스터기에 ⑤를 넣고 12분 정도 구워서 꼬치로 찔러 날가루가 안 나오고 폭신하게 익었으면 오븐토스터기를 끈 후 잠시 두어 뜸을 들이듯이 익혀서 꺼낸다.

7 냄비에 물과 설탕을 젓지 않고 끓여서 식혀 시럽을 만들어 ⑥ 위에 듬뿍 붓는다.

1 강력분은 체에 두세 번 정도 곱게 내려준다.

2 생이스트는 미지근하게 데운 우유에 풀어 녹인다.

3 ②의 우유에 체 친 밀가루, 소금, 달걀, 설탕, 버터를 넣어서 윤기나게 반죽한다.

4 반죽이 완성되면 젖은 면포나 랩을 씌워서 따뜻한 곳에 두어 10분 정도 발효시킨다. 너무 온도가 높은 곳에서는 발효하지 말고 여름에는 실내에서 그대로 발효시킨다.

5 껍질을 벗긴 단호박은 알맞게 썰어서 물기를 적신 후 비닐봉지에 넣어서 전자렌지에 가열하여 찌거나 찜기에 5분 정도 쪄서 부드럽게 으깬 후 설탕을 넣어서 버무린다.

6 영양부추는 깨끗이 다듬어 씻어서 1cm 길이로 썬다.

7 발효된 빵 반죽을 4mm 정도로 밀대로 밀어서 평평하게 편 다음에 으깬 단호박과 영양부추를 펼치듯이 발라 반죽을 돌돌 말아준다.

8 돌돌 말아준 반죽을 김밥 썰듯이 3cm 두께로 썰어서 김이 충분히 오른 찜기에 담아 12분간 쪄낸다.

초코칩쿠키

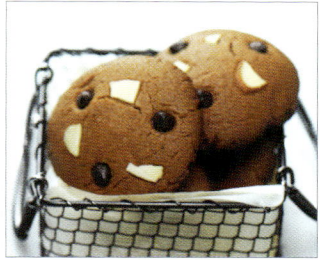

▶ 주재료
박력분 250g, 코코아가루 15g, 초콜릿칩 60g

▶ 부재료
버터 180g, 설탕 120g, 달걀 1개, 우유 60g, 아몬드파우드 40g, 베이킹파우더 3g, 아몬드 슬라이스 30g

1 실온에 둔 버터를 풀어 설탕을 넣어 유연화시킨다.

2 달걀은 조금씩 나누어 넣으면서 섞는다.

3 박력분, 코코아가루, 아몬드파우드, 베이킹파우더는 체에 쳐서 ②에 두세 번에 나누어 가볍게 섞는다. 사이사이 우유를 넣어 함께 섞는다.

4 초콜릿칩과 아몬드 슬라이스를 넣어 가볍게 섞어 오븐 팬에 숟가락을 이용해서 적당한 크기로 덜어 놓는다.

5 미리 예열한 오븐에서 20분 정도 굽는다.

치즈막대쿠키

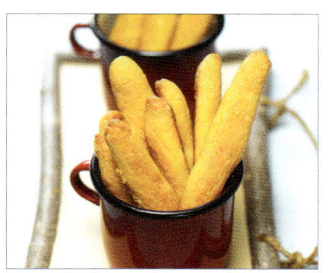

▶ 주재료
치즈쿠키 믹스 250g

▶ 부재료
달걀 $\frac{1}{2}$개, 버터 100g, 짤주머니 유산지 1장

1 치즈쿠키 믹스는 체에 한 번 쳐서 내려준다.

2 실온에 두었던 달걀과 충분히 녹인 버터를 볼에 담고 가볍게 섞어준다.

3 ②에 치즈쿠키 믹스를 넣어서 주걱으로 자르듯이 골고루 반죽한다.

4 짤주머니에 모양내기용 깍지를 끼워준 후 짤주머니에 반죽을 담는다.

5 오븐팬에 유산지를 깔고 일정한 간격을 맞추어 짤주 머니의 반죽을 짠다. 막대 쿠키는 그냥 별다른 모양 없이 일정하게 길이로 짜주면 된다.

6 미리 180℃로 예열한 오븐에 ⑤를 넣어서 약 10분 정도 구워낸다.

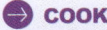 **COOK TIP**

초코칩쿠키를 만들 때 미리 버터를 실온에 두어 크림화 하는 것이 좋다. 크림화를 쉽게 하려고 전자레인지를 이용하면 쿠키가 바삭 하지 않으니 꼭 실온에 두어 버터를 부드럽게 하는 것이 좋다.

COOK TIP

믹스로 만드는 쿠키는 반죽을 짤주머니에 넣어서 오븐팬에 짠 후 구워야 모양이 일정하고 잘 구워진다. 또 버터를 미리 액체 상태 가 되도록 살짝 녹여서 사용해야 따로 거품을 내는 번거로운 과 정을 할 필요가 없다.

아몬드머핀

▶ **주재료**
아몬드 슬라이스 5큰술, 머핀 믹스 250g

▶ **부재료**
달걀 2개, 녹인 버터 · 우유 $\frac{1}{3}$컵씩(종이컵 기준), 유산지 10개

1 아몬드는 잘게 슬라이스 한 것으로 준비한다.

2 머핀 믹스는 체에 한 번 쳐서 내려준다.

3 실온에 두었던 달걀과 우유를 넣고 가볍게 풀어준다.

4 ③에 머핀 믹스와 녹인 버터를 넣고 거품기로 알갱이가 없어질 때까지 잘 저어 반죽한다.

5 머핀틀에 유산지를 깔고 반죽을 컵의 7부 정도 붓는다. 아몬드 슬라이스를 위에 고르게 모양내서 뿌린다.

6 190℃로 충분히 예열한 오븐에 머핀틀을 넣어서 표면이 부드럽게 익을 때까지 15~20분 정도 굽는다.

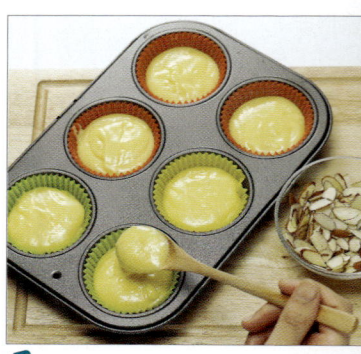

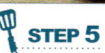 **STEP 5**

→ COOK TIP

일반적으로 믹스로 만드는 머핀은 따로 거품을 내지 않고 그냥 반죽을 할 때 믹스의 알갱이가 없어질 때까지 섞어 반죽한다. 믹스에 나와 있는 분량을 정확하게 계량해서 반죽해야 머핀이 부드럽고 잘 만들어진다.

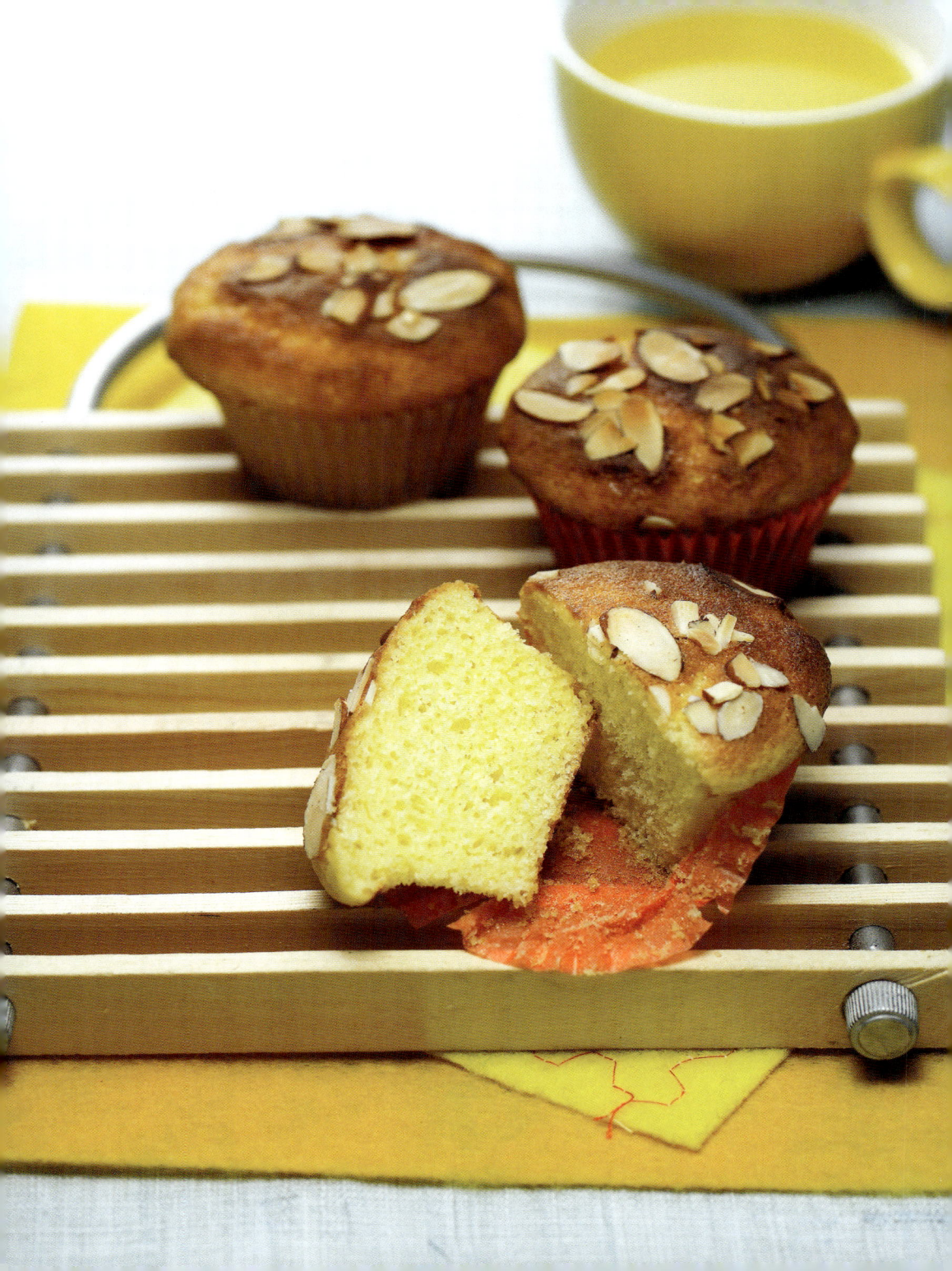

건강콩식빵

▶ **주재료**
모둠콩(완두콩·검정콩·강낭콩 등) ½컵, 설탕 2큰술, 식빵 믹스 380g(1봉지)

▶ **부재료**
물 180㎖, 달걀 1개, 버터 2큰술, 식빵틀 1개, 유산지

1 물과 달걀을 풀어서 준비한다.

2 완두콩, 검정콩, 강낭콩은 물에 씻어서 충분히 불린 후 물기를 완전히 없앤다.

3 준비한 모둠 콩에 설탕을 섞어서 달게 한다.

4 볼에 식빵 믹스와 ①의 달걀물을 섞어서 반죽한다. 이스트가 섞여 있는 식빵 믹스는 따로 베이킹파우더나 이스트 등을 넣지 않는다.

5 ④의 반죽에 랩을 씌워서 실온에 따뜻한 곳에서 10분간 발효시킨다.

6 부풀어 발효된 반죽을 다시 치대어 공기를 뺀 후 다시 젖은 면포로 덮어서 2차 발효를 시킨다.

7 발효한지 15분이 지나면 ⑥의 반죽을 밀대로 밀어서 준비한 콩을 듬성듬성 넣어 준 뒤에 타원형으로 반죽을 밀어서 윗부분부터 안쪽으로 촘촘히 접어 여며준 다음 버터 바른 식빵틀에 넣어서 50분 정도 발효한다. 식빵틀에 ⅔정도 부풀어 오르면 발효가 아주 잘 된것이다.

8 175℃로 예열한 오븐에 식빵틀을 넣어서 30분간 윗면이 노릇하게 구워낸다.

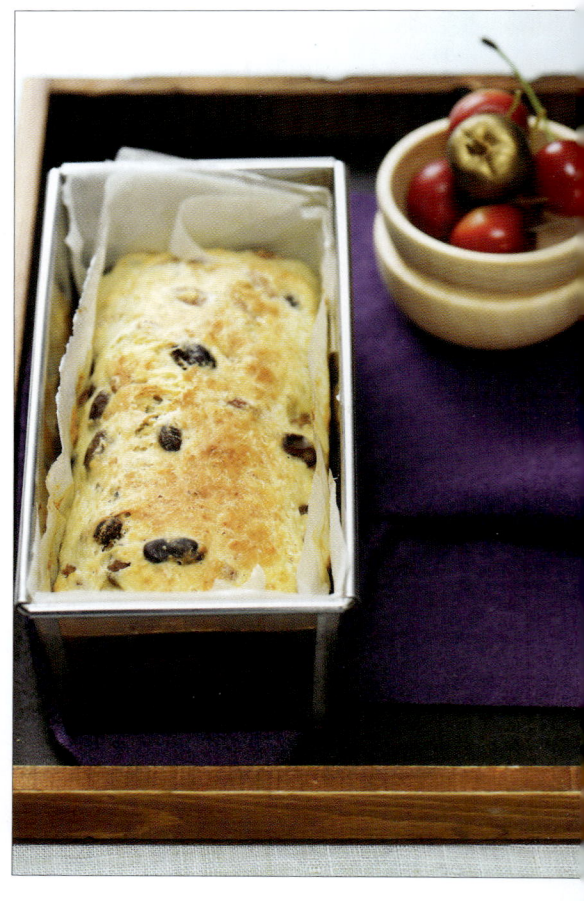

 COOK TIP
따로 이스트나 베이킹파우더를 넣을 필요가 없는 식빵 믹스는 실온에서 두 번에 걸쳐 발효를 시켜야 폭신하고 부드러운 식빵이 완성된다. 1차 발효된 반죽은 손으로 치대어서 공기를 빼주어야 나중에 빵에 공기 구멍이 생기지 않고 빵이 부드럽다.

도너츠믹스컵케이크

▶ **주재료**
도너츠 믹스 300g, 땅콩 3큰술, 호두 5큰술

▶ **부재료**
버터 200g, 설탕 500g, 달걀 4개, 머핀컵 12개

1 도너츠 믹스를 체에 두 번 정도 쳐서 내린다.

2 버터는 실온에 두어 부드럽게 한다.

3 땅콩은 껍질 벗겨서 굵게 다지고 호두는 속껍질까지 벗겨 굵게 다진다.

4 볼에 녹인 버터를 담고 달걀노른자와 준비한 설탕의 반만 넣고 거품을 낸다.

5 다른 볼에 흰자를 담고 설탕을 나누어 넣어 가면서 충분히 크림 상태로 거품을 낸다.

6 ④는 모두 넣고 ⑤의 흰자 거품을 반만 넣어서 도너츠 믹스를 넣어 자르듯이 섞어 반죽한다.

7 ⑥에 나머지 흰자 거품을 넣고 섞다가 땅콩과 호두를 넣어서 반죽한다.

8 머핀컵에 반죽을 7부 정도 담아서 예열시킨 오븐에서 170℃의 온도로 20분 정도 구워낸다.

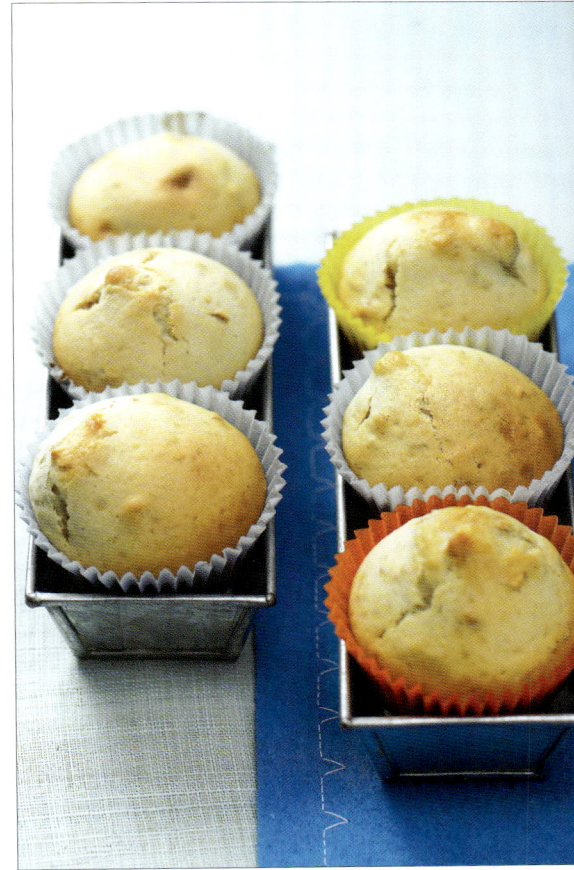

🔄 COOK TIP
달걀은 노른자와 흰자를 각각 분리시켜서 거품을 낸 다음 도너츠 믹스를 합해 섞어야 부드럽고 부피가 큰 머핀이 되는데 노른자는 버터를 넣어 거품을 내고 흰자는 설탕을 넣어 거품을 내야 크림 상태가 잘 유지된다.

바나나초콜릿머핀

▶ **주재료**
  박력분 250g, 바나나 2개, 초콜릿 30g

▶ **부재료**
  달걀 2개, 설탕 120g, 우유 125ml, 베이킹파우더 12g, 계핏가루 · 소금 ½작은술씩, 버터 60g

1 박력분과 베이킹파우더 소금을 한데 넣고 체에 두 번 정도 친다.

2 달걀과 설탕을 거의 흰색이 날 때까지 거품 낸 후 우유를 넣고 잘 섞는다.

3 ②에 체 친 가루재료를 넣고 자르듯이 주걱을 세워서 섞는다.

4 ③에 녹인 버터를 넣고 잘 섞는다.

5 바나나를 포크로 으깬 후 ④의 반죽에 넣고 섞는다.

6 머핀틀에 반죽을 ⅞컵씩 부은 후 초콜릿을 적당하게 잘라 올려 장식한다.

7 180℃로 예열된 오븐에서 20분간 굽는다.

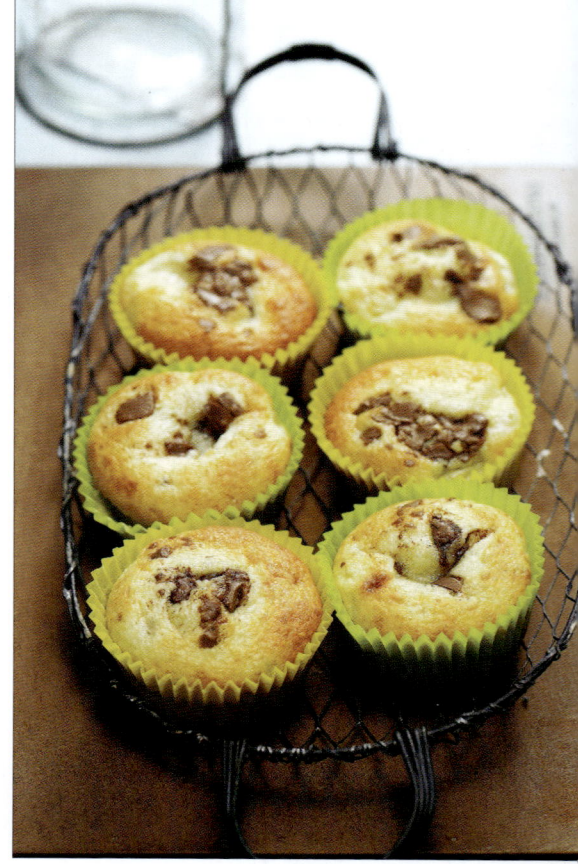

→ **COOK TIP**
머핀은 구우면서 넘칠 수 있으므로 반죽을 틀의 7~8부 정도를 넣는 것이 적당하다.

시금치호두머핀

▶ **주재료**
삶은 시금치 50g, 호두 5큰술

▶ **부재료**
박력분 150g, 우유 ½컵, 달걀 1개, 베이킹파우더 ½작은술, 설탕 5큰술, 소금 약간, 저염 버터 50g

1 시금치는 다듬어 끓는 물에 소금을 넣고 데쳐 찬물에 헹궈 물기를 꼭 짜고 잘게 다진다.

2 호두는 겉껍질을 벗기고 미지근한 물에 헹궈 건져 물기를 완전하게 닦은 후 잘게 다진다.

3 박력분과 베이킹파우더를 체에 두 번 쳐서 내린다.

4 버터를 녹여 크림 상태로 만들어 설탕과 거품 낸 달걀을 넣어 자르듯이 섞는다.

5 ④에 ③의 박력분과 시금치, 우유를 넣어 섞어 호두 다진 것을 넣고 반죽한다.

6 미니 머핀틀에 유산지를 깔고 ⑤의 반죽을 7부 정도 부어 공기가 없어지도록 탁탁 친다.

7 미리 예열시킨 180℃의 오븐에서 12~15분 정도 노릇하게 구워 낸다.

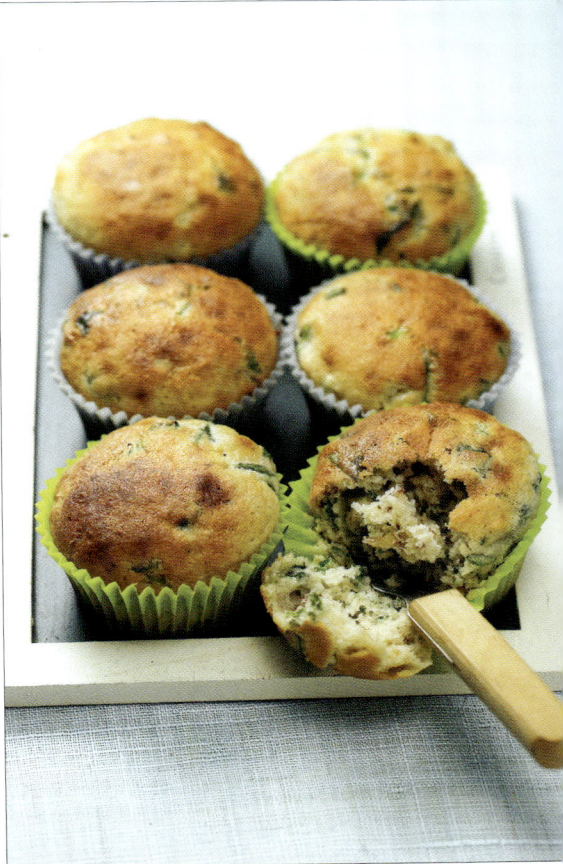

→ COOK TIP

시금치의 잎은 카로틴의 함량이 높다. 그래서 되도록 줄기보다 잎을 데쳐 잘게 썰어 머핀을 만드는 것이 좋다. 카로틴을 함유한 녹색 채소를 많이 섭취하면 항암효과가 있다고 한다. 무기질이 풍부한 시금치는 칼슘과 철분이 많아 성장기 아이의 발육과 영양에 더없이 좋은 식품이다. 견과류를 섞어 불포화지방산을 함께 먹이면 영양의 균형을 이루어 특히 아이의 성장 발육에 도움이 된다.

당근즙카스텔라

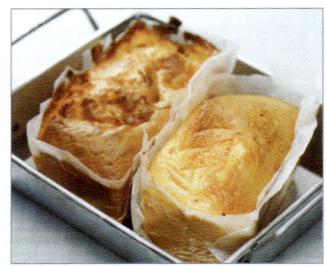

▶ **주재료**
당근즙 60g, 달걀 6개, 강력분 150g

▶ **부재료**
꿀 1큰술, 설탕 ½컵, 바닐라에센스 · 럼주 1작은술씩, 우유 3큰술, 소금 약간

1 당근은 강판에 곱게 갈아 즙을 짠다.

2 달걀은 흰자와 노른자를 분리하고 볼에 당근즙, 우유와 꿀, 럼주를 넣고 전자레인지에 넣어 미지근하게 데운다.

3 강력분은 체에 두 번 정도 친다.

4 달걀흰자를 거품기로 저어서 거품이 생기면 설탕을 2~3회로 나누어 넣으면서 저어 단단한 머랭을 만든다.

5 달걀노른자도 거품기로 저어서 거품을 내고 당근즙, 우유와 꿀, 럼주 탄 것을 넣어 저어주고 강력분을 넣어 자르듯이 반죽한다.

6 ⑤에 달걀흰자 머랭을 넣어 잘 섞어 탁탁 쳐가면서 공기구멍을 없앤다.

7 유산지를 깐 카스텔라 용기에 ⑥의 반죽을 8부 정도 담는다.

8 180℃로 예열한 오븐에 15분, 160℃로 25분을 구워 카스텔라를 만든다. 구운 카스텔라는 식혀 적당한 크기로 썰어 우유나 생과일주스를 곁들여 먹는다.

마들렌

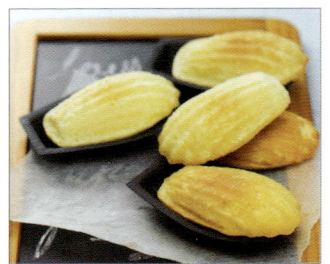

▶ **주재료**
박력분 200g, 레몬 껍질 1개, 레몬즙 ½개분

▶ **부재료**
베이킹파우더 4g, 설탕 120g, 달걀 200g(4개분), 소금 1g, 녹인 버터 200g

1 달걀은 볼에 풀고 설탕을 넣어 가볍게 저어준다.

2 가루를 체에 쳐서 ①에 넣어 가볍게 섞는다.

3 ②에 녹인 버터를 넣어 저어준 후 레몬 껍질과 레몬즙을 넣어 냉장고에서 30분 정도 휴지기를 둔다.

4 짤주머니에 ③의 반죽을 넣어 버터를 칠한 틀에 7부 정도를 채워 넣은 후 170℃ 오븐에서 20분 정도 구워낸다.

> ### ➡ COOK TIP
> 레몬즙과 레몬 껍질을 반죽에 섞은 후 재료의 내용물이 잘 섞이도록 냉장고에 30분 정도 두는 것이 좋다. 이렇게 휴지기를 거친 마들렌은 부드럽고 향이 뛰어나다.

달걀머랭쿠키

▶ **주재료**
달걀흰자 5개분, 설탕 80g, 슈거파우더 100g, 아몬드 분말 200g, 박력분 80g, 호두 약간

1 설탕과 체 친 슈거파우더, 아몬드 분말, 박력분을 큰 볼에 담는다.

2 ①의 가운데 빈 공간을 만들어 알끈을 제거한 흰자를 넣고 거품기로 고루 섞는다.

3 잘게 자른 호두를 넣어 고루 섞는다.

4 팬에 유산지를 깔고 숟가락으로 반죽을 떠 동그랗게 모양을 만들어 190℃로 예열한 오븐에서 10~15분 정도 노릇하게 굽는다.

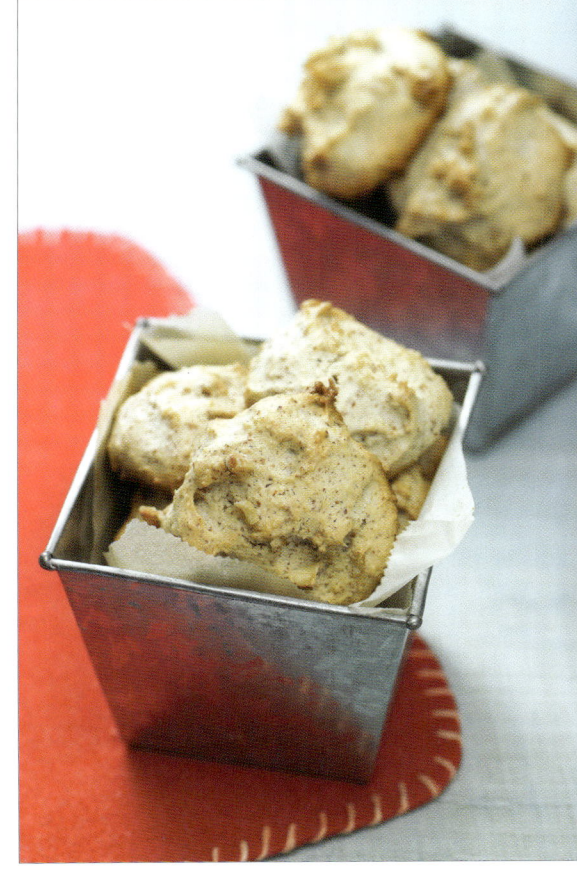

→ COOK TIP
아몬드 분말은 시중에서 판매되는 것을 구입해도 좋지만 아몬드 슬라이스를 분말기에 곱게 갈아 체에 친 다음 고운 가루를 만들어 넣으면 고소한 맛이 우러난다.

로즈메리쿠키

▶ **주재료**
박력분 200g, 분말 로즈메리 1큰술

▶ **부재료**
설탕 40g, 우유버터 90g, 달걀 1개, 바닐라에센스 · 소금 약간씩

1 박력분을 약간의 소금을 넣고 두 번 체에 내린다.

2 실온에 준비한 버터를 거품기로 저어 크림 상태로 만든다.

3 크림 상태의 버터에 설탕과 달걀을 넣어 설탕이 풀리도록 잘 섞는다.

4 ③에 ①을 세 번에 나눠 넣어 주면서 자르듯이 섞고 분말 로즈메리와 바닐
라에센스를 넣어 반죽한다.

5 반죽을 비닐에 담아 냉장고에 넣어 30분 이상 숙성시킨다.

6 숙성된 반죽을 꺼내 동그랗게 밀어 칼로 얄팍하게 잘라 유산지를 깐 오
븐 팬에 들러붙지 않도록 간격을 주어 놓은 후 180℃에서 15분 정도 구
워낸다.

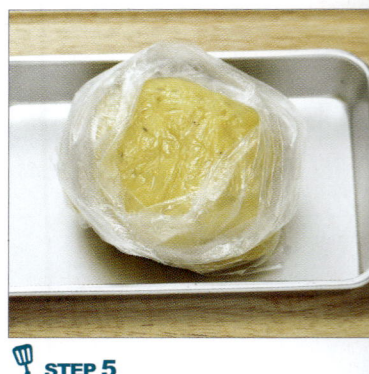

STEP 5

→ **COOK TIP**

로즈메리 향이 나는 스낵은 미리 반죽을 만들어 냉동 보관했다가
먹을 분량만 꺼내 얇게 잘라서 오븐에 구워내면 즉석에서 홈메이
드 쿠키를 맛볼 수 있다. 로즈메리 뿐 아니라 바질, 파슬리, 민트
등의 허브 향을 각각 첨가해도 좋다.

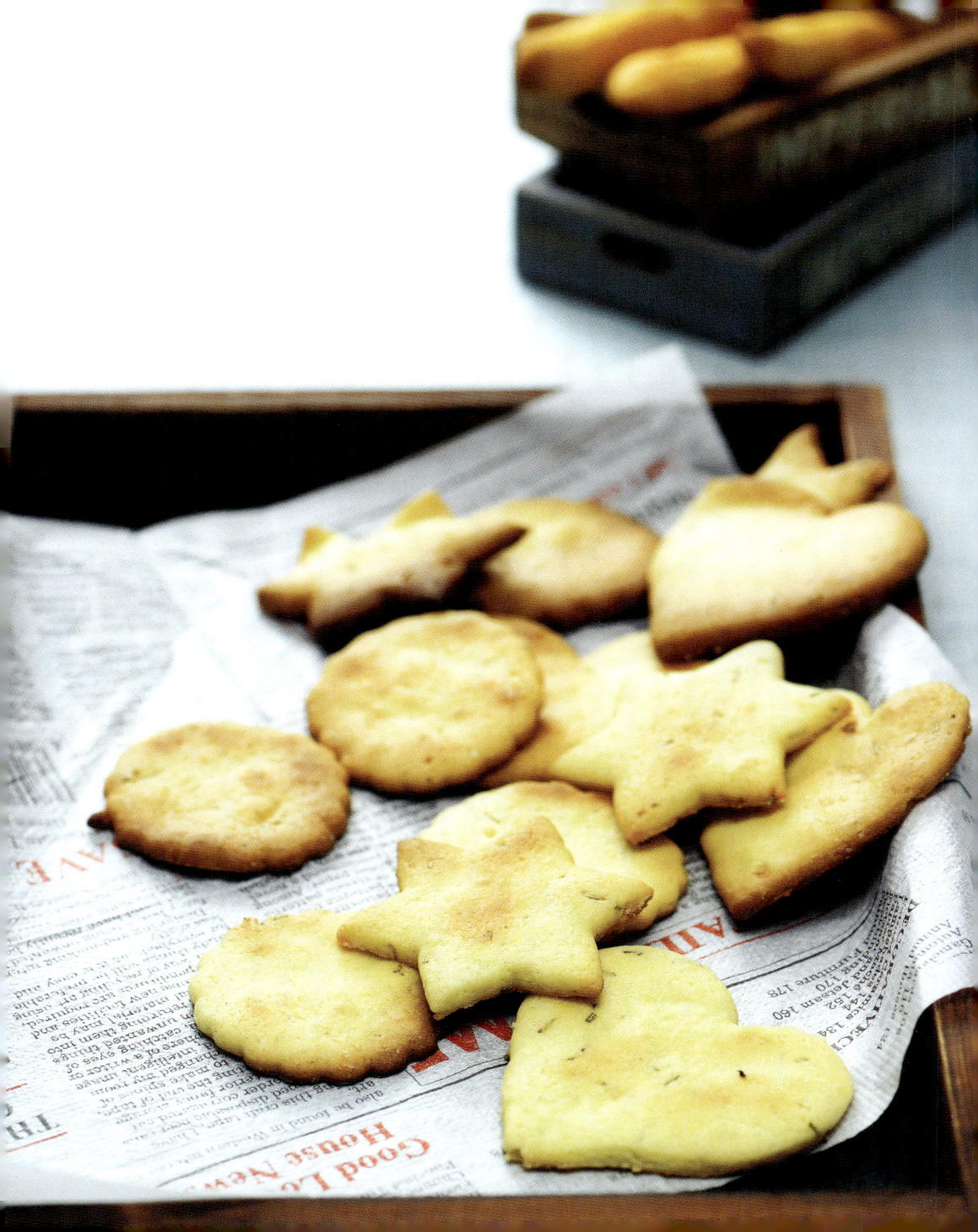

쇼콜라케이크

▶ **주재료**
  다크 초콜릿 100g, 박력분 30g, 코코아가루 50g, 생크림 70g

▶ **부재료**
  달걀흰자 5개분(140g), 설탕 160g, 달걀노른자 5개분(70g), 버터 80g

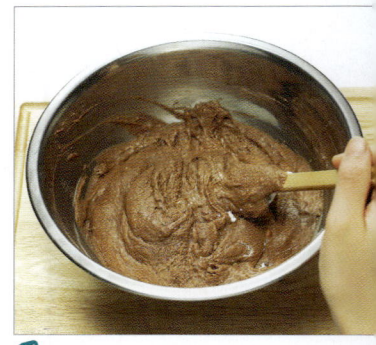

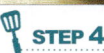 STEP 4

1 버터와 초콜릿을 중탕으로 녹인다.

2 달걀을 흰자와 노른자를 분리해서 흰자에 설탕을 80g 넣고 거품기를 이용
  하여 머랭을 만든다.

3 달걀노른자에 나머지 설탕 80g 넣어 섞은 후 중탕한 ①을 넣어 자르듯이
  섞는다.

4 ③에 생크림과 코코아가루, 박력분을 넣어 자르듯이 섞는다.

5 ④에 ②의 머랭을 세 번에 걸쳐 넣어 저어준다.

6 준비한 틀에 ⑤의 반죽을 7부 정도 붓고 미리 예열한 180℃의 오븐에서
  40~45분 정도 구워낸다.

7 구운 쇼콜라 케이크는 뜨거울 때 틀에서 빼서 망에 올려 식힌 후 생크림
  등의 장식을 해서 먹는다.

→ COOK TIP

달걀흰자와 노른자는 분리해서 저울에 달아 정확한 중량을 넣어
야 케이크가 부드럽고 다 구웠을 때 모양이 제대로 유지되면서
가라앉지 않는다.

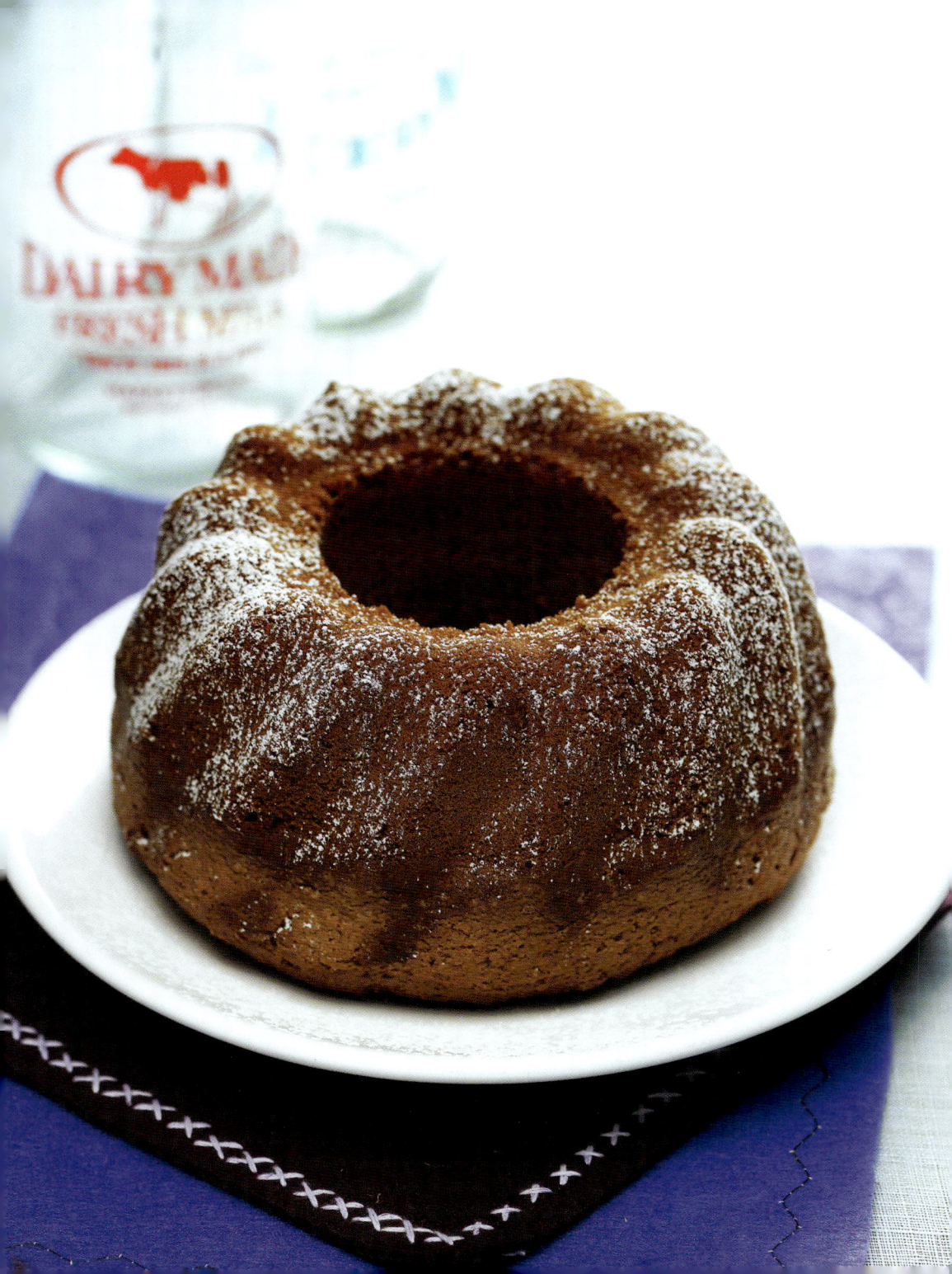

스콘

▶ **주재료**
  박력분 700g, 건포도 60g

▶ **부재료**
  베이킹파우더 10g, 버터 120g, 달걀 180g, 우유 150g, 설탕 80g, 소금 8g

1 실온에 둔 버터에 체로 친 가루를 모두 넣어 손으로 보슬보슬 비벼 준다.

2 ①에 설탕과 소금을 넣어 섞는다.

3 달걀과 우유를 넣어 반죽하고 거의 반죽이 완성되면 건포도를 넣어 반죽한다.

4 반죽을 삼각형 모양으로 빚어 미리 예열한 180℃의 온도에서 30분 정도 굽는다.

5 굽는 중간에 달걀노른자를 붓으로 얇게 펴 발라 색을 내어 굽는다.

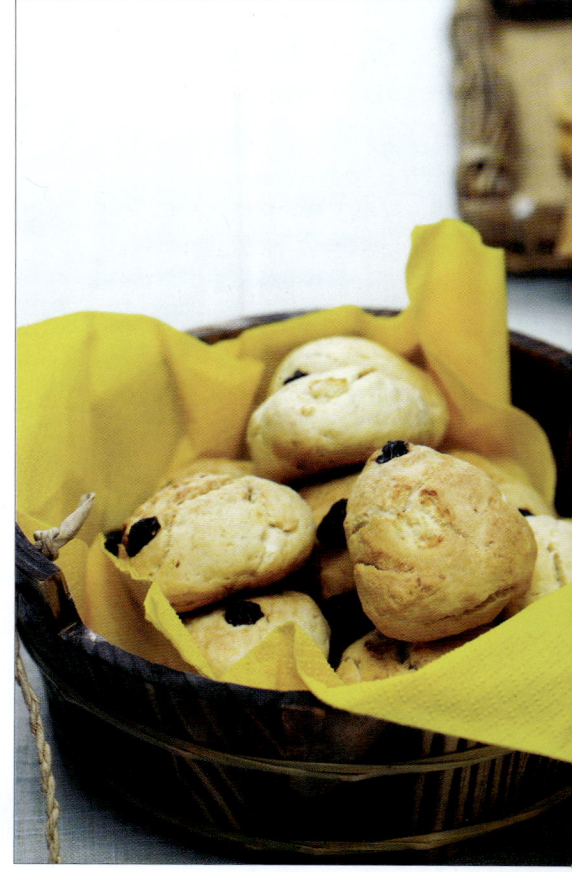

→ **COOK TIP**
고소하고 바삭하게 먹는 스콘은 버터와 가루를 손으로 부드럽게 보슬거리도록 잘 섞어야 구웠을 때 윤기가 많이 나면서 고소한 맛이 많이 난다.

케이크도넛

▶ **주재료**
바닐라향 약간, 중력분 200g

▶ **부재료**
베이킹파우더 6g, 달걀 80g, 설탕 90g, 소금 2g, 버터 30g, 튀김기름 약간

▶ **계피설탕**
시나몬가루 1큰술, 설탕 ½컵

1 달걀, 설탕, 소금, 바닐라향을 모두 섞는다.

2 버터를 중탕으로 녹여 ①에 넣어 고루 섞는다.

3 중력분, 베이킹파우더를 체에 친 후 ②에 넣어 가볍게 섞는다.

4 실온에서 10분 정도 둔다.

5 밀대를 이용해서 1㎝ 두께로 반죽을 밀어 편다. 도넛 틀을 이용해서 모양을 찍고 15분 정도 둔다.

6 170℃의 기름에 2~3분 정도 노릇하게 튀겨낸다.

7 계피설탕을 만들어 튀긴 도넛의 기름이 빠지면 고루 옷을 입힌다.

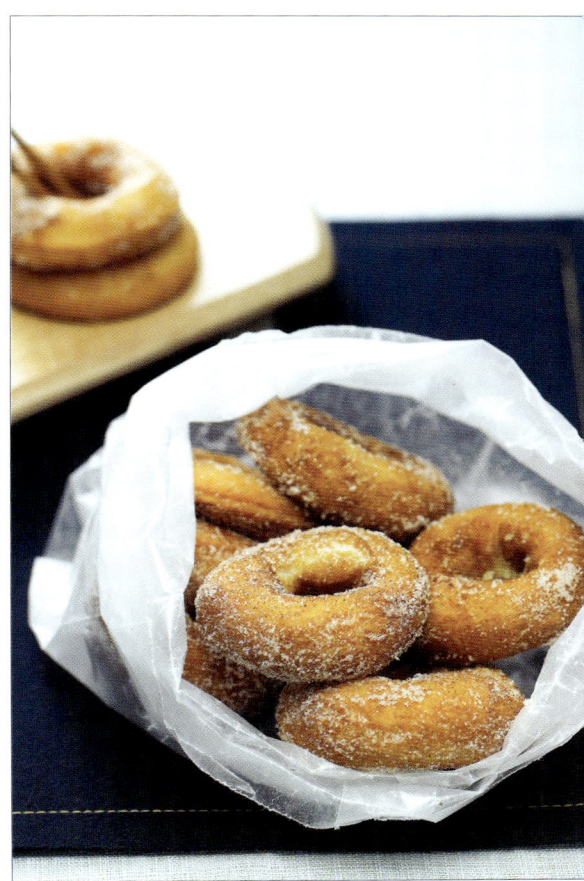

→ COOK TIP

시중에서 시나몬가루를 판매 하는데, 고운 가루여서 조금만 넣어도 계피향이 넉넉하게 우러난다. 흰 설탕보다는 황설탕과 시나몬 가루를 섞어 만드는 것이 덜 달다.

고구마케이크

▶ **주재료**
고구마 200g, 박력분 · 설탕 40g씩

▶ **부재료**
달걀 2개, 베이킹파우더 ½작은술, 버터 2큰술, 소금 약간

▶ **시럽**
설탕 50g, 물 ½컵, 럼주 1작은술

1 껍질을 벗긴 고구마는 찜기에 고슬하게 쪄서 뜨거울 때 소금을 약간 넣어 으깬다.

2 박력분과 베이킹파우더를 함께 두세 번 체 쳐서 내린다.

3 볼에 달걀흰자와 노른자를 분리시켜서 각각 거품을 낸다. 흰자에는 설탕을 두 번에 나누어 섞으면서 크림 상태로 거품 내고 노른자는 녹인 버터를 넣어서 거품 낸다.

4 각각 거품 낸 흰자와 노른자를 가볍게 섞은 후 체 친 ②의 가루를 넣어서 자르듯이 반죽한다.

5 프라이팬에 식용유를 약간 넣고 가열한 후 기름을 닦아내고 반죽을 반만 부어서 약한 불에서 굽는다.

6 남은 반죽을 ⑤와 같은 방법으로 구워서 카스텔라가 2개 나오도록 한다.

7 냄비에 설탕과 물, 럼주를 넣고 젓지 말고 끓여서 잠시 식혀 시럽을 만든다.

8 카스텔라 한 개를 바닥에 깔고 시럽을 발라 준 후 고구마 으깬 것을 도톰하게 발라준다.

9 ⑧의 고구마 위에 다시 시럽을 발라주고 남은 카스텔라를 올려서 고정시켜 냉동실에서 살짝 얼린다.

10 고구마케이크를 냉동실에서 꺼내어 모양내서 잘라 접시에 담아낸다.

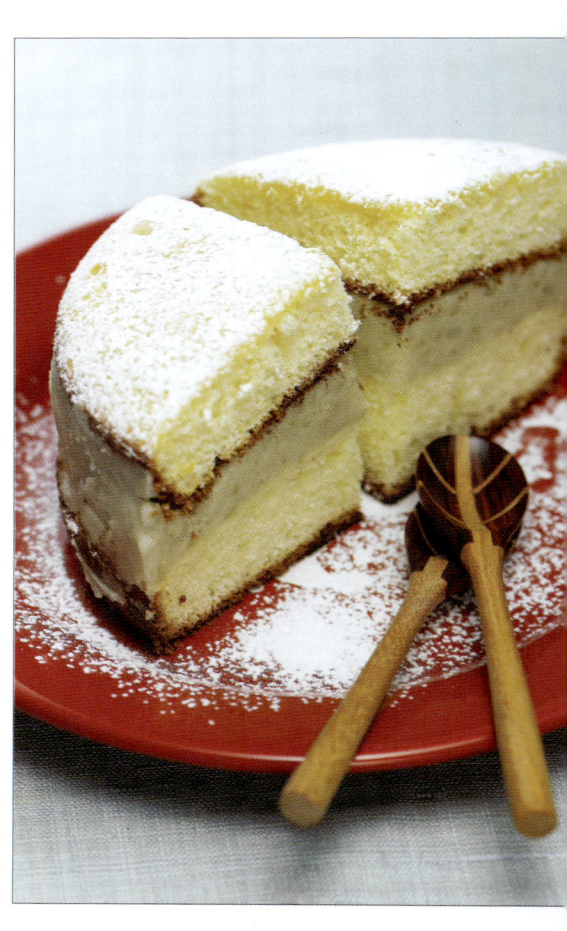

채소핫케이크샌드위치

▶ **주재료**
핫케이크 가루 1½컵, 당근 ¼개, 애호박 ½개

▶ **부재료**
포도잼 5큰술, 우유 ¼컵, 달걀 1개, 물 · 소금 약간씩

1 핫케이크 가루는 체에 두 번 정도 쳐서 내린다.

2 달걀을 충분하게 거품을 낸 후 우유와 물을 약간씩 부으면서 ①과 섞어 걸쭉한 농도로 반죽한다.

3 당근은 2㎝ 길이로 아주 곱게 채 썰고 애호박은 2㎝ 길이로 돌려 깎아서 곱게 채 썬다.

4 당근과 애호박은 소금으로 살짝 절여 물에 헹궈 물기를 꼭 짜서 ②의 핫케이크 반죽에 넣어 함께 고루 버무린다.

5 팬에 기름을 약간 두르고 ④의 반죽을 한 국자 떠놓고 아주 약한 불에서 앞뒤로 노릇하게 구워낸다.

6 채소 핫케이크가 한 김 식으면 포도잼을 약간씩 발라 먹는다.

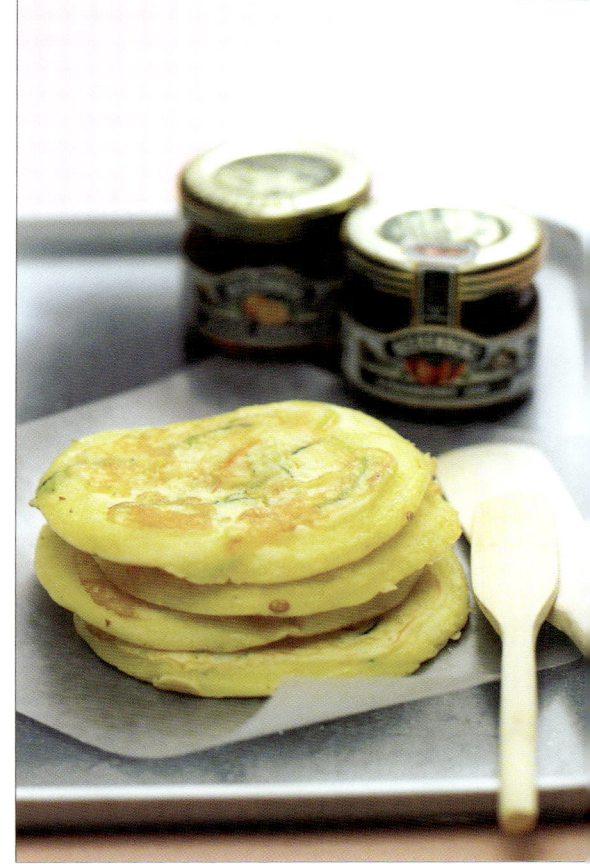

 COOK TIP
핫케이크 위에 생크림으로 장식하면 간단히 먹을 수 있는 파티 음식이 된다.

당근프렌치샌드위치

▶ **주재료**
당근 1개, 샌드위치 빵 8쪽

▶ **부재료**
달걀 4개, 소금 약간, 맛술 1큰술

1 당근은 곱게 다져서 옅은 소금물에 흔들어 씻어 건져 종이타월에 올려 물기를 꼭 짠다.

2 달걀은 알끈을 제거하고 곱게 풀어서 소금과 맛술을 넣어 간을 한다.

3 ②에 ①의 당근을 넣어 잘 섞는다.

4 빵은 대각선으로 잘라 삼각형 모양으로 만든 후 ③에 담가 팬에 기름을 두르고 노릇하게 지져낸다.

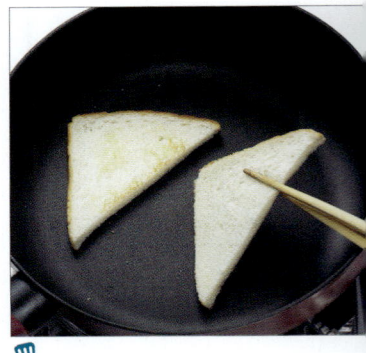

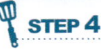 STEP 4

↪ **COOK TIP**

다진 당근 프렌치 샌드위치는 간편하고 빠르게 만들 수 있는 간식이다. 당근을 다질 때 되도록 손으로 곱게 다지면 씹는 맛이 느껴져 좋다. 다진 당근과 다진 파슬리를 함께 넣어서 색을 두 가지로 내면 먹음직스러워 보인다.

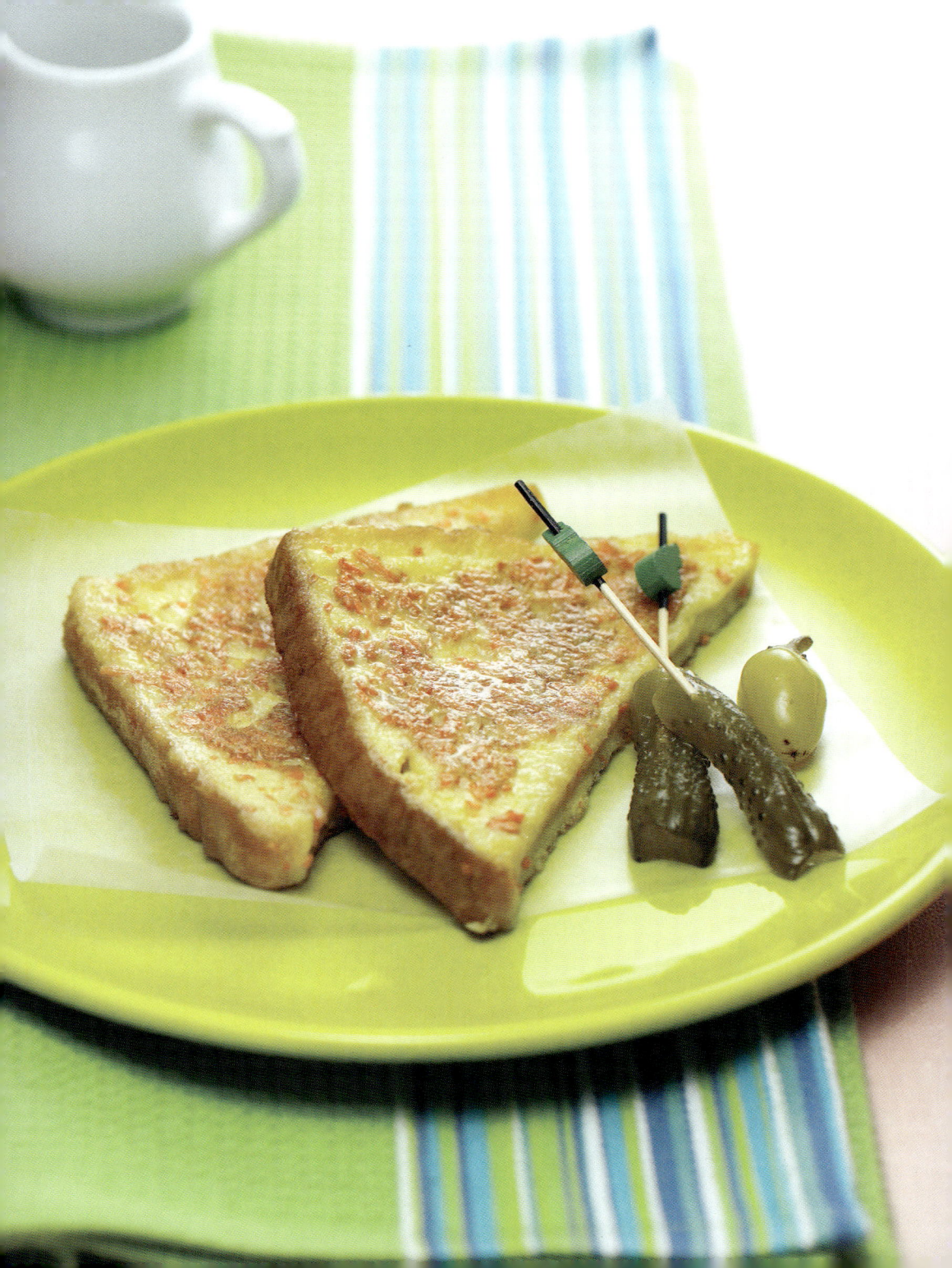

돌돌말이햄샌드위치

▶ **주재료**
샌드위치 빵 8쪽, 슬라이스 햄 8장

▶ **부재료**
달걀 2개, 소금 · 흰 후춧가루 · 다진 파슬리 약간씩

1 샌드위치 빵은 밀대로 밀어서 납작하게 한다.

2 ①의 빵에 슬라이스 햄을 얹어 돌돌 말아 놓는다.

3 달걀은 알끈을 없애고 곱게 풀어서 소금과 흰 후춧가루, 다진 파슬리를 넣어서 잘 섞는다.

4 돌돌 말은 빵을 ③의 달걀물에 푹 담가 옷을 입혀서 팬에 기름을 두르고 노릇하게 굴려가면서 익혀 낸다.

5 먹기 좋은 크기로 어슷하게 2등분해서 완성한다.

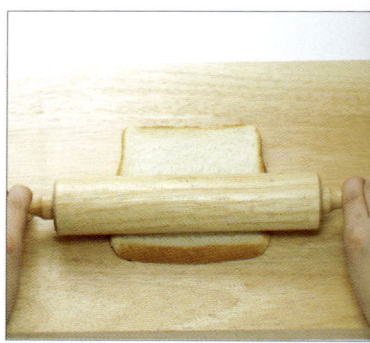

 STEP 1

 COOK TIP
돌돌말이 햄 샌드위치에 치즈를 넣어서 구워도 담백한 치즈의 맛
이 있어 맛을 느낄 수 있다. 오이피클이나 양파피클을 함께 곁들
여 먹으면 좋다.

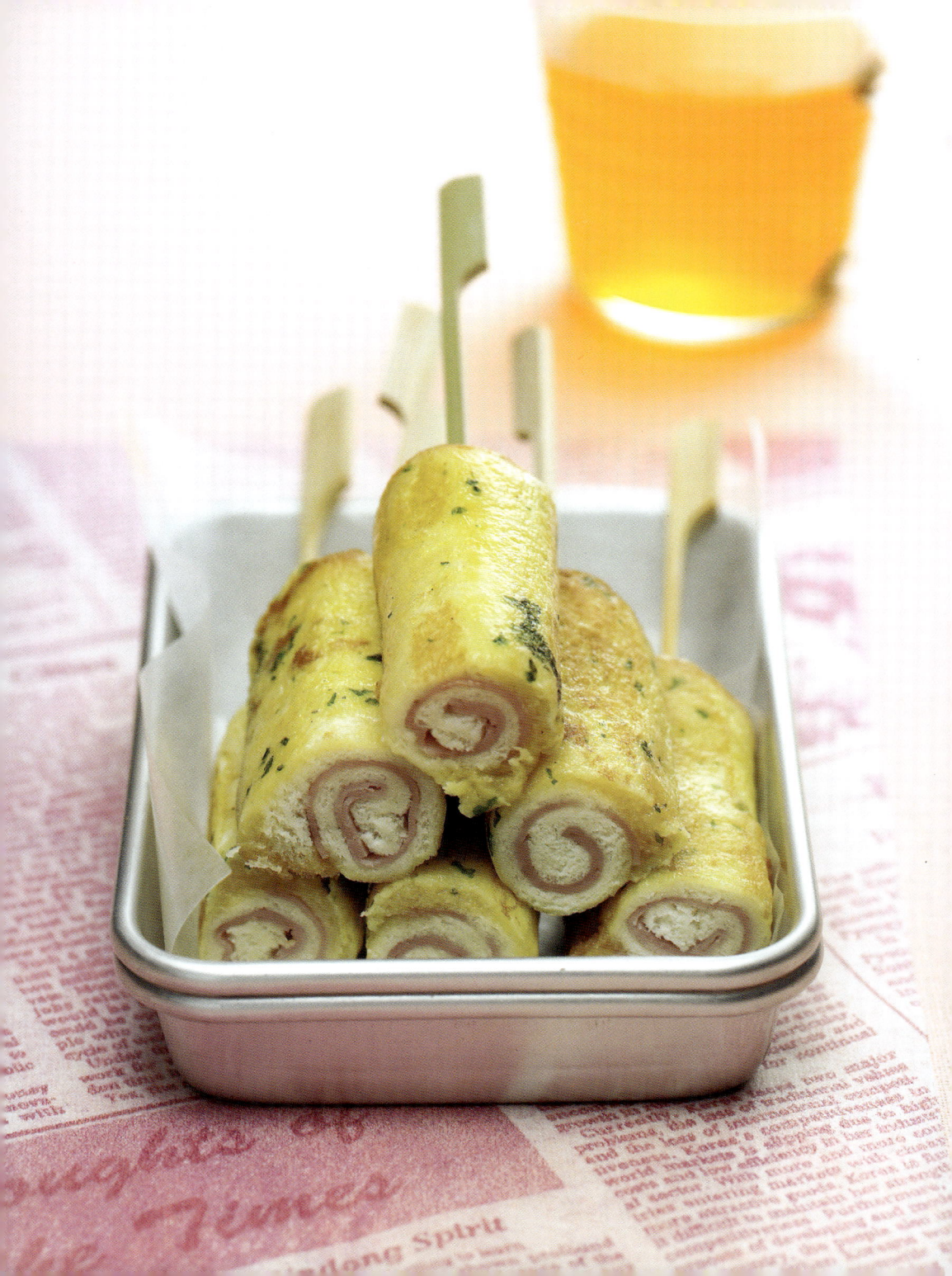

달걀샌드위치

▶ **주재료**
달걀 8개, 샌드위치 빵 8쪽

▶ **부재료**
양상추 4장, 치커리 30g, 오이 $\frac{1}{2}$개, 소금 약간, 마요네즈 3큰술, 토마토케첩 2큰술

1 달걀은 냄비에 소금을 약간 넣고 물을 넉넉하게 부어서 완숙으로 삶는다.
완숙은 달걀이 끓는 시점부터 13분 정도 삶아야 완숙이 된다.

2 완숙으로 삶은 달걀은 찬물에 헹궈 껍질을 벗기고 달걀커터기로 얇게 썬다.

3 양상추와 치커리는 큼직하게 손으로 뜯어 물에 담가 싱싱하게 해서 건지
고 오이는 껍질깎이로 얇게 저며서 종이타월에 올려 물기를 닦는다.

4 샌드위치 빵의 한쪽에 마요네즈를 펴 바르고 양상추→치커리→오이→달
걀 순서로 올리고 토마토케첩을 뿌려서 한쪽의 샌드위치 빵을 덮어서 완
성한다.

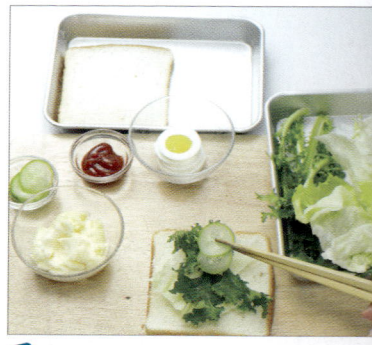

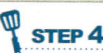 STEP 4

→ COOK TIP

집에 오이피클이나 양배추피클이 있으면 얇게 채 썰어 물기를 없
앤 후 얇게 썬 달걀 위에 올려서 함께 샌드위치를 만들면 새콤한
맛이 달걀의 비린맛을 완전히 없애준다.

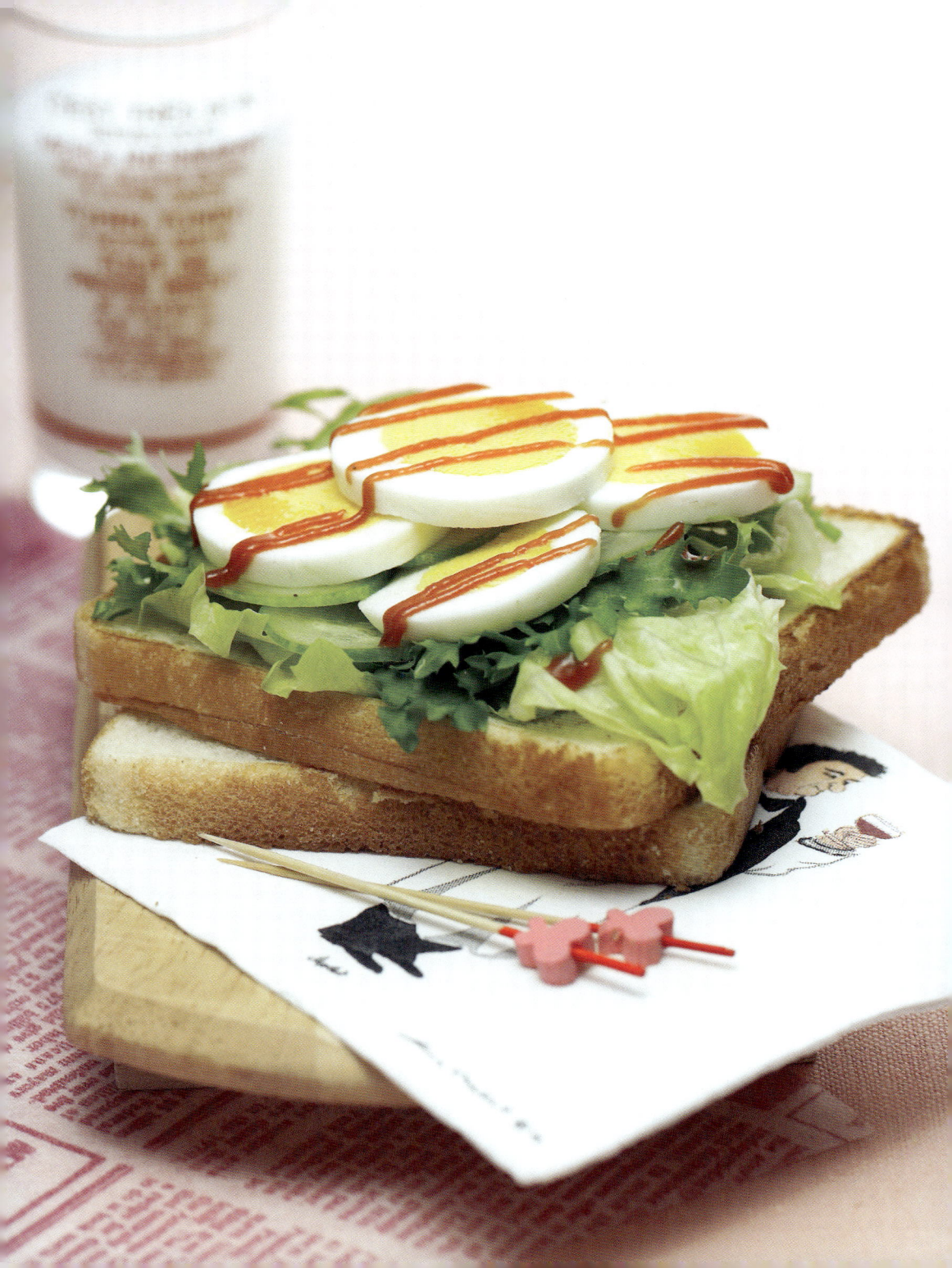

모닝빵샌드위치

▶ **주재료**
모닝빵 8개, 오이 · 당근 1개씩, 감자 2개

▶ **부재료**
소금 · 흰 후춧가루 약간씩, 마요네즈 2큰술, 설탕 1작은술

1 모닝빵은 가로로 자르지 말고 윗부분에 칼집을 넣어
  세로로 밑에 2㎝ 정도만 남기고 잘라 가른다.

2 오이는 돌려 깎아서 곱게 채 썰어 다시 다져 소금을
  뿌려 절인 후 찬물에 헹궈 물기를 꼭 짠다. 당근도 아
  주 곱게 채 썰어 소금을 뿌려 절인 후 찬물에 헹궈 물
  기를 꼭 짠다.

3 각각의 오이와 당근을 팬에 기름 없이 고슬하게 볶아
  내 식힌다.

4 감자는 껍질을 벗기고 반 갈라서 찜기에 포슬거리도
  록 쪄서 뜨거울 때 으깬다. 으깬 감자를 반 갈라서 각
  각 오이와 당근을 넣어 마요네즈와 설탕을 넣어서 버
  무린다.

5 준비한 모닝빵 칼집 넣은 것에 ④의 소를 소복하게 끼
  워 모양을 낸다.

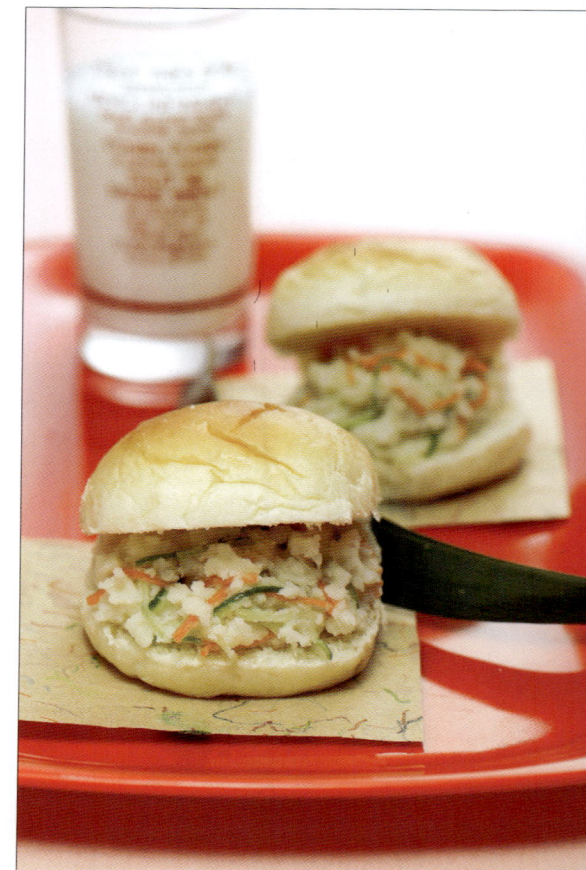

→ COOK TIP

모닝빵에 넣는 소에 오이와 당근 이외에도 소시지 또는 햄을 볶아
서 넣어도 아주 좋은데 소시지와 햄은 아주 잘게 썰어서 마늘즙을
뿌리고 팬에 볶아야 햄과 소시지가 부드럽게 익어 더욱 맛있다.

참치샌드위치

▶ **주재료**
참치(통조림) 1통, 샌드위치 빵 8쪽

▶ **부재료**
오이 ½개, 다진 파 · 버터 2큰술씩, 소금 · 흰 후춧가루 약간씩, 마요네즈 3큰술, 씨 머스터드 1작은술

1 참치 통조림은 체에 밭쳐 기름을 빼고 잘게 다진다.

2 오이는 아주 곱게 채 썰어서 소금을 뿌려 절인 후 물에 헹궈 물기를 꼭 짠다.

3 볼에 참치와 오이, 다진 파, 소금, 흰 후춧가루를 넣고 마요네즈와 씨 머스터드를 넣어서 잘 버무린다.

4 샌드위치 빵에 크림 상태의 버터를 펴 바르고 ③의 소를 소복하게 펼쳐 담고 다른 샌드위치 빵을 덮어서 완성한다.

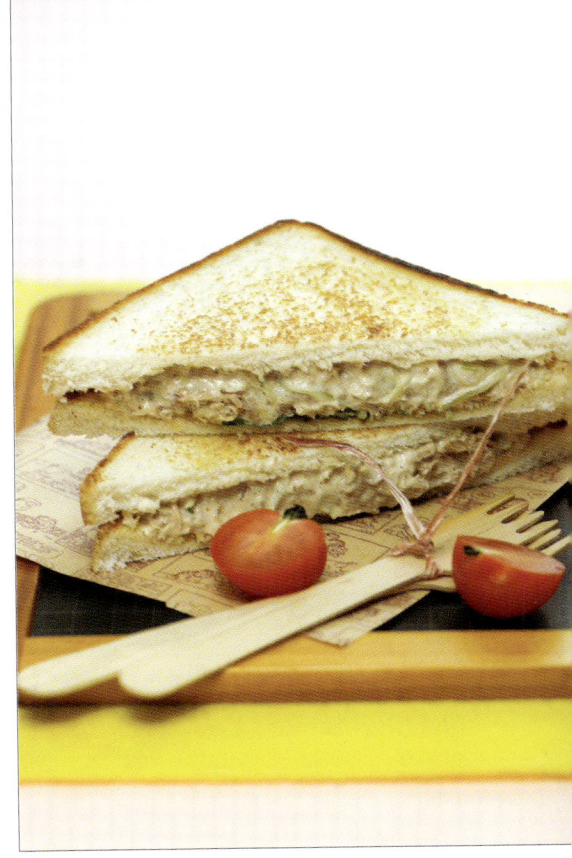

→ **COOK TIP**
참치샌드위치는 담백한 참치와 상큼한 오이를 함께 버무려 먹어야 더욱 좋은데 참치샌드위치에 토마토를 얇게 썰어 얹어도 상큼한 맛이 아주 좋다.

참치땅콩버터크루아상

▶ **주재료**
참치(통조림) 1통, 땅콩버터 · 마요네즈 2큰술씩, 크루아상 8개

▶ **부재료**
다진 양파 3큰술, 소금 · 흰 후춧가루 약간씩

1 참치 통조림은 체에 걸러 기름을 빼고 곱게 다진다.

2 다진 양파는 소금을 뿌리고 재웠다가 찬물에 헹궈 건져 물기를 꼭 짠다.

3 볼에 참치와 양파를 담고 땅콩버터와 마요네즈 1큰술, 소금, 후춧가루를 넣어서 잘 버무린다.

4 남은 마요네즈는 크루아상 가른 것에 펴 바르고 ③의 참치땅콩버터를 소복하게 올려서 크루아상을 덮어서 완성한다.

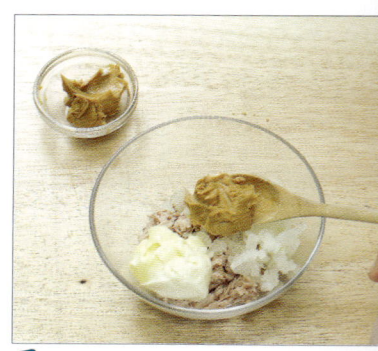

STEP 3

→ **COOK TIP**
참치땅콩버터 크루아상에 매콤한 멕시코 할라피뇨를 다져서 소를 만들면 참치땅콩버터 소스가 훨씬 부드럽고 먹기에 좋다. 매콤한 할라피뇨를 다져 넣어서 질척거린다면 송송 썰어서 위에 얹기만 해도 좋다.

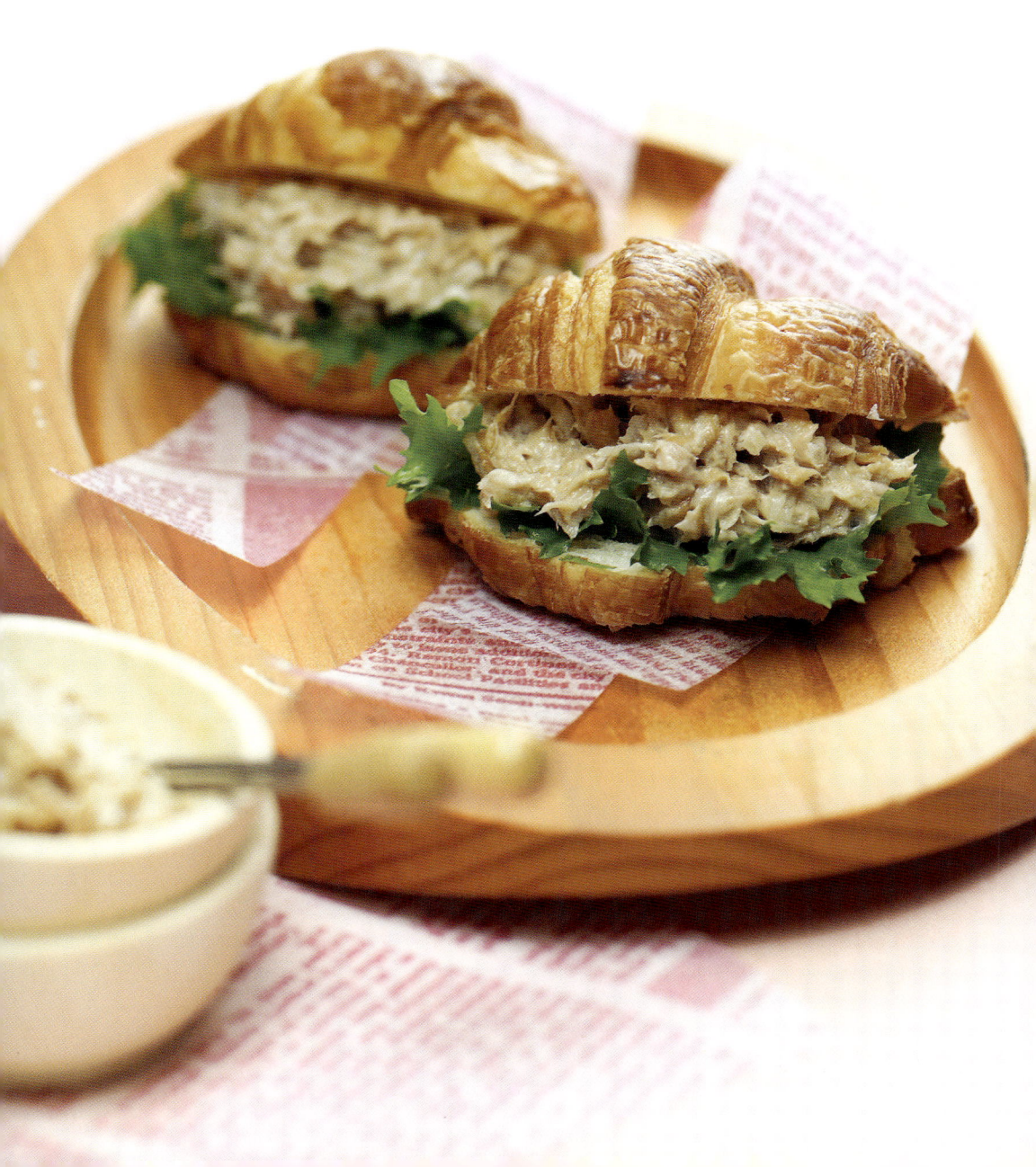

감자샐러드샌드위치

▶ **주재료**
감자 2개, 샌드위치 빵 8쪽

▶ **부재료**
마요네즈 3큰술, 머스터드 1큰술, 소금 · 흰 후춧가루 약간씩, 땅콩가루 · 버터 2큰술씩

1 감자는 껍질째 씻어서 포슬거리도록 찜기에 찐 다음 껍질을 벗겨 뜨거울 때 으깬다.

2 으깬 감자에 마요네즈와 머스터드, 땅콩가루, 소금, 흰 후춧가루를 넣어 버무려 샐러드를 만든다.

3 샌드위치 빵에 버터를 펴 바르고 ②의 으깬 감자를 고루 펴서 얹고 그 위에 다시 버터를 바른 샌드위치 빵을 덮어서 물기를 꼭 짠 면포로 눌러 밀착시킨 다음 반으로 잘라 완성한다.

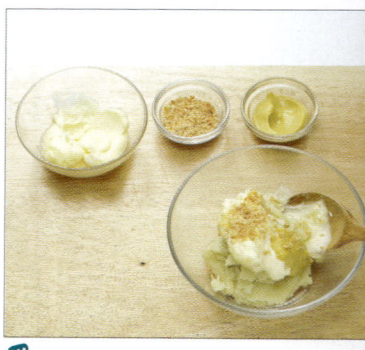

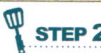
STEP 2

 COOK TIP
감자 샐러드에 달걀을 완숙으로 삶아서 으깨어 함께 버무려 넣어도 좋은데 새콤한 브로콜리 피클도 다져 함께 넣으면 더욱 맛이 좋다.

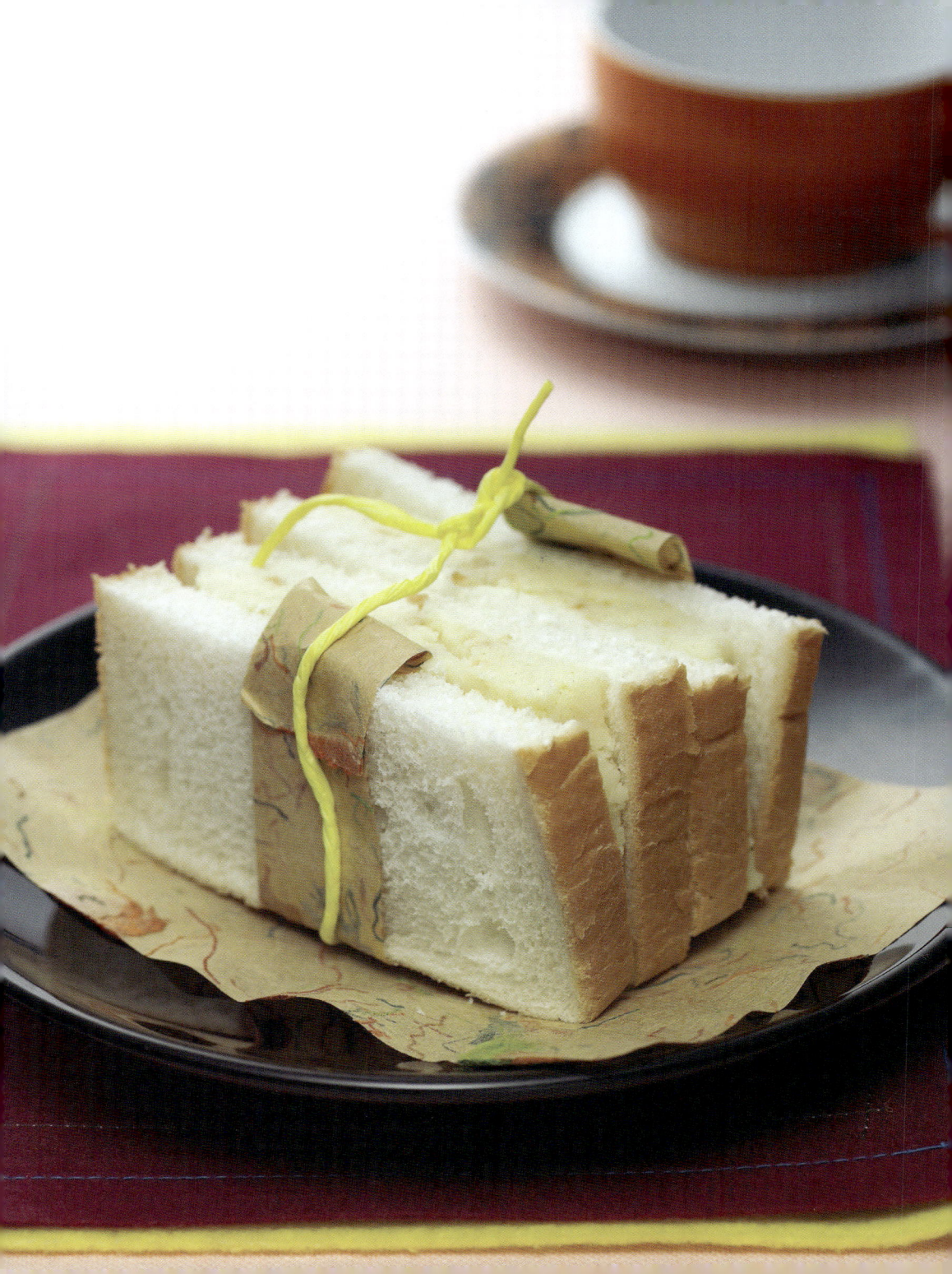

베이컨달걀샌드위치

▶ **주재료**
샌드위치 빵 6쪽, 베이컨 3줄, 달걀 3개

▶ **부재료**
로메인 6장, 토마토 · 오이피클 1개씩, 시판 데리야키소스 3큰술, 머스터드 2큰술, 식물성 마가린 · 소금 약간씩

1 샌드위치 빵은 식물성 마가린을 두른 팬에 노릇하게 구워낸다.

2 베이컨은 팬에 살짝 굽고 달걀은 알끈을 제거하고 곱게 풀어서 소금으로
간을 한 후 도톰하게 팬에서 지단식으로 부친다.

3 오이피클은 길게 편 썰기하고 토마토는 가로로 도톰하게 썬다.

4 ①에 머스터드를 바르고 로메인을 접어 넣은 후 베이컨, 달걀지단, 토마
토, 오이피클을 올린다. 시판 데리야키소스를 듬뿍 뿌리고 샌드위치 빵을
덮어서 완성한다.

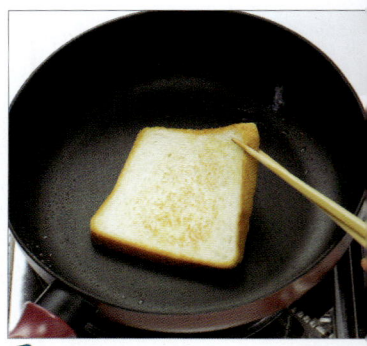

 STEP 1

→ COOK TIP
달걀을 한 개씩 부쳐서 올리지 않고 지단으로 흰자와 노른자를
풀어서 함께 부친다. 달걀물을 조금씩 세 번에 나누어 팬에 뿌려
네모지게 접어서 부친다.

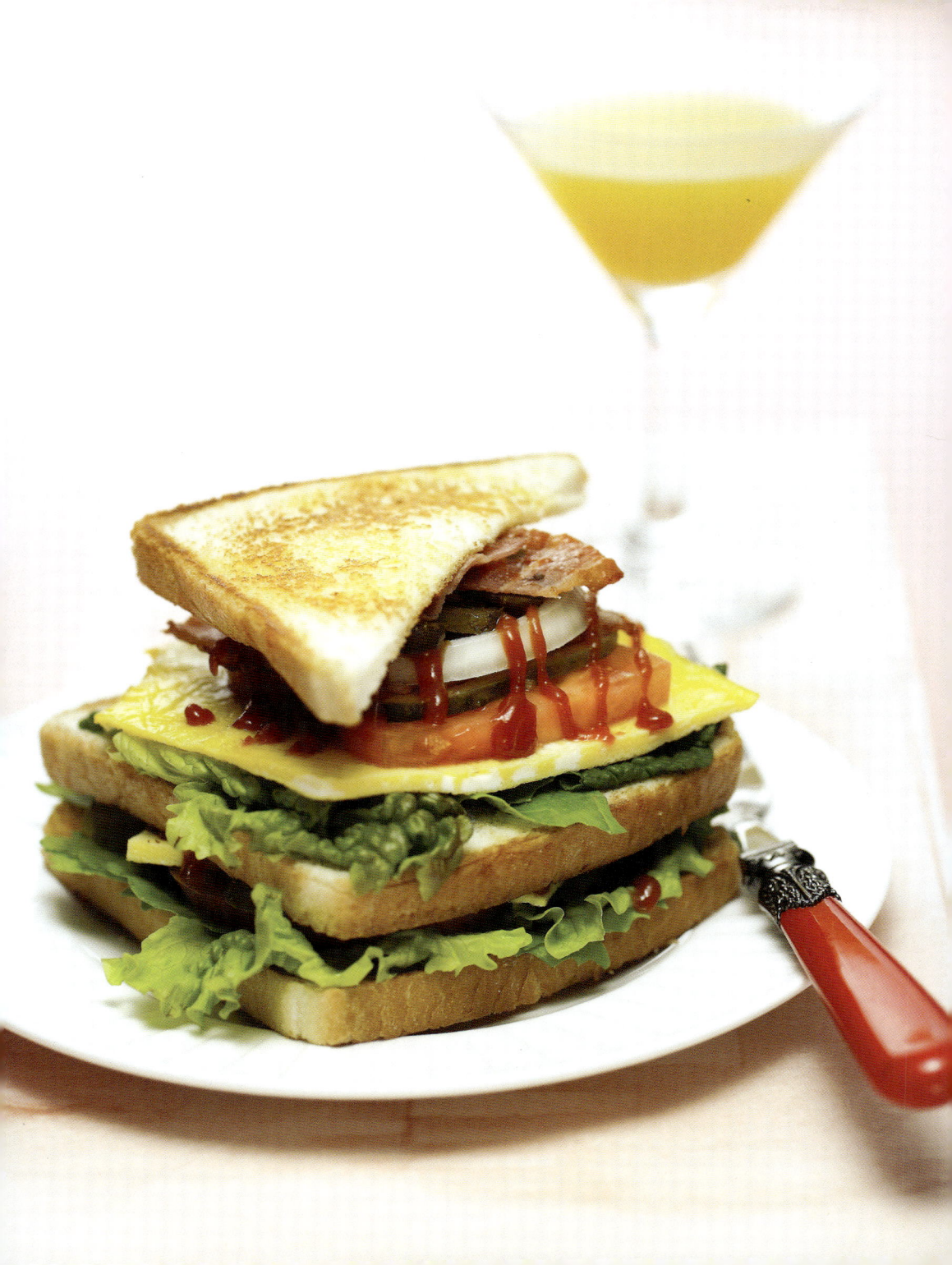

치킨데리야키샌드위치

▶ **주재료**
베이글 2쪽, 닭다릿살 200g

▶ **부재료**
겨자잎 4장, 양상추 4장, 홍피망 1개, 양파 ½개, 소금 · 후춧가루 약간씩, 씨 머스터드 1큰술, 마요네즈 2큰술

▶ **데리야키소스**
간장 3큰술, 맛술 2큰술, 물엿 1½큰술, 마늘즙 1큰술

1 베이글은 가로로 반을 갈라 씨 머스터드와 마요네즈를 섞어서 안쪽에 발라 둔다.

2 닭다리는 살만 발라서 잔칼집을 넣고 소금과 후춧가루로 약간의 밑간을 한다.

3 밑간한 닭다릿살은 팬에 올리브오일을 두르고 마늘즙을 부어서 끓으면 닭다릿살을 넣어서 앞뒤로 노릇하게 굽는다.

4 닭다릿살이 속까지 익으면 간장과 맛술, 물엿을 넣어서 바특하게 조린다. 약간의 데리야키소스를 남겨서 나중에 소스로 쓴다.

5 양상추와 겨자잎은 싱싱하게 얼음물에 담가 씻어 건지고 양파도 동그랗게 썰어 얼음물에 담가 건진다. 홍피망은 0.5㎝ 두께로 썰어서 씨를 뺀다.

6 베이글 위에 양상추와 겨자잎을 올리고 닭다릿살 데리야키구이를 올린다. 양파와 홍피망을 올려서 남은 소스를 듬뿍 끼얹은 후 갈라놓은 베이글의 나머지 반쪽으로 덮어 완성한다.

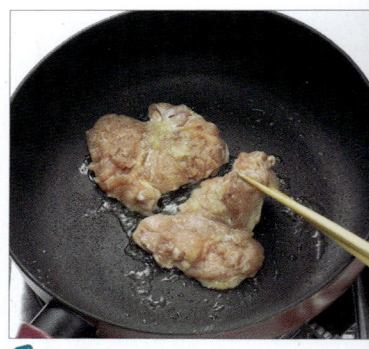
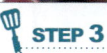 STEP 3

→ **COOK TIP**
닭다릿살은 익혔을 때 줄어들지 않도록 뼈를 발라내고 씻어서 물기를 닦은 후 칼끝으로 다지듯이 칼집을 넣어서 소금과 후춧가루로 밑간을 한다.

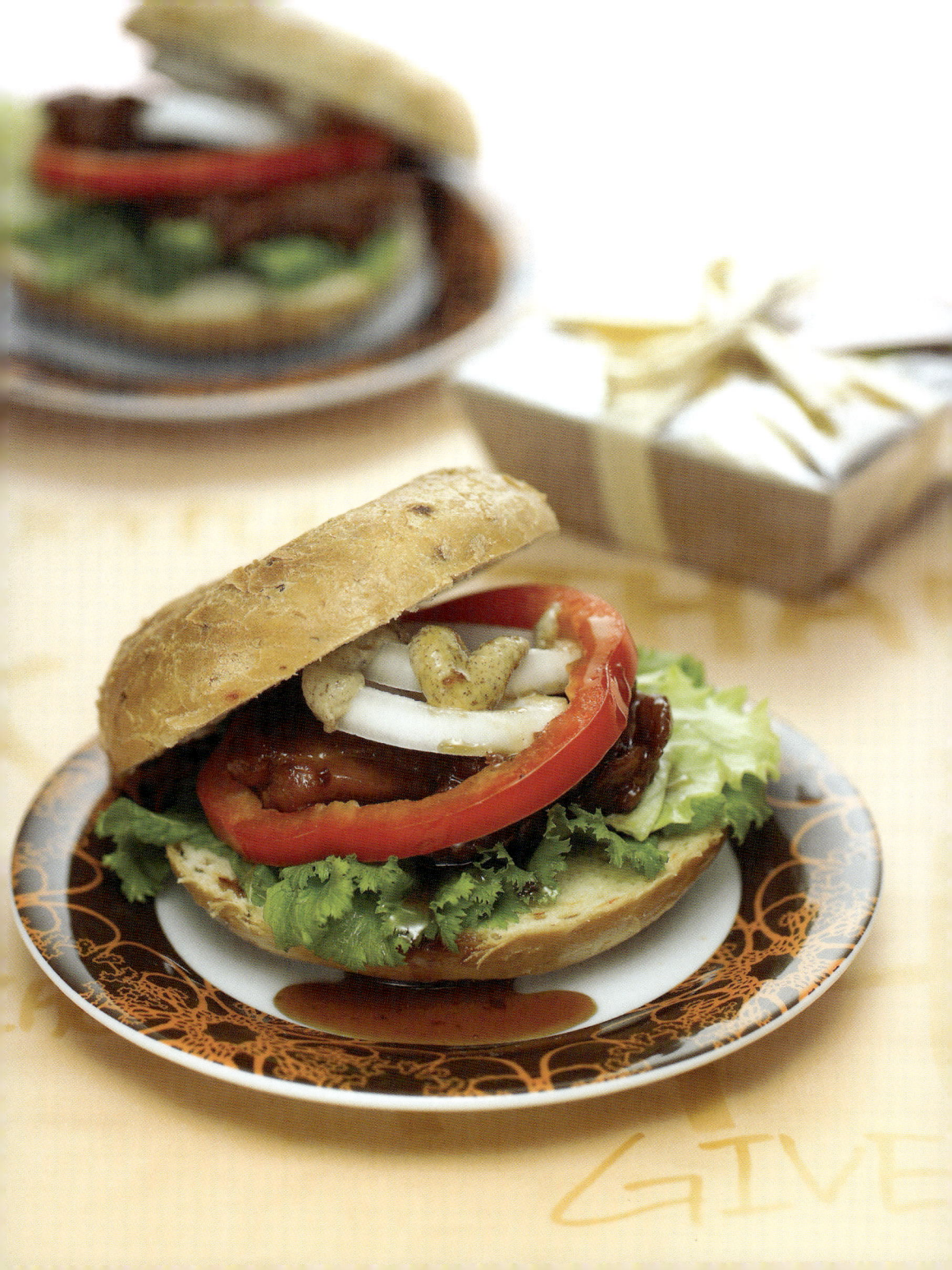

BLT 샌드위치

▶ **주재료**
  샌드위치 빵(우유식빵) 8쪽, 베이컨 8줄, 슬라이스 체더치즈 2장, 양상추 8장, 토마토 2개, 양파 1개

▶ **부재료**
  마요네즈 3큰술, 토마토케첩·올리브오일 2큰술씩, 머스터드 1큰술

1 샌드위치 빵은 우유로 만든 부드러운 식빵으로 준비해서 앞뒤로 파니니 모양의 그릴 자국이 나도록 올리브오일을 바르고 노릇하게 구워낸다.

2 베이컨은 길이를 2등분해서 팬에 올려 노릇하게 구워 종이타월에 올려 기름기를 뺀다.

3 토마토는 씻어서 0.5cm 두께로 썰어 씨를 빼고 양상추는 큼직하게 손으로 뜯어 물에 헹궈 둔다. 양파도 0.5cm 두께로 가로로 썰어 찬물에 헹궈 아린 맛을 뺀 후 건져 토마토, 양상추, 양파 모두 마른 면포에 올려 손으로 두드려 가면서 물기를 닦는다.

4 슬라이스 체더치즈는 식빵 크기의 반 정도로 적당하게 잘라 놓는다. 마요네즈와 토마토케첩, 머스터드를 잘 섞어서 샌드위치에 바를 소스를 만든다.

5 식빵 한 쪽을 도마에 올리고 ④의 소스를 펴 바른 후 양상추→토마토→양파→베이컨→슬라이스 체더치즈를 차례로 올리고 소스를 적당하게 뿌린다. 다른 한쪽의 식빵을 덮어서 물기를 꼭 짠 면포로 덮어 식빵과 속의 재료가 흡착되도록 살짝 누른 후 먹기 좋은 크기로 잘라 완성한다.

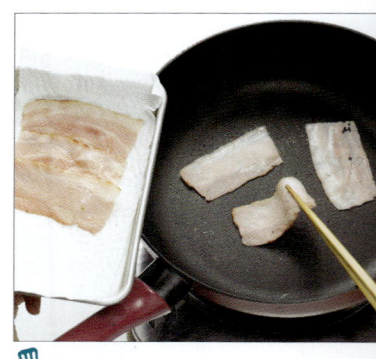

🍳 **STEP 2**

> ➔ **COOK TIP**
> 샌드위치를 만들 때 가장 중요한 것은 샌드위치에 들어갈 재료를 물기 없이 만드는 것이다. 그래야 샌드위치가 흐물거리지 않고 아삭한 채소의 질감과 베이컨의 짭쪼롬하고 고소한 맛을 한꺼번에 느낄 수 있다.

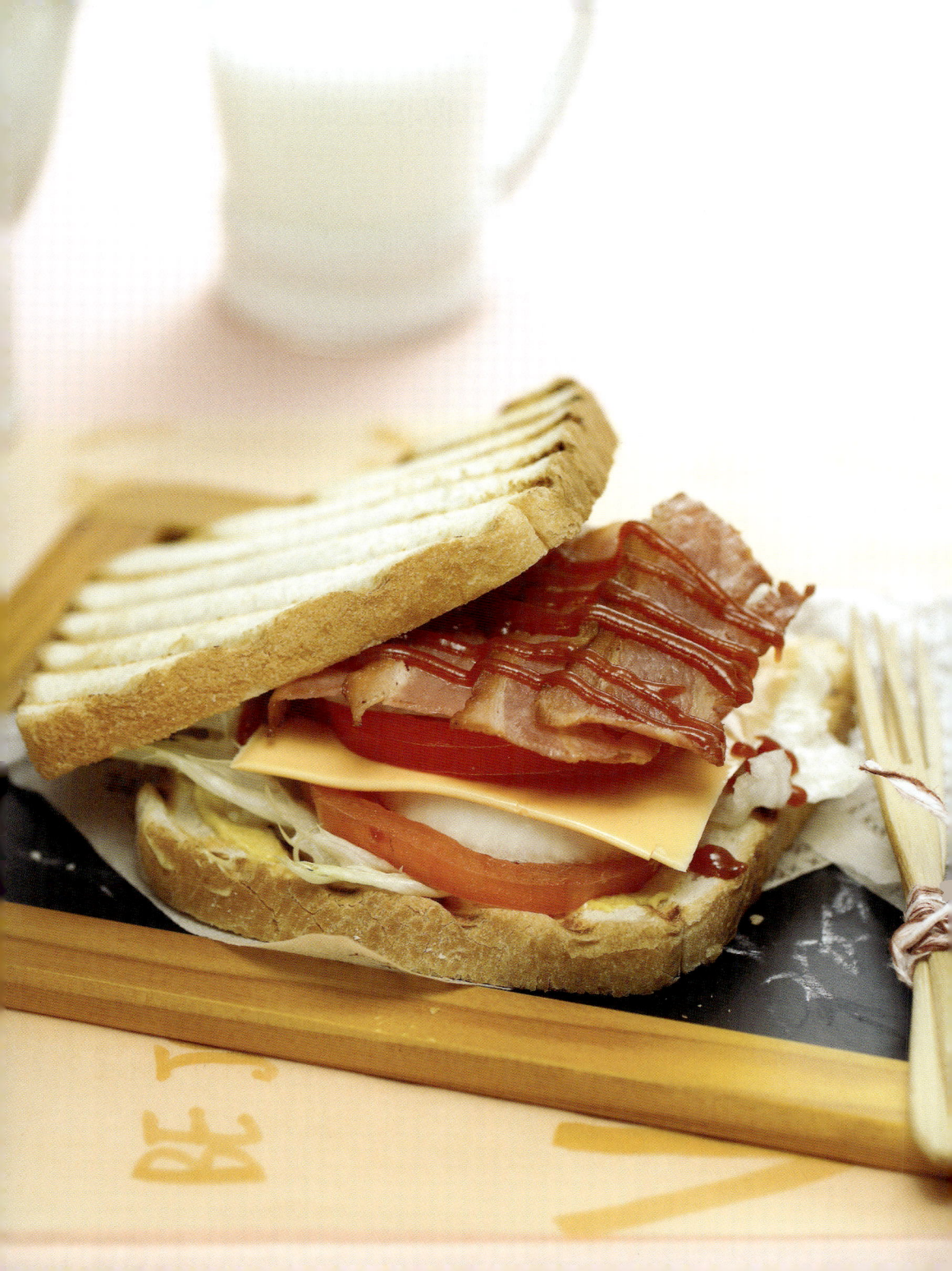

콘샐러드샌드위치

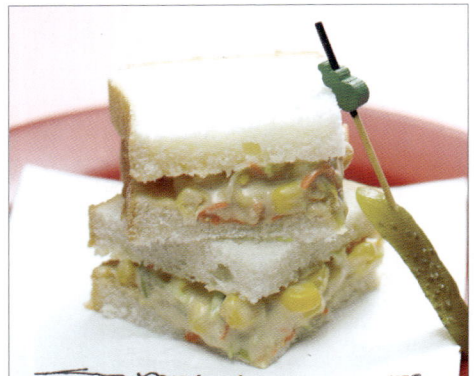

▶ **주재료**
옥수수(작은 통조림) ½통, 샌드위치 빵 8쪽

▶ **부재료**
양배추 3장, 오이 · 당근 ½개씩, 마요네즈 · 땅콩버터 2큰술씩, 머스터드 1작은술, 소금 · 흰 후춧가루 약간씩

1 옥수수알은 씻어서 끓는 물에 살짝 데쳐 찬물에 헹궈 건져 놓는다.

2 양배추와 오이, 당근은 2cm 길이로 곱게 채 썰어 찬물에 담가 싱싱하게 해서 건져 물기를 마른 면포로 닦아 없앤다.

3 볼에 ①의 옥수수알과 ②의 채소를 모두 넣고 마요네즈와 머스터드, 소금, 흰 후춧가루로 간을 해서 버무려 샐러드를 만든다.

4 샌드위치 빵에 땅콩버터를 고루 바르고 ③의 옥수수 샐러드를 듬뿍 올려 평평하게 한 후 다른 한쪽의 샌드위치 빵을 덮어서 물기를 꼭 짠 면포로 덮어 10분 정도 지나 빵에 샐러드가 흡착되면 반으로 잘라 완성한다.

→ COOK TIP
콘샐러드에 오이피클, 햄, 치즈, 양파 등을 함께 다져 넣으면 맛이 아주 좋은데 양파를 넣을 때에는 양파 냄새가 오래 입안에 남지 않도록 곱게 채 썰어서 찬물에 헹궈 아린맛을 없앤 후 넣는다.

메시드포테이토샌드위치

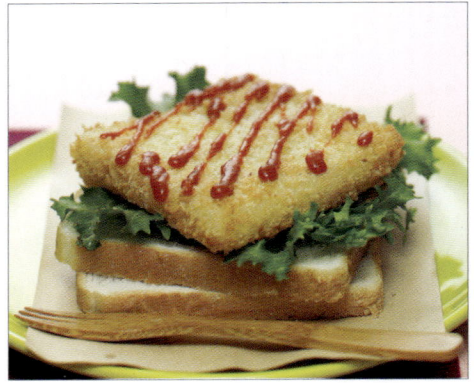

▶ **주재료**
감자 4개, 샌드위치 빵 8쪽

▶ **부재료**
빵가루 ½컵, 달걀 1개, 밀가루 5큰술, 소금 · 흰 후춧가루 약간씩, 다진 파 3큰술, 치커리 30g, 마요네즈 4큰술, 머스터드 1큰술

1 감자는 껍질을 벗기고 냄비에 물을 약간 붓고 소금을 넣어서 삶아 물기가 거의 날아 가도록 쪄내 감자가 뜨거울 때 으깬다.

2 ①의 감자에 다진 파를 넣어 소금과 흰 후춧가루로 간을 해서 뭉쳐 손바닥에 올려 두드려서 1cm 두께로 평평하게 한다.

3 ②의 감자를 밀가루→곱게 푼 달걀물→빵가루 순서로 옷을 듬뿍 입혀서 170℃에서 노릇하게 튀긴다.

4 치커리는 찬물에 헹궈 먹기 좋은 크기로 손으로 뜯어 준비한다.

5 샌드위치 빵에 마요네즈를 펴 바르고 메시드 포테이토와 치커리를 얹어 머스터드를 바른 후 다른 샌드위치 빵을 덮어서 완성한다.

→ COOK TIP
메시드 포테이토에 다진 파슬리 또는 다진 치즈를 넣어서 함께 만들면 먹음직한 색이 난다. 치즈는 굵게 다져서 튀겼을 때 녹아 내리지 않도록 재빨리 튀겨야 한다.

가지모차렐라샌드위치

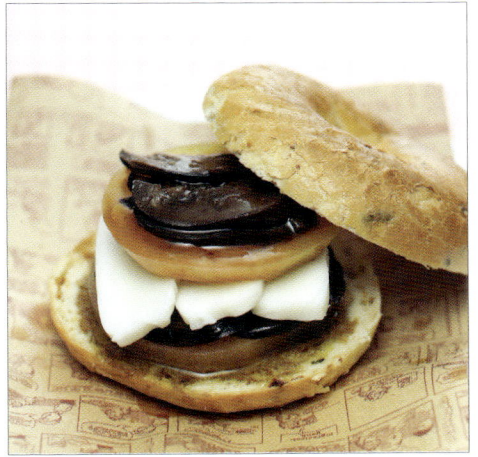

▶ **주재료**
베이글 2개, 모차렐라치즈 50g, 가지 · 토마토 1개씩

▶ **부재료**
양상추 4장, 꿀 ½작은술, 올리브오일 · 발사믹식초 2큰술씩

1 가지는 씻어서 반을 갈라 어슷하게 채 썰어 소금을 약간 뿌린 후 팬에 올리브오일을 두르고 가지를 볶다가 발사믹식초를 넣어서 볶아낸다.

2 올리브오일에 발사믹식초를 조금 넣어 꿀을 가미해서 잘 섞어서 베이글 안쪽에 부드럽게 바른다.

3 양상추는 씻어서 물기를 털고 큼직하게 손으로 찢고 토마토는 가로로 1㎝ 폭으로 썰어 물기를 닦는다. 모차렐라치즈는 도톰하게 썬다.

4 ②의 베이글에 모차렐라치즈→가지 볶음→양상추→토마토→베이글 순서로 덮어서 완성한다.

> **→ COOK TIP**
> 발사믹식초에 가지를 볶을 때에는 올리브오일을 두른 팬에서 소금으로 밑간한 가지를 볶은 후 발사믹식초를 조금 뿌려서 새콤하게 익도록 센 불에서 재빨리 볶아야 한다.

참치샐러드샌드위치

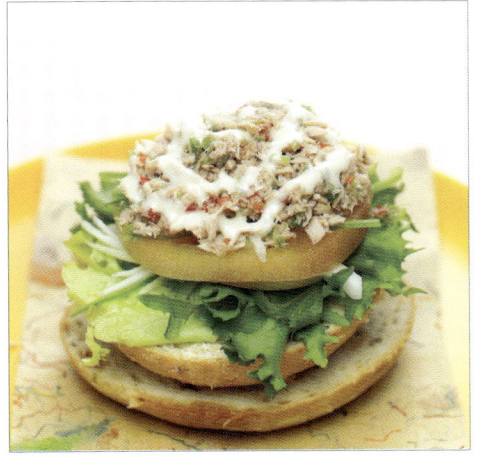

▶ **주재료**
베이글 2개, 참치(통조림) 1통

▶ **부재료**
머스터드 2큰술, 양파 · 청피망 · 토마토 1개씩, 양상추 4장, 소금 · 후춧가루 · 올리브오일 약간씩

1 베이글은 가로로 잘라서 머스터드를 듬뿍 펴 바른다.

2 참치는 기름을 뺀 후 양파와 청피망을 반만 곱게 다져서 함께 넣고 소금과 후춧가루, 올리브오일을 넣어서 버무려 샐러드를 만든다.

3 양상추는 큼직하게 손으로 찢어 얼음물에 담가 헹궈 물기를 완전하게 털고 토마토는 가로로 도톰하게 썬다.

4 남은 양파와 청피망은 얇게 채 썬다.

5 베이글에 양상추와 토마토를 올리고 그 위에 참치 샐러드를 듬뿍 바른 후 양파와 청피망을 올려서 베이글을 덮어 완성한다.

> **→ COOK TIP**
> 참치 샐러드를 만들 때 빵에 넣어 질척이게 하지 않으려면 참치의 기름을 완전히 뺀 후 올리브오일을 마지막에 조금 넣어서 양파와 피망을 잘 섞어야 맛이 좋다.

불고기클럽샌드위치

▶ **주재료**
잡곡식빵 8쪽, 쇠고기(불고깃감) 200g, 양파 ½개, 양상추 8장, 양배추 3장, 적채 1장, 청피망 1개, 올리브오일 2큰술

▶ **허니머스터드소스**
꿀 1작은술, 씨 머스터드 2큰술, 마요네즈 1큰술, 흰 후춧가루 약간

▶ **불고기 양념장**
간장 1큰술, 참기름 · 설탕 · 다진 마늘 ½작은술씩, 청주 1작은술, 소금 · 후춧가루 약간씩

1 잡곡식빵은 올리브오일을 두른 팬에 노릇하게 앞뒤로 구워낸다.

2 쇠고기는 얇게 저민 불고깃감으로 준비해서 적당하게 썰어 불고기 양념장에 버무려 20분 정도 재워 팬에 고슬하게 볶아낸다.

3 양파는 아주 곱게 채 썰어 찬물에 헹궈 팬에 올리브오일을 조금 두르고 고슬하게 볶아내 식힌다.

4 양상추는 큼직하게 손으로 뜯어 찬물에 담가 싱싱하게 해서 건지고 청피망은 동그랗고 얄팍하게 썰어서 씨를 턴다.

5 양배추와 적채는 굵은 심지를 도려내고 곱게 채 썰어 찬물에 헹궈 싱싱하게 건져 물기를 완전히 턴다.

6 잡곡식빵을 도마에 올리고 양상추→불고기→양파 → 청피망→양배추→적채를 차례로 올리고 허니머스터드소스를 만들어 뿌린 후 다른 잡곡식빵으로 덮어 살짝 눌러 재료가 잘 붙도록 한다.

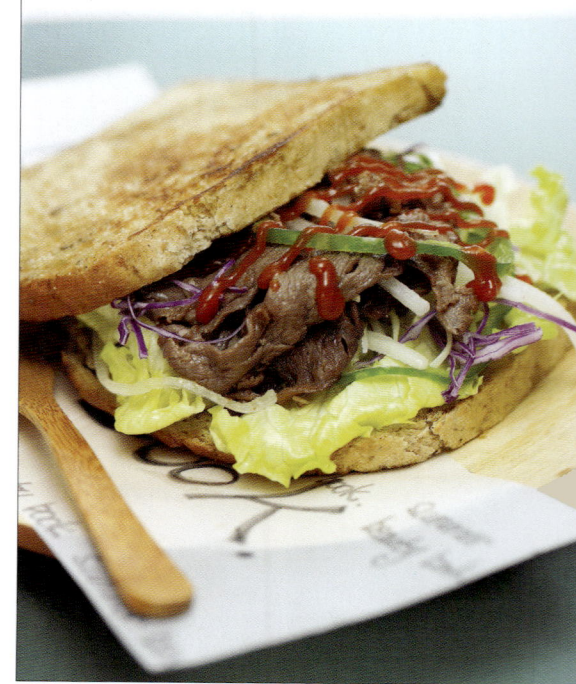

→ **COOK TIP**
불고기는 수분이 있으면 식빵이 젖으므로 고슬하게 볶는 것이 좋다. 그래서 양파도 불고기와 함께 볶지 말고 따로 소금으로만 간을 해서 볶아 샌드위치를 만들어야 모양도 예쁘고 맛도 좋다.

베이글샌드위치

▶ **주재료**
베이글 4개

▶ **부재료**
올리브오일 1큰술, 양상추 4장, 키위 · 토마토 1개씩, 달걀 2개, 양파 ⅓개, 홍고추 ½개, 청주 1작은술, 소금 · 흰 후춧가루 약간씩

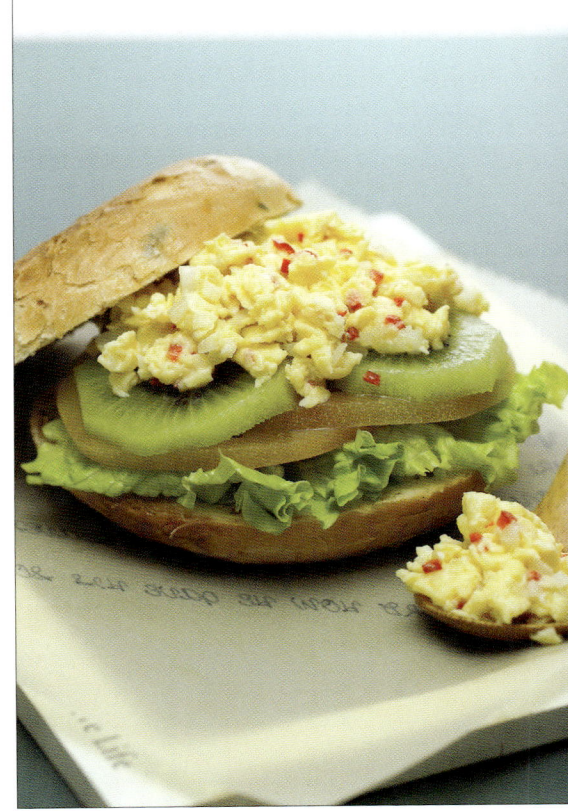

1 베이글은 가로로 반 갈라 올리브오일을 두른 팬에 노릇하게 구워낸다. 그냥 써도 되지만 오일에 살짝 구우면 부드럽게 먹을 수 있다.

2 양상추는 큼직하게 뜯어 찬물에 담가 건져 물기를 완전하게 뺀다.

3 키위는 껍질을 벗기고 얄팍하게 썰고 토마토는 가로로 썰어 씨를 빼고 물기를 닦는다.

4 달걀은 알끈을 제거하고 곱게 풀어서 곱게 다진 양파와 홍고추를 넣고 소금과 흰 후춧가루, 청주로 간을 해서 섞는다.

5 팬에 올리브오일을 약간 두르고 ④의 달걀 재료를 넣어 젓가락으로 저어가면서 휘저어 채소 스크램블을 만든다.

6 베이글에 양상추와 키위, 토마토를 깔고 그 위에 스크램블을 듬뿍 얹어 갈라놓은 베이글 반쪽을 얹어 먹는다.

→ COOK TIP
베이글에 달걀 스크램블과 새콤한 과일을 곁들이면 한쪽만 먹어도 포만감이 생기고 새콤한 과일의 향과 맛이 어우러져 부드럽게 잘 먹을 수 있다.

사과핫케이크샌드위치

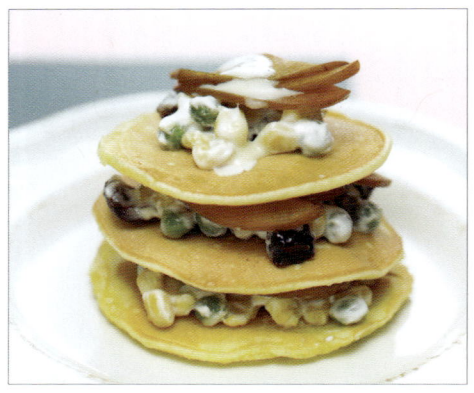

▶ **주재료**
밀가루 1컵, 사과 2개, 설탕 3큰술, 물 $\frac{1}{2}$컵

▶ **부재료**
달걀 1개, 우유 $\frac{1}{2}$컵, 설탕·마요네즈 2큰술씩, 소금 약간, 건포도 1큰술, 완두콩(통조림) 2큰술, 옥수수(통조림) 3큰술

1 사과는 소금물에 껍질까지 말끔하게 씻어 세로로 4등분하고 씨를 발라내고 0.2cm 두께로 얇게 썰어 해서 냄비에 설탕 3큰술과 함께 물 $\frac{1}{2}$컵을 넣고 윤기나게 바짝 조린다.

2 볼에 밀가루와 달걀, 우유, 설탕 2큰술을 넣어 걸쭉한 상태가 되도록 핫케이크 반죽을 만든다.

3 ②의 반죽을 기름 두른 팬에 직경 8cm 크기로 핫케이크를 앞뒤로 부드럽게 구워낸다.

4 볼에 건포도, 완두콩, 옥수수, 마요네즈, 소금을 약간 넣어 물기 없이 혼합한다.

5 구운 핫케이크를 도마에 올리고 조린 사과를 모양내 펼쳐 올린 후 ④의 소스를 소복이 올린다.

→ COOK TIP

샌드위치 안에 들어가는 과일이나 채소는 물기를 완전하게 없애고 넣어야 빵이 질척해지지 않고 먹기에도 좋다. 특히 토마토처럼 수분을 많이 함유하고 있는 채소는 종이타월로 꾹꾹 눌러 수분을 없앤 후 넣는다.

모닝빵불고기샌드위치

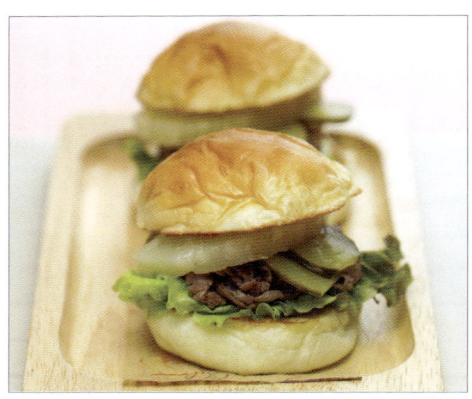

▶ **주재료**
모닝빵 4개, 쇠고기(불고깃감) 300g, 버터 1큰술, 양상추 2장, 오이피클 1개, 파인애플(통조림) $\frac{1}{3}$통

▶ **고기 양념**
간장 1$\frac{1}{2}$큰술, 다진 파·다진 마늘·청주·깨소금·참기름 1작은술씩, 설탕 1큰술, 후춧가루 약간

1 모닝빵은 반으로 갈라 안쪽 면에 버터를 바르고 팬에 안쪽 면만 살짝 구워낸다.

2 불고기용 쇠고기를 적당히 잘라서 고기 양념에 재워둔다.

3 양념한 불고기를 석쇠나 팬에 구워낸다.

4 구워둔 빵 사이에 양상추를 적당히 찢어서 끼워 넣고 불고기와 오이피클, 얇게 썬 파인애플 등을 포개 넣는다.

→ COOK TIP

샌드위치에 주재료를 얹기 전에 버터나 마요네즈, 마가린 등을 발라 주재료가 빵에 잘 붙도록 해주어야 샌드위치의 모양이 살아난다. 버터와 마가린은 딱딱한 상태 그대로 쓰는 것보다 실온에서 크림 상태로 만들어 부드럽게 발라지게 해야 한다.

과일오픈샌드위치

▶ **주재료**
바나나 2개, 망고 1개, 파파야 1개, 방울토마토 8개, 샌드위치 빵 6쪽, 설탕 1큰술

▶ **시나몬 견과류 스프레드**
시나몬가루 · 설탕 1작은술씩, 마요네즈 3큰술, 버터 · 잘게 자른 호두 1큰술씩, 굵게 빻은 땅콩 2큰술

1 바나나는 껍질을 벗기고 0.3㎝ 두께로 잘라서 흰 설탕을 골고루 뿌려 둔다.

2 망고와 파파야는 과육만 준비해서 모양대로 얇게 저민다.

3 방울토마토는 깨끗이 씻어 꼭지를 떼어내고 바나나 굵기로 썬다.

4 볼에 호두 잘게 자른 것과 땅콩 굵게 빻은 것을 담고 시나몬가루와 마요네즈, 설탕, 버터를 골고루 섞어 스프레드를 만든다.

5 샌드위치용 식빵의 가장자리를 잘라내고 세로로 가르고 나서 ④의 스프레드를 듬뿍 펴 바른다.

6 ⑤에 바나나와 망고, 파파야, 방울토마토를 모양내서 올려 바로 접시에 담아낸다.

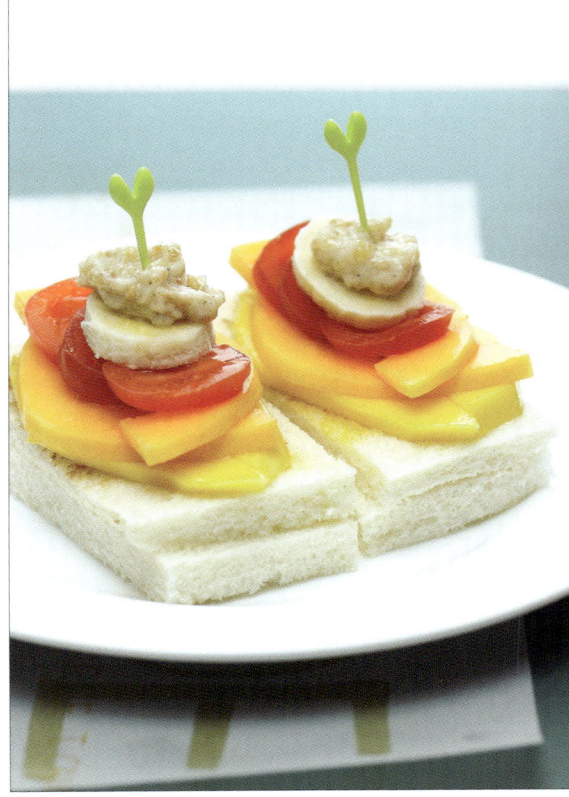

🔄 COOK TIP

부드러우면서 고소한 맛이 살아나는 샌드위치는 우선 식빵이 부드럽고 결이 살아있어야 하는데 식빵은 금방 구운 것보다 반나절 정도 지나서 결이 있는 식빵이 좋다. 식빵이 조금 굳은 것처럼 뻣뻣하면 물기를 꼭 짠 면포를 덮어서 수분을 공급한 후 팬에 굽거나 토스터에 구워서 샌드위치를 만들어야 한다.

충무김밥

▶ **주재료**
고슬하게 지은 밥 3공기, 김 4장

▶ **오징어무침**
오징어 1마리, 고운 고춧가루 3큰술, 다진 파 1큰술, 다진 마늘 · 설탕 · 간장 · 물엿 · 참기름 · 깨소금 1작은술씩,
생강즙 ½작은술, 소금 약간

▶ **무 깍두기**
무 200g, 고운 고춧가루 3큰술, 다진 마늘 · 다진 파 1큰술씩, 다진 생강 ½작은술, 소금 · 설탕 약간씩

1 김은 마른 팬에 바삭하게 구워서 큼직하게 4등분한다.

2 고슬하게 지은 밥을 부채질하면서 윤기나게 식힌 후 ①의 김에 한 숟가락
씩 올리고 평평하게 펼쳐 돌돌 말아 김밥을 싼다.

3 오징어는 먹물과 내장을 빼내고 씻어서 반을 갈라 1㎝ 폭으로 썰고 다리도
5㎝ 길이로 썰어서 끓는 물에 소금을 약간 넣고 데쳐 찬물에 헹궈 물기를
꼭 짠 후 마른 면포에 올려 물기를 완전히 닦아낸다.

4 물기를 닦아낸 오징어에 고운 고춧가루를 섞은 양념장으로 조물조물 무
친다.

5 무는 껍질이 있는 채로 씻어서 먹기 좋은 크기로 도톰하게 썬 후 채반에
널어 볕에 3시간 정도 말린다. 꾸덕하게 말린 무는 고운 고춧가루 양념에
버무려 하루 정도 익힌다.

6 도시락에 김밥을 담고 오징어무침과 무 깍두기를 담아 완성한다.

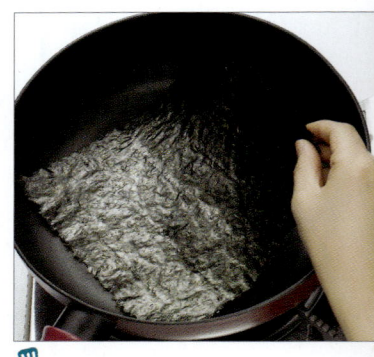

🍴 **STEP 1**

→ **COOK TIP**
충무김밥의 반찬인 오징어무침과 무 깍두기는 미리 준비하는 것
이 좋다. 특히 무 깍두기는 꾸덕하게 무를 말린 후 양념해서 익혀
야 수분이 많이 생기지 않고 아삭한 맛을 느낄 수 있다. 쫄깃한
오징어와 아삭한 무가 적당하게 간이 배서 마른 김에 싼 김밥을
먹기 좋게 한다.

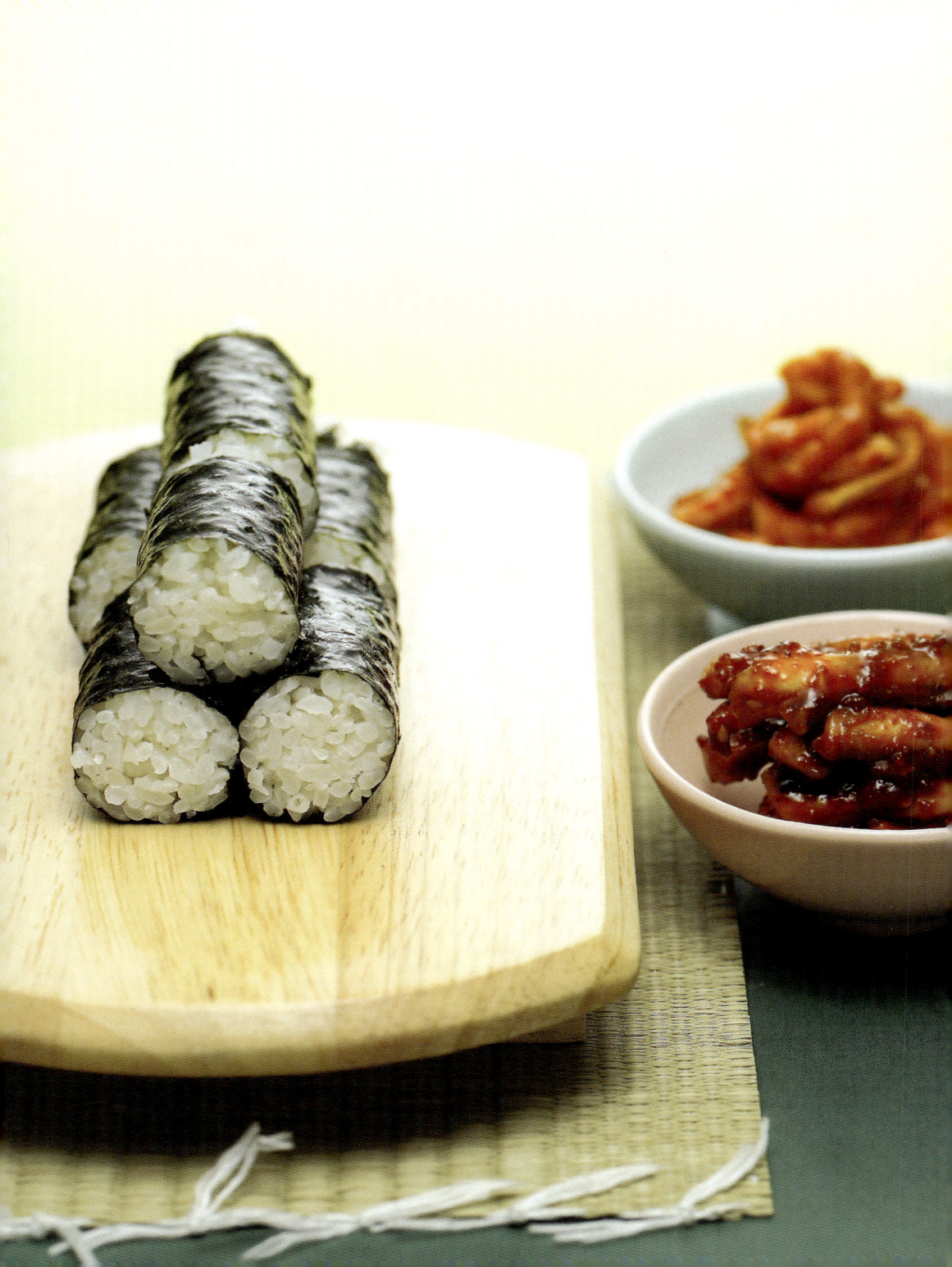

쇠고기왕김밥

▶ **주재료**
밥 5공기, 다진 쇠고기 · 우엉 · 당근 · 단무지 · 어묵 50g씩, 달걀 3개, 깻잎 8장, 김 4장

▶ **부재료**
소금 약간, 간장 3큰술, 참기름 2큰술, 청주 · 깨소금 · 식초 1작은술씩, 물엿 1큰술

▶ **고추냉이소스**
고추냉이 1큰술, 마요네즈 3큰술, 설탕 1작은술

1 고슬하게 지은 밥은 소금과 참기름을 넣어 자르듯이 비벼서 부채질을 해서 윤기가 나도록 식힌다.

2 다진 쇠고기는 핏물을 없애고 간장과 청주, 깨소금으로 조물조물 무쳐서 팬에 고슬하게 볶아내 식힌다.

3 우엉은 껍질을 벗기고 7㎝ 길이로 채 썰어 식초를 넣은 끓는 물에 살짝 데쳐 찬물에 헹궈 물기를 빼고 팬에 간장과 물엿을 넣어 윤기가 나게 조린다.

4 어묵은 끓는 물을 끼얹어 기름기를 없애고 길게 채 썰어 간장, 청주, 참기름, 물엿을 넣어 조려 넓게 펼쳐 식힌다.

5 달걀은 알끈을 제거하고 곱게 풀어서 도톰하게 지단을 부쳐 한 김 식힌 후 1㎝ 폭으로 길게 썬다.

6 당근은 곱게 채 썰어 소금으로 간을 해서 볶아 식히고 단무지는 나무젓가락 굵기로 썰어 물기를 닦는다. 깻잎은 깨끗이 씻어 물기를 턴다.

7 김은 손으로 비벼서 불에 살짝 구워 놓는다.

8 도마에 김발과 김을 포개어 깔고 그 위에 밥을 한주먹 큼직하게 덜어내 김 위에 도톰하게 펼치고 가운데 깻잎을 깐 후 다진 쇠고기, 우엉, 달걀, 당근, 어묵, 단무지를 조금씩 올리고 돌돌 말아서 큼직한 굵기의 김밥을 만다.

9 김밥에 참기름을 발라 1㎝ 두께로 썰어 그릇에 담고 고추냉이소스를 섞어서 곁들여 낸다.

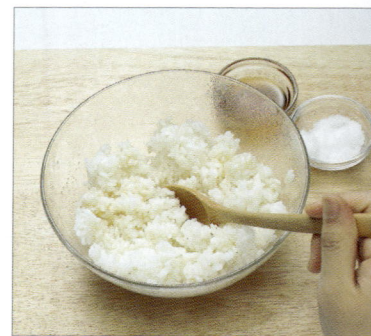

 STEP 1

→ COOK TIP
왕김밥의 특성은 김밥소가 많이 들어가므로 소금을 조금 넣어야 한다.

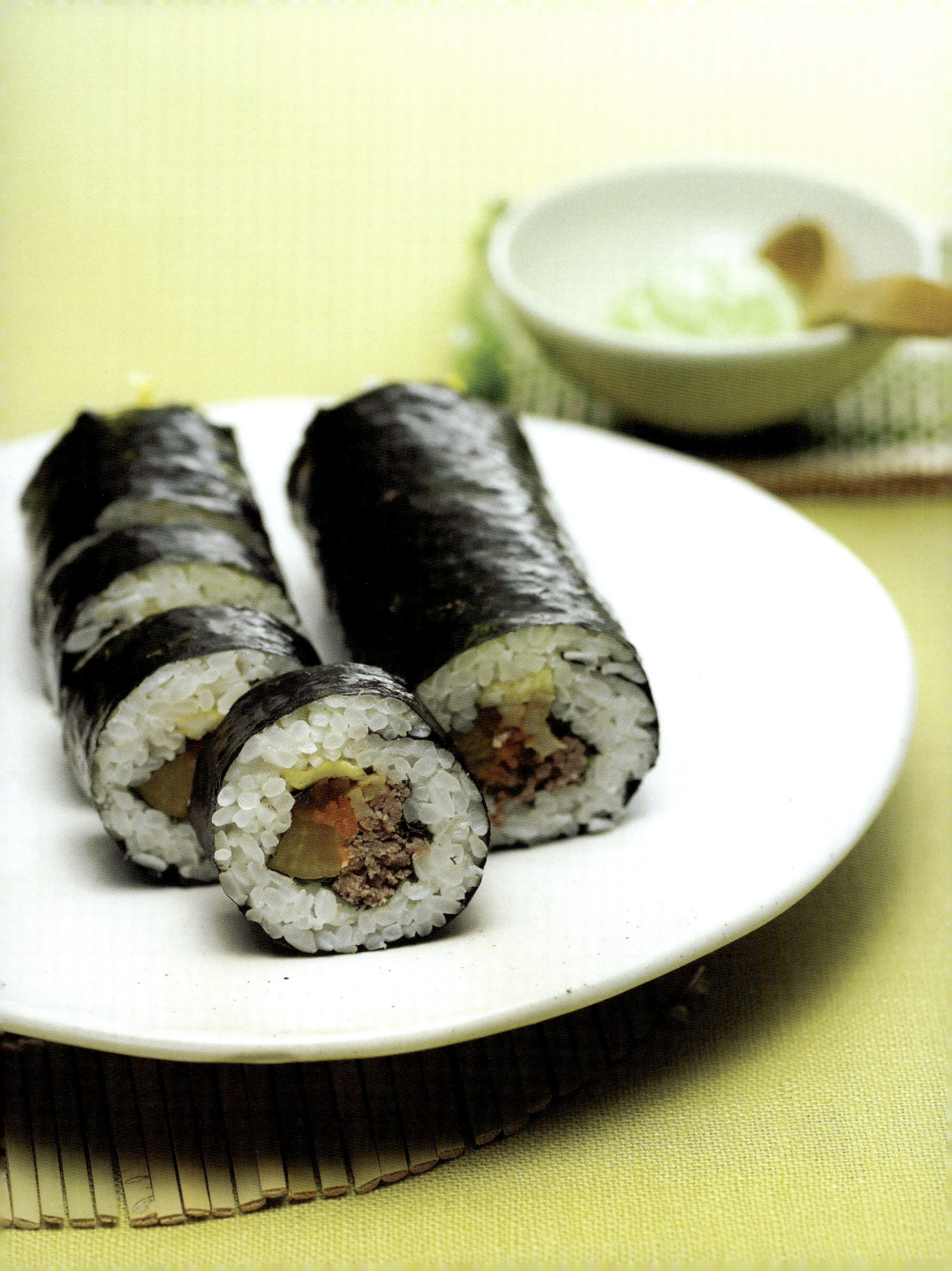

샐러드김밥

▶ **주재료**
구운 김 2½장, 고슬하게 지은 밥 2공기, 단무지 2줄, 게맛살 4줄, 오이 ½개, 당근 ½개

▶ **부재료**
마요네즈 3큰술, 소금 · 흰 후춧가루 약간씩, 참기름 · 설탕 1작은술씩

1 김은 손으로 비벼서 직화로 불에 구워서 김 ½장은 2등분으로 길게 잘라 놓는다.

2 고슬하게 지은 밥은 넓은 볼에 담아서 참기름과 설탕, 소금을 넣어서 자르 듯이 버무려 간을 해서 식힌다.

3 단무지는 손가락 굵기로 길게 썰고 게맛살은 2등분해서 길게 썬다.

4 오이와 당근은 아주 곱게 채 썰어 마요네즈와 소금, 흰 후춧가루로 버무려 샐러드를 만든다.

5 김발에 구운 김 한 장을 깔고 그 위에 밥을 적당하게 펴서 깔고 ④의 샐러 드를 길게 놓은 후 그 위에 ①에서 잘라 놓은 김을 덮어서 샐러드의 질척 이는 질감이 많이 생기지지 않도록 한다.

6 ⑤의 자른 김 위에 게맛살 2줄과 단무지를 올리고 돌돌 말아서 샐러드김 밥을 만들어 먹기 좋은 크기로 잘라 먹는다.

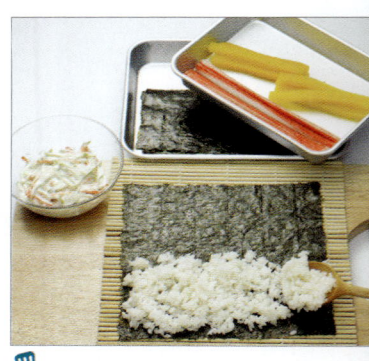

 STEP 5

COOK TIP
오이와 당근은 아주 곱게 채 썰어서 마요네즈와 약간의 소금 흰 후춧가루를 넣어서 잘 버무려서 샐러드를 만든다. 오이와 당근을 썰고 나서 마른 면포에 올려 꾹꾹 눌러서 수분을 완전하게 없앤 후 샐러드로 무쳐야 질척이지 않는다.

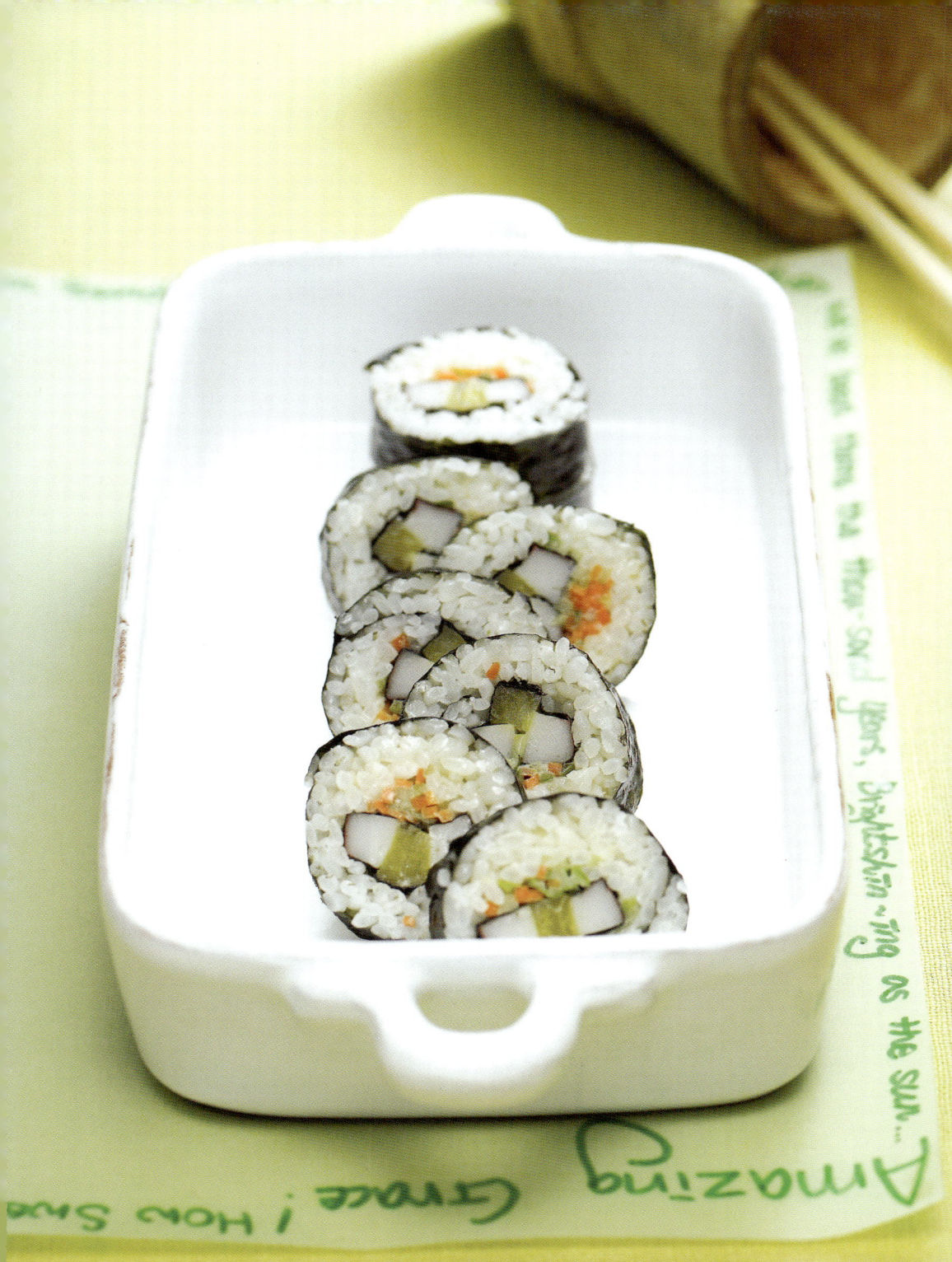

달걀말이김밥　　김치튀긴두부두루치기

▶ **주재료**
밥 2공기, 달걀 3개

▶ **부재료**
시판 후리가케 3큰술, 참기름 · 청주 1큰술씩, 소금 · 설탕 약간씩

1 밥은 고슬하게 지은 것으로 준비해서 시판 후리가케와 참기름, 소금, 설탕을 넣어서 버무려 한 김 식힌다.

2 달걀은 알끈을 제거하고 청주를 넣어 곱게 풀어서 체에 한 번 내려 부드럽게 한다.

3 팬에 기름을 약간 두르고 달걀을 두 숟가락 정도 놓고 동그랗게 지단을 작게 부쳐서 ①의 버무린 밥을 세로 4㎝ 길이로 동그랗게 뭉쳐서 놓고 돌돌 말아서 계란말이를 해서 먹는다.

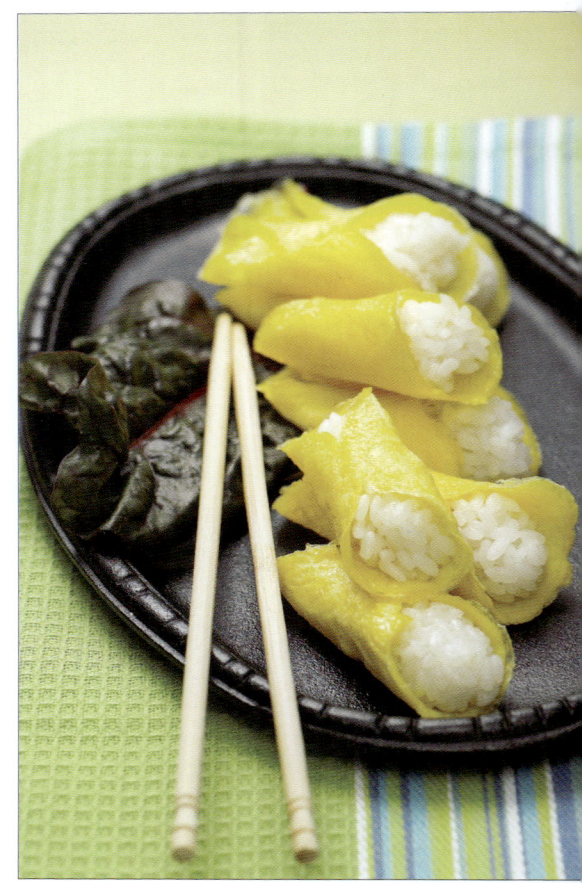

→ COOK TIP
달걀의 알끈을 제거하고 곱게 푼 다음에 체에 내려서 달걀의 입자를 아주 곱게 하고 맛술이나 청주를 약간 넣어서 달걀의 비린내가 없도록 한다.

날치알김밥

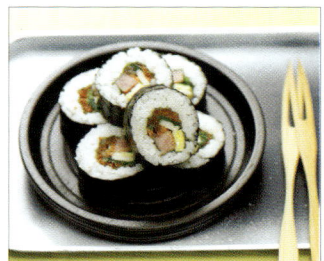

▶ **주재료**
밥 3공기, 구운 김 3장, 날치알 100g

▶ **부재료**
깻잎 12장, 시금치 · 어묵 50g씩, 우엉 · 당근 30g씩, 달걀 2개, 김밥용 햄 3줄, 청주 · 설탕 1큰술씩, 참기름 · 간장 2큰술씩, 소금 약간

1 밥은 고슬하게 지어서 한 김 식힌다.

2 깻잎은 깨끗하게 씻어 물기를 털고 시금치는 다듬어 씻어서 끓는 물에 소금을 약간 넣고 파랗게 데쳐 물기를 꼭 짠 후 소금, 참기름으로 조물조물 무친다.

3 어묵은 1㎝ 폭으로 길게 썰어서 참기름을 약간 두른 팬에 볶아내 식히고 우엉은 얄팍하게 채 썰어 간장과 설탕, 참기름을 약간씩 넣고 갈색이 나도록 조려내 식힌다. 당근도 곱게 채 썰어 팬에 볶아 낸다.

4 달걀은 알끈을 제거하고 곱게 풀어서 도톰하게 지단을 부쳐 식힌 후 1㎝ 폭으로 썰고 햄은 달걀지단과 같은 크기로 썰어서 팬에 볶아 식힌다.

5 날치알은 물 1컵에 청주를 넣어서 헹궈 체에 밭쳐 물기를 완전하게 뺀다. 이렇게 청주를 넣은 물에 헹궈야 날치알의 비린맛이 없다.

6 구운 김을 김발에 깔고 밥을 평평하게 펼친 후 깻잎을 두 장씩 포개어 놓고 그 위에 시금치, 어묵, 우엉, 당근, 달걀, 햄을 올린다.

7 날치알을 조금씩 길게 놓고 돌돌 말아서 먹기 좋은 크기인 1㎝ 폭으로 썬다.

달걀시금치말이김밥

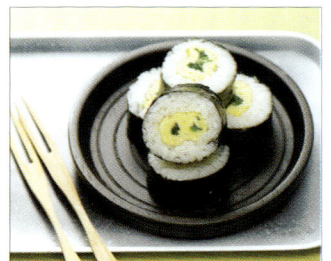

▶ **주재료**
달걀 8개, 시금치 100g, 소금 약간, 맛술 1큰술, 참기름 · 깨소금 1작은술씩, 밥 4공기, 구운 김 4장

▶ **배합초**
설탕 · 식초 3큰술씩, 소금 1작은술

1 달걀은 2개씩 볼에 깨뜨려 알끈을 제거하고 곱게 풀어서 소금과 맛술을 넣어 각각 양념한다.

2 시금치는 길게 다듬어 씻어서 끓는 물에 소금을 약간 넣고 파랗게 데쳐 찬물에 헹궈 건져 물기를 짜고 참기름과 깨소금, 소금을 넣어 조물조물 무친다.

3 금방 지은 고슬한 밥에 배합초를 넣어 버무려 젖은 면포를 덮어 한 김 식힌다.

4 팬에 기름을 아주 약간 두르고 달군 후 달걀 2개 분량을 부어서 얇게 지단을 부친다.

5 아래 면이 약간 익으면 시금치 무친 것을 서너 줄씩 길게 뭉쳐서 지단 한쪽에 놓고 돌돌 말아 달걀과 시금치를 밀착되게 부쳐서 달걀시금치말이를 4줄 만든다.

6 김에 밥을 고루 펼쳐 담고 ⑤의 달걀시금치말이를 올려 돌돌 말아서 단단한 김밥을 만든다.

7 ⑥의 김밥을 1㎝ 폭으로 잘라먹는다.

→ COOK TIP
달걀지단을 부칠 때 홍고추를 곱게 다져서 지단을 부치면 색이 곱고 멋스럽다.

전통김초밥

▶ **주재료**
김 4장, 오이 1개, 단무지(나무젓가락 굵기, 20㎝ 길이) 4줄, 당근 1개, 달걀 3개, 김밥용 햄 4줄, 밥 4공기

▶ **김초밥 양념**
설탕 · 식초 3큰술씩, 소금 1작은술

▶ **부재료**
소금 약간, 설탕 · 식초 1큰술씩

1 김은 손으로 비벼서 잡티를 없애고 팬에 아무것도 넣지 않은 채로 살짝 구워낸다.

2 오이는 소금에 문질러 씻어서 양쪽의 꼭지를 떼어내고 껍질째 20㎝ 길이로 썰어 소금을 뿌려 절인다.

3 단무지는 나무젓가락 굵기로 20㎝ 길이로 썬 것을 준비해서 설탕과 식초로 잠시 재운 후 물에 헹궈 건져 물기를 마른 면포로 깔끔하게 닦아낸다.

4 당근은 5㎝ 길이로 곱게 채 썰어 소금에 살짝 절인다.

5 달걀은 알끈을 제거하고 곱게 풀어서 소금으로 간을 해서 팬에 기름을 두르고 0.5㎝ 두께로 지단을 부쳐 도마에 올려 식혀서 1㎝ 폭으로 길이대로 썬다.

6 기름을 두른 팬에 김밥용 햄을 살짝 볶아 식힌다.

7 오이와 당근도 차례로 물기 없이 볶는다.

8 고슬하게 지은 밥에 김초밥 양념을 넣어 섞어서 젖은 면포를 덮어 한 김 식힌다.

9 김발을 도마 위에 깔고 그 위에 김을 얹어 밥을 ⅔ 정도 고루 편다. 밥의 ⅓ 지점에 당근채, 오이, 단무지, 햄, 달걀을 차례로 올리고 김밥을 앞으로 돌돌 말아 김초밥을 만든다.

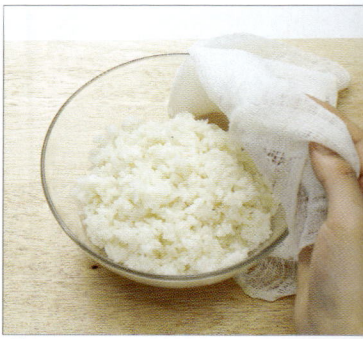

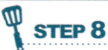 **STEP 8**

→ **COOK TIP**
김초밥에 집에 있는 장아찌를 곱게 채 썰어 넣거나 어른들이 좋아하는 삭힌 고추를 송송 잘게 썰어서 참기름에 조물조물 무친 후 김밥에 넣어 함께 싸면 칼칼한 맛이 우러나서 어르신들이 좋아한다.

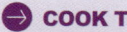

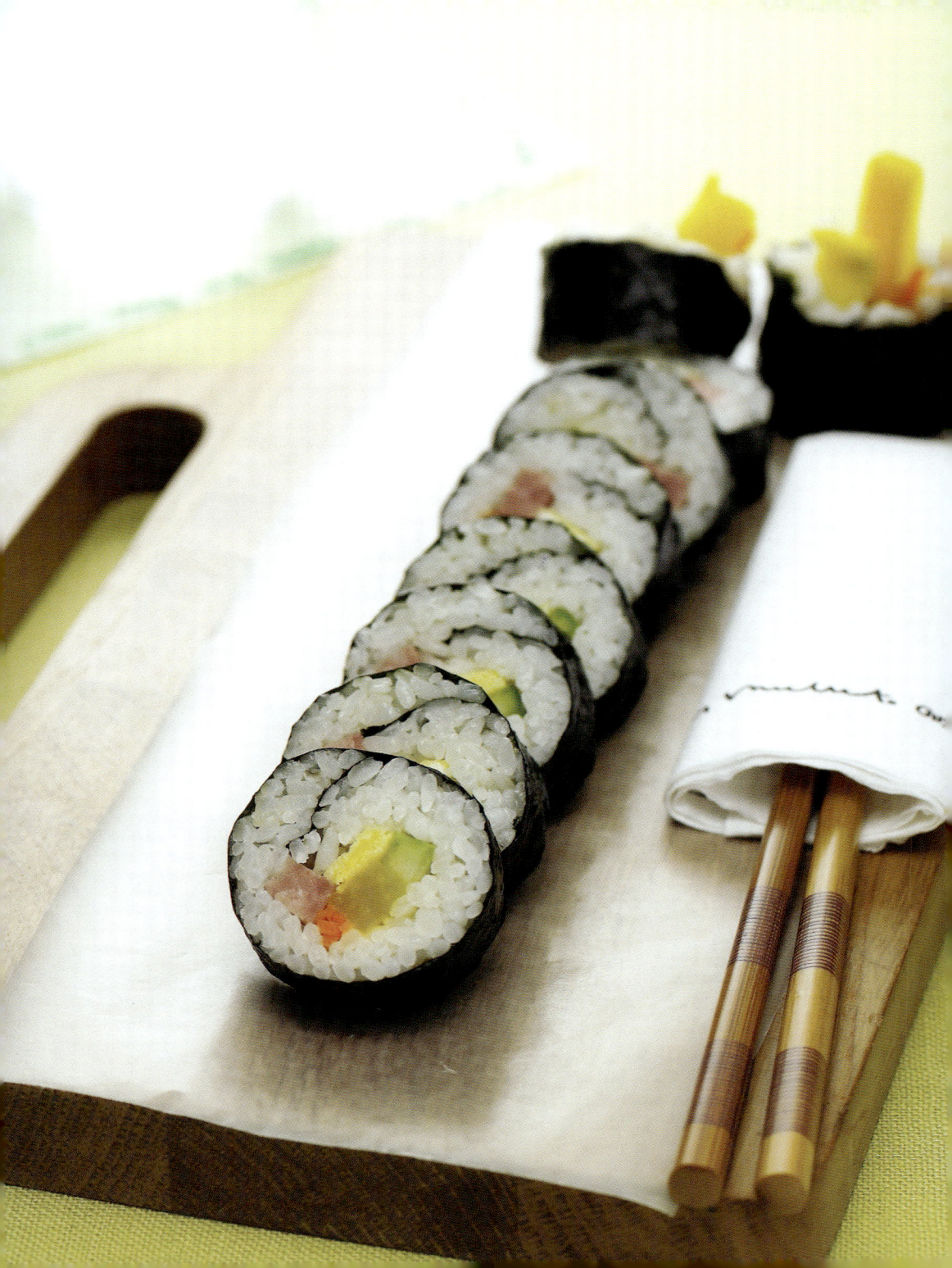

치즈단무지김밥

▶ **주재료**
밥 4공기, 김 4장

▶ **부재료**
슬라이스 체더치즈 4장, 단무지 사방 10cm 1개

▶ **밥 양념**
참기름 · 통깨 1큰술씩, 소금 $\frac{1}{2}$작은술, 설탕 1작은술

1 밥은 고슬하게 지어서 뜨거울 때 참기름과 통깨, 소금, 설탕을 넣어서 나무 주걱으로 자르듯이 버무려 섞어 한 김 식힌다.

2 김은 손으로 비벼 팬에서 아무것도 넣지 않은 채로 구워 준비한다.

3 슬라이스 체더치즈는 반으로 접어 자르고 단무지는 곱게 다져서 마른 면포에 담고 물기를 자근자근 짠다.

4 김발 위에 김을 깔고 ①의 밥을 $\frac{4}{5}$정도 넓고 고르게 펼친 후 치즈를 올리고 치즈 위에 다진 단무지를 고르게 펼쳐 김발을 돌돌 말아 균일하게 김밥을 만다.

5 칼을 잘 갈아서 물을 약간 묻힌 후 ④의 김밥을 1㎝ 간격으로 썰어 먹는다.

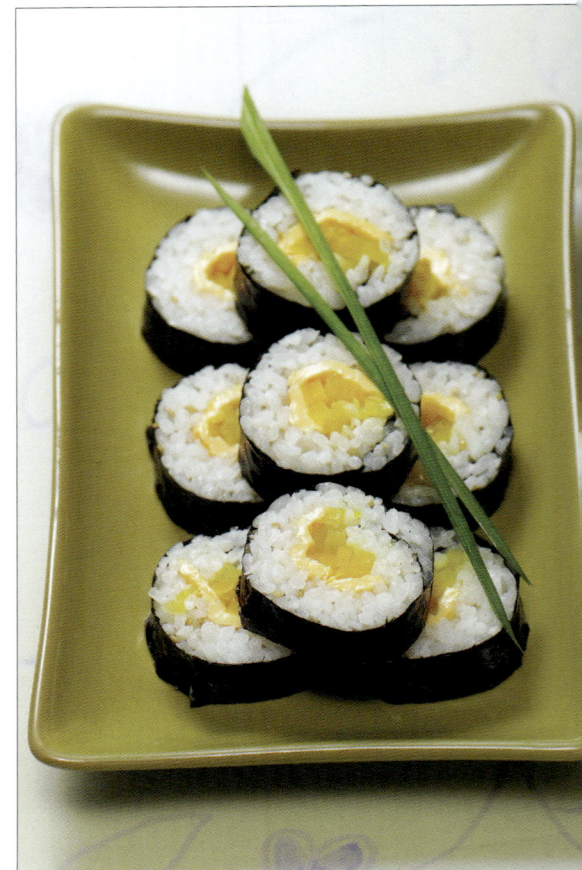

⊙ COOK TIP
새콤하게 다진 단무지와 담백하고 고소한 치즈를 넣어서 만든 김밥에는 멕시코 할라피뇨를 잘게 썰어서 함께 싸서 매콤한 맛을 내주거나 이탈리아 페페로치니를 잘게 다져 함께 넣어 주어도 새콤하고 칼칼한 맛이 아주 좋다.

우엉채조림김밥

▶ **주재료**
우엉 250g, 밥 4공기, 구운 김밥용 김 4장

▶ **부재료**
검은깨 · 통깨 · 식초 1큰술씩, 맛술 2큰술, 다진 마늘 ½작은술, 간장 3큰술, 설탕 1½큰술, 물엿 1작은술

▶ **밥 양념**
소금 ½작은술, 참기름 1작은술

1 뜨겁게 금방 지은 고슬한 밥에 소금과 참기름을 넣어서 자르듯이 버무려 양념해서 한 김 식혀 놓는다.

2 우엉은 껍질을 벗기고 4㎝ 길이로 토막 내어 곱게 채 썰어 여러 번 물에 씻은 후 마지막에 식초 헹군 물에서 씻어 건져 물기를 닦는다.

3 팬에 기름을 두르고 다진 마늘과 우엉을 넣어 볶는다.

4 우엉에 기름이 스며들어 부드러워지면 간장과 맛술, 설탕을 넣어서 조린다.

5 갈색으로 윤기나게 조린 우엉에 물엿을 넣고 검은깨와 통깨를 넣어서 버무려 그릇에 담아 식힌다.

6 김발에 김을 올리고 밥을 ⅔정도 담은 후 우엉조림을 길게 2㎝ 폭으로 도톰하게 올린 후 돌돌 말아 단단한 김밥을 만든다.

7 김밥을 도마 위에 올리고 1㎝ 간격으로 썰어 먹는다.

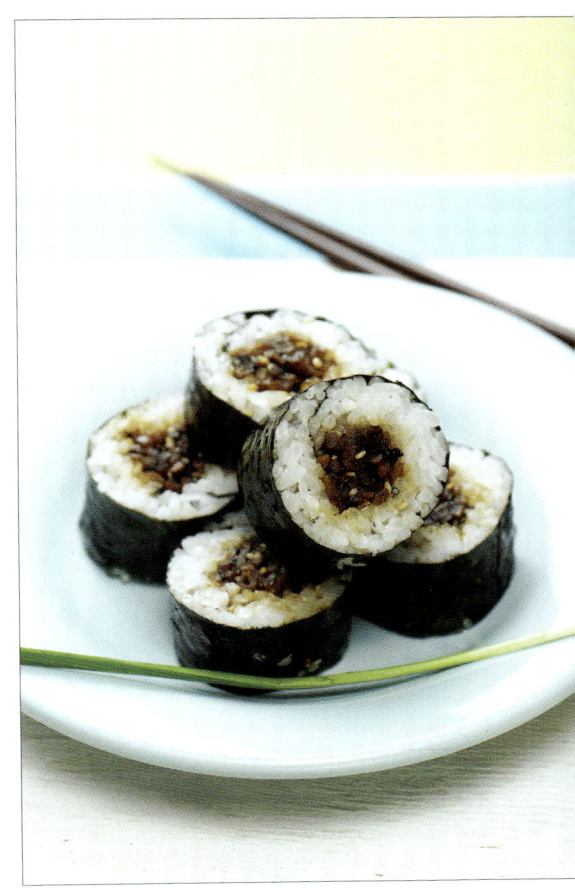

→ COOK TIP
우엉을 조릴 때 어묵을 얇게 채 썰어 함께 조려주면 씹히는 맛이 더욱 쫄깃해서 좋다. 단, 어묵은 끓는 물에 살짝 데쳐 조려야 간이 잘 배면서 쫄깃한 맛이 살아나서 김밥이 더욱 맛있다.

다진어묵볶음김밥

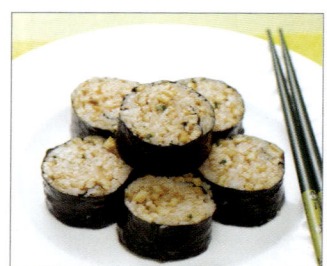

▶ **주재료**
네모 어묵 2장, 밥 4공기, 구운 김밥용 김 4장

▶ **부재료**
토마토케첩 · 굴소스 · 설탕 1큰술씩, 다진 마늘 ½작은술, 송송
썬 쪽파 4큰술, 간장 · 물엿 · 맛술 · 통깨 · 참기름 1작은술씩, 소
금 약간

1 어묵은 네모 어묵을 준비해서 사방 0.5㎝ 크기로 잘게
다져서 끓는 물을 끼얹어 찬물에 헹궈 기름기를 없앤다.

2 밥은 뜨겁게 전자레인지에 데워 팬에서 기름을 두르
고 고슬하게 볶아 놓는다.

3 팬에 기름을 두르고 다진 마늘을 볶다가 어묵과 간장,
굴소스를 넣어 볶으면서 설탕과 맛술을 넣어 단맛을
내고 토마토케첩을 넣어 한 번 더 볶아 물엿과 참기
름, 소금을 넣어 간을 맞춘다.

4 ③의 볶은 어묵에 ②의 밥을 넣어 간이 제대로 밥알에
스며들도록 잘 볶아 넓은 접시에 펼쳐 식힌다. 식히는
도중에 통깨와 쪽파 송송 썬 것을 넣어 색이 약간 나
도록 한다.

5 김발 위에 구운 김밥용 김을 놓고 ④의 어묵 볶음밥
을 ⅓만큼 넓게 펼쳐 돌돌 말아 단단하게 김밥을 싼
후 1㎝ 폭으로 썬다.

김치김밥

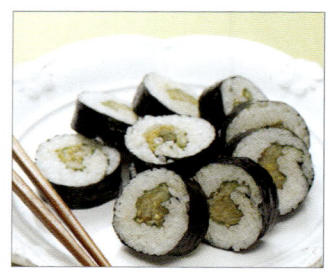

▶ **주재료**
신 김치 ½포기, 밥 4공기, 구운 김밥용 김 4장

▶ **부재료**
깨소금 · 들기름 1큰술씩, 소금 · 설탕 약간씩, 깻잎 12장

1 신 김치는 물에 헹궈 고춧가루 양념을 모두 없앤 후
건져 물기를 꼭 짜고 송송 잘게 썬다.

2 ①의 신 김치에 깨소금과 들기름을 넣어서 조물조물
무친 후 팬에서 고슬하게 볶아낸다.

3 뜨거운 밥에 소금과 설탕을 약간 넣어 버무려 한 김
식힌다.

4 구운 김밥용 김을 김발 위에 깔고 ③의 밥을 ⅓ 정도 깐
후 깻잎을 두 장 정도 깔고 그 위에 신 김치볶음을 고루
펼쳐서 돌돌 김을 말아 단단하게 김밥을 만든다.

5 김치김밥을 1㎝ 폭으로 잘라 완성한다.

 COOK TIP
다진어묵볶음김밥은 짭쪼롬한 맛이 특징인데 시원한 백김치와 함
께 곁들여 먹거나 칼칼하게 담은 열무 물김치를 곁들여 먹으면
더욱 맛이 있다.

COOK TIP
김치김밥은 비엔나소시지에 칼집을 내어 구워서 마요네즈와 토마
토케첩을 뿌려서 함께 곁들여 내면 아이들이 아주 좋아한다.

생채소돌돌김밥

▶ **주재료**
 상추 50g, 깻잎 12장, 양배추 8장, 당근 ½개, 무순 30g, 밥 4공기, 김 4장, 소금 약간

▶ **간장소스**
 간장 3큰술, 다시마 우린 물 2큰술, 깨소금 · 참기름 1큰술씩, 식초 · 물엿 1작은술씩

▶ **배합초**
 설탕 · 식초 3큰술씩, 소금 1작은술

1 고슬하게 금방 지은 밥에 배합초를 넣어서 자르듯이 버무려 젖은 면포를 덮어서 한 김 식힌다.

2 상추와 깻잎은 깨끗하게 씻어서 물기를 완전하게 털고 돌돌 말아서 곱게 채 썬다.

3 양배추는 굵은 심지를 도려내고 4cm 길이로 곱게 채 썬다.

4 당근은 아주 곱게 채 썰어 옅은 소금물에 헹궈 건져 물기를 턴다. 무순은 잡티를 없애고 물에 헹궈 건져 물기를 완전하게 턴다.

5 김은 잡티를 없애고 손으로 비벼 팬에 아무것도 넣지 않고 구워낸다.

6 생채소김밥과 곁들일 간장소스를 미리 만들어 놓는다.

7 김발에 김을 올리고 밥을 ⅘정도 넓게 펼치고 그 위에 상추, 깻잎, 양배추, 당근, 무순을 올리고 돌돌 말아 단단하게 김밥을 싼다.

8 생채소 돌돌김밥을 1cm 폭으로 썰어서 간장으로 만든 소스를 찍어 먹는다.

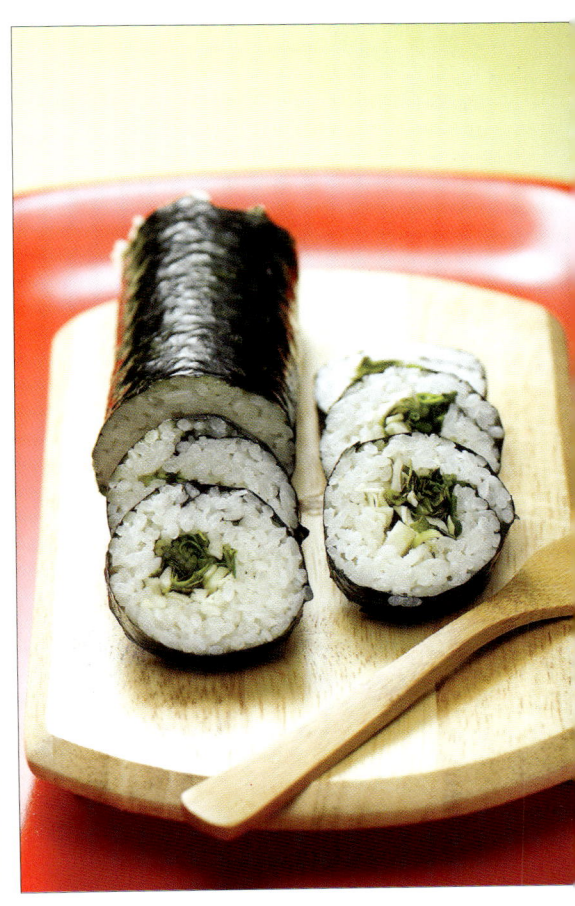

> (→) **COOK TIP**
> 채소돌돌김밥은 싱싱한 채소와 배합초로 버무린 초밥을 함께 싸서 먹는 것인데 채소를 김밥에 올리고 고소한 잣가루나 땅콩가루를 뿌려서 싸면 채소의 물기를 빨아들여 질척이지 않게 하면서 고소한 맛이 나서 더 맛있다.

통깨누드김밥

▶ **주재료**
밥 4공기, 김 4장

▶ **부재료**
오이 1개, 단무지 50g, 게맛살 2줄, 소금 약간, 검은깨 · 통깨 1큰술씩, 참기름 1작은술, 설탕 ½작은술

1 고슬하게 지은 밥에 참기름, 설탕, 소금을 넣어 간을 알맞게 해서 버무려 한 김 식힌다.

2 오이는 소금으로 문질러 길게 사방 0.8㎝ 크기로 잘라 소금에 살짝 절였다가 물기를 꼭 짜서 팬에 고슬거리게 볶아준다.

3 단무지는 오이 길이로 썰고 게맛살은 세로로 길게 2등분해서 팬에 살짝 볶는다.

4 김은 손으로 비벼 잡티를 없애고 불에 직화로 살짝 구워 2등분한다.

5 도마에 김발과 김을 올리고 밥을 고루 편 다음에 김발 위에 젖은 면포를 깐 후 밥이 붙은 면이 밑으로 가게 면포 위에 뒤집어 놓는다.

6 ⑤의 김 가운데에 준비한 오이와 단무지, 게맛살을 넣어 돌돌 만 후 1.5㎝ 두께로 썬다.

7 접시 두 개에 각각 통깨와 검은깨를 뿌려 놓아서 썬 김밥을 통깨와 검은깨에 굴려 접시에 담아낸다.

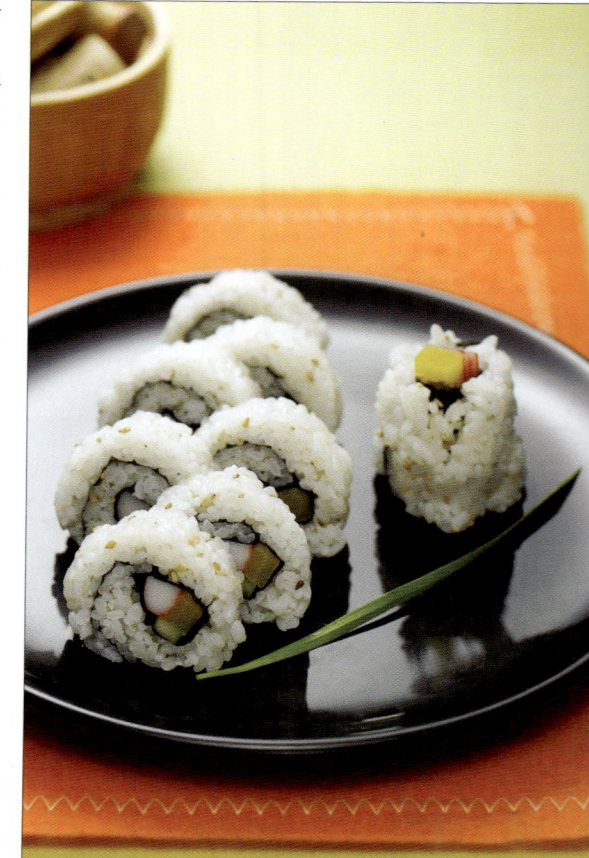

→ COOK TIP
통깨누드김밥은 캘리포니아롤을 간단하게 말아 놓은 것으로 누드 김밥을 만든 후 날치알을 고루 입혀서 함께 먹으면 톡 터지는 맛이 아주 좋다.

꼬마김밥

▶ **주재료**
김 5장, 밥 4공기, 오이 1개, 게맛살 2줄, 노란 치자 단무지 100g, 잔멸치 간장조림 50g, 소금 약간

▶ **배합초**
설탕 · 식초 3큰술씩, 소금 1작은술

1 고슬하게 지은 밥에 배합초를 넣어 버무려서 젖은 면 포로 덮어 한 김 식힌다.

2 김을 손으로 비벼 잡티를 없애고 팬에 구워서 4등분 한다.

3 오이는 소금으로 박박 문질러 씻어 5㎝ 길이로 토막 내어 껍질 쪽으로 사방 1㎝ 크기로 썬다. 씨 부분이 붙 어 있으면 칼로 도려낸다. 씨가 있는 부분으로 김밥을 말면 수분이 생겨 질척해진다.

4 게맛살은 오이와 같은 길이로 썰어 세로로 2등분해서 팬에 기름을 두르고 살짝 볶아낸다.

5 노란 치자 단무지는 오이와 같은 길이와 굵기로 썰어 서 마른 면포에 싸서 물기를 뺀다.

6 잔멸치는 간장과 설탕, 통깨를 넣어 짭조름하게 조려 낸 것을 도마에 올려서 잘게 다진다.

7 자른 김에 배합초로 버무린 밥을 ⅓ 정도 담아 평평하 게 펴서 오이 또는 게맛살, 단무지, 잔멸치를 각각 넣 어서 돌돌 말아 2㎝ 길이로 썬다.

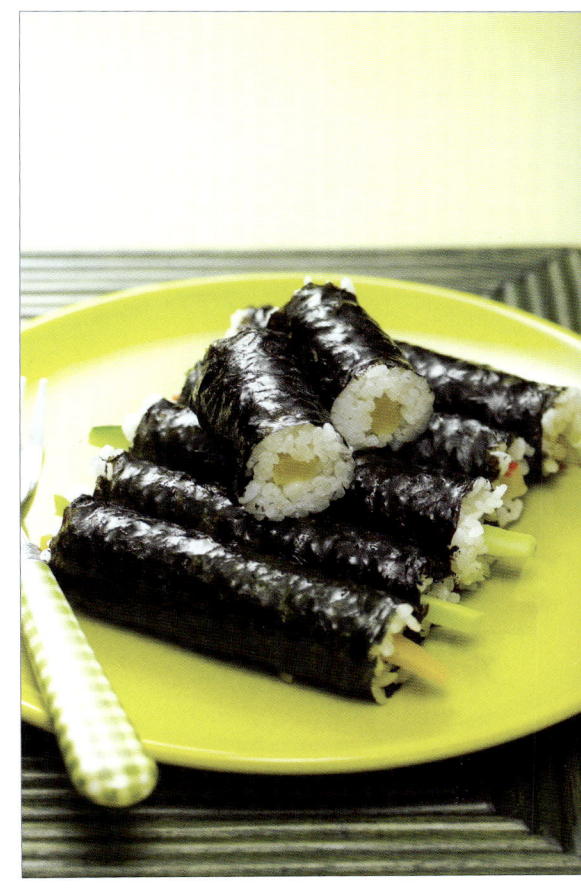

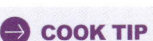 **COOK TIP**
각각의 소를 넣은 꼬마김밥은 아이들이 좋아하는 김밥 중의 하나 인데 이렇게 만든 꼬마김밥을 아이들이 먹기에 좋도록 꼬치에 꿰 어 방울토마토와 포도알을 한 개씩 꿰어서 주면 밥도 먹고 과일 후식도 먹을 수 있어서 아이들에게 먹이기 아주 좋다.

꼬투리김밥

▶ **주재료**
밥 4공기, 김 5장

▶ **부재료**
단무지 50g, 당근 $\frac{1}{2}$개, 오이 1개, 게맛살 4줄, 소금 약간, 참기름 1작은술

▶ **밥 양념**
참기름 · 깨소금 1큰술씩, 설탕 $\frac{1}{2}$작은술, 소금 $\frac{1}{4}$작은술

1 밥은 뜨거울 때 참기름과 깨소금, 설탕, 소금을 넣어 버무려서 한 김 식힌다.

2 김밥용 구이 김은 살짝 구워서 4㎝ 길이로 길게 썬다.

3 단무지는 깨끗이 씻어서 6㎝ 길이로 나무젓가락 굵기로 썬다.

4 당근은 단무지 길이로 채 썰고 오이도 단무지 길이로 채 썬다.

5 게맛살은 오이와 같은 길이로 썰어 2등분한 후 팬에 참기름을 두르고 게맛살→오이→당근 순서로 소금을 약간 넣어 볶아내 식힌다.

6 도마에 썬 김을 올리고 밥을 조금 올린 후 단무지, 오이, 당근, 게맛살을 한 개씩 놓고 돌돌 말아서 2등분한다.

7 꼬투리가 위로 올라오게 해서 접시에 담아 완성한다.

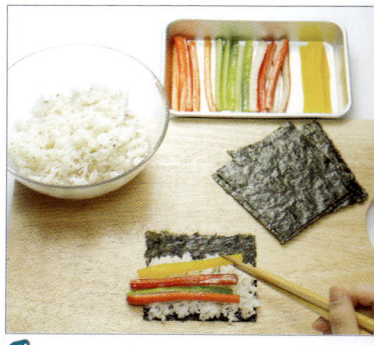

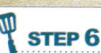 **STEP 6**

→ **COOK TIP**

꼬투리김밥을 만들 때에는 김을 작게 하고 채소와 게맛살도 작게 잘라서 돌돌 말아 김밥을 만들어 2등분해서 꼬투리 김밥소가 위로 오게끔 해서 먹어야 꼬투리 맛을 느낄 수 있다. 꼬투리 김밥에는 잘 익은 배추김치를 썰어서 함께 먹으면 더욱 맛있다.

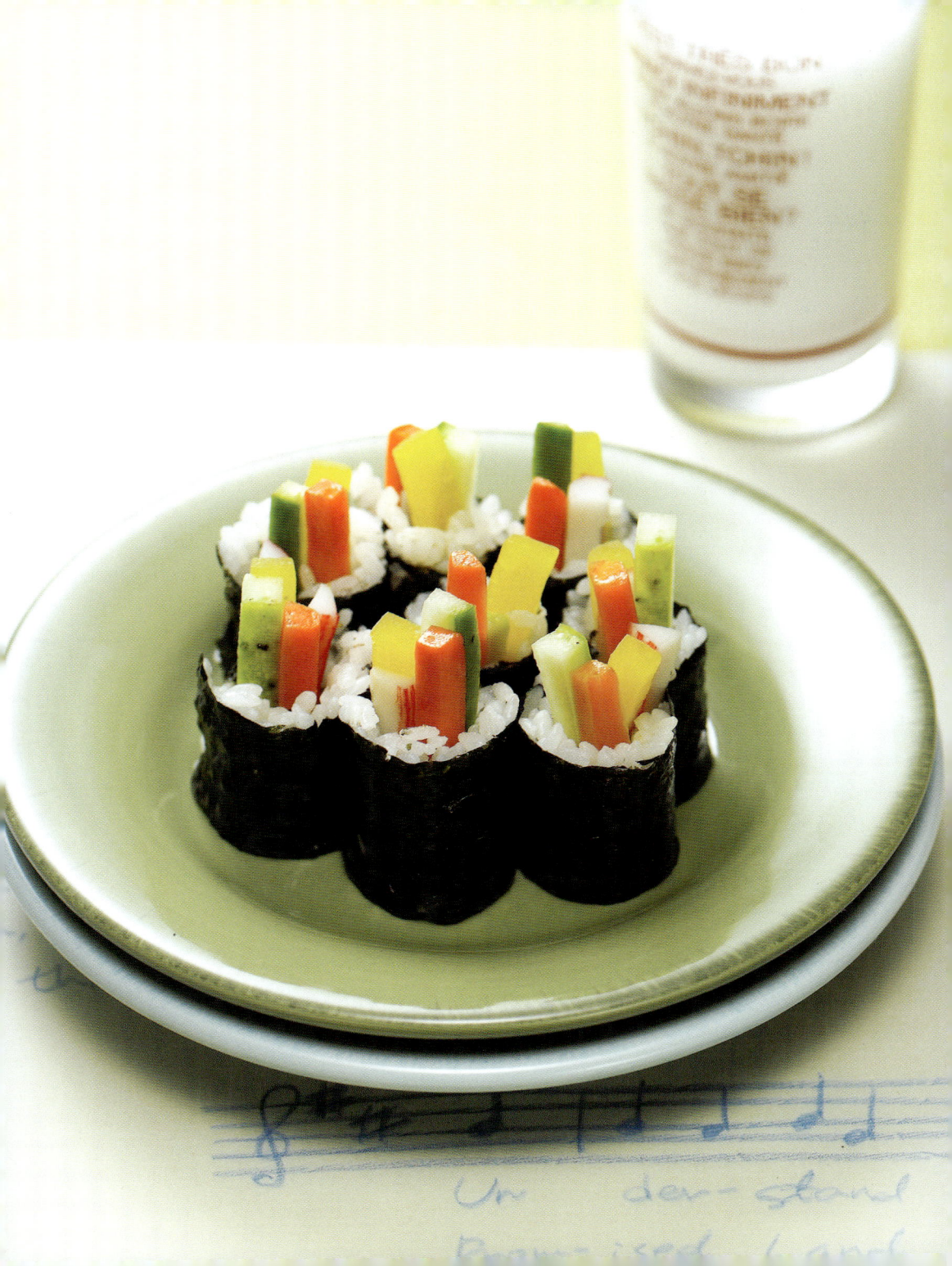

대추채콩버무리

▶ **주재료**
쌀가루 5컵, 대추 12개, 풋콩 · 강낭콩 · 검은콩 ⅓컵씩

▶ **부재료**
소금 1작은술, 꿀 2큰술, 황설탕 5큰술, 물 1컵

1 쌀은 잘 씻어서 충분하게 불려 방앗간에 가서 고운 가루로 빻아온다. 분쇄기가 있으면 쌀을 충분하게 불린 후 체에 건져 물기를 빼고 분쇄기에서 곱게 갈아 체에 두 번 정도 친다.

2 ①의 쌀가루에 소금과 꿀을 넣어 손으로 비벼 가면서 다시 굵은 체에서 내려 비닐봉지에 담아 30분 정도 간이 배도록 둔다.

3 대추는 주름 부분까지 말끔하게 씻어 물기를 닦고 돌려 깎아 가로로 곱게 채 썬다.

4 ③의 대추씨를 냄비에 담고 물을 넉넉하게 부어서 은근하게 끓여 대추 우린 물 1컵의 분량이 되면 불에서 내려 체에 거른다.

5 강낭콩, 검은콩, 풋콩은 깨끗이 씻어 물에 담가 2시간 이상 충분하게 불린 후 건져 물기를 뺀다.

6 ④의 대추물에 황설탕을 녹여 불에 올려 약한 불에서 끓으면 ⑤의 콩을 모두 넣고 윤기나게 바짝 조린다.

7 찜기에 젖은 면포를 깔고 ②의 쌀가루를 손으로 비벼서 성글게 담고 그 위에 조린 콩과 대추채를 넣어 손으로 대강 버무린 후 뚜껑을 덮어 45분 정도 찐다.

8 고슬고슬한 대추채 넣은 콩 버무리떡이 완성되면 적당하게 기름을 묻힌 칼로 썰어 그릇에 담아낸다.

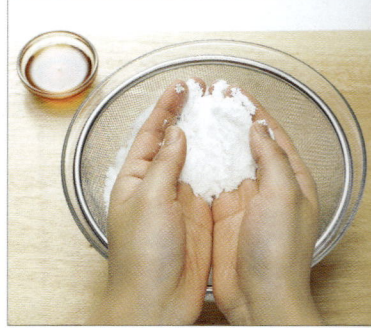

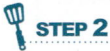 STEP 2

→ COOK TIP

대추를 돌려 깎기하고 나머지 씨는 단 대추물이 우러나도록 약한 불에서 다린 후 체에 밭쳐 맑은 물만 받아서 황설탕을 넣어 풋콩, 강낭콩, 검은콩 등을 조리면 버무리 떡이 달고 간이 딱 알맞다. 처음에 쌀가루를 그냥 찜기에 안치면 고슬하게 뭉치는 떡이 되지 않으니 꿀과 소금으로 반죽을 하듯이 체에 내려 비닐봉지에 넣어 잠시 휴지기를 두어야 한다.

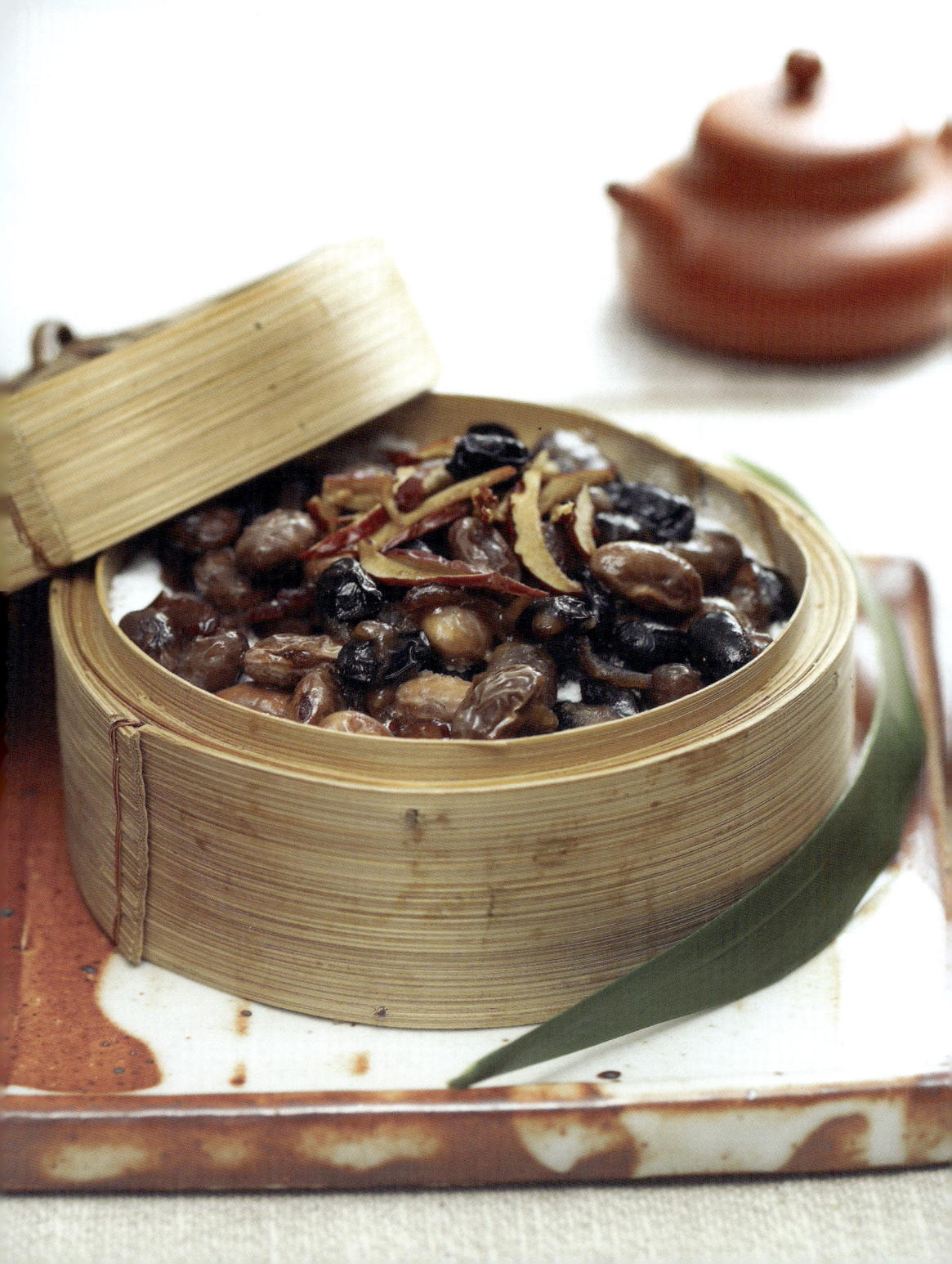

바나나컵설기

▶ **주재료**
쌀가루 5컵, 바나나 7개, 소금 약간, 설탕 시럽 7큰술, 꿀 5큰술, 코코아가루 7컵

▶ **설탕 시럽**
설탕 · 물 7큰술씩

1 쌀가루는 소금을 약간 넣고 물을 7큰술 정도 뿌려서 체에 내린다.

2 설탕과 물을 같은 양으로 부어 약한 불에서 조금 끓여 시럽을 만들어 차게 식혀서 ①의 쌀가루에 조금씩 뿌려서 체에 두 번 정도 비벼가면서 내린다.

3 바나나는 껍질을 벗기고 0.5㎝ 두께로 썰어서 꿀을 바른다. 꿀을 발라 놓으면 바나나가 검게 변하지 않는다. 단맛이 나는 코코아가루를 준비한다.

4 예쁜 색깔의 종이컵 아랫면에 바늘 구멍을 내고 얇은 한지를 컵 안쪽의 넓이보다 조금 크게 만들어 종이컵 안쪽에 평평하게 깐다.

5 ④의 종이컵에 쌀가루 내린 것을 두 숟가락 정도 담고 그 위에 코코아 가루와 바나나를 올린 후 다시 쌀가루→코코아가루→바나나를 올려서 살짝 쌀가루로 덮어 모양을 낸다.

6 큰 찜통에 물을 넉넉하게 붓고 김을 충분하게 올린 후 ⑤의 종이컵을 넣어서 40분 정도 찐다.

7 젓가락으로 찔러 보아 가루가 묻어나지 않으면 불에서 내려 잔열로 뜸을 들인 후 컵을 살짝 뒤집어 바나나 설기떡을 꺼낸다.

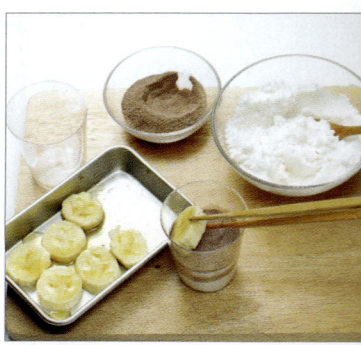

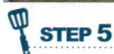 **STEP 5**

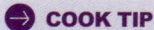 **COOK TIP**

시루떡은 각종 과일을 넣어서 다양하게 만들 수 있는데 아이들이 좋아하는 찹쌀 젤리 또는 아몬드 슬라이스 등을 곁들여 넣어도 다양한 맛으로 즐길 수 있다. 바나나는 꿀을 발라서 떡에 넣어야 바나나색이 갈색으로 변하지 않고 단맛이 부드럽게 스며든다. 쌀가루는 설탕을 넣어서 체에 내리는 것보다는 시럽을 넣어서 수분이 젖어들 수 있도록 비벼 가면서 체에 내려야 포실거리는 부드러움을 낸다.

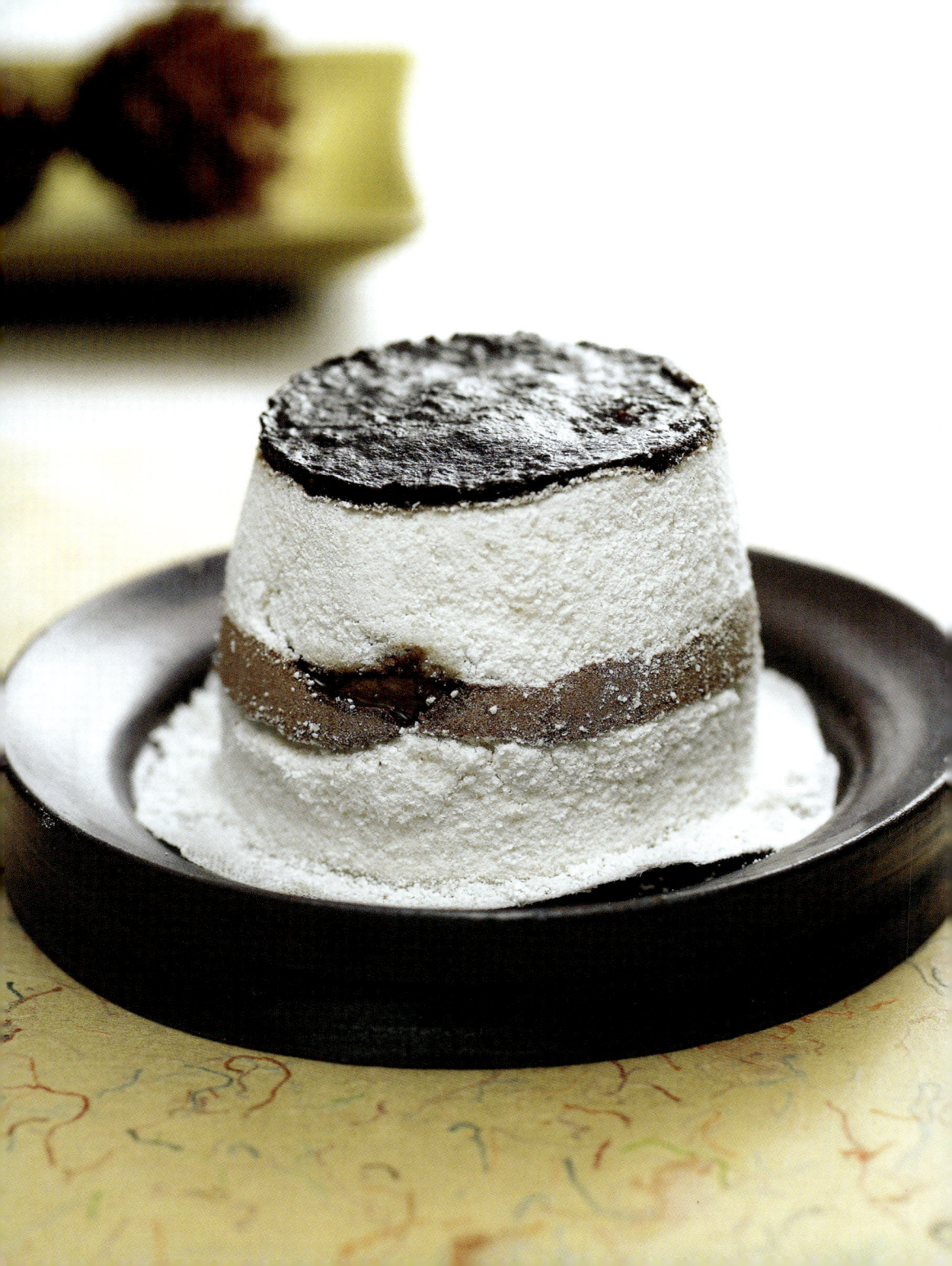

아몬드가루찹쌀경단

▶ **주재료**
찹쌀가루 2컵, 아몬드 슬라이스 1컵

▶ **부재료**
소금 · 뜨거운 물 약간씩

▶ **시럽**
꿀 1큰술, 설탕 · 물 5큰술씩

1 찹쌀가루는 소금을 약간 넣고 체에 두 번 정도 내린다.

2 찹쌀가루에 뜨거운 물을 조금씩 넣어서 차지게 반죽
해서 젖은 면포를 덮어서 30분 정도 숙성시킨다.

3 찹쌀 반죽을 조금씩 떼어서 동그랗게 직경 2㎝ 크기가
되도록 경단을 빚는다.

4 아몬드는 얇게 저민 것으로 준비해서 도마에 올려 칼
로 자근자근 다져서 체에 밭쳐 고운 가루를 준비한다.

5 냄비에 물을 넉넉하게 붓고 끓으면 찹쌀 경단을 넣어
서 삶아 동동 떠오르면 체에 건져 흐르는 물에 살짝
헹궈 뜨거운 김만 나가게 해서 식힌다.

6 꿀과 설탕, 물을 냄비에 담아 약한 불에서 조금 끓여
차게 식혀서 ⑤의 찹쌀 경단을 굴린 후 아몬드가루를
듬뿍 뿌려서 옷을 입혀 완성한다.

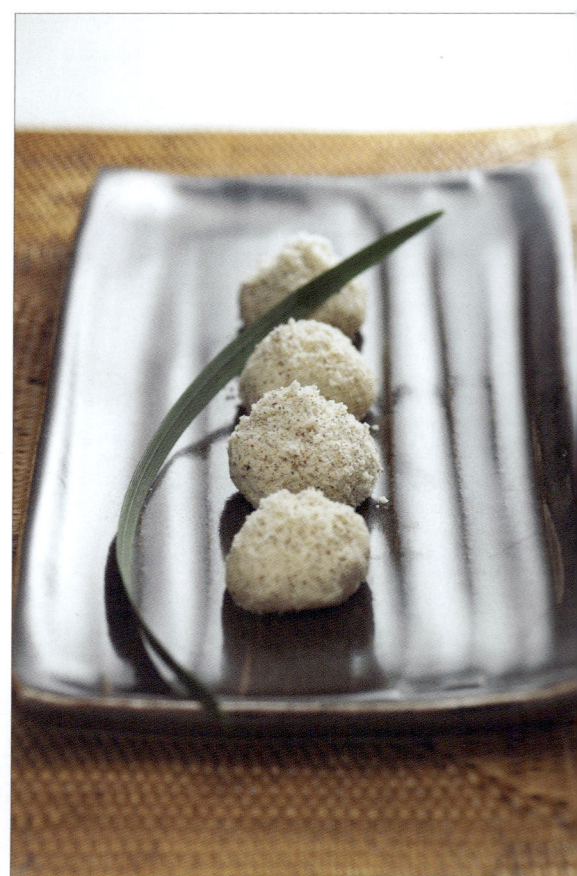

→ COOK TIP
찹쌀 경단은 익반죽을 해야 더욱 쫄깃한 맛이 난다. 익반죽은 뜨
거운 물을 조금씩 부어 가면서 반죽해야 경단이 딱딱해지지 않고
쫄깃한 맛이 오래간다.

서리태흑미버무리

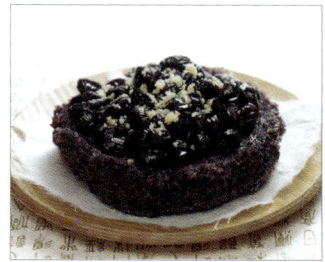

▶ 주재료
서리태 ½컵, 쌀가루 5컵, 흑미·황설탕 7큰술씩

▶ 부재료
소금 1작은술, 꿀 5큰술, 물 2컵

1 쌀은 잘 씻어서 충분하게 불린 후 방앗간에 가서 고운 가루로 빻아 온다. 분쇄기에 갈 때는 불린 쌀의 물기를 다 뺀 후 갈아야 떡을 맛있게 만들 수 있다.

2 ①의 쌀가루를 체에 두 번 정도 친 후 소금과 꿀을 넣어서 손으로 비벼가면서 다시 굵은 체에서 한 번 내린다.

3 흑미를 깨끗하게 씻어 충분하게 불린 후 물기를 빼고 팬에 아무것도 넣지 않고 수분이 없도록 볶는다. 볶은 흑미는 분쇄기에 곱게 간다.

4 쌀가루에 흑미 가루 낸 것을 섞어서 손으로 잘 비벼 자주색 물을 들인다.

5 서리태는 돌을 골라내고 씻어서 1시간 이상 불린 후 황설탕과 물을 붓고 중간 불에 올려서 윤기나게 조린다.

6 흑미를 섞어 자주색이 나는 쌀가루를 훌훌 털어서 찜통에 젖은 면포를 깔고 수북하게 담은 후 달게 조린 서리태를 적당하게 올리고 김이 오른 찜기에 넣어서 40분 정도 찐다. 젓가락을 찔러보아 쌀가루가 묻어나지 않으면 다 익은 것이므로 꺼내어 접시에 뒤집어서 면포를 뜨거울 때 떼고 다시 앞쪽으로 뒤집어 먹기 좋은 크기로 적당하게 잘라 먹는다.

파인애플버무리

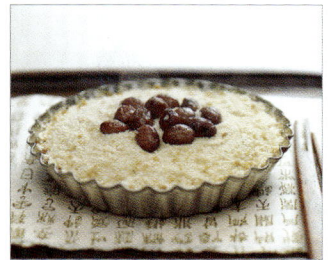

▶ 주재료
햇콩 ½컵, 쌀가루 5컵, 파인애플(통조림) ⅓통

▶ 부재료
소금 1작은술, 꿀 2큰술, 황설탕 5큰술, 물 1컵

1 쌀은 잘 씻어서 충분하게 불려 방앗간에 가서 고운 가루로 빻아 온다. 불린 쌀의 물기를 빼고 분쇄기로 갈아도 된다.

2 갈아놓은 쌀가루를 체에 두 번 정도 친 후 소금과 꿀을 넣어서 손으로 비벼가면서 다시 굵은 체에서 한 번 내린다.

3 파인애플은 아주 곱게 갈아 즙을 꼭 짜서 ②의 쌀가루에 파인애플 즙을 넣어서 다시 손으로 비벼 체에 내린다.

4 햇콩은 씻어서 황설탕을 넣은 물 1컵을 붓고 윤기나게 조린다.

5 파인애플 즙으로 물을 들인 쌀가루를 훌훌 털어서 찜통에 젖은 면포를 깔고 수북하게 담은 후 달게 조린 햇콩을 적당하게 올리고 김이 오른 찜기에 넣어서 40분 정도 찐다.

→ COOK TIP

쌀가루에 파인애플 즙으로 물을 들일 때에는 파인애플 껍질을 모두 벗기고 과육만 준비해서 믹서에 넣고 곱게 갈아서 고운 면포를 이용해서 꼭 짜서 즙만 받은 후 그 물을 뿌려 손으로 비벼 가면서 파인애플의 색과 맛을 들여야 한다.

오븐콩떡

▶ **주재료**
찹쌀가루 3컵, 검은콩 1컵

▶ **부재료**
물 3큰술, 흑설탕 4큰술, 물엿 2큰술, 설탕 1큰술, 소금 약간, 대추 5개, 잣 5큰술, 쌀조청 · 참기름 약간씩

1 찹쌀가루는 물과 흑설탕을 넣어 버무려 체에 내린다.

2 검은콩은 하룻밤 불린 후 물에 헹궈 냄비에 물을 붓고 삶아 건진다. 물기를 닦고 팬에 물엿과 설탕을 넣어 버무려 조린다.

3 잣은 고깔을 떼어내고 대추는 돌려 깎아 씨를 빼고 굵게 채 썬다.

4 볼에 찹쌀가루 내린 것과 검은콩 조린 것을 넣어 버무리고 잣과 대추를 손으로 훌훌 털어 섞는다.

5 오븐 용기에 뜨거운 물을 ⅓컵 정도 붓고 오븐용 석쇠를 걸친 후 금속 찜기를 걸쳐준다. 찜기에 젖은 면포를 깔고 그 안쪽에 ④의 반죽을 소복하게 담는다.

6 ⑤의 반죽에 젖은 면포를 다시 덮고 그 위에 은박지를 씌워 오븐 석쇠까지 전체를 감싸고 젓가락으로 찔러 공기 구멍을 여러 군데 넣어준다.

7 미리 예열시킨 230℃의 오븐에서 40분 정도 충분하게 익힌다.

8 검은콩찰떡이 익으면 두꺼운 비닐을 도마에 깔고 참기름칠을 한 후 떡을 담아 덩어리로 만든다.

9 ⑧의 떡을 냉동실에 30분 정도 두어 굳으면 꺼내어 참기름 바른 도마와 칼로 검은콩찰떡을 모양내 썰어 먹는다.

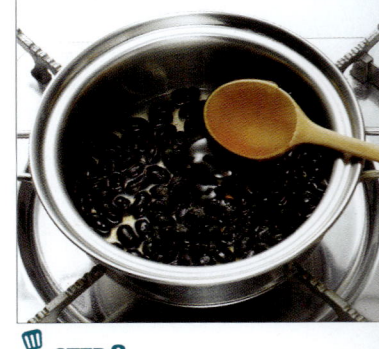

STEP 2

→ **COOK TIP**
검은콩, 검은깨, 검은쌀을 섞어서 만든 찰떡은 쪄도 맛이 있지만 오븐에 구우면 차진 쫄깃함이 오래가서 두고 먹어도 굳지 않는 장점이 있다.

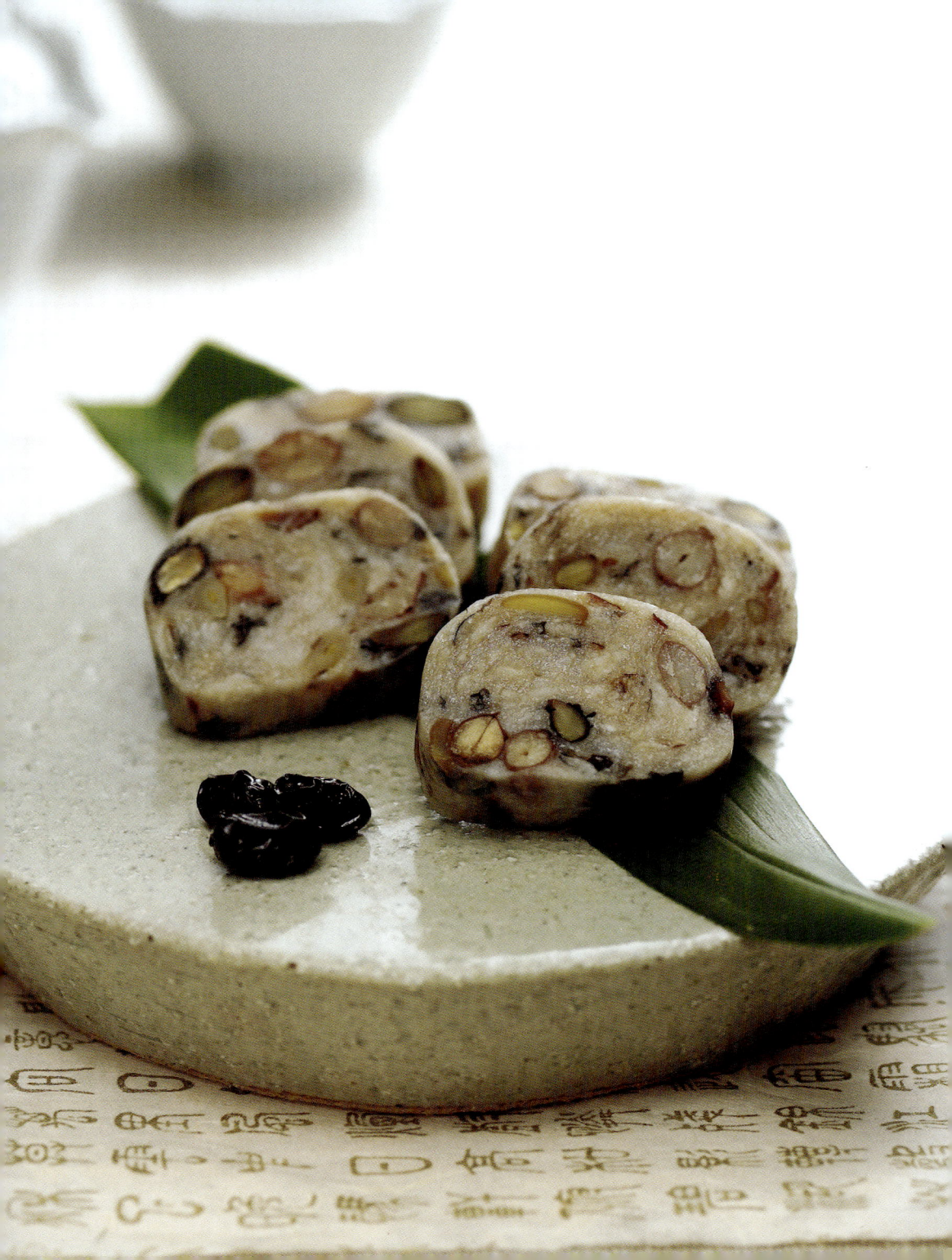

포도송편

▶ 주재료
멥쌀가루 2컵, 포도즙 4큰술, 뜨거운 물 · 소금 약간씩, 참기름 1작은술

▶ 송편 소
밤 16톨, 꿀 2큰술, 깨소금 1작은술

1 쌀은 씻어서 8시간 정도 불린 후 소금을 넣어 빻고 고운 체에 두 번 정도 걸러준다.

2 포도는 알알이 떼어서 냄비에 담고 포도만 넣은 채로 은근하게 끓이면서 포도즙이 더욱 진하게 나오도록 주걱으로 으깨면서 졸인다.

3 졸인 포도를 고운 베보자기에 넣어 손으로 눌러 즙을 받는다.

4 쌀가루에 ③의 포도즙을 넣어 뜨거운 물을 조금씩 넣어서 차지도록 익반죽한다. 송편의 반죽은 약간 질어야 송편이 쫄깃하고 더욱 맛이 있다.

5 밤은 속껍질까지 완전히 벗긴 후 찜기에 포슬거리도록 쪄서 손절구를 이용해서 으깬다. 으깬 밤을 고슬하게 팬에 한 번 더 볶은 후 꿀과 깨소금을 넣어 고루 섞어서 달콤한 밤소를 만든다.

6 송편 반죽을 직경 3㎝ 정도로 떼어내 동그랗게 만들어 속을 동그랗게 파서 ⑤의 밤소를 적당하게 넣고 예쁘게 송편을 만든다.

7 찜기에 김이 충분히 오르면 ⑥의 포도송편을 넣어 25분 정도 찐다. 송편을 꺼내어 참기름과 찬물을 약간 섞은 기름물을 손으로 발라 포도 송편에 윤기를 낸 후 식힌다. 솔잎을 깔고 쪄내면 솔 향이 스며들어 더욱 맛이 있다.

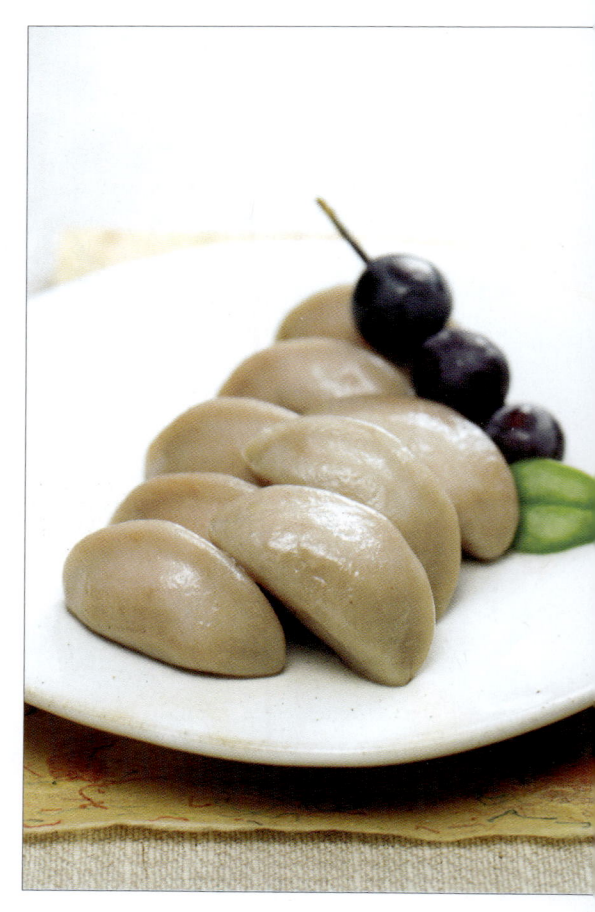

바나나쌀시루떡

▶ **주재료**
쌀가루 5컵, 바나나 5개

▶ **부재료**
소금 약간, 설탕 · 꿀 5큰술씩, 호두가루 7큰술

1 쌀가루는 소금을 약간 넣고 물을 조금씩 뿌려서 체에 두 번 정도 비벼가면서 내려놓는다.

2 바나나는 껍질을 벗기고 0.5㎝ 두께로 썰어서 꿀을 발라 놓는다.

3 호두는 속껍질까지 완전하게 벗겨 도마에 올려 곱게 다져 가루를 낸다.

4 작은 백설기를 찔 대나무 찜기에 젖은 면포를 깔고 그 위에 쌀가루, 꿀 바른 바나나를 켜켜로 담고 위쪽에 호두가루를 뿌린 후 김이 충분하게 오른 찜기에서 40분 정도 찐다. 젓가락을 찔러 보아 가루가 묻어나지 않으면 불에서 내려 잔열로 뜸을 들인 후 접시에 담아낸다.

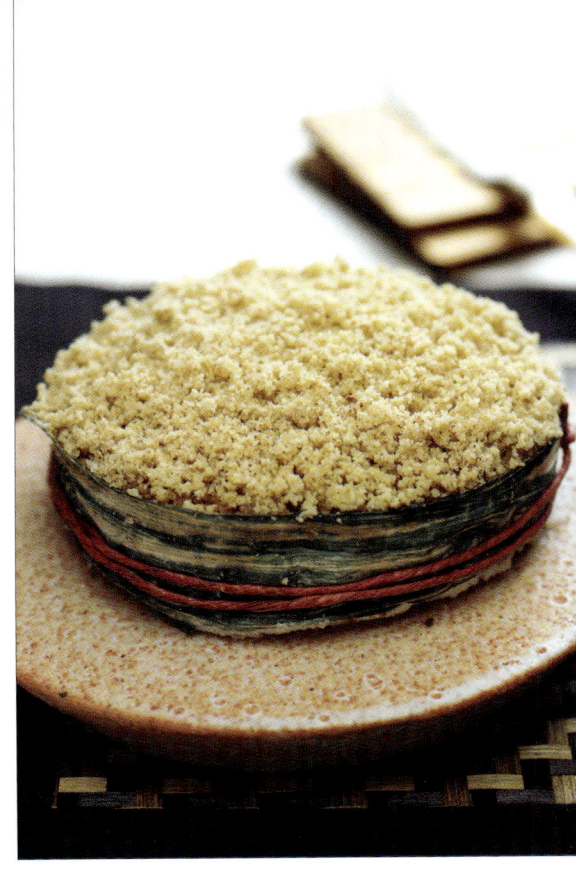

> ➜ **COOK TIP**
> 시루떡은 각종 과일을 넣어서 다양하게 만들 수 있다. 바나나는 꿀을 발라서 떡에 넣어야 바나나색이 갈색으로 변하지 않고 단맛이 부드럽게 스며들어 맛있다.

찰떡흑임자말이

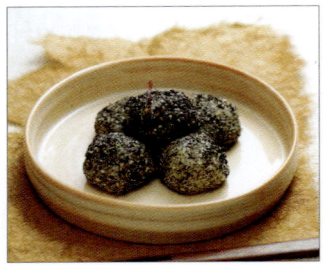

▶ **주재료**
찹쌀가루 4컵, 흑임자 ½컵, 잣 약간

▶ **부재료**
소금 약간, 참기름 3큰술, 쌀조청 5큰술

1 찹쌀을 충분하게 물에 불려서 체에 건져 물기를 뺀 후 방앗간에서 곱게 빻아온다.

2 ①의 찹쌀가루에 소금을 약간 넣고 물을 조금 넣어서 한 덩어리가 되도록 반죽한다. 되직하게 반죽해야 쪘을 때 쫄깃한 찰떡이 된다.

3 찜기에 젖은 면포를 깔고 ②의 찹쌀 반죽을 올려서 30~40분 정도 찐다.

4 쫄깃한 찰떡이 완성되면 볼에 담아서 손절구에 약간의 참기름을 발라서 쫄깃하게 되도록 친다.

5 쫄깃한 질감이 된 찰떡을 참기름을 바른 도마에 올리고 쌀 조청을 발라서 밀대로 민다.

6 널찍하게 밀어 찰떡이 평평해지면 흑임자를 아주 곱게 갈아서 그 가루를 두툼하게 솔솔 뿌리고 잣은 고깔을 뗀 채로 듬성듬성 놓은 후 찰떡을 돌돌 말아서 손으로 모양을 길게 만든다.

7 참기름과 쌀 조청을 바른 칼로 적당하게 2㎝ 두께로 썰어 한쪽 면에만 남은 검은깨 가루를 묻혀서 그릇에 담아낸다.

찹쌀카스텔라경단

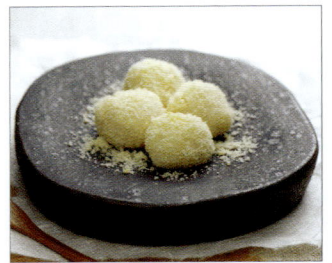

▶ **주재료**
찹쌀가루 2컵, 카스텔라 100g

▶ **부재료**
소금 약간, 대추채 3큰술, 뜨거운 물 약간

1 찹쌀가루는 소금을 약간 넣고 체에 두 번 정도 내린다.

2 찹쌀가루에 뜨거운 물을 조금씩 넣어서 차지게 반죽해서 젖은 면포를 덮어서 30분 정도 숙성시킨다.

3 찹쌀 반죽을 조금씩 떼어서 동그랗게 직경 2㎝ 크기가 되도록 경단을 빚는다.

4 카스텔라 빵은 위쪽 갈색 부분을 도려내고 노란색 부분만 체에 내려 고운 가루를 만든다.

5 냄비에 물을 넉넉하게 붓고 끓으면 찹쌀 경단을 넣어서 삶아 동동 떠오르면 체에 건져 흐르는 물에 살짝 헹궈 뜨거운 김만 나가게 해서 식힌다.

6 식힌 찹쌀 경단에 카스텔라 가루를 고루 묻히고 곱게 채 썬 대추채로 모양을 내어 상에 낸다.

> **→ COOK TIP**
> 찹쌀경단은 익반죽을 해야 더욱 쫄깃하다. 뜨거운 물을 조금씩 부어 가면서 반죽해야 경단이 딱딱해지지 않고 쫄깃한 맛이 오래 간다.

프루트감자샌드위치

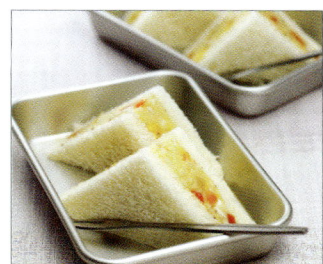

▶ **주재료**
프루트볼 1통, 감자 3개, 샌드위치 빵 8쪽

▶ **부재료**
달걀 2개, 다진 양파 3큰술, 마요네즈 4큰술, 씨 머스터드 1큰술, 소금 · 흰 후춧가루 약간씩

1 프루트볼은 과육만 건져 물기를 뺀 후 도마에 올려 굵게 다진다.

2 감자는 껍질을 벗겨 김이 오른 찜통에 넣고 포슬거리도록 찌고 달걀은 완숙으로 삶아 껍질을 벗기고 굵게 다진다.

3 감자가 뜨거울 때 볼에 담아 으깬 후 프루트볼과 달걀을 넣어 함께 버무리고 소금에 살짝 절인 다진 양파의 물기를 꼭 짠 후 넣어서 고루 버무린다.

4 ③에 소금과 흰 후춧가루로 간을 맞춰서 푸르트볼 감자소를 만든다.

5 샌드위치 빵 한쪽 면에 마요네즈와 씨 머스터드를 펴 바르고 ④의 푸르트볼 감자소를 1㎝ 두께로 도톰하게 펴 바르고 샌드위치 빵을 덮어서 물기를 꼭 짠 면포로 눌러 모양을 굳힌 후 먹기 좋은 크기로 잘라 먹는다.

파인애플파르페

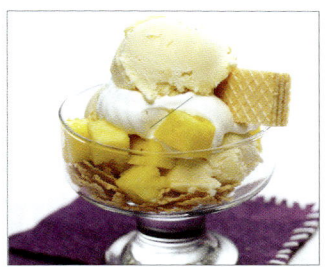

▶ **주재료**
파인애플 ½개, 바닐라 아이스크림 2컵

▶ **부재료**
휘핑크림 ½컵, 초콜릿 50g, 설탕 1큰술, 웨하스 4쪽, 콘플레이크 40g, 레몬즙 약간

1 휘핑크림에 설탕을 넣어서 거품기로 빡빡하게 저어서 거품을 내 냉장고에 차게 둔다.

2 초콜릿은 알갱이로 준비해서 차게 냉장고에 녹지 않도록 해 둔다.

3 파인애플은 과육을 사방 1㎝ 크기로 썰어서 레몬즙을 약간 뿌린다.

4 아이스크림 잔을 준비해서 콘플레이크와 파인애플 썬 것을 번갈아 가면서 담고 저어 놓은 생크림을 담는다.

5 바닐라 아이스크림을 모양을 내서 떠 ④의 아이스크림 잔에 담고 다시 파인애플과 초콜릿을 넣어 장식해 모양을 낸다.

6 ⑤에 생크림으로 장식해서 웨하스를 꽂아서 시원하게 디저트로 낸다.

→ **COOK TIP**
프루트볼의 물기를 완전히 없앤 후 감자소와 버무려야 수분이 생기지 않는다.

→ **COOK TIP**
슬라이스 파인애플을 적당하게 썰어서 녹색의 채소와 함께 볶으면 더욱 맛이 있는데 특히 중국식의 볶음에 아주 잘 어울린다.

오렌지사과핫케이크

▶ **주재료**
오렌지 1개, 사과 ½개, 키위 1개, 설탕 1큰술, 버터 약간

▶ **핫케이크 반죽**
박력분 240g, 달걀 2개, 우유 2컵, 꿀 2작은술, 베이킹파우더 1작은술, 소금 약간

▶ **크림소스**
크림치즈 160g, 사워크림 6큰술, 꿀 2큰술

1 오렌지는 껍질을 벗기고 4등분하고 나서 1㎝ 간격으로 썬다.

2 사과도 껍질을 벗기고 사방 1㎝ 간격으로 썬다. 키위도 껍질을 벗겨 4등분한 후 1㎝ 크기로 자른다.

3 오렌지와 사과, 키위는 설탕을 솔솔 뿌려서 갈변을 막아준다.

4 볼에 달걀을 풀고 우유, 소금, 꿀을 넣고 섞어서 박력분, 베이킹파우더, 소금을 넣고 체에 여러 번 쳐서 반죽한다.

5 팬에 버터를 약간 두르고 직경 8㎝ 크기가 되도록 ④의 반죽을 국자로 떠서 굽는다.

6 볼에 분량의 크림소스 재료를 모두 넣고 빽빽하면서 하얀 거품이 생기도록 고루 섞고 나서 냉장고에 넣어서 차게 둔다.

7 ⑤의 케이크 두 장을 접시에 겹쳐놓고 준비해 놓은 크림을 떠서 얹는다. 여기에 ③의 과일을 적당히 올리고 다시 케이크를 2장 겹쳐서 놓기를 반복해서 모양을 낸 후 접시에 담아낸다.

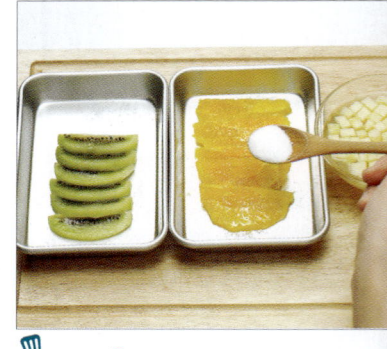

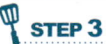 **STEP 3**

> 🔁 **COOK TIP**
> 오렌지는 가로로 반을 잘라 안쪽의 과육을 모두 긁어내고 껍질을 말끔한 상태로 만들어 냉동실에 얼리면 화채나 스무디, 셔벗 등의 용기로 쓸 수 있다.

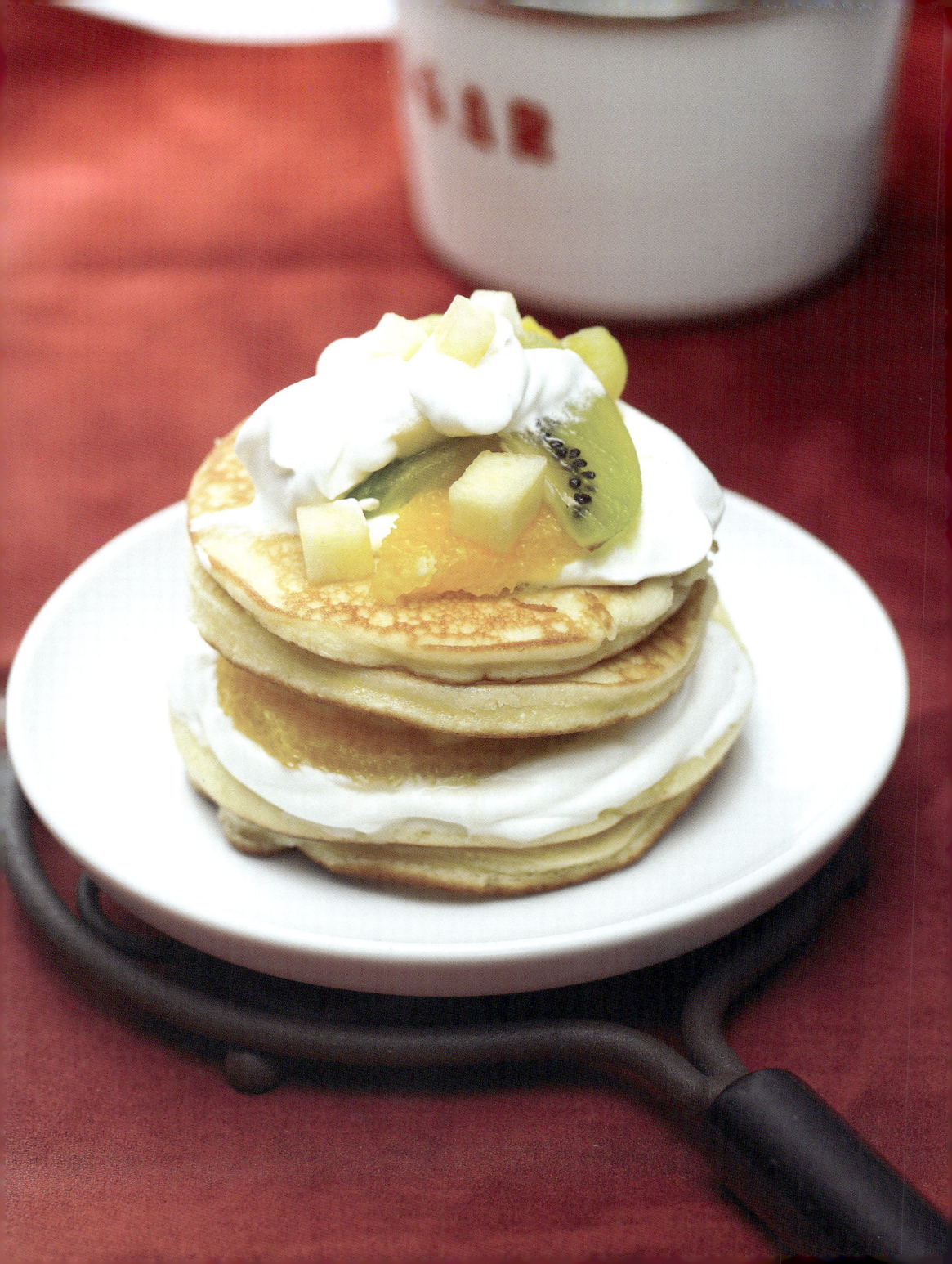

크림치즈소스바나나

▶ **주재료**
바나나 4개, 레몬즙 1큰술

▶ **크림치즈**
생크림 1컵, 크림치즈 ½컵, 설탕 2큰술

1 생크림과 크림치즈, 설탕을 넣어서 빽빽하게 저어서 크림 상태로 만들어 차게 냉장고에 넣어 둔다.

2 바나나는 껍질을 벗기고 1㎝ 두께로 썰어서 레몬즙을 뿌려 색이 변하는 것을 막는다.

3 비스킷 위에 크림치즈를 뿌리고 그 위에 바나나를 모양있게 잘라 올린다.

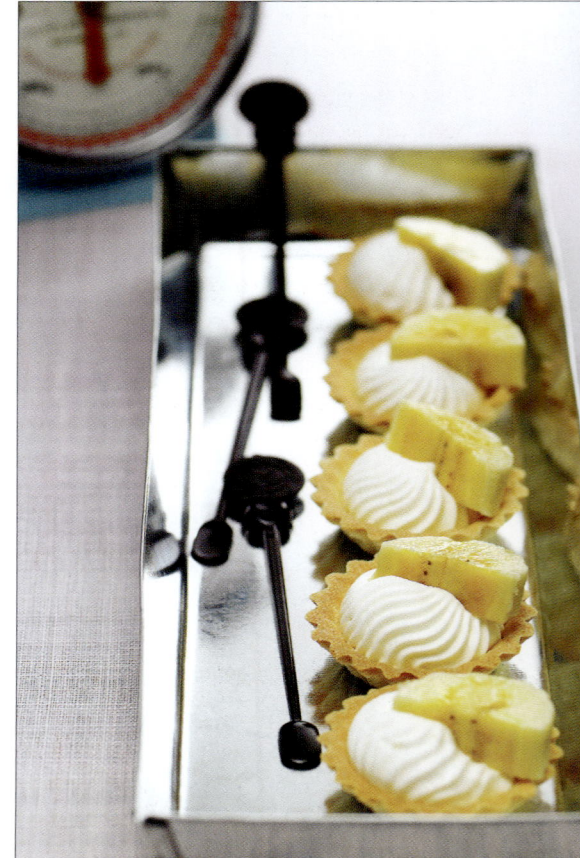

→ **COOK TIP**
저염 비스킷 또는 웨하스를 올려서 장식해도 예쁘고 빨간색의 체리를 얹어 내거나 아이들이 좋아하는 알 초콜릿을 뿌려서 상에 내도 좋다.

배콤포트

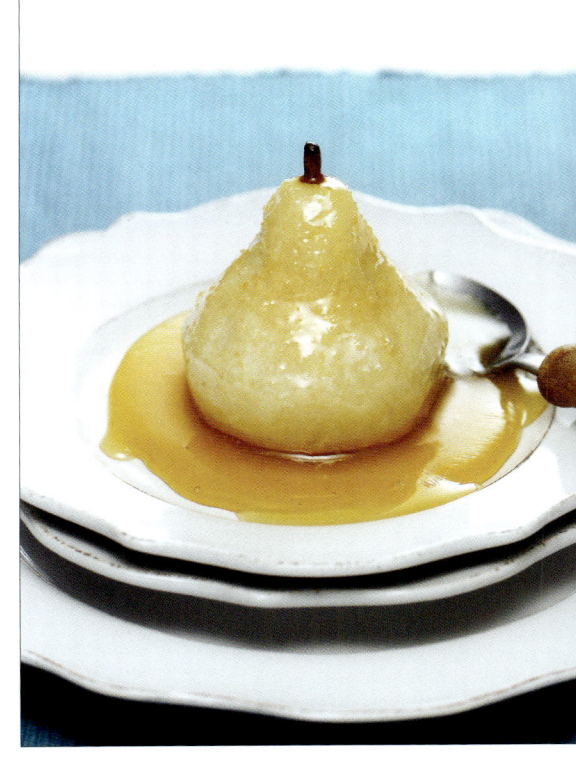

▶ **주재료**
배 2개, 레몬 $\frac{1}{2}$개

▶ **부재료**
설탕 140g, 화이트와인 · 물 1컵씩

1 레몬은 뜨거운 물에 씻어서 윤기나는 왁스기를 빼준다.

2 깨끗이 물기 닦은 레몬을 4등분한 후 껍질을 벗긴다.

3 껍질 안쪽에 있는 하얀 피막을 썰어내고 나서 곱게 채 썰고 레몬 과육은 으깨어 과즙을 낸다.

4 냄비에 설탕, 화이트와인, 레몬 껍질, 레몬즙을 넣고 물을 부어서 끓인다.

5 배는 껍질을 벗겨 낸다.

6 ④가 끓기 시작하면 ⑤의 배를 통째로 넣고 쿠킹포일 로 잘 덮어서 조린다. 김이 빠져나가도록 쿠킹포일에 구멍을 뚫는다.

7 약한 불에서 콤포트 국물이 진득해질 때까지 30~40 분간 조린다.

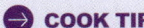 **COOK TIP**
콤포트는 사과, 배, 살구 등의 과일에 화이트와인을 넣어서 설탕 조림한 디저트로 노인들이나 기관지 환자들에게 좋은 디저트이다.

프루트요구르트크림

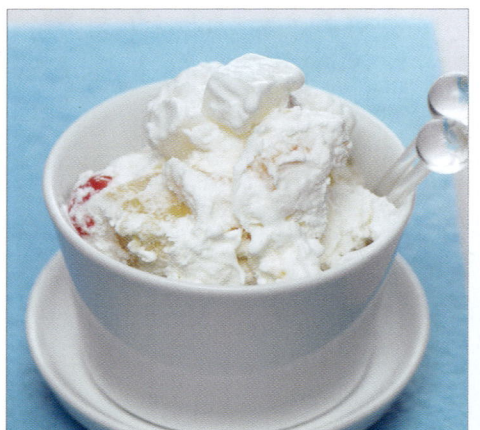

▶ **주재료**
푸르트 칵테일(통조림) ½통, 요구르트 2개, 생크림 2큰술

1 푸르트 칵테일 통조림의 건지만 건져 물기를 뺀다.

2 단단하게 거품이 올라온 생크림에 요구르트를 부드럽게 섞는다.

3 유리볼에 푸르트 칵테일 건더기를 적당히 담고 ②의 요구르트를 수북이 넣어 골고루 섞는다.

4 섞은 푸르트 칵테일과 요구르트를 냉동실에 살짝 얼려서 차갑게 해서 먹는다.

> **COOK TIP**
> 푸르트 칵테일 통조림은 여러 과일을 한데 섞어서 통조림을 만든 것인데 이 여러 가지 과일을 믹서에 곱게 갈아서 찬 사이다와 얼음을 넣으면 과일펀치로 간편하게 만들 수 있다.

파인애플브로콜리볶음

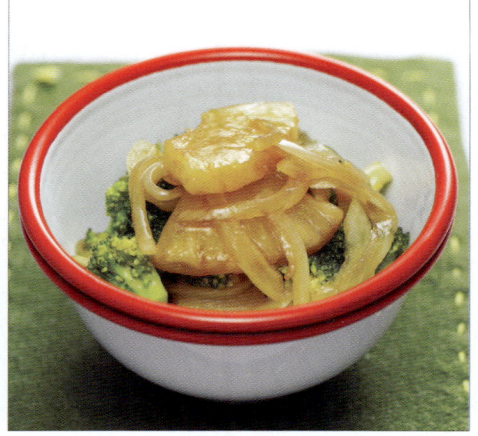

▶ **주재료**
파인애플(통조림) ½통, 브로콜리 100g

▶ **부재료**
양파 ½개, 굴소스 1큰술, 라유소스 1작은술, 소금·후춧가루 약간씩

1 파인애플 통조림의 슬라이스 된 파인애플은 물기를 닦아 4등분한다.

2 브로콜리는 한 송이씩 떼어내 씻어서 냄비에 물을 붓고 끓이다가 소금을 약간 넣어 파랗게 데쳐 찬물에 헹궈 물기를 뺀다.

3 양파는 아주 곱게 채 썬다.

4 팬에 기름을 두르고 양파를 볶다가 브로콜리와 파인애플을 한데 넣어 굴소스와 라유소스를 붓고 살짝 볶는다.

5 브로콜리와 파인애플이 살캉하게 익으면 소금과 후춧가루로 모자라는 간을 맞춰서 그릇에 담아낸다.

> **COOK TIP**
> 파인애플 통조림은 고기를 구워 먹거나 커틀릿을 먹을 때 함께 구워 곁들여 같이 먹으면 입맛을 살려준다.

키위달걀크림요구르트샐러드

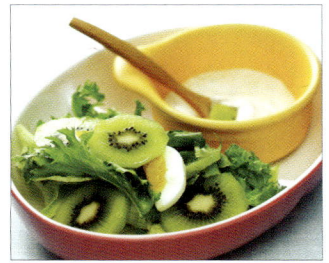

▶ **주재료**
키위 3개, 달걀 2개, 치커리 · 적치커리 30g씩, 양상추 5장, 소금 약간

▶ **크림요구르트 드레싱**
마요네즈 2큰술, 떠먹는 플레인 요구르트 ½컵, 땅콩버터 · 레몬즙 1작은술씩, 올리브오일 1큰술, 소금 · 흰 후춧가루 약간씩

1 키위는 잘 익은 것으로 준비해서 말끔하게 물에 씻고 물기를 닦은 후 껍질을 벗겨서 동그랗게 편 썬다.

2 달걀은 실온에서 30분 정도 찬물에 담갔다가 바로 냄비에 담아 끓기 시작해서 15분 정도 완숙으로 삶아 찬물에 헹궈 껍질을 벗기고 달걀커터기에 놓고 얇게 썬다.

3 치커리와 적치커리, 양상추는 손으로 큼직하게 찢어 찬물에 헹궈 싱싱하게 해서 건져 물기를 턴다.

4 볼에 떠먹는 플레인 요구르트를 붓고 마요네즈, 땅콩버터, 올리브오일, 레몬즙, 소금, 흰 후춧가루를 섞어서 드레싱을 만든다.

5 큰 접시에 양상추, 치커리, 적치커리를 담고 키위와 얇게 썬 달걀을 모양내어 올린 후 크림요구르트 드레싱을 듬뿍 끼얹어 먹는다.

모둠열대과일요구르트

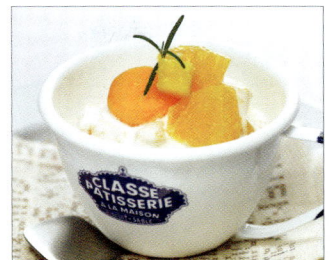

▶ **주재료**
오렌지 · 망고 2개씩, 파파야 1개, 플레인 요구르트 2통, 생크림 4큰술

1 오렌지는 과육만 준비해서 사방 2㎝ 크기로 썬다.

2 망고는 이 겹 포를 뜨듯이 과육만 준비해서 사방 1㎝ 크기로 썬다.

3 파파야는 가운데를 잘라서 씨를 긁어내고 동그란 모양으로 썬다.

4 단단하게 거품이 올라온 생크림에 요구르트를 부드럽게 섞는다.

5 유리볼에 오렌지, 망고, 파파야의 과육을 적당하게 담고 ④의 생크림 요구르트를 수북이 넣어 골고루 섞는다.

6 섞은 열대 과일과 요구르트를 냉동실에 살짝 얼려서 차갑게 해서 먹는다.

● **COOK TIP**
키위는 새콤달콤한 맛이 강하므로 아삭한 양상추, 치커리와 함께 담백한 달걀을 함께 넣고 부드러운 크림 요구르트 드레싱으로 버무려 먹으면 새콤한 키위의 맛을 한층 더 느낄 수 있다.

● **COOK TIP**
열대 과일을 혼합해서 만든 푸르트볼을 이용해서 만들어도 아주 간편하다. 너무 오랜 시간 냉동시키면 얼음이 돼 먹기 힘들므로 딱 먹기 좋은 정도로만 차게 되면 꺼내어 먹는다.

망고등심스테이크

▶ **주재료**
망고 2개, 쇠고기(등심) 400g, 양파 ½개, 당근 30g, 소금 · 후춧가루 약간씩

▶ **스테이크소스**
곱게 다진 망고 ¼컵, 간장 2큰술, 우스터소스 · 다진 양파 · 올리브오일 1큰술씩, 토마토케첩 · 다진 마늘 1작은술씩

1 망고는 중간의 씨 심지를 가운데 두고 2겹으로 포를 떠서 껍질 안쪽의 과육만 도려낸다.

2 팬에 올리브오일을 두르고 다진 마늘과 양파를 넣어 볶다가 망고 다진 것과 통조림 국물, 간장, 우스터소스, 토마토케첩을 차례로 넣어 골고루 섞어서 걸쭉한 농도의 스테이크소스가 되도록 끓인다.

3 쇠고기는 두툼한 등심 스테이크용으로 준비해서 고기망치로 자근자근 두드려 연하게 만들어 소금과 후춧가루로 밑간한다.

4 양파는 가로로 썰고 당근은 엄지손가락 굵기와 길이로 잘라 모서리를 다듬어서 팬에 기름을 두르고 소금으로 간을 해서 볶아낸다. 양파는 구워낸다.

5 팬에 기름을 살짝 두르고 밑간한 등심 스테이크를 넣어 굽는다. 구워지면서 흘러나오는 육즙에 망고 과육을 적당하게 썰어 올려 함께 굽는다.

6 접시에 스테이크와 구운 망고를 담고 양파와 당근을 곁들여 준비한 스테이크소스를 듬뿍 끼얹어낸다.

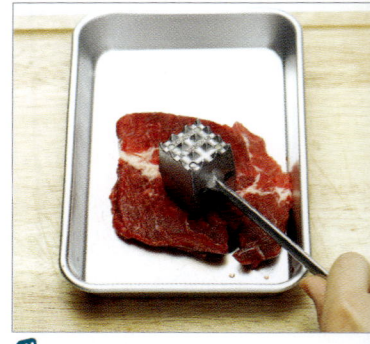

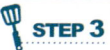 **STEP 3**

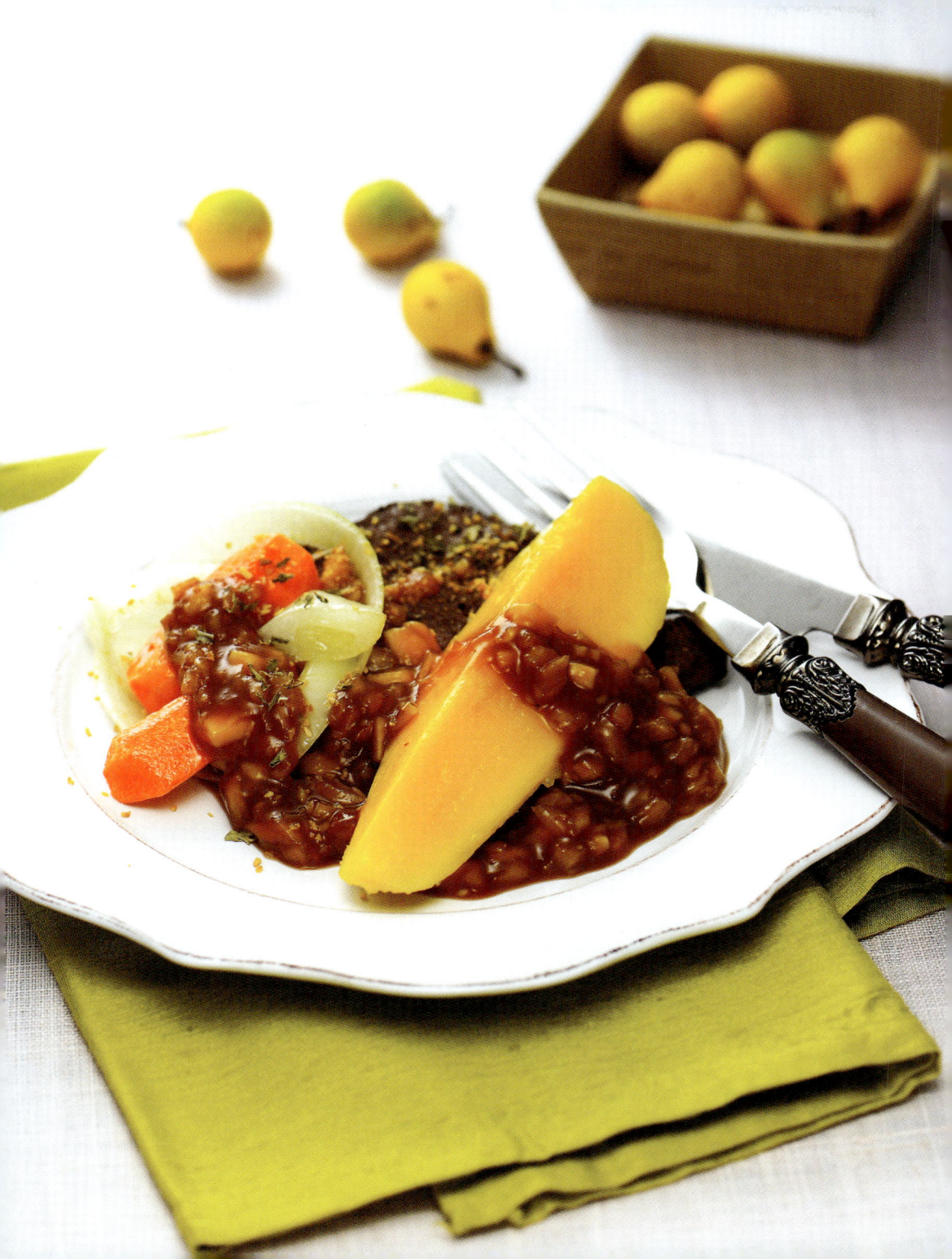

파인애플닭살겨자무침

▶ **주재료**
  파인애플 슬라이스 4쪽, 닭가슴살 200g, 영양부추 30g, 소금 · 청주 · 비트 약간씩

▶ **겨자소스**
  발효 겨자 · 파인애플즙 1큰술씩, 씨 머스터드 1작은술, 다진 마늘 ½작은술, 식초 2큰술, 소금 · 흰 후춧가루 약간씩

1 파인애플은 0.5cm 두께로 얇게 썬다.

2 남은 파인애플은 곱게 다져서 즙을 짜서 나중에 겨자소스에 넣는다. 영양
  부추는 다듬어 씻어서 1cm 폭으로 썬다. 비트를 약간 준비해서 아주 곱게
  채 썬다.

3 닭가슴살은 흰 피막을 떼어내고 씻는다. 물에 소금과 청주를 넣어 끓이다가
  닭가슴살을 넣어 속까지 익혀 찬물에 헹궈 물기를 닦고 얇게 결대로 찢는다.

4 볼에 만들어둔 파인애플즙을 넣고 발효 겨자와 씨 머스터드를 섞은 후 다
  진 마늘, 식초, 소금, 흰 후춧가루로 간을 맞춰 소스를 만든다.

5 큰 볼에 영양부추와 닭가슴살 찢은 것을 넣고 ④의 소스를 부어서 조물조
  물 무친다.

6 접시에 파인애플 슬라이스를 깔고 파인애플 안쪽의 공간에 닭가슴살 겨자
  무침을 소복하게 담고 비트로 장식해서 상에 낸다.

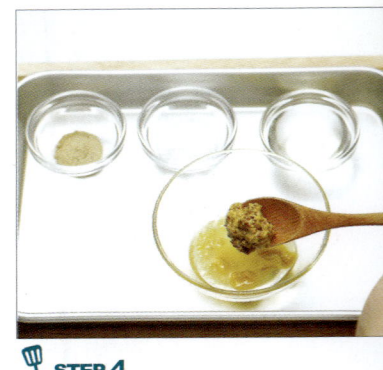

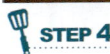 STEP 4

→ COOK TIP

매콤한 겨자 맛에 달콤한 파인애플로 소스를 만들어 닭가슴살과
영양부추를 넣어 무치면 닭가슴살의 잡내가 없어진다. 파인애플
슬라이스를 접시처럼 만들어서 그 안에 무침을 넣어서 상에 내면
애피타이저로 닭살 겨자무침을 먹고 디저트로 파인애플을 함께
즐길 수 있다.

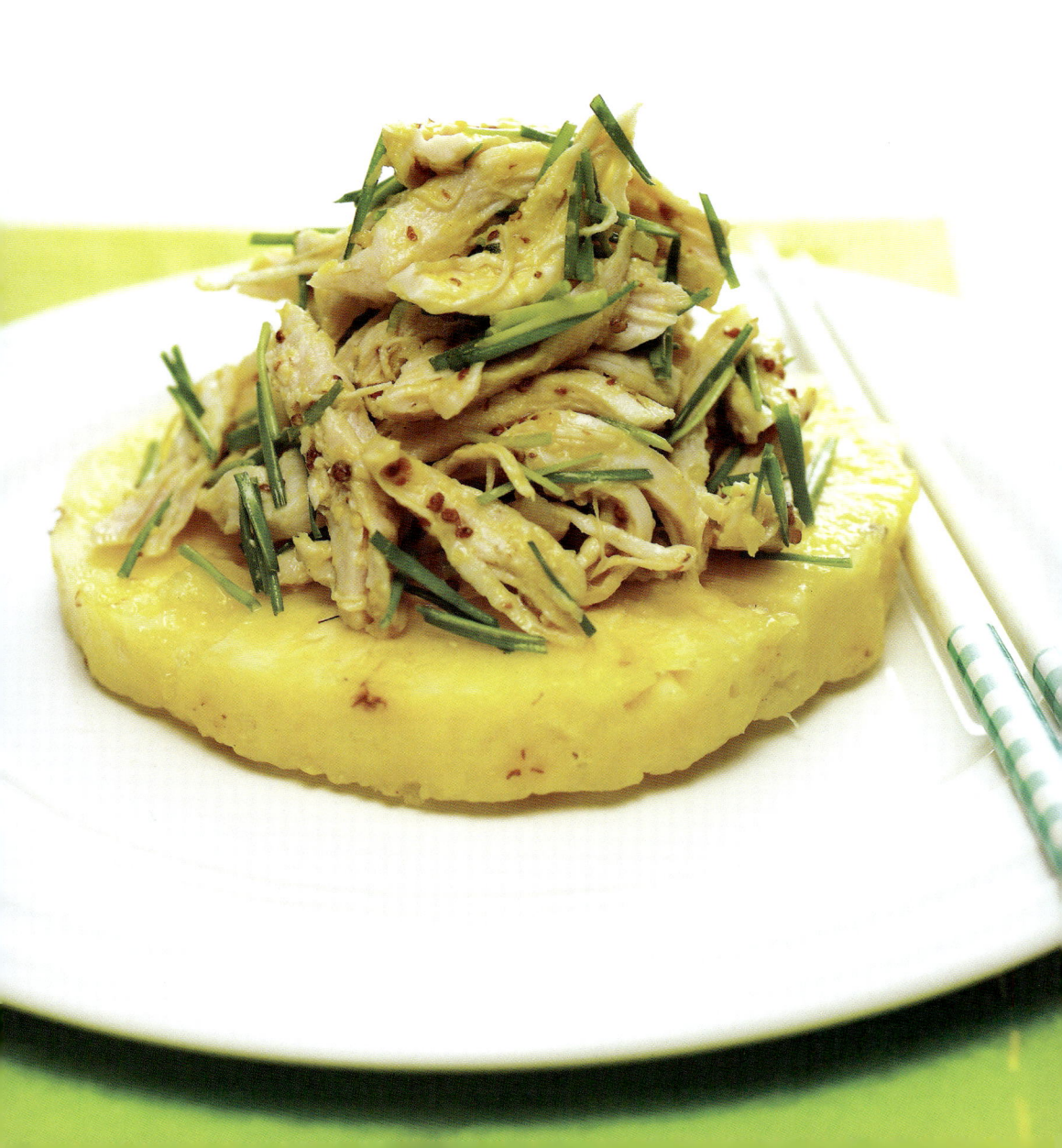

파파야크림치즈비스킷샌드

▶ **주재료**
파파야 1개, 크림치즈 $\frac{1}{3}$컵

▶ **부재료**
꿀 1작은술, 씨 머스터드 1큰술, 저염 비스킷 20개

1 파파야는 노랗게 익으면 씻어 반을 갈라 속의 씨를 숟가락으로 말끔하게 긁어내고 껍질을 벗겨 반은 곱게 다지고 반은 사방 3cm 크기로 얇게 썬다.

2 볼에 크림치즈와 꿀, 씨 머스터드를 넣어 크림상태로 잘 섞은 후 ①의 파파야 다진 것을 넣어 고루 섞어 파파야 크림을 만든다.

3 저염 비스킷에 ②의 파파야 크림을 얇게 펴 바르고 얇게 썬 파파야를 두 개 정도 넣고 다시 파파야 크림을 바른 후 저염 비스킷으로 덮어 샌드를 만든다.

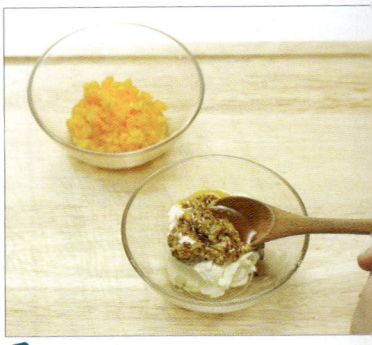

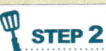 STEP 2

→ **COOK TIP**

파파야 크림치즈 비스킷 샌드는 만들기 쉬운 요리로 간단한 칵테일 안주로도 좋지만 아이들의 영양 간식으로 아주 좋다. 단맛과 함께 고소한 맛이 나는 파파야를 얇게 썰어 파파야 크림을 바른 후 두 겹 정도 올려서 샌드를 만들어야 씹히는 맛이 좋다.

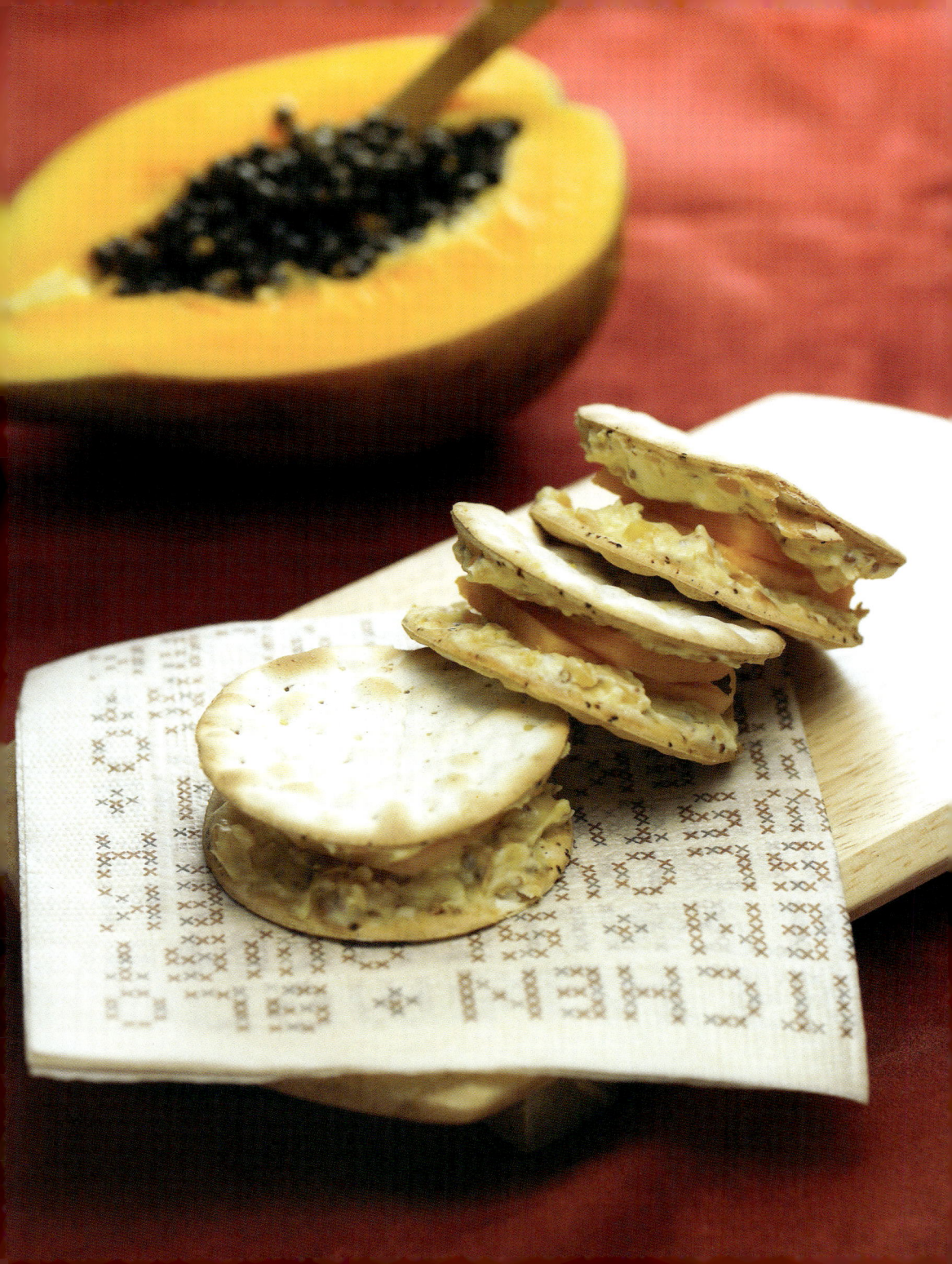

포도잼핫케이크

▶ **주재료**
포도 500g, 설탕 · 핫케이크 가루 1컵씩

▶ **부재료**
우유 $\frac{1}{2}$컵, 달걀 1개, 베이킹파우더 $\frac{1}{2}$작은술, 소금 · 버터 약간씩

1 깨끗이 씻은 포도알은 센 불에 가열해 연해지면 굵은 체에 걸러 씨와 껍질을 제거한다.

2 거른 포도즙에 설탕을 2회에 걸쳐 나누어 부어 눋지 않도록 주걱으로 저어가면서 중불에서 끓인다.

3 농축된 포도즙이 걸쭉한 상태로 물에 풀리지 않으면 포도잼이 완성된 것이다. 이렇게 완성된 포도즙을 열탕 소독한 병에 담아 밀봉해서 거꾸로 세운 후 실온에서 식힌다.

4 볼에 달걀을 넣고 알끈을 제거한 후 거품기로 거품을 내고 체에 친 핫케이크 가루와 베이킹파우더를 넣어서 자르듯이 섞는다.

5 ④에 우유를 약간씩 부어가면서 가볍게 섞어 소금을 조금 넣어 케이크 반죽을 완성한다.

6 팬에 버터를 약간 두른 후 ⑤의 반죽을 한 국자씩 올리고 약한 불에서 노릇하고 도톰하게 핫케이크를 만든다.

7 핫케이크가 구워지면 꺼내어 식힌 후 포도잼을 발라 다른 핫케이크 덮어서 보기 좋게 잘라 완성한다.

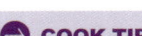 **COOK TIP**
포도알은 껍질째 따서 흐르는 물에 체에 밭친 상태로 닦아야 이물질이 말끔하게 없어진다. 포도의 상태가 좋아야 포도즙이 더욱 많이 나온다.

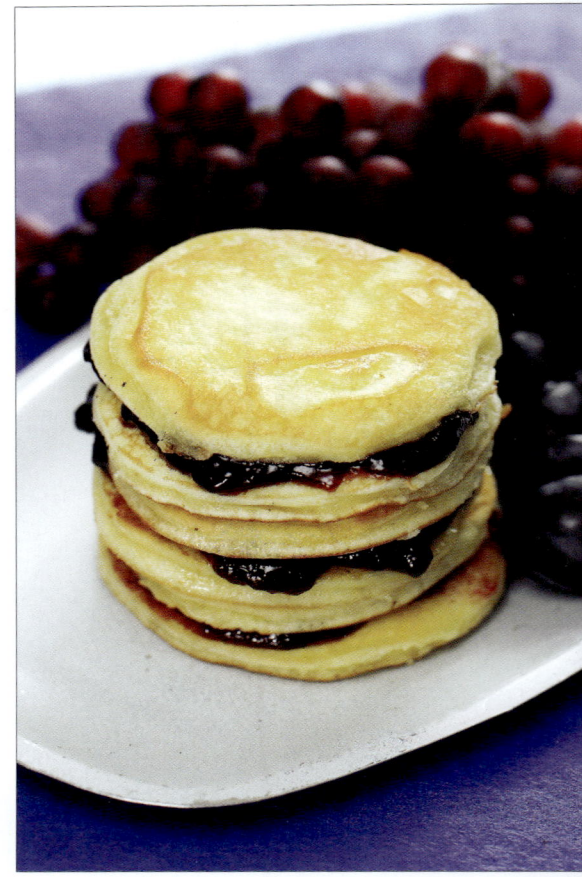

아보카도초밥

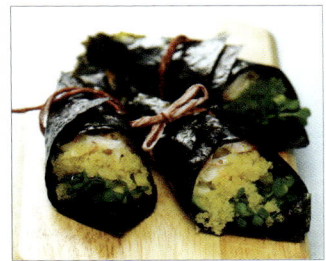

▶ **주재료**
아보카도 1개, 고슬하게 지은 밥 3공기, 구운 김밥용 김 5장, 단무지 5줄, 게맛살 4줄, 마요네즈 1큰술, 씨 머스터드 1작은술, 무순 50g, 날치알 5큰술

▶ **배합초**
설탕 · 식초 3큰술씩, 소금 1작은술

1 아보카도는 씻어서 반으로 갈라 돌려서 나눈 후 포크를 이용해서 씨를 빼고 껍질을 벗겨 동그란 모양대로 얇게 썬다.

2 고슬하게 지은 밥에 배합초를 분량대로 넣어 뜨거울 때 버무려 젖은 면포를 덮어 한 김 식힌다.

3 구운 김밥용 김은 네모지게 4등분한다.

4 단무지는 씻어서 물기를 닦고 손가락 길이로 채 썬다. 무순은 잡티를 없애고 씻어서 물기를 턴다.

5 게맛살은 결대로 찢어서 마요네즈와 씨 머스터드를 넣어 버무려 놓는다.

6 날치알은 찬물에 헹궈 건져 물기를 뺀다.

7 김에 밥을 적당하게 펼쳐 담고 아보카도, 단무지, 무순, 게맛살 무친 것을 올리고 돌돌 말아서 날치알을 소복하게 올려 먹는다.

> **→ COOK TIP**
> 아보카도는 껍질을 벗긴 후 얇게 썰려면 미끄러운 질감 때문에 원하는 모양을 얻을 수가 없다. 미리 반을 갈라 돌려서 가른 후 씨를 포크로 빼고 껍질을 벗겨야 한다.

오렌지날치알무침

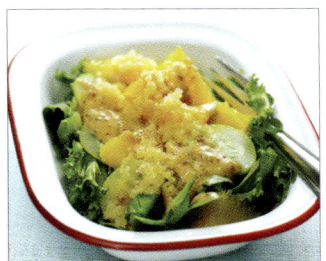

▶ **주재료**
오렌지 2개, 날치알 100g, 적치커리 50g, 치커리 · 겨자잎 30g씩, 오이 ½개, 소금 약간, 레몬즙 1작은술

▶ **무침 양념**
씨 머스터드 1작은술, 마요네즈 · 식초 2큰술씩, 일본된장 · 물엿 · 설탕 1큰술씩

1 오렌지는 과육만 떼어내야 하는데 오렌지 속껍질과 속껍질 사이에 칼을 V자로 대고 부드러운 과육만 떼어낸다.

2 날치알은 찬물에 헹궈 레몬즙을 뿌려서 체에 밭쳐 물기를 종이타월에 올려 뺀다.

3 적치커리와 치커리, 겨자잎은 씻어서 2cm 폭으로 썰고 오이는 껍질째 씻어서 동그랗게 편 썰기 한다.

4 무침 양념을 재료의 분량대로 섞어 만든다.

5 볼에 오렌지와 날치알, 오이, 적치커리, 치커리, 겨자잎을 담고 ④의 양념으로 살살 버무려서 먹기 직전에 상에 낸다.

> **→ COOK TIP**
> 오렌지 과육을 떼어낼 때에는 오렌지 속껍질과 속껍질 사이에 칼을 V자로 대고 부드러운 과육만 떼어서 샐러드에 넣어야 오렌지 속껍질이 씹히는 것이 없고 샐러드를 먹고 나서도 입안이 깔끔하다. 과육을 떼어낸 다음에는 남은 오렌지를 모두 믹서에 곱게 갈아서 맑은 즙만 받아서 그 즙으로 샐러드 소스를 만든다.

망고채소토르티야말이

▶ **주재료**
망고 3개, 양배추 7장, 적채 2장, 치커리 · 겨자잎 50g씩, 오이 1개, 당근 ½개, 시판 냉동 토르티야 20장

▶ **땅콩소스**
땅콩버터 5큰술, 곱게 간 망고 · 마요네즈 2큰술씩, 레몬즙 · 간장 1큰술씩

1 망고는 껍질을 벗기고 가운데 씨 부분을 사이에 두고 과육만 칼로 저민 후 나무젓가락 굵기로 채 썬다.

2 양배추와 적채는 굵은 심지를 도려내고 곱게 채 썰어 찬물에 담아 싱싱하게 해서 건진다.

3 치커리와 겨자잎은 손으로 큼직하게 뜯어 찬물에 헹궈 건지고 오이와 당근은 5㎝ 길이로 굵게 채 썬다.

4 시판하는 냉동 토르티야는 실온에서 젖은 면포를 덮어서 해동시킨다.

5 망고를 곱게 과육만 갈아서 땅콩버터와 마요네즈, 레몬즙, 간장을 섞어 잘 저어서 토르티야를 찍어 먹을 소스를 만든다.

6 토르티야를 도마에 놓고 그 안에 망고 양배추, 적채, 치커리, 겨자잎, 오이, 당근을 적당하게 놓고 돌돌 말아서 망고 과육을 넣은 땅콩소스에 찍어 먹는다.

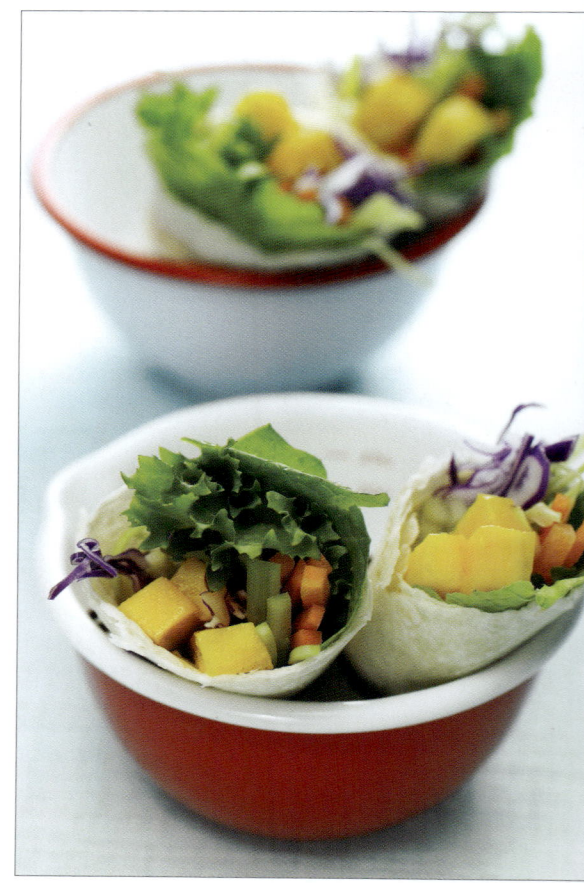

→ **COOK TIP**
시판하는 냉동 토르티야는 한 번 오븐에 구워 나온 것이므로 그냥 실온에서 해동시켜서 바로 채소와 망고를 싸서 먹어도 된다. 해동시킬 때 마르지 않도록 꼭 젖은 면포를 덮어서 해동시켜야 한다.

호두곶감꽃말이

▶ **주재료**
호두 1컵, 곶감 20개, 꿀 3큰술

1 호두는 미지근한 물에 담가 속껍질을 벗긴 후 큼직하게 잘라 꿀과 섞어 놓는다.

2 곶감은 꼭지를 떼어내고 씨를 발라낸 후 한쪽을 잘라 널찍하게 편다.

3 도마에 김발을 펼치고 그 위에 ②의 곶감을 평평하게 편 상태로 깐 후 그 위에 호두를 적당하게 길게 놓는다. 호두를 조금 많이 놓아야 꽃 모양이 제대로 살아난다.

4 김발의 한쪽 끝을 잡고 곶감을 돌돌 만다. 호두가 바깥으로 빠져나오지 않도록 잘 아물려 말아준다.

5 호두곶감꽃말이를 잠시 냉동실에 두어 속의 호두가 곶감에 잘 붙도록 20분 정도 둔 다음에 꺼내어 1cm 폭으로 썰어 완성한다.

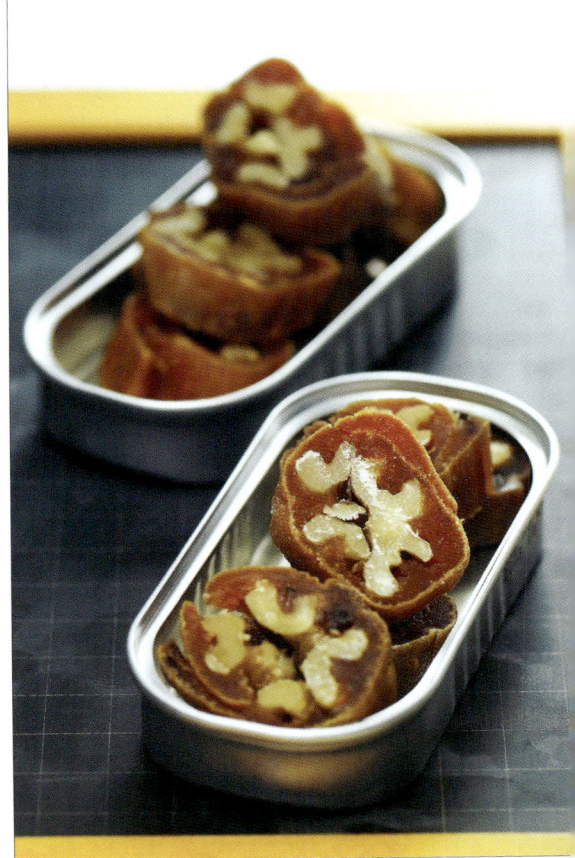

🔶 **COOK TIP**
호두를 듬뿍 넣어 말은 호두곶감꽃말이는 수정과에 넣어 함께 먹거나 어른들의 고품격 간식으로 이용한다. 술안주로 꼬치에 꿰어 먹어도 좋다. 곶감의 단맛과 호두의 고소한 맛이 어우러져 입안에서 씹히는 감촉이 좋다.

딸기소스달걀크레이프

▶ **주재료**
딸기 5개, 레몬즙 ½작은술, 달걀 2개, 찹쌀가루 1큰술, 우유 5큰술, 소금 · 흰 후춧가루 약간씩, 말린 파파야(다른 말린 과일을 사용해도 됨) 2큰술

▶ **딸기소스**
딸기 12개, 올리브오일 3큰술, 연유 · 레몬즙 1큰술씩

1 딸기는 씻어서 5개 정도는 물기를 닦고 꼭지를 칼로 잘라낸 후 사방 1cm 크기로 썰어서 레몬즙을 뿌려서 크레이프와 함께 먹도록 준비한다. 말린 파파야도 잘게 다진다.

2 씻은 딸기의 나머지는 올리브오일과 연유, 레몬즙을 넣어서 곱게 갈아서 차갑게 냉장고에 넣어서 딸기소스를 만든다.

3 달걀은 알끈을 제거하고 곱게 풀어서 찹쌀가루와 우유, 소금, 흰 후춧가루를 넣어 잘 섞은 후 체에 두 번 정도 내려서 고운 반죽을 만든다.

4 팬에 기름을 종이타월로 찍어 고르게 발라 달군 후 아주 약한 불에서 ③의 반죽을 넣어 얇은 크레이프를 부친다.

5 접시에 크레이프를 깔고 그 위에 딸기 썬 것과 말린 파파야를 듬뿍 담아 돌돌 말고 차갑게 만든 딸기소스를 듬뿍 뿌려 완성한다.

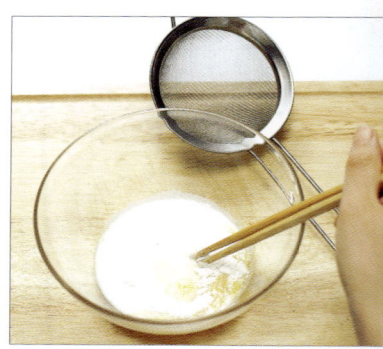

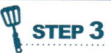 **STEP 3**

> 🡒 **COOK TIP**
> 딸기소스는 차게 해서 먹어야 새콤달콤한 향이 더욱 진하게 우러나는데 연유 대신에 우유와 꿀을 섞어서 넣어도 된다.

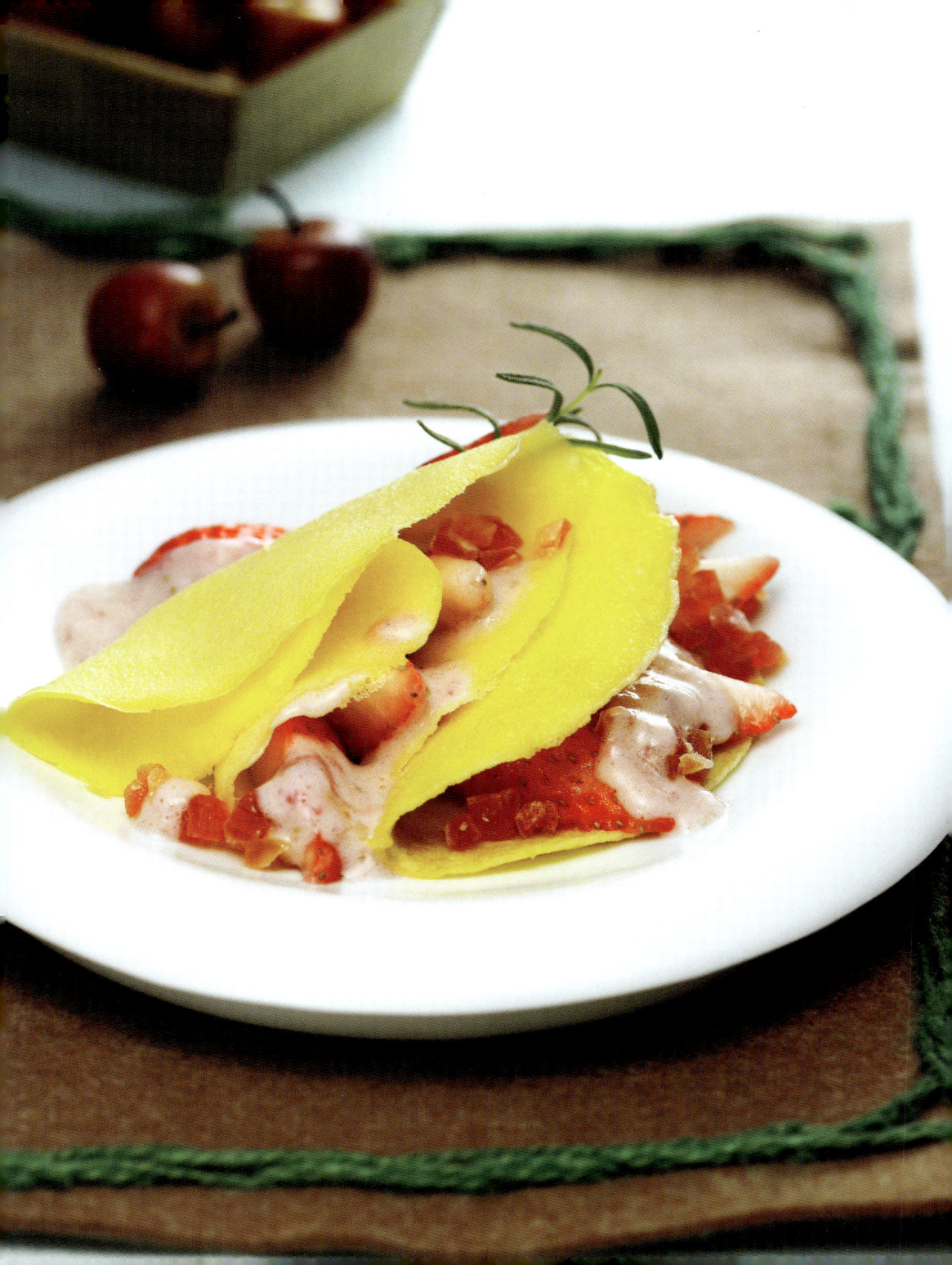

단감쌀죽

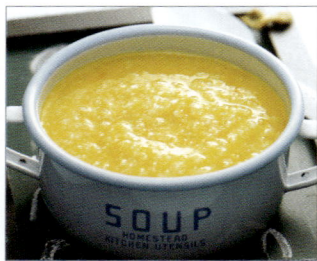

▶ **주재료**
충분하게 불린 쌀 ½컵, 단감 2개

▶ **부재료**
쌀뜨물 2컵, 계핏가루 ¼작은술, 소금 약간, 물 3컵

1 쌀을 잘 씻어서 쌀뜨물은 따로 받아두고 충분하게 불린다.

2 불린 쌀은 절구에 굵게 빻는다.

3 단감을 껍질을 벗기고 적당하게 잘라서 씨를 없앤 후 쌀뜨물을 함께 믹서에 담고 곱게 갈아서 고운 면포에 밭쳐 단감물만 받는다.

4 냄비에 쌀 빻은 것과 ③의 단감물을 부어가면서 죽을 쑨다.

5 나무 주걱으로 저어가면서 끓이다가 준비한 물을 다시 부어서 아주 뭉근하게 죽을 만든다.

6 20~30분 정도 저어가면서 쌀 알갱이가 완전하게 풀어져 감의 맛이 어우러진 죽이 완성되면 계핏가루와 소금을 넣어 간을 맞춰 먹는다.

겨자소스사과편채

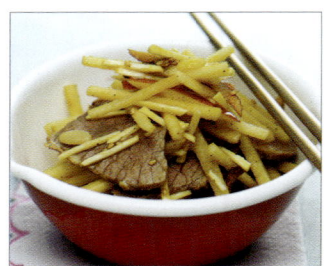

▶ **주재료**
사과(아오리 또는 부사) 2개, 쇠고기(사태) 300g, 대추 8개, 밤 5톨, 잣 1큰술, 설탕 약간, 대파잎 1대, 청주 1작은술

▶ **편채소스**
발효 겨자 · 간장 · 통깨 1작은술씩, 꿀 · 식초 1큰술씩, 소금 · 후춧가루 약간씩

1 사과는 껍질째 소금물에 담가 깨끗이 씻어서 5cm 길이로 채 썰어서 설탕에 재운다.

2 쇠고기는 찬물에 담가 핏물을 뺀 후 실로 칭칭 감아 동그란 모양으로 준비해서 냄비에 대파잎, 청주, 물을 넣고 끓으면 쇠고기를 넣고 푹 삶아 건져서 식혀 동그란 모양 그대로 얄팍하게 썬다.

3 대추는 씨를 발라내고 얇게 채 썰고 밤도 같은 길이로 채 썬다.

4 발효 겨자에 간장과 꿀, 식초, 통깨, 소금, 후춧가루를 조금씩 넣어 잘 섞어서 편채소스를 만든다.

5 만들어 놓은 편채소스에 사과와 대추, 밤, 잣을 넣어 고루 간이 스며들도록 버무려 넓은 접시에 쇠고기 편육을 깔고 그 위에 소복하게 올려서 상에 낸다.

🡢 **COOK TIP**
당뇨환자와 노인들의 영양식으로 좋은 단감은 잘라서 믹서에 넣고 쌀뜨물과 함께 곱게 간 상태로 고운 즙만 받아서 쌀에 넣어 죽을 쑤어야 하는데 단감을 썰 때 씨가 있는 씨방 부분까지 말끔하게 도려내야 타닌 성분이 없어져 변비로 고생하지 않는다.

🡢 **COOK TIP**
편육과 함께 사과와 밤, 대추, 잣을 무쳐서 먹으면 편육의 뻑뻑함도 없으면서도 소화를 잘 되게 할 뿐 아니라 새콤하고 달콤한 사과의 향이 고기의 누린내도 함께 없애주어 더욱 맛있다.

구운두부와 숙주샐러드

▶ **주재료**
  두부 1모, 숙주 200g, 파프리카(노랑 · 주황) ¼개씩, 청피망 ½개, 들기름 1큰술, 소금 약간

▶ **볶음 양념**
  간장 · 다진 마늘 · 맛술 · 깨소금 1큰술씩, 다진 파 2큰술, 후춧가루 약간

1 두부는 사방 3㎝ 크기로 썰어 소금을 뿌려 잠시 밑간해
   서 물기를 없앤 후 들기름을 팬에 두르고 앞뒤로 굽는다.

2 숙주는 다듬어 씻어 물기를 털고 파프리카와 청피망
   은 안쪽의 씨를 털고 곱게 채 썬다.

3 팬에 기름을 두르고 볶음 양념을 넣어 끓어오르면 숙
   주와 파프리카, 청피망을 넣어 볶아내 접시에 펼쳐
   식힌다.

4 넓은 접시에 들기름에 구운 두부를 돌려 담고 숙주볶
   음을 소복하게 가운데 올려 낸다.

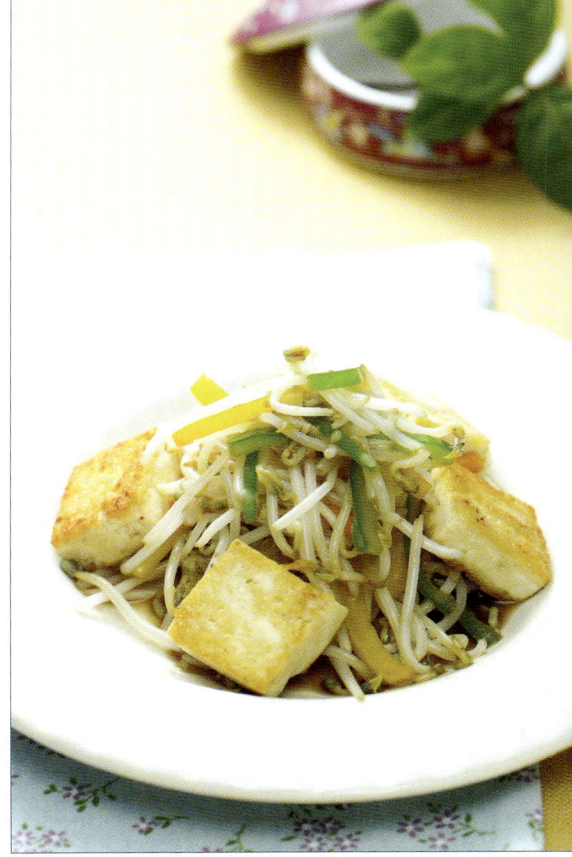

→ **COOK TIP**
숙주와 파프리카, 피망은 양념이 끓어오를 때 넣고 중간 불에서
재빨리 볶아 숙주가 너무 나른해지지 않도록 한다.

애호박청포묵샐러드

▶ **주재료**
애호박 1개, 청포묵 1모

▶ **부재료**
양파 ½개, 송송 썬 실파 2큰술, 무순 30g, 참기름 ¼작은술, 소금 · 올리브오일 약간씩

▶ **샐러드 드레싱**
간장 2큰술, 다진 마늘 · 토마토케첩 · 레몬즙 · 물엿 1큰술씩, 다진 파슬리가루 · 흰 후춧가루 약간씩

1 애호박은 3cm 길이로 토막 내어 세로로 8등분하고 가운데 씨 부분을 도려 내 소금을 뿌려 잠시 절여 물기를 닦는다.

2 청포묵은 씻어 3cm 길이, 1cm 폭으로 썰어 끓는 물에 살짝 데쳐 참기름에 버무린다.

3 양파는 굵게 채 썬다.

4 샐러드 드레싱을 재료의 분량대로 넣어 잘 섞는다.

5 팬에 올리브오일을 약간 두르고 양파를 볶다가 애호박을 넣어 재빨리 볶는다.

6 ⑤에 드레싱을 끼얹어 버무려 맛이 배면 불에서 내린다. 청포묵과 무순을 넣고 버무려 그릇에 담고 실파를 뿌린다.

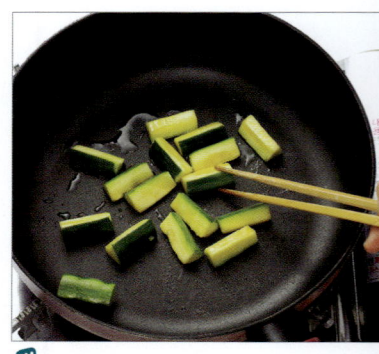

 TIP

→ **COOK TIP**

애호박만 절인 상태에서 살짝 볶아 드레싱을 넣고 간이 배도록 해야 하는데 청포묵은 데친 상태이므로 두 번 익히지는 말아야 한다. 되도록 애호박의 푸른색이 변하지 않도록 재빨리 센 불에서 볶아 비타민이 파괴되지 않도록 한다.

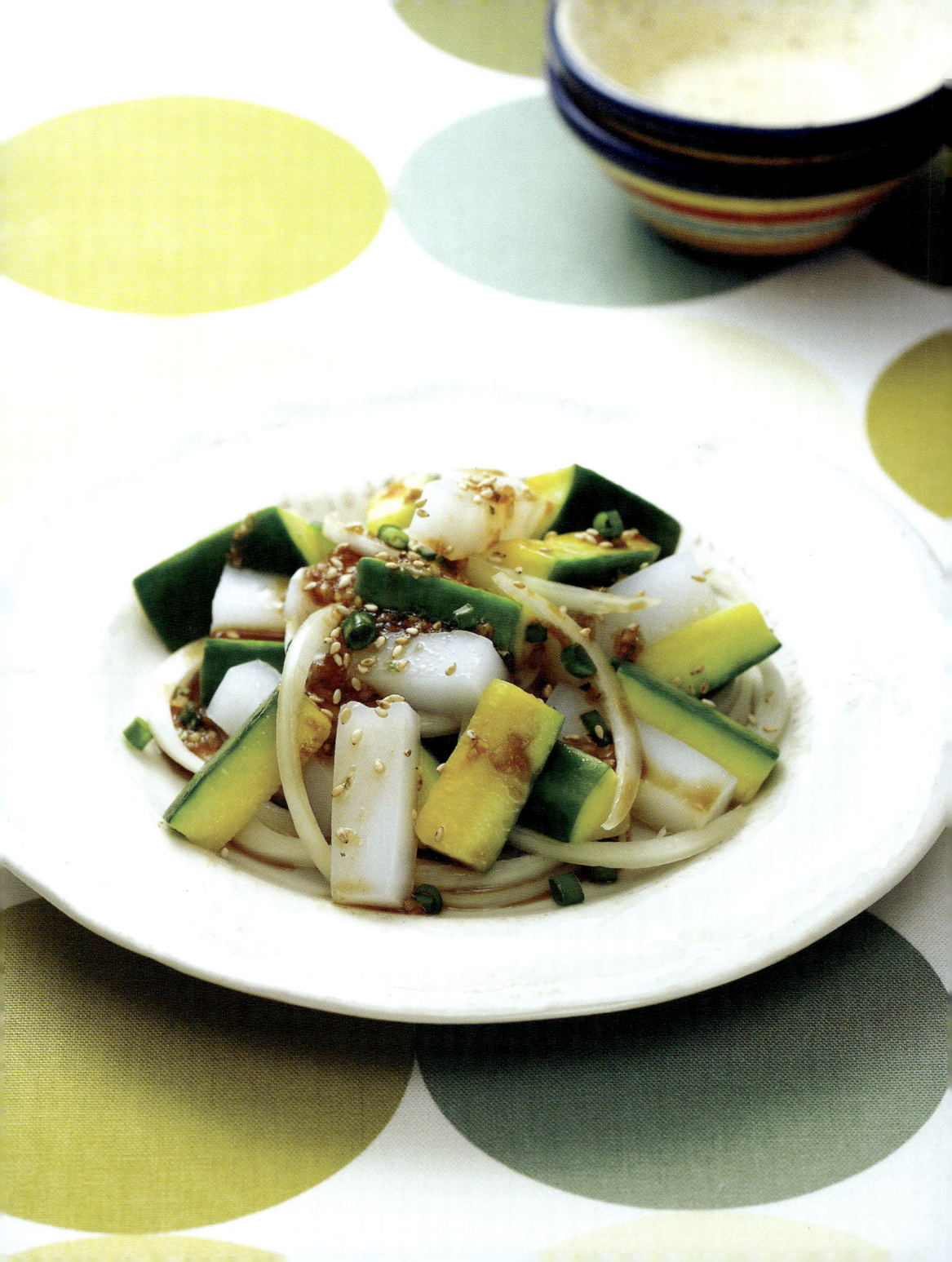

오이쇠고기무침샐러드

▶ **주재료**
오이 1개, 쇠고기(등심) 300g, 새싹채소 ⅓팩

▶ **부재료**
실파 3대, 홍고추 1개, 소금 · 올리브오일 약간씩

▶ **샐러드 드레싱**
다진 양파 2큰술, 간장 · 다진 마늘 · 맛술 1큰술씩, 참기름 · 깨소금 1작은술씩

1 오이는 소금에 문질러 씻어 동그랗게 편 썬다. 끓는 물에 올리브오일과 소금을 넣어 살짝 데쳐 찬물에 헹궈 식힌다.

2 쇠고기는 등심으로 준비해서 곱게 채 썰어 소금을 약간 넣어 조물조물 무쳐 밑간한다.

3 새싹채소는 씻어 물기를 털고 실파는 2㎝ 길이로 썰고 홍고추는 반을 갈라 씨를 털고 2㎝ 길이로 채 썬다.

4 샐러드 드레싱을 재료의 분량대로 넣어 잘 섞는다.

5 팬에 올리브오일을 두르고 쇠고기를 재빨리 볶아내 볼에 담는다.

6 ⑤에 데친 오이와 새싹채소, 실파, 홍고추를 넣고 샐러드 드레싱으로 버무려 그릇에 담아낸다.

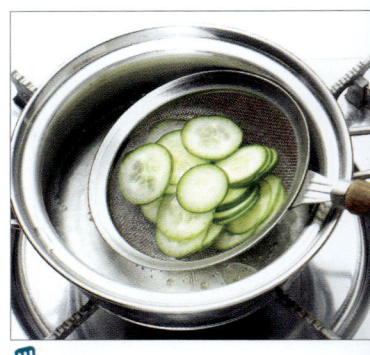

 STEP 1

→ **COOK TIP**
오이를 물에 데칠 때 올리브오일과 소금을 넣으면 오이의 색이 투명해지고 오이의 영양소 파괴가 되지 않는다.

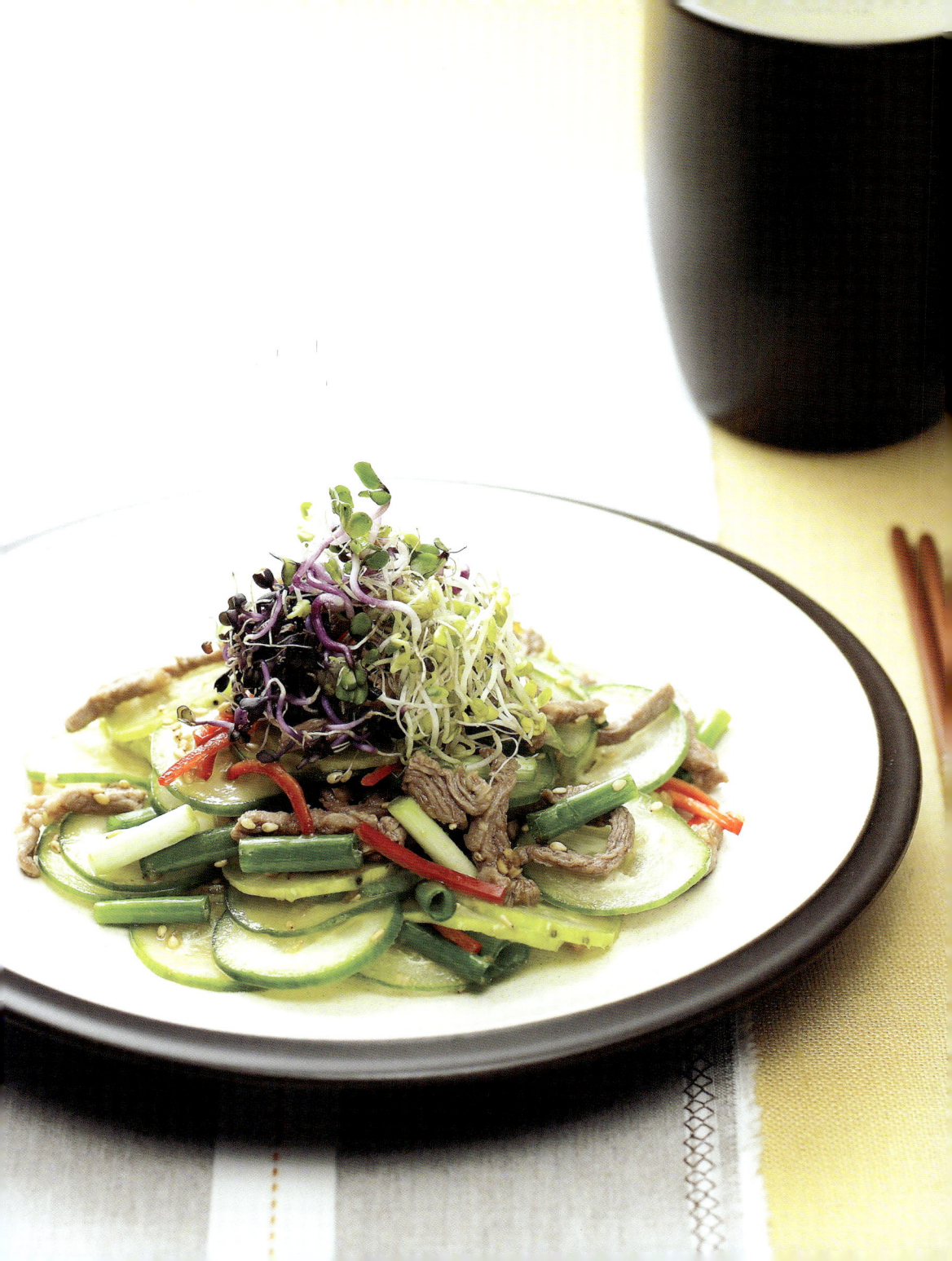

새우볶음초양파샐러드

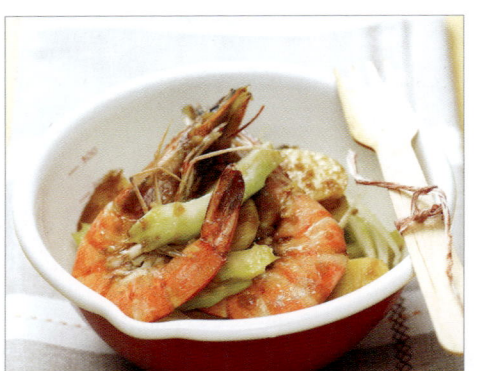

▶ **주재료**
중하 10마리, 양파 1개, 마늘 5쪽, 셀러리 1대, 소금 약간

▶ **초양파절임 양념**
식초 · 설탕 3큰술씩, 소금 1작은술, 물 1컵

▶ **볶음 드레싱**
다진 마늘 · 간장 · 청주 1큰술씩, 소금 · 후춧가루 약간씩

1 새우는 중하로 준비해서 등 쪽 두 번째 마디에서 내장을 빼고 소금물에 헹궈 건진다.

2 양파는 굵게 채 썰어 초양파절임 양념을 넣어 30분 정도 절인다.

3 마늘은 반을 가르고 셀러리는 어슷하게 편 썬다.

4 팬에 올리브오일을 두르고 마늘과 새우를 넣어 볶는다.

5 ④에 볶음 드레싱을 모두 넣고 셀러리를 넣어 볶아 넓은 볼에 담고 양파초절임을 물기 없어 넣어 고루 섞어 접시에 담아낸다.

> **⟶ COOK TIP**
> 양파초절임은 볶아 놓은 새우와 함께 버무려 내면 새콤 달콤한 맛이 나서 좋을 뿐 아니라 손님 초대시 전채요리로 내어도 손색이 없다.

가지오징어샐러드

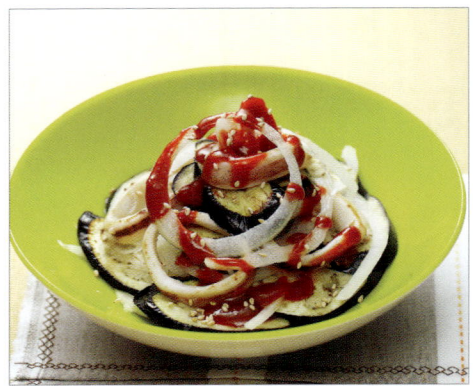

▶ **주재료**
가지 2개, 오징어 1마리, 양파 $\frac{1}{2}$개, 올리브오일 2큰술, 소금 약간

▶ **고추장소스**
고추장 · 물엿 2큰술씩, 간장 · 마늘즙 1작은술씩, 생강즙 약간, 레몬식초 1큰술

1 가지는 0.5㎝ 두께로 어슷하게 썰어 소금물에 살짝 헹궈 건진다.

2 오징어는 배를 가르지 말고 내장과 먹물을 떼어내고 동그란 모양으로 썬다. 다리도 적당하게 썬다.

3 오븐 팬에 가지와 오징어를 담고 올리브오일을 고루 발라 미리 예열한 오븐에 넣어 180℃에서 15분 정도 구워낸다.

4 양파는 아주 곱게 가로로 동그랗게 썰어서 찬물에 헹궈 아린맛을 빼고 건진다.

5 고추장소스를 재료의 분량대로 만든다.

6 접시에 구운 가지와 오징어를 담고 고추장소스를 듬뿍 끼얹어 양파링을 소복하게 올려 낸다.

> **⟶ COOK TIP**
> 가지와 오징어를 구울 때 올리브오일을 발라 구워야 색도 예쁘고 맛도 한결 부드럽다.

가지새우샐러드

▶ **주재료**
가지 2개, 칵테일새우 12마리, 적채 1장, 양배추 2장, 소금·후춧가루 약간씩, 포도씨오일 1큰술

▶ **미소오렌지 드레싱**
오렌지주스 ¼컵, 일본된장·포도씨오일 3큰술씩, 식초·꿀 1큰술씩, 오렌지 과육 2큰술

1 가지는 길게 모양대로 썰어 찬 얼음물에 담가 소금을 약간 넣고 절여 물기를 닦은 후 후춧가루와 포도씨오일을 뿌려 팬에 노릇하게 구워낸다.

2 칵테일새우는 소금물에 끓여 찬물에 헹궈 물기를 뺀다.

3 적채와 양배추는 곱게 채 썰어 찬 얼음물에 담가 싱싱하게 해서 건진다.

4 오렌지 과육을 곱게 다지고 오렌지주스와 일본된장을 곱게 개어서 포도씨오일과 식초, 꿀을 넣어 잘 섞어 드레싱을 만든다.

5 접시에 적채와 양배추를 깔고 구운 가지와 칵테일새우를 모양내 담고 ④의 드레싱을 뿌려 먹는다.

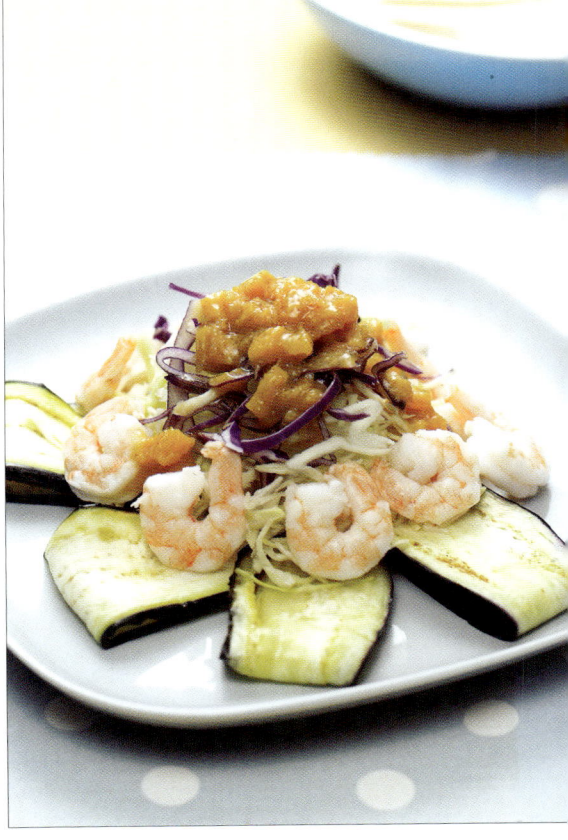

→ **COOK TIP**
오렌지 과육과 오렌지주스는 새콤한 맛이 좋지만 부드럽고 연한 맛은 없다. 여기에 포도씨오일과 일본된장을 넣어 곱게 개면 새콤하면서 담백하고 깔끔한 뒷맛이 일품인 드레싱이 완성된다.

셀러리토마토감자칩샐러드

▶ **주재료**
셀러리 3대, 방울토마토 10개, 치커리 50g, 감자 1개, 소금 약간

▶ **양파파프리카소스**
다진 양파 · 다진 파프리카 · 마요네즈 3큰술씩, 머스터드 1작은술, 레몬즙 · 꿀 1큰술씩, 소금 · 흰 후춧가루 약간씩

1 셀러리는 껍질끈을 벗기고 씻어 3cm 길이로 토막 내어 반을 가른다.

2 방울토마토는 씻어 꼭지를 떼어내고 반을 자른다. 치커리는 씻어 손으로 뜯는다.

3 감자는 껍질을 벗기고 아주 얇게 썰어서 전자레인지에 1~2분 정도 가열해서 바삭한 칩을 만든다.

4 다진 양파와 다진 파프리카를 볼에 담고 마요네즈와 머스터드, 레몬즙, 꿀을 넣어 고루 섞은 후 소금과 흰 후춧가루를 넣어 간을 맞춰 소스를 만든다.

5 접시에 셀러리와 방울토마토, 치커리, 감자칩을 소복하게 담고 양파파프리카소스를 듬뿍 뿌려 먹는다.

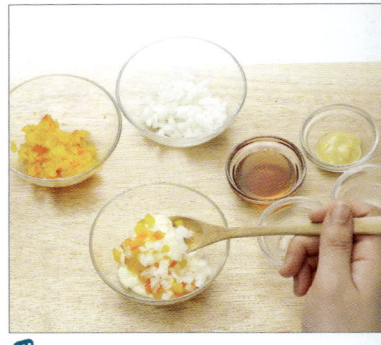

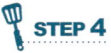 **STEP 4**

🠒 **COOK TIP**
더운 여름철에는 가스불 앞에서 요리하는 것조차 짜증이 나기 일쑤다. 이럴 때는 드레싱이나 소스를 만들어 채소나 불에 조리하지 않아도 될 재료에 붓고 버무려 먹는 것이 좋다. 채소로는 오이나 열무, 양상추 등 수분이 많은 채소를 쓰는 것이 좋고 드레싱도 새콤하면서 달콤해야 더위가 가실 수 있다.

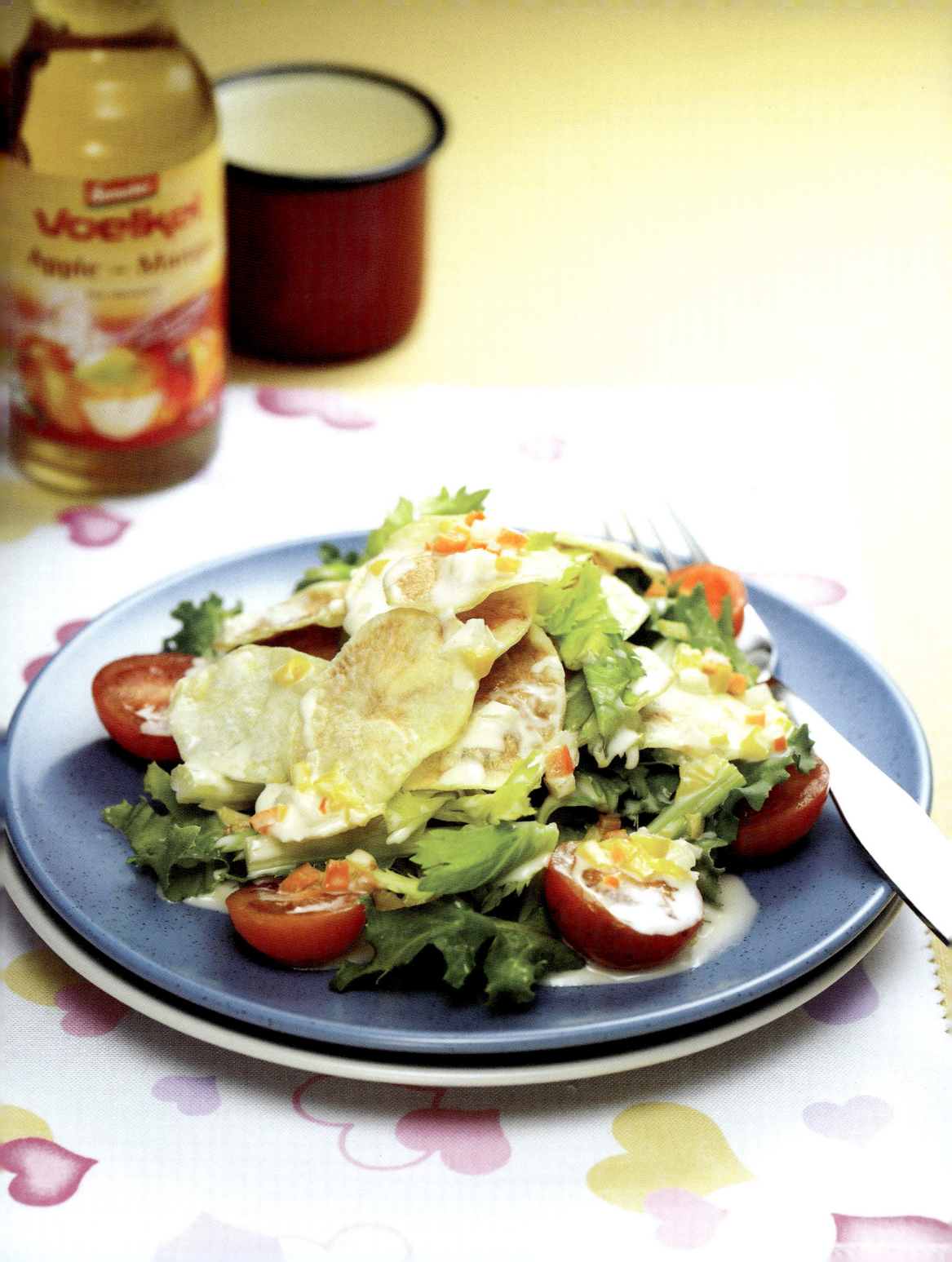

양상추파프리카샐러드

▶ **주재료**
양상추 6장, 파프리카 2개, 적치커리 30g, 얼음물 약간

▶ **동양식소스**
마늘가루 · 고추기름 · 참기름 1작은술씩, 간장 2큰술, 설탕 · 레몬즙 · 깨소금 1큰술씩, 다시마 우린 물 3큰술

1 양상추는 깨끗이 씻어서 손으로 적당히 뜯어서 얼음물에 담가 싱싱하게 한다.

2 파프리카는 색깔별로 준비해서 씨방과 씨를 도려내고 4㎝ 길이로 채 썬다.

3 적치커리는 깨끗이 씻어 2㎝ 길이로 썬다.

4 다시마 우린 물에 마늘가루와 간장, 고추기름, 설탕, 레몬즙, 참기름, 깨소금을 넣어서 골고루 섞어 동양식소스를 새콤하면서 고소하게 만든다.

5 접시에 양상추를 건져 물기를 털어 담고 파프리카와 적치커리를 적당히 모양내서 담고 동양식소스를 끼얹어 상에 낸다.

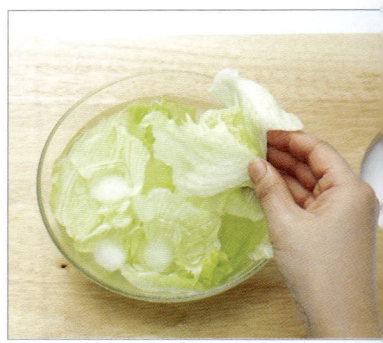

 STEP 1

⊙ **COOK TIP**

양상추는 얼음물에 손으로 뜯어서 넣어 잠시 두어야 더욱 싱싱하고 아삭한 맛이 난다. 동양식소스에는 고춧가루보다 고추기름을 넣어 섞어야 매콤한 맛과 함께 깔끔한 맛을 내어 여름철 드레싱으로 안성맞춤이다.

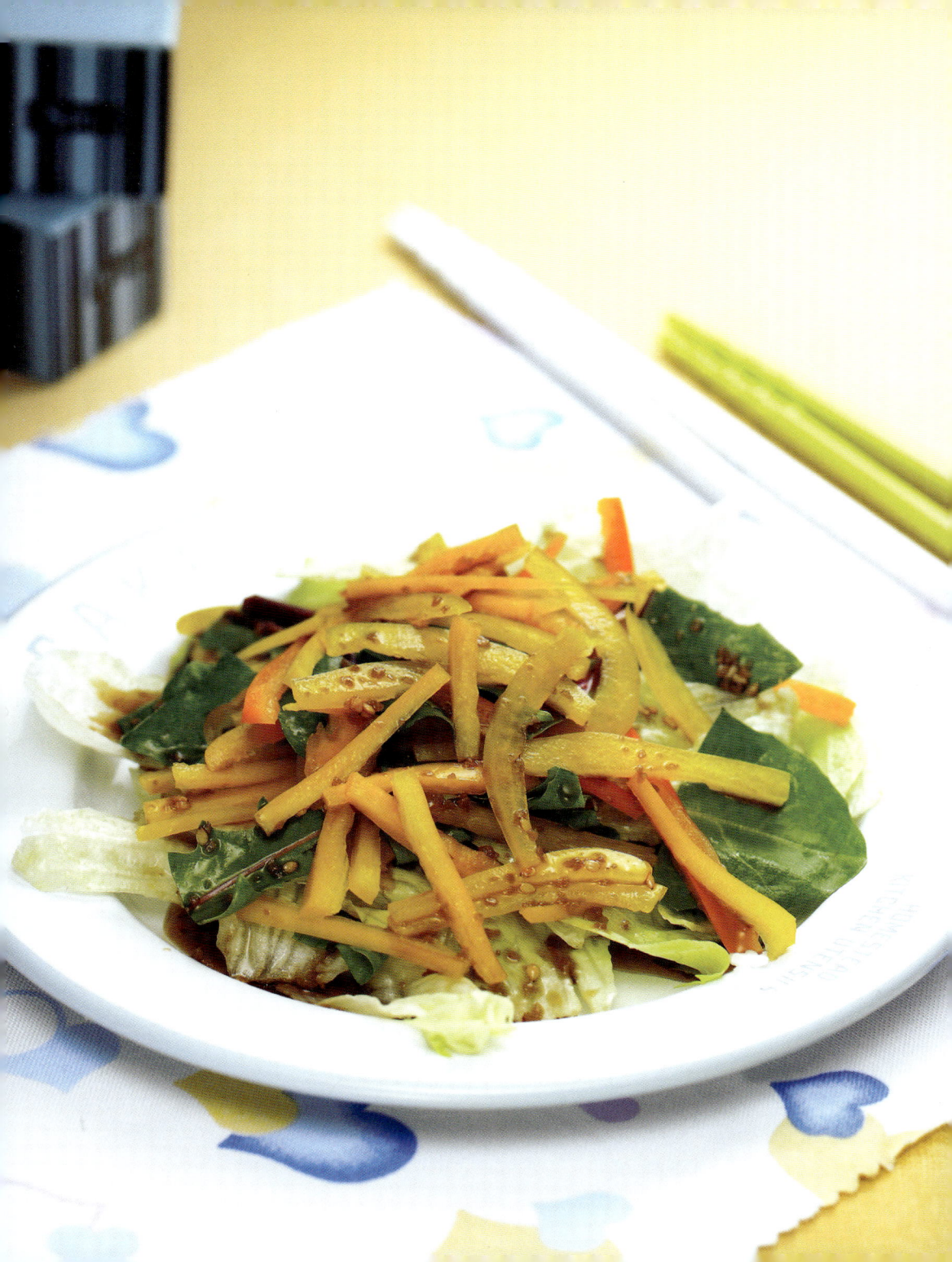

그린샐러드

▶ **주재료**
양상추 5장, 치커리 30g, 방울토마토 5개, 키위 1개

▶ **파프리카소스**
파프리카(주황) $\frac{1}{2}$개, 포도씨오일 3큰술, 꿀 1작은술, 레몬즙 1큰술, 소금 · 흰 후춧가루 약간씩

1 양상추와 치커리는 씻어 물기를 닦고 적당하게 손으로 찢는다.

2 방울토마토는 씻어 꼭지를 떼어내고 반을 자르고 키위는 껍질을 벗겨 1㎝ 폭으로 동그랗게 썰어 반을 자른다.

3 파프리카는 씨를 제거한 후 잘게 잘라 믹서에 담고 포도씨오일과 꿀, 레몬 즙을 넣어 곱게 갈아 소금, 흰 후춧가루로 간을 맞춰 소스를 만든다.

4 접시에 양상추, 치커리, 방울토마토, 키위를 적당하게 담고 차게 냉장고에 둔 파프리카소스를 듬뿍 끼얹어 먹는다.

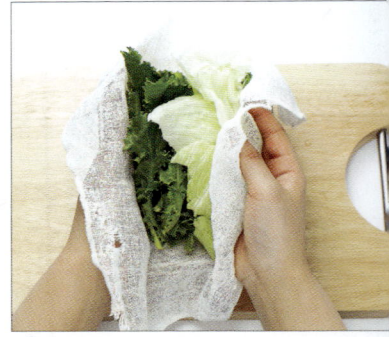

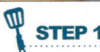 **STEP 1**

→ **COOK TIP**
양상추와 치커리 등의 채소는 수분을 완전히 없애야 질척이지 않고 숨이 금세 죽지 않아 아삭한 샐러드를 먹을 수 있다.

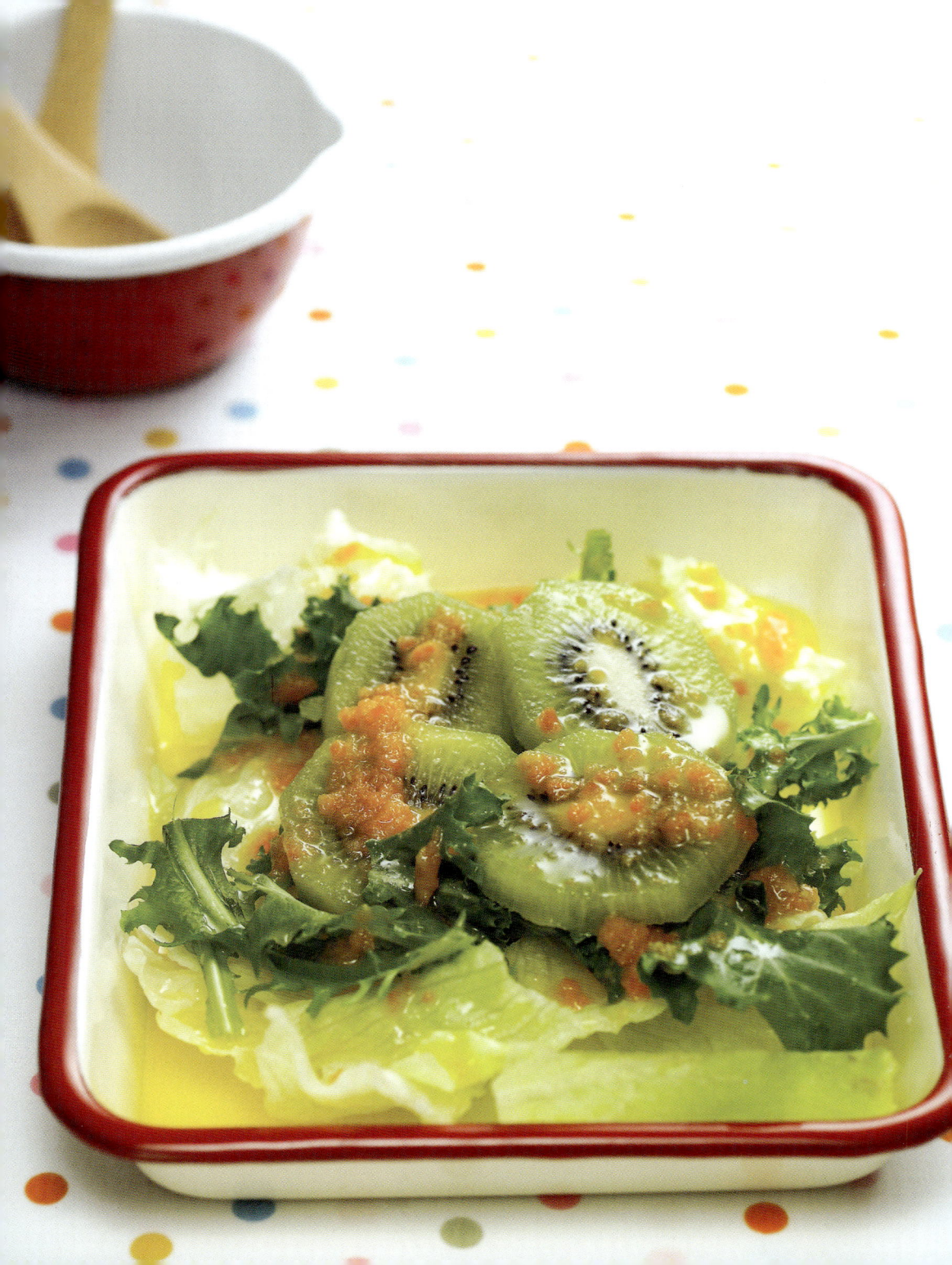

튀김만두가든샐러드

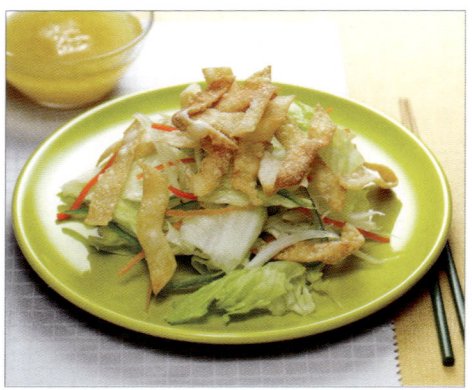

▶ **주재료**
만두피 8장, 양상추 3장, 청피망 ½개, 껍질콩 30g, 당근 20g, 양파 ½개, 튀김기름 약간

▶ **무즙레몬오일 드레싱**
올리브오일·무즙 5큰술씩, 레몬즙 3큰술, 꿀 1큰술, 소금·후 춧가루 약간씩

1 만두피는 1㎝ 간격으로 잘라 기름에 노릇하게 튀겨 낸다.

2 양상추는 손으로 적당한 크기로 잘라 물에 담가 싱싱 하게 해서 건지고 청피망은 얇게 채 썬다.

3 껍질콩은 2등분해서 끓는 물에 파랗게 데쳐 찬물에 헹 귀 준비하고 당근과 양파는 아주 곱게 채 썰어 찬 얼 음물에 담가 싱싱하게 해서 건져 물기를 뺀다.

4 무즙에 올리브오일과 레몬즙, 꿀, 소금, 후춧가루를 섞어서 부드럽고 매운맛이 나면서 담백한 드레싱을 만든다.

5 볼에 만두피와 양상추, 껍질콩, 당근, 양파, 청피망을 넣어 ④의 드레싱으로 버무려 그릇에 담아낸다.

> ➔ **COOK TIP**
> 무를 곱게 갈아 즙을 받으면 무의 매콤한 맛이 나는데 여기에 올 리브오일을 첨가하면 부드러움과 윤기를 줘 채소와 다른 재료까 지 윤기가 나서 먹음직스럽고 맛깔스럽게 한다.

영양부추슬라이스햄샐러드

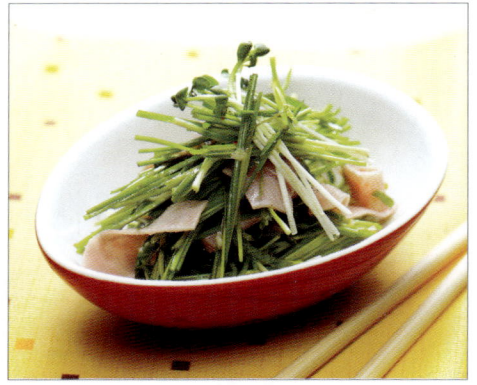

▶ **주재료**
영양부추 200g, 슬라이스 햄 5장, 깻잎 1장, 무순 20g

▶ **오일간장 드레싱**
올리브오일 ½컵, 간장 3큰술, 식초·레몬즙 2큰술씩, 다진 마 늘 1작은술, 고운 고춧가루 ½작은술, 설탕 1큰술

1 영양부추는 다듬어 씻어 3㎝ 길이로 잘라 준비한다.

2 슬라이스 햄은 영양부추와 같은 길이로 1㎝ 폭으로 썬다.

3 깻잎은 아주 잘게 채 썰고 무순은 잡티를 다듬어 씻어 물기를 턴다.

4 올리브오일에 간장과 고운 고춧가루를 넣어 섞은 후 설탕, 식초, 레몬즙, 다진 마늘을 넣어 골고루 섞어서 부드러운 오일간장 드레싱을 만든다.

5 그릇에 영양부추, 햄, 깻잎, 무순을 차례로 올리고 ④ 의 드레싱을 뿌려서 버무려 먹는다.

> ➔ **COOK TIP**
> 건강에 좋은 영양부추를 이용한 샐러드로 입맛을 잃어버리기 쉬 운 여름철 기력을 되찾게 한다. 올리브오일의 고소하고 깔끔한 향내가 짙게 우러나오는 드레싱을 뿌려서 부드러움과 아삭한 질 감을 동시에 느끼도록 한다.

브로콜리베이컨샐러드

▶ 주재료
브로콜리 150g, 베이컨 8줄, 양상추 80g, 소금 약간

▶ 모둠피클 드레싱
포도씨오일 5큰술, 멕시칸 고추피클(할라피뇨) 2개, 오이피클 1개, 양파피클 1¼쪽, 꿀 · 레몬즙 1작은술씩, 흰 후춧가루 약간

1 브로콜리는 한 송이씩 떼어 큰 것은 반 가르고 작은 것은 모양 그대로 씻어서 소금을 약간 넣은 끓는 물에 데쳐 찬물에 헹궈 물기를 뺀다.

2 양상추는 한 잎씩 떼어 손으로 큼직하게 뜯어 찬 얼음물에 담가 싱싱하게 해서 건진다.

3 베이컨은 5cm 길이로 잘라 팬에 살짝 구워 기름기를 뺀다.

4 멕시칸 고추피클과 오이피클, 양파피클을 아주 곱게 다져 물기를 꼭 짠다.

5 볼에 포도씨오일을 붓고 다진 모둠피클을 모두 담아 레몬즙과 꿀, 흰 후춧가루를 넣고 골고루 섞어 새콤달콤한 피클 드레싱을 만든다.

6 접시에 양상추, 브로콜리, 베이컨을 담고 ⑤의 모둠피클 드레싱을 곁들여 낸다.

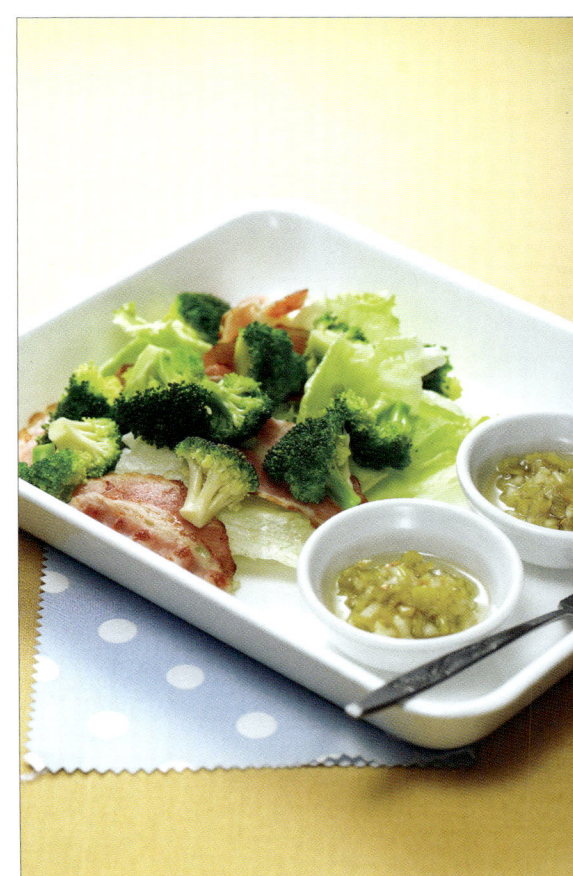

→ COOK TIP
피클의 새콤달콤함과 피클 재료 특유의 향이 포도씨오일과 어우러져 더욱 짙은 향이 나면서 부드러워 샐러드의 맛을 살려주고 아삭한 맛을 느낄 수 있다.

맛살그린향샐러드

▶ **주재료**
당귀 · 케일 · 겨자잎 30g씩, 신선초 20g, 게맛살 3줄

▶ **고추 드레싱**
홍고추 · 풋고추 1개씩, 포도씨오일 · 물 3큰술씩, 다진 마늘 ½작은술, 식초 2큰술, 깨소금 1작은술, 설탕 1큰술, 소금 약간

1 당귀와 신선초, 케일, 겨자잎을 깨끗하게 씻어 물기를 털고 적당하게 잘라 준비한다.

2 게맛살은 2㎝ 길이로 썰어 반을 가른다.

3 홍고추와 풋고추는 씨를 털어내고 잘게 다져서 포도씨오일과 다진 마늘, 식초, 물, 깨소금, 설탕, 소금을 약간 넣고 잘 섞어서 연하면서 매콤한 드레싱을 만든다.

4 향이 짙은 ①의 채소에 ③의 드레싱을 섞어 잘 버무린 후 접시에 담고 게맛살 썬 것을 얹어 상에 낸다.

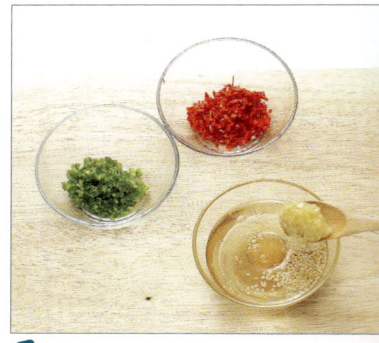

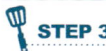 **STEP 3**

> **→ COOK TIP**
> 매운맛이 잘 우러나는 고추를 잘게 다져서 부드럽고 깔끔한 포도씨오일로 버무려 새콤달콤한 맛을 느끼게 하면 향이 강한 채소에 버무렸을 때에도 향과 맛이 그대로 유지된다.

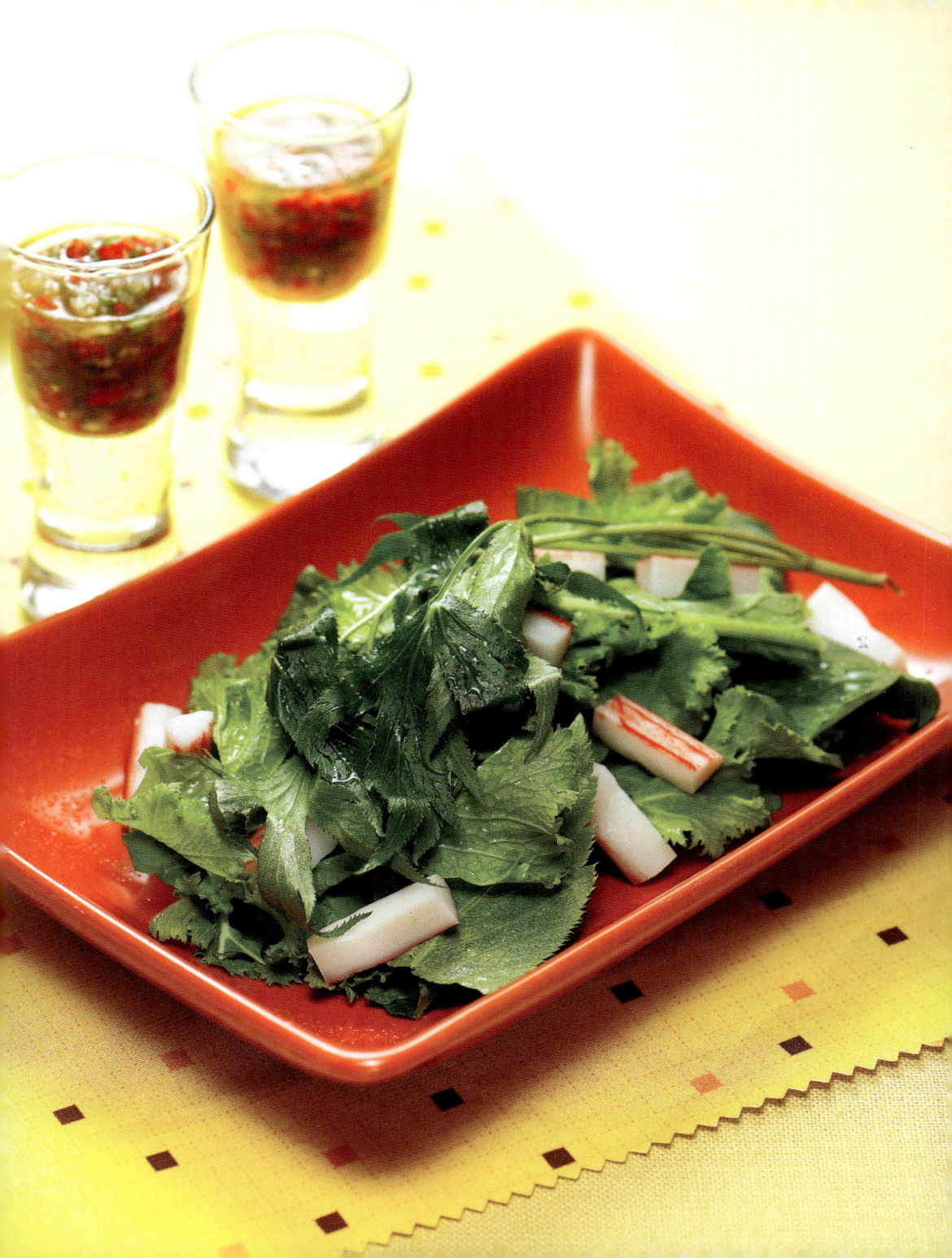

새싹채소샐러드

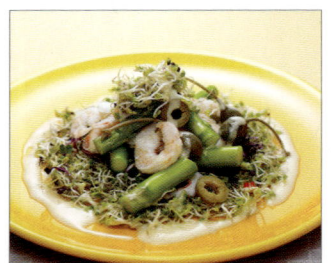

▶ **주재료**
새싹채소 200g, 베이비채소 100g, 아스파라거스 8개, 칵테일 새우 12마리, 케이퍼 1큰술, 올리브과육 4개

▶ **크림 오일 드레싱**
올리브오일 2큰술, 플레인 요구르트 ½컵, 마요네즈 · 레몬즙 · 꿀 · 식초 1큰술씩, 소금 · 흰 후춧가루 약간씩

1 새싹채소는 흐르는 물에 씻어 물기를 뺀다. 베이비채 소도 물에 헹궈 건진다.

2 칵테일새우는 소금물에 흔들어 씻어 끓는 물에 살짝 데쳐 찬물에 헹군 후 포를 얇게 뜬다. 아스파라거스는 끓는 물에 살짝 데쳐 알맞게 토막 내어 올리브오일에 살짝 볶아낸다.

3 케이퍼는 물기를 빼고 올리브 과육은 얇게 저민다.

4 크림 오일 드레싱의 재료를 볼에 담아 잘 섞는다.

5 접시에 새싹채소와 베이비채소, 아스파라거스, 칵테 일새우를 먹음직스럽게 담고 케이퍼와 올리브 과육을 올린 후 크림 오일 드레싱을 뿌려 먹는다.

→ **COOK TIP**
베이비채소는 씨앗에서 싹이 나와 본 잎이 1~3개쯤 달린 어린 채소를 말한다. 새싹채소는 무더위로 지친 사람의 입맛을 되살려 준다. 대부분은 익히지 않고 생으로 먹을 수 있으며 향이 좋고 씹 을수록 고소하다. 영양도 씨앗이나 다 자란 채소보다 많다. 게다 가 농약, 비료를 일절 사용하지 않은 무공해 식품이다.

연두부아몬드샐러드

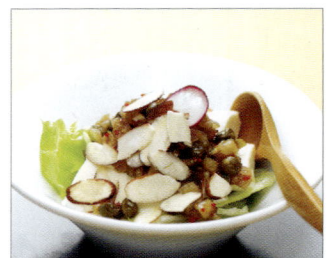

▶ **주재료**
연두부 2모, 아몬드 슬라이스 ½컵, 베이비채소 200g, 양상추 10장, 레디쉬 50g

▶ **양파케이퍼소스**
다진 양파 · 올리브오일 5큰술씩, 케이퍼 3큰술, 다진 홍고 추 · 간장 · 꿀 1큰술씩, 다진 오이 · 레몬즙 2큰술씩, 발사믹식 초 1작은술, 소금 · 흰 후춧가루 약간씩

1 연두부는 으깨지지 않도록 상자에서 꺼내 채반에 올 려 물기를 뺀다. 이렇게 물기를 빼주어야 쫄깃한 질감 이 생겨 쉽게 으깨지지 않는다.

2 아몬드는 슬라이스 된 것으로 구입해서 체에 쳐서 가 루를 없앤다.

3 베이비채소는 다듬어 씻어 물기를 털고 양상추는 씻 어 손으로 찢어 물기를 턴다. 레디쉬는 얇게 썬다.

4 양파와 홍고추, 오이는 굵게 다져 입자가 씹히도록 한 후 볼에 담고 케이퍼와 올리브오일, 간장, 발사믹식 초, 레몬즙, 꿀을 넣어 잘 섞은 후 소금과 흰 후춧가루 를 넣어서 간을 해서 소스를 만든다.

5 그릇에 양상추를 담고 그 위에 사각형으로 자른 연두부 를 놓은 후 베이비채소와 아몬드 슬라이스, 레디쉬를 올리고 먹기 직전에 양파케이퍼소스를 뿌려 먹는다.

→ **COOK TIP**
프렌치드레싱으로 만들어 먹어도 좋은데 어느 샐러드에도 잘 맞 는 프렌치오일드레싱은 새콤달콤한 과일을 넣은 드레싱도 좋고 쇠고기, 닭가슴살, 데친 해물을 넣은 각종 샐러드에도 같이 사용 하면 맛이 좋다.

열대과일샐러드

▶ **주재료**
파인애플 ½개, 파파야 ½개, 키위 1개, 바나나 1개, 양배추 3장, 적채 1장

▶ **아보카도 요구르트 드레싱**
아보카도 1개, 요구르트 ½통, 올리브오일 · 레몬즙 1큰술씩, 설탕 1작은술, 소금 약간

1 파인애플은 1㎝ 두께로 얇게 썰어서 껍질을 벗기고 부채꼴 모양으로 사방 3㎝ 크기로 썬다.

2 파파야는 반을 갈라 씨를 벗기고 스쿠퍼로 동그랗게 과육을 뜬다.

3 키위는 껍질을 벗기고 세로로 4등분해서 가운데 씨를 발라낸다.

4 바나나는 껍질을 벗기고 1㎝ 두께로 토막을 낸다.

5 양배추와 적채는 굵은 심지를 도려내고 각각 곱게 채 썰어 찬물에 담가 싱싱하게 건져 물기를 턴다.

6 아보카도는 반을 갈라 씨를 포크로 찍어 돌려서 뺀 후 껍질을 완전하게 벗기고 적당하게 썬다. 믹서에 썬 아보카도와 요구르트와 올리브오일, 레몬즙, 설탕을 넣어 곱게 간 후 소금으로 간을 해서 완성한다.

7 접시에 파인애플, 파파야, 키위, 바나나의 과육을 고르게 담고 양배추와 적채를 소복하게 올려 드레싱을 뿌려서 먹는다.

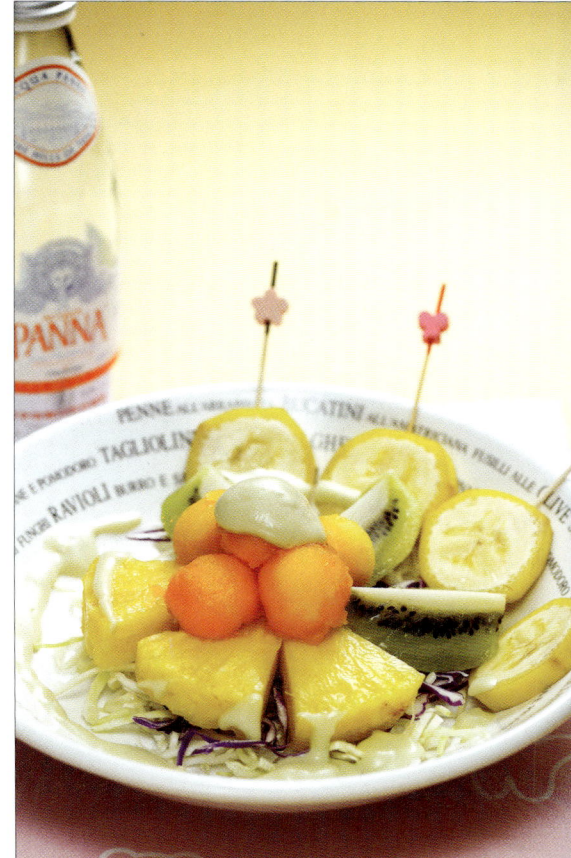

→ **COOK TIP**
담백하고 깔끔한 뒷맛이 좋은 아보카도 요구르트 드레싱은 새콤한 과일 샐러드 또는 닭가슴살을 넣은 채소샐러드에 함께 버무려 먹으면 깔끔하고 개운한 맛이 아주 좋다.

닭가슴살비타민샐러드

▶ **주재료**
닭가슴살 150g, 청경채 3포기, 오렌지 2개, 오이 ½개, 양파 ¼개, 소금 · 생강즙 약간씩

▶ **들깨즙 드레싱**
들깻가루 3큰술, 올리브오일 2큰술, 들기름 · 다진 마늘 ½작은술씩, 꿀 · 간장 1작은술씩, 소금 · 후춧가루 약간씩

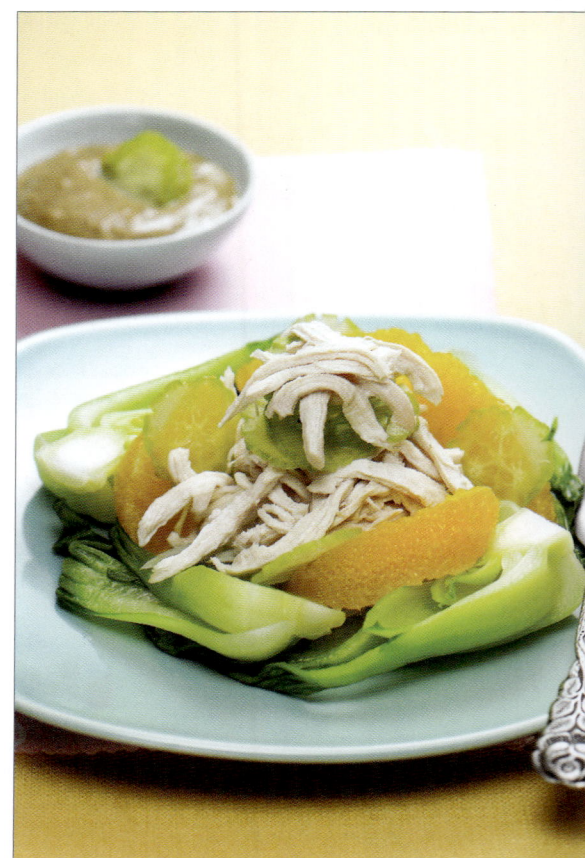

1 닭가슴살은 흰 피막을 떼어내고 씻어서 소금과 생강즙을 조금 넣은 끓는 물에 넣어 삶아 건져 찬물에 헹궈 결대로 찢는다.

2 청경채는 포기째 씻어 반을 갈라 끓는 물에 소금을 약간 넣고 데쳐 찬물에 헹궈 물기를 꼭 짠다.

3 오렌지는 깨끗이 씻어서 껍질을 벗기고 과육만 V자로 잘라 깔끔하게 벗겨 놓는다.

4 오이는 소금으로 문질러 씻어서 포크로 오이의 껍질에 길게 무늬를 넣어 동그랗게 자른 후 찬물에 담가 싱싱하게 한다.

5 양파는 아주 곱게 채 썰어 찬물에 헹궈 아린 맛을 없앤 후 건져 물기를 닦는다.

6 들깨즙 드레싱을 재료의 분량대로 만들어 곱게 섞는다.

7 접시에 양파와 오이를 담고 닭가슴살과 청경채를 올린 후 오렌지 과육을 적당하게 돌리고 드레싱을 알맞게 뿌려 낸다.

→ COOK TIP
들깻가루를 넣은 드레싱은 고소하고 개운한 맛이 특징인데 닭가슴살 또는 생선살을 넣은 샐러드에 넣어서 먹으면 고소하고 뒷맛이 깔끔해서 아주 좋다.

파인애플차

▶ 주재료
  파인애플 2쪽

▶ 부재료
  꿀 · 쌀조청 5큰술씩

1 파인애플은 과육만 잘라내어 얇게 썬다.

2 파인애플 과육과 쌀조청, 꿀을 넣어서 아주 진하게 조린다.

3 조린 파인애플 진액을 차게 식혀서 병조림 형태로 냉장 보관했다가 뜨거운 물에 한 숟가락씩 녹여서 마시면 아주 좋다.

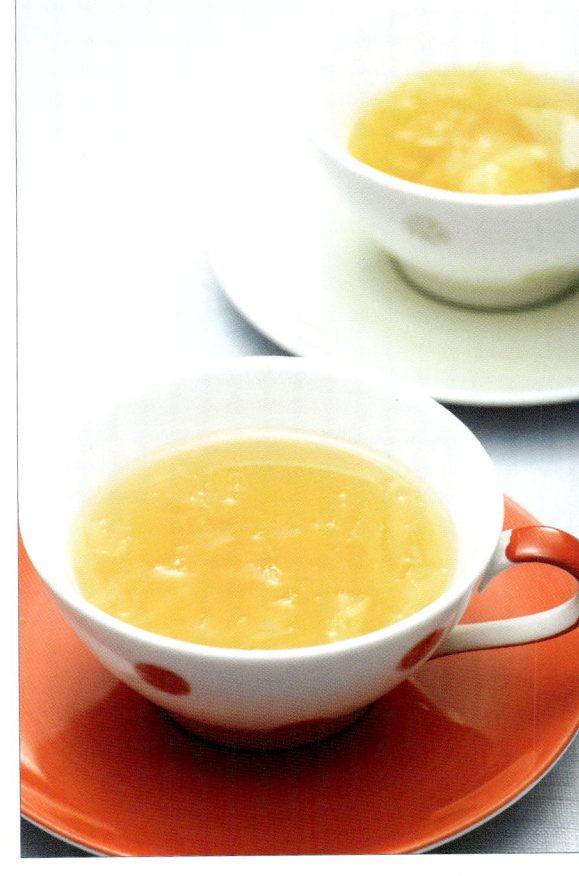

→ COOK TIP

맛이 좋은 파인애플 마멀레이드식 병조림은 얼음을 곱게 갈아서 함께 마셔도 좋고 시원하게 생수에 타서 마셔도 갈증 해소에 아주 좋다.

생강계피차

▶ **주재료**
생강 100g, 계피 3쪽, 물 12컵

▶ **부재료**
꿀 5큰술, 대추채 약간

1 생강은 껍질을 벗기고 얇게 저며 썬 다음 채반에 널어 꾸덕하게 말린다.

2 말린 생강은 기름 없이 팬에 갈색이 나도록 볶아 식힌다.

3 깨끗이 씻은 계피를 볶은 생강과 함께 물에 넣어 중간 불에 올려서 끓인다.

4 진한 생강의 향과 계피 향이 어우러져 맛이 나면 꿀을 넣어서 풍미를 더한 후 불에서 내려 체에 걸러서 맑은 생강계피차만 물병 등에 담아 식혀 냉장고에 넣어 보관한다.

5 생강계피차는 따끈하게 주전자에 넣어서 다시 데워 마셔야 좋은데 대추를 곱게 채 썰어 띄워 함께 먹으면 더욱 좋다.

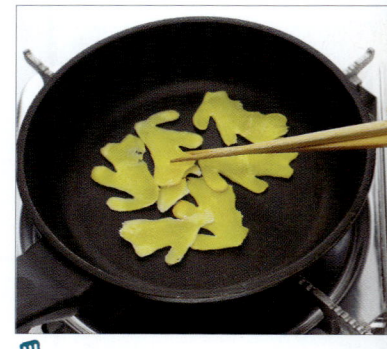

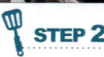 STEP 2

→ COOK TIP
생강의 맛이 강하지 않고 은은하게 나게 하려면 한 번 말린 상태에서 볶아서 차를 끓이면 생강의 쓴맛이 없어지고 생강 특유의 향이 진하게 우러나 더 맛있다.

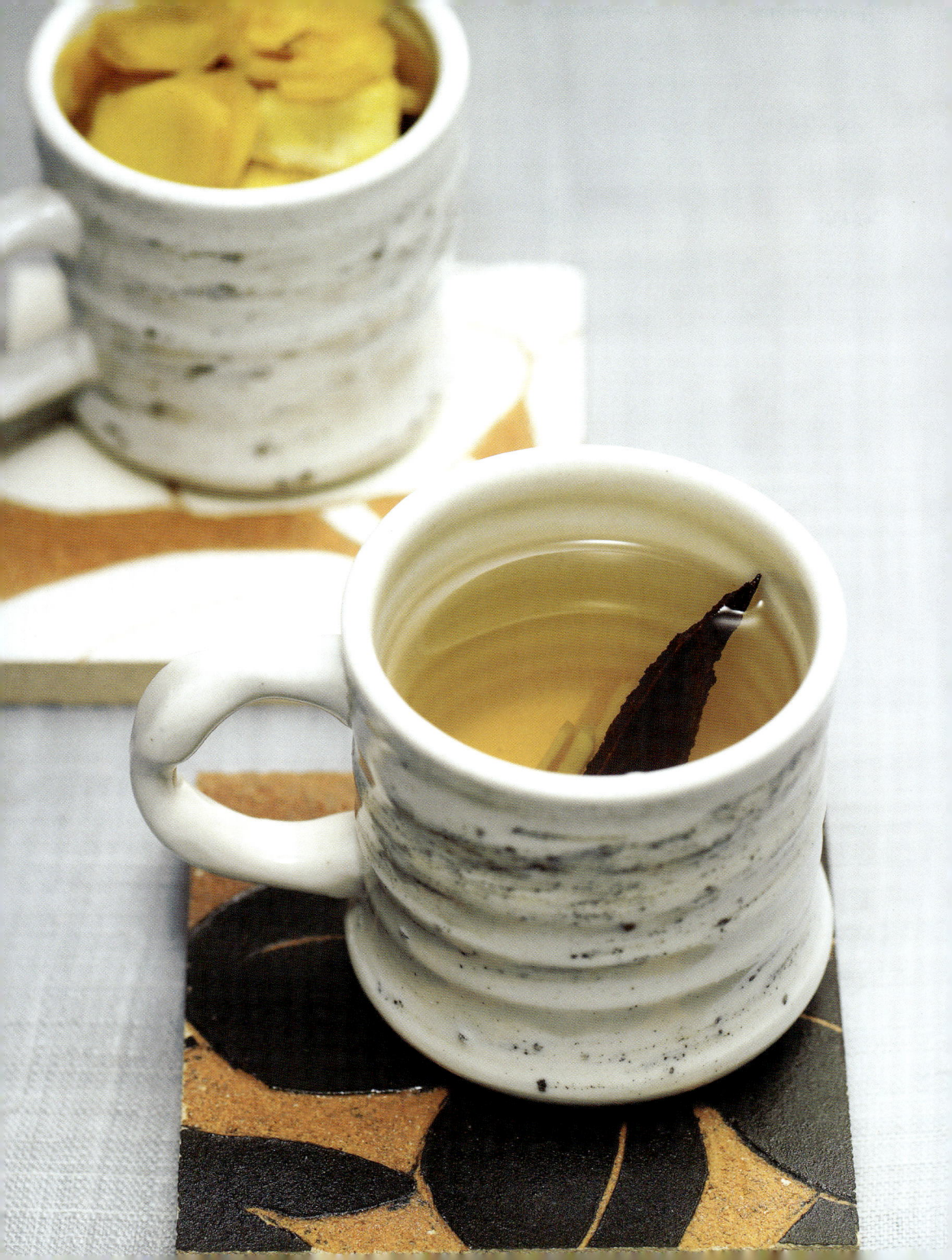

사과대추차

▶ **주재료**
  사과 2개, 대추 15개, 물 10컵

1 사과는 껍질을 약간 도톰하게 벗겨 채반에 넣어 하루 정도 말린다.

2 사과의 과육은 강판에 곱게 갈아 즙만 받는다.

3 대추는 깨끗하게 씻어서 찜기에 찐 후 하루 정도 말린다.

4 말려 놓은 사과 껍질과 대추 찐 것을 주전자에 넣고 물을 부어서 약한 불에서 은근하게 끓인다.

5 사과의 향이 우러나면서 갈색 차가 끓여지면 사과즙을 부어 한소끔 더 끓여 단맛이 나면 따라서 마신다.

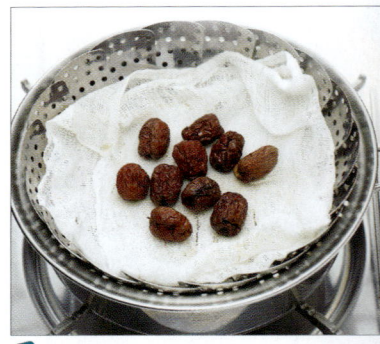

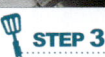 STEP 3

→ **COOK TIP**

사과의 껍질은 비타민 C가 풍부한데 채반에 꾸덕하게 말린 상태에서 차를 끓이면 진한 맛을 느낄 수 있다. 사과즙은 꿀이나 설탕을 넣지 않아도 대추와 함께 천연재료의 향과 단맛을 즐길 수 있다.

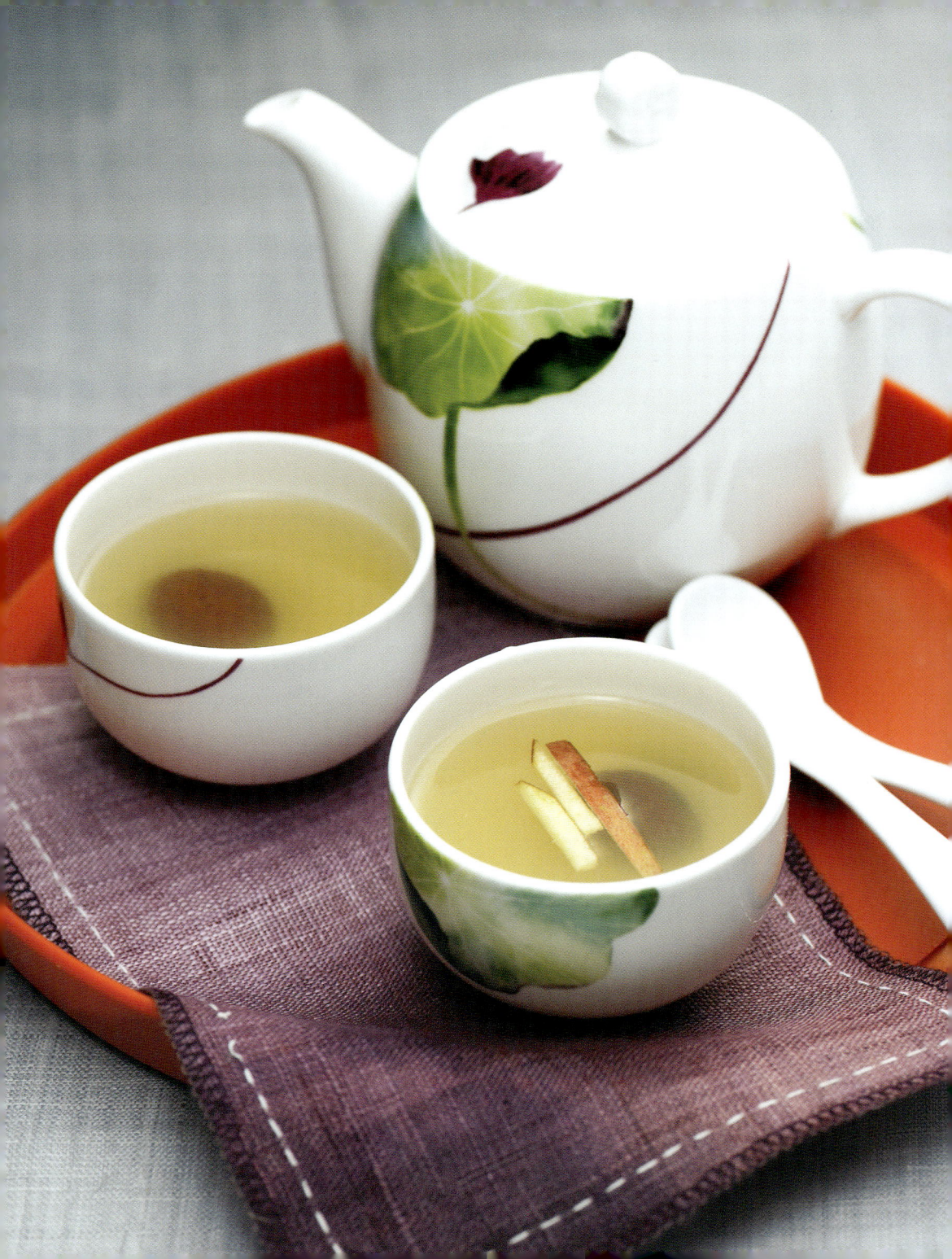

오렌지과육꿀차

▶ **주재료**
오렌지 5개, 꿀 5큰술, 설탕 시럽 ½컵, 식초 1큰술

▶ **설탕 시럽**
설탕 · 물 ½컵씩

1 오렌지는 식초를 탄 물에 깨끗하게 씻어서 마른 면포로 말끔하게 물기를 닦는다.

2 오렌지의 껍질을 세로로 가볍게 칼로 도려내어 가로로 얇게 저민다.

3 냄비에 설탕과 물을 섞어 은근하게 끓여서 시럽을 만든 후 차게 식으면 꿀과 함께 섞어 놓는다.

4 병에 오렌지 과육을 담고 시럽을 듬뿍 부어서 열탕 소독한 병에 완전히 밀봉한다. 15일 후부터 즙을 뜨거운 물에 타서 마시거나 오렌지 과육을 주전자에 넣고 은근하게 다려서 뜨겁게 마신다.

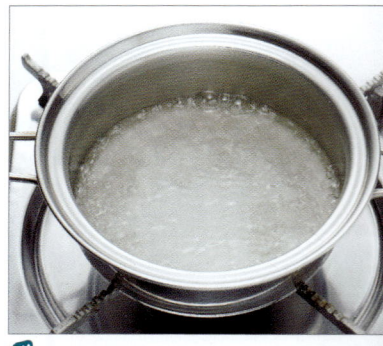

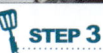 STEP 3

🔽 **COOK TIP**

비타민이 풍부한 오렌지는 꿀 시럽으로 절임을 해서 진액이 우러나게 하면 비타민이 더욱 풍부해져서 감기예방과 피로회복에 아주 좋은 차이다.

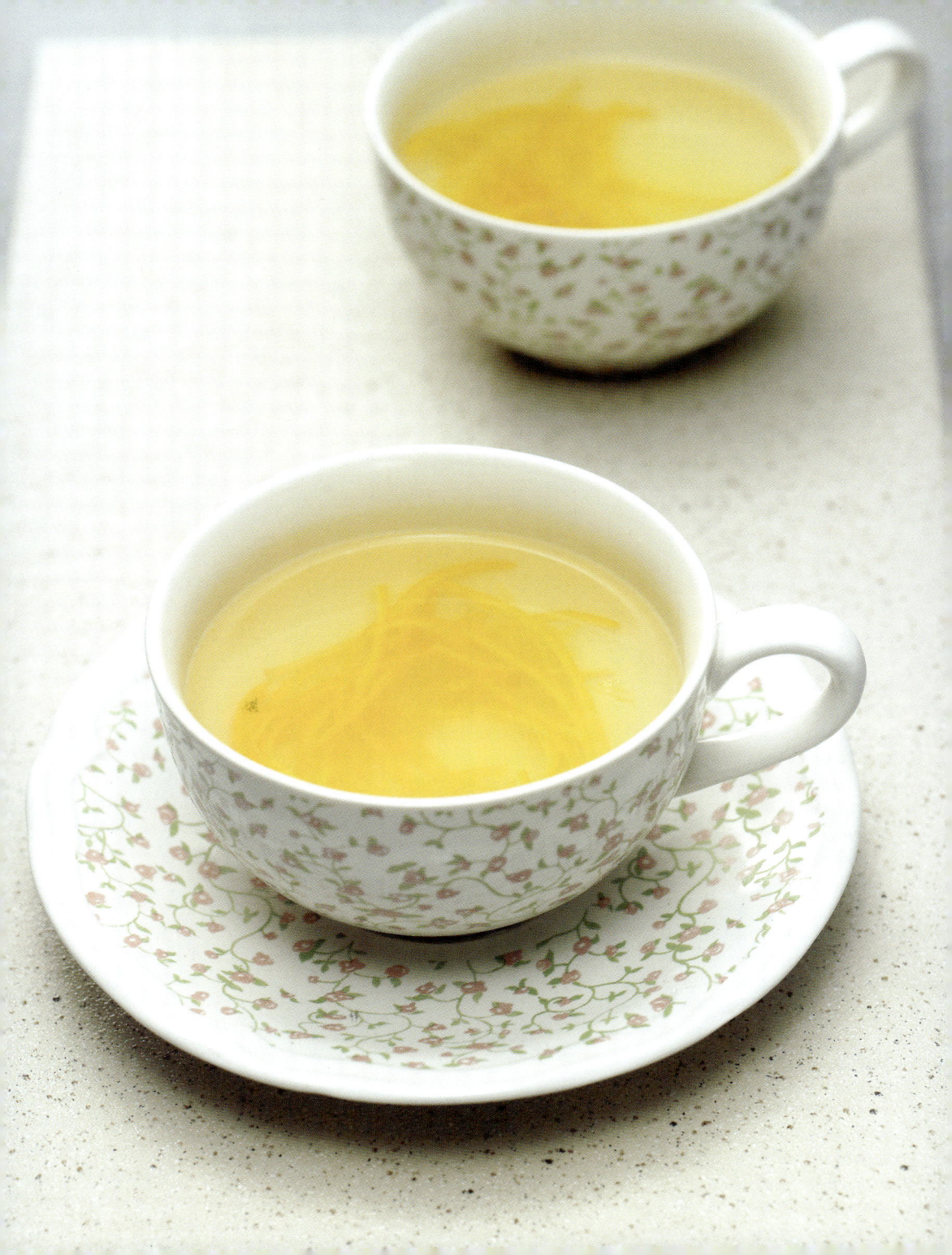

유자생강차

▶ **주재료**
유자 5개(500g), 생강 2톨

▶ **부재료**
설탕 500g, 소금 약간

1 소금을 약간 탄 물에 유자를 깨끗하게 씻어 물기를 말 끔하게 닦는다.

2 유자의 껍질을 벗기고 과육을 분리한다. 생강도 껍질 을 벗기고 곱게 강판에 갈아서 즙만 받는다.

3 유자 껍질을 적당하게 썰어 핸드 블랜더나 믹서에 넣 고 아주 곱게 간다. 갈 때 설탕을 넣어 함께 갈아준다.

4 유자 과육과 설탕을 넣어 핸드 블랜더로 곱게 갈아서 식혀 과육청을 만들어서 ③의 껍질 간 것과 함께 섞 는다.

5 소독된 밀폐 병에 과육을 갈아 끓여 식힌 과육청과 껍 질 간 것을 담고 생강즙을 섞는다. 하루나 이틀 정도 만 지난 후 바로 뜨거운 물에 한 숟가락씩 떠서 은근 히 우려내어 먹는다.

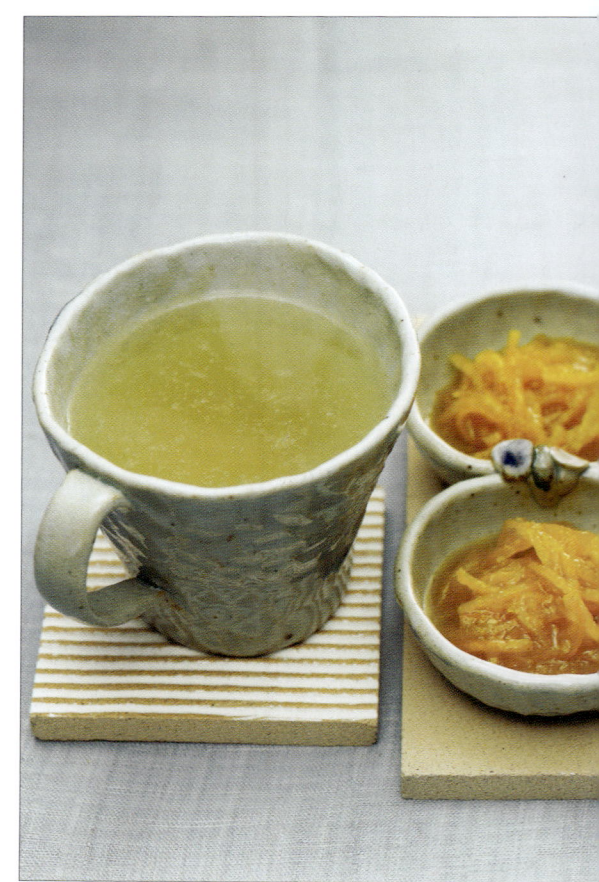

→ **COOK TIP**
유자는 감기에 특히 좋은데 감기 몸살에 걸렸을 때 따끈하게 한 잔 마시면 몸에서 땀이 나고 열이 내리는 효과가 있다.

포도생과즙차

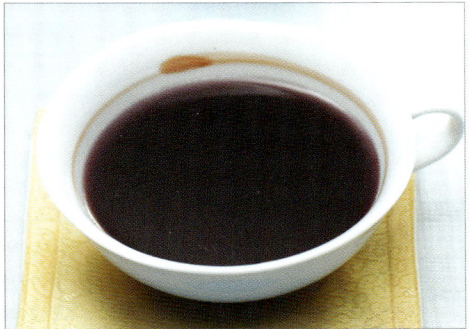

▶ **주재료**
포도 500g

▶ **부재료**
소금 약간, 꿀 5큰술

1 포도는 알알이 떼어서 옅은 소금물에 헹궈 건져 체에 받쳐 물기를 뺀다.

2 법랑에 포도를 모두 담고 아주 약한 불에서 은근하게 끓인다.

3 ②의 포도가 어느 정도 끓어 껍질이 터지면 꿀을 넣어 은근하게 30분 정도 더 끓여서 포도즙이 많이 우러나 오도록 한다.

4 포도즙을 체에 받쳐 주걱으로 저어서 진한 즙을 받아서 차게 식힌다. 씨와 껍질은 자연스럽게 체에 걸러지도록 한다.

5 차게 식힌 포도즙은 열탕 소독한 밀폐용기에 담아 냉장 보관했다가 끓은 물에 4큰술씩 넣고 타서 마시거나 얼음을 넣어 희석해서 차게 마셔도 아주 좋다.

> **COOK TIP**
> 포도즙은 되도록 차게 식혀 열탕 소독한 병에 넣어야 오래 보관이 가능하다. 열탕 소독은 찜기에 물을 넉넉하게 붓고 김이 오르면 병을 넣어 수증기에 의해서 소독하는 것으로 센 불에서 5분 정도 김을 쏘이는 것이 좋다.

오가피차

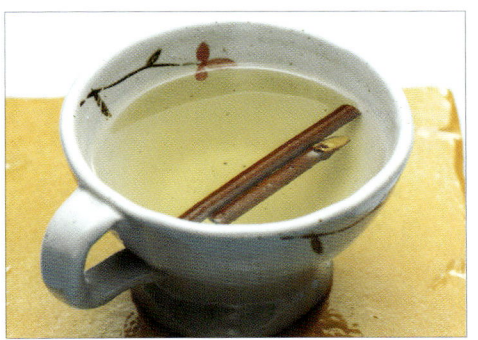

▶ **주재료**
오가피 60g, 물 5컵

1 오가피를 깨끗하게 씻어서 준비한다.

2 주전자에 오가피를 넣고 물을 부은 후 은근한 불에서 잘 우러나도록 끓인다.

3 오가피 성분이 진하게 우러난 오가피차는 꿀 등을 첨가해서 뜨겁게 먹는다.

> **COOK TIP**
> 오가피는 가시가 있어서 손질할 때 주의해야 한다. 솔로 나무껍질 부분을 잘 씻어서 잠시 꾸덕하게 말린 후 끓이면 진한 오가피차를 만들 수 있다. 오가피는 단맛을 내는 성분이 있어서 설탕 등을 첨가하지 않고 마셔도 괜찮다. 단맛을 즐기는 사람이라면 꿀을 약간 넣어서 진하고 뜨겁게 마셔도 좋다. 오가피는 넉넉하게 끓여서 냉장고에 차게 보관해서 갈증을 느낄 때마다 물 대신에 마셔도 좋다.

인삼차

▶ **주재료**
수삼 3뿌리

▶ **부재료**
대추 5개, 꿀 약간, 물 5컵

1 수삼은 물에 씻은 다음 솔로 흙을 털어낸다. 뿌리의 지저분한 부분을 자르고 머리 부분을 잘라 칼등으로 껍질을 벗긴다.

2 유리주전자나 약탕관에 수삼과 대추를 넣고 물을 가득 부어 한소끔 끓을 때까지 센 불에서 끓이다가 약한 불에서 2시간 정도 달인다.

3 수삼이 진하게 우러나면 걸러내 꿀을 약간 가미해서 마신다.

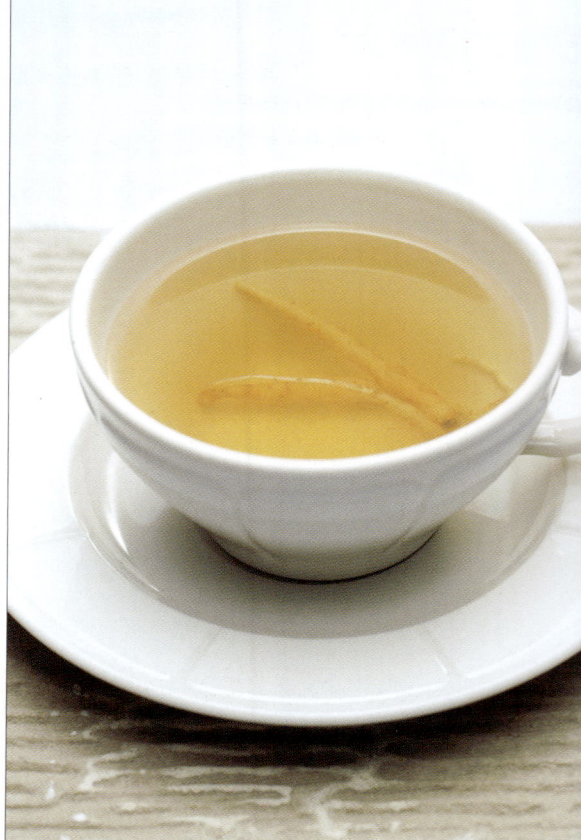

🡒 COOK TIP

인삼은 거의 만병통치약이라고 할 정도로 다양한 효능이 있다. 육체적 정신적 생체 방어체계와 관련된 호르몬을 촉진해 피로회복과 스트레스 해소에 좋다. 혈중 콜레스테롤의 증가를 억제하며 동맥경화증에 효과적이다. 심장 질환을 예방하며 위궤양을 예방하고 치료한다. 눈이 맑아지고 집중력, 기억력, 분별력 등 뇌기능이 활발해진다. 인삼으로 차를 끓일 때는 미삼이나 수삼을 이용하는 것이 좋은데 인삼으로 차를 끓이면 인삼의 모든 성분이 빠져나오므로 건강 차로는 으뜸이다.

대추차

▶ **주재료**
대추 30개

▶ **부재료**
물 9컵, 꿀(또는 설탕) 약간

1 주름 부분까지 잘 씻은 대추를 약탕관이나 밑이 두꺼운 주전자에 넣고 분량의 물을 붓고 끓인다.

2 한소끔 끓으면 약한 불로 2시간 정도 끓인다. 처음에 부었던 물의 양이 ⅓ 정도로 줄어들면 된다.

3 대추를 건져 체에 가볍게 문지르면서 씨와 껍질을 골라내어 버린다.

4 체에 받쳐낸 대추 과육과 끓여낸 물을 섞고 줄어든 물의 분량만큼 다시 물을 부어서 설탕이나 꿀을 가미해서 다시 끓인다.

5 약한 불에서 2시간 정도 달여 진한 대추차를 만들어 마신다.

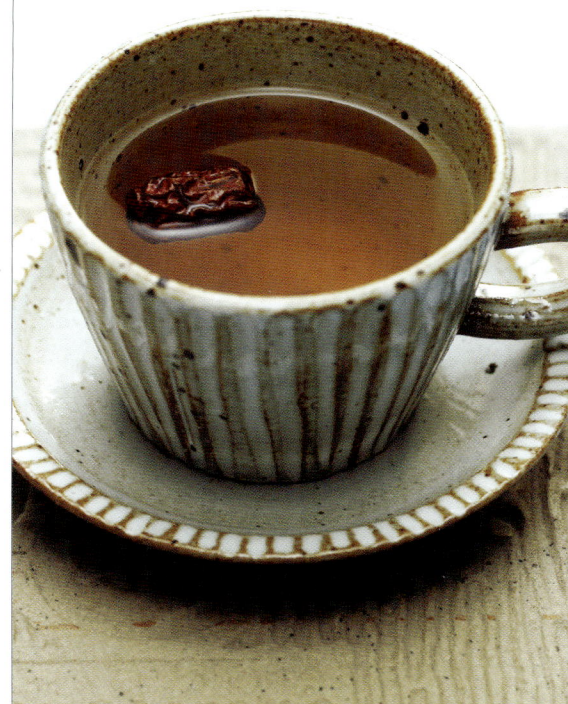

🡒 COOK TIP

대추를 우릴 때는 센 불에서 가열하여 한소끔 끓으면 불을 줄여서 은근히 달여 진한 액이 나오게끔 해야 한다. 대추는 주름 부분을 솔로 문질러 주름 부분에 끼어있는 먼지를 말끔히 제거해야 깨끗한 차를 맛볼 수 있다. 대추가 푹 끓으면 대추 알갱이만 건져내서 씨와 껍질을 체에 받쳐 문질러 대추의 과육을 받아서 다시 대추 끓였던 물에 부어 물을 조금 더 붓고 다시 한 번 끓여 진하게 재탕을 해야 진한 맛의 대추차를 만들 수 있다. 대추로 차를 끓여 마시면 피로를 쉽게 풀 수 있다.

마차

▶ **주재료**
참마 100g

▶ **부재료**
황설탕 2큰술, 물 5컵, 쌀뜨물 2컵

1 참마는 껍질을 벗기고 씻어서 사방 1㎝ 크기로 자른다.

2 자른 참마는 쌀뜨물에 한 번 더 씻어서 말끔하게 물기를 없앤다.

3 냄비에 물을 붓고 ②의 참마를 넣어서 은근히 끓인다.

4 한 시간 정도 끓여 마가 물러지면 황설탕을 넣어서 녹이면서 은근하게 15분 정도 다시 달인다.

5 고운 면포에 끓인 ④의 찻물을 걸러서 맑은 물만 받아서 뜨겁게 마신다.

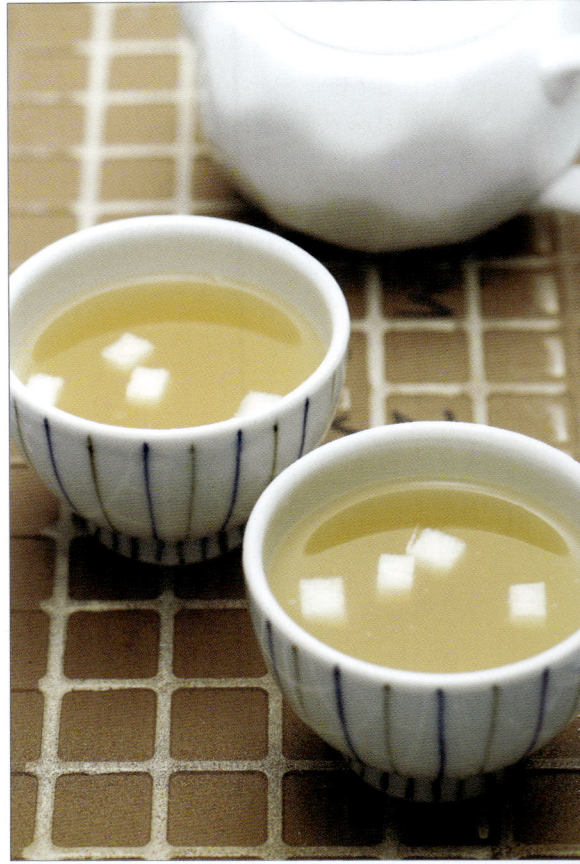

→ COOK TIP

참마는 녹말과 당분이 많고 비타민이 함유되어 있는데 끈적이는 점액질은 단백질의 흡수를 돕는 물질이다. 참마는 자양강장 식품으로 재배한 것보다 야생 참마가 약효가 뛰어나다. 야생 참마는 길이가 가늘고 길며 단단하고 쉽게 잘 부러지기도 한다. 마는 '산약'이라 하여 약재로도 널리 쓰이는데 산약은 말려서 곱게 가루 내어 가루차로 마시기도 한다.

오이그린주스

▶ **주재료**
오이 1개, 레디쉬 30g, 양상추 3장, 셀러리 1대

▶ **부재료**
올리고당 1큰술, 생수 ½컵, 소금 약간

1 오이는 소금에 박박 껍질을 문질러 씻어 적당한 크기로 썬다.

2 레디쉬는 깨끗이 씻어 잘게 썬다.

3 양상추는 손으로 큼직하게 썰어 찬물에 담가 헹군 후 건져 물기를 뺀다.

4 셀러리는 껍질 끈을 벗기고 잘게 썬다.

5 주서기에 준비한 오이와 채소를 모두 담고 생수와 올리고당을 넣어 곱게 갈아서 맑은 즙만 받아 마신다.

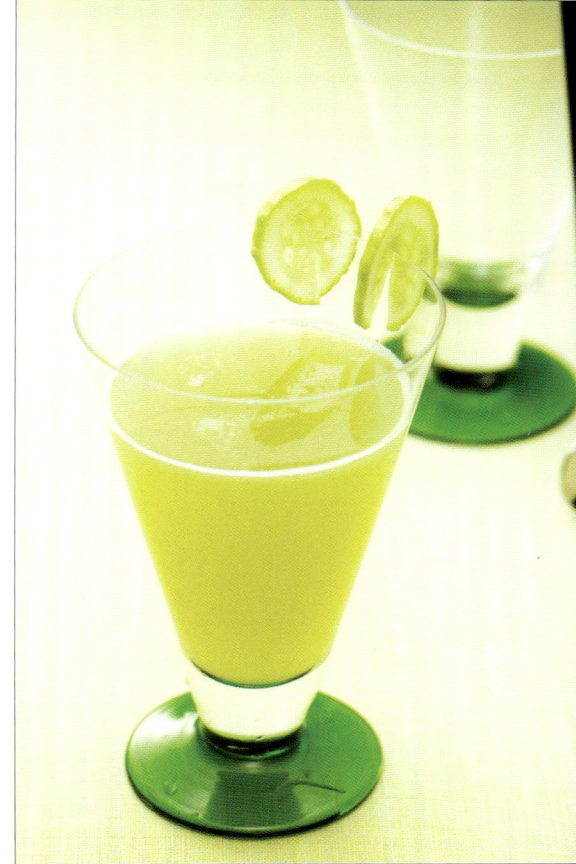

→ COOK TIP

충분한 양의 오이를 섭취하면 이뇨 작용이 왕성해지면서 체내의 노폐물이 많이 배출되어 몸이 깨끗해진다. 비타민과 무기질도 많아 피로회복에도 좋으며 오이에 함유된 엽록소와 비타민 C는 피부미용에도 효과가 좋아 마사지나 팩으로 안성맞춤이다.

딸기요구르트셰이크

▶ **주재료**
딸기 100g, 요구르트 1개, 우유 $\frac{1}{2}$컵

▶ **부재료**
얼음 5조각, 설탕 1작은술

1 딸기는 깨끗이 씻어 꼭지를 떼고 설탕을 뿌려 잠시 냉동실에 살짝 얼린다.

2 믹서에 살짝 언 딸기를 넣고 요구르트와 우유, 얼음을 넣고 곱게 갈아 얼음 조각이 있는 상태 그대로 컵에 담는다.

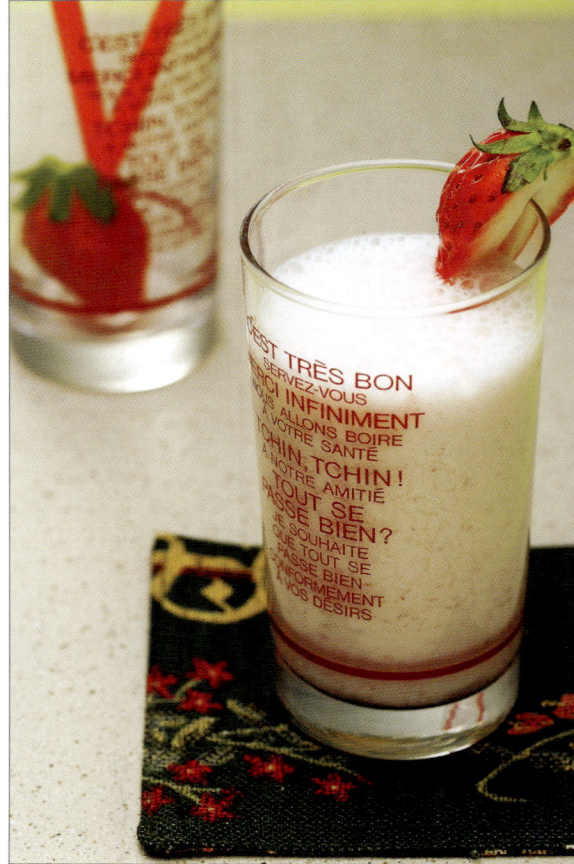

◑ COOK TIP

봄철의 대표적인 과일인 딸기는 특히 비타민 C가 풍부해서 피로, 감기 등의 증상 완화에 도움을 준다. 아이들의 이유식 또는 유아식으로 만들기도 하는데 딸기는 씨가 있어 자칫 알레르기 반응을 일으키므로 이유식으로 사용하는 것은 좋지 않다. 아기 이유식 초기나 중기에는 딸기는 주지 않는 것이 좋고 후기 이후부터 돌이 지난 후 주는 것이 좋은데 처음에는 딸기를 곱게 으깨어 우유를 조금씩 넣어 주는 것이 좋다. 두 돌이 지난 후에는 딸기를 생것으로 먹여도 좋은데 꿀, 설탕 등의 감미료는 넣지 않고 상큼하고 단맛 그대로 먹는 것이 좋다.

열대과일스무디

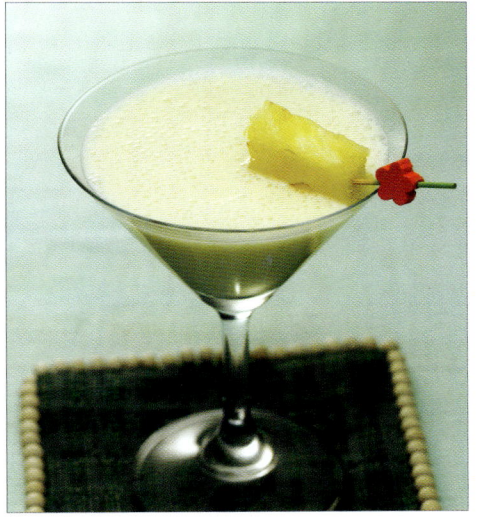

▶ **주재료**
바나나 4개(480g), 파인애플 푸르트볼 ¼통

▶ **부재료**
바닐라 아이스크림 2컵, 꿀 1큰술, 레몬즙 1작은술, 플레인 요구르트 ½컵

1 바나나는 껍질을 벗겨서 1㎝ 폭으로 썰어 냉동실에서 살짝 얼린다.

2 파인애플이 들어간 푸르트볼은 분량만큼 냉동 용기에 담아 바나나와 함께 살짝 얼린다.

3 믹서에 얼렸던 바나나와 파인애플 푸르트볼, 꿀, 레몬즙, 플레인 요구르트, 바닐라 아이스크림을 넣어 곱게 간다.

4 거품이 생긴 간 스무디를 긴 잔에 따라 차게 해서 마신다.

> ➡ **COOK TIP**
> 바나나와 파인애플 푸르트볼을 살짝 얼렸다가 믹서 또는 블랜더에 곱게 갈아 스무디를 만들면 따로 얼음을 넣을 필요가 없어 과일의 단맛이 살아 있다.

당근비타민주스

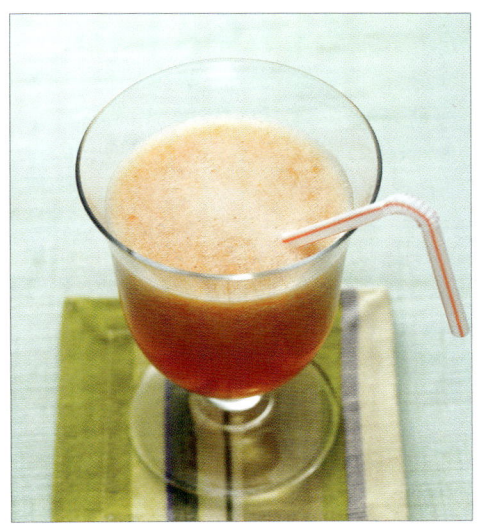

▶ **주재료**
당근 1개, 토마토 ½개, 파인애플 슬라이스 2쪽

▶ **부재료**
생수 1컵, 꿀 1작은술

1 당근은 껍질을 벗기고 강판에 곱게 갈아 즙만 받는다.

2 토마토와 파인애플 슬라이스를 믹서에 담고 생수와 꿀을 넣어 곱게 간다.

3 ①의 당근즙과 ②의 과일 간 것을 컵에 담아 마신다.

> ➡ **COOK TIP**
> 채소 중의 왕자라 불리는 당근은 카로틴이 많이 들어있는데 이것은 체내 면역성을 길러주며 피부에 탄력을 주고 시력보호에도 효과적이다. 또 각종 세균의 침입을 막아 감기를 예방한다.

토마토혼합주스

▶ **주재료**
토마토 1개, 귤 2개, 사과 ½개

▶ **부재료**
레몬즙 1작은술

1 토마토는 적당한 크기로 잘라 씨를 긁어낸다.

2 귤은 껍질을 벗겨 잘게 썬다.

3 사과는 소금물에 껍질째 깨끗이 씻어 물기를 없애고 적당히 잘라 씨를 도려낸다.

4 믹서에 토마토, 귤, 사과, 레몬즙을 넣어 곱게 갈아 혼합한 주스를 만든다.

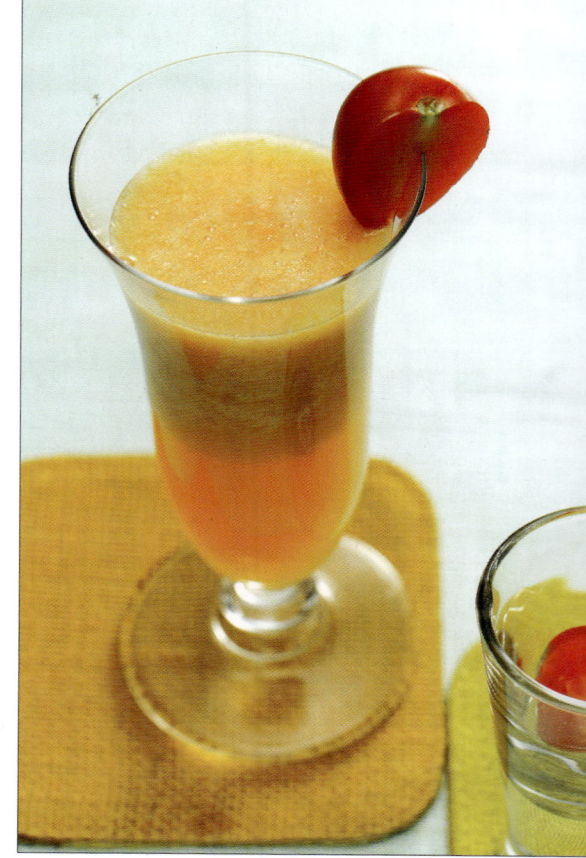

🔘 COOK TIP

서양 소스에 많이 이용하는 채소는 단맛이 강한 과일용 토마토와 방울토마토이다. 토마토는 케첩소스나 스파게티소스를 만들 때 주로 이용하고 주스로 만들어도 된다. 비타민이 풍부한 토마토는 피부에 특히 좋고 소화에도 도움을 준다. 열량이 낮아 다이어트용 채소로도 손색이 없다.

키위민트주스

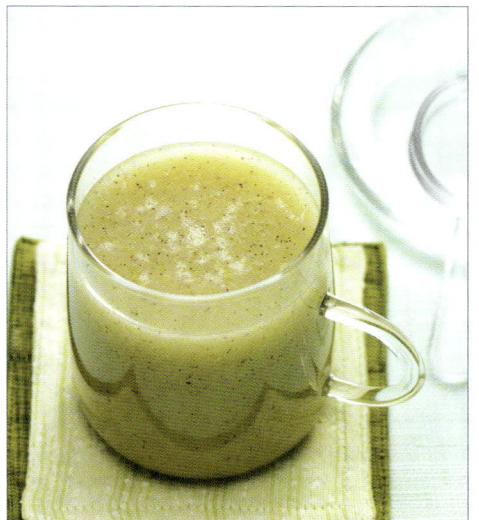

▶ **주재료**
  키위 1개, 파인애플 슬라이스 1쪽, 민트잎 8장, 생수 ½컵

1 키위는 껍질을 벗기고 강판에 곱게 갈아 생수와 섞어 냉동 용기에 담고 민트잎을 한 장씩을 넣어 살짝 얼린다.

2 파인애플은 한 쪽만 준비해서 굵게 썬다.

3 믹서에 ①의 키위와 ②의 파인애플 조각을 담고 곱게 간다.

바나나두유

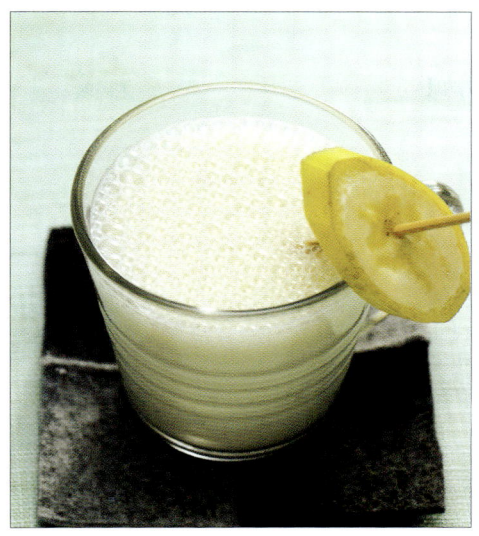

▶ **주재료**
  바나나 2개, 흰콩 ½컵

▶ **부재료**
  소금 약간, 꿀 2큰술, 생수 1½컵

1 바나나는 껍질을 벗기고 적당한 크기로 썬다.

2 흰콩은 하룻밤 부드럽게 불려 소금을 약간 넣고 삶아 껍질을 벗기고 믹서에 생수를 부어 곱게 간다.

3 ②의 흰콩을 체에 밭쳐 맑은 두유만 받는다.

4 믹서에 바나나와 ③의 두유를 넣고 꿀을 넣어 곱게 한번 더 갈아 바나나 두유를 만든다.

오렌지채소주스

▶ **주재료**
오렌지 1개, 양상추 2장, 셀러리 $\frac{1}{3}$대, 오이 $\frac{1}{3}$개

▶ **부재료**
올리고당 1큰술, 탄산수 2컵, 소금 약간

1 오렌지는 껍질을 벗기고 적당히 썬다.

2 양상추는 큼직하게 손으로 뜯어 찬물에 담갔다가 건져 물기를 뺀다.

3 셀러리는 껍질끈을 벗기고 잘게 썬다.

4 오이는 소금에 박박 문질러 씻어 잘게 썬다.

5 주서기에 오렌지와 준비한 채소를 넣고 탄산수를 부어 모두 곱게 갈아 맑은 주스만 컵에 담은 후 올리고당을 넣어 가미한다.

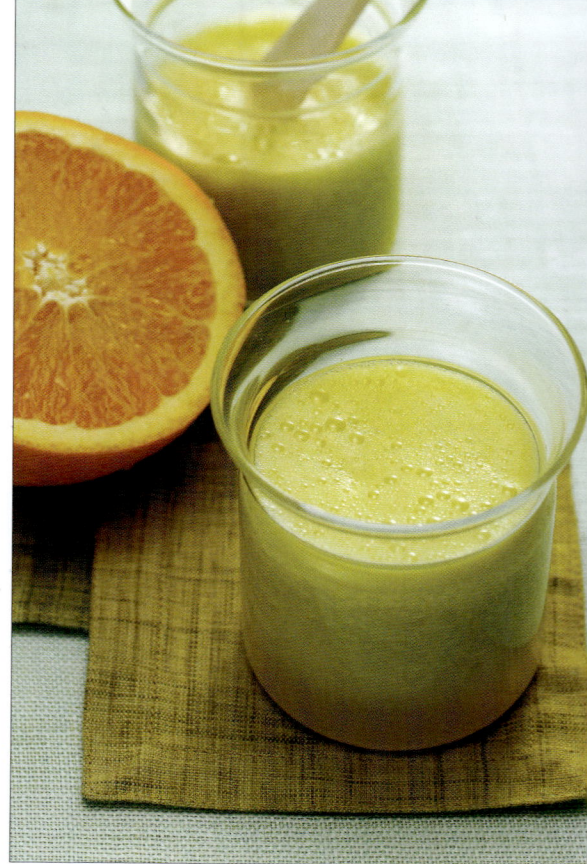

→ **COOK TIP**
오렌지는 섬유질이 풍부하고 특히 비타민 C가 풍부하게 들어 있어 여성들의 피부 미용과 탄력에 도움을 주고 노화 방지를 하는 식품이다.

포도브로콜리주스

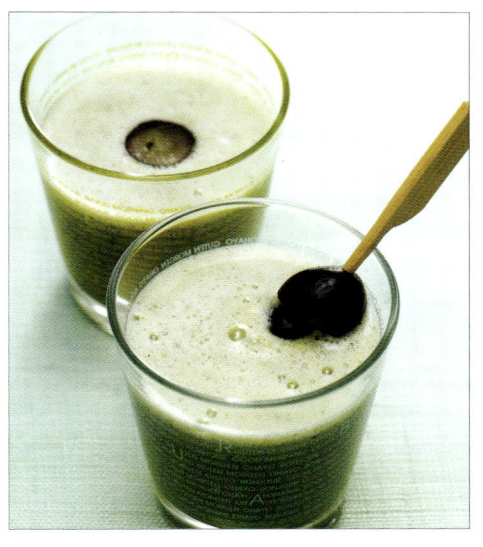

▶ **주재료**
포도 1송이, 브로콜리 50g

▶ **부재료**
소금 약간, 꿀 1큰술, 레몬즙 1작은술, 생수 1컵

1 포도는 알알이 떼어 여러 번 물에 헹궈 물기를 빼고 껍질을 벗겨 씨를 뺀다.

2 브로콜리는 한 송이씩 떼어서 소금을 약간 넣은 끓는 물에 데쳐 찬물에 헹궈 물기를 뺀다.

3 믹서에 브로콜리와 포도알, 꿀, 레몬즙을 넣어 생수를 붓고 곱게 간다.

파프리카망고주스

▶ **주재료**
파프리카 1개, 망고 $\frac{1}{2}$개, 생수 $\frac{1}{2}$컵

1 파프리카는 씻어 반을 가르고 씨를 발라낸 후 굵게 채 썬다.

2 망고는 껍질을 벗기고 과육만 준비한다.

3 믹서에 생수와 파프리카, 망고를 넣어 곱게 간다.

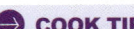 **COOK TIP**

포도는 당질이 주성분이며 독특한 맛을 내는 것으로 대부분이 포도당과 과당이다. 칼슘과 칼륨, 철분이 특히 많아 알칼리성 식품이며 장운동을 촉진한다.

COOK TIP

파프리카는 비타민 A가 많고 비타민 C가 감귤의 10배에 이르며 매운맛은 없고 단맛이 있어 '단고추'라고도 불리며 풍부한 영양과 신선한 맛이 난다.